眞空技術與應用

VACUUM TECHNOLOGY & APPLICATION

國家實驗研究院
台灣儀器科技研究中心出版

序

PREFACE

真空技術是現代科技的基石，從民生相關的食品包裝、眼鏡鍍膜、電視映像管，到高科技產業中的光電元件與半導體製程、尖端的材料分析儀器，甚至龐大的同步輻射加速器，真空技術都扮演著重要的核心角色。沒有真空技術就無法享受高品質的現代生活，也不足以從事高科技的研究。真空技術的進步，不僅可精進儀器設備的性能，並能提升各種產業製程效能及產率，進而實現許多技術的創新。因此，真空技術可說是未來科技產業及科學研究發展的重要基礎。

本中心成立以來，即致力於真空技術的研究與開發，在真空系統、真空幫浦、真空鍍膜與真空檢校等領域皆累積了豐厚的技術能量。鑑於真空技術在科學研究與產業發展上的重要性，且落實科技書籍中文化，便利民眾閱讀，亦為本中心的重要工作之一，因此，繼八十七年推出「儀器總覽」獲得熱烈回響及肯定後，乃積極籌劃出版涵括真空技術理論基礎與應用實務的書籍－「真空技術與應用」。

本書共有二十四章，概分為基礎及實務二篇。基礎篇探討真空技術的理論及真空元組件等，內容包括真空技術的基礎理論、各式真空幫浦的介紹、各類真空元件及材料、真空系統的設計組裝、真空測漏，以及真空度量與檢校等；實務篇則介紹真空技術的應用，內容包括真空技術在各種鍍膜技術、製程系統及學科領域的應用與需求。

本書的編纂從籌編到出版歷時三年，邀集了產、學界五十餘位專家共同執筆撰寫，在此謹對所有參與策劃、審稿的委員及撰稿的專家學者特致謝忱，由於他們的鼎力協助，本書方能順利付梓。希冀藉由本書的出版，能促進國內真空技術的精進，進而帶動相關科學研究的發展與產業技術的升級。本書內容如有疏漏之處，冀望讀者先進不吝指正，俾供未來修訂增補時之參考。

國研院儀器科技研究中心主任

陳建人 謹誌

諮詢委員

COUNSEL COMMITTEE

編審委員

EDITING COMMITTEE

莊健三　工業技術研究院機械研究所半導體製程設備組組長
陳宗欣　台灣日真股份有限公司總經理
陳俊榮　同步輻射研究中心副研究員
陳英忠　國立中山大學電機工程研究所教授
陳峰志　國科會精密儀器發展中心工程師
陳錦山　私立逢甲大學材料科學研究所教授
游文乾　聯華電子股份有限公司副廠長
楊立中　國立虎尾技術學院機械材料科教授
楊照彥　國立台灣大學應用力學研究所教授
廖鶯鶯　國科會精密儀器發展中心副工程師
熊高鈺　同步輻射研究中心副研究員
鄭晃忠　國立交通大學電子物理研究所教授
鄭鴻斌　國科會精密儀器發展中心副研究員
蘇炎坤　國科會工程技術發展處處長

(按姓名筆劃序)

作者

AUTHORS

丁南宏　英國倫敦大學帝國理工學院大氣物理博士＼國家太空計畫室研究員

方宏聲　國立交通大學機械工程博士＼工業技術研究院機械研究所工程師

方振洲　國立交通大學光電工程研究所碩士＼國家太空計畫室整測組組長及研究員

牛　寰　國立清華大學原子科學研究所博士班肄業＼國立清華大學科學技術發展中心核能技師

伊　林　美國羅格斯(Rutgers)州立大學物理博士＼國立中央大學物理研究所教授

江政忠　國立中央大學光電科學博士＼鴻海精密工業股份有限公司副理(原任國科會精密儀器發展中心副研究員)

艾啟峰　美國賓州州立大學物理博士＼原子能委員會核能研究所研究員

吳高志　國立台灣大學造船工程研究所碩士＼國家太空計畫室品保組助理工程師

呂助增　美國杜克大學物理博士＼國立清華大學物理研究所教授

李正中　美國亞利桑那大學光學博士＼國立中央大學光電科學研究所教授

李志浩　國立清華大學核子工程博士＼國立清華大學工程與系統科學研究所教授

李金宏　英國Belfast皇后大學物理博士＼台灣積體電路股份有限公司校正中心部經理

李燕村　國立中央大學物理與天文研究所碩士＼同步輻射研究中心副研究員

周皓雲　國立中正理工學院物理研究所碩士＼中山科學研究院系統維護中心主任工程師

周榮源　國立中興大學應用數學博士＼私立東南技術學院機械系助理教授(原任國科會精密儀器發展中心副研究員)

林長毅　國立中興大學機械工程碩士＼金屬工業研究發展中心副工程師

林哲明　大同工學院機械工程系＼國科會精密儀器發展中心工程師

林維倫　國立交通大學機械工程博士＼倍強真空科技股份有限公司研發部副理

林諭男　美國柏克萊大學材料科學博士＼國立清華大學材料科學中心研究員

侯光華　美國俄亥俄州立大學銲接工程博士＼長庚大學機械工程研究所副教授

柳克強　美國加州大學電子工程博士＼國立清華大學工程與系統科學研究所副教授

洪敏雄　美國北卡羅萊納州立大學材料工程博士＼國立成功大學材料科學及工程研究所教授

倪澤恩　國立中央大學光電科學博士＼國立中央大學電機工程研究所博士後研究員

徐進成　國立中央大學光電科學博士＼國立中央大學光電科學研究所博士後研究員

高健薰　國立清華大學工程與系統科學研究所博士候選人＼國科會精密儀器發展中心副研究員

寇崇善　美國加州大學物理博士＼國立清華大學物理研究所教授

張世汯　國立成功大學物理研究所碩士＼同步輻射研究中心研究助理

張郁雯　國立臺灣大學應用力學研究所碩士＼國科會精密儀器發展中心副研究員

張家豪　國立清華大學工程與系統科學研究所博士班學生

張嘉帥　國立清華大學物理博士\工業技術研究院光電研究所光學系統組光學元件部經理

許進明　英國倫敦大學材料工程博士\私立南台科技大學電機工程系助理教授

許瑤貞　國立清華大學化學博士\同步輻射研究中心助理研究員

連雙喜　德國柏林工業大學博士\國立台灣大學教授材料科學與工程研究所教授

陳宏豪　美國天主教大學物理碩士\劍度股份有限公司設備處經理

陳俊榮　國立清華大學核子工程博士\同步輻射研究中心研究員

陳峰志　國立成功大學機械工程博士\國科會精密儀器發展中心工程師

陳嘉瑞　國立成功大學航太博士\國家太空計畫室機械組熱控小組副研究員

彭家誠　國立交通大學電子工程研究所碩士\國家太空計畫室品保組工程師

黃建源　私立中原大學電機系\瀚笙科技公司任客服部經理

黃倉秀　美國西北大學材料科學工程博士\國立清華大學材料科學工程學研究所教授

楊照彥　美國史丹福大學航空太空博士\國立台灣大學應用力學研究所教授

葉清發　日本東京大學電子工程博士\國立交通大學電子工程研究所教授

詹勇倫　私立勤益工專電機系\國家太空計畫室整測組設備小組技術員

熊高鈺　國立清華大學物理碩士\同步輻射研究中心副研究員

綦振瀛　美國伊利諾大學香檳分校電機博士\國立中央大學電機工程研究所教授

潘扶民　美國加州大學 Irvine 分校化學博士\國家毫微米元件實驗室副主任

蔡志然　美國北卡羅來納 (Carolina) 州立大學機械博士\國家太空計畫室機械組熱控小組長及研究員

鄭鴻斌　國立交通大學機械工程博士\國立台北科技大學冷凍空調工程系助理教授 (原任國科會精密儀器發展中心副研究員)

賴冠仁　大同工學院材料工程研究所碩士\世界先進積體電路公司法務室專利主任

關剛石　私立逢甲大學機械系\工業技術研究院品質工程技術組組長

蘇青森　美國任色列理工學院核工博士\國立清華大學原子科學研究所教授

(按姓名筆劃序)

目錄

CONTENTS

序言 v
諮詢委員 vii
編審委員 vii
作者 ix

基　礎　篇 1

第一章　眞空概論 3
1.1 真空的定義 3
1.2 真空壓力與真空度 3
1.3 自然界的真空與標準大氣成份 5
1.4 真空的區分 6

第二章　氣體分子動力論 9
2.1 熱運動速度 9
2.2 平均自由徑 11
2.3 理想氣體方程式 14
2.4 氣體的傳輸現象 16
• 參考文獻 17

第三章　氣流與氣導 19
3.1 氣流流域 19
3.2 氣流通量、質量流和氣導 20
3.3 連續流 21
3.3.1 通孔 22
3.3.2 長圓管 23
3.3.3 同心圓管 24
3.3.4 橢圓管 24
3.3.5 矩形管 24
3.3.6 短圓管 25
3.4 自由分子流 25
3.4.1 孔洞 25
3.4.2 長圓管 26

3.4.3 短圓管 26
3.4.4 其他短結構的解 27
3.4.5 複合管路之自由分子流的氣導率 33
3.5 過渡流 38
3.5.1 微通道 38
3.5.2 圓管－通孔組合 40
3.6 跨越數個壓力區的模型 40
3.7 流場區域的摘要 42
• 參考文獻 44

第四章　氣體的吸附和放出 45
4.1 表面氣體吸附對真空技術的影響 45
4.2 氣體分子在固體上的行為 46
4.2.1 物理吸附與化學吸附 46
4.2.2 氣體的溶解、擴散與滲透 52
4.3 熱過程導致的氣體放出 54
4.3.1 表面脫附 55
4.3.2 擴散作用 55
4.3.3 氣體放出率的測量方法 56
4.4 粒子激發導致的氣體放出 58
4.4.1 現象與影響 58
4.4.2 離子激發釋氣 59
4.4.3 電子激發釋氣 61
4.4.4 光子激發釋氣 61
4.5 影響氣體釋氣率的因素 63
4.5.1 烘烤溫度 63
4.5.2 材料性質 64
4.5.3 表面處理方法 65
4.5.4 導入氣體的乾燥度 66
4.5.5 表面粗糙度 66
• 參考文獻 68

第五章　電漿放電 71
5.1 電漿系統特性與基礎原分子程序 71
5.2 直流放電系統 79
5.3 射頻放電系統 82
5.3.1 電容式耦合射頻電漿源 82

5.3.2 電感耦合式射頻式電漿源 83
5.3.3 電漿加熱機制 84
5.3.4 阻抗匹配原理 86
5.4 微波放電系統 87
5.4.1 微波與帶電粒子之交互作用(歐姆加熱) 88
5.4.2 電漿溫度與電漿密度 89
5.4.3 微波表面波電漿源 90
5.4.4 電子迴旋共振電漿源 90
5.4.5 微波電漿與共振腔 92
5.5 電弧放電系統 94
5.5.1 傳統電弧放電系統 96
5.5.2 低氣壓電弧放電系統 97
5.5.3 高氣壓電弧放電系統 98
• 參考文獻 100

第六章　眞空幫浦 101
6.1 真空幫浦之定義、分類與選用要素 101
6.1.1 真空幫浦之分類 102
6.1.2 真空幫浦選用之要點 104
6.2 正排氣式幫浦 107
6.2.1 油(液) 封式機械幫浦 108
6.2.2 魯式幫浦 110
6.2.3 乾式真空幫浦 110
6.2.4 結論與討論 115
6.3 動力式幫浦 116
6.3.1 渦輪分子幫浦 116
6.3.2 擴散幫浦 133
6.4 儲氣式幫浦 154
6.4.1 離子幫浦 154
6.4.2 冷凍幫浦 167
6.5 真空幫浦性能檢測 178
6.5.1 抽氣特性與幫浦性能 178
6.5.2 幫浦性能檢測方法 180
6.5.3 抽氣速率檢測實例 182
• 參考文獻 186

第七章　眞空度量 189

7.1 真空度量分類與選用要素 189
7.1.1 引言 189
7.1.2 真空度量之基礎 190
7.1.3 真空度量分類 191
7.1.4 真空度量選用要素 192
7.2 機械式真空計 192
7.2.1 壓力天平 192
7.2.2 液位壓力計 195
7.2.3 壓縮式真空計 200
7.2.4 彈性元件真空計 204
7.3 熱傳導真空計 211
7.3.1 派藍尼真空計 213
7.3.2 熱電偶真空計 215
7.3.3 熱敏電阻真空計 215
7.4 離子真空計 216
7.4.1 冷陰極離子真空計 218
7.4.2 熱陰極離子真空計 221
7.5 黏滯性真空計 224
7.6 微量氣體分壓度量裝置 228
7.6.1 電場分離式質譜儀 228
7.6.2 磁場分離式質譜儀 230
7.6.3 四極式質譜儀 231
7.7 流量計 233
7.7.1 流量之定義與單位 233
7.7.2 流量之量測與分類 236
7.7.3 質量流量計 237
7.7.4 典型質量流量計 239
• 參考文獻 241

第八章　真空材料、元件與封合 243
8.1 真空材料概論 244
8.2 金屬與合金 248
8.2.1 結構材料 248
8.2.2 銲接與封合材料 250
8.2.3 吸附氣體分子材料 250
8.2.4 電極與真空計材料 250
8.2.5 高溫裝置與導體 251

8.3 玻璃與陶瓷 251
8.3.1 玻璃真空材料 251
8.3.2 陶瓷真空材料 253
8.4 高分子材料 255
8.4.1 真空橡膠材料 256
8.4.2 真空塑膠材料 257
8.4.3 低蒸氣壓樹脂 257
8.5 真空封合 258
8.5.1 可拆卸靜態封合 258
8.5.2 永久封合 262
8.6 真空閥門 263
8.7 真空引入 267
8.7.1 機械運動引入 267
8.7.2 電引入 269
8.7.3 其它用途之引入 271
8.7.4 視窗 272
8.8 真空附件 273
8.8.1 油擋板及捕集阱 274
8.8.2 油(液)封式機械幫浦附件 276
• 參考文獻 277

第九章 眞空系統設計與裝配 279
9.1 真空系統之分類 279
9.2 真空系統之組配 280
9.3 真空系統抽氣概念與設計 283
9.3.1 真空中的蒸氣 283
9.3.2 氣體負荷 286
9.3.3 真空系統之抽氣過程 289
9.4 真空腔設計 290
9.4.1 基板載入室 291
9.4.2 基板傳送室 292
9.4.3 製程室 293
9.5 超高真空及極高真空系統設計 294
9.5.1 腔體設計之考量 294
9.5.2 真空幫浦之選擇 295
9.5.3 腔體材料選擇 298
9.6 真空系統設計常用符號及繪製法 299

• 參考文獻 307

第十章　真空測試與測漏 309
10.1 真空測漏基本概念 309
10.2 測漏方法與儀器 311
10.2.1 系統漏氣之研判 311
10.2.2 漏氣點位置之研判 311
10.2.3 測漏方法與儀器 312
10.3 氦氣測漏儀 313
10.3.1 原理 315
10.3.2 調準與校正 317
10.4 測漏實務 318
• 參考文獻 322

第十一章　真空標準與校正 323
11.1 真空標準之理論基礎與規範 323
11.2 真空計的校正方法 325
11.2.1 絕對校正 326
11.2.2 比較校正 331
11.3 轉移真空標準器 332
11.4 真空計比較校正系統設計規範與規劃 333
11.4.1 系統設計規範 333
11.4.2 系統規劃 335
11.5 真空計的校正程序及不確定度評估 339
11.5.1 校正程序 339
11.5.2 不確定度的評估 339
11.6 其他真空校正技術 340
11.6.1 氣體昇壓校正法 340
11.6.2 氣體降壓校正法 341

第十二章　真空技術應用簡介 343
12.1 真空技術之應用範圍 343
• 參考文獻 345

實　務　篇 347

第十三章　真空鍍膜系統 349

13.1 熱電阻式蒸鍍系統 349
13.1.1 系統原理及功能 349
13.1.2 系統構造及反應機制 355
13.1.3 操作與注意事項 358
13.2 電子束蒸鍍系統 359
13.2.1 系統原理及功能 360
13.2.2 系統構造及反應機制 362
13.2.3 操作與注意事項 367
13.3 直流濺射鍍膜系統 369
13.3.1 系統原理及功能 369
13.3.2 系統構造及反應機制 370
13.3.3 操作示範 377
13.3.4 注意事項 378
13.4 射頻濺射鍍膜系統 379
13.4.1 系統原理及功能 379
13.4.2 系統構造、反應機制及電路系統 380
13.4.3 操作示範 387
13.4.4 注意事項 387
13.5 離子濺射鍍膜系統 389
13.5.1 基本架構及操作 390
13.5.2 離子源的構造及電路系統 391
13.5.3 離子源系統的改進 395
13.5.4 離子源操作 396
13.5.5 注意事項 397
13.6 雷射剝鍍系統 398
13.6.1 系統功能及原理 398
13.6.2 系統構造、反應機制及電路系統 398
13.6.3 操作示範 404
13.6.4 注意事項 404
13.7 分子束磊晶系統 409
13.7.1 基本原理 409
13.7.2 系統架構 411
13.7.3 基本操作方法 413
13.8 冷陰極電弧電漿沉積法 417
13.8.1 真空電弧的產生 418
13.8.2 陰極點 419
13.8.3 電弧源的種類 423

13.8.4 電弧的引弧 424
13.8.5 電弧的控制 425
13.8.6 微滴生成的討論 426
13.8.7 離子轟擊 427
13.8.8 系統架構及操作 430
13.8.9 活化反應式電弧電漿沉積 431
13.8.10 應用 431
13.9 化學氣相沉積設備 433
13.9.1 設備概要 433
13.9.2 設備分類 439
• 參考文獻 448

第十四章　眞空冶金系統 451
14.1 前言 451
14.2 真空冶金學基礎 451
14.3 金屬之真空精煉 454
14.4 真空冶金工業製程 455
14.4.1 真空脫氣法 456
14.4.2 真空熔煉法 457
14.5 真空冶金之應用 463
• 參考文獻 464

第十五章　眞空熱處理系統 465
15.1 真空熱處理爐的類型與構造 465
15.1.1 發展歷程 465
15.1.2 真空熱處理爐的類型 466
15.1.3 真空熱處理爐的構造 469
15.2 真空熱處理之理論基礎 472
15.2.1 氧化現象 472
15.2.2 元素蒸發現象 474
15.2.3 如何增加冷卻速率 475
15.3 真空熱處理爐的各項功能 475
15.3.1 熱風循環系統 475
15.3.2 分壓之功用 478
15.3.3 淬火時冷卻氣流之方向 480
15.3.4 麻淬火之功能 481
15.4 真空熱處理爐之問題點 481

15.4.1 加熱及冷卻用氣體 481
15.4.2 混晶現象 482
15.4.3 合金元素之蒸發與附著 482
15.4.4 氧化與回火顏色 484
15.5 系統維護與保養 485
15.5.1 漏率與測漏 485
15.5.2 真空幫浦之維護與保養 486
15.5.3 冷卻水循環系統之保養 488
15.5.4 均溫性測試 488
• 參考文獻 488

第十六章　電子束銲接系統 491
16.1 發展過程與製程概述 491
16.2 系統原理與架構 491
16.3 電子束銲接的優缺點 493
16.4 系統分類 494
16.4.1 以操作電壓區分 495
16.4.2 以工件室真空度區分 496
16.5 銲接程序與銲接參數選擇 497
16.5.1 銲接接頭設計 497
16.5.2 銲前準備與銲接參數 501
16.6 工業應用實例 502
• 參考文獻 506

第十七章　電漿蝕刻眞空系統 507
17.1 基本原理 507
17.2 電漿蝕刻設備 510
17.2.1 電感耦合式電漿蝕刻機 511
17.2.2 電子磁旋共振電漿蝕刻機 512
17.2.3 螺旋波電漿蝕刻機 513
17.3 電漿蝕刻系統 513
17.4 基本操作示範 515
• 參考文獻 516

第十八章　離子氮化系統 517
18.1 系統工作原理 517
18.2 系統硬體結構 519

18.3 系統操作實務 523
18.4 系統功能與應用 525
• 參考文獻 526

第十九章　眞空冷凍乾燥系統 527
19.1 冷凍的意義 527
19.1.1 非機械式冷凍系統設備 527
19.1.2 機械式冷凍系統設備 527
19.2 乾燥的意義 528
19.2.1 自然乾燥法 528
19.2.2 機械設備乾燥法 529
19.3 真空乾燥原理 529
19.3.1 昇華與蒸發 529
19.3.2 真空乾燥之原理 530
19.4 真空乾燥方法與使用的設備 531
19.4.1 真空乾燥方法 531
19.4.2 真空冷凍乾燥所採用的設備 536
19.5 真空冷凍乾燥技術應用之領域 536
19.6 真空冷凍乾燥技術應用實例 537
19.6.1 蔬菜之真空冷卻 (冷藏) 537
19.6.2 蔬菜、水果、食品之真空冷凍乾燥 539
19.6.3 真空包裝 541
• 參考文獻 542

第二十章　加速器眞空系統 543
20.1 加速器真空系統設計要點 543
20.1.1 氣壓的考慮 543
20.1.2 放射線的考慮 544
20.1.3 磁場的考慮 544
20.1.4 影像電流與束流阻抗的考慮 544
20.1.5 受熱元件之考慮 545
20.1.6 極低溫真空腔之考慮 545
20.1.7 抽氣系統的考慮 545
20.1.8 其他功能之考慮 546
20.2 小型加速器 (范氏加速器) 真空系統 546
20.2.1 簡介 546
20.2.2 加速器系統介紹 547

20.3 大型加速器(電子同步加速器與儲存環真空系統) 549
20.3.1 氣體放出機制 551
20.3.2 注射段元件 552
20.3.3 高頻腔 553
20.3.4 真空腔 554
20.3.5 抽氣系統 556
20.3.6 真空系統的組裝與處理 557
20.3.7 束流偵測器 557
20.3.8 真空安全保護系統 559
• 參考文獻 560

第二十一章　核子工程與真空系統 561
21.1 核融合工程與真空系統 561
21.2 輻射線應用技術與真空系統 562
21.2.1 輻射源 562
21.2.2 粒子與光子光束線 563
21.2.3 輻射源或光束線與偵檢器窗口 563
21.2.4 輻射偵檢製造技術 564
• 參考文獻 566

第二十二章　表面分析儀 567
22.1 前言 567
22.2 表面分析與超高真空 567
22.3 表面分析儀 568
22.3.1 歐傑電子能譜儀 569
22.3.2 化學分析電子儀 572
22.3.3 二次離子質譜儀 574
22.3.4 高解析度電子能損儀 577
22.3.5 低能電子繞射 579
22.3.6 熱脫附質譜術 581
22.4 真空表面分析系統 583
22.4.1 電子源 584
22.4.2 離子源 585
22.4.3 電子能量分析器 589
22.4.4 質量分析器 591
22.5 結語 594
• 參考文獻 594

第二十三章　太空環境模擬系統 597
23.1 大型熱真空環境模擬系統 597
23.1.1 系統原理及功能 597
23.1.2 系統測試 601
23.2 太空磁暴及輻射環境模擬系統 604
23.2.1 太空磁暴及輻射環境 604
23.2.2 低軌道人造衛星之太空環境 606
23.2.3 太空輻射環境模擬系統 609
• 參考文獻 612

第二十四章　台灣產業普遍真空處理系統 615
24.1 半導體工業 615
24.1.1 半導體產業的分類 615
24.1.2 晶片材料製造 617
24.1.3 磊晶片製造 617
24.1.4 晶圓製造 617
24.2 光電工業 623
24.2.1 光電工業之分類 624
24.2.2 光電元件 624
24.2.3 物理氣相沉積法 627
24.2.4 其他光電產品 642
24.3 材料工業 644
24.3.1 真空吸鑄法及真空差壓鑄造 645
24.3.2 真空噴霧製備粉末 646
24.3.3 真空冶金製程 647
24.3.4 真空脫脂及燒結 647
24.3.5 真空熱處理及真空表面處理製程 649
24.3.6 真空接合製程 652
24.3.7 真空鍍膜製程 653
• 參考文獻 654

中文索引 657
英文索引 669

基礎篇

VACUUM FUNDAMENTAL

第一章　眞空概論

1.1 眞空的定義

眞空的發現

古時人類對於空的觀念，是眼睛看不見有物的存在就是空，直到發現空氣的存在時，空的觀念就改變為：如果有空氣存在時，即使眼睛看不見任何物質的存在，仍然不是空的。意大利人托里切利 (Torricelli) 利用玻璃試管盛滿水銀倒置於水銀槽中，管中的水銀自然下降至 76 cm (760 mm) 高度，而在頂端留下一空間。這空間沒有空氣進入，則被認為是真空 (vacuum)。

絕對眞空 (Absolute Vacuum)

一個空間內完全沒有任何物 (包括氣體) 的存在，或其中壓力等於零的空間就是絕對真空，地球上有無空間是絕對真空？宇宙間有無發現絕對真空的地方？

有無絕對真空存在的答案是：人類至今尚未在宇宙間找到絕對真空的地方，科學家也沒有造出一個壓力等於零的空間。

眞空的一般定義

一個容器內空間的壓力小於大氣壓力就是真空。也可以說若容器內氣體分子密度小於 2.5×10^{19} molecules/cm^3 (一大氣壓力的分子密度)，則該容器內為真空。簡單的表示為：壓力 $<$ 大氣壓力。

根據這定義可以瞭解真空技術可能很簡單也可能很困難。如果只要求比大氣壓力小一點的真空當然很容易達成，但是高科技所要求的高真空或超高真空，就必須要有足夠的真空技術才能達成及維持。

1.2 眞空壓力與眞空度

第一章作者為蘇青森先生。

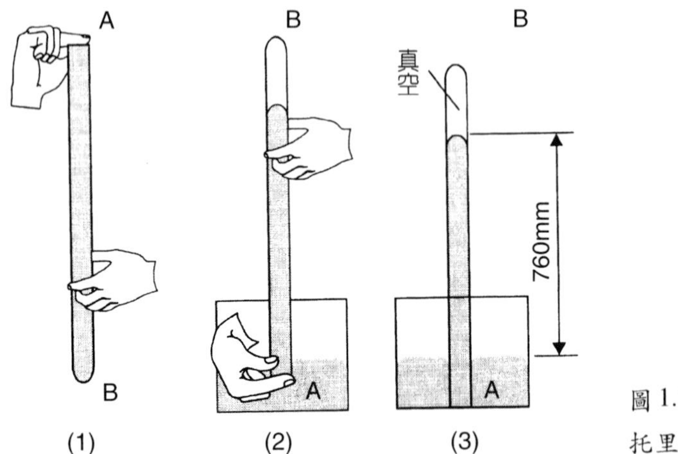

圖 1.1
托里切利水銀柱實驗。

真空的壓力就是單位面積上所承受的力，它的單位就是：力 / 單位面積。

因為真空中氣體的壓力均很低，而且常常不能直接用測量力的方法測定，所以真空壓力過去常使用的是方便於測量的單位，而與一般的壓力單位不同。現在國際間採用的國際標準單位 (SI unit) 之壓力單位已取代過去的真空單位，所以真空壓力與任何其他種壓力的單位就完全相同。但舊單位及國際亦通用的實用單位目前仍在使用且存在於文獻中，故簡介如下。

國際壓力單位

國際真空壓力單位即為一般壓力所用的國際壓力單位 pascal，簡稱為帕 (Pa)。其定義為：

1 Pa = 1 N/m^2

舊眞空壓力單位 (習用單位)

習用真空壓力單位為托耳 (Torr)，其定義為：

1 Torr = 1/760 atm

或可約略認為

1 Torr = 1 mmHg

標準大氣壓 1 atm = 760 mmHg = 760 Torr

實用眞空壓力單位 (與國際單位併行單位)

現行真空壓力單位多採用毫巴(millibar; mbar)，其定義為：

1 mbar = 10^{-3} bar

其與舊單位及國際單位的關係為：

1 mbar = 3/4 Torr = 100 Pa

1 atm = 1013 mbar

表 1.1 真空壓力單位換算表。

	mbar	Pa	Torr	atm
mbar	1	100	0.75	9.87×10^{-4}
Pa	1×10^{-2}	1	7.5×10^{-3}	9.87×10^{-6}
Torr	1.33	133	1	1.32×10^{-3}
atm	1013	101325	760	1

眞空度 (Degree of Vacuum)

真空度代表真空系統中壓力的程度。這個名詞是國內真空工業界自創的名詞，相當於英文 vacuum。一般多以低真空 (low vacuum)、高真空 (high vacuum) 及超高真空 (ultra-high vacuum) 來代表真空系統的真空度，要特別注意這種表示的高低正好與壓力相反。因此，低真空即表示高壓力，而高真空即表示低壓力。

1.3 自然界的眞空與標準大氣成份

自然界的眞空

地球表面到外太空：地球表面海平面為一大氣壓力，外太空為超高真空。

標準大氣 (Standard Atmosphere)

在 20 °C 時，標準大氣的主要成分為 N_2 (792 mbar) 及 O_2 (212 mbar)，次要成分及稀少氣體為 Ar (9.47 mbar)、CO_2 (0.31 mbar)、Ne (1.9×10^{-2} mbar)、He (5.3×10^{-3} mbar)、CH_4 (2×10^{-3} mbar)、Kr (1.1×10^{-4} mbar)、N_2O (5×10^{-4} mbar)、H_2 (5×10^{-4} mbar)；標準大氣壓為 1013 mbar (乾燥空氣)。

在相對濕度 (relative humidity) 50% 時，水的蒸氣壓在 20 °C 為 11.7 mbar，此時的總大氣壓 = 1013 + 11.7 = 1025 mbar。

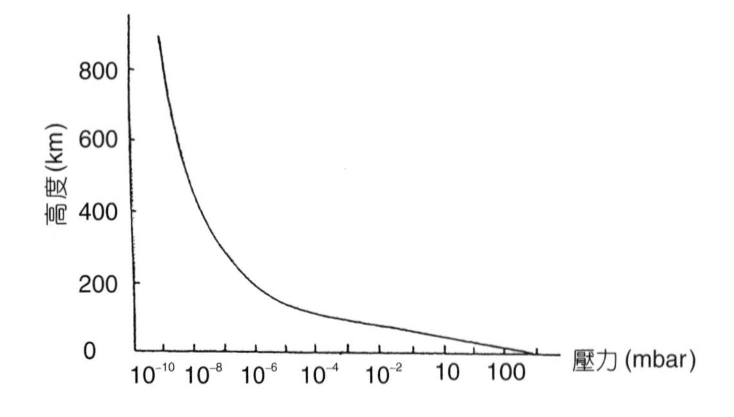

圖 1.2
氣壓隨高度變化曲線。

分壓力與蒸氣壓

・分壓力 (Partial Pressure) 與全壓力 (Total Pressure)

在前述大氣成份中可見大氣為各種氣體所組成，在一個容器內各種氣體均有一定的壓力，此壓力稱為分壓力。而容器內所測量到的全壓力為所有分壓力的總和。

・蒸氣壓 (Vapour Pressure) 與飽和蒸氣壓 (Saturation Vapour Pressure)

任何物質包括液體與固體均會變成氣體，這種氣體也會隨時凝結回固體或液體。此種氣體通常稱之為蒸氣 (vapour)，其對周圍所施的壓力稱為蒸氣壓 (vapour pressure)。如前述大氣成份中若有水存在於容器內就會有水的蒸氣壓。若蒸發出去的蒸氣與凝結回固體或液體的量相等時，則蒸氣已達飽和狀態，此時的蒸氣壓稱為飽和蒸氣壓。

1.4 真空的區分

真空包含的壓力範圍很廣，可以從稍低於一個大氣壓力到 10^{-15} mbar 或更低。在技術上為方便起見，通常多將真空區分成不同的範圍，比較嚴謹的區分常考慮真空中的氣流形態。

真空中的氣流形態

・氣體分子運動與氣壓

氣體分子施於單位面積上的力即為氣體壓力，簡稱為氣壓。氣體分子的力來自氣體分子的動能，而氣體分子的動能來自溫度。在相同的容器內，若有相同的氣體分子數量，氣體的溫度愈高則氣壓愈高。

・氣體分子的平均自由徑 (Mean Free Path)

氣體分子在運動時，各個分子在碰撞到其他分子前，所行走之距離的平均值稱為氣體分子的平均自由徑 (λ, 單位：cm)。

$$\lambda = \frac{6.45 \times 10^{-3}}{P} \tag{1.1}$$

此式適用於溫度為 20 °C 的空氣，壓力 P 的單位為 mbar。

・黏滯氣流 (Viscous Flow)

黏滯氣流亦簡稱為黏滯流，其特徵為氣體分子之間有互相碰撞的作用，每一氣體分子的運動受其周圍氣體分子的限制，氣體分子之間有摩擦力 (即黏滯性)，氣流的方向與氣體分子運動的方向一致，故此氣流為連續流。

黏滯流的條件為：氣體的平均自由徑 << 儀器的主要尺寸或 $\lambda << d$，一般多用 $\frac{d}{\lambda} > 100$ 式來判斷。在 20 °C 的空氣，此條件可用壓力乘以主要尺寸作為判斷，即 $Pd > 0.6$ mbar·cm。

黏滯氣流可分為兩種形態：(1) 層流 (laminar flow) 及 (2) 紊流 (turbulent flow)。流體在管中流動可以下述的雷諾數 (Reynolds number, R_e) 來判定其流動的形態。

$$R_e = \frac{\rho \upsilon d}{\eta} \tag{1.2}$$

ρ：氣體密度，υ：氣體速度 (m/s)，d：儀器的主要尺寸 (m)，η：黏滯係數 (m^2/s)。

當 $R_e < 2200$ 時為層流，亦稱為柏蘇利氣流 (Poiseuille flow)。在圓形管時流體呈拋物線斷面 (parabolic cross section)。而當 $R_e > 2200$ 時為紊流，有漩渦 (vortex) 產生，能量會消耗。

・過渡氣流 (Transition Flow)

當氣體分子的壓力下降，此時有一部分氣流已轉變成下面所述的分子氣流，而剩下的部分仍維持在黏滯氣流，此氣流稱之為過渡氣流，簡稱為過渡流。

此氣流的條件為：氣體的平均自由徑與儀器的主要尺寸相當，或 $d \cong \lambda$，判斷的條件為 $2 < \frac{d}{\lambda} \le 100$。對 20 °C 的空氣，此條件可簡化為 $1.3 \times 10^{-2} < Pd \le 0.6$ mbar·cm。

・分子氣流 (Molecular Flow)

當氣體的壓力降低到一定程度時，氣體分子完全任意自由運動，此時已進入分子氣流(簡稱為分子流) 的範圍。

分子氣流的條件為：氣體的平均自由徑 >> 儀器的主要尺寸或 $\lambda >> d$；一般多用 $2 > \frac{d}{\lambda}$ 式來判斷。對 20 °C 的空氣，此條件可用壓力乘以主要尺寸為判斷，即 $Pd \leq 1.3 \times 10^{-2}$ mbar·cm。

分子氣流的特徵為氣體分子完全向各方向任意運動，氣體分子之間無互相作用，氣體分子相遇時為彈性碰撞，碰撞作用遵循動能守恆與動量守恆定律，氣體分子與容器器壁碰撞的機會較互相之間碰撞的機會為大，氣體分子漫步到真空幫浦而被抽入其中為抽氣的機制。

眞空區分 (Vacuum Regions)

氣體的壓力變化導致氣流的形態也隨之改變，一般應用真空時常將真空度分為幾個不同的範圍。比較合理的區分為按氣流的形態來區分，但是實用時則以壓力來區分較為方便。

・粗略眞空 (Rough Vacuum, RV)

壓力範圍：1000－1 mbar
氣流形態：黏滯流

・中度眞空 (Medium Vacuum, MV)

壓力範圍：$1-10^{-3}$ mbar
氣流形態：過渡流

・高眞空 (High Vacuum, HV)

壓力範圍：$10^{-3}-10^{-7}$ mbar
氣流形態：分子流

・超高眞空 (Ultra High Vacuum, UHV)

壓力範圍：10^{-7} mbar 以下
氣流形態：分子流

第二章　氣體分子動力論

氣體分子動力論是一門建立氣體分子微觀特性之模型，以解釋氣體巨觀性質的理論。在氣體分子動力論中，一般我們所熟悉的氣體巨觀性質，如氣流速度、壓力、溫度等，不過是在物理位置上一個適當的體積內眾多氣體分子特性的平均。所謂適當的體積是指該體積必須足夠大到包含很多的氣體分子進行平均，但卻也要足夠小到相對於整個流場該體積內的巨觀性質幾乎不變。舉例來說，如果氣體巨觀而言是靜止狀態的話，微觀的角度來看卻是氣體在做完全隨機的運動，其間包括氣體分子間的碰撞及與壁的碰撞；而巨觀上流動的氣體，其間氣體分子的運動雖然不是全然隨機，但若將觀察的位置放在流動的氣體上，則其氣體分子的運動就是完全隨機的。為什麼學習真空要討論氣體分子動力論呢？這是因為在大部份中高度真空的環境，氣體密度變的很小，氣體不能再被視為連續流，而必須要考慮氣體分子個別的行為，故而要了解真空中氣體的特性，氣體分子動力論是必要的工具。

2.1 熱運動速度

前面說到巨觀上靜止的氣體，其實其間氣體分子是做完全隨機的運動，這個隨機運動的速度就是所謂的熱運動速度 (thermal velocity, **c'**)。一個氣體分子的熱運動速度定義為此氣體分子相對於氣體平均速度的運動速度。一個在巨觀上平衡的氣體，亦即其巨觀性質在空間上各點分佈均勻且不隨時間變化的氣體，其氣體分子的熱運動速率分佈函數 (thermal speed distribution function) 為

$$f_{c'} = \frac{4}{\sqrt{\pi}}\beta^3 c'^2 \exp(-\beta^2 c'^2) \qquad (2.1)$$

其中

$$\beta = \sqrt{\frac{m}{2kT}}$$

第二章作者為張郁雯女士。

m 為氣體分子質量，k 為波茲曼常數，其值為 $1.380658 \times 10^{-23}\ \mathrm{J \cdot K^{-1}}$，$T$ 為絕對溫度。式 (2.1) 由馬克斯威爾分佈函數 (Maxwellian distribution function) 導出，其意指氣體分子的熱運動速率介於 c' 到 $c' + dc'$ 之間所佔的比例為 $f_{c'} dc'$。圖 2.1 為以 $\beta c'$ 為 x 軸之分佈函數圖，由此圖看出熱速率為 0 的氣體分子所佔比例為 0，而 $\beta c'$ 為 1 所佔之氣體分子比例為最大，我們稱此時氣體分子之熱速度值為氣體分子最大可能熱速率 (c'_m)，其值為

$$c'_m = \frac{1}{\beta} \tag{2.2}$$

而氣體分子之平均熱速率 ($\overline{c'}$) 依定義為

$$\overline{c'} = \int_0^\infty c' f_{c'} dc' = \frac{2}{\sqrt{\pi}} c'_m \tag{2.3}$$

均方根熱速率 (c'_s) 則為

$$c'_s = \sqrt{\int_0^\infty c'^2 f_{c'} dc'} = \sqrt{\frac{3}{8}\pi}\ \overline{c'} = \sqrt{\frac{3}{2}}\ c'_m \tag{2.4}$$

由圖 2.1，平均熱速率略小於最大可能熱速率，均方根熱速率又略小於平均熱速率。

氣體自由流速度，亦即氣體平均速度 ($\mathbf{c}_0$) 是氣體巨觀上的性質，按氣體分子動力論，定

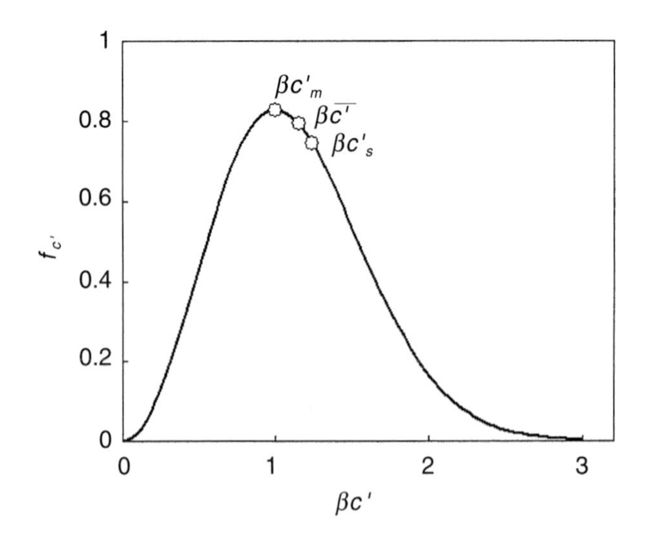

圖 2.1
分子熱速率之平衡分佈函數圖。

義為氣體分子速度 (**c**) 的平均，亦即

$$\mathbf{c}_0 = \bar{\mathbf{c}} \tag{2.5}$$

由氣體熱運動速度之定義，我們有

$$\mathbf{c}' = \mathbf{c} - \mathbf{c}_0 \tag{2.6}$$

故氣體平均熱運動速度為

$$\bar{\mathbf{c}}' = \bar{\mathbf{c}} - \mathbf{c}_0 = \mathbf{c}_0 - \mathbf{c}_0 = 0 \tag{2.7}$$

式 (2.7) 解釋了巨觀流速為 0 (亦即靜止) 的氣體，其內的氣體分子卻是動亂不休，其運動速度大小分佈如式(2.1)，而方向則為各方向之機率均等。更詳細的推導見參考文獻 1。

2.2 平均自由徑

對一個氣體分子而言，若忽略地心引力不計，在沒有受到任何其他的外力作用之下，其自由運動的軌跡應為直線，直到與其他氣體分子碰撞才改變。若空間中存在許多其他氣體分子，那麼此一氣體分子會有許多機會碰撞上其他氣體分子，其運動之軌跡就像是許多長短不一的直線段的折線組合，每一個轉折代表一次碰撞的發生，如圖 2.2。平均自由徑 (mean free path) 就定義為分子平均兩次碰撞間所走的距離，也就是這些線段長度的平均，通常以符號 λ 表示；而碰撞頻率 (collision frequency) 就是單位時間內的平均碰撞次數，通常以符號 ν 表示。

如圖2.2，考慮某一測試氣體分子，其運動速度為 $\mathbf{c}_t$，對一速度介於 **c** 與 **c**+Δ**c** 之間之氣體分子族群 Δn 而言此一測試氣體分子相當於以 $\mathbf{c}_r = \mathbf{c}_t - \mathbf{c}$ 的相對速度在分子數密度為 Δn 之靜止氣體分子間運動。若氣體分子族群分佈均勻，則在時間 Δt 內測試氣體分子將會撞上 $\sigma_T c_r \Delta t \Delta n$ 個速度介於 **c** 與 **c** + Δ**c** 之間之氣體分子，其中 σ_T 為總碰撞截面積 (total collision cross-section)，其他氣體分子之分子中心只要落入此一截面積內就算是與測試分子發生碰撞。若是將分子視為理想的彈性硬球，此值即為

$$\sigma_T = \pi d^2 \tag{2.8}$$

其中 d 為分子直徑。然而實際上分子間的作用力是由距離漸近漸增的吸引力，到一定距離時就轉為急速增加的排斥力，所以實際分子之總碰撞截面積應比硬球模型的值要來的大。

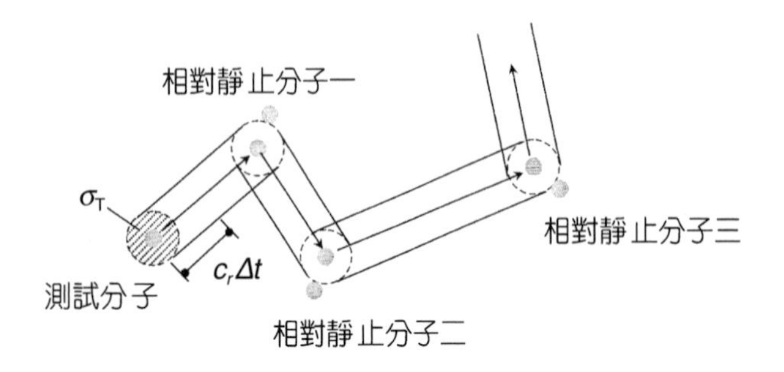

圖 2.2
測試分子在靜止分子間之行進路徑。

測試氣體單位時間內與速度介於 **c** 與 **c** + Δ**c** 之間之氣體分子族群 Δn 的碰撞次數為 $\sigma_T c_r \Delta n$，若考慮所有速度範圍的族群，依定義即得碰撞頻率

$$\nu = \sum \sigma_T c_r \Delta n = n \sum \left\{ \left(\frac{\Delta n}{n} \right) \sigma_T c_r \right\} = n \overline{\sigma_T c_r} \tag{2.9}$$

若分子為硬球模型，則總碰撞截面積為常數

$$\nu = n \pi d^2 \overline{c_r} \tag{2.10}$$

分子的平均自由徑可由分子的平均熱速率除以碰撞頻率而得

$$\lambda = \frac{\overline{c'}}{\nu} \tag{2.11}$$

對平衡氣體而言，平均相對速率可由分佈函數求得，若為硬球模型，此值為

$$\overline{c_r} = \sqrt{2}\ \overline{c'} \tag{2.12}$$

故對分子為硬球模型的單純平衡氣體而言，其分子之平均自由徑為

$$\lambda = \frac{1}{\sqrt{2} n \pi d^2} \tag{2.13}$$

由上式，我們可看出分子的平均自由徑與分子數密度及分子直徑成反比的關係。也就是說，真空度愈高，分子平均自由徑愈大；分子愈大，其平均自由徑愈小，表 2.1 列出各種常用氣體分子的平均自由徑。實際應用上，室溫下的空氣其分子平均自由徑可由下式估計

表 2.1 各種常用氣體在 0 °C、1 大氣壓時之平均自由徑。

氣體化學符號	分子質量 ($m \times 10^{27}$ kg)	分子半徑 ($d \times 10^{10}$ m)	平均自由徑 ($\lambda \times 10^{8}$ m)
H_2	3.34	2.92	9.82
He	6.65	2.33	15.42
CH_4	26.63	4.83	3.59
NH_3	28.27	5.94	2.37
Ne	33.5	2.77	10.91
CO	46.5	4.19	4.77
N_2	46.5	4.17	4.81
NO	49.88	4.2	4.75
Air	48.1	4.19	4.77
O_2	53.12	4.07	5.05
HCl	61.4	5.76	2.52
Ar	66.3	4.17	4.81
CO_2	73.1	5.62	2.65
N_2O	73.1	5.71	2.57
SO_2	106.3	7.16	1.63
Cl_2	117.7	6.98	1.72
Kr	139.1	4.76	3.70
Xe	218	5.74	2.54

$$\lambda = \frac{0.05}{P}$$

其中平均自由徑的單位為 mm，壓力 P 的單位為 Torr。

平均自由徑是氣體微觀觀點一個重要的尺寸，此值與流場中特徵長度的比值稱為紐森數 (Knudsen number)，是判斷流場是否需以氣體動力論來解釋或是仍適用連續理論的基準。通常紐森數在 0.01 以上，連續理論的那維爾－史托克 (Navier-Stokes) 方程式就不適用，而需以氣體動力論的波茲曼方程式來解釋流體的行為；紐森數在 10 以上一般稱為自由分子流區，在此區域分子間的碰撞少到可以忽略不計，波茲曼方程式等號右邊的複雜碰撞項就可以消掉，許多典型的問題都可以求得理論解；而紐森數在 0.01 及 10 間一般則稱為過渡流區。在此區域流體不能視為連續，分子間之碰撞又必須考慮，因此如何處理波茲曼方程式的碰撞項就變成學者研究的一大課題，有許多方法及模型被提出，諸如展開法、力矩法、B-G-K

模型及 E-N 模型等。不過也有一些方法不去解波茲曼方程式，而直接以亂數來模擬氣體分子行為的蒙地卡羅模擬法被提出，諸如分子動力法、試驗粒子法、Hicks-Yen-Nordsieck 法及近年來廣為使用的直接模擬蒙地卡羅法等，進一步的說明請參閱參考文獻2。

2.3 理想氣體方程式

考慮在一靜止立方體內的平衡氣體，假設分子間沒有碰撞發生及分子與壁的碰撞為完全鏡面反射，亦即分子撞到壁後其速率不變，僅方向相反，以上兩個假設實際上並不成立，不過在平衡狀態確已達成之後，可以等效視之，我們有興趣的是這個平衡氣體作用於壁上的壓力為何。若座標軸 x_1、x_2、x_3 沿著立方體三邊，假設有一分子其運動速率為 c，其沿著三軸的分速度分別為 c_1、c_2、c_3，則

$$c^2 = c_1^2 + c_2^2 + c_3^2 \tag{2.14}$$

若立方體邊長為 l，考慮以 x_1 為法向量的壁，若不考慮與其他壁的碰撞，則該分子單位時間內撞及此壁的次數為 $c_1/2l$。在每次的碰撞，該分子在該法向的動量由 mc_1 變為 $-mc_1$，則單位時間內此壁將受到來自該分子

$$2mc_1 \times \frac{c_1}{2l} = \frac{mc_1^2}{l} \tag{2.15}$$

的力，其所受的壓力則為力除以面積 l^2，就等於 mc_1^2/l^3，l^3 正好是立方體的體積 (V)，故其所受到來自此一分子 x_1 方向分速度貢獻之壓力為 mc_1^2/V。

若考慮三個分速度皆有貢獻，則壓力應寫為

$$\frac{(mc_1^2 + mc_2^2 + mc_3^2)}{3V} = \frac{mc^2}{3V}$$

將立方體內所有分子皆考慮進來即得立方體其中一面所受的壓力

$$P = \frac{1}{3V}\sum_i m_i c_i^2 \tag{2.16}$$

注意到分子的總移動能 (total energy of translation, E_{tr}) 定義為

$$E_{tr} = \frac{1}{2}\sum_i m_i c_i^2 \tag{2.17}$$

代回(2.16) 式得

$$PV = \frac{2}{3}E_{tr} \tag{2.18}$$

(2.18) 式即為氣體之狀態方程式。再看由實驗導出之理想氣體方程式

$$PV = N\hat{R}T \tag{2.19}$$

其中 N 為體積 V 內的分子莫耳數，$\hat{R}$ 是通用氣體常數 (universal gas constant)，其值為 8.314511 J/mol·K。

比較式(2.18) 和式(2.19)，我們可以發現此二式將完全相等，倘若定義總移動能為

$$E_{tr} = \frac{3}{2}N\hat{R}T \tag{2.20}$$

事實上，若我們定義移動動能溫度(translation kinetic temperature, T_{tr}) 為

$$T_{tr} = \frac{3}{2}\hat{R}^{-1}\frac{E_{tr}}{N} \tag{2.21}$$

代替傳統熱力學的溫度 T 的話，則式(2.18) 之狀態方程式不僅適用平衡之氣體，亦適用於非平衡狀態之氣體，這是因為若為非平衡狀態，則非單原子分子氣體之轉動動能溫度與移動動能溫度並不相等，更詳細之說明請參考文獻 3。

若立方體內僅含有單一種類之氣體分子，式(2.16) 可改寫為

$$\frac{P}{\rho} = \frac{1}{3}\sum_i c_i^2 = \frac{1}{3}\overline{c^2} \tag{2.22}$$

或

$$\sqrt{\overline{c^2}} = \sqrt{\frac{3P}{\rho}} \tag{2.23}$$

利用上式，我們就可由量測氣體的巨觀特性，進而算得氣體分子的均方根速度。注意到立方體內的氣體假設為靜止，因此此節所言氣體分子之速度即指氣體分子之熱速度。

若立方體內含有 A、B、C...... 種類之氣體分子，則式(2.16) 又可寫為

$$P = \frac{1}{3V}\sum_{i_A} m_{i_A} c_{i_A}^2 + \frac{1}{3V}\sum_{i_B} m_{i_B} c_{i_B}^2 + \ldots\ldots \tag{2.24}$$

此即

$$P = P_A + P_B + \ldots\ldots = \sum_j P_j \quad \text{，其中 } j \text{ 為氣體種類} \tag{2.25}$$

上式即為達頓之氣體分壓定律 (Dalton's law of partial pressures)，各種類之氣體仍各自符合其相對之氣體狀態方程式。

2.4 氣體的傳輸現象

前面幾節所討論多為氣體呈熱力平衡時之狀況，也就是氣體在空間中其巨觀性質分佈均勻且不隨時間變化。當氣體的巨觀性質如氣流速度、溫度及密度在空間中分佈不均勻時，因為氣體分子的運動，一些傳輸 (transport) 的現象便會發生。以溫度分佈的不均勻為例，當高溫度區域的某一氣體分子運動到低溫度的區域時，因其所具之能量較高，與低溫度區域的其他氣體分子便產生不平衡，此不平衡藉著與低溫度區域其他氣體分子間的碰撞而消除。藉由與其他分子的碰撞，能量重新分配，提高了其他氣體分子之能量，亦即提升低溫度區域的溫度。這個例子說明了氣體溫度的不平衡，會藉由氣體分子能量的傳遞而產生熱的傳導；同理氣流流速的不平衡，會藉由氣體分子動量的傳遞而產生黏滯的效應；而密度分佈的不平衡，則藉由氣體分子本身質量的傳遞而產生擴散作用。上述所言分佈的不平衡在數學上的表示就是梯度，在傳統的連續流理論[4]中，通常定義傳輸的量為梯度乘上一係數，以一維之梯度變化為例。

$$\tau = \mu \frac{du_2}{dx_1} \tag{2.26}$$

$$q = K\frac{dT}{dx_1} \tag{2.27}$$

$$\Gamma = -D\frac{dn}{dx_1} \tag{2.28}$$

其中式 (2.26) 定義剪應力 (shear stress, τ) 與黏滯係數 (viscous coefficient, μ) 及速度梯度的關係；式 (2.27) 定義熱通量 (heat flux, q) 與熱傳導係數 (heat conduction coefficient, K) 及溫度梯度的關係；式 (2.28) 則定義分子通量 (molecular flux, Γ) 與擴散係數 (D) 及分子數密度間的關係。這些係數與微觀性質間的關係如下，詳細的推導請參閱參考文獻5。

$$\mu = \beta_\mu \rho \bar{c} \lambda \tag{2.29}$$

$$K = \beta_k \rho \bar{c} \lambda c_v \tag{2.30}$$

$$D = \beta_D \bar{c} \lambda \tag{2.31}$$

其中 β_μ、β_k、β_D 均為常數，ρ 為氣體密度，$\bar{c}$ 為分子平均熱速率，λ 為平均自由徑，c_v 則為氣體比熱。

參考文獻

1. W. G. Vincenti and C. H. Kruger, Jr., *Introduction to Physical Gas Dynamics*, John Wiley & Sons, Inc. (1965).
2. G. A. Bird, *Molecular Gas Dynamics*, Oxford: Clarendon Press (1976).
3. J. Jeans, *An Introduction to the Kinetic Theory of Gases*, Cambrige University Press (1940).
4. F. M. White, *Viscous Fluid Flow*, McGraw-Hill (1991).
5. R. D. Present, *Kinetic Theory of Gases*, McGraw-Hill (1958).

第三章　氣流與氣導

氣流於真空系統中，在減壓下的流動是複雜的，其解的特性與流率、氣體特性、幾何形狀和管子本身的表面特性有關。我們先定義氣流流域，然後介紹氣流通量 (throughput)、質量流 (mass flow) 和氣導 (conductance) 的概念，我們將氣體的氣流通量和氣導在多種不同的流場中加以界定，並示範如何以近似方法和機率方法求解一些包含入口與出口的複雜管路，以及其它不規則形狀之氣流問題。基本上，所有流域的氣流問題可由那維爾－史托克 (Navier-Stokes) 方程式和波茲曼方程式來描述，目前對那維爾－史托克方程式，市面上有商用軟體可以模擬大部份之工程氣流問題，對波茲曼方程式也有 DSMC (G. A. Bird)[2] 方法可以模擬，唯對實際工程問題的解決，如在一真空幫浦或一蝕刻反應腔室內之氣流問題，仍是很費時和有待發展的課題。

3.1 氣流流域

氣流流域是以氣體本身的性質以及其在管中流動時的相對量為其特點。氣體本身具有的性質可由紐森數 (Knudsen number, K_n) 和雷諾數 (Reynolds number, R_e) 來描述。氣體在 (高壓) 黏性氣流區中，此流場稱連續流，它可以是紊流或是黏性層流，紊流本身是混亂的，比如說像一部移動的車之後的流場或香煙點燃之後的流場，當速度和表面不規則度很小時，氣體會以層流流線的形式繞目標物，這時層流就會發生。在分子氣體的領域中和管子的尺寸比起來分子的平均自由徑要大的多，因此流場完全取決於氣體和管壁間的碰撞。這個區域的流場稱為分子流，介於連續流和分子流之間的區域則稱為過渡流區。在過渡流中氣體分子之間的碰撞包括相互間的碰撞以及分子與管壁間的碰撞。

黏性氣體的特徵是紐森數 $K_n < 0.01$，紐森數 (K_n) 是一個無因次的參數，其定義為平均自由徑和系統中的特徵長度之比值(如：管子的直徑)

$$K_n = \frac{\lambda}{d} \tag{3.1}$$

在連續氣流中，管子的直徑遠大於平均自由徑。因此主要取決於氣體分子相互的碰

第三章作者為楊照彥先生。

撞，流體在管子的中央速度最大而在管壁處則為零。連續體流有可能是紊流或層流的形式。對圓管而言，紊流和黏性流的邊界可以無因次的雷諾數 (R_e) 來表示

$$R_e = \frac{U\rho d}{\mu} \tag{3.2}$$

其中 ρ 是氣體的密度 (kg/m^3)，d 為直徑、U 為速度及 μ 為黏滯係數。雷諾數用在顯示氣體流動的相對量，它是流動的慣性力和黏滯剪應力的比值。另外它也用來表示驅動一個氣流系統因黏滯力所消耗的力而必須增加的力，雷諾發現當兩個流場其無因次參數相同時，為動力相似。當 $R_e > 2200$ 時，流場是紊流型態。而當 $R_e < 1200$ 時，流場型態則為黏滯層流。至於 $1200 < R_e < 2200$ 時的區間，流場的型態取決於出入口的幾何形狀以及管子的特性。

層流則發生在 $R_e < 1200$ 及紐森數 < 0.01，當平均自由徑大於或等於管子直徑時，亦即紐森數 $K_n > 1$ 而且雷諾數 $R_e < 1200$ 時，此時此氣體稱為分子氣體，流場稱為分子流。分子流和層流的特性是非常不一樣的。氣體和管壁間的碰撞主導著流動且黏滯力的概念是沒有意義的。對大多數的壁面，擴散反射是很好的假設，也就是當每一個粒子除非壁面有瑕疵會產生附著的效應，否則就會以與入射速度無關的方向再散射。因此有一種可能，就是當一個粒子 $\lambda >> d$ 進入一個管子，將不會被傳送，反而會被彈回入口處。在分子流中，不考慮氣體分子碰撞另外一個氣體分子，且氣體可以不受相互的作用力以兩兩相反方向流動。

在 $1 > K_n > 0.01$ 的區域中，氣體既不是層流也不是分子流，過渡區流場的性質目前並不是很清楚，在這個範圍裡 (過渡區或滑動流區)，管子的直徑是平均自由徑的好幾倍。在管壁上的速度不為零，並不像在黏性流為零。以下定義氣流通量 (Q)、質量流率 (N') 和氣導 (C)，以及發展出一些實用的氣體流的定律。

3.2 氣流通量、質量流和氣導

氣流通量就是在已知時間中通過一平面的氣體的量 (已知壓力的氣體體積)，$d(PV)/dt = Q$，它的單位是 Pa·m^3/s。這個單位可表為 J/s 或 watts (W)；1 Pa·m^3/s = 1 W。因此，氣流通量就是單位時間通過一平面的能量。這個能量不只是氣體分子中的動能和勢能，而且也是移動分子穿越一平面所需的能量。以 watts 的單位來表示氣體流似乎是不適當的，但它在解釋氣流通量是能量流的概念上確實是很有幫助的；若沒有指定溫度，則氣流通量無法描述質量流的概念。真空科技以體積為單位，雖然可以傳遞一些訊息，但在很多方面卻是不恰當的，因為體積流在質量上並不守恆。

質量 (molar 或分子) 流是定量的物質，其單位分別是 kg，kg·moles 或分子在已知時間內通過一平面，質量流和氣流通量它們的關係是：

$$N'(\text{kg}\cdot\text{moles/s}) = \frac{Q}{N_0 kT} = \frac{Q}{RT} \tag{3.3}$$

此外，我們也知道質量流和氣流通量的關係是：$N'(\text{kg/s}) = \frac{MQ}{N_0 kT}$。氣流通量只有在溫度為常數或已知的狀況下，才能得到以上的兩個式子。溫度在空間上的改變可以不經修改質量流而修正氣流通量，在通道中的氣流與整個管子的壓力降以及整個通道的幾何形狀相關。氣流通量除以在常溫下通過通道時造成的壓力降，產生一個具通道氣導本質的量：

$$C = \frac{Q}{P_1 - P_2} \tag{3.4}$$

在 SI 制中，氣流的單位為 Pa·m^3/s，氣導或抽氣速率為 m^3/s。然而，另外的單位，如 Pa·L/s (氣流) 以及 L/s (氣導) 的單位也是常被用到的。在 (3.4) 式中的壓力 P_1 和 P_2 分別代表在管道兩端所量測到的壓力。根據 (3.4) 式，氣導是兩個已知壓力點物體的性質。(3.4) 式與電流除以勢能降相似。如同荷電流一樣，有時氣體的氣導率是非線性的，而且是管中壓力的函數。和荷電流不同的是，分子氣導不只和物體相關，而且與相鄰的物體亦有關聯。我們將在描述分子流中結合氣導法再更詳細的探討這個議題。

3.3 連續流

當 $K_n < 0.01$ 此時氣體具有黏性，此時黏性流場可以是紊流 ($R_e > 2200$) 或是黏性層流 ($R_e < 1200$)。在 (3.2) 式中可以更有用的形式取代流場速度。

$$U = \frac{Q}{AP} \tag{3.5}$$

如果我們取代質量密度，則利用理想氣體定律，(3.2) 式可以寫成

$$R_e = \frac{4m}{\pi kT\mu}\frac{Q}{d} \tag{3.6}$$

當空氣在 22 °C 時，可導出

$$R_e = 8.41 \times 10^{-4}\frac{Q}{d} \tag{3.7}$$

在一般常用的真空中，紊流並不常發生。在一個壁面粗糙的幫浦中，當開始抽吸時雷諾數會很大，例如在 47 L/s 的幫浦連接一直徑 250 mm 的管子，其 R_e 值在一大氣壓時可達 1.6×10^4 Pa，而只要壓力大於 1.5×10^4 Pa 就會產生紊流。流場在高壓的調節孔中通常是紊流。

在紊流的流場中氣體的速度可高達聲速，即使經減低下游的壓力在高壓端仍然不能被感應到，因此流場會被堵塞，只能達到其臨界值，而臨界值與此元件的幾何形狀有關。例如：孔、短管或長管，以及入口的形狀。與其將連續流分成黏性流、紊流和臨界流來討論，還不如以管子幾何形狀的形式作探討來得容易。我們將問題分成通孔 (orifices) 流、長管流及短管流分開討論，並針對每種流場分別列出其方程式。

3.3.1 通孔

對沒有長度的管子 (如小孔、薄孔) 流場和壓力有很複雜的函數關係，考慮孔的一端為一個固定的高壓 (如大氣壓力) 而下游端之壓力為可變動的。當下游端壓力減低時，氣流流經孔的量會增加，直到達成最大值。在入口端和出口端壓力的比值下，氣體以聲速流動，其關係式如下：

$$Q = AP_1C'\left(\frac{2\gamma}{\gamma-1}\frac{kT}{m}\right)^{\frac{1}{2}}\left(\frac{P_2}{P_1}\right)^{\frac{1}{\gamma}}\left[1-\left(\frac{P_2}{P_1}\right)^{\frac{\gamma-1}{\gamma}}\right]^{\frac{1}{2}} \tag{3.8}$$

其中 $1 > \frac{P_2}{P_1} \geq \left(\frac{2}{\gamma+1}\right)^{\frac{\gamma}{\gamma-1}}$ 。

C' 是一個當高速氣體流經孔洞持續減少直徑而使得截面積變小的因數，這個現象稱作威那收縮 (vena contracta)。對薄孔而言 C' 約為 0.85，如果下游端的壓力持續減低，則氣流因為氣體在孔中以聲速流動，於孔的高壓端不會有任何交流 (這個現象證明壓力已經改變) 而不會再增加。在這個區域中，只要 $P_2 / P_1 < (2/(\gamma+1))^{\gamma/(\gamma-1)}$，$P_2$ 就沒有意義。氣體的比熱的比值是 γ，其值可以查表得知。流場會有以下的關係式：

$$Q = AP_1C'\left(\frac{kT}{m}\frac{2\gamma}{\gamma+1}\right)^{\frac{1}{2}}\left(\frac{2}{\gamma+1}\right)^{\frac{1}{\gamma+1}} \tag{3.9}$$

其中 $P_2 / P_1 \leq (2/(\gamma+1))^{\gamma/(\gamma-1)}$ 。

這個值稱作臨界值或阻氣流值，對空氣而言，$\gamma = 1.4$，$P_2 / P_1 = 0.525$，這限制在描述流場的限定因子，如：控制氣流和真空系統中抽吸速率和大氣中一些滲漏都是很重要的。在 (3.8) 式和 (3.9) 式中氣導可藉由 $Q/(P_1 - P_2)$ 來求得，對 22 °C 的空氣其氣導率為：

$$C = \frac{7.65 \times 10^5 C' A}{1 - \frac{P_2}{P_1}} \left(\frac{P_2}{P_1}\right)^{0.714} \left[1 - \left(\frac{P_2}{P_1}\right)^{0.286}\right]^{\frac{1}{2}} \tag{3.10}$$

若 $1 > P_2 / P_1 \geq 0.52$；而在 $P_2 / P_1 < 0.52$ 時

$$C \approx 2 \times 10^5 \frac{AC'}{1 - \frac{P_2}{P_1}} \tag{3.11}$$

3.3.2 長圓管

一般在那維爾－史托克方程式中，對黏流性的數學表示式是很複雜且難解的，對長、直管最簡單且最熟悉的解是由 Poiseuille 和 Hagen 所提出，稱為 Hagen-Poiseuille 方程式。

$$Q = \frac{\pi d^4}{128 \mu l} \frac{P_1 + P_2}{2} (P_1 - P_2) \tag{3.12}$$

對 0 °C 的空氣其氣導 (單位：L/s) 為

$$C = 1.38 \times 10^6 \frac{d^4}{l} \frac{P_1 + P_2}{2} \tag{3.13}$$

這個特定解只有在以下四種假設下成立：(1) 全展流－速度和位置無關，(2) 層流，(3) 壁面速度為零，(4) 不可壓縮氣體。第一個假設是令管長的流線為全展，這個論點是由 Langhaar[(4)] 所提出，他並說明了在流線發展成平行且穩定的輪廓所需要的距離為 $l_e = 0.0586 d R_e$。對 22 °C 的空氣而言，距離將縮短為 $l_e = 0.0503Q$，其中 Q 的單位為 $\text{Pa}\cdot\text{m}^3/\text{s}$，而如果 $R_e < 1200$，$K_n < 0.01$，則 (2) 和 (3) 的假設會成立。至於不可壓縮性的假設也是對的，因為馬赫數 (M_a) 小於 0.3。

$$M_a = \frac{U}{U_{\text{sound}}} = \frac{4Q}{\pi d^2 P U_{\text{sound}}} < \frac{1}{3} \tag{3.14}$$

對 22 °C 的氣體

$$Q < 9.0 \times 10^5 d^2 P \tag{3.15}$$

這個值在許多的情況下也許會超過，而且也會使得 Poiseuille 方程式有所錯誤。黏流性有關同軸長圓柱和橢圓長管、三角面和矩形截面之間的關係已被整理成表。

3.3.3 同心圓管

假設同心圓管之內管之外半徑為 a_i，外管之內半徑為 a_o，則其流量為

$$Q = \frac{\pi}{8\mu l}\left[a_o^4 - a_i^4 - \frac{(a_o^2 - a_i^2)^2}{\ln\left(\frac{a_o}{a_i}\right)}\right]\frac{P_1 + P_2}{2}(P_1 - P_2) \tag{3.16}$$

3.3.4 橢圓管

假設截面之長徑 $2a$、短徑 $2b$ 之橢圓管其黏流之通量為

$$Q = \frac{\pi}{4\mu l}\frac{a^3 b^3}{a^2 + b^2}\frac{P_1 + P_2}{2}(P_1 - P_2) \tag{3.17}$$

3.3.5 矩形管

對 20 °C 在長方形管中流動的空氣有以下的關係：

$$Q = 4.6Y\frac{b^2 a^2}{l}\frac{P_1 + P_2}{2}(P_1 - P_2) \tag{3.18}$$

其中管的截面長寬分別為 a、b，管長為 l，單位是公分，Y 與 (b/a) 的函數關係如下表：

b/a	Y	b/a	Y	b/a	Y
1.0	0.4217	0.4	0.30	0.05	0.0484
0.8	0.41	0.2	0.175	0.02	0.0197
0.6	0.31	0.1	0.0937	0.01	0.0099

如果$a >> b$，將能簡化得到一維解：

$$Q = 4.6\frac{b^3 a}{l}\frac{P_1 + P_2}{2}(P_1 - P_2) \quad (3.19)$$

而 a、b 和 l 同樣以公分為單位。(3.18) 式和 (3.19) 式中和 (3.12) 式一樣，都是和黏性成反比，而且不同氣體有不同性質。對長管而言，這些關係都是有限制的。

它們通常被當作一些元件，如測量質流量的管、控制漏氣的管以及在幫浦和氣槽中相連接的管子。在大部分的情況中，我們以短管連接兩個氣室，儘量減低我們不要的壓力降，並且我們求得對不同情況所需要的關係式。

3.3.6 短圓管

如上所述，流體在短管中並不遵守 Poiseuille 方程式，流體可能由黏性流不經過在 Poiseuille 方程式中的壓力區域，而變成臨界流。這個問題可以用很多方法來求解，其是由一個假設介於管和孔洞的未知壓力形成，而這個壓力可用裝載管子末端的儀器量得，不論氣流有無受阻，管中通過孔的流體可由 (3.13) 求得。假設 P_x 是孔的入端壓力和管的出端壓力，則這個問題的準確性可藉由在計算時使用可變長調 l' 以及可變的孔係數 C' 而提升。

3.4 自由分子流

對一個氣流而言，如果其紐森數 K_n 大於 1.0 (或 22 °C 的空氣其 Pd < 6.6 Pa ·mm)，則在這個區域中流體稱為自由分子流。完整的來說，應該是 R_e < 1200 的區域，但我們無法在沒有黏滯力的區域去定義雷諾數。分子流理論上應該是對任何流場型態而言最容易理解的區域，這邊的討論集中在孔洞、無限長管、有限長管以及其他形狀的管，另外還包含組成管路中之分子流。

3.4.1 孔洞

如果有兩個容器以管連接，而洞口的面積為 A，孔的直徑符合 K_n>1，則氣流由一端 (P_1, n_1) 流至另一端 (P_2, n_2) ，其關係如下：

$$Q = \frac{kT}{4}\upsilon A(n_1 - n_2) = \frac{\upsilon}{4}A(P_1 - P_2) \quad (3.20)$$

孔的氣導率為

$$C = \frac{\upsilon}{4}A \tag{3.21}$$

其中 $\upsilon = (8\,kT/\pi m)^{1/2}$ 是分子平均速率。
對 22 °C 的空氣有以下的性質：

$$C\ (\text{m}^3/\text{s}) = 116A\ (\text{m}^2) \tag{3.22}$$

或 $$C\ (\text{L/s}) = 11.6A\ (\text{cm}^2) \tag{3.23}$$

由 (3.20) 式可看到分子流中一個有趣的特性，氣體由容器 **2** 流至容器 **1**，同時氣流也由容器 **1** 流向容器 **2**，且氣體間不會相互碰撞。

3.4.2 長圓管

Smoluchowski[8] 擴散法及 Knudsen 和 Loeb 的動量傳遞法都可用來描述在自由分子流區域中氣流流過長管的情形，對圓管而言，兩種方法都可以導出氣導率：

$$C_{\text{tube}} = \frac{\pi}{12}\upsilon\frac{d^3}{l} \tag{3.24}$$

而 22 °C 的空氣，其氣導率 (單位：m^3/s) 如下：

$$C_{\text{tube}} = 121\frac{d^3}{l} \tag{3.25}$$

對其他截面非圓形但一致的長管子導出若干氣導率的公式，也可以用相同的方法求出。

3.4.3 短圓管

對長管流方程式 (3.24) 中，當管長趨近於零時，氣導會變成無限大，而在 3.4.1 節中我們導出氣導率會變成 $\upsilon A/4$，Dushman[6] 發展出一種對短管問題的方法，藉由考慮總氣導率等於孔和管長 (l) 的氣導率的倒數和：

$$\frac{1}{C_{\text{total}}}=\frac{1}{C_{\text{tube}}}+\frac{1}{C_{\text{aperture}}} \tag{3.26}$$

當 $l/d \to 0$，這個方程式會簡化成(3.20) 式，而當 $l/d \to \infty$ 時則簡化成(3.24) 式。雖然這個方程對極端的情形可以提供正確的解，但對介於中間的情況卻不正確，甚至誤差可達 12－15%。

短管在作計算時，困難在於氣體和管壁之間相互作用的特性。假設管壁面是分子般粗糙的，其散射遵守餘弦定律。分子撞擊壁面，其與入射角無關。在散射過程中，大多數的散射分子由垂直表面反彈，分子不以 90° 散射。散射前朝向管壁，散射後方向朝向原先的方向。Clausing[10] 以計算一個分子由管的一端進入經由與壁面作散射碰撞後由另一端離開的機率來求解這個問題。Clausing 的解是以積分形式來求得但卻難以估算。對一些簡單的情形如圓管等問題已經由 Clausing 和其他人在一些教科書中列表並大略估算出其值。這些解通常以分子由一端進入，另一端離開的傳輸機率 (transmission probability, α) 的形式來表達，則管的氣導率即可由 (3.27) 式中求得，其中 A 為管的截面積 (單位：cm^2)，而 υ 為氣體的熱速度 (thermal velocity)。

$$C=\frac{\alpha\upsilon}{4}A \tag{3.27}$$

對 22 ℃ 的空氣有以下的性質

$$C=1.16\times10^{5}\alpha A \tag{3.28}$$

由(3.28) 式可以得知在分子流中對任何結構單位面積之分子氣導率的最大值為 (22 ℃ 的空氣)，而任何結構的氣導率都會小於這個值。表 3.1 列出圓管在不同 l/d 值之傳輸機率 α。

3.4.4 其他短結構的解

在任意選取的短管體中以密閉形式做分子氣導率的計算是不太可能的，對截面積為非圓形的管子要做出分子氣導率的解析解只有在很少數的情形下求得出來，使用方法為機率法。

解析解

除了圓之外，截面為薄、長方形、長條狀的管子也是一個很有意思的形狀，這種幾何情形在差級式的幫浦氣室中之回饋管以及連接管都常見到。它是由厚度 b、長度 l、寬度

表 3.1 圓管的傳輸機率[3]。

l/d	α	l/d	α
0	1	2	0.3589
0.05	0.9524	4	0.2316
0.1	0.9092	6	0.1719
0.2	0.8341	8	0.1369
0.4	0.7177	10	0.1135
0.5	0.6720	20	0.0613
0.6	0.6320	40	0.0319
0.8	0.5659	50	0.0258
1.0	0.5136	≧100	0.0027

a，其中 $a >> b$ 的薄縫所組成，其中 a、b 及 l 定義於圖 3.5。Berman[12] 發展出一多項式以符合移動係數的解。而這個公式所要用到的值列在表 3.2。長條的氣導率可由式 (3.27)，利用表 3.2 的傳輸機率和入口面積 ab 計算求得。

表 3.2 薄矩形縫隙的傳輸機率。

l/b	α	l/b	α
0.0	1.0000	15	0.18664
0.1	0.95245	20	0.15425
0.2	0.90958	30	0.11648
0.3	0.87097	40	0.09471
0.4	0.83617	50	0.08035
0.5	0.80473	60	0.07008
0.6	0.77620	70	0.06234
0.7	0.75021	80	0.05627
0.8	0.72643	90	0.05136
0.9	0.70457	100	0.04731
1.0	0.68438	200	0.02722
2.0	0.54206	500	0.01276
3.0	0.45716	1000	0.70829×10^{-2}
4.0	0.39919	2000	0.38914×10^{-2}
5.0	0.35648	5000	0.17409×10^{-2}
6.0	0.32339	10000	0.94000×10^{-3}
7.0	0.29684	20000	0.50472×10^{-3}
8.0	0.27496	50000	0.22023×10^{-3}
9.0	0.25655	100000	0.11705×10^{-3}
10	0.240805	200000	0.61994×10^{-4}

除了上述的短圓管和長條管外，解析解也存在於同心圓柱管、長方形管、橢圓管和三角管，至於其他短管截面和複雜的結構則需以統計的技巧 (Monte Carlo 法) 加以討論。表 3.3 列出一些截面積非為圓形之分子流之氣導，其 K 值和幾何有關。

表 3.3 非圓截面長管分子流的氣導[3]。

斷面形狀	L：配管長
矩　形 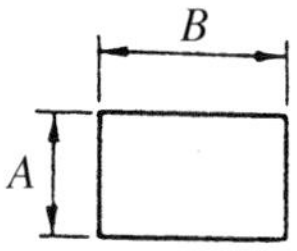	$C = 309 \dfrac{A^2B^2}{(A+B)\,L} K$　　(m³/s)
同心圓 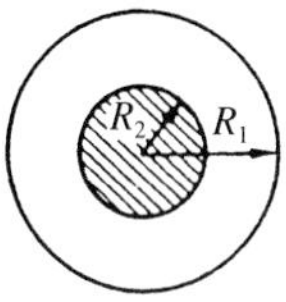	$C = 970 \dfrac{(R_1-R_2)^2(R_1+R_2)}{L} K$　　(m³/s)
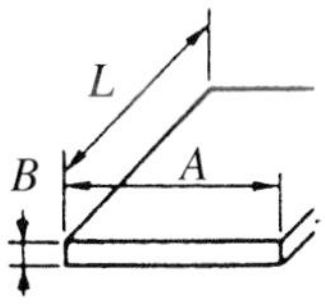 （平板）	$C = 309 \dfrac{AB^2}{L} K$　　(m³/s)
橢　圓 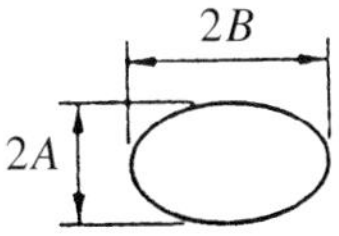	$C = 1371 \dfrac{A^2B^2}{L(A^2+B^2)^{1/2}}$　　(m³/s)
正三角形 	$C = 17.8 \dfrac{A^3}{L}$　　(m³/s)

矩形：

B/A	1	0.667	0.500	0.333	0.200	0.125	0.100
K	1.115	1.127	1.149	1.199	1.290	1.398	1.456

同心圓：

R_2/R_1	0	0.259	0.500	0.707	0.866	0.966
K	1	1.072	1.154	1.254	1.430	1.675

平板：

L/B	0.1	0.2	0.3	0.8	1	2	5	10	>10
K	0.036	0.068	0.13	0.22	0.26	0.40	0.67	0.94	(3/8)ln(L/B)

蒙地卡羅法

蒙地卡羅統計法是由 Davis[13] 所發展出來的一種計算分子氣導率的計算方法。這種計算法在計算較複雜但是卻常遇見的真空系統元件(如：L 形彎管、U 形管和緩衝板等) 時是一大突破。

蒙地卡羅法利用電腦計算傳輸機率時模擬一大群隨機選取的分子中個別軌跡，圖 3.1 是 15 個隨機選取分子進入一個 L 形管的電腦模擬軌跡，它得到的傳輸機率為 0.222。再計算一大群粒子時，則得傳輸機率為 0.31。這也說明了蒙地卡羅法的一個困難，就是它的準確率與他在計算時的分子軌跡數有關，對複雜的問題要求得較精準的值時也需要較多的計算時間。

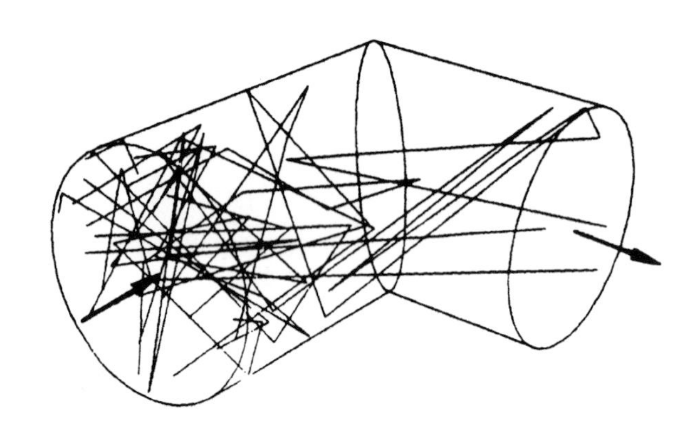

圖 3.1
L 形彎管分子流之蒙地卡羅法分子軌跡。

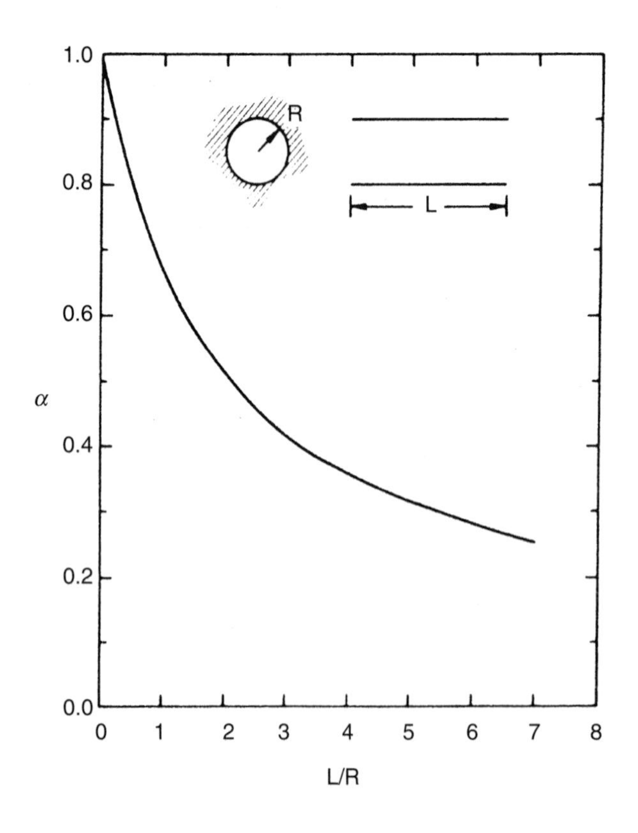

圖 3.2
圓管分子流之傳輸機率[13]。

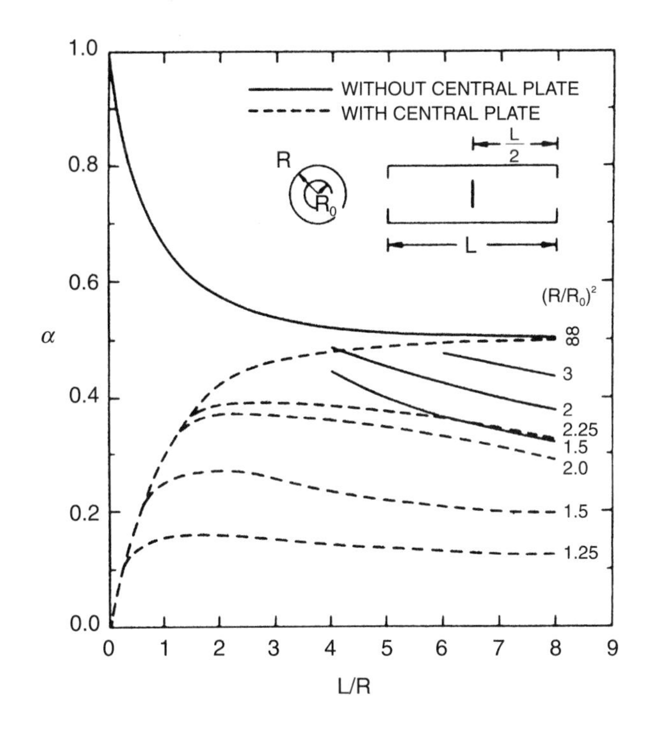

圖 3.3
具入口與出口孔洞之圓管分子流的傳輸機率[13]。

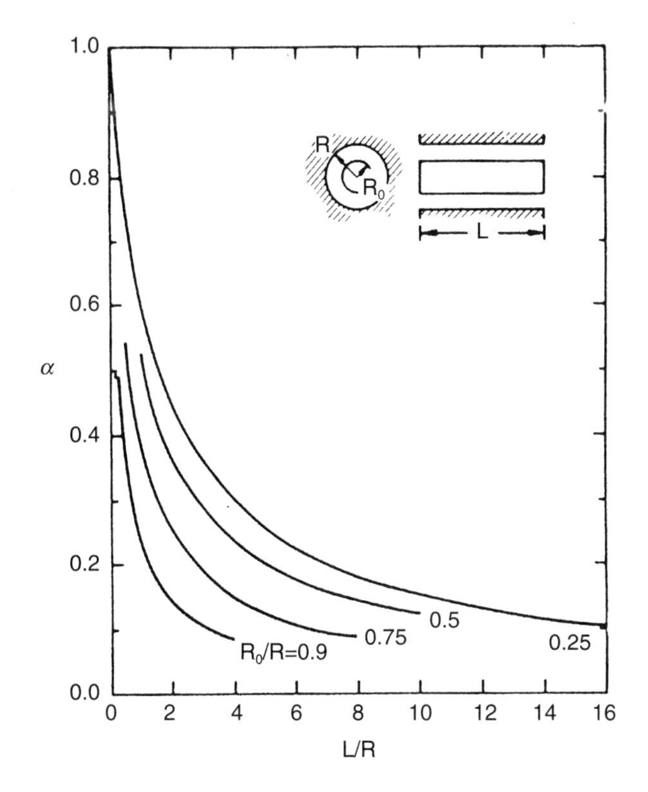

圖 3.4
同心圓柱管分子流之傳輸機率[14]。

圖 3.2 到圖 3.7 包含了一些通常人們有興趣的結構，使用蒙地卡羅法的範例在考慮結構入口的形狀下，得到的機率值就是分子氣導率和通孔的氣導率，在這些公式中末端效應也被包含在內。由於用蒙地卡羅法計算傳輸機率需要大量的時間，因此有人結合圓柱管、孔和緩衝板去逼近於複雜系統，但計算分子氣導率必須相當小心的連接在一起。

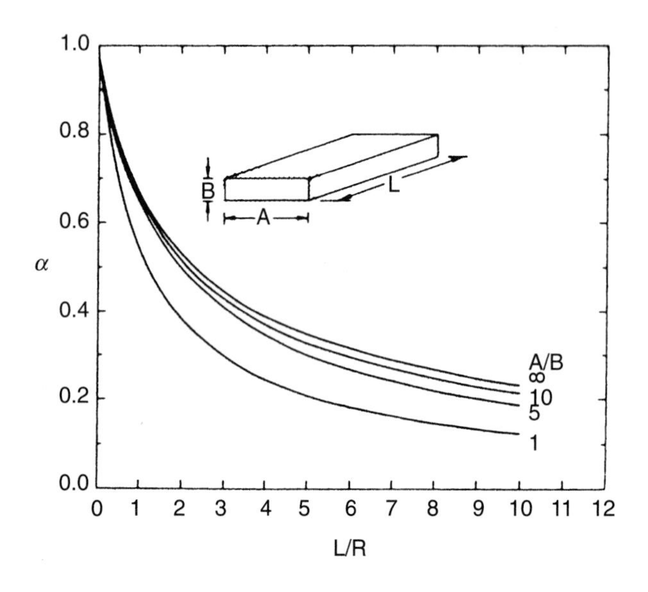

圖 3.5

矩形管分子流之傳輸機率[14]。

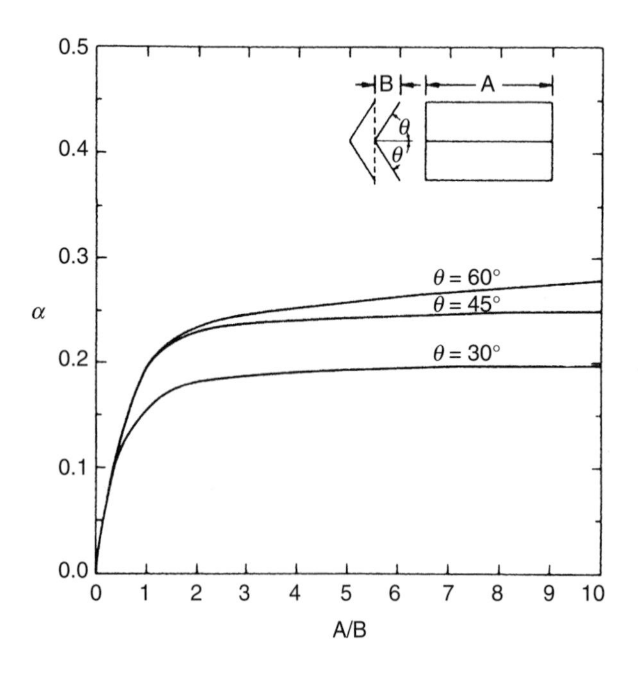

圖 3.6

山形擋板 (chevron baffle) 分子流之傳輸機率[14]。

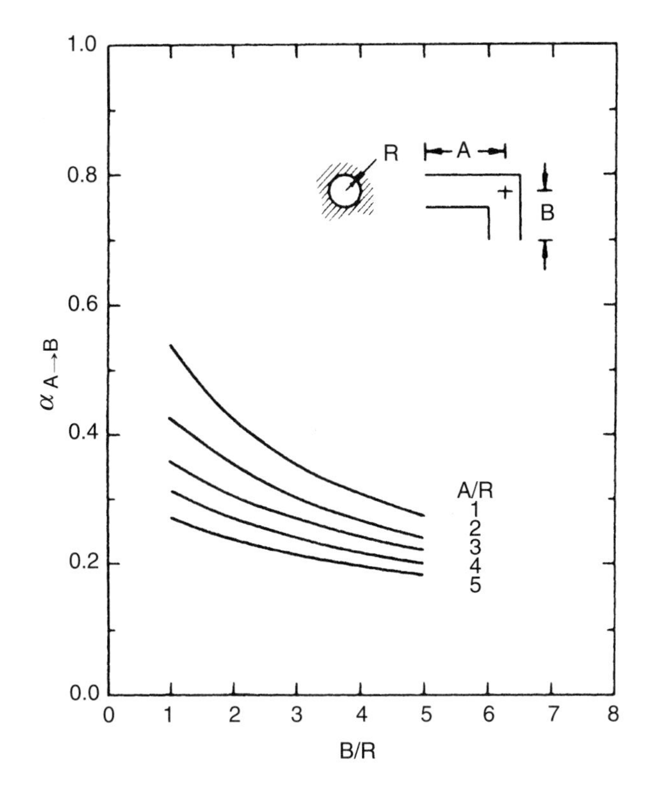

圖 3.7
L 形彎管分子流之傳輸機率。

3.4.5 複合管路之自由分子流的氣導率

在 (3.4) 式氣導率的定義中，可以得知分子在入口會以馬克斯威爾－波茲曼 (Maxwell-Boltzmann) 的形式分佈，並不經碰撞任何表面而向孔移動。這只有在入口和出口附近沒有壁面才可能發生。而這可藉由在兩大儲存槽以元件連接，使容器中的壓力再通過元件時不受影響才可達成。在實際情形中這種狀況並不常遇見。真空氣室和幫浦通常會以最短的管子其長度約為管子直徑等級的L 形管、U 形管和緩衝板相連接。

並聯氣導

管子並聯連結其氣導率可以由簡單的加總而得，而與任何的「終端」效應無關。

$$C_T = C_1 + C_2 + C_3 + \ldots\ldots\ldots \tag{3.29}$$

串聯氣導

分子流中完全獨立元件的總串聯氣導可由下式得到：

$$\frac{1}{C_T} = \frac{1}{C_1} + \frac{1}{C_2} + \frac{1}{C_3} + \ldots\ldots\ldots \qquad (3.30)$$

如果元件間彼此被大體積所隔絕，(3.30) 式可以得到我們所要量測的氣導值。這個大體積可提供於前氣導之出口分子達到完全隨機分佈或稀薄馬克斯威爾－波茲曼氣體分佈。

入口與出口效應

當直接將兩個氣導率結合在一起時，簡單的倒數關係並不成立。如圖 3.8(b)，考慮兩條管子其長度和直徑比 $(l/d) = 1$，由表 3.1 可以得到傳輸機率為 $\alpha = 0.51423$，當根據 (3.30) 式的倒數關係計算時，得到的淨傳輸機率為 $\alpha = 0.25712$，而這個結構 $(l/d = 2)$ 的真實值可由表 3.1 查得 $\alpha = 0.3589$。這中間的誤差 27.9%。為什麼會有這麼大的誤差呢？原因是兩管之間的壓力不相同，對隔絕的系統而言，在容器中兩管間的壓力是能被定義的，它是單一值而且可以由容器的壓力計量得。如果在容器中將壓力計放在任何方向量測，會量得相同壓力。當連結兩管子而中間不含有大體積時，情況就徹底的改變了。在第一根管子出口和第二根管子入口的壓力會相同，但卻難以定義。如果在兩管的接合處放一個量測計並指向上游，它的值會比下游高。同理如果放在朝管壁，則視量測計是否在管子中心或偏離軸線上而定。很明顯的壓力並不具有等向性，這和兩管之間由已知壓力容器連接的情況相反，在那種情形下壓力會變的位置只有壓力計朝上放置第一根管子的出口，也就是容器入口處。這個壓力值會大於容器內的壓力值。

回想 (3.4) 式是所定義的氣導率，如果檢視圖 3.8(a)，可以看到 (3.4) 式容器中每根管底端測量到的壓力差異，藉由這個方式的量測可以將管末端的壓力降以圖解的方式說明。當直接連接兩根管子，可將在朝上游的壓力計量得管出口端的壓力降排除，因此可將氣導率列表於此，以及其他可能的情況，稱為「出端耗損」。

有另一種效應－氣體傳送能更進一步說明。在圖 3.8(a) 中氣體進入第二根管子式隨機分佈而當進入第二根管子中間時 (如圖 3.8(b))，氣體是被傳送，例如圖 3.9 是描述分子離開的

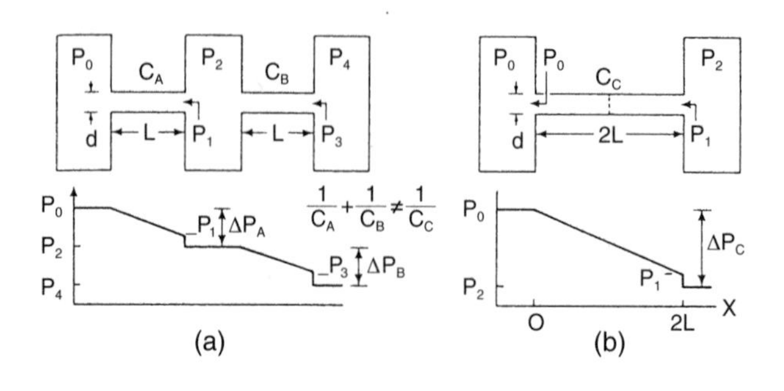

圖 3.8
兩元件之串聯氣導，(a) 管件間為大體積所隔離，(b) 管件間直接連接。

角度。在正常情況下只有一小部份需要修正，在大部分真實氣流中，因為實際上系統是由一些如 L 形管、U 形管等短管所連接，傳送效應 (入口效應) 並不會造成很大的誤差。在圖 3.9 中可以觀察到短管有近似餘弦的出口量，任何包括 L 形管、內部的緩衝板的元件都會散射分子並將分佈趨近於餘弦分佈。

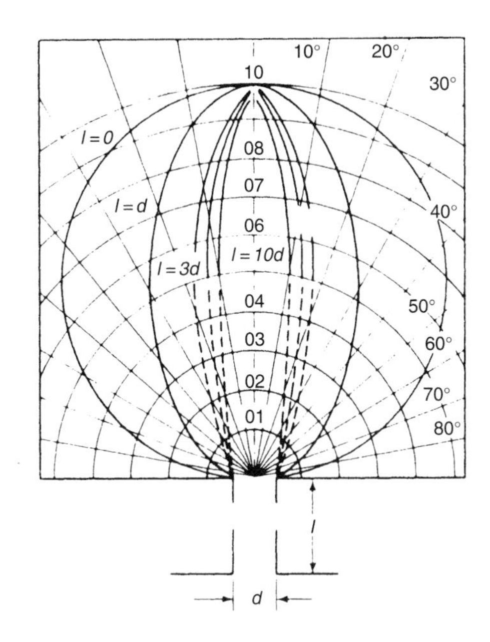

圖 3.9
離開不同長度直徑比圓管出口之粒子餘弦角度分佈。

連續計算

許多人已經運用機率因子 α 的概念來計算自由分子流中真空元素連續組合的氣導率。在這裡檢視一下由 Oatley[15] 所提出的方法。圖 3.10 說明了單一元件的概念；每 Γ 個分子進入管子的左端，每秒 $\alpha\Gamma$ 個分子由右端離開，其中每秒有 $(1-\alpha)\Gamma$ 個分子回到原來的容器，而氣導率可以下式表示：

$$C = \upsilon \frac{A}{4} \alpha \tag{3.31}$$

對兩個連續的管子，Oatley 提出一計算機率的方法，其結果如圖 3.11 所示，其中每秒

Γ →　$(1-\alpha)\,\Gamma$ ←　→ $\alpha\Gamma$

圖 3.10
單一管件其傳輸速率之計算模型。

Γ 個分子進入第一根管子，$\alpha_1\Gamma$ 個分子進入第二根；$\Gamma(1-\alpha_2)\alpha_1$ 個分子回到第一根管子，而有 Γ 進入第二根，而回到第一根管子每秒有 $\Gamma(1-\alpha_2)\alpha_1$ 個分子，而回到第二根管子則有 $\Gamma\alpha_1(1-\alpha_2)(1-\alpha_1)$ 個分子，因此，以此類推，可以推廣到無限多管子，最後可簡化到下面的式子：

$$\frac{1}{\alpha}=\frac{1}{\alpha_1}+\frac{1}{\alpha_2}-1 \tag{3.32}$$

在這個方程式中最後這一項代表的是出口的壓力降，當有好幾個元件組合在一起時其表示式如下：

$$\frac{1-\alpha}{\alpha}=\frac{1-\alpha_1}{\alpha_1}+\frac{1-\alpha_2}{\alpha_2}+\ldots\ldots \tag{3.33}$$

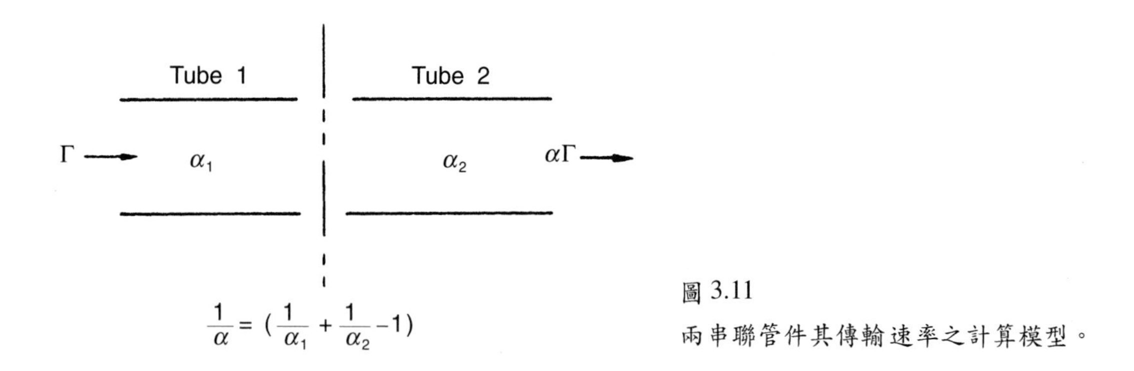

圖 3.11
兩串聯管件其傳輸速率之計算模型。

現在讓我們利用 (3.31) 式或 (3.33) 式來計算先前所提的兩根管子具有 l/d = 1 的性質之氣導率，可以得到 $\alpha = 0.3460$。這個值和由表 3.1 所得到的 Clausing 值 $\alpha = 0.35685$ 很接近，這中間的誤差約 2.93%，這可歸因於並無加入射束效應的考慮。

Oatley 方程式可直接應用在相同直徑的元件，但不能延伸至不同直徑的情形。如果組合中有不同直徑或較複雜的結構的話，可用另一個由 Haefer 所提出的定理，可簡化計算過程。

Haefer[16] 提出另外一個針對分子流區元件的定理，它將 n 個元素的總傳輸機率 (α_{1-n}) 和每個元件的傳輸機率 (α_i) 以及入口面積 (A_i) 連結起來，不論何時，當進入下一個元件截面積減少時 (不是當面積增加時)，方程式會加入額外的項，其結果如下：

$$\frac{1}{A_1}\left(\frac{1-\alpha_{1-n}}{\alpha_{1-n}}\right)=\sum_1^n \frac{1}{A_i}\left(\frac{1-\alpha_i}{\alpha_i}\right)+\sum_1^{n-1}\left(\frac{1}{A_{i+1}}-\frac{1}{A_i}\right)\delta_{i,i+1} \tag{3.34}$$

其中 $\delta_{i,i+1}=1$ 當 $A_{i+1}<A_i$，而 $\delta_{i,i+1}=0$ 當 $A_{i+1}\geq A_i$

這個方程式的用途可以用圖 3.12 來示範。圖中所示為 3 個管子的組合其入口面積分別為 A_1、A_2 和 A_3，而其相關的傳輸機率為 α_1、α_2 和 α_3，則(3.34) 式就會變成下式：

$$\frac{1}{A_1}\left(\frac{1-\alpha_{1-n}}{\alpha_{1-n}}\right)=\frac{1}{A_1}\left(\frac{1-\alpha_1}{\alpha_1}\right)+\frac{1}{A_2}\left(\frac{1-\alpha_2}{\alpha_2}\right)+\left(\frac{1}{A_3}-\frac{1}{A_2}\right)+\frac{1}{A_3}\left(\frac{1-\alpha_3}{\alpha_3}\right) \quad (3.35)$$

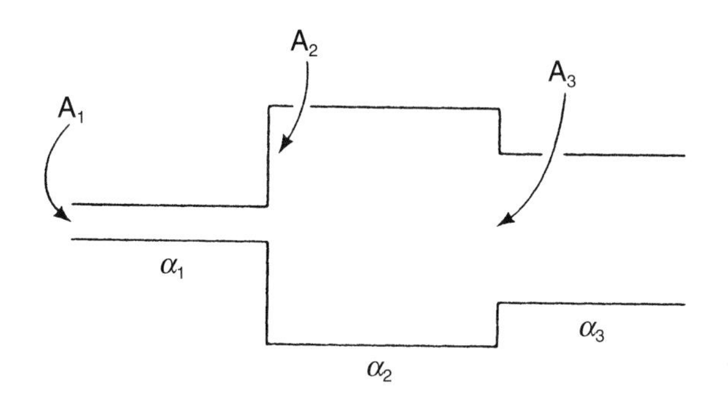

圖 3.12
使用 Haefer 相加法的管件氣導計算範例。

經過一些簡化以後 (3.35) 式可得：

$$\frac{1}{\alpha_{1-3}}=\frac{1}{\alpha_1}+\frac{A_1}{A_2\alpha_2}+\frac{A_1}{A_3}\left(\frac{1}{\alpha_3}-2\right) \quad (3.36)$$

由 (3.36) 可以看出當管子面積都相同時可簡化成 (3.33) 式。Haefer 法在應用時必須一致，如果傳輸機率計算由右至左，在計算氣導率時會用到入口面積 A_n，然而這不影響結構的總氣導率。

$$C=\frac{\upsilon}{4}\alpha_{1-n}A_1=\frac{\upsilon}{4}\alpha_{n-1}A_n \quad (3.37)$$

我們可以看到，如果第二和第三根管子互換則答案將會不同。在結構中互換元件的順序將會影響總傳輸機率。由此可知，實際管件組態的氣導率應該被計算出來，因為當元件的順序為了要簡化計算而改變時，誤差項就會慢慢影響結果。

一個由好幾個元件組合而成的複雜結構，當元件以遞增或遞減的順序排列時，其氣導率有最大值。因為出端損耗是最小的，而其傳送是最大的，以漸大或漸小交錯排序氣導率時，會造成壁面散射而使得進入接下來的區段以類似餘弦分佈的方式輸入。

在計算氣導率時，因為(3.30) 式可以任意地應用在連續元件上，不是一個一個單獨的元素，其出口效率不是相減而且入端並不違背餘弦分佈。最嚴重的誤差是管子出端阻抗乘以時間的序論，在所有列表的移動係數也包括出端項，因此在計算氣導率實有必要移除它。也因為這個原因我們有必要用 (3.33) 式或 (3.34) 式。對出口效應而言，選擇介於一個要計算個別管子的氣導率精確或大略方程式，比修正還不重要。Oatley 和 Haefer 方程式移除了在計算氣導率組合的最大誤差，即在相同直徑每個連接點底端的出口氣導率差值，但沒有一個方程式修正入口效應，非餘弦分布或傳送、入口通量。由 Haefer 和 Oatley 所提的方程式可用來計算和幫浦連接的管子入端其抽吸速度。在這種情況下幫浦是以它的 H_0 係數和入口面積來描述，此時幫浦只是很簡單的想成入口面積 (A) 的氣導率和它的 H_0 係數相等的傳輸機率。這裡 H_0 是幫浦之實際抽氣速率和其最大抽氣速率之比。

3.5 過渡流

過渡區的氣流理論到目前為止並未成熟，理論的陳述是由 Thomson 和 Owens[19]，以及 Loyalka[20] 等來回顧探討。一些在過渡區孔洞中介於分子和等熵流的工作係根據 Knudsen 和書上所提到最簡單的表示式可以這樣寫：

$$Q = Q_{\text{viscous}} + Z' Q_{\text{molecular}} \tag{3.38}$$

其中對長圓管 Z' 值如下：

$$Z' = \frac{1 + 2.507\left(\dfrac{d}{2\lambda}\right)}{1 + 3.095\left(\dfrac{d}{2\lambda}\right)} \tag{3.39}$$

3.5.1 微通道

另外，滑動流 $1 > K_n > 0.01$ 可以借助滑動速度和熱滑移修正那維爾－史托克黏滯流之無滑動邊界條件，因而可延伸了黏滯流之適用性，使從黏滯流至分子流之轉移更為平穩。另外近年來的微機電系統中之微熱流問題常落在 $1 > K_n > 0.01$ 之範圍內。圖 3.13 是微通道之質量流與入口壓力關係圖，其亦顯示有滑動速度及表面調適係數之效應。圖 3.14 和圖 3.15 是微通道之壓力分佈。

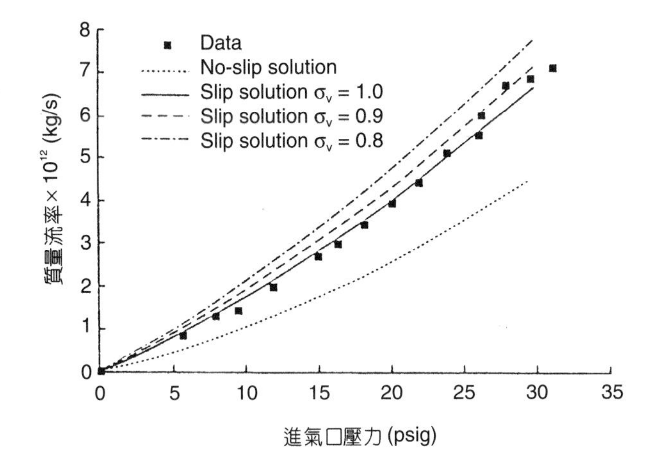

圖 3.13
微通道之質量流與入口壓力關係[24]。

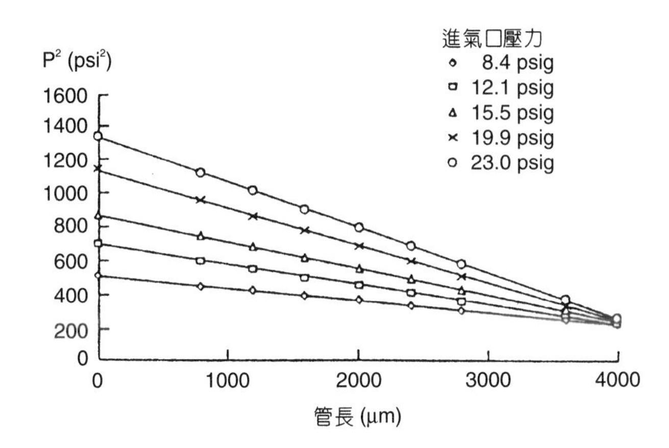

圖 3.14
微通道之壓力分佈圖[24]。

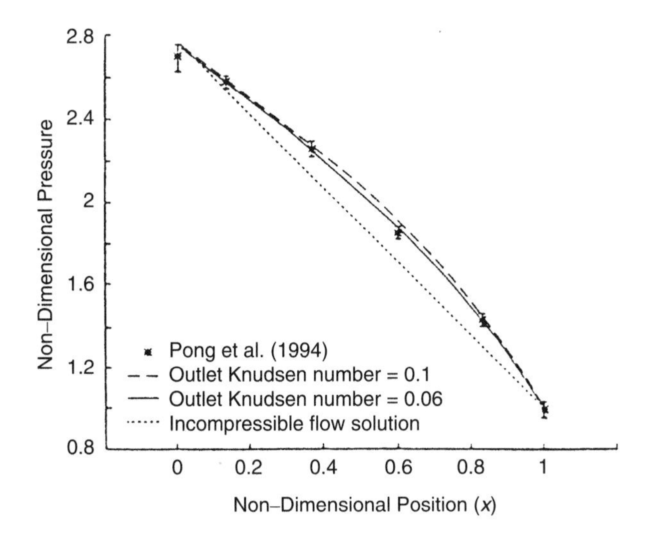

圖 3.15
長微通道之壓力分佈圖 (Arkilic 1997)。

3.5.2 圓管－通孔組合

以下是一具直徑比 $0.2 \le d/D \le 0.8$，紐森數 $0.3 > K_n > 0.005$，壓力比為1 至3.5 的管通孔之氣導，此通孔具有尖邊緣置於圓管中，其兩邊壓力分別為 P_h 和 P_l。定義 $C = Q/(P_h - P_l)$ 在分子流之單獨圓管之氣導為 $C_{pf} = 2\pi D^3(8RT/\pi)^{1/2}/(24l)$。這裡 K_n 數之定義中之 λ 以平均壓力 $1/2(P_h+P_l)$ 時之平均自由徑，而特徵尺度為 $a=D/2$。則管通孔之整體氣導為：

$$\frac{1}{C_{\text{overall}}} = \frac{1}{C_{pu}} + \frac{1}{C_0} + \frac{1}{C_{pd}} \tag{3.40}$$

其中 C_{pu} 和 C_{pd} 是在通孔上游和下游之圓管氣導，C_0 是通孔的氣導。

令 $C_{0f} = (\pi d^2/4)(RT/2\pi)^{\frac{1}{2}}$ 其為通孔分子流之氣導。圖 3.16 是圓管－通孔組合之整體氣導和紐森數之關係。圖 3.17 是圓管通孔組合中通孔之氣導。

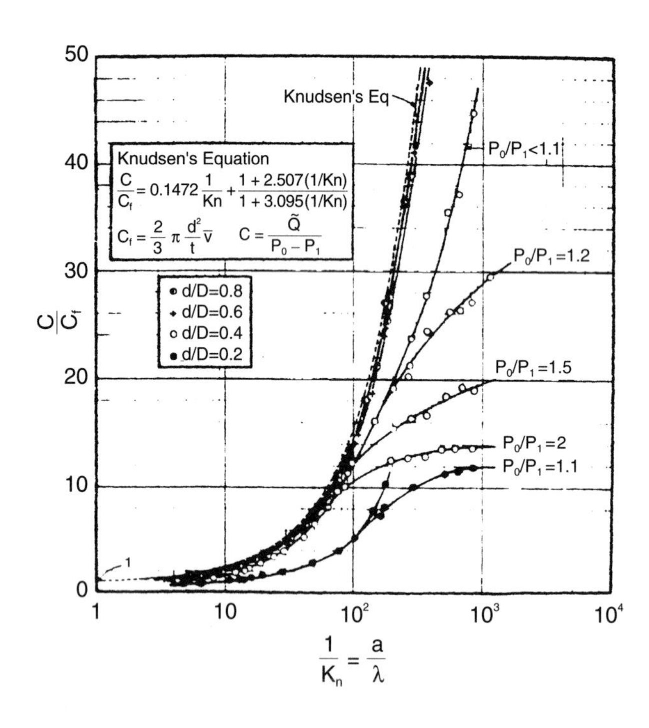

圖 3.16
圓管通孔組合之整體氣導。

3.6 跨越數個壓力區的模型

當真空管路中之氣流，其壓力範圍跨越不同流域區，則流場關係是很難建立的，在這章中已經有兩個例子可以說明，除了先前提到對過渡區的 Dushman 模型外，我們也討論了

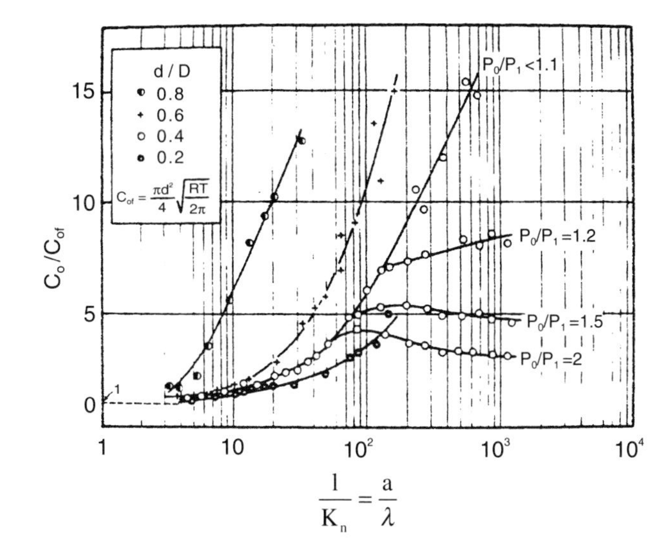

圖 3.17
圓管通孔組合中氣管孔之氣導。

對短管在黏性和阻塞區域中的Santeler 模型。Santeler[7] 對短管的模型將管的元件和出口效應分開，因此，它可以在末端區域中的管子只有一個出端損耗，藉由一些模擬系統而應用在一些管子的組合，至於其它特定的形狀則需分別去發展其關係式。其中對薄片狀的管子的關係是由Kieser 和Grundner[22] 所提出，這個薄片狀長方形管(一端是稀薄氣體，另一端則是在大氣壓中) 放置在由大氣壓至真空的饋送系統。這種在分子流，過渡流和黏性流都正確的關係結合了 Dushman 和 Knudsen[9] 的看法，這對任何入口壓力都成立，但只對低出口壓力 ($P_0 < 0.52\ P_i$) 成立。Kieser 和 Grundner 由 Dushman 假設管子是由導管組成的關係開始，則可得這些連續組合的氣導率為：

$$\frac{1}{C_{\text{total}}} = \frac{1}{C_{\text{pipe}}} + \frac{1}{C_0} \tag{3.41}$$

或對20 °C 的空氣其結果如下：

$$\frac{1}{C_{\text{total}}} = \frac{1}{(0.1106eP_i + Z')C_M} + \frac{1}{C_0} \tag{3.42}$$

在(3.42) 式中 C_0 為：

$$C_0 = 11.6ew\left[\frac{10 + 0.5\left(\frac{e}{\lambda}\right)^{1.5}}{10 + 0.3412\left(\frac{e}{\lambda}\right)^{1.5}}\right] \tag{3.43}$$

$$C_M = 11.6ew\left(\frac{a}{1-a}\right) \tag{3.44}$$

(3.43) 式的型式允許孔的空氣氣導率在分子流中由 11.6 L/s 轉變至阻塞的極限 17 L/s，方程式 (3.43) 是一個實驗得來的結果，以符合空氣在過渡區的情形。

(3.41) 式中所給的管氣導率是根據 Knudsen 的理論，它是由連續流和分子流疊加所得的。既然孔包括在 C_0 項中，可以將它從 (3.44) 式中移除。由 Berman 計算的管氣導率 (C_M) 已經包含了出端效應 (C_0)。(3.41) 式是代表了一個管氣導率和孔氣導率連續組合的總氣導率，在 $l/e = 1$ 到 5 的區域中，其誤差約在 10 至 15%，對更長的管子其誤差更小。

3.7 流場區域的摘要

在先前章節所討論的氣流值、壓力值和管子的尺寸都已經被延伸了一個較寬的範圍，藉由描繪一個管子尺寸 (Q/d)，對壓力乘距離 (Pd) 的流場圖將之前的討論做整理。

圖 3.18 描繪出在這章中所討論的不同區域，分子流發生在 $R_e < 1200$ 的區域而且 $K_n > 1$，這個流場正比於壓力的一階 (slope = 1)，當 $K_n < 0.01$ 時氣體具黏性，氣流或是紊流，完全擴展流 (Poiseuille flow) 或是非擴展區域或阻塞流，由圖中可觀察到完全擴展流正比於壓力的平方 (slope = 2)，紊流與層流之間的邊界取決於雷諾數，完全擴展流與非擴展流之間的

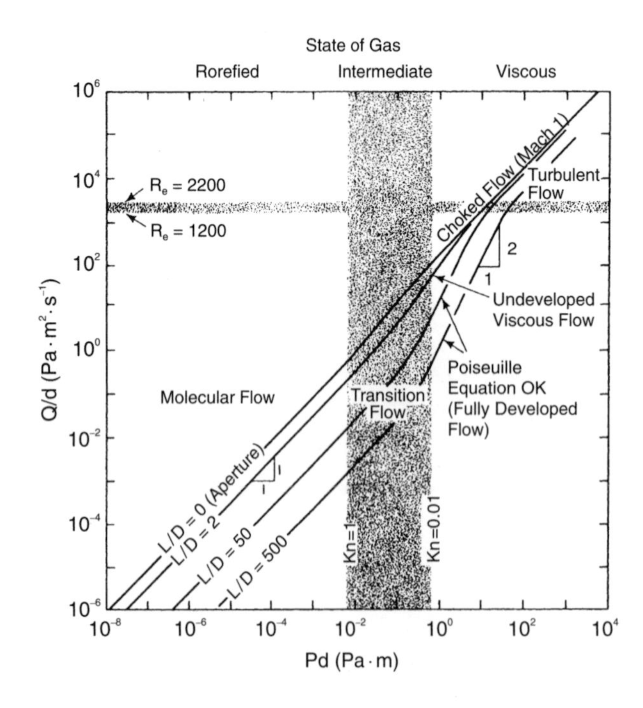

圖 3.18
氣流－壓力流場流域圖[1]。

邊界則取決於蘭赫數 (Langhaar number) 與馬赫數。在分子流和黏性流之間的是過渡區，我們可以看到從完全自由分子流可以在壓力降兩階時轉變為完全黏滯流。

在這一章中我們已經在每一區域中考慮了氣流方程式，在這邊所提到的方程式將好幾個壓力區以及管子形狀的流場與壓力降作一連結，當從一氣室中用氣流的動力方程式組合這些後，就可以計算將一氣室抽氣至一特定壓力時所需的時間。

最後，基本上波茲曼方程式可以描述上述所有的真空流域，但是對於實際工程問題，其計算模擬時間仍是很長，有待電腦中央處理器 (CPU) 能力增進和模擬方法的改善。圖 3.19 和圖 3.20 是一新世代高真空幫浦之直接模擬蒙地卡羅法 (DSMC) 之模擬結果，由國科會精密儀器發展中心所完成，從詳細流場至抽氣速率均可獲得，其對真空系統之設計和分析之工程效益顯而易見。

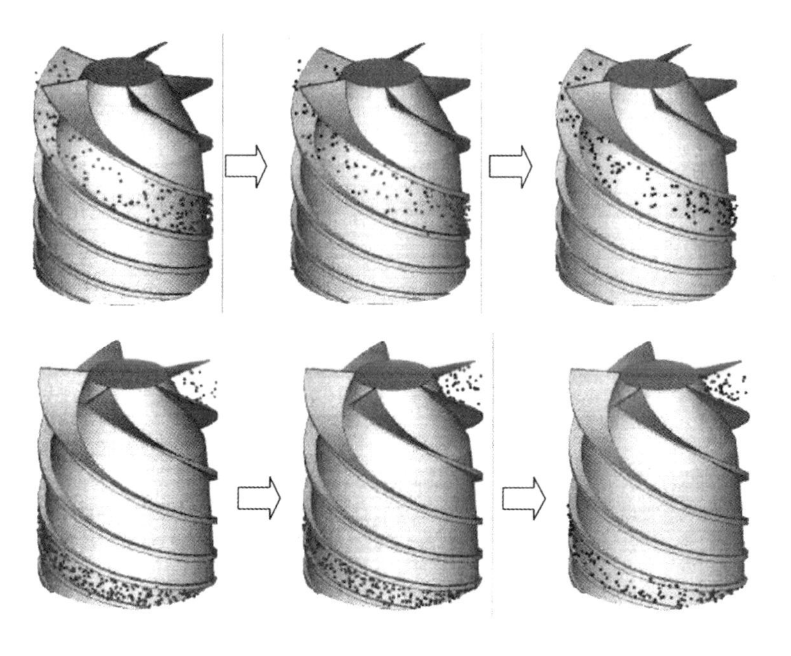

圖 3.19 新世代高真空幫浦之直接模擬蒙地卡羅法模擬結果－模擬粒子分佈圖。

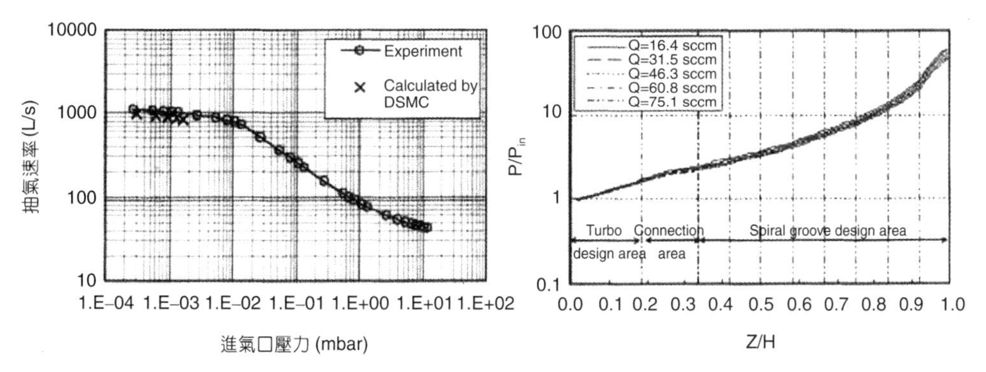

圖 3.20 新世代高真空幫浦之直接模擬蒙地卡羅法模擬結果－抽氣速率性能分析。

參考文獻

1. J. F. O'Hanlon, *A User's Guide to Vacuum Technology*, John Wiley& Sons (1989).
2. G. A. Bird, *Molecular Gas Dynamics and the Direct Simulation of Gas Flows*, Oxford University Press (1994).
3. 原子、分子の流れ, 共立出版株式會社 (1996).
4. H. L. Langhaar, *J. Appl. Mech.*, **9**, A55 (1942).
5. L. Holland, W. Steckelmacher and J. Yarwood, *Vacuum Manual*, London: E. & F. Spoon (1974).
6. S. Dushman, *Scientific Foundations of Vacuum Technique*, 2nd ed., New York: Wiley (1962).
7. D. J. Santeler, *J. Vac. Sci. Technol. A*, **4**, 348 (1986).
8. M. von Smolochowski, *Ann. Phys.*, **33**, 1559 (1910).
9. M. Knudsen, *Ann. Physik*, **28**, 75 (1909); **35**, 389 (1911).
10. P. Clausing, *Ann. Phys.*, **12**, 961 (1932), English Translation in *J. Vac. Sci. Technol.*, **8**, 636 (1971).
11. A. S. Berman, *J. Appl. Phys.*, **36**, 3356 (1965).
12. A. S. Berman, *J. Appl. Phys.*, **40**, 4991 (1969).
13. D. H. Davis, *J. Appl. Phys.*, **31**, 1169 (1960).
14. L. L. Levenson, N. Milleron, and D. H. Davis, *Le Vide*, **103**, 42 (1963).
15. C. W. Oatley, *Brit. J. Appl. Phys.*, **8**, 15, (1957).
16. R. Haefer, *Vacuum*, **30**, 217 (1980).
17. J. O. Ballance, *Trans 3rd. Int. Vac. Congr.*, Vol. 2, Oxford: Pergamon (1967).
18. G. L. Saksaganski, *Molecular Flow in Complex Vacuum Systems*, New York: Gordon and Breach (1988).
19. S. L. Thomson and W. R. Owens, *Vacuum*, **25**, 151 (1975).
20. S. K. Loyalka, T. S. Storvick and H. S. Park, *J. Vac. Sci. Technol.*, **13**, 1188 (1976).
21. S. F. DeMuth and J. S. Watson, *J. Vac. Sci. Technol. A*, **4**, 344 (1986).
22. J. Kieser and M. Grundner, *Proc. VIII Intl. Vac. Congr., Suppl. Rev. Le Vide*, **201**, 376 (1978).
23. J. F. O'Hanlon, *J. Vac. Sci. Technol. A*, **5**, 98 (1987).
24. J. C. Shih, C. M. Ho, J. Liu, and Y. Tai, 1996 National Heat Transfer Conference, DSC-Vol. **59**, 197 (1996).

第四章　氣體的吸附和放出

4.1 表面氣體吸附對眞空技術的影響

對於一個理想的真空系統 (極乾淨的表面)，系統中的氣壓 (P) 和容器的體積 (V)，以及抽氣速率 (S) 有如下的關係：

$$V\frac{dP}{dt} = -SP \qquad (4.1)$$

此方程式的解為：

$$P(t) = P_0 \exp\left(\frac{-S}{Vt}\right) \qquad (4.2)$$

其中，P_0 為時間 $t = 0$ 時的氣壓。因此氣壓會隨著時間而急速下降，若以一般系統的體積和抽氣速率估計，只需數秒鐘的時間，真空度便可達到高真空，甚至超高真空的程度。不過實際上的情況與此相差甚遠。

眾所皆知，在一大氣壓時，空氣中主要的氣體為氮氣，其次為氧氣，而水蒸氣只佔了約百分之一。不過在抽氣的過程中，當真空度達到高真空時，氣壓下降的速率變得緩慢，而且主要的殘留氣體並不是氮氣或氧氣，而是以水氣佔了最大的部份。這些水氣主要是因為真空系統曝露到空氣時，空氣中所含的水氣附著在真空材料表面上所造成。當抽氣時，這些水氣受到了環境溫度的影響而慢慢的釋放到真空中。為了達到超高真空，一般的方法是以加熱烘烤的方式去除這些水氣。在達到超高真空後，真空中仍有不少的殘留氣體，主要是氫氣、一氧化碳和二氧化碳等等，這些氣體也是從材料的表面不斷地釋放至真空中。

因此對於一個實際的系統，上述的公式 (4.1) 便需要修正，一般是以如下式的氣流平衡

第 4.1 節作者為陳俊榮先生。

方程式描述之。

$$Q = SP + V\frac{dP}{dt} \tag{4.3}$$

其中，(4.3) 式左邊代表系統的釋氣率 (Q：單位時間內，由表面釋放至真空的氣體分子數)，(4.3) 式右邊第一項為：單位時間內，由幫浦所抽走的氣體分子數，而 (4.3) 式右邊第二項為：在系統腔體中，氣體分子數的變化率 (假設腔體的體積不變，則氣體分子數的變化會反應在氣壓的變化上)。

為了降低真空系統氣壓，方法不外乎增加幫浦的抽氣速率或減少材料表面釋氣，不過當真空到一定程度以後，增加幫浦的抽氣速率將變得不切實際，因此最好的方法還是減少材料的表面釋氣，所以氣體在材料表面上的吸附和放出的行為，密切地影響真空的氣壓。

對於一個真空系統而言，氣體的來源可分為：(1) 漏氣，(2) 蒸發，(3) 表面釋氣 (脫附)，(4) 擴散，(5) 幫浦回流氣體及 (6) 滲透等。其中「漏氣」的情形是一般系統中必須避免的，「幫浦回流氣體」可以藉著幫浦的選擇或者利用冷陷阱的方式減少，而「蒸發」可由選用低蒸氣壓的材料加以避免，或查出材料的蒸氣壓而清楚地評估。至於「表面釋氣 (脫附)」、「擴散」以及「滲透」等，則不僅受到材料及處理方法的影響，而且與氣體的吸附和放出有極大的關係。

除了影響到釋氣率之外，許多幫浦，例如吸附幫浦、冷凍幫浦、離子幫浦及結拖幫浦等等，也都利用表面吸附的原理以達到抽氣的作用。此外，材料表面的附著也會影響真空計的靈敏度或是其背景氣壓。因此氣體的吸附和放出的基本原理，深刻影響了真空技術方面的實務和觀念。這些現象從高真空技術發展的初期就已經受到重視，而且應用面也越來越廣。在本章中，將描述氣體在固體上的行為，以及各種釋氣的現象和作用，以提供相關的基本知識。

4.2 氣體分子在固體上的行為

氣體與固體表面接觸時，可於固體表面發生附著 (sorption) 現象而被固體捕捉，反之，氣體分子亦可從被捕捉之固體表面釋出，而形成脫附 (desorption) 現象。氣體於固體表面之附著可概分為吸附 (adsorption) 及吸收 (absorption)。由於吸附性質之不同，吸附可分為物理吸附及化學吸附，此部份將在 4.2.1 節加以討論。而氣體分子被表面吸收後，將伴隨著擴散 (diffusion) 及滲透 (permeation)，此部份將於 4.2.2 節討論。

4.2.1 物理吸附與化學吸附

第 4.2 節作者為李燕村先生。

當氣體分子撞擊真空腔表面時，氣體分子即與真空腔表面產生交互作用，而有機會被捕捉於表面上形成吸附作用。吸附現象可由氣體分子與表面分子之作用機制，而概分為物理吸附及化學吸附兩種。如吸附是物理性質的，亦即只牽涉到分子間的凡德瓦力 (Van der Walls force)，則稱為物理吸附，此種吸附力是相對微弱的。又由於此物理吸附力是吸力，伴隨有作功發生而有熱量產生。

當吸附過程牽涉到電子之轉移而形成化學鍵結，則稱為化學吸附。由於化學吸附有化學鍵結形成，故此種吸附遠較物理吸附穩定。

(1) 吸附力

當吸附現象發生時，分子間之吸附力可由位能與距離之關係表現出來。圖 4.1 顯示[1]，當氣體分子撞擊真空腔表面而被吸附於最低位能之平衡點，此位能稱為吸附熱 (heat of adsorption, H_A)，此時吸附熱即等於吸附能 (energy of adsorption, E_D)。

物理吸附之吸附力為凡德瓦力。若進一步探討可發現凡德瓦力以三種型式表現出來[2]，分別為靜電偶矩力、誘導力及色散力。有電偶矩之氣體分子接近物質表面，當二者之電偶矩力相吸時，則產生吸附作用，靜電偶矩力大部分為二極電偶矩，小部份極性分子亦有四極偶矩力存在。除了電偶矩力外，非偶矩分子亦可能受到偶矩分子之電場影響而產生誘導偶矩，此誘導偶矩力亦可形成吸附。另外稀有氣體之外層電子雲為球形對稱分佈，並不具有偶矩，但若考慮某一瞬時之間，電子會位於某些位置上，故有瞬時之偶矩力，由於此種力之推導式子相似於色散公式，故稱色散力。

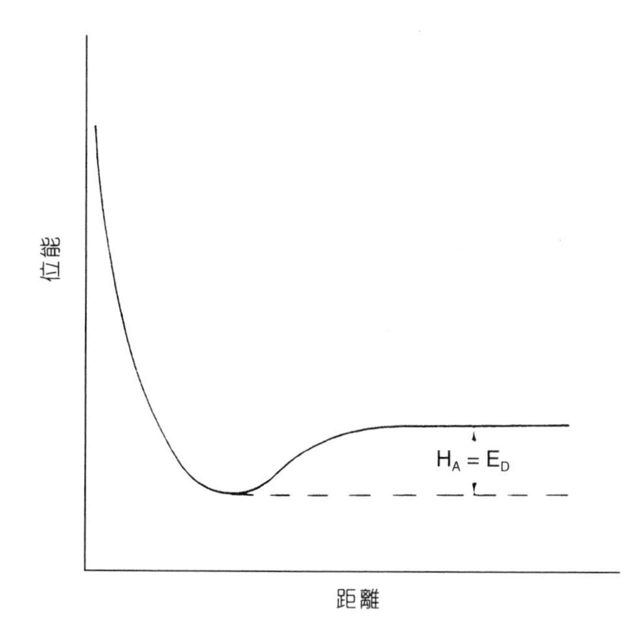

圖 4.1
氣體分子之吸附位能圖。

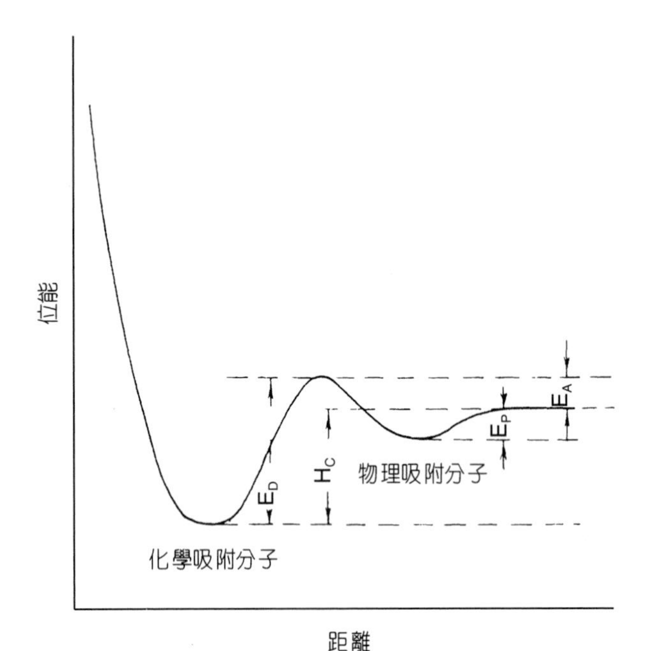

圖 4.2
物理吸附後再經活化之化學吸附位能圖。

化學吸附為化學鍵結，可分為離子鍵結力與共價鍵結力兩種。化學吸附主要是以共價鍵形式出現。純離子鍵結並不常見，主要是以共價鍵吸附中含有部份離子鍵結[(2)]。

物理吸附力比化學吸附微弱，物理之吸附熱約在 8 kcal/mole 附近，而化學吸附熱則可大至250 kcal/mole 左右[(1)]。表4.1 則列出不同氣體分子與物質表面之吸附熱[(1)]。

吸附現象並不全然由氣體分子直接吸附於表面而完成，比如化學吸附可先經由物理吸附後，再經過活化 (activation) 作用而形成。此時吸附能即為化學吸附熱 (H_C) 與催化能 (E_A) 之和，即

$$E_D = H_C + E_A$$

(2) 吸附過程相關之參數

由 4.2.1.1 節之描述，可知吸附過程中吸附能 (E_D) 與吸附熱 (H_A) 之關係可由位能圖表現出來。不同的吸附過程位能圖上之變化也就不同，甚或有較複雜之情形。以多層吸附為例，如吸附為物理吸附，則當表層被吸附後，往後增加多層之吸附熱將會降低。

除了位能圖上之能量變化外，在吸附過程中另一個重要之參數為黏著係數 (sticking coefficient)。黏著係數是一個與氣體分子被物質表面吸附程度相關的指標，亦即黏著係數越大，則單位時間、單位面積內，氣體分子被吸附的數目將會越多。溫度亦是決定吸附的重要參數。而不同的氣體壓力下，吸附的程度也會不同。如由吸附的機制 (物理吸附或化學吸附)

表 4.1 不同氣體分子與物質表面之吸附熱*。

種　類	氣體	表面	吸附熱 (H, kcal/mole)	氣體	表面	吸附熱 (H, kcal/mole)
物理吸附	Xe	W	8－9	A	C	1.8
	Kr	W	4.5	Xe	Mo	8
	A	W	1.9	Xe	Ta	5.3
化學吸附	Rb	W	60	O_2	Ni	115
	Cs	W	64	H_2	Fe	32
	B	W	140	N_2	Fe	40
	Ni	Mo	48	H_2	Ir	26
	Ag	Mo	35	H_2	Co	24
	H_2	W	46	H_2	Pt	27
	O_2	W	194	O_2	Pt	67
	CO	W	100	H_2	Pd	27
	N_2	W	85	H_2	Ni	30
	CO_2	W	122	H_2	Rh	26
	H_2	Mo	40	CO	Ni	35
	H_2	Ta	46	H_2	Cu	8
	O_2	Fe	136	--	--	--

*References: McIrvine (1957), Hughes (1959), Kisliuk (1959), Gomer (1959), Ehrlich (1961, 1962), Young and Crowell (1962), Brennan and Hayes (1965).

來加以考量，不同的氣體分子與表面的作用力也會不同，因之吸附也會跟著不同。如更仔細考慮，吸附程度也會跟物質表層之平坦粗糙而有所差異。但整體而言，仍可以下式子來作一說明。

$$\frac{dN_a}{dt} = \frac{C\alpha P}{\sqrt{MT}} \tag{4.4}$$

式中表示單位時間、單位面積內，氣體分子之吸附量 dN_a/dt (單位：mole/cm^2·sec) 正比於氣壓 (P, Torr) 及黏著係數 (α)，但均方反比於溫度 (T, K) 及氣體分子重量 (M)。(4.4) 式中 C 為比例常數，其值為 3.15×10^{22}。一般而言，黏著係數為介於0.1 至 1 之間的數值[1]。

(3) 吸附平衡與吸附等溫式

當氣體分子被物質表面吸附後，氣體分子亦可由吸附之處放出。在真空系統中氣體分子被吸附與放出之過程將持續進行而影響氣壓之變化，但當平衡到達時，氣壓將會到達穩定值，而吸附與放出之氣體分子亦將維持平衡。

氣體分子之放出率取決於氣體分子吸附於單層之數目及此單層之覆蓋率 (θ)，(整層全被覆蓋，則其值為 1)。氣體分子之平均吸附時間 (t_a) 對分子之放出亦有影響，t_a 越大則氣體分子脫離吸附面就越困難，這困難的程度取決於吸附能 (E_D) 之大小及溫度。氣體分子被吸附後，分子與分子之間仍有振動，當溫度增加時，振動將會加劇，終至氣體分子能克服吸附能而於吸附處放出。

當平衡到達時，θ 覆蓋區之放出率應等於 (1–θ) 區之吸附率。由以上的討論，(1–θ) 區之吸附率可由 (4.4) 式描述，而 θ 區之放出率亦可定義如下：

$$\frac{dN_d}{dt} = \frac{N_0\theta}{t_a} \tag{4.5}$$

式中 t_a 為平均吸附時間，N_0 為氣體分子被吸附於單層之數目。(4.5) 式中之平均吸附時間 (t_a) 為與溫度 (T) 及吸附能 (E_D) 相關之參數。平衡發生時，覆蓋率 θ 可由 (4.4) 式及 (4.5) 式之幫助而得出。於平衡時，真空系統之溫度並沒有太大變化，若考慮於溫度固定時，θ 將隨壓力之改變而變化。這種於定溫下，θ 隨壓力變化之公式即稱為吸附等溫式 (adsorption isotherm)。1918 年 Langmuir 將吸附等溫式表述為[4]：

$$\theta = \frac{P}{1/b + P} \tag{4.6}$$

式中 b 可由 (4.4) 式及 (4.5) 式之幫助而得出。圖 4.3 圖示於不同 b 值時之 Langmuir 吸附等溫圖線[1]。由圖 4.3 顯示高溫時之吸附覆蓋率小於低溫之情形；而且於低溫時覆蓋率亦隨壓力之增加而易達到飽和。

Langmuir 吸附等溫式適用於單分子氣體於單層未被完整覆蓋之情形，對多分子氣體之覆蓋，則可由 1938 年 Brunauer、Emmett 及 Teller 提出之 BET 吸附等溫式表述之[5]。

$$\frac{P_0}{V(P_0 - P)} = \frac{1}{V_m C} + \frac{C-1}{V_m C}\frac{P}{P_0} \tag{4.7}$$

式中 V 為某給定 θ 值下氣體被吸附之體積，P_0 為平衡之凝結蒸氣壓，V_m 為單層覆蓋體積，而 C 為

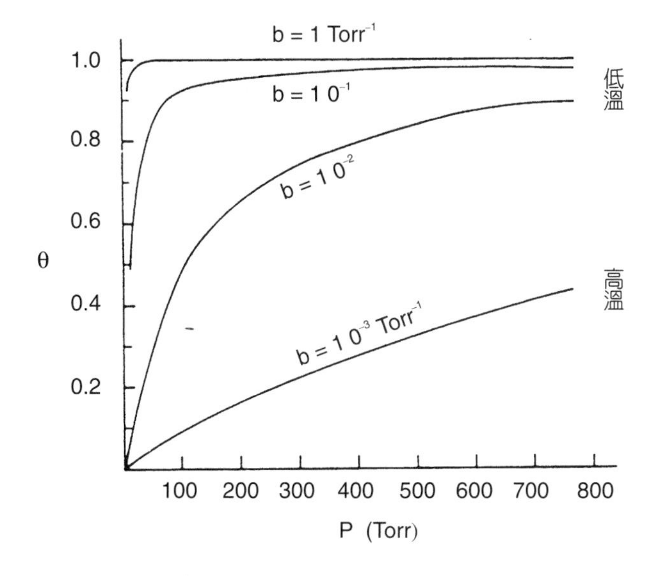

圖 4.3
Langmuir 之吸附等溫圖。

$$C = \exp\frac{(E_I - E_L)}{RT} \tag{4.8}$$

其中E_I為第一層之吸附熱，E_L為凝結能。

圖 4.4 圖示不同壓力之 BET 等溫圖線[3]。BET 吸附等溫式所描述的為多層吸附。BET 等溫式對於決定物質表層之特性有很大幫助，考慮 (4.7) 式將 $PV^{-1}(P_0-P)^{-1}$ 對 P/P_0 作圖，則可得二數值，斜率 $(C-1)/(V_mC)$ 及交點 $1/(V_mC)$。由此二數值可求出 C 及 V_m，再由單層之體積 (V_m)，可推導出單層氣體分子之數目。1963 年 Schram 利用 BET 方法，求得真空表面物質面積 (A_p) 與幾何面積 (A_g) 之比，A_p/A_g 之比最大可到達 900[6]。由此事實可知物質表面之特性對真空有很大之影響。而增加表面平坦度，降低吸附之可能因子為降低氣體表面釋氣之重要因素。除上述等溫式外，亦有文獻或書籍討論其他之等溫式及應用[1-3, 7-10]。

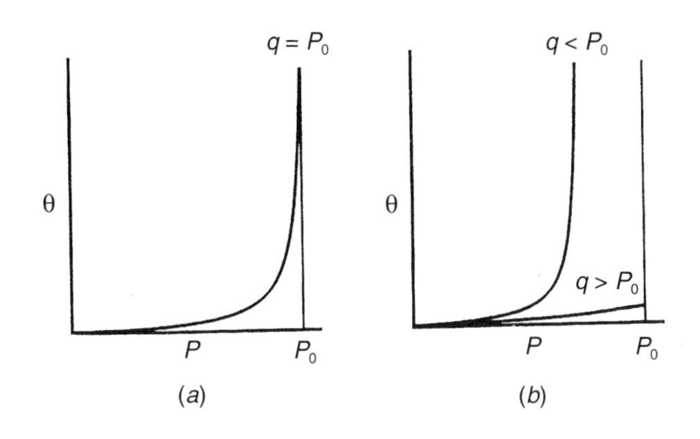

圖 4.4
不同吸附形式 (由 q 與 P 決定) 之 BET 等溫圖。$q > P_0$，即 Langmuir 等溫圖線，$q = P_0$ 及 $q < P_0$ 代表多層吸附之圖線。

對吸附而言，不同的覆蓋率 (θ) 將影響吸附熱 (H_A) 之值。這主要是表現出物質表面之不均勻性。當吸附初期，表面活性較強處有較大機會發生吸附，此時吸附熱最大，而當 θ 值增加後，活性表面越少，位能井變得越小，因之吸附熱越小。化學吸附之情形亦同，隨著 θ 值之增加，因同方向之電偶矩增多而使斥力加大，位能井因而變小。

4.2.2 氣體的溶解、擴散與滲透

當氣體分子被吸附於真空腔表面後，氣體於真空腔表面即有一濃度梯度形成。被吸附之氣體分子於表面外層溶解 (dissolve) 後，會沿此濃度梯度移動而擴散 (diffusion) 至真空端後放出。這吸附、溶解、擴散，至放出之過程即為滲透 (permeation)。在真空系統中，擴散需伴隨濃度之變化，亦即濃度梯度驅動原子或分子從一處 (或一物質) 移動至另一處 (或另一物質)。相對而言，滲透是由壓力差驅動氣體之移動。

於真空系統中，氣體之溶解、擴散及至滲透的過程相當緩慢，因於穩定態時，滲透最終之行為就與小漏相似。更由於滲透牽涉氣體從高氣壓向低氣壓之轉移，這個過程將會限制真空腔內之終極氣壓。

(1) 表面的解離與擴散

當氣體分子被吸附於物質表面後，氣體分子會解離而產生擴散與滲透作用。1962 年 Norton 曾對此行為作一描述[1]。在這過程中，氣體於固體中之溶解為重要之環節。氣體溶解於固體的現象，相似於氣體溶解於液體中，若以 C 代表溶解於固體中之溶解度，則

$$C = SP^{\frac{1}{j}} \tag{4.9}$$

式中 P 為壓力，S 為於 1 atm、273 K 下於 1 cm^3 固體之溶解率，而 j 為溶解常數。若雙原子氣體溶於金屬時，$j = 2$，但當所有氣體溶於非金屬物質時，$j = 1$。

當被吸附之氣體分子溶解後，會沿濃度梯度行擴散作用。氣體分子於固體中之擴散可由費克擴散定律描述。當穩定態到達時，費克第一定律 (Fick’s first law) 表述

$$Q = -D_1\frac{dC}{dx} \tag{4.10}$$

式中 Q 為穿過 1 cm^2 面積之擴散量，D_1 為擴散常數。(4.10) 式明顯表示出擴散之方向與濃度梯度之方向相反，此可由 (4.10) 式中之「－」號明顯看出。擴散常數 (D_1) 為與溫度、溶解活化能有關之物理量，當然不同之氣體分子與表面也會有不同之擴散常數。

費克第一定律只適用於平衡時之穩定態，但平衡需於很長的時間後方可到達，甚或根本不可能到達平衡。在此種轉換期間內，濃度必隨時間而改變，而並非如 (4.10) 式般只有濃度梯度而已。費克第二定律 (Fick's second law) 可解決此一困擾，費克第二定律表述為

$$D_1 \frac{d^2C}{dx^2} = \frac{dC}{dt} \tag{4.11}$$

(4.11) 式基本上解釋了吸附氣體分子之濃度隨時間改變之行為。

當穩定態到達後，考慮兩個表面之距離 (厚度) 為 l，兩個表面之壓力及濃度分別為 C_1、P_1 及 C_2、P_2。則由 (4.9) 式及 (4.10) 式有

$$Q\int_0^l dx = -D_1\int_{C_1}^{C_2} dC = -D_1\int_{C_1}^{C_2} d\left(SP^{\frac{1}{j}}\right) \tag{4.12}$$

亦即

$$Q = D_1 S \frac{P_1^{\frac{1}{j}} - P_2^{\frac{1}{j}}}{l} \tag{4.13}$$

式中 D_1S 即稱為滲透常數，一般以 $K_p = D_1S$ 代表之。當 $j = 1$ 時 (4.13) 可改寫成

$$Q = K_p \frac{\Delta P}{l} \tag{4.14}$$

(4.14) 式即為常見之非金屬物質滲透方程式。由 (4.13) 式及 (4.14) 式知氣體分子於固體中之滲透為循著壓力差，由高氣壓處往低氣壓處進行。

(2) 金屬中的溶解與滲透

氣體分子於金屬中之溶解，可由 (4.9) 式描述，其中 $j = 2$，此種溶解為雙原子氣體分子於金屬表面之行為。雙原子分子於金屬表面先行解離，即

$$X_2 \rightarrow X + X$$

其中 X_2 代表某雙原子氣體分子。當雙原子氣體分子解離後，每個原子都會循著金屬表面擴

散、滲透，故滲透率與氣壓 (P) 之均方根成正比，如 (4.13) 式所示。

在氣體分子中，稀有氣體對於金屬是不滲透的；而氫 (H_2) 是所有氣體中最會滲透的，特別是對鈀 (Pd) 的滲透最顯著。氫對鐵的滲透作用是經由腐蝕及電解作用而完成。氫對鐵有較高的滲透率，尤其是在鋼中含碳量越大時，滲透率越高。因此為降低氫之影響，真空系統之真空腔皆採用低碳鋼作為腔體。另一個常用之真空腔物質為鋁，氫對鋁的滲透率並不大，此種特性造就鋁成為很好之真空腔材質。但在超高真空，或真空腔被加熱時，氣體分子對鋁之滲透就會較顯著。氣體分子對銅之滲透率亦很低，此意謂銅在真空材質之應用上亦有很好之優點。

(3) 非金屬中的溶解與滲透

由於氣體分子溶解於非金屬表面而行滲透之過程，並不需如雙原子氣體分子溶於金屬表面，要先行解離為單原子再行滲透之過程，此種溶解與滲透行為正比於氣體分子之氣壓。即於 (4.9) 及 (4.13) 式中 $j = 1$。

在非金屬物質中的滲透都與壓力差成正比。由於非金屬之種類繁多，滲透率也有相當範圍之變化。以玻璃為例，在超高真空時，滲透率方顯現出重要。但玻璃的結構越緊密時，則滲透率也就越小。有機聚合物為另一個例子，有機聚合物可被包括稀有氣體在內的所有氣體所滲透，而且滲透率變化相當大。以橡膠為例，二氧化碳對橡膠的滲透率比空氣對橡膠的滲透率高一個數量級。同時水對有機聚合物之滲透率是相當高的。由於水為高真空條件之重要的指標，減小或不用有機聚合物，以降低水釋氣，乃為重要之考量。

4.3 熱過程導致的氣體放出

真空系統中材料表面氣體的釋放，通稱為釋氣或逸氣 (outgassing)。其中可能的釋氣原因包括表面受熱脫附 (thermal desorption)、擴散作用，以及材料本身受激發 (電子、離子或光子) 而釋氣。假如從典型的抽氣過程中，氣壓與時間的變化曲線來分析 (如圖 4.5)，抽氣時容器體腔中的氣體首先被移除，其次是表面所吸附的氣體，再接著是材料中氣體擴散所造成的作用，最後當上述的釋氣來源都減低至相當程度後，從真空系統外滲透至真空容器內的氣體分子數，決定了系統所能達到的最低氣壓。

剛開始抽氣時，主要是抽除氣體腔中的氣體分子，此時氣壓隨時間的指數下降。經過一段時間後表面脫附以及擴散作用逐漸顯著。在釋氣率曲線上，表面脫附作用，其曲線斜率近似 –1，而擴散作用之斜率約為 –1/2。在表面脫附或擴散作用之後，為一定斜率的釋放作用。對一般金屬材料而言，主要的釋氣來源為表面脫附和擴散作用。

第 4.3 及 4.4 節作者為許瑤真女士。

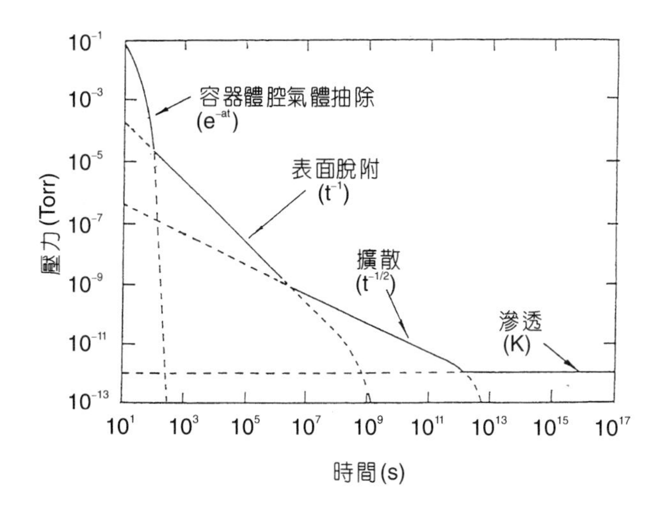

圖 4.5
典型的氣壓與抽氣時間關係圖[15]。

4.3.1 表面脫附

當材料放在真空容器中，材料表面所吸附的氣體因受熱會釋放出來，此現象稱為表面脫附 (surface desorption)。表面脫附主要與氣體分子吸附能量、表面溫度、氣壓和表面之氣體覆蓋率等有關，通常稱之為熱釋氣 (thermal outgas)。氣體吸附在表面上可分為物理吸附與化學吸附，在真空系統中，由於物理吸附之氣體在室溫下可以很容易逃離表面由幫浦抽走，因而化學吸附之氣體是真空系統中最常見的釋氣。

材料表面的釋氣數據顯示，釋氣率 (q) 與時間 (t) 的關係可以表示為

$$q(t) \sim t^{-\alpha} \tag{4.15}$$

其中斜率 α 由實驗釋氣率可求得，範圍為 -0.7 至 ~ 2，而最常見的斜率值約為 1。此斜率亦可由吸附等溫線預測出，不過仍有些學者認為是多種擴散作用的加成效果。

4.3.2 擴散作用

擴散作用是一物質在另一物質中因濃度的不同而產生的遷移現象，真空氣壁與真空中的氣體分子濃度有一梯度分布，此時濃度梯度會驅使壁中的分子或原子擴散到表面，在擴散至表面容器之後，分子或原子則再經釋放作用而排至真空中，而成為主要的釋氣來源之一。此擴散作用可以用費克第一與第二定律描述 (請見 4.2.2.1 節)。

若將適度的邊界條件引入，即可求解 (4.10) 與 (4.11) 二式。通常短時間內 $q \sim C_0 (D/t)^{1/2}$ 或 q 只與 $t^{-1/2}$ 有關。長時間而言，釋氣率則表示為 $t^{-1/2}e^{-at}$。擴散作用的現象，一般在多孔性的非金屬材料可以發現。至於金屬材料，擴散作用主要來自多孔性的氧化層，除非在較特別

的情形下(例如含水氣較少的條件下)，否則較不易觀察到擴散的行為。

4.3.3 氣體放出率的測量方法

(1) 流量法

流量法 (throughput method) 可以用來測量釋氣率，其原理為將一已知氣導 (conductance) 的小孔 (orifice) 裝置在欲測量釋氣率的真空腔與幫浦之間，則通過小孔的淨流量 Q (即總釋氣率) 為

$$Q = C \times (P_1 - P_2) \tag{4.16}$$

而所欲量測材料其單位面積之釋氣率則為

$$q = \frac{Q}{A} \tag{4.17}$$

其中 P_1 為真空腔之氣壓，P_2 為幫浦端之氣壓，C 為小孔之氣導，A 為待測真空腔的總表面積。以圖 4.6 之釋氣率量測實驗系統為例，此系統利用兩 BA 真空計分別測量容器 I 與容器 II 的真空度。兩容器間置入一直徑為 6 mm 的小孔限制其氣流量，所量測釋氣率隨時間變化曲線則如圖 4.7 所示 。實驗量測顯示釋氣率 (q) 在最初 24 小時約與時間成反比 (如 4.3.1 節所述)。在加熱時因為容器表面所吸附的水氣被趕出，因而造成釋氣率大幅度上升。但在降溫後的 q 值則因加熱而有效的降低釋氣率。

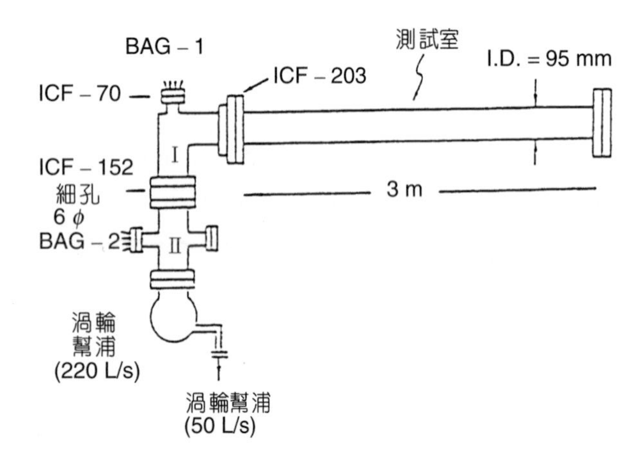

圖 4.6
熱釋氣率量測實驗系統圖[19]。

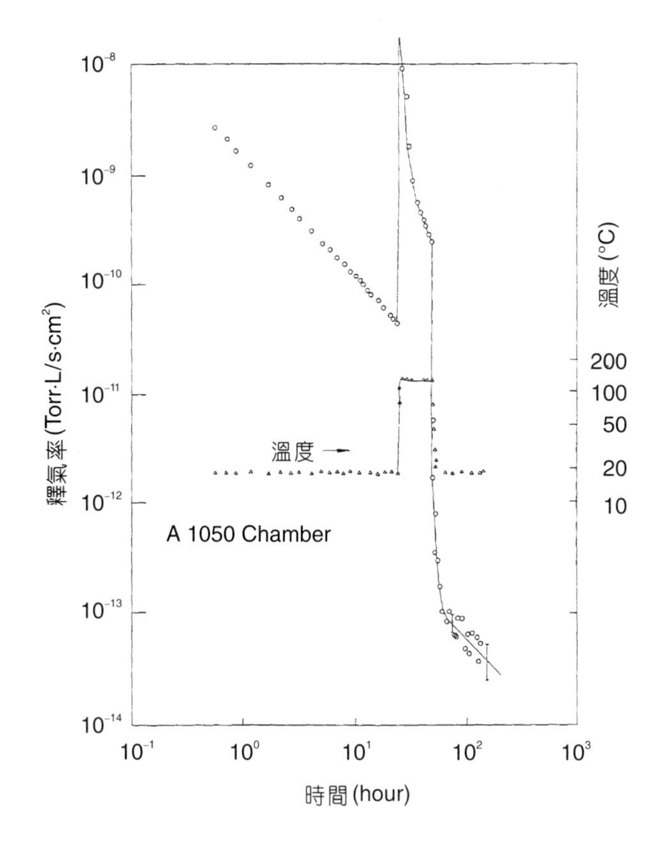

圖 4.7
典型之熱釋氣率隨時間之變化曲線圖[19]。

(2) 氣壓增建法

除了流量法之外，氣壓增建法 (build up method or pressure rise-up method) 也常被應用於測試真空系統的性能，雖然此種方法所得到的結果受到較多的干擾因素，使得其值較不準確，但是此種方法較簡易與便利，因此在超高真空系統的測試上，也成為一種半定量性的「必備」方法。其原理可由 (4.3) 式描述

$$Q = SP + V\frac{dP}{dt} \tag{4.3}$$

假若在時間 $t = 0$ 時，將所有的真空幫浦關閉 (因而抽氣速率 S 近似為 0)，因此 (4.3) 式變為

$$Q = V\left(\frac{dP}{dt}\right) \tag{4.18}$$

將 (4.18) 式積分，則

$$P(t)=\left(\frac{Q}{V}\right)t+P_0 \tag{4.19}$$

其中 $P(t)$ 為時間 t 時的氣壓，P_0 為時間 $t = 0$ 時的氣壓。當系統關掉幫浦後之短時間內，氣壓會隨著時間成正比上升 (氣壓增建)。從氣壓的上升斜率和系統體積之乘積，即可求出系統之釋氣率。圖 4.8 為不銹鋼超高真空系統在烘烤後幾種主要氣體之氣壓增建情形 。

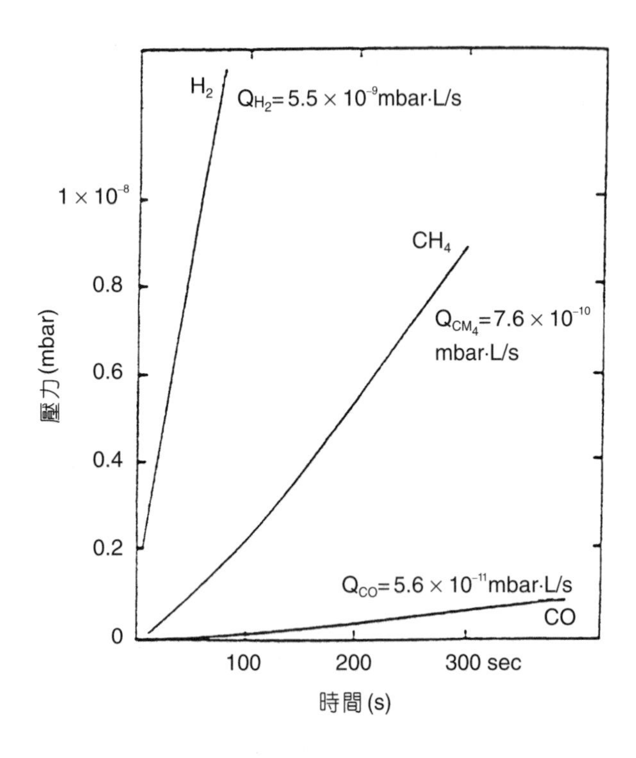

圖 4. 8
不銹鋼超高真空系統在烘烤後，主要氣體之氣壓增建情形。從曲線斜率，在乘以系統體積，即為釋氣率值，此值亦標示於圖中[16, 17]。

4.4 粒子激發導致的氣體放出

4.4.1 現象與影響

一般真空系統中，若材料使用適當且系統接合良好，在經過化學清洗與烘烤後，便能達到超高真空。然而上述處理方式只能除去材料表面上束縛能較低的吸附分子，束縛能較大的分子仍會吸附於表面上。當帶能量粒子 (數 eV 以上) 撞擊材料表面時，會再使材料表面束縛能較高的氣體分子釋放，稱之為粒子激發釋氣。常見的粒子激發釋氣有離子激發、電子激發與光子激發等幾種。在電子或正子儲存環真空系統中，同步輻射光會撞擊真空腔表面而造成氣壓上升，此為光子激發釋氣 (photon stimulated desorption, PSD)。此外，光子撞擊材料表面時亦會產生光電子，這些光電子在脫離或再撞擊真空腔表面時，也會引發釋氣，雖然此種引發釋氣為電子激發釋氣 (electron stimulated desorption, ESD)，不過在釋氣種類上，仍歸納為 PSD。至於離子激發釋氣 (ion stimulated desorption) 則常見於質子加速器中；例如運轉中的質子束流會游離真空腔中的殘餘氣體分子，游離的氣體離子受到帶正電束流排斥會撞擊真空腔壁，引發釋氣。上述幾種粒子引發釋氣，常使得氣壓上升 2－3 個數量級，導致束流與殘餘氣體分子碰撞機率增加，因此造成束流品質不穩定與縮短束流生命期。

除了加速器領域之外，粒子引發釋氣也普遍存在於各式各樣的真空系統中，例如半導體製程設備、表面分析設備，甚至最常用的離子幫浦和游離式真空計等。其中半導體設備及表面分析設備中，所產生的粒子引發釋氣會影響到樣品的乾淨度。而游離式真空計的量測氣壓低限值，便是受到 ESD 的限制，目前有不少的研究探討如何降低真空計的 ESD 值，以突破真空度測量的限制。

4.4.2 離子激發釋氣

離子激發釋氣之現象很容易在質子加速器中觀察到。圖 4.9 顯示在質子加速器儲存環中，具高能量之質子束流會游離真空腔中的殘餘氣體分子，被游離後的殘餘氣體離子受到帶電束流排斥，以帶幾百電子伏特之動能 (與質子束流電流有關) 撞擊真空腔壁，進而引發釋氣造成系統氣壓上升，此現象稱為離子撞擊 (ion bombardment) 激發。其離子激發釋氣量可以下列式子表示為[13]：

$$Q = 10^3 \times P \times \eta \times \sigma \times \frac{I}{e} \tag{4.20}$$

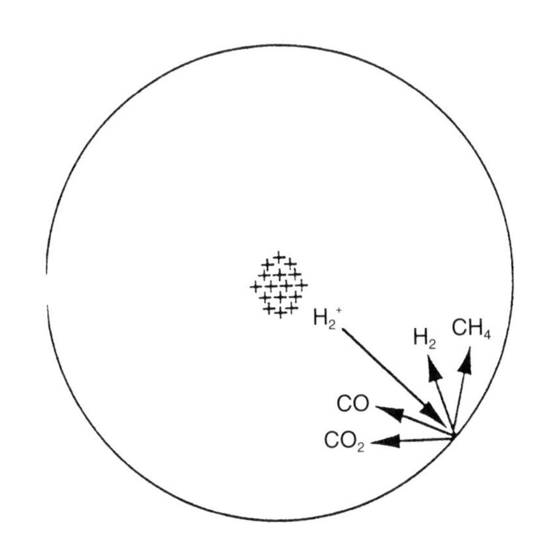

圖 4.9
離子激發示意圖。

其中 Q 為離子束流引發釋氣量 ($\mathrm{Torr \cdot L \cdot s^{-1} \cdot m^{-1}}$)，$P$ 為氣壓 (Torr)，η 為離子引發釋氣率 (molecules/ion)，σ 為高能質子對氣體分子之游離截面積 (ionization cross section, m^2)，對 H_2 而言，σ 約為 $0.25 \times 10^{-22}\ m^2$。$I$ 為質子束流之電流大小 (A)，e 為電荷 (1.6×10^{-19} C)。

在上述情況中，受到質子游離而產生的離子能量 (E_i, eV) 與質子束流強度、束流尺寸大小，以及真空管道尺寸之關係可以表示為

$$E_i \approx 60 \times I \times \log\left(\frac{R}{r}\right) \tag{4.21}$$

其中 I 為質子束流強度，R 為真空管道半徑，r 為質子束之半徑。以合理之值帶入上式後，離子之能量可能會大於幾百電子伏特。以如此強度之離子撞擊未經處理之真空腔壁，則會引發大量氣體釋放，而導致真空中的氣壓上升。由於氣壓的上升更加強了離子束流游離殘餘氣體的作用，助長更多的氣體釋放，當粒子束流大於某一臨界值時，此種循環助長作用將會引起氣壓的激增 (如圖 4.10 所示)，此臨界條件為

$$(I \times \eta)_c = \frac{e \times S}{\sigma} \tag{4.22}$$

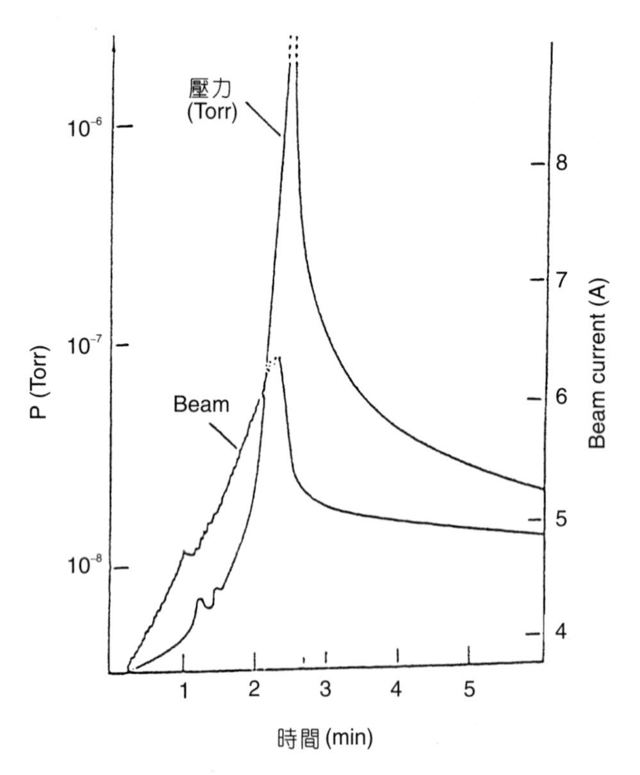

圖 4.10
歐洲原子核共同研究中心 (CERN) 之 ISR 加速器中所發現之氣壓突增現象[24]。

其中 I 為質子束流強度 (平均值)，S 為真空管道單位長度的氣導，σ 為氣體分子之游離截面積。

4.4.3 電子激發釋氣

電子激發釋氣是電子撞擊材料表面所引發出的釋氣現象。電子激發釋氣的來源包括一次電子 (primary electron) 和二次電子 (secondary electron)；一次電子就是直接由電子槍或熱燈絲所提供撞擊試片之電子，而二次電子是一次電子撞擊試片後由於彈性碰撞或非彈性碰撞而逃離表面束縛之電子。電子激發釋氣與電子能量大小、二次電子產量、真空系統材料、吸附於容器表面之氣體種類以及其吸附狀態等因素有關。最常用來解釋此電子激發釋氣的模型有二，一為 MGR (Menzel, Gomer, Redhead) 模型[25]，當高能粒子撞擊材料表面時，吸附氣體與材料表面之複合體 (adsorbate-substrate complex) 將進行電子激發躍遷 (Frank-Condon transition)，即電子由基態躍遷到較高能量的反鍵結態，進而引發氣體脫附。另一為 KF (Knotek-Feibelman) 模型[26]，當材料因蕊層 (core) 電子受激發而造成多重電洞的最終態 (final state)，因而產生歐傑衰變 (Auger decay)，造成分子的解離脫附。

圖 4.11 為 ESD 的釋氣質譜，其中顯示 H_2 與 CO 是主要釋氣分子。而當加速電壓為 1200 V 時，電子引發更多的釋氣，此外不同釋氣之氣體分子的釋氣量大小依序為 $\eta_{H_2} > \eta_{CO} > \eta_{CO_2}$。將釋氣量以 $\Delta P / |I_t|$ 對入射電子能量作圖 (圖 4.12)，可發現總釋氣量的最大產率發生在電子能量為 600 V 附近，顯示 ESD 在隨著電子能量而改變 (因為作用截面積改變)，而且在某些特定能量是有一極大值，即該入射電子能量所能引發鋁合金表面的釋氣最多。

4.4.4 光子激發釋氣

當光子照射材料表面時，所引發的氣體釋放，稱之為光子激發釋氣。其中，尤其以高

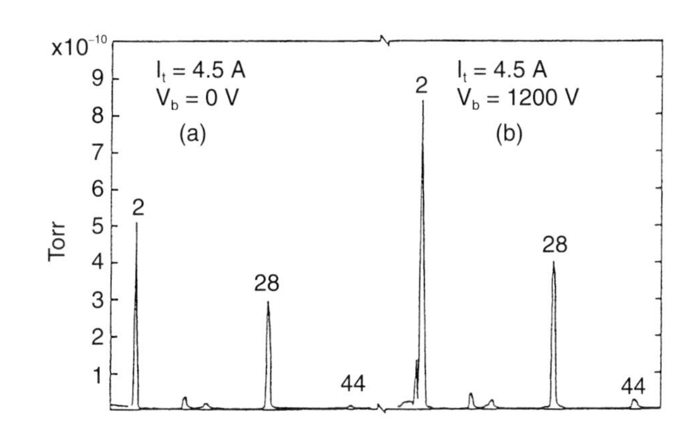

圖 4.11
RGA 所量得的釋氣質譜，其中 (a) 電子能量 $\cong V_b = 0$ V，(b) $V_b = 1200$ V[18]。

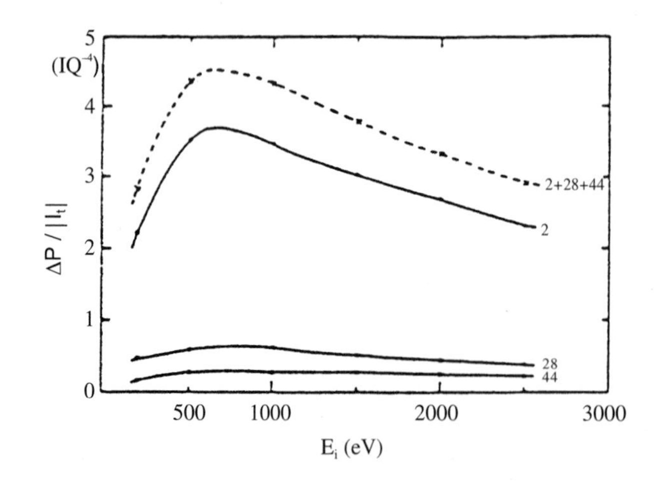

圖 4.12

不同氣體分子在不同入射電子能量之釋氣變化量，其中 $\Delta P/|I_t|$ 的單位為 Torr/A[18]。

能量的加速器中，由於同步輻射光子照射到真空腔材料，所導致的光子引發釋氣的現象，最具代表性[14, 20–23]。在電子 (或正子) 儲存環中，其光子引發釋氣率 (dQ/dt, molecules/s) 可由下式表示

光子引發釋氣率 = 每秒鐘之光子數 × 光電子產率 × 釋離係數

$$\frac{dQ}{dt} = 8.6 \times 10^{17} \times E \times I_b \times \varepsilon_c^{-1/2} \times Y(h\nu) \times F(\theta) \times 2\eta \qquad (4.23)$$

其中 E (GeV) 為電子束能量，I_b (mA) 為電子束電流，ε_c 為光子臨界能量 (critical energy)，$Y(h\nu)$ 為光子能量為 $h\nu$ 時材料之光電子產率，θ 為入射光與管壁之夾角，$F(\theta) \approx (\sin\theta)^{-1/2}$ 為光電子產率隨 θ 的變化因素，η 為釋離係數 (desorption coefficient, molecules/e)，式中 2η 表示光電子在逃離和再撞回材料表面時皆會引發氣體的釋放。

若欲由實驗中得到光子引發釋氣率 (η 定義為單位光子所引發釋放氣體之分子數 (molecules/photon))，則可藉由下列公式求得

$$\eta = S_e \times \Delta P \times (N_p \times kT)^{-1} \qquad (4.24)$$

其中，S_e (L/s) 為真空系統之有效抽氣速率，ΔP 為光子照射樣品時所造成之氣壓變化，N_p (photons·s^{-1}·m^{-1}) 為入射之光子數。當同步輻射光照射樣品時，只要量得氣壓變化量，即可由上式求出光子激發釋氣率。圖 4.13 為烘烤後 (150 °C) 鋁合金真空腔之光子激發釋氣率對累積光子劑量之關係圖。圖中顯示氣體釋氣量依序為 $\eta_{H_2} > \eta_{CO_2} \cong \eta_{CO} > \eta_{CH_4}$，照光初期時，$H_2$、$CO_2$ 及 CO 之釋氣率約在 10^{-2} molecules/photon 範圍，而 CH_4 之釋氣率則小十倍；隨著

光子劑量增加，樣品之各種氣體釋氣率會逐漸減少。對於一般常用的加速器真空腔材料而言，光子激發釋氣率與材料的表面處理條件有極大的關係，而無氧銅具有最低的光子激發釋氣率。

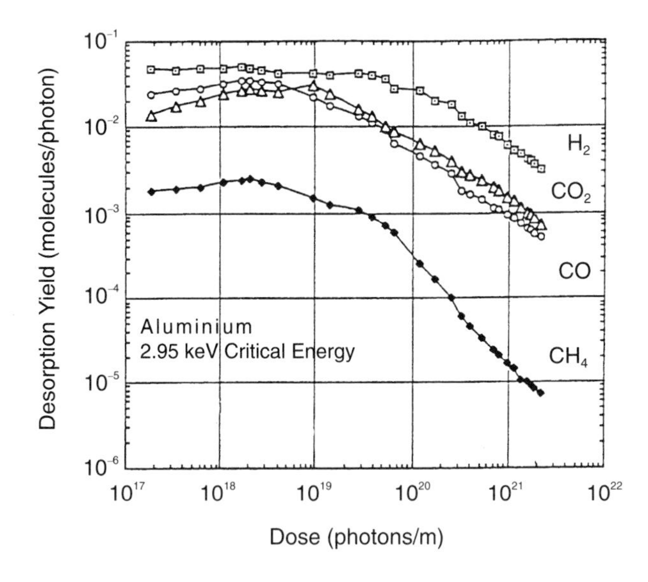

圖 4.13
烘烤後鋁合金真空腔之光子激發釋氣率對累積光子劑量之關係，其中光子臨界能量為 2.95 keV。

4.5 影響氣體釋氣率的因素

4.5.1 烘烤溫度

一般的真空材料其釋氣率會隨著溫度而變化且呈多處尖峰，顯示真空材料表面具有多種的吸附能量，因此烘烤溫度與材料的釋氣率間有相當密切的關係[27]。如圖 4.7 所示，在烘烤時真空腔的釋氣率急速升高，而在烘烤後的釋氣率較烘烤前降了數個數量級。而圖 4.14 所示為一個典型不銹鋼真空腔，在烘烤前後幾個主要殘餘氣體成分釋氣的質譜圖，其烘烤前的水氣含量最高，而烘烤後含量急速下降而比其它幾種殘留氣體還低，此圖顯示了此烘烤對於除氣的有效性，而且對於水氣更具效果。

烘烤過程中系統的溫度是一個重要關鍵，由圖 4.15 中可看出系統在烘烤時，主要的釋氣來源是 H_2、CH_4、H_2O、CO 和質量數 31 的氣體[29]。H_2 隨溫度升高逐漸上升而無下降的趨勢，這是由於金屬材料內部的擴散現象產生的；H_2O 在 200 °C 時，其釋氣率已大幅下降，顯示其束縛能較小；CO 和質量數 31 的氣體分別在 220 °C 與 270 °C 各有一個尖峰，代表該溫度可以克服其束縛能；而 CH_4 在 2.5 和 4 小時處有兩個尖峰。從此圖中可看出材料表面上有著複雜的化學反應，而不同的溫度點對應不同狀態之氣體分子的釋氣。

在烘烤除氣的過程中，除了上述溫度之影響外，烘烤溫度的均勻性亦非常的重要。如

第 4.5 節作者為張世法先生。

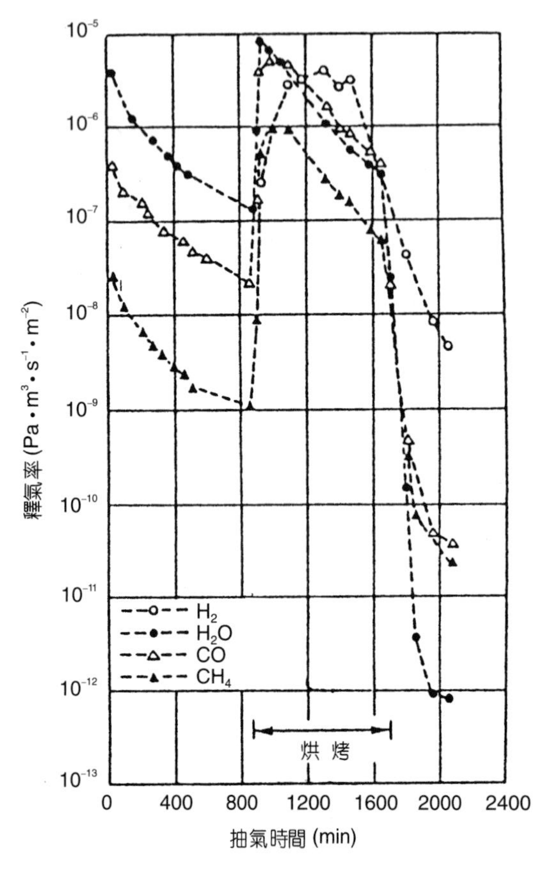

圖 4.14 在一不銹鋼真空系統中，烘烤過程中四種主要的殘餘氣體分壓對時間的變化[28]。

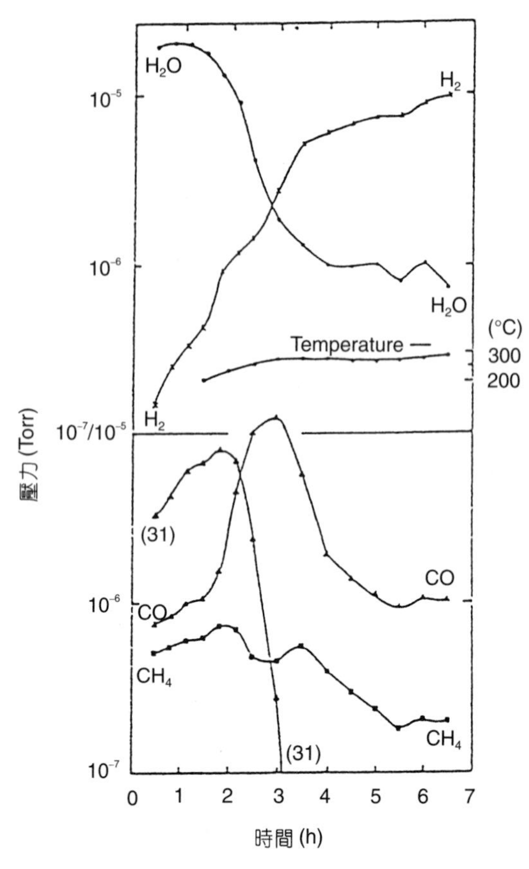

圖 4.15 在一不銹鋼真空系統中，烘烤時幾種氣體分壓的變化[29]。

果在烘烤時，系統中有些溫度偏低的「死角」，則烘烤時所趕出的氣體容易躲藏此處，待烘烤後再放出，大大的影響了烘烤的效果[16]。

4.5.2 材料性質

一般非金屬材料的釋氣率會比金屬材料的釋氣率大上幾個數量級，因此即使使用少量非金屬材料，也不可忽視對其真空氣壓的影響。圖 4.16 顯示幾種材料其釋氣率曲線的比較圖[30]。關於真空中的電性絕緣材料，氧化鋁和玻璃除了具有釋氣率小的優良性外，還有耐烘烤的特性。由於部份材料受到加熱溫度的限制，而無法降低釋氣率，以達到要求的真空程度。

至於金屬材料，一般而言雖然其釋氣率較非金屬材料低，不過當使用在超高真空時，必須考慮其蒸氣壓的影響，因此某些金屬材料，例如銦、鉛、鎵等並不適合一般的超高真空系統使用。至於常用的金屬材料，不銹鋼、鋁合金及無氧銅為三種最常見的真空腔材料。基本上，其釋氣率與處理過程有關 (見下節)，而都可達到低釋氣率的要求，因此在使用時常依照系統的整體考慮，例如熱導率、加工特性等來選擇。

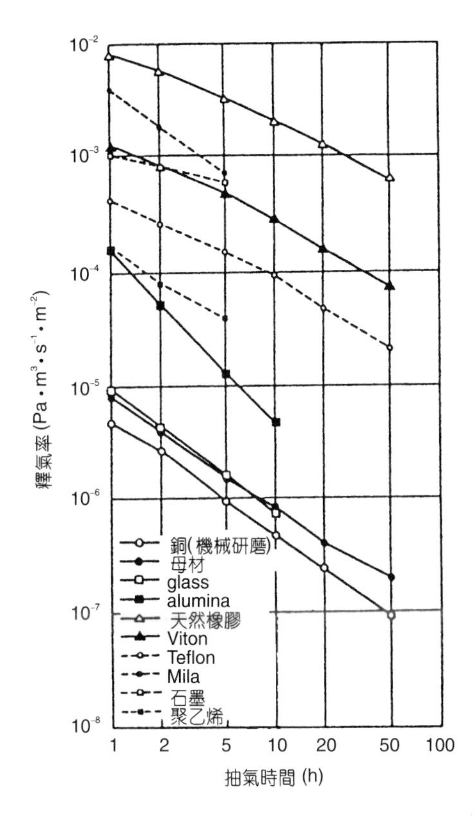

圖 4.16
幾種材料的釋氣率[30]。

4.5.3 表面處理方法

同樣材料在不同的表面處理之下會有不同的釋氣率。圖 4.17 為不銹鋼材料之例子[30]，其母材以及在經過電解研磨、機械研磨、化學研磨和製造者要求的表面處理方法後之釋氣率。

圖 4.18 為鋁合金在不同的處理方法後其釋氣率之比較，雖然鋁合金素材的表面條件較差，不過隨著科技的進步，在經過適當的表面處理之後，也非常適合低釋氣率的要求。鋁合金由於其氫氣的溶解度及擴散速率低，在超高真空時，具有較低的氫氣殘留氣體量。而不銹鋼則利用在空氣中加熱，使表面形成一層氧化障礙層，以阻擋氫氣從材料內部擴散至真空中。最近由於極高真空的發展，對於表面處理的要求更為嚴格，其中較具代表性的有鏡面加工及離子披覆 (ion plating) 等方法。

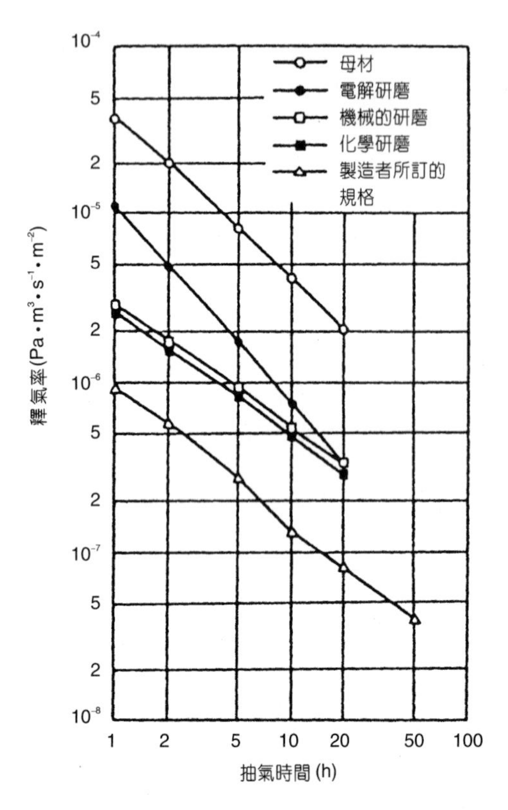

圖 4.17 不同的表面處理下的不銹鋼材料的表面釋氣率[30]。

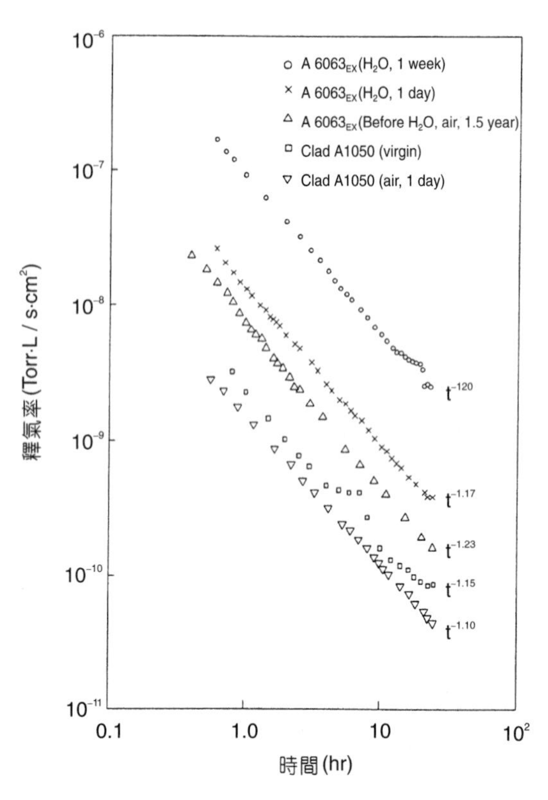

圖 4.18 幾種處理方法後鋁合金釋氣率之比較[21]。

4.5.4 導入氣體的乾燥度

眾所周知，一般真空系統在抽氣後，最主要的殘留氣體為水氣，因此導入真空腔氣體的乾燥度對釋氣率有極大的影響。圖 4.19 為暴露不同濕度氣體下，其抽氣後十小時之釋氣率值及殘餘水氣信號強度的關係圖[31]。此曲線的形狀似乎並不隨著真空腔材料的改變而有所不同，基本上都具有一清楚轉折。鋁合金轉折點大約在 20 ppm 處。大於轉折點的暴露濕度對釋氣率的影響不明顯，表示此時材料的吸附已呈飽和狀態，而當暴露濕度低於此點時，釋氣率值急遽下降，亦即此時水氣的吸附尚未飽和，因此釋氣率會隨著濕度降低而下降。

4.5.5 表面粗糙度

表面積大者吸附氣體的量較多，因而抽氣過程中所排放出的氣體量也多，這是容易了解的。對於釋氣而言，表面積不只是所見的巨觀部份，更包含了表面上微小凹凸的小表面積(這些表面積稱為真表面積)。真表面積的大小可從單分子層吸附的氣體量加以測定，一個分

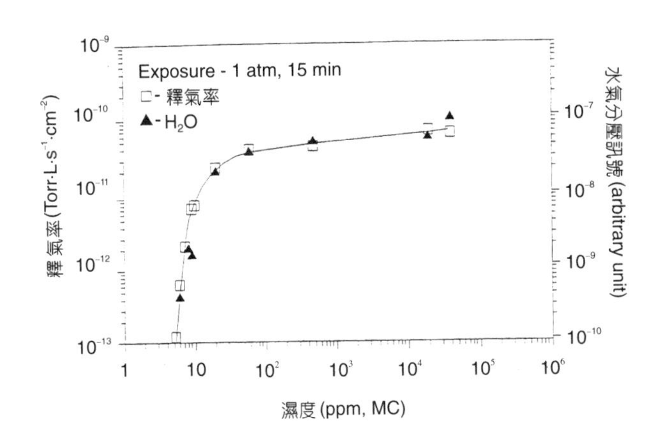

圖 4.19

鋁合金真空腔暴露不同濕度後，其抽氣後十小時之釋氣率及殘餘水氣的關係圖。圖中□表釋氣率，▲為水氣分壓訊號[31]。

子吸附在表面所佔的面積可從理論上推測求得，在完全冷卻的表面上，吸附單分子層的稀有氣體可決定吸附等溫線，依據等溫線 (例如 BET 吸附等溫線)，可量得稀有氣體分子大小程度的真表面積，而真表面積與巨觀表面積的比稱為粗糙係數。

受到表面上微小凹凸面的影響，各種表面研磨的處理可有效的降低釋氣率。圖 4.20 為粗糙係數與 H_2 升溫脫離釋氣的關係圖[32]，在此例中，鋁合金管件擠出成型的表面粗糙係數為 12.6，而鑽石切削加工的表面粗糙係數為 4.9。此兩種樣品在真空中以 20 K·min^{-1} 的升溫

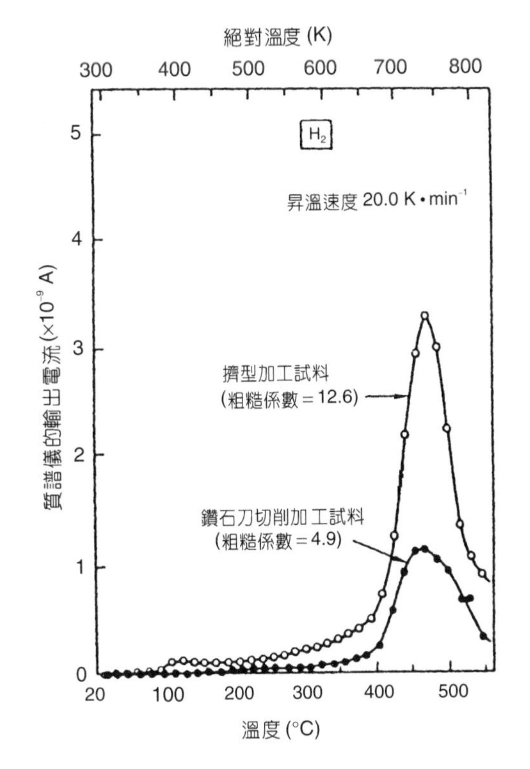

圖 4.20

兩種不同粗糙係數的鋁合金試料，以升溫脫離法得到 H_2 的質譜圖，釋出 H_2 的比例與粗糙係數的比例相同[32]。

速度加熱時，從四極質譜儀量測之主要釋出氣體為 H_2O、H_2 和 CO，從圖 4.20 中可知表面粗糙度大的材料其釋氣率亦大，而且 H_2 的釋氣率和粗糙係數幾乎是成比例；圖 4.21 為 H_2O 氣體放出的現象[32]，雖然當表面粗糙係數大時其釋氣也大，但氣體脫離的類型卻有很大的不同。擠出成型的樣品在 140 °C 和 470 °C 附近可清楚看見 H_2O 吸附態的兩個尖峰，但此二尖峰在鑽石切削的樣品上卻不明顯。由於水的吸附狀態極為複雜，水氣釋氣的行為不單只是表面粗糙度的問題而已，而且必須考慮材料表面氧化層和表面組成的差異。

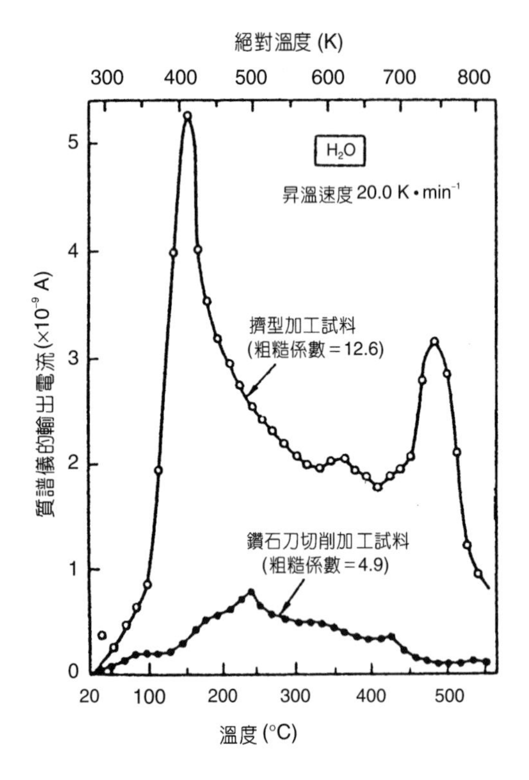

圖 4.21
兩種不同粗糙係數的鋁合金試料，以升溫脫離法得到 H_2O 的質譜圖，釋出 H_2O 的狀況較為複雜，並不與粗糙係數成比例[32]。

參考文獻

1. A. Roth, *Vacuum Technology*, Second Revised Edition, Amsterdam: North-Holland Press (1976).
2. 高本輝, 崔素言, 真空物理, 王昌泰編輯, 北京: 科學出版社 (1983)。
3. J. M. Lafferty, *Foundations of Vacuum Science and Technology*, New York: John Wiley & Sons Press (1997).
4. I. Langmuir, *J. Amer. Chem. Soc.*, **40**, 13610 (1918).
5. S. Brunauer, P. H. Emmett, and E. Teller, *J. Am. Chem. Soc.*, **60**, 3090 (1938).
6. A. Schram, *Le Vide*, **18**, 55 (1963).
7. R. J. Elsey, *Vacuum*, **25**, 299 and **25**, 347 (1975).

8. J. P. Hobson, *Can. J. Phys.*, **4**, 1934 (1965).
9. R. A. Outlaw, F. J. Brock and J. P. Wightman, *J. Vac. Sci. and Technol.*, **11**, 446 (1974).
10. S. Ross and J. P. Olivier, *On Physical Adsorption*, NewYork: Wiley (1964).
11. F. J. Notron, *Trans. 2nd Internat. Vac. Congress*, Oxford: Pergamon Press (1962).
12. P. C. Marin, O. Gröbner and A.G. Mathewson, *J. Vac. Sci. Technol.*, **A12** (3), 846 (1994).
13. I. R. Collins, O. Gröbner, O. B. Malyshev, A. Rossi, P. Strubin, and R. Veness, *CERN LHC Project Report 312*.
14. S. Ueda, M. Matsumoto, T. Kobari, T. Ikeguchi, M. Kobayashi, and Y. Hori, *Vacuum*, **41**, 1928 (1990).
15. J. F. O'Hanlon, *A User's Guide to Vacuum Technology*, New York: John Wiley & Sons (1980).
16. 劉遠中, 陳俊榮, 曾湖興, 徐武雄, 核子科學, **21** (3), 168 (1984).
17. 陳俊榮, 王端正, 陳錦山, 劉遠中, 真空科技, **2** (1), 20 (1988).
18. 劉遠中, 陳俊榮, 曾湖興, 戴璆英, 李莉娥, 蔡光隆, 林克剛, 真空科技, **2** (4), 19 (1989).
19. 陳俊榮, 曾湖興, 劉遠中, 核子科學, **24** (1), 25 (1986).
20. A.G. Mathewson, O. Gröbner, P. Strubin, P. Marin and R. Souchet, CERN/ AT-VA/ 90-21, *Presented at the Vacuum Design of Synchrotron Light Source Conference*, Argonne National Laboratory, 13-15 November (1990).
21. J. R. Chen, K. Narushima, and H. Ishimaru, *J. Vac. Sci. Technol.*, **A3** (6), 2188 (1985).
22. G. Y. Hsiung, J. R. Huang, J. G. Shyy, D. J. Wang, J. R. Chen, and Y. C. Liu, *J. Vac. Sci. Technol.*, **A12** (4), 1639 (1994).
23. J. R. Chen, G. Y. Hsiung, J. R. Huang, C. M. Chen and Y. C. Liu, *J. Vac. Sci. Technol.*, **A15** (3), 736 (1997).
24. O. Gröbner and R. Calder, PAC 73, San Francisco, 760, March 5-7 (1973).
25. K. Walter, R. Weinkauf, U. Boesl, and E. W. Schlag, *J. Chem. Phys.*, **89**, 1914 (1988).
26. J. E. Demuth and D. E. Eastman, *Phys. Rev. Lett.*, **32**, 1123 (1974).
27. J. R. Chen, K Narushima, and H. Ishimaru, *J. Vac. Sci. Technol. A*, **3** (6), 2200 (1985).
28. 堀越源一, 小林正典, 堀洋一郎, 埣本雄一, 真空排氣與氣體的放出, 共立出版社 (1996).
29. Y. C. Liu, S. C. Wu, J. R. Chen, and H. S. Tzeng, *Chinese J. of Physics*, **23** (4), 273 (1985).
30. 吉川秀司, 真空ハンドブック, 日本真空技術 (株), 46 (1982).
31. Y. C. Liu, J. R. Huang, C. Y. Wu, and, J. R. Chen, *J. of Vacuum Society of R. O. C.*, **5** (3, 4), 8 (1992).
32. 毛利 衛, 前田 滋, 小田桐均, 橋場正男, 山科俊郎, 石丸 肇, 真空, **24**, 153 (1981).

第五章　電漿放電

如果將氣體加熱至極高溫或任其與高能量粒子相撞擊，電子可由原分子中釋出，形成一帶正負電粒子的集合體，稱為電漿或等離子體。電漿系統廣存於自然界，如地球外圍的電離層、太陽、星際氣體等均處於電漿態。亦可於真空室中通入氣體並施以交直流電場游離原子、分子產生之。在工業應用上，可利用其粒子的高熱動能，以引發熱核融合反應而產生能源；或利用外加電磁場控制粒子運動狀態，來製造雷射或其他電磁波源，及各型原子、分子、離子、電子束。更可直接利用其間粒子的高能量與活潑化學性質，從事化學合成、材料製造、表面處理等工業應用，為近世半導體材料製程中不可或缺的重要體系。電漿濺射鍍膜、電漿化學氣相沉積、電漿氧化、電漿及活性離子蝕刻、離子濺射等為幾個著名的例子。另一方面，亦可利用電漿系統中激態原子、分子、離子放射出的大量光子來製造各型光源，如離子雷射、弧光燈，或縮小至微米尺度製造電漿平面顯示器等。在本章中將就電漿技術所涉及的電漿特性、電漿中基礎粒子與運動碰撞程序、電漿—固體表面作用、典型放電系統等做一簡介，以增進使用者對電漿系統的基礎認識。

5.1 電漿系統特性與基礎原分子程序

電漿系統具備下列的基礎特性：

(1) 為一多體系統，具有約等量電荷的游離電子與離子，荷電粒子間以庫倫力交互作用。

(2) 粒子的熱動能甚高，遠大於一般氣體，進行高速運動。

(3) 能量較低的電漿並非完全解離，除離子電子外，並具基礎態與各型激發態的中性原子、分子。

(4) 電漿中粒子間的複雜作用形成一高度非線性系統，可展現不同的波動行為。在不同的操作區間可展現不同的穩定與非穩定性。

電漿中帶電粒子的運動

電漿中的粒子有相當複雜的運動與碰撞程序。一單電子或離子在電場下沿電場方向被

第 5.1 及 5.2 節作者為伊林先生。

加速，其加速度與電荷及電場大小乘積成正比。透過與其他粒子的碰撞可達一穩定且與電場大小成正比的漂移率。在磁場中其加速度則與電荷、速度、磁場大小的外積成正比，環繞磁場做圓周運動。在磁場與電場並存之下，則沿著電場與磁場外積的方向進行漂移 ($\mathbf{V} \propto \mathbf{E} \times \mathbf{B} / |\mathbf{B}|^2$) 運動。若系統存在其他的不均勻性，如重力場、密度梯度等，荷電粒子亦沿著電場與空間梯度外積的垂直方向進行漂移運動。

粒子碰撞

在高電漿密度的電漿中，荷電粒子之間的庫倫交互作用為主要交換動量程序。然而對低游離度的放電系統，低電子密度造成甚低的荷電粒子碰撞率；荷電粒子與大量中性原子分子之間的碰撞則扮演著首要的角色。粒子間的碰撞可概分為彈性碰撞與非彈性碰撞二類。前者僅涉及二者間之運動動量與動能的重分配，後者則涉及能量轉移至原子分子內部自由度之激發。電子與離子在電漿中受電場加速，其與背景中性粒子碰撞所造成的能量轉移，為限制其能量上限的主因。

就彈性碰撞而言，其能量轉移與二碰撞粒子的質量比有關。若二者質量相當則有最佳的轉移率；若二者質量相差甚遠，則僅改變粒子運動的方向而不能有效的交換能量。電子與原子分子之彈性碰撞即為後者的顯例。

電子—中性原子分子彈性碰撞

電子與中性原子分子之彈性碰撞機率與電子能量相關。以 Ar 為例，在 1 － 15 eV 的電子能量範圍內，其碰撞機率隨電子能量增加十倍。隨後則隨能量增加而呈冪次率遞減，1000 eV 時的碰撞機率約與 1 eV 時相當。 碰撞機率亦與原子分子的密度成正比。例如在 10 mTorr 的 Ar 氣體中，一個 15 eV 左右能量的電子其碰撞機率為 0.89/cm。換言之，其平均自由徑約為 1.1 cm。若其背景壓力升至 100 mTorr，則平均自由徑將降至 0.11 cm。

電子衝擊游離

電子衝擊游離 (electron impact ionization) 為輝光放電中一重要的非彈性碰撞。一中性原子、分子被電子撞擊後可形成一正離子與二自由電子。此二電子可再由電場中獲得能量後，透過進一步的游離碰撞產生更多的離子與電子，此為透過放電系統形成電漿的主因。

在原子分子中，電子為其核所帶正電束縛，故前述的單一電子游離碰撞程序需在入射電子能量大於其游離能 (ionization potential energy) 時始得以發生。鈍氣元素中的氦原子為氣體中游離能最高的氣體，其游離能約為 25 eV。Ar 與 Xe 氣體的游離能分別為 15 eV 與 12 eV。游離碰撞機率在入射電子能量超過游離能後隨電子能量遞增，在 100 － 150 eV 間達於最大值，其後隨電子能量增加而減少。

電子—正離子復合碰撞

復合(recombination) 碰撞為游離碰撞的相反程序。表面觀之，僅需一電子與一離子相撞即可完成此程序。然而碰撞前後的總動量與能量二者皆須守恆，故一離子與一電子所構成的二體復合碰撞發生率為零。因此復合碰撞需要第三者以滿足上述守恆律。輝光放電中，中性原子分子密度遠較電子或離子為高，可扮演第三者的角色。環繞電漿的真空器壁亦可扮演第三者的角色。在低氣壓低游離度的狀態下，氣相的三體復合機率通常遠較器壁上的三體復合機率為低。換言之，離子與電子在數 mTorr 的低壓氣相中有很長的復和碰撞平均自由徑，通常運動至器壁上始發生復合。

但若一電子與一離子的二體復合中可釋出一光子則復合機率不為零，此乃因光子可攜帶部分能量以滿足前述的能量守恆。事實上，電子、離子及光子亦已構成三體復合程序，此程序稱為輻射復合 (radiative recombination)。

電子碰撞激發

原子分子若受電子撞擊，獲得部分能量躍遷至較高能量的狀態而不產生游離，稱為電子碰撞激發 (electron impact excitation)。例如在單原子中的電子可被激發至高能量的外軌域，分子並可被激發至振動或旋轉態。異於游離碰撞，激發態能量較低，故激發碰撞所需起始入射電子能量亦較低。當入射電子能量較大時較易引發游離碰撞，故造成激發碰撞機率隨電子能量大於十數 eV 後下跌。

激發程序亦對游離程序扮演重要角色。對電子能量較低的電漿系統，往往難以由單次的電子碰撞產生游離，故游離可透過先將原子分子由電子碰撞至激發亞穩態後，再由另一電子碰撞而產生游離，此稱為級聯游離 (cascade ionization)。

電子衝擊分離 (Electron Impact Dissociation)

分子受電子撞擊後除激發至旋轉、震動、游離態外，亦可釋出部分原子形成分離態。例如$e + O_2 \rightarrow e + O + O$ 或 $e + CF_4 \rightarrow e + CF_3 + F$ 或透過如 $e + CF_4 \rightarrow 2e + CF_3^+ + F$。後者中因同時涉及游離與分解，稱為分解式游離 (dissociative ionization)。

許多中性分子在分離或游離後其化學活性大為增加，很容易在氣相中或器壁上與異類原子、分子或離子產生化學反應。在電漿蝕刻或電漿化學氣相沉積中扮演極重要的角色。

弛豫

原子分子被激發後可透過 de-excitation 程序返回基態，此稱為弛豫 (relaxation)。躍遷程序中釋出的能量以光的形式放出。隨躍遷能階差的大小不同，光子能量範圍由紅外線至紫外線。此光為一般輝光放電系統中輝光形成的主因。例如 Ar 輝光放電為粉紅至紫紅色，氮氣則為橘色。因激發態原子分子的數目與造成激發入射電子密度成正比，可約略用輝光的強度做為電子密度的指標。

電子附著碰撞

對於某些負電性極高的原子、分子、離子如氧氣、鹵素氣體、SF_6 等，在電漿中可吸附電子形成負離子，稱為電子附著 (electron attachment) 程序。電子撞擊亦可造成一分子分解成一中性原子與一帶負電分子，如 $e + SF_6 \rightarrow SF_5^- + F$，此稱分離式附著 (dissociative attachment)。在電漿中與上述程序相反的程序亦可發生，釋出電子，稱為電子脫附 (electron detachment) 程序。

電子附著程序可造成電漿系統中自由電子數目的下降，進一步降低系統的游離碰撞率與游離度。例如氧氣放電系統在某些操作狀態下，90% 以上的電子可被吸附於氧分子或原子上。換言之，負電荷粒子的質量大幅提高，運動速率大幅降低。其電漿的物理特性如電子密度、電位分佈等均迥異於一般電子與正離子的電漿系統。

離子—中性原子分子碰撞

離子因其質量與其他中性原子分子相當，因此就彈性碰撞而言，碰撞後可有較大的動量、能量轉移率。對非彈性碰撞而言，可進行如電荷移轉 (charge transfer) 碰撞及游離碰撞等。

電荷移轉碰撞

離子與質量相同的母原子分子相撞擊可交換一電子，自身可返回中性原子分子態而將後者轉換成離子。若與異原子分子相撞則電荷移轉機率較小。在電場強大的電漿區域如電極附近，電荷移轉碰撞可降低離子速度，但造成高速的中性粒子。例如在濺射系統中，陰極附近被電場加速的正離子可透過電荷移轉碰撞轉換成高速的中性粒子。

二次電子放射

電漿中的電子、離子、原子分子、光子等粒子撞擊器壁時，可透過能量移轉使器壁表面釋出電子，進入電漿中，此稱為二次電子放射 (secondary electron emission)。此程序對電漿而言可視為電子源，進而影響前述各類型需要電子撞擊所引發的程序，與重要電漿參數如電漿密度、放電 *I-V* 關係等。由電子引發的二次電子放射率 (即每一入射電子所可產生的電子數)，對金屬言較低約在 1 左右，對氧化物言則在 5 左右。最高放射率通常發生在電子能量達 1000 eV 左右。由離子入射引發的二次電子放射率則較低，約在 0.01 － 0.1 之間。由光子引發的二次電子放射率則更低，就可見光至近紫外光區段而言，其放射率約在 10^{-3} － 10^{-4} 之間。

若將固體表面溫度增加至數千度，亦可釋出電子，稱為熱放射。在某些非常低壓的電漿系統中，熱電子放射為一重要的電子產生源。

離子表面撞擊

電漿中的離子可被電極或器壁附近電漿鞘中電場加速，撞擊固體表面；除上述的二次電子釋出外，更可引發其他諸多重要的程序。如透過動量移轉使表面釋出原子，稱為濺射 (sputtering) 程序，此為電漿鍍膜的一重要機制。濺射率通常與入射離子能量與質量、固體材質有關。通常離子能量大於四、五十電子伏特後，其轉移的動能始有效克服原子的束縛能而產生濺射。較大質量的離子可造成較大的濺射率。濺射率不僅與入射離子能量相關，並與其入射角度相關。在數百 eV 離子的濺射下，材料表面往往因某些角度有較大的濺射率而發展出如火山口般的起伏結構。

入射離子與表面碰撞後可以離子的形式彈回電漿中，或直接植入表面。其所移轉的動量、能量除造成濺射外，並可促進表面原子分子運動，造成粒子重新排列。例如較高能量轉移可形成缺陷，或增加表面材料的密度與壓縮應力 (compressive stress)。較低能量 (如十數電子伏特) 轉移則可對表面原子形成退火效應，降低表面缺陷。更可催化表面吸附物的化學反應，此為電漿蝕刻程序運作的重要機制。在電漿化學氣相沉積、電漿濺射 (reactive sputtering) 等薄膜製程中，若能在基材表面施以大流量低能量 (20 －30 eV) 的低能鈍氣離子撞擊，則可取代將基材加至高溫的需求，而增益薄膜的物理與化學性質。

電子與離子溫度

在放電系統中，離子一電子對 (electron-ion pair) 不斷地透過游離與復合程序被產生與消滅。換言之，離子與電子的生命期均十分有限，二者間因質量的巨大差異，相互碰撞時的能量轉移甚小，不一定能達到熱平衡狀態。電子與離子的碰撞率與二者密度乘積成正比，因此通常在碰撞率低的低游離度輝光放電中，二者間未能達成熱平衡，導致溫度相差甚大。電子在外電場的加速下可輕易獲得能量，其在一般輝光放電系統中通常可達數 eV 能量 (1 eV = 11,000 K)。而離子與其同質量的中性原子分子的能量轉移率甚高，二者間可輕易達到熱平衡，其溫度與器壁溫度相當，約在數百度 K。此數 eV 能量的電子可有效的造成通入化性氣體的激發、分解、游離，增益氣體活性。此為輝光放電系統運用於電漿輔助化學氣相沉積與電漿蝕刻的主要因素。在高氣壓高電流電弧放電系統中，氣體可幾乎完全游離，甚高的電子與離子密度可使二者均獲得高溫。因此電弧放電常被應用於需高離子溫度的領域，如銲接、垃圾燃燒等。

德拜屏蔽

電漿中帶電荷的粒子以庫倫力交互作用。如果在電漿中置入一荷電粒子，將吸引相反電荷於其周圍以屏蔽其電場。屏蔽粒子的熱運動可抗拒被屏蔽粒子的吸引力，使屏蔽粒子無法完全屏蔽被屏蔽粒子的電場。故被屏蔽粒子電場以 $\exp(-r/\lambda_d)/r^2$ 的形式隨距離 r 增加向外露出遞減，此現象稱為德拜屏蔽 (Debye shielding)。換言之，德拜屏蔽將荷電粒子間的長距離庫倫力縮短為短程庫倫力，其等效力場範圍 $\lambda_d = (KT_e / 4\pi N_e)^2$，亦稱為德拜長度 (Debye length) (T_e 為溫度，N_e 為電子密度)。對 $N_e = 10^{10}$ cm^{-3}、$KT_e = 2$ eV 的電漿，其 λ_d 約為 0.1 mm。

荷電粒子的擴散

電漿中離子或電子的密度分佈不均勻時，粒子會向低密度處運動，以達均勻分佈狀態，稱為擴散。擴散率與其密度的梯度成正比。在低游離率的放電系統中，荷電粒子的熱運動與背景中性原子分子的碰撞控制其擴散係數。在非磁化的電漿中擴散係數隨背景氣體壓力增加而增加。若外加磁場，可因磁場所形成的電子或離子環繞磁場的迴旋運動，侷限粒子降低擴散係數；此時增加氣體壓力可因碰撞破壞迴旋運動，反而可增強擴散率。若持續將磁場升高，電漿中可形成波動，反而增益荷電粒子的擴散率造成所謂的異常擴散 (anomalous diffusion)。

若帶正電與負電粒子的擴散率相異時，空間中會累積擴散率較低的粒子，形成空間電荷 (space charge)，進而形成電場 (space charge field) 阻滯擴散率較高的粒子運動而增益擴散率較低的粒子運動，直至二者擴散率相等，以防止空間電荷的持續累積，稱為雙極擴散 (ambipolar diffusion)。當正負粒子的擴散率相去甚遠時，雙極擴散率為低擴散率粒子所控制。換言之，在一般僅具電子與正離子的電漿中，雙極擴散率係由正離子擴散率決定，約為其二倍。若在系統中加入擴散率與正離子相近的大量負離子，將使雙極擴散率降至與離子擴散率相近。

電漿位能與電漿鞘

電漿中電子的質量遠較離子為輕，電子的平均移動率遠較離子為大，電子較離子容易逃離電漿至環繞電漿電位浮動的器壁上。電漿中剩餘的正電荷使電漿電位向上漂移，較器壁為高，形成一由電漿指向器壁的電場。此電場將加速移動較慢的正離子，減速較快的電子，直到二者的向器壁流量相當，電漿電位始停止增加，達到一穩定態。

緊鄰器壁的邊界層稱為電漿鞘 (plasma sheath)，其中離子密度較電子密度為高，並支撐電漿本體與器壁間大部分的電位降。對一般數 eV 電子溫度的電漿其電位降約為十數 eV。此區內因電子密度低而造成較低的游離與輝光放電率，故亦被使用者以暗區 (dark space) 混稱之。在輝光放電系統中，暗區因往往涉及複雜的激發、游離、碰撞程序，故其寬度與理論上無碰撞電漿 (collisionless plasma) 系統預測的電漿鞘寬度並不盡相同。

正離子進入此區後將可由電場獲得能量撞擊器壁。在許多薄膜材料製程中，正離子撞擊表面可有效透過能量移轉，增益表面原子分子化學與物理程序。如大於四、五十電子伏特可造成濺射。較低的能量則可促進表面粒子的吸附、運動及化學反應等。因此如何有效設計系統與調控電漿參數以尋求較佳的電漿鞘條件，為材料製程中的重要課題。

電漿微塵

電漿微塵為懸浮於電漿中十至數千奈米尺度的微粒。微粒可透過氣態電漿中的化學反應，或電極與器壁上被濺射出的原子於氣態電漿中重新結合而產生。微粒在 10 nm 尺度下因很強的場放射 (field emission) 不會負載電荷。但若直徑大於 10 nm，則如前述的機制，微粒亦因電漿中電子較離子高的運動速度，可負載大量負電荷 (例如一千奈米直徑的微粒可負載約一萬個負電荷)，無法運動至同為較電漿為負電位的器壁上。因此微粒可遭侷限，長期懸浮於電漿中。換言之，微粒為電子吸收源，在較高微粒濃度的電漿中微粒可吸附約數十 % 的電子，對放電特性如電漿密度、電子溫度、電漿鞘電位降等影響極大，並可形成數 Hz 的低頻自發電漿波動，影響電漿的穩定性。另一方面，可利用此特性於數百 mTorr 的輝光放電中成長微粒，以從事各式工業應用。就日趨縮小尺度的半導體製程而言，微粒的出現往往造成微尺度線路的嚴重污染。若欲避免電漿微粒的形成，通常需將系統運作於較低的背景氣壓下。如何有效控制微粒為電漿製程中一重要課題。

電漿波動

電漿系統為一標準的開放非平衡連續體，粒子間的長距離作用力使得系統展現豐富的波動行為。通常在高放電功率下，系統因激發波動而處於混沌態。放電系統中的波動通常伴隨著游離率、電漿密度、電漿鞘電位降、電子溫度等電漿參數的時空起伏。波動中浮動的電場可影響帶電粒子的輸運行為，進而影響系統的放電特性，如平均解離率、電流電壓關係、系統穩定性及電漿參數的空間均勻性等。

電漿系統選擇、設計及操控的重要原則

電漿系統種類繁多，系統參數空間極大，對於不十分熟識電漿系統的使用者而言，如何選擇系統設計製程為一困擾的問題。

將氣體通入真空室中，利用外加電磁場將氣體解離，可產生電漿放電。在外加電場下，氣體中少量的游離電子可為外電場加速獲得高能量。電子加速後與器壁或其他中性粒子碰撞產生更多的自由電子，自由電子續被電場加速產生連鎖性游離程序，造成游離度快速上升。此時電子與離子在氣態及逃逸至器壁的復合 (recombination) 率亦上升。當游離與復合率達到平衡時，則系統達到一穩定電漿態。

電漿系統具有許多相互關連的控制參數，如系統幾何形狀、系統尺度、電源頻率、電壓或電流大小、氣體壓力、氣體種類、氣體流量、電極與器壁材料等。參數間透過本章前述的諸多電漿與表面程序相互關連，進而影響電漿狀態。較常用的放電系統若就電壓源而言，不外直流放電與交流放電。後者則包括低週波、射頻 (RF) 及微波等。若就解離程度而言，可概分為低游離度 (即游離度約為千分之一至百分之一) 的低壓輝光放電 (glow discharge) 系統及接近完全解離的電弧放電 (arc discharge) 系統。利用輝光放電處理絕緣材料通常使用交流電源。系統中電子至電極或器壁的流失率可隨電源頻率增加而降低，此亦造成較高電漿密度與較低電漿鞘電位差。但在頻率過高時，電子無法在甚短的半週期內加速至高能量，反而造成較低的游離率。

電漿系統中有幾個重要的空間尺度。本章前述電漿中各型碰撞程序的平均自由徑為一組重要尺度，系統的電極間距及器壁間距為另一組重要尺度。當二者比例近於一時，系統中無法透過有效的碰撞產生激發與游離態，維持穩定放電狀態。前者尺度隨系統氣壓增加而縮短；但當此值過小時，電子因過於頻繁的碰撞無法自外加電場中獲得足夠能量產生游離。因此在較高氣壓的放電系統中往往需要較高的外加電壓。在氣壓與電極間距乘積大於 1000 Torr·cm 時，電子因過高的碰撞率需極大的電場以形成放電。例如在一大氣壓電極間距在一公分左右的直流放電系統中，往往需數百至數千萬伏特外加電壓，此情況下，放電以如同閃電般的大電流 (10^4 至 10^5 A) 暫態程序發生，稱之為火花放電 (spark discharge)。在高氣壓下若電極呈點狀或針狀，則電極附近強大的電場可造成局部性游離而放出暈光，稱為電暈放電 (corona discharge)。此現象可在潮濕日子的高壓傳輸線附近觀測到。

在外加磁場的電漿中，荷電粒子繞磁場運動的迴旋半徑為另一重要尺度 (迴旋半徑與磁場大小成反比，與粒子動量成正比)。當迴旋半徑較上述二尺度為小時，外加磁場扮演降低電子流失率的重要角色；但當磁場過大時，系統中的波動強度增加，進而驅動電子、離子輸運，反而增加其流失率。

除電漿平面顯示器所操作的一大氣壓左右微米電極尺度的放電系統外，一般鍍膜 (濺鍍、電漿化學氣相沉積等)、材料表面處理 (如氧化、氮化、碳化、蝕刻等) 等電漿系統通常運作在數 mTorr 至數百 mTorr 較低壓的輝光放電狀態。電極尺度可由數公分甚至數公尺，電

極間距則約數至數十公分。在電弧放電系統中，因極高的電流，通常電漿截面僅數毫米至數公分。

輝光放電系統中，增加氣壓可增加游離與激發率，但亦壓抑電子自電場中所獲得的能量，形成較低電子溫度的電漿。在無外加磁場的輝光放電中，較高的碰撞率亦壓抑電子、離子、激態原子分子至電極或器壁的輸運率。在外加磁場的放電中，增加壓力可因電子碰撞機會增加而降低電子被磁場的侷限，增加電子的流失率。在電漿薄膜或材料表面處理製程中，常需較高的激態原子分子或離子產生率，與較高的至基材輸運率。高背景氣壓往往造成濺射原子或化學反應物在氣態中透過多重碰撞結合成微粒，小顆粒若運動至基材上形成鬆散的薄膜，較大的顆粒則帶負電懸浮於電漿中形成電漿微塵，污染系統。因此通常選擇較低的運作氣壓，而另以外加磁場、控制電源頻率、輸入電源方式 (如改以電感式耦合) 等，有效壓抑電子流失率或有效增加電子能量以增益游離率。

在許多放電系統中，鈍氣因其安定化性，通常為主要的背景氣體以產生電漿。其中 He 氣的游離能較高，造成較低的游離率。而 Xe 游離能低，較易產生游離，其質量較大亦產生較高的濺射率，但價格亦較高。Ar 因其低廉的價格與適當的游離率與質量，為較常用的選擇。許多化性較活潑的氣體，往往因其較易形成電子吸附，而降低游離率。負離子的形成亦降低浮動電位器壁周圍的電漿鞘電位降。

在涉及化學反應的製程中，氣體的流量亦為一重要參數。在定氣壓下，較低的流速可增加氣體在系統中的停留時間，增加氣體參與化學反應的機會，但其較低的流量，往往亦造成負載效應 (loading effect)，導致反應供應物在空間中隨進氣口的相對位置不同，形成不均勻分布。反之，則造成較低的反應機會但較均勻的空間分布。如何控制氣體引入方式與調控流量為重要課題。

電極或器壁材料的選擇，除需考慮其蒸氣壓是否過高以影響真空外，尚須考慮其在離子或電子撞擊下的二次電子釋放率與濺射率。前者可視為另一電子源，影響系統的電漿密度與電漿鞘電位降，後者則造成電極或器壁材料的耗損與系統的污染。若將陰極加熱釋出電子的放電系統稱為熱陰極放電 (hot cathode dischage)。一般用於材料處理的系統多為不將陰極加熱的放電。電極形狀亦影響電漿參數，例如在直流放電系統中，可將陰極設計成中空柱狀。電子由陰極射出後，可被陰極電漿鞘侷限於陰極空腔中，造成甚高的電子密度與解離率，此稱為中空陰極放電 (hollow cathode discharge)。

5.2 直流放電系統

直流輝光放電系統為輝光放電的基礎系統。如圖 5.1 所示，若將具相對二電極的真空室中通以數 mTorr 至數百 mTorr 的氣體，而後在電極間施以直流電位，則形成一直流放電系統。開始加電壓後，氣體中少數電子被電場加速，進而透過連鎖游離碰撞產生更多離子電子對，當離子與電子至電極或真空器壁的流失率與其產生率相當後則達到穩定放電狀態。

如圖 5.1 所示，由陰極至陽極，若用肉眼觀測輝光的強度，可以分為數個區域。概略分之，系統涵蓋陰極與陽極附近的陰極與陽極區，及二者間的輝光區 (positive column)。陰極與陽極區均為邊界區。陰極區支撐大電位降，略大於二電極間的電位降。此區中電漿密度亦隨與陰極間距離縮短而降低，並造成此區內低度的放射光。陽極區有較小的電位降。此區內電漿密度與放光強度亦迅速隨與陽極間距離縮短而降低。輝光區則有很低的電場、均勻的電子與離子流，均勻的電漿密度與輝光強度分佈。換言之，陰極與陽極區扮演前節所述電漿鞘的角色屏蔽外加電場。若將電極間距縮短，陰極與陽極區的結構均維持不變，僅輝光區的長度縮短。若電極間距小於陰極與陽極區距離的總和，輝光區將消失。系統因距離過短無法產生足夠游離率，無法維持放電狀態。因此在真空系統設計時，若能將兩種不同電位電極間距有效縮短，則擴散可保持二電極間的絕緣狀態。

陰陽極二區不對稱的電位部分乃因電子與離子的巨大質量差異而起。離子的大質量及其與背景中性原子分子間的高碰撞率造成其運動率 (mobility) 遠較電子為低。因此陰極附近需要甚大的電場加速正離子，以維持相等的流向陰極正離子流與流向陽極的電子流。

正離子被陰極區強大電場加速後撞擊陰極，可透過濺射程序將陰極表面原子撞出，亦可透過動量移轉釋出二次電子。二次電子則受此電場加速由陰極向陽極運動。逐漸透過游離碰撞產生游離。游離碰撞喪失能量後重新被電場加速，解離度 (電漿密度) 與放射光強度因

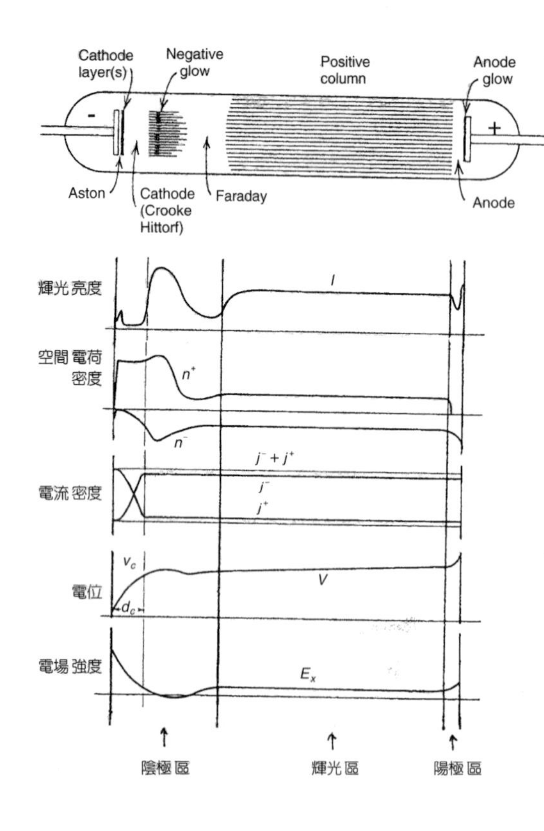

圖 5.1

直流輝光放電下，典型的系統重要物理量分佈圖。I、n、J、V、E 分別為系統中的輝光亮度、密度、電流、電位、電場強度。+、−號分別代表正離子與電子。系統可概分為陰極區、輝光區及陽極區三區。陰極區內又可依放光度的大小分為數區 (Aston region, cathode layer, cathode Crooke Hittorf, negative glow, Faraday region)。

此隨與陰極距離增加而變化，直至進入輝光區達一穩定值。

直流放電系統的電流與電壓 (*I-V*) 變化維持一非線性關係。在低電壓時因無法有效加速電子產生足夠游離以平衡電漿流失率，故無法導致放電。當電壓達一閥值後游離率隨之增高，維持穩態輝光放電。若將電流持續增高，透過連鎖游離程序迅速增加的巨大解離率可將系統導入近乎完全解離的電弧放電狀態 (見圖 5.2)。此時系統進入一高電流低電壓的負阻抗狀態。例如電極間電壓降可維持在 10－30 伏特，而電流密度可達 10^2 到 10^7 A/cm^2。在此高電漿密度下離子與電子間碰撞率迅速增加，離子可獲得極高溫度，甚或造成器壁與電極的熔化及電源供應器的毀損。在大面積電極與高功率的直流輝光放電系統中，局部性的電子密度升高亦可引發局部性移轉至電弧放電狀態。例如利用金屬靶材通入氧氣以形成金屬氧化物薄膜的活性濺射中，金屬陰極上形成的局部性金屬氧化物可釋出大量二次電子，形成一高電漿密度、低阻抗的區域性電弧放電區，進而造成區域性電極熔化並噴射出金屬液滴。

利用陰極區電場加速正離子產生濺射，為直流輝光放電系統在工業上的重要應用。通常將靶材置於陰極而將基材置於陽極以透過濺射進行鍍膜。此時理想的系統狀態為適當的電位降、大流量的離子流以產生高濺射率；同時亦維持低背景氣壓、低電極間距 (如數 mTorr 氣壓與數 cm 電極間距)，降低濺射出原子與背景中性氣體的碰撞率以迅速達於基材，而不致被氣體散射於器壁。然低氣壓下較低的碰撞率造成游離率的降低與電子向器壁的流失率增加，故如何在低壓下提高游離率以增加電流為重要的課題。較常用的方法為利用外加磁場侷限電子，透過降低電子流失率以增加電流。例如常見的磁控電漿系統中，適當安排永久磁鐵，可使電子的 $\mathbf{E}\times\mathbf{B}$ 漂移形成一封閉環路，有效降低電子流失率，可將系統游離率增加十至一百倍。

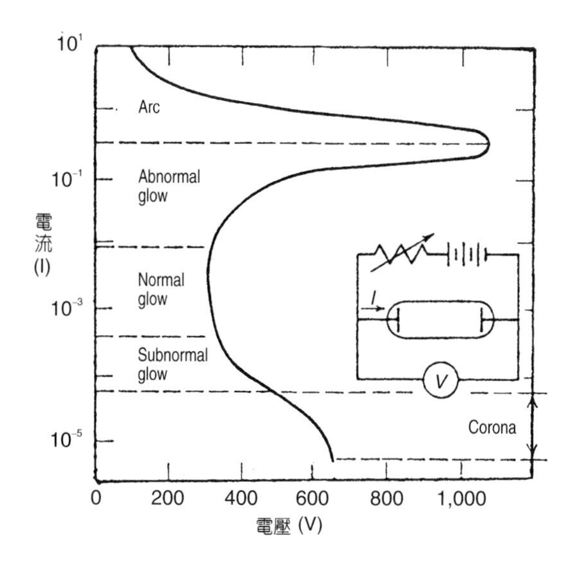

圖 5.2

直流放電下，典型的電流－電壓關係圖。當電壓過大時，系統由高電壓低電流的輝光態進入低電壓高電流的電弧態。

5.3 射頻放電系統

直流電漿源其電極若覆上一層絕緣物質，由於電荷的累積，其表面電位降將不斷減少，直至電流無法構成通路而終止，因而在應用上有所限制。若使用交流電源時，某負半波所累積的正電荷，可於下個正半波由電子來中和，然交流電源週期若高於絕緣層電荷累積的時間，則電漿系統將會有斷斷續續的現象，通常使用 13.56 MHz 或其倍頻之射頻功率。此外亦可在隔著介電窗的感應線圈通以射頻功率，利用電感式耦合效應來產生電漿。

5.3.1 電容式耦合射頻電漿源

電容式耦合射頻電漿源是最早利用射頻技術所發展出來的射頻電漿產生系統，其基本結構如圖 5.3 所示，主要是利用加在兩平行電極板上之射頻電壓加速電子，游離氣體而產生電漿。由於電漿為良導體，此射頻電場於電漿中其強度呈指數下降，當電場強度降至自然指數分之一時 (1/e) 稱之趨膚深度 (skin depth)。腔體中電子受此電場加速而獲得能量 (離子質量較大，幾乎感受不到射頻電場的變化)，同時向腔體四處擴散，途中與各種粒子發生碰撞，而高能電子碰撞中性氣體分子所發生的游離反應，將產生更多的離子－電子對以維持電漿狀態。

自生偏壓的形成

如圖 5.3 所示，其中 C 為阻斷電容，V_a 為射頻電位，V_b 則為阻斷電容表面電位，考慮此射頻電源送出峰對峰值為 2000 V 的方波功率 (見圖 5.4)，於負半波初時 V_b 感應電位 –1000 V，由於正電荷的持續累積，使得 V_b 漸漸上升，假設上升至 –800 V；然於正半波初時，V_b 隨 V_a 增加了 2000 V，也就是 V_b 為 1200 V，隨著電子的撞擊，V_b 將漸漸下降，而由於電子的質量遠小於離子，其速度遠大於離子，因而 V_b 下降的幅度較負半波時上升幅度來

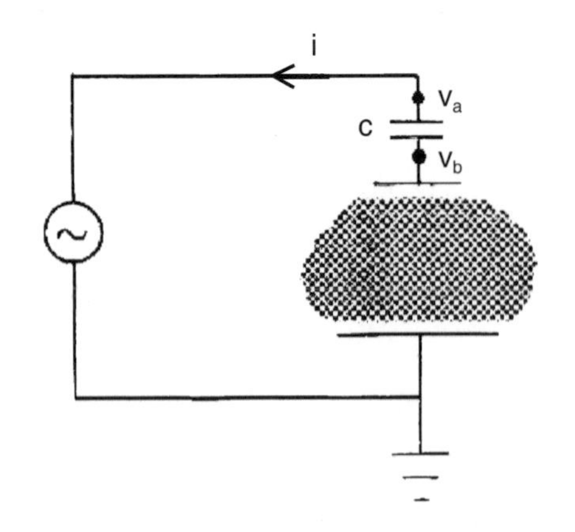

圖 5.3
電容耦合式射頻電漿源系統示意，其中 C 為阻斷電容，V_a 為射頻電位，V_b 則為阻斷電容表面電位[3]。

第 5.3 節作者為柳克強先生及張家豪先生。

的大，假設降至600 V。如此經過幾個週期之後，當吸引的正負電流達到平衡之時，V_b 平均值將會降至二分之一峰對峰值左右，即稱此電位為「自生偏壓 (self-bias)」。

自生偏壓在製程上可用來吸引正離子撞擊，並藉由改變不同的偏壓值以控制離子能量。然而質量不同的離子受相同偏壓加速所得之能量分佈亦不相同，原因是較輕的離子通過鞘層的時間較為短暫，在這期間射頻偏壓有可能還處於正半波或負半波，因而離子所獲得的能量有多有少，也就是能量分佈較寬；然而較重的離子當其通過鞘層時，射頻偏壓早已經過好幾個週期，因而離子獲得的能量是其平均值，其能量分佈窄了許多。

電容耦合式射頻電漿源的功率主要消耗在巨大壓降的鞘層，導致產生電漿的效率並不是很好，為提高電漿密度通常其工作氣壓操作於 50 mTorr 至 2 Torr 之間，然而氣壓越高粒子碰撞越頻仍，因而降低了離子的方向性。在提高射頻功率以增加電漿密度的同時，鞘層壓降也跟著增加 (離子能量增加)，並無法分別獨立控制電漿密度與離子能量，如此更縮小了它的製程範圍。故有研究建立新一代高密度電漿源，應用不同的機制以產生電漿，如電子迴旋共振式電漿源 (ECR)、Helicon 電漿源，以及電感耦合式電漿源 (ICP)。這些電漿源其工作氣壓可在較低的條件下 (mTorr 至幾十 mTorr) 操作，產生較高密度的電漿，具有較高製程速率，且因工作氣壓較低，離子有較好的方向性。同時可以分別控制電漿源的功率 (即電漿密度) 及晶圓上的偏壓(即控制離子的能量)，使其較具有彈性而寬廣的操作範圍。

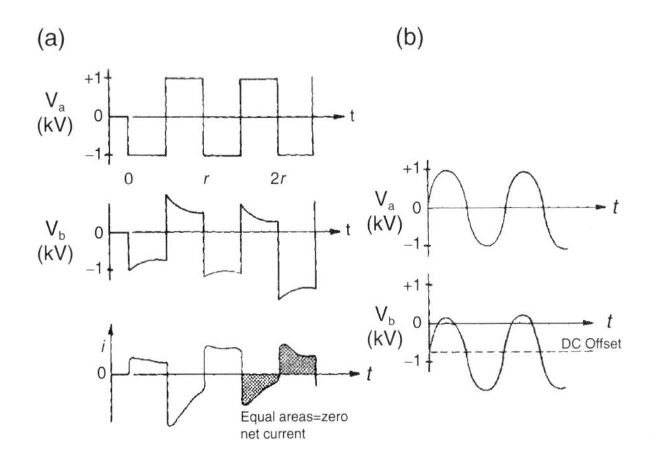

圖 5.4
自生偏壓的形成。(a) 當圖 5.3 輸出為方波功率時，輸出電位及電極板電位、電流波形。(b) 當圖 5.3 輸出為弦波功率時，輸出電位及電極板電位[3]。

5.3.2 電感耦合式射頻式電漿源

圖 5.5 為平面型 ICP 系統感應線圈電流與其所感應產生之電磁場示意，感應線圈置於介電窗(dielectric window，通常為石英或陶瓷) 上，射頻功率產生器所輸出的 13.56 MHz RF 電流，經匹配網路作阻抗匹配之後，輸入至感應線圈。流經感應線圈之 RF 電流，感應產生環繞電流方向的時變磁場，此磁場穿透介電窗於電漿腔中感應產生一與 RF 電流反向之電場

(E_θ)，此電場加速電子並形成電漿電流。值得注意的是在低輸入功率條件下，電漿的產生是由線圈與電漿間高電位差造成的電容式效應所主導，當所形成的電漿電流大於某一低限電流值 (threshold current) 時，才能使電漿產生之機制操作在電感耦合模式 (inductive mode, H mode)，由於電感偶合模式其功率吸收較電容偶合模式來得佳，此時電漿密度將顯著地增加。

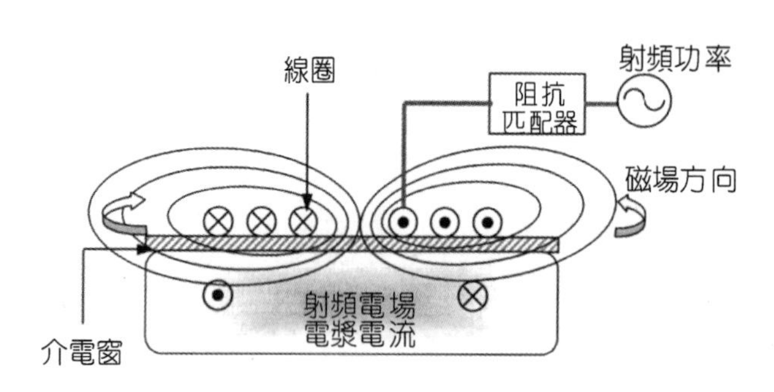

圖 5.5
平面型電感式電漿源線圈電流與其所感應產生之電磁場示意。

常見的電感耦合式電漿源若依感應線圈形狀的設計及放置的位置，可分為螺旋狀電感式電漿源 (helical ICP)、平面型電感式電漿源 (spiral planar ICP)，以及線圈浸入式電漿源。螺旋狀電感式電漿源其結構如圖 5.6 所示，螺旋形感應線圈圍繞在介電材料所形成的真空腔外圍，其感應射頻電場在管壁附近最大，朝中心以指數型式下降，當電漿源操作在高壓條件下，由於電子自由路徑很小，而產生「環狀放電 (ring discharge)」非均勻、小範圍電漿，在低壓條件下電漿密度才藉由擴散機制向中心均勻分佈，因此在半導體製程應用上，該電漿源須要將電漿產生區 (線圈圍繞部份) 與晶圓位置間的距離增長，以改善製程均勻度，此舉亦降低了晶圓表面之電漿密度。操作於大氣壓力下，此型設計之電漿源亦可應用於化學光譜分析、化學合成、長晶及廢棄物處理等技術。平面型電感式電漿源的結構如圖 5.7 所示，平面型感應螺旋線圈 (spiral coil) 置於真空腔頂部，中間並隔以介電材料，此型設計能產生較為平坦的電漿產生區，使得經擴散至晶圓表面的電漿分佈更為均勻，同時也可縮短晶圓表面與電漿產生區域間的距離，在製程上處理大面積單一晶片尤為方便，也是目前工業應用最廣為使用的設計。線圈浸入式電漿源常使用於濺鍍製程中，其結構如圖 5.8 所示，由於感應線圈是放置於電漿中，產生電漿的效率較其他感應線圈隔著介電材料的電漿源設計來的好，然而離子撞擊在線圈上所產生的金屬污染物對其他製程，如蝕刻、化學沈積等極具破壞性，並不適合用來處理該相關製程技術。而除了作為濺鍍製程用的電漿源之外，線圈浸入式電漿源也適合用來作為離子束產生源。

5.3.3 電漿加熱機制

電子受感應射頻電場 (RF field) 加熱的機制可分為兩類，一是發生於趨膚深度 (skin

depth) 內之碰撞(歐姆, ohmic) 加熱；另一則是發生於低壓狀態，主電漿(bulk plasma) 中電子與鞘層間的能量轉換，稱之非碰撞加熱 (collisionless heating) 或是非區域性加熱 (nonlocal

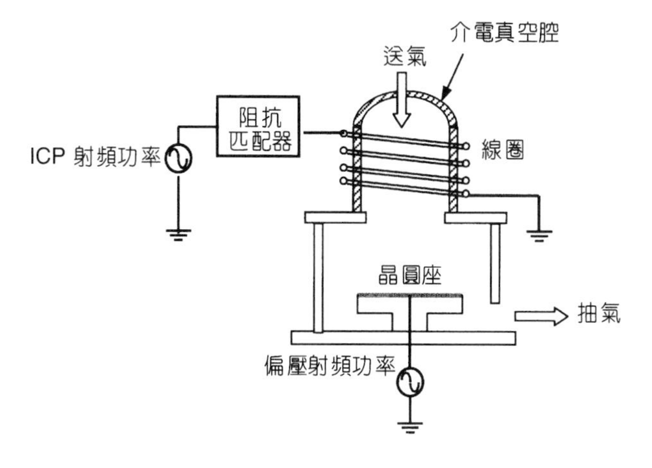

圖 5.6
螺旋狀電感式電漿源。

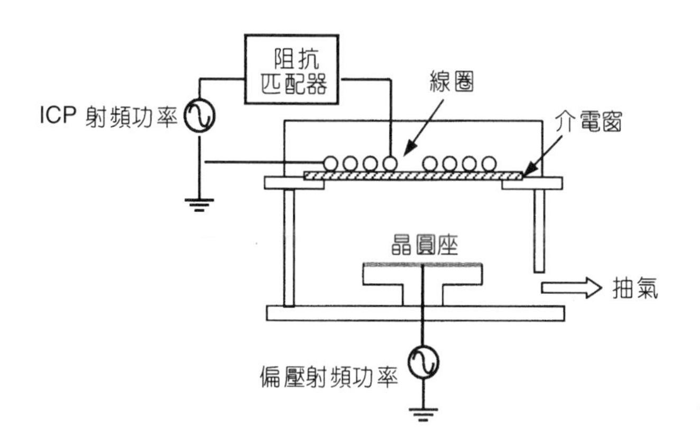

圖 5.7
平面型電感式電漿源。

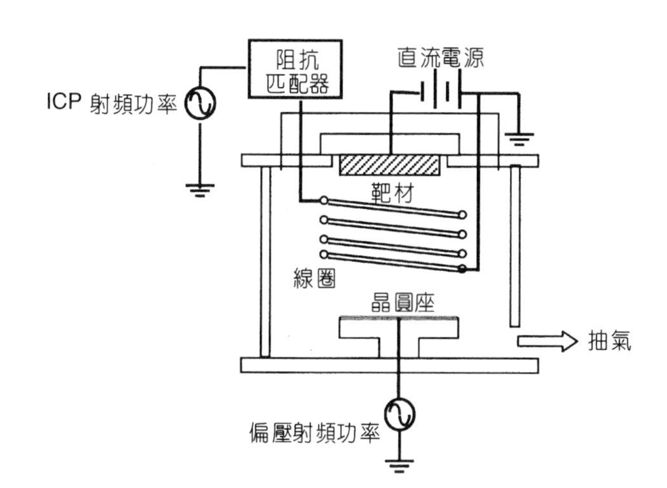

圖 5.8
線圈浸入電感式電漿源之應用 ICP 輔助濺鍍系統。

heating)。無論是電容式電漿源亦或者是電感式電漿源，均存在著此兩種加熱機制，唯獨不一樣的是兩者所產生的加速電場方向不同，電容式電漿源其射頻電場垂直電極，而電感式電漿源其感應射頻電場則是 θ 方向。

(1) 碰撞加熱機制

一電子於時變電場中，前半週期受電場加速，後半週期受力方向反轉而減速，經一週期該電子淨能量並無改變。然而當加入碰撞因素時，電子有機會在電場方向改變的時候，由於碰撞而改變其行徑方向，如此便能持續獲得電場加速。但當碰撞發生過於頻繁，任一半週期內電場方向雖未改變，反而是電子方向變化了多次，平均下來亦無法獲得加速。可見當碰撞頻率過低或太高時，碰撞加熱效應並不顯著，而於碰撞頻率等於射頻功率頻率時，碰撞加熱效果最好。

(2) 非碰撞加熱機制

隨氣體壓力下降碰撞發生減少，此時電子自由路徑增長。圖 5.9 為平面電感式電漿源非碰撞加熱機制示意圖，考慮鞘層之外 Z_0 上的某一電子向鞘層移動，由於鞘層電位較低而受到排斥，致使電子轉向離開鞘層，其間沒有發生碰撞，電子速度僅單純軸向的改變 (υ_z)，若電子通過趨膚深度的時間比射頻電場週期短時，電子將受到同一方向電場的加速而獲得淨能量，由於此機制係於低碰撞頻率情況下才越加顯著，故稱為非碰撞加熱。

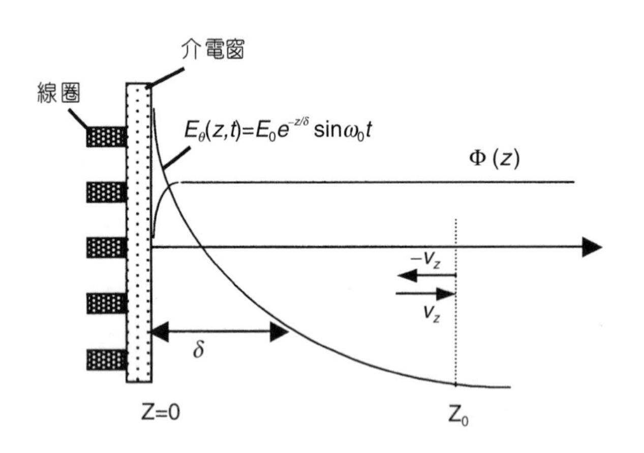

圖 5.9
平面電感式電漿源非碰撞加熱機制示意圖。

5.3.4 阻抗匹配原理

在射頻電漿系統中，電漿吸收射頻功率以維持放電現象，相對於射頻電源而言，電漿源為一負載，此負載一般包括實部 (吸收功率) 與虛部 (電容或電感耦合)。此負載值隨操作條件如氣壓、氣體成分、輸入功率等而變化。因此對於射頻線路而言，需在電源與電漿源之間加入一可調式阻抗匹配網路，以使得在任何操作條件下，射頻電源與其負載之阻抗皆達到匹配之要求。

所謂阻抗匹配就系統電路而言，當總負載阻抗為功率源阻抗之共軛複數時，阻抗的虛部將互相消去，僅留下實數部份之電阻與功率源 (或傳輸線) 阻抗相同，使得功率作最大傳輸。由於反射功率的減少，故對於射頻功率供應器本身亦具有保護的功用。圖 5.10 為電漿系統功率傳輸示意。射頻功率供應器輸出阻抗通常為 50 Ω，然而負載端 (包括電漿及感應線圈) 電阻部份仍遠低於 50 Ω，此間的差距便有賴匹配網路作轉換。L 型網路結構簡單、操作範圍廣，最常作為網路設計基礎。藉由調整可變電容值，使得匹配網路加上負載端的阻抗等於射頻功率產生器輸出端阻抗 50 Ω，達成阻抗匹配的目的。

然而即使阻抗匹配完美，匹配網路本身亦會消耗 5%－30% 的功率，造成功率之浪費，此外亦無法得知實際送入電漿之功率。降低功率消耗的作法，除了選擇高品質、低損耗的元件，如真空電容、電感及接頭鍍銀等之外，應儘可能縮短匹配網路至電漿源的距離，及使用大表面積之導線如寬銅片做為其間之傳輸線。

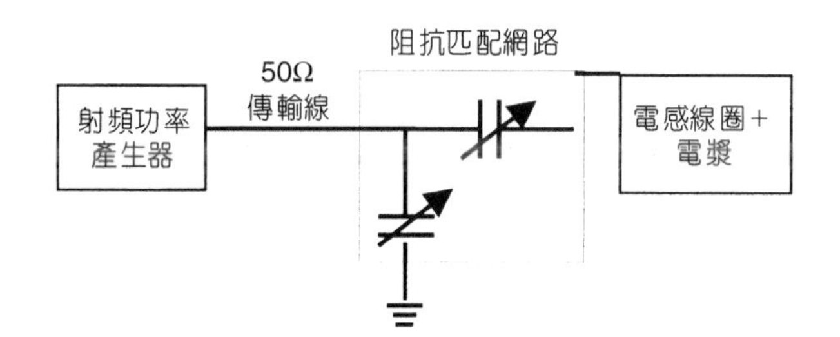

圖 5.10
射頻電漿源功率傳輸示意圖。

5.4 微波放電系統

微波 (microwave) 是頻率 300 MHz 至 300 GHz 之間的電磁波。然而為防止干擾通訊，ITU (International Telecommunication Union) 規定了一些工業應用頻率，如 6.78 MHz、13.56 MHz、915 MHz、2.45 GHz、24.15 GHz 等。實際上應用在電漿源上的微波源以 2.45 GHz 最多，這也是家用微波爐的頻率。利用微波激發電漿的工作起源很早，而從 1960 年代起因為微波電漿應用於材料開發、雷射、化學的效果，使得相關研發工作蓬勃起來[7]。

圖 5.11 是一個微波電漿源系統方塊圖。微波源多半以固定頻率的磁控管 (magnetron) 為主。工業規格上，以 2.45 GHz 而言，從數百 W 至 10 kW 都有提供。隔絕器 (isolator) 則是用以保護微波源不受反射波的影響或破壞。方向偶合器則是偵測微波入射功率及反射功率。阻抗匹配器是用來調節電漿源的輸入阻抗以減少反射功率，一般是利用 3-stub tuner 作為匹

第 5.4 節作者為寇崇善先生。

配器。至於電漿源的種類，以微波結構而言可分為共振腔式及行波式。因為共振腔的微波功率使用效率較高，且可產生較強的電場分佈，故採用共振腔的設計較多。

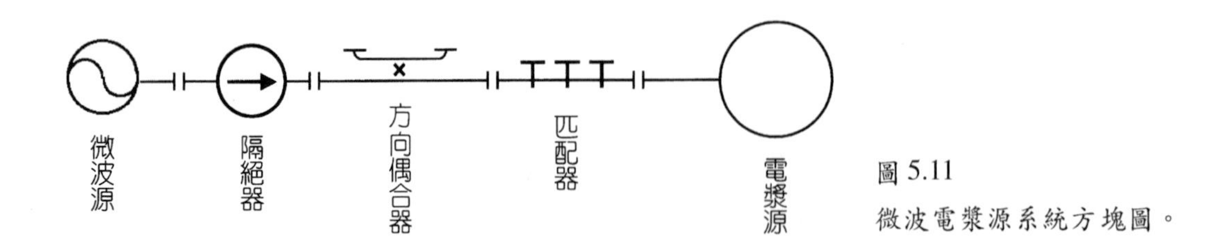

圖 5.11
微波電漿源系統方塊圖。

微波電漿與射頻電漿比較，展現出的優點如活化粒子的數量較多，這在許多應用上很重要。但在工業應用上仍以射頻電漿較多，這是因為微波波長較短，在產生大面積的電漿上有困難。以圖 5.12 為例，為了產生大面積的電漿而採用大體積的共振腔。微波從單一的偶合孔輸入，另一方面微波功率必須提高以產生大體積的電漿，如此在偶合孔處便激發高密度的電漿。因為電漿是由帶電粒子組成，在高密度下其行為如金屬一般，故微波將被大量反射而無法進入共振腔達到產生大面積電漿的目的。針對此一缺點，國立清華大學物理系提出以 (1) 分佈式偶合；(2) 微波結構與電漿產生區分隔的方式，成功產生大面積微波電漿[8]。

微波電漿源中電漿產生的機制可分：(1) 歐姆加熱 (電子與中性粒子的碰撞)；(2) 激發電漿中的特徵模式，如表面波電漿；(3) 電子與微波的共振，如電子迴旋加熱[4]。其中電子迴旋加熱需要外加的磁場，其他則不需。本節將分別簡介這幾種加熱機制。另一方面利用共振腔激發電漿是十分有效的方法，本節亦將簡述微波電漿共振腔的物理變化及調節共振腔的物理機制。此外亦簡介決定電漿特性 (如電漿密度、溫度) 的物理參數。本文因屬簡介性質，如有需要可進一步參閱所列之參考資料。

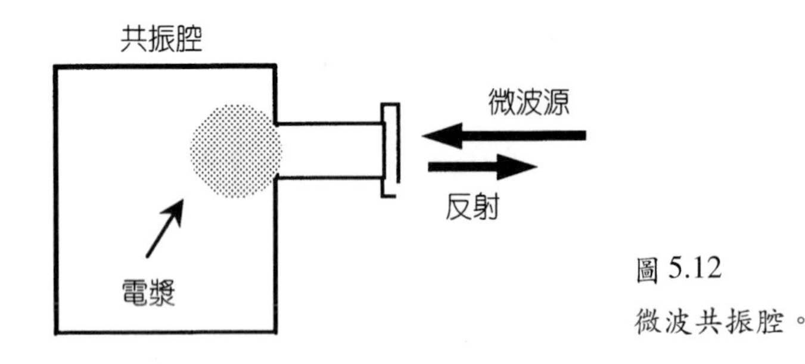

圖 5.12
微波共振腔。

5.4.1 微波與帶電粒子之交互作用 (歐姆加熱)

微波是隨時間做週期變化的電磁場。一個帶電粒子與微波作用時，半週期能獲得能量，而另半個週期則損失能量(在此不考慮發生粒子與電磁波之共振情況)。因此平均而言，帶電粒子是無法從微波獲得淨能量的。然而帶電粒子在電漿中會與中性粒子或其他帶電粒子發生碰撞，因而改變其與電磁波的相位。如此帶電粒子便有機會長期處於被微波加速的情形而獲得能量。從理論可知，電磁波與帶電粒子的平均交換功率為[7]：

$$P = \frac{e^2}{m_e}\frac{\nu}{\omega^2+\nu^2}\frac{E^2}{2} \tag{5.1}$$

式 (5.1) 中，ν 是電子與中性粒子的磁撞頻率，ω 是微波的角頻率，而 E 是其電場強度。式 (5.1) 說明最有效率的能量交換發生在 $\nu = \omega$ 時。這是因為當 $\nu << \omega$ 時，電子發生碰撞的機率太小，因此電子無法經由碰撞而改變相位，以致只能獲得較少的能量。另一方面，當 $\nu << \omega$ 時，電子在兩次碰撞間被電場加速的時間減少，故獲得能量亦減少。電子在電漿中與中性粒子的碰撞頻率隨著壓力增加。以 Ar 為例，當電子能量在 1 至 10 eV 之間，其碰撞頻率為 $\nu = 2\pi \times 5.3 \times 10^9 \times P$，$P$ 為壓力，以 Torr 為單位[2]。如以 2.45 GHz 的微波而言，其最佳操作氣壓約為 0.5 Torr。

5.4.2 電漿溫度與電漿密度

一個穩態的電漿，其電子溫度是由帶電粒子平衡關係所決定 (charged particle balance)。穩態電漿中，電子－離子對 (electron-ion pair) 的產生率必須等於其損失率。而電子－離子的損失可分為在電漿本體中經由電荷復合 (volume recombination) 及電子附著 (attachment) 等機制而造成；另一方面經由擴散 (diffusion) 或是直接撞擊 (direct impact) 從電漿表面損失。在一般電漿源中，帶電粒子密度約在 10^9-10^{12} cm^{-3}。在此範圍可忽略電荷復合的損失，而僅考慮經由表面的擴散損失。如此，粒子平衡關係可寫為

$$\nu_i = \frac{D_e}{\Lambda^2} \tag{5.2}$$

上式 ν_i 是電子碰撞游離頻率，D_e 是電子擴散常數，而 Λ 是電漿源的特徵尺寸。注意上式中 ν_i 及 D_e 是電子溫度的函數，故上式決定電漿源中電子的溫度 (即電漿溫度)，與其輸入的微波功率無關[9]。

另一方面，電漿密度可由能量平衡關係而決定，亦即電子從微波吸收的能量必須等於電子在各種碰撞中所失去能量。

$$P = \sigma_r E^2 = \theta_A n \tag{5.3}$$

上式中 P 是微波輸入能量，σ_r 是電漿之電導，θ_A 是單一電子經由各種碰撞(包含彈性碰撞、游離碰撞等)；E 是微波之電場強度，而 n 則為電子密度。上式中 θ_A 是電子溫度的函數，故說明電子密度是由微波吸收功率決定。另一有趣的結果是因為 $\sigma_r \propto n$，故 E 是由 θ_A 所決定。也就是說，電漿源在穩態時，其中的電場強度是與微波功率無關的[7]。

5.4.3 微波表面波電漿源

表面波電漿源 (surface wave plasma source) 是以激發電漿中的表面波為原理[7]。如圖 5.13 所示，一支圓柱形的石英管置於微波共振腔的中央。而微波激發石英管中的氣體形成電漿。而所謂表面波是指在電漿中電磁場大小的分佈是從石英管表面以指數的方式向中心迅速衰減。因此能量是沿著石英管壁傳遞。雖然如此，電子密度的分佈仍守擴散方程式的結果，以中心最大而隨半徑方向衰減。當電子密度滿足下式時，電漿表面波便能激發而傳遞：

$$\omega_p > \omega(1+\varepsilon_g)^{\frac{1}{2}} \tag{5.4}$$

其中電漿頻率 $\omega_p = (e^2 n/\varepsilon_0 m)^{1/2}$，$n$ 為電子密度，ω 是波的角頻率，ε_0 為真空中的介質常數，而 ε_g 為石英管的介質常數。以 2.45 GHz 為例，石英管的介質常數約為 4，可計算得知當表面波被激發時，電漿密度將大於 10^{11} cm^{-3}。因此微波表面波電漿源是屬於高密度電漿源。

表面波電漿源早期的結構多以圖 5.13 為主。其中之石英管直徑約為 1－2 cm。因此產生的電漿面積較小，不適合於大面積的電漿製程，如半導體製程。日本住友公司提出以平面形的 Teflon 板作為基板用以傳遞微波，而將此結構置於真空腔上部，微波經由大型石英板傳入真空腔用以激發大面積的表面波電漿。國立清華大學物理系亦利用表面波機制研發出產生大面積、高密度的電漿源[8]。其電漿面積為 50 cm × 25 cm，電漿密度達到 10^{12} cm^{-3}，電子溫度為 1－2 eV。其結構如圖 5.14 所示。在上方是利用梳型 (vane-type) 的週期性結構組成可調式共振腔。此一共振腔能有效的激發電漿表面波。此一電漿源最大的優點在於容易放大 (scale-up) 以產生更大面積的電漿，這是因為所採用的是特殊共振模式，以致共振腔的共振頻率不會因為尺寸加大而變，同時電磁場的分佈情形亦不改變。

5.4.4 電子迴旋共振電漿源

圖 5.15 是典型電子迴旋共振電漿源 (electron cyclotron resonance (ECR) plasma source) 的示意圖。外加的磁鐵組在電漿產生區建立磁場，電子將在此磁場的作用下旋轉，其頻率為 $f_c = 2.8 \times 10^9 \times B$，$B$ 為磁場強度，以 kG 為單位。而微波由石英窗傳入真空腔。如果某個位置

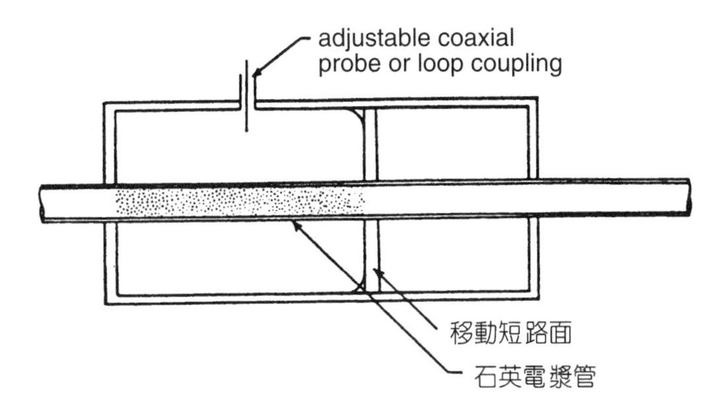

圖 5.13
表面波電漿源。

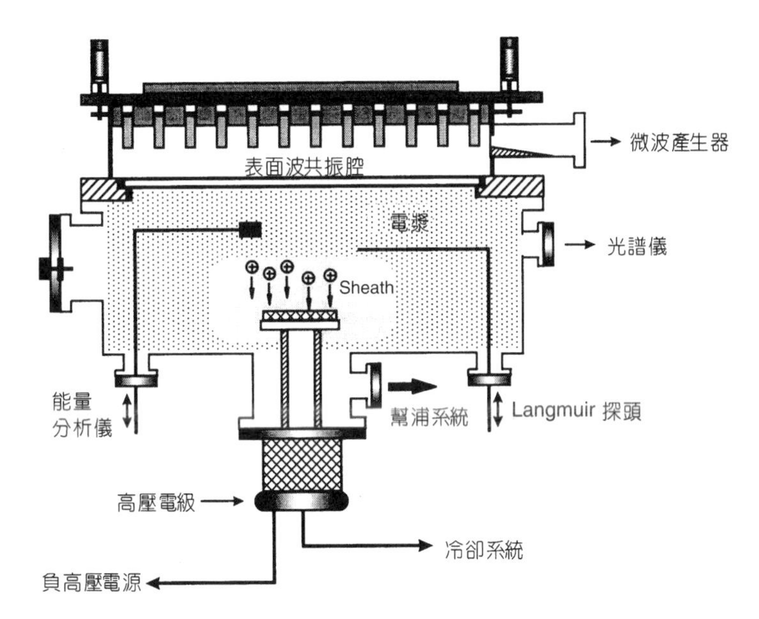

圖 5.14
國立清華大學大面積表面波電漿源。

上的磁場使得電子迴旋頻率等於微波的頻率 f 時，電子將與微波產生共振反應而很有效率的激發電漿。以 2.45 GHz 的微波為例，所需之磁場強度為 875 G。然而電子在磁場中旋轉的方向是固定的，因此只能與其極化方向相同的電磁波作用。以圖 5.16 為說明，上方是右手極化波 (right-hand polarized wave)。其旋轉方向與電子旋轉方向相同，故電子能與微波有效作用。然而下方的是左手極化波 (left-hand polarized wave)，其便不能與電子作淨能量的交換。值得注意的是微波必須從 $f_c > f$ 的區域傳入，方能進入 $f_c \cong f$ 的共振區。

ECR 電漿源有不同的結構設計，如圖 5.17 所示。隨著電漿面積的增大，電磁鐵已變得巨大而昂貴，故以永久磁鐵的方式來產生 ECR 反應區則較簡單許多。ECR 電漿源與其他電漿源比較，最大的優點在於能在較低的氣壓下依然能產生高密度電漿。一般而言，ECR 操作在 $10^{-4}-10^{-3}$ Torr，其電漿密度可達 10^{12} cm^{-3}。

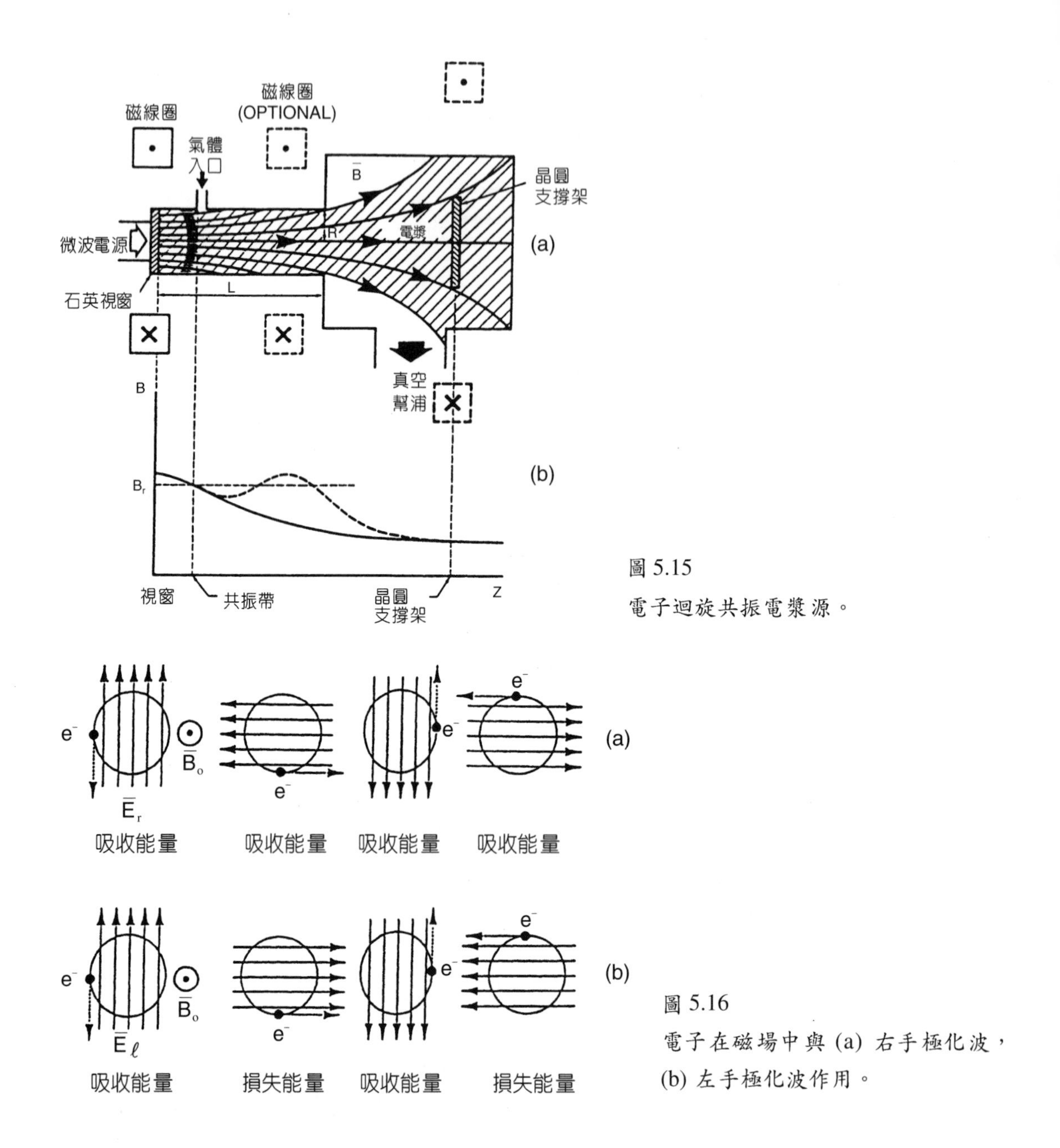

圖 5.15
電子迴旋共振電漿源。

圖 5.16
電子在磁場中與 (a) 右手極化波，(b) 左手極化波作用。

5.4.5 微波電漿與共振腔 (Microwave Plasma Cavity)

微波電漿源的結構常以共振腔作為激發電漿的方式。如圖 5.18 所示。電漿在石英管區域產生後會造成共振腔共振頻率變大，這是因為電漿的介質常數 (= $1 - \omega_p^2/\omega^2$) 小於 1，電漿頻率 $\omega_p = (e^2n/\varepsilon_0 m)^{1/2}$，$n$ 為電漿密度。故波長在電漿中變得比空氣中長，因此如果共振腔幾何結構不變，則共振頻率會上升。同時因為電漿的產生，共振腔的共振模式也會變化[9]。以

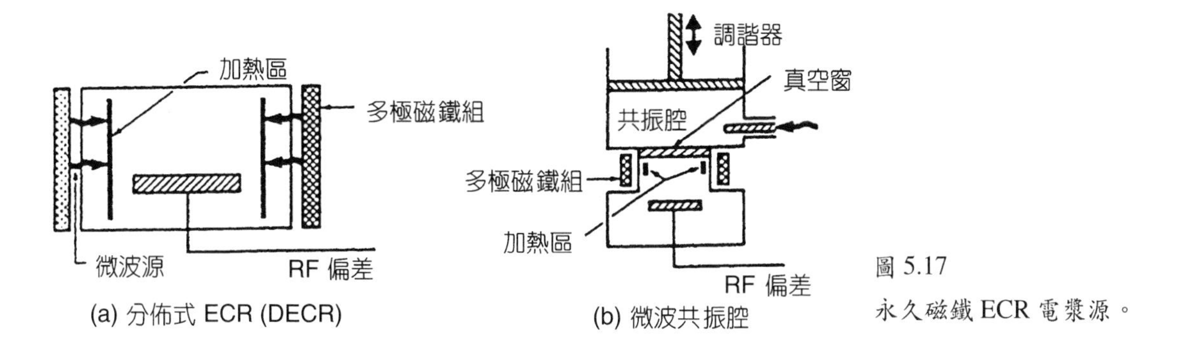

圖 5.17
永久磁鐵 ECR 電漿源。

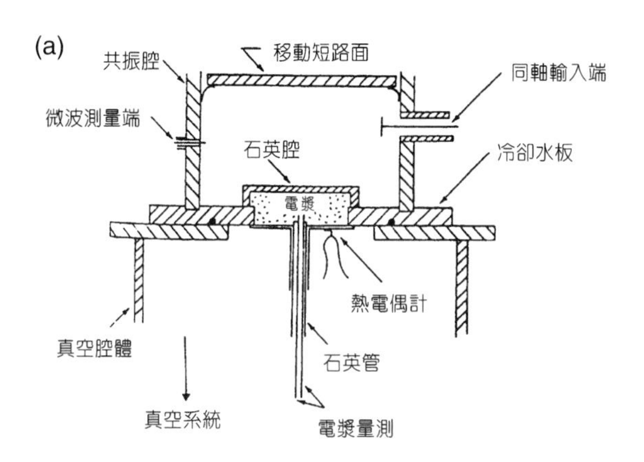

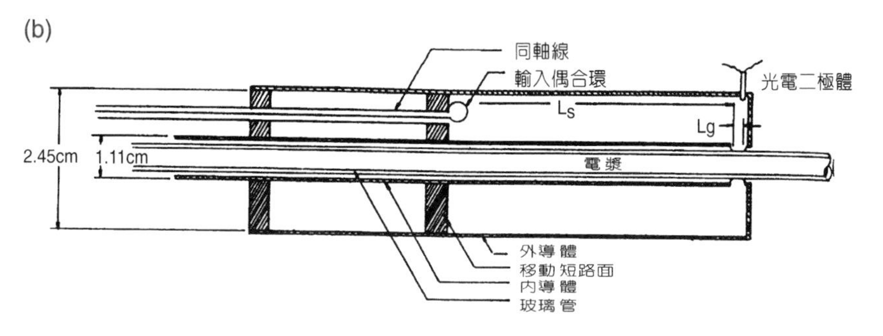

圖 5.18
微波共振腔電漿源。

圖 5.19 為例，當電漿尚未產生前，共振模式 TE_{111} 模之電場分佈如圖 5.19(a) 所示。而當電漿產生後，電場分佈隨著電漿密度而改變，如圖 5.19(b)、5.19(c) 所示。

因此使用共振腔結構的電漿源必須引入調節的機制，以克服共振頻率變大的情形。第一種方式是使用頻率可以改變的微波源，在激發電漿的過程逐步增加輸入微波的頻率，實驗證實此法能將電漿密度增加七倍，但是可調式的微波源價格昂貴。另一種方法則是使用固定頻率的微波源，但是共振腔的幾何長度是可調的，如圖 5.18 所示。如此在激發電漿的過程中，逐步增加長度以降低共振頻。實驗結果顯示，此法能有效的將電漿密度提高 10 倍。圖 5.20 說明此一方法的物理機制。

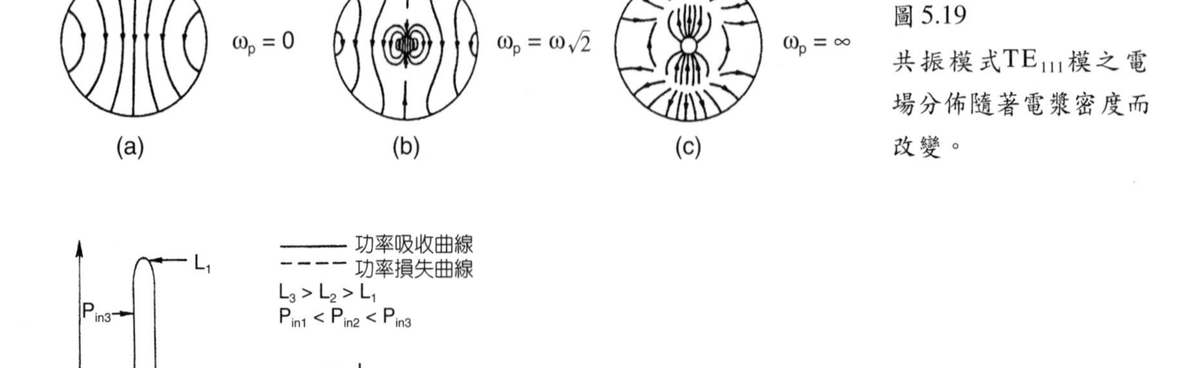

圖 5.19
共振模式TE_{111}模之電場分佈隨著電漿密度而改變。

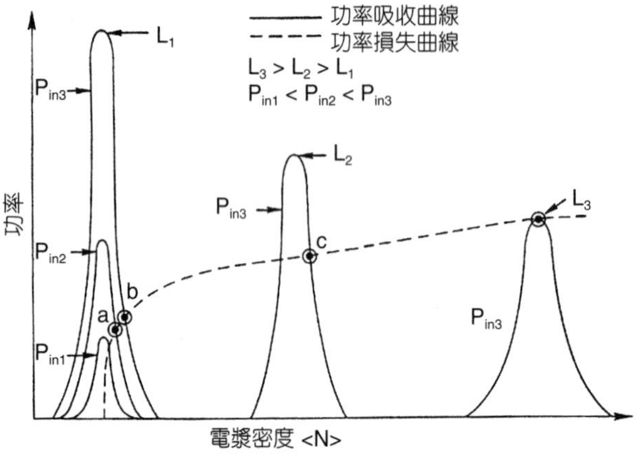

圖 5.20
電漿共振腔中功率吸收曲線及功率損失曲線與電漿密度的關係。

圖 5.20 顯示電漿共振腔中，功率吸收曲線及功率損失曲線與電漿密度的關係。功率損失是電子在各種碰撞中的能量損失，以及粒子因為擴散效應經由電漿表面的損失；而功率吸收則是電漿對於特定微波共振模式的能量吸收。在穩態時，功率吸收必須等於功率損失。在圖 5.20 上，最左邊的三個共振曲線代表在不同輸入功率時的功率吸收曲線，另一方面，功率損失與電漿密度成正比，在圖 5.20 上是以虛線表示。而功率吸收共振曲線與功率損失線的交點，則表示電漿共振腔可能的操作點，但是穩態的操作點，則需要交點上的功率吸收曲線的斜率為負。在圖 5.20 的最左邊的曲線顯示，在固定長度的共振腔中增加輸入功率時，電漿密度增加有限。另一方面系統與微波源之間的不匹配愈見嚴重。當共振腔長度增加時，功率吸收曲線向右移動而與功率損失曲線交於 **c** 點。此時功率吸收共振曲線因電漿密度增加而下降，但是交點 **c** 比交點 **a**、**b** 更接近共振中心。故能吸收較多的功率以提高電漿密度。當長度繼續增加，最後功率吸收曲線與功率損失曲線相切於最高點，如 **d** 點，此時便達到最大電漿密度。如再增加長度電漿共振腔進入不穩區，電漿將熄滅，如要再點燃電漿必須回到最初長度。

5.5 電弧放電系統

低氣壓腔體內陰極與陽極間連續施加直流電壓以產生放電，初始為無光之暗空間放

第 5.5 節作者為艾啟峰先生。

電，之後進入輝光放電，最後達到強光之電弧放電區，如第 5.2 節的圖 5.2 所示。將電弧放電的放電電壓與電流特性擴展，則如圖 5.21 所示，可再細分為非熱電弧放電及熱電弧放電區。非熱電弧區包含從輝光放電至電弧放電轉換區，其呈負電阻特性，放電電流增加時，放電電壓反而減少，平均放電電壓約在 20－30 V，平均放電電流約在 1－50 A 間；熱電弧區電弧電壓隨電流增加僅微幅上升，電流可從幾十 A 至幾百 A。若屬大氣壓以上高功率熱電弧放電，則放電電壓高達數百V，放電電流達上千 A。

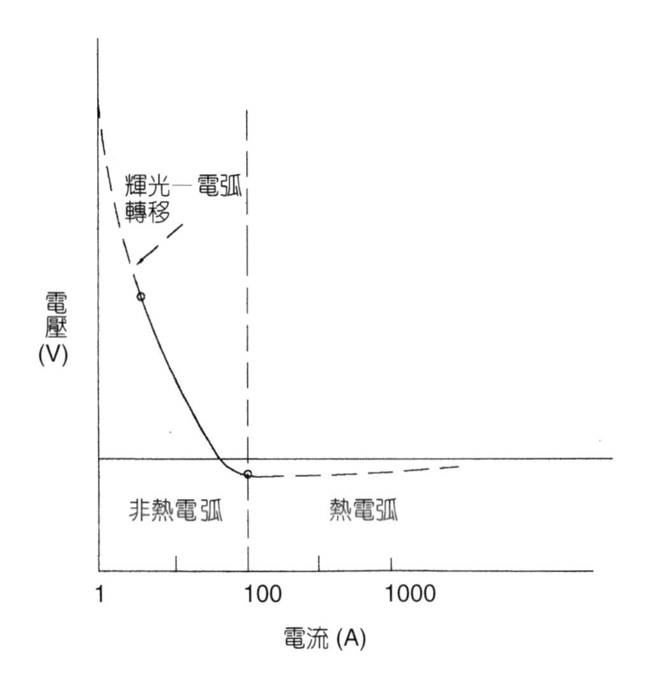

圖 5.21
直流電弧放電電壓與電流典型之分佈關係，含非熱電弧及熱電弧放電區，前者呈負電阻性，後者電壓僅隨電流微幅上升。

熱電弧為熱力平衡之電漿，即氣體與電子溫度相當，反之非熱電弧氣體溫度低於電子溫度。熱電弧總是出現於高氣壓，或雖然是低氣壓但高電子密度放電系統，而非熱電弧出現於低氣壓，或高氣壓但低電子密度或低電子能量之放電系統。實際上當低氣壓直流放電之電流為數 A 時，很難判定為非熱電弧放電或輝光放電。輝光放電電流密度低 (< 50 mA/cm^2)，陰極電位降及寬度較大 (約 100 V、1 cm)，如果面積夠大仍可產生若干 A 左右之總電流。直流電弧電流密度則相對大很多，陰極電位降及寬度則較小，其放電模型可以圖 5.22 來顯示，有下列特性：

(1) 熱電弧陰極發射之電子，來自於一個或多個移動性電弧點，該電弧點主要是以場發射 (field emission) 方式釋出電子，電流密度高達 10^7-10^8 A/cm^2。電弧點數目隨放電電流增加而增加。非熱電弧陰極電弧點呈彌散式大斑點，電流密度低，約 $10-10^3$ A/cm^2，主要為熱電子發射。

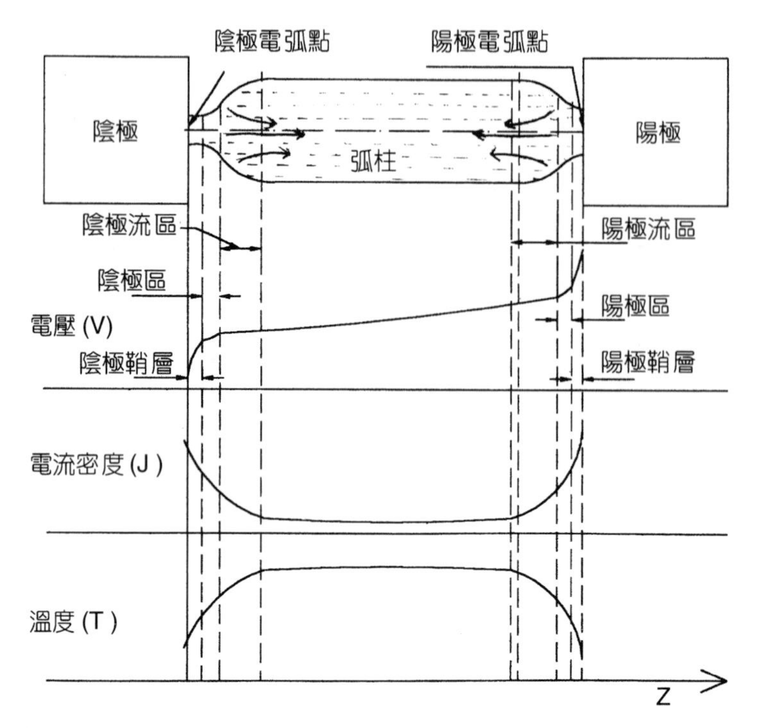

圖 5.22
直流電弧放電沿軸向各放電區示意圖及其電壓、電流密度及溫度分佈特性。弧柱區電場最低，電流密度亦最低但溫度最高。

(2) 陰極鞘層貼近陰極表面，空間寬度約等於電子 Debye 長度 1－10 μm，電位降約等於放電氣體或陰極材料蒸氣之游離能，約十幾 eV。

(3) 電弧陰極區約 1 mm 寬，此區域內電位與電流密度沿著軸向有一梯度，越過此區有約 1 cm 寬之陰極流區，區內所形成之陰極射流速度達幾百 m/s。中間為電弧柱區，因離化率高，電子與離子密度亦高，碰撞率高，溫度最高，但電子與離子密度約略相等，故電場低，因而電位亦低。

(4) 陽極表面亦有貼面之陽極鞘層，陽極區與陽極流區，其相關尺度與陰極附近大致相似，只是陽極電弧點比陰極電弧點大得多。

(5) 電弧柱本身大電流所產生之磁場造成一軸向力 (**J** × **B**)，指向弧柱中心軸，此對電弧有夾縮 (pinch) 作用。夾縮力與弧柱擴張之氣壓力達成平衡。

(6) 由於陰極點與陽極點本身限定在較小直徑，而夾縮促成陰陽極射流向外流動，而形成電弧噴柱 (arc jet)。

實用之放電系統結構約略有下列幾類：(1) 傳統電弧放電系統、(2) 低氣壓電弧放電系統及 (3) 高氣壓電弧放電系統。各系統介紹如下。

5.5.1 傳統電弧放電系統

傳統電弧放電系統如使用於碳六十及碳微管 (carbon nanotube) 微粒之成長的碳電弧放電

裝置，在真空容器內有一結構簡易的陰極與陽極，極距為數 mm，電極主要成份為石墨，容器內充入惰性氣體如 He、Ar 等或 H_2，從幾百 Torr 至大氣壓不等。當陰陽極相互接近，或稍加短路引發電弧放電，陽極被放電熔解揮發，形成碳電弧，有下列特性：

(1) 低放電電流時，數 A 至十幾 A，呈負電阻性，此為非熱電弧，弧電壓隨放電電流增加反而以拋物線單調遞減。
(2) 放電電流繼續增加，從十幾 A 至幾十 A，在某一臨界電流會轉移至熱電弧區，弧電壓驟降。此時弧電壓僅隨電流增加微幅上升。
(3) 不論是非熱電弧或熱電弧，弧電壓隨弧長 (兩極間距) 增加而增大。

5.5.2 低氣壓電弧放電系統

低氣壓電弧放電系統主要是產生低功率熱電弧，使用於鍍膜系統，常用有三種型式：(1) 真空電弧 (vacuum arc) 放電－冷陰極電弧 (cold cathodic arc)、(2) 分佈式電弧 (distributed arc) 放電－熱陰極電弧 (thermionic arc) 及 (3) 中空陰極放電 (hollow cathode discharge)。

(1) 真空電弧放電－冷陰極電弧

在極低氣壓下 ($< 10^{-3}$ Torr)，陰極與陽極間以射頻或直接瞬間短路引發電弧放電，促使陰極材料自然蒸發作為媒介，以維持穩定電弧。如圖 5.23 所示，陰極為欲披覆之材質，其電弧放電特性如下：

(a) 電弧放電過程，不需充入任何氣體，為低電壓高電流放電，陰極表面有極大的電位降 20－30 V，產生局部強電場，一方面曳引離子加速撞擊表面，一方面發射場電子，形成一電弧點。電弧點產生之表面電漿再引發鄰近另一電弧點，周而復始，故電弧為不連續性。
(b) 電弧點在陰極表面隨機游走，速度達 10－100 m/s，由於電弧點局部溫度高，呈熔融狀態，微粒 (0.1－10 μm) 伴隨著曳出。
(c) 電弧電壓隨電流及陰陽極間之距離增加微幅上升。
(d) 陰極整體充分冷卻避免整體熔融，故又名為冷陰極電弧。

(2) 分佈式電弧放電－熱陰極電弧

當冷陰極電弧之陰極不再維持冷卻，於是即迅速升溫，當控制至一臨界溫度時，陰極材本身保持蒸發，產生一連續穩態之分佈式電弧放電。其放電特性如下：

(a) 陰極電弧點擴散為 1－2 cm^2 面積或整個陰極表面，電弧點電流密度約 10－10^4 A/cm^2。
(b) 初始以冷陰極放電方式引燃，電弧放電電壓約 20 V (陰陽極距 ≤ 20 cm)，再過渡到分佈式電弧放電，電弧放電電壓增加至約 30 V 以上。

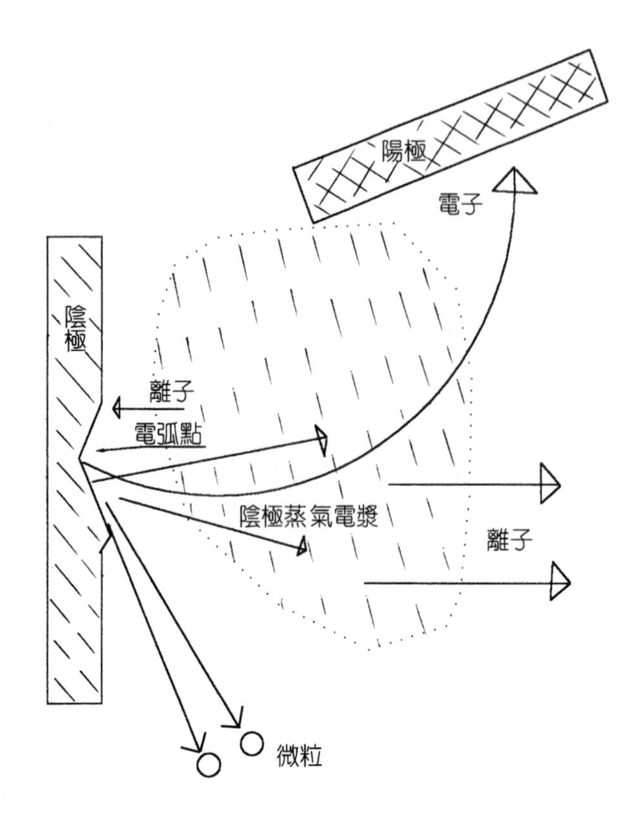

圖 5.23
冷陰極真空電弧放電示意圖。

(c) 分佈式電弧放電為連續熱陰極電弧，無局部熔融高溫，亦無微粒伴隨產生。

(3) 中空陰極放電

中空陰極放電系統的陰極為一筒狀管，見圖 5.24 所示，一般採用數 mm 直徑的鉭 (Ta) 管，管內通一定流量的氬氣，陽極為欲被覆之材料。

其放電特性係利用電熱管加熱 Ta 管或射頻放電使陰陽極間產生輝光放電電漿，電漿中氬離子不斷撞擊 Ta 管表面來加熱，當 Ta 管升溫至 2200 °C 左右，大量熱電子曳出，瞬即轉成熱電弧放電，電弧電壓降至 40 V 左右，放電電流從數十 A 至數百 A 不等，同時引出高電流電子束以熔解並離化陽極蒸發原子或分子。

5.5.3 高氣壓電弧放電系統

主要是產生高功率電弧，用於銲接、熔融、噴塗等工業應用。一般大氣壓下兩電極直流放電可產生較大功率之電弧，如圖 5.25 的電漿火炬 (plasma torch)。使用於銲接、噴塗之電漿火炬陰極採用鎢棒，若用於高功率熔融則採用銅製水冷式中空筒狀陰極。陽極若在火炬

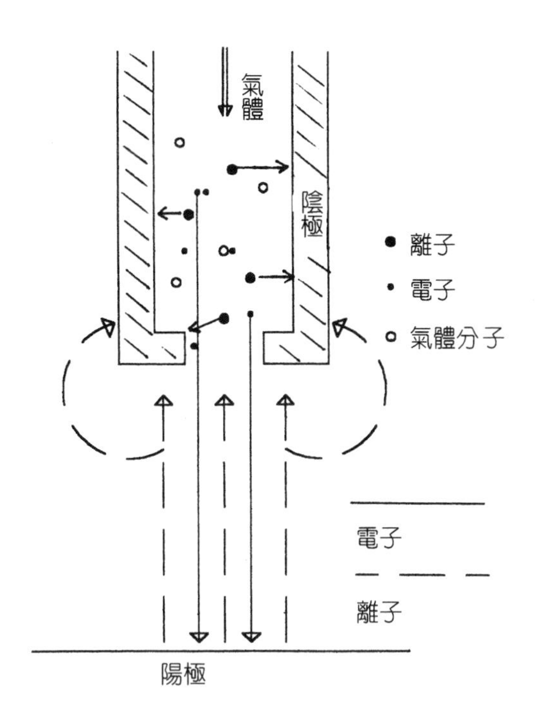

圖 5.24
熱陰極中空陰極放電示意圖。

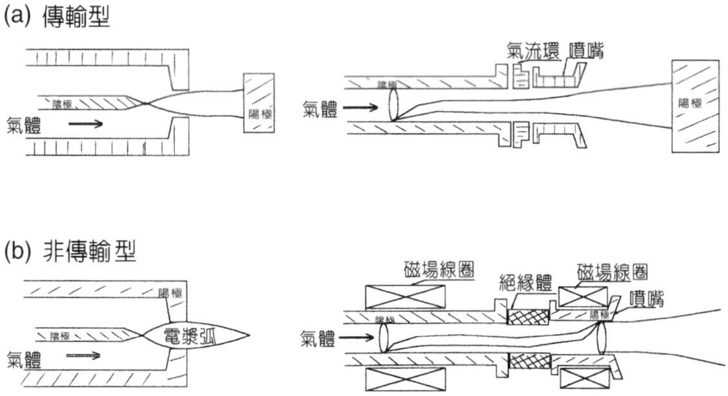

(a) 傳輸型

(b) 非傳輸型

圖 5.25
電漿火炬電弧放電結構示意圖，(a) 為傳輸型，(b) 為非傳輸型；左為固體陰極型，右為中空陰極型含氣流及磁化旋轉電弧型。

體外之加工物件，於是電弧放電之電漿弧 (plasma arc) 落在陽極物件上，此為傳輸型電弧 (transferred arc)；若陽極在火炬出口處本體上，於是弧根落在火炬出口處陽極噴嘴上，高溫氣體從此噴出落在物件上，此為非傳輸型電弧 (non transferred arc)。電漿火炬放電特性如下：

(1) 工作氣壓大於或等於 1 大氣壓，維持自我放電，電流密度 10^2-10^7 A/cm^2，電場強度數 V/cm 至數十 V/cm，可以射頻或高壓脈衝 kV/ms 引發電弧放電。
(2) 高功率電漿火炬工作電壓從數百至數千 V，電流從數十至數千 A。

(3) 採用空心陰極配合螺旋流動工作氣體 (vortex flow) 或外加磁場，使弧根在電極上作圓圈旋轉降低電極溫度，以減低電極消耗量。此放電電弧又稱旋轉電弧或磁化電弧。
(4) 電壓與電流關係呈拋物線下降，電弧電壓隨弧長而增加。

參考文獻

1. F. F. Chen, *Introduction to Plasma Physics and Controlled Fusion*, Plenun.
2. Y. P. Raizer, *Gas Discharge Physics*, New York: Springer-Verlag (1991).
3. B. Chapman, *Glow Discharge Processes*, New York: John Wiley & Sons (1980).
4. M. A. Lieberman and A. J. Lichtenberg, *Principles of Plasma Discharges and Materials Processing*, John Wiley & Sons (1994).
5. J. H. Keller, *Plasma Sources Sci. Technol.*, **5**, 166 (1996).
6. J. Hopwood, *Plasma Sources Sci. Technol.*, **1**, 109 (1992).
7. M. Moisan and J. Pelletier, *Microwave Excited Plasmas*, Amsterdan: Elsevier (1992).
8. T. J. Wu and C. S. Kou, *Rev. Sci. Instrum.*, **70**, 2331 (1999).
9. J. Asmussen, Jr., R. Mallavarpu, J. R. Hamann, and H. C. Park, *Proc. IEEE*, **62**, 102 (1974).
10. J. R. Roth, *Industrial Plasma Engineering*, Vol. 1, Principles, IOP Publishing Ltd. (1995).
11. 黃忠良譯, 界孝夫編, 放電現象應用, 復漢出版社(1986).
12. 艾啟峰, 電漿工程科技在表面處理工業應用之發展, 科儀新知, **20** (3), 79 (1998) & **20** (4), 85 (1999).
13. V. S. Veerasamy, G. A. J. Amaratunga, M. Weiler, J. S. Park, and W. I. Milne, *Surf. & Coat. Tech.*, **68/69**, 301 (1994).

第六章　真空幫浦

真空依形成的因素可分為自然真空 (如外太空) 與人造真空 (如儀器系統之真空腔室)，人造真空的形成無非是在創造低於大氣壓力的環境，可控制真空系統之氣體密度、成分及其物理行為，以利進行預期之製程及檢測，或是利用壓差 (pressure difference) 進行力量和運動的傳輸。形成人造真空的最重要設備為真空幫浦，真空幫浦如同真空系統的心臟，扮演著真空系統性能良窳的關鍵角色。近年來頗為熱門的光電及半導體產品，其中大部分的製程就是在真空系統中進行。同步輻射系統、粒子加速器、電子顯微鏡、質譜儀等貴重儀器亦是典型的真空系統，需在真空環境裡進行實驗與檢測。針對不同的製程環境及儀器需求，相對的必須提供滿足該製程真空環境要求的系統設計，於是有各種不同抽氣性能及特性的真空幫浦。藉由組合真空幫浦、腔體、真空計與管路等，創造完善人造真空系統，使得精密儀器、半導體製程等諸多領域得以有突破性的發展。本章於第 6.1 節將介紹真空幫浦之定義、分類與選用要素，以建立讀者之基本概念，再依幫浦的分類分別於 6.2 節介紹正排氣式真空幫浦 (positive displacement pump)，6.3 節介紹動力式幫浦 (kinetic vacuum pump)，6.4 節介紹儲氣式幫浦 (entrapment vacuum pump)，最後並於 6.5 節介紹真空幫浦之性能檢測技術與規範。

6.1 真空幫浦之定義、分類與選用要素

真空係相對於大氣壓力，表示一特定空間內壓力小於一大氣壓力的狀態。為得到符合所需的人造真空環境，真空幫浦為其中最具關鍵的核心，凡是能去除特定空間內氣體，以減低氣體分子的數目，形成某種程度真空狀態的裝置是為真空幫浦。由於真空系統規格因其應用領域而有極大的差異，在各種不同的系統必須選擇最適用的真空幫浦，才能發揮真空系統的最佳效益。為滿足各式系統的需求，真空幫浦最為重要的規格分別為：抽氣壓縮比 (compression ratio)、抽氣壓力範圍、終極真空壓力 (ultimate vacuum pressure)、抽氣速率 (pumping speed) 及抽氣之氣體選擇性或殘餘氣體分子種類特性等，必須考量系統需求選擇適合的真空幫浦。

第 6.1 節作者為陳峰志先生與張嘉帥先生。

6.1.1 真空幫浦之分類

依真空度區別，真空幫浦可分為粗略真空幫浦、中度真空幫浦、高真空幫浦及超高真空幫浦，其分類是依據幫浦之工作壓力範圍與終極壓力。圖 6.1 依幫浦之工作壓力範圍，整理標示各種常見的真空幫浦之操作壓力範圍。由於氣體在粗略真空段屬黏滯流 (viscous flow)，氣流之物理行為可視為連體 (continuum)，可以由機械容積變化進行吸氣、壓縮及排氣的方式進行抽氣。在高真空及超高真空段屬分子流 (molecular flow) 或自由分子流 (free molecular flow)，氣體分子密度甚低，分子平均自由徑 (mean free path) 大，分子可以運動較長的距離而不發生分子間的碰撞，氣體分子之物理行為不被視為連體，乃考慮氣體分子之運動及其路徑設計抽氣的方式。在中度真空時大概可以視為過渡流 (transition flow)，是較為複雜的區段，此區段目前以魯式幫浦之抽氣效率最佳。關於氣流之定義與區別可詳見本書第二章「氣體分子動力論」及第三章「氣流與氣導」之相關討論。

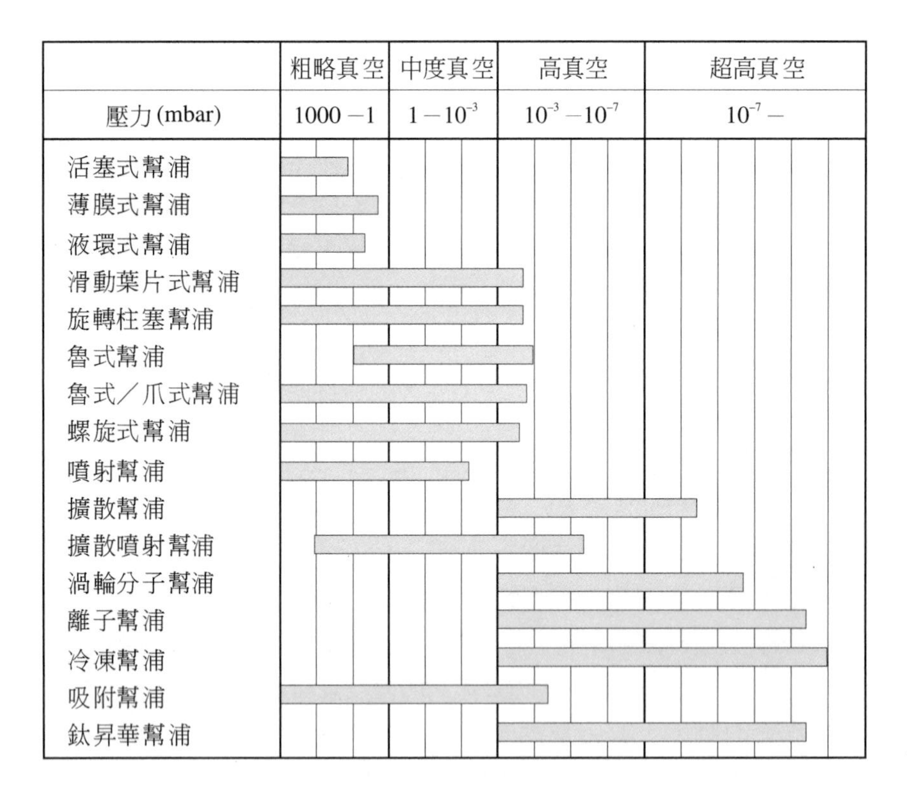

圖 6.1
各類幫浦工作範圍。

若由真空幫浦之抽氣型態，可分為排氣式幫浦 (gas transfer pump) 及儲氣式幫浦，如圖 6.2 為依據 ISO 3529/2[1] 分類整理所得到的分類圖表，由於 ISO 3529 之規範年代已久，圖中標註「*」之幫浦為筆者自行加入。排氣式幫浦因操作原理不同，又可區分為正排氣真空幫浦和氣體分子動力式真空幫浦。正排氣真空幫浦之工作壓力範圍約可從一大氣壓力至 10^{-3} Torr 甚至 10^{-4} Torr，一般做為中低真空系統之主要幫浦，或高真空系統之粗抽幫浦 (roughing pump) 及高真空幫浦之前級幫浦 (foreline pump)。分子動力式真空幫浦，又可分為拖曳幫浦 (drag pump) 和流體噴射幫浦 (fluid entrainment pump)。其中的拖曳幫浦屬機械式真空幫浦，是以渦輪葉片高速旋轉，其渦輪翼之速率大於氣體分子之熱速度 (thermal velocity)，靠渦輪葉片之機械動作將氣體分子排出，或是以螺旋溝槽與氣體分子之黏滯力將氣體分子帶出[2–4]。流體噴射幫浦則包含擴散幫浦、噴射幫浦和擴散噴射幫浦，是以高速運動的流體將氣體分子帶出真空系統外，其中的油擴散幫浦為 Burch 於 1935 年所開發出來[4–6]，被抽除氣體分子藉擴散作用移至蒸氣流區，再被牽引帶離真空系統；而噴射幫浦則是藉由被抽除氣體分子與噴射流體之黏滯性牽引作用將氣體分子帶離真空系統。擴散幫浦和渦輪分子幫浦為高真空幫浦約可從 10^{-3} Torr 啟動，直到 10^{-8} 甚至 10^{-9} Torr 之終極壓力；而其中的擴散噴射幫浦為中度真空幫浦，與魯式機械助力幫浦 (mechanical booster pump) 之壓力範圍相當，所以又稱為蒸氣助力幫浦 (vapour booster pump)；液體或蒸氣噴射幫浦為低真空幫浦，若以水為動量轉移介質，其終極壓力約為 17 Torr，即為水之飽和蒸氣壓。

儲氣式幫浦有別於排氣式幫浦，是將被抽除的氣體分子以化學吸附 (chemical adsorption) 或物理吸附 (physical adsorption) 永久或暫時貯存於幫浦中而達降低氣體壓力效果。常見的化學吸附作用之幫浦有結拖幫浦 (getter pump)、鈦昇華幫浦 (Ti sublimation pump)

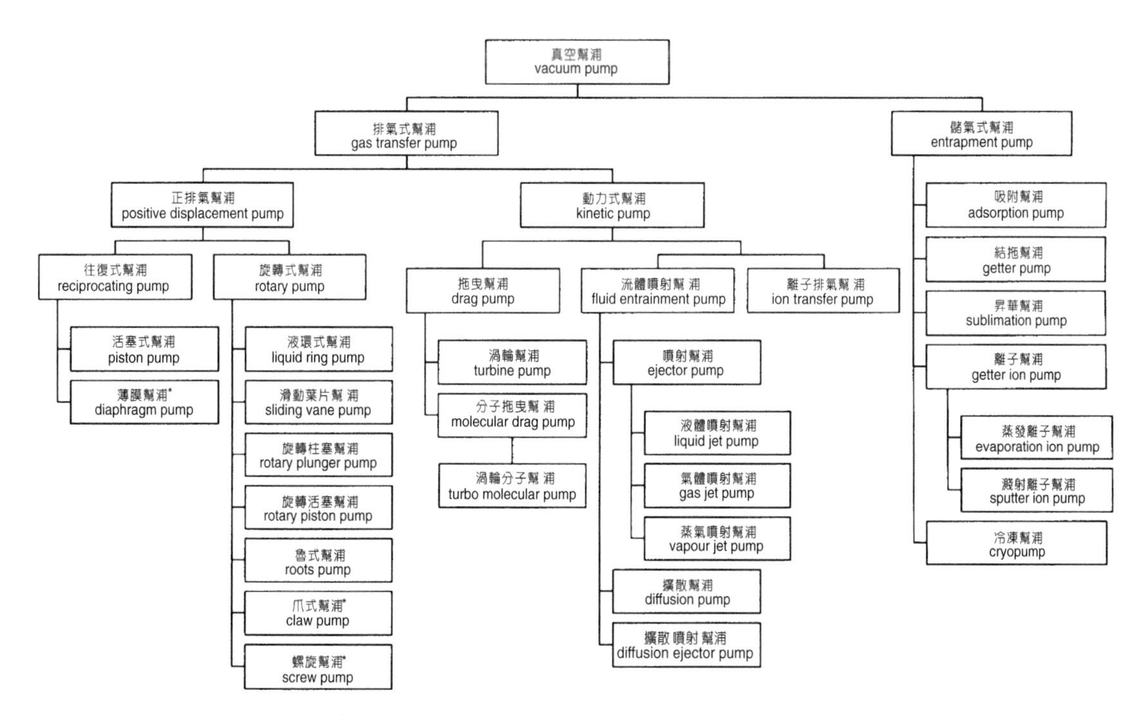

圖 6.2 依排氣方法區分真空幫浦。

和離子幫浦 (ion pump)[7]，物理吸附作用的幫浦則有吸附幫浦 (adsorption pump) 和冷凍幫浦 (cryo pump)。其中結拖幫浦一般做為靜態真空系統保持真空度之用，另外，除了吸附幫浦為中低真空幫浦之外，其餘皆為超高真空幫浦。

6.1.2 真空幫浦選用之要點

選用真空幫浦必須考慮的基本條件為幫浦所能達到的終極壓力、幫浦的有效抽氣壓力範圍、幫浦抽氣速率的大小、幫浦排氣口的壓力，以及幫浦抽氣之氣體選擇性等，以下將分別介紹這些基本條件。

(1) 幫浦所能達到的終極壓力

真空系統之可達最低壓力最重要的影響因素是抽氣幫浦之終極壓力，幫浦之終極壓力是由幫浦本身之抽氣方式、回流及抽氣介質蒸氣壓大小所決定。如果系統之真空度需求只需達中低真空，一般使用油封式機械幫浦 (oil-sealed mechanical pump) 或乾式真空幫浦 (dry pump) 做為抽氣幫浦即可，若系統工作壓力是在 10^{-4} Torr 左右，則串聯使用魯式助力幫浦。若是高真空系統，則可選用擴散幫浦或是渦輪分子幫浦做為主要的抽氣幫浦，再以油封式機械幫浦或乾式真空幫浦做為粗抽幫浦和前級幫浦即可，如圖 6.3 為一典型的高真空渦輪分子幫浦系統。若系統真空度需達超高真空則可選用冷凍幫浦、離子幫浦或鈦昇華幫浦，與機械幫浦或乾式幫浦以及渦輪分子幫浦組合而成超高真空系統。

(2) 幫浦有效抽氣的壓力範圍

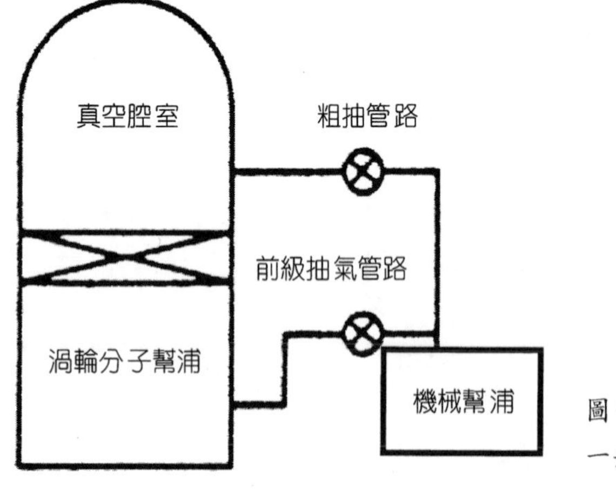

圖 6.3
一般高真空渦輪分子幫浦系統。

幫浦之有效抽氣壓力範圍係指在此壓力範圍內，幫浦有足夠的抽氣速率。抽氣系統的主要抽氣幫浦之有效抽氣壓力範圍必須能涵蓋系統之背景壓力 (background pressure) 及工作壓力 (working pressure)。在廠商所提供的型錄中，通常會標示最大啟動壓力及終極壓力，在啟動壓力至終極壓力之間即可視為幫浦操作之有效抽氣壓力範圍。以渦輪分子幫浦為例，傳統以渦輪葉片 (turbo blade) 做為抽氣機構之渦輪幫浦之有效抽氣壓力範圍約可從 10^{-3} Torr 至 10^{-8} 或 10^{-9} Torr，其啟動壓力約為 10^{-3} Torr。近來許多結合渦輪葉片與螺旋溝 (helical groove) 之複合分子幫浦 (hybrid molecular pump) 其工作壓力可向上大幅延伸，可以從 1 Torr 甚至於 10 Torr 至 10^{-8} 或 10^{-9} Torr，不僅可涵蓋魯式助力幫浦的壓力範圍，對於工作壓力在 1 Torr 至 10^{-3} Torr 之製程亦有相當助益。

(3) 抽氣速率大小

幫浦之抽氣速率係指抽氣時在進氣口端之體積流率 (volume rate)，常用的單位為 m^3/h、L/min 或 L/s，幫浦之抽氣速率大小直接影響到真空系統到達指定真空度所需的時間。抽氣速率會隨著壓力變化，一般產品所標示之抽氣速率通常為最大的抽氣速率值，在產品型錄中通常會提供幫浦之抽氣速率曲線圖以供參考。在串聯前後級幫浦時，原抽氣速率曲線亦可為前後級幫浦匹配之參考。

(4) 幫浦排氣口壓力

幫浦排氣口壓力，係專用於排氣式幫浦之規格，一般的正排氣幫浦，除了魯式助力幫浦之外，皆可以將氣體直接排至大氣。但對於高真空幫浦則不然，以擴散幫浦而言，其排氣口壓力必須小於 0.5 Torr，所以必須搭配有效抽氣壓力範圍至 0.5 Torr 以下的前級幫浦 (一般使用油封式機械幫浦)。然而對於儲氣式幫浦，則沒有排氣口壓力這一項規格，必須注意的是與其搭配的粗抽幫浦之有效抽氣壓力範圍必須能涵蓋儲氣式幫浦之最大啟動壓力。

(5) 幫浦之潔淨度

由於真空系統對環境潔淨度之要求日益嚴苛，許多製程系統或儀器之真空腔並不容許有油氣分子存在。例如油封式機械幫浦或是擴散幫浦所使用的幫浦油品，會因為油氣回流 (back streaming) 污染系統。為了防止油氣回流，除了可以選配油氣捕集阱 (oil trap) 或冷凝阱 (cold trap) 之外，亦可選用潔淨度佳、無油氣回流之乾式真空幫浦做為粗抽幫浦或前級幫浦，再者，近年來發展的磁浮式渦輪分子幫浦因為磁浮軸承 (magnetic bearing) 無需使用潤滑油脂，亦可避免油氣回流的困擾。

(6) 幫浦抽氣之氣體選擇性

各式幫浦其抽氣機構不盡相同，對於不同氣體分子之抽氣效果亦有差異，以渦輪分子幫浦而言，若使用立式渦輪分子幫浦，其對氬氣的抽氣效果較佳、再來依序為空氣、氦氣和氫氣，若是臥式渦輪分子幫浦，其氦氣之抽氣效果則比氬氣和空氣來得大。很明顯渦輪分子幫浦對氫氣分子的抽氣效果較差，若使用於超高真空系統時，常和鈦昇華幫浦合併使用，由鈦昇華幫浦負責抽除氫氣分子。若是擴散幫浦，其抽氣效果則以氫氣最佳，再依序為氦氣、氮氣及氬氣。再以離子幫浦做比較，離子幫浦之抽氣效果與其設計有關，表 6.1 整理三種離子幫浦對各種氣體長時間抽氣效率之比較，以空氣 (100%) 為參考基準，而從表中可以觀察得知，離子幫浦對氫氣的的抽氣效果非常好，這也是離子幫浦十分重要的特性之一。由於各類幫浦對不同氣體分子之抽氣效果有所差異，在組合超高真空系統時，幫浦氣體分子之選擇性對於幫浦間之搭配亦是重要的考慮因素。

表 6.1 氣體種類與離子幫浦抽氣效果(以空氣為參考基準)。

氣體種類	二極式幫浦	刻槽式二極幫浦	三極式幫浦
氮氣	100%	100%	100%
一氧化碳	100%	100%	100%
水汽	100%	100%	100%
二氧化碳	100%	100%	100%
氫氣	250%	160%	250%
輕碳氫有機氣體	150%	90%	150%
氧氣	50%	70%	50%
氦氣	10%	20%	30%
氬氣	1%	10%	24%

真空系統可依壓力範圍、用途及抽氣方法等加以區分，必須能夠了解各種系統的特色方能應用在適當的場合。表 6.2 依所使用真空幫浦整理四種常見的真空系統整體性之比較。各種儀器所要求的真空度不同，儀器大小、構造材料，以及儀器的用途均是選擇幫浦必須考慮的因素，在設計真空系統時，必須依系統規格選擇最適用的真空幫浦。本章後續分別針對正排氣式真空幫浦、分子動力式幫浦及儲氣式幫浦做深入介紹，並簡介真空幫浦之性能檢測技術與規範。

表 6.2 各種真空系統相關功能之比較。

	離子幫浦系統	擴散幫浦系統	渦輪分子幫浦系統	冷凍幫浦系統
抽氣速率	低	高	中	中
終極壓力	小於 10^{-9} Torr	$10^{-6}-10^{-9}$ Torr	10^{-9} Torr	10^{-9} Torr
使用難易	簡單	普通	簡單	普通
使用壽命	有限時間	長久	長久	再生後使用
系統潔淨度	好	差	好	好
系統震動	最小	小	差	小
維護難易	容易	容易	難	難
裝置成本	高	低	高	高
運轉成本	低	高	中	中

6.2 正排氣式幫浦

真空幫浦依抽氣型態可分為排氣式及儲氣式幫浦。其中排氣式幫浦因操作原理不同，又可區分為正排氣式幫浦 (positive displacement pump) 和氣體分子動力式 (kinetic pump) 真空幫浦，本文意在對正排氣型幫浦，或簡稱容積式幫浦 (displacement pump) 做一概念性的介紹。正排氣式真空幫浦是以抽氣機構使容積膨脹吸氣，其間並利用密封隔絕運動機構傳輸氣體，再使氣室容積壓縮以排出幫浦本體，達到抽真空的功能。其抽氣壓力範圍可以從一大氣壓至 10^{-3} Torr，甚至 10^{-4} Torr，其抽氣速率則依幫浦尺寸與型態，可以從 50 至 24000 L/min。正排氣式幫浦屬中低真空度的幫浦，為中低真空系統之主要幫浦，或在高真空及超高真空系統扮演粗抽 (roughing) 及前級幫浦 (foreline pump 或 backing pump) 的角色，是真空領域中極為重要且不可或缺的設備，特別是在半導體製程設備及精密儀器領域裡扮演舉足輕重的的角色。如圖 6.3 為一典型的高真空渦輪分子幫浦系統，圖中之機械幫浦即為系統粗抽用，並在啟動渦輪分子幫浦時做為渦輪分子幫浦之前級幫浦。

正排氣幫浦依幫浦腔室中是否有液體潤滑和密封之區別，一般又可分為油 (液) 封式機械幫浦 (oil-sealed mechanical pump) 和乾式幫浦 (dry pump)。一般所指的真空機械幫浦 (mechanical pump)，係泛指旋轉式幫浦 (rotary pump) 或往復式幫浦 (reciprocating pump)，而乾式真空幫浦則依抽氣機構可分為多級魯式 (multi-stage roots)、多級爪式 (multi-stage claw)、螺旋式 (screw)、渦卷式 (scroll)、薄膜式 (diaphragm)，以及魯式和爪式或螺旋式之複合型等。油 (液) 封式機械幫浦和乾式真空幫浦二者之抽氣壓力範圍相當，約可從一大氣壓至 10^{-3} Torr，部分油 (液) 封式幫浦之終極壓力 (ultimate pressure) 甚至可達 10^{-4} Torr。另外一種常見的正排氣式真空幫浦為魯式幫浦 (roots pump)，主要做為助力幫浦 (booster pump)，在 10 至 10^{-4} Torr 之壓力範圍，可以適度地提高真空系統之抽氣效率。本文分別就油 (液) 封式

第 6.2 節作者為陳峰志先生。

機械幫浦、乾式幫浦及魯式助力幫浦之抽氣原理、特性，以及在真空系統之應用加以介紹。

6.2.1 油 (液) 封式機械幫浦

傳統的機械式幫浦是以油 (液) 封式幫浦為主流，因此一般所稱的真空機械幫浦即指油 (液) 封式真空幫浦。油 (液) 封式機械幫浦是藉幫浦腔室中轉子 (rotor) 和靜子 (stator) 連續接觸進行進氣、壓縮及排氣之行程，既然轉子及靜子在運動過程為連續接觸，因此必須採取潤滑的措施，以減少摩損及排除摩擦熱。油 (液) 封式機械幫浦相對體積小，操作的壓力範圍寬且可以得到不錯的壓縮比，設計較為簡單，其終極真空度幾達 10^{-4} Torr，抽氣速率則隨產品規格而異，最重要的是設備成本較低，所以油 (液) 封式機械幫浦廣泛應用於中低真空抽氣幫浦及高真空系統之粗抽幫浦或前級幫浦[8]。市面上常見的油 (液) 封式機械真空幫浦有旋轉葉片式幫浦 (rotary-vane pump)、滑動葉片式幫浦 (sliding-vane pump) 及旋轉柱塞式幫浦 (rotary-plunger pump) 等，其特性及應用整理如表 6.3，以下將分別介紹其構造及操作原理。

表 6.3 油(液) 封式機械幫浦特性與應用。

幫浦種類	壓力範圍(Torr)	抽氣速率	備　註
旋轉葉片式幫浦	1 atm -10^{-3} (multi-stage ~ 10^{-4})	50 − 3000 L/min	最普遍被採用
滑動葉片式幫浦	1 atm -10^{-3}	50 − 3000 L/min	為旋片式之倒置機構
旋轉柱塞式幫浦	1 atm -10^{-3}	50 − 24000 L/min	適合於大系統粗抽用
水環式真空幫浦	1 atm − 20	100 − 60000 L/min	粗略真空之大型系統

(1) 旋轉葉片式幫浦

一般工業用旋轉葉片式幫浦之抽氣速率約在 50 − 3000 L/min，可以在大氣壓下直接動作，工作壓力範圍可至 10^{-3} Torr。若採二級串聯的設計，其工作壓力範圍可延伸至 10^{-4} Torr。旋轉葉片式幫浦主動件為一圓形轉子，小型幫浦一般可由馬達直接驅動，轉速約 1500 − 1750 rpm，大型幫浦則以皮帶間接驅動，轉速約為 350 − 700 rpm。幫浦轉子和靜子為不同心的圓形零件，運轉時旋轉葉片在轉子溝槽中滑動，而旋片末端與幫浦腔靜子保持接觸，在運轉過程中達到氣體壓縮及傳輸的作用，而腔室中的幫浦油可潤滑旋轉葉片和靜子的摩擦及排熱，亦可在運轉過程中達成密封的效果，其結構如圖 6.4(a) 所示。

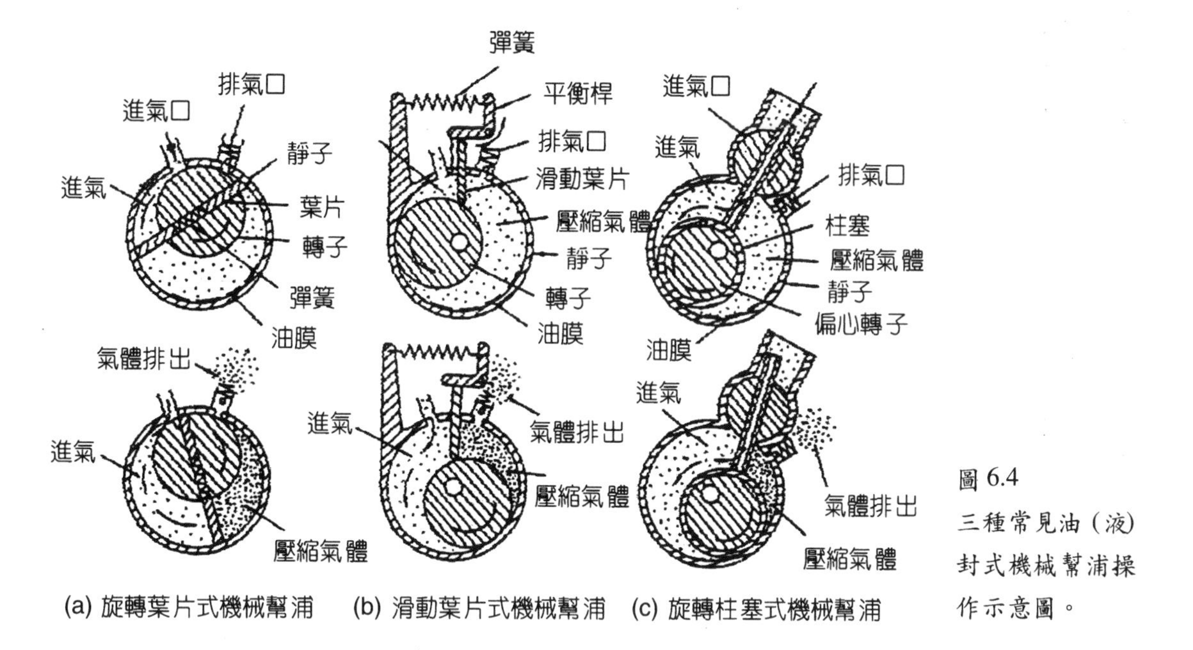

圖 6.4
三種常見油（液）封式機械幫浦操作示意圖。

(2) 滑動葉片式幫浦

滑動葉片式幫浦主動件為一圓形偏心轉子，運轉時滑動葉片在靜子上做平移滑動，二者如同凸輪 (cam) 接觸。滑動葉片式幫浦之靜子為幫浦腔室，與偏心轉子之轉軸同心，其結構簡圖如圖 6.4(b) 所示。比較旋轉葉片式幫浦與滑動葉片式幫浦之機械構造，二者互為倒置 (inversion) 機構，其抽氣速率、工作壓力範圍與終極壓力亦相近。同樣的，滑動葉片幫浦抽氣腔室中亦存在油脂，具有潤滑、排熱及密封的作用。

(3) 旋轉柱塞式幫浦

旋轉柱塞式幫浦主動件為一圓形偏心轉子，柱塞 (plunger) 套著轉子與轉子做相對的迴轉運動，並藉由一滑桿在活動接頭上做平移運動，活動接頭則做迴轉運動。旋轉柱塞式幫浦之靜子為一圓形腔室，與偏心轉子之轉軸同心，幫浦機構與常見的活塞式壓縮機之曲柄滑塊機構互為倒置機構，其結構剖面則如圖 6.4(c) 所示。旋轉柱塞式幫浦工作壓力範圍與終極壓力和旋轉葉片式或滑動葉片式幫浦相近，唯其抽氣速率可達 500 至 24000 L/min，適合於大系統粗抽用途，通常與魯式幫浦組合使用，可將抽氣效果向中度真空延伸一至二個數量級。

由於上述三種幫浦都必須使用油脂從事潤滑、排熱、密封及防腐蝕的作用，因此真空幫浦油的性質亦影響幫浦整體的性能。一般對真空幫浦油的要求必須滿足以下特點：低蒸氣壓、大分子量、適當的黏滯性、有優良的抗乳化性及安定性。油封式機械幫浦所使用的油與一般機械潤滑油相仿，亦可使用礦物油、合成油或混成油。幫浦油原以礦物油為主，隨著各類應用，對抗腐蝕之需求日益增加，抗腐蝕的合成油漸受重視。幫浦油與一般油壓機械及機械潤滑油相仿，最重要差別在於低飽和蒸氣壓，其油品事先將易揮發性物質分餾出來，其餘包括潤滑及黏滯之考量與選用要領和一般機械潤滑油大致相同，在真空幫浦的產業中，真空幫浦油亦佔有重要的角色。除此之外，為避免壓縮過程中產生的水氣、油氣及其它固體微粒等影響幫浦的性能，可以選配氣鎮 (gas ballast)、油氣捕集阱 (oil trap) 等裝置，此類真空附件相關資料詳見本書第 8.8 節。除了上述三種介紹的油封式機械幫浦之外，在大型粗略真空系統亦常使用水環式真空幫浦，其特性參見表 6.3。

6.2.2 魯式幫浦

魯式真空幫浦的特性是在中度真空有很好的抽氣速率，相對的，在接近大氣壓的低真空領域則抽氣速率不佳，因此魯式真空幫浦常用在串聯油封式機械幫浦或其它乾式真空幫浦，以加大真空系統在中度真空的抽氣速率。也正因如此，魯式真空幫浦又常被稱為機械式助力幫浦 (mechanical booster pump)。

早期魯氏幫浦就已被廣泛應用於重視微粒排除及防腐蝕的真空系統[9–12]。魯式幫浦特徵為一對形如一花生米狀的轉子，其轉動是藉由一對定時齒輪 (timing gearing) 驅動，使兩轉子維持 1：1 的轉速。而轉子外形設計與液體齒輪幫浦之設計概念相近，是依據1：1 的齒形設計，使二轉子在操作過程中保持一定的間隙，轉子外形幾何輪廓如圖 6.5 所示。魯式幫浦發展為時甚久，國內也有粗略真空用魯式鼓風機 (roots blower) 生產和研究[13, 14]，主要是應用於粗略真空之粉料傳輸系統。除了一般二葉 (two-lobe) 魯式幫浦之設計外，尚有三葉以上的設計，如圖 6.5(b)，其中較多葉的設計可以在克服接近大氣壓力時魯氏幫浦的低抽氣速率，而最大抽氣速率則不如傳統二葉的設計。

6.2.3 乾式眞空幫浦

乾式真空幫浦顧名思義是在幫浦進氣、壓縮及排氣行程中，轉子運動所掃掠過的行程

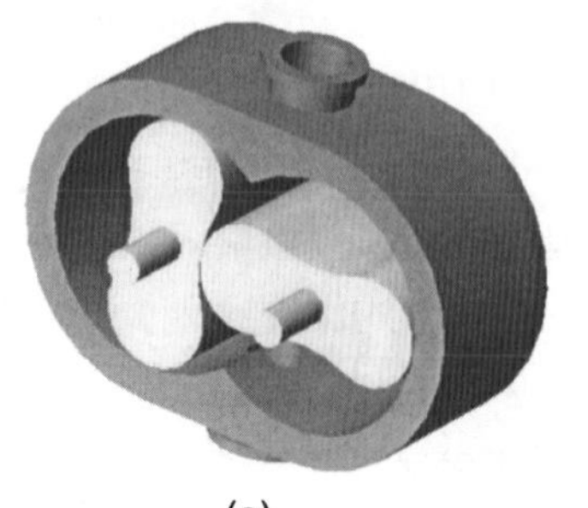

(a) (b)

圖 6.5
魯式幫浦轉子外形幾何輪廓。

中並無油脂潤滑或密封，正因為如此，這一類幫浦可避免油氣回流 (back streaming) 對系統造成污染，並影響系統的真空度。同時因為抽氣行程中沒有油脂，製程氣體所產生的固體微粒就可以利用氮氣吹氣 (purge) 作用將微粒排出。如圖 6.6 所示，以殘餘氣體分析儀 (residual gas analyzer) 比較油封式機械幫浦及乾式幫浦於終極壓力下所殘留氣體，由呈現質譜 (mass spectrum) 可以很清楚的比較出來二者對真空系統清潔度的影響。在圖 6.6 中，(a) 圖所呈現為 Edwards 的乾式真空幫浦 DP80 之殘氣質譜，(b) 圖則呈現旋片式真空幫浦之殘氣質譜。很明顯的，乾式幫浦殘留氣體成分遠比油封式真空幫浦單純，特別是在大分子量的氣體質譜上有很明顯的差異，也就是說幾乎沒有什麼油氣污染。除此之外，對乾式真空幫浦的認知，一般係指可以由大氣壓力下直接運轉抽氣，直到中低真空的工作壓力範圍，其工作範圍與油封式機械真空幫浦相仿，因此部分文獻將乾式幫浦稱為無油式機械幫浦 (oiled free mechanical pump)[15, 16]。隨著半導體產業之發展，為求更佳的潔淨真空，或因抽取有毒氣體及氣體化學反應所產生的微粒，使用乾式真空幫浦方能避免真空系統受潤滑油氣污染，以及在產生微粒的製程裡節省幫浦維護之時程及成本，進而提高產能及產品之品質。此外，乾式真空幫浦可滿足製程對真空幫浦抗活性及腐蝕性氣體的要求，避免活性氣體與幫浦油化學反應產生固體微粒，而且因為抽氣機構中不需使用幫浦油，可以節省定期維修換油的成本。從種種特點看來，乾式真空幫浦在特定產業需求上將逐漸取代傳統的油(液) 封式機械真空幫浦。

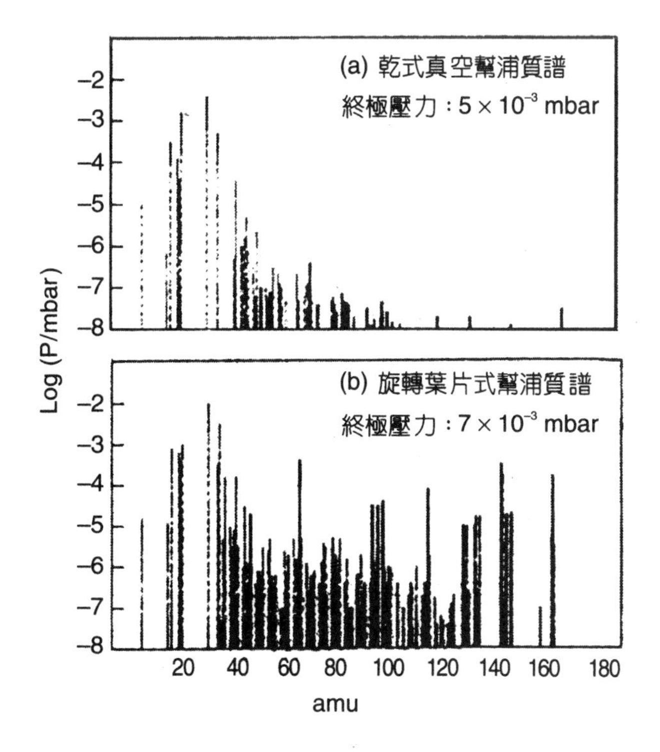

圖 6.6

乾式與油封式機械真空幫浦殘留氣體之質譜分析比較。

乾式真空幫浦之發展也不過是近十多年來的事，而且幾乎是因應半導體產業而來，目前市場上的乾式真空幫浦有活塞式、多級魯式、魯式及爪式 (claw) 複合式、渦卷式 (scroll)、螺旋式 (screw) 以及薄膜式等。另外有產品將油封旋轉葉片式幫浦變更設計，改用石墨為旋轉葉片材料 (稱為 carbon vane pump)，藉此免去使用幫浦油，達成乾式真空。如表 6.4 為整理現有乾式真空幫浦組合特色及壓力性能之比較[17, 18]，表 6.5 則為收集市面上常見的

表 6.4 各種乾式真空幫浦壓力性能。

幫浦型式	級數	單級壓縮比 (大氣端)	單級壓縮比 (真空端)	終極壓力 (Torr)	備 註
魯式	3－6	2－5	30	0.004	易生高熱需冷卻系統
爪式	3－4	25	50	0.004	多級爪式或結合魯式
活塞式	4	15－20	15－20	0.01	潔淨真空固體微粒影響大
渦卷式	1－2	20	200	0.001	間隙小
螺旋式	1－2	20	30－100	0.005	高轉速、間隙小
石墨旋式	2	15－20	10－15	0.0005 (與螺旋式結合)	受固體微粒影響大

表 6.5 市售乾式幫浦性能比較。

幫浦種類	機構設計	抽氣速率 at 0.1 Torr (m^3/h)	抽氣速率 at 1 Torr (m^3/h)	終極壓力 (Torr)	馬達功率 (kW)	主軸轉速 (rpm)
Edwards QDP80	1 Roots + 3 claws	50	60	7.5×10^{-3}	4.0	3600
Kashiyama SD90VIII	Screw (立式)	57	72	9.75×10^{-3}	4.7	8000
Alcatel ADP81	5 Roots (特殊魯式轉子)	60	80	6.7×10^{-3}	1.5	3600
Leybold DuraDry 105	Screw (臥式)		105	5×10^{-3}	4.0	3000
Ulvac PDR-090B	5 tri-lobe Roots	80	125	4×10^{-2}	5.5	–
Ebara A10S	5 tri-lobe Roots	–	–	7×10^{-2} (50 Hz)	2.2 (50 Hz)	–

乾式真空幫浦產品之性能比較。

(1) 多級魯式幫浦

早在 1984 年已有第一部實用商品化的乾式真空幫浦在日本問市，該產品為六級的魯式 (roots) 轉子串聯，工作壓力可延伸至大氣壓力，這點特性與傳統魯式幫浦應用的工作壓力範圍並不同。此後有各種型式的乾式真空幫浦相繼問世，幾乎都是為了迎合半導體和光電產業製程的需要。多級魯式幫浦轉子外形及操作原理與傳統魯式助力幫浦相仿，是以數對同軸的魯式轉子達成串聯抽氣的功能。除此之外，尚有串聯不同葉數轉子的多級魯式幫浦，在性能上亦可得到不錯的效果。

(2) 爪式幫浦

如圖 6.7，爪式幫浦特徵為一對如爪狀的轉子，轉子在幫浦腔體中迴轉時，因爪子相對位置的變化而得到膨脹進氣、傳輸及壓縮排氣的作用[18]，其轉動如同魯式幫浦，是藉由一對定時齒輪驅動，使兩轉子維持 1：1 的轉速。轉子外形設計必須要執行抽氣功能，運轉時二個爪子需避免干涉，而且兩者不接觸。設計爪子輪廓時，假設進行壓縮過程中，爪子端點與另一爪子內緣間沒有間隙，則在爪子內緣應為另一爪子端點在該轉子上所繞出的擺線 (cycloid)[19, 20]。

比較魯式與爪式幫浦，不僅轉子幾何外形相異，另外二者在氣流的方向亦有不同，魯式幫浦氣流流動的方向與轉子旋轉軸方向垂直，爪式幫浦氣流流動的方向則與轉子旋轉軸方向平行。另外值得注意的是，相對於相同尺寸條件之下，魯式幫浦抽氣速率較大，但其工作範圍則有限，在接近大氣壓力的壓力範圍則效果不佳。爪式則是抽氣量較小，但爪式可以在接近大氣壓的壓力範圍得到不錯的效果。因此也有將魯式轉子和爪式轉子串聯而成的多級乾

圖 6.7
爪式幫浦轉子幾何輪廓。

式幫浦，將魯式轉子安排在進氣口端，安排爪式轉子於排氣口端，如此可結合二者之優點得到較佳的抽氣效益。

(3) 螺旋式幫浦

螺旋式幫浦是由二個螺紋方向相反的螺旋轉子及靜子，在轉子運轉時達成進氣、傳輸及排氣的功能。螺旋式轉子可以是單牙或多牙的螺紋，如圖 6.8 即為單牙方螺紋轉子的外形，其排氣原理如圖 6.8(a) 所示。除了方螺紋之外，螺桿截面之螺紋外形設計亦如同爪式幫浦或魯式轉子輪廓設計一般，依轉子間之相對運動，設計出可以達到進氣、排氣或傳輸需求之轉子輪廓[21]。轉子外形設計必須能執行抽真空功能，運轉時二個爪子須避免干涉，而且兩者不接觸。與魯式及爪式不同的是，目前螺旋式幫浦轉子之轉速比未必是 1：1，有些產品則是 4：6 或 5：7 等。螺旋式真空幫浦可以直接從大氣壓力下操作抽氣直到 10^{-3} Torr，而且在接近大氣壓力處的抽氣速率最佳。圖 6.9 為國科會精密儀器發展中心所研製之螺旋型乾式真空幫浦電腦輔助設計實體圖，近幾年來也有許多幫浦公司投入螺旋轉子與魯式轉子串聯或是變導程螺旋轉子之產品開發，並陸續提出許多專利。

(4) 渦卷式幫浦

渦卷式幫浦是以一對如渦旋狀的轉子和靜子所構成，轉子和靜子渦旋之中心點間存在一段間距，而且轉子之驅動軸與靜子渦旋之中心同心。當驅動軸轉動時，轉子呈現圓周運動，此一圓周運動使轉子和靜子維持一定的相對運動，以達到進氣、傳輸及壓縮排氣的功能。渦卷式幫浦亦廣泛應用於冷媒壓縮機，應用於真空系統中可以從大氣壓力下直接抽氣，直到 10^{-2} Torr 壓力左右，但它較適合於抽氣速率較小的工作任務。

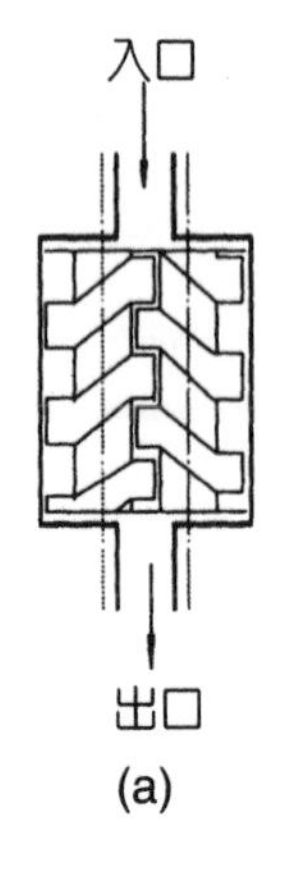

圖 6.8
螺旋型乾式幫浦抽氣示意與轉子外形。

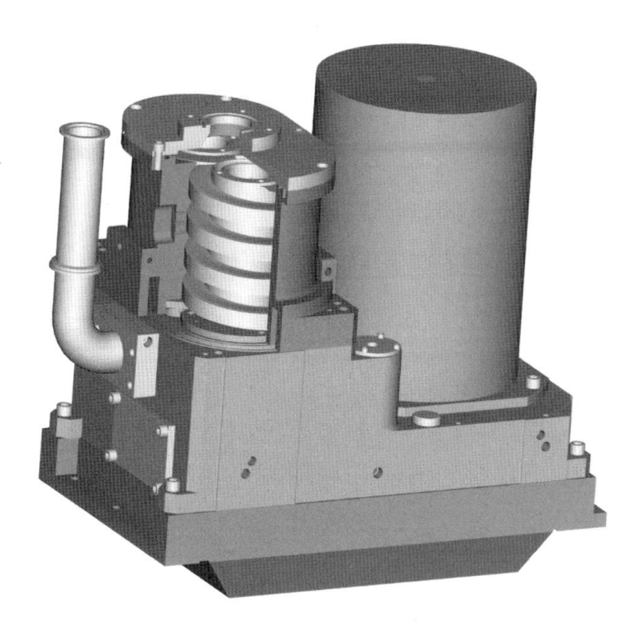

圖 6.9
螺旋型乾式幫浦三維實體圖。

(5) 活塞式幫浦

活塞式幫浦為一四連桿曲柄滑塊 (slider crank) 機構，其操作是藉由馬達驅動主動桿之旋轉，經由耦桿 (coupler) 帶動活塞在汽缸中做往復運動，達到膨脹吸氣及壓縮排氣的過程。比較活塞式幫浦與柱塞式幫浦可以發現，二者同樣為三個旋轉對 (revolute joint) 與一個滑動對 (prismatic joint) 四連桿機構，其間只是固定桿的安排不同，二者互為倒置 (inversion) 機構。目前市售活塞乾式幫浦之抽氣速率較小，其終極壓力約可達 10^{-1} 至 10^{-2} Torr 左右；除了乾式真空幫浦之外，活塞式壓縮機亦是廣為人知的應用。

6.2.4 結論與討論

真空幫浦最重要的性能規格分別是終極壓力及抽氣速率，終極壓力表示幫浦可以抽到的最低壓力，抽氣速率則是在幫浦進氣口處之容積流率大小，正排氣型幫浦真空性能之量測評估準則可依據 ISO 1607，其中 ISO 1607/I(22) 為正排氣型幫浦抽氣速率之評估，ISO 1607/II(23) 為其終極壓力評估之規範。ISO 1607 是基於定壓量測法 (constant pressure method)，在測試腔體內壓力為穩定狀態下，由所量得之氣流通量 (throughput) 與測試腔壓力之商得到抽氣速率，規範中已詳細記載量測腔體尺寸、真空計與流量計之設置等。另依據 ISO CD5607 建議，較小的幫浦則可依據定容抽氣法，是由測試腔壓力的變化評估幫浦的抽氣速率。

由於許多製程對真空潔淨度的要求日益嚴苛，因此乾氏真空幫浦在許多應用場合將有取代油 (液) 封式機械幫浦的趨勢(24)。雖然目前乾式真空幫浦之設備成本遠較油 (液) 封式機械幫浦來得高，但是乾式真空幫浦因為不用添加及更換真空幫浦油，自然也節省了為數不少的維修成本。由於乾式真空幫浦不使用真空幫浦油進行潤滑及密封，幫浦轉子與靜子的設計對精密度的要求就格外重要，務必要求運轉時二者保持微小間隙，不致於接觸摩擦，更可以達到動態密封的效果。為保持這微小的間隙並使轉子可以達成容積移轉和壓縮的目的，傳動系與轉子和靜子幾何輪廓之間的搭配和設計就成為重要的課題。由於製程氣體可能在乾式真空幫浦氣體通道中反應產生固體微粒，因此乾式真空幫浦必須配置清除微粒的裝置，通常是在通道中通入氮氣噴出微粒，使微粒隨著幫浦氣流排出。

6.3 動力式幫浦

動力式幫浦 (kinetic vacuum pump) 是利用動量移轉的方式將動量轉移至傳輸的氣體上，以連續的方式將氣體由幫浦的進口傳至幫浦的出口，這種方式有別於先前所提到正位移真空幫浦的氣體傳輸原理，動量轉移的方式分為移動機械式 (例如：渦輪分子幫浦) 及高速氣流式 (例如：擴散幫浦) 兩種。

6.3.1 渦輪分子幫浦

分子幫浦 (molecular pump) 的理論早在 1913 年就已被 Gaede 提出來，幫浦的抽氣機制乃是上游的氣體分子與快速移動的固體邊界碰撞後，獲得高速度並改變方向而移動至下游，此快速移動的固體邊界通常為一圓形轉子，此種設計一般稱為 Gaede 分子幫浦(molecular pump)，由於此種幫浦的氣流通道較狹窄，轉子與外殼之間的間隙也非常小，因此有抽氣量小及無法忍受污染物的缺點。一直到 1958 年 Arthur Pfeiffer 公司渦輪分子幫浦部門的 Becker 才設計出渦輪葉片型式的渦輪分子幫浦，並將之推出應市，其後歷經四十年的發展，渦輪分子幫浦已成為真空抽氣系統當中不可或缺的一環。

一般來說渦輪分子幫浦可以分成兩種型式：雙轉子水平式 (dual-rotor horizontal type) 及單轉子垂直式 (single-rotor vertical type) 兩種。此兩種型式各有其優缺點，他們的機械結構均十分的精密。由於內部渦輪葉片轉子之轉速可高達 60,000 rpm，因此需要有高頻 (~1,000 Hz) 的電子驅動系統的交流電源來驅動。由於渦輪分子幫浦只能在分子流 (molecular flow) 壓力的真空環境下運作，因此它需要與一般機械幫浦串聯使用。

(1) 基本原理

所謂渦輪分子幫浦即在幫浦的工作流體處於分子流狀態時，會有較好的抽氣性能。當氣體在分子流狀態時，由於氣體分子密度低，分子間平均自由徑遠大於幫浦的特徵長度，因此氣體分子與壁面碰撞之機率遠大於分子間的碰撞，此時若利用高速旋轉之轉子或葉片將動

第 6.3 節作者為鄭鴻斌先生及方宏聲先生。

量傳遞給氣體分子，使其獲得一額外的速度分量而朝出口處排出，便能產生抽氣作用，如圖 6.10 所示。如果在黏滯流 (viscous flow) 的情形，氣體分子的密度高，分子間互相碰撞的機率會大於分子和運動表面互相碰撞的機率，於是抽氣的效果就很低。

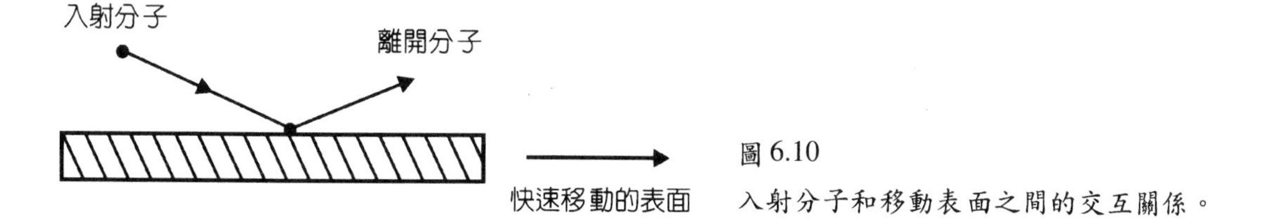

圖 6.10
入射分子和移動表面之間的交互關係。

(2) 渦輪分子幫浦的性能規格

渦輪分子幫浦的性能規格主要可分為三個物理量來描述：(i) 抽氣速率、(ii) 壓縮比及 (iii) 終極壓力。

抽氣速率

抽氣速率乃定義為單位時間內幫浦所排除的氣體體積，公升 / 秒 (L/s) 是其常用的單位。影響抽氣速率的主要因素有四：① 轉子直徑和葉片長度，② 轉子外圍的速度 (或轉子轉速)，③ 第一級轉子的角度及 ④ 相鄰兩葉片間之距離與葉片寬度的比值。

另外抽氣速率和被抽氣體的成分有關，如圖 6.11 為渦輪分子幫浦對不同氣體抽氣速率與進氣口壓力之關係圖，一般而言，對分子量越大的氣體其相對的抽氣速率也越大，較常見的如氫氣比氮氣少 25－30%。

在進口壓力小於 1.33×10^{-3} mbar 時，氣體屬於分子流狀態，渦輪分子幫浦的抽氣速率

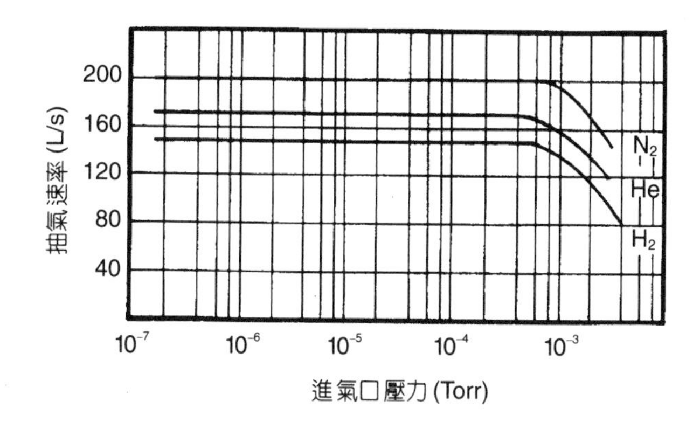

圖 6.11
渦輪分子幫浦對氫氣 (H_2)、氦氣 (He) 及氮氣 (N_2) 之抽氣速率與進氣口壓力關係圖[25]。

可達最高並維持一定值。但是當進口壓力高於 1.33×10^{-3} mbar 時，氣體屬於過渡流，渦輪分子幫浦的抽氣速率會隨著進口壓力的增加而減少，但是抽氣速率的大小也和前級機械幫浦的性能有關。圖 6.12 為使用不同的前級機械幫浦所量得的抽氣速率，一般而言，渦輪分子幫浦的進口壓力必須小於 10^{-1} mbar，出口壓力必須小於 0.3 mbar，幫浦才能發揮良好的抽氣速率。

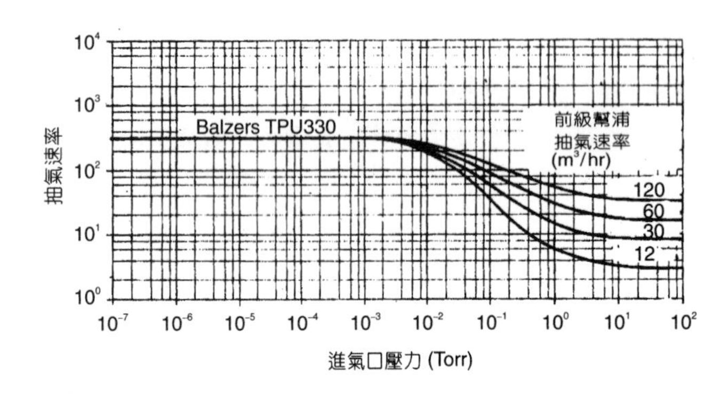

圖 6.12
使用不同抽氣速率之前級機械幫浦時，渦輪分子的抽氣速率與進口壓力的關係[26]。

壓縮比

在渦輪分子幫浦中最常考慮的是最大壓縮比 (K_{max})，其定義為在零排氣速率下排氣口端氣體壓力和進氣口端氣體壓力之比。此比值和被抽氣體成分的分子量、渦輪葉片的幾何因素和轉子的轉速等有關，通常渦輪分子幫浦對氫氣約可達到 10^3 的壓縮比，氦氣約可達到 10^5 的壓縮比，但是氮氣卻可以達到 $10^8 - 10^9$ 的壓縮比。若 M 表示氣體分子量，則 K_{max} 和 M 之間的關係可大約用下式來表示，其關係如圖 6.13 所示。

$$K_{max} \cong \exp(-M)$$

另外不同的前級 (或排氣口) 壓力也會得到不同的最大壓縮比，如圖 6.14 所示。由於其對氫氣的抽氣能力較差，因此渦輪分子幫浦常和鈦昇華幫浦 (titanium sublimation pump) 合併使用，分子量小的氣體如氫氣等就由鈦昇華幫浦負責抽除。對於大部份的氣體，其壓縮比是在壓力高於 0.01 mbar 時開始下降，而當前級壓力繼續升高時，所有氣體幾乎是在黏滯流之下，其壓縮比也下降至幾乎為零。

終極壓力

終極壓力的定義為當幫浦進氣口的氣流量為零時，幫浦動作所能達到之最低壓力值。

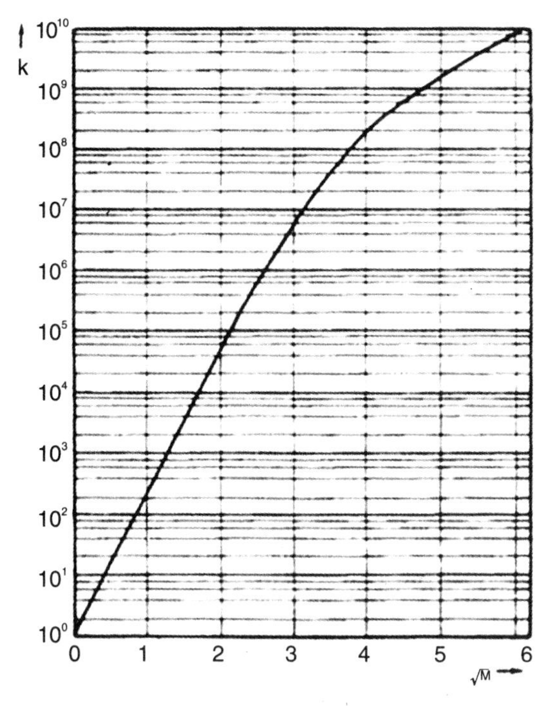

圖 6.13 壓縮比和氣體分子量的關係[27]。

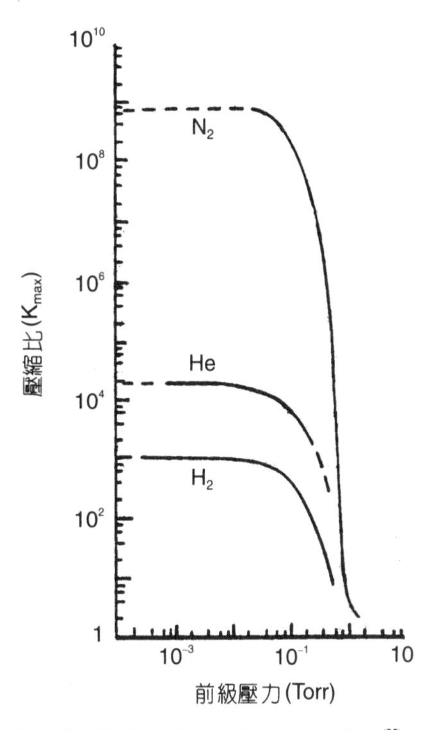

圖 6.14 壓縮比對前級壓力的曲線圖[25]。

一般而言，依測試腔體大小或幫浦馬力之大小，這可能會花數分鐘到幾小時，甚至可能還會抽好幾天而不停機，最後在壓力久久無法再降低時，此時所測得的壓力就是終極壓力。從物理學中可以知道，在高真空範圍裡雖然壓力降低但還是會有很多的氣體分子作自由碰撞以產生壓力，將每一種氣體的分壓相加即為此時之壓力，亦即終極壓力。由殘餘氣體分析儀 (residual gas analyzer, RGA) 所顯示，此時腔體內所存在之氣體會包含有許多種不同的氣體分子，但大多數以氫氣為主，此乃是因其較輕、分子熱速度 (thermal velocity) 較高，而較不易被排出之故。終極壓力 (P_u)、幫浦的壓縮比 (K) 與幫浦的排氣口的氣體壓力 (P_0) 有關，可用下式代表：

$$P_u = \frac{P_0}{K}$$

由於真空腔內包含有各種不同的氣體，上式可以更正確地表示為

$$P_U = \sum_j P_{uj} = \sum_j \frac{P_{oj}}{K_j}$$

其中 P_U 為終極壓力，P_{uj} 為第 j 種氣體在真空室的分壓，P_{oj} 為第 j 種氣體在幫浦排氣口端之分壓力，K_j 為第 j 種氣體的壓縮比。圖 6.15 是一典型的渦輪分子幫浦之系統氣壓接近終極壓力時，殘留氣體中所含各種氣體之分壓。

另外要注意的是渦輪分子幫浦的終極壓力會受到真空腔體內壁逸氣效應 (outgas effect) 及真空系統密封材料如 O 型環的影響。

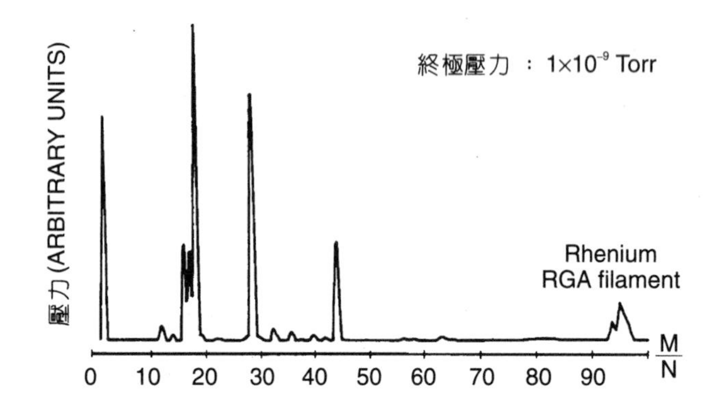

圖 6.15
渦輪分子幫浦在接近終極壓力時，系統內殘餘的氣體及分壓大小[25]。

(3) 渦輪分子幫浦的構造

渦輪分子幫浦的構造最早由 Gaede 於 1912 年提出，其為鼓式 (drum) 圓柱轉子設計型式，且在轉子的周圍有看似平行於外殼的溝槽，利用轉子的帶動使氣體分子沿溝槽被帶出，其結構如圖 6.16 所示。

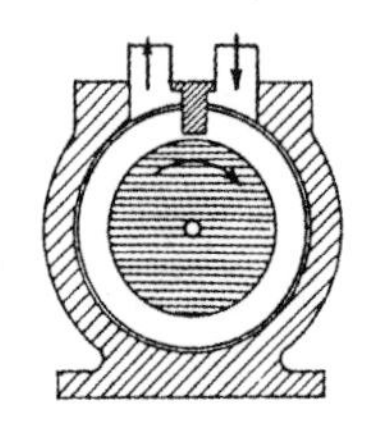

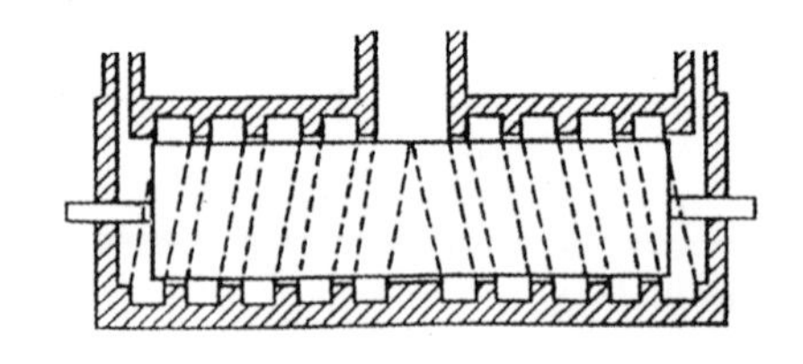

圖 6.16
Gaede 之分子拖曳式幫浦[25, 28]。

1922 年 Holweck 提出凹型溝槽式分子幫浦，其主要為一具有螺旋凹槽式轉子，且其凹槽深度隨靠近排氣口而遞減，氣體分子也因為轉子帶動而沿著螺旋凹槽被帶出，而達到抽氣效果，如圖6.17 所示。

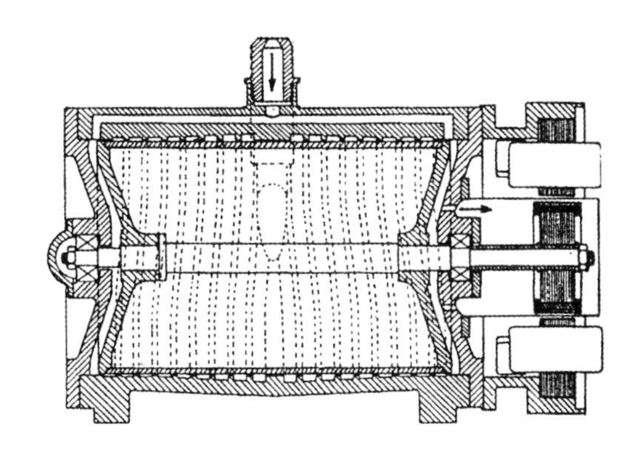

圖 6.17
Holweck 之分子拖曳式幫浦[25]。

1943 年 Siegbahn 提出螺旋碟片式分子幫浦，其最大不同點在於凹槽通道位於同一平面，並且使氣流經由轉子的帶動，從碟片外緣向內迴旋至中心轉軸而排出殼體，如圖 6.18 所示。

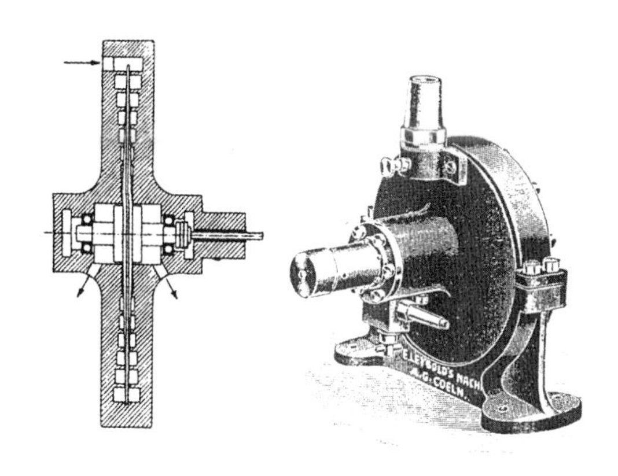

圖 6.18
Seigbahn 之分子拖曳式幫浦[28]。

此三種設計在形狀上雖然不盡相同，但就其分類而言皆屬於分子拖曳式幫浦 (molecular drag pump)，且由於分子拖曳式幫浦在抽氣速率的性能表現一直無法提昇，所以直到 1958 年 Becker 把分子幫浦的轉子與靜子做成渦輪葉片式的碟片，氣體分子從渦輪葉片處獲得動量，並依循葉片傾斜方向的設計往排氣口移動而造成抽氣作用，至此抽氣速率才有大幅的提昇，而我們稱此種新型幫浦為渦輪分子幫浦。此兩種分子幫浦最大的不同點就是分子拖曳幫浦高速旋轉轉子之速度方向與抽氣方向相同，而對渦輪分子幫浦而言則是互相垂直的。參考圖 6.19，渦輪分子幫浦的結構就像是在噴射引擎上所使用的軸向氣流壓縮器， 由會轉動和固定不動的葉片組成。其中，固定不動的葉片區隔了會轉動的葉片，而轉動的葉片則以高速在高真空室中吸取空氣並且壓縮之，移動中的分子會伴隨著轉子一起轉動，並且在短時間之內和葉片表面碰撞，碰撞後的方向和橫向轉動的葉片 (轉子) 角度與相鄰兩葉片間的距離有關。葉片方向的選擇在於使分子進入轉子之後能夠快速地與動翼相碰撞，並使碰撞之後的氣體分子迅速地離開轉子，使分子離開轉子的方向為軸向向下，但分子也有可能反向移動 (回流) 如同被反射回來一般。而靜子的主要功能在當分子與轉子發生碰撞之後，擋住側向移動的分子並且修正他們的路徑為軸向向下離開幫浦。以一個渦輪分子幫浦的圖表來解釋渦輪分子幫浦是一件相當難的事情，因為轉子具有極高的轉動速度。然而，從結果中可以看出分子向排出口的方向前進較回流的分子要多。在實際上，隨著分子的快速移動，渦輪葉片速度也必須接近分子移動的速度，否則，分子將會快速地通過轉子部份但卻不經過碰撞。

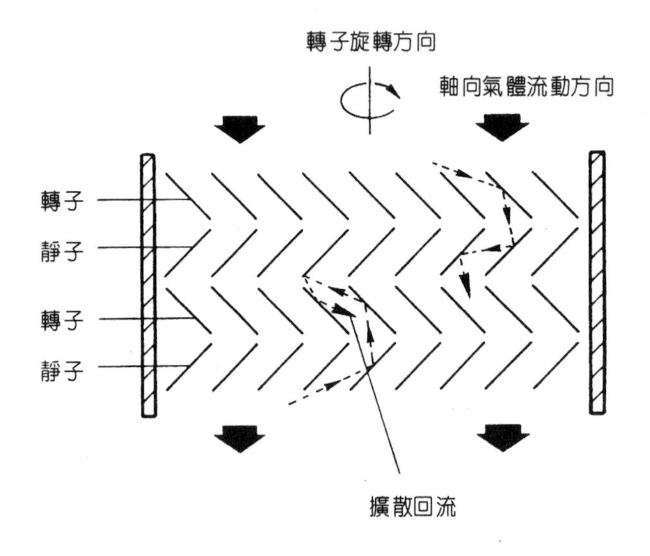

圖 6.19
渦輪分子幫浦內之轉子和靜子的方向[30]。

一個幫浦的性能主要依據葉片的設計和轉子的速度，包括葉片的角度、葉片的寬度和相鄰兩葉片間的距離，都影響了幫浦是否能夠以最佳的狀態來運轉。大部份現代化的渦輪分子幫浦的設計，是在入口處用低壓縮、高抽氣速度的開放式葉片裝置，而在出口處以高壓縮、低抽氣速度的封閉式或重疊式的葉片裝置。這樣的組合提供了一個好的抽氣速度和全面性的壓縮比。另外近代的幫浦也逐漸強調具有高前級容忍壓力的特性，因此可以使用較小的前級機械幫浦，並大幅擴大渦輪分子幫浦在各種不同製程的適用性。

目前渦輪分子幫浦可分成雙轉子水平式 (dual rotor horizontol) 及單轉子垂直式 (single rotor vertical) 兩種，其結構分別如圖6.20 及圖6.21 所示。

雙轉子水平式渦輪分子幫浦其氣體流動之方向為水平，氣體由轉軸中心進入流向轉軸另一端。其設計缺點為：(1) 氣體進入轉子垂直轉軸流出，造成能量損耗。(2) 直角入口處部

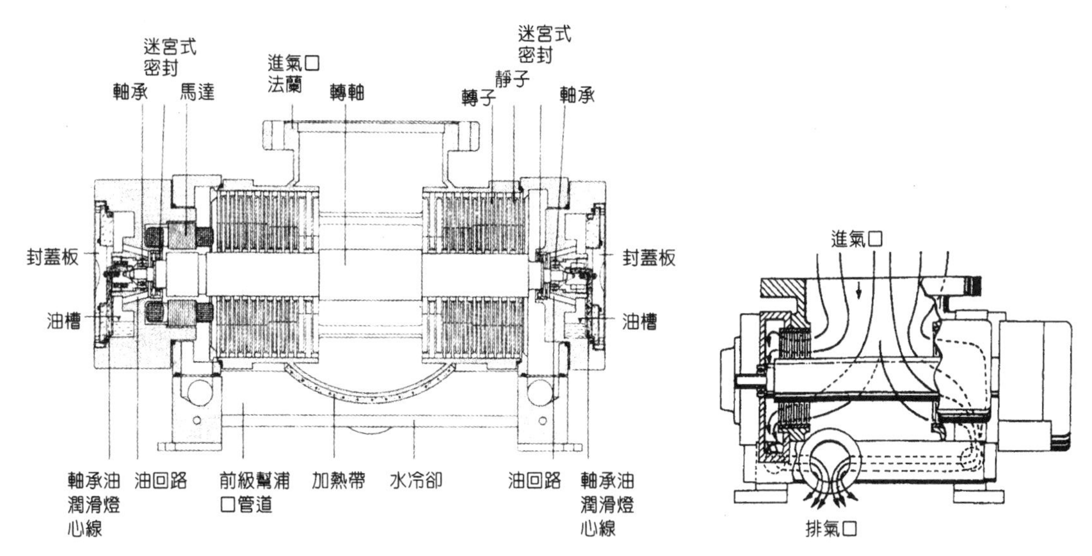

圖 6.20 雙轉子水平式渦輪分子幫浦構造[26, 29]。

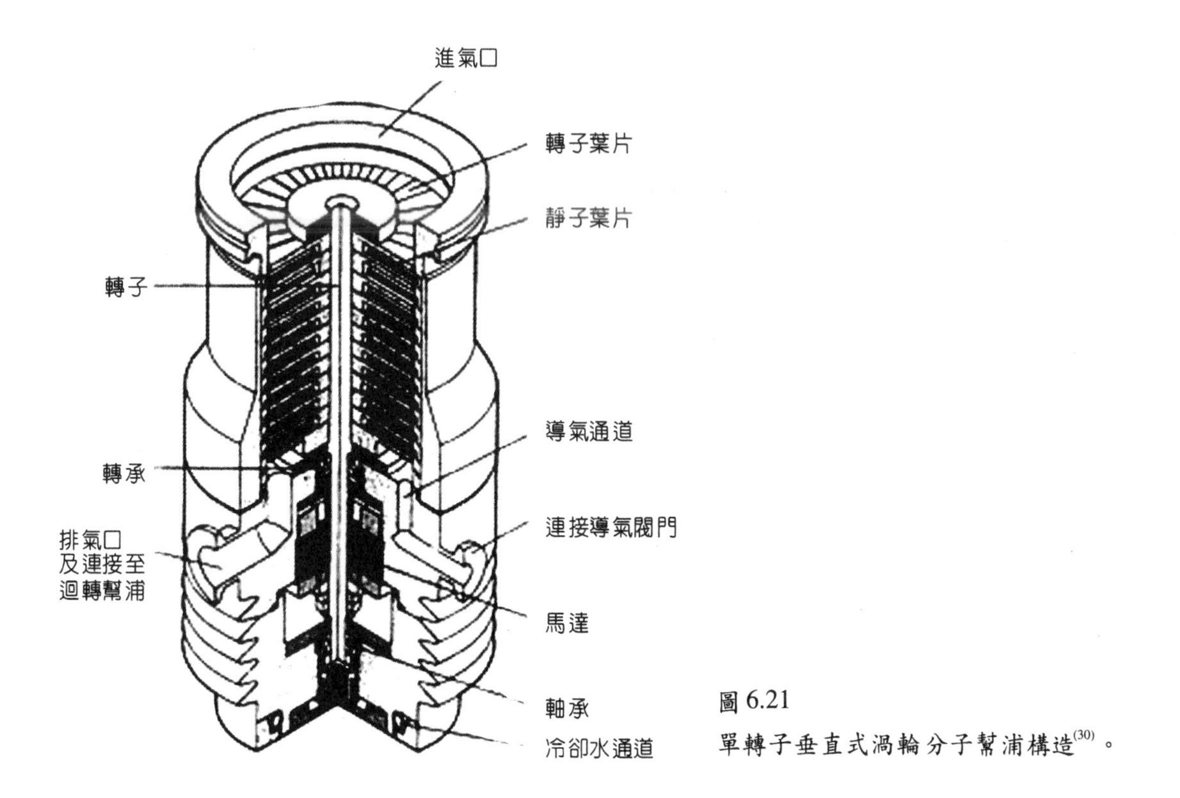

圖 6.21
單轉子垂直式渦輪分子幫浦構造[30]。

分氣體被轉軸堵住。這些缺點可藉由改變轉軸直徑與加大入口區域加以彌補。其優點為：(1) 轉子結構較容易對稱平衡，機械震動程度較小。(2) 更換內部轉動軸承較容易，更換後使用者可以自行進行平衡調整及校正。(3) 幫浦停機進行系統放氣時，可承受較大的空氣壓力。(4) 配合各種指向的進氣法蘭可以任意角度安裝在真空系統上。

單轉子垂直式渦輪分子幫浦其氣體經由連接寬法蘭的一端進入，由另一端離開並連接一迴轉幫浦，其優點為：(1) 製造容易，成本較低。(2) 被抽氣體可直接進入抽氣轉子，故具有較大的抽氣速率。(3) 外型與擴散幫浦較類似，改裝容易，使用者較可接受。

目前為配合半導體及平面顯示器製程所需要的高抽氣速率、高壓縮比的渦輪分子幫浦，大多數的設計者皆採用單轉子垂直式的設計，且將分子拖曳式轉子與渦輪葉片式轉子合併使用而成為複合式真空幫浦，通常其上層為渦輪葉片式，下層可為 Gaede、Holweck 或 Siegbahn 等拖曳式幫浦的組合。其主要理念即在幫浦進口處可靠葉片式幫浦具有大抽氣速率的性能來帶走氣體分子，以彌補拖曳式幫浦在此之不足；而在接近幫浦排氣口附近則可以利用拖曳式幫浦在氣流處於過渡流時，仍具有高壓縮比的特性來增加幫浦的性能。圖 6.22 及圖 6.23 為目前市面上最常見的兩種複合式渦輪分子幫浦，前者乃是複合了 Gaede 設計，而後者乃是複合了 Holweck 設計。

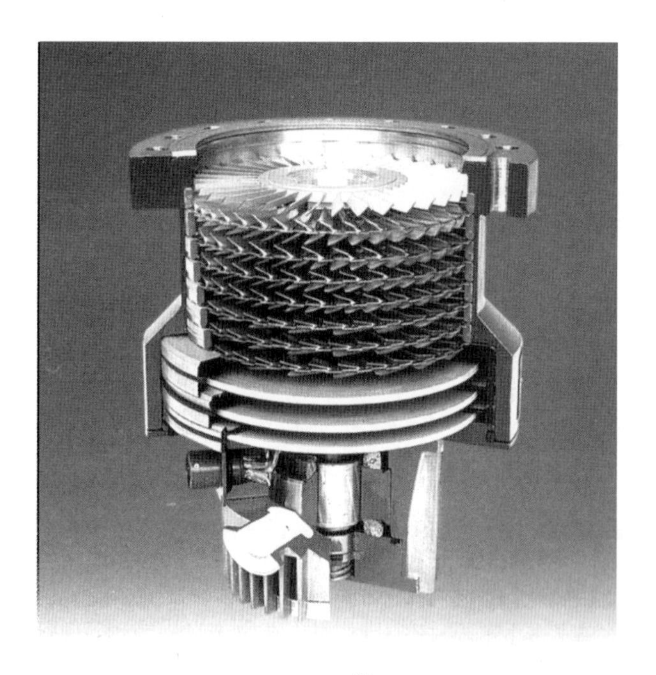

圖 6.22 混合式渦輪分子幫浦[31]。

圖 6.23 複合式渦輪分子幫浦[28]。

此外，為配合半導體及平面顯示器工業高潔淨真空的要求，渦輪分子幫浦所使用的軸承也有大幅度的改變，滾珠軸承、陶瓷軸承及磁浮軸承是渦輪分子幫浦所使用的軸承種類。

(a) 油潤滑滾珠軸承

自從渦輪幫浦被採用後，油潤滑滾珠軸承就一直持續使用，這是因為軸承位於轉子下方，當幫浦運轉時，軸承的潤滑油蒸氣進入真空室並不造成問題，因為渦輪分子幫浦本身對於高分子量的油蒸氣有很高的抽氣效率，但是當幫浦停機時，油蒸氣會揮發而造成真空腔體的污染，為降低油蒸氣的污染，一般在關閉幫浦之後必須放氣 (venting)，最慢需在轉速降為 50% 前為之。潤滑油為循環供給，供油系統的設計十分重要，必須使幫浦無論在加速、減速、全速、停機時均有適量的潤滑油供應，典型的油潤滑系統如圖6.24 所示。

當幫浦運轉時軸承會產生很大的熱量，故需要使用一些冷卻的方法，而最常使用氣冷和水冷這兩個方法。其中氣冷幫浦較為輕便，但其使用必須視應用而定。因為氣冷較水冷的效率低，因此當運用在大流量的抽氣過程時，會產生大量的熱，故氣冷得不到滿意的結果。幫浦運轉於大氣和真空變換情形下亦不適合氣冷，因為幫浦在加速度運行下產生的熱量遠大於定速度運轉。在高溫地區水冷比氣冷更合適。

一般潤滑油在超過華氏 150 度以上就會開始裂解，溫度越高，沉澱物或膠狀物產生之速度越快，因而會使油孔堵塞，所以使用者必須對於幫浦的運轉極速有所瞭解，在一般正常的運轉之下，潤滑油及軸承都可以好幾年不用更換。

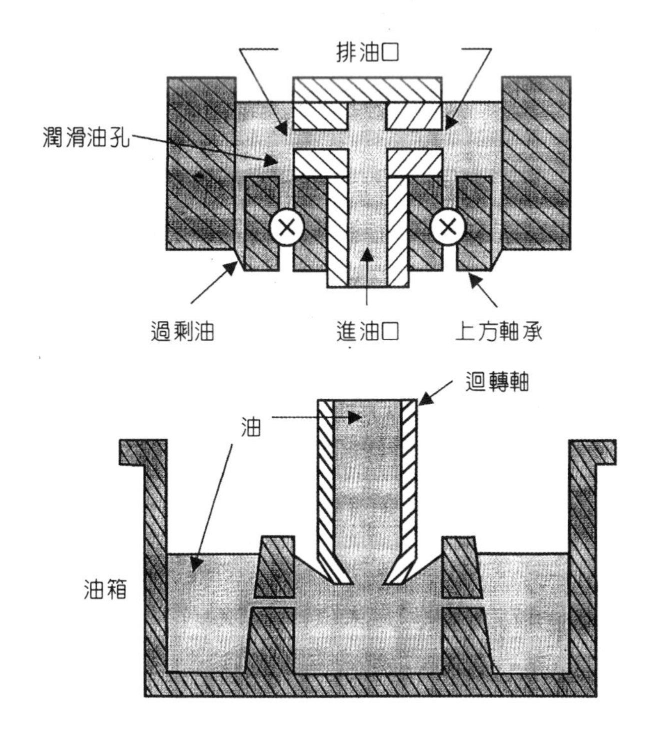

圖 6.24
油潤滑滾珠軸承系統[31]。

(b) 脂潤滑軸承

此種軸承乃是以低黏度、低揮發性的真空用潤滑油脂來取代一般的潤滑油，此種幫浦可做任意位置的安裝，但是脂內成分在停機時仍會揮發擴散出來，且使脂量減少，而對軸承造成傷害，因此必須定期做添脂的工作。一般而言，當幫浦運轉累積時數達一萬個小時必須添脂一次，另外，可以由馬達電流的升高、馬達轉速的改變及奇怪噪音的出現來判斷是否該再添加油脂。

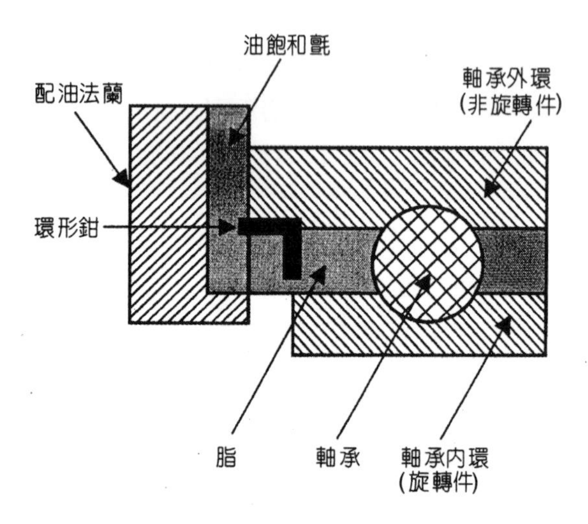

圖 6.25
脂潤滑軸承系統[31]。

(c) 陶瓷軸承

此種軸承是以陶瓷材料替代傳統的鋼材來製造滾珠軸承，由於幫浦轉子在高速運轉時，其軸承所受徑向力的主要來源是迴轉的滾珠，使用重量較輕的陶瓷材料，其重量約為鋼的 60%，所產生的離心力較小，所造成的熱也較小，因此可以增長軸承的壽命，並降低幫浦的噪音及震動。

(d) 磁浮軸承

此種軸承是 1977 年由 Frank 及 Usselmann 所發明的，其原理是利用磁鐵相斥的原理讓整個軸承及轉子漂浮於空中自轉，轉子的位置以感測器隨時監控並將偏移量傳回控制系統，改變電流方向將轉子帶回正確的位置。伴隨的控制系統包括一內部電池供緊急之用。當轉子突然失去電源，此內部電源可使轉子懸浮並使其慢慢減速下來。或者是採用自動發電系統，當幫浦失去電源時，利用轉子的自轉發電，再回溯至控制器中使轉子慢慢減速，因無內部電池的緣故，可大幅縮小控制器的大小並減輕其重量。另外，為防止控制系統的失敗，或當懸浮系統中突然流入物體所造成的轉動失衡，一般都會準備另一套備用的乾式軸承，使轉子可以停止在其上，當出現 2－4 次這樣情況時，此乾式軸承則需更換以策安全。

由於使用此種軸承的幫浦其轉子在運轉過程中因為懸浮而無機械接觸，亦不需潤滑，因此無碳氫化合物污染的可能。這種無摩擦狀態提供一非常低的操作溫度，故不需冷卻，但為配合半導體及平面顯示器部分高溫製程，此型幫浦仍設計有氣冷及水冷等型式。此種軸承具有超越油潤滑軸承及油脂潤滑軸承的優點：無接觸摩擦的軸承、不需潤滑、無碳氫化合物的限制、低噪音及震動、不需冷卻、可固定任何方向。

這些幫浦與傳統潤滑型式的幫浦可以使用在磁場或輻射場中。但是過強的磁場會因渦流導致馬達軸心過熱。圖 6.26 為磁浮系統的渦輪分子幫浦示意圖。

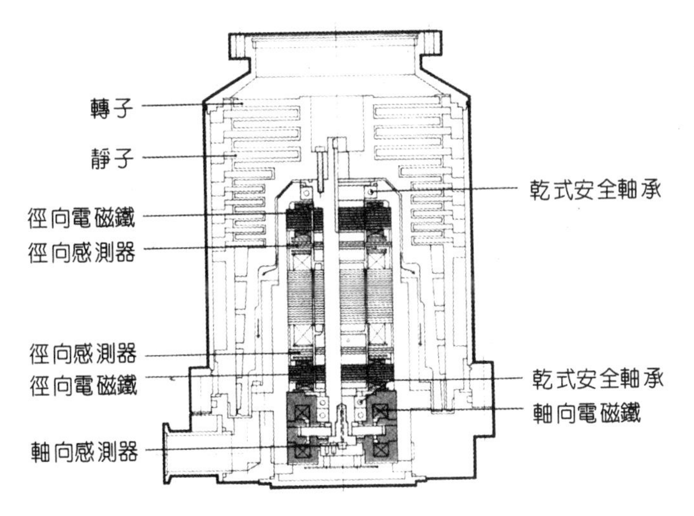

圖 6.26
磁浮系統的渦輪分子幫浦示意圖[32]。

(4) 渦輪分子幫浦抽氣系統

一般的渦輪分子幫浦抽氣系統可分為有預抽管路抽氣系統及無預抽管路抽氣系統，其中有預抽管路抽氣系統和傳統的擴散幫浦系統類似，分述如下。

有預抽管路抽氣系統

參考圖 6.27，開機前系統各閥門關閉。真空腔體壓力下降曲線如圖 6.28 所示。

① 啟動：打開前級抽氣管路閥門 (foreline valve)、前級機械幫浦及渦輪分子幫浦，其中渦輪分子幫浦約在 5－10 分鐘內達到額定轉速。

② 粗抽：關閉前級抽氣管路閥門，打開粗抽抽氣管路閥門 (roughing valve)，進行真空室的粗抽，將腔體內的壓力抽至 1 mbar 左右。

③ 高真空抽氣：關閉粗抽抽氣管路閥門，打開前級抽氣管路閥門及高真空閥門，進行高真空抽氣。

④ 關機：關閉高真空閥門及前級抽氣管路閥門，關閉渦輪分子幫浦及前級機械幫浦之電源，在渦輪分子幫浦轉子轉速降至 50% 額定轉速之前，打開渦輪分子幫浦放氣閥門。

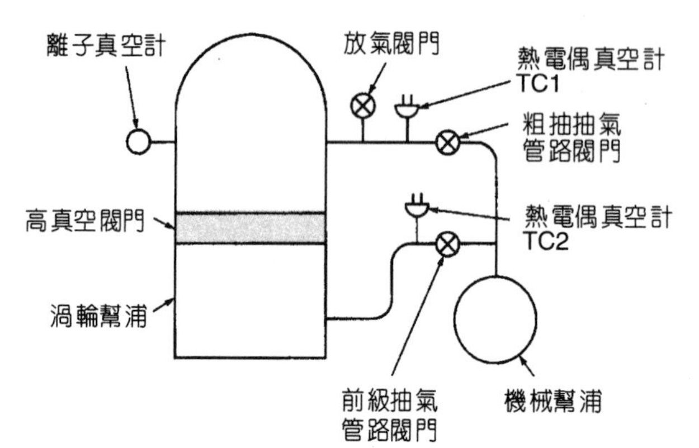

圖 6.27
有預抽管路之渦輪真空幫浦抽氣系統。

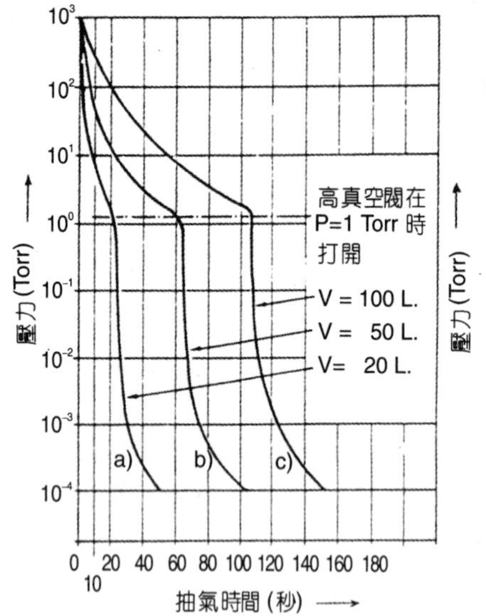

渦輪分子幫浦抽氣速率：450 L/s (空氣)
前級幫浦抽氣速率：30 m^3/h
(a)、(b)、(c) 曲線係對應於體積為 20、50、100 L 之真空室

圖 6.28
有預抽管路之渦輪真空幫浦抽氣曲線[33]。

無預抽管路抽氣系統

參考圖 6.29，開機前系統各閥門關閉。真空腔體壓力下降曲線如圖 6.30 所示。

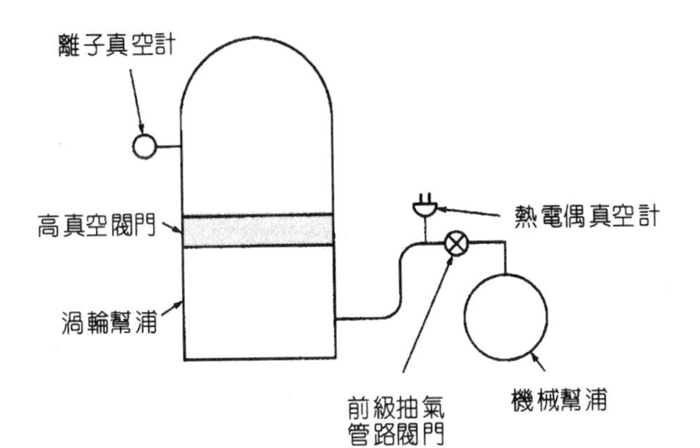

圖 6.29
無預抽管路之渦輪真空幫浦抽氣系統。

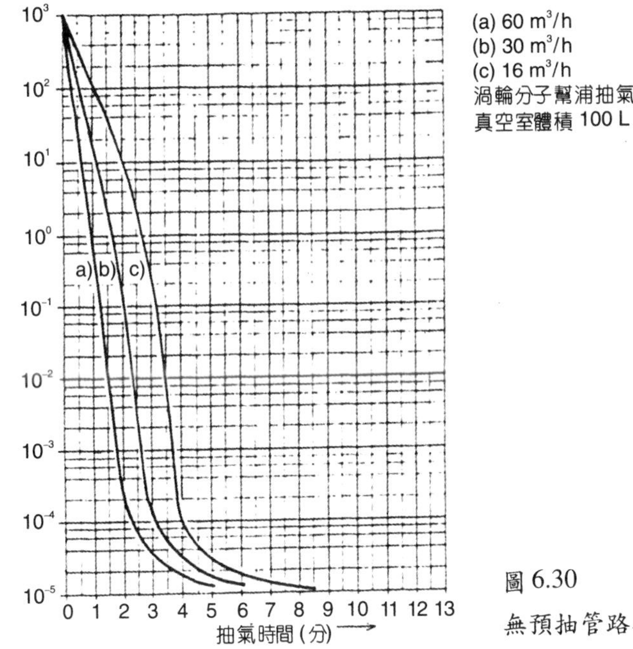

圖 6.30
無預抽管路之渦輪真空幫浦抽氣曲線[33]。

① 啟動：打開前級閥門及高真空閥門，同時啟動渦輪分子幫浦及前級機械幫浦。這是當前級機械幫浦之抽氣速率大到足夠在渦輪幫浦到達額定轉速之前將真空腔體抽至 1 mbar 以下時，兩個幫浦才可以同時打開，否則，必須延後渦輪分子幫浦的啟動時間。

② 關機：關閉高真空閥門及前級閥門，關閉渦輪分子幫浦及前級機械幫浦電源，在渦輪分子幫浦轉子轉速降至 50% 額定轉速之前，打開渦輪分子幫浦放氣閥門。

操作系統及使用渦輪分子幫浦時需注意之事項：

(a) 在幫浦啟動之前應先開啟幫浦的冷卻裝置。
(b) 系統中若使用低溫阱，不可將其暴露在大氣中。
(c) 使用水冷卻的渦輪分子幫浦時，只有當幫浦在運轉時，才能讓冷卻水流經幫浦。如果讓水在幫浦沒有運轉時 (1 atm 時) 流經幫浦的周圍，可能會造成水份凝結在幫浦裡面。另外，當真空腔暴露在大氣中時，不可開啟冷卻水裝置。
(d) 當幫浦的負荷過重導致其轉子無法以額定轉速來運轉時，會造成幫浦的壽命縮短，尤其不可以暴露在大氣環境之下開啟幫浦。
(e) 需定期做幫浦的檢查及保養，如檢查電流負荷、更換軸承與定期清洗等，另外應注意是否有異常的噪音或震動出現，這些往往是軸承失靈的前兆。
(f) 可使用乾式真空幫浦以取代傳統的油迴轉式機械幫浦作為渦輪真空幫浦的前級幫浦，以減少油氣回流及污染真空腔體的現象。
(g) 進行渦輪分子幫浦的放氣時要從幫浦的進口端進行，抑或利用幫浦已設計的特定放氣閥門。
(h) 可在渦輪真空幫浦及前級機械幫浦之間加裝一助力幫浦 (booster pump)，以增加前級幫浦的排氣量，一般常用魯式幫浦。
(i) 為防止碎片突然進入渦輪分子幫浦內部而造成幫浦的損壞，在幫浦的進口處要加裝防碎片濾網，但是會使幫浦的抽氣速率降低。
(j) 為避免在抽除腐蝕氣體時，軸承及內部馬達機件受腐蝕，在幫浦內部會設計特殊通氣管道，並通氮氣以保護相關機件，唯此會降低真空系統的真空度。
(k) 為了加速真空腔體及幫浦內部的逸氣以達更低終極壓力，可在不銹鋼入口法蘭以下包覆烘烤帶，適當的烘烤溫度不可超過 100 °C，以避免轉子材料因為溫度過高造成軟化及內部電子零件的老化。

(5) 渦輪分子幫浦的選用

渦輪分子幫浦的選用必須視其使用的場合及目的而定，一般分為兩種使用場合，分別為 (i) 高真空操作環境及 (ii) 抽除製程氣體操作環境。

高真空操作環境

此環境中渦輪分子幫浦所負責的是抽除真空系統及其本身所逸出的氣體 (Q_{Outgas})，其壓力範圍是在高真空或超高真空範圍，其所選擇的渦輪分子幫浦之最大有效抽氣速率 (S_{eff}) 必須滿足下式

$$S_{\text{eff}} = \frac{Q_{\text{Outgas}}}{P_{\text{base}}}$$

其中 P_{base} 為真空系統的背景壓力。其搭配的前級機械幫浦抽氣速率必須滿足下式

$$S_{\text{Foreline}} = \frac{V}{t}\ln\left(\frac{P_0}{P_1}\right)$$

其中 V 為真空腔體的體積，t 為前級幫浦的預定粗抽時間，P_0 及 P_1 分別為真空腔體的起始及終極壓力。

抽除製程氣體操作環境

這是當渦輪真空幫浦要持續抽除真空系統通入的製程氣體 (Q_{in}) 時，真空腔體必須保持在一定的工作壓力 (P_w)，此時所選擇的幫浦有效抽氣速率 (S_{eff}) 必須滿足下式

$$S_{\text{eff}} = \frac{Q_{\text{in}}}{P_w}$$

其搭配的前級機械幫浦抽氣速率必須滿足下式

$$S_{\text{Foreline}} = \frac{Q_{\text{in}}}{P_{\text{Fin}}}$$

其中 P_{Fin} 為前級機械幫浦的進口壓力。

(6) 渦輪分子幫浦的應用範圍

由於渦輪分子幫浦具有高真空度、高潔淨度、運轉平順及高穩定度等優點，現已廣泛應用於許多產業，如：① 分析儀器：質譜儀 (mass spectrometers)、氣體分析儀 (gas analyzers)、電子顯微鏡 (electron microscopes)，② 半導體製程：離子佈植 (ion implantation)、濺鍍 (sputtering)、鍍膜 (coating)、蝕刻 (etching)、蒸鍍 (evaporation)、CVD/LPCVD、微影 (microlithography)、載裝室 (load lock chambers)，③ 高能物理與超高真空研究，④ 工業上應用：映像管及燈泡 (TV tube/lamp processing)、爐管 (furnaces)、測漏系

統 (leak detection system)、電子元件製程 (electron device processing)，以及 ⑤ 特殊應用：輻射環境下操作、磁場環境下操作。

(7) 結論及未來發展趨勢

近年來由於半導體工業的興盛，使得台灣的晶圓代工廠在世界舞台上佔有舉足輕重的地位，也因此半導體工業的發展對台灣的經濟有著巨大的影響，隨之而來的半導體製程設備的發展也就相對的變得相當重要，而其中的真空幫浦更是製程設備的心臟！由於未來 IC 製程將由現在的 0.25 μm 線寬縮小為 0.18 μm 線寬，因此未來的半導體製程對於真空室潔淨度的要求必然越趨嚴格，又同時晶圓的尺寸也將由目前的 200 mm 加大為 300 mm，真空腔體也跟著加大，因而在真空系統中反應製程所需要通入的氣體也就相對增多，所以未來對於真空幫浦抽氣速率的要求也必然越趨嚴格。因應產生的渦輪分子真空幫浦則必須符合未來的要求，亦即必須具有大排氣量、高壓縮比及高潔淨度等要求。

在半導體製程當中以高密度電漿製程 (high-density plasmas, HDP) 所需要的幫浦性能要求最為嚴苛，如電漿蝕刻 (plasma-based etch) 及高密度電漿化學氣相沉積 (high density plasma chemical vapor deposition, HDPCVD) 等，這兩種製程需要相當大的抽氣速率，且製程氣體經過反應之後會產生大量的副生成物 (byproduct)，這些大量的副生成物必須要在很短的時間內被渦輪分子幫浦給排出，因此渦輪分子幫浦所需要的抽氣速率也就相對的要非常的大才能符合這兩種製程的需求。此外，這兩種製程所產生的副生成物有時會形成固體的形式由幫浦排出，因此有人形容整個排氣的過程有如將砂粒放入真空系統中再由幫浦排出，所以對幫浦所造成的傷害相當的大。為使真空幫浦具有高抽氣速率與足夠的壓縮比，目前先進的渦輪分子幫浦之轉子多採用複合式的設計，即轉子的上半部採用傳統的渦輪葉片 (turbo blade) 的設計，而轉子的下半部採用拖曳式幫浦 (drag pump) 的設計，拖曳式幫浦的設計包括有 Gaede、Holweck 及 Siegbahn 等型式，而以 Gaede 及 Holweck 這兩種型式廣被幫浦生產廠商所採用，其中採用 Gaede 機構的廠商有 Edwards 及 Varian，採用 Holweck 機構的廠商有 Alcatel、Daikin、Ebara、Edwards、Kashiyama、Leybold、Mishubishi、Osaka、Pfeiffer、Seiko Seiki 及 Shimadzu (廠商次序是按英文字母排列) 等廠商，由此可見轉子機構還是以 Holweck 的型式為主。

在抽氣速率方面，當晶圓的尺寸由目前的 200 mm 加大為 300 mm 之後，渦輪分子幫浦的抽氣速率要求通常需要成倍數的增長，也就是說如果目前的製程所需要的幫浦抽氣速率為 1000 L/s 的話，當晶圓尺寸增大為 300 mm 時，幫浦的抽氣速率必須提升為 2000 L/s，為因應抽氣速率變大的需求，各家廠商幾乎都已經開發出 2000 L/s 左右的產品，更有數家廠商開發出抽氣速率達 3000 L/s 的產品。

在幫浦的溫度要求方面，以 HDP 製程為例，幫浦內部的溫度控制相當的重要，這是因為 HDP 製程溫度通常會高達 120 °C，在如此高的溫度之下，幾乎已經到達轉子所能負荷的機械應力，此外，在此製程當中會使用大量的氬氣 (argon)，在製程反應後會產生氫氣 (hydrogen)，在 120 °C 之下氬氣的壓縮比相當的高，但氫氣的壓縮比相當的低，如何控制轉子的溫度以使幫浦能對氬氣及氫氣具有合適的壓縮比也就成為一項重要的課題。

此外，為使幫浦能以任意角度及任意位置安裝在反應腔體上面，多數的渦輪分子幫浦已採用磁浮軸承的設計，且磁浮軸承比目前的傳統滾珠軸承或陶瓷軸承更具有高潔淨度的優點，因此磁浮軸承系統也變成半導體製程用渦輪真空幫浦所不可或缺的設計。

6.3.2 擴散幫浦

擴散幫浦是最被廣為使用的高真空幫浦之一，早在 1913 年就被發明出來，因此廣被研究單位及工業單位所使用，至今若使用良好的油品及相關配件，甚至都可到達超高真空的範圍 (終極壓力小於 10^{-10} mbar)。此幫浦的優點包含：(1) 高真空及超高真空範圍時，幾乎對任何種類的氣體都具有相當大的抽氣速率。(2) 同時相對於其它種高真空用的幫浦而言，其單位價格所具有的抽氣速率最大。(3) 故障率低。(4) 操作方法簡單。最大的缺點為油氣回流現象 (back-streaming)，但是可藉著正確的選用油擋板 (baffle) 及冷凝阱 (cold trap) 予以排除。也因此該種幫浦目前在市場上除了半導體工業之外仍佔有相當大的佔有率。

(1) 內部結構

擴散幫浦不能直接將氣體排至大氣中，必須以串聯的方式將前級粗抽機械幫浦接於其排氣口端，這個前級粗抽幫浦通常為迴轉式機械幫浦。圖 6.31 為擴散幫浦的簡單示意圖，在實際的幫浦中通常設計有五級以上的噴嘴 (jet) 來抽氣。

參考圖 6.31，在幫浦圓筒外圍環繞著冷卻水管，也有氣冷式的設計，但通常要加裝冷卻風扇才能達到有效散熱的效果，氣冷式擴散幫浦通常較小，是為可攜帶的目的所設計的。

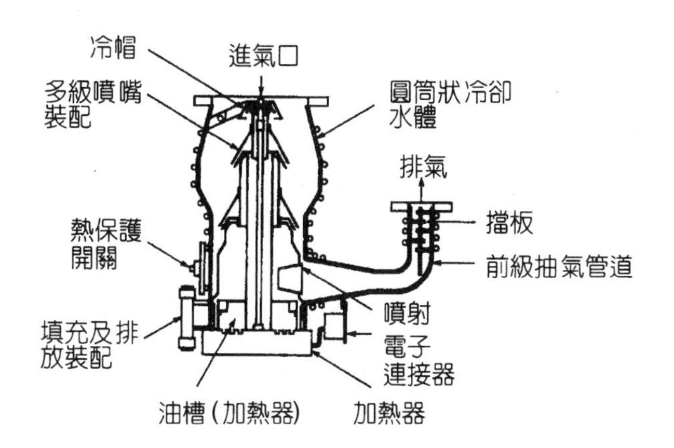

圖 6.31
擴散幫浦結構示意圖[31]。

在幫浦的底部有加熱器，其上並有工作流體，這些流體通常是低蒸氣壓流體，且有部份特殊設計的擴散幫浦使用水銀作為工作流體。在幫浦的內部有一個中空倒錐形的煙筒設計，其上有蓋板並形成噴嘴的設計。

(2) 工作原理

擴散幫浦運作的流程簡述如下：

1. 首先關閉進口處的閥門。
2. 打開與排氣口相連接的前級機械幫浦，一直到排氣口壓力達到 0.1 mbar 以下。
3. 打開冷卻水供應幫浦，使冷卻水流通過幫浦的外殼。
4. 打開油加熱器，約過 15－20 分鐘後油開始沸騰。

擴散幫浦的工作原理簡述如下：

1. 沸騰後的油氣往上流動，並經由上部的噴嘴流出，如圖 6.32 的方向所示。
2. 在中空倒錐形的煙筒內部氣體壓力較高，外部的壓力較低，因此由上部噴嘴噴出的油蒸氣由高壓流向低壓形成超音速流，並形成綿密的傘狀噴射流而與待抽氣體混合後撞擊於幫浦外殼之內壁上。
3. 每一級的氣壓從最頂之第一級可達 10^{-5} Torr，到最底之第四級約 10^{-1} Torr，是呈遞增狀態。

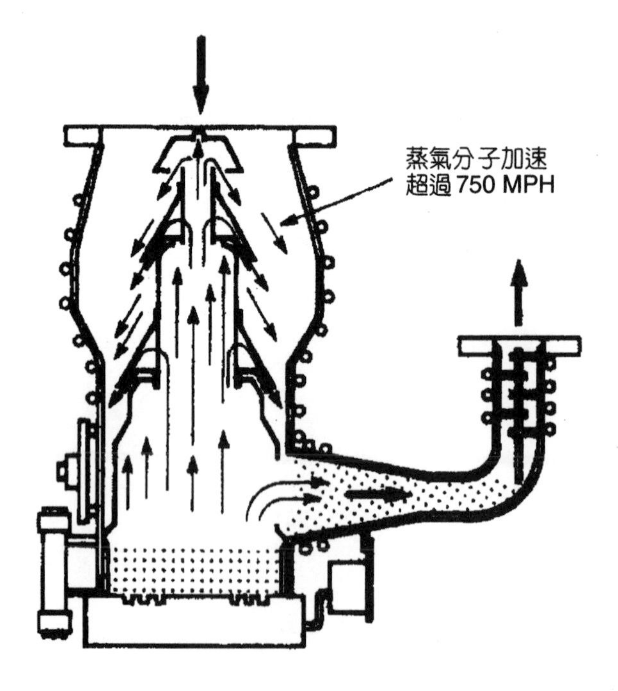

圖 6.32
擴散幫浦工作原理圖[31]。

4. 混合了待抽氣體的油氣再經過加熱、沸騰、蒸發、碰撞而凝結於內壁後回流至幫浦底部進行再一次使用。
5. 氣體分子在幫浦中歷經擴散、碰撞、壓縮到經由出口處被前級機械幫浦抽離，此過程會在幫浦內部形成壓力差而達到真空抽氣的效果。
6. 要特別注意的是擴散幫浦的出口處不能直接與外界大氣接觸，否則大量的油氣會排至外界造成污染，以現在的技術而言，都可以非常完善的回收油氣並再加以利用。

(3) 擴散幫浦特性

正常工作範圍

擴散幫浦為一高真空幫浦，必須搭配前級機械幫浦組成抽氣系統才可以使用，其正常工作壓力範圍在 $10^{-3}-10^{-11}$ Torr 之間的定抽氣速率區，此時幫浦的抽氣速率大約成一恆定值，若進氣端壓力超過 10^{-3} Torr 時，油氣回流狀況便開始出現，最頂一級的噴嘴也會產生抽氣不穩或無抽氣效果的現象。至於壓力在大到 10^{-1} Torr 以上時，幫浦本身已無抽氣作用，完全依賴前級幫浦的抽氣輔助。

抽氣速率

抽氣速率的大小決定於待抽氣體的熱速度 (thermal velocity) 與碰撞截面 (collosion cross section)。對某一特定氣體的一般抽氣速率與進口壓力關係如圖 6.33 所示，共分成四區。

1. 定抽氣速率區：操作壓力在 $10^{-3}-10^{-11}$ Torr 之間，為一般擴散幫浦規格中所謂的抽氣速率。

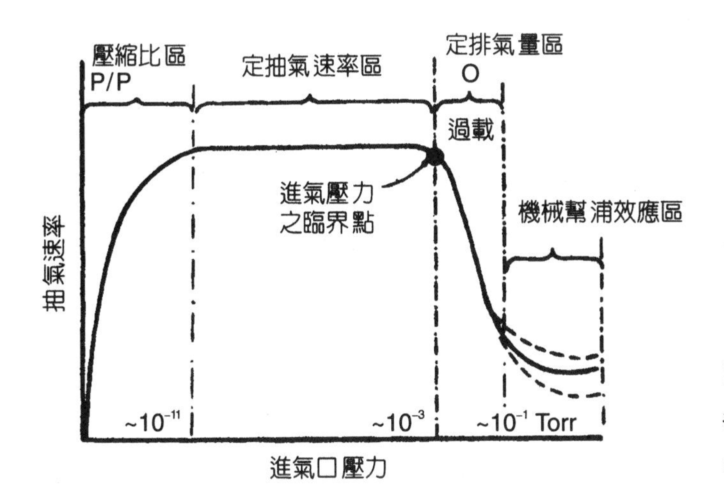

圖 6.33
擴散幫浦之抽氣特性，某一特定氣體的一般抽氣速率與進口壓力關係[26]。

2. 定排氣量區：操作壓力在 10^{-3} -10^{-1} Torr 之間，排氣量 (Q) = 抽氣速率 (S) × 進氣口壓力 (P)。
3. 機械幫浦效應區：操作壓力大於 10^{-1} Torr，擴散幫浦的各級噴嘴全無抽氣作用，此時的抽氣性能全由前級機械幫浦的性能而定。
4. 壓縮比區：操作壓力在 10^{-11} Torr 上下，隨不同氣體種類而定。此時氣體被抽離的速率與反向流 (由前級區至高真空區) 的速率會達到平衡。

對於各種氣體或蒸氣相對抽氣速率與進口壓力之間的關係如圖 6.34 所示。在定抽氣速率區，因為 H_2 及 He 有較大的熱速度，因此相對抽氣速率較 N_2 及 Ar 為高，在壓縮比區，則因 H_2 及 He 等氣體分子較小，反向流動速率較快，因此抽氣速率較小。

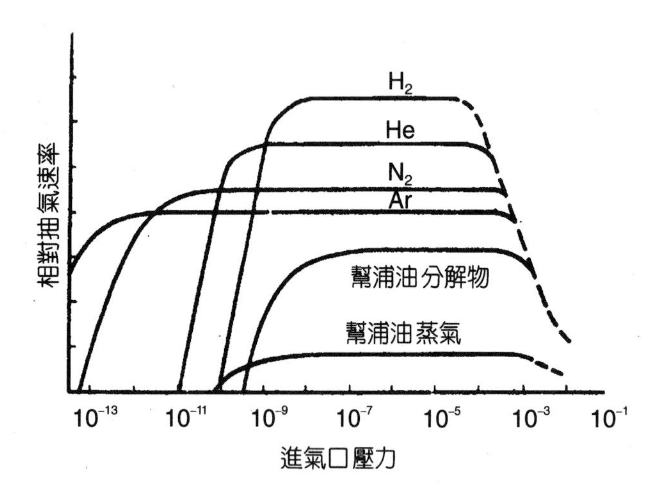

圖 6.34
不同氣體或蒸氣相對抽氣速率速率曲線[26]。

擴散幫浦的抽氣速率可由下式計算而得

$$S = V_{\mathrm{D}} \times A \times H_{\mathrm{o}}$$

V_{D}：氣體分子由真空室往擴散幫浦單一方向之平均速度

A：擴散幫浦進氣口面積

H_{o}：抽速係數(0.3 –0.55 之間)，$\mathrm{cm^3/s}$

參考圖 6.34，假設一幫浦的內徑為 D，有效環狀抽氣面之寬度為 $t/2$，則進氣口面積 A ($\mathrm{cm^2}$) 為

$$A = \frac{1}{4}\pi[D^2 - (D-t)^2] = \frac{1}{4}\pi t(2D-t)$$

氣體分子之平均速度 V_D (cm/s) 為

$$V_D = \frac{1}{4}V_{av} = 3.64\times10^3\left(\frac{T_g}{M}\right)^{\frac{1}{2}}$$

V_{av}：氣體分子在溫度 T_g 時之平均速度 (mean velocity)
T_g：氣體分子溫度
M：氣體分子量

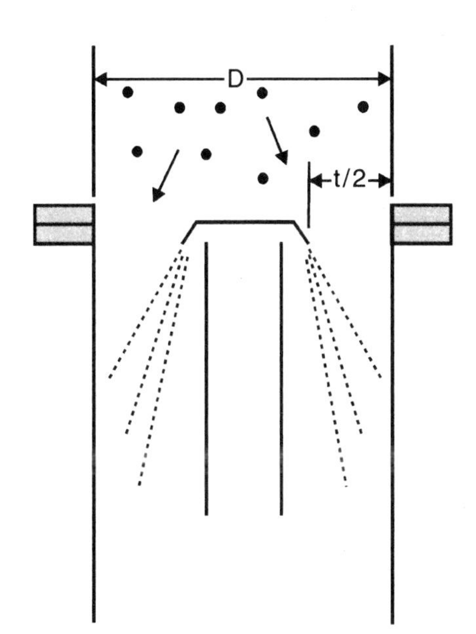

圖 6.35
擴散幫浦進氣口有效抽氣面積。

抽氣量

抽氣量是指幫浦傳輸氣體的能力，等於抽氣速率與工作壓力的乘積，對應於圖 6.33 的抽氣速率與進口壓力的關係圖，可以得到抽氣量與進口壓力的關係圖，如圖 6.36 所示，在幫浦正常工作壓力範圍 ($< 10^{-3}$ Torr)，Q 隨 P 線性增加，在過載區 ($10^{-3} - 10^{-1}$ Torr) 時，Q 保持定值。擴散幫浦適用之最大抽氣量相當於額定抽氣速率與臨界進氣口壓力乘積，若超過臨界壓力時，雖抽氣量不變，但會有油蒸氣回流及抽氣不穩定現象發生。

終極壓力

擴散幫浦所能達到的終極壓力由下列因素決定。(1) 擴散幫浦油的蒸氣壓及所含雜質的

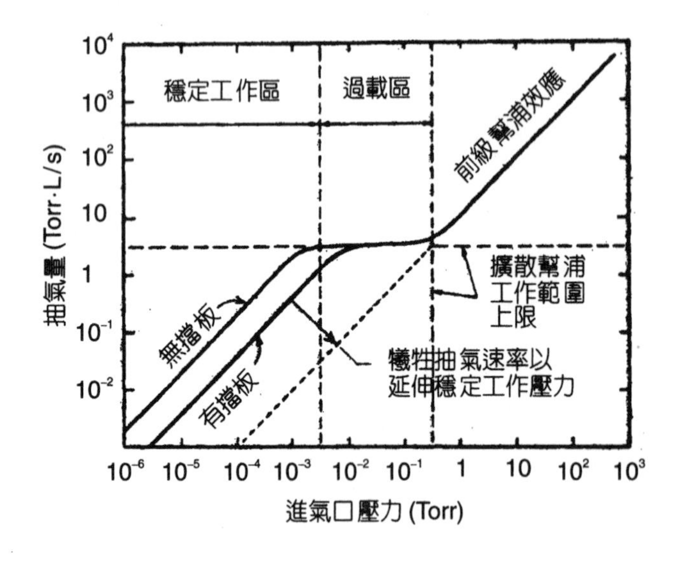

圖 6.36
擴散幫浦抽氣量與進氣口壓力之關係[26]。

逸出，此項關係最為密切，一般而言，幫浦油以醚類最優，但價格也最高，矽油類稍次，不過價格則低得多，使用也較為廣泛。(2) 系統的氣體負荷。(3) 對不同氣體的壓縮比。(4) 幫浦油的蒸氣回流。

前級壓力

擴散幫浦的前級壓力必須小於一個數值，此壓力稱為臨界壓力，否則，幫浦油蒸氣將會回流至真空腔體及高真空閥門內部而造成系統的污染，如圖 6.37 所示。臨界壓力的大小與氣體負荷及所使用的油品有關，一般在 0.5 Torr 左右，而有些幫浦甚至可以達到 0.7 Torr，可由廠商提供的目錄得之，而且前級機械幫浦的選擇也必須配合擴散幫浦的特性，以使擴散幫浦出口壓力可以一直保持在臨界壓力以下，使得擴散幫浦的性能能夠保持在最佳的

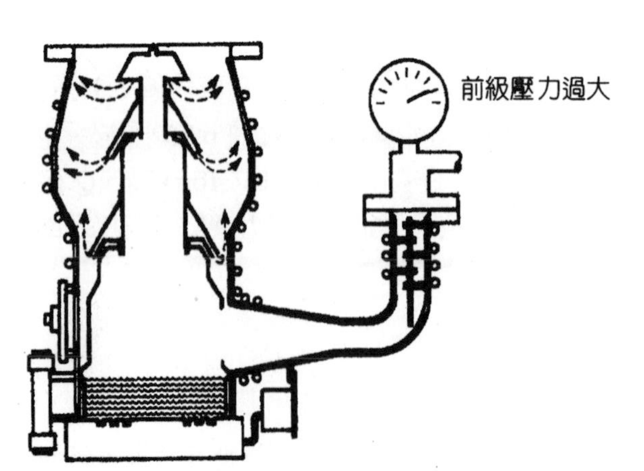

圖 6.37
擴散幫浦前級壓力過大所引起的蒸氣回流現象[31]。

狀況。至於前級機械幫浦的選擇可以下式來估算。

$$S_{(MP)} = \frac{SP_{(DP)}}{P_{(MP)}}$$

其中S為抽氣速率，P為進口壓力，下標 DP 表擴散幫浦，下標 MP 表機械幫浦。

油蒸氣回流

在任何的真空系統中，真空腔體與擴散幫浦及前級機械幫浦是直接串聯起來的，待真空幫浦運轉一段時間之後整個系統會達到平衡狀態，此時真空腔體的壓力會達到一固定值而不會再下降，同時真空腔體內的氣體負荷來自兩方面，一部份是真空腔體內壁的逸氣現象，一部份是擴散幫浦的油氣回流，其中擴散幫浦的油氣回流又包含兩部份，一是逆流現象 (back-streaming)，一是飄移現象 (back-migration)。

① 逆流現象：此現象是幫浦內的高速油氣分子直接飛奔至幫浦的進口處，通常是最靠近幫浦進口處的第一壓縮級。

② 飄移現象：此現象是幫浦內部油氣經過蒸發形成的油蒸氣分子回流至幫浦的入口處所造成的，通常是由靠近幫浦的進口處且依附在幫浦外殼內壁的油滴所形成，此現象通常與幫浦的溫度有關，可將冷卻水的入口設計在靠近幫浦的入口處，以使幫浦進口處的溫度較低而減低此種效應。

逆流現象在設計上較難以克服，可設計噴嘴的形狀使得逆流現象減小，但是此舉通常又會減小幫浦的抽氣速率。逆流現象通常又可分為兩部份：① 濕流唇及 ② 紊流邊界層效應。

① 濕流唇：在油氣噴流的底部通常會形成小液滴，此小液滴經由再蒸發而形成油氣回流，通常稱為濕流。由圖 6.38(a) 的右手邊最上一級的帽緣可以清楚看到油滴的形成，此油滴通常是由沸騰的油濺附上去的，或者是由油蒸氣的凝結所形成的。

② 紊流邊界層效應：此效應可由圖 6.38(a) 的左邊清楚看出，由於固體邊界的摩擦效應使得噴出的蒸氣流在靠近固體邊界的地方速度變慢，因此形成所謂的紊流邊界層，部份速度變慢的油氣分子便會因為互相碰撞而凝結在一起形成油滴。

擴散幫浦油氣回流現象可以使用冷帽 (cold cap) 有效的加以控制，如圖6.38(b) 所示，此冷帽可以有效的攔截回流的油蒸氣並使之凝結成液滴，最終回流至蒸發部，此裝置可使油蒸氣回流的現象大幅減小，通常能有100 倍的效果。

(4) 擴散幫浦的分餾

擴散幫浦的油氣分子不是單一的，其分子量通常介於 300－600 amu 之間，每一種分子

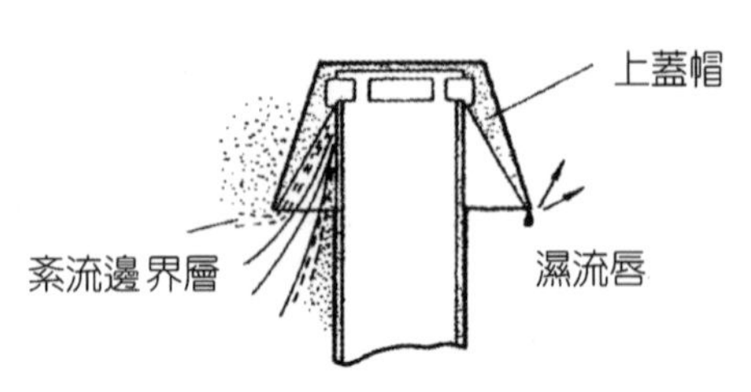

(a) 頂級結構中各種油氣來源

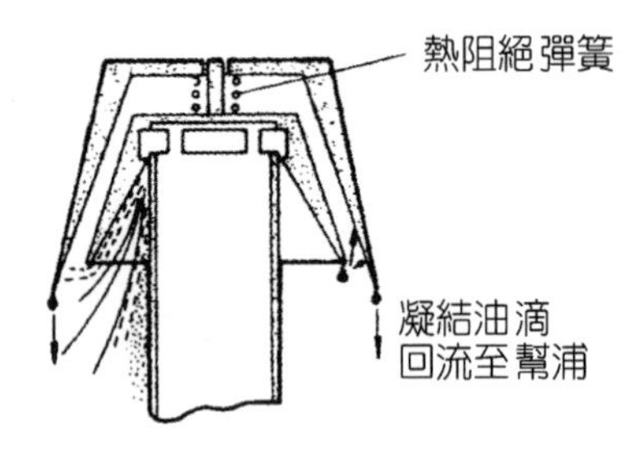

(b) 加裝冷帽後頂級結構中的油氣變化現象

圖 6.38
油蒸氣回流原因及降低回流方法[30]。

各有其蒸氣壓，而擴散幫浦的終極壓力也就由這些油氣分子的蒸氣壓所決定，若能有效的分餾回流至幫浦進氣口的油氣，使具有高蒸氣壓油氣分子被隔離出來，便能控制並提升擴散幫浦的進口壓力。通常有兩種方法可以達到此目的，第一是去除幫浦內部油品中較輕的成分。第二是使具高蒸氣壓的油氣能夠在低層級中就被使用，避免其流至頂層級中。這兩種方式都可經由幫浦油品的分餾達到。

流體純化 (Fluid Purification, the ejector stage)

通常擴散幫浦都具有自我純化的功能。由於蒸發而經噴嘴噴出的高溫油氣在與幫浦的外殼相接觸後，會凝結而流至幫浦底部的加熱部中，途中因其溫度會由於靠近加熱部而逐漸上升，使得凝結液體中易揮發的油氣自然蒸發成為氣體，再經由幫浦的出口處由前級機械幫浦抽走，因此自然的將較不具揮發性的油體留在加熱部中。

許多擴散幫浦並在幫浦底部靠近出口處裝設有一個側邊噴射級裝置，並與前級機械幫浦串成一起，如圖 6.39 所示，此裝置可以使得自幫浦外殼內壁凝結液體中較易揮發的油蒸氣分子，經此裝置由前級機械幫浦抽離，另外，並可以防止前級機械幫浦中的油蒸氣回流至擴散幫浦中，除此之外，並可提升擴散幫浦的可容許最高前級壓力。

液體分餾 (Fractionating Pumps)

目前的擴散幫浦大部份都具有分餾的功能，能夠將不同蒸氣壓的油氣適當的分餾，使其發揮最大的效應。如圖 6.39 所示，幫浦底部蒸發部有數個同心環的設計，使得幫浦油的流動依照箭頭的方向流動，從底部的外圍沿著同心圓的通道逐漸往中心流動，在底部的外圍加入適當的熱量，使得具高蒸氣壓的流體能夠在外圍就先蒸發，當流體繼續往中心流動時，也逐漸的增加所加入的熱量，而使得低蒸氣的油氣可以逐漸的蒸發，此設計可以使得

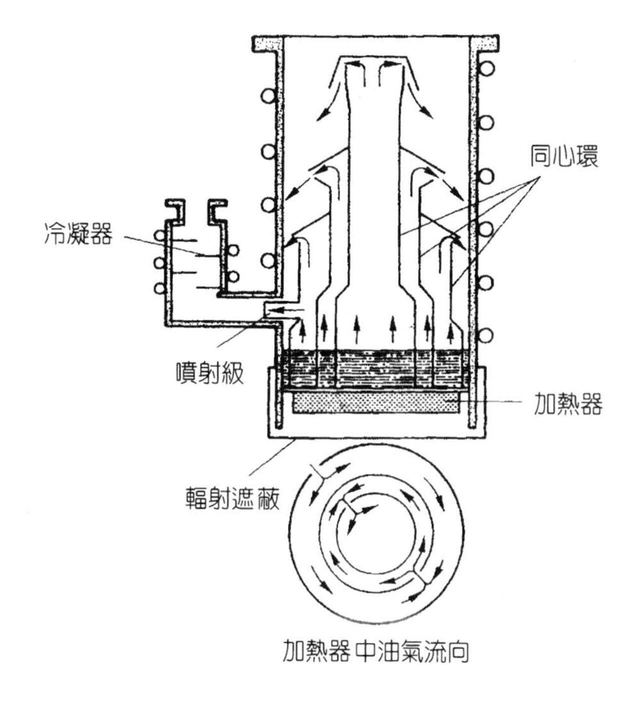

圖 6.39
擴散幫浦之液體純化及分餾示意圖[30]。

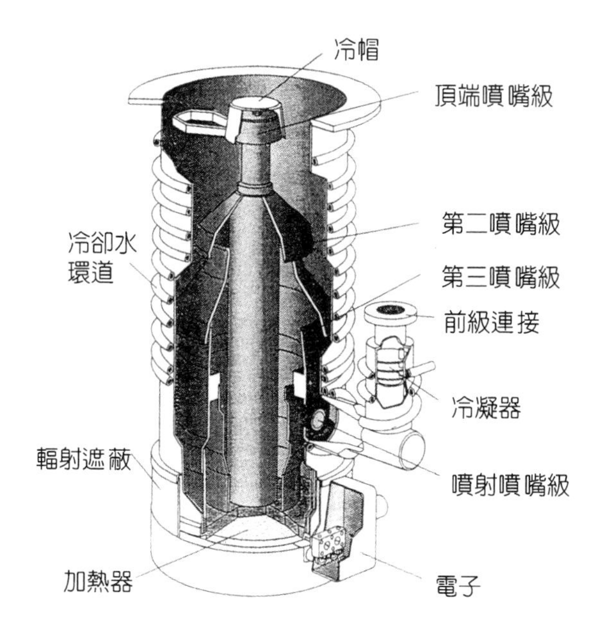

圖 6.40
擴散幫浦內部圖[30]。

高蒸氣壓的油氣集中在幫浦外圍靠近內壁處，作為帶走抽除氣體的驅動油氣，另外使得低蒸氣壓力的油氣集中在幫浦中央靠近中心點的區域，如此可以減少油蒸氣的回流現象，並改善幫浦的終極壓力。圖 6.40 是擴散幫浦的內部剖面圖，由圖可以清楚看出幫浦整個內部及外圍的結構。

(5) 擴散幫浦油品

目前有許多種油品被使用在擴散幫浦之中，使用這些油品必須考慮下列各項特性：① 油蒸氣壓、② 在沸騰時的熱穩定性、③ 化學活性、④ 毒性、⑤ 閃點室溫之下的黏滯性及 ⑥ 價格。在上述的特徵當中，必須確實滿足下列特性才能使用在擴散幫浦中：① 低蒸氣壓、② 高抽氣速率及 ③ 高臨界壓力。

最早被擴散幫浦所使用的工作流體是水銀，但是有許多的缺點。首先在室溫的情況之下，水銀的蒸氣壓為 10^{-3} mbar，為使得幫浦的終極壓力保持在 10^{-3} mbar 之下，必須加裝冷凝阱。另外水銀具有毒性，且易和鋁及銅混合在一起，因此這兩種材質都不能使用在幫浦內部的結構上。另外，水銀蒸氣在冷凝阱上的凝結也易造成碳氫化合物的污染，進而造成水銀蒸氣回流的現象，並減小幫浦的抽氣速率。儘管使用水銀有上述的缺點，但是還是有部分幫浦使用水銀作為工作流體，這是因為使用一般的油品會有有害物質的污染，在遇到高溫的燈絲或是高電熱的加入，一般油品有時會有分解的現象產生，因而造成二次污染。綜合上述，若終端產品本身就是具有水銀的物質，由擴散幫浦內的水銀蒸氣所造成的污染現象也就不會形成另外一個問題。值得注意的是不可以將一般的油品加入原先就設計為使用水銀的擴散幫浦內使用，因為這兩種幫浦的噴嘴設計本來就不同，因此不可以交互使用。第一種使用在擴散幫浦內部具低蒸氣壓力特性的油品在 1929 年首次被推出，一般常用的油品表列在表 6.6 中。

表 6.6 各種擴散幫浦使用油[6]。

化學型式 商業名	Paraffinic Apiezon A, B, C Convoil Diffelen	Silicones 702 AN 120/130 704(F4), AN140 705(F5), AN175	Polyphenyl ether Santovac 5 Convalex 10	Perfluoropolyether Fomblin/Krytox
在 20°C 的終極真空壓力	$5 \times 10^{-5} - 10^{-7}$	$5 \times 10^{-6} - 10^{-9}$	10^{-9}	2×10^{-8}
在沸點時的抗氧化性	不佳	極好	非常好	極好
抗化學反應性	不佳	普通好	好	相當好
價格	低	中	高	高
主要應用	一般用途，科學應用	工廠	科學儀器	化學及氧化物抽氣系統

① Paraffinic oil

此類油品和碳氫化合物類的油品類似，通常被使用在真空冶金或其他終極壓力在 10^{-4} 至 10^{-6} mbar 之間的製程，但是此種油品的抗氧化性並不佳，因此暴露在空氣中易劣化。

② Silicone oil

此類油品相較於有機油品而言具有良好的抗氧化性，通常應用於快速循環、無閥門抽氣系統，如電視真空管的抽氣，這類的應用通常會使加熱過後的油品暴露在空氣當中，此種油品中的 Silicone 705 就分為許多等級，其在室溫中的蒸氣壓大約在 10^{-9} mbar。此種油品有一個缺點，就是當回流的油蒸氣進入真空室中遇到帶有電荷的粒子，會形成一絕緣膜，因此會造成製程部分的錯誤，因此 Silicone 的油品一般並不建議使用在科學方面的研究上，因為在這類的研究當中通常會具有高能的分子，Silicone 油品的油蒸氣通常會影響實驗的結果。

③ Polyphenyl ether

與 Silicone 油品不一樣的是，此油品和具有電荷之分子化合後可以形成一可導電的聚合分子膜，可以防止電荷聚集在此膜上，因此通常建議使用在質譜分析儀及電子顯微鏡中。此油品通常具有高度的熱穩定性及化學穩定性，其終極壓力一般都可以到達 10^{-9} mbar，此種油品最初是被開發用在太空載具上，後在六十年代才使用於擴散幫浦中。

④ Perfluoropolyether (PFPE)

和被使用在油迴轉式幫浦中的 PFPE 油品一樣，使用在擴散幫浦中的 PFPE 也分為很多等級，通常此種油品摻入許多活性高的化學物質，如氧化物及鹵素等，被使用在離子佈植機 (ion implanter) 及化學氣相沉積等製程設備中，通常這類的製程所要抽除的氣體是經由高能粒子彼此碰撞所產生的。如果加熱油品過熱的話，大約為 300 °C，會有部分高活化性及有毒性的物質產生。要注意的是 PFPE 比 polyphenyl ether 的蒸氣壓高，因此其所能達到的終極壓力也較高。

表 6.7 為這些油品相對於 polyphenyl ether 價格，其中 polyphenyl ether 在 1988 年的價格大約是每公撮 (mL) 為 0.8 英鎊。

(6) 擋板及冷凝器

一般而言，在擋板及冷凝器附近氣體的壓力都相當的低，以至於在這個區域周圍的氣體狀態屬於分子流狀態，因此分子移動一般是接近直線運動的形式，所以不論是擋板或是冷凝器的設計，均將氣體流通的通道設計成不是直線，而是迂迴的通道，使得氣體分子在通過這些裝置的時候會與冷凝面相接觸，因而冷凝在這些裝置上面。

表 6.7 各式油品相對價格[30]。

擴散幫浦油品	相對價格
Apiezon	1 unit
Silicone 704	1.3 units
Silicone 705	2.0 units
Santovac 5	6.8 units
Fomblin	6.0 units

擋板

擴散幫浦油蒸氣的回流量是以到達幫浦入口處在每分鐘內每平方公分的油重量 (通常以 mg 為單位) 作為計算量，現代的擴散幫浦一般的油蒸氣回流量為 8×10^{-5} $mg \cdot cm^{-2} \cdot min^{-1}$，這意味著將有一定量的油蒸氣回流至真空腔體當中，以一個六吋口徑的擴散幫浦而言，其每天的油蒸氣回流總體積大約為 0.02 cm^3，若這些蒸氣全部回流至體積為 2.5 m^3 的真空腔體中，將會造成每天有 8 nm 的油膜附著在腔體的內壁上，而影響腔體內部製程的正確性。為了防止這種缺點，通常在真空腔體與擴散幫浦之間加裝一個擋板 (baffle)。

擋板一般可以定義為一個具有多重冷卻面的裝置，安裝在真空腔體與蒸氣幫浦 (如擴散幫浦) 之間，使蒸氣幫浦的回流蒸氣可以凝結在此裝置上，進而回流至蒸氣幫浦中。擋板的溫度必須比真空腔體還要低，而且是越低越好，通常將擋板的溫度設計在幫浦內部工作流體的凝結溫度，如此甚至可以大幅降低真空腔體內的終極壓力，如圖 6.41 所示為以水為冷卻裝置的擋板，具有不透光性的特色。

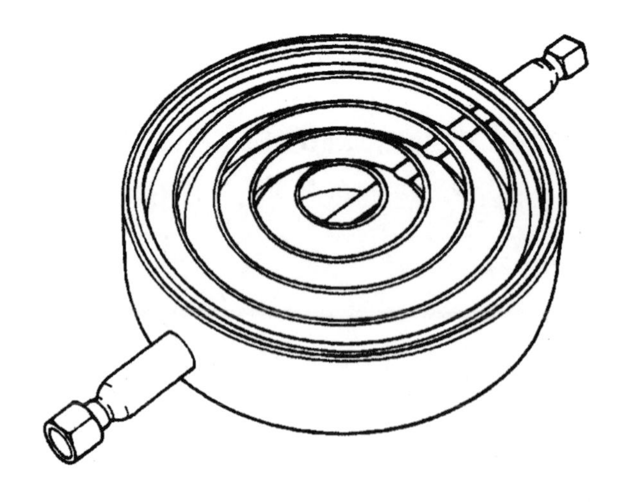

圖 6.41
油擋板裝置圖[31]。

對於大部分與擴散幫浦相配合的擋板而言，使用一般的水加以冷卻就足夠了，但是通常也要考慮工作流體的選用，使用 Silicone 702 的油品可以使得終極壓力到達 10^{-6} mbar，而使用Santovac 5 的油品可以使得終極壓力到達 10^{-9} mbar。若將擋板的溫度降到工作流體的凝結溫度以下時，通常可以使終極壓力再下降一至二個級數。

冷凝器

冷凝器一般的操作溫度比擋板更低，其經冷凝所收集的油氣並不能回收流回幫浦內部的蒸發器中。一般而言，冷凝器中所收集冷凝下來的蒸氣分為兩大部分，一部份是由擴散幫浦回流的油蒸氣，另一部份則是由真空腔體逸出來的氣體，通常由真空腔體逸出的氣體以水蒸氣為主，這部分的氣體 90% 可經由冷凝器將氣體抽離。圖 6.42 為冷凝器的外觀示意圖，圖 6.43 為內部結構圖。

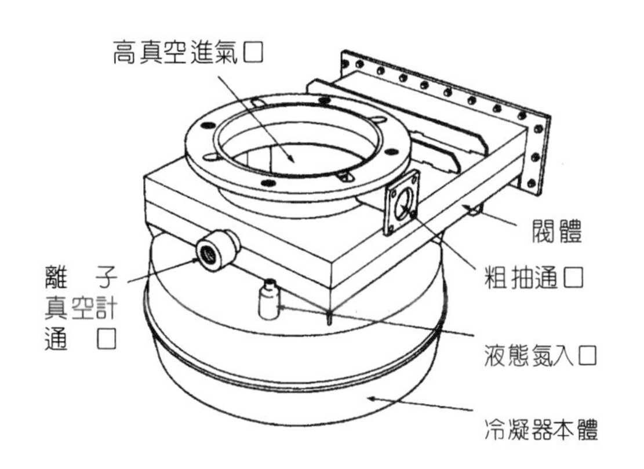

圖 6.42 冷凝器外觀示意圖[31]。

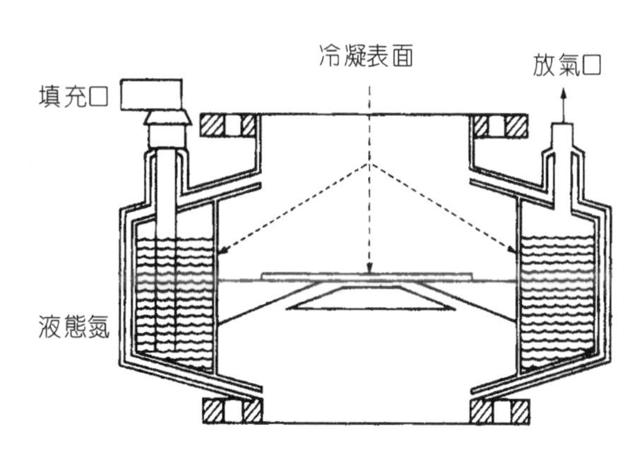

圖 6.43 冷凝器內部結構圖[31]。

若為能有效降低幫浦的終極壓力，使經過分解之低蒸氣壓力的油氣分子凝結，則必須使用溫度到達 −196 °C 的冷凝器，通常在冷凝器中通入液態氮，此時的冷凝器的溫度就遠比擋板的溫度要低。當冷凝器直接被使用在擴散幫浦入口處之前時，冷凝下來的油蒸氣將直接附著在冷凝器上而不回流至擴散幫浦，經過長時間的運轉之後，會造成部分成分的工作流體流失，為了解決這個現象，通常在冷凝器及擴散幫浦入口處之間再加入一個溫度較高的擋板，使大部分的工作流體蒸氣能在擋板內冷凝之後回流至擴散幫浦內。此種組合可以有效的降低擴散幫浦的終極壓力達 800 倍，並使蒸氣回流量達 10^{-7} $mg\cdot cm^{-2}\cdot min^{-1}$，這種回流量已不足以影響到真空腔體內部的製程。

圖 6.44 顯示的是擴散幫浦、擋板與冷凝器組合起來的系統，並標示出在各個裝置入口的抽氣速率及進口壓力，由圖中可知在冷凝器的進口其進口壓力比擴散幫浦小兩個次方，而

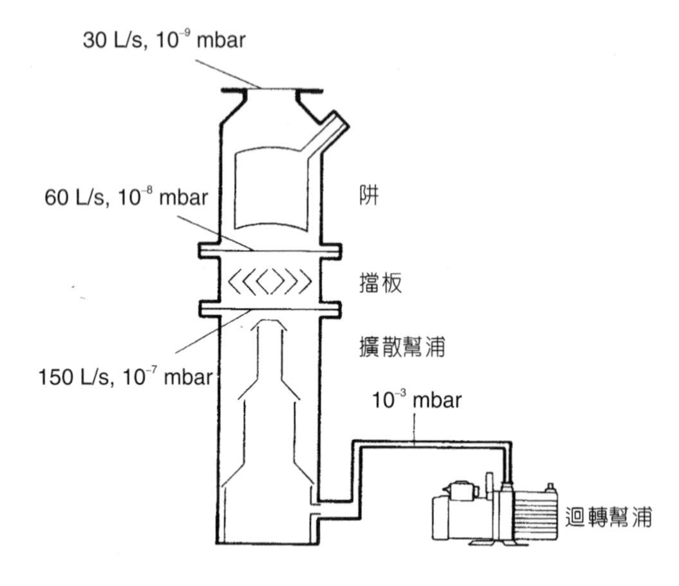

圖 6.44
加裝擋板及冷凝器之擴散幫浦壓力分布圖[30]。

組合方式	應用範圍	抽氣速率		油蒸氣回流量		終極壓力	
		加裝冷帽	加裝 Mexican 帽	加裝冷帽	加裝 Mexican 帽		
幫浦本體 ・高抽氣速率 ・低成本	一般真空爐使用	2400	1,600	5×10^{-4}	$<1 \times 10^{-4}$	$<5 \times 10^{-8}$	$<5 \times 10^{-9}$
幫浦本體 含擋板 ・高抽氣速率 ・乾淨 ・快速循環	鍍製表面金屬防護膜真空爐	900	使用 Mexican 帽時通常不需要加裝水冷式油擋板	$<1 \times 10^{-4}$	$<1 \times 10^{-4}$	$<5 \times 10^{-8}$	$<5 \times 10^{-9}$
	10^{-4} – 10^{-7} Torr range	800		$<1 \times 10^{-4}$	$<1 \times 10^{-4}$	5×10^{-8}	5×10^{-8}
幫浦本體 含冷凝器 ・高抽氣速率 ・非常乾淨 ・快速循環 ・需長時間通液態氮	薄膜沉積 光學膜鍍製 電子材料鍍製 固態物理研究 分子束研究	1,050	870	1×10^{-7}	1×10^{-7}	5×10^{-8}	2×10^{-9}
	10^{-6} – low 10^{-8} Torr range	900	750	1×10^{-7}	1×10^{-7}	2×10^{-8}	2×10^{-8}

* 油蒸氣回流量(接近大氣壓力時)和油品的蒸氣壓有關。
** 大約是組合系統在進口處的量。此量和腔體設計、封合方式及逸氣現象有關。
中度烘烤後可達 10^{-9} Torr 的終極壓力。

以下的系統組合其抽氣速率大約減少 40%，但可保護系統免於突然曝露在超過正常運轉壓力所受到的損壞。

組合方式	應用範圍	抽氣速率		油蒸氣回流量		終極壓力	
幫浦本體 含擋板， 冷凝器及 滑動閥 ・極乾淨 ・保護系統免於損壞	薄膜沉積 光學膜鍍製 電子材料鍍製 固態物理研究 分子束研究 10^{-6} – low 10^{-8} Torr range	800	使用 Mexican 帽時通常不需要加裝水冷式油擋板	$<1 \times 10^{-7}$	$<1 \times 10^{-7}$	$<2 \times 10^{-8}$	$<5 \times 10^{-9}$

圖 6.45 擴散幫浦加裝各項零組件對其油蒸氣回流量及抽氣量的影響[31]。

抽氣速率約為擴散幫浦的五分之一。同時為了維持整個系統能保持在 10^{-7} mbar 以下的低終極壓力，必須將所有相連結地方的封合材料改換成金屬，以降低系統本身的逸氣，同時真空腔體的材料也必須審慎的加以選擇。

如圖 6.45，以 Varian 所生產2400 L/s 抽氣量的擴散幫浦為例，說明加裝各項零組件對擴散幫浦油蒸氣回流量的影響，特別要注意的是減低油蒸氣回流現象通常會減小幫浦的抽氣量。

(7) 使用擴散幫浦之真空系統的運作

首先考慮無閥門擴散幫浦真空系統的操作情形，此系統可以參考圖6.46(a)。

① 起始狀況：油迴轉式幫浦及擴散幫浦的加熱器關閉，連結於真空腔體的空氣進入閥門關閉，所有的真空計關閉，整個系統處於一大氣壓力的狀態。

② 開始抽氣：此時將油迴轉式幫浦打開，確認擴散幫浦的前級壓力達 0.1 mbar 以下之後，將擴散幫浦的冷卻水及加熱器打開，約 20 分鐘之後打開高真空計，此時真空腔體應保持在高真空的範圍內。這種設計有一個非常不好的缺點，就是當整個系統要停止並達到一大氣壓力的狀態時，首先要將高真空計關閉，並關閉擴散幫浦的加熱器，且要等到擴散幫浦內部的油氣溫度降低至一定的程度，使得打開空氣進入閥門時所通入的空氣並不會造成油氣的分解，特別要注意的是此時油迴轉式幫浦仍在運轉，這種油氣降溫的時間和油氣升溫的時間幾乎相同，一般要經過 20 分鐘，但是在這一段等待油氣降溫的過程中，會有較多的油氣分子回流至真空腔體，這是因為擴散幫浦已經不具有高真空抽氣的效果，整個系統只靠著前級油迴轉式幫浦的運轉抽氣。

比較好的設計如圖 6.46(b) 所示，在擴散幫浦及真空腔體之間加入一個高真空隔絕閥門，並在真空腔體另一側加裝一個油迴轉式幫浦及粗真空隔絕閥門。整個系統的新操作程序將改為：

① 將所有的閥門關閉，打開前級機械幫浦抽氣，確認擴散幫浦的前級壓力到達 0.1 mbar 以下才打開擴散幫浦的冷卻水及加熱器開關，等待擴散幫浦內部工作流體的加熱。此時打開粗抽閥門，並打開連接粗抽閥門的粗抽幫浦，使得真空腔體內的壓力達 0.1 mbar 以下。要特別注意的是不要讓粗抽幫浦運轉過久，以免粗抽幫浦內部的油蒸氣回流至真空腔體內部而造成腔體的污染。

② 當真空腔體內的壓力到達0.1 mbar 以下時，關閉粗抽閥門將真空腔體與粗抽幫浦隔離。

③ 當擴散幫浦開始運轉且粗抽閥門關閉時，打開高真空閥門，讓真空腔體與擴散幫浦相連接，此時真空腔體應能在很短的時間內達到高真空的範圍。若要將真空腔體與外部大氣壓力的環境相連結，可以讓擴散幫浦繼續運轉，並將高真空閥門關閉，打開通氣閥門即可。此裝置的缺點是成本較高，因為要加裝一個粗抽幫浦。

為著節省系統成本，圖 6.46(c) 為另一種設計。此系統只使用一個粗抽幫浦，但是要特

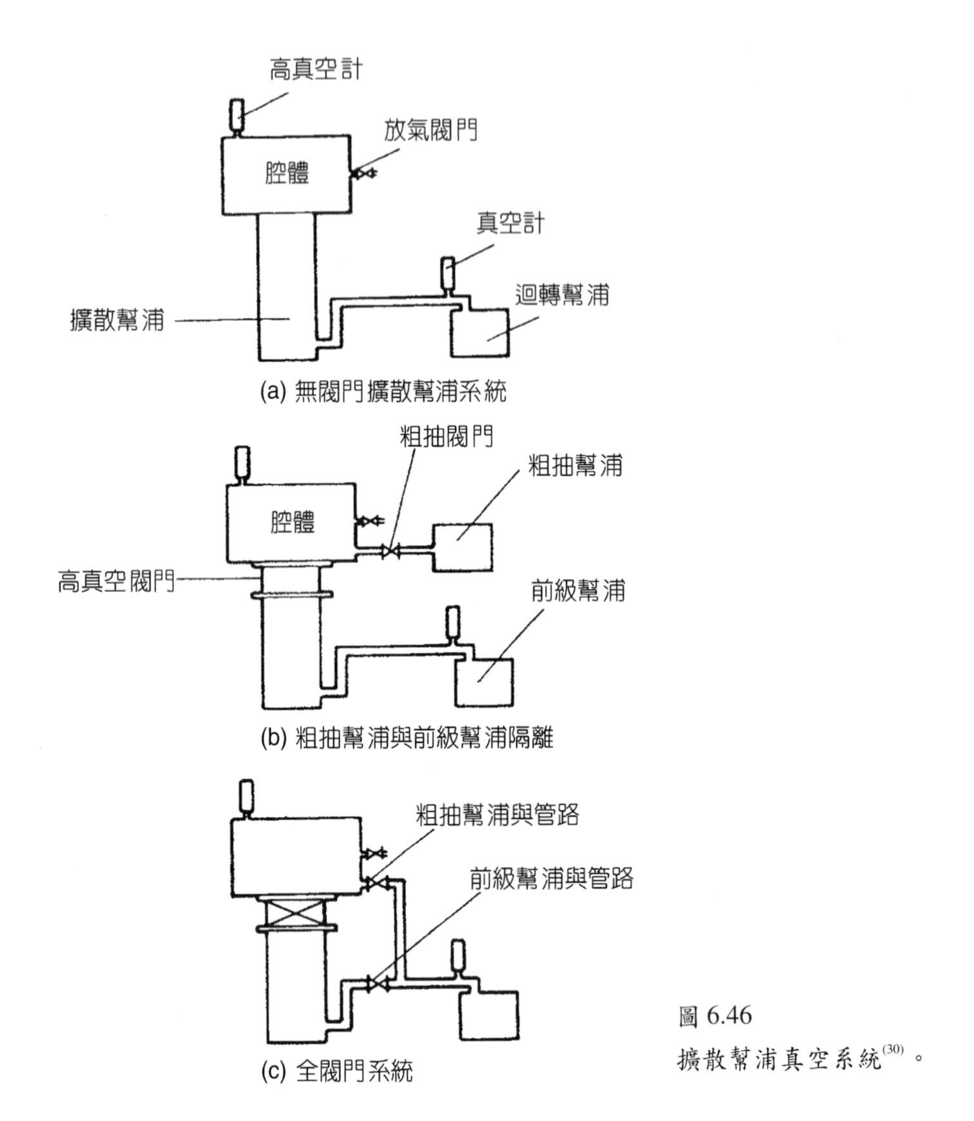

圖 6.46
擴散幫浦真空系統(30)。

別注意的是此粗抽幫浦一次只能當作某一種功用來使用，不可以同時當作粗抽及前級幫浦使用。

擴散幫浦較完整的操作程序如圖 6.47 所示。

① 啟動：關閉所有的閥門，打開前級機械幫浦，確認擴散幫浦出口端的壓力達 0.1 mbar 以下。

② 對擴散幫浦進行粗抽：打開擴散幫浦與前級機械幫浦相連接的前級閥門，由前級機械幫浦進行擴散幫浦的粗抽，使擴散幫浦內的壓力達 0.1 mbar 以下，此時打開擴散幫浦的加熱器，打開冷卻水。

③ 對真空腔體進行粗抽：關閉前級閥門，打開粗抽閥門並由前級機械幫浦對真空腔體進行

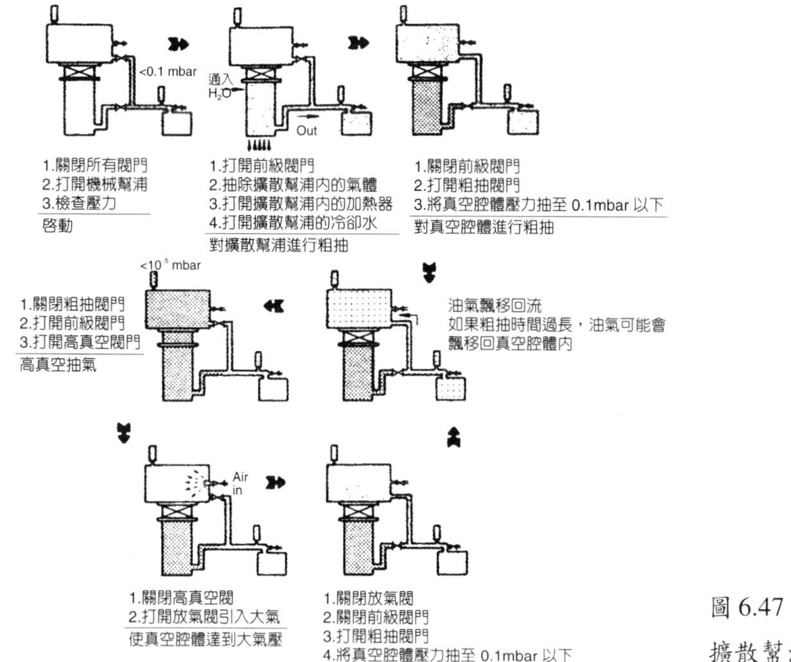

圖 6.47 擴散幫浦操作說明[30]。

粗抽，直到真空腔體內的壓力小於 0.1 mbar。此時間不宜太長，以避免機械幫浦內的油蒸氣回流至真空腔體。

④ 高真空抽氣：關閉粗抽閥門並打開前級閥門及高真空閥門，此時真空腔體、擴散幫浦與前級機械幫浦相連成一抽氣路徑。在進行此步驟之前務必確認真空腔體內部的壓力小於 0.1 mbar 才行。此時真空腔體內的壓力應該會急速的下降，此時打開高真空壓力計，以確認真空腔體內的壓力。特別注意的是，在打開前級閥門的同時，前級機械幫浦會由於氣體負荷突然增大而有抖動的現象。

⑤ 真空腔體在大氣壓與高真空的循環操作：

(a) 當真空腔體由高真空狀態要轉換成與外界大氣環境相接觸時，首先要關閉高真空閥門及高真空壓力計，接著打開放氣閥使外界大氣能夠進入真空腔體中。在工業應用中，真空腔體都會有個蓋門，打開蓋門將工作物體放入或取出真空腔體，再將蓋門及放氣閥門關上。

(b) 關閉前級閥門，打開粗抽閥門，由機械幫浦對真空腔體進行抽氣。

(c) 如同前述高真空抽氣步驟一樣，當真空腔體內的壓力小於 0.1 mbar 時，關閉粗抽閥門，打開前級閥門，後在打開高真空閥門，就可以使真空腔體內的壓力迅速的到達高真空的範圍。

⑥ 關閉擴散幫浦

(a) 關閉所有的真空壓力計。

(b) 關閉高真空閥門。

(c) 切斷擴散幫浦的電源，使擴散幫浦內部的工作流體冷卻至少 20 分鐘。此步驟不宜過久，以避免前級機械幫浦內的油蒸氣回流。

(d) 關閉前級閥門，使擴散幫浦在真空中被隔絕起來。

(e) 關閉前級機械幫浦及擴散幫浦的冷卻水，並打開真空腔體的放氣閥門，使外界空氣能進入真空腔體。

特別注意的要項：

1. 在關閉擴散幫浦時，可同時關閉前級閥門，讓擴散幫浦在真空隔絕的狀態之下能夠冷卻下來。
2. 前級及粗抽閥門不能同時開啟。
3. 如果閥門是薄膜型式，不能關閉太緊，以避免薄膜破裂導致油蒸氣回流至真空腔體。

(8) 蒸氣助力幫浦

蒸氣助力幫浦是將傳統的擴散幫浦加以改良，使之能在 0.5 至 10^{-4} mbar 之間具有大的抽氣速率，其所能忍受的前級壓力可以到達數個 mbar，與前級機械幫浦相組合可以將氣體排至一大氣壓的環境中，通常使用單級或雙級的迴轉式機械幫浦，或使用機械助力幫浦與迴

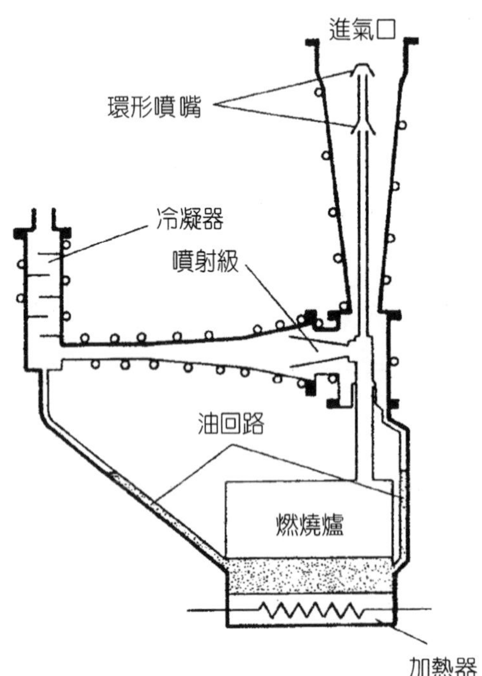

圖 6.48 蒸氣助力幫浦[30]。

轉式幫浦的組合。

參考圖 6.48，和傳統的擴散幫浦一樣，此型幫浦具有一個水冷卻的噴射級 (ejector stage) 與一個加熱工作流體的加熱器。當工作流體經過加熱之後成為蒸氣由噴射級噴出，並帶走待抽氣體，此高溫的工作蒸氣從冷卻水循環的內壁上冷凝下來，並回到加熱器中，部份未經冷凝下來的蒸氣將在冷凝器中被冷凝擋板進一步的冷凝下來。由於所需要帶走的氣體量相當的大，因此此型幫浦的加熱器也就設計得相當大，以提供足夠的工作蒸氣來帶走氣體。

此型幫浦所使用的工作流體必須比一般的擴散幫浦更具有揮發性，才能產生足夠的工作蒸氣來帶走大量的流體，同時不能使得加熱器的溫度過熱，以免使得油品裂解。通常此型幫浦的加熱器壓力為 25 – 50 mbar，而一般的擴散幫浦為 2 – 5 mbar。同時此種幫浦所使用的油品，其在 20 °C 時的終極壓力必須低到可以使得此型幫浦的終極壓力達到 10^{-4} mbar 以下。

一般在工業上使用此型幫浦的範圍如下所示：① 真空冶金、金屬精鍊、熱處理、合金冶鍊、金屬的除氣及銲接，② 真空乾燥、除氣及蒸餾，③ 真空金屬冶鍊，特別是在塑膠或紙類的鍍膜上，④ 低密度的風洞。

在燃燒爐的應用中，灰塵或砂礫會進入幫浦當中且沿著通道進入燃燒爐中，此現象會使得幫浦的抽氣量減少，導致燃燒爐過熱而在接近大氣壓力的情況之下熔毀，因此加上相關的配件以阻止灰塵的進入也就相當的重要。

(9) 擴散幫浦注意事項

幫浦油更換

除了 perfluoropolyether 不可以和其他油品互相更換之外，大部分的油品均可互相替換。雖然如此，一般還是不建議油品混合使用，這是因為混合的油品其蒸氣壓由混合油品中的最高蒸氣壓油品所決定，會導致擴散幫浦性能的改變。再者，例如用 polyphenyl 來更換 silicone 的油品時，由於 polyphenyl 的沸點較高，因此殘存在混合油品中的 silicone 油品會因為溫度過高而裂解產生瀝青或氫化物。但是反過來，若是由低沸點的油品來取代高沸點的油品時，其問題較小。另外有些使用者在進行例行性的油品更換時會考慮使用再生油品，此時要考慮處理再生油品的費用及新油品費用之間的差別。

擴散幫浦的維修

擴散幫浦在使用一段時間之後通常要維修，較常見到的問題為加熱器及冷卻系統的問題。當幫浦因特殊原因而在接近大氣壓力運轉時，幫浦內部的溫度會過高，引起內部油品的裂解而形成類似碳化物的污染物，此時就需要將幫浦分解開來做進一步的維修。

通常擴散幫浦都會以目視的方式顯示其是否到達該維修的狀況，但是要特別注意的是在拆解擴散幫浦之前必須先等其溫度降到常溫，以避免因為幫浦內部的殘留溫度造成油氣的蒸發，在打開幫浦的時候逸出，而對人體造成傷害。對於因為油品裂解所形成的沉積物，必須使用機械刮除的方式來加以去除，通常是使用人工的方式針對每一個組件來進行。可預見的困難點在於如何使用不同級數的砂紙來清潔部品的表面，並且必須使用適合的溶劑來清潔並在清潔後保持部品的乾燥。如果噴射級部分被拆解開來，就必須小心地將各部分重新裝上，以免影響幫浦的效率。

下列各項列出了在分解、檢視及重新組裝擴散幫浦時所應該注意的事項。

1. 檢視內部零組件的清潔度。
2. 確認噴射孔的間隙，並檢視其同心圓度。
3. 檢查彈性封合部品的適用性。
4. 檢查冷卻水的流量，檢視冷卻水管中是否有鈣化物的沉澱。
5. 檢查工作流體的狀況。
6. 檢查加熱器的情形，確認其是否熱接觸良好，並檢視其平整性及堅固性。
7. 檢查組裝後噴射級噴嘴的同心圓性，並檢查其方向性。
8. 檢視冷凝器的安裝及狀況。

值得特別注意的為幫浦內部的部品並不需要非常精細的磨光，各噴射級之噴射孔的寬度必須保持和新幫浦一樣，因為幫浦不當操作所引起的噴射孔堵塞必須加以清理，因為高溫所引起的 O 型環硬化必須加以更換，冷卻水循環方向必須由高真空的部分往低真空的方向流動，因為幫浦壁溫可大幅影響幫浦的效率。

圖 6.49 顯示在同一個幫浦內，使用不同的工作流體，改變冷卻水的溫度所得到的擴散幫浦終極壓力，此擴散幫浦前端接有一個液冷式的油擋板，終極壓力是在油擋板的前端以一離子壓力計所量得，油擋板與幫浦進口前端是用金屬環來作封合。由圖可以得知在使用某些工作流體的狀況之下，當冷卻水進口溫度下降 15 °C 時，可以使幫浦的終極壓力下降達一個次方。

在大型擴散幫浦的設計中，通常將冷卻水分成兩個或三個循環，以使幫浦在開機前得到充分的冷卻。部分的幫浦在冷卻水管與幫浦本體之間會有軟銲，當幫浦的冷卻循環不足導致溫度過高時，軟銲會融掉，而造成幫浦的故障。另外要注意當冷卻水管使用一段時間之後，在水管內壁會有鈣化物的沉澱，可用一般工業用的去鈣劑來去除這些沉積物，要特別注意的是這些去鈣劑通常是酸性化合物，不要與皮膚或衣服接觸。此外，一個幫浦內部通常安裝有多根加熱器，如果可能的話要時常檢查幫浦所消耗的功率，以確保每根加熱器都正常的運作。

新的幫浦油通常含有許多的空氣，這些空氣會在此油品初步被幫浦使用時逸出，造成幫浦前級壓力的升高，這也是要特別注意的。

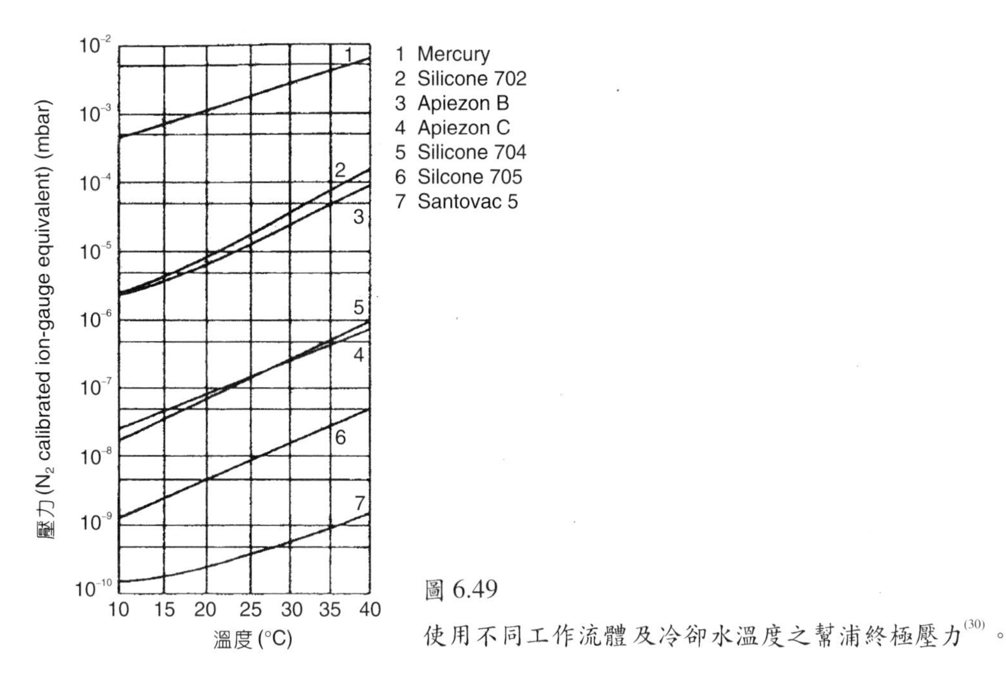

圖 6.49

使用不同工作流體及冷卻水溫度之幫浦終極壓力[30]。

幫浦的清洗

擴散幫浦使用後，由於幫浦油的分解物或氧化物等會污染幫浦，所以必須以化學物品徹底清潔，表 6.8 是不同幫浦油及其常用的清洗溶劑。至於使用擴散幫浦常見之問題、原因

表 6.8 清洗擴散幫浦之溶劑[33]。

幫浦油種類	商品名稱	清洗溶劑
礦物油 (Mineral Oil)	Apiezon A, B, C Corivoil-20 Invoil-20	三氯乙烯＋氫奈 丙酮＋酒精
酯類 (Ester)	Octoil, Octoil-S Butyl, Phthalate Lion A, S	丙酮
矽油類 (Silicone)	DC 702 704 705	甲苯或三氯乙烯 然後丙酮或酒精
醚類 (Ether)	Santovac-5 Convalex-10 Neovac SY	先用甲醇然後丙酮、酒精或先用二甲苯再用丁酮
氟化烴類 (Fluorcarbon)	Fomblin 25/9	Trichlorotrifluou-o-ethane Perfluoro octane

與解決的方法請參考表6.9。

表6.9 使用擴散幫浦常見之問題、原因與解決的方法[33]。

問　　題	可　能　原　因	解　決　之　道
(1) 無法達到預期之終極壓力	(a) 系統漏氣(包括虛漏與實漏)	查出漏氣位置來源並修護
	(b) 系統嚴重污染	清潔工作之執行
	(c) 幫浦油污染	檢查並置換
	(d) 幫浦熱量不夠	檢查電壓供應，熱接觸效果及有無漏電
	(e) 冷卻水不夠	查水壓大小
	(f) 冷卻水過量或溫度過低	查水溫、調水流量
	(g) 前級壓力太高	查前級位置是否漏氣，查前級機械幫浦功能，查機械幫浦油是否已失效
	(h) 幫浦急速冷卻水管仍有水流	查看並排除
	(i) 真空計不準確	真空計校正
(2) 抽氣速率太低	(a) 電熱量太小	查電熱線情況
	(b) 油面太低	添加油
	(c) 噴嘴組合不正確或損壞	檢查並修理或置換
(3) 進氣壓力突升	(a) 電熱能輸入不當	檢查並修正
	(b) 幫浦油嚴重逸氣	查視油情況
	(c) 進氣口之前以至前級段漏氣	檢查並處理
(4) 系統污染嚴重	(a) 前級壓力太高	檢查前級區域是否漏氣、機械幫浦性能、油品質
	(b) 在大於 10^{-3} Torr 之壓力下長時間工作	
	(c) 系統操作或放氣不當	

*擴散幫浦油槽銲接處漏氣時，測漏不易，最好將油清出再行測漏。

6.4 儲氣式幫浦

儲氣式幫浦是以物理或化學吸附，或是冷凍凝結的方法，將真空腔體內之氣體暫時儲存，而形成人造真空狀態。排氣式幫浦扮演著將氣體傳送出去的角色，一般而言是沒有容量限制的，而儲氣式幫浦則有抽氣總量的限制，必須定期做再生 (regenerate) 的工作，而且氣體分子種類對幫浦性能有很大的影響。

6.4.1 離子幫浦

1937 年彭寧 (Penning) 由冷陰極離子真空計中觀察到離子化氣體抽氣的現象，提出以磁

第 6.4.1 節作者為陳峰志先生、鄭鴻斌先生及林維倫先生。

場限制直流放電產生幫浦作用的概念，一直到霍爾 (Hall) 利用多個彭寧元件組製成濺射式離子幫浦 (sputter ion pump)，才將此一構想實現。由於離子幫浦的出現，真空系統的極限壓力得以向前推向超高真空的操作壓力範圍，在當時是極為重要的突破，許多真空系統應用也因此得到突破性的進展。本文分別對離子真空幫浦的種類、構造、抽氣性能、使用壽命、真空系統組合、故障檢修，以及其它注意事項加以說明。

依抽氣機構之分別，離子幫浦可分為濺射式離子幫浦、蒸發式離子幫浦 (evaporated ion pump) 及軌道式離子幫浦 (orbitron ion pump)，目前以濺射式離子幫浦較常見，而濺射式離子幫浦又可分為二極式 (diode)、刻槽二極式及三極幫浦，其中又以三極式 (triode) 離子幫浦最為常見。

(1) 原理

離子真空幫浦主要是運用電場作用，將被離子化了的氣體分子吸出真空腔室，再利用結拖 (getter) 材料與氣體分子化合而儲存於幫浦中。為了使結拖材料發揮作用，一般以濺射式幫浦較常見，本文僅針對濺射式幫浦加以討論。

離子幫浦的操作原理是利用下列幾種功能相互作用而具有抽氣能力：氣體離子化 (gas ionization)、鈦金屬濺射 (titanium sputtering)、化學結拖 (chemical gettering)、離子埋入 (ion burial) 及擴散 (diffusion)。氣體分子並非被排除到系統外面，而是儲存在幫浦內部，形成了低蒸氣壓的固體 (low vapor pressure solids)。

氣體離子化

如果在幫浦內氣體分子為中性時，系統呈電荷均衡，此時是無法作有效的抽氣。圖 6.50 所示為氣體分子離子化的原理，由電源供給在陽極和陰極之間產生高電位差，自由電子會被吸引向陽極移動，在運動途中撞擊到中性的氣體原子或分子，將其離子化並向陰極

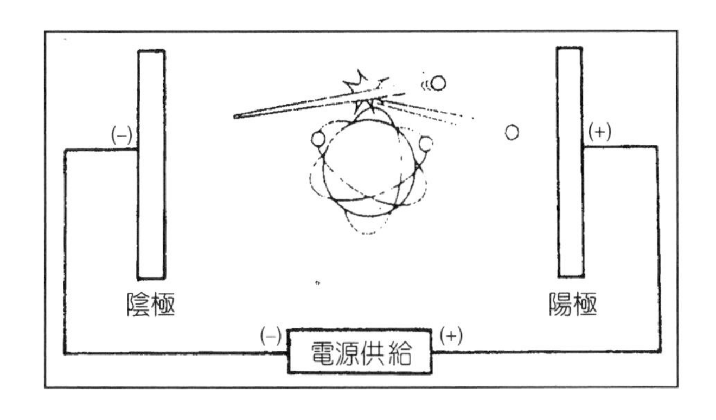

圖 6.50
氣體離子化的機構[41]。

移動，撞擊同時會撞出另一自由電子，增加的自由電子將使中性原子或分子離子化的機率增高。

為了增加自由電子碰撞的機率，可以加一磁場，使自由電子在碰撞陽極前的運動路徑加長成為空間螺旋線，如圖 6.51 所示。通常以不銹鋼管做為陽極，稱之為彭寧元件(Penning cell)，置二片鈦金屬平板於彭寧元件二側做為陰極，二極間之電位差約有數仟伏特，以提供游離氣體分子及自由電子之動能，永久磁鐵則提供二塊鈦板間1000 至2000 高斯之磁場。

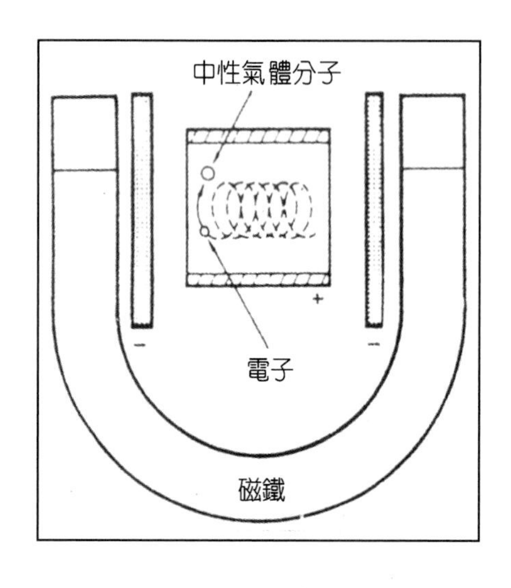

圖 6.51
自由電子在電磁場中的運動[41]。

鈦金屬濺射

當氣體分子被游離後變成帶正電離子，在電場中將往陰極方向加速並與陰極發生碰

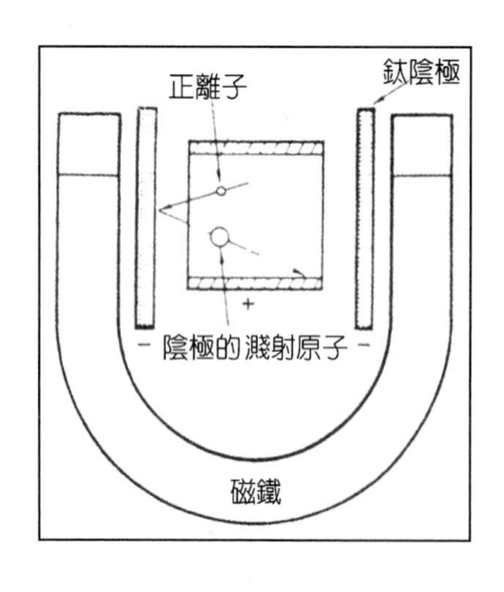

圖 6.52
正離子之濺射過程[41]。

撞，而被捕捉、吸附或產生濺射，而把陰極物質濺出，如圖6.52 所示。

化學結拖

假設採用良好的結拖材料當作陰極，例如鈦、鋯等金屬，則更可結拖活性氣體分子，增加幫浦的效果，如圖6.53 所示，說明鈦金屬與氣體分子之結拖作用。

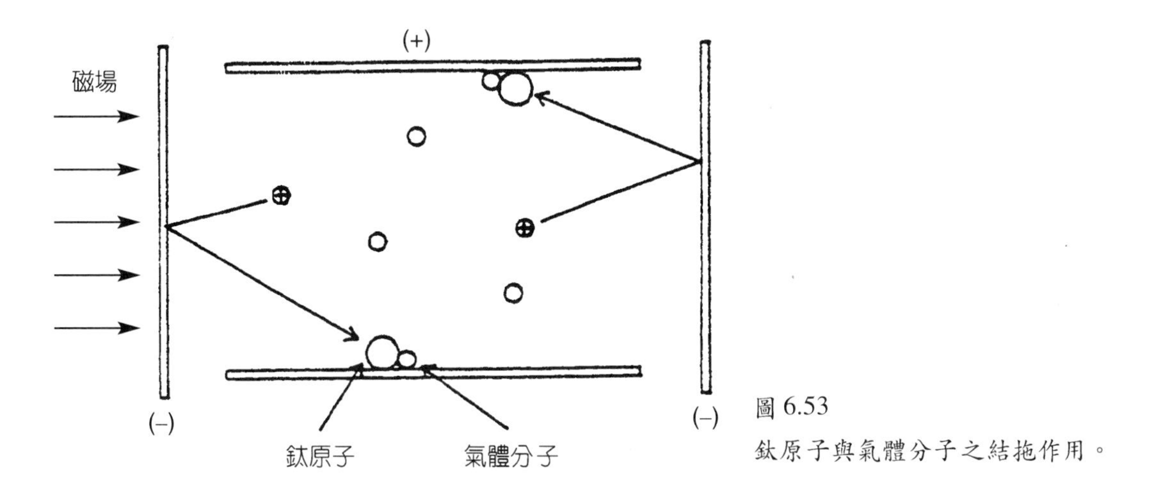

圖 6.53
鈦原子與氣體分子之結拖作用。

鈦為活性強的化合物，除了使用在離子幫浦之外，另亦用於鈦昇華幫浦做為高真空幫浦，其原理都是以鈦金屬與氣體分子化合成低蒸氣壓的固體，結拖在真空系統或幫浦表面。關於鈦與幾種氣體分子化合之方程式如下：

$O_2 + Ti \rightarrow TiO_2$

$N_2 + Ti \rightarrow 2TiN$

$CO + Ti \rightarrow TiCO$

$CO_2 + Ti \rightarrow TiCO_2$

$H_2 + Ti \rightarrow TiH_2$

$H_2O + Ti \rightarrow TiO + H_2 + Ti \rightarrow TiO + TiH_2$

離子埋入

當離子撞上鈦陰極時，可能直接被鈦板結拖，若能量較大則會發生掩埋作用 (burial effect)，離子將被植入陰極內。

擴散

質量較小的氣體分子對陰極鈦板的撞濺作用很小，可藉由被掩埋或吸附在鈦板表面，再擴散入鈦材質，而達到抽氣的效果。

假使以氣體分子作區分，則活性氣體如氧、氮及一氧化碳等，通常會被濺射出來的鈦原子結拖在陽極上，或是被陰極的鈦板離子埋掩。假如是有機氣體如碳氫化合物等，則可能被自由電子解離為氫和碳，再分別被結拖或掩埋。如氦、氖等惰性氣體，因為不被鈦原子結拖，只能靠陰極之離子掩埋或物理吸附，以及在陽極之中性原子掩埋。而氫氣、氦氣等質量很小的氣體分子，對陰極鈦板撞濺作用極微，經常是被掩埋或吸附於表面，再擴散到鈦板內形成氫化鈦。抽氣的綜合效果如圖 6.54 所示。

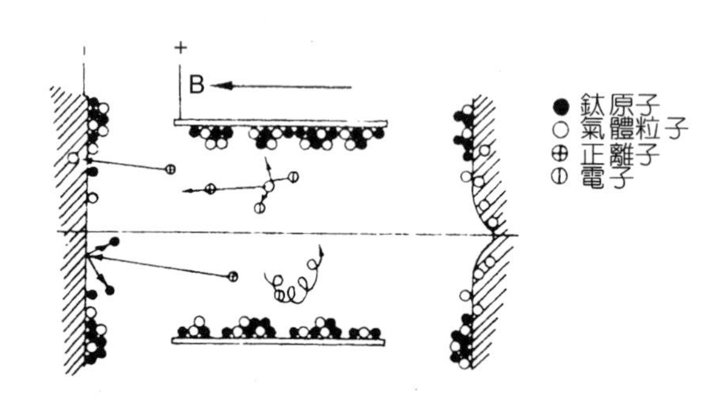

圖 6.54
離子幫浦綜合抽氣作用[41]。

(2) 二極式離子幫浦

離子幫浦又分為二極式和三極式，主要的區別在於接地以及陰極鈦板的結構。二極式離子幫浦是以陰極接地，陽極為數仟伏的直流正高壓，陰極為平板結構如圖 6.55 所示，圖 6.56 為二極式離子幫浦的抽氣機構。

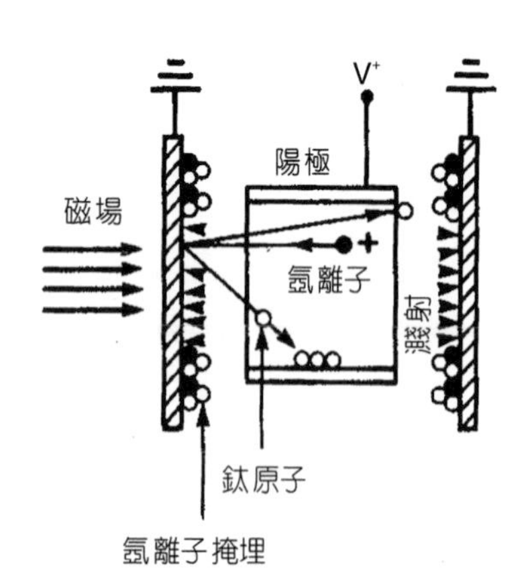

圖 6.55
二極式離子幫浦[31]。

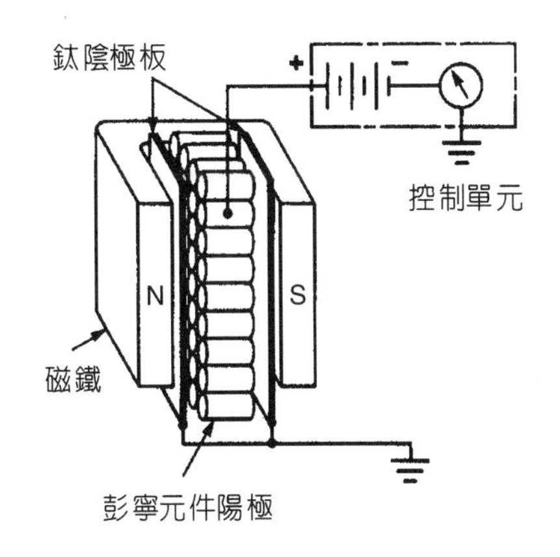

圖 6.56
二極式離子幫浦的抽氣機構[31]。

濺射離子幫浦不論是二極式或三極式，基本上都是由許多的彭寧元件輔以磁場所構成，也就是由許多的圓管狀陽極和陰極板組成，每一元件可視為一單獨運作的抽氣個體，它們的作用都相同，而整個幫浦的抽氣作用則是所有個體的總和。

氬氣不穩定現象

由於經過離子掩埋的氣體在被後來的離子撞濺時，又會逸出成為系統之殘存氣體，所以惰性氣體的幫浦效果最低，約只有其它活性氣體百分之一至二。且因氬氣約佔空氣的百分之一，故幫浦中這種被捕捉後再逸出的殘存氣體主要為氬氣，此一現象也稱為氬氣不穩定現象 (argon instability)。如圖 6.57 所示，在長時間抽氣時，發生極限壓力變化的情形即為氬氣不穩定現象，這也是二極式離子幫浦的通病。

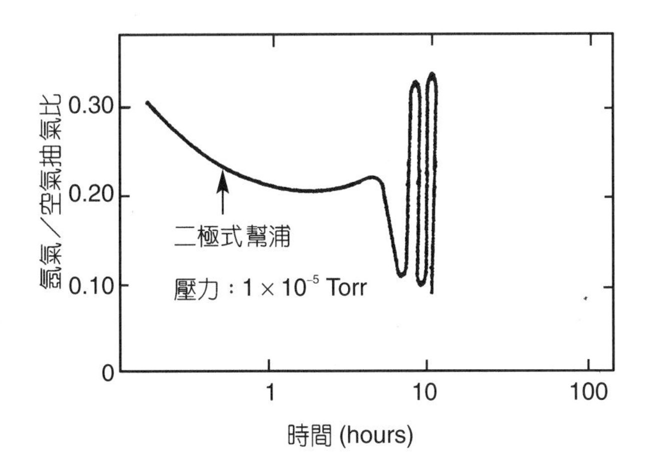

圖 6.57
二極式離子幫浦之氬氣不穩定狀態[41]。

(3) 刻槽陰極式二極離子幫浦

基於惰性氣體無法被鈦等結拖材料結拖的緣故，勢必要修改幫浦的部分結構，設法提昇抽氣效率。其中有一種簡單而有效的方式，將一個二極幫浦的陰極刻上一條條長方形斷面的溝槽，如圖 6.58 所示。使撞入溝槽底部的惰性氣體離子先被陷捕，而其所撞濺出來的鈦原子則由溝槽邊壁反射再覆蓋在惰性氣體分子上。由於受到溝槽形狀的遮蔽效應，已掩埋的氣體分子再被濺出的機會相對大大減少，自然提高了抽氣效率。

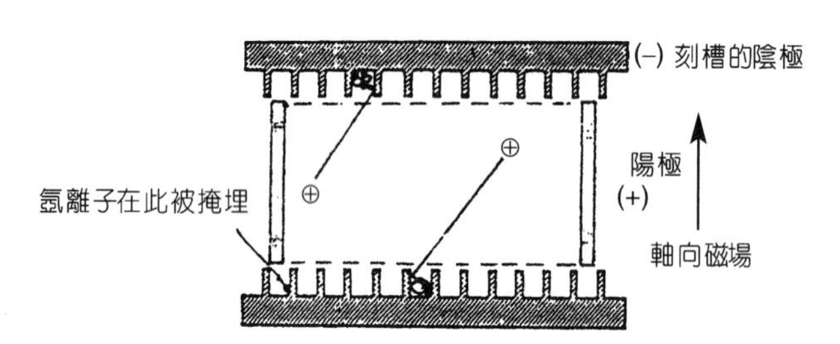

圖 6.58
刻槽陰極式離子幫浦[41]。

(4) 三極式離子幫浦

三極式離子幫浦是幫浦機體及陽極接地，陰極為數仟伏的直流負高壓，彭寧元件筒壁仍為陽極，陰極為柵板結構鈦金屬，並以機體做為集極，如圖 6.59 及圖 6.60 所示。如此安排可以使低角度進入的氬氣分子在碰撞陰極時，較能反彈到集極並被濺射的鈦原子覆蓋掩埋。且因集極的電位較陰極為高，造成任何奔向器壁的正離子都會受電場的推斥而減速，如此便不致於又把已掩埋的氬氣分子打出來，改善了二極式幫浦的氬氣不穩定現象。至於其它被撞濺出來且穿過陰極柵欄的鈦原子，則與一般二極式幫浦一樣可以結拖活性氣體分子。

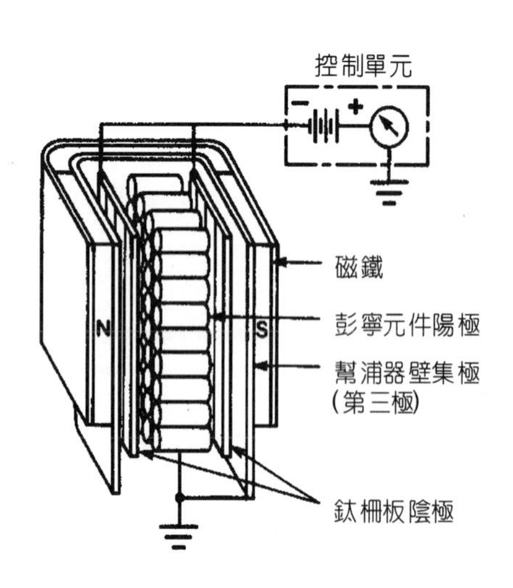

圖 6.59
三極式離子幫浦[31]。

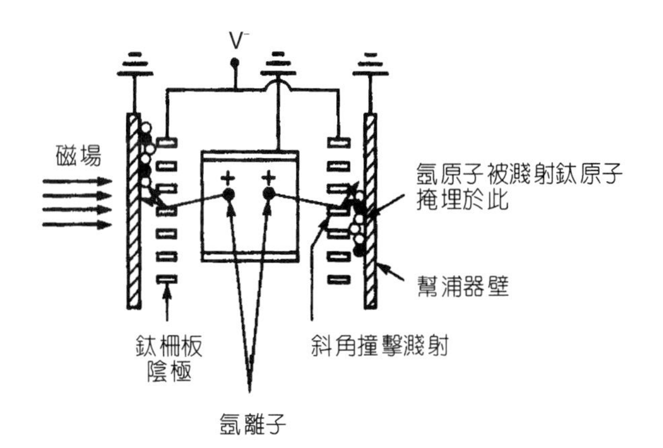

圖 6.60
三極式離子幫浦的抽氣機構[31]。

對於二極式幫浦及三極式離子幫浦，若以空氣作為 100% 標準，則其對氬氣及氦氣等惰性氣體之抽氣效果分別如表 6.10。很明顯地，三極式離子幫浦對惰性氣體的抽氣效果遠優於二極式幫浦。

表 6.10 離子幫浦對惰性氣體與空氣 (100%) 抽氣效率比較。

幫浦種類	氬氣	氦氣
三極式離子幫浦	24%	30%
刻槽陰極式二極離子幫浦	10%	20%
二極式離子幫浦	1%	10%

(5) 離子幫浦之特性

① 抽氣速率與啓動壓力

離子幫浦的工作壓力範圍涵蓋 $10^{-3}-10^{-11}$ Torr，典型的離子幫浦抽氣速率 (pumping speed) 與壓力之關係曲線如圖 6.61 所示。必須注意的是離子幫浦對不同的氣體有不同的抽氣速率，以氫氣最大，氬氣最小，幫浦在 $10^{-5}-10^{-6}$ Torr 的壓力範圍抽氣速率最大。

與其它高真空幫浦一樣，離子幫浦必須達到一定的真空度才能啟動。如同離子真空計的特性一樣，離子幫浦在特定的壓力下會產生輝光放電，使幫浦機體發熱，結果把埋掩或掩蓋的分子又再釋放出來，甚至產生電弧使機件局部熔毀。以二極式離子幫浦而言，啟動壓力最好低於 10^{-3} Torr。而三極式離子幫浦因受特殊正負極結構影響，較不會在高壓力下因輝光放電離子撞擊而損及幫浦，所以三極式幫浦多可在 5×10^{-2} Torr 左右啟動。三極式離子

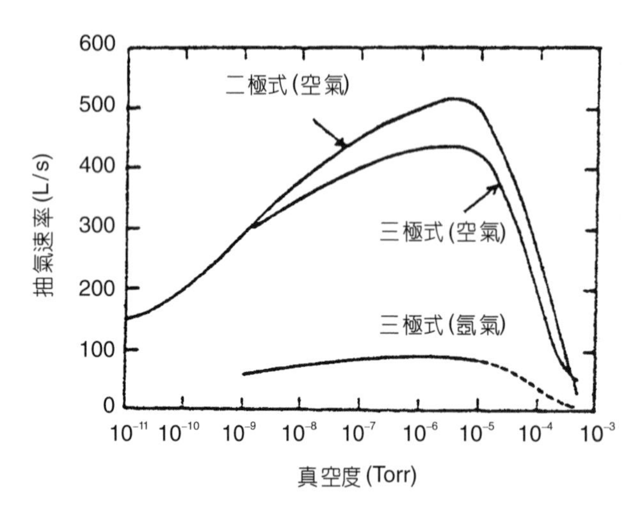

圖 6.61
離子幫浦抽氣速率與壓力關係[41]。

幫浦高啟動壓力的特點使其與機械幫浦組合使用時，可避免機械幫浦的油氣回流污染。

② 壓力與電流關係

在較高壓力時，較多的氣體分子被電離，電流較大，鈦膜量大，抽氣量亦高。當壓力低時，被電離的氣體分子少，電流較小，鈦膜形成量亦低。如此自我調節 (self-regulating) 的特性，較不浪費材料與電力。圖 6.62 說明離子幫浦壓力與電流供應量成正比的關係。若依壓力與電流之線性關係，在壓力大於 10^{-8} Torr 時，離子幫浦可扮演離子真空計的角色，作為真空壓力指示計。但在小於 10^{-8} Torr 時，因為電流極微小，易受控制單元之漏電流 (electrical leakage) 或場發射 (field emission) 影響，壓力指示因而失真，不宜直接以離子幫浦做為真空壓力指示計，必須使用離子真空計方可準確量測真空度。

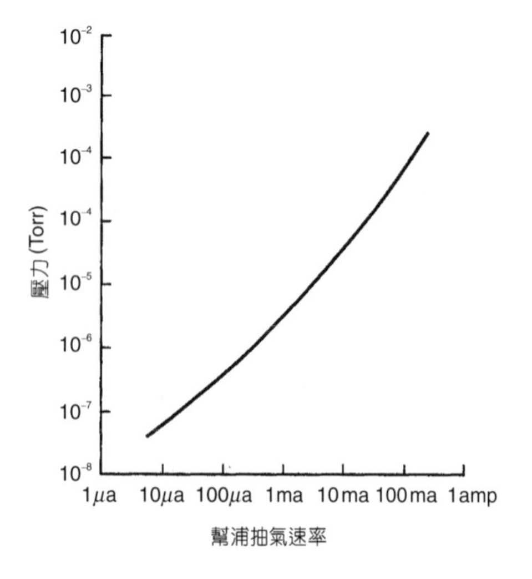

圖 6.62
離子幫浦抽氣速率與壓力關係[31]。

③ 氣體種類與抽氣

誠如前述離子幫浦抽氣原理，由於氣體活性及質量各不相同，離子幫浦抽氣效果也因氣體種類而異，如表 6.11 所列分別是三種離子幫浦對各種氣體長時間抽氣效率之比較，以空氣 (100%) 為參考基準。一般而言，如渦輪分子幫浦 (turbo molecular pump) 或分子牽引幫浦 (molecular drag pump) 等分子動力式高真空幫浦，對氫氣的抽氣效果不佳，而從表中可以觀察得知，離子幫浦對氫氣的抽氣效果非常好，這也是離子幫浦十分重要的特性之一。

表 6.11 氣體種類與離子幫浦抽氣效果(以空氣為參考基準)。

氣體種類	二極式幫浦	刻槽式二極幫浦	三極式幫浦
氮氣	100%	100%	100%
一氧化碳	100%	100%	100%
水汽	100%	100%	100%
二氧化碳	100%	100%	100%
氫氣	250%	160%	250%
輕碳氫有機氣體	150%	90%	150%
氧氣	50%	70%	50%
氦氣	10%	20%	30%
氬氣	1%	10%	24%

④ 抽氣壽命

因為離子幫浦是屬於一種儲氣式幫浦，自然有壽命限制，而且與工作壓力、啟動壓力、陰極材料厚度、幫浦型式，以及抽氣種類等因素有極大的關聯。一般而言，陰極鈦板的厚度約為 1－2 mm (用來抽氫氣的離子幫浦則厚些)，由於不斷受到離子撞濺而變薄，當蝕刻到一定程度時，抽氣速率明顯下降，表示陰極板的壽命已盡。離子幫浦的使用壽命與工作壓力有關。工作壓力愈高，撞濺的離子數目愈多，幫浦壽命較短，反之亦然，表 6.12 可以看出三極式幫浦壽命與工作壓力之冪次成反比關係。二極式離子幫浦也是如此，且其使用壽命約為三極式幫浦的 1.5 倍。當然，氣體分子種類與離子幫浦使用壽命也有關係，通常抽活性氣體時要比只抽氫氣的幫浦長，因此專抽氫氣的離子幫浦陰極板厚度要比一般來得厚。

(6) 離子幫浦眞空系統組合

真空系統可依壓力範圍、用途及抽氣方法等加以區分，必須能夠瞭解各種系統的特色方能應用在適當的場合。表 6.13 整理四種常見的真空系統整體性之比較。

表 6.12 三極式離子幫浦壽命與工作壓力之關係[31]。

平均工作壓力 (Torr)	幫浦使用壽命 (小時)
10^{-3}	20
10^{-4}	200
10^{-5}	2,000
10^{-7}	200,000

表 6.13 各種幫浦真空系統相關功能之比較。

	離子幫浦系統	擴散幫浦系統	渦輪分子幫浦系統	冷凍幫浦系統
抽氣速率	低	高	中	中
終極壓力	小於10^{-9} Torr	$10^{-6}-10^{-9}$ Torr	10^{-9} Torr	10^{-9} Torr
使用難易	簡單	普通	簡單	普通
使用壽命	有限時間	長久	長久	再生後使用
系統潔淨度	好	差	好	好
系統震動	最小	小	差	小
維護難易	容易	容易	難	難
裝置成本	高	低	高	高
運轉成本	低	高	中	中

離子幫浦必須在高真空或超高真空之壓力範圍下運作，因此常與機械幫浦或吸附幫浦等粗抽幫浦組合使用。圖 6.63 所示為一簡單之離子幫浦系統，包括粗抽幫浦、離子幫浦、真空室、真空閥門與真空管路。使用機械幫浦粗抽時，可附加粗抽阱 (roughing trap)，以防止油氣污染。

超高真空用離子幫浦結構較為複雜，其組成如圖 6.64 所示，為一包括粗抽的吸附幫浦、離子幫浦、鈦昇華幫浦、液態氮阱、粗抽閥、高真空閥、超高真空閥及真空計之超高真空系統。超高真空系統必須避免油氣之污染，因此通常以吸附幫浦粗抽，並使用鈦昇華幫浦加強在超高真空壓力下對氫氣等之抽氣效果。鈦昇華幫浦的抽氣速率受面積與溫度二大因素影響，以溫度之考慮為例，可以使用水或液態氮冷卻。另外，除了上述的組合，也可搭配其它如渦輪分子幫浦或冷凍幫浦，以及前級粗抽幫浦 (粗抽幫浦可以是機械幫浦加吸附阱，或吸附阱以及噴射幫浦等)，組合成超高真空系統。

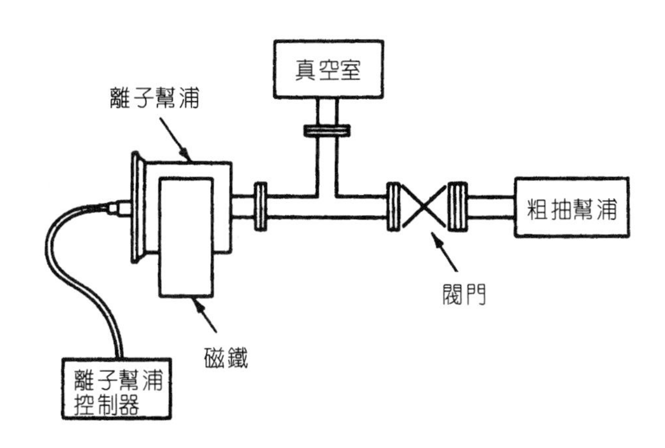

圖 6.63
簡易離子幫浦系統[26]。

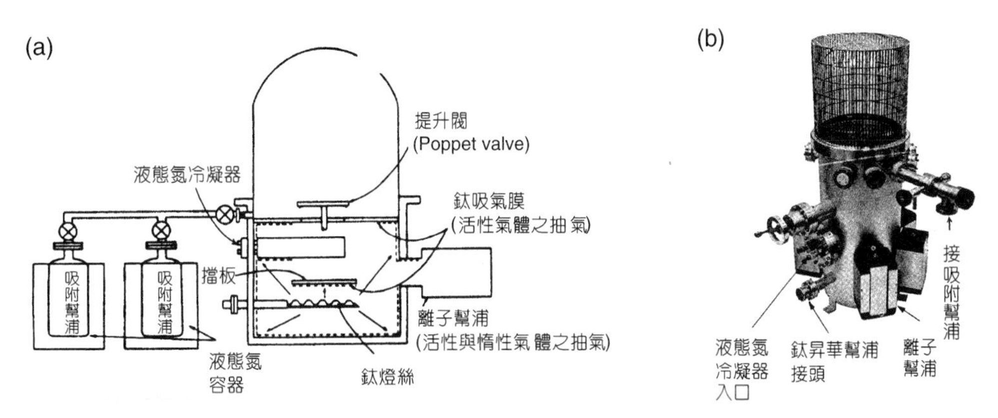

圖 6.64 超高真空用離子幫浦系統，(a) 系統示意圖，(b) 系統實體圖[26]。

離子幫浦之操作

誠如上節所述，離子幫浦必須搭配適合的前級幫浦粗抽，另外再聯接一控制單元控制運轉，並監看其工作狀況，使用極為簡單。以圖 6.63 之簡單離子幫浦系統為例，其基本操作步驟如下：

1. 先啟動前級幫浦抽氣，待真空度達到離子幫浦的正常工作壓力 10^{-3} Torr 以下。
2. 關閉高真空閥門，以阻絕二組抽氣系統。
3. 打開離子幫浦電源。
4. 離子幫浦開始抽氣，由控制面板觀察電壓、電流及真空度之狀況。
5. 待氣壓低於 10^{-4} Torr 後，即可扳入保護開關檔，讓幫浦自行抽氣；若氣壓過高時，保護開關會自動切斷高壓電源以保護幫浦。

除了要注意上述之操作程序外，為達到較佳的真空度，在開啟離子真空幫浦前，系統必須先經烘烤 (baking) 方能達到很低的壓力。

(7) 離子幫浦注意事項與故障檢修

① 注意事項

使用離子幫浦必須注意到下列事項：

1. 離子幫浦為儲氣式幫浦，不適於需要周期性暴露於大氣之生產設備，適合供研究或分析等不需週期性將真空室暴露於大氣的情況使用。
2. 若超高真空系統需要烘烤時，必須注意溫度和烘烤部位，且必須依手冊指示操作。
3. 幫浦啟動壓力太高時，不要採取強制方式，以免造成電弧或輝光放電現象導致幫浦過熱。
4. 注意高壓電是否有漏電現象。
5. 注意幫浦周圍之磁場，以免干擾幫浦之磁場方向，影響抽氣速率。
6. 壓力極低(小於 10^{-8} Torr) 時，必須另外使用離子真空計才能正確讀出壓力大小。

離子幫浦真空系統的優點在於操作簡單，唯必須依循正確的工作要點，才能維持良好的系統性能。接下來是有關離子幫浦真空系統之注意事項，表 6.14 是使用超高真空離子幫浦系統必須注意的幾個問題。

表 6.14 離子幫浦系統應做與不可做之事宜。

應　做	不　可　做
1. 離子幫浦長時間運作時，壓力應小於 10^{-6} Torr。 2. 真空室暴露大氣時，將離子幫浦與大氣隔離。 3. 換鈦燈絲(鈦昇華幫浦) 時，清潔剝落狀的鈦膜。 4. 吸附幫浦需充分烘烤再生。 5. 吸附幫浦必須以接力方式使用。	1. 阻塞吸附幫浦上之安全閥。 2. 在高壓力時，抽除大量之氫氣。 3. 在高壓力狀態下開啟離子幫浦。 4. 烘烤時合成樹脂之液態氮容器仍掛在幫浦上。

② 故障檢修

當使用離子幫浦時，若遇下列現象應停機維修，維修包括置換抽氣元件 (陰極鈦板) 或清洗，若以化學方法清洗必須遵照各清洗液配方及步驟。

1. 電流指示不規則變動，陰極陽極短路，壓力指示忽起忽落，可能是鈦化物剝片造成。
2. 幫浦啟動很慢，可能有大量水氣被吸附。

3. 抽氣速率慢，可能有異物進入(如分子篩)。
4. 陰極鈦材過份蝕刻消耗，使用時間已久或常在較高壓力工作。

其它離子幫浦常見異常現象與可能原因，整理如圖 6.65。

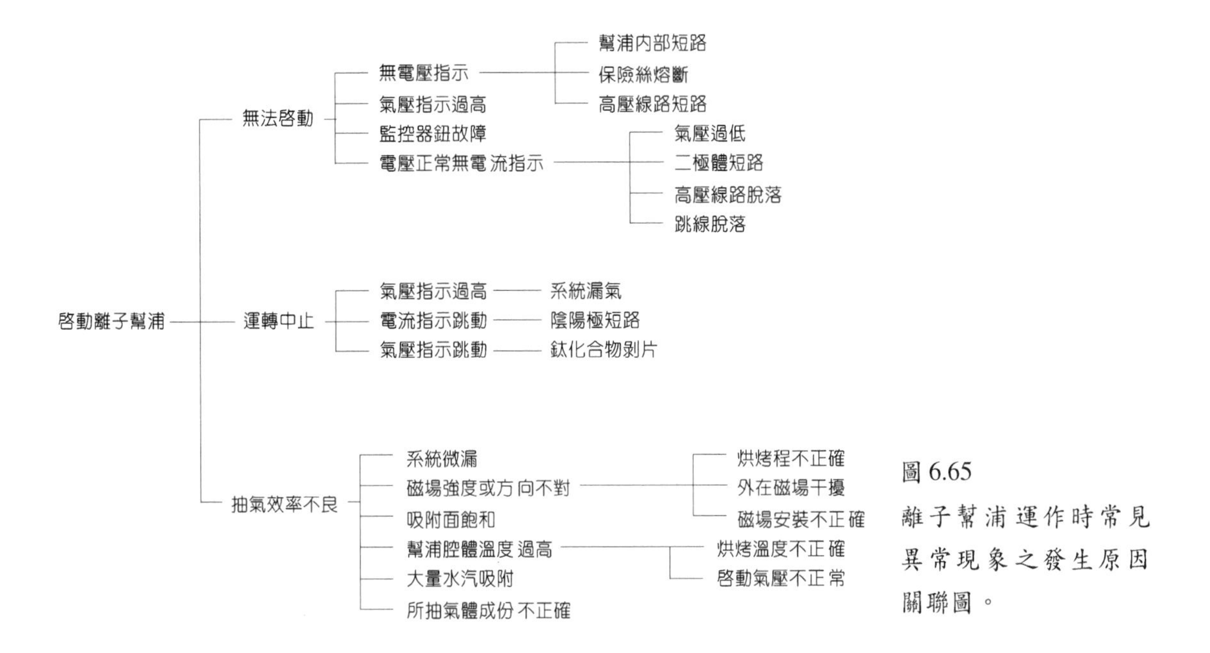

圖 6.65 離子幫浦運作時常見異常現象之發生原因關聯圖。

6.4.2 冷凍幫浦

冷凍幫浦係利用一極低溫的環境來吸附真空腔體內的氣體分子，以達到抽氣的效果。冷凍幫浦屬於高真空幫浦，工作壓力在 $10^{-4}-10^{-11}$ mbar 之間，其所組成之真空幫浦系統在早期因操作手續繁複、維修困難、費用較高，以及再生過程甚為複雜等因素，致使國內外不論研究單位或產業界均不常見。不過由於其具有抽氣快速、無油氣污染、電力消耗低、可安裝在任意位置等獨特優點，及拜微電腦自動控制技術蓬勃發展之賜，原有之操作、再生程序繁複問題皆不復存在，近年來市場佔有率已大為提高，尤其半導體產業蓬勃發展，大量引用冷凍幫浦於製程設備中。

(1) 抽氣原理

① 基本原理

冷凍抽氣之構想係利用超低溫方式將氣體冷凍成為固體，使得真空腔體內各類氣體分

第 6.4.2 節作者為高健薰先生、鄭鴻斌先生及林維倫先生。

子凍結，藉以達到極高之真空度。假如是使用沸點最低的液態氦 (4.2 K) 作為冷媒，在這個工作溫度下，除氦氣分子以外所有氣體皆已凝結為固態，且蒸氣壓大部分亦低於 10^{-8} Pa 以下，不過對於氦、氫、氖三種氣體而言仍保有相當之蒸氣壓。特別是現有冷凍幫浦之冷凝面所能維持的冷凝溫度僅約在 10 K 左右，若是只依賴冷凝機制來進行抽氣，實在是力有未逮。

② 冷凍幫浦之抽氣方式

由於冷凍幫浦如果只是靠冷凝作用 (約 10 K) 來達到抽氣效果，對於氖氣而言蒸氣壓仍有約 10^{-2} Pa，氫氣則高達約 10^{3} Pa，更遑論仍屬氣態的氦氣了。所以現有商品化冷凍幫浦之抽氣機構尚包括有低溫冷凝 (cryo condensation)、低溫捕獲 (cryotrapping) 以及低溫吸附 (cryosorption) 等三種作用機制，以提高它的抽氣效果。

低溫冷凝

冷凝抽氣主要係利用超低溫之冷凝面來凍結接觸到之氣體分子，使其在冷凝面上凝結為固體，由此達到降低腔體內氣壓的效果。對於一個真空系統而言，真空度的好壞決定於內部物質之蒸氣壓的大小，而此一蒸氣壓則與溫度有絕大的關聯，溫度越低時物質的蒸氣壓越低。由於各種物質其熔點與沸點不同，因此在不同冷凝面溫度下有些氣體可被凝固，有些則不會，而熔點較低之氣體，在相同溫度下即使皆已被凝結成固體，其蒸氣壓相對地仍然相當可觀。各類常見氣體在不同溫度下之蒸氣壓關係如圖 6.66 所示。

例如水在 373 K 時蒸氣壓為 760 Torr，當溫度下降至 -196 °C 時 (液態氮溫度)，蒸氣壓為 10^{-24} Torr。由圖 6.66 可以知道，當溫度下降至 20 K 時，除了 He、H_2、Ne 三種氣體之

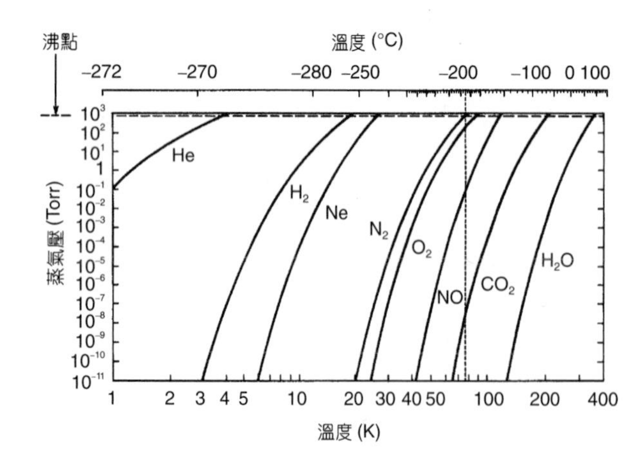

圖 6.66
不同物質蒸氣壓與溫度之關係[26]。

外，所有氣體的蒸氣壓都遠小於 10^{-10} Torr，而這三種氣體即使在 10 K，其蒸氣壓還是大於 10^{-6} Torr。

冷凝作用除了受到溫度限制外，冷凝面覆蓋了凝固之氣體分子後會形成一層熱絕緣體，使得凝固層表面溫度提高，當高過表面物質之熔點時則失去幫浦效果。這項不利因素也和工作氣壓有關。工作氣壓愈高，形成凝固層速度愈快，幫浦壽命也愈短，而必須經常進行再生程序。

低溫捕獲

如前所述，假使冷凍幫浦只靠冷凝機制作用，其效果是有限的，不過在低溫時卻有另一項附帶作用可以協助捕捉不易冷凝的氣體分子，此即為低溫捕獲。它是利用容易冷凝且會形成多孔性結構的氣體凝固層作為陷阱，當一些較不易被冷凝的氣體分子進入這些多孔網格，將陷於其中而被捕捉，常被用來作為捕獲陷阱的凝固材料包括有氬、二氧化碳、氨及甲烷等。當然在相同溫度、相同捕捉材料情況下，不同種類氣體分子的被捕獲機率是不同的，氦氣被捕捉的機會便遠小於氫氣。圖 6.67 為氣體分子進入多孔性材料的特性示意圖，氣體分子在經過連續與多孔性材料內壁一系列的碰撞後，終於失去動能而留於多孔性材料內。

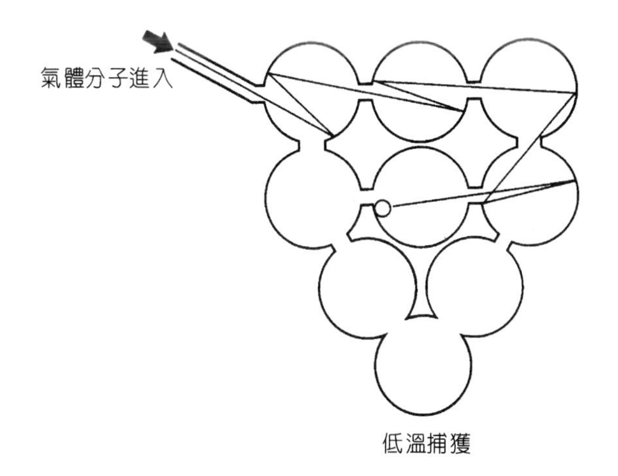

圖 6.67
氣體分子進入多孔性材料特性示意圖[31]。

低溫吸附

低溫冷凝面之凝結物的蒸氣壓與溫度有關，不過在凝結量很少，即只有幾層氣體分子覆蓋時，其表面附近之平衡壓力並不遵循此項規則，而是遠小於應有蒸氣壓值的 10^{-1} 到 10^{-12} 倍。所以當冷凝面吸附量很少時，它的蒸氣壓極低，低溫吸附即利用這項特性，將氦、氖及氫等氣體抽至遠低於正常冷凝面溫度下所能達到飽和蒸氣壓之真空度。為了維持冷凝層在極薄狀態以提高吸附效果，勢必要增加冷凝面的面積，但在機械結構侷限下，唯有運用多孔性材料方足以達成大幅增加有效面積的目的，而多孔性結構所形成的迷宮效應也可以提升陷捕氣體分子的機會。至於可用於冷凍幫浦的吸附材料包括 5 字頭的沸石及活性炭，現有商品化冷凍幫浦則常用活性炭，這是著眼於活性炭可以在室溫下進行再生程序。

(3) 冷凍幫浦之抽氣特性

冷凍幫浦是利用超低溫方式凍結氣體分子來達到抽氣效果，與離子幫浦一樣是屬於儲氣式幫浦的一種，這和渦輪分子幫浦一類的動量移轉式幫浦不同，它對氣體種類有高度的選擇性，而且因為儲氣特性使其受到抽氣總量的限制，低溫冷凝的熱傳導問題也影響到它的功能，這些皆造成它與其他幫浦在起動壓力、終極壓力及抽氣速率等方面的差異。

啓動壓力

和離子幫浦一樣，它也是一種高真空幫浦，必須和前級幫浦聯用，且受儲氣總量限制，啟動壓力自然愈低愈好。若啟動壓力高於 10^{-1} Pa，冷凝面將很快地凝結厚厚一層凝固層，致使低溫冷凍效果逐漸失去，並且熱傳導問題也會出現，使外層已凍結氣體分子再度蒸發，甚至吸附活性炭亦隨之迅速飽和，所以啟動壓力應以低於 10^{-1} Pa 為優。

終極壓力

若僅考慮幫浦之低溫冷凝機制，幫浦對不同氣體的抽氣終極壓力是有極大之差異性的，它與該氣體在冷凝面溫度下的飽和蒸氣壓成正比。就氫氣而言，在 4.2 K 冷凝面之飽和蒸氣壓約為 5×10^{-5} Pa，其終極壓力則可達到約 4×10^{-4} Pa，效果並不算是太好。幸而冷凍幫浦並不只靠冷凝一項功能，若加上吸附及捕獲兩種作用輔助，其實際終極壓力是要低於此值。以現有商品化冷凍幫浦而言，終極壓力約可達到 10^{-8} Pa 的超高真空等級。

抽氣速率

依據氣體動力論，冷凝面的單位面積抽氣速率和冷凝面溫度之平均分子速率成正比，換句話說，即和氣體分子量之平方根成反比。因此冷凝面溫度愈低，抽氣速率愈低，而分子量較大的氣體其抽氣速率相對地亦較低。不過，這僅算是理想抽氣速率，實際的抽氣速率則和抽氣有效截面積有正比關係，因此考慮到幫浦機械構造之限制時，其實際抽氣速率是要打折扣的。以水汽而言，冷凝面在幫浦進口附近之第一級斜擋板上，其實際抽氣速率可以視同理想抽氣速率；但對於主要冷凝在第二級冷凝面的氮氣，受到第一級冷凝面機械結構阻隔影響，實際抽氣速率只剩下約四分之一；至於要靠活性炭吸附的氫氣，其實際抽氣速率更只有約一成左右。至於在不同氣壓下，抽氣速率的大小則和油擴散幫浦情況大異其趣，在氣壓為 1 Pa 以上，由於黏滯流範圍內之抽氣速率反而明顯大幅增加，而在氣壓為 10^{-2} Pa 以下時則抽氣速率大致維持定值。

抽氣容量

冷凍幫浦是儲氣幫浦，自然有抽氣總量限制，它和氣體的種類有絕大關聯，特別是可被冷凝氣體與非可被冷凝氣體間抽氣容量之差異性極大，冷凝性氣體要遠大於非冷凝性氣體，這在運用冷凍幫浦抽氣時是必須特別加以注意的。此外，抽氣容量亦與工作氣壓及冷凝面之熱傳導和凝結熱有關，以依賴冷凝作用達到抽氣效果的冷凝性氣體而言，工作壓力較高，其凍結層成長快速且結構鬆散、熱傳導性較差，致使凝結熱無法順利導出，造成冷凝面溫度提高，不但影響抽氣速率，對抽氣容量亦相當不利。至於非冷凝性氣體雖然主要利用低溫吸附及低溫捕獲作用來抽氣，但依然受到冷凝面溫度之影響，而且更敏感，溫度若能維持在較低溫狀態，對抽氣速率與容量也較有利。

(4) 冷凍幫浦之構造

冷凍幫浦歷經多年之沿革，從早期之液池式冷凍幫浦、連續流式冷凍幫浦，至今日已成為成功商業產品的壓縮機式冷凍幫浦，不但操作簡易，而且氦氣採用密閉循環方式，消耗量甚為微小，故障率亦大為降低，遂成為重要的高真空幫浦，廣泛地用於科學研究及工業生產的真空設備中，特別是在半導體產業之製程設備上。

① 幫浦本體

簡而言之，壓縮機式冷凍幫浦就是一部冷凍機。機械上包括有壓縮機及膨脹室 (expander) 兩大部分。它係利用高純度氦氣 (99.999%) 作為冷媒，由壓縮機壓縮，經冷凍管路送到膨脹室，利用氣體膨脹吸熱方式降低溫度，壓縮產生的熱能則由冷卻水帶走，其構造簡圖如圖 6.68 所示。

一般冷凍幫浦之抽氣本體共有兩級低溫冷凝面，第一級包括斜擋板式冷凝面及熱輻射阻擋冷凝面兩部分，溫度約維持在 50－80 K，第二級冷凝面則由多層倒立杯狀物組成，內部嵌有活性炭材料，溫度控制在 10－20 K 之間。斜擋板冷凝面為最接近真空腔的部份，當氣體分子由高真空閥擴散進入幫浦，在穿過 45° 斜擋板時，大部分水汽及二氧化碳等熔點較

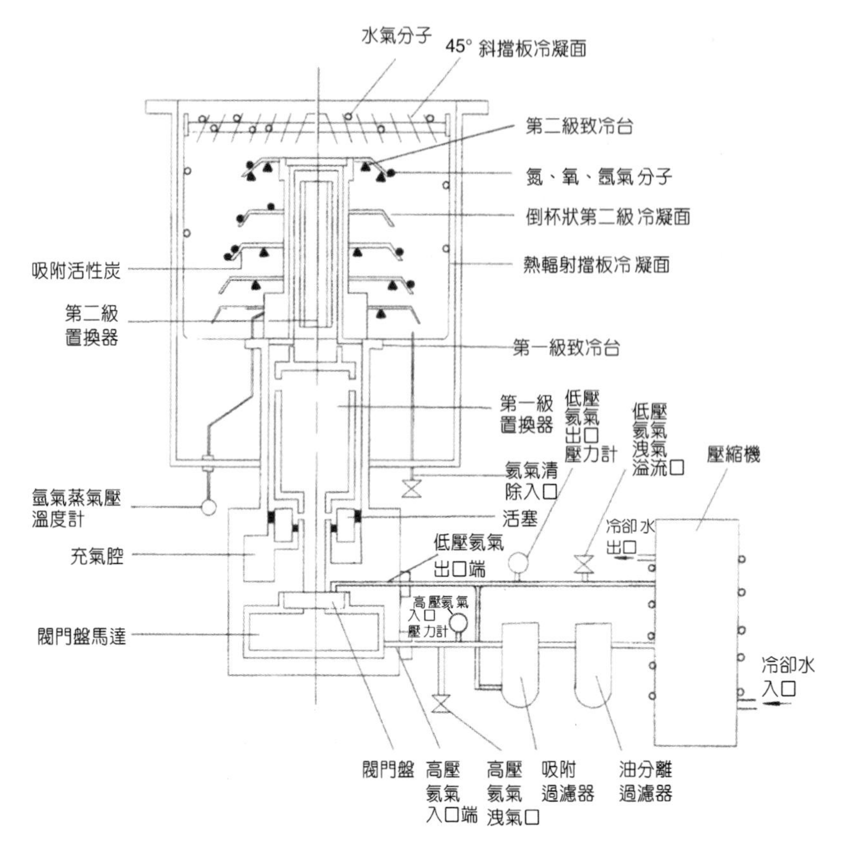

圖 6.68
壓縮機式冷凍幫捕構造示意圖。

高分子將被凍結於此，少部分則凍結在熱輻射擋板上。其餘之氣體分子如氮、氬等分子在喪失部分動能後，被凍結在第二級杯蓋狀冷凝面外側，最後殘餘的氦、氫及氖氣分子則利用杯蓋狀冷凝面內側之活性炭加以吸附及捕捉，第二級溫度則藉由氫氣蒸氣壓計讀出。

冷凍幫浦膨脹室內部之氦氣壓力在靜止時與運作時之高壓、低壓管氣壓大約是呈 200 psi、300 psi 與 100 psi 的比例差異。當靜止時，幫浦必須先充入氦氣於整個膨脹室內，而底部之可旋轉閥門盤 (valve disk) 則用來控制氦氣的進出。高壓氦氣從高壓進氣口進入，經閥門盤進氣開口衝入第一級置換器 (displacer) 及第二級置換器，並且膨脹降溫。高壓氦氣衝入之同時將會迫使活塞帶動兩個置換器往下壓，把氣缸壓入充氣腔體 (surge chamber) 中。當閥門盤轉至出氣開口時，氦氣則由此從低壓出氣口排出，此時氣壓將會降低，使得充氣腔內的氦氣也跟著釋出，帶動置換器上移。如此隨著閥門盤進出開口位置的轉動，即可造成高、低壓氦氣進出與置換器作周期性活塞運動，膨脹的氦氣則使兩級置換器分別達到不同冷凝溫度，並且傳入第一級冷凝面及第二級冷凝面，以凍結進入幫浦室之氣體分子。

② 壓縮機

壓縮機在冷凍幫浦中所擔負的任務係將在膨脹室內已完成膨脹吸熱之高純度氦氣再壓縮冷卻，而壓縮過程自然會產生壓縮熱，這些熱先經潤滑油冷卻，再由機體外圍纏繞之冷卻水管的冷卻水帶走。這些經過壓縮冷卻程序的高壓低溫氦氣再傳輸導入冷凍幫浦的膨脹室，形成一個完整的氦氣循環體系。

由於冷凍幫浦的冷凝效果與氦氣純度有極密切關聯，而氦氣在壓縮過程中不可避免地會受到壓縮機內油氣的污染，為維持氦氣的純度，在高壓氦氣進入膨脹室之前，勢必要經過完整的過濾手續。以現有冷凍幫浦而言，通常有兩道過濾程序，其一為油分離過濾器，它是利用分離器內部的玻璃棉將油氣阻擋而讓氦氣通過，藉此達到分離氦氣與油氣之目的；其二為吸附過濾器，它的內部佈有活性炭、分子篩等吸附物質，藉此將已相當乾淨的氦氣所含殘餘油氣分子完全清除。這些過濾器自然有工作壽命的限制，在正常使用狀態下皆有近萬小時的使用壽命。此外，高、低壓管路尚附有氣壓錶以監看氦氣壓力值，電路上通常亦配置保護開關，以作為緊急停機時的安全措施。

(5) 冷凍幫浦之抽氣系統

冷凍幫浦是一種非常潔淨、沒有油氣污染之虞的高真空幫浦，使用時必須搭配前級幫浦，以協助其達到啟動壓力，而與冷凍幫浦連接使用的前級幫浦自然以無油氣污染者為優先考慮，如吸附幫浦等。不過，在基於使用方便因素下，現今常搭配的前級幫浦仍然為一般之機械幫浦居多，使用吸附幫浦者反倒少見，當然如果搭配乾式幫浦 (dry pump) 就更理想了。這是因為機械幫浦的油氣污染問題，可透過安裝油氣陷捕阱及控制真空腔之粗抽真空度方式加以解決，而且使用機械幫浦擁有抽氣量大、可靠性佳、使用壽命長及操作方便等優點。

一般而言，連接機械幫浦作為前級幫浦的系統組合和擴散幫浦系統有相當大的差異，在沒有配置油氣陷捕阱的情況下，冷凍幫浦的啟動壓力，即機械幫浦之粗抽轉換點壓力 (crossover pressure) 必須控制在較高的數值，約在 2×10^2 Pa 左右，以保持壓力在黏滯流狀態，避免油氣回溯飄入真空腔內，污染腔體及冷凍幫浦。

① 系統之基本操作

以最常見的冷凍幫浦與機械幫浦組合系統為例，如圖 6.69 所示，其正常操作程序包括幫浦系統啟動、低溫冷卻、真空腔粗抽及冷凍幫浦抽氣等四個主要程序，每一個程序還牽涉到動作啟始壓力、終極溫度及閥門開關順序等細節，詳細步驟大致可劃分如下：

1. 關閉高真空閥、粗抽閥、清除閥 (purge valve)、洩氣閥、開前級閥及再生閥 (regeneration

valve)。

2. 啟動機械幫浦對冷凍幫浦抽氣至 5 Pa 以下。
3. 關閉前級閥與再生閥，完成幫浦本體抽氣程序。
4. 啟動冷凍幫浦之壓縮機，開始幫浦低溫冷卻，此一程序約需數小時，依幫浦大小而定。
5. 幫浦冷卻至第二級冷凝溫度為 20 K 時，即完成冷卻程序，以上步驟屬於冷開機程序。
6. 開粗抽閥，以機械幫浦抽真空腔到冷凍幫浦的啟動轉換點壓力，數值約在 2×10^2 Pa 左右(與真空腔體積成反比)。
7. 關閉粗抽閥，開高真空閥門，關機械幫浦，由冷凍幫浦對真空腔抽氣，此即完成冷凍幫浦之抽氣程序。冷凍幫浦之抽氣速率極高，對一般高真空使用範圍，僅需數分鐘即可達到。基本操作時需要特別注意冷凍幫浦的啟動壓力和冷凝溫度數值，啟動壓力低於轉換點壓力太多，機械幫浦回溯油氣會進入冷凍幫浦內，最終將使第二級冷凝面之活性炭失效，第二級冷凝溫度高於 20 K 則可能是啟動壓力過高。由於冷凍幫浦之冷開機程序長達數小時，故而每日關機不合效益，一般而言，多配合生產周期及再生程序作關機與冷開機步驟。

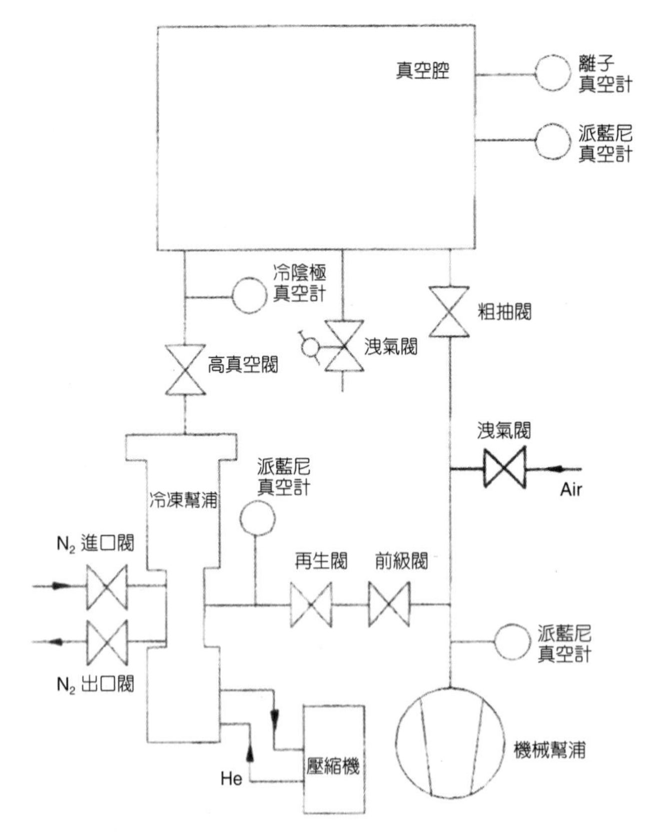

圖 6.69
冷凍幫浦抽氣系統配置示意圖[43]。

② 再生程序

冷凍幫浦不同於其它幫浦的一大特色即為再生程序，由於它將氣體儲存在幫浦中而不排出，當達到飽和時，自然抽氣效果會因為所凍結之氣體再蒸發的抵減而愈來愈差，最後將造成幫浦抽氣失效，其解決方式就是將幫浦內的溫度提高，以蒸發凍結的氣體分子，再由前級幫浦加以排除，使幫浦功能重新恢復，此即所謂的再生。再生是屬於一種例行保養工作，它的時程依抽氣種類、工作壓力和啟動壓力的不同而有很大的差異，在一般使用狀況下，一周一次的停機並作再生即足可應付。簡易的再生程序如下：

1. 關高真空閥，以與真空腔體分離，可使腔內保持真空狀態。
2. 關壓縮機使冷凍幫浦停機約 30 分鍾，冷凍幫浦自然昇溫，並釋出被凍結的氣體分子。
3. 開清除閥導入乾燥氮氣，並調整壓力在約 10^2 Pa 左右，此時多餘的氮氣和釋出氣體則從安全洩氣閥排出，全部充氮氣時間大約 1 小時。
4. 在確認幫浦內壓力已穩定於 10^2 Pa 後，即可打開再生閥與前級閥，利用機械幫浦對冷凍幫浦進行抽氣。
5. 充氮過程一直到幫浦內溫度達到室溫即可關閉清除閥，讓機械幫浦繼續抽氣至 5 Pa。
6. 關粗抽閥，開壓縮機進行幫浦低溫冷卻之冷開機程序。

以上所述為手動控制之步驟，現今自動化產品僅需按「再生鍵」即可完成。冷凍幫浦的再生過程與其他幫浦不同者，在於其具有較大的危險性，因為製程中許多易燃、有毒、腐蝕性物質均被凍結且累積在幫浦中，而於再生時一次蒸發、釋放，由於濃度極高非常危險，因此需要導入氮氣稀釋之，並且安全洩氣管及機械幫浦排氣口不可置於室內。

(6) 常見故障問題解析

以目前配置冷凍幫浦抽氣系統的真空設備而言，多半屬於採自動化控制的較先進機種，一般都裝配有真空計、壓力計及警示燈等偵測、警告的顯示儀表來提供設備運轉訊息，另外還設有一些有關溫度、壓力及流量等安全開關以保護設備與人員之安全。至於有些簡單型系統或儀表無法顯示狀態，也可以倣效古代中醫的聞問切診斷法則，從其運轉之聲音、味道及機體外觀的變化等人類感官可以直接偵測的方式來探查異常狀況，研判其可能的引發原因，並依此採取最適當措施加以處理。

冷凍幫浦經過多年來的改良，故障率已大幅降低，操作程序亦簡化為一次按鈕即可完成，以往較常出現的基本操作失當所引起的故障事例已較少見，反倒是例行保養工作執行不徹底所造成的系統功能衰退及故障仍時有所聞。由於冷凍幫浦與機械幫浦、油擴散幫浦、渦輪分子幫浦等不同，這些幫浦是藉著換油保養的方式來恢復既有功能，而且保養周期一般長達數個月以上，冷凍幫浦則需要經常性 (約一周一次) 地進行再生程序，以恢復幫浦功能，因此再生工作是否落實遂成為影響幫浦抽氣效率的重要因素。

如果仔細分析故障的起因，真正來自於幫浦本體的故障發生率仍遠不如來自於壓縮機及周邊水路、電路及氣路來得多。現在我們將較常發生的故障或異常現象按照嚴重程度及發生時機劃分，大致可以歸類為無法啟動、運轉中止和功能不良三種狀況。

無法啓動

基於安全因素，冷凍幫浦在水路上設有水溫及水流量的安全開關，以掌控合適的壓縮機冷卻條件；在電路上則有斷電裝置以確保系統不致負載過度。較特殊的是它在氦氣循環管路設有壓力計以監控氦氣進出狀況，所以無法啟動的情形多半是出在系統未達啟動預設條件，致使安全開關跳脫。發生在壓縮機的重大故障有潤滑油過少或劣化，以及冷卻過度使潤滑油黏度太高導致壓縮機咬死，發生在膨脹室者則有活塞、旋轉閥門盤等機件故障等。

運轉中止

運轉中止係指幫浦系統已順利啟動運作後，因為某些因素影響而中止幫浦的運轉，這些中斷方式包括突然停電、安全開關跳脫及手控強迫中止等幾種方式。無論如何，若中斷時間較長，冷凝面溫度將大幅提高，蒸發氣體可能使活性炭失效，通常伴隨著要進行額外的再生程序。分析造成冷凍幫浦運轉中止的因素和無法啟動相當類似，主要仍是由於安全開關跳脫與停電所引發。較特殊的是一些仍常需以人類感官輔助研判的狀況，如幫浦運作時出現敲擊異常聲音，此係氦氣純度不足所致，需立即中止幫浦運作。還有在幫浦外部出現水汽，則表示幫浦漏氣或熱短路，也必須手控停機檢修之。

功能不良

冷凍幫浦抽氣功能不良情況可以分為兩類，一為抽氣速率太低，另一為無法達到正常終極壓力。如果詳細分析這些造成功能不良現象的起因時不難發現，其實絕大部分是屬於正常的功能衰退，如冷凝面或吸附器飽和、真空腔污染等，可以透過幫浦再生和腔體清潔解決之。但也有少部分是來自幫浦、管路及閥門等硬體微漏引起，這就必須查明原因，加以適當處理。

圖 6.70 所列為冷凍幫浦使用時常見異常現象之引發原因及其關係圖，當然如果僅憑著關係圖去進行故障診斷，在使用上並不十分方便，所以我們將此圖所列之各項故障因素和現象當作資料庫，按照圖 6.69 所示冷凍幫浦抽氣系統的運作順序繪成一故障診斷流程圖，如圖 6.71 所示，從開機開始，有順序、有系統的追索故障發生環節，逐一過濾各個檢查點的狀況，迅速地確認出故障所在，並研判可能的引發因素，最後再依據附註中所指示的建

議，按線上操作人員、現場修護人員及廠級維修人員不同層級加以適當處理，可以避免陷入不斷嘗試錯誤中，以致延誤修理時機。

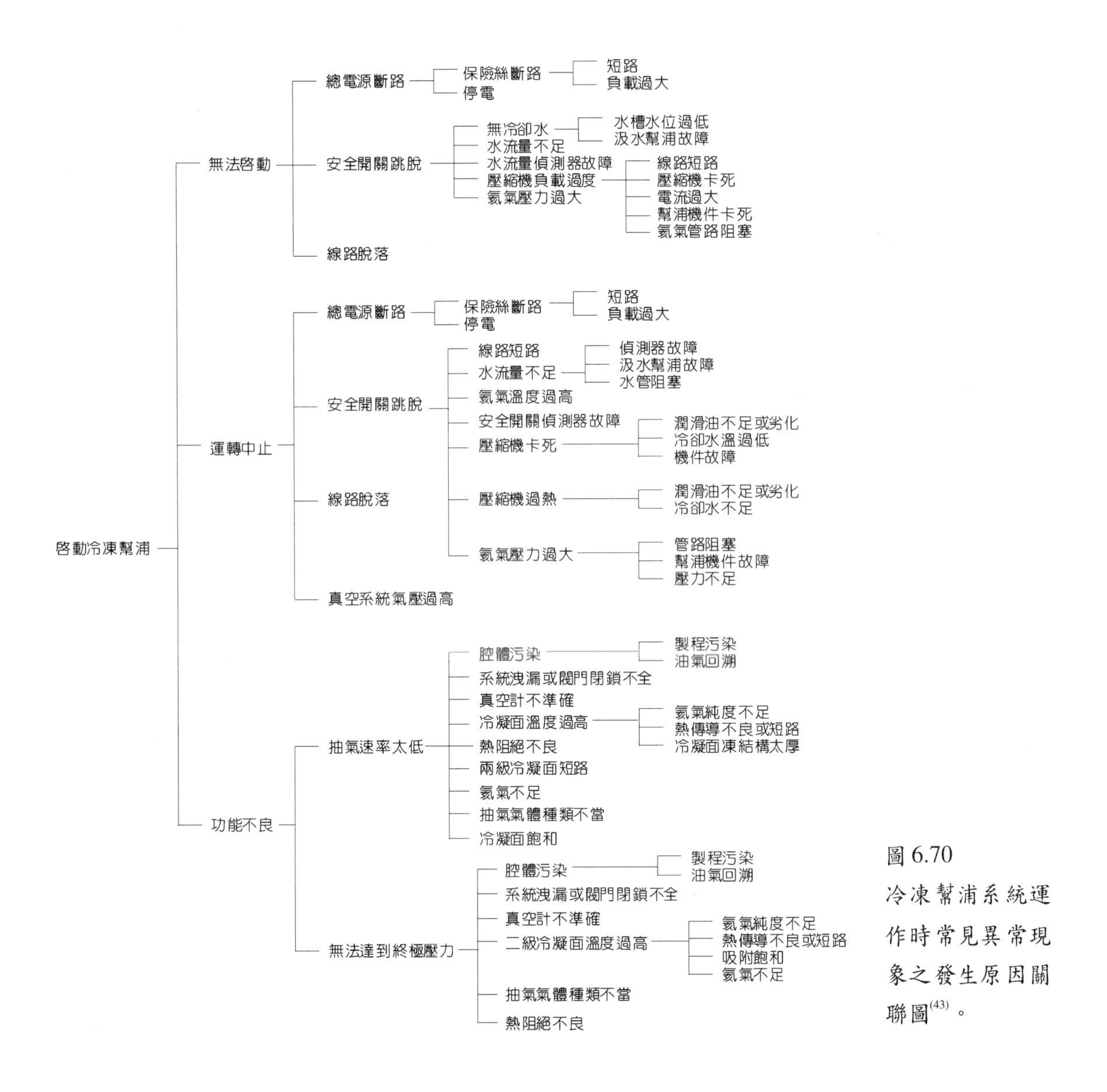

圖 6.70 冷凍幫浦系統運作時常見異常現象之發生原因關聯圖[43]。

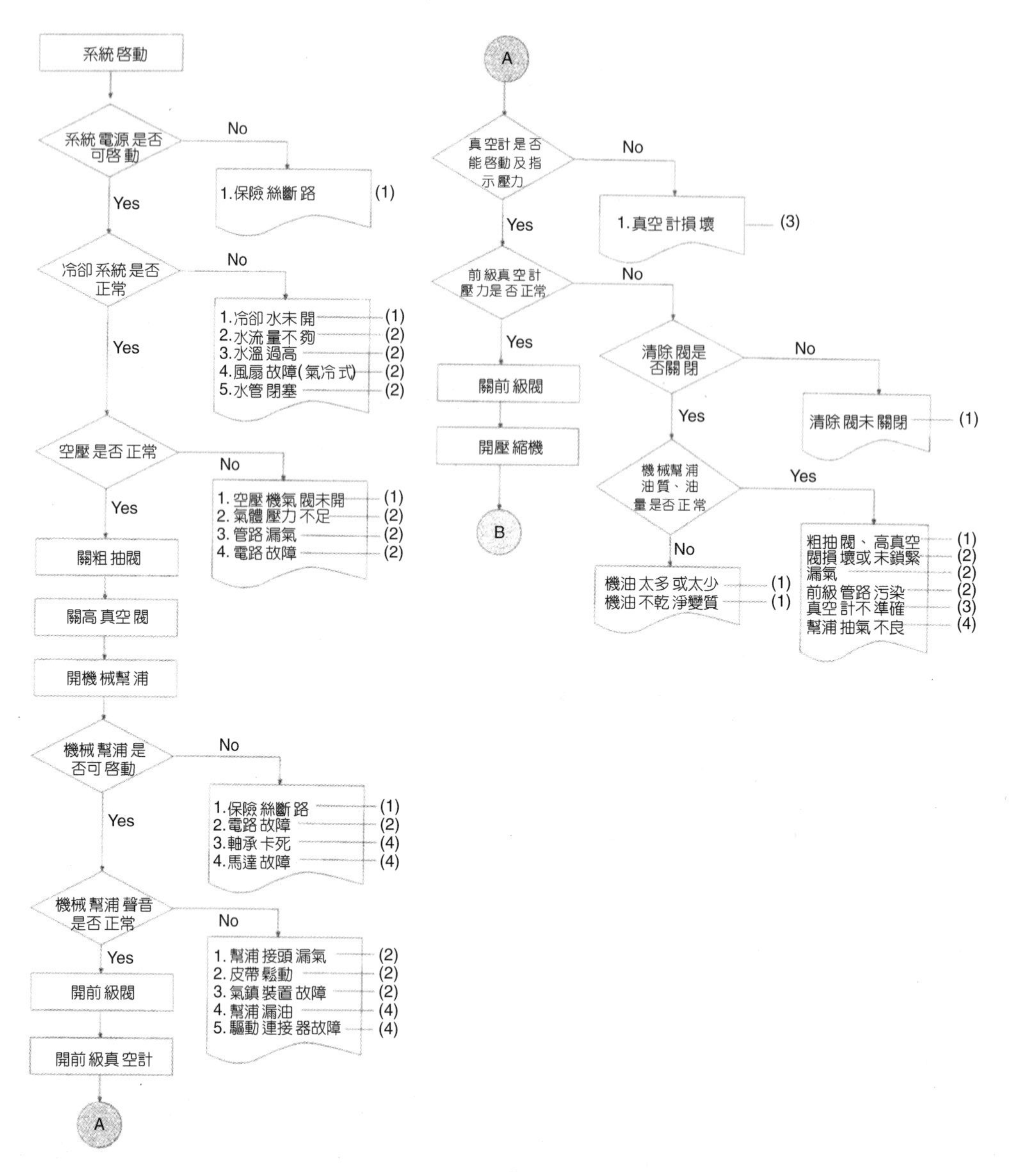

圖 6.71 冷凍幫浦抽氣系統之故障診斷流程[43]。(註：1. 操作者清除或保養，2. 現場維修人員測漏、修護，3. 校正、檢修，4. 送廠作廠級維修)

6.5 真空幫浦性能檢測

6.5.1 抽氣特性與幫浦性能

真空幫浦的功用是將一特定空間之氣體、水氣與雜質抽除，使密閉容器內之氣體密度降低，達到某一壓力狀態。但是，氣體在真空系統中之流動特性隨壓力之不同而有很大差

第 6.5 章作者為周榮源先生。

異。因此對於不同工作壓力範圍之應用，必須依不同抽氣原理來設計不同型式幫浦。同時，針對不同程度之真空度要求，需搭配組合不同性能與型式之真空幫浦來使用，才能達到有效又經濟之真空抽氣的目的。

針對不同種類之真空幫浦，其性能檢測方法亦有所差異。本文目的在概要說明幾種真空幫浦如正排氣型、渦輪分子幫浦、冷凍幫浦及擴散幫浦等之性能檢測原理與方法，並介紹 ISO 標準之真空幫浦檢測規範，讓讀者對此一技術能有一全面而扼要之認識。表 6.15 是一般在測試真空幫浦性能時所必須評估之項目，包括抽氣速率 (pumping speed)、終極壓力 (base or ultimate pressure)、噪音、最大抽氣量 (maximum throughput)、壓縮比 (compression ratio)、振動 (vibration)、無進氣之壓縮比 (compression ratio at nil-throughput) 及連續運轉下之最大容許壓差 (maximum permissible pressure difference during continuous operation) 等等。

通常，就一個真空幫浦之性能而言，抽氣速率大小與終極壓力高低是最主要的兩項性能參數。而對於特殊應用，如半導體製程設備所使用之真空幫浦而言，低振動、低噪音使幫浦抽氣不影響機台正常運作亦是非常重要之考慮因素。另外，在半導體相關製程中常會產生許多製程微粒、沉積及腐蝕性氣體等問題，大大影響真空幫浦之正常使用壽命。這一部份之問題仍然在研究中，不包括在本文討論範圍內。

表 6.15 主要典型真空幫浦之性能檢測項目。

正排氣式真空幫浦[45-47]	魯式助力幫浦[48]	渦輪分子幫浦[49-51]	冷凍幫浦[52]	擴散幫浦[53-55]
機械幫浦: 1. 抽氣速率 2. 終極壓力 3. 噪音 乾式幫浦： 一般採用與機械幫浦相同方式測試。	1. 抽氣速率 2. 無進氣之壓縮比 3. 連續運轉下之最大容許壓差 4. 殘留氣體分析 5. 噪音 6. 操作電壓範圍 (voltage supply range) 7. 功率輸入 (power input) 8. 轉速 (rotational speed) 9. 振動	1. 體積流率 (volume flow rate or pumping speed) 2. 最大抽氣量 3. 臨界前級壓力 (critical backing pressure) 4. 壓縮比 5. 終極操作壓力 (ultimate operational pressure) 6. 最大工作壓力 (maximum working pressure) 7. 增速啟動與減速停機時間 (speeding up and slowing down times) 8. 振動	1. 終極壓力 2. 容量 (capacity) 3. 冷凍時間 (cool-down time) 4. 瞬間氣體容許值 (impulsive gas load tolerance) 5. 再生時間 (regeneration) 6. 抽氣速率 7. 熱輻射容許值 (thermal radiation tolerance) 8. 最大抽氣量 9. 振動	1. 抽氣速率 2. 最大抽氣量 3. 允許前級壓力 (tolerable forepressure) 4. 最大壓縮比 5. 終極壓力 6. 油蒸氣回流 (backstreaming)

6.5.2 幫浦性能檢測方法

有關真空幫浦之性能檢測，國際間已有 ISO、AVS、DIN 及 JVIS 等標準測試規範可以用來檢測真空幫浦之抽氣性能。這些標準之共同精神是，提供一個可信且可重覆量測之系統架構及作業程序，不同使用者間可基於相同標準及條件，經相同操作程序而得到一致之測試結果。第一種量測方法稱為流量計法 (flow meter method)，其示意圖如圖 6.72(a) 所示 (詳細尺寸規格如圖 6.73(a))。利用可變流量計來調整不同流量 (Q) 進入測試腔體 (test dome) 內，藉由腔體上安裝之壓力計讀數可以獲得腔體內之平衡壓力值 (P) (即幫浦入口壓力)，記錄不同流量下之壓力值的變化，即可求得待測幫浦在此操作壓力下之抽氣速率 (S)，即

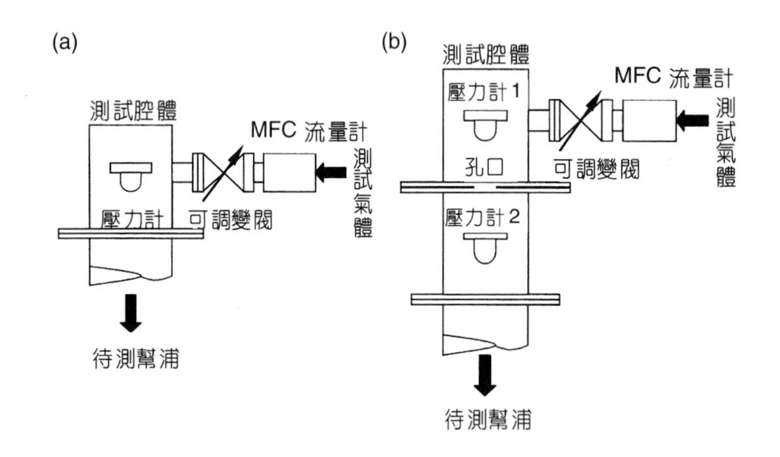

圖 6.72
(a) 流量計法與 (b) 孔口法兩種測試方法示意圖。

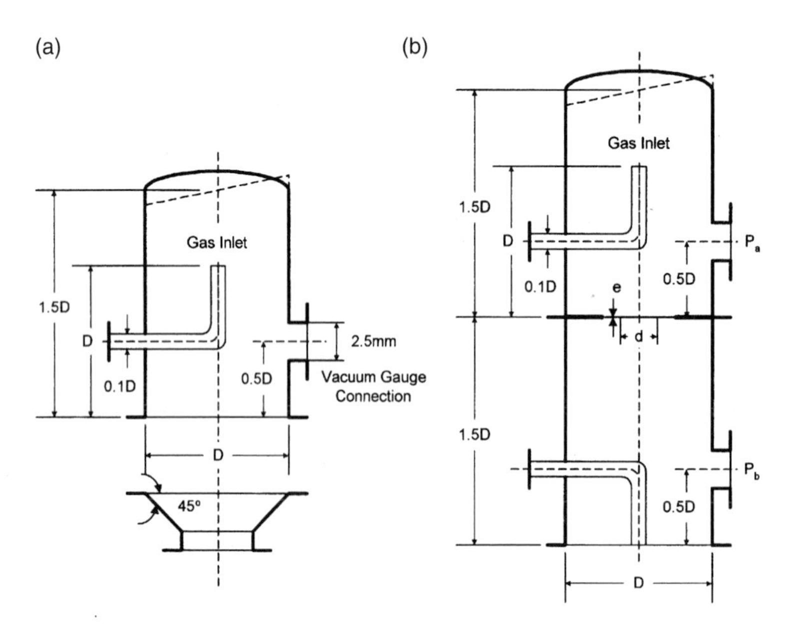

圖 6.73
(a) 流量計法及 (b) 孔口法量測裝置之 ISO 標準測試腔體形狀及尺寸。

$$S = \frac{Q}{P_1 - P_0} \tag{1}$$

其中 P_1 是測試腔體之壓力 (即幫浦進口壓力)，P_0 是測試腔體之終極操作壓力。此實驗之重點是，必須維持整個系統在定溫下操作，如此才能符合理想氣體之基本假設。同時，必須使操作條件維持在穩態 (steady state) 下，則在此前題下所量測之流量值及壓力值才能最接近真實狀態。另外，根據 Kendall[56] 之研究顯示，為避免測試腔體體積過小所造成腔體內壓力會有週期性反覆變化 (cyclic pressure fluctuation) 的現象，在各標準中對腔體體積大小皆有相關規定，必須至少大於五倍單壓縮循環所掃過體積 (V_p)。此外，對氣體由小管中噴出時，出口位置亦必須依規範設計，如此方能使腔體內氣體達到一穩定平衡狀態，不會對壓力計造成量測誤差。

上述流量計法之測試系統可依真空幫浦之類型、大小及抽氣速率範圍等來設計合乎規範之測試腔體，一般可用來測試諸如機械幫浦、乾式幫浦等正排氣式真空幫浦，或是作為渦輪真空幫浦 (turbo vacuum pump)，含渦輪分子幫浦 (turbo molecular pump, TMP)、分子拖曳幫浦 (molecular drag pump, MDP) 及複合式幫浦 (compound pump)，以及冷凍幫浦與擴散幫浦等高真空幫浦之中度真空段抽氣性能測試之用。但是，若要測試更高真空度下之抽氣性能，惟有藉助孔口法 (orifice method) 量測方式才可。

孔口法之測試方式是在原有流量計法之測試腔體上方，再增加一相同大小之測試腔體，同時在兩腔體間用一孔口板 (orifice plate) 隔離，將上部腔體內壓力值經由孔口之作用來產生一壓力降，使下部腔體之壓力值可達高真空，甚至於達超高真空之範圍，如圖 6.72(b) 所示 (詳細尺寸規格如圖 6.73(b))。如此，便能在幫浦進口端產生一穩定平衡之進口壓力，作為量測控制參數。此孔口之幾何尺寸是測試中一項非常重要之參數，必須經精確計算，並利用精密加工製造，使其氣導值符合設計。同時，尚需經長期之測試評估，以確認其不確定度及誤差。孔口法之抽氣速率與孔口氣導之計算公式如下，

$$S = C\left(\frac{P_1}{P_2} - 1\right) \tag{2}$$

$$C = \frac{\pi RT}{32M} \frac{1}{\left(1 + \frac{L}{d}\right)} d^2 \tag{3}$$

其中 P_1 及 P_2 分別為上部腔體及下部腔體之壓力值，d 是孔口之直徑，L 是孔口板之厚度，氣體常數 R 是 8.3145 J/mol·K，空氣分子量 M 是 28.8×10^{-3} kg/mol。式 (3) 是 ISO 規範所訂

之孔口氣導計算方式，但對不同標準其計算方法略有差異，詳細計算方式可參考各國際標準。最後，本文以渦輪分子幫浦之測試規範為例，列出各主要國際標準間之比較，詳如表 6.16 所示。

表 6.16 國際上渦輪分子幫浦抽氣性能測試規範之比較。

	ISO/CD5302 (暫定)	AVS4.1、4.2、4.3	DIN28428	JVIS-005
環境溫度	$P>10^{-6}$ mbar：腔體烘烤至 120 °C $P<10^{-6}$ mbar：腔體烘烤至 300 °C	22 ± 3°C	20 ± 5°C	15 –28°C ± 3°C
量測方式選擇	流量計法：$P>10^{-6}$ mbar 孔口法：$P<10^{-6}$ mbar	流量計法：高壓狀態時 孔口法：分子流狀態	流量計法：$P>10^{-6}$ mbar 孔口法：$P<10^{-6}$ mbar	流量計法： 孔口法： 上部腔體壓力在 $\lambda \leq 20\,d$ 時
測試腔體	1. 幫浦進口尺寸>100 mm：與幫浦進口尺寸相同 2. 幫浦進口尺寸<100 mm：以45° 轉接頭連接 Φ100 之腔體	1. 幫浦進口尺寸>50 mm：與幫浦進口尺寸相同 2. 幫浦進口尺寸<50 mm：以規定轉接頭連接Φ50 之腔體	1. 幫浦進口尺寸>100 mm：與幫浦進口尺寸相同 2. 幫浦進口尺寸<100 mm：以規定轉接頭連接Φ100 之腔體	1. 幫浦進口尺寸>100 mm：與幫浦進口尺寸相同 2. 幫浦進口尺寸<100 mm：以45° 轉接頭連接 Φ100 之腔體
測試腔體頂部	圓形或傾斜之平面	圓形或傾斜5° (最大) 之平面	圓形或傾斜之平面	平面
孔口直徑	選擇令 P_1/P_2=3 –50 之設計	選擇令 P_1/P_2=50 – 100 之設計	選擇令 P_1/P_2=10 – 100 之設計	選擇令 P_1/P_2=10 – 100 之設計
孔口厚度		$T \leq 0.02\,D$ (無修正公式)	對薄壁設計需用修正公式	
量測順序	量測由最低壓力開始逐漸增大壓力，每 5 分鐘取一量測點，數值誤差在±5% 以內。		量測由最低壓力開始逐漸增大壓力	超過 10 倍終極壓力至前級幫浦進口壓力之 1/2 範圍量測

6.5.3 抽氣速率檢測實例

真空幫浦抽氣性能檢測是幫浦開發及維修工作上一項非常重要之技術，目前世界上針對幫浦檢測之標準有 ISO、AVS、DIN 及 JVIS 等許多不同規範。因此，在採用某一標準之前，深入瞭解各標準之細節及相互間之差異性，對量測結果之可信度及正確性有很大助益。同時，在比對不同標準所量測之結果時，亦能提供正確而合理之解釋。本文以 ISO 標準為例，應用流量計法建立乙套真空幫浦抽氣性能檢測系統，如圖 6.74 所示，可針對中、低真空度時幫浦之抽氣速率、終極壓力等特性進行量測，量測其各別抽氣性能，以瞭解各式幫浦之抽氣性能。

測試正排氣式真空幫浦時，主要測試方法如下：

(1) 流量計法 (又稱為定壓量測法)：在測試腔體內壓力值為穩定值下，$S=Q/P$。

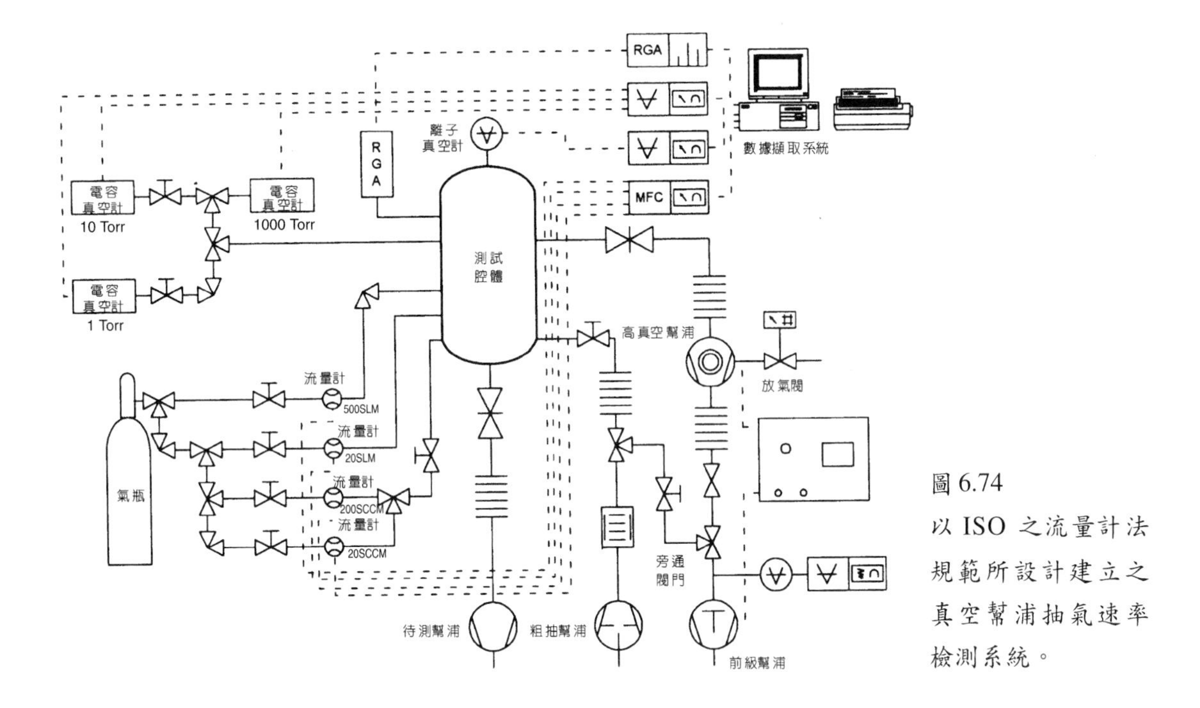

圖 6.74
以 ISO 之流量計法規範所設計建立之真空幫浦抽氣速率檢測系統。

(2) 環境溫度控制於 15－25 °C，測試腔體溫度變化在 ±1 °C 以內。
(3) 關閉氣體進氣閥後，先抽氣 1 小時，以抽除腔體內體積氣體及逸氣。
(4) 利用流量控制器將適量氣體通入腔體中，使腔體與幫浦抽氣達到平衡而維持一穩定壓力。
(5) 在每一壓力冪次下至少量測三點數據。
(6) 測試終極壓力時，先開幫浦抽氣 24 小時後，使幫浦內抽氣之狀態達到與正常穩定運轉狀態相同條件時，關閉進氣口處閥門。然後每 30 分鐘量測一組數據，若連續三次記錄皆無變化，則視為已達終極壓力。

利用此檢測系統，分別針對三種市售乾式幫浦產品，測試其抽氣速率曲線數據資料，並以產品型錄上所列曲線為基準，比較測試數據與型錄資料兩者間之差異。首先將檢測系統之背景壓力 (background pressure) 抽至系統之終極壓力，再利用氮氣通入之量來控制腔體內壓力，造成一均勻分佈之幫浦進氣口壓力值，以進行後續實驗。抽氣速率曲線可由逐步改變進口壓力值，並量取流量計之讀數，依此計算在此壓力狀態下之抽氣速率大小，而整理繪製得整條曲線，實際測試結果如圖 6.75 至圖 6.77 所示。通常隨幫浦設計之不同，進口壓力極限值各不相同，超過此極限時則幫浦負荷過重，易將馬達燒毀或造成幫浦跳機，因此必須停止進行實驗。由於在正常操作幫浦時，在接近大氣壓端之幫浦性能屬於暫態行為，所經歷時間非常短暫，只要幫浦夠大，此階段之效應可以忽略。

在渦輪分子幫浦性能測試上，所有試驗必須符合規範所列條件，包括 (1) 幫浦之操作要

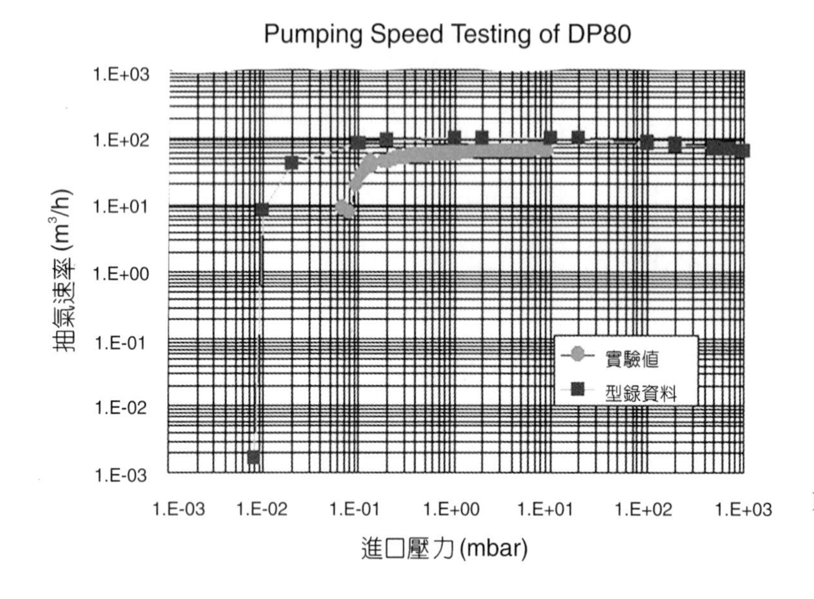

圖 6.75
DP80 乾式幫浦抽氣速率測試曲線。

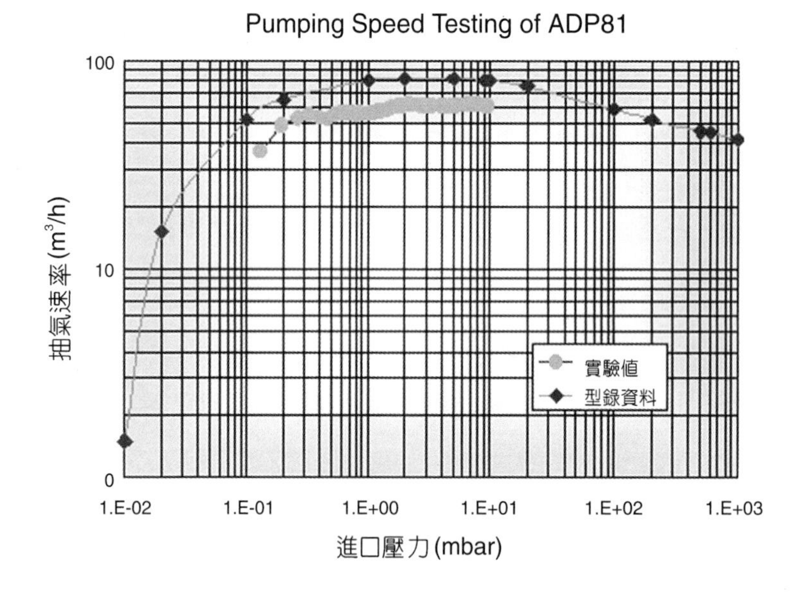

圖 6.76
ADP81 乾式幫浦抽氣速率測試曲線。

符合所規定之條件；(2) 使用冷卻水時，冷卻水必須合乎規格；(3) 試驗時使用之氣體為室溫之氮氣及氬氣；(4) 使用規定之輔助幫浦；(5) 試驗之環境及條件須合乎規定等。整體測試程序大致與正排氣式幫浦之測試相同，惟有必須注意，由於渦輪分子幫浦屬於高真空幫浦，其最大操作壓力在數 Torr 至數 mTorr 之間，測試時不能超過此一範圍，並且最大量測真空度約在 10^{-6} Torr。圖 6.78 所示為市售磁浮式複合型渦輪分子幫浦 (TG1133M) 之抽氣速率測試結果，此型幫浦之轉子具有一複合 TMP 及 MDP 兩種不同轉子機構之複合型設計，其目

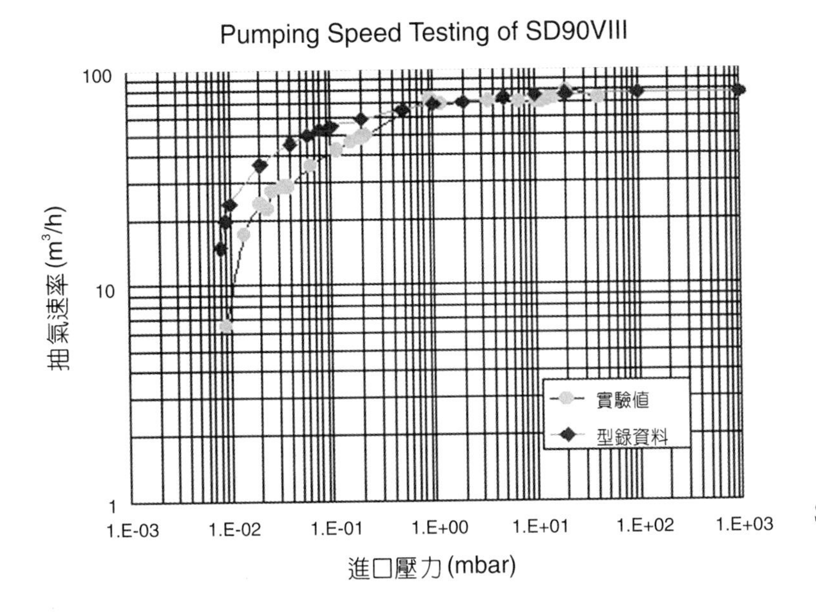

圖 6.77
SD90VIII 乾式幫浦抽氣速率測試曲線。

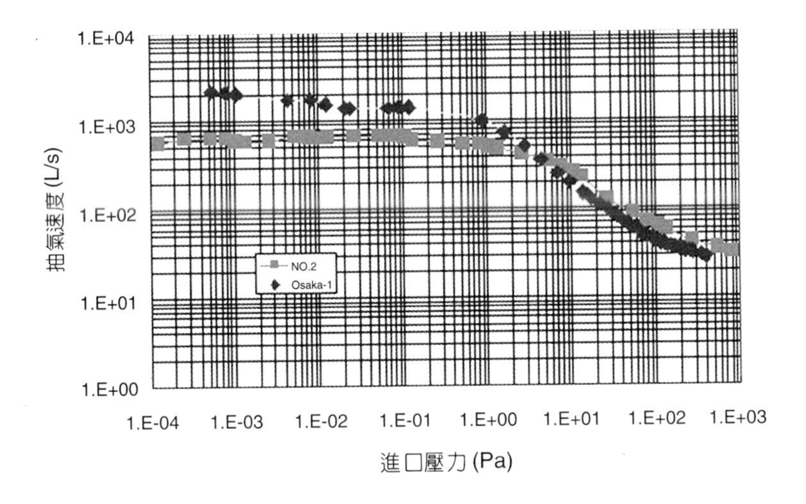

圖 6.78
新型渦輪分子幫浦 (TBP-08) 與複合型渦輪分子幫浦(TG-1133M) 之抽氣速率測試比較。

的是利用進口端六級 TMP 葉片之設計來提高高真空段之抽氣速率，並且利用一具八條螺旋之鼓式 Holweck 轉子來提昇高壓段之壓縮性能，俾將氣體順利壓縮排氣至排氣口。由圖中之測試曲線比較可知，由於複合型渦輪真空幫浦產品 (TG1133M) 之轉子是一結合 TMP 及 MDP 之設計，當抽氣在 32 Pa 以上壓力時，其 MDP 部份之壓縮效果不如新型轉子高，同時其前級壓力僅在 500 Pa 左右 (實測值)，較新型轉子設計之 1300 Pa 為小，因此須有較大之前級幫浦來輔助抽氣。但是，由於新型轉子為一單級結構之設計，在高真空下抽氣時，由於缺乏 TMP 輔助，其抽氣速率小於具 TMP 之 TG1133M 型幫浦甚多，這是將來設計上可以再改進之處。

參考文獻

1. ISO 3529/2 Vacuum Technology Vocabulary- part 2: Vacuum pumps and related terms (1981).
2. G. Reich, *Vacuum Science and Technology Volume 2, Pioneers of the 20th Century*, New York: AIP Press, 114 (1994).
3. J. Henning, *J. Vac. Sci. Technol.*, **A6**, 1196 (1988).
4. M. H. Hablanian, *Vacuum Science and Technology Volume 2, Pioneers of the 20th Century*, New York: AIP Press, 126 (1994).
5. W. Steckelmacher, *Vacuum Science and Technology Volume 2, Pioneers of the 20th Century*, New York: AIP Press, 25 (1994).
6. B. B. Dayton, *Vacuum Science and Technology Volume 2, Pioneers of the 20th Century*, New York: AIP Press, 107 (1994).
7. L. D. Hall, *Rev. Sci. Instrum.*, **29**, 367 (1958).
8. H. M. Wycliffe, *Vacuum*, **37**, 603 (1987).
9. E. A. Winzenburger, *Vacuum Symposium Transactions*, 1 (1957).
10. H. Bode, *Vacuum Symposium Transactions*, 268 (1959).
11. L. J. Budgen, *Vacuum*, **32**, 627 (1982).
12. L. J. Budgen, *Journal of Vacuum Science and Technology*, **A1**, 147 (1983).
13. 蔡忠杓, 機械月刊, **13** (1), 129 (1987).
14. 姜曉峰, 蘇再發, 機械工業, 157 (中華民國七十七年一月號).
15. H. M. Wycliffe, *Journal of Vacuum Science and Technology*, **A5**, 2608 (1987).
16. H. P. Berges, and D. Gotz, *Vacuum*, **38**, 761 (1988).
17. M. H. Habianian, *Journal of Vacuum Science and Technology*, **A6**, 1177 (1988).
18. A. P. Troup, and T. M. Dennis, *Journal of Vacuum Science and Technology*, **A9**, 2048 (1991).
19. F. Z. Chen, and R. Y. Jou, *Journal of the Vacuum Society of the R. O. C.*, **10**, 9 (1997).
20. 陳峰志, 周榮源, 機械月刊, **23** (5), 298 (1997).
21. F. Z. Chen, R. Y. Jou, and J. S. Lin, *Journal of the Vacuum Society of the R. O. C.*, **11**, 11 (1998).
22. ISO 1607/I Positive Displacement Vacuum Pumps-Measurement of Performance Characteristics- Part I: Measurement of Volume Rate of Flow .
23. ISO 1607/II Positive Displacement Vacuum Pumps-Measurement of Performance Characteristics- Part II: Measurement of Ultimate Pressure.
24. 周榮源, 陳峰志, 鄭鴻斌, 張郁雯, 機械月刊, **24** (6), 412 (1998).
25. M. H. Hablanian, *High-Vacuum Technology - A Practical Guide* (1990).
26. 呂登復, 實用真空技術, 新竹市：黎明書局 (1986).
27. 張達義, 科儀新知, **4**(4), 43 (1983).
28. P. A. Redhead, *Vacuum Science and Technology - Pioneers of the 20th Century* (1994).

29. G. L. Weissler and R. W. Carlson, *Vacuum Physics and Technology*, Academic Press (1979).
30. N. S. Harris, *Modern Vacuum Practice*, McGraw-Hill Book (1989).
31. Varian 目錄; Varian, Basic Vacuum Practice (1992).
32. Seiko seiki 目錄.
33. 國科會精密儀器發展中心, 真空幫浦維修基礎技術, 10, 13 (1997).
34. D. J. Hucknall, *Vacuum Technology and Applications*, Betterworth-Heinemann Ltd., (1991).
35. B. H. Colwell, *Vacuum*, **30** (8-9), 321 (1980).
36. N. S. Harris, *Vacuum*, **27** (9), 519 (1977).
37. L. Laurenson, *Vacuum*, **37** (8-9), 609 (1987).
38. P. A. Redhead, *Vacuum Science and Technology*, Volume 2, AIP Press (1994).
39. Roth, *Vacuum Technology 3rd Edition*, Elsevier Science Publishers B. V., North-Holland, (1990).
40. F. M. Penning, *Philips Technical Review*, **2** (7), 201 (1937).
41. 謝澤仁, 離子幫浦及其抽氣系統, 科儀產品新知, **4** (4), 54 (1983).
42. 陳峰志, 真空幫浦維修技術－離子幫浦系統分解及維修, 國科會經儀器發展中心 (1997).
43. 高健薰, 科儀新知, **16** (5), 49 (1995).
44. 林哲明, 真空幫浦維修基礎技術－冷凍幫浦系統原理及維護, 國科會精密儀器發展中心 (1997).
45. International Standard, ISO1607/1, 2-1980(E).
46. W. Jitchin, K. H. Bernhardt, R. Lachenmann, P. Bickert, and F. J. Eckle, *Vacuum*, **6-8**, 505 (1996).
47. B. R. F. Kendall, *J. Vac. Sci. Technol.*, **A7** (3), 2403 (1989).
48. ISO/TC112 SC3 (1998).
49. ISO/CD 5302 (1998).
50. JVIS-005-1991.
51. M. H. Hablanian, *J. Vac. Sci. Technol.*, **A5** (4), 2552 (1987).
52. K. M. Welch et al., *J. Vac. Sci. Technol.*, **A17** (5), 3081 (1999).
53. J. M. F. Dos Santos, *Vacuum*, **38** (7), 541 (1988).
54. J. K. N. Sharma and D. R. Sharma, *Vacuum*, **32** (5), 253 (1982).
55. AVS standards (tentative), AVS 4.1-4.8,4.10.
56. B. R. F. Kendall, *J. Vac. Sci. Technol.*, **19** (1), 109 (1981).

第七章　眞空度量

7.1 眞空度量分類與選用要素

7.1.1 引言

隨著近代科技的發展，真空技術之應用也愈來愈廣泛；而其中真空壓力之量測需求更由大氣壓力 (atmospheric pressure) 一直到極高真空 (10^{-13} mbar)，涵蓋了 16 個次方。在這麼寬廣的真空範圍內，由於氣體分子呈現之物理性質的差異，因此其真空壓力已無法以單一原理來量測。

在早期 (1920 年代) 由於工藝技術之限制，人類僅能產生粗級真空之環境，最低至絕對壓力 0.001 mbar (1 mbar = 0.75 mmHg = 0.75 Torr) 附近。因此當時對真空壓力之量測需求大約僅為大氣壓力 (atmospheric pressure) 1013 mbar (10^3 mbar) 至 0.001 mbar (10^{-3} mbar)，而採用之真空計多為液位壓力計 (liquid level manometer)，如 U 型管水銀壓力計 (U-tube mercury manometer)；壓縮式真空計 (compression gauge)，如麥式真空計 (McLeod gauge)；或彈性元件真空計 (elastic element vacuum gauge)，如包登管式真空計 (bourdon gauge) 等。

在中期 (1960 年代) 由於人類歷經了兩次世界大戰的洗禮、軍備競賽、工業發展及材料進步，人類由粗級真空、中級真空跨進了高真空，甚至超高真空之範圍，最低至絕對壓力 10^{-9} mbar 附近。在此時對真空壓力之量測需求大約為 1013 mbar (10^3 mbar) 至 10^{-9} mbar，而粗級真空多採用液位壓力計及彈性元件真空計，中級真空多採用熱傳導真空計 (thermal conductivity gauge)，高真空及超高真空則多採用離子真空計 (ionization gauge) 等。

在近期 (2000 年代) 由於航太科技之發展，半導體、光電及資訊科技之進步，再加上品質觀念之重視。人類不僅進入了極高真空之範圍，更有了要準確量測真空壓力之需求。同時也為了因應真空技術特殊之應用，開發出許多新的量測技術。

在量測範圍方面，最低至絕對壓力 10^{-13} mbar 附近，在此時對真空壓力之量測需求大約為 1013 mbar (10^3 mbar) 至 10^{-13} mbar，而粗級真空多採用電子式彈性元件真空計，中級真空多採用熱傳導真空計，高真空及超高真空則多採用離子真空計，極高真空則採用特殊離子真

第七章作者為周皓雲先生。

空計等。

在量測準確性 (accuracy) 方面，更為了量測之品質而採用高精度之各式真空計，如雷射干涉式液位壓力計、精密電容式真空計 (capacitance gauge) 及標準黏滯性真空計 (viscosity gauge) 等。

7.1.2 真空度量之基礎

真空計之定義為一種能量測低於大氣壓力之氣體壓力的裝置。在某些情況下，壓力的顯示與氣體之性質有關。例如壓縮式真空計 (compression gauge)，就必須注意到其所呈現之氣體蒸氣的性質，這是因為在壓縮過程中會造成氣體蒸氣之液化凝結 (condensation)，而導致壓力顯示的不正確。因此壓縮式真空計僅適用於量測在量測過程中不會液化凝結之所有氣體成份之分壓力的總和。若要正確量測特定氣體或蒸氣的分壓力時，可採用利用質譜儀 (mass spectrometer) 原理之分壓力量測儀器。

以氣體性質的觀點來看真空計，大致可分為兩大類：

(1) 壓力顯示與氣體無關之真空計

僅有直接量測壓力 (direct pressure measurement) 之真空計其壓力顯示與氣體無關，此類真空計其壓力之量測是依據壓力之定義，即單位面積上所受之力所得來的。依據氣體動力論 (kinetic theory of gases)，氣體 (對容器器壁) 所呈現之壓力與單位體積內之氣體分子數 (氣體分子密度 (number density of molecules)) 及氣體之溫度有關，與其莫耳質量數 (molar mass) 無關。

例如壓力天平 (pressure balance)、液位壓力計、壓縮式真空計、彈性元件真空計 (不含共振腔式真空計 (resonance gauge)) 等，即屬壓力顯示與氣體無關之真空計。

(2) 壓力顯示與氣體有關之真空計

所有間接量測壓力 (indirect pressure measurement) 之真空計都是利用氣體與壓力相關之特性 (如熱導性 (thermal conductivity)、游離機率性 (ionization probability) 及電導性 (electrical conductivity) 等) 來量測。這些特性與氣體莫耳質量數有關，導致利用氣體這些特性來間接量測壓力之真空計，其顯示之壓力值與氣體特性有關。

一般此類之真空計如無特別之註明時，其刻劃或讀值皆是以空氣或氮氣為參考依據，如用於量測其他氣體或蒸氣時，應依據相關修正係數 (correction factors) 予以修正。例如熱傳導真空計、離子真空計及黏滯性真空計等，即屬壓力顯示與氣體有關之真空計。

7.1.3 眞空度量分類

圖 7.1 所示為典型真空計之量測範圍，包括了壓力天平、液位壓力計、壓縮式真空計、彈性元件真空計、熱傳導真空計、離子真空計及黏滯性真空計等數個系列。每一類型之真空計其量測範圍都涵蓋了數個次方，不同類型之真空計其量測範圍受其感測之氣體分子物理現象所限制。

基本上，壓力天平、液位壓力計及彈性元件真空計在高壓端，即大氣壓力端較為準確，在低壓端準確度較差；而壓縮式真空計、熱傳導真空計、離子真空計及黏滯性真空計等，在量測範圍高低兩端之準確度較差。

另外要說明的是，鑑於不同類型之真空計其量測之原理及設計結構之不同，導致有部分之真空計不能量測正確之全壓力 (total pressure)，而僅能作分壓力 (partial pressure) 之量測，如低壓之液位壓力計及壓縮式真空計；有部分之真空計無法做連續性之量測而僅能做非連續之量測，在此所謂之非連續之量測係指每讀取一次真空值後真空計必須重置或歸零後才可進行下一次量測，如絕大部分之壓力天平及壓縮式真空計等。

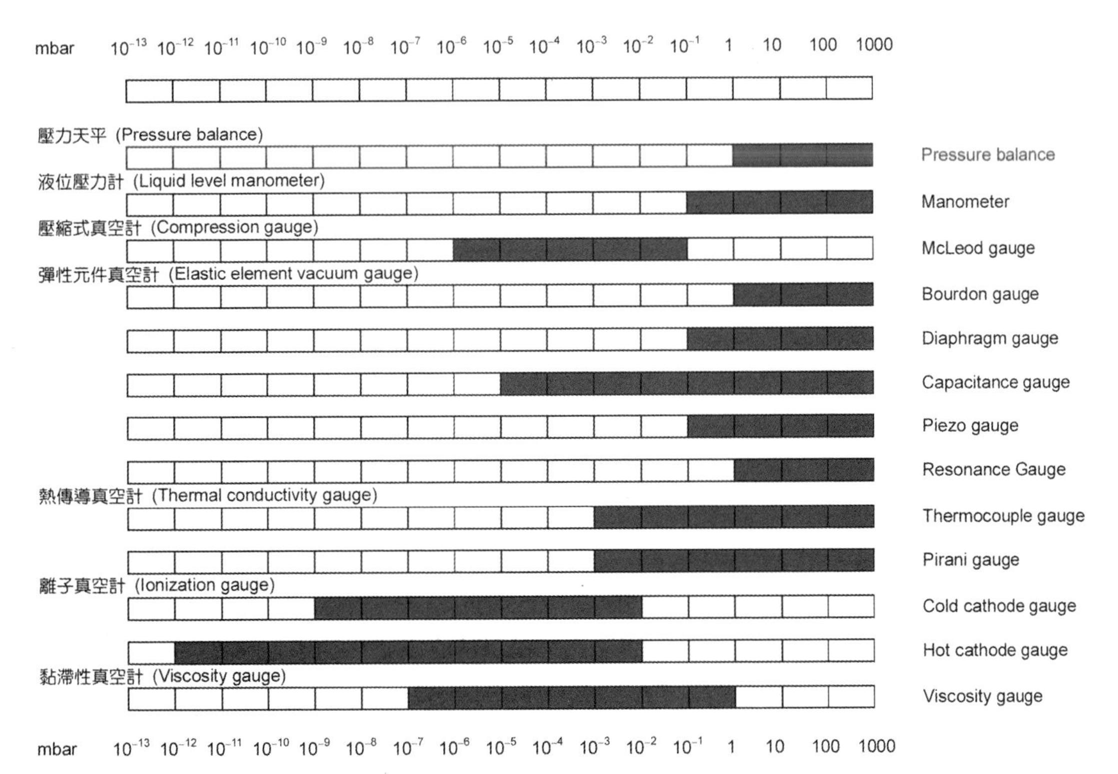

圖 7.1 典型真空計之量測範圍。

7.1.4 真空度量選用要素

為了不同應用之真空度量而選用適當之真空計並不是一件容易的事，基本上要考量的是量測之壓力範圍、現場之外在環境條件、感測元件感測之工作條件 (如是否有高的污染風險、是否有無法消除之振動、是否有預期會有破裂之可能等)、使用的便利性、維修及保養的方便性等，當然投資效益也是一項重要的選用因素。

在本章中，將僅對較廣為採用之機械式真空計、熱傳導真空計、離子真空計及黏滯性真空計做一說明，另外再對微量氣體分壓度量裝置做一簡單之介紹。

本章中真空壓力單位轉換係數，係依據美國國家標準及技術研究院 (National Institute of Standards and Technology, NIST) 811 號專刊－國際單位系統使用指引 (Guide for the Use of the International System of Units (SI))，1995 年版。

在真空領域中常用之壓力單位轉換係數摘要如下：

1 centimeter of mercury (cmHg) = 1.333224×10^3 pascal (Pa)

1 centimeter of mercury (cmHg) = 1.333224 kilopascal (kPa)

1 inch of mercury (inHg) = 3.386389×10^3 pascal (Pa)

1 inch of mercury (inHg) = 3.386389 kilopascal (kPa)

1 millibar (mbar) = 1.0×10^2 pascal (Pa)

1 millibar (mbar) = 1.0×10^{-1} kilopascal (kPa)

1 psi (pound-force per square inch) (lbf/in^2) = 6.894757×10^3 pascal (Pa)

1 psi (pound-force per square inch) (lbf/in^2) = 6.894757 kilopascal (kPa)

7.2 機械式真空計

機械式真空計 (mechanical vacuum gauge) 泛指利用環境 (或容器內) 氣體粒子 (分子與原子) 之熱速度 (thermal velocities) 作用於 (容器內) 受力表面來直接量測壓力之真空計。廣義而言，包括了壓力天平、液位壓力計、壓縮式真空計及彈性元件真空計等。

7.2.1 壓力天平

(1) 基本原理

壓力天平又稱重錘活塞式壓力計 (deadweight pressure gauge)，其基本結構如圖 7.2 所示，其產生有效壓力 P 之基本公式為：

$$P = \frac{F}{A} = \frac{Mg}{A} \tag{7.1}$$

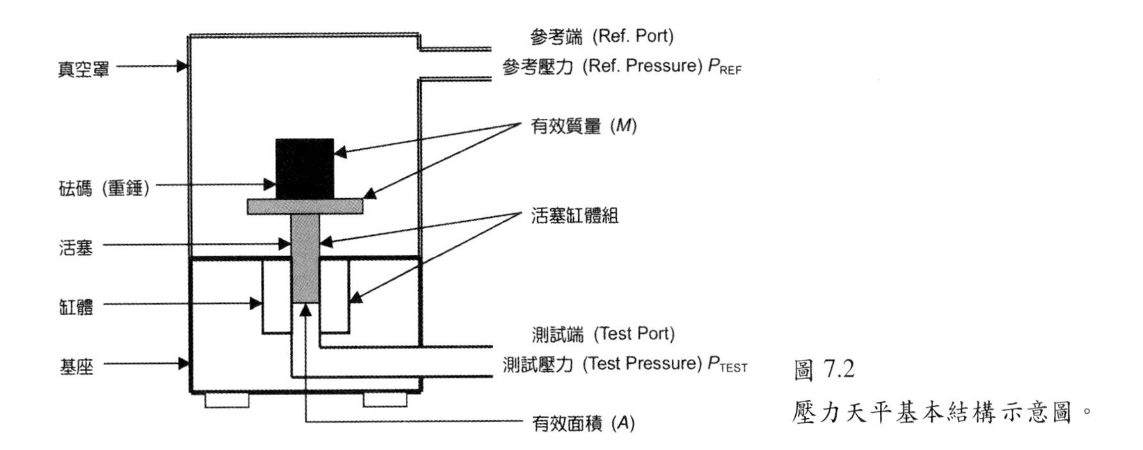

圖 7.2
壓力天平基本結構示意圖。

式中 M 為產生有效壓力之淨質量，g 為當地絕對重力值，A 為活塞組之有效面積。如用於量測 (產生) 絕對壓力 (absolute pressure) 時，則可以下式表之：

$$P_{\text{TEST}} = \frac{F}{A} + P_{\text{REF}} = \frac{Mg}{A} + P_{\text{REF}} \qquad (7.2)$$

式中 P_{TEST} 為壓力天平測試端 (test port) 之測試壓力 (test pressure)，P_{REF} 為參考端 (reference port) 之參考壓力 (reference pressure)，一般在量測 (產生) 絕對壓力時，均是將真空幫浦接於參考端，以抽取真空罩內之真空。

(2) 使用範圍

壓力天平又稱重錘活塞式壓力計，依使用之介質又可分為液壓式壓力天平及氣壓式壓力天平。液壓式壓力天平多用於量測較大之錶壓力 (gauge pressure)，亦即多用於量測較大氣壓力為高之壓力，一般商用型若配合不同之活塞缸體組 (piston-cylinder assembly)，其最大之量測範圍可自 1.379 kPa 至 413.685 MPa (0.2 至 60000 psig)。psig 為一錶壓力之壓力單位，其零點為環境大氣壓力，其單位為 psi (pound-force per square inch, lbf/in^2)；psia 為一絕對壓力之壓力單位，其零點為絕對零壓力，其單位亦為 psi。

氣壓式壓力天平亦多用於量測錶壓力，但有些亦可用於量測絕對壓力，以量測錶壓力而言，一般商用型若配合不同之活塞缸體組，其最大之量測範圍可自 1.379 kPa 至 103.421 MPa (0.2 至 15000 psig)；以量測絕對壓力而言，一般商用型若配合不同之活塞缸體組，其最大之量測範圍可自 1.379 kPa 至 68.948 MPa (0.2 至 1000 psia)。

對真空量測而言，僅有可量測絕對壓力之氣壓式壓力天平適用，且儘可能採用低壓範圍之活塞缸體組，以增加其真空量測之低限及其準確度。一般而言，適用於真空量測之壓力天平，其量測範圍自 1.379 至 103.421 kPa (0.2 至 15.0 psia)，即已足夠。

雖然壓力天平有甚高之準確度及極佳之穩定性，但由於絕大部分之壓力天平無法做連續性之真空量測，所以在一般真空應用中較少採用，而多作為真空及絕對壓力校正之標準件。

(3) 典型代表

壓力天平的典型代表有為 Ruska 2465 原級重錘活塞氣壓計。Ruska 2465 原級重錘活塞式氣壓標準系統，係美國德州 Ruska 公司所生產。此型標準器生產之歷史甚久，不僅美國國家標準及技術研究院採用，世界各國包括我國度量衡國家標準實驗室 (National Measurement Laboratory, NML) 都廣為採用作為國家氣壓最高標準器。早期此種氣壓標準器最高僅能至 4.826 MPa (700 psi)，新型已可達 6.895 MPa (1000 psi)，如超過 6.895 MPa (1000 psi) 之需求時，則需選用其他型式。

新型 Ruska 2465 系統另外提供了 Ruska 2411 自動即時計算器，不僅可利用資料庫內建之資料得到所需要之配重或所產生之壓力外，並可結合溫度感測器做即時之溫度補償修正，及結合位置感測器做浮起位置之指示，以便獲得最佳之平衡點及最高之解析度。

依據原廠型錄，適用於真空量測之 Ruska 2465 低壓活塞組 2465-725 主要規格如下：
絕對壓力：1.379 至 172.369 kPa (0.20000 至 25.0000 psia)
量測不確定度：± 0.0035% RDG 或 0.00005 psi，視何者為大。

Ruska 2465 系統如圖 7.3(a) 所示。其他典型代表如 CEC 6-201 原級重錘活塞氣壓計，原係美國 B&H (Bell & Howell) 公司之 CEC 儀器部門 (Instruments Division) 所生產，習稱 B&H PPS-500 (Primary Pressure Standard - 500)，美國軍方賦予之件號 (part number) 為 6-201，為美國軍方早期採用之氣壓標準器。不僅美國軍方採用，世界各國如接受美國軍援及軍售之國家或採用美式武器裝備之國家，都廣為採用作為軍方氣壓標準器。後來 CEC 儀器部門脫離 B&H 公司，併入 Transamerica Delaval Inc. 繼續產製，因此也以 CEC 6-201 做為此型氣壓標準器之泛稱。此種氣壓標準器最高僅能至 3.447 MPa (500 psi)。CEC 6-201 系統如圖 7.3(b) 所示。

另一型典型代表如 DH (Desgranges & Huot) APX5 自動絕對壓力天平，係法國 Desgranges & Huot 公司結合法國國家實驗室 (Laboratoire National D'Essais, LNE) 度量之經驗，依特定使用者及特定需求所研發生產的，為一利用高度工藝技術所開發出來的自動壓力天平。利用精巧之電子機械結構改變活塞上之有效砝碼，配合大型有效面積之活塞缸體組及特殊之石英玻璃真空罩，再結合電腦硬軟體，而成為全球第一套實用之可自動化量測 (產生) 絕對壓力之壓力天平。目前僅法國國家實驗室採用，做為法國國家之絕對壓力標準器。DH APX 系統如圖 7.3(c) 所示。

(a)

(b)

(c)

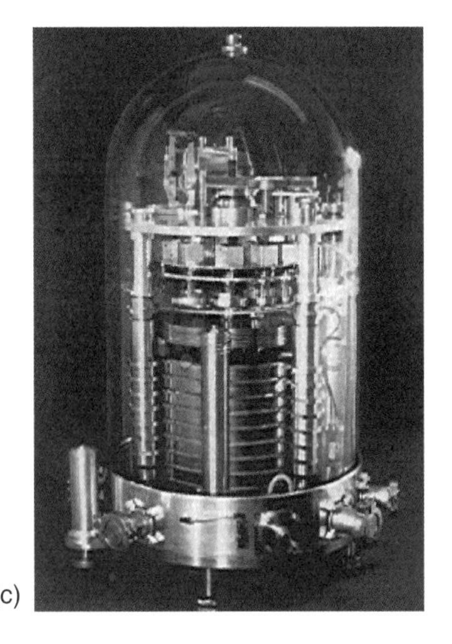

圖 7.3
典型之壓力天平。(a) Ruska 2465 原級重錘活塞氣壓計；(b) CEC 6-201 原級重錘活塞氣壓計；(c) DH APX5 自動絕對壓力天平。

7.2.2 液位壓力計

(1) 基本原理

液位壓力計常譯為液體壓力計，係基於連通管之基本原理，利用液體為介質，以液體位面之高度差來量測判定氣壓之大小。最常見到的就是 U 型管式 (U-tube) 液位壓力計，其基本結構如圖 7.4 所示，其產生有效壓力 P 之基本公式為：

$$P = \frac{F}{A} = \rho g h \tag{7.3}$$

式中 ρ 為液體密度 (density)，g 為當地絕對重力值 (絕對重力加速度)，h 為產生有效壓力之液柱淨高度。如用於量測絕對壓力時，則可以下式表之：

$$P_{\mathrm{TEST}} = \frac{F}{A} + P_{\mathrm{REF}} = \rho g h + P_{\mathrm{REF}} \tag{7.4}$$

式中 P_{TEST} 為液位壓力計測試端之測試壓力，P_{REF} 為參考端之參考壓力，一般在量測絕對壓力時，均是將真空幫浦接於參考端，以抽取其內之真空。

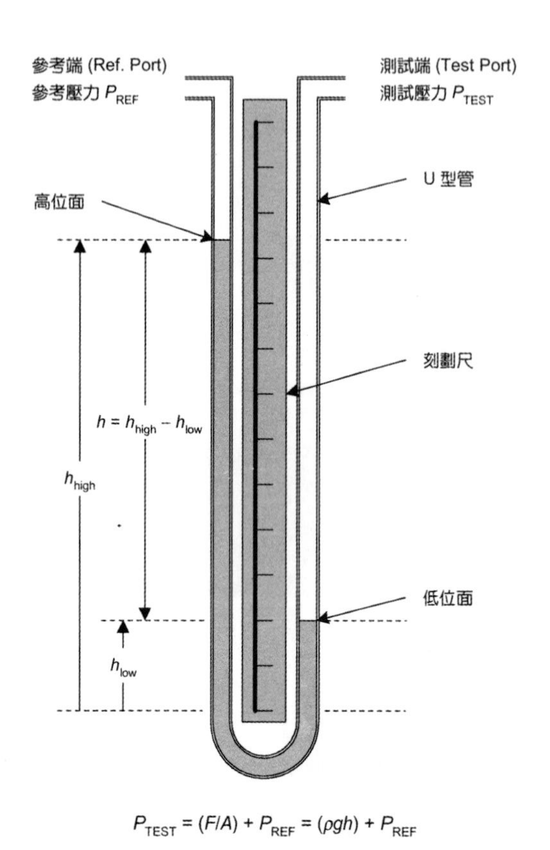

圖 7.4
液位壓力計(U 型管壓力計) 基本結構示意圖。

就液位壓力計而言，最基本之架構就是 U 型管式液位壓力計，但有許多特殊之變形 U 型管結構，有斜管式架構 (如密閉廠房或實驗室量測室內外壓差之斜管式差壓計)、單槽式架構 (如 HASS A1 大氣壓力計)、雙槽式架構 (如 Schwien 原級水銀氣壓計) 等，如圖 7.5 所示，其中又以雙槽式架構廣為高精密之原級標準水銀氣壓計所採用。

(2) 使用範圍

液位壓力計使用之介質有水、油 (多係採用真空油) 及水銀等。一般採取油為介質之液位壓力計，其使用之油料以蒸氣壓較低、黏滯性較低、穩定度較高及透明度較佳為選用之原則。最常採用之油料為油擴散式幫浦 (oil diffusion pumps) 用油。由式 7.3 可明顯看出，液位壓力計量測之氣壓與介質之密度和 U 型管內液柱高度差成正比關係。在實際使用時，因 U 型管高度之限制，在同一高度之下若採用水 (密度約 1.0) 或油 (密度約 0.8) 時，所量測之壓力相當有限，故較適用於低範圍差壓 (difference pressure) 之量測。若在同一 U 型管高度之下採用水銀 (密度約 13.6) 為介質時，其量測之壓力範圍會比採用水為介質的高出了 13.6 倍，故適用於較高範圍差壓或大氣壓力之量測。

以標準大氣壓力 (standard atmosphere pressure) 而言，只要 U 型管高度大於 760 mm

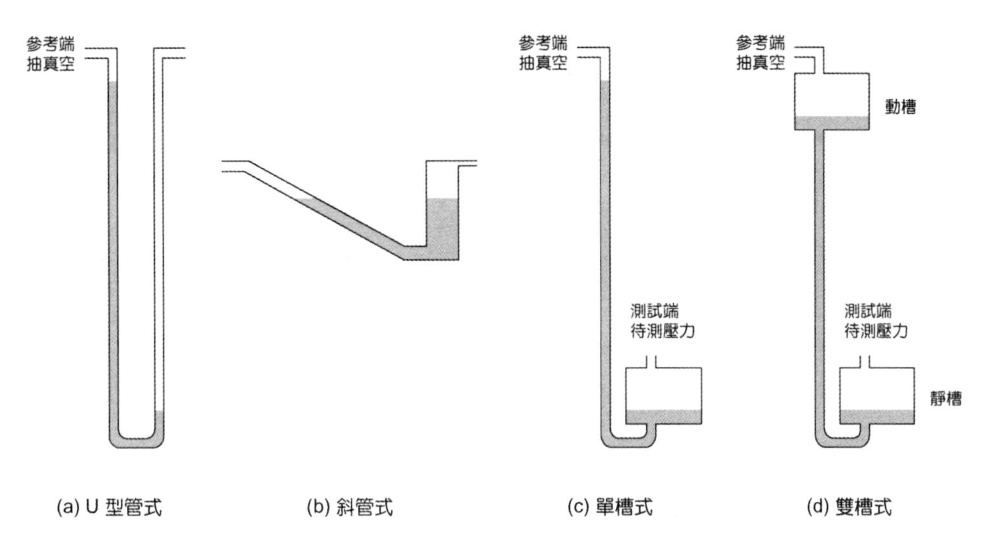

圖 7.5 U 型管式及變形 U 型管式液位壓力計結構示意圖。

時，即可用來量測大氣壓力。此類可量測大氣壓力之液位壓力計亦稱為大氣壓力計 (barometer)。

一般商用型之大氣壓力計亦可分為兩類，一類為專用於量測大氣壓力用，其量測範圍約自 870 至 1090 mbar (650 至 820 mmHg)；如福丁式氣壓計 (Fortin's barometer) 等多用於氣象之量測，但近來已多由電子式氣壓計 (精密之彈性元件氣壓計或電容式氣壓計) 所取代。另一類除用於量測大氣壓力外，並可量測較大範圍之絕對壓力，其量測範圍約自 1.3 至 1080 mbar (1 至 810 mmHg)，有些甚至可高達 3725 mbar (2794 mmHg) 以上；如 HASS A1 大氣壓力計等，多為校正實驗室所採用，用於絕對壓力計或低真空計之校正，但近年來逐漸由高精密之原級標準水銀壓力計 (如 Schwien 原級水銀壓力計等) 所取代。

對真空量測而言，僅有可量測較大範圍絕對壓力之大氣壓力計，其量測範圍約自 1.3 至 1080 mbar (1 至 810 mmHg)；以及量測較小範圍絕對壓力之 U 型管液位壓力計，其量測範圍約自 1.3 至 160.0 mbar (1 至 120 mmHg) 適用。

雖然使用水銀介質之液位壓力計有甚高之準確度、極佳之穩定性，亦可做連續性之真空量測，但由於水銀為敏感之有毒物質，所以近年來在一般真空應用中較少採用，而多作為真空及絕對壓力校正之標準件。

(3) 典型代表

液位壓力計的典型代表為 Schwien 1025LX110C 原級水銀壓力計。Schwien 精密水銀壓力計 (precision mercury manometer) 自西元 1958 年開始就由美國加州 Schwien 公司所生產，此型標準器生產之歷史甚久，逐年改進其功能與結構，依其水銀高度差之量測方式分為 1025FX 機械尺式、1025HX 電子數位尺式及 1025LX 雷射干涉式等。不僅許多國家的標準實驗室將其做為原級氣壓之標準器，世界各知名飛機製造公司、飛機維修公司及航空公司也廣為採用。此外，美國軍方及接受美國軍援與軍售之國家或採用美式軍用機種之國家，也都廣為採用作為軍方氣壓之標準器。我國國軍標準實驗室亦採用 Schwien 1025LX110C 作為低氣壓範圍及空用數據 (air data) 之原級氣壓標準器。

Schwien 1025LX110C 原級水銀氣壓標準系統採雙槽式架構，以雷射干涉儀取代原來之機械尺或電子數位尺來讀取動槽及靜槽間的水銀柱高度差，並以其他氣壓、溫度、濕度之感測器結合微電腦進行自動補償及修正，再經由 IEEE-488 標準界面由外在電腦系統做全自動控制。更具特色的是，其不再僅具有控制氣壓之功能 (如壓力產生器)，並增加自動追蹤量測之功能。同時全系統更加入軟體品保之觀念及作法，可隨時檢測各項補償及修正的正確性。

依據原廠型錄，Schwien 1025LX110C主要規格如下：

氣壓量測及控制範圍：

相對壓力：0.0000 inHg 至 110.0000 inHg
0.0000 kPa 至 372.5028 kPa
0.000 mbar 至 3725.028 mbar
0.0030 mmHg 至 2794.000 mmHg

絕對壓力：0.0400 inHg 至 110.0000 inHg
0.1355 kPa 至 372.5028 kPa
1.355 mbar 至 3725.028 mbar
1.016 mmHg 至 2794.000 mmHg

氣壓量測及控制解析度：0.000025 inHg

氣壓量測及控制不確定度：

相對壓力：± (0.00028 inHg + 0.0015% RDG)

絕對壓力：± (0.00028 inHg + 0.0015% RDG)

Schwien 1025LX110C 原級水銀氣壓標準系統如圖 7.6(a) 所示。

其他典型代表如 BAT 原級壓力標準器，係由德國慕尼黑 (Munich) 之巴伐利亞航太科技集團公司 (Bavaria Avionik Technologie, BAT) 自西元 1980 年即開始研發之新一代原級壓力標準器，其基本架構與 SCHWIEN 1025LX 極為類似。有些國家的標準實驗室、飛機製造公司、飛機維修公司及航空公司也採用此型裝備做為其壓力標準器。我國國家度量衡標準實驗室亦採用 BAT 原級壓力標準器作為低氣壓範圍以下) 之原級氣壓標準器。

BAT 原級壓力標準器亦是採雙槽式架構，以雷射干涉儀來讀取動槽及靜槽間的水銀柱高度差，並以其他氣壓、溫度、濕度之感測器結合微電腦進行自動補償及修正，再經由 IEEE-488 標準界面由外在電腦系統做全自動控制。其與 Schwien 1025LX 最大不同處在於其採取雙層隔離恆溫之外殼，內部溫度控制應會較佳；但因其僅具控制氣壓之功能 (如壓力產生器)，而無自動追蹤量測之功能，此亦為一不足之缺點。就可靠性、服務支援性、價格及

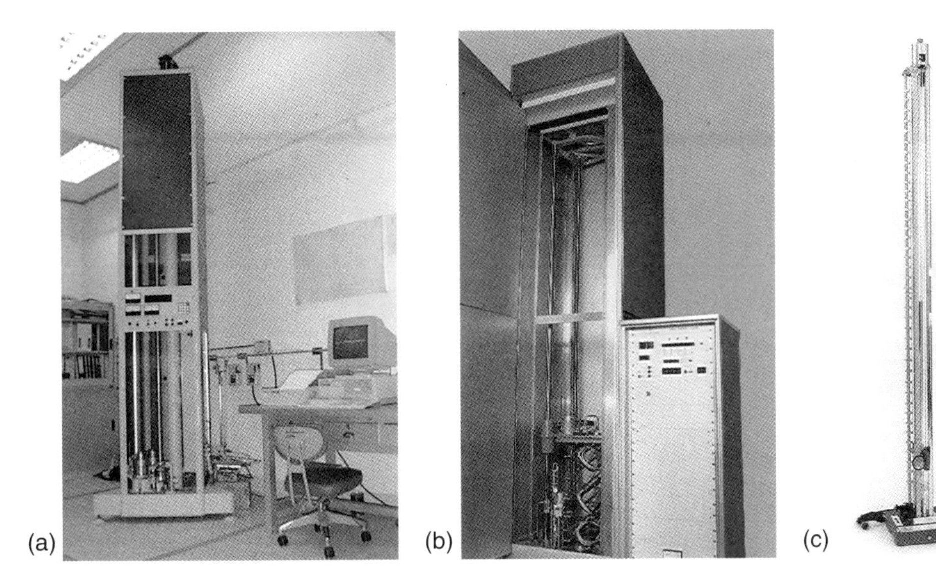

圖 7.6 典型之液位壓力計。(a) Schwien 1025LX110C 原級水銀壓力計；(b) BAT 原級壓力標準器；(c) Hass A1 大氣壓力計。

市場佔有率而言，仍無法與 SCHWIEN 1025LX 相比。BAT 原級壓力標準器如圖 7.6(b) 所示。

另一型典型代表如 Hass A1 大氣壓力計，係自西元 1960 年開始由美國華盛頓特區 Hass 儀器公司所生產。此型標準器生產之歷史甚久，依其水銀高度差之量測方式分為 A1K-V 目視判讀型 (visual scanning) 與 A1K-P 光電判讀型 (photo-electric scanning)。前者採機械尺之結構，以放大鏡及游標尺協助判讀；後者亦採用機械尺之結構，以光電元件協助判讀，以降低目視判讀誤差。許多國家的標準實驗室、飛機製造公司、飛機維修公司、航空公司及軍方，都採用 Hass A1 作為氣壓之標準器。

Hass A1 大氣壓力計採單槽式架構，一般依其主玻璃管之長度分為 0 至 31 inHg、0 至 62 inHg 及 0 至 105 inHg 等三種量測範圍。在其底座上有兩個精密氣泡式水平儀及三個可調式腳座，供整個大氣壓力計水平調整用。在其垂直主架的中間位置則有一精密之玻璃溫度計，供整個大氣壓力計溫度修正用。其供判讀水銀高度差之機械尺則是採用 Hass 專利之計算修正機構 (computing-correcting mechanism) 的機械尺，可用以進行溫度及重力補償之修正。

對以量測絕對壓力為主之 Hass A1 大氣壓力計而言，其參考端之參考壓力極為重要。通常在其參考端 (主玻璃管之上端)，亦即外接真空幫浦 (vacuum pump) 抽取真空之一端，會接一小型旋轉式之壓縮式真空計 (麥氏真空計)，以便就近讀取參考端之參考壓力。

Hass A1 大氣壓力計如圖 7.6(c) 所示。

7.2.3 壓縮式真空計

(1) 基本原理

壓縮式真空計又稱麥氏真空計或麥克洛德真空計，係於西元 1874 年由 McLeod 首先發展出來的。其主要架構可說就是由一根壓縮管 (頂端封閉) 與一根底端相連之量測管 (頂端連接受測真空環境) 所構成，再配合特定之刻劃尺與水銀位面升降調整機構，而成為一個完整的壓縮式真空計，參考圖 7.7 所示，圖中僅顯示壓縮管與量測管之主要架構。

壓縮式真空計使用之方法一般來說非常簡單，先以水銀位面升降調整機構將水銀位面降至壓縮管與量測管相連處之下方 (如圖 7.7 中 M1 位置)，使壓縮管與量測管處於相同之壓力環境，再將量測管之頂部測試端連接於受測之壓力環境。當要測試時，祇要以水銀位面升降調整機構將水銀位面升至壓縮管或量測管特定之位置，再由特定之刻劃尺來讀取量測之真空壓力值。

壓縮式真空計之基本原理主要係基於波以耳定律 (Boyle-Mariotte law)，亦即對一理想氣體而言，在絕對溫度不變之情況下，其壓力 P 與體積 V 之乘積不變。其基本公式為：

$$P \cdot V = \text{constant} \tag{7.5}$$

或 $$P_1 \cdot V_1 = P_2 \cdot V_2 \tag{7.6}$$

壓縮式真空計依其量測方式大致可分為兩類，一為線性尺度 (linear scale) 之壓縮式真空

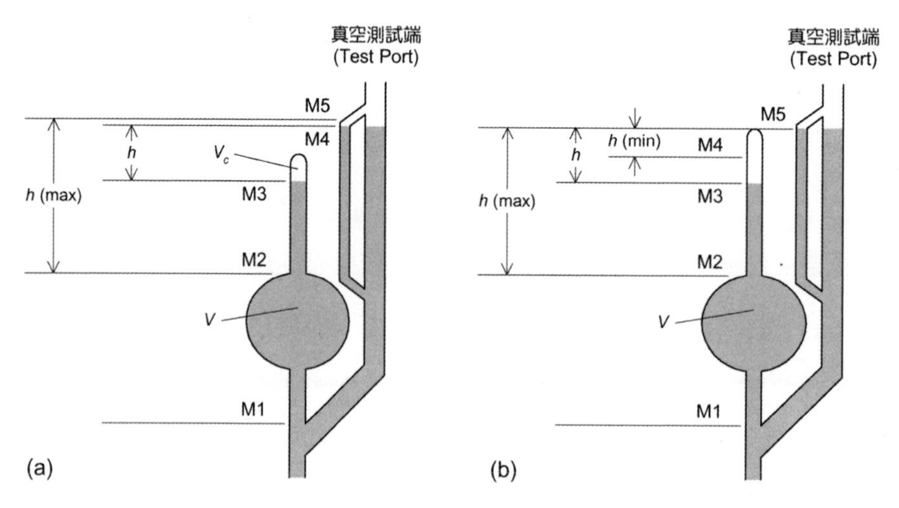

圖 7.7 壓縮式真空計基本結構示意圖。(a) 線性尺度 (linear scale) 之壓縮式真空計；(b) 平方律尺度 (square-law scale) 之壓縮式真空計。

計，一為平方律尺度 (square-law scale) 之壓縮式真空計。以線性尺度之壓縮式真空計而言，其基本結構如圖 7.7(a) 所示。若壓縮管之總容積為 V (圖 7.7(a) 中壓縮管在 M1 位置以上之部分)，預定壓縮後容積為 V_C (如圖 7.7(a) 中壓縮管在 M3 位置以上之部分)，待測之真空壓力為 P，其單位為 mmHg；在量測之狀況下，亦即水銀位面升降調整機構將水銀位面升至壓縮管特定之位置(圖 7.7 中 M3 位置) 時，依據波以耳定律可得到下式：

$$P \cdot V = (P + h) \cdot V_C \tag{7.7}$$

式中 h 為 (量測管之) 量測毛細管 (measurement capillary) 與 (壓縮管之) 壓縮毛細管 (comparison capillary) 內水銀位面之高度差，其高度差之單位為 mm。

式 7.7 可改寫為

$$P \cdot V = P \cdot V_C + h \cdot V_C$$

$$P = h \cdot \left(\frac{V_C}{V - V_C} \right) \tag{7.8}$$

若 $V >> V_C$ 時，則

$$P = h \cdot \frac{V_C}{V} \tag{7.9}$$

若 V 及 V_C 為已知，h 係由線性刻劃尺所讀取，則可直接依上式獲得待測之真空壓力 P，其單位為 mmHg。若真空壓力 P 改為以 mbar 為單位，h 之單位仍為 mm 時，式 7.9 可改寫為

$$P = \frac{4}{3} h \cdot \frac{V_C}{V} \tag{7.10}$$

由上述亦可知，對線性尺度之壓縮式真空計而言，壓縮管之總容積 V 及預定壓縮後容積 V_C 必須為已知。

以平方律尺度之壓縮式真空計而言，其基本結構如圖 7.7(b) 所示。若壓縮管之總容積為 V (圖 7.7(b) 中壓縮管在 M1 位置以上之部分)，壓縮後容積為 V_C (圖 7.7(b) 中壓縮管在 M3 位置以上之部分)，待測之真空壓力為 P，其單位為 mmHg；在量測之狀況下，亦即水銀位面升降調整機構將水銀位面升至量測管特定之位置(圖 7.7 中 M5 位置) 時，特別要說明的是此一位置也是(壓縮管之) 壓縮毛細管內垂直最高之位置，同樣依據波以耳定律可得到下式：

$$P \cdot V = (P + h) \cdot V_C$$

式中 h 為 (量測管之) 量測毛細管與 (壓縮管之) 壓縮毛細管內水銀位面之高度差，其高度差之單位為 mm。

若 $V >> V_C$ 時，則

$$P = h \cdot \frac{V_C}{V}$$

式中待測之真空壓力 P，其單位為 mmHg。

壓縮後容積 V_C 可由下式計算之：

$$V_C = h \cdot \left(\frac{\pi}{4}\right) \cdot d^2 \tag{7.11}$$

式中 d 為 (量測管之) 量測毛細管之內徑 (inside diameter)，單位為 mm。將 V_C 值代入式 7.9，可得到

$$P = \frac{h^2 \pi d^2}{4V} \tag{7.12}$$

由上式可看出，當量測毛細管之內徑 d (mm) 及壓縮管之總容積 V (mm^3) 為已知時，待測之真空壓力 P (mmHg) 僅正比於水銀位面高度差 h (mm) 之平方。若 h 係由平方律尺度之刻劃尺所讀取，則可直接依上式獲得待測之真空壓力 P，其單位為 mmHg。若真空壓力 P 改以 mbar 為單位，h 之單位仍為 mm 時，式 7.12 可改寫為

$$P = \frac{h^2 \pi d^2}{3V} \tag{7.13}$$

至於壓縮式真空計之水銀位面升降調整機構，大致有重力擠壓式、螺桿擠壓式及氣壓驅動式等，將另行介紹。

一般市售之壓縮式真空計仍以平方律尺度之壓縮式真空計為主，所採取之水銀位面升降調整機構也多採螺桿擠壓式。但由於壓縮式真空計僅適用於量測在量測過程中不會液化凝結之所有氣體成份之分壓力的總和，不能量測正確之全壓力；且無法做連續性之量測，而僅能做非連續之量測；再加上水銀為較敏感之有毒物質，所以近年來在一般之真空應用

中較少採用。

(2) 使用範圍

壓縮式真空計幾乎全部採用玻璃之管件，以水銀為傳導壓力之介質。由於玻璃管件實際加工之技術，以及水銀在真空中蒸氣壓之影響，再加上使用者操作之技術與經驗，導致壓縮式真空計雖然在理想狀況下號稱可使用之範圍約自 10^{-1} 至 10^{-6} mbar (10^{-1} 至 10^{-6} mmHg)，但實際在一般狀況下可使用之範圍約自 10^{-1} 至 10^{-3} mbar (10^{-1} 至 10^{-3} mmHg) 左右，且其量測準確度在最佳狀況下僅為量測值的 ± 5% 左右。

由於壓縮式真空計僅適用於量測在量測過程中不會液化凝結之所有氣體成份之分壓力的總和，故在以壓縮式真空計實際做較低壓範圍 (低於 10^{-3} mbar) 之量測或較精密之量測時，為避免會液化凝結之氣體 (如水蒸氣等) 的影響，都會在壓縮式真空計與待測之真空環境間加一冷凝阱 (cold trap)，並注入液態氮氣 (liquid nitrogen) 或液態空氣，以先行凝結部分會液化凝結之氣體。此一措施亦有其他好處，即是可防止壓縮式真空計之水銀蒸氣進入待測之真空環境，造成真空環境的污染；同時亦可防止待測真空環境內其他可能之污染物 (如真空幫浦之油氣等)，造成壓縮式真空計的污染。

(3) 典型代表

壓縮式真空計的典型代表為 LH McLeod 壓縮式真空計。LH McLeod 壓縮式真空計係由德國科隆 (Cologne) 之 LH (Leybold-Heraeus GmbH) 公司所生產，LH 公司經過多次重整及改組，目前為 Balzers and Leybold Holding (Switzerland) 控股公司下之 Leybold Inficon 公司。此型真空計生產之歷史甚久，早期許多國家標準實驗室及校正實驗室採用作為真空校正之標準器，西元 1992 年此型壓縮式真空計已停止生產。

依據原廠型錄，LH McLeod 壓縮式真空計主要規格如下：

可讀壓力範圍：10^{-1} 至 10^{-6} mbar (10^{-1} 至 10^{-6} mmHg)

最佳量測準確度：量測值的 ± 5%

LH McLeod 壓縮式真空計如圖 7.8(a) 所示，圖中左側為 LH McLeod 壓縮式真空計，其上端為量測管接出之玻璃開關閥，中間反光部分為平方律刻劃尺及 (壓縮管之) 壓縮毛細管，下端有旋鈕調整閥之圓柱體為水銀位面升降調整機構，係採氣壓驅動方式，後側下方之藍色圓筒則為冷凝阱。

其他典型代表有 LH Kammerer 真空計，如圖 7.8(b) 所示。LH Kammerer 真空計係由一小型 U 型管液位壓力計及一小型壓縮式真空計同置於一玻璃真空罩內，其真空量測接頭位於中間右側(可依需求置換於左測)，下端為水銀位面升降調整機構，係採螺桿擠壓式方式。

另一典型代表為 LH Vakuskop 真空計，如圖 7.8(c) 所示。其中間為玻璃式之接頭，以密封真空膏 (vacuum grease) 塗抹後接於待測系統之接口，其較粗一端為 U 型管水銀液面真空計，另一端則為簡單型之壓縮式真空計，其真空讀值直接刻劃於管壁上，如圖 7.8(c) 中右側所示。其水銀位面升降調整機構，係採重力擠壓式，使用時僅需將此真空計以中間玻璃式之接頭為軸心，垂直轉動至正確位置即可。

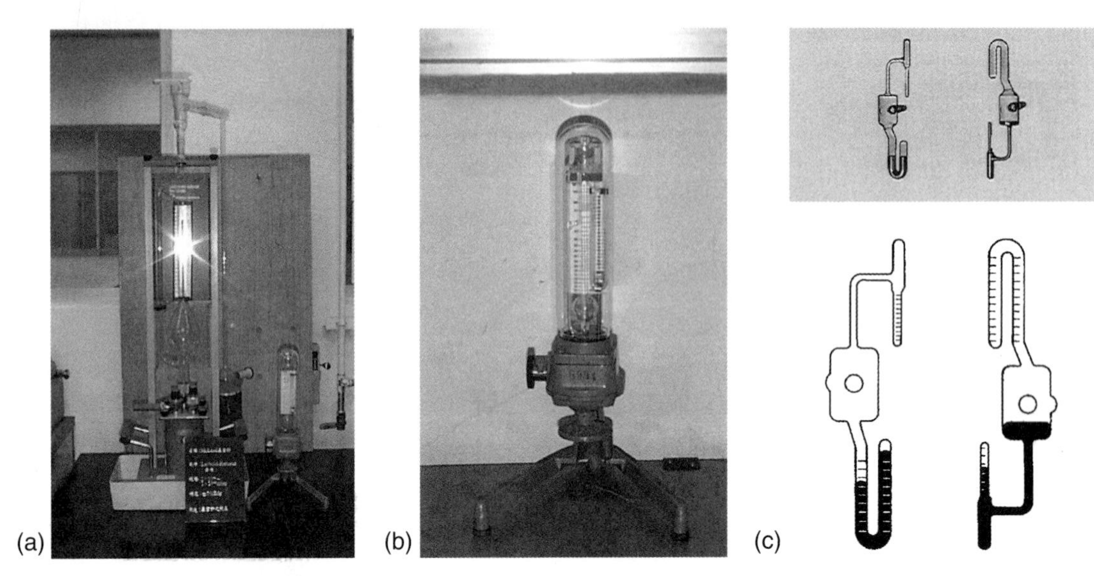

圖 7.8 典型之壓縮式真空計。(a) LH McLeod 壓縮式真空計；(b) LH Kammerer 壓縮式真空計；(c) LH Vakuskop 壓縮式真空計。

7.2.4 彈性元件真空計

彈性元件真空計最主要之部分就是所謂的彈性元件 (elastic element)，基本上彈性元件絕大部分都是以金屬材質製成具有彈性之各式結構元件，如包登管 (bourdon tube) 式、莢艙 (capsule) 式及隔膜 (diaphragm) 式等。此類元件具有受力 (壓力) 會產生變形之特質，一般而言在受力過大時會產生無法恢復之永久變形，因此在實用時幾乎都是在彈性元件未產生永久變形之受力 (壓力) 範圍內，利用彈性元件受力 (壓力) 產生暫時變形之特性，以機械式或電子式放大之機構，將此一彈性元件之變形轉換為指針之指示或電子之信號，再由此一輸出之訊息進而判定受力 (壓力) 之大小。

彈性元件真空計最常用的有包登管式真空計、莢艙式真空計及隔膜式真空計等。以下將針對這些常用之彈性元件真空計做簡單的介紹。

7.2.4.1 包登管式真空計

(1) 基本原理

典型包登管式真空計如圖 7.9(a) 所示，其主要架構可說就是由一根一端連接於量測端接頭 (如 (a) 圖中標示 1 之部分)，另一端密封呈 C 型之中空之包登管 (如 (a) 圖中標示 3 之部分) 所構成，再配合將包登管受力 (壓力) 變形放大之機械結構 (如 (a) 圖中標示 4 之部分)，以及指示受力 (壓力) 大小之指針 (pointer) (如 (a) 圖中標示3 之部分) 與刻度盤 (dial，圖中未標示)，而成為一個完整之包登管式真空計。

以包登管而言，當其管內之壓力由低壓趨向高壓時，C 型之包登管會向外伸張；當其管內之壓力由高壓趨向低壓時，C 型之包登管會向內收縮。對一般包登管式真空計而言，由於包登管處於大氣環境下，在剛接上欲測量之環境時，其內部之壓力幾乎與大氣環境相等。當欲測量之環境變成真空時 (小於大氣環境壓力)，管內之壓力由高壓趨向低壓，C 型之包登管將會向內收縮；其收縮之程度與包登管內外之差壓呈正比。因此包登管處於大氣環境下之包登管式真空計，其實為一量測負表壓 (negative gage pressure) 之表壓壓力計。

(2) 使用範圍

基於上述之說明可知，就一般包登管式真空計而言，其包登管在內外為零差壓時為真正之零點，因此其刻度盤常以大氣壓力時 (即內外為零差壓時) 指示之位置定為零點 (零壓力)，在真空時 (小於大氣環境壓力) 指示之位置定為負壓，亦即是以負表壓表示，此類刻度盤常以 0 至 –1020 mbar (或 0 至 –760 mmHg，或 0 至 –76 cmHg) 標示。另有一些包登管式真空計其刻度盤以大氣壓力時 (即內外為零差壓時) 指示之位置定為大氣壓力值 (如 1020

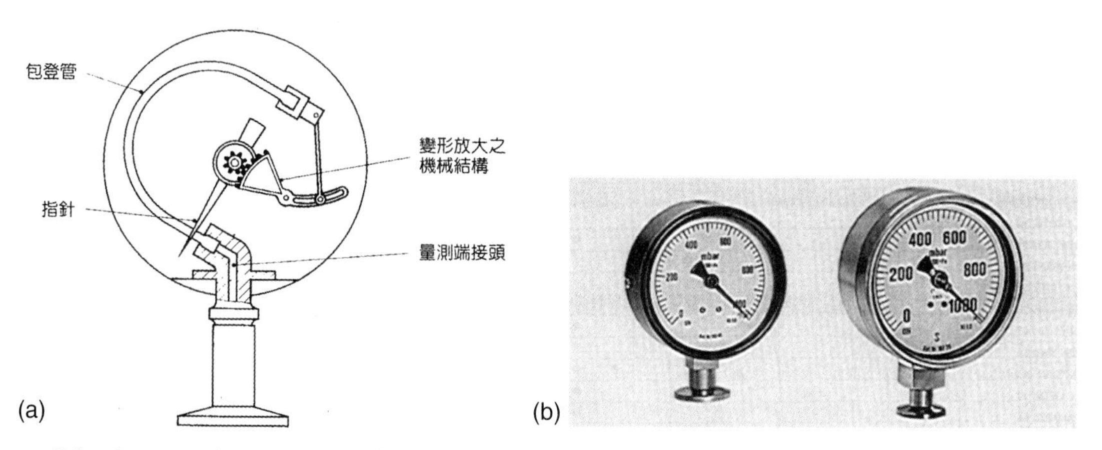

圖 7.9 彈性元件真空計—包登管式真空計。(a) 包登管式真空計基本結構示意圖 (本圖取材自 Leybold-Heraeus GmbH 04.1.2/1729.02.82 Su 5.E 文件)；(b) 典型之包登管式真空計。

mbar)，亦即是以絕對壓力表示，此類刻度盤常以 0 至 1020 mbar (或 0 至 760 mmHg，或 0 至 76 cmHg) 標示，如圖 7.9(b) 所示，特別要注意的是此類包登管式真空計之真空讀值其實與大氣環境壓力有關。不論以何種方式表示，其量測之不確定度在最佳之狀況下為全尺度 (full scale, FS) 的1% 左右。

(3) 其他

另有一型包登管式真空計如圖 7.10 所示，其架構主要是由兩根外型大小相同之 C 型包登管呈 S 型相連接所構成。其中一根為測試包登管，其一端連接於量測端接頭，一端密封；另一根為參考包登管，其兩端完全密封，且內部抽取至相當高之真空狀態 (幾乎接近零絕對壓力)。再將測試包登管之密封端與參考包登管之一密封端呈 S 型相連接。再配合包登管受力 (壓力) 變形放大之機械結構，以及指示受力 (壓力) 大小之指針與刻度盤，而成為一個完整之包登管式絕對壓力真空計。

此型包登管式絕對壓力真空計，其可測試絕對壓力之原理簡單說明如下。

由於測試包登管與參考包登管均處於大氣壓力環境下，假設當時之大氣壓力為 P_{ATM} (以絕對壓力表示)，測試包登管內之測試壓力為 P_{TEST} (以絕對壓力表示)，參考包登管內之參考壓力為 P_{REF} (以絕對壓力表示)。對測試包登管而言，當欲測量之環境變成真空時 (小於大氣壓力)，管內之壓力由高壓趨向低壓，C 型之包登管將會向內收縮，如以圖 7.10 所示為例，可視為 C 型之測試包登管有一逆時針方向之變形 d_{TEST}；其收縮之程度與包登管內外之差壓呈正比。可以下式表之：

$$d_{TEST} = -k(P_{ATM} - P_{TEST}) \tag{7.14}$$

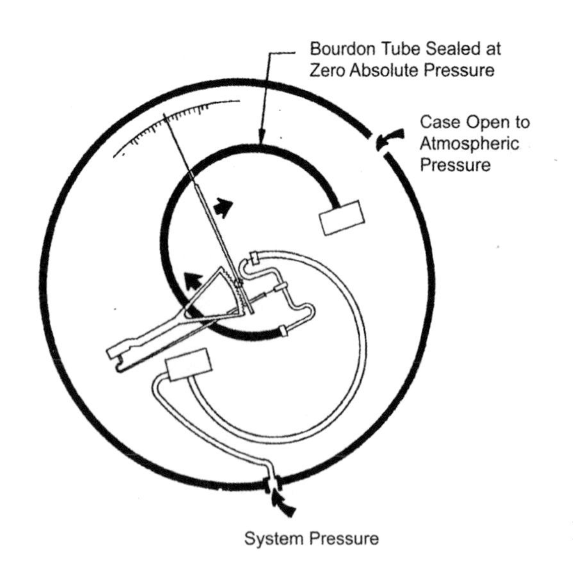

圖 7.10
彈性元件真空計—包登管式絕對壓力真空計基本結構示意圖。(本圖取材自 Wallace & Tiernan Book No. WAA 610.050)

上式中等號右側之負號表示逆時針方向，k 為 C 型包登管之彈性變形係數。對參考包登管而言，其內部恆為相當高之真空狀態 (幾乎接近零絕對壓力)，而其外部處於大氣壓力環境下，因此幾乎處於最大壓縮之狀態。如以圖 7.10 所示為例，可視為 C 型之參考包登管幾乎維持一順時針方向之變形 d_{REF}；其收縮之程度與包登管內外之差壓呈正比關係。可以下式表之：

$$d_{\mathrm{REF}} = k(P_{\mathrm{ATM}} - P_{\mathrm{REF}}) \tag{7.15}$$

上式中等號右側之正號表示順時針方向，k 為 C 型包登管之彈性變形係數。若以 d 來表示此型結構之總變形量時，可以下式表之：

$$\begin{aligned} d &= d_{\mathrm{TEST}} + d_{\mathrm{REF}} \\ &= -k(P_{\mathrm{ATM}} - P_{\mathrm{TEST}}) + k(P_{\mathrm{ATM}} - P_{\mathrm{REF}}) \\ &= k(P_{\mathrm{TEST}} - P_{\mathrm{REF}}) \end{aligned} \tag{7.16}$$

由於參考包登管其內部恆為相當高之真空狀態 (幾乎接近零絕對壓力)，故參考包登管內之參考壓力 P_{REF} 可視為零絕對壓力，上式可改寫為：

$$d = kP_{\mathrm{TEST}} \tag{7.17}$$

由此可明顯看出，此型結構之總變形量與當時之大氣壓力為 P_{ATM} 無關，僅與測試包登管內之測試壓力為 P_{TEST} (以絕對壓力表示) 有關。

此外，亦有一些基於 C 型包登管相同基本原理的其他構型，如多層螺管式真空計、航空用機械式高度計等，限於篇幅將不在此介紹。

7.2.4.2 莢艙式真空計

(1) 基本原理

莢艙式真空計 (capsule vacuum gauge) 亦稱苞莢式真空計，由其名稱即可知道，此型真空計感壓之彈性元件為一密封之莢艙，就像食用之豆莢一樣。

典型莢艙式真空計如圖 7.11 所示，其主要架構可說是由一內部已抽取至相當高真空狀態之密封莢艙，配合可將密封莢艙受力 (壓力) 變形放大之機械結構，以及指示受力 (壓力) 大小之指針與刻度盤，再將以上元件全部置入一可抽取真空之錶殼內，而成為一個完整的莢艙式真空計。當然此型真空計之真空測試口直接連通於可抽取真空之錶殼，而錶殼透明之錶面則可直接觀察到指針與刻度盤。

以已抽取至相當高真空狀態之密封莢艙而言，當其外在環境 (即可抽取真空之錶殼內氣

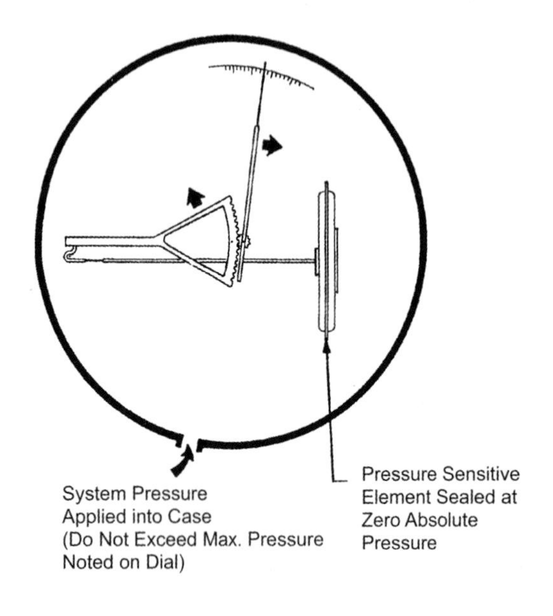

圖 7.11
彈性元件真空計—莢艙式真空計基本結構示意圖。(本圖取材自 Wallace & Tiernan Book No. WAA 610.050)

壓) 為大氣壓力時，密封莢艙是處於最大壓縮之狀態。當外在環境 (即可抽取真空之錶殼內氣壓) 由大氣壓力趨向低壓時，密封之莢艙會向外伸張；當外在環境壓力由低壓趨向大氣壓力時，密封之莢艙會向內收縮。對一般典型莢艙式真空計而言，由於密封莢艙處於相當高真空狀態，其內部之壓力幾乎接近零絕對壓力，或是說遠低於莢艙式真空計刻度盤之刻劃解析度。當欲測量之環境變成真空時 (小於大氣環境壓力)，可抽取真空之錶殼內氣壓由高壓趨向低壓，密封莢艙將會向外伸張，其向外伸張之程度與密封莢艙內外之差壓呈正比。由於密封莢艙處於相當高真空狀態，因此其向外伸張之程度可視為與絕對壓力呈正比，故莢艙式真空計可視為一量測絕對壓力之氣壓計。

基於上述之說明可知，就一般莢艙式真空計而言，其密封莢艙在內外為零差壓時為真正之零點，因此其刻度盤常以零絕對壓力時指示之位置定為零點 (零壓力)，在高於零絕對壓力時指示之位置定為正壓，亦即是以絕對壓力表示。此類刻度盤常以 0 至 100 mbar (或 0 至 75 mmHg) 或以上之標示。

(2) 使用範圍

莢艙式真空計由於主要用於量測絕對壓力，因此幾乎全以絕對壓力表示其可使用之範圍，約自 0 至 100 mbar (或 0 至 75 mmHg) 或以上之範圍。就純機械結構之莢艙式真空計而言，其量測之不確定度在最佳之狀況下可達到全尺度的 1% 左右。

7.2.4.3 隔膜式真空計

(1) 基本原理

隔膜式真空計 (diaphragm vacuum gauge) 與上節所述之莢艙式真空計，其感測之基本原理可說是完全相同，唯一不同的就是機械結構。就莢艙式真空計而言，其感壓之彈性元件的莢艙在錶殼內，完全浸於感測之壓力環境內，當壓力環境改變時，莢艙兩側皆會產生受力(壓力) 之變形。而所謂隔膜式真空計，其感壓之彈性元件為單面之隔膜，而且僅由此一單面隔膜感測壓力之變化。也因為如此，在許多真空計的分類中，都將莢艙式真空計歸類為隔膜式真空計。

典型之隔膜式真空計如圖 7.12(a) 所示，其主要架構可說是由一單面之感測壓力隔膜直接接於真空測試口，隔膜之另一側已抽取至相當高真空狀態之密封艙，配合可將感測壓力隔膜受力 (壓力) 變形放大之機械結構，以及指示受力 (壓力) 大小之指針與刻度盤，而成為一個完整之隔膜式真空計。當然此型真空計之密封艙透明的錶面可直接觀察到指針與刻度盤。由於密封艙處於相當高真空狀態，因此其感測壓力隔膜伸張之程度可視為與絕對壓力呈正比，故隔膜式真空計可視為一量測絕對壓力之氣壓計。

基於上述說明可知，就一般隔膜式真空計而言，其密封艙在感測壓力隔膜內外為零差壓時為真正之零點，因此其刻度盤常以零絕對壓力時指示之位置定為零點 (零壓力)，在高於零絕對壓力時指示之位置定為正壓，亦即是以絕對壓力表示。此類刻度盤常以 0 至 1000 mbar (或 0 至 760 mmHg，抑或 0 至 76 cmHg) 或以上之標示，且其刻度標示並非全為線性標示，如圖 7.12(b) 所示。

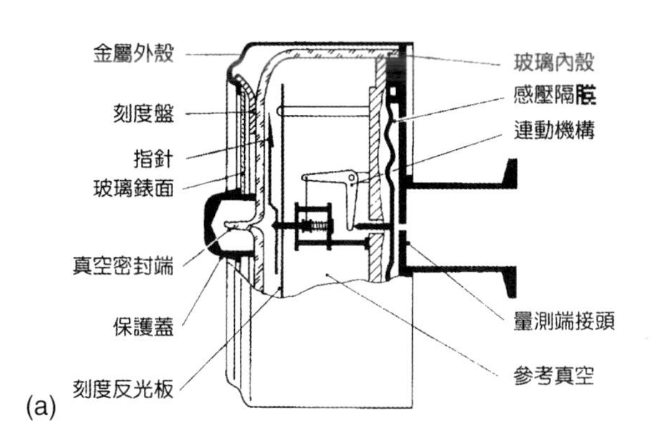

圖 7.12 彈性元件真空計—隔膜式真空計。(a) 隔膜式真空計基本結構示意圖 (本圖取材自 Leybold-Heradus GmbH 04.1.2/1729.02.82 Su 5.E 文件)；(b) 典型之隔膜式真空計。

(2) 使用範圍

隔膜式真空計主要用於量測絕對壓力，因此幾乎全以絕對壓力表示其可使用之範圍，約自 0 至 1000 mbar (或 0 至 760 mmHg，亦或 0 至 76 cmHg) 或以上之範圍。就純機械結構之莢艙式真空計而言，其量測之不確定度在最佳狀況下可達到全尺度的 0.1% 左右。

7.2.4.4 電容式真空計

(1) 基本原理

前面所述之包登管式真空計、莢艙式真空計及隔膜式真空計等彈性元件真空計皆著重於機械式結構之介紹。近年來，由於人因工程及自動化之需求，加上材料及資訊科技的進步，上述各式真空計也有部分改以數字方式顯示。其主要係採隔膜式之結構，再配合貼附於隔膜之應力感測元件，將隔膜受力 (壓力) 之機械變形轉換為電子信號，再經由電子及數位電路將真空壓力感測值直接顯示出來。

在此要特別介紹的是電容式真空計 (capacitance gauge)，其基本上可視為一種隔膜式真空計。其主要係採隔膜式之結構，隔膜一側直接面對待測之真空壓力，另一側則與特殊結構之電極板形成電容。由於隔膜受力 (壓力) 之機械變形會造成另一側電容值的變化，將此一電容值之變化轉換為電子信號，再經由電子及數位電路將真空壓力感測值直接顯示出來。

電容式真空計最具代表性的就是美國 MKS 儀器公司所出產之 Baratron® 電容式氣壓計，其基本結構示意圖如圖 7.13(a) 所示。圖中所示為量測絕對壓力之電容式氣壓計 (感測頭部分)，待測壓力由左方測試端接頭 (test port) 經過一緩衝板 (baffle)，進入感壓隔膜 (diaphragm) 左側之量測腔 (measurement (Px) side)。感壓隔膜右側為一密閉且抽至相當高真空之參考腔 (reference (Pr) side)，內部並有一小型的化學結拖幫浦 (chemical getter pump)。隔膜右方與隔膜緊貼但未直接接觸者為一圓盤狀陶瓷基座之電極結構，其與感壓隔膜構成感壓之兩組電容，其電極之接腳引出參考腔並接至感測信號放大處理電路，電路示意圖如圖 7.13(b) 所示。

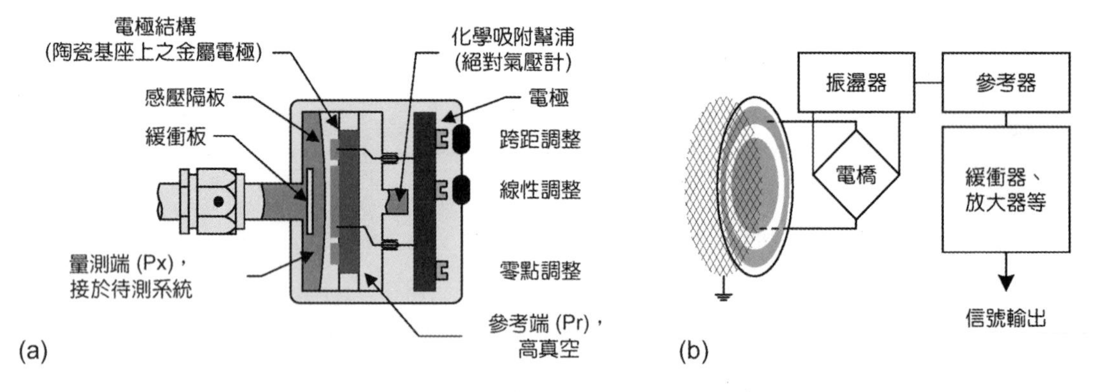

圖 7.13 典型之電容式真空計—MKS Baratron®。(a) MKS Baratron® 電容式真空計基本結構示意圖；(b) MKS Baratron® 電容式真空計基本電路示意圖。(本圖取材自 MKS Instruments 網頁資料，2000.05)

(2) 使用範圍

量測絕對壓力之電容式真空計可使用的範圍甚廣，以MKS Baratron® 絕對壓力式電容氣壓計而言，若採用不同型號之感測頭，可自 1×10^{-6} 至 1000 mmHg 或更高之範圍。就部分之真空範圍而言 (較高氣壓部分)，其量測之不確定度在最佳狀況下可達到讀值 (reading) 的 0.05% 左右。

(3) 典型代表

電容式真空計的典型代表為 MKS Baratron® 690A 高精度系列絕對壓力式電容氣壓計。MKS Baratron® 690A 高精度系列絕對壓力式電容氣壓計係美國麻州 MKS 儀器公司所生產，廣為工業界所採用，特別是光電及半導體產業。許多國家的標準實驗室、飛機製造公司、飛機維修公司、航空公司及軍方，都採用MKS Baratron® 作為氣壓之標準器。

依據原廠型錄，MKS Baratron® 690A 電容氣壓計主要規格如表 7.1 所示。

表 7.1 MKS Baratron® 690A 電容氣壓計主要規格。

Baratron® 690A	依需求選用不同全尺度範圍之感測頭	
全尺度範圍 (mmHg)	1000 / 100 / 10 / 1	0.1
解析度 (% FS)	1×10^{-6}	1×10^{-6}
最低可用極限 (% FS)	1×10^{-5} 至 3×10^{-5}	1×10^{-5} 至 3×10^{-5}
最佳精度 (% RDG)	0.05%	0.08%
耐壓範圍 (psia)	45	40
溫度使用範圍 (°C)	15 至 40	15 至 40
接頭型式	Swagelok 4 VCR	Swagelok 4 VCR

7.3 熱傳導真空計

熱傳導真空計為一間接量測壓力之真空計，主要係利用氣體與壓力相關之熱導性 (thermal conductivity) 來量測，此一特性與氣體莫耳質量數有關，導致利用氣體熱導性來間接量測壓力之真空計，其顯示之壓力值與氣體特性有關。一般此類之真空計如無特別註明時，其刻劃或讀值皆是以空氣或氮氣為參考依據，如用於量測其他氣體或蒸氣時，應依據相關修正係數予以修正。有關熱傳導真空計對不同氣體測量之修正係數及特性曲線如圖 7.14 所示。

在談到熱傳導真空計之前，先簡單介紹物體在真空中熱傳導之特性。基本上一個在真空環境中發熱之物體 (如白熱燈泡內之燈絲)，其熱量之傳導可概略分為三種方式，即環境氣體分子對發熱物體之熱量傳導、發熱物體不經由氣體介質傳導之熱輻射，以及經由發熱體

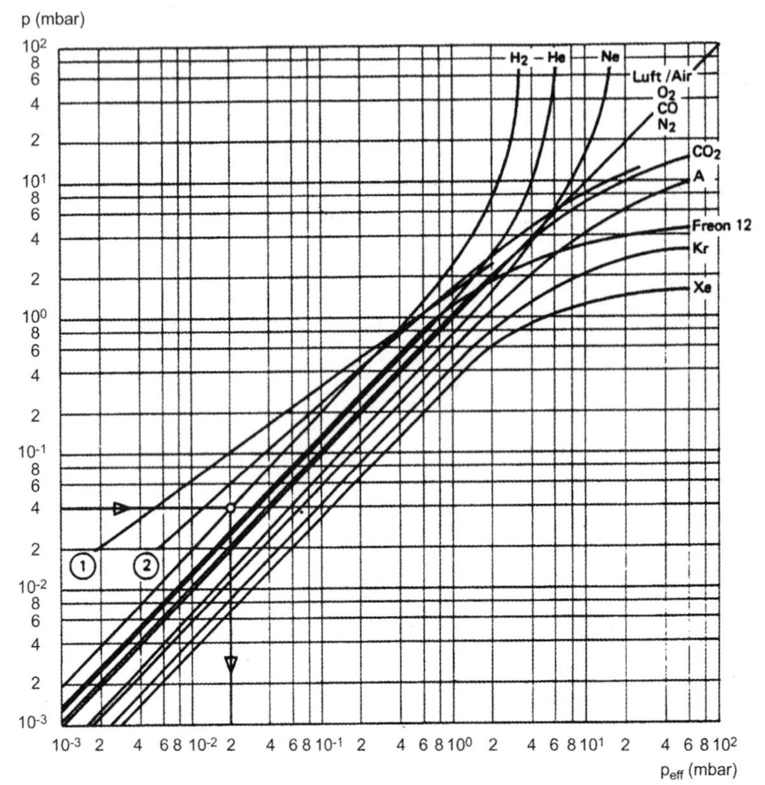

圖 7.14
派藍尼式熱傳導真空計對不同氣體測量之修正係數及特性曲線。圖中 ① 為定電流式派藍尼真空計之水蒸氣 (water vapor) 修正曲線，圖中 ② 為定溫式派藍尼真空計之水蒸氣 (water vapor) 修正曲線。(本圖摘自 Balzers AG.TPG300 Total Pressure Gauge & Controller Operating Instructions; 3rd edition: 5.1988, BG 800 300 BE)

及支架直接之熱傳導。

在粗級真空範圍時，主要之熱傳導效應為氣體分子對發熱物體之熱量傳導，由於在粗級真空範圍時氣體分子之空間密度非常高，其氣體分子之平均自由路徑非常小，此時基本上氣體分子之熱量傳導可視為氣體之對流，導致發熱物體之熱傳導幾乎與氣體之真空壓力無關，這也就是熱傳導真空計實際在真空量測時有其可信賴之量測上限的原因。

當進入中級真空範圍時，由於氣體分子之平均自由路徑變大，此時雖然主要之熱傳導效應仍為氣體分子對發熱物體之熱量傳導，但已非氣體之對流，而是氣體分子對發熱物體之碰撞所導致的熱量傳導，其傳導之熱量與氣體分子碰撞發熱物體之機率呈正比，亦即與當時氣體分子之空間密度成正比，由此可推導出真空壓力與傳導之熱量亦呈正比，這也就是熱傳導真空計之基本原理。

當跨進了高真空範圍時，由於氣體分子之平均自由路徑變得非常大，此時氣體分子對發熱物體之碰撞所導致的熱量傳導變得非常小，主要的熱傳導效應變為發熱物體不經由氣體介質傳導之熱輻射，以及經由發熱體及支架直接之熱傳導，此時發熱物體之熱傳導幾乎與氣體的真空壓力無關，這也就是熱傳導真空計實際在真空量測時有其可信賴之量測下限的原因。

典型之熱傳導真空計包括了兩大部分，一為感測頭 (sensor) 或稱為感測管 (sensor tube, gauge tube)，多為金屬或玻璃之外殼，內部有感測真空壓力之燈絲及／或其他感溫元件，可直接接於待測之環境空間；另一為控制器 (controller)，主要是提供感測頭所必需之電源電路 (如燈絲加熱之電源)，配合感測頭之感測電路 (如感測電橋)、信號放大與處理之類比電路，以及顯示真空壓力值之表頭或數位顯示電路等。

熱傳導真空計依其感測方式基本上可分為三大類，即派藍尼真空計 (Pirani gauge)、熱電偶真空計 (thermocouple gauge) 及熱敏電阻真空計 (thermistor gauge) 等，分別說明如下。

7.3.1 派藍尼真空計

派藍尼真空計可說是中級真空範圍下使用最為廣泛的真空計，較高階機型的量測範圍可由 5×10^{-4} 至 1020 mbar (3.75×10^{-4} 至 760 mmHg)，其量測不確定度在 10^{-3} 至 10^{-2} mbar 之範圍不大於 20%，在 10^{-2} 至 10^{2} mbar 之範圍不大於 15%。至於一般機型的量測範圍可由 1×10^{-3} 至 100 mbar，其量測不確定度在 10^{-2} 至 10 mbar 之範圍約為 30% 至 50%。但不論是高階或低階之機型，在接近量測範圍之上下極限處，其量測不確定度都相當大，故派藍尼真空計在其量測範圍兩端部分之讀值僅能供參考。

派藍尼真空計感測頭最大的特色是有一條具有高電阻溫度係數材料所製成之燈絲，當適當之電流流過燈絲時，保持燈絲溫度在 100 °C 至 130 °C 之間。由於感測線路設計之不同與偵測主體之差異，派藍尼真空計又可細分為定電壓式派藍尼真空計、定電流式派藍尼真空計及定溫式派藍尼真空計。

7.3.1.1 定電壓式派藍尼真空計

典型定電壓式派藍尼真空計的基本線路如圖 7.15(a) 所示。當感測頭內之燈絲上維持一定的電壓時，燈絲溫度會隨真空壓力而變化。以真空壓力變高為例，此時由熱傳導所帶走之熱能增加，燈絲溫度會降低。由於燈絲係高電阻溫度係數材料，燈絲溫度的降低會導致燈絲之電阻值上升，當供應給燈絲之電壓不變時，將會使供應給燈絲之電流降低，由此電流之減少察覺到真空壓力變高。反之，以真空壓力變低時，由此電流之增加以察覺到真空壓力變低。

參考圖 7.15(a) 可知，感測頭燈絲之電壓 V 固定不變時，可直接由電流表 A 觀察到燈絲電阻之變化，經由適當的轉換與校正，即可由圖中之電流表 A 直接讀取真空壓力值。

7.3.1.2 定電流式派藍尼真空計

典型定電流式派藍尼真空計的基本線路如圖 7.15(b) 所示。燈絲溫度會隨真空壓力而變化，由於燈絲係高電阻溫度係數材料，燈絲溫度的改變會導致燈絲之電阻值改變，以電阻電橋之感測方式來測定電阻之改變即可查覺到真空壓力的變化。

參考圖 7.15(b)，圖中右端為電源供應之電路，圖中左側虛線方框內之電路則為一惠司頓電橋 (Wheastone bridge) 之結構，電橋中的一邊依序為感測頭之燈絲與一參考感測頭之燈絲。參考感測頭有著與感測頭極為相似的構造，但其內部已抽至相當高之真空狀態後加以密封，並儘量接近於感測頭感測壓力的位置，以做為環境溫度補償之用。電橋中另一邊依序為一可變電阻 R1 與一固定電阻 R2。此電橋兩邊並聯於一電源上，且在兩感測頭間及兩電阻間接一平衡電流表 A。

當感測頭內之真空壓力改變時，感測頭燈絲電阻的阻值亦會跟著改變，將會導致電橋中之平衡電流表 A 的讀值不再為零，而有所變化。此時可調整電橋中可變電阻 R1，使平衡電流表 A 之讀值回歸為零。當電源供應之電流為一定時 (可由電源供應端之電流表 I 來檢測)，由電橋兩端電壓值之變化 (可由跨接電橋之電壓表 V 來檢測) 即可觀察到燈絲電阻之變化，經由適當之轉換與校正之動作，即可由圖中之電壓表 V 直接讀取真空壓力值。

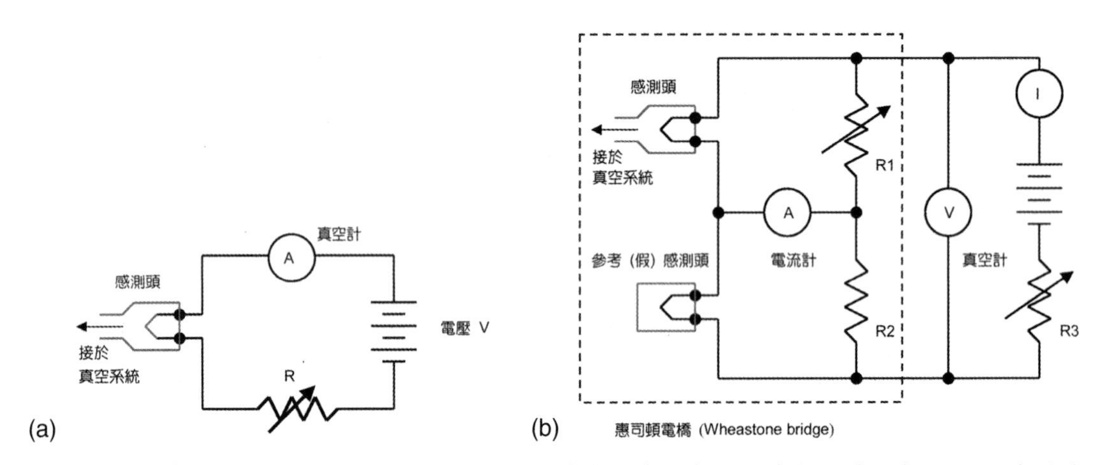

圖 7.15 熱傳導真空計—派藍尼真空計。(a) 定電壓式派藍尼真空計基本結構示意圖；(b) 定電流式派藍尼真空計基本結構示意圖。

7.3.1.3 定溫式派藍尼真空計

典型定溫式派藍尼真空計則可調整跨越感測頭燈絲之電壓，使燈絲溫度維持不變，再由此一電壓之變化來察覺真空壓力的變化。此型結構多為高階之派藍尼真空計所採用，由於燈絲溫度維持不變，經由氣體介質傳導之熱輻射及經由發熱體與支架直接之熱傳導為一定值，且與氣體之真空壓力無關，故可獲得較佳之解析度及較高之準確度。

7.3.2 熱電偶真空計

熱電偶真空計主要用於中級真空範圍，由於其結構簡單、堅固耐用、成本低廉且幾乎無需維護，故廣為各領域所採用。典型機型的最大量測範圍可由 1×10^{-3} 至 20 mbar (或 1 至 20000 micron)，較佳之量測範圍約由 1×10^{-2} 至 5 mbar (或 10 至 5000 micron)，其量測不確定度在此一範圍約為 30% 至 50%，在接近其量測範圍之上下極限處，其量測不確定度都相當的大，故熱電偶真空計在其量測範圍兩端部分之讀值僅能供參考。

熱電偶真空計感測頭的最大特色就是利用熱電偶感溫之特性，直接量測真空感測頭內發熱燈絲 (如以熱電偶為加熱體時則為熱電偶本身) 之溫度，由熱電偶感測溫度之變化，即可得知真空壓力之變化。就其感測頭實際結構而言，最簡單的就是將熱電偶緊密銲接於發熱體 (如發熱燈絲) 上，並將熱電偶之輸出接至信號放大與處理之類比電路，以及可顯示真空壓力值之表頭或數位顯示電路。由於感測線路設計之不同與偵測主體之差異，熱電偶真空計又可細分為非直接加熱式熱電偶真空計及直接加熱式熱電偶真空計。

7.3.2.1 非直接加熱式熱電偶真空計

所謂非直接加熱式熱電偶真空計係指感溫之熱電偶並非實際發熱體，其典型之基本線路如圖 7.16(a) 與 (b) 所示。圖 (a) 為直流供電式，將熱電偶緊密銲接於發熱燈絲上，採用直流電源，其加熱部份與定電壓式派藍尼式真空計類似，由熱電偶直接感測發熱燈絲之溫度變化，並由較精密之毫伏電壓表或其他放大電路讀取熱電偶產生的電動勢，由此電動勢之變化即可得知真空壓力之變化。圖 (b) 為交流供電式，其感測頭由三個熱電偶所構成，其中兩個熱電偶同極之一端銲接後，另一端分別跨接於交流電源之兩端，另一感測熱電偶之一端則呈 T 型緊密銲接於前述兩個熱電偶同極之銲接點上，並接於交流電源之中性點。其等效電路如圖 (c) 所示，圖中左側虛線方框內之電路則為一惠司頓電橋之結構。

7.3.2.2 直接加熱式熱電偶真空計

所謂直接加熱式熱電偶真空計係指感溫之熱電偶亦為實際發熱體，典型之基本線路如圖 7.16(d) 所示。其與直流供電之非直接加熱式熱電偶真空計的線路非常類似，其特徵在於以單一之熱電偶承擔實際發熱體與感溫之熱電偶兩者的工作。

7.3.3 熱敏電阻真空計

熱敏電阻真空計主要亦用於中級真空範圍，由於其結構簡單、堅固耐用、成本低廉且幾乎無需維護，亦廣為各領域所採用。其使用之範圍與熱電偶真空計大致相同，量測不確定

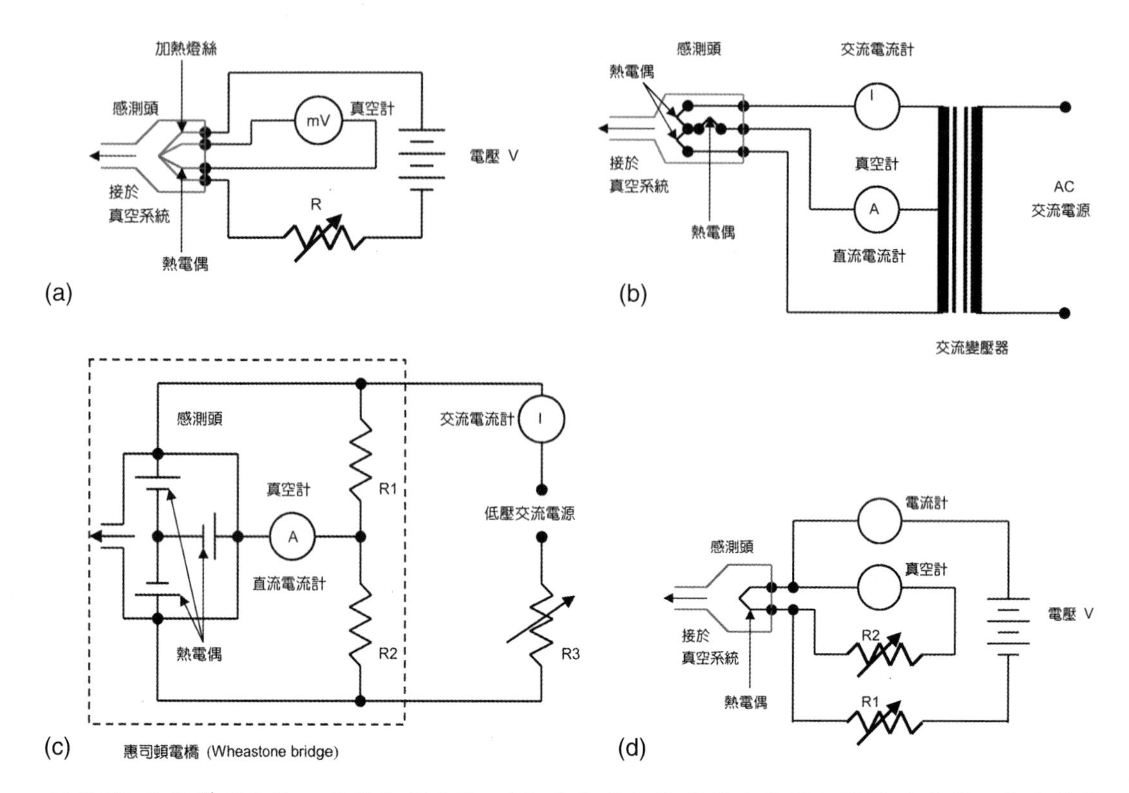

圖 7.16 熱傳導真空計—熱電偶真空計。(a) 非直接加熱式真空計基本結構示意圖—直流供電式；(b) 非直接加熱式真空計基本結構示意圖—交流供電式；(c) 非直接加熱式真空計等效電路示意圖—交流供電式；(d) 直接加熱式真空計基本結構示意圖。

度較熱電偶真空計略大一些。

熱敏電阻實際為一負溫度係數之半導體，當環境溫度變高時，熱敏電阻之阻值反而降低，早期多用於測溫及電路之過熱保護。在真空量測的領域中，可利用熱敏電阻此一感溫之特性，以其取代前述派藍尼真空計之加熱燈絲，並採用與派藍尼真空計類似之電路。當電流流過熱敏電阻時，會導致熱敏電阻發熱，在不同的真空壓力下，由於氣體分子對發熱物體之熱量傳導不同，會使熱敏電阻之阻值產生變化；經由適當的處理與校正，由此阻值之變化即可得知真空壓力之變化。

7.4 離子真空計

離子真空計為一間接量測壓力之真空計，一般用於高真空以上的範圍 (約小於 1×10^{-3} mbar)，主要是利用量測真空系統內剩餘氣體分子之數量來推導出真空壓力之大小。此一特性與氣體分子種類有關，導致利用剩餘氣體分子之數量來間接量測壓力之真空計，其顯示的壓力值與氣體特性有關。一般此類真空計如無特別註明時，其刻劃或讀值皆是以空氣或氮氣為參考依據，如用於量測其他氣體或蒸氣時，應依據相關修正係數予以修正。有關離子真空計對不同氣體測量之修正係數及特性曲線如圖 7.17 所示。

前面曾談到當跨進了高真空範圍時，氣體分子之平均自由路徑變得非常大，如果能設法使此時的氣體分子離子化，且能對游離之分子作一定量的量測，亦即量測游離分子所形成之離子電流，則可由氣體分子離子化之比率估算出剩餘氣體分子的數量，進而推導出真空壓力之大小。

至於使氣體分子離子化的方法很多，有利用帶能量之電子撞擊氣體分子、有利用帶能量之質子撞擊氣體分子，亦有利用光子撞擊氣體分子，一般較常採用之方式多以帶能量之電子撞擊氣體分子為主。以帶能量之電子撞擊氣體分子為例，離子電流與真空壓力之關係可以下式表之：

$$I^{+} = CI^{-}P \tag{7.18}$$

式中 I^{+} 為剩餘氣體分子之離子電流，單位為安培；I^{-} 為撞擊氣體分子之電子電流，單位亦為安培；C 為離子真空計之靈敏度 (sensitivity)，此靈敏度與電子平均自由路徑、氣體分子之

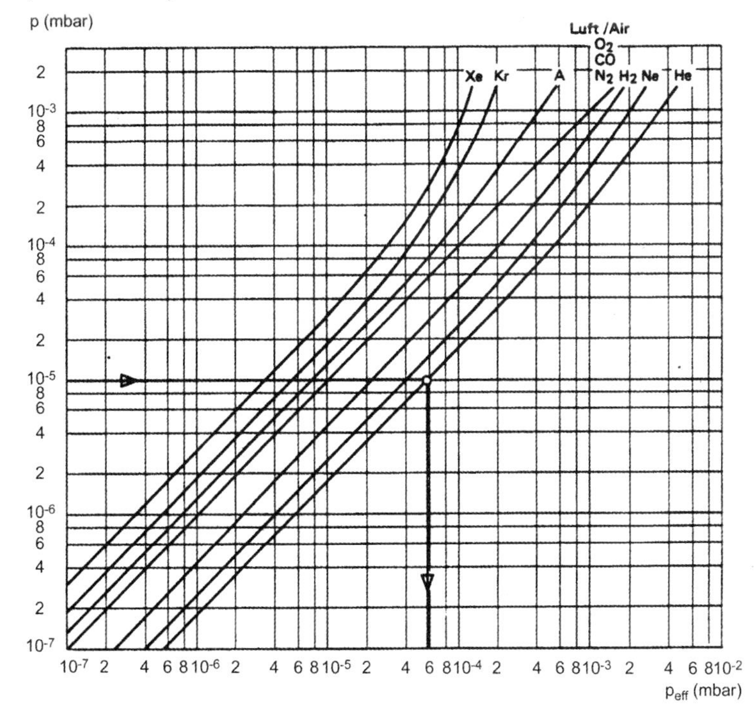

圖 7.17
冷陰極離子真空計對不同氣體測量之修正係數及特性曲線。圖中之修正曲線係依據量測平均值所繪製，依冷陰極真空計感測頭之污染程度可能會有所偏差，量測之參考真空計 (reference gauge) 為已校正 (calibrated) 之熱陰極離子真空計。(本圖摘自 Balzers AG.TPG300 Total Pressure Gauge & Controller Operating Instructions; 3rd edition: 5.1988, BG 800 300 BE)

游離率 (ionization rate) (或氣體分子之游離截面 (ionization cross section)) 及電極之結構等有關，靈敏度之單位為壓力單位的倒數；P 則為真空壓力值。式 7.18 亦可改寫為

$$P = \frac{1}{CI^-} \cdot I^+ \tag{7.19}$$

典型的離子真空計包括了兩大部分：一為感測頭(或稱為感測管)，多為金屬或玻璃之外殼，內部至少有電子電流產生裝置、電子加速裝置及離子電流收集裝置，可直接接於待測之環境空間；另一為控制器，主要是提供感測頭所必需之電源電路 (如燈絲加熱之電源、強迫放電之電源、電子加速之電源、離子收集之電源等)，配合感測頭之感測電路、信號放大與處理之類比電路，以及顯示真空壓力值之表頭或數位顯示電路等。

離子真空計依其電子電流產生裝置，基本上可分為兩大類，即冷陰極離子真空計 (cold-cathode ionization gauge) 與熱陰極離子真空計 (hot-cathode ionization gauge)，分別說明如下。

7.4.1 冷陰極離子眞空計

冷陰極離子真空計又稱為潘寧式真空計 (Penning vacuum gauge)。基本上冷陰極離子真空計並非利用加熱之燈絲產生電離氣體分子的電子，而是在高強度之電場下產生自發性的持續放電 (self-sustaining discharge) 作用，而由陰極產生電離氣體分子之電子。這些電子經由高強度電場加速，再加上垂直電子運動方向強磁場之偏向，使電子以螺旋路徑飛向陽極。此強磁場係由永久磁鐵所造成，其目的在於增加帶能量之電子撞擊氣體分子的機率。以螺旋路徑飛向陽極之電子，在飛行途中會有機會撞及真空中之氣體分子，而造成氣體分子離子化並放出電子，放出的電子又會被高強度電場加速，亦有可能再碰撞其他氣體分子；此外宇宙射線 (cosmic ray) (多為 X 射線) 亦會造成少量之氣體分子離子化。這些產生的正離子會受到電場的作用被陰極吸引，而在陰極形成離子電流；相對地，真空中之電子亦會受到電場的作用被陽極吸引，而在陽極形成電子電流。基於電荷守恆定律，陰極形成之離子電流與陽極形成之電子電流，其大小相等但電荷相反。量測此離子電流 (或電子電流)，則可推導出真空壓力之大小。

若就其感測頭之電極結構而言，可概分為兩大類，一為非輻射對稱感測頭，一為輻射對稱感測頭，分別簡述如下。

7.4.1.1 非輻射對稱感測頭

非輻射對稱感測頭之冷陰極離子真空計的基本原理與電位分佈如圖 7.18 所示，典型之

基本結構如圖 7.19 所示。較高階之非輻射對稱感測頭之冷陰極離子真空計的最大量測範圍可由 1×10^{-9} 至 1×10^{-2} mbar (0.75×10^{-9} 至 1×10^{-2} mmHg)，量測不準確度 (inaccuracy) 在係數 2 之範圍內 (within a factor 2)。舉例來說，當此型真空計之讀值為 1×10^{-5} mbar 時，其真正的真空壓力值有可能是 5×10^{-6} 至 2×10^{-5} mbar 之範圍內的任一值。至於一般機型的量測範圍可由 1×10^{-6} 至 1×10^{-2} mbar (0.75×10^{-6} 至 1×10^{-2} mmHg)，量測不準確度在係數2 之範圍內。但不論是高階或低階之機型，在其量測範圍內之量測不準確度都相當大；但因其具有在所有高真空量測儀器中最為便宜之經濟性，其結構不怕空氣瞬間侵入 (inrush) 以及振動之堅固性，再加上僅開關電源即可使用之便利性，使其廣為各領域所採用，可說是高真空 (HV) 及超高真空 (UHV) 範圍中使用相當廣泛的真空計。

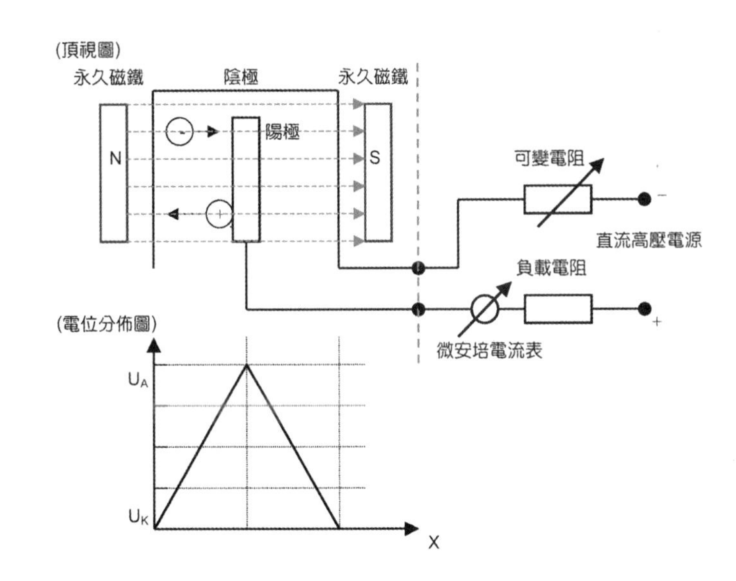

圖 7.18
冷陰極離子真空計之基本原理及電位分佈圖—非輻射對稱結構。

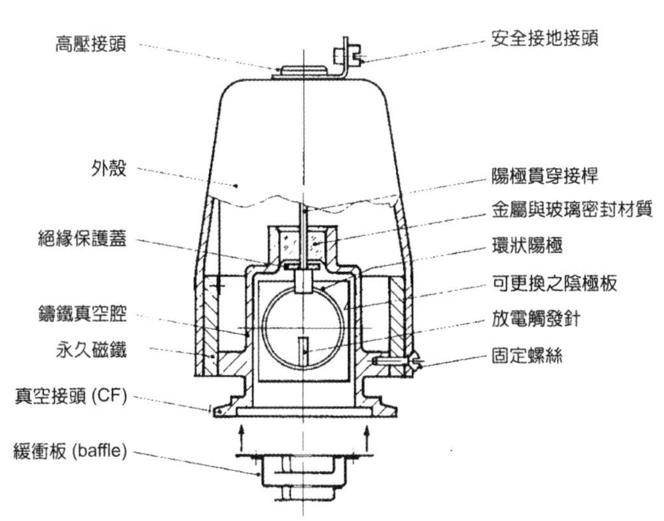

圖 7.19
典型冷陰極離子真空計感測頭之基本結構示意圖—非輻射對稱結構。

近年來由於輻射對稱感測頭之改進與發展，使得輻射對稱感測頭之冷陰極離子真空計的量測範圍及量測不確定度都有大幅改善，也造成了輻射對稱感測頭已逐漸取代了非輻射對稱感測頭。

7.4.1.2 輻射對稱感測頭

輻射對稱感測頭之冷陰極離子真空計的基本原理及電位分佈如圖 7.20 所示，典型之基

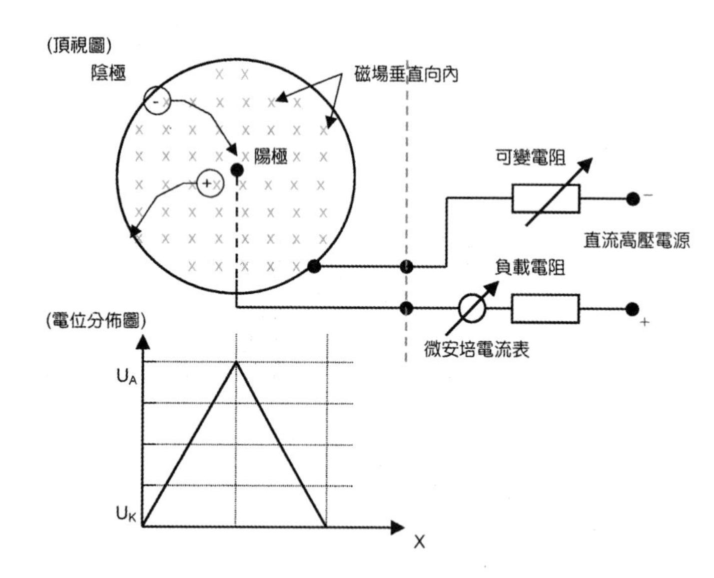

圖 7.20
冷陰極離子真空計之基本原理及電位分佈圖—輻射對稱結構。

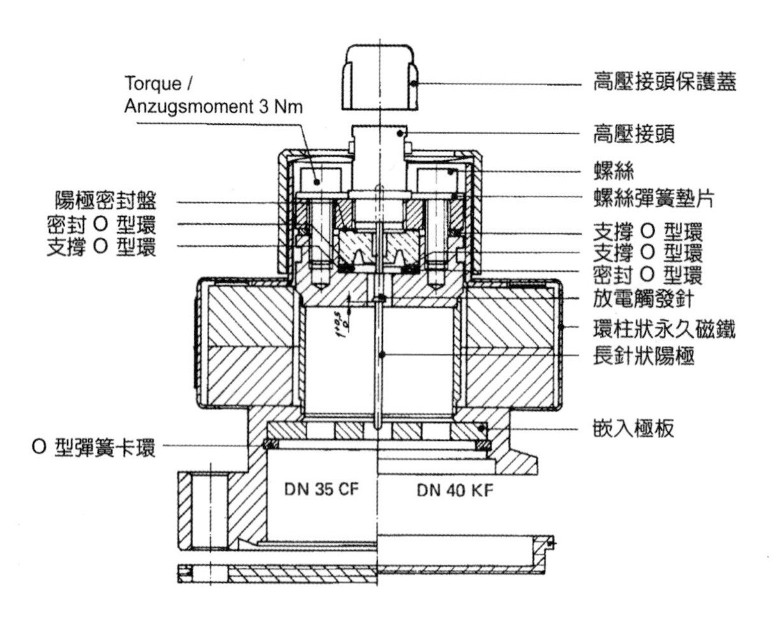

圖 7.21
典型冷陰極離子真空計感測頭之基本結構示意圖—輻射對稱結構。(本圖取材自 Balzers 公司 BG 800 105 BE 文件)

本結構如圖7.21 所示。較高階之輻射對稱感測頭之冷陰極離子真空計的最大量測範圍可由5 $\times 10^{-11}$ 至 1×10^{-2} mbar (0.375×10^{-11} 至 1×10^{-2} mmHg)，量測不確定度在 1×10^{-8} 至 1×10^{-4} mbar 之範圍內約為量測值的 30%。在接近其量測範圍之上下極限處，其量測不確定度都相當大，故在其量測範圍兩端部分之讀值僅供參考。

7.4.2 熱陰極離子真空計

熱陰極離子真空計基本上是利用加熱之燈絲產生熱電子，並經由電場加速成為帶有充分能量之電子，再撞擊氣體分子使其離子化；由氣體分子離子化之比率估算出剩餘氣體分子之數量，進而推導出真空壓力的大小。

以典型三極離子真空計 (triode ionization gauge) 為例，此型離子真空計之基本原理及電位分佈如圖 7.22 所示。由加熱之燈絲產生熱電子，電子受到陰極與陽極間的電場加速，脫離陰極而飛向陽極。由於陽極多做成柵狀結構，大部分被陰極與陽極間電場加速之電子會通過陽極，而撞及真空中之氣體分子，造成氣體分子離子化並放出電子。氣體分子離子化放出之電子以及未撞及氣體分子之熱電子若繼續前進，會被集極的負電位排斥，轉而飛向陽極，若電子穿過柵狀之陽極又會被陰極負電位排斥，如此來回振盪，增加了撞及真空中氣體分子之機率。至於氣體分子離子化後，這些產生的正離子會受到集極負電位吸引，而在集極形成正離子電流；而陰極產生之電子及氣體分子離子化後放出之電子，最後都會受到電場的作用被陽極吸引，而在陽極形成電子電流。量測此正離子電流，則可推導出真空壓力的大小。

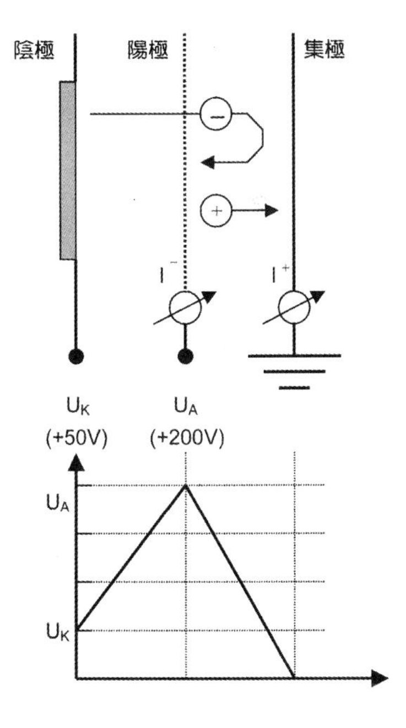

圖 7.22
熱陰極離子真空計之基本原理及電位分佈圖。

理論上，雖然離子真空計可測定的最低壓力受限於最小可測定之離子電流，但是由於熱陰極離子真空計結構會使電子撞及電極 (主要是陽極) 時，因為電荷之瞬間減速而產生軟 X 光 (soft X-ray)；此軟 X 光射到收集極時會產生光電效應，使收集極放出光電子，也就相當於收集極獲得一個正離子電荷，此產生之效應就相當於收集極上有一代表壓力的背景讀數。當然了，自然界的宇宙射線如照射到收集極時，也會產生同樣之效應。前述非真正氣體分子離子化產生的離子電流總效應，也就是離子真空計最低讀值之極限，稱之為離子真空計之 X 光極限 (X-ray limit)。

熱陰極離子真空計若就其感測頭之電極結構而言，可概分為兩大類，一為高壓感測頭 (high pressure gauge head) 熱陰極離子真空計，簡稱 HP 離子真空計；一為 Bayard-Alpert 感測頭熱陰極離子真空計，簡稱BA 離子真空計，分別簡述如下。

7.4.2.1 高壓感測頭熱陰極離子眞空計

其實在此所謂之高壓感測頭係指可適用於真空領域內較高壓力範圍的感測頭，其適用範圍大約由中真空到高真空。此型離子真空計感測頭之基本結構如圖 7.23 所示，為一典型的三極架構。此種架構的陰極 (燈絲) 在最內部，向外接著為桿狀、柵狀、網狀或螺旋狀之陽極，最外圈為一中空筒狀之收集極。

此種架構由於其收集極之表面積較大，非真正氣體分子離子化產生之離子電流總效應也較 X 光極限為高，因此其適用之真空壓力低限也就較高，大約為 1×10^{-6} mbar。另外此類感測頭多以抗氧化金屬製成陰極之燈絲，可將此類離子真空計之量測高限提高，甚至可高至 1 mbar。

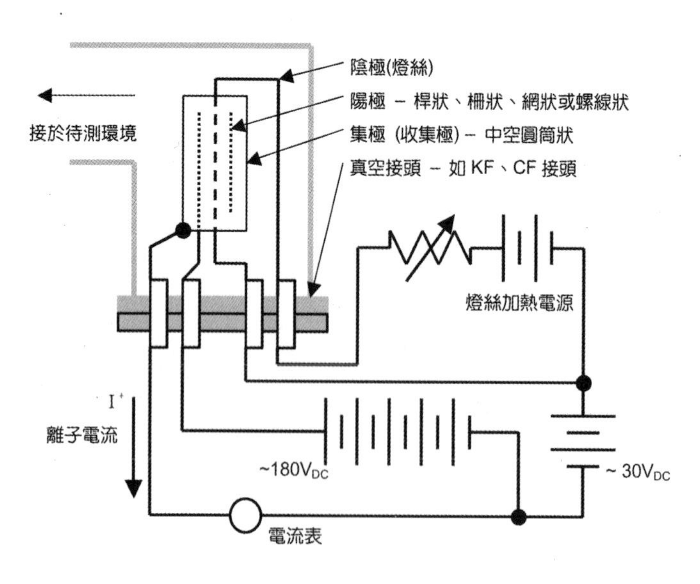

圖 7.23
高壓 (HP) 離子真空計之基本結構示意圖。

較高階之高壓感測頭熱陰極離子真空計的最大量測範圍可由 1×10^{-6} 至 1 mbar，量測不確定度在 1×10^{-5} 至 1×10^{-1} mbar 之範圍內約為量測值的 10% 至 30%，在接近其量測範圍之上下極限處，其量測不確定度都相當大。至於一般機型的量測範圍可由 1×10^{-6} 至 1×10^{-1} mbar，其量測不確定度在 1×10^{-5} 至 1×10^{-2} mbar 之範圍內約為量測值的 30%。但不論是高階或低階之機型，由於其價位較可量測同樣範圍之熱傳導及冷陰極複合型真空計來得高，其結構又怕空氣瞬間侵入以及振動之影響，再加上使用不夠方便，致使其逐漸退出市場。

典型之代表如圖 7.24 所示。圖中為 Balzers IMR110 系列的感測頭，係採裸露之架構，電極採用可更換式，直接以 DN35/40KF (NW35/40KF) 尺寸之金屬板為感測頭的基座，整個感測頭可直接安裝於真空系統上之 DN35/40KF 接頭。

另外要提的是，早期熱陰極離子真空計之感測頭多以玻璃材質作為感測頭之外殼及與真空系統相連之接頭，由於易碎不耐振動，燈絲燒毀即報廢等不利因素，近年來逐漸被以裸露架構、可更換式電極，且直接以 DN35/40KF 或 CF 尺寸金屬板為基座之裸露真空計感測頭所取代。

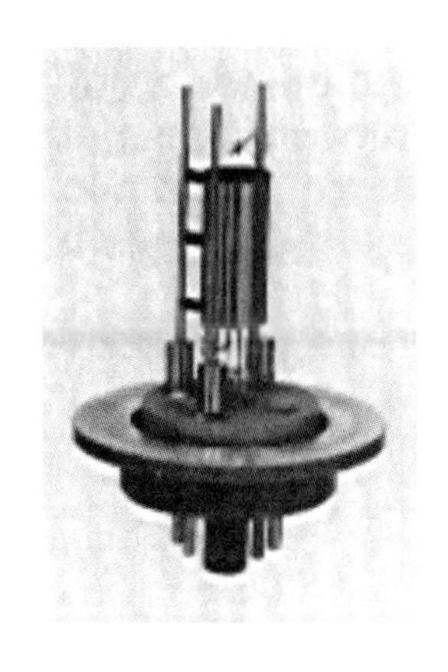

圖 7.24
典型之高壓 (HP) 離子真空計感測頭。圖中為 Balzers IMR110 系列之感測頭，係採裸露之架構，電極採用可更換式，直接以 DN35/40KF (NW35/40KF) 尺寸之金屬板為感測頭之基座，整個感測頭可直接安裝於真空系統上之 DN35/40KF 接頭。

7.4.2.2 Bayard-Alpert 感測頭熱陰極離子真空計

此型離子真空計感測頭之基本結構如圖 7.25 所示，其主要設計理念為將收集離子電流之收集極的表面積儘量減少，以減小非真正氣體分子離子化產生的離子電流總效應；其主要架構為將收集極與陰極 (燈絲) 位置互換，故此種離子真空計又稱為反位三極離子真空計 (inverted triode gauge)。此種架構的收集極在最內部，多為桿狀金屬或線狀金屬絲，向外接著為柵狀、網狀或螺旋狀之陽極，最外為一組或一組以上的陰極 (燈絲)。

此種架構由於其收集極之表面積很小，非真正氣體分子離子化產生之離子電流總效應也較 X 光極限為低，因此其適用之真空壓力低限也就較低，最低可至 1×10^{-12} mbar。

較高階之 BA 離子真空計的最大量測範圍可由 1×10^{-12} 至 1×10^{-2} mbar，量測不確定度

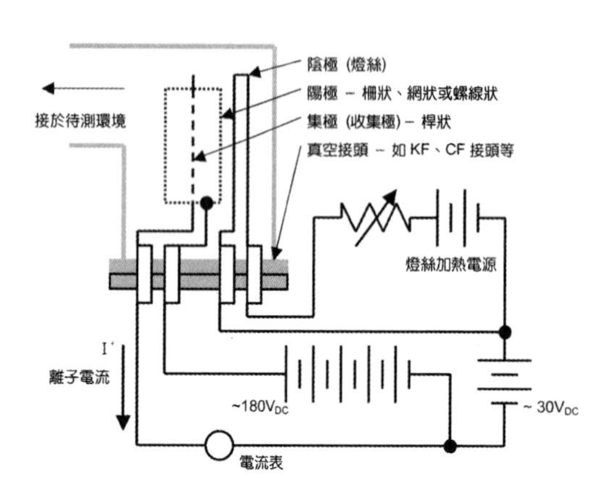

圖 7.25
BA 離子真空計之基本結構示意圖。

在 1×10^{-9} 至 1×10^{-5} mbar 之範圍內可至量測值的 10% 以下，在接近其量測範圍之上下極限處，其量測不確定度都相當大，至於一般機型的量測範圍可由 1×10^{-9} 至 1×10^{-2} mbar，量測不確定度在 1×10^{-7} 至 1×10^{-5} mbar 之範圍內約為量測值的 10% 至 30%。不論高階或低階之機型，BA 離子真空計是高真空 (HV) 及超高真空(UHV) 範圍下使用相當廣泛之真空計。

典型之代表如圖 7.26 所示。圖中左側為 Leybold IE20 系列之感測頭，係採裸露之架構，直接以 DN35/40KF (NW35/40KF) 尺寸之金屬板為感測頭的基座。右側為 Balzers IMR120 系列之感測頭，亦採裸露之架構，電極採用可更換式，直接以 DN40CF (NW40CF) 尺寸之金屬板為感測頭的基座。

近年來由於電極細部結構及電極材質之改進與發展，開發出多種改良型之離子真空計，對離子真空計的量測範圍及量測不確定度都有大幅改善，限於篇幅將不在此介紹。

(a) 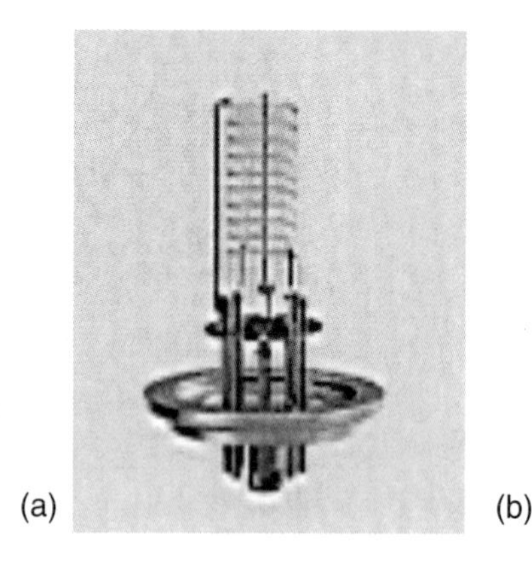

(b) 

圖 7.26
典型之 BA 離子真空計感測頭左側為 Leybold IE20 系列之感測頭，係採裸露之架構，直接以 DN35/40KF (NW35/40KF) 尺寸之金屬板為感測頭之基座。右側為 Balzers IMR120 系列之感測頭，係採裸露之架構，電極採用可更換式，直接以 DN40CF (NW40CF) 尺寸之金屬板為感測頭之基座。

7.5 黏滯性眞空計

(1) 基本原理

黏滯性真空計主要是利用真空環境內殘存氣體分子之黏滯特性，來量測真空壓力的裝置，為一間接量測壓力之真空計。當真空壓力較大時，如在粗級真空範圍 (大於 1 mbar) 時，氣體之黏滯性與壓力幾乎無關，但當真空壓力降低時，此一特性與壓力之關係就會逐漸顯現。由於不同氣體之黏滯性並不相同，導致利用氣體黏滯性來間接量測壓力之真空計，其顯示的壓力值與氣體特性有關。一般黏滯性真空計皆是以氮氣為參考依據，如用於量測其他氣體或蒸氣時，應依據相關修正係數予以修正。對早期舊型之黏滯性真空計而言 (如 Leybold-Heraeus VISCOVAC VM210 等)，需依使用手冊內附表之數據按不同之氣體加以計算後，再鍵入 (key-in) 其控制器，始可正確進行量測。對近期新型之黏滯性真空計而言 (如 Leybold-Heraeus VISCOVAC VM211、MKS SRG0-2 等)，僅直接在控制器上鍵入欲測氣體之分子量，即可正確量測。

利用此特性開發出來的黏滯性真空計有好幾種，經過多年的考驗，目前最為真空界所接受的是旋轉轉子黏滯性真空計 (spinning rotor viscosity gauge)。

典型之旋轉轉子黏滯性真空計其感測頭的基本結構如圖 7.27(a) 所示，其感測頭之實體如圖 (b) 所示，其控制器如圖 (c) 所示。

參照圖 7.27(a)，旋轉轉子黏滯性真空計其感測頭主要結構就是一直徑約 4.5 mm 的完好

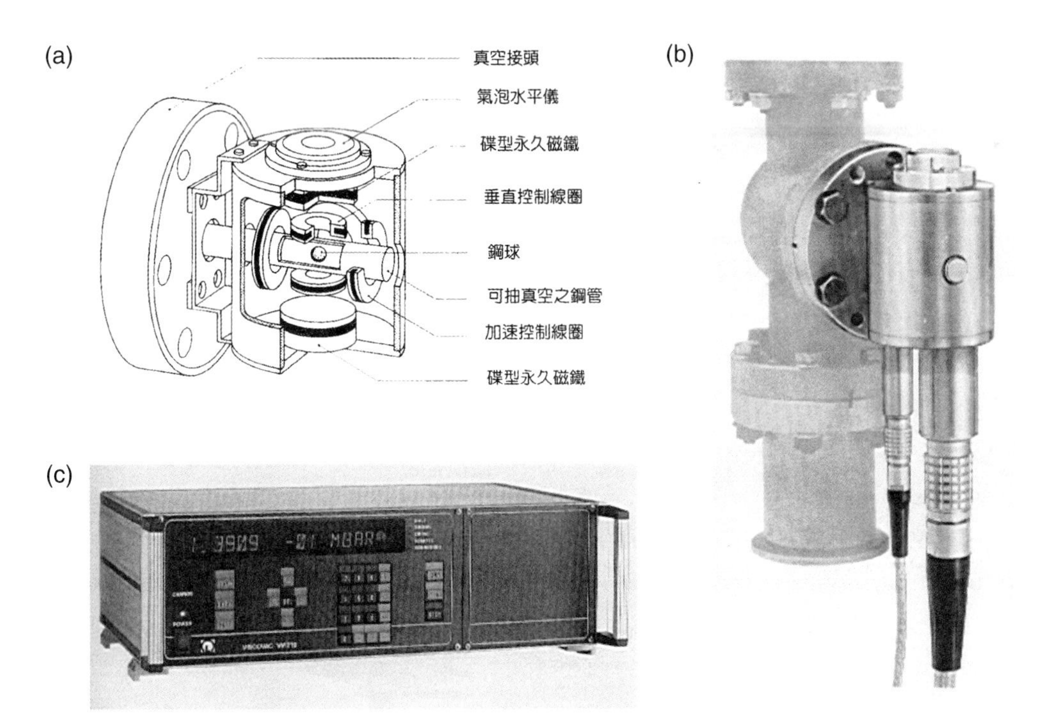

圖 7.27 典型之旋轉轉子黏滯性真空計。(a) 感測頭基本結構示意圖；(b) 典型之感測頭；(c) 典型之控制器。

鋼球 (在此係指鋼球之真球 (圓) 度及鋼球表面之光滑度相當良好)；此鋼球位於一端密封而另一端可接至待測真空環境卻不會磁化之鋼管中，實際使用時，此鋼管呈水平狀態安裝於待測之真空系統上。在鋼管內之鋼球受到感測頭內上下兩塊在同一軸線 (視為 Z 軸) 上之碟形永久磁鐵的磁力作用，會懸浮於兩塊磁鐵之間；在此軸線 (Z 軸) 上於兩塊磁鐵之間，另有兩組同軸環狀的垂直控制線圈，其作用在於利用其產生之磁場使鋼球能穩定地懸浮於此軸線 (Z 軸) 上。為便於說明，將前述永久磁鐵之軸線視為 Z 軸，鋼管之軸線視為 X 軸，垂直 X 軸與 Z 軸之第三條軸線則定為 Y 軸。若以 Z 軸為參考中心線，則分別在 X 軸及 Y 軸各有兩組同軸對稱之環狀控制線圈，共計有四個圍繞於參考中心線，形成加速控制線圈，其作用在於產生使鋼球自旋的旋轉磁場。此一旋轉磁場會使鋼球以垂直軸線 (Z 軸) 為轉軸，加速旋轉至每秒 400 轉以上。此外，在感測頭內另有兩組訊號拾取線圈，可感測鋼球旋轉之轉速，並將訊號送出至控制器。

旋轉轉子黏滯性真空計在實際操作時，係先啟動垂直控制線圈，使鋼球能穩定地懸浮於垂直軸線 (Z 軸) 上，再啟動 (手動或自動) 加速控制線圈，使鋼球以垂直軸線 (Z 軸) 為轉軸，加速旋轉至額定之轉速 (約每秒 400 轉以上) 後隨即切斷 (手動或自動) 此一旋轉磁場。高速自旋之鋼球因氣體的黏滯性而會慢慢減速，由訊號拾取線圈感測鋼球轉速之變量，再經由各項參數之計算，即可求得待測環境之真空壓力。

由鋼球轉速之變量計算待測環境之真空壓力值其實相當複雜，須考量之參數相當多，包括了鋼球之半徑 r、質量 m、密度 ρ、黏滯性係數 (viscosity coefficient) σ，氣體分子之分子量 (molecular weight) M、絕對溫度 (absolute temperature) T、平均速率 (mean molecular velocity) v 等，限於篇幅不在此多作介紹。

旋轉轉子黏滯性真空計包括了兩大部分，一為前面所介紹之感測頭；另一為控制器 (controller)，主要是提供感測頭所必需之電源 (如垂直控制線圈及加速控制線圈之電源)，配合感測頭訊號拾取線圈之感測電路、信號放大與處理之類比電路、各項參數計算之數位邏輯電路 (含中央微處理器)，以及顯示真空壓力值之數位顯示電路等，如圖 7.27(c) 所示。

(2) 使用範圍

典型之旋轉轉子黏滯性真空計的最大量測範圍可由 1×10^{-7} 至 1 mbar；量測不確定度在 1×10^{-7} 至 1×10^{-2} mbar 之範圍內可至量測值的 3% 左右，甚至更好；在 1×10^{-2} 至 1 mbar 之範圍內可由量測值的 4% 左右增加至 10%，在接近其量測範圍之上下極限處，其量測不確定度會比較大。特別要提的是，此型真空計之長期穩定性 (long-term stability) 甚佳，平均每年約優於 1% 左右，因此許多國家的標準實驗室及軍方的標準實驗室，都採用旋轉轉子黏滯性真空計作為中真空 (MV) 及高真空 (HV) 之轉移標準器。

(3) 典型代表

黏滯性真空計的典型代表為 Leybold VISCOVAC VM210 系列旋轉轉子黏滯性真空計。

Leybold VISCOVAC VM210 系列旋轉轉子黏滯性真空計原係由德國科隆 (Cologne) 之 LH (Leybold-Heraeus GmbH) 公司所生產，LH 公司經過多次重整及改組，目前為 Balzers and Leybold Holding (Switzerland) 控股公司下之 Leybold Inficon 公司。此系列真空計的生產歷史甚久，最早在西元 1981 年推出 VM210 型，為此類型真空計中最先推出之商業化機型，其加速控制線圈採用手動式，在較高壓力範圍時須經常手動加速，使用較為不便。西元 1984 年推出 VM211 改良型，其加速控制線圈改採自動式，使用更為方便。到了西元 1999 年推出最新之機型 VM212 型。在這近 20 年間，許多國家標準實驗室、軍方標準實驗室與須精密量測真空之相關實驗室都採用此型真空計作為真空量測之標準器，而許多商業化之真空計校正系統也多將此一系列真空計列為必要之組件。

依據原廠型錄，Leybold VISCOVAC VM212 真空計主要規格如下：

量測範圍：1×10^{-7} 至 1 mbar

0.75×10^{-7} 至 0.75 Torr (mmHg)

量測不確定度：

在 1×10^{-7} 至 1×10^{-2} mbar 之範圍為量測值的 3%

在 1×10^{-2} 至 1 mbar 之範圍由量測值的 4% 增加至 10%

長期穩定性：平均每年約優於 1% 左右

溫度使用範圍：10 °C 至 40 °C

接頭型式：DN40CF，DN16KF

另一種典型代表為 MKS SRG 系列旋轉轉子黏滯性真空計。MKS SRG 系列旋轉轉子黏滯性真空計係美國麻州 MKS 儀器公司德國廠所生產。此系列真空計的生產歷史也相當久遠，與 Leybold VISCOVAC VM210 系列相當，由最早之 SRG 型，經 SRG-2 改良型，到現在最新的 SRG-2CE 型。許多實驗室都採用此型真空計作為真空量測之標準器，而許多商業化之真空計校正系統也多將此一系列之真空計列為必要之組件。

依據原廠型錄，MKS SRG-2CE 真空計主要規格如下：

量測範圍：5×10^{-7} 至 1 mbar

5×10^{-7} 至 1 Torr (mmHg)

量測不確定度：在 5×10^{-7} 至 1×10^{-2} mbar 之範圍為量測值的 1% 加上 3×10^{-8} mbar (Torr)

長期穩定性：平均每年約優於 1% 左右

溫度使用範圍：10 °C 至 40 °C

接頭型式：DN40CF (2.75 inch CF)

7.6 微量氣體分壓度量裝置

雖然在大部分真空條件下之實驗及程序中僅在意於全壓力之大小，並不在意於其中個別氣體之成份；但是在許多真空製程中，如何確知混合氣體或蒸氣之成份卻是非常重要的。

某一特定氣體之分壓力就是指在一容器內之混合氣體中，該一特定氣體對容器壁所呈現之個別壓力。在一容器內所有特定氣體分壓力的總合，即為該系統內氣體之全壓力。在此所謂特定氣體是指其分子質量可以明確區分之氣體。

在真空領域中最具代表性之氣體分壓度量裝置就是氣體的質譜儀 (mass spectrometer)。氣體質譜儀亦常稱為部分壓力分析儀或殘餘氣體分析儀，其基本原理是根據元素之同位素質量來度量氣體成份及組成。就其原理及設計來看，其實氣體之質譜儀並非量測絕對量的裝置，而係以組成成份及相對含量為主，所以氣體之質譜儀必須經由精密之校正 (calibration) 後，始可用於量測系統中之絕對壓力。

就實際使用之氣體質譜儀而言，一般可分為兩大部分，一為實際量測之感測頭 (可為管式 (gauge tube) 或裸露式 (nude gauge))，一為分離式之控制顯示單元。量測之感測頭部分包括了離子源 (ion source)、離子分離系統 (ion separation system) (亦常稱為質量過濾系統 (mass filter)) 及離子收集器 (ion collector)。其中離子之分離主要是利用不同質量及電荷之離子在電場及磁場下之反應狀況而達成。

依據質譜儀離子分離系統設計之基本原理，可將氣體質譜儀概分為電場分離式、磁場分離式及四極式 (quadrupole type) 質譜儀等三大類。其工作原理簡單介紹如下。

7.6.1 電場分離式質譜儀

以典型電場分離式為例，此型離子分離系統之基本原理示意圖如圖 7.28 所示。圖中左側為一離子源 (離子產生單元)，其內部主要結構一般而言有一組 (或一組以上) 之加熱燈絲、一組熱電子加速電極及一組 (或一組以上) 正離子加速電極。由加熱燈絲產生之熱電子受到電場加速，會撞及真空中之氣體分子，而造成氣體分子放出電子而形成正離子；部份帶有正電之離子經由一組 (或一組以上) 正離子加速電極加速，由離子源 (離子產生單元) 射

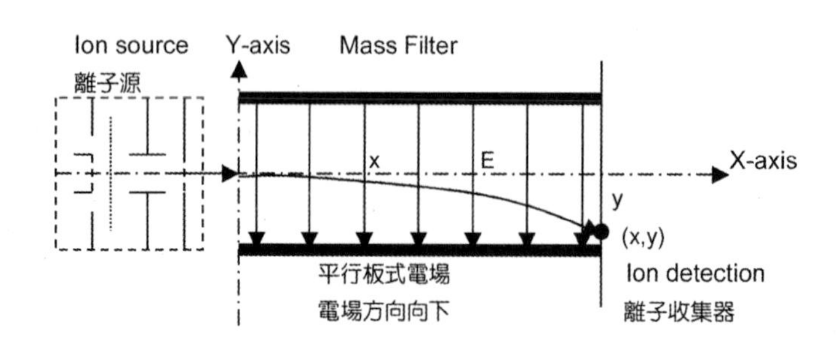

圖 7.28
典型之電場分離式質譜儀之基本原理示意圖。

出。對相同電荷及相同質量之正離子而言，幾乎是以一定之速度射出離子源。

以簡化之數學式來描述，若離子源中正離子加速電極之電位差為 V，對一帶正電荷為 q、質量為 m 之正離子而言，其由離子源沿加速之軸線方向 (即 +X 軸) 射出時的速度 υ_x 可以下式表示：

$$\frac{1}{2}mv_x^2 = qV \tag{7.20}$$

$$\upsilon_x^2 = 2\left(\frac{q}{m}\right)V$$

$$\upsilon_x = \sqrt{2\left(\frac{q}{m}\right)V} \tag{7.21}$$

式中之 q/m 為正離子之荷質比。

圖中間為一電場分離系統，可為一簡單之平行板式電場結構或是弧狀扇形電場結構。以最簡單之平行板式電場結構為例，由離子源射出之正離子會飛入平行板式電場中，由於正離子受到平行板式電場之作用，而產生飛行方向之偏轉。

由於正離子帶正電荷 q，且平行板式偏向電場可視為一方向向下 (即 –Y 軸) 且大小為 E 之均勻電場；則當正離子通過此一電場時，會有一大小為 qE 且方向向下之力作用於正離子。因此正離子沿著 +X 軸以等速 υ_x 運動，並向下以等加速度 a_y 沿著 –Y 軸方向運動，a_y 可表示如下：

$$a_y = \frac{F}{m} = \frac{qE}{m} \tag{7.22}$$

若 t 表示正離子通過偏向平行板式電場區域之時間，則在時間 t 中，正離子之水平位移 x 及垂直位移 y 可以下式表示：

$$x = \upsilon_x t \tag{7.23}$$

$$y = -\frac{1}{2}a_y t^2 \tag{7.24}$$

將式 7.22 中之等加速度 a_y 值代入式 7.24，可得到：

$$y = -\frac{1}{2}\cdot\frac{q\cdot E}{m}\cdot t^2 \tag{7.25}$$

再將 (7.23) 式中之時間 t 值代入，可得到：

$$y = -\frac{1}{2} \cdot \frac{q \cdot E}{m}\left(\frac{x}{\upsilon_x}\right)^2 = -\frac{qEx^2}{2m\upsilon_x^2} \qquad (7.26)$$

若將一離子收集器置於上述 (x, y) 之處，將可收集偏向的正離子，而形成一正離子電流。如適切調整離子源正離子加速電場或離子分離系統中偏向電場之強度，可使不同電荷不同質量之正離子都有可能被離子收集器所吸收。

雖然平行板式電場結構之電場分離式質譜儀的基本原理相當簡單，但要獲得相當高之解析度及靈敏度並不容易，因此後續推出許多改良式之電場分離式質譜儀，包括弧狀扇形電場結構之電場分離式質譜儀、飛行時間式質譜儀等；但近來幾乎已被四極式質譜儀所取代。

7.6.2 磁場分離式質譜儀

以典型磁場分離式氣體質譜儀為例，此型離子分離系統之基本原理示意圖如圖 7.29 所示。其內部主要結構與電場分離式氣體質譜儀極為類似，最大的不同在於離子分離系統。圖中間為一磁場分離系統，其結構為一與正離子飛行方向垂直之強磁場，可為永久磁鐵結構或是電磁鐵結構。由離子源射出之正離子會飛入垂直之強磁場中，由於正離子受到垂直之磁場作用，而產生飛行方向之偏轉，將有可能會被離子收集器吸收，而形成一正離子電流。如適切調整離子源正離子加速電場或離子分離系統中偏向磁場之強度，可使不同電荷不同質量之正離子都有可能被離子收集器所吸收。

磁場分離式質譜儀通常其解析度及靈敏度並不高，近來已逐漸被四極式質譜儀所取代，目前多用於低質量數之範圍，如氦氣測漏儀 (helium leak detector) 等。質譜儀式氦氣測漏儀功能示意圖如圖 7.30 所示。

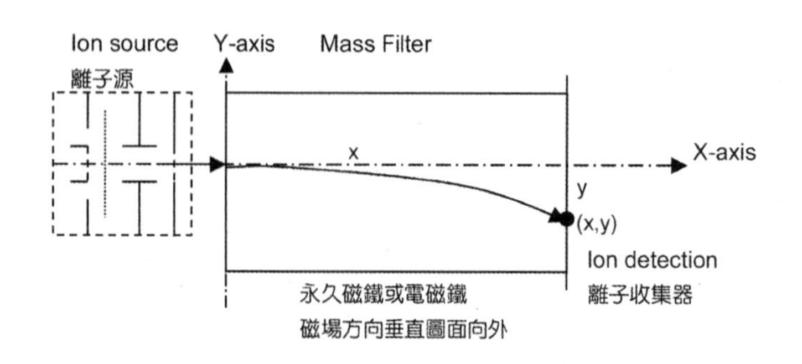

圖 7.29
典型之磁場分離式質譜儀之基本原理示意圖。

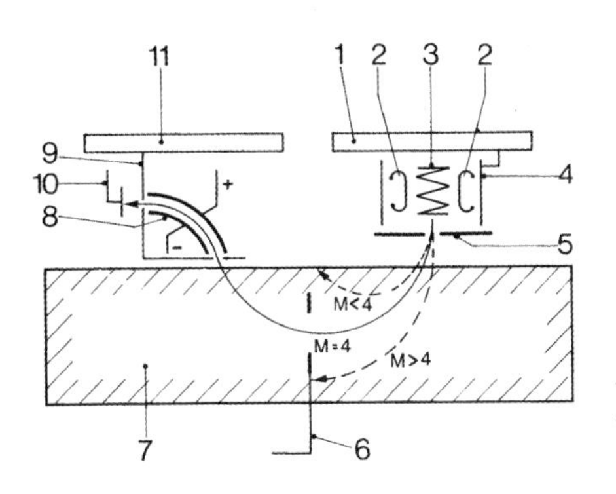

圖 7.30
典型之質譜儀式氦氣測漏儀之基本原理示意圖。

7.6.3 四極式質譜儀

以典型四極式質譜儀為例，此型離子分離系統之基本原理示意圖如圖 7.31(a) 所示。圖中左側為一離子源 (離子產生單元)，圖中間為一四極式振盪分離系統，其主要結構為四支長圓柱棒電極(或雙曲線截面之長棒電極)，沿著離子源射出之正離子的飛行軸線 (即 +X 軸) 作對稱配置，一固定頻率之高頻電壓與一直流電壓同時加於相對之兩電極上。由離子源射出之正離子會沿著 +X 軸飛入此四極所圍成之中心孔道中，在中心孔道中飛行之正離子，由於受到四極上所形成交變電場的作用而產生振盪，其振盪之方向與飛行軸線 (即 +X 軸) 垂直。在中心孔道中飛行之正離子若其產生振盪之最大振幅等於或大於中心孔道範圍半徑時，會被四極式電極之一所吸收；僅最大振幅小於中心孔道範圍半徑之正離子能穿透此一四極式電場，而被離子收集器吸收，形成一正離子電流。完整之四極式質譜儀的基本結構如圖 7.31(b) 所示，無論就解析度或靈敏度而言，四極式質譜儀性能最佳，目前幾乎已取代其他類型而成為發展的主流。

氣體分壓度量裝置所考慮之性質相當的多，所涉及之專業技術也相當的廣，若依據德國國家標準(DIN 284 10) 及美國真空學會 (AVS) 相關文獻，分壓力之量測儀器必須考量下列各項之特質：

① 峰值寬度 (peak width)
② 質量範圍 (mass range)
③ 靈敏度 (sensitivity)
④ 最低可偵測之分壓力 (推斷值) (smallest detectable partial pressure (deduced value))
⑤ 最低可偵測之分壓力比率 (推斷值) (smallest detectable partial pressure ratio (deduced value))
⑥ 線性範圍 (linear range)
⑦ 表面及烘烤除氣之說明 (statements about surfaces and bake-out)

限於篇幅，氣體分壓度量裝置僅簡單敘述如上，如需進一步了解請參考其他相關之文獻。

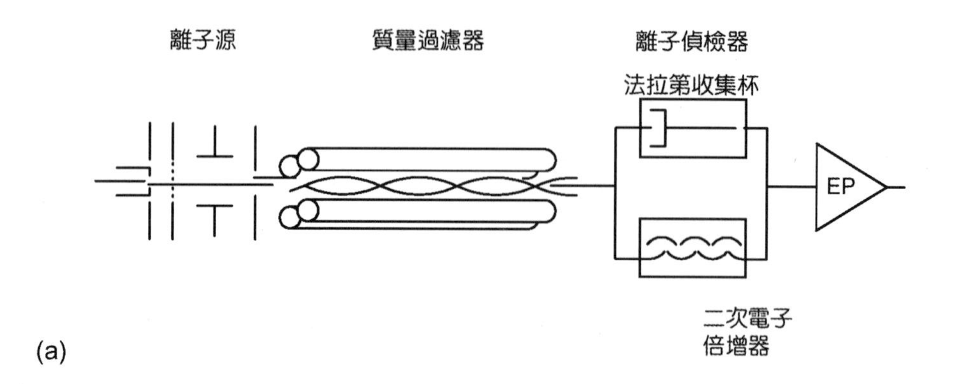

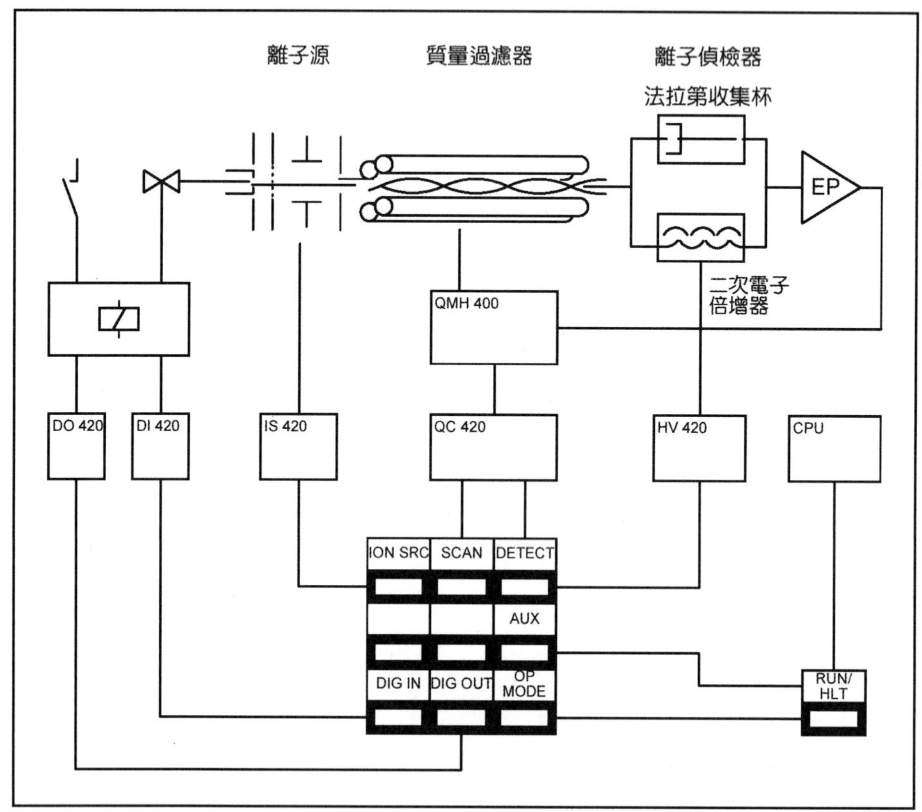

QMG420 四極式質譜儀基本結構圖，圖中包括：QMS420 控制器、分析器、射頻產生器、電流放大器及氣體引入部分。

ION SRC	離子源功能
SCAN	質量掃描功能
DETECT	離子偵檢功能
OP MODE	整個單元之操作模式
AUX	輔助功能
DIG OUT	數位信號輸出
DIG IN	數位信號輸入

(b)

圖 7.31 四極式質譜儀。(a) 四極式質譜儀之基本原理；(b) 典型完整之四極式質譜儀的基本結構。

7.7 流量計

所謂之「真空度量裝置」絕大部分都是指在本章前述內容中所提及之各式真空計，其採用之單位為真空壓力之單位 (如 mbar 等)。如要擴大其範圍，尚可將微量氣體分壓度量裝置，如質譜儀及氦氣測漏儀包括在內；就質譜儀而言，其採用之分壓單位亦為真空壓力之單位，就氦氣測漏儀而言，其採用之單位則為漏氣率之單位(如 mbar·L·s^{-1} 等)。

由於真空技術發展迅速，其應用之範圍也越來越廣泛，最具代表性的就是半導體相關產業，尤以半導體上游產業 (如晶圓設計、生產、製造及封裝等) 更大量引進了先進之真空技術，其中許多真空製程中如何確知混合氣體或蒸氣之成份是非常重要的，因此採用甚多之質量流量計 (mass flow meter)；此外在其它真空應用及部分真空校正工作中也常利用流量計來協助。有鑑於此，在本章最後簡單介紹此一特別而又無法歸納於其他章節之「流量計」。

在介紹「流量計」之前，得先了解一下流量之定義與單位。

7.7.1 流量之定義與單位

流量 (flow) 之定義簡單的說就是流體 (fluid) 在單位時間通過特定截面 (cross section) 之流體體積或質量。

就流體而言，以其壓縮性可概分為兩類，① 不可壓縮流體 (incompressible fluid)，如液體，② 可壓縮流體 (compressible fluid)，如氣體或蒸氣。
在真空使用之範疇，絕大部分是限於可壓縮之流體如氣體或蒸氣。

就流量之單位而言，以量測之對象可概分為靜態流量單位與動態流量單位兩類。

(1) 靜態流量單位

靜態流量單位係以一與時間無關之靜態量來表示，如重量與體積。常用之重量單位為公斤重 (kilogram-force, kgf)、磅重 (pound-force, lbf)；常用之體積單位為立方公尺 (cubic meter, m^3)、公升 (liter, L)、加侖 (gallon, gal) 等。

實際上重量單位為力之單位，在採用重量單位為流量單位時，為求準確必須參考量測地點之絕對重力值作重力修正。由於並非所有量測地點之絕對重力值都能準確測知，通常會以標準絕對重力值(即 9.8 m/s^2) 來取代計算，但宜加以附註說明。

靜態流量單位之轉換係數，依據美國國家標準及技術研究院 811 號專刊- 國際單位系統使用指引(1995 年版)，摘要如下。

重量單位部分：

1 kilogram-force (kgf) = 9.80665 newton (N)

1 pound-force (lbf) = 4.448222 newton (N)

體積單位部分：

1 liter (L) = 1.0 (10^{-3} cubic meter (m^3)

1 gallon (gal) [英制] = 4.54609 × 10^{-3} cubic meter (m^3)

1 gallon (gal) [美制] = 3.785412 × 10^{-3} cubic meter (m^3)

(2) 動態流量單位

動態流量單位係以一與時間相關之動態量來表示，如流率 (flow rate)，亦常直接稱之為流量。其基本單位為每單位時間之重量、質量或體積。常用之重量流率單位為公斤重／秒；常用之質量流率單位為公斤／秒；常用之體積流率單位為立方公尺／秒、公升／秒及加侖／秒等。

① 就重量流率單位而言，可參考下式：

$$Q_w = \frac{W}{t}$$

Q_W：代表重量流率，其單位為公斤重／秒 (kgf/s)

W：代表流體重量，其單位為公斤重 (kgf)

t：代表時間，其單位為秒 (s)

如前所述由於重量流率單位，為求準確必須參考量測地點之絕對重力值作重力修正。但並非所有量測地點之絕對重力值都能準確測知，通常會以標準絕對重力值 (即 9.8 m/s^2) 來取代計算，但宜加以附註說明。

② 就質量流率單位而言，可參考下式：

$$Q_m = \frac{m}{t}$$

Q_m：代表質量流率，其單位為公斤／秒 (kg/s)

m：代表流體質量，其單位為公斤 (kg)

t：代表時間，其單位為秒 (s)

③ 就體積流率單位而言，可參考下式：

$$Q = \frac{V}{t}$$

Q：代表體積流率，其單位為立方公尺／秒 (m^3/s)

V：代表流體體積，其單位為立方公尺 (m^3)

t：代表時間，其單位為秒 (s)

由於體積流率單位為每單位時間流過特定截面之流體體積，就真空使用之範疇，絕大部分是限於可壓縮之流體如氣體或蒸氣，但氣體或蒸氣之密度會隨溫度和壓力而有所變化。若以理想氣體 (ideal gas) 定律之觀點來考量，氣體之體積可以下式表之：

$$V = \frac{nRT}{P}$$

V：代表氣體體積，其單位為立方公尺 (m^3)

n：代表氣體莫耳數 (mole number)，為一無單位量

R：代表氣體常數 (gas constant)，其單位為 ($J \cdot mole^{-1} \cdot K^{-1}$)

$R = 8.31\ (J \cdot mole^{-1} \cdot K^{-1})$

T：代表氣體溫度，其單位為絕對 (凱氏) 溫度 (K)

P：代表氣體絕對壓力，其單位為 pascal (Pa)

將上式代入體積流率單位定義式，可得到：

$$Q = \frac{nRT}{Pt}$$

假設氣體莫耳數 n 不變，若在不同之環境條件 (T, P) 及 (T_0, P_0) 下，其體積流率分別為 Q 及 Q_0，則 Q 及 Q_0 之關係可以下式表之：

$$\frac{Q}{Q_0} = \frac{\dfrac{nRT}{Pt}}{\dfrac{nRT_0}{P_0 t}} = \frac{\dfrac{T}{P}}{\dfrac{T_0}{P_0}} = \frac{T}{T_0} \cdot \frac{P_0}{P}$$

$$Q = \frac{T}{T_0} \cdot \frac{P_0}{P} \cdot Q_0$$

若環境條件 (T_0, P_0) 為標準環境條件，即 $T_0 = 273.15$ (K)、$P_0 = 10132.5$ (Pa)，而實測之條件為 (T, P) 時，則 Q_0 可稱之為標準體積流率 (standard flow rate)，而 Q 可稱之為實際體積流率 (actual flow rate)。在實際使用之流率量測裝置上常會以實際體積流率或標準體積流率標示，其中實際體積流率常採用實際立方公尺／小時 (actual cubic meter per hour, ACMH) 表之，標準體積流率常採用標準立方公尺／小時 (standard cubic meter per hour, SCMH) 或標準立方英尺／分鐘 (standard cubic feet per minute, SCFM) 表之，其間之轉換可參考上式。值得注意的是，此兩種體積流率單位並未被國際單位系統所採用。

流體有兩個相關且極為重要之物理量，即密度 (density) 與黏度 (viscosity)。就流體密度而言，其基本定義就是流體在單位體積內之質量，即

$$\rho = \frac{m}{V}$$

ρ：代表流體密度，其單位為公斤／立方公尺 (kg/m^3)

m：代表流體質量，其單位為公斤 (kg)

V：代表流體體積，其單位為立方公尺 (m^3)

一般而言，流體密度會隨著溫度與壓力而變化，若以理想氣體定律之觀點來考量，理想氣體之密度可以下式表之：

$$PV = nRT = \left(\frac{m}{M}\right) \cdot RT$$

$$\rho = \frac{m}{V} = \frac{PM}{RT}$$

M：代表流體分子量

若以真實流體 (real fluid) 來考量，流體密度可以下式表之：

$$PV = znRT = z \cdot \left(\frac{m}{M}\right) \cdot RT$$

$$\rho = \frac{m}{V} = \frac{PM}{zRT}$$

z：代表流體壓縮係數 (compressibility factor)；當流體為理想氣體時，此一係數為 1，即 $z = 1$

就流體黏度而言，可說是度量流體黏滯性之量。所謂流體黏滯性是指流體流動時所受到之阻力，此一阻力來自流體本身之性質，其與流體內部分子之空隙與內聚力有關。流體黏滯性亦與流體之溫度有關，就液體流體而言，溫度越高其黏滯性越低；就氣體流體而言，溫度越高其黏滯性也越高。

流體黏滯性對液體流量影響較大，對氣體流量影響較小。一般對氣體流量而言，其黏滯性之影響幾乎可以忽略不計。

7.7.2 流量之量測與分類

流量量測之基本原理可說就是依據物理學之三大不滅定律，即質量不滅定律、動量不滅定律及能量不滅定律，利用這些基本定律發展出各種不同之量測方法。不過歸納起來仍可概分為兩大類，即直接流量量測法與間接流量量測法。

直接流量量測法包括重量量測法、質量量測法與體積量測法；間接流量量測法是利用動能 (流體速度)、位能 (流體液面)、壓力差及溫度差等方式間接量測，包括了定體積運動量測法、重力平衡量測法、動量平衡量測法、位能量測法、壓力差量測法、溫度差量測法、超音波量測法及雷射干涉量測法等。以準確度之觀點來看，直接流量量測法通常較間接流量量測法為高。

依據上述不同之量測方法設計開發與改良，目前已有各種不同型式之流量計可供各種不同之需求來選用。由於在真空技術領域中所使用之流量計幾乎絕大部分為質量流量計，所以後續的介紹重點將限於質量流量計之範圍。

7.7.3 質量流量計

質量流量計可說是量測質量流率的一種量測裝置，量測質量流率有下列兩種方式。

(1) 直接質量流率量測

① 加熱式質量流量計 (Thermal Mass Flowmeter)

加熱式質量流量計常簡稱為熱質式流量計，熱質式流量計示意圖如圖 7.32 所示。其感測管內沿著流體流動方向有兩根分離之感溫器，感測管內兩根分離感溫器間有一加熱之元件，或者兩根分離感溫器之外側有一組 (對) 加熱之元件，兩根分離之感溫器再接於一溫差檢知裝置。當感測管內流體流動時，由於熱傳導之差異，導致兩根分離之感溫器感測到溫差的變化，此一溫差變化量與流體流動之質量流率有關，如經過正確之校正，即可由溫差之變化量獲得流體之質量流率。

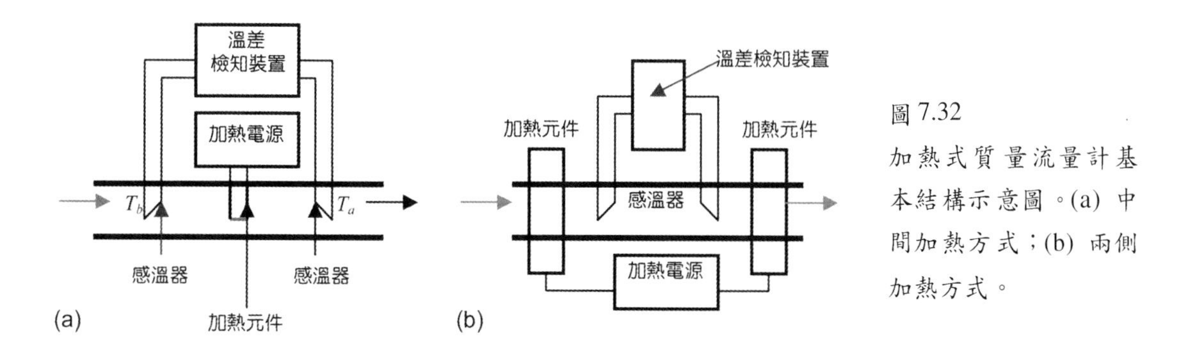

圖 7.32 加熱式質量流量計基本結構示意圖。(a) 中間加熱方式；(b) 兩側加熱方式。

此種熱質式流量計依其加熱元件之加熱方式又可細分為定電能式與定溫式。所謂定電能式係指供應加熱元件一定之電能，量測兩根分離之感溫器感測到溫差之變化；所謂定溫式係指兩根分離之感溫器感測到溫差之變化維持一定，量測供應加熱元件之電能變化。

依據能量不滅定律，可以下列能量變化之關係式表之：

$$\dot{Q} = \dot{m}C_p(T_a - T_b) = i^2 R$$

$\dot{Q}$：代表加於加熱元件之電能變化量，其單位為焦耳／秒或瓦特 (J/s 或 W)
$\dot{m}$：代表質量流率，其單位為公斤／秒 (kg/s)
C_p：代表等壓比熱，其單位為 $J{\cdot}kg^{-1}{\cdot}K^{-1}$
T_a：代表加熱元件後之流體溫度，其單位為絕對 (凱氏) 溫度 (K)
T_b：代表加熱元件前之流體溫度，其單位為絕對 (凱氏) 溫度 (K)
i：代表流經加熱元件電阻之電流，其單位為安培 (A)
R：代表加熱元件之電阻，其單位為歐姆 (Ω)

② 角動量式質量流量計 (Angular Momentum Mass Flowmeter)

角動量式質量流量計又稱軸流式質量流量計 (axial flow mass flowmeter)，為一種發展歷史甚久且使用甚廣之流量計。其感測管內前端有一為定速馬達所驅動之輪葉，當流體流經此一定速輪葉時會受到一定值之角動量 (angular momentum) 而產生渦流，在定速輪葉後方 (即感測管內後端) 有一感測輪葉 (感測渦流扭力之裝置) 會感測角動量之變化，此一角動量變化之量與流體流動之質量流率有關，如經過正確之校正，即可由角動量之變化量獲得流體之質量流率。

依據角動量不滅定律，可以下列角動量變化之關係式表之：

$$\dot{L} = \dot{m}K\omega = \pi$$

$$\dot{m} = \frac{\tau}{K\omega}$$

L：代表角動量，其單位為公斤・公尺^2／秒 ($kg{\cdot}m^2/s$)，相當於焦耳・秒 (J·s)
$\dot{L}$：代表角動量之時間變化量，其單位為公斤・公尺^2／秒^2 ($kg{\cdot}m^2/s^2$)，相當於焦耳 (J)
$\dot{m}$：代表質量流率，其單位為公斤／秒 (kg/s)
K：代表慣量比例常數，其單位為公尺^2 (m^2)
ω：代表角速度，其單位為每秒弧度 (rad/s) 或每秒轉數 (rev/s)
τ：代表力矩，其單位為牛頓米 (N·m)

(2) 間接質量流率量測

間接質量流率量測係採取先量測流體體積流率，再將流體體積流率乘以流體密度後即可得到質量流率。依前述，流體密度一般而言會隨著溫度與壓力而變化，理想氣體之密度可以下式表之：

$$PV = nRT = \left(\frac{m}{M}\right)RT$$

$$\rho = \frac{m}{V} = \frac{PM}{RT}$$

由上式可知，必須確知氣體溫度和氣體壓力，始可正確將氣體體積流率乘以氣體密度而得到質量流率。

7.7.4 典型質量流量計

質量流量計種類甚多，基本上是由兩大部分所構成：一為感測部分 (或稱感測頭，sensor head)，包括感測管主體、感溫器及加熱元件；一為控制部分，包括加熱電源、溫差檢知裝置及顯示讀出裝置。感測部分接觸待測之流體，將感應之信號送給控制部分，控制部分之檢知裝置處理感測部分送來之信號加以放大處理及轉換，並顯示或／及輸出處理之結果。由於在真空技術領域中所使用之流量計幾乎絕大部分為質量流量計，在質量流量計中又以加熱式質量流量計為主，所以在此僅介紹一些典型加熱式質量流量計。

(1) 基本原理

加熱式質量流量計其最具代表性的就是美國 Hastings 儀器公司所出產之質量流量計，其發展之歷史甚久，早期 Hastings 質量流量計之流量感測頭外型如圖 7.33(a) 所示，新型 Hastings 質量流量計之流量感測頭外型如圖 7.33(b) 所示。

Hastings 質量流量計其感測管內沿著流體流動方向有兩根分離之感溫器，感測管內兩根分離感溫器之外側有一組 (對) 加熱之元件，兩根分離感溫器再接於一溫差檢知裝置。當感測管內流體流動時，由於熱傳導之差異，導致兩根分離之感溫器感測到溫差之變化，此一溫差變化量與流體流動之質量流率有關，經過正確之校正，即可由溫差之變化量獲得流體

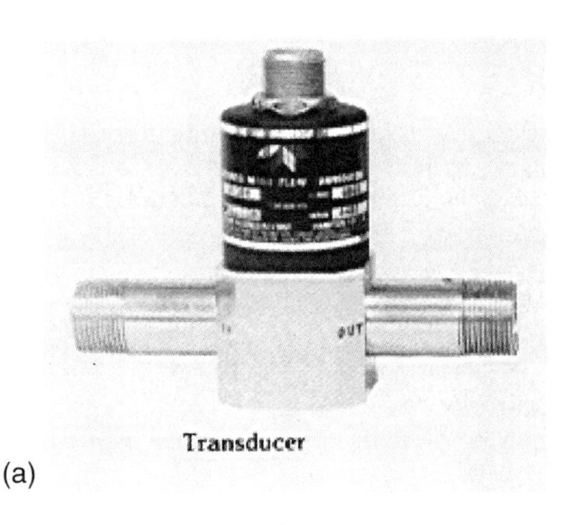

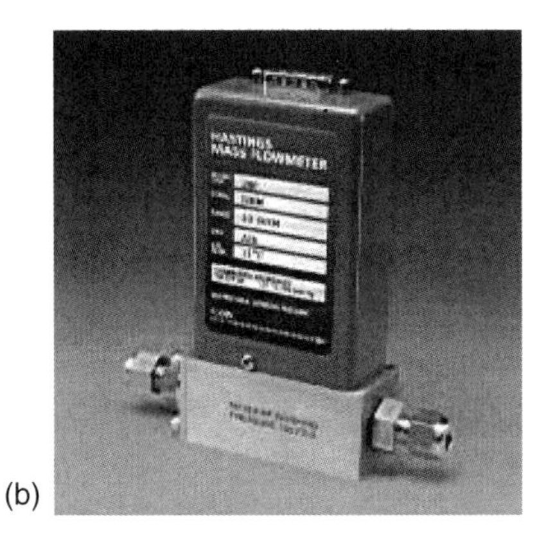

圖 7.33 典型加熱式質量流量計之感測部分。(a) 舊型 Hastings 加熱式質量流量計；(b) 新型 Hastings 加熱式質量流量計。

之質量流率。此種熱質式流量計其加熱元件之加熱方式絕大部分採用定電能式，即供應加熱元件一定之電能，量測兩根分離之感溫器感測到的溫差變化。

(2) 使用範圍

加熱式質量流量計可使用之範圍甚廣，以新型 Hastings 質量流量計而言，若採用不同型號之感測頭，可自 0 至 15,000 slpm 或更高的範圍。就常用之真空範圍而言，多採用0 至 50 slpm 之低流量感測頭，其量測之不確定度在最佳之狀況下可達到全尺度 (full scale, FS) 的 1% 左右。

(3) 典型代表

質量流量計的典型代表為 Hastings HFM-200 系列質量流量計。Hastings HFM-200 系列質量流量計係由位於美國維吉尼亞州的 Hastings 儀器公司所生產，廣為工業界所採用，亦可應用於真空系統及半導體產業。

依據原廠網頁資料 (2001.03)，Hastings HFM-200 系列質量流量計主要規格如表 7.2 所示。

表 7.2 Hastings HFM-200 系列質量流量計主要規格。

型號 / 主要規格	HFM-200 Low Capacity	HFM-201 Med. Capacity	HFM-200 with LFE High Capacity
範圍	10－30 slpm	50－500 slpm	25－15000 slpm
準確度及線性	±1% FS	±1% FS	±1% FS
重覆性	±0.05% FS	±0.05% FS	±0.05% FS
標準工作壓力	500 psi	500 psi	500 psi
壓力係數(典型)	–0.005 % / psi	–0.005 % / psi	
耐壓程度	耐壓測試 1,500 psi	耐壓測試 1,500 psi	
整體漏氣率	$< 1 \times 10^{-9}$ sccs	$< 1 \times 10^{-9}$ sccs	$< 1 \times 10^{-7}$ sccs
溫度係數(典型)(15-45 °C)	±0.03 %/°C	±0.03 %/°C	±0.027 %/°C
(0-50 °C)	±0.05 %/°C	±0.05 %/°C	
參考標準條件	0 °C 及 760 torr	0 °C 及 760 torr	
電源需求	±15 Vdc / ±25 mA	±15 Vdc / ±25 mA	±15 Vdc / ±25 mA
流量信號	線性 0－5 Vdc	線性 0－5 Vdc	線性 0－5 Vdc
信號接頭	15-pin D 型接頭	15-pin D 型接頭	15-pin D 型接頭
管路接頭型式	1/4-in. Swagelok®	1/4- in. Swagelok®	依 LFE 規格
重量(約值)	1.8 lb	1.8 lb (1500 g)	

註：LFE 為 laminar flow elements 之簡寫，係配合 HFM-200 用以量測大流量。

參考文獻

1. Balzers AG., *IKR020 Cold Cathode Gauge Head Operating Instructions*, 3rd edition: 6.1988, BG 800 105 BE.
2. Balzers AG., *IMG060 Ionization Vacuum Gauge Control Operating Instructions*, 3rd edition: 2.1985, BG 800 087 BE.
3. Balzers AG., *PKG100 Pirani Cold Cathode Vacuum Gauge Operating Instructions*, 2nd edition: 5.83, BG 800 098 BE.
4. Balzers Instruments, *Quadrupole Mass Spectrometer for Gas Analysis*, BG 800 321 PE (9802).
5. Balzers AG., *TPG300 Total Pressure Gauge & Controller Operating Instructions*, 3rd edition: 5.1988, BG 800 300 BE.
6. Balzers AG., *TPR010 Pirani Gauge Head Operating Instructions*, 2nd edition: 4.89, BG 800 310 BE.
7. Balzers AG., *Vacuum Components*, Edition 89/91, BA 800 080 PE (8901).
8. Balzers Instruments, *Vacuum Measurement and Control Unit*, BG 800 300 PE (9802).
9. David Halliday, Robert Resnick, and Jearl Walker, *Fundamentals of Physics*, Fifth edition, John Wiley & Sons, Inc. (1997).
10. Hastings-Raydist, Teledyne, *Mass Flow Instruments for Precision Measurement & Control of Gas Flow*, 3-85 Catalog 500H.
11. Hastings Instruments, Brown Engineering, Teledyne, *Low Capacity Flowmeters and controllers*, Models HFM-200, HFC-202, PB 140A-1297.
12. Leybold AG., *Vacuum Gauges, Switches and Control Instruments*, Edition 07/92, 179.01.02., HV350 Section A11. (179.2.70.22.005.02 2.5.07.92 DR.).
13. Leybold AG., *Vacuum Technology*, 00.130.02., (100.3.60.11.009.02 0.4.10.93 GK.)
14. Leybold-Heraeus GmbH, *Vacuum Gauges and Control Instruments*, Edition 04/83, 179.1.2., HV250 Section 9. (179.1.2./2082.04.83 Su 3.E).
15. Leybold-Heraeus GmbH, *Vacuum Gauges and Control Instruments*, Edition 06/86, 179.1.2., HV250 Section 9. (179.1.2./2662.06.86 Su 5.E).
16. Leybold-Heraeus GmbH, *Vacuum Technology its Foundations Formulae and Tables*, 04.1.2./1729.02.82 Su 5.E.
17. Leybold-Heraeus GmbH, *The Spinning Rotor Viscosity Gauge VISCOVAC VM210*, Dr. G. Reich, UV 1737.10.81 Kat. 0.5 D.
18. Leybold-Heraeus GmbH, *VISCOVAC VM210 Spinning Rotor Viscosity Gauge*, First edition 10/81, 79.29.2., HV250 Section 9. (79.29.2./1731.10.81 Su 6.E).
19. Leybold-Heraeus GmbH, *VISCOVAC VM211 Spinning Rotor Viscosity Gauge*, Edition 05/84, 179.29.2., HV250 Section 9. (179.29.2./2134.05.84 Su 5.E).
20. Leybold Inficon, *Instrumentation 1999/2000*, CAT91E815K.

21. MKS Instrumentsk, *SRG-2 Spinning Rotor Gas Friction Vacuum Gauge, Instruction Manual.*
22. National Institute of Standards and Technology, NIST, *Guide for the Use of the International System of Units (SI)*, Barry N. Taylor, NIST Special Publication 811, 1995 Edition.
23. National Institute of Standards and Technology, NIST, *MKS SRG-2 Report of Calibration*, SN. 20258G, 198911/20.
24. Physikalisch-Technische Bundesanstalt, *PTB, PTB-BALL 1910, 1914, 1916 Report of Calibration*, 4.7/179VAGG, 1990/09/13.
25. Physikalisch-Technische Bundesanstalt, *PTB, PTB-BALL IB.24-64/90 Report of Calibration*, 015 PTB 90, 1990/09/13.
26. Ruska Instrument Corporation, *Technical Data Sheet Model 2465 Air Pistion Gage*, RUS TDS2465 8/92 5000.
27. Ruska Instrument Corporation, *Model 2465 Gas Piston Gauge*, Document 9807-0045.
28. Ruska Instrument Corporation, *Model 2465 Upgrade Autofloat Controller System*, Document 9808-0093., Schwien Engineering Inc.
29. Schwien, *Merco-Master Manometer - Primary Pressure Standards, Supplemental Brochure 5A*, October 1993, Rev 10/93.
30. Transamerica Delavel Inc., CEC Instruments Division., *Primary Pressure Standard Type 6-201*, 6-201/781.
31. Wallace & Tiernan Division, Pennwalt Corporation, *Absolute Pressure Gauge Instructions*, WAA 610.050.
32. 高健薰等著, 真空技術-訓練講義, 行政院國家科學委員會精密儀器發展中心 (2000/9/26).
33. 許明德等著, 流量量測技術研習會, 度量衡國家標準實驗室 (1994/04).
34. 蘇青森等著, 真空技術研討會, 度量衡國家標準實驗室印行 (1994/04).
35. 蘇青森著, 實用真空工程學, 台北：正中書局 (1986).

第八章　真空材料、元件與封合

一典型的真空系統是由許多次系統及元件所組合，常用的次系統包括真空腔體 (chamber)、真空計 (vacuum gauge) 及真空幫浦 (vacuum pump) 等，聯結這些次系統組裝成系統則需依靠管件、法蘭、O 型環、墊圈、真空引入 (feedthrough)，以及各式閥門與附件等。圖 8.1 為國科會精密儀器發展中心所研製之高真空濺鍍系統，是由上述真空次系統及元件，與濺鍍槍和助鍍離子源等鍍膜功能性次系統所組合而成，其真空性能可於 20 分鐘內達 3×10^{-6} Torr，並可達低於 10^{-7} Torr 以下之終極壓力。組合系統時，為了達到合格的真空性能，必須設計適合的腔體，並選用適當的幫浦、管件、閥門與封合材料，如圖 8.2 所示為組成一真空系統所需各次組件與元件之魚骨圖。本章將分別簡介材料相關之真空性質，依材質分為金屬與合金、玻璃與陶瓷，以及高分子材料等加以介紹，並依元件種類介紹真空封合、閥門、引入，以及其它附件之特性與注意事項，提供讀者選用之參考依據。關於如何選用真空幫浦與真空計，可參閱本書第六章與第七章之內容。由於材料與元件具有眾多性質與規格，無法逐一介紹，讀者若需更深入探究其性質，可詳閱真空材料和元件手冊或書籍 [1-4]，本章僅就概略性原則做介紹。

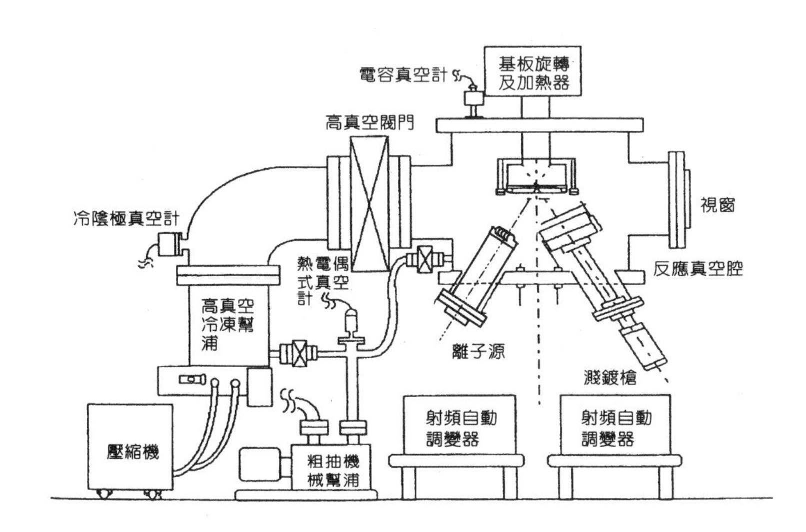

圖 8.1
國科會精密儀器發展中心研製之高真空濺鍍系統。

第八章作者為陳峰志先生。

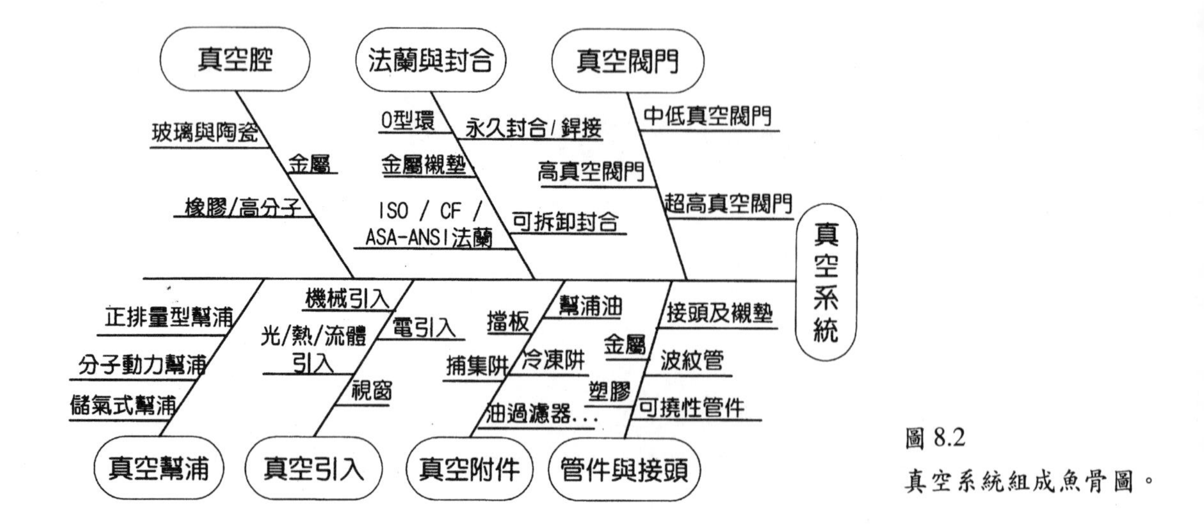

圖 8.2
真空系統組成魚骨圖。

8.1 眞空材料概論

在組裝真空系統時，通常會選用各種不同的材料，包括金屬、玻璃、陶瓷、橡膠及塑膠等，除了必須考慮物理、化學、機械、電性與熱等，一般應用相仿的材料性能之外，仍需考量材料的真空性能，例如氣密性、氣體分子滲透率及材料蒸氣壓等。任何真空系統抽氣之基本公式為

$$P \cdot S = Q - V\frac{dP}{dt} \tag{8.1}$$

其中 P 表示系統的真空壓力，S 為幫浦之有效抽氣速率，V 為真空腔體容積，Q 為氣體負荷。當真空系統達到動態平衡時，必定滿足 $dP/dt = 0$，亦即

$$P_0 = \frac{Q}{S} \tag{8.2}$$

氣體負荷 (Q) 為下列幾項氣源氣流通量之總和

$$Q = Q_1 + Q_2 + Q_3 + Q_4 + Q_5 + Q_6 \tag{8.3}$$

分別是漏氣 (leakage) 源 Q_1、真空幫浦回流氣體 Q_2、大氣通過真空腔及真空元件器壁滲透 (permeation) 的氣體源 Q_3、材料內部氣體分子之氣體擴散 (diffusion) Q_4，材料蒸發

(evaporation) 或昇華 (sublimation) 之氣源 Q_5、真空腔及真空元件器壁材料的逸氣或釋氣 (outgassing) Q_6。而其中的漏氣源又可分為大氣通過漏氣孔的實漏，以及材料包覆氣孔所造成的虛漏。這麼多種氣體負荷來源，可直接或間接影響真空系統之真空度。其中器壁材料的滲透、氣體分子的擴散、材料的蒸發與昇華，以及表面逸氣等，是屬於材料本質之真空性能，進行系統設計選用材料時，必須考慮上述之真空性能。以下分別就與材料性質直接相關的真空性能加以闡述。

(1) 擴散與滲透

擴散是一種過程，成因是原子或分子因其熱運動 (thermal motion) 而作隨機漫步 (radom walk)，進入固體、液體或氣體中。滲透則是指氣體或液體分子，經由溶解、擴散及釋放三個過程穿過固體器壁，如圖 8.3 所示。由於真空腔或元件器壁兩側存在壓差，因此任何器壁材料或多或少都會由高壓側滲透一些氣體分子至低壓側。以微觀的角度來看，滲透的過程是因氣體分子或原子碰撞器壁表面，並吸附於器壁表面，之後部分被吸附的氣體分子被分離為原子狀態，部分為分子態，在氣體分子入射的表層固溶於器壁材料，並可達到一平衡的溶解度。由於二側存在濃度梯度，高壓側器壁表層的氣體分子向低壓側器壁擴散，擴散至低壓側器壁表面，部分原子態之氣體可重新結合成分子態，並在表面釋放出氣體分子，完成滲透的過程。

擴散與滲透的程度和溫度、濃度及材料的原子 (或分子) 間隙相關，若 Q 代表單位時間滲透的氣體分子流通量，ΔP 為器壁二側壓力差，器壁厚為 d，表面積為 A，則可推導出[5]

$$Q = \frac{KA\Delta P}{d} \tag{8.4}$$

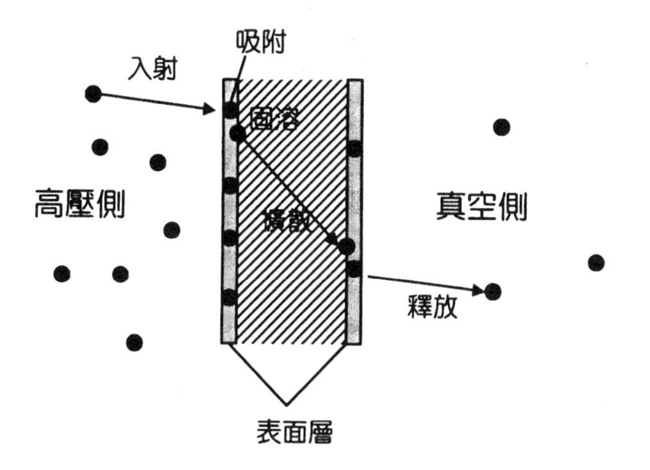

圖 8.3
滲透過程示意圖。

若氣體分子可分離為原子態，氣體分子的滲透率則為

$$Q = \frac{KA\sqrt{\Delta P}}{d} \quad (8.5)$$

其中 K 表示氣體分子對固體器壁的滲透係數，與氣體及器壁材料種類相關。事實上，滲透係數與溫度相關，其關係式可以表示

$$K = K_0 \exp\left(\frac{-E}{RT}\right) \quad (8.6)$$

其中 E 為活化能，R 為氣體常數，T 為絕對溫度，K_0 為一比例常數。上述之滲透係數與相關參數，均可查閱材料手冊及真空設計手冊得到。

在超高真空系統中，氣體滲透量雖然小，但卻是不可忽略的重要因子。一般而言，氣體對玻璃、陶瓷等材料擴散、固溶及滲透的過程是以分子狀態進行，在各種氣態分子中以氦氣分子的直徑最小，所以氦氣對玻璃、陶瓷等材料之滲透係數是相當有參考價值的數據。氣體對金屬材料擴散、固溶及滲透的過程，一般是以原子狀態進行，由於氫原子直徑最小，其對金屬的擴散與滲透效果最為顯著，因此氫氣對金屬材料之滲透係數是較常參考的數據。另外，對於做為封合或防震等用途的橡膠材料，其擴散與滲透之現象遠比上述玻璃、陶瓷或金屬等材料顯著，對大多數的橡膠材料來說，以水蒸氣之滲透係數較高。

(2) 材料之蒸發與昇華

物體通常有三種不同的狀態，分別是固態、液態與氣態，依溫度與壓力等條件變化，由液態轉為氣態的過程稱為蒸發，直接由固態轉為氣態的過程稱為昇華。對真空技術而言，不管是材料的蒸發或昇華，對系統真空度都有一定的影響，因此材料的飽和蒸氣壓以及蒸發或昇華速率是真空材料相當重要的規格參數。在一定溫度下，封閉的系統中，材料氣化使得真空腔內的蒸氣分子增加，到達一定的蒸氣壓之後，單位時間內脫離材料表面的氣化分子與從真空腔中返回材料表面再吸附的分子數平衡，此時的蒸氣壓稱為飽和蒸氣壓。理想的系統即使無洩漏、逸氣或氣體的滲透與擴散，以真空幫浦連續抽氣，最終也只能達到一極限壓力而不能達到絕對真空，材料的蒸發或昇華即為主要的氣體負荷，例如真空用油或真空計燈絲的飽和蒸氣壓，均為影響系統極限真空度的重要因素。因此選用真空系統所使用材料時，務必參考材料手冊或型錄所提供之材料蒸氣壓曲線及數據，選擇低蒸氣壓材料應用於真空系統。

(3) 表面逸氣

任何固體材料因固化過程所包覆的氣孔，或是在大氣下會吸附一些氣體分子，這些氣體分子可固溶於材料，或形成化合物附著於材料表面，或經由擴散過程進入材料。當材料處於真空環境中時，會因外在壓力與溫度條件釋出所固溶或吸附的氣體分子，此一釋出氣體分子的現象稱為逸氣 (outgassing)。材料表面之逸氣機制主要有熱脫附 (thermal desorption) 或電子與離子激發釋氣 (electron and ion stimulated desorption)。有些材料易於吸附氣體分子，或是前處理時不易去除所吸附的氣體分子，因此並不適合真空用途。

對一般的真空設備而言，腔體材料表面的逸氣是最主要的氣體負荷，在已知材料的逸氣率數據的條件時，可以由下式估計真空系統之終極壓力，

$$P = \sum_i \frac{Kq_iA_i}{S} \tag{8.7}$$

其中 q_i 為材料之逸氣率，其單位與氣流通量同為壓力與體積流率之積，A_i 為材料暴露於真空之表面積，S 為系統之有效抽氣速率(其單位為體積流率)，K 為修正係數。逸氣率在 SI 系統所用單位為 W/m^2，查詢材料逸氣率資料表時，常可見其 q_1、α_1、q_{10} 與 α_{10} 等參數，這些參數可代入下式

$$q_n = q \cdot t^{-\alpha_n} \tag{8.8}$$

表示第 n 小時之逸氣率，例如 $n = 10$ 時，表示第10 小時之逸氣率。

材料表面的逸氣率除與材料性質有關外，與環境溫度、時間、加工、表面粗糙度及表面處理亦相關，查閱材料逸氣速率時，必須一併考量。除此之外，適當的清潔與烘烤可大幅降低表面逸氣，系統設計組裝時亦需注意元件的清洗與烘烤。例如金屬材料在大氣下主要吸附的成分為水氣，150 °C 的烘烤即可去除大部分的水氣，若欲去除吸附的氫氣，則需烘烤至 350 − 450 °C 以上。真空系統組裝測試時，可由殘氣分析質譜儀，依殘氣質譜分析逸氣成分，並判斷逸氣來源。

選用真空材料時除了必須考慮上述材料的滲透率、蒸氣壓與表面逸氣之外，視系統之應用，亦需考量機械強度可否承受壓差所產生的外力，並且考量工作溫度選用熱膨脹係數與熱導性質能承受環境溫度，例如冷凍幫浦之低溫工作環境，或是鄰接材料的熱膨脹係數能互相匹配，避免因熱膨脹造成裂縫，以及材料組織之緻密程度、耐酸耐鹹等特殊需求。

8.2 金屬與合金

金屬與合金應用於真空系統主要是在於結構元件、銲接封合、吸附氣體分子材料及高溫裝置等。一般金屬材料的優點是機械強度佳，並可達到高精度的加工條件。可應用於真空系統的結構材料有碳鋼、不銹鋼、銅、鋁及鎳等。如真空腔殼體及管件主要是以鐵、銅及鋁為基礎的金屬與合金，其中不銹鋼耐銹蝕且逸氣率低，是優良的高真空系統腔體材料，而氫氣在鋁材中的擴散速率低，經烘烤後逸氣率低，亦是常應用的真空結構元件材料。另外，Kovar 等熱膨脹係數低的金屬，則常做為金屬與玻璃或陶瓷銲接之中間材料。而金、銀、銅及鋁等軟質金屬，則可應用於封合，例如無氧高導銅 (Oxygen-free high conductivity copper, OFHC) 常做為超高真空系統之封合材料。低熔點的金屬，如銦或鎵銦錫合金等，則可應用於堵漏材料或低溫封合。而鈦、鉭、鋯及鉬等活性金屬可吸附氣體分子，因此可做為結拖 (getter) 材料或是鈦昇華幫浦、離子幫浦之工作材料。另外應用於電極或是真空計燈絲之金屬材料則應具有耐高溫、易除氣 (degassing)、逸氣率低等特性。選用材料的依據依其用途不勝枚舉，茲以金屬材料應用於真空系統之功用分類加以說明。

8.2.1 結構材料

真空系統結構元件包括腔體、管件等，其主要要求包括：

(1) 機械強度能承受壓差所產生的外力。
(2) 氣密佳，不應是多孔結構，不能有裂縫、小孔等成為洩漏通道的缺陷。
(3) 低逸氣率與低滲透率。
(4) 在工作溫度及烘烤溫度下的蒸氣壓要低。
(5) 化學穩定性佳，不易氧化、耐腐蝕。
(6) 在一定溫度範圍內保持其真空性能及機械強度。
(7) 加工容易、銲接性佳。

一般條件下，金屬的蒸氣壓均很低，表 8.1 為關於金屬材料在特定蒸氣壓下相對應之加熱溫度，讀者亦可參閱相關之真空技術書刊[4] 或材料手冊。由表 8.1 中可以知道，部分金屬在低壓高溫時，其蒸氣壓高而不適用於真空系統，例如含鋅、鉛、鎘、鎂、鋰、鉀、硒及硫等元素之合金，因此真空系統腔體與管件等直接暴露於真空壓力下之元件，必須避免使用此類合金。

在超高真空系統中氣體滲透量雖然小，但卻是不可忽略的因素，在許多真空材料參考書籍中均可查閱到常用真空材料之滲透係數。氣體滲透金屬材料之能力與溫度相關，並受氣體分子及金屬材料種類影響，其中以氫氣滲透之效果最為顯著，茲比較幾種常見金屬材料之氫氣滲透率大小為：鋁 < 鉬 < 銅 < 鉑 < 鐵 < 鎳 < 鈀。

應用於結構元件之金屬材料以不銹鋼、無氧高導銅、碳鋼及鋁較為常見。一般高真空

表 8.1 常見金屬蒸氣壓與真空壓力下應加熱溫度。

元素		熔點(°C)	沸點(°C)	蒸氣壓為下列真空壓力(Torr)時，應加熱溫度(°C) 10^{-8}	10^{-5}	10^{-2}	10
銀	Ag	960.8	2210	579	757	1023	1557
鋁	Al	1659	2300	677	882	1207	1773
金	Au	1063	2970	772	987	1332	1967
鋇	Ba	2300	2600	1367	1687	2157	3007
鈹	Be	1284	2150	699	902	1212	1787
鉍	Bi	271	1630	317	450	661	1053
鈣	Ca	849	1450	282	402	592	967
鎘	Cd	321	765	73	149	267	468
鈰	Ce	775	2400	807	1007	1407	1797
鈷	Co	1495	3000	927	1162	1517	2157
鉻	Cr	1890	2500	853	1062	1392	1967
銫	Cs	28	690	–17	46	152	373
銅	Cu	1083	2600	732	942	1272	1867
鐵	Fe	1535	2740	877	1103	1467	2097
鎵	Ga	29.8	2070	572	757	1057	1597
鍺	Ge	959	2700	812	1037	1407	2077
汞	Hg	–38.87	357	–74	–28	45	183
銦	In	156	2000	497	670	947	1457
銥	Ir	2454	5300	1447	1797	2307	3167
鉀	K	63	762	21	91	208	442
鑭	La	866	4340	987	1262	1697	2457
鋰	Li	186	1370	232	348	533	882
鎂	Mg	650	1110	189	287	442	727
錳	Mn	1244	2150	534	697	947	1427
鉬	Mo	2622	4800	1582	1987	2627	3767
鈉	Na	97.7	890	77	158	290	545
鈮	Nb	2500	5000	1807	2197	2737	3627
鎳	Ni	1453	2730	912	1142	1497	2127
鋨	Os	2700	5500	1707	2097	2657	3587
鉛	Pb	327.4	1740	344	487	719	1162
鈀	Pd	1555	3000	907	1157	1547	2287
鉑	Pt	1773	4400	1287	1602	2077	2937
銣	Rb	39	690	–3	64	176	392
錸	Re	3176	5900	1927	2367	3057	
銠	Rg	1966	4000	1277	1587	2027	2847
釕	Ru	2500	4900	1567	1917	2427	3267
銻	Sb	630	1620	277	382	542	977
錫	Sn	231.9	2270	664	882	1227	1887
鍶	Sr	771	1380	226	342	531	897
鉭	Ta	2996	4100	1957	2397	3067	
釷	Th	1690	4200	1347	1687	2197	3057
鈦	Ti	1690	3535	1057	1327	1727	2477
鉈	Tl	300	1460	285	412	615	997
鈾	U	1133	3900	1132	1442	1927	2797
釩	V	1900	3400	1155	1432	1847	2567
鎢	W	3382	5900	2067	2547	3297	
鋅	Zn	419.4	907	123	208	342	591
鋯	Zr	1857	3700	1472	1837	2397	3347

（資料來源：參考文獻 4 及本文作者整理）

系統，壓力低於 10^{-6} Torr，多採用不銹鋼，其中又以 AISI 304、316、321 及 347 最常使用。不銹鋼的優點為材料強度高，質密而不易滲透氣體，可耐高溫及低溫，不易氧化並耐酸鹼，且多數不銹鋼為非導磁材料，可廣泛應用於許多真空系統上，特別是腔體及法蘭多數採用不銹鋼材料。銅材料或銅合金有很好的加工性質，然其合金元素在高溫或低壓下存在可觀的蒸氣壓，僅可以應用於真空度要求較低的真空系統。而無氧高導銅則是最適用於真空系統之銅材料，常見於小型真空腔室、管路彎頭及接頭等，唯其質地太軟，不適用於較大的真空元件或受力之結構元件。碳鋼或純鐵加工性質佳，且價格低廉，亦可應用於真空系統，尤其是在中低真空之用途，如正排氣型真空幫浦之機件，常為碳鋼或鑄鐵製造而成。然因其表面氧化及生銹對真空性能影響甚大，使用碳鋼或鐵製材料時，應注意其表面處理。鋁及其合金加工性佳，可應用於封合襯墊、擴散幫浦、蓋斯勒管 (Geissler) 電極、渦輪分子幫浦轉子及靜子、真空蒸鍍等材料。常見的鋁合金法蘭及超高真空腔體材料有編號 2219、5052 及 6000 系列的鋁合金。

8.2.2 銲接與封合材料

使用金屬封合襯墊其蒸氣壓與逸氣率等真空性能優於橡膠材料，特別是在需烘烤之超高真空系統及高溫工作環境之系統，普遍使用金、銀、鋁及銅等軟材質金屬材料做為真空封合。而熔點低的銦合金或鎵銦錫合金則可做為堵漏材料，比真空封蠟或油脂之真空封合性能更佳；另外在低溫環境之封合亦可見此類低熔點合金，例如冷凍幫浦內部元件之封合。銲接材料需考慮材料接合之相容性以及銲接之工法，除需維持結構強度外，需避免銲接材料之裂縫及包覆氣孔造成洩漏及虛漏之虞。除此之外，有別於一般的機械元件銲接接合，尤需考慮材料滲透與逸氣等真空性能，本章 8.5 節將就銲接與封合材料做進一步的討論。

8.2.3 吸附氣體分子材料

除了結構與封合之外，可應用部分活性較大的金屬與氣體分子之化學吸附，做為吸附氣體分子的材料，此一特性之金屬可以成為吸附式真空幫浦之工作材料，或是做為一些真空容器內保持真空度之結拖材料。吸氣材料一般可分為蒸散型與非蒸散型，蒸散型材料如鈣、鎂、鍶或鋇等，非蒸散型如鋯、鈦、釷及鋯鋁合金等。上述材料中以鈦較為常見，鈦與氧、氮、氫等氣體會進行化學反應，而成為固態化合物，在真空技術上，廣泛應用於鈦昇華幫浦、濺射離子幫浦之電極板，以及利用活性合金法製造的陶瓷電子管等。

8.2.4 電極與真空計材料

一般真空計使用的電極材料需滿足耐高溫、易除氣、逸氣率低、可達到一定的加工性等要求，常用的材料有不銹鋼、鎳、鉬與無氧高導銅等。而離子真空計之燈絲，對材料的主要要求為高溫下具有低蒸氣壓、一定的電子發射性能、壽命長等，一般採用鎢絲，亦有部分採用氧化釷鎢絲或銥等材料。

8.2.5 高溫裝置與導體

真空系統中需考慮高溫的工作環境者包括真空蒸鍍、冶煉、銲接、熱處理等真空設備，例如真空腔內之導體及電熱體，除了前述關於材料蒸氣壓、滲透率與表面逸氣之外，選用材料之考慮因素為材料之熱輻射性、電阻加熱性能、熱電偶、熱傳導及熱膨脹等性質，選用材料時，必須一併考量系統功能與材料性質，相關材料性質參數均可在材料手冊中查得。

最常見的導體為銅線，然由於銅內常含有氣體，對真空度有不良的影響，因此必須選用以預先除氣製程所製造的銅材料。導線之接合方式不適合使用一般電路的錫銲，多採用扭接、夾接或銀銲，以避免在銲錫的表面逸氣不利於真空系統。另外做為電導引的電極則多採與玻璃和陶瓷熱膨脹係數相近的導體，例如以 Kovar 做為電導引材料。高溫之電極則多採用熔點較高的不銹鋼、鉬、鉭或鎢等製造，請參考表 8.1。系統內的溫度量測係採用二種金屬銲接而成的熱電偶，其使用材料與欲量測的溫度範圍相關，低溫量測可選用銅／康銅 (constantan)、鐵／康銅、鉻貿 (chromel)／鋁貿 (alumel) 等材料製成的熱電偶；若欲量測高溫則可使用鉉／鉉銠合金或鎢／鉬等材料製成的熱電偶。加熱電極則多用鎢、錸、鉬、鉑、鉭或鎳鉻姆等高電阻且熔點高的材料製造。

8.3 玻璃與陶瓷

玻璃與陶瓷材料同樣是屬於質硬易碎的非金屬材料，其電與熱絕緣性佳，常做為電與熱的絕緣。除非是某些特殊配方之切削玻璃或陶瓷，否則這二種材料皆不適合以機械加工方式製造，而較適合以塑性成形或模造來製造元件，但比較難得到精確的元件外形尺寸。應用這二種材料於真空系統時，除了必須考慮蒸氣壓、滲透率與逸氣等材料之真空性能外，亦需考慮其應用需求之規格參數及製造條件。例如玻璃最大的特色是透明可穿透光線，因此是做為視窗與光學導引絕佳的材料，或是真空系統腔體結構材料，以便於觀察系統內部情況，因此玻璃之光學性質亦是選用材料之重要參考因素。本節分別介紹玻璃與陶瓷二種材料應用於真空系統時所應注意的事項。

8.3.1 玻璃眞空材料

早期的真空儀器大部分是以玻璃製成，現在仍常使用於真空玻璃罩、真空計、視窗、金屬－玻璃接合等真空元件，並可做為電與熱的絕緣。玻璃主要成份為 SiO_2，可添加各種氧化物調配其物理性質，表 8.2 為各種常見的玻璃真空材料之化學成分與物理性質[6, 7]。玻璃無固定之熔點，如何選用適當的玻璃材料應用於真空系統則取決於黏滯性與溫度關係及熱膨脹係數等。

氣體分子對玻璃材料之滲透性隨分子直徑愈大而減小，且隨溫度昇高而增大，在相同的條件下，比較各種氣體分子對 SiO_2 之滲透率，以氦氣之滲透最大。而玻璃表面對氣體之吸附以水氣及二氧化碳為主，其表面層甚至可覆蓋 10 至 50 層的水分子。除此之外，由於玻璃亦常用於真空系統之光學傳導，此時考量因素尚包括玻璃材料之光學穿透特性 (transmissibility)、吸收 (absorption) 及散射 (scattering) 等光學性質。光學玻璃最重要的二個規格分別是折射係數 (refractive index, N) 與色散係數 (Abbe number, ν_d)，再者必須考量與光譜相關之穿透曲線 (transmission curve)，選用符合所導引之光學頻譜 (spectrum)。另外，光學玻璃相關的規格參數尚包括：光吸收係數、以折射係數變異量估算材質均勻性、殘餘應力所導致之雙折射 (birefringence)、條紋、氣泡及耐輻射等。上述光學玻璃之規格性質均可查閱廠商所附型錄及材料手冊資料[8]，做為選取光學玻璃材料之參考。

表 8.2 常見玻璃真空材料物理性質。

性質／材料		Fused Sillica	Pyrer 7740	Pyrer 7720	Pyrer 7052	Soda 0080	Lead 0120
	SiO_2	100	81	73	65	73	56
成	B_2O_3		13	15	18		
	Na_2O		4	4	2	17	
	Al_2O_3		2	2	7	1	2
分	K_2O				3		9
	PbO			6			29
(%)	LiO				1		
	Other				3	9	
黏	脅變點 (°C)	956	510	484	436	473	395
滯	退火點 (°C)	1084	560	523	480	514	435
特	軟化點 (°C)	1580	821	755	712	696	630
性	作功點 (°C)	—	1252	1146	1128	1005	985
熱膨脹係數 (10^{-7}/°C)		3.5	35	43	53	105	97
衝擊溫度 (1/4" plate °C)		1000	130	130	100	50	50
比重		2.20	2.23	2.35	2.27	2.47	3.05

(資料來源：參考文獻 6 及本文作者整理)

在真空系統應用中，常見的玻璃材料有硼玻璃、鉛玻璃與石英等。硼玻璃的熱膨脹係數低，易於燒製銲接，且質地緻密、硬度高，適合做為真空儀器之結構件，如視窗等；鈉玻璃材質較軟且價廉，可用於燈泡或電子真空管；石英可耐高溫，熱膨脹係數低、電絕緣性佳、耐酸耐鹼，因此可應用於許多用途，特別是應用於熱與電之絕緣，除此之外，石英可為紫外線與紅外線穿透，可應用於特定光譜要求之儀器。唯石英玻璃價格昂貴，且對氦之滲透性比硼玻璃差，故常以硼玻璃取代。

8.3.2 陶瓷真空材料

陶瓷為無機非金屬化合物 (inorganic nonmetallic compound) 燒製而成固體結晶組織的物質，其機械強度高且可耐高溫，通常做為電與熱之絕緣體，表 8.3 整理常見的陶瓷材料及其性質。與玻璃材料比較真空性能，二者之氣體分子滲透率與蒸氣壓各有所長，主要與材質成份組成相關，而玻璃材料逸氣率之表現則優於陶瓷材料。陶瓷材料有純氧化物、矽酸物類，以及特殊用途的氮化物、硼化物及碳化物等三種基本種類。氧化物多為人工製成，可以得到很純的成份以符合真空系統的需求，矽酸類則多為天然礦物，此二類陶瓷材料多應用於真空絕緣材料。陶瓷材料常為數種材料粉末加上水或有機黏合劑混合，經燒製而成，燒製之陶瓷件甚為堅硬，難以機械加工，因此多在燒製前即已成型，是故成型時必須考慮其收縮欲度。然收縮量很難精確估算，因此不易掌控製品精密尺寸，是陶瓷元件最大的缺點。

常用在真空的陶瓷材料有氧化鋁、氧化鈦、氧化鋯、氧化鈹、矽酸鎂瓷及滑石等，其中以氧化鋁在電、熱與機械強度之性質最佳，參閱表 8.3 可以比較出氧化鋁之抗拉強度最

表 8.3 常見陶瓷真空材料的物理性質。

陶瓷種類	主要成份	熱膨脹係數 10^{-7}/°C	軟化點 (°C)	抗拉強度 (Mpa)	比重
Streatite	$MgOSiO_2$	70 − 90	1400	6	2.6
Forstarite	$2MgOSiO_2$	90 − 120	1400	7	2.9
Zircon porcelain	ZnO_2SiO_2	30 − 50	1500	8	3.7
85 alumina	Al_2O_3	50 − 70	1400	14	3.4
95 alumina	Al_2O_3	50 − 70	1650	12	3.6
98 alumina	Al_2O_3	50 − 70	1700	20	3.8
Pyroceram 9606	Cordierite ceramic	57	1250	14	2.6
Macor 9658	Fluoro-phlogopite	94	800	10	2.52

(資料來源：參考文獻5 及本文作者整理)

佳，熱膨脹係數亦低，然其製造困難，因此價格最昂貴。同表中亦可見 Steatite，又稱凍石，是一種含滑石成份的瓷土和一些少量鹼金屬或鹼土金屬的氧化物，在高溫下燒製完成，其燒製溫度需精確控制，製造困難。另一種陶瓷材料 Forsterite，其成份與 Steatite 相近，但燒製溫度範圍較廣，製造較容易，介電損失低，熱膨脹係數與軟玻璃相近，可與鉻鐵合金或鈦匹配使用。氧化鈹之導熱性質佳，適用於需絕緣又需導熱的應用，然因鈹有毒，使用時需小心。鋯瓷 (zircon porcelain) 為氧化鋯或氧化鋯與氧化矽之混合物，其熱膨脹係數很低 (參閱表 8.3)，可與鉬匹配做為真空引入。

表 8.4 常見橡膠與塑膠真空材料逸氣率大小。

材料種類		q_1 (10^{-5} W/cm^2)	α_1	q_{10} (10^{-5} W/cm^2)	α_{10}
	Butyl DR 41	200	0.68	53	0.64
橡	Neoprene	4000	0.4	2400	0.4
	Perbunan	467	0.3	293	0.5
膠	Silicone	930	–	267	–
	Viton A (fresh)	152	0.8	–	–
	Viton A (bake 12h at 200 °C)	–	–	0.27	–
	Polyimide (bake 12h at 300 °C)	–	–	0.005	–
	Araldite (molded)	155	0.8	47	0.8
	Araldite D	253	0.3	167	0.5
	Araldite F	200	0.5	97	0.5
塑	Kel-F	5	0.57	2.3	0.53
	Methyl Methacrylate	560	0.9	187	0.57
	Mylar (24h at 95% RH)	307	0.75	53	–
	Nylon	1600	0.5	800	0.5
膠	Plexiglas	961	0.44	36	0.44
	Plexiglas	413	0.4	240	0.4
	Polyester-glass Laminate	333	0.84	107	0.81
	Polystyrene	2667	1.6	267	1.6
	PTFE	40	0.45	126	0.56
	PVC (24h at 95% RH)	113	1.0	2.4	–
	Teflon	8.7	0.5	3.3	0.2

(資料來源：參考文獻5 及本文作者整理)

為達到精密加工的要求，部分廠家對可切削陶瓷材料之開發亦有所著力。例如天然滑石與鎂化合物所組成的Lava (真空用 Lava 編號為 1137)，可先進行加工，使其達到一定的尺寸再進行燒製，唯需注意燒製之收縮欲度。另外，康寧 (Corning) 公司之可切削玻璃陶瓷 (machinable glass-ceramic, Macor) 應用了特殊的微結構，可進行切削又可維持足夠的機械強度，並可依精密尺寸與設計形狀進行加工，是甚佳的電絕體，在真空工業應用廣泛。

8.4 高分子材料

真空用高分子材料主要可分為三類，分別是橡膠 (elastomers)、塑膠 (plastics)，以及低蒸氣壓環氧樹脂 (epoxy)，其中合成橡膠主要應用於真空封合之 O 型環，塑膠主要應用於電引入絕緣或工件保存，而低蒸氣壓環氧樹脂則應用於漏孔填補。高分子材料通常具有很高的吸水性且逸氣率較高，常見真空用橡膠與塑膠等高分子材料之逸氣數據可參閱表 8.4，其氣體滲透性亦較差，可參考表 8.5 中常見高分子材料之滲透性能。比較前述介紹的金屬材料或玻璃與陶瓷材料之氣體滲透率時，可知上述材料僅對特定的氣體分子有較為顯著的滲透作用，然而高分子材料之氣體滲透作用對各種氣體分子均比前述之材料為大，因此高分子材料一般不作為系統表面積較大的腔體結構或是管件。

表 8.5 常見高分子真空材料之氣體滲透率。

材料種類	滲透率 (10^{-12} m^2/s)					
	N_2	O_2	H_2	He	H_2O	CO_2
PTFE	2.5	8.2	20	570	–	–
Perspex	–	–	2.7	5.7	–	–
Nylon 31	–	–	0.13	0.3	–	–
Neoprene CS2368B	0.21	1.5	8.2	7.9	–	–
Viton A	0.05	1.1	2.2	8.9	–	5.9
Kapton	0.03	0.1	1.1	1.9	–	0.2
Buna-S	4.8	–	–	–	–	940.0
Perbunan	0.8	–	–	–	–	23.0
Delrin	–	48.0	–	–	17.0	93.0
Kel-F	0.99	0.46	–	–	0.22	–

(資料來源：參考文獻5 及本文作者整理)

8.4.1 真空橡膠材料

橡膠彈性佳，是真空系統中很好的可拆卸封合材料，表 8.6 是幾種常見橡膠封合材料之極限真空性能。為了減低逸氣與滿足應用需求，除了彈性之外，需選用含硫少、耐油，並適用於一定的工作溫度範圍之材質。在真空系統中常見的橡膠材料及其特性如下：

(1) 天然橡膠：強度與彈性佳，工作溫度範圍約從 –60 °C 至 100 °C，耐油與耐老化的性能不良，氣體分子之滲透率與表面逸氣率大，僅適用於粗抽管路。

(2) 丁基橡膠 (butyl)：為異丁烯 (isobutylene) 與異戊丁烯 (isoprene) 之聚合體，耐候又可抵抗極性溶劑的侵蝕，工作溫度範圍可至 100 °C，氣體之滲透率低，可做為襯墊材料。

(3) 硝酸基橡膠 (nitrile)：為丁二烯 (butadiene) 與丙烯腈 (acrylonitrile) 之聚合體，耐油性、耐磨性與耐劣化性均佳，工作溫度範圍可至 100 °C，氣體之滲透率低，其表面逸氣率約為 10^{-7} Torr·L/s·cm^2，常做為 O 型環襯墊材料。

(4) 尼奧普林橡膠 (neoprene)：可抗一般的溶劑及礦油，工作溫度範圍可至 100 °C，氣體之滲透率低，其表面逸氣率約為 10^{-7} Torr·L/s·cm^2，亦可做為 O 型環襯墊材料。

(5) 矽膠 (silicones)：其化學構造為聚矽氧基 (polysiloxan)，可耐熱，其工作溫度範圍可至 300 °C，抗輻射、耐冷耐油性佳，且有很好的電絕緣性能，其表面逸氣率約為 10^{-8} Torr·L/s·cm^2，可用做襯墊，但是高溫 (約 200 °C 以上) 時氣體之滲透率大，其封合效果不良。

(6) 維通 (Viton A)；為數種氟碳化合物 (fluorobarbons) 之聚合體，可耐高溫 (可烘烤約至 200 °C)，氣體之滲透率很小，其表面逸氣率約為 10^{-8} Torr·L/s·cm^2，是很好的 O 型環襯墊材料。

表 8.6 橡膠材料極限真空試驗結果。

材料	極限真空度 (Torr) 法蘭溫度 6°C 時	極限真空度 (Torr) 法蘭溫度 25°C 時
天然橡膠	4.5×10^{-9}	1.2×10^{-9}
丁基橡膠	1.0×10^{-9}	1.75×10^{-10}
氯丁橡膠	2.1×10^{-9}	2.1×10^{-10}
硝酸基橡膠	3.8×10^{-9}	4.8×10^{-10}
矽膠 (紅)	2.2×10^{-9}	–
矽膠 (紅)	3.2×10^{-9}	–
維通 (綠)	1.3×10^{-9}	5.6×10^{-10}
聚四氟乙烯	4.2×10^{-9}	1.0×10^{-9}

(資料來源：參考文獻 9 及本文作者整理)

一般而言，上述常見的橡膠材料均可做為前級真空的橡皮管路與封合襯墊材料，其中以硝酸基橡膠、矽膠與維通較常被使用。較為常見的產品有 Buna-N、Viton、Beoprene 及 Butyl 等。

8.4.2 真空塑膠材料

塑膠材料有熱塑性塑膠與熱固性塑膠二大類，前者受熱而軟化，故易於塑性加工，但後者加熱後轉硬，卻無法再行軟化。在真空技術領域中，塑膠材料主要可以做為電絕緣或封合襯墊，部分可做為耐磨耗或耐腐蝕之表面處理塗佈材料。在真空系統中常見的塑膠材料及其特性如下：

(1) 丙烯酸 (acrylics) 樹脂：無色透明、韌性大，可耐酸與腐蝕藥劑，工作溫度範圍可至 90 °C，其表面逸氣率約為 10^{-6} Torr·L/s·cm^2，熱塑性、加工性佳，具有可應用的光學性能。
(2) 氟素樹脂：如鐵氟龍或 Kel-F 等，其表面逸氣率低，化學性鈍，工作溫度範圍可達 200 °C，亦可用於低溫，可做為電絕緣及封合襯墊材料，但氦氣分子之滲透性較為顯著，亦可做為耐磨耗或耐腐蝕之表面處理塗佈材料。
(3) 聚醯亞胺 (polyimide)：氣體滲透性小，但易吸附水氣，抗輻射，可應用於封合襯墊材料，如 Vespel 與 Kapton 等，其表面逸氣率約為 10^{-8} Torr·L/s·cm^2，工作溫度可達 300 °C (不超過四個小時)。
(4) 乙烯類塑膠：如 PVC 等，電絕緣性與耐藥品性能佳，但含有揮發的增塑劑，表面逸氣率較大 (範圍從 1 至 10^{-6} Torr·L/s·cm^2)，工作溫度範圍約至 100 °C。
(5) 環氧樹脂：可纖維強化做為結構材料，工作溫度可達 250 °C，如 Epon 及 Araldite 等。
(6) Phenolics：常見於電木材料，其纖維強化之效果最佳，工作溫度範圍可至 50 °C。真空機械幫浦中之滑片與旋片亦為塑膠材料，即是由 Phenolics 經纖維強化做成的電木材料。

真空用塑膠材料主要用於電引入絕緣或物品的保存，常見的材料有鐵氟龍 (Teflon)、Kapton 及 Kel-F 等。

8.4.3 低蒸氣壓樹脂

真空系統之黏填劑通常使用低蒸氣壓樹脂或蠟等材料，一般以低蒸氣壓樹脂用來黏著視窗之光學玻璃、半永久真空引入或封合等，此類樹脂或是真空蠟亦可做為臨時性的堵漏材料。真空用低蒸壓環氧樹脂的適用工作溫度範圍較廣，蒸氣壓較低，逸氣的情況亦比真空蠟來得低，且具機械強度，主要用於真空系統漏氣孔之半永久性封合與堵漏，以 Torr-Seal 最為常見。使用時必須注意接合面之清潔，才能達到理想的封合和堵漏效果。若欲除去所黏填的環氧樹脂，則可加熱至 150 °C 或長時間浸泡在三氯乙烯等溶劑中即可。

低蒸氣壓真空黏填樹脂通常將樹脂與溶劑分開，待應用時再加以混合，一經混合後就必須使用。真空黏填劑通常為熱固性膠合劑，加熱後即變乾變硬，例如 Ultek 之 Vac-Seal。使用好的黏填劑，可使系統達到 10^{-10} Torr 的真空度，且固化後不易被水、酸、鹼及有機溶劑侵蝕，但一般黏填劑並不耐高溫且易產生氣泡，有逸氣的疑慮，因此多為暫時性的用途，在可靠度要求較高的系統中並不建議使用這類材料。

高分子材料大多不適合使用於高真空系統腔體結構及管路元件，僅適用於粗抽氣體管路。若欲使用於高真空系統，如合成橡膠製 O 型環等，其暴露於真空之面積必須儘量減少。在真空環境下，高分子材料逸氣主要的成分為水氣及材質中之增塑劑 (plasticizers) 與穩定劑 (stabilizers)，即使預清洗亦無法減低其逸氣率。若欲減低高分子材料之逸氣率，真空烘烤是有效的方法。使用高分子材料時，尤須注意材料之適用溫度範圍與工作環境溫度之匹配，例如 Parker 公司之 Buna 材質 O 型環，其價格低廉，廣泛應用於真空系統，然此一材質不耐高溫，並不適合需要烘烤的高真空系統；而 Viton 材質之 O 型環可烘烤至 200 °C 左右，且其逸氣率低，可應用於高真空或真空度要求更高的系統。

8.5 真空封合

真空設備為了隔絕大氣，各零件管路或子系統間之連接處、電源訊號引入及機械運動之傳動、觀察窗、閘門等，皆需有可靠的封合，其密封品質是真空系統性能良窳之重要指標，本文將介紹封合相關知識與技術。真空封合通常可分為可拆卸封合和不可拆卸之永久封合 (如銲接)，其中可拆卸封合又可區分為靜態封合和動態封合。使用真空封合材料考慮的因素包括：系統壓力、溫度、材料滲漏 (permeation)、材料逸氣 (outgassing)、材料蒸氣壓，以及封合預壓等，正確的設計密封機構，並選擇適當的封合材料，始能達成預期的真空性能。靜態封合是指連接之管路或腔體無相對運動之封合，而動態封合則是連接之零件間有相對運動的條件下所做的封合，是真空系統機械引入 (mechanical feedthrough) 元件中重要的封合設計。在此先行討論系統之靜態封合與永久封合，動態封合則於第 8.7 節真空引入中一併討論。

8.5.1 可拆卸靜態封合

對於低真空和高真空系統，且系統溫度不超過攝氏二百度者，一般採用高分子材料 O 型環 (O-ring) 或是鐵弗龍墊圈做為密封材料。超高真空系統由於逸氣率的限制，且需要烘烤，因此一般採金屬墊圈做為密封材料。一般的靜態接合常用法蘭以及 O 型環或墊圈 (gasket) 達成真空封合。就真空實務而言，O 型環及法蘭等均屬標準規格品，進行系統設計及組裝時，O 型環及法蘭零件之特徵尺寸，必須以手冊或元件供應商提供之型錄所記載圖面為依據。

O 型環封合為可拆卸封合最常使用的方式，其截面一般為圓形或是矩形，主要作用是靠法蘭平面對 O 型環的擠壓，利用其塑性填補法蘭表面不規則之細微結構，其彈性並可維持一定的封合壓力。其封合方式又可分為定變形封合 (constant deflection seal) 和定負荷封合 (constant load seal)。如圖 8.4 為常見典型法蘭與 O 型環封合的方式，圖中 (a) 為具 O 型環槽之法蘭接合；(b) 及 (c) 均為平面法蘭，其間以固定器使 O 型環保持在特定的位置。一般而言，如 (a) 之 O 型環槽，依環槽之斷面幾何形狀，又可分為矩形環槽及梯形環槽等，其特徵尺寸一般在設計規範[3, 10] 中均可以找到，表 8.7 列出幾種常見的 O 型環槽之特徵尺寸，可供讀者參考，相關計算法則可參考設計規範或型錄，設計時仍需依照型錄提供之法蘭細部尺寸為主，在連接管路時最常使用此類 O 型環。最常採用的夾持方式是如圖 8.5 之 KF 法蘭，其特徵尺寸係依據 ISO 2861/I[11] 之規範。另外在管路接合亦常採用如圖 8.6 所示的螺絲迫緊方式，利用鎖緊螺帽迫緊密封環，進而擠壓 O 型環，達到封合及快速組裝及拆卸的目的，其特徵尺寸係依據 ISO 2861/II[12] 之規範。

O 型環材料為高分子彈性材料，適用於中低真空系統以及不需烘烤之高真空系統之封合，有部分材料，如 Viton，可以烘烤至約 200 °C，仍保有不錯的真空性能。當需烘烤超過

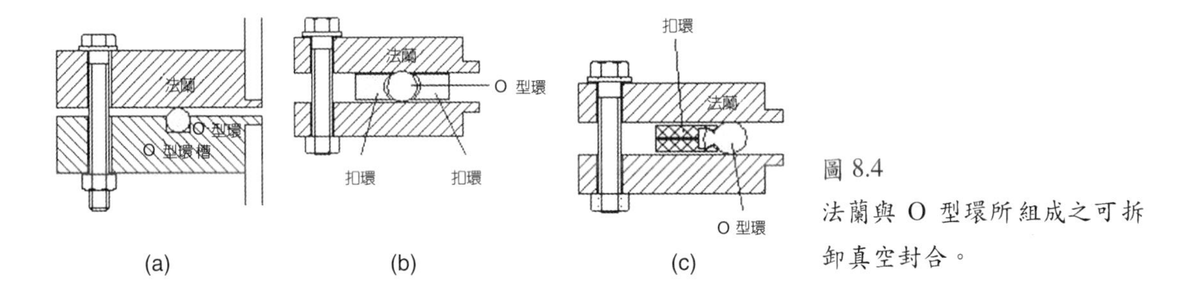

圖 8.4 法蘭與 O 型環所組成之可拆卸真空封合。

表 8.7 法蘭 O 型環槽之特徵尺寸。

特徵尺寸					
A	$1.15d$	$1.4d$	$1.4d$	$0.9d - 0.95d$	d
B	$0.72d$	$0.7d$	$0.7d$	$0.75d - 0.8d$	$1.15d - 1.3d$
R	$0.15d - 0.22d$ 圓角磨光 $R_a < 1.6\ \mu m$	$0.15d - 0.22d$ 圓角磨光 $R_a < 1.6\ \mu m$	$0.15d - 0.22d$ 圓角磨光 $R_a < 1.6\ \mu m$	$0.15d - 0.22d$ 圓角磨光 $R_a < 1.6\ \mu m$	$0.15d - 0.22d$ 圓角磨光 $R_a < 1.6\ \mu m$

*d 為 O 型環截面直徑。

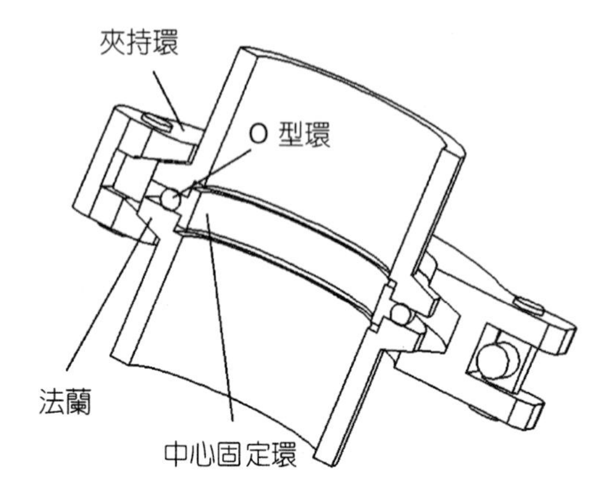

圖 8.5
KF 法蘭封合結構示意圖。

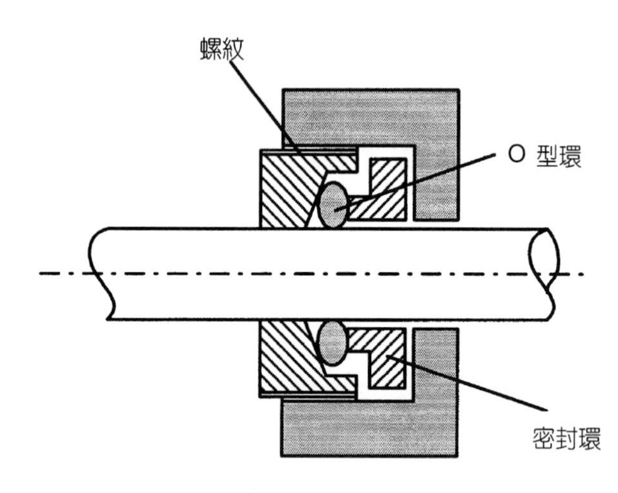

圖 8.6
管路之錐形壓縮封合。

200 °C 以上之超高真空系統，真空度至 10^{-8} Torr 以下時，則採用金屬墊圈做為封合材料，其滲漏及逸氣規格亦較高分子材料之 O 型環佳，可以維持較好的真空度。金屬墊圈材質為軟質金屬，同時需考慮金屬材質之滲漏及逸氣，一般採用無氧銅 (oxygen-free high conductivity copper, OFHC)、鋁、銀及金等，另外銦則因熔點太低，適用於低溫的系統，如冷凍幫浦之真空封合。金屬墊圈封合對法蘭表面之粗糙度要求較高，一般要求在表面粗糙度 $R_a < 0.6$ μm。金屬墊圈封合的方式有：平面封合 (planar seal)、角封合 (corner seal)、階梯封合 (step seal)、卡環封合 (wheeler seal)、矩形墊圈封合 (coined gasket seal)、刀刃封合 (knife edge seal) 及斜楔法蘭封合 (conflat flange seal) 等。其中以如圖 8.7 之刀刃封合及圖 8.8 之斜楔法蘭封合最為常見。

不管是高分子封合材料或是金屬墊圈，常用法蘭組成封合機構，法蘭尺寸需依標準規範(11-14)，產品型錄中亦提供詳細尺寸可供參考。另外有適用於小尺寸管路之 VCR 接頭及 Swagelok 接頭均是真空系統中常見的標準元件，其封合材料亦使用金屬墊圈或是鐵弗龍墊圈。表 8.8 列出最常見的三種法蘭，分別有 ISO 法蘭、CF 法蘭、ASA-ANSI 法蘭，並比較

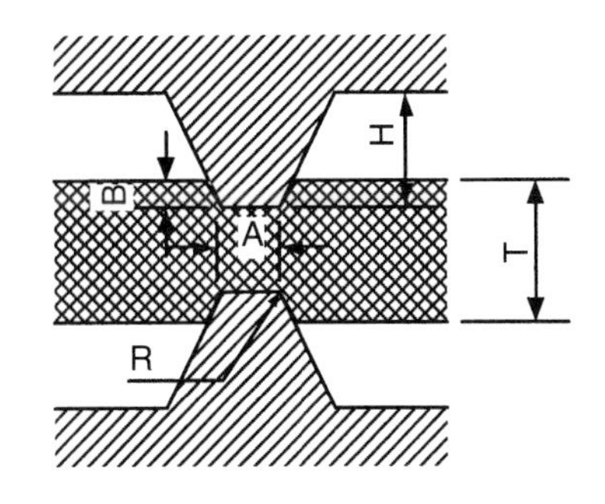

圖 8.7
金屬墊圈刀刃封合結構示意圖。

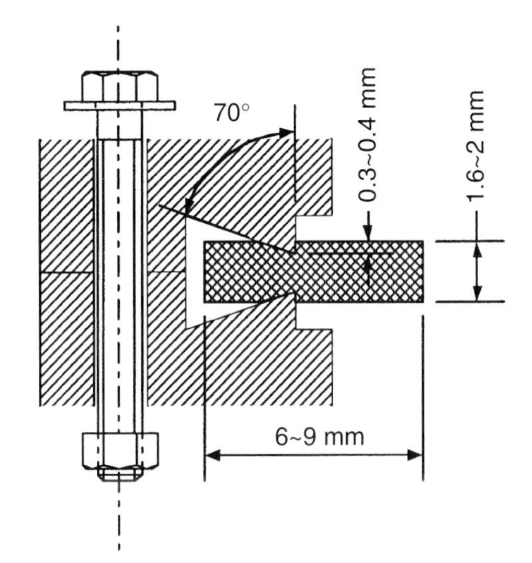

圖 8.8
金屬墊圈斜楔法蘭封合結構示意圖。

其特性及適用之場合。法蘭通常以銲接接合於真空系統腔體、玻璃觀察窗或元件上，通常以熔接 (welding) 或硬銲 (brazing) 接合於腔體或管路元件上，銲接方法與所使用材料相關，並在銲接後確實測漏。在組裝真空系統時需注意法蘭清潔及組裝之要求，組裝前須以丙酮擦拭封合面，所使用的布料或紙須為無塵無線頭的材質。通常金屬墊圈只可使用一次，若墊圈或 O 型環非新品，亦需以丙酮擦拭清潔，再小心組合墊圈與法蘭。組裝時以螺帽和螺絲鎖緊，螺帽先由對角順序鎖上，再依序加緊扭力逐一鎖緊，務必進行重覆三至五次以上方可均勻地封合，必要時可以使用扭力扳手確使鎖緊扭力平均，並利用厚薄規 (thickness guage) 測定兩法蘭之間隙是否均勻。鎖緊法蘭所用螺絲應與法蘭使用相同材料，以避免因為溫度變化時，不同的膨脹造成鬆動和漏氣，所使用材料通常為 SUS 304 不銹鋼。而螺帽處可以塗上硫化鉬做為高溫潤滑劑，以防螺牙咬住不易拆卸。組裝過程中，應逐一測漏，並正確地防漏及堵漏，以確保系統之真空性能。

表 8.8 ISO 法蘭、CF 法蘭及ASA-ANSI 法蘭之特性。

法蘭種類	適用系統	特　性
ISO 法蘭	中低真空系統及無需烘烤之高真空系統 (壓力大於 10^{-8} Torr 之系統使用) 使用 Viton O 型環烘烤至 200 °C，操作溫度可達 150 °C。	高分子封合材料 O 型環，可重覆使用，可以使用固定中心環和平面法蘭或在法蘭上以環槽固定 O 型環，組裝拆卸快速、成本較為經濟。 組裝時可使用真空油脂輕輕塗覆 O 型環，可以提高封合性能。 小管徑使用夾緊環 (hing clamp)，手動鎖緊即可，較為方便，大管徑則使用緊固扣環 (claw clamp)。
CF 法蘭 (conflat 法蘭)	超高真空系統封合 (壓力小於 10^{-8} Torr 之系統使用)。 可使用金屬墊圈及 Viton O 型環，若使用 Viton O 型環可烘烤至 200 °C，操作溫度可達 150 °C。	金屬墊圈封合材料以及 Viton O 型環，封合滲漏很微小。 法蘭刀口及封合面的尺寸精度及表面粗糙度要求高。 需依要求進行清潔與螺絲組裝程序。
ASA-ANSI 法蘭	中低真空系統及無需烘烤之高真空系統 (壓力大於 10^{-8} Torr 之系統使用) 使用 Viton O 型環可烘烤至 200 °C，操作溫度可達 150 °C。	高分子封合材料 O 型環，封合效果較 ISO 法蘭佳。 可熔接或硬焊於腔體或元件需依要求進行清潔與螺絲組裝程序。

8.5.2 永久封合

永久性的封合是以銲接接合真空系統管路元件、腔體、玻璃觀察窗，或引入絕緣封合等，銲接的方式可分為熔接、硬銲、軟銲 (soldering)，以及玻璃或陶瓷與金屬之接合，銲接方法與所使用材料相關，需考慮接合材料之可銲性與銲料之滲漏率及逸氣等真空性能，並在銲接後確實測漏。使用於真空系統結構及元件之銲接的方法有氣銲、電弧銲、電子束銲接、電阻銲接及冷銲等[15]，其中較為常見的有氬銲、電子束銲接以及硬銲等。

氬銲為電弧銲的一種，在銲接的過程中以氬氣作為保護銲縫的氣體，其熱源集中，熱影響區比較小，工件變形小，可以得到較佳的氣密性和機械強度。氬銲適用於銲接高強度合金鋼 (如不銹鋼)、難熔和化學性質活潑的金屬及其合金，在真空設備中常見的超高真空不銹鋼腔體、管路閥門、波紋管接頭、法蘭接頭、Kovar 合金與陶瓷封接等均適合以氬銲接合。

電子束銲接是在真空環境下進行，電子束從電子槍發射，在 20 kV 至 300 kV 電壓加速下，通過電磁透鏡聚焦成高能量密度的電子束，當轟擊工件材料時，電子的動能轉化為熱能，使銲區的局部溫度升高到 6000 °C 以上，使材料熔接。其能量密度比氩銲大，熱影響與變形也比較小，銲接工件之真空性能與機械強度比氩銲好。其缺點是設備複雜，銲接工件大小受限於電子束銲接系統之真空腔尺寸，成本也較高。電子束銲接適用於鎢、鉬、鉭等難熔金屬，耐熱合金及其它強化合金，以及活潑金屬及其合金之接合，亦適用於接合金屬與陶瓷或厚度相差懸殊的工件。

硬銲和軟銲是以熔融的銲料填滿接合材料間隙，銲料與工件材料間擴散形成固熔體，使工件銲接封合的方法。硬銲和軟銲的區別在於銲料熔點與材料之再結晶溫度之比值，一般來講，硬銲銲料之熔點在 450 至 500 °C 以上，其接合強度較高，軟銲銲料之熔點在 450 至 500 °C 以下，接合強度不如硬銲。由於軟銲所使用的銲料真空性能不佳，只有在半永久性封合的考慮時使用，一般多採用硬銲做為永久封合。硬銲特別適合於相異材料之接合，如陶瓷與金屬之接合，銲料必須適合真空用途，其蒸氣壓要低，因此不宜使用含有汞、硫、鎗、鉛、鋅、鎘、鉀、硒、鈉、磷、鎂、鍶、銻、鉍及鈣等元素的材料。另外考慮陶瓷玻璃與金屬之銲接，由於銲接材質之熱膨脹係數差異頗大，應慎選銲料，最常見的是使用 Kovar 合金做為銲料。

由於理想的銲接必須注意銲道需完全穿透，儘量以單邊銲接，而銲道必須在真空側，同時避免包陷氣體產生氣泡增加逸氣的機會。若考慮接合的強度必須使用雙側銲接時，必須保證內側不滲漏和逸氣。最好使銲道可以分別測漏，而不互相干擾，以便於抓漏和堵漏，圖 8.9 為真空用途之銲道與銲接方式示意圖。永久封合之真空系統銲接工藝有別於一般機械工件銲接，特別是材料之封合效果、蒸氣壓、滲漏、逸氣，以及氣體包陷等，是真空永久封合之主要考慮因素，工件與銲料之清潔亦是施工實務必須注意的問題。

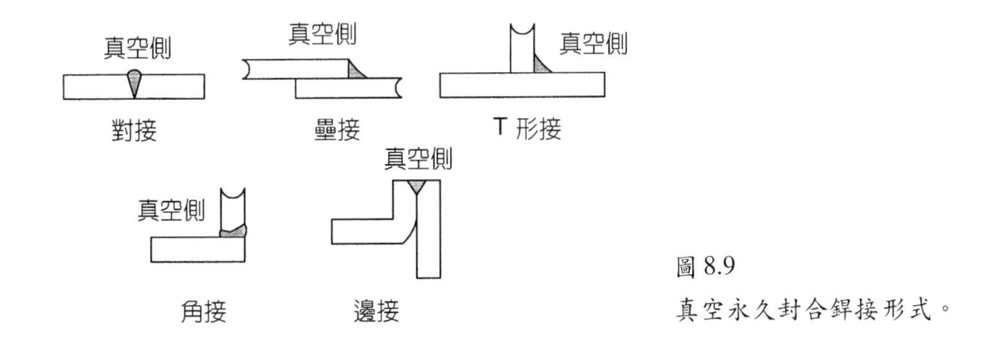

圖 8.9
真空永久封合銲接形式。

8.6 真空閥門

真空閥門主要功能為可開閉氣體管路、調節或是隔絕真空系統內氣體之流通，圖 8.10

是依據 ISO 真空技術圖示規範[16] 所整理各式真空閥門之圖示符號，工程師應依照共同認定的圖示規範進行真空系統設計。對於真空閥門，必須要求其氣密性，不論是操作閥門以及保持閥門開或閉時，均不可發生洩漏；閥門所使用材料應不易吸附氣體分子或是逸氣；動態封合零件之耐磨性要好，能反覆使用；閥門管路設計應使其氣體阻抗為最小；若是超高真空系統所使用閥門，還得使用可加熱烘烤的材質。真空閥門依其形狀構造、操作原理及用途分類，種類繁多，若依系統真空度需求，又可分為中低真空閥、高真空閥及超高真空閥，表 8.9 依真空閥門之工作特性、驅動、聯結方式和用途，分類整理常見的真空閥門[17]。

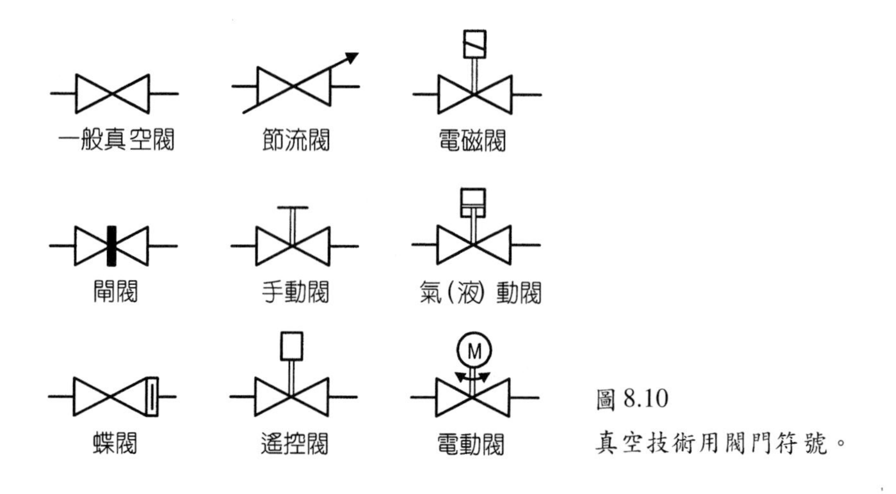

圖 8.10
真空技術用閥門符號。

表 8.9 真空閥門分類。

分類依據	閥門名稱
工作壓力	中低真空閥、高真空閥、超高真空閥
用途	截止閥、隔絕閥、放氣閥、節流閥、換向閥、封閉送料閥
驅動方式	手動閥、電動閥、手電兩用閥、電磁閥、氣動閥、液壓式真空閥
材料	玻璃龍頭閥、金屬真空閥
結構特點	擋板閥、翻板閥、蝶閥、連桿閥、隔板閥、閘閥、雙通閥、三通閥、四通閥、直通閥、角閥

真空閥門之基本結構包括活動桿 (stem)、閥帽 (bonnet)，以及閥體 (valve body) 三個部分，活動桿是閥門的機械引入運動操作機構，閥帽則為活動桿導接頭及其真空動態封合機構，閥體內含管路及閉合機構，並以法蘭與真空系統結構或管路接合，接合部分以 O 型環或金屬墊圈達到真空靜態封合。閥帽與閥體封合機構及所使用材料，與系統真空度需求以及管路氣體相關，在中低真空系統可以使用鑄銅、鐵或鋁材閥體，並以高分子彈性 O 型環做

為真空封合；在高真空系統可以使用黃銅或鋁材閥體，以青銅製波紋管 (bellow) 做為操縱桿之動態封合；由於超高真空系統常需烘烤，一般採用全金屬閥門，使用不銹鋼做為閥體，由金屬墊圈做靜態封合，並以不銹鋼或 Inconel 合金波紋管做為操縱桿之動態封合，具有最佳的真空封合效果與最低的材料逸氣。

真空閥門可以依其形狀構造、操作原理及用途等來分類，首先依據用途可分為隔斷閥 (isolation valve)、閘閥 (gate valve)、進氣閥 (gas inlet valve)，以及節流閥 (throttle valve)。隔斷閥主要是用來阻絕或導通管路、真空幫浦、真空計或真空腔室等，其隔斷必須能克服封合時兩邊的壓差，常見的有盤閥或是球閥，盤閥之進氣口和出氣口可以在一直線上亦可垂直，垂直者稱之為直角閥 (right angle valve)；而球閥亦可以做為選擇導通多重管路，成為三通或多通閥門。閘閥可以阻絕或導通氣流，並可以通過物體，因此其通導較大且多為直通，其結構緊密，氣導最佳，常見的閘閥機構有翻板閥 (flap valve)、蝶閥 (butterfly valve) 及滑動閘閥 (sliding gate valve)，如圖 8.11 所示。閘閥全開時氣流阻抗很小，一般作為真空腔室通樣品取換室之閘門、真空系統各分段間之閘門，或是真空腔室與高真空幫浦 (如冷凍幫浦、渦輪分子幫浦或擴散幫浦等) 間之閘門。通常閘閥的體積和重量都很大，進行真空系統設計時必須考慮閘閥之重量及操作空間。進氣閥之功用為將氣體從外界引入真空系統中，通常要求必須能調整氣流通量，如圖 8.12 之薄膜真空閥 (diaphragm valve)，可藉由調節螺絲

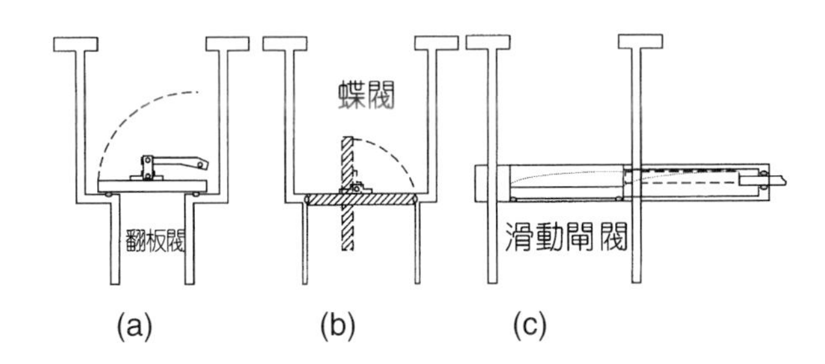

圖 8.11
閘閥結構示意圖。

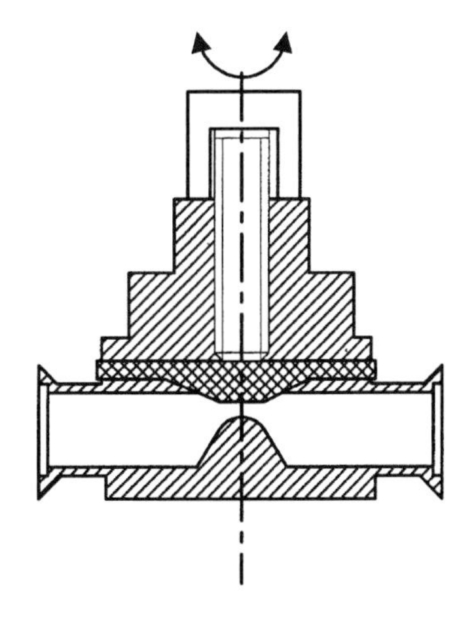

圖 8.12
薄膜真空閥。

控制氣流通道的大小。進氣閥之氣體氣流通量不大者稱為漏氣閥或微漏閥門 (leak valve)，可保持定量氣體進入真空系統中，常見於濺射、活性蒸鍍及分析儀器中。節流閥具調節流量之作用，其機構常使用針閥 (needle valve)，如圖 8.13 所示，微漏閥門亦常使用針閥機構，使用時必須注意避免用力過當造成損壞，主要用在調節抽氣速率，以控制系統之真空度。其它特殊用途如可快速關閉閥門[18]，係整合壓力感測器 (pressure sensor) 及控制單元 (control unit)，可以在數毫秒內快速關閉閥門，以避免大氣突入，以保護系統，常於貴重儀器中使用。

若依真空度需求則可區分為粗抽及前級閥門、高真空閥門，以及超高真空閥門。前述之盤閥及球閥，常用於粗略真空或是連接幫浦與真空腔室的粗抽管路，以隔絕或導通氣流。閘閥則常用於真空腔室與高真空幫浦之間，其封合朝向真空側，可避免於拆卸高真空幫浦時，讓閥門本體吸附氣體。除此之外，依系統真空度需求，必須考慮所使用閥體、閥塊及其封合之材料。選用真空閥門時，氣密性及氣導為最重要的性能規格，其性能檢測系統[19] 如圖 8.14 所示，系統係由機械幫浦、真空閥門、管路、輔助氣室、盲板、針閥、真空計、擴散幫浦等所組成，其中之洩漏率檢測系統 (圖 8.14(a)) 可以由氦氣質譜儀測漏，或是

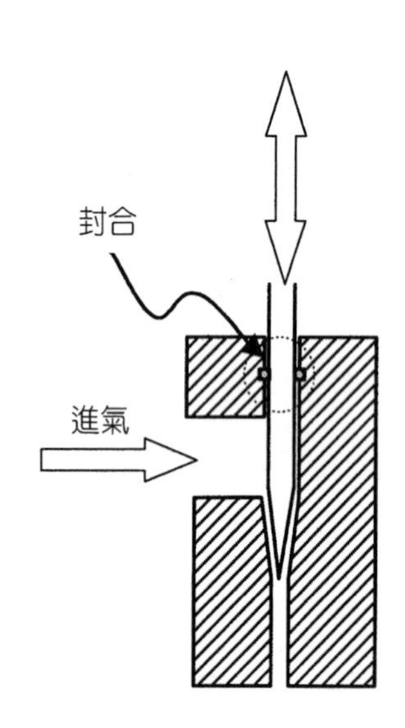

圖 8.13
針閥結構示意。

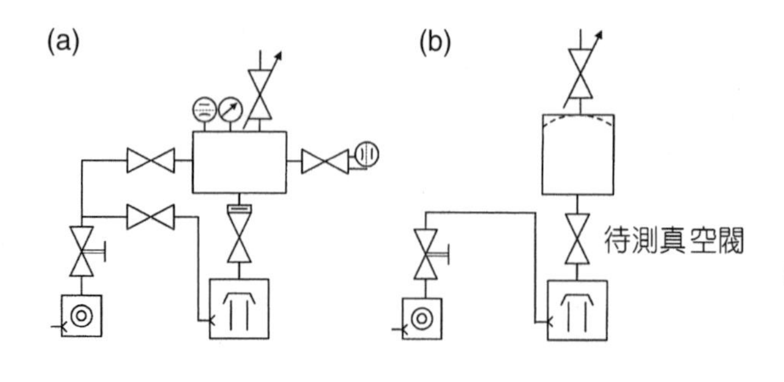

圖 8.14
閥門真空性能檢測裝置，(a) 真空閥門洩漏率檢測裝置，(b) 真空閥門氣導檢測裝置。

以正壓法量測閥門洩漏性能，氣導檢測系統 (圖 8.14(b)) 則可以量測閥門氣流通路之氣導或氣體阻抗。而閥門之尺寸參數，包含閥門與管路接合之法蘭公稱尺寸 (normative dimensions)、氣流通道標稱直徑 (normative diameter) 及操作方式，亦屬真空系統設計之重要考慮因素。

8.7 真空引入

真空引入 (feedthrough) 作用是將真空系統外部之電、流體、溫度、光、或機械動作等傳送入真空腔室內部之裝置，並要求良好的氣密性，不可因機械動作或溫度變化而發生洩漏。目前較常見的真空引入裝置有機械引入 (mechanical feedthrough)、電引入 (electrical feedthrough)，以及流體引入，本文將分別介紹。至於溫度引入及光傳導引入較不多見，則不在本文討論之範疇。

8.7.1 機械運動引入

機械運動引入可簡單區分為直線運動 (linear motion) 引入、旋轉運動 (rotation) 引入，或是線性運動和旋轉運動耦合之螺旋運動 (screw motion) 引入，其最重要的性能要求為動態封合 (dynamic seal) 之氣密性。機械運動引入允許導桿與真空腔體間之相對運動，而仍能保持系統之真空封合，不致在導桿與器壁間發生洩漏，在 8.6 節中真空閥門中之操縱桿及其封合亦可視為機械運動引入的裝置。機械引入動態封合可以使用 O 型環、墊圈、波紋管、磁性流體軸封，或是磁力耦合 (magnetic coupling) 傳動。如圖 8.15 所示為四種常見的機械運動引入之動態封合機構。其中以波紋管氣密效果佳，且可烘烤，為超高真空系統所採用，至於磁力耦合傳動可將真空側與非真空側隔離做間接傳動，不需另做封合以防止洩漏，惟需注意磁場干擾對系統的影響。除了氣密性能之外，輸出軸之荷重能力、定位精度、驅動裝置及控制亦為機械運動引入裝置所需考慮的規格。

最簡單的機械運動引入之動態封合機構是利用 O 型環，可使用一個或是二個以上的 O 型環，O 型環上均勻塗覆真空油脂、機械幫浦油或擴散幫浦油，進行動態封合，所塗覆的真空油脂可以確保氣密性，亦可潤滑機械運動所造成的摩擦。使用 O 型環之動態封合適用於壓力不低於 10^{-6} Torr 的設備，以及相對運動速度較低的機械引入，一般要求軸與孔表面之平移相對速度不超過 0.2 m/s，其工作溫度介於 –25 °C 至 80 °C。二個 O 型環之結構較能確保氣密性，且可保持軸的準直性能，惟在二個 O 型環間易殘存氣體，影響動態封合的性能，可在 O 型環之間開孔抽除其間殘存的氣體，以確保動態封合的效果，如圖 8.15(a)；亦可使用鎖緊螺帽和間隔環迫緊 O 型環，參見圖 8.6，可以增加氣密的效果，同時也增加了摩擦力，不適於高速的機械運動傳動。O 型環槽之位置可於軸上或是孔壁上開槽，在軸上開槽之加工較為簡單，但在軸平移距離較大時則應於孔壁上開槽，同時在未開槽一側之 O 型環迫緊封合處，表面加工必須平滑無刮痕。

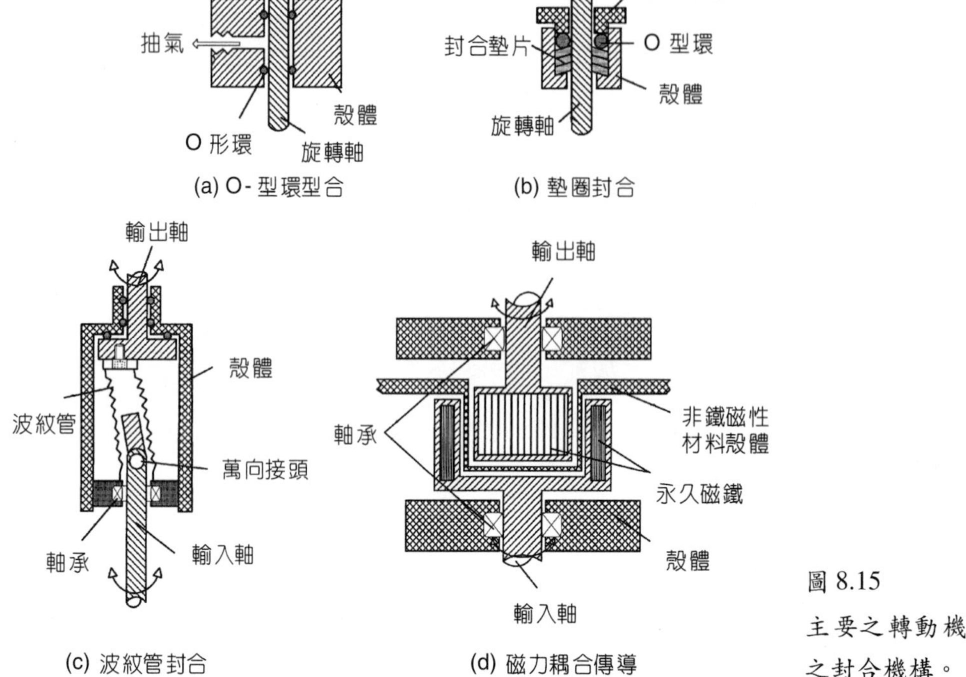

圖 8.15
主要之轉動機械運動引入之封合機構。

轉動運動引入亦常見以墊圈做為動態封合的威爾遜密封 (Wilson seal)，如圖 8.15(b)，墊圈孔呈唇狀迫緊軸的表面，所以亦稱唇封 (lip seal)。一般墊圈內徑約為軸徑之 0.65 至 0.8 倍，軸徑尺寸公差需依墊圈型式與尺寸決定，通常墊圈型錄或設計手冊[10, 20] 會記載公差建議值。墊圈材料常使用橡膠材料，高轉速機械運動引入則使用鐵氟龍或金屬墊圈，墊圈孔緣和墊圈之間亦需塗覆真空油脂、機械幫浦油或擴散幫浦油，做為潤滑以及確保氣密性能。以墊圈做動態封合適用於壓力不低於 10^{-6} Torr 的設備，外部為大氣壓力時，其相對運動平移速度不超過 2 m/s，或是旋轉速度小於 2000 rpm。

超高真空系統之機械運動引入則採用波紋管做為動態封合，如圖 8.15(c)，波紋管具有相當的撓性，可伸縮和彎曲，用在超高真空的波紋管係由許多的不銹鋼薄片銲接而成。一般而言，應用於直線運動引入之波紋管之軸向伸縮行程約可達波紋管長的百分之二十至三十，若應用於旋轉運動引入時則通常採如圖 8.15(c) 之設計，使其銲接於萬向接頭 (universal joint) 或歐丹聯結器 (Oldham coupling)，並包覆傳動桿而非直接銲接於輸入或輸出軸，超高真空閥門之封合亦屬此類動態封合。

如圖 8.15(d) 為利用旋轉磁場傳動，真空側與大氣側以非導磁材料隔離，可避免機械運動引入處之洩漏，若結合磁浮軸承 (magnetic bearing)，可以得到相當高轉速的機械運動引入，此類設計亦可見於魯式幫浦之傳動軸聯結器[21]。1960 年代 NASA 發展出磁流體

(magnetic fluid) 技術，並應用於高速旋轉軸封，亦可做為真空系統機械運動引入之動態密封。磁流體是由磁性微粒、承載液體及界面活性劑 (surfactant) 構成，當磁場磁力線通過流體時，磁性微粒能均勻地懸浮於承載液體中。如圖 8.16，當極片與旋轉軸間隙填滿磁流體時，會在永久磁鐵、極片、磁流體及旋轉軸間形成一封閉的磁力線迴路，由於極片上尖齒強化了磁場的效應，磁性微粒在間隙中排成一層均勻的阻隔層，堵住流體通路以達成密封的功能。使用磁流體做為機械運動引入之動態封合的摩擦力很小，可以提高軸轉速，最高可達 120000 rpm，若使用低蒸氣壓的承載液體，其真空度可達 10^{-9} Torr。

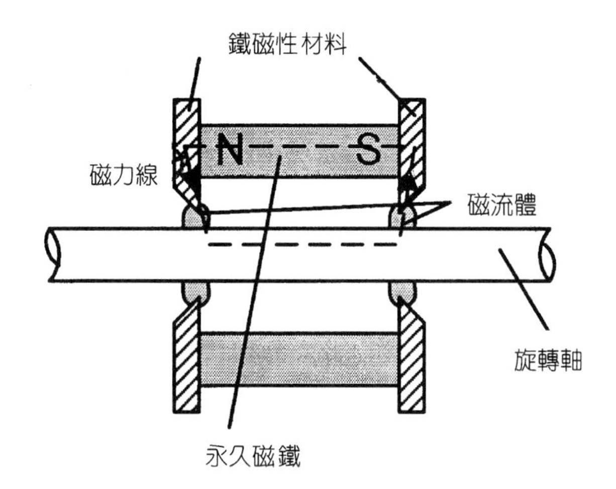

圖 8.16
磁流體軸封結構示意圖。

8.7.2 電引入

真空系統之電引入主要是將系統外之直流、交流電或訊號傳入系統內，如蒸發熱源的電力、熱電偶或膜厚測定等量測信號，例如離子真空計之導線與玻璃接合即為一簡單的電引入，其基本要求為氣密以及絕緣。電引入裝置主要有導線、絕緣體與外殼，導線常使用無氧銅、Inconel、Kovar、鉬及鎢等材料，絕緣體則常使用陶瓷、玻璃、環氧樹脂或真空蠟等，外殼則可使用銅或不銹鋼等，或是直接裝於法蘭上而不需外殼。

電引入裝置可分為可拆式與固定式，可拆式電引入主要用於一般高真空系統及熱偶真空計，固定式則使用於需烘烤的超高真空系統及離子真空計。可拆式電引入主要是可拆卸以更換導線或絕緣體，其絕緣體通常亦做為氣密封合墊片，最簡單的就是以 O 型環為絕緣體，如圖 8.17 為 O 型環加上絕緣墊片所做成的電引入結構，圖中的絕緣墊片使用具彈性之絕緣材料，例如鐵氟龍，為適用於低電壓大電流之電極結構。而圖 8.18 則為一固定式電引入裝置，其關鍵技術在於金屬與絕緣材料的結合。由於導體或外殼與絕緣材料熱膨脹係數的差異，溫度變化時材料之膨脹或收縮體積不同，使得結合處變成不夠緻密，容易造成洩漏，因此必須選用溫度膨脹係數相匹配的導體及絕緣體。例如 Kovar 合金為熱膨脹係數很低的金屬，與硬硼玻璃或氧化鋁陶瓷之熱膨脹係數相近，故常用作電引入之電極，如圖 8.19 金屬與玻璃封接之雙蕊電極，常見於真空計或熱電偶導線引入。有些電引入則利用高強度的陶瓷及較軟的導體，以補償因溫度膨脹產生的變形，例如銅棒與陶瓷硬銲結合。若以環氧樹脂或真空膩做為絕緣及封合，則為半可拆式電引入，在一時缺少電引入又急需時可以使用，然其強度不夠，一般並不常見。

電引入裝置可經由訂製或是採買標準品，如圖 8.20 為一般單電極、高電壓、大電流電引入之外觀，選用時需注意電引入電壓與電流、系統真空度需求、是否需烘烤等因素，一般型錄所提供之參考規格分別為：最大容許電壓、最大容許電流、最高溫度、電極導體材料、

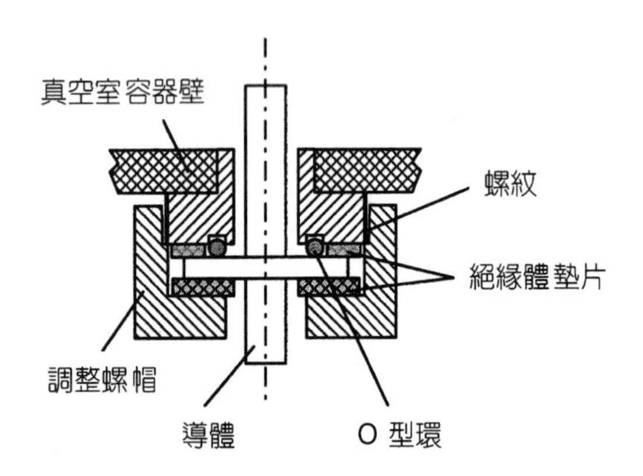

圖 8.17
可拆式 O 型環墊片電引入結構。

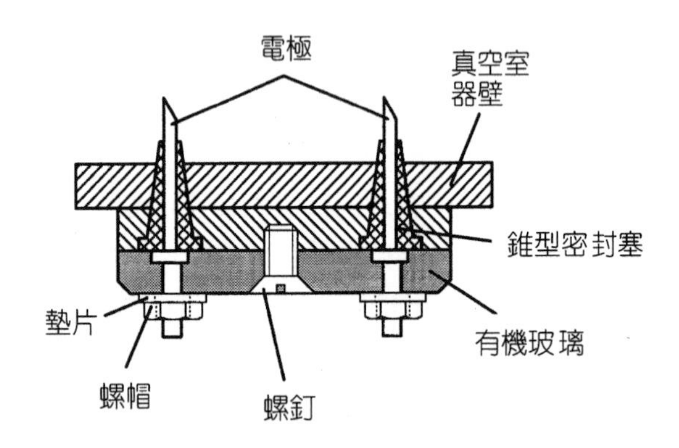

圖 8.18
固定式低電壓小電流電引入結構。

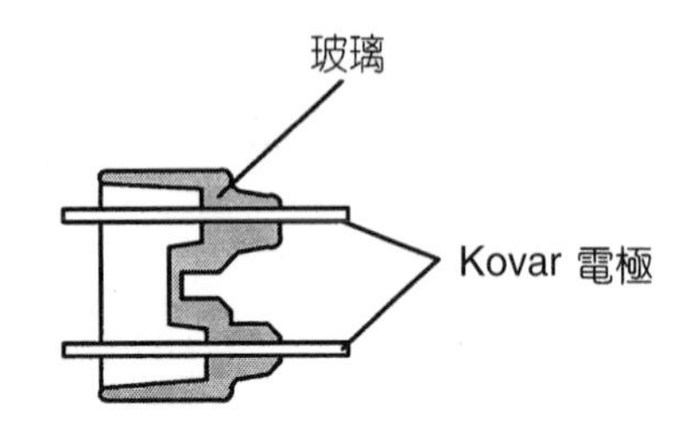

圖 8.19
玻璃／金屬封接雙蕊電極。

絕緣材料、電極數目、冷卻方式，以及法蘭型式與其標稱尺寸等，而 RF 電引入另需注意頻率與功率。另外在高壓電引入時，需注意絕緣體之幾何形狀，避免因系統運轉時於絕緣體表面濺鍍一層導體薄膜造成漏電，可以使用擋板屏蔽或是設計絕緣體形狀，使濺鍍層不連續，均可改善漏電的現象。

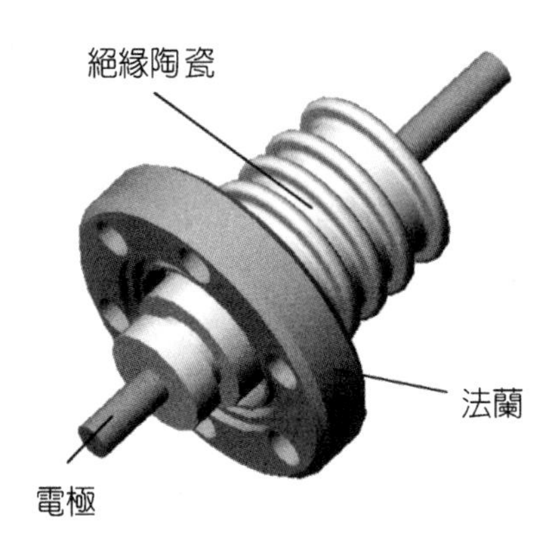

圖 8.20
高電壓／大電流絕緣陶瓷電導引外觀示意。

8.7.3 其它用途之引入

除了機械運動引入與電引入之外，真空系統有時亦需引入或導出流體、熱或是光。流體引入是以導管引入液體或是冷凍劑進入真空系統中，常用於真空系統之冷卻或是溫度控制，如圖 8.21 為一太空環境模擬之熱真空腔系統 (thermal vacuum system)，其中包含液態氮冷凍劑及加熱之氮氣引入，為流體引入之典型範例。流體引入之管路一般要求為無氣泡、無雜質以及無內部缺陷之不銹鋼材料，以防止氣體之滲透，導管可由真空腔直接開孔銲接，銲接時與永久封合之注意事項相同。若是所導引流體為常溫且溫度變化不大，則可以採 O 型環之可拆卸封合。另外一種可以導熱的裝置是以容易傳導熱的金屬做為熱導管 (heat pipe)，將熱傳導出真空系統之外；若需導引光進出真空系統，則採用光導管 (light pipe) 或

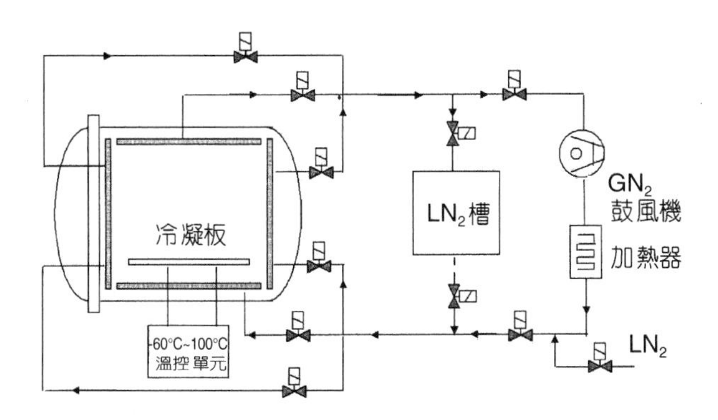

圖 8.21
太空環境模擬熱真空腔熱控系統架構。

光纖 (optical fiber) 做為光的傳導，其氣密要求與其它真空引入的要求大致相似。

8.7.4 視窗

真空系統所用的窗簡單來說是一種可以穿透輻射的元件，此輻射為廣義的電磁波，若是用於可見光的窗則稱為視窗，其基本要求為機械強度可承受一大氣壓之壓力差、氣密、材料之蒸氣壓低、避免逸氣、所要求的輻射穿透率高，並可過濾不必要的輻射等。透過視窗可觀察真空系統內部溫度或試件狀態，或導引光源進入真空系統內。視窗依密封形式可分為可拆卸式和永久封合，可拆卸式封合如同靜態封合，主要是應用於高真空和低真空系統，永久封合則應用於超高真空系統。可拆卸式封合是以 O 型環封合結構為主，如圖 8.22，以 O 型環做為氣密封合，並利用墊片防止法蘭過度迫緊破壞鏡片，並於 O 型環迫緊處磨砂，安裝時於 O 型環塗覆高真空矽脂 (high vacuum silicone grease) 薄膜，以潤滑接觸面。永久封合視窗係將玻璃與法蘭或真空腔器壁做永久封合，關鍵技術為玻璃與金屬之接合，其考慮因素如同電引入所述，必須考慮玻璃與金屬之熱膨脹係數。可以採熱膨脹係數匹配的組合，例如 Kovar 合金與硬硼玻璃之銲接接合，如圖 8.23(a)。或是採熱膨脹係數不匹配的組合，以較軟的金屬補償因溫度膨脹產生的變形，如圖 8.23(b) 使用無氧高導銅與玻璃，以羽毛邊緣技術 (feather edge technique) 銲接接合。

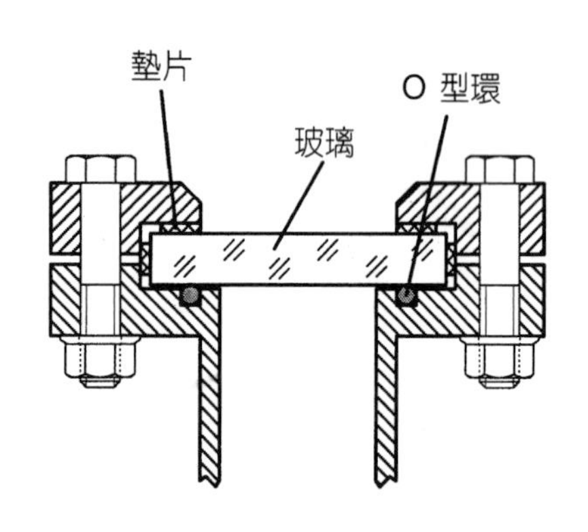

圖 8.22
O 型環封合之視窗結構。

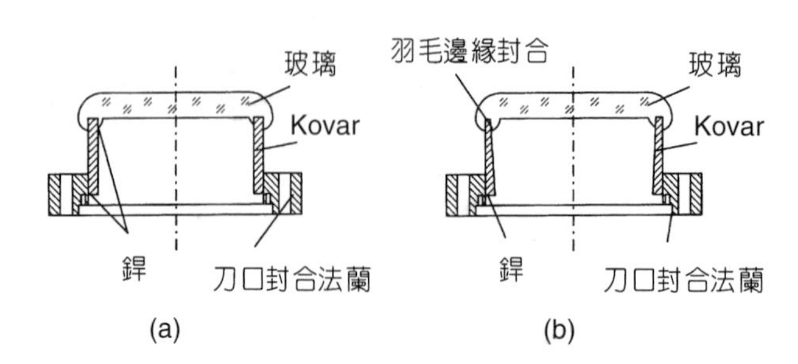

圖 8.23
永久封合玻璃視窗結構。

視窗材料主要為玻璃，最好使用光學玻璃，如 BK7 玻璃等。由於玻璃在成形的過程中易陷捕氣體分子，且其表面易吸附氣體，故安裝時需烘烤以減少玻璃材料之逸氣。若考慮觀察其它特殊波段之需求，則需使用其它材料[22, 23]，例如以石英 (quartz) 單晶及藍寶石 (sapphire) 可穿透紫外線至紅外線波段，可做為觀察從紫外線至紅外線之視窗材料。若使用於高溫的真空系統，可選用具水冷 (water cooled) 功能的視窗，以避免玻璃於高溫時破裂。另外為了防止薄膜材料蒸鍍到玻璃片上，可於視窗結構上設計擋板或擦拭機構。

8.8 真空附件

真空元件除了前述法蘭、真空閥門、機械引入、電引入及視窗等，還包括擋油帽、擋板 (baffle)、阱 (trap) 及管路等元件。若在真空系統中選用具幫浦油或潤滑液的真空幫浦時，則必須考慮配置擋板和冷凝阱組件，以防止系統遭受幫浦油氣的污染並減少油氣漏失。以圖 8.24 之擴散幫浦真空系統為例，其中之油擋板裝置於擴散幫浦進氣口處，用以減低幫浦油蒸氣回流 (back streaming) 污染系統，並以水循環冷卻使油氣凝結後流回幫浦；另外以一液態氮阱 (liquid N_2 trap) 捕集前述油擋板未完全阻隔之油氣分子，使油氣回流更小，同時成為凝結性氣體的吸附抽氣幫浦；除此之外，在做為粗抽及前級幫浦之油 (液) 封式機械幫浦進氣口處，裝設一油氣捕集阱，用以減低機械幫浦油氣回流。本節將介紹擋板及阱等真空附件之原理與應用。

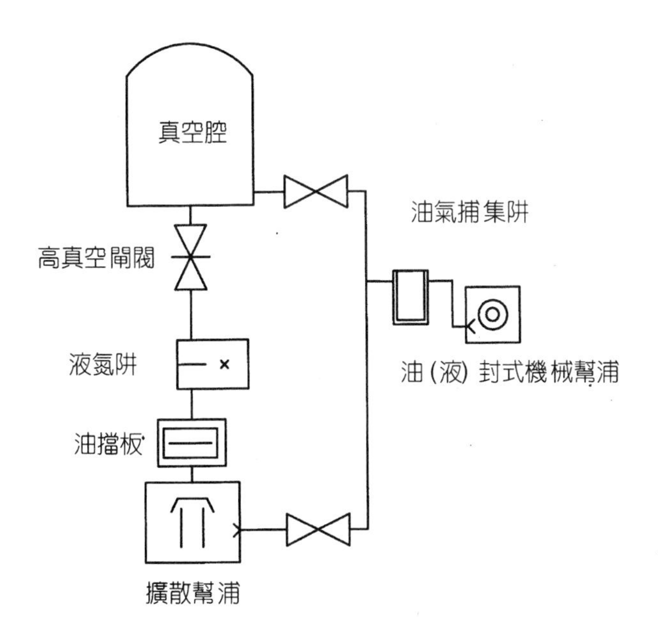

圖 8.24
擴散幫浦系統中油擋板及油氣捕集阱之應用。

8.8.1 油擋板及捕集阱

早期的高真空系統大都使用擴散幫浦，油擋板及冷凍阱為其必備之附件，以防止幫浦油氣回流污染系統或影響系統真空度。在 ISO 或 DIN 等真空相關技術標準中亦將其視為真空系統之標準配件，如圖 8.25 整理 ISO 3573[24] 中關於擋板及冷凍阱之圖示，亦可參考 DIN 28401 之標準圖示。油擋板通常用冰水、乾冰或冷媒將油或水銀蒸氣冷凝流回擴散幫浦，冷卻溫度以不使油氣凝結成固體為原則。如圖 8.26 為普通簡單的油擋板結構，擋板幾何設計需求為使油氣分子不論來自任何角度均不能直接通過，類似光學擋板 (optical baffle) 之設計概念，至少要有一次光學屏蔽。若考慮阻隔效果較佳的油擋板結構則可以採取類似可變氣導閥門的擋板結構，如圖 8.27，然阻擋效果大的油擋板相對的氣導就較小，必須衡量系統需求選擇適當的油擋板，各式的油擋板結構可直接參考設計手冊[26, 27] 或是產品型錄。有些擋板並不使用冷凝作用，而是以吸附劑吸收油氣，待飽和後再將吸附劑活化再生使用。選用油擋板之主要參考規格為其氣導 (conductance)、漏氣率 (leak rate) 及標稱尺寸等，其氣導檢

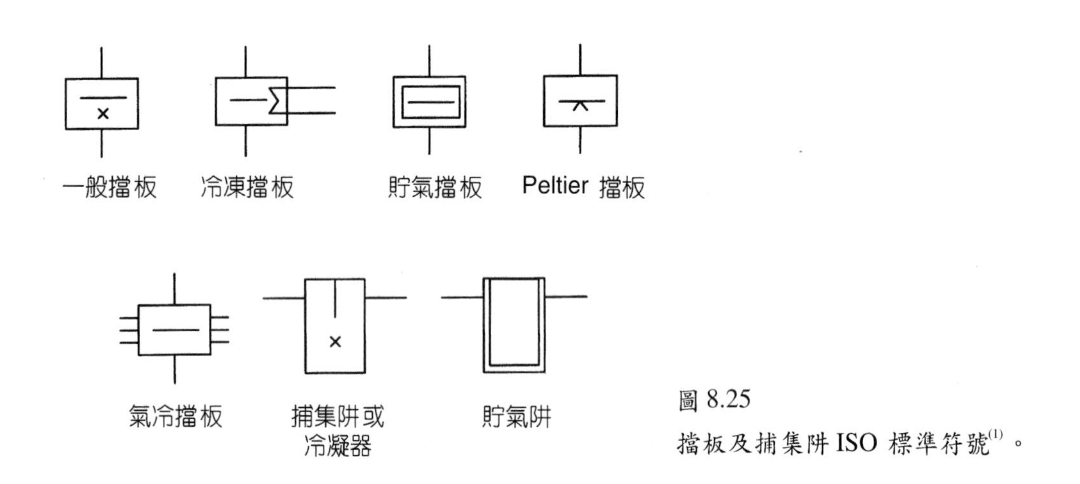

圖 8.25
擋板及捕集阱 ISO 標準符號[1]。

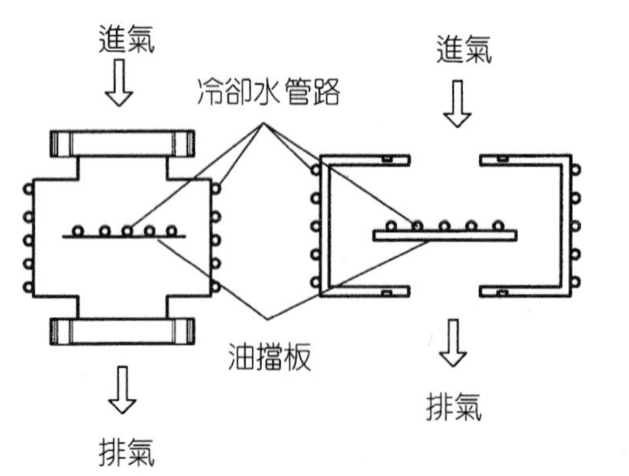

圖 8.26
典型的油擋板結構。

驗方式可參照 ISO 1608[25] 蒸氣式幫浦性能量測標準，將擋板裝置於幫浦進氣端測量其氣導，若欲檢驗其洩漏率則可依加壓測漏法或由氦氣質譜儀檢漏。

因為油擋板不能完全阻隔油氣，因此在真空度需求更高時，需要再加一捕集阱以捕捉剩餘的油氣分子，捕集阱可以是冷凍阱 (cryotrap)、銅箔吸附阱，或是分子篩吸附阱。冷凍阱類似一冷凍吸附幫浦，其主要作用在冷凍吸附油氣分子，同時也吸附了其它氣體分子。冷凍阱可以使用於擴散幫浦與真空腔間以防止油氣分子進入系統，或是於聯結前級幫浦之管路中以回收隨著排氣流出的油氣分子。如圖 8.28 為一般冷凍阱之結構示意，所使用的冷凍劑可以是冷媒、液態氮、乾冰等，冷凍劑溫度愈低者吸附效果愈佳。圖 8.28 中盛裝冷凍劑的材料可以是玻璃或金屬，在結構上應考慮減少冷凍劑揮發且冷卻面要大。銅箔吸附阱是以 0.76 mm 厚、152 mm 寬的無氧銅薄板，滾壓成深 0.63 mm 的波浪板，捲成筒狀裝置於擴散幫浦與真空腔室間，銅箔對油氣分子有極佳的物理吸附作用，然對水銀分子之吸附效果不大且氣導較小，不若冷凍阱普遍被使用。分子篩吸附阱之吸附面積大，效果比銅箔吸

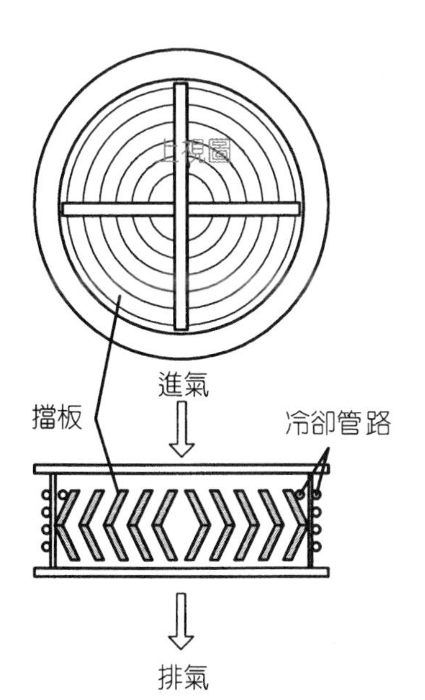

圖 8.27
阻隔效果較大的油擋板結構。

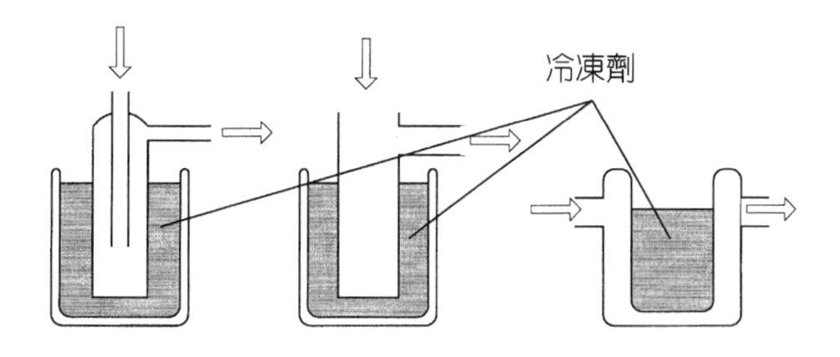

圖 8.28
常見的冷凍阱結構示意圖。

附阱佳，然氣導仍較冷凍為小，其結構簡單、價格便宜、無需運轉成本，且可重覆再生使用。捕集阱之有效工作時間與阱的幾何形狀、溫度和壓力相關，使用時必須注意參考規格之有效工作時間，除此之外，冷凍溫度與氣體飽和蒸氣壓之匹配與系統真空性能相關，使用時亦需選擇適當的冷凍劑。

8.8.2 油 (液) 封式機械幫浦附件

使用油 (液) 封式機械幫浦時，為防止其油氣回流污染系統，並延長幫浦本身的壽命與功能，必須使用各種附屬配件，其附件可依功能分為二大類，一為避免幫浦影響真空系統內製程的附件，另一為防止真空系統內製程對幫浦造成不良影響的附件。常見的真空機械幫浦附件如圖 8.29 所示[28]。

機械幫浦運轉時，幫浦機體溫度很高，為阻止油蒸氣隨氣體排出，通常會使用油分離器 (oil separator) 或油霧過濾器 (oil mist filter) 以減少油消耗。其中油分離器用以回收大油滴，而油霧過濾器用以回收小油滴 (當進氣壓力在 1 大氣壓至 3 Torr 間，排氣將夾帶 1 μm 左右大小之油粒子)，二者搭配使用幾無油之漏失。分子篩油過濾器 (molecular sieve filter) 包括粗抽阱 (roughing trap) 和前級阱 (foreline trap) 二種，可以防止幫浦油回流至真空系統，其原理與適用於粗抽的吸附幫浦相當。在化學或半導體工業應用中，污染性氣體或反應產生的固體微粒混在幫浦油中，常對機械幫浦造成侵害，使用濾油器 (oil filter) 淨化裝置可將不

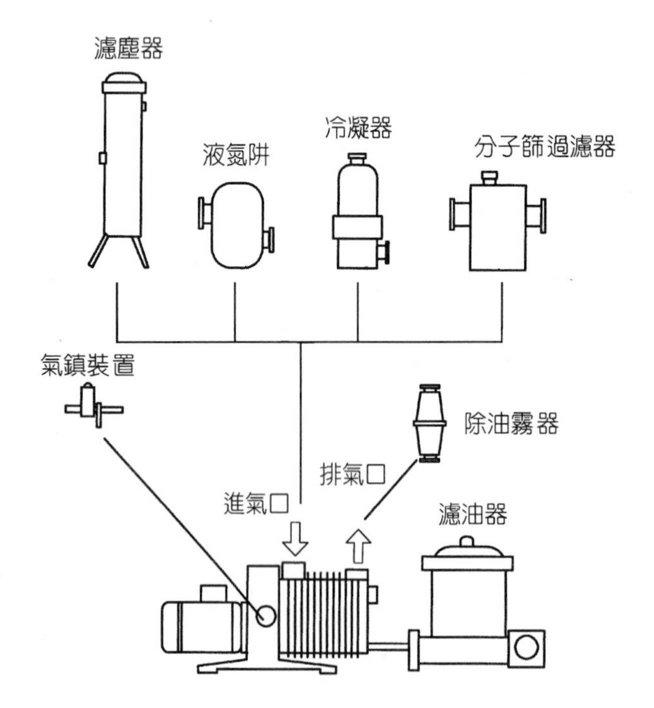

圖 8.29
真空機械幫浦各類附件。

純物吸附在過濾網上予以淨化。大於 2 μm 之固體微粒會造成幫浦靜子表面之磨損，影響幫浦性能，尤其在真空冶金與化學應用上此種情形更為常見，濾塵器 (dust filter) 即是用於過濾此類製程所造成的固體微粒。在蒸氣逸出較嚴重的情況中，例如真空乾燥應用，必須使用冷凝器 (condenser) 捕捉水蒸氣。與冷凝器功能相仿 (但冷凝劑不同，冷凝溫度也不同)，液態氮阱目的在捕捉對幫浦有害的蒸氣，並可防止油蒸氣回流至真空系統。從另外角度來看，液態氮阱相當於一個冷凍幫浦，可使凝結溫度高於 77 K 之氣體凝結而被抽除。氣鎮裝置 (gas ballast) 的目的在於防止凝結性氣體在幫浦內部凝結，使幫浦不僅可抽除永久性氣體亦可抽除凝結性氣體，若凝結性氣體為反應性成份則使用鈍氣做為氣鎮[29]。例如水蒸氣 (70 °C 時之飽和蒸氣壓約為 234 Torr) 在幫浦運轉時因凝結性氣體分壓超過飽和蒸氣壓即會凝結成液體，也就是說幫浦無法產生過壓 (大於一大氣壓) 的結果，幫浦排閥無法順利打開排氣，水份則留在幫浦內與油形成乳化液，使幫浦油失去潤滑效果，甚至摩擦損壞，因此必須使用氣鎮裝置。

隨著經濟成長與生活環境的改善，工業安全衛生益受重視，真空系統中所使用之有害氣體以及幫浦所產生的噪音必須加以解決，因此配置有害氣體回收附件、防止反應性氣體爆炸之附件，以及消音器等附屬配件，亦常見於真空系統中。

參考文獻

1. W. H. Kohl, *Handbook of Materials and Techniques for Vacuum Devices*, New York: AIP Press, (1995).
2. Varian, *Basic Vacuum Practice*, 2nd Edition, Vacuum Product Division, Training Department, Varian Associates Inc., Palo Alto, CA (1989).
3. 达道安主編, 真空設計手冊, 修訂版, 352, 北京: 國防工業出版社 (1995).
4. 蘇青森, 真空技術, 五版, 台北, 東華書局 (1999).
5. F. J. Norton, *Vac. Symp. Trans.*, 47 (1954).
6. G. E. Weston, *Vacuum*, **25** (11/12), 469 (1975).
7. J. F. O'Jalon, *A User' Guide to Vacuum Technology*, New York: Wiley (1980).
8. 李士賢, 李林, 光學設計手冊修訂版, 北京, 北京理大學出版社 (1996).
9. I. Farkass, and E. J. Barry, *Vac. Symp. Trans.*, 35 (1960)
10. 小栗富士雄, 標準機械設計圖表便覽, 增補三版, 9624, 台北: 台隆書店編譯 (1985).
11. ISO 2861/I, *Vacuum Technology - Quick-release Couplings - Dimensions*, Part 1: Clamped Type (1974).
12. ISO 2861/II, *Vacuum Technology - Quick-release Couplings - Dimensions*, Part 1: Screw Type (1980).
13. ISO 3669, *Vacuum Technology - Bakable Flange - Dimensions* (1986).
14. ISO 1609, *Vacuum Technology - Flange Dimensions* (1986).
15. A. Roth, *Vacuum Technology*, 352, New York: Elsevier Science Pub (1990).

16. ISO 3754, *Vacuum Technology - Graphical Symbols* (1977).
17. 達道安主編, 真空設計手冊, 修訂版, 443, 北京: 國防工業出版社 (1995).
18. 呂登復, 實用真空技術, 再版, 314, 新竹: 黎明書店 (1996).
19. 達道安主編, 真空設計手冊, 修訂版, 453, 北京: 國防工業出版社 (1995).
20. 達道安主編, 真空設計手冊, 修訂版, 412, 北京: 國防工業出版社 (1995).
21. L. J. Budgen, *Journal of Vacuum Science and Technology*, **A1** (2), 147 (1983).
22. 蘇青森, 真空技術, 五版, 188, 台北: 東華書局 (1999).
23. A. Roth, *Vacuum Technology*, 323, New York: Elsevier Science Pub (1990).
24. ISO 3753 Vacuum Technology - *Graphical Symbols*, 4 (1977).
25. ISO 1608/I Vapour Vacuum Pumps-*Measurement of Performance Characteristics-Part 1: Measurement of Volume Rate of Flow (Pumping Speed)* (1980).
26. 達道安主編, 真空設計手冊, 修訂版, 515, 北京: 國防工業出版社 (1995).
27. 蘇青森, 真空技術, 五版, 199, 台北: 東華書局 (1999).
28. 呂登復, 實用真空技術, 再版, 68, 新竹: 黎明書店 (1996).
29. A. Roth, *Vacuum Technology*, 210, New York: Elsevier Science Pub (1990).

第九章　眞空系統設計與裝配

本章針對目前通用之真空系統設計與組裝作說明與分析。首先介紹真空系統的分類、真空系統組配時所要考量的事項，以及陳述真空系統的抽氣概念與設計，接續說明如何設計真空腔體，並且介紹超高真空及極高真空的系統設計，而未及介紹的相關資料可參閱其他文獻[1-3]。

9.1 眞空系統之分類

一般真空系統可以依據壓力範圍、製程方式及抽氣方法加以區別。

(1) 壓力範圍

a. 粗略真空系統 (rough vacuum)：760 − 1 Torr
b. 中度真空系統 (medium vacuum)：1 − 10^{-3} Torr
c. 高真空系統 (high vacuum)：10^{-3} − 10^{-7} Torr
d. 超高真空系統 (ultra-high vacuum)：10^{-7} − 10^{-10} Torr
f. 極高真空系統 (extremely-high vacuum)：小於 10^{-10} Torr

此部份乃以所需之工作底壓來分別。

(2) 製程方式

a. 薄膜設備：10^{-3} − 10^{-8} Torr
b. 離子植入：10^{1} − 10^{-6} Torr
c. 測漏：10^{-6} − 10^{-9} Torr
d. 氣體分析：10^{-4} − 10^{-8} Torr
e. 電子顯微鏡：10^{1} − 10^{-7} Torr
f. 同步輻射：10^{-7} − 10^{-13} Torr
g. 其他：見圖 9.1 及圖 9.2 所示。

第 9.1 至 9.3 節作者為黃建源先生。

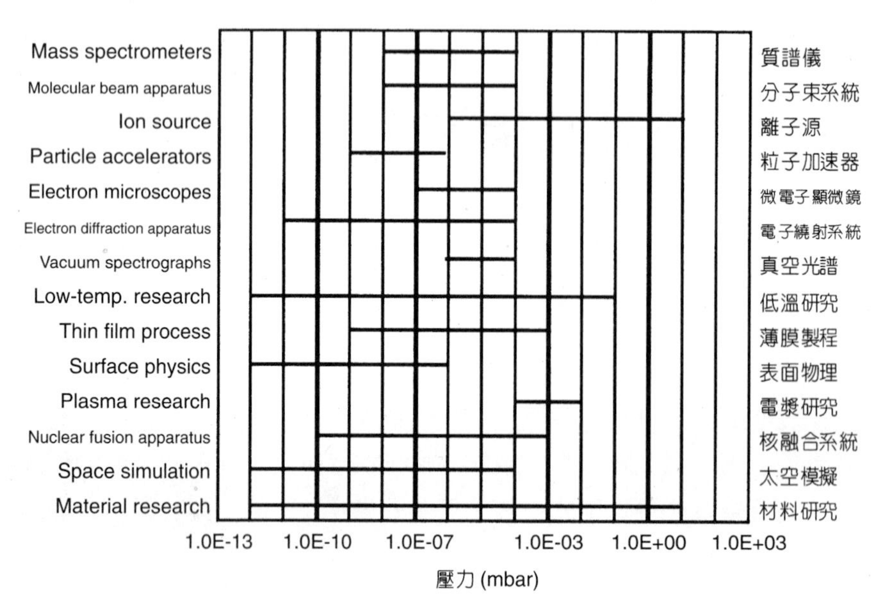

圖 9.1 物理及化學研究發展之真空壓力範圍。

(3) 抽氣方式

a. 渦輪分子幫浦系統
b. 冷凍幫浦系統
c. 擴散幫浦系統
d. 離子幫浦系統
e. 機械幫浦系統
f. 以上各幫浦之組合

各種幫浦與真空壓力之相對關係見圖 9.3。

9.2 眞空系統之組配

各真空系統因不同需求之考量，故要求也不盡相同，不論其使用之目的為何，在組配時必須考慮下列諸事項：

(1) 真空腔的尺寸大小、形狀。

(2) 真空腔的操作溫度，因化學或物理反應而產生之熱能。

(3) 內部是否需接電，所用電壓、電流之大小及多少根導線。

(4) 真空腔內部之機件是否需從外部操縱，其為直線或旋轉之機械運動。

(5) 真空度之需求。

(6) 閉合系統或可開閉系統。

(7) 抽至所需底壓之時間。
(8) 安全及複雜程度。

真空腔大小、形狀選定後，可以粗略算出體積，再根據真空度及抽氣時間，可計算出所需幫浦之抽氣速率，進而選出幫浦之種類。然後需考慮所使用之管路，管路之氣導取決於管路之尺寸與長度，如圖 9.4 及圖 9.5 之說明。再者需決定閥門、真空計等附屬配件之種

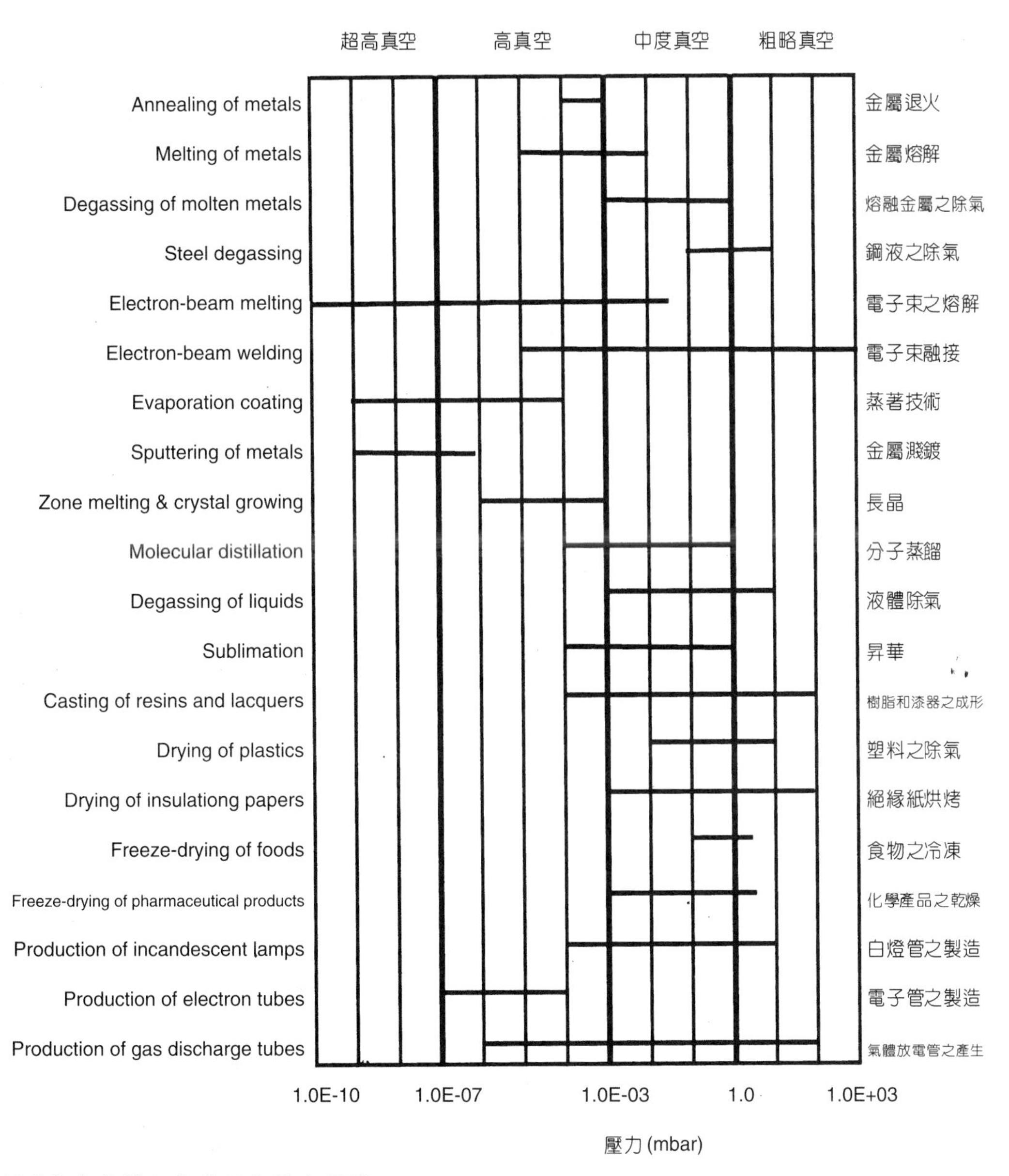

圖 9.2 真空製程產業所需壓力範圍。

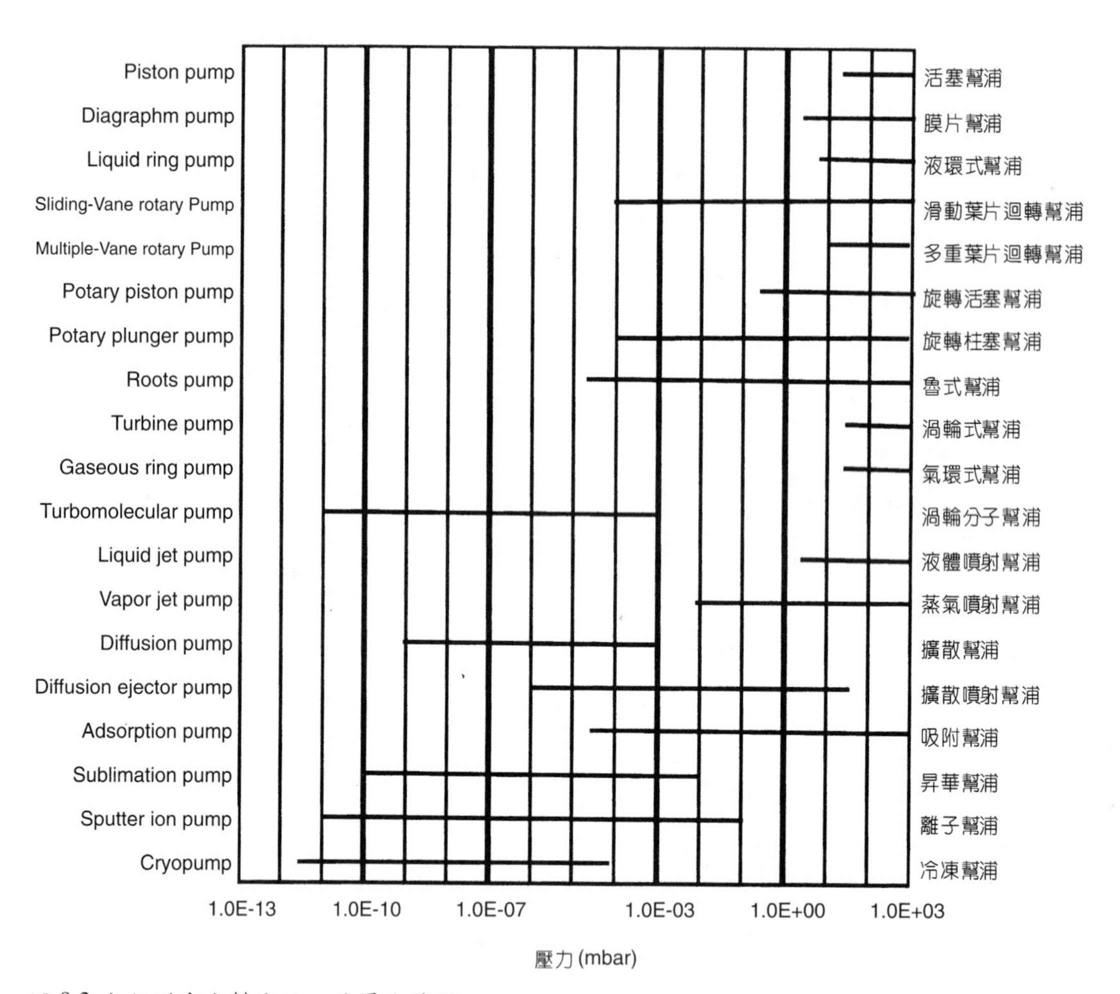

圖 9.3 各類型真空幫浦的工作壓力範圍。

類與配置，以及是否需用冷凝、捕捉陷阱或油氣阻擋之附件，之後再計算管路阻抗，即可計算出真空腔抽氣口端之有效抽氣速率，進而要求幫浦之負荷能力。

選定抽氣系統後，此時應決定接頭之種類大小及使用何種法蘭？或直接銲接管路接口，電氣導引及機械導引之選擇及安裝位置，必要時需考慮門栓閥門，以保持某部份之真空。出口埠需預留，以便未來加裝或改變用途，不會造成困擾。

真空計之選擇必須考慮裝設位置是否為連續操作或間斷操作、系統的真空範圍，以及防止因壓力突增而損毀真空計之安全裝置。

附件選擇要考慮是否加熱烘烤及冷卻，因溫度變化必須選擇適當接頭與襯墊材料，最後要考慮各種安全互鎖裝置，例如停電停水或過壓之自動切換。

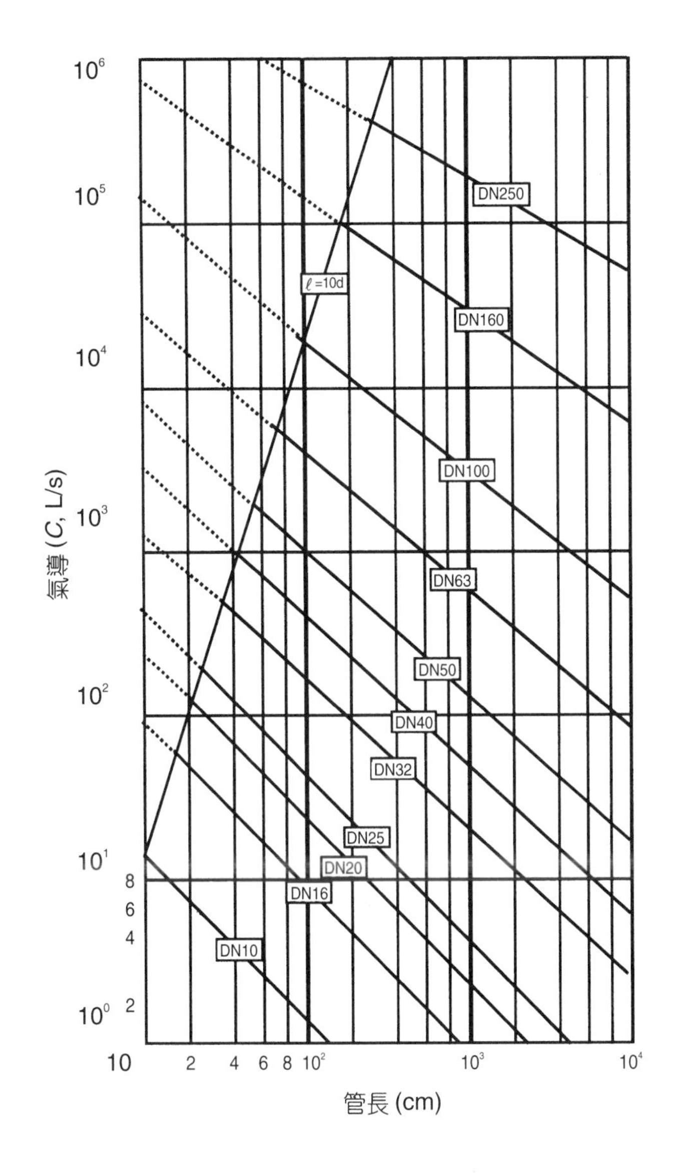

圖 9.4

氣導與管長之相對圖 (以空氣介質，層流計算)。

9.3 真空系統抽氣概念與設計

9.3.1 真空中的蒸氣

在抽氣過程中，除腔體內的氣體需排除以外，另需考慮真空環境及抽氣過程中所產生之蒸氣。

(1) 蒸氣：氣態之物質在一定溫度下所壓縮凝結。

(2) 蒸氣壓：一定溫度下，物質蒸發或氣化成蒸氣分子時，所造成之壓力。

(3) 飽和蒸氣壓：物質氣化達到平衡狀態時，脫離液體或固體表面之蒸氣分子數目與回到物

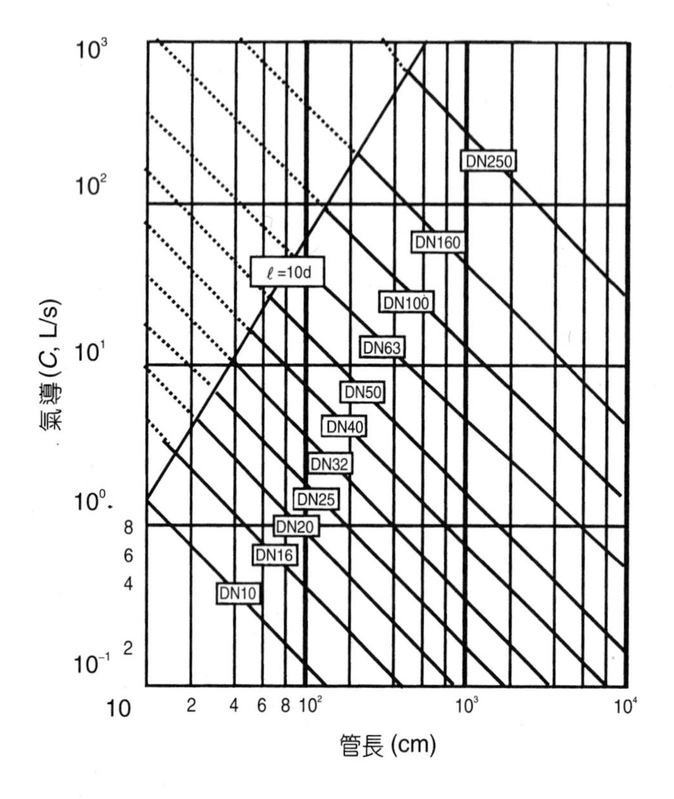

圖 9.5
氣導與管長之相對圖（以空氣介質，分子流計算）。

質表面之分子數目相同，若超過此壓力，蒸氣分子開始凝結。

真空系統中，除永久性製程氣體，如 N_2、H_2、O_2、Ar 等，所造成真空系統中之氣體負荷，一般較常見到造成或大或小之蒸氣壓力，如水及洗劑。舉例來說，水之蒸氣壓與溫度關係如下，圖 9.6 提供更詳細之說明。

T (°C)	P (Torr)
100	760
50	92.5
25	23.8
0	4.5
–40	0.1
–78.5	5×10^{-4}
196	10^{-24}

清潔溶劑亦造成氣體負荷之原因，真空要件在化學清洗後，最好先烘烤，以去除殘留物。常見化學清洗液體之蒸氣壓，見表 9.1 有更進一步之說明。

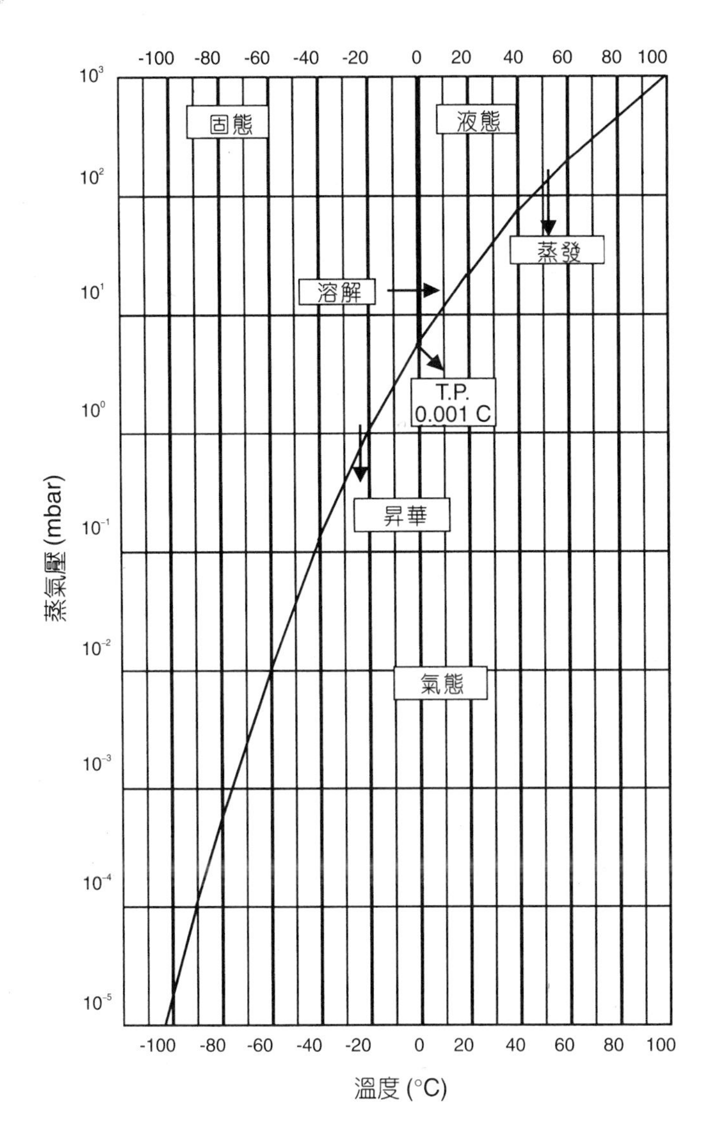

圖 9.6
水之物理相變化。

名稱	20 °C 之蒸氣壓 (Torr)
丙酮	184.8
苯	74.6
酒精	43.9
甲醇	96.0
松樹汁	4.9
水	17.5
四氯化碳	91.0
水銀	0.0012

表 9.1 常見化學清洗劑之性質。

溶 劑	相對分子量	密度 (g/cm^3) (in 20 °C)	熔點 (°C)	沸點 (°C)	最大容許濃度 (cm^3/m^3)
Acetone	58	0.798		56	
Benzene	78	0.8788	5.49	80.2	25
Carbon Terachloride	153.8	1.592	–22.9	76.7	25
Chloroform	119.4	1.48	–63.5	61	50
Diethyeether	74	0.713	–116.4	34.6	400
Ethyl alcohol	46	0.7967	–114.5	78	1000
Hexane	86	0.66	–93.5	71	500
Isopropanol	60.1	0.785	–89.5	82.4	400
Metheanol	32	0.795	–97.9	64.7	200 (toxic)
Methylene chloride	85	1.328		41	
Nitromethane	61	1.138	-29.2	101.75	100
Petroleum ether (benzine)		0.68 – 0.72	>100		
Petroleum ether (ligarine)	mixture	0.64	–	40 – 60	
Trichlorethylene	131.4	1.47		55	
Water	18.02	0.998	0	100	–

真空幫浦油之蒸氣壓也是必須考慮的因素，見圖 9.7。而高溫之金屬蒸氣壓與低溫之永久性氣體凝結所造成之蒸氣壓也是重要之一部份，見圖 9.8 之說明。最後低溫下之永久性氣體亦開始凝結而產生蒸氣壓，見圖 9.9。

9.3.2 氣體負荷

真空系統除製程所需之氣體，其餘氣體來源應避免，因所有之氣體藉由真空幫浦抽除，造成幫浦之負擔，也就是系統之氣體負荷。

(1) 空間氣體：在真空腔之設計中，空間氣體是無可避免，故需慎選抽氣幫浦。

(2) 漏氣：可分為實漏及假漏氣。實漏是由於製造瑕疵或組裝不正確，造成外界一大氣壓之氣體漏入真空系統中。假漏氣仍存在於真空系統本身中，陷於螺絲與螺紋中之空氣。

(3) 油蒸氣之回流：此蒸氣源來自機械幫浦或擴散幫浦，油蒸氣分子在低氣壓時，會與其餘被抽之氣體分子相碰撞，或自冷凝阱器壁再蒸發而回流至真空腔，進而造成污染。

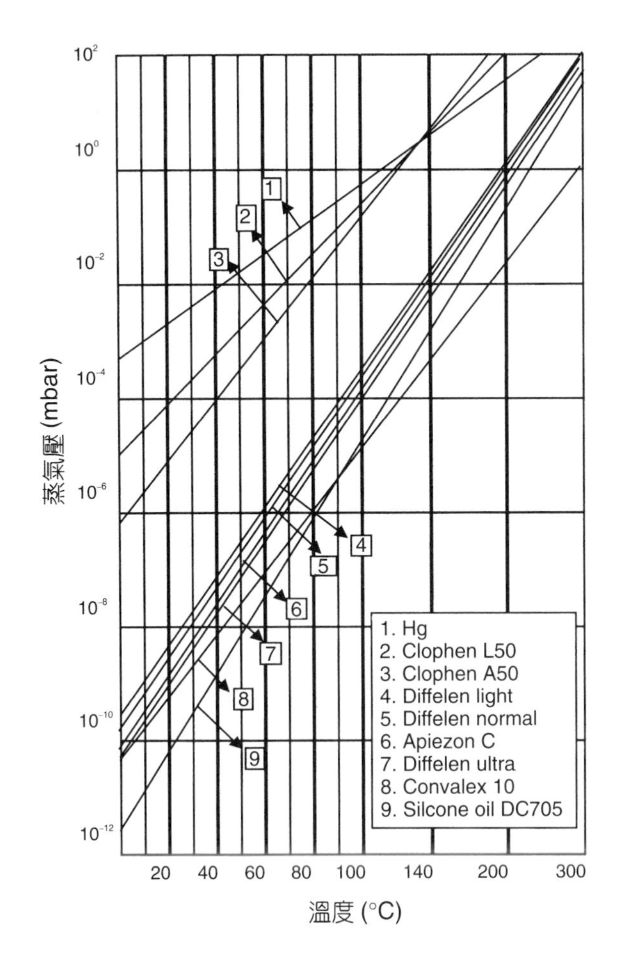

圖 9.7
油式及水銀蒸氣式幫浦常用真空幫浦油之飽和蒸氣壓。

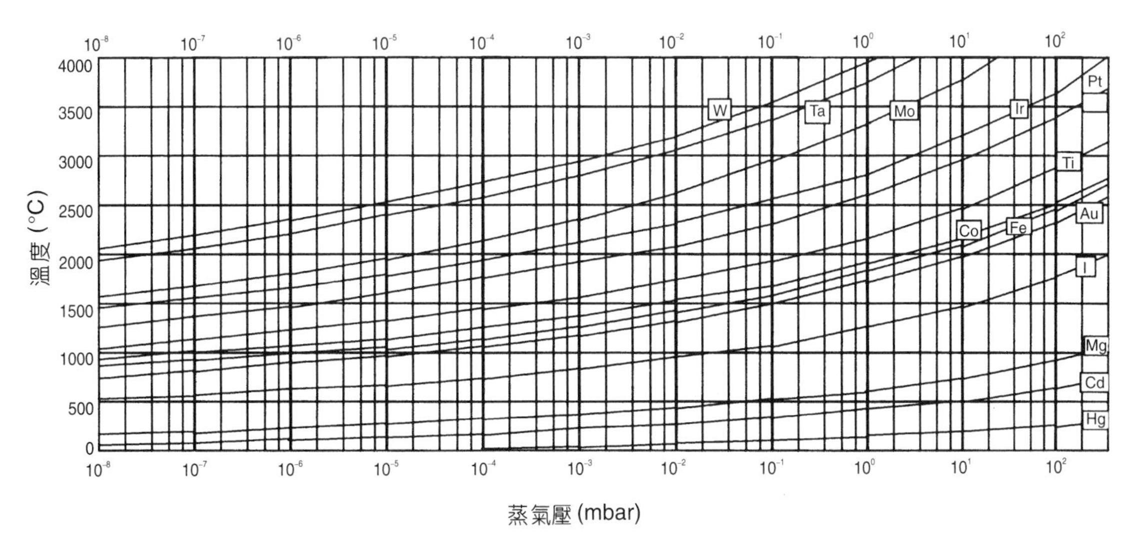

圖 9.8 真空技術中常見金屬之飽和蒸氣壓。

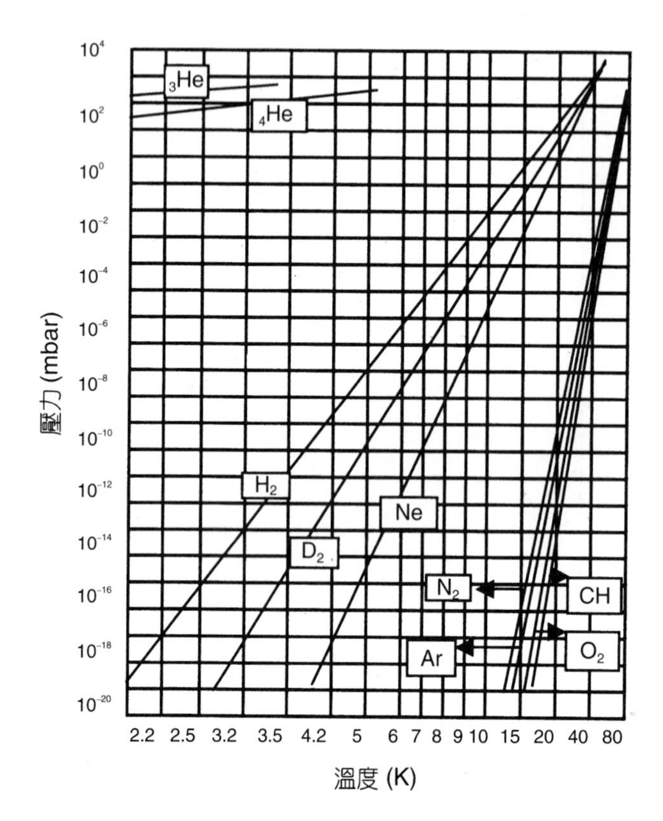

圖 9.9
各種氣體於低熔點之蒸氣壓。

(4) 逸氣：逸氣是高真空系統最主要之氣體負荷，當真空系統抽至壓力 0.2 Torr 以後，真空壁面或各物件表面所吸附之氣體開始逸出。其程度隨壓力的下降而愈來愈嚴重，因此在 10^{-3} Torr 以下，主要之氣體負荷來自表面逸氣，見表 9.2 之說明。

表 9.2 真空室器壁表面逸氣之氣體分布。

真空室殘留氣體：H_2O、CO、CH_4、H_2…
1－2 層之 H_2、CO 或真空室殘留氣體
5－20 層物理吸附之 H_2O
1－2 層化學性吸附之 H_2O、H_2、O_2、N_2
表層穩定之氧化物、氮化物、碳化物
器壁內含溶解性物質如 C、Mn、H_2、N_2、O_2
真空室器壁外側－大氣

9.3.3 真空系統之抽氣過程

下列幾項內容係討論抽氣過程、氣體負荷及壓力。

(1) 抽氣之目的在造就一個低壓或極低壓力的空間，其所能達到之低壓，由系統內之氣體負荷及幫浦之抽氣速度大小來決定，其關係如下：

$$\text{壓力}\,(P) = \frac{\text{氣體負荷}\,(Q)}{\text{幫浦抽氣速度}\,(S)}$$

氣體負荷是指所有可能的氣體來源總和，當系統進入高真空以後，氣體負荷的來源不再是空間氣體，而是表面逸氣、物件蒸氣壓或漏氣等。

(2) 在不同真空技術應用範圍，基本上可以把抽氣過程分為二大類：

① 乾式抽氣過程 (Dry Process)

只有微量的蒸氣必須抽除，製程進行中，系統之壓力與工作開始前系統已達到之壓力差異不大，其應用如薄膜蒸鍍、質譜儀及電子顯微鏡等。

② 濕式抽氣過程 (Wet Process)

工作過程中有顯著的蒸氣逸出，尤其是水氣製造過程涵括較廣之工作壓力範圍，如真空乾燥、含浸及蒸餾等。

(3) 永久性氣體之抽氣方法

a. 粗略真空 (760 − 1 Torr)

① 大於 60 Torr 之連續性抽氣，使用噴射幫浦、水封式幫浦或無油潤滑多瓣式幫浦，以符合經濟性。

② 於 1 atm 至 60 Torr 並維持在低壓狀態下工作，則使用機械幫浦為宜。

③ 若工作壓力小於 30 Torr 並有大量之氣體負荷，使用魯式幫浦與機械幫浦之組合。

b. 中度真空 (1 − 10^{-3} Torr)

① 單純的中度真空，可以使用擴散幫浦或離子幫浦預抽。

壓力為 10^{-1} Torr 時，使用單級旋轉幫浦即可。

壓力為 10^{-3} Torr 時，使用雙級旋轉幫浦。

② 在中度真空區域，若有氣體或蒸氣需連續抽出，其幫浦之組合可歸納如下：

壓力 (P) 大於 10^{-1} Torr 時，單級魯式幫浦與單級旋轉幫浦組合。

$10^{-2} < P < 10^{-1}$ Torr，單級魯式與雙級旋轉幫浦之組合。

$10^{-4} < P < 10^{-2}$ Torr，雙級魯式與雙級旋轉幫浦之組合。

c. 高真空 ($10^{-3} - 0^{-7}$ Torr)

以擴散幫浦、離子幫浦、渦輪分子幫浦及冷凍幫浦為主。

d. 超高真空 ($10^{-7} - 10^{-10}$ Torr) 與極高真空 (小於 10^{-10} Torr)

① 吸附幫浦、離子幫浦與鈦昇華幫浦之組合。

② 機械幫浦、分子篩油過濾器、渦輪分子幫浦與鈦昇華幫浦之組合。

③ 機械幫浦、分子篩油過濾器與冷凍幫浦之組合。

9.4 真空腔設計

真空腔依應用方向之不同，在形體、大小、接合方式上有很大的差異，尤其依照使用者特殊需求而設計之腔體，更有其獨特的考量，因此真空腔之設計可以說無一定之規範，僅能就真空腔之機械強度、真空度要求、功能性及其擴充性來作探討。在此將依據一般產業使用之製造生產機台架構，對通用之真空腔設計作一說明與比較。

圖 9.10 為一應用於半導體製程之系統示意圖。此種系統設計，在不需更改太多硬體的情況下，即可以滿足不同之製程需求，包括電漿輔助化學氣相沉積法 (plasma enhanced chemical vapor deposition, PECVD)、乾式蝕刻法 (dry etching) 與濺鍍法 (sputtering)，也就是所謂的模組化設計。此種真空腔體模組化設計，可以將不同功能性之真空腔標準化，有利於真空腔製造流程之簡易化，相關真空配件之通用化，增加系統本身之擴充性與尺寸增大性 (scale-up)。而此種系統特殊的製程模組排列 (module arrangement) 與隔絕 (module isolation) 設計，也就是所謂的 cluster tool，可以獨立對其中一製程模組進行維修，而不影響系統正常之運轉，因此系統之駕動率 (up-time) 可以提高。此半導體製程系統依真空腔功能性之不同，可以分為基板載入室 (load lock chamber)、基板傳送室 (transfer chamber) 及製程室 (process chamber)。

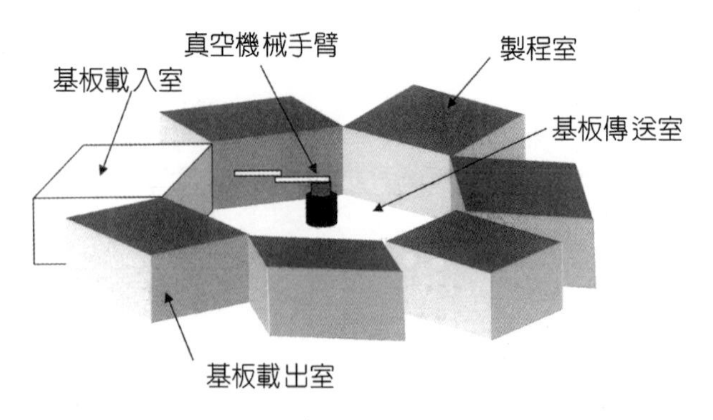

圖 9.10
光電半導體常用之製程系統示意圖。

第 9.4 至 9.6 節作者為許進明先生。

9.4.1 基板載入室

基板載入室為基板 (substrate) 等待進入製程室之前或完成製程之後退出系統之前的預備位置，圖 9.11 顯示基板載入室詳細之構造。

基板在常壓下被載入基板載入室後，基板載入室隨即以真空幫浦抽至真空，真空腔一般保持在 0.1－0.01 Torr 之真空度，此時基板便可被位於基板傳送室內之真空機械手臂 (vacuum robot) 經由基板載入室與基板傳送室間之閘閥門 (gate valve door) 傳入基板傳送室，再分送至可使用之製程室中。通常基板載入室可以載入單片基板或同時載入多片基板，載入多片基板在於增加系統的的產片率 (throughput)，因為基板載入室抽氣與破真空之頻率 (pump-vent cycle) 可以減少。

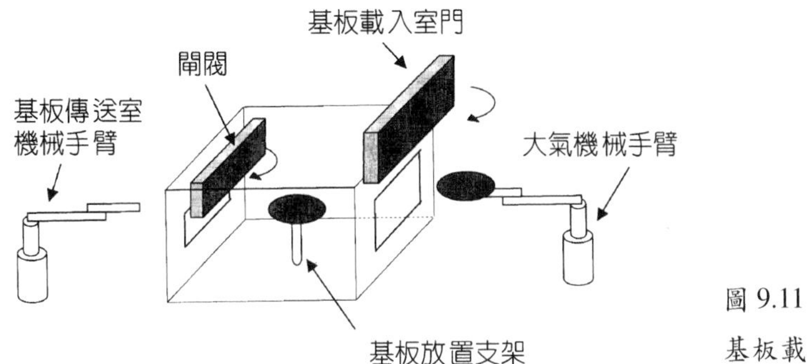

圖 9.11
基板載入室之細部示意圖。

基板載入室之真空腔設計主要必須考慮到腔體之機械強度，也就是說腔壁之寬度與厚度比必須能承受一大氣壓壓力，而不至於造成腔壁之變形。而當中除了必須計算整面腔壁之強度外，對於腔壁之開口處機械強度之計算，更是決定腔體耐壓性之點，圖 9.12 說明其重要性。如果開口腔壁或閉合閘門之機械強度不夠，腔壁或閉合閘門將會彎曲，可能導致腔壁與閉合閘門間之摩擦而產生污染之粉塵 (particles)。而為減少腔體之重量且不影響腔體之機械強度，真空腔體可以使用外壁楔形結構，如圖 9.13 所示。

基板載入室為了避免腔壁吸附不必要的氣體分子，以利於縮短抽氣時間與防止污染源之吸附與再釋出，可以在腔壁外加熱，但是一般加熱溫度不超過 80 °C，因此以 304 或 316

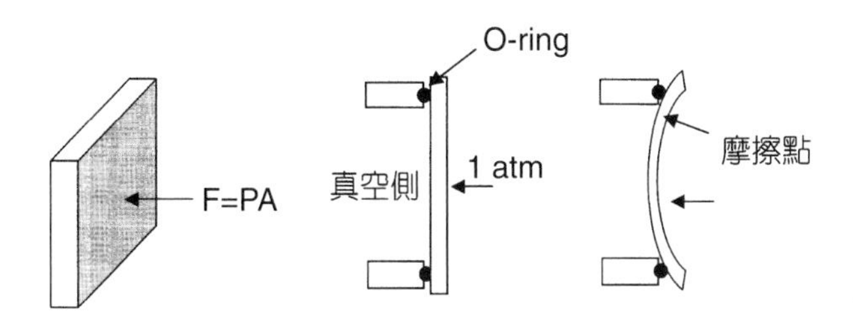

圖 9.12
腔體開口端與閉合閥門間受壓之狀態。

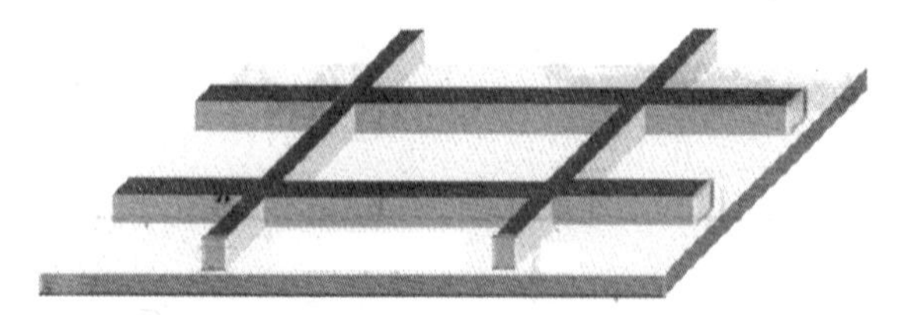

圖 9.13
腔體外以楔形鋼條強化可減少腔體之重量。

系列製作之不銹鋼真空腔體的機械結構將不受影響。

基板載入室之真空腔體大多為方形結構，一方面方形結構之製作加工與表面處理容易，一方面閘閥門與載入室門多為方形設計，方形真空腔體有利於整體配合。另外真空腔體內部必須要拋光，除了可以避免逸氣之外，也可以減少表面缺口 (notch) 之殘留而影響腔壁之機械強度。

真空腔體開口處之閉合閥門，必須配置在正壓力側，這是相當重要的，因為如果配置在負壓力側，閉合閥門因承受近一大氣壓的壓力，可能無法與腔體閉合而造成漏氣。

9.4.2 基板傳送室

基板傳送室內裝置有一真空機械手臂，負責將基板載入室內之基板傳送至製程腔體內，或將製程室內完成製程之基板傳回基板載入室。基板傳送室腔體需要有足夠的空間以利於機械手臂旋轉至正確的位置，腔體空間大小的計算必須考量機械手臂的高度，臂收時之迴旋半徑。而其中機械手臂的高度必須配合製程室內基板基座的高度，因此基板傳送室之腔體空間大小也與製程室有關。如圖 9.14 所示，以一使用於 8 吋晶圓的基板傳送室為例，基板傳送室之上視內面積約為 4×10^5 mm^2，而其高度約為 250 mm，腔體內部體積則約為兩者之乘積 1×10^5 mm^3。上視內面積除了需考慮機械手臂乘載晶圓時之實際迴旋面積外，一般會外加約 5 cm 之安全長度，以避免晶圓與腔體之間的碰撞。而晶圓上方所保持的安全高度約在 3 cm 以上。

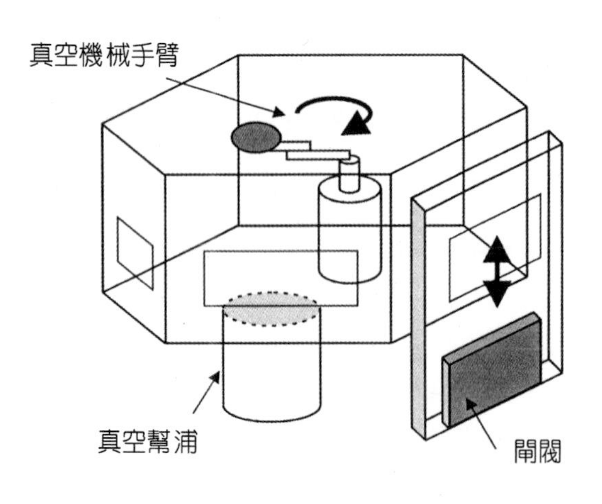

圖 9.14
基板傳送室之細部示意圖。

當腔體空間大小確定之後，接下來便需決定各模組接合處之開口大小，其主要考量為基板本身尺寸大小與以不妨害機械手臂伸展 (extend) 及收縮 (extract) 為原則，通常各部位間之安全距離需有適當之規劃，但無必然之準則。由模組化與空間利用的考量，基板傳送室腔體之基本架構設計多為多邊扁平式，以此半導體製程系統為例，腔體有七邊，其中四邊與製程室相接，一邊與基板載入室連接，其他兩邊可以再與製程室相接或結合基板載出室 (load lock out) 以提高產片率。而接合處之氣密設計可以使用金屬墊圈或橡膠墊圈，視不同的製程而定。

由於基板傳送室一般保持在高真空範圍，尤其是濺鍍製程，為避免基板傳送室內之氣體流入製程腔體內而造成污染，10^{-5} Torr 之真空度為基本之要求，因此渦輪分子幫浦或冷凍幫浦會被直接加在基板傳送室腔體上。考量腔體之開口數目，除了上述的機械手臂引入與模組接合口外，還必須增加裝置幫浦之開口，而其位置因系統整體空間的關係，只能選擇在腔體下方。

基板傳送室最大的開口應屬活動式之維修門，此維修門 (service door) 基本上會被設計在傳送室腔體上方，通常以 O 型環為維修門與傳送室本體維持氣密的介面，四周以螺絲固定。維修門上一般裝有視窗，以方便觀察基板傳送過程。其他開口如真空壓力計、殘餘氣體分析儀等大多位於腔體下方。

基板傳送室之機械強度在如此基本的腔體架構下，一般大多在腔體外方加上強度輔助鋼條。尤其對於腔體較大之系統如 TFT-LCD 製程系統，傳送室腔體面積很大，以大尺寸以上 TFT-LCD 玻璃基板而言，單面腔體面積大於 2.5 m^2，強度輔助鋼條更是必要之設計。

9.4.3 製程室

製程室 (process chamber) 在整體製程系統是最重要的一個模組，它主要的目的依不同的製程而言，包括成膜 (film deposition)、蝕刻 (etching)、退火 (annealing)、表面清潔 (plasma cleaning) 及基板除氣 (degassing) 等等，因此製程室腔體在設計上之考量遠比基板傳送室與基板載入室多樣而複雜。

以形體而言，製程腔室內之空間設計必須配合基板的形狀與尺寸大小，應用於 IC 製作使用之晶圓，製程腔室內之形體為圓形，而應用於 TFT-LCD 之玻璃基板，形體為方形。其面積大小同樣是依據基板尺寸大小而定，而且不同的製程因考量成膜或蝕刻均勻性的問題，製程腔室內面積大小在設計上也會有差異，至於基板與腔壁之間的距離，一般則以保持約 5 cm 為適當。製程腔室外之形體，則依設計者不同之考量而有差異性，製程室腔體內若為方形，腔體外之形狀基本上也必為方形，製程室腔體內若為圓形，腔體外之形狀則可以是方形或是圓形；方形結構製作上較為簡單，但是所佔面積與重量較大，圓形結構則剛好反之。

腔體之高度隨著製程需求不同而有很大的差異。對於退火，表面清潔及基板除氣之製程腔室，其在腔體高度設計之考量較為簡單，基本上能符合基板傳送之安全性，以及適當的基板基座與加熱裝置之配置即可。對於成膜及蝕刻之製程，腔體之高度設計除了上述條件之外，另外還需考慮靶材 (target，濺鍍製程)、電極板及其引入之空間。而相同一個成膜或蝕刻之製程腔室，可能同時有不同之製程應用，比如我們可以使用同一個 PECVD 製程腔體成長氮化矽 (SiN) 與氧化矽 (SiO_2)，此時為使得不同的膜層成長有適當的成長速率與膜厚均勻性，基板與電極板間之距離則必須能被調整，因此設計者需要將此部份考慮進來，而基板與電極板間可調整的距離到底需要多少，必須設計者與製程工程師確認，如果這一部份沒有計算進來，將嚴重影響而後製程之參數可調制範圍 (process window)，也就是說製程參數如壓力、輸入功率、氣體流量等皆無法做較大的調整，以符合膜層特性的要求。

9.5 超高真空及極高真空系統設計

超高真空系統及極高真空系統如前所示，為一真空系統能各維持在 1×10^{-7} mTorr 及 1×10^{-10} mTorr 以下之真空狀態。超高真空技術在表面分析科學、光電元件製作、太空材料科技、核融合及同步輻射加速器之研究發展上，佔有非常重要之地位。而隨著高科技之 IC 產業在製程上不斷的往更潔淨的環境改善，超高真空系統也逐漸被應用在高科技製程技術。

有別於一般真空系統，超高真空系統為了能維持在 1×10^{-7} mTorr 以下之真空狀態，在系統組裝時需對腔體及各部零件有嚴格的潔淨控制，除了各部機件不能有油脂物污染外，更必須防止落塵進入腔體內形成逸氣源，此種逸氣源將使系統達到超高真空狀態更具困難度。而對於腔體設計、材料選擇、抽氣運算、閥件規格與表面處理等影響真空度之基本因素，有其特別之考量，茲於下分別說明。

9.5.1 腔體設計之考量

在不考慮實漏氣率下，影響超高真空及極高真空系統真空度之氣體主要來源為真空腔體表面之逸氣，因此超高真空及極高真空系統腔體除了需使用低逸氣率材料及光滑之表面外，還必須減少不必要之表面。以相同體積但形體不同之三種腔體來做比較，如 9.15 所示，(a) 圖為一球形腔體，其腔體內表面積為 $4\pi r^2$，體積為 $4\pi r^3/3$；(b) 圖為一環柱形腔體，其腔體內表面積為 $2\pi r(r+d)$，體積為 $\pi r^2 d$，而 (c) 圖為一正方形腔體，其腔體內表面積為 $6L^2$， 體積為 L^3，當此三種腔體有相同體積時，

$$r = 0.75d = 0.62L$$

可求得三種腔體之內表面積比

$$A_{(\text{球形})} : A_{(\text{環柱形})} : A_{(\text{正方形})} = 1 : 1.167 : 1.24$$

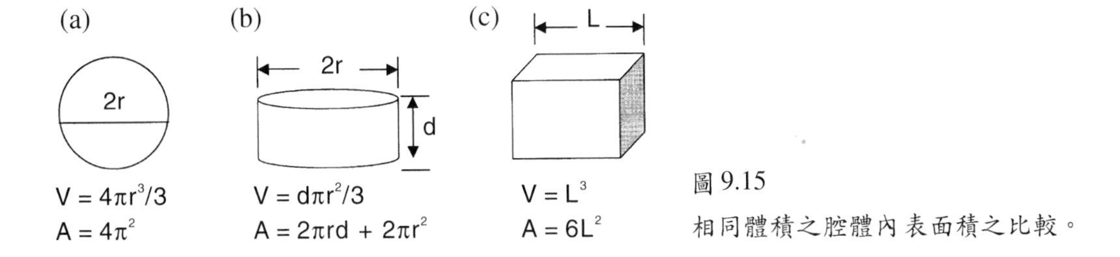

圖 9.15
相同體積之腔體內表面積之比較。

由此可知，當此三種腔體有相同體積時，球形腔體之內表面積最小，最適用於超高真空及極高真空系統腔體。一般而言，氣相元素分析儀器大多使用此種設計，製程系統則以分子束磊晶法 (molecular beam epitaxy, MBE) 使用球形腔體為多。然而球形腔體在製作上相較於其他類型腔體較為困難，為設計者與使用者在決定腔體型式時所需考量之因素。也就是說，使用者可依據所預達到之真空度來決定是否需要使用球形腔體。

當腔體型式決定之後，接著即是要考量需要多少開口以符合使用者不同之需求。以一般需求而言，幫浦之種類、大小與數量，機械引入 (mechanical feedthrough，如活動擋板、機械或電磁式基板傳輸機制、機械手臂等等) 之種類與數量，電引入 (electrical feedthrough，如電力源、加熱源、溫度及膜厚監控單元等等) 之種類與數量，冷卻水與氣源引入之數量，皆為必要之考量。如系統需由腔體外觀察或藉由光學量測儀器進行監控，則視窗為必須添加之開口。必須要強調的是，當因應不同之應用而不斷增加開口時，腔體內表面積將增加，也就是說真空腔體之表面逸氣將加大，此時幫浦之種類、大小與數量應隨之改變，以符合維持超高真空度之要求。圖 9.16 以一流程圖來說明超高真空及極高真空系統在腔體設計時之考量因素，可以幫助設計者有一個基本之思考程序[4,5]。

9.5.2 真空幫浦之選擇

對於超高真空及極高真空系統真空幫浦之選擇，首先要確認真空系統之應用為何，如果應用於表面分析、真空壓力計校正、同步輻射加速器等無需外加製程氣體之系統，則可以使用乾式機械幫浦作為前級幫浦，而以離子幫浦或冷凍幫浦作為超高真空幫浦，另外可以使用鈦昇華幫浦輔助來保持極高真空系統之真空度。魯式幫浦可作為前級幫浦與超高真空幫浦間之輔助幫浦，以提高系統之抽氣速率。

若應用於一般製程系統而需要超高真空之潔淨前製程環境，則可以選擇乾式機械幫浦作為前級幫浦，而以渦輪分子幫浦或冷凍幫浦作為超高真空幫浦，對於製程系統一般而言無需達到極高真空狀態。使用渦輪分子幫浦或冷凍幫浦除了無油氣之優點外，幫浦也可以裝置在系統底部與外側，有較多的空間配置彈性。唯使用冷凍幫浦則需有週期性的再生 (regeneration)，而使用渦輪分子幫浦則必須考慮其對氫氣有高的壓縮比 ($\sim 10^8$)，因為氫氣為渦輪分子幫浦於超高真空階段之主要氣體，文獻指出單獨使用渦輪分子幫浦可以達到 10^{-10}

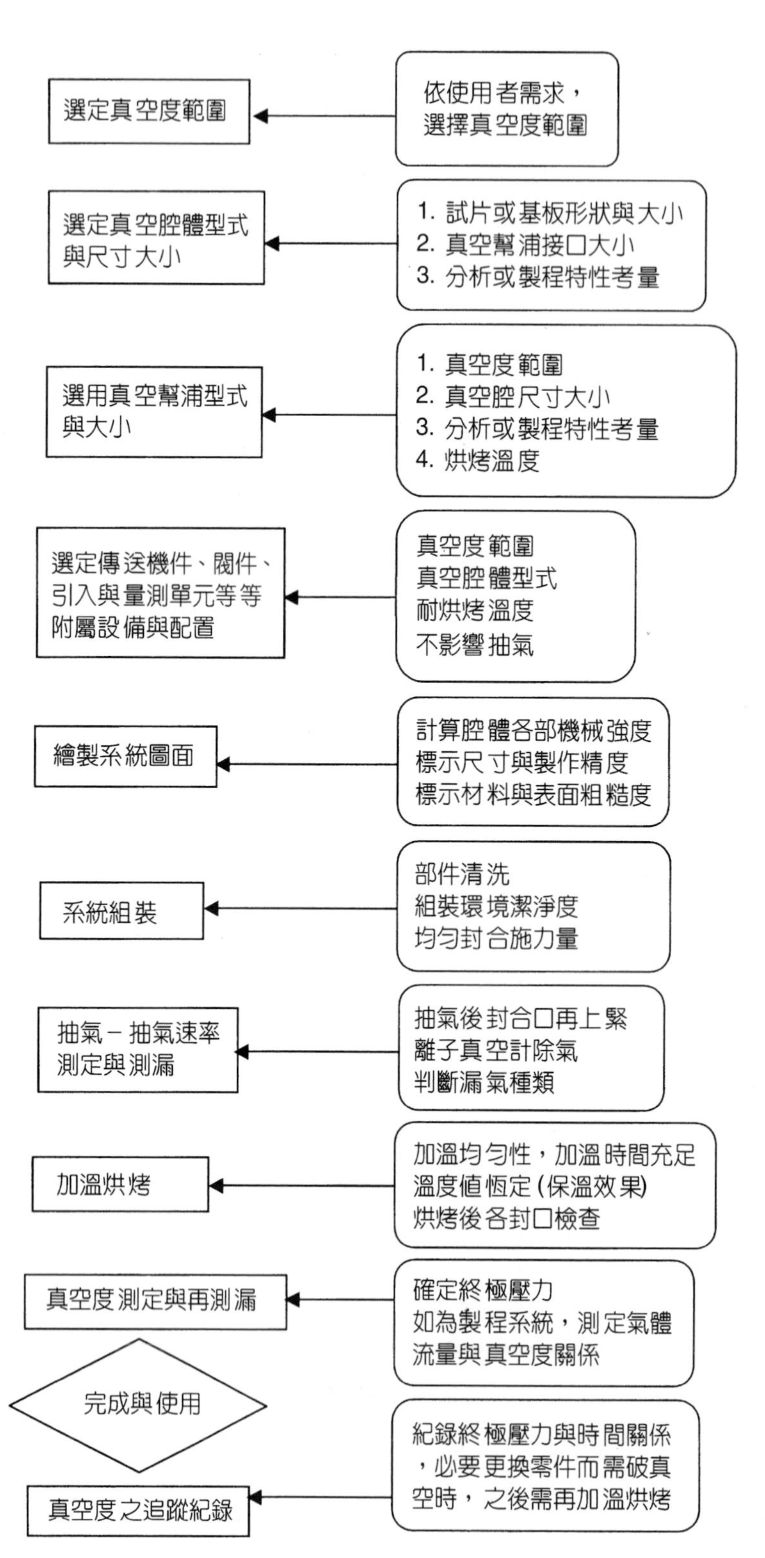

圖 9.16
超高真空系統製作之流程圖。

Pa 之真空度[6]。擴散幫浦也可以使用於超高真空及極高真空系統，但是必須非常小心地使用冷卻阱以防止油氣分子回流入系統，並保持很低的前級壓力以避免氫氣的回流，已有文獻證實使用油擴散幫浦可以達到 10^{-10} Pa 之真空度[7]。但是因為使用油擴散幫浦必須非常小心，因此接受度不高。

事實上，製造一個超高真空的環境，主要的要素在於真空腔體的狀態與真空幫浦的選擇。也就是說，要保持真空腔體的潔淨度與減少不必要的氣體來源，而真空幫浦則要選擇適當的抽氣速率與減少真空幫浦本身的污染源。我們可用以下的方程式來描述真空腔體內壓力[8]

$$P = P_e = \sum_i \frac{Q_i}{S_i} + P_0$$

其中 P 為真空腔體內壓力，Q_i 為真空腔體內不同氣源或污染源的表面釋放速率 (desorption rate)，S_i 為真空幫浦的抽氣速率，而 P_e 為有效的底壓 (effective base pressure)。由此式可知，為了達到終極壓力 P_0，必須降低 Q_i 及增加真空幫浦的抽氣速率 S_i。

以單一真空幫浦為例，要使所有由腔壁表面逃脫的氣體分子能完全被排出腔體，其所需的抽氣速率為[9]

$$S = 3.64\sqrt{\frac{T}{M}}$$

其中 T 為氣體溫度，M 為氣體之分子重量。對超高真空及極高真空系統內存在最多的氫氣來說，在室溫 $T = 300$ K 時

$$S = 44 \text{ L/s}$$

如果我們對一個內表面積 10^4 cm^2 的超高真空系統抽氣，此時真空幫浦的抽氣速率必須為 44×10^4 L/s。然而以上之計算式，僅適用於腔體內有均勻的氣體濃度，也就是說，當真空系統內有離子真空計、加熱源等局部對氣體分子有吸附或抽氣效果的元件時，此計算式將有偏差，此點是設計者需注意到的。

在超高真空的狀態，真空腔體與真空幫浦之間的管件對氣導已經沒有甚麼影響，倒是真空管件內表面氣體分子釋放率大小為主要之考量，因此超高真空及極高真空系統一般會將真空幫浦直接裝置在真空腔體上，或在兩者之間加上一冷凝阱 (cold trap)，以減少來自真空腔室內的氣體負荷 (gas loading) 及捕捉由真空幫浦回流的氣體分子。在很小心的組裝與表面處理下，10^{-12} Torr 的超高真空系統已經被製作出來[10]。

為了降低表面氣體釋放速率 Q_i，真空腔體與各種閥件所選用的材料是相當重要的課題。

9.5.3 腔體材料選擇

除了一般真空系統所需考量的因素外 (機械強度、易加工與銲接、耐酸鹼)，使用於超高真空及極高真空系統之材料更必須符合：低逸氣率及耐高溫烘烤。

表 9.3 列出常用於超高真空系統的材料[1, 2, 11]。由於超高真空及極高真空系統必須將系統於 250－450 °C 之溫度下烘烤，烘烤時間依溫度不同約在 12－24 小時之間，以趕出材料中任何的逸氣源，縮短真空幫浦抽氣的時間，因此超高真空系統用的材料，必須能耐 300 °C－450 °C 的烘烤，再加上低逸氣率的要求，一般皆採用鋁、銅、不銹鋼，及以上材料之合金為主。

表 9.3 超高真空系統材料。

真空元件	材料	材料特性
真空腔體 (vacuum chamber)	鋁 (Al)、不銹鋼 (stainless steel)	逸氣率低，可耐 300 °C－400 °C 烘烤
真空幫浦 (vacuum pump)	鋁合金 (Al alloy)、不銹鋼 (stainless steel)	機械強度大，逸氣率低
真空封合 (vacuum sealing)	鋁 (Al)、無氧銅 (OFHC)、金 (Au)	材質軟，可於 300 °C－400 °C 烘烤
真空閥門 (vacuum valve)	銅合金墊圈、表面硬化不銹鋼刀口、Sapphire Al_2O_3	可耐 300 °C－400 °C 烘烤，表面光滑
引入 (feedthrough)	鋁 (Al)、無氧銅 (OFHC)	材質軟，可於 300 °C－400 °C 烘烤
視窗 (view port)	7056 glass Quartz (fused SiO_2) Sapphire (single crystal Al_2O_3)	逸氣率低，可耐 300 °C－400 °C 烘烤

其中以真空閥門較為特殊，以圖 9.17 說明[12]，用於超高真空及極高真空系統之真空閥門為所謂的全金屬閥 (all metal valve)，因為傳統的真空閥門以 O 型環作為封合材料，無法承受 200 °C 以上的烘烤。全金屬閥在閉合處是以銅合金當作墊圈，銅合金墊圈在約 200 lb·in 的力矩驅使下，受閥座上經表面硬化處理的不銹鋼刀口擠壓而變形，達到封合的目的。銅合金墊圈為可置換的耗材，其更換頻率視使用之力矩及烘烤溫度而定。

而對於相關超高真空系統使用之材料的封合方式與注意事項，可參考文獻 13、14、15。

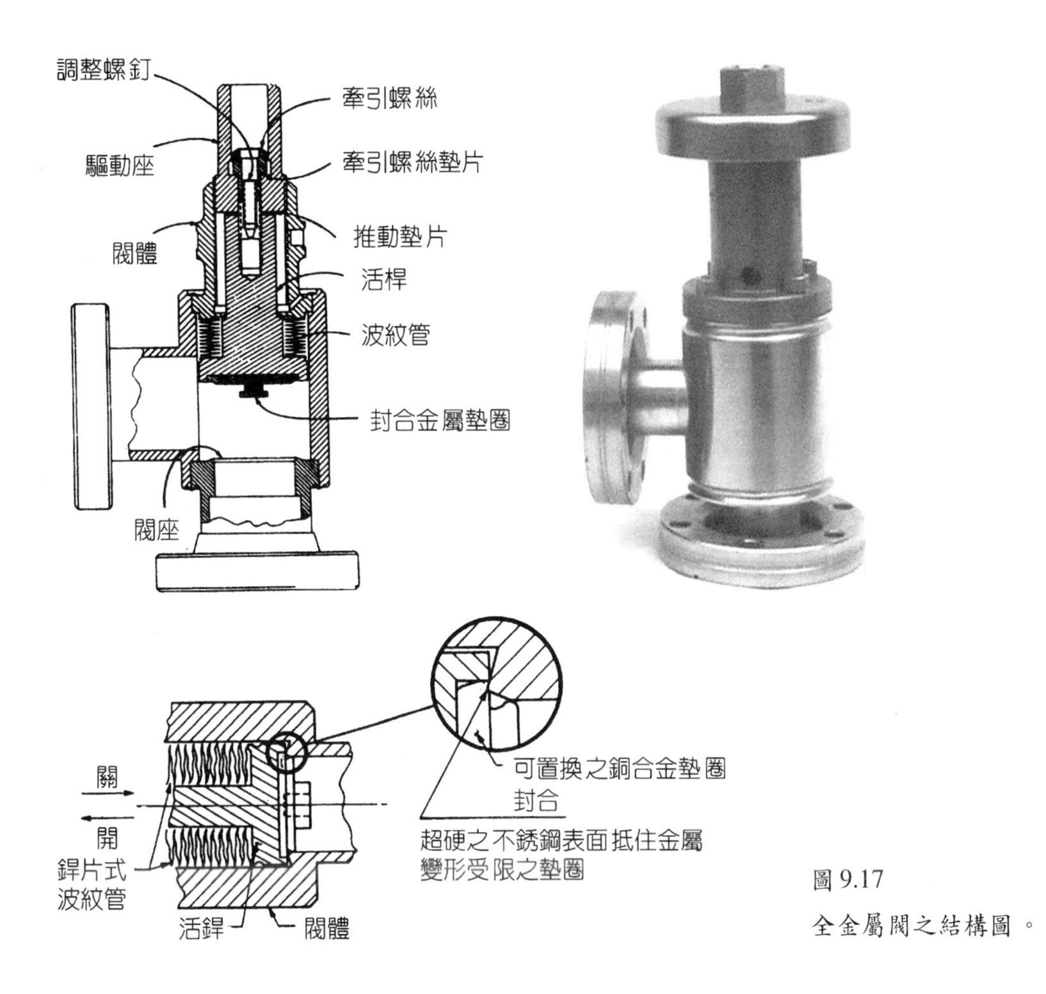

圖 9.17
全金屬閥之結構圖。

9.6 真空系統設計常用符號及繪製法

繪製真空系統時常用的符號可以分類為：(1) 真空幫浦、(2) 真空管件與接頭、(3) 壓力計、(4) 閥門、(5) 擋板與捕集阱及 (6) 其他等六類[16-19]。以下表列一些常用真空繪圖的符號，其他繪圖符號則請參考 ISO 3753-1977 (E)、DIN 28 401 及美國真空協會 (American Vacuum Society, AVS) 所訂定的標準。

(1) 真空幫浦

真空幫浦種類	符　　號	備　　註
一般真空幫浦 (general vacuum pump)		

活塞真空幫浦 (piston vacuum pump)	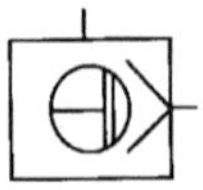	
液環真空幫浦 (liquid ring vacuum pump)	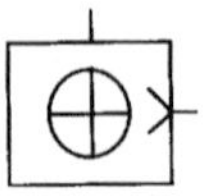	如為雙圓圈，為多段式幫浦
油封迴轉式真空幫浦 (oil-sealed rotary vacuum pump)	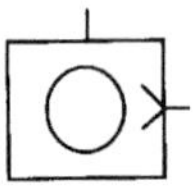	如為雙圓圈，為多段式幫浦。可代表滑動葉片幫浦 (sliding vane pump)、旋轉活塞幫浦 (rotary piston pump)、旋轉柱塞幫浦 (rotary plunger pump)。
魯式真空幫浦 (roots vacuum pump)	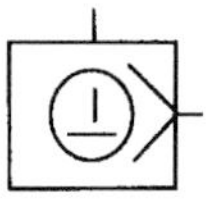	如為雙圓圈，為多段式幫浦。
氣鎮真空幫浦 (gas ballast pump)	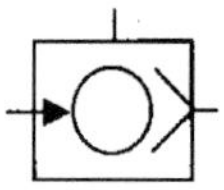	如為雙圓圈，為多段式幫浦。
渦輪分子真空幫浦 (turbomolecular vacuum pump)	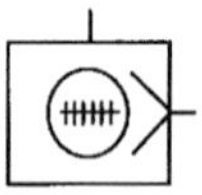	
擴散真空幫浦 (diffusion vacuum pump)	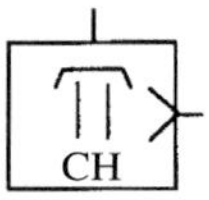 CH	CH 代表真空油，如為水銀則以 Hg 表示。
吸附式真空幫浦 (absorption vacuum pump)	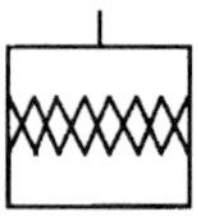	
冷凍真空幫浦 (cryopump)	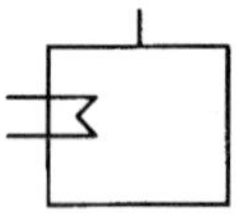	
鈦昇華真空幫浦 (titanium sublimation vacuum pump)	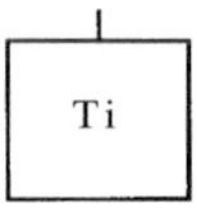 Ti	

噴射真空幫浦 (ejection vacuum pump)	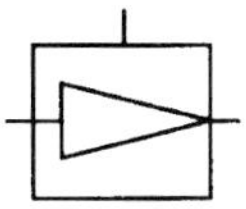	
離子真空幫浦 (ion vacuum pump)		

(2) 眞空管件與接頭

真空管件種類	符　　號	備　　註
管路 (pipeline)		箭號表示氣流方向
管路接點 (piping junction)	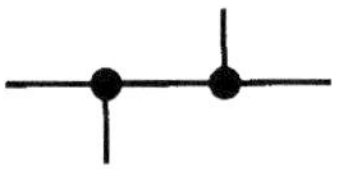  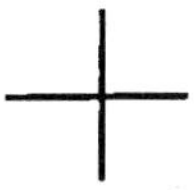	T 形接點 十字接點 相交而無相接
法蘭接頭管路 (flange connection)	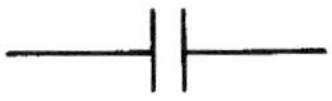	
管路端點塞頭 (pipeline end cap)		
孔口法蘭 (orifice with flange)	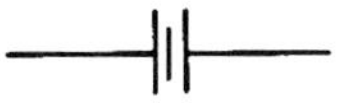	

異徑接頭管路 (piping reduction)	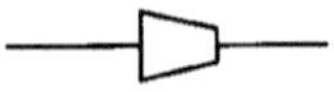	
止流板 (spectacle blind)	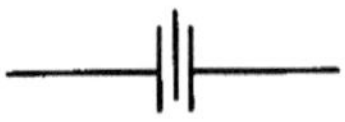	

軟管接頭 (hose connection)		

(3) 壓力計

真空系統壓力計種類	符 號	備 註
壓力計 (pressure gauge)		一般型式
分壓壓力計 (partial pressure gauge)		
真空計 (vacuum gauge, general)		
熱陰極離子真空計 (hot cathode ion gauge)		
熱陰極離子真空計 (hot cathode ion gauge) – 超高真空		

冷陰極離子真空計 (cold cathode ion gauge or Penning gauge)	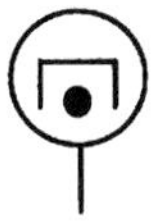	
熱導式真空計 (hot cathode ion gauge)		P 代表派藍尼 (Pirani) Tm 代表熱阻式 Tc 代表熱電偶式
Mcleod 壓力計 (Mcleod manometer)	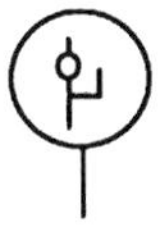	
電容式真空計 (capacitive vacuum gauge)	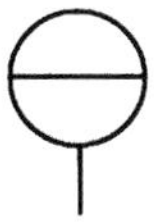	
包爾登真空計 (Bourdon gauge)		

(4) 閥門

真空系統閥門種類	符　　號	備　　註
閥門 (valve)		
角閥門 (angle valve)	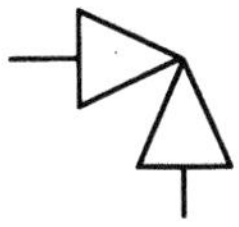	
閘閥 (gate valve)		

擋板閥 (baffle valve)		
微控制閥 (fine control valve)		
手動閥 (manual valve)	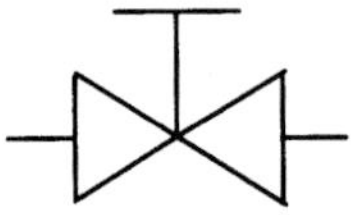	
電磁閥 (electromagnetic valve)	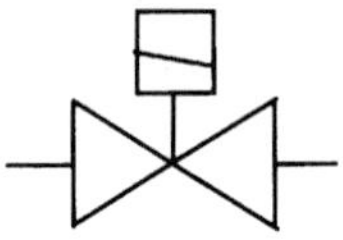	
氣動閥 (gas driven valve)	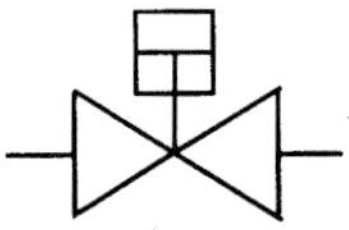	
馬達作動閥 (motor driven valve)	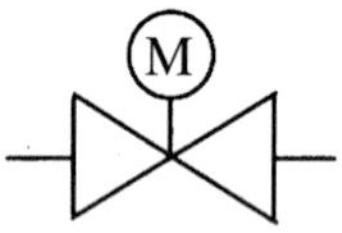 M	
逆止閥 (check valve)		

(5) 擋板與捕集阱

擋板與捕集阱種類	符　號	備　註
擋板 (baffle)	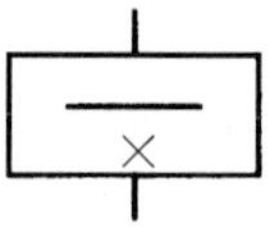	擋板溫度可標示於中間橫板下方

冷擋板 (refrigerated baffle)	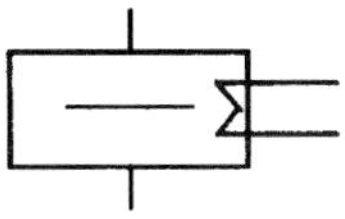	冷卻液溫度標示於左邊，冷卻液特性標示於右邊
氣冷式擋板 (air-cooled baffle)	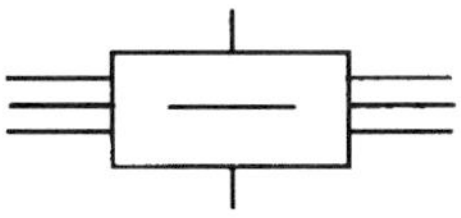	
儲存型擋板 (reservoir baffle)	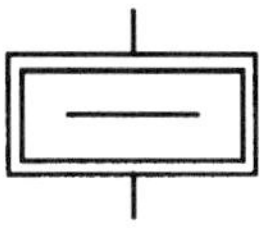	
阱或冷凝器 (trap or condenser)	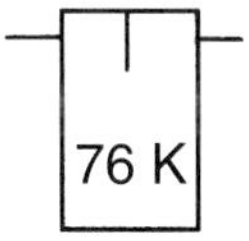 76 K	溫度為可更改之標示
儲存式阱 (reservoir trap)	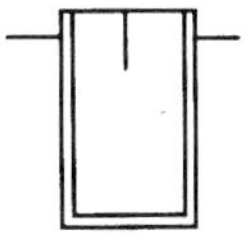	
冷凝器 (condenser)	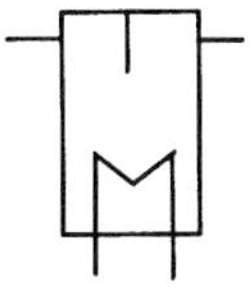	冷卻液循環式

(6) 其他

種　　類	符　　號	備　　註
真空腔體 (vacuum chamber)		虛線表示可烘烤之真空腔體組合
鋼瓶 (gas cylinder)	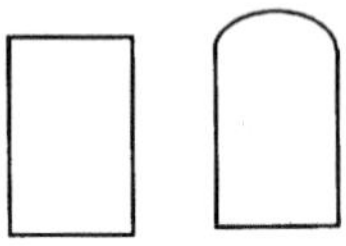	
流量計 (flow meter)		
引入 (feedthrough)		左為無法蘭，右為有法蘭 ↺ 表示旋轉式 (rotary)， ♦ 表示滑拉式 (sliding)
電引入 (electrical feedthrough)		

圖 9.18 以 IC 半導體與薄膜電晶體液晶顯示器 (TFT-LCD) 製造生產中，必要的一種製程真空系統－電漿輔助化學氣相沉積系統 (PECVD) 為例，說明一個真空系統如何繪製。

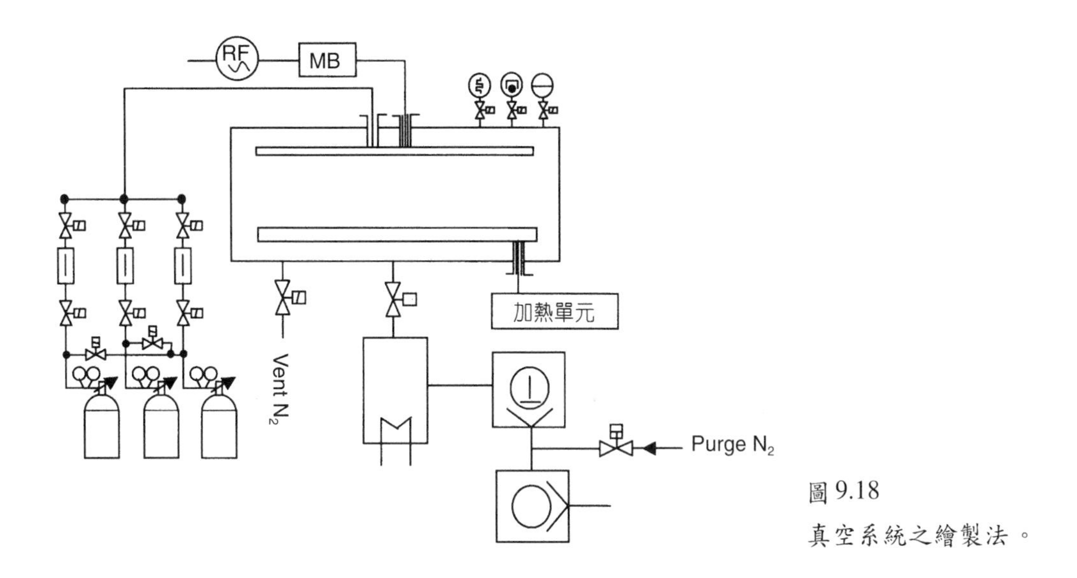

圖 9.18
真空系統之繪製法。

參考文獻

1. 蘇清森, 真空技術, 五版, 台北: 東華書局(1999).
2. 呂登復, 實用真空系統, 新竹: 興國出版社(1998).
3. Leybold, *Vacuum Technology: Foundation*, Formula and Tables.
4. G. F. Weston, *Ultrahigh Vacuum Practice*, London: Butterworth (1985).
5. P. A. Redhead, J. P. Hobson, and E. V. Kornelsen, *The Physical Basis of Ultrahigh Vacuum*, AIP Press, Woodbury, NY (1993).
6. B. Cho, S. Lee, and S. Chung, *J. Vac. Sci. Technol.*, **A13**, 2228 (1995).
7. Enosawa, C. Urano, T. Kawashima , and M. Yamamoto, *J. Vac. Sci. Technol.*, **A8**, 2768 (1990).
8. J. F. O'Hanlon, *A User's Guide to Vacuum Technology*, 2nd edition (1989).
9. J. M. Lafferty, *Foundations of Vacuum Science and Technology*, John Wiley & Sons (1998).
10. J. P, Hobson, *J. Vac. Sci. Technol.*, **1**, 1 (1964).
11. 劉遠中, 超合金超高真空系統簡介, 科儀新知, **3** (8), 24 (1986).
12. 中山勝矢, 真空技術實務, 復漢出版社 (1995).
13. J. H. Singleton, *J. Vac. Sci. Technol.*, **A2**, 126 (1984).
14. A. Roth, *Vacuum Sealing Methods*, AIP Press, Woodbury, NY (1994).
15. A. Roth, *Vacuum Technology*, 2nd ed., Amsterdam: North-Holland Publ. (1982).
16. 劉鼎嶽, 最新 CNS 機械製圖, 文宗書局(1992).
17. 工業技術研究院, 機械工業研究所, 機械製圖標準, 第 16 章 (1995).
18. 何容松等譯, 機械設計(上), 高立書局(1997).
19. Balzers Process System, *Vacuum Technology Training Materials*, Switzerland: Trubbach (1998).

第十章　眞空測試與測漏

10.1 眞空測漏基本概念

論及洩漏，巨觀如輪胎插到釘子所造成漏氣、油封沒有密閉，以及水壓系統漏水，是較容易觀察與理解的物理現象。事實上，漏氣在任何封合之容器或生產製造過程中，均為不可避免之物理現象，其原因係由元件表面刮傷或裂縫所導致，從微觀的分子運動看來，任何刮傷或裂痕均為氣體分子運動之通道。真空系統對漏氣率要求十分嚴格，故需藉由許多高精密之真空儀表，來顯示真空漏氣率 (leak rate) 及對真空度的影響。一般氣體原子或分子的直徑約在 10^{-8} cm 左右，任何微小的孔都足以讓氣體分子穿過，真空腔體在肉眼或高壓充氣及肥皂泡沫的偵測均無法測出微小漏氣，這也就是說，一個真空系統經抽氣達到某一真空度後，應予以緊緊密閉，但經過一段長時間後，真空度會自然減低。並且真空腔體本身會因金屬材料逸氣 (outgassing) 溢出氣體原子或分子，此乃真空腔體必須經由烘烤或除氣 (degassing) 之原因，以排除不銹鋼腔體因氬焊 (tungsten-inert gas (TIG) welding) 或電弧銲 (arc welding) 等永久封合，或玻璃與金屬及陶瓷與金屬之接合所產生之廢氣，而使真空系統達到一定之壓力。

真空系統中造成漏氣的原因包括實漏 (real leak)、虛漏 (virtual leak) 及逸氣。實漏是真空系統外面的氣體，經由系統殼體、管壁、銲接缺陷或刮傷刀口之法蘭 (flange) 及接頭等處，進入真空系統的內部；虛漏乃系統中侷限氣體分子之逸出，常發生於真空封合銲縫、螺紋間隙及夾層之氣體逸出；至於逸氣現象有兩種，其一為放出真空系統器壁所吸附的氣體分子，最常見於螺絲、O 型環真空封合及電子槍 (E-gun) 披覆加熱，另一為設備儀器內存有高蒸氣壓物質，當真空度達其蒸氣壓時，此物質即蒸發成氣體。

漏氣率通常以漏氣孔漏入氣體的氣流通量來表示，其單位為托耳－公升／秒 (Torr·L/s)。已知氣體量以壓力乘以體積流率表示，如 1 Std cc：在 0°C 及 760 Torr (一大氣壓) 時，1 cc 體積內之氣體量。1 Std cc/s 為 0°C 時漏氣口內外壓力差為一大氣壓 (760 Torr)，每秒鐘漏入 1 cc 的氣體。常用單位有 Std cc/s 及 Torr·L/s，其單位換算為

1 Std cc/s = 0.76 Torr·L/s

第十章作者為林哲明先生、陳峰志先生及張嘉帥先生。

茲舉例說明，假設有一自行車輪胎內充滿 2.5 kg/cm^2 的空氣置於水中如圖 10.1，則水泡形成的快慢與輪胎漏氣率 (Std cc/s) 則可以整理如表 10.1 之對應關係。如果把漏氣率大小與真空室內壓力上升的大小、快慢，以及相當的漏氣孔尺寸聯貫起來，可以整理如表 10.2。

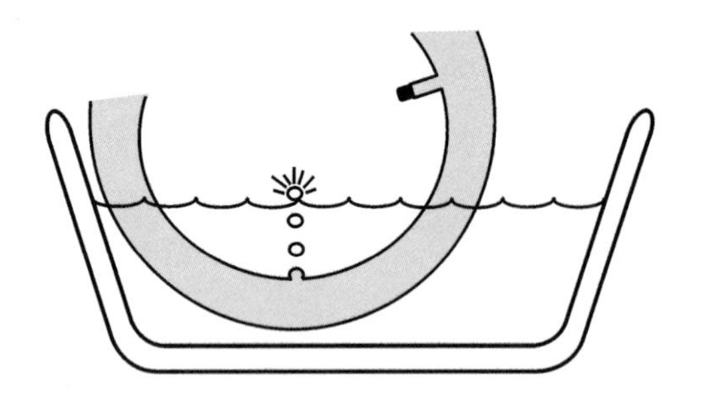

圖 10.1
自行車輪胎內充滿 2.5 kg/cm^2 的空氣置於水中。

表 10.1 氣體漏氣大小與氣泡形成對應表。

漏氣率 (Std cc/sec)	體積與時間之關係	形成氣泡之數目 (目視概念)
10^{-1}	1 cc/10 s	氣泡流
10^{-2}	1 cc/100 s	約每秒 10 個氣泡
10^{-3}	3 cc/h	約每秒 1 個氣泡
10^{-4}	1 cc/3 h	約每 10 秒 1 個氣泡
10^{-5}	1 cc/24 h	約每 100 秒 1 個氣泡
10^{-6}	1 cc/2 weeks	約每 16 分鐘 1 個氣泡
10^{-7}	3 cc/year	約每 2 小時 1 個氣泡
10^{-8}	1 cc/3 years	約每 1 天 1 個氣泡
10^{-9}	1 cc/30 years	約每 12 天 1 個氣泡

註：1 cc = 1000 個氣泡，氣泡體積約為 1 mm^3。

表 10.2 漏氣率與壓力上升、時間、漏氣孔尺寸間之相互關係。

漏氣率 (Torr·L/s)	一升之體積內壓力上升速率	一升之體積內壓力上升 10^{-3} Torr 所需時間	漏入 1 cc 大氣所需時間	等效於漏氣率之漏氣口徑大小
10^{-3}	1 μ / 秒	1 秒	12.7 分	寬 1 公分，高0.1 毫米深 1 公分之長方孔
10^{-4}	6 μ / 分	10 秒	2.1 小時	寬 1 公分高 0.03 毫米深 1 公分長方孔
10^{-5}	36 μ / 小時	1.66 分	21 小時	直徑 7 μ，長 1 公分之毛細管
10^{-6}	3.6 μ / 小時	16.6 分	8.7 日	直徑 4 μ，長 1 公分之毛細管
10^{-7}	8.6 μ / 日	2.77 小時	87 日	直徑 1.8 μ，長 1 公分之毛細管
10^{-8}	0.86 μ / 日	27.7 小時	2.4 年	直徑 0.8 μ，長 1 公分之毛細管
10^{-9}	31 μ / 年	11.6 日	24 年	直徑 0.4 μ，長 1 公分之毛細管
10^{-10}	3 μ / 年	116 日	240 年	直徑 0.2 μ，長 1 公分之毛細管

註：真空壓力單位 1 μ = 10^{-3} Torr，長度單位 1 μ = 1^{-6} 米。

10.2 測漏方法與儀器

10.2.1 系統漏氣之研判

就真空技術的觀點而言，必須了解沒有絕對不漏氣的真空容器或系統，重要的是漏氣量必須小到不影響工作真空度、氣體成份或終極壓力。當操作真空儀器設備，無法得到要求之真空度時，則被認為系統有漏氣。系統之真空度無法達到要求，其原因除了真空幫浦、真空元件與封合的問題造成實漏外，最常令人忽略的因素為系統內之嚴重污染。判斷實漏最簡單的研判方式是利用真空儀表壓力上升法來作判斷，利用實驗室現有之酒精或乙醚，當示漏物質澆在可疑部位上 (但請注意防火安全)，若真空儀表指示壓力突然快速上升即為漏氣點。再則可利用真空分壓分析儀 (partial pressure analyzer, PPA) 作測試，在真空系統中若有實漏時，其系統內氮氣及氧氣分壓比例約為 4：1，且氮氣及氧氣分壓大於水氣分壓。

為了進一步為待測物之漏氣定量，本文介紹二種常見的真空系統總漏氣率量測裝置安裝方法，其中之一如圖 10.2 之正壓充氣法，將待測物以一真空容器罩住，並以示漏氣體 (search gas) 充滿待測物，示漏氣體經由漏氣孔漏出而被測漏儀器測得。另一方法則如圖 10.3 為負壓法，於待測物外護罩充滿示漏氣體，一般以氦氣做為示漏氣體，將待測裝置與測漏儀之真空系統互相連接並抽真空，以測漏儀器檢驗待測物之漏氣率。

10.2.2 漏氣點位置之研判

測漏之本質在於找出漏氣之所在，並以適當的方法堵漏，以改善系統的真空性能。為了判定漏氣點，本文介紹以下兩種常被採用方式：(1) 真空法 (vacuum method) 輔以噴氣探針 (spray probe) 及 (2) 充氣法 (overpressure method) 輔以吸氣探針 (sniffer probe)。

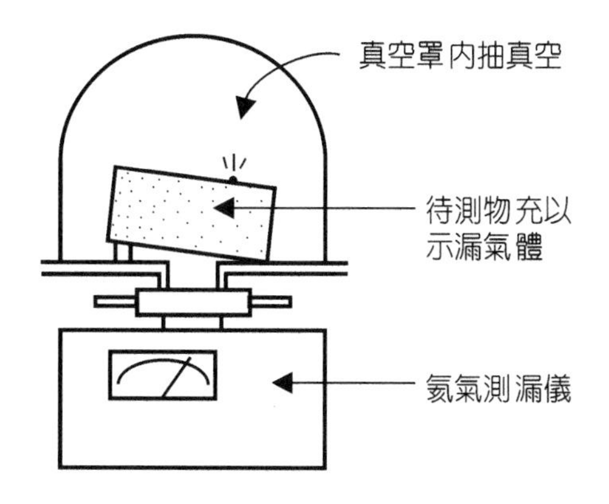

圖 10.2
待測物充以示漏氣體之總漏氣量測定裝置。

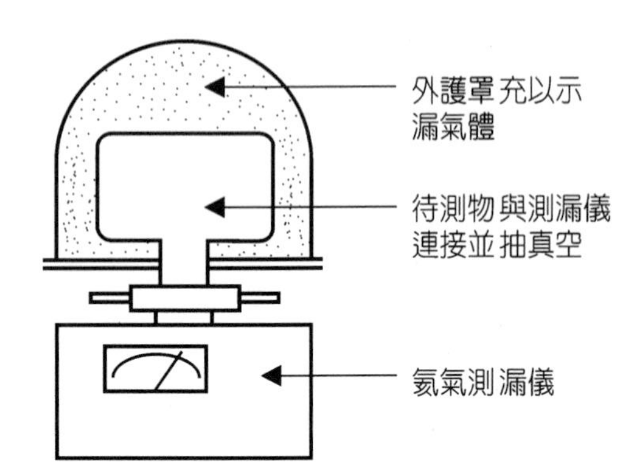

圖 10.3
待測物抽真空之總漏氣量量測裝置。

(1) 真空法輔以噴氣探針

待測裝置與測漏儀之真空系統連接，並抽真空直至可以啟動測漏儀之真空度。啟動測漏儀後，由噴氣探針噴以示漏氣體，當示漏氣體通過漏氣位置時，測漏儀即有信號指示，如圖 10.4 所示為真空法漏氣位置測定裝置。

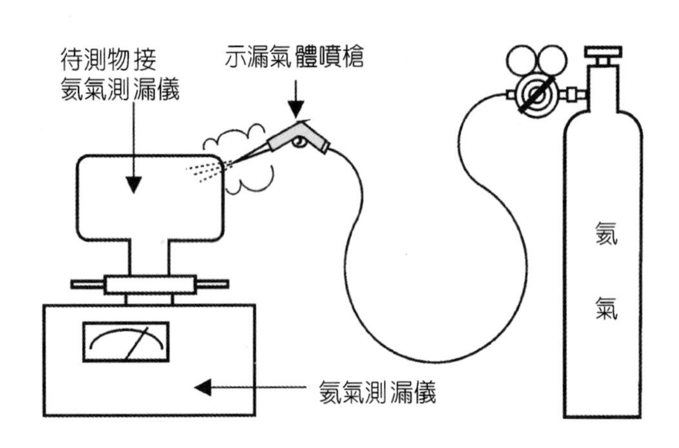

圖 10.4
真空法漏氣位置測定裝置。

(2) 充氣法輔以吸氣探針

如圖 10.5 所示，將示漏氣體充滿待測裝置，以吸氣探針探測待測物表面，當接近漏氣位置時，經由漏氣口逸出之示漏氣體，可由吸氣探針所偵測，即可測定漏氣位置。

10.2.3 測漏方法與儀器

測漏的工作實際上並無一定的程序及步驟，多憑個人工作經驗來判斷。但大體上，新製成的真空系統可能的漏氣處多在封合或銲接處，如液體導管、閥門、電引入及機械引入

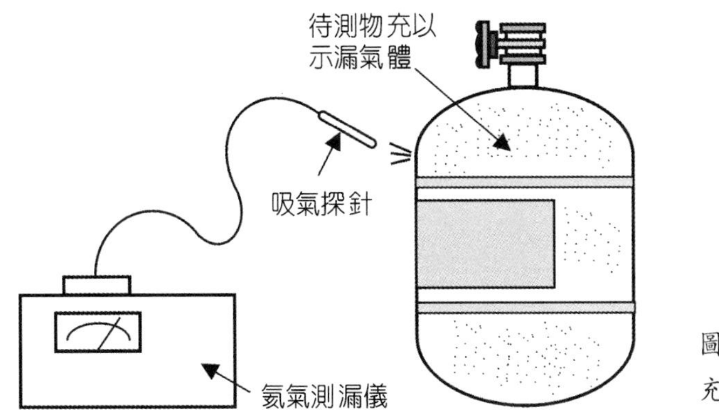

圖 10.5
充氣法漏氣位置測定裝置。

等接頭，或是玻璃視窗、真空計的測壓管、冷凝擋板與油氣阱等接於真空系統處。因此最好在安裝前能逐一檢驗各零件及次組件之氣密性，如此可以省略許多測漏時間。運轉使用後的真空系統則可能因冷卻水質不佳或因機械振動，易於冷卻管路和可拆性接頭之連接處發生漏氣；而超高真空系統因需重覆烘烤的膨脹與收縮亦容易造成漏縫。

測漏方式及其儀器相當多樣，各有其適用的條件與優缺點，是真空科技十分重要的實務工程技術。理想的測漏方式需具備反應快、可暫時止漏、靈敏度高、構造簡單、成本便宜、操作維護容易等特點，本文整理常見的十二種測漏方法之測漏條件及其特性，如表 10.3。其中氦氣測漏儀因靈敏度高，是廣為使用的測漏儀器，將另於第 10.3 節做詳盡的介紹。

10.3 氦氣測漏儀

任何可以感測氣體分壓之質譜儀 (mass spectrometer)，均可以做為真空系統漏氣之偵測儀器。通常因為分子量較輕的氣體分子，如氫氣與氦氣等，最容易滲透漏孔，因此以質譜儀做為漏氣之偵測儀器時，多操作於低質量的質譜範圍。最簡單的質譜測漏儀多將質譜分析器固定在特定的質量，通常為氦氣的質量，亦即以氦氣為示漏氣體，在欲偵測處噴氦氣，觀察質譜是否因此改變，來判斷漏氣與否。

氦氣測漏儀是利用一簡單質譜反應的結構來製作之儀器，一般質譜儀係將偵測的氣體分子游離化後，再依離子質量對電荷比值來分析不同比值之含量。不同比值對應出不同之離子可分析出其氣體分子之種類、數量。氦氣測漏儀即利用此原理來測試，唯一不同的是它僅針對氦氣的存量作檢測，因此在構造上和使用上比較簡單。為何測漏儀選用氦氣是因為氦氣是惰性氣體，有無毒性、不具破壞性、大氣中存量少，滲透力最佳且易被質譜儀偵測到等優點。如圖 10.6 所示，圖中說明質譜儀式測漏儀的組成及各部份名稱與功能，氦氣由待測物漏入系統後，部份進入質譜管以產生離子電流信號而被偵測到。

表 10.3 各種測漏方式及其特性。

測漏方法	工作壓力 (Torr)	漏氣率 (Std cc/s)	示漏物	優缺點
高電壓尖端放電法	$100-10^{-3}$	$1-10^{-3}$	空氣、酒精	優點：可簡易查出玻璃儀器設備漏氣孔位置；可測出玻璃儀器設備之真空壓力。 缺點：準確度不佳，且不適用於金屬材料真空設備。
放電管法	$100-10^{-2}$	$1-10^{-3}$	酒精、乙醚、丙酮、氬	優點：利用酒精等示漏物體測漏，簡單方便。並可當真空計作壓力指示，亦可作測漏指示。根據真空陰極輝光放電顯示出示漏物質的顏色來測漏。 缺點：根據注入氣體之顏色來判斷真空度，準確度不佳。
水浸法	$760-10^{-2}$	10^{-2}	空氣	優點：由漏氣之氣泡即可研判漏氣位置，成本低。 缺點：靈敏度不高，需泡水，不適於精密儀器設備。
泡沫法	$760-10^{-2}$	$1-10^{-2}$	空氣	優點：以Snoopy 泡沫劑，測大漏十分有效。 缺點：不適於精密真空儀器，測漏後必須清洗真空組件。
真空壓力下降法	依裝置而定	$>10^{-3}$	空氣、氦氣	優點：粗略測漏，成本低。 缺點：靈敏度不高，無法測出漏氣位置。
真空壓力上升法	依裝置而定	$>10^{-3}$	空氣、氦氣	優點：僅適用於粗略真空中及中度真空之真空上升法裝置，成本低。 缺點：可測總漏氣量，無法測出漏氣點，靈敏度不高。
鹵素測漏儀	$760-10^{-6}$	$10^{-1}-10^{-6}$	氟氯碳化物	優點：適於冷凍工作之系統測漏，價格便宜。 缺點：靈敏度不高，對多種氣體易起反應；不適合精密量測漏氣用。
熱導式真空計法	$1-10^{-3}$	$10^{-4}-10^{-6}$	酒精、丙醇、丙酮	優點：方便簡單，廣為實驗室使用；成本適中，攜帶方便。 缺點：靈敏度不夠高；酒精、丙醇等會損傷O 型環等真空元件。
偵測聲波測漏法	依裝置而定	$>10^{-3}$	空氣	優點：適用於水管漏水檢測，簡單快速，成本低。 缺點：靈敏度不高，不易查出漏點，且易受外界雜音影響。
顏料塗佈滲透法	依裝置而定	$>10^{-5}$	顏料	優點：簡單快速，顏料價格低；用於探測金屬裂縫及銲接缺陷；顏料因漏氣會留下痕跡，易於辨識。 缺點：靈敏度不高、費時，且待測物外表易受污染清洗不易；待測件受污染，漏氣孔可能為顏料堵住。
殘餘氣體分析儀	$<10^{-4}$	$10^{-1}-10^{-11}$	O_2、N_2、H_2、He	優點：由頻譜顯示之譜線，可明確查出何種殘留氣體，並可分析其氣體存量，由其數量研判漏氣原因。適合虛漏及逸氣之辨別。 缺點：不易偵測出何處漏氣；需在真空系統內使用，攜帶不方便；價格高。
氦氣測漏儀	$<10^{-4}$	$10^{-1}-10^{-11}$	He	優點：靈敏可靠、攜帶方便；操作簡單、反應時間快速，數分鐘內即可使用；氦氣穩定、不受其他氣體干擾；無毒性、使用安全。適合實漏及漏氣點之辨別。 缺點：大漏氣及粗略之真空度無法測試；也無法研判、分析漏氣之成分及含量。

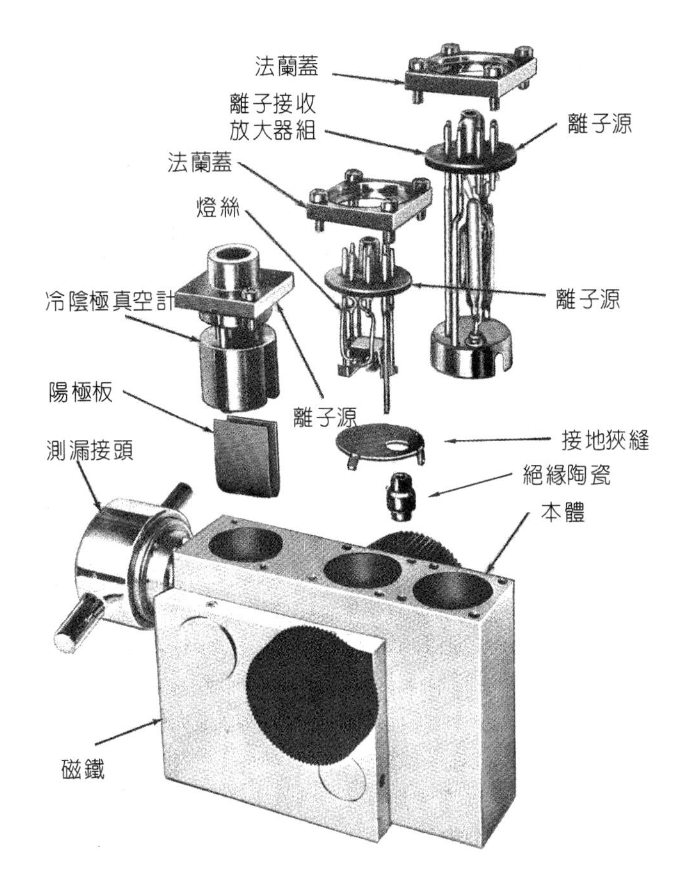

圖 10.6
質譜儀式測漏儀的組成及各部份名稱[8]。

10.3.1 原理

氦氣測漏儀是由 A. O. Nier 在二次大戰期間參與美國軍方的曼哈頓計畫 (the Manhattan Project) 時期所開發出來的儀器[1, 2]，是目前最廣為使用、靈敏度高、可靠度佳的測漏儀器。氦氣測漏儀實際上就是一簡單的質譜儀，是由抽氣系統 (pumping system)、電子控制系統與質譜管 (mass spectrometer tube) 等三大部份所組合而成，如圖 10.7 為典型的氦氣測漏儀系統架構。抽氣系統功能為產生高真空的環境，使真空度可以達到質譜管能正常運作的壓力範圍，電子控制系統主要為檢測質譜管所產生及接收氦氣之信號，測漏時其信號藉電子放大器回饋至接受器中。

各種氦氣測漏儀所使用的質譜管雖有各種不同的樣式，但其構造大致相同，均分為離子源 (ion source)、離子分離器 (ion separation) 與離子偵測器 (ion detection) 等三個部份，如圖 10.8 所示。離子源係用來產生離子，其方式是由高溫燈絲放射出熱電子並加速進入離子腔，以電子碰撞 (electron impact) 方式將示漏的氦氣離子化。所產生的離子由離子腔電壓 (ion chamber voltage) 加速並進入離子分離器，除此之外，離子源另有排斥板及聚焦板，可分別控制被加速的離子數目及離子束方向。

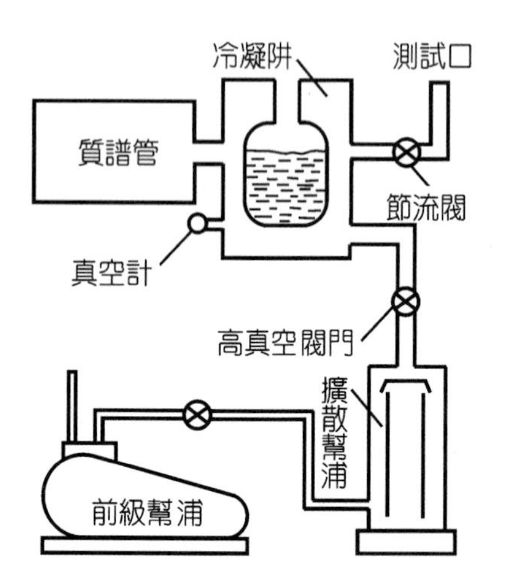

圖 10.7
典型的氦氣測漏儀系統架構。

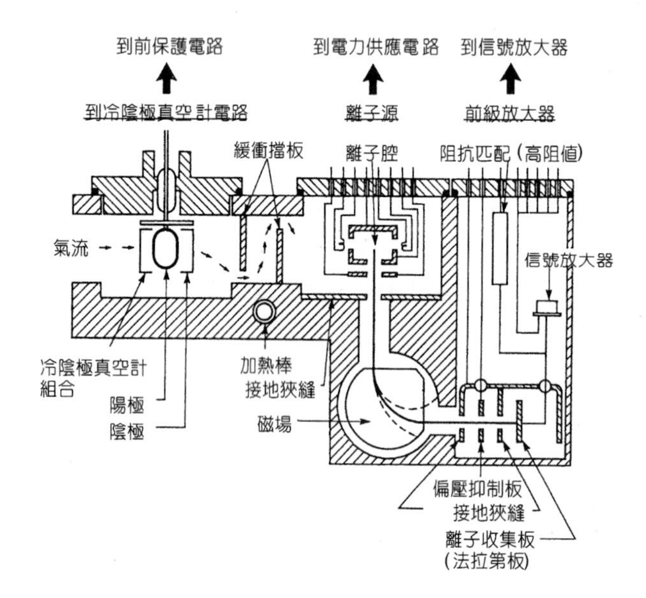

圖 10.8
氦氣測漏儀之質譜管結構[7]。

質譜管一般使用永久磁鐵來產生磁場，以偏折不同質量的離子，使帶電離子在均勻的磁場中運動，其受磁力作用之偏折曲率半徑 (r) 與磁場強度 (B)、質荷比 (m/e)、離子運動速度 (V_a) 之關係如下列公式：

$$\frac{m}{e}=\frac{r^2}{2C^2}\cdot\frac{B^2}{V_a} \tag{10.1}$$

其中 C 為真空中光線行進的速度。在氦氣測漏儀中，質譜管結構為固定，因此 r 為常數，B

為固定值，電荷值單位為 1，因此氣體離子質量 m 與 V_a 為變數，故調整 V_a 值可使某特定質量之離子到達離子偵測器之法拉第杯。

離子偵測器是由接地狹縫 (ground slits)、抑制板、法拉第杯、前級放大器、高阻值電阻等構成，其中接地狹縫可濾除散射之離子以減低干擾信號。因信號很小必須使用高放大倍率、高穩定性之前級放大器來接收信號。氣體分子在質譜管內離子化、運動、分離，以及氦氣被偵測的過程，如圖 10.9 所示。

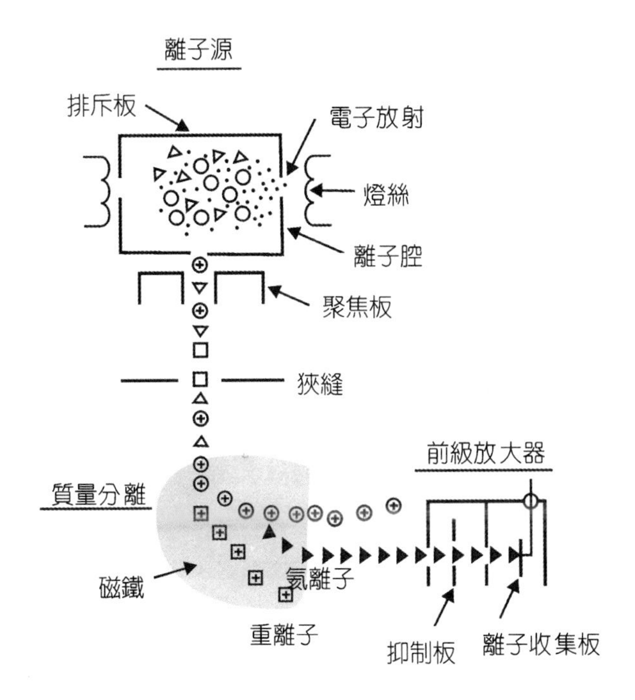

圖 10.9
質譜管中離子之產生、分離與偵測過程示意圖。

10.3.2 調準與校正

使用氦氣測漏儀必須先校正其標準值，才能得到確實可靠的結果。調整時可使用標準的漏氣管 (standard of reservoir leak)，如圖 10.10 所示。可調漏孔是利用大氣中所存在約 5 ppm 的氦氣，如果測漏儀靈敏度為 10^{-11} Std cc/s，只要可調漏孔的漏氣率大於 10^{-5} Std cc/s，大氣所含之氦氣即可被測得而用來作校準用。

氦氣測漏儀之校正是將測漏儀的信號輸出與已知之標準漏氣率作修正，使兩個數據彼此契合，並修正其不準確度，其標準程序與裝置可參考 ISO 3530[3]。常用之標準漏氣管有毛細管式與滲透管式兩種，毛細管式標準漏氣管之漏氣率可從 10^{-3} 至 10^{-7} Std cc/s，滲透管式標準漏氣管之漏氣率可以由 10^{-6} 至 10^{-9} Std cc/s。其中以滲透管式標準漏氣管使用較為方便，其結構如圖 10.11 所示，使用時需注意，平常不用時針閥不要關閉，因氦氣維持定速漏

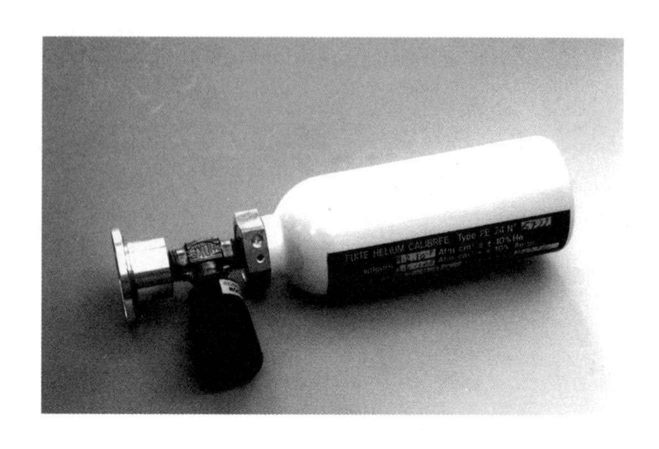

圖 10.10
可調氦導漏孔實體。

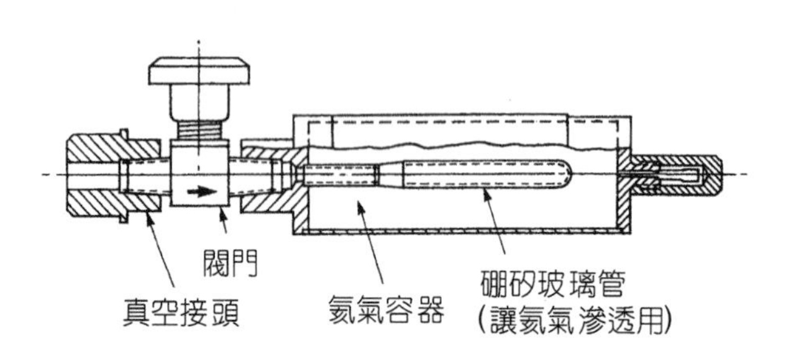

圖 10.11
標準漏氣管結構[7]。

出，關閉閥門一則使針閥彈簧疲乏，一則累積之氦氣一旦開啟，會使高真空系統壓力增高，造成過壓現象，污染質譜管。除此之外，滲透管式標準漏氣管容易因振動或摔到，使得玻璃部份破裂或金屬玻璃封合漏氣，導致氦氣散失。

10.4 測漏實務

測漏是費時費心的工作，沒有一定的準則，測漏人員常依經驗判斷漏氣所在與成因，是十分著重實務經驗的工程技術，相關文獻可參見參考文獻 4 至 6。本文整理測漏實務相關注意事項，供測漏工作人員參考。首先論及操作氦氣測漏儀時之基本注意事項：

(1) 真空抽氣系統必須達到合理的真空度，約 10^{-3} Torr (壓力大於熱偶真空計量測範圍無法檢測)，質譜管才能自接地狹縫中截獲氦氣。
(2) 真空抽氣後不良的真空蓋板再封合時，其螺絲必須再加以鎖緊。
(3) 氦氣輕而上漂，測漏時將待測物以塑膠袋包裹，以防氦氣飄散，可達到良好效果。
(4) 使用封合黑土 (wax) 堵漏物質，可暫時堵住漏氣孔，但須記住位置，以防又造成漏氣。
(5) 當待測物太大，測漏儀本身無法進行抽氣時，必須考慮以三通管真空閥門，加裝輔助幫浦協助抽氣。
(6) 檢查標準漏氣管的使用年限是否過期。

(7) 氦氣測漏儀之測漏環境、條件必須考慮清楚，我們常忽略測漏儀本身之幫浦為油性幫浦，此種測漏儀無法使用於半導體製程之機台檢測。

(8) 氦氣之使用儘量不要亂噴，因亂噴會攪亂測漏之可靠性，尤其質譜管對大氣所含之氦氣干擾因素，會降低靈敏度，增大背景信號，警報器一直作響，以致無法研判漏氣位置。

接著介紹測漏工作時，如何連接測漏儀與待測物。當待測漏物件或裝置體積小而潔淨時，可以使用完整有抽氣功能的氦氣測漏儀直接測漏，將待測物件連接於測漏口，此情況可以得到測漏儀所載明的最高靈敏度，其安置方式建議如圖 10.12 所示。如果待測物件體積大，氣體逸出量又多的時候，很難直接由氦氣測漏儀的抽氣系統抽氣，因為測漏儀質譜管必須在小於 2×10^{-4} Torr 的壓力下工作，而一般測漏儀的高真空系統其抽氣率很低 (通常使用 2 吋擴散幫浦，近來的產品則使用渦輪分子幫浦)，因此單靠測漏儀不易達到足夠低壓力，必須靠待測裝置的抽氣系統加以輔助或使用額外的幫浦，使用的要訣是儘量使示漏氦氣通往測漏儀。以下以實際使用時測漏儀連接方式加以說明。

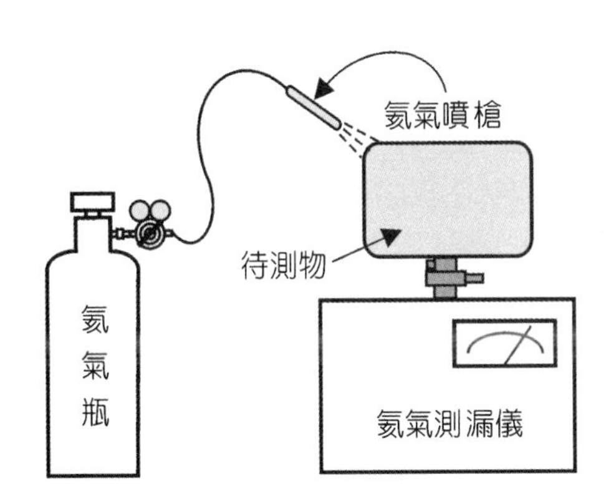

圖 10.12
待測物直接與氦氣測漏儀連接之測漏裝置。

方式(1)：

待測裝置本身可抽真空至高真空範圍，氦氣測漏儀連接在高真空幫浦 (以擴散幫浦系統為例) 上方之高真空區域，如圖 10.13 所示。此種連接法為使氦氣盡量進入測漏儀，宜使擴散幫浦上之高真空閥處於半開狀態，適當減低排氣速率。設裝置排氣速率為 S (L/s)，測漏儀在相同位置的排氣速率為 SD (L/s)，則此種安排所能偵測的漏氣率為

$$q_L = \frac{S + SD}{SD} \cdot q_{\min} \tag{10.2}$$

其中 $q_{\min}$ 為測漏儀規格載明的最小可偵測漏氣率，如果 S = 5000 L/s，SD = 2 L/s，則 q_L = 2500 $q_{\min}$。因此如果測漏儀的最佳靈敏度 $q_{\min} = 10^{-10}$ Std cc/s，則此安排所能得到之最小漏氣率為 2.5×10^{-7} Std cc/s。

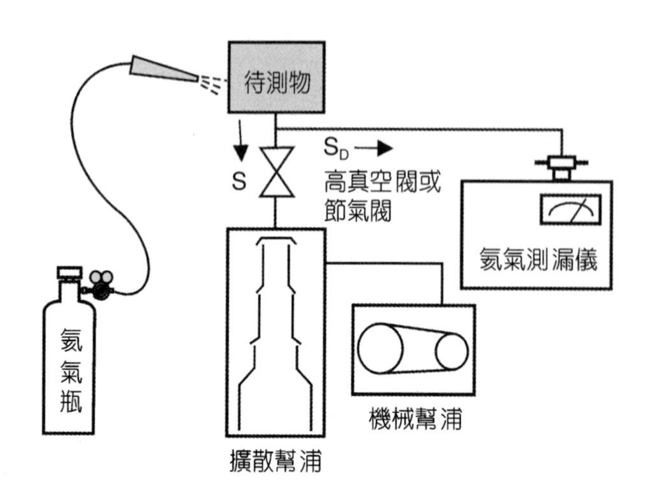

圖 10.13
高真空系統與氦氣測漏儀連接之測漏裝置。

方式 (2)：

待測裝置本身可抽真空至高真空範圍，氦氣測漏儀接在擴散幫浦的前級位置，如圖 10.14 所示，各幫浦抽氣速率與前述方法 (1) 之情形相同。此安排方式可大為增大氦氣測漏儀的靈敏度。以 1200 L/min 的機械幫浦為例，此時 q_L 大小為

$$q_L = \frac{(1200/60)+2}{2} \cdot q_{\min} = 11 \cdot q_{\min} \tag{10.3}$$

方式 (2) 的靈敏度較方法 (1) 之情形增高很多，此結果可以由擴散幫浦前級處之氦氣密度較高真空側高出 1000 倍以上得知。但如果測漏儀閥門無法全開以承受擴散幫浦前處的壓力，則以上估算之 q_L 值將增大。

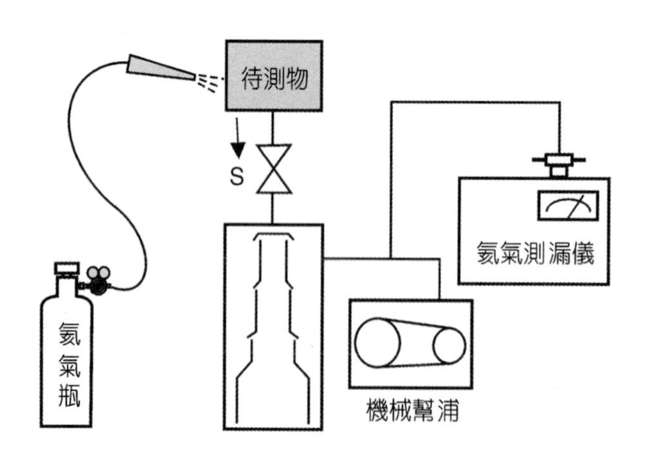

圖 10.14
氦氣測漏儀接於真空系統擴散幫浦前級之測漏裝置。

質譜管直接接於高真空系統之測漏法，係將待測裝置抽真空至高真空範圍，但不以完整之氦氣測漏儀與裝置連接，而只將測漏儀之質譜管直接接於系統上，如圖 10.15 所示。此種安排使得進入質譜管的氦氣量大增，因此其靈敏度顯著升高，實驗證實其效果凌駕上述之兩種連接法。

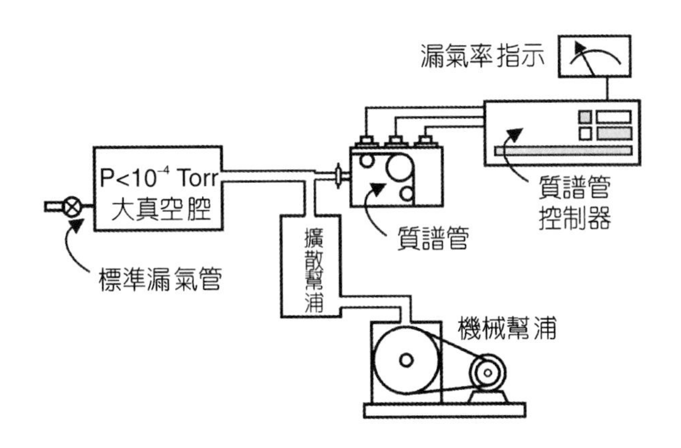

圖 10.15
以質譜管直接接於高真空系統之測漏裝置。

若真空裝置無法抽氣至 10^{-3} Torr 以下，或該裝置的使用壓力在 10^{-3} Torr 以上 (以大型真空高溫爐為例)，其測漏之安裝如圖 10.16 所示。此時使用完整的氦氣測漏儀系統，加裝如圖 10.16 所示之節氣閥門，此閥門係針對傳統式測漏儀而設。在大型低真空系統測漏時，其工作時間較長，因此在可疑漏氣位置之探漏時間必須足夠長。氦氣在大系統及壓力較高的情況下，擴散速率很慢，因此大系統測漏如圖 10.16 所示，於系統下方安裝了氮氣放氣孔，利用氮氣的氣壓把由漏氣孔進入之氦氣清除至往抽氣管路，以增快反應時間及清除氦氣時間。

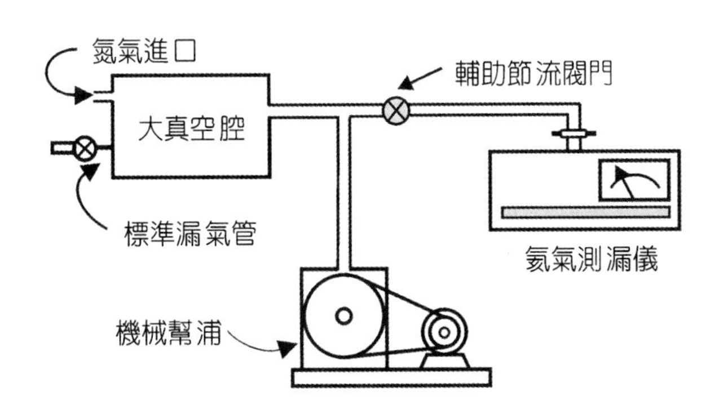

圖 10.16
在中度真空 ($P > 10^{-3}$ Torr) 運作之大真空腔測漏裝置方式。

測漏之本質在於找出漏氣之所在，並以適當的方法堵漏，以改善系統的真空性能。漏氣孔的處理可以分為修理與堵漏，修理就是更換零件、襯墊、或是重新銲接，因此修理後之儀器與新製成的系統相差無幾。至於堵漏則區分為暫時性與永久性堵漏，暫時性堵漏可用真空膠或真空蠟等暫時性封住漏孔再行修理，而永久性堵漏則用 TIG 銲接或永久性堵漏材料 (Torr Seal®) 堵住後即可不需再行修理。

參考文獻

1. A. O. Nier, *Vacuum Science and Technology Volume 2, Pioneers of the 20th Century*, New York: AIP Press, 105 (1994).
2. A. O. Nier, C. M. Stevens, A. Hustrulid, and T. A. Abbott, *J. Appl. Phys*., **18**, 30 (1947).
3. ISO 3530 Vacuum Technology- Mass Spectrometer Type Leak Detector Calibration.
4. 蘇青森, 真空技術, 五版, 台北, 東華書局(1999).
5. 呂登復, 實用真空技術, 再版, 新竹, 黎明書店(1996).
6. Varian, *Basic Vacuum Practice*, 2nd Edition, Vacuum Product Division, Training Department, Varian Associates Inc., Palo Alto, CA (1989).
7. Varian, *Introduction to Helium Mass Spectrometer Leak Detection*, Varian Associates Inc., (1980).
8. Instruction Manual, Varian Porta-Test 925-40.

第十一章　真空標準與校正

真空科技或相關研究的人員乃至以真空技術為工具的人員，在從事研究實驗或產品生產時，無不希望具備一在任何壓力下均能被控制且穩定均勻的真空系統，以確保實驗的結果或產品的品質。不同的研究或生產有不同的真空環境條件需求，而真空環境的壓力量測，端賴系統的靈魂之窗－真空計。為控制及確保系統的真空環境，以滿足不同的需求，真空計就必須要校正。

雖然在某些情況下，真空計只需提供定性的參考而非定量的量測，但是因為校正不僅僅是決定我們所使用的真空計在量測值上的準確性，同時還可驗證其功能是否正常，因此在這種情況下校正仍是必需的。

真空計的校正方法可以分為比較校正 (calibration by comparison) 及絕對校正 (absolute calibration) 兩種。不管採用何種方法，真空計都需要有標準器才可以校正。比較校正法係以參考真空計 (reference gauge) 作為標準器，來與待校真空計作比較性的量測比對；絕對校正法則是以物理定律與特性發展出來的原級標準系統作為標準器，直接與待校標準真空計進行校正。

為了達到一致的量測準確性，任何的標準校正都強調其可追溯性，真空計之校正與追溯也是一樣，真空計之標準與校正追溯如圖 11.1 所示。

11.1 真空標準之理論基礎與規範

真空的定義為「一封閉空間內之氣壓低於大氣壓力」，實際上，真空標準是以壓力標準為依據而導出的。在大氣壓力範圍所使用之壓力原級標準器有兩種：氣體式活塞壓力計 (gas piston gauge) (如圖 11.2 所示) 及水銀壓力計 (mercury manometer) (如圖 11.3 所示)，分別直接實現壓力的基本定義：$P = F/A$ 及 $P = \rho gh$。

對於低於大氣壓力之真空，若是依據上述壓力標準器量測之結果，利用波以耳定律 (Boyle's law) $P_1V_1 = P_2V_2$，透過一次或多次氣體體積膨脹，使壓力降至所期望之真空度，此種方法稱為氣體靜態膨脹法 (static expansion method) (如圖 11.4 所示)。而另一種近年來所發展之真空原級標準稱為小孔流導法 (orifice flow method)，如圖 11.5 所示，採用的是動態流

第十一章作者為李金宏先生及陳宏豪先生。

導法，有別於前者之靜態法。本方法是利用氣體的流量 (throughput) $Q = P(dV/dt)$、理想氣體方程式 $PV = nRT$ 及氣導 (conductance) $C = Q/(P_1 - P_2)$ 等定義來量測真空度。

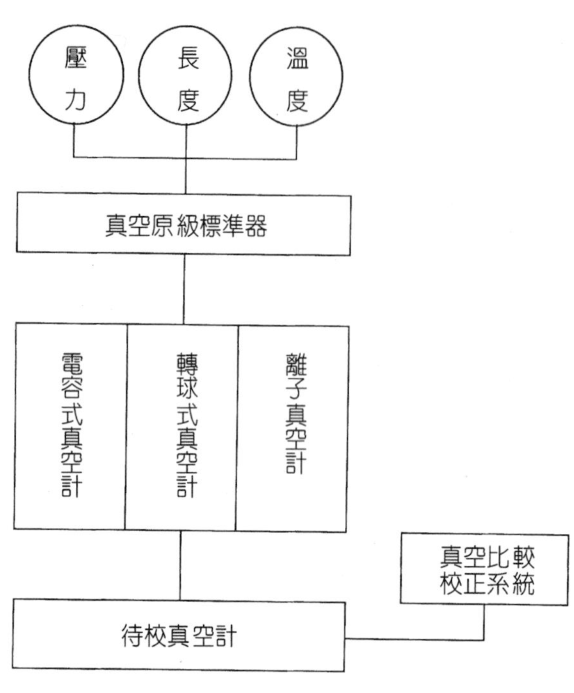

圖 11.1 真空計校正追溯圖。

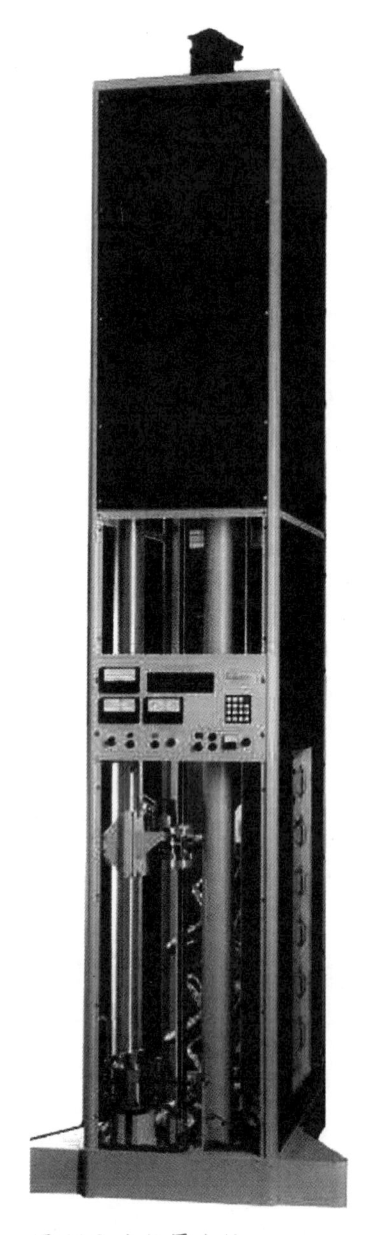

圖 11.2 氣體式活塞壓力計。

圖 11.3 水銀壓力計。

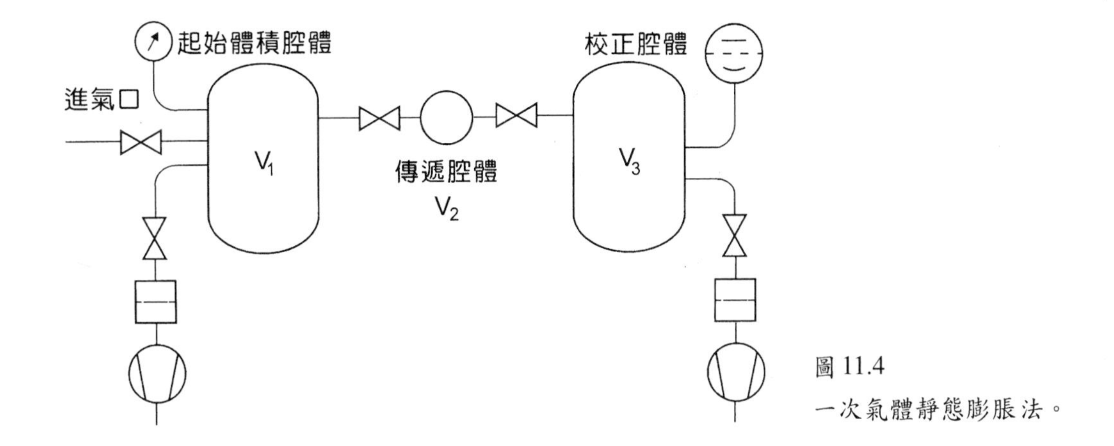

圖 11.4
一次氣體靜態膨脹法。

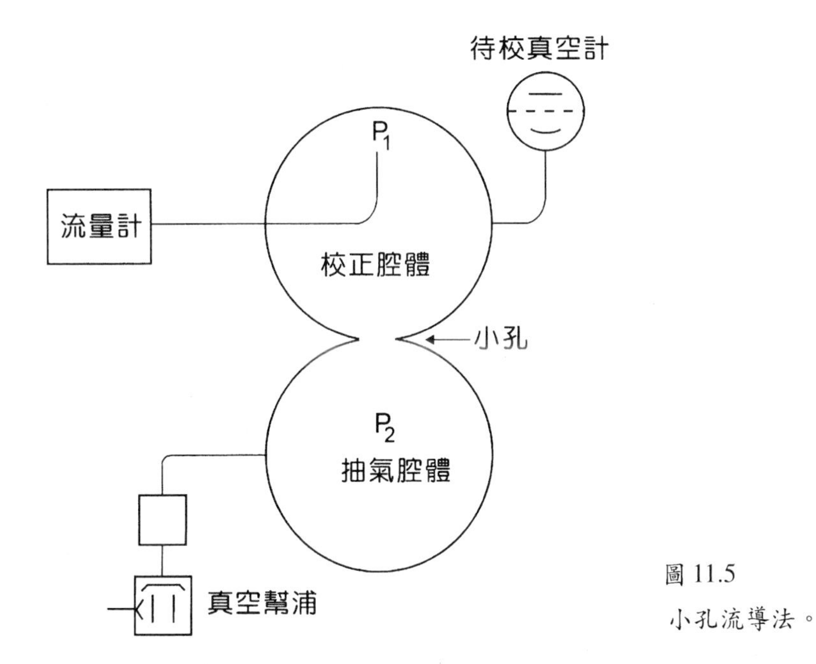

圖 11.5
小孔流導法。

11.2 眞空計的校正方法

真空計的校正方法可分為比較校正與絕對校正兩種。比較校正係以待校真空計與標準真空計作直接的比對，並調整其間的誤差以達到一致性，如圖 11.6 所示；而絕對校正則是以物理量的基本單位為基礎，藉著物理定義所發展出來的原級標準 (primary standard)，直接對真空計校正。

圖 11.6
真空比較校正系統。

11.2.1 絕對校正

基本上，絕對校正係根據某些學理來求出壓力的真值 (conventional true value) 以校正真空計。為達到絕對校正的目的，校正設備及技術均要求極高的水準，因此絕對校正多屬國家級標準實驗室的工作。現今所用的絕對校正有靜態膨脹法、小孔流導法及抽真空法 (pump-down method)，而其中常用者有靜態膨脹法及小孔流導法，茲分別說明如下。

11.2.1.1 靜態膨脹法

靜態膨脹法主要係根據波以耳定律，使在小體積內的氣體經膨脹進入大體積內而降低壓力。依據測得膨脹前的最初壓力以及體積比，即可計算出膨脹後的最終壓力。靜態膨脹法又可分為單級膨脹法 (single-stage expansion method) 及多級膨脹法 (multiple volume expansion method)。

(1) 單級膨脹法

如圖 11.7 所示，此靜態膨脹校正系統主要有兩大真空腔體，其一為起始體積腔體 (initial volume chamber)，另一為校正腔體 (calibration chamber)。此兩真空腔體間並有若干個傳遞腔體 (transfer chamber)，且兩腔體均可由真空幫浦抽氣。起始體積腔體可以充氣至一定的壓力，並由標準真空計 (轉移標準或原級標準) 量測最初壓力 (P_1)。校正腔體的體積為 V_3，待校真空計即裝於此腔體。當開始操作時，除進氣閥門 **e** 處於關閉狀態外，將所有閥門

包括 **a** (**a**$_1$、**a**$_2$、**a**$_3$)、**b** (**b**$_1$、**b**$_2$、**b**$_3$) 及 **c** 打開，使系統中各腔體抽真空至待校真空計的壓力範圍為低的壓力，然後將閥門 **c**、**d** 關閉，以隔絕真空幫浦，並關閉傳遞腔體至校正腔體的閥門 **b** (**b**$_1$、**b**$_2$、**b**$_3$)。緩緩調整進氣閥門 **e**，將校正氣體引入起始體積腔體與傳遞腔體使充氣至壓力 P_1。選擇適當的傳遞腔體，將對應的閥門 **a** (**a**$_1$ 或 **a**$_2$ 或 **a**$_3$) 關閉，而與起始體積腔體隔絕，然後開啟相對應的閥門 **b** (**b**$_1$ 或 **b**$_2$ 或 **b**$_3$) 使氣體膨脹至校正腔體內，此時校正腔體的壓力為 P。根據波以耳定律，若傳遞腔體的體積為 V_2，則

$$P = P_1\left(\frac{V_2}{V_2 + V_3}\right) \tag{11.1}$$

此校正系統在操作時，可作多次重複的膨脹，亦可選擇不同體積的傳遞腔體。

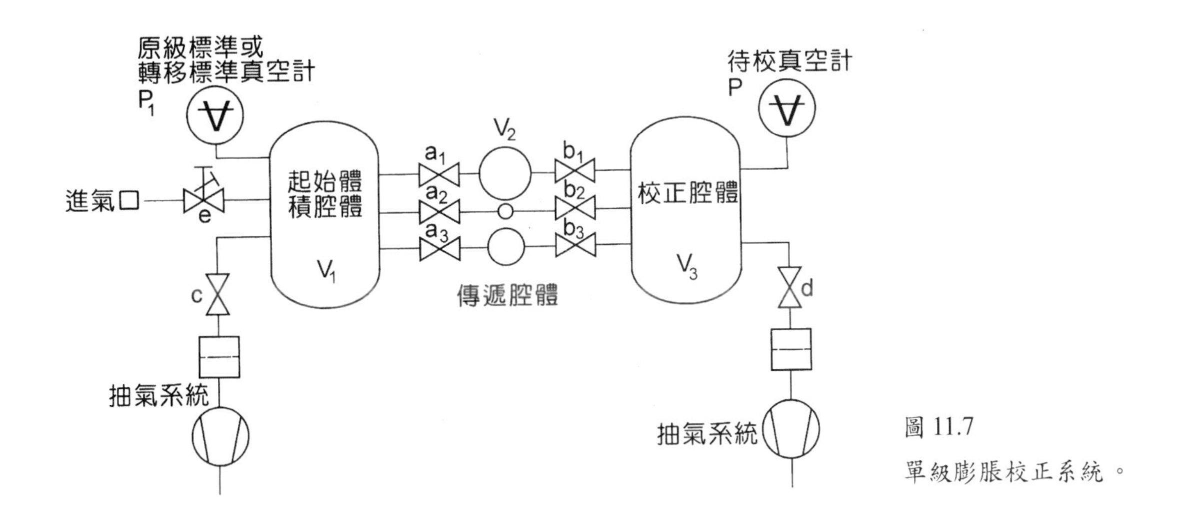

圖 11.7
單級膨脹校正系統。

(2) 多級膨脹法

用單級膨脹法要達到較低的壓力，其膨脹體積比要達到 10^7，故在裝置的精密度要求及操作的技術均較困難。利用一連串多級膨脹可使體積比不致超過 500 而可達到較低的壓力。如圖 11.8 所示，此種多級膨脹校正系統包含三個膨脹腔體 V_2、V_4 與 V_6，兩個傳遞腔體 V_3 與 V_5 及一個起始體積腔體 V_1。其操作方式與單級者相似，首先將全部系統抽至底壓 (base pressure)，即較待校正的壓力範圍為低的壓力，再將 V_1 充氣至壓力 P_1。第一次膨脹使 V_1 膨脹為 $V_1 + V_2 + V_3$，第二次膨脹使 V_3 膨脹為 $V_3 + V_4 + V_5$，最後膨脹使 V_5 膨脹為 $V_5 + V_6$，故最後校正室 V_6 中的最終壓力為：

$$P = P_1 \cdot \frac{V_1}{V_1+V_2+V_3} \cdot \frac{V_3}{V_3+V_4+V_5} \cdot \frac{V_5}{V_5+V_6} \qquad (11.2)$$

靜態膨脹法最大的問題為放氣、氣體吸附與真空計的抽氣效應，此外，溫度的變化亦有甚大的影響。因此在操作時系統需先經烘烤除氣，且在膨脹校正過程中要保持一定的溫度，方能使系統誤差減至最低。除了這些操作技巧外，最初壓力 P_1 量測的精準度以及系統體積比的測定，均是系統精準度的決定因素。

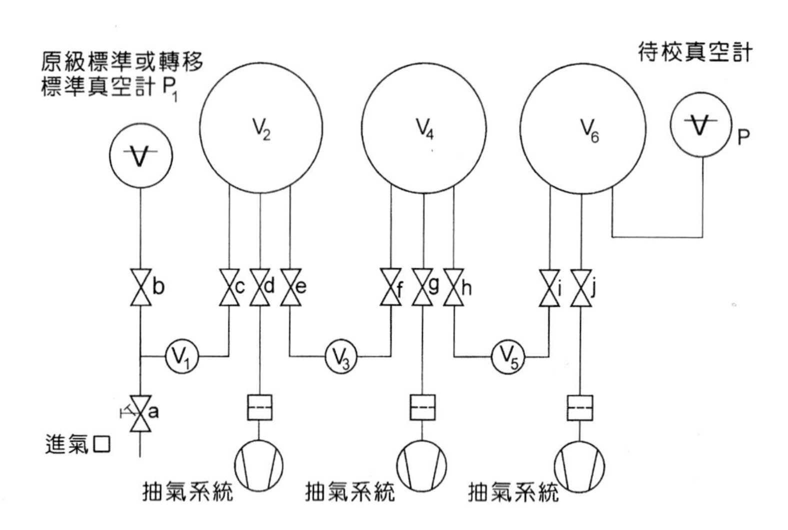

圖 11.8
多級膨脹校正系統。

11.2.1.2 小孔流導法

小孔流導法亦稱動態膨脹法 (dynamic expansion method)，主要是利用氣流經過一已知其氣導為 C 的小孔，平衡進入與抽出的氣體流率以達到動態平衡的狀態。藉著間接的方式求得校正腔體的壓力，以校正真空計。根據氣流通量的定義，在真空系統中，若氣流為連續性，則當氣流經過一小孔，其壓力變化與氣流通量成正比。如果小孔的抽氣側壓力為 P_2，而另一側為 P_1 則：

$$Q = C(P_1 - P_2) \qquad (11.3)$$

其中 $P_1 > P_2$，Q 為氣流通量，單位為 Pa·L/s。C 為比例常數稱為氣導代表氣流通過小孔的難易程度，其單位為 L/s，而壓力的單位為 Pa。上式可改寫為

$$P_1 = \frac{Q}{C} + P_2 \tag{11.4}$$

如果 C 可以計算求得，Q 由校正系統的進氣系統測定，則要校正的壓力 P_1 應可由 (11.3) 式求得。但是因為 P_2 低於 P_1，欲求精準的 P_1，必先要精準的求得 P_2，此顯然為不可能。

若抽氣的真空幫浦其抽氣速率為 S，根據氣流的連續性，則

$$Q = P_2 S \tag{11.5}$$

從 (11.4) 及 (11.5) 兩式消去 P_2，可得

$$P_1 = Q\left(\frac{1}{C} + \frac{1}{S}\right) \tag{11.6}$$

若應用上式，則對幫浦的抽氣速率必須先有精準的校正，此在一般情況下也不易達到。如果將 (11.3) 式改寫為

$$P_1 = \frac{Q}{C\left(1 - \frac{P_2}{P_1}\right)} \tag{11.7}$$

式中 P_2/P_1 為小孔兩側壓力比，此壓力比與小孔的氣導及幫浦的抽氣速率有關。當小孔的面積一定時，且系統操作在分子氣流範圍 (molecular flow region) 內，則 C 為一定值，故壓力比僅與幫浦的抽氣速率有關，若選擇抽氣的真空幫浦其抽氣速率在所應用的壓力範圍內為一常數，則此壓力比值亦將為一常數。用標準真空計來量測此壓力比，應可達到要求的精準度，故現在真空計校正多採用此最後方法。

從 (11.7) 式可知，利用小孔流導法校正壓力 P_1 有三項參數需要決定，即氣流通量 Q、小孔的氣導 C 及小孔兩側的壓力比 P_2/P_1。除壓力比可直接測定外，氣流通量常利用氣流通量的連續性，可由校正系統的進氣系統測得，即

$$Q = P_0 C_0 \tag{11.8}$$

式中 P_0 為進氣壓力，通常視進氣系統的設計而不同，但大多數選擇為大氣壓力或可精準量測的壓力，而 C_0 則為進氣管口的氣導。有時就利用進氣的體積流率 S_0 (volume flow rate) 而由進氣系統測得，即

$$Q = P_0 S_0 \tag{11.9}$$

一般而言，進氣系統亦稱流量計 (flow meter)，其設計及製造牽涉頗廣，不在本節討論範圍內，詳細的介紹與說明請參閱 7.7 節。

通常此種校正系統所用的真空幫浦，其抽氣速率多選擇較小孔的氣導值大一百倍以上，如此則 (11.6) 式中的 $1/S$ 項較 $1/C$ 項小很多，故變更 Q 與 C 值可量測不同的壓力。又因此種關係，真空幫浦的抽氣速率即使誤差較大，對於壓力校正的影響不大。小孔流導法要求可精確計算小孔的氣導，故使用的壓力範圍多限於分子氣流。在分子氣流範圍內，圓形小孔的氣導可以下式計算，即

$$C = A\sqrt{\frac{kT}{2\pi m}} \tag{11.10}$$

其中 T 為絕對溫度，A 為小孔面積，m 為氣體分子質量，k 為波茲曼常數 (Boltzmann constant)，其值為 1.38065×10^{-23} J/K。

圖 11.9 為小孔流導法校正系統的示意圖，兩球形真空室間經一圓形小孔相連，下真空室由真空幫浦抽氣至壓力 P_2，上真空室即校正室，校正用氣體經由一流量計進入室中，經小孔進入下室而被幫浦抽去，上真空室的壓力 P_1 即為校正壓力，可由 (11.7) 式求得。

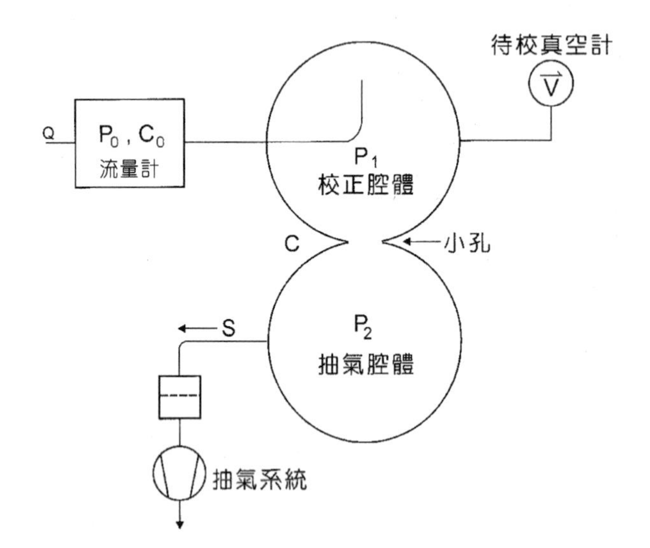

圖 11.9
小孔流導法校正系統之一。

圖 11.10 為另一種校正方法，其校正室改為下室。由於校正腔體直接由幫浦抽氣，故可測定較低的壓力。在兩室間有一傳遞真空計及兩閥門可各連通一室。此傳遞真空計可測量上

下兩室的壓力，亦可測量兩室的壓力比 P_1/P_2。由 (11.3) 式可改寫成

$$P_2 = \frac{Q}{C\left(\frac{P_1}{P_2} - 1\right)} \tag{11.11}$$

校正腔體的壓力 P_2 即可求得。

小孔流導法因係動態的氣流，故無氣體吸附的誤差，但放氣的效應必須較 Q 值為小，才可限制其誤差。校正系統的正確設計，對於壓力測定的誤差亦有甚大的關係。進氣口、標準真空計，以及小孔的相關位置有很大的影響，進氣口應不能使氣流直接吹向小孔或真空計，否則所測的壓力或氣流通量就有很大的誤差。小孔的位置影響校正腔體中氣體速率的分布，故小孔面積應遠小於室內面積，使氣體從小孔回到校正室時仍希望有適當的速率分布。小孔流導法可校正的真空度在 10^{-5} Pa 以下。

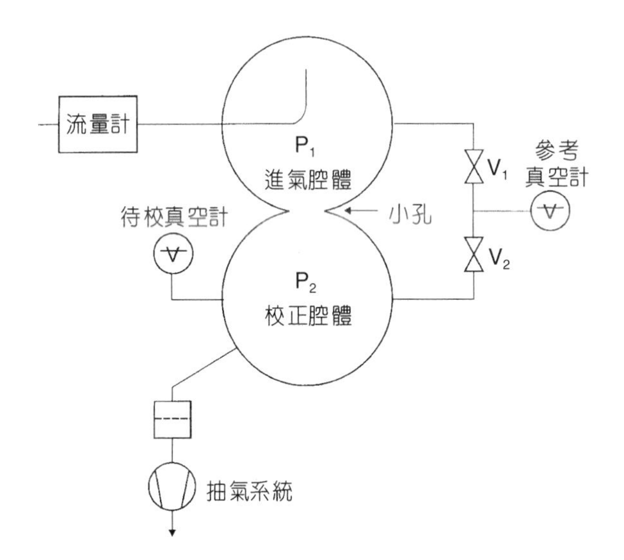

圖 11.10
小孔流導法校正系統之二。

11.2.2 比較校正

比較校正亦稱為直接比較法 (direct comparison)，係以經過追溯校正的真空計做為轉移標準 (transfer standard) 來校正待校真空計。做為轉移標準的真空計必須具有高精密度 (precision)、高重現性 (reproducibility)、高準確度 (accuracy) 及高穩定性 (stability) 的特性，如電容式真空計 (capacitance gauge)、熱電偶真空計 (thermocouple gauge)、離子真空計 (ionization gauge) 及旋轉轉子黏滯性真空計 (spinning rotor viscosity gauge) 等。

轉移真空標準器將在第 11.3 節介紹。至於如何獲得待校件所需之真空度，則需要由真空計比較系統來達成，因此如何設計校正系統需有其規範，而系統之各個主要部份也將在第 11.4 節介紹之。

11.3 轉移真空標準器

真空標準器分為原級標準器及轉移標準器。原級標準器乃根據氣體靜態膨脹法及小孔流通法之原理所發展出的標準器，在操作、使用及校正上均耗時費事，通常僅有國家標準實驗室採用，因此對於實際標準導出工作還是有賴轉移標準器。

儀器是否適合當作轉移標準器的重要考慮因素之一為其重複性 (repeatability)，若是一種儀器經過原級標準器校正後，在其校正週期內顯示之讀值，均在其不確定度範圍內，則此儀器可被用來當作轉移標準器。在真空校正領域裡，良好且適用之轉移標準器有電容式真空計、旋轉轉子式黏滯性真空計及離子真空計三種，其他型式之真空計並非不可為轉移標準器，只是較少被採用。早期會被廣為認定是絕對標準之麥氏真空計 (McLeod gauge)，雖然是依據波以耳定律導出， 但由於操作技術、使用及維護等工作複雜度高，現今不論是原級標準器或轉移標準器，均甚少採用麥氏真空計。以下就常用之三種轉移標準器作一說明。

(1) 電容式真空計

電容式真空計為隔膜真空計 (diaphragm vacuum gauge) 的一種，利用隔膜兩邊壓力不同而使隔膜變形偏移，進而改變電極間之距離，並使電容也因而改變，故可求得壓力之變化 (如圖 11.11 所示)。目前利用電容式原理製造之真空計，其量測範圍可從數十倍大氣壓力至 10^{-5} Torr (10^{-3} Pa)。

以電容式真空計作為轉移標準器，迄今尚未發現任何具體的缺點，唯一值得注意的是，溫度變化對其讀值影響很大，因此沒有溫度控制裝置時，必須對溫度變化的影響作詳細評估。電容式真空計的優點之一為其線性度頗佳，通常一個感測器可涵蓋好幾個次方的量測範圍，可避免因更換不同感測器或必須改用非電容式感測器，而導入其他之誤差源，

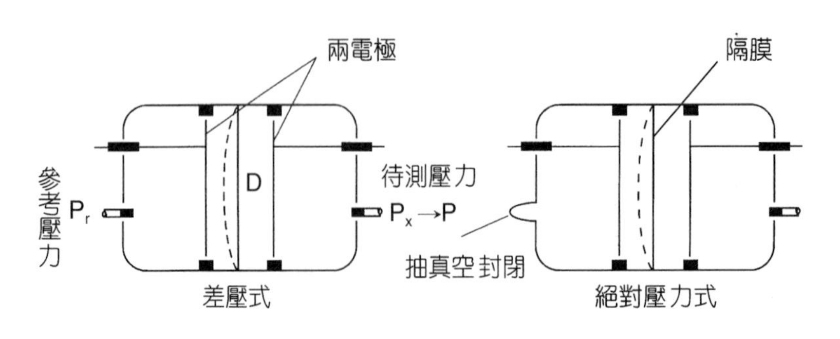

圖 11.11
電容式真空計示意圖。

致使量測結果不確定度變大之缺點。

(2) 旋轉轉子黏滯性眞空計

此係利用氣體黏滯性 (viscosity) 與壓力之關係來量測壓力，壓力高時，氣體黏滯性與壓力大小無關；但壓力低時，氣體黏滯性會隨壓力而改變。旋轉轉子黏滯性真空計是利用氣體分子撞擊轉球表面，而使轉球旋轉速率減慢，因此可利用轉速隨時間遞減的信號來求得壓力值，其結構如圖 11.12 所示。

就真空計的發展而言，轉球式真空計是一項相當新穎的真空計，目前多數先進國家 (如：美、英、德、法、義) 的國家標準實驗室，均以此種真空計為其轉移標準器及比較標準器，究其原因，除了前述之重複性外，長期穩定度 (long term stability) 高也是受到重視的最大原因。此種新發展成功的真空計能很快地當作標準器來使用，是少見的特例。

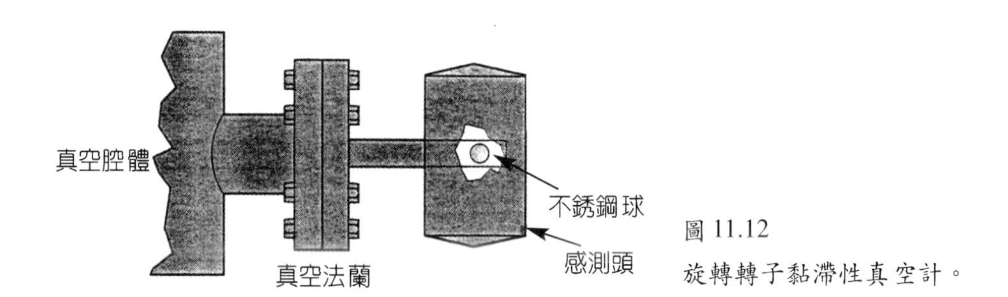

圖 11.12
旋轉轉子黏滯性真空計。

(3) 離子眞空計

使真空系統的氣體分子離子化，再測定離子電流之真空計，其結構主要由三個電極－陰極、陽極與收集極所構成 (如圖 11.13 所示)，感測器有用玻璃管罩當外殼及不用玻璃外殼而直接裝置在真空系統內兩種。

離子真空計由於工作方式之不同而有各種名稱 (如：熱陰極、冷陰極、調變極、…)，熱陰極離子真空計常用在高真空範圍之轉移標準器，由於在高真空範圍沒有其他真空計準確度可與之比較，而離子真空計本身的穩定性又不十分理想，因此常同時使用多個真空計，彼此交互比較，以確定標準是否已漂移。

11.4 眞空計比較校正系統設計規範與規劃

11.4.1 系統設計規範

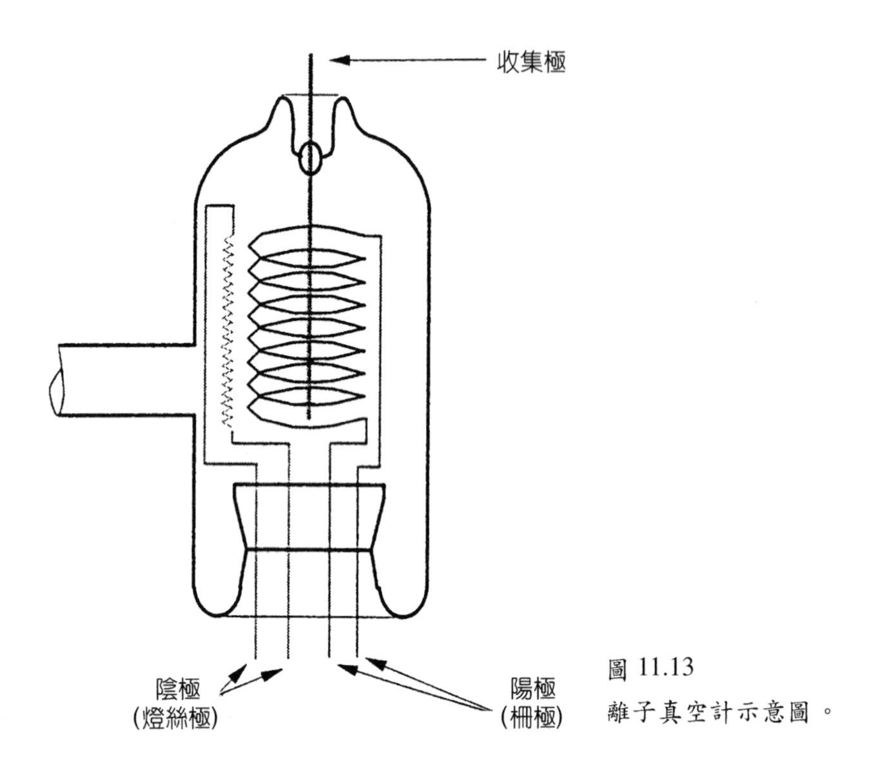

圖 11.13
離子真空計示意圖。

至於比較校正系統設計的要求有 DIN 28418－ISO/DIS 3567/3568 等國際標準規範可供參考，茲摘要如下：

(1) 校正室之體積至少應為待校真空計及附屬管路之總體積的 20 倍。
(2) 校正室之形狀應使其表面積與體積的比愈小愈好 (如球體)；但如果是採用圓柱體時，其高度不得大於直徑的四倍。
(3) 校正室與真空系統其他部分之連接設計，應避免使進入的氣流撞擊任何的待校真空計或轉移真空計或其入口。
(4) 安排轉移真空計及待校真空計接於校正室之位置，使壓力與溫度差異不致產生可量測的誤差。此外，介於校正室與真空計間管路之幾何結構，應使來自校正室之氣體分子在進入真空計的工作區 (active zone) 之前，至少要經歷一次碰撞。
(5) 各式各樣的真空計也許會有吸附 (adsorption) 或熱脫附 (desorption) 之現象。欲將此現象所造成不平衡壓力的干擾減至最小，則連接校正室與真空計之管路的氣導 (conductance) 須為結合吸附及熱脫附兩者所造成體積流率 (volume rate of flow) 的 100 倍；通常氣導至少要每秒數公升。
(6) 背景壓力 (即未引入氣體時) 不能超過欲校正範圍低限的 2%，確保在穩定下操作時，轉移真空計與待校真空計彼此間無明顯的影響。

11.4.2 系統規劃

真空計比較校正系統的設計視校正的範圍及真空計的類型、數量而有所不同，其基本的功用是提供一氣體組成為已知且穩定 (stable)、均勻 (uniform) 的壓力分佈，其目的是希望在不同壓力下，均能產生足夠低的背景壓力 (background pressure)，以滿足校正時的要求。

真空計比較校正系統 (如圖 11.14) 基本上可分為四個主要部分：(1) 校正室 (calibration chamber)，(2) 真空幫浦 (vacuum pump) 抽氣系統，(3) 氣體引入系統 (gas inlet system) 及 (4) 系統監測儀器 (monitoring instrument)。

(1) 校正室

校正室的設計主要是決定其形狀、尺寸及小孔截面的面積，而背景壓力的高低、真空計的多寡及壓力均勻分佈的程度等為其考慮的因素。一般來說，校正室的設計必須使被校正的真空計與標準真空計間無顯著的壓力梯度 (pressure gradient)，真空室的體積應比待校真空計及其附屬管路的體積大很多，真空計與系統要能保持在相同的溫度，包括加熱或冷凝裝置的安排等。

設計校正室應儘量減少其內部表面積，即面積對體積比愈小愈好，因為真空系統中的

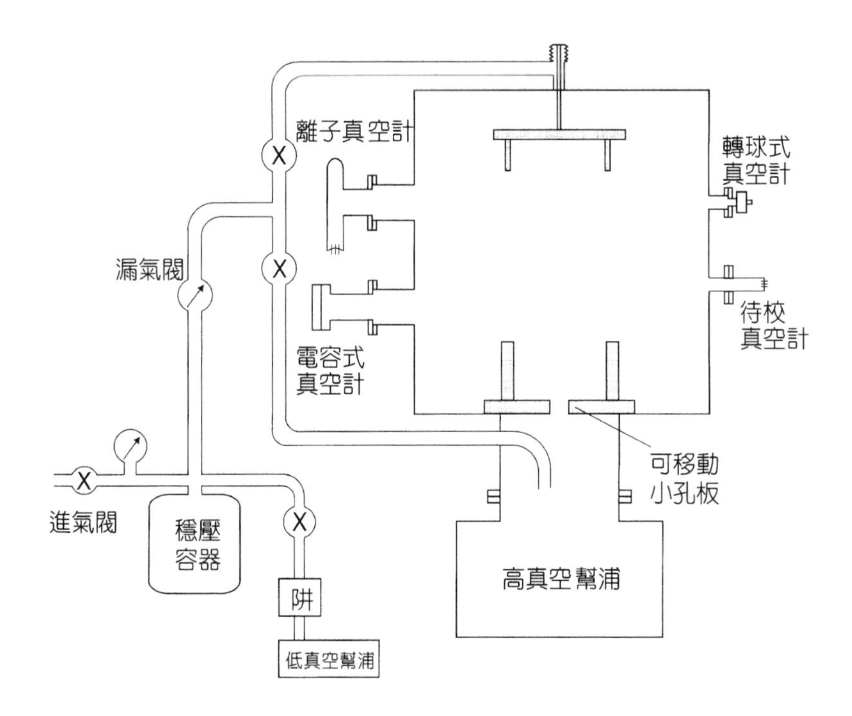

圖 11.14
比較校正系統。

放氣率 (outgassing rate) 隨系統中的表面積增加而增加。從幾何形狀的觀點，以球形最佳，但球形不易製作，一般多用圓柱形校正室的設計，但其圓柱高度不得大於圓柱直徑的四倍。

校正室的尺寸視裝置於校正室的真空計 (包括轉移標準及待校真空計) 數量而決定，換句話說，必須有足夠的體積以保持其中壓力的均勻，且氣體由進氣口進入校正室後要經過若干次與器壁的碰撞才會抵達真空計。根據這個考慮，校正室的體積至少需大於所有真空計及附屬管路總體積的 20 倍。

氣體分子在校正室經歷的碰撞次數及壓力的均勻度與小孔截面積對校正室表面積的比有關。為保持壓力的均勻，小孔的截面積要保持比校正室的表面積小。另一方面，小孔也要大到有足夠的抽氣速率以達到校正所需的背景壓力。一般對系統的初始抽氣與清潔而言，經由小孔的抽氣速率 (pumping speed) 並不適當。因此，為了要達到背景壓力，又能保持校正時的壓力均勻，可在校正室與抽氣系統間裝置旁閥門 (bypass valve) 或可移動的小孔板 (movable orifice plate)，藉著改變小孔的大小以控制校正室的抽氣速率及小孔截面積對校正室表面積的比，來滿足校正所要的需求。

(2) 真空幫浦抽氣系統

真空幫浦之需求主要是依據校正室的大小及校正範圍的最低壓力所決定。一般而言，低真空計 (量測範圍約為 1000 − 1 mbar) 只需機械幫浦 (mechanical pump) 或乾式幫浦 (dry pump) 等低真空幫浦即已足夠；中低真空計 (量測範圍約為 $100 - 1 \times 10^{-3}$ mbar) 除需要低真空幫浦外，尚要高真空幫浦 (如油擴散幫浦或渦輪分子幫浦)；高真空計 (量測範圍 $\leq 1 \times 10^{-3}$ mbar) 不僅需要高真空幫浦或超高真空幫浦抽氣系統，尚需加裝適當的除氣烘烤裝置以達到校正要求的背景壓力。

真空幫浦必須是潔淨的 (特別是要避免油的污染)、擁有穩定的抽氣速率 (至少為小孔氣導的 10 倍) 及能夠抽到校正系統的背景壓力或更低。油擴散幫浦 (oil diffusion pump) 具有不錯的抽氣特性而且價格較便宜，但是必須要小心使用，以避免油污染。水銀 (mercury) 擴散幫浦不易抽到適當的背景壓力且水銀蒸氣具有毒性，一般多不使用。離子幫浦 (ion pump) 具有高潔淨及可抽到高真空等優點，但也有些缺點，如對惰性氣體 (noble gas) 的抽氣效果不彰，在壓力 10^{-2} Pa 以上時無法啟動及抽氣速率不穩定等。

密閉循環式冷凍幫浦 (closed cycle cryopump) 亦稱冷凍機冷卻式冷凍幫浦 (refrigerator-cooled cryopump)，也擁有潔淨的特性，對氦氣及氫氣以外的氣體有高而穩定的抽氣速率。除非以氦氣為校正氣體，否則均能順利抽到背景壓力。另外需要注意的是冷凍幫浦所產生的低頻振動對旋轉轉子黏滯式真空計的影響，以及在烘烤系統期間應避免使幫浦超載 (overload)。渦輪分子幫浦 (turbo-molecular pump) 對所有氣體 (含氦氣及氫氣) 具有穩定的高抽氣速率，而且能抽到系統的背景壓力，同時也可容許較高的操作壓力。但如果操作幫浦在接近 400 Hz 時會產生干擾旋轉轉子黏滯式真空計的訊號，影響其準確度，也可能造成嚴重的損壞。總體而言，典型的高真空校正系統以使用渦輪分子幫浦較適合。

一般而言，高真空幫浦無法自大氣壓力的狀況啟動，必須使用前段幫浦 (fore-pump) 抽至其啟動壓力的範圍，通常是以旋轉式機械幫浦 (rotary mechanical pump) 為前段幫浦。因為幫浦的油可能是系統最主要的污染源，所以必須使用分子篩 (molecular sieve) 及冷凍阱 (cyrogenic trap) 以防止油的回向擴散 (back diffusion)。此外為避免將前段幫浦的振動傳至校正室而造成真空計的誤差，前段管路 (foreline) 應使用柔性 (flexible) 的管。而柔性金屬伸縮管 (metal bellows) 在降低背景壓力、改善潔淨度及增加可靠度的效果會比橡膠或塑膠管好。目前為避免旋轉式機械幫浦所造成的油污染問題，乾式幫浦經常被當作前段幫浦使用。

(3) 氣體引入系統

校正室應保持穩定均勻的壓力，特別是有些真空計 (如旋轉轉子黏滯性真空計) 在低壓時需要長的量測時間 (約 5 – 10 分鐘)。在高真空範圍內，欲獲得一均勻的壓力及保持氣體的純度，最簡易的方法就是將校正氣體 (calibration gas) 穩定地引入真空校正室，再藉由高真空幫浦將其抽出。一般而言，氣體引入的方式可分為兩種。

(a) 將校正氣體直接引入眞空校正室

因為校正氣體的淨流 (net flow) 穿越真空校正室，所以在真空校正室中一定會有密度與壓力梯度 (gradient) 的現象發生。梯度的問題，可藉由減小位於真空校正室與幫浦間距離、小孔截面積對真空校正室表面積的比，而達到校正的需求，換句話說，梯度愈小，壓力的分佈愈均勻。如果真空計擺放的位置適當，更可將梯度的影響減至最小，獲得更均勻的壓力。例如將真空計裝置於圓柱形的圓周圍邊緣，可將沿著軸方向 (axial direction) 之氣體淨流的影響減至最小。

這種氣體引入方式的優點是真空幫浦的進氣壓力低於校正壓力，這可使校正的範圍擴展至幫浦操作壓力上限之上。

(b) 將校正氣體由前端室引入

前端室 (antechamber) 位於校正室與真空幫浦間，將氣體由此引入可使校正室達到高均勻度的壓力分佈。部份的氣體分子會從前端室擴散入校正室，若在穩定壓力時，同數量的分子也會從校正室擴散回前端室而造成無淨流。但需注意的是氣體分子在穿越小孔前必須經歷若干次的碰撞。前端室可為任意形狀，也可包括管路、閥門本體等。在前端室的壓力均勻度多半不高，但如果小孔截面積比校正室面積小，則通過小孔進入校正室的分子通量

(flux) 會相當的均勻，而且將不會在校正室的任意位置上引起分子通量重大的擾動 (perturbation)。因此在校正室的壓力分佈相當均勻，而可將真空計裝置於校正室的任意位置上。使用這種方式時，校正壓力不能超過幫浦操作壓力的上限。

壓力的穩定性決定於校正室的抽氣速率及引入氣體流的穩定性。為達到良好的穩定性 (超過半小時，不穩定性為 0.1%)，必須慎選幫浦及氣體引入系統。通常氣體引入系統包括一個手動、全金屬漏氣閥門 (all-metal leak valve) 及一個約 5－10 公升的氣體穩壓槽 (gas ballast tank)。利用旋轉式真空幫浦先將氣體穩壓槽抽至真空，然後再將氣體穩壓槽充滿校正氣體，並調整穩壓槽的壓力直至達到所需的氣體流量及校正室壓力。一般來說，調整漏氣閥門後需要約 15 分鐘到數小時的時間方能使壓力穩定，如果可能的話，藉由改變氣體穩壓槽的壓力而改變校正壓力會比重新設定漏氣閥門要好。此外，校正氣體必須為高純度的氣體，必要時須加裝氣體過濾器以維持系統的潔淨。

(4) 系統監測儀器

真空校正室必須保持潔淨 (cleanliness) 及不漏氣 (leak tightness)。但由於追溯校正的緣故，真空校正室上的真空計 (標準真空計或待校真空計) 必然經常更換，而在更換真空計的過程中，常因為待校真空計的不乾淨或操作不當而造成真空校正室的污染及產生漏氣的現象。為偵測真空校正室是否潔淨與漏氣，通常是使用殘餘氣體分析儀 (residual gas analyzer, RGA) 作為系統監測儀器。使用殘餘氣體分析儀時，一般是作定性 (qualitative) 的分析，其所測得的信號並不能直接代表所測樣品的量，換句話說，它並非一量測絕對量的儀器。所以用殘餘氣體分析儀測得的壓力若未經校正，則不能表示真空系統中的真實壓力。

真空系統在不同狀況下，殘餘氣體分析儀所顯示系統內殘餘氣體的主要成份也不同，參見表 11.1。因此只要根據系統內的殘餘氣體，便可判斷系統的情況，藉此決定系統是否達到校正時所要求的條件而做適當的處理。此外，殘餘氣體分析儀也可偵測某一特定氣體

表 11.1 不同狀況下，真空系統內存在的主要殘餘氣體成份。

不同狀況下的真空系統	主要殘餘氣體成份
未烘烤的系統 (unbaked system)	水 (water, H_2O)
漏氣系統 (leak system)	氮氣 (nitrogen, N_2)
	氧氣 (oxygen, O_2)
污染的系統 (dirty system)	油
冷凍抽氣系統 (cryopumped system)	氦氣 (helium, He)
超高真空系統 (ultra high system, UHV)	氫氣 (hydrogen, H_2)
離子抽氣系統 (ion-pumped system)	甲烷 (methane, CH_4)

(如氦氣) 以充當測漏儀使用。

11.5 真空計的校正程序及不確定度評估

11.5.1 校正程序

校正程序得因校正對象不同而不同。因真空計的種類繁多，無法一一作說明，在此僅作一般性的介紹。雖然真空計的校正程序因待校件不同而有不同，不過其基本的校正程序大同小異，茲參考 DIN 28418－ISO/DIS 3567/3568 說明如下：

(1) 實施校正工作前必須先熟讀儀器使用手冊及校正程序，並閱讀待校件之儀器說明書及歷來之校正記錄，先行了解該儀器之規範及以往之校正狀況。
(2) 將待校件與校正系統組合，然後啟動真空幫浦對系統抽氣。
(3) 根據所需的終極壓力決定是否烘烤校正系統。如需烘烤系統，則依製造廠商或校正實驗室的規範與步驟操作。
(4) 視需要而將真空計的感測頭除氣 (degas)。
(5) 同時使用的真空計 (包括標準真空計或待校真空計) 必須一直保持操作狀態。
(6) 校正前必須使系統運轉一段時間，以期使校正室的溫度穩定並與環境溫度達到平衡。校正室與環境的溫度應介於 23－26 °C 之間，最好是 23 °C。
(7) 調整校正室的壓力至最低校正壓力值。
(8) 開始執行校正。依所需校正壓力點，由低到高依次量測。待校儀器的每一校正範圍至少選取三個校正點或每一 10 的冪次 (order) 至少三個校正點。
(9) 校正過程中，每調整一壓力值或改變真空計的參數，必須讓量測儀器重新穩定一段時間以降低量測的誤差。

11.5.2 不確定度的評估

不確定度是量測結果與量測量之真值間，差值最大可能誤差的信賴程度，其可分為系統不確定度 (systematic uncertainty) 與隨機不確定度 (random uncertainty)。系統不確定度係由經驗或其他資訊評估，無法用統計來解釋，且是量測系統產生的不確定度；隨機不確定度係用統計方法評估量測數據差異大小，通常以實驗數據的標準差 (standard deviation) 加以表達。由第 11.2 節敍述可知，真空計的校正可分為絕對校正與比較校正，其中絕對校正因需要高度的技術且要考慮的因素也比較多，故其不確定度的評估相當複雜困難，必須另闢專文討論，加上一般實驗室不太可能具備此類系統，所以在此僅就比較校正提出說明。

從第 11.2 節得知，比較校正係以經過追溯校正的真空計做為轉移標準來校正待校真空計。基本上比較校正是以轉移標準經追溯校正所得的不確定度，加上對影響量測壓力值因素依經驗或實驗所估計的不確定度作為系統不確定度，換句話說，系統不確定度是由上一級標準所傳遞下來的；而隨機不確定度則為量測所得讀值的標準差，一般是取三倍的標準差 (約 99.6% 信賴水準)，將系統不確定度加上隨機不確定度即為待校真空計的不確定度。

通常在真空量測時，下列因素會影響量測的不確定度：

(1) 壓力梯度
(2) 溫度
(3) 真空計的氣導與方向性
(4) 真空計的抽氣及放氣
(5) 對不同氣體反應的差異
(6) 其它：振動、電場、磁場等等

如果要評估上述各個因素對量測不確定度的影響，一般來說有兩種方法。第一種方法比較複雜，就是將上述因素以系統不確定度待之，用長時間的實驗與累積的經驗將其評估出來；第二種方法較簡單，就是將上述因素歸屬於隨機不確定度，利用量測所得的數據以統計的方法計算求得。新的不確定度評估方法可參酌 1994 年 NIST Technical Note 1297 所提出的方法。

11.6 其他眞空校正技術

前面第 11.2.1 節及第 11.2.2 節分別介紹了最常採用之膨脹法及比較法。除此之外，尚有一些較少採用之校正方法，將在本節中做一簡單之介紹。

11.6.1 氣體昇壓校正法

此一校正法之原理很簡單，可參考圖 11.15 所示，基本上就是利用氣體流量之基本定義，即

$$Q = V \cdot \frac{dP}{dt} \tag{11.12}$$

式中 Q 為流量，V 為校正室之容積，$\frac{dP}{dt}$ 則為壓力之變量。

$$Q = V \cdot \frac{\Delta P}{\Delta t} = V \cdot \frac{P_t - P_0}{t - t_0}$$

當 $t_0 = 0$ 時，

$$Q = V \cdot \frac{P_t - P_0}{t}$$

$$P_t = \frac{Q}{V}t + P_0 \tag{11.13}$$

以圖 11.15 說明之，先打開閥門 V_p 抽取校正真空室，當壓力降至某一壓力 P_0 後，關閉閥門 V_p。隨即「瞬時」開啟閥門 V_1 引入校正氣體，此時引入氣體之流量為 Q。經過一段時間 t 後，「立即」關閉閥門 V_1，此時校正容器內之壓力 P_t 可由 (11.13) 式求出，即

$$P_t = \frac{Q}{V}t + P_0$$

當 P_0 甚低時，亦即 $P_0 < P_t$ 時，P_t 之近似值為

$$P_t \sim \frac{Q}{V}t \tag{11.14}$$

此法看似容易，似乎祇要知道 Q、V 及 t 即可得到 P_t 值，但在實際上如何「瞬時」開啟閥門或「立即」關閉閥門並不容易達成，故此法僅供參考，而在實際校正時甚少採用。

11.6.2 氣體降壓校正法

此校正法之原理與第 11.2.1.2 節類似，基本上亦是利用氣體流量之基本定義，即

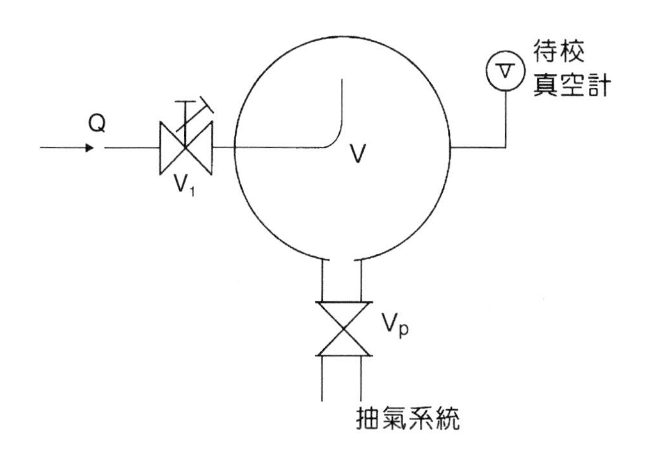

圖 11.15
氣體昇壓校正法示意圖。

$$Q = V \cdot \frac{dP}{dt} = -PS \tag{11.15}$$

式中 Q 為流量，V 為校正室之容積，$\frac{dP}{dt}$ 為壓力之變量，S 則為真空幫浦之抽氣速率。

$$P = -\frac{V}{S}\frac{dP}{dt} \tag{11.16}$$

解 (11.15) 式可得

$$P_t = P_0 \exp\left[\left(-\frac{S}{V}\right)t\right] \tag{11.17}$$

以圖 11.16 說明之，圖中之 (a) 為在時間 $t = 0$ 時之狀況，圖中 (b) 為在時間 t 後之狀況，由於精確量測抽氣率 (S) 及抽氣時間(t) 並不容易，故在實際校正時甚少採用。

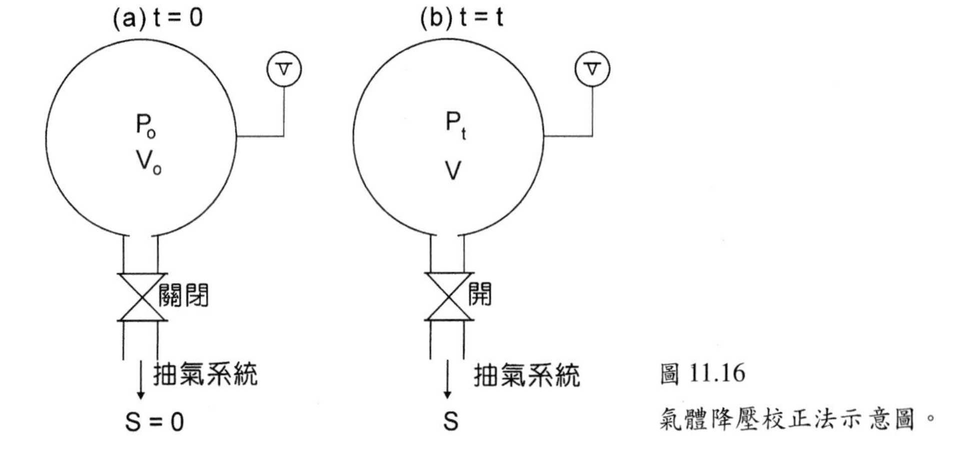

圖 11.16
氣體降壓校正法示意圖。

第十二章　眞空技術應用簡介

12.1 眞空技術之應用範圍

現代科技之發展甚多得力於真空技術之應用，舉凡材料之精煉、特殊薄膜之蒸鍍、磊晶成長、材料表面之處理與分析，以及各類加速器之運轉及電漿融合時真空腔能量儲存等。茲將各類應用所要求之真空程度、同類型真空器件間之優劣點，以及使用之條件等簡述如下。

一般半導體磊晶膜成長所常用的金屬有機化學氣相沉積 (metal oxide chemical vapour deposition, MOCVD)，在成長過程中需充入數十 Torr 之金屬有機氣體，所需真空程度並非極高，但需注意管路之密閉性，以防止毒性氣體外漏。至於分子束磊晶 (molecular beam epitaxy, MBE)，其薄膜之成長是一層一層以原子層膜成長上去的，真空腔內分子之平均自由徑需遠大於腔壁之距離，故分子束磊晶成長時，腔內之真空仍需保持 10^{-8} Torr 左右，而其背景 (background) 氣壓則需為 10^{-10} Torr 以下之超高真空。

真空蒸鍍是將材料置於真空中加熱或由粒子之撞擊而形成飛躍之原子，附著於腔壁或基板 (substrate)，蒸鍍時之真空壓力愈低，則蒸氣原子之自由路徑愈長，其因碰撞所造成之動能損耗愈少，故在基板上移動 (migration) 距離較長，可找到表面位能最低位置停留，以形成晶格排列，另外其與殘留氣體 (如氮、氧、水氣) 結合之機率亦小，故真空度愈高則熱蒸鍍之薄膜品質愈佳。在同一真空系統下，增快蒸鍍速率，則鍍源至基板間可形成一緻密之金屬氣柱，殘餘之氣體不易入侵，可得較佳之鍍膜品質。茲就熱電阻絲、電子槍蒸鍍、直流濺鍍、磁控濺鍍及離子束蒸鍍各述其優劣點。

熱電阻絲蒸鍍法的電源及構造最簡易，除了氧化物陶瓷及耐高溫金屬外，大部份材料都可熱蒸鍍，但所需真空程度也較高，且一次無法鍍得較厚薄膜。電子束蒸鍍法由於鍍源可以承受較大之功率，欲鍍材料之蒸氣壓力與殘存氣體之壓力比值甚大，在 10^{-6} Torr 下，即可獲得尚佳之鍍膜品質。另外高壓之電子束與蒸氣原子碰撞後將形成負離子，其受接地基板之吸引，而有甚大之動量撞擊基板後，會埋入數原子層之深度，而得較佳之附著力，對於陶瓷材料亦可用電子束蒸鍍；使用時應留意高壓電源之安全，冷卻水之純度，以免水之阻值太低會使穩壓用閘流管 (thyristor) 之屏極短路，電子槍燈絲需每隔一段時日即需清除殘渣，以免造成短路。

第十二章作者為呂助增先生。

以上二種蒸鍍法，如鍍源為複合物 (compound)，則蒸鍍時揮發點溫度較低的將先蒸發，故薄膜之成份組成與原來鍍源不同。如利用離子之碰撞靶材而剝落靶材，屬層層之剝落，較易鍍出原成份組成，另外其濺鍍速率與靶材熔點無關，像耐高溫之碳、鎢等靶材，其濺鍍速率亦不亞於鋁材。直流濺鍍只能鍍導電之靶材，如為絕緣材料，則正離子累積在靶材表面，將形成正高壓而排斥正離子，如靶材連接至一高頻 (13.5 MHz) 電源，由於電子之遷移率 (mobility) 遠大於離子，受交流電場吸引之負電子遠多於正離子，使靶上存留較多之負電子，而呈自生偏壓 (self bias)。無論是直流或交流濺鍍，其濺鍍速率皆甚慢，且鍍膜常為非晶形 (amorphous)。為增快濺鍍速率，可在陰極靶附近加強磁場，使電子軌跡成螺旋狀，增加與氣體碰撞產生較多正離子，而增快濺鍍率，並在較低氣壓下啟動，此稱為磁控濺鍍。

高頻濺鍍之蒸鍍速率相當緩慢，常有鍍膜被殘留氣體氧化或氮化之情形發生。如果利用高電流之離子束撞擊靶，將可得較快之濺鍍率，其與電子束蒸鍍不同的地方，為電子束之動量較小，只是藉其動能轉化為熱能，將鍍源加熱至蒸發。而離子束蒸鍍，則藉離子束之動量及動能，將靶材加熱並濺射出來，所以可以濺鍍高溫陶瓷材料，但電源控制較複雜。

在分子束磊晶及表面分析上，為避免油氣污染樣品，需利用無油氣污染的氦氣冷凍幫浦、離子吸附幫浦及鈦昇華幫浦等抽氣。在表面調制 (surface modification) 上，可以將材料表面以離子束源濺鍍氮化鈦、類鑽模 (diamond like film)，甚或鑽石膜及碳化氮 β-C_3N_4 等，以增加表面之耐酸耐磨或腐蝕等。表面調制除了將表面鍍上一層保護膜外，亦可利用電漿乾蝕刻 (plasma dry etching) 方法，將物體表面以四氟化碳等電漿離子作浸蝕而除污，此將使半導體表面溼洗所需大量清水大為儉省，此項電漿蝕刻法亦可減少溼洗所造成酸鹼廢水之環保問題，應為將來晶片清洗所需採用者。

另外金屬之真空銲接應指耐高溫易氧化金屬之電子束銲接。銲接與切割之不同處，在於銲接要使二片金屬經過互熔而凝固結合成一體，而切割則需利用高壓 (high pressure) 惰性氣體將熔融之金屬吹開；電子束、氬銲及雷射銲皆有同樣之應用道理。真空冶金主要在避免活性金屬，如鈦、矽、碳及硼等在空氣中高溫時被氧化，並將有害雜質如鉛、銻、錫及鉍等高揮發性固體去除，故真空冶金一方面可以精煉金屬，一方面也可以熔燽特殊易氧化之合金，為國內發展特殊合金所必須仰賴之技術，其所需幫浦抽氣率要求較快速，但真空程度則需視產品純度而有很大之不同，真空熱處理與真空冶金常為同一工廠之重要設備，主要為對合金材料之退火、淬火、回火及固熔化、燒結處理等，需顧及升溫及退溫之速率，以及可程式之變溫系統。半導體在雜質離子佈植 (ion implantation) 後之退火，以及表面金屬鍍膜 (surface metallization) 之熱退火，常需使用快速升溫退火 (rapid thermal annealing)，在數秒鐘內升溫至 800 °C 以上，以避免半導體之雜質擴散或被氧化。

真空冷凍及乾燥主要使用於食物之冷藏上，在不改變食物風味下，能遂行殺菌、乾燥、減少體積及重量。比較特殊的真空系統為使用於輻射工程及太空環境模擬上，前者如在加速器、X 光靶腔、同步輻射能量儲存環、核融合反應爐上，其真空系統常需使用特殊腔壁材料，以及保持超高真空之條件。太空環境模擬則因在太空中有自然形成之超高真空，

壓力在 10^{-10} Torr 以下，而太空載具在向太陽部份可達 127 °C，在背光部份溫度又驟降至 –192 °C，因此模擬太空環境並非容易，其造價亦高，國內僅有新竹科學園區內之太空計畫室衛星整合測試廠房內有此設備。

表面分析儀器主要是用來分析固體表面之雜質濃度及深度分佈 (depth profile)、形成何種化學鍵結或表面晶體面結構 (surface crystal reconstruction)。在雜質濃度較高，例如原子數目比 (atomic number) 1－10 at.% 以上，可用拉塞福離子背向散射 (Rutherford ion backscattering) 法[5]，在真空約為 10^{-6} Torr 以下，以 2 MeV 之氦離子作背向散射，其量測深度可達 500 Å 左右，如改以氫離子或能量增強，則量測深度可達次微米級，並可由譜線之階梯分佈而得知雜質分佈，國內在國立清華大學物理系及原科院有此項分析服務。另外較簡易之雜質濃度估算可用 X 光誘導之電子微探儀 (EPMA) 作分析。

如要作表面 50 Å 以下，雜質濃度在 0.3%－1% 內之分析，可用歐傑 (Auger) 能譜或光電子能譜化學分析或以 ESCA[6] 作平面或深度之分析，但真空要求在 10^{-9} Torr 以下。另 ESCA 亦可藉由出射電子之束縛能，而判別該元素之化學鍵結合情形。如果雜質濃度分佈更低或對較輕之元素辨別，則可藉用二次離子散射質譜儀 (secondary ion mass spectrometer, SIMS)，其靈敏度可達百萬分之一，但該儀器對碳元素之分辨較排斥，因其會造成能譜儀之污染。至於表面結晶再結構之分析則可用低能量電子繞射 (low energy electron diffraction, LEED) 或光學表面二次諧波為之。

真空技術在台灣產業之應用範圍頗廣，從低層次之真空冷凍乾燥，到中層次之各種薄膜蒸鍍、多層光學薄膜，至高真空之半導體分子束磊晶成長、量子阱半導體雷射，乃至超高真空之表面分析儀器、同步輻射電子能量儲存環等。本國真空廠商，主要從事於真空不銹鋼腔體之銲接、法蘭 (flange) 之車製等，真空幫浦 (只少量及品質不佳之機械幫浦)、各類真空元件、真空閥、真空度量計、各類鍍源及靶材等幾乎全仰賴進口，雖然小廠林立，但產品內容幾乎完全平行，實應整合研發各類不同之真空元件、幫浦等，畢竟真空工業具有低能源損耗、低污染、高技術水準之優點，不像半導體工業之高污染、高耗水電，考慮台灣之水電供應，以及有毒廢棄物之處理能力，半導體工業之發展應適可而止。

參考文獻

1. 呂助增, 鄭伯昆, 實驗物理方法, 聯經出版社, 255 (1980).
2. A. Routh, *Vacuum Technology*, Amsterdam: North-Holland pub, Co. (1976).
3. W. Espe, *Materials of High Vacuum Technology*, **1-3**, Pergamon Press (1968).
4. J. L. Vossen and W. Kern, *Thin Film Processes*, Academic Press (1998).
5. W. K. Chu, J. W. Mayer, and M. A. Nicolet, *Backscattering spectrometry*, New York: Academic Press (1978).
6. D. Briggs and M. P. Seah eds., *Practical Surface Analysis by Auger and X-ray photoelectron spectroscopy*, New York: John Wiley & Sons (1983).

實務篇

VACUUM PRACTICE

第十三章　真空鍍膜系統

13.1 熱電阻式蒸鍍系統

運用電阻器 (electrical resistor) 作為加熱源以進行鍍膜材料熱蒸發 (thermal evaporation) 鍍膜的方式稱為熱電阻式蒸發法，此方法具有低設備成本、操作與維護簡單的優點，因此被廣泛地應用在金屬反射薄膜、眼鏡鍍膜、光學元件濾光薄膜及裝飾膜等領域，在早期此方法是鍍膜產業最普遍使用的技術，迄今仍是鍍膜的主流技術。現今的熱電阻式蒸鍍系統可以與冷輝光電漿(cold glow discharge plasma) 及離子槍 (ion beam gun) 兩大輔鍍技術相結合，大幅提升蒸鍍薄膜的品質。

真空蒸鍍技術發展甚早，在 1857 年 Faraday[(1)] 即以金屬線在惰性氣體中爆炸蒸發的方法成功地製鍍出一些金屬薄膜，但真正的真空熱電阻蒸鍍是出現在 1887 年，Nahrwold[(2)] 以鉑線電阻加熱在真空中沉積出金屬膜，到了 1912 年 Pohl[(3)] 算是將本項技術發展成熟。一開始的發展都是在較高真空條件 (10^{-3} Pa 以下)，直接用電阻加熱器將材料蒸發，使材料蒸氣分子在較冷的基板上凝結成膜，利用低的氣壓提高它的蒸鍍速率及保持薄膜的純淨度。一直到 1952 年 Auwarter[(4)] 才發展出利用材料蒸發分子與周圍氣體分子進行熱化學反應的反應式蒸鍍技術，這種鍍膜方式的氣壓升至 10^{-2} Pa 左右，基板溫度則在 300 °C 以上，較新的發展則是用紫外光輻照、離子轟擊或電子轟擊等方式活化材料分子與反應氣體分子化合反應，至此熱電阻式蒸鍍法算是發展完整。

13.1.1 系統原理及功能

當材料被加熱致使原子或分子從表面逸出的現象稱為熱蒸發，蒸發的數目多寡則與溫度及壓力有關，其逸出之原子或分子的平均動能為 $\frac{3}{2}kT$，k 為波茲曼常數 (Boltzmann constant, 8.62×10^{-5} eV/K)，所以對常見之蒸發溫度 1000 至 2500 °C 而言，分子或原子的平均動能僅約0.1 至0.2 eV，這些分子或原子會在溫度低於蒸鍍源的任何地方凝結。

Langmuir[(5)] 針對真空中材料蒸發的行為所作研究發現，依據氣體動力論，當氣壓為 P 時，單位時間碰撞單位器壁面積之分子數為 J，

第 13.1 至 13.2 節作者為高健薰先生。

$$J = \frac{1}{4} n \upsilon = \frac{P}{\sqrt{2\pi mkT}} \tag{13.1}$$

其中 n 為分子密度，υ 為氣體分子之平均速率，m 為分子質量，k 為波茲曼常數。將之引用於凝態蒸發面情況，當蒸發分子碰撞蒸發面時，假設只有 n_e 個分子凝結在蒸發面上，其餘 $(1-n_e)$ 個分子則再反射回復氣相態是為再蒸發，則在平衡蒸氣壓 P_e 條件下之凝結分子流量 J_e

$$J_e = \frac{n_e P_e}{\sqrt{2\pi mkT}} \tag{13.2}$$

其中 n_e 為冷凝係數，在平衡狀態下 $n_e = n_v$，n_v 為再蒸發係數，即 $(1-n_e)$，此時再蒸發分子流量 $J_v = J_e$，若再蒸發並不是在真空情況下進行，而是在壓力為 P 的蒸發分子氛圍中進行，則淨再蒸發分子流量為

$$J_v = \frac{n_v (P_e - P)}{\sqrt{2\pi mkT}} \tag{13.3}$$

此式稱為 Hertz-Knudsen-Langmuir 公式，而最大蒸發率即為在真空中進行之情形，即 $n_v = 1$ 且 $P = 0$，此時

$$J_v = \frac{P_e}{\sqrt{2\pi mkT}} \tag{13.4}$$

由此可得每單位面積之質量蒸發率 Γ (單位：$kg/cm^2 \cdot s$)

$$\Gamma = mJ_v = P_e \sqrt{\frac{m}{2\pi kT}} \tag{13.5}$$

$$\Gamma = 4.38 \times 10^{-7} \left(\sqrt{\frac{M}{T}} \right) P_e \tag{13.6}$$

其中 M 為克分子量，P_e 以 Pa 為單位。
如此被蒸發材料總量 (M_t)

$$M_t = \iint_{t\,A} \Gamma \, dAdt \tag{13.7}$$

當 $P_e = 1$ Pa 時，大多數元素之質量蒸發率大約都在 10^{-7} kg/cm^2·s 左右。

薄膜的厚度均勻性是鍍膜的基本要求，影響蒸鍍薄膜均勻性的關鍵包括蒸發源形狀及位置、蒸鍍原子的傳輸過程與基板幾何形狀及位置等三大部份。以蒸發源形狀而言，大致可分為點蒸發源、小面積蒸發源、圓柱形蒸發源及環形蒸發源等數種。理想點蒸發源是其中最簡單的系統，當其位於一半徑為 r 的圓球中心，球表面積為 A_e，單位表面積則為 dA_e，如此整個球面積可收集到之蒸發分子總質量恰為 (13.7) 式之 M_t 值，其幾何關係如圖 13.1 所示，單位表面積 dA_e 上之蒸鍍質量為 dM_t，基板單位面積 dA_s 上可得之蒸鍍質量為 dM_s，其中有 $dA_e = dA_s \cos\theta$ 與 $dM_s：M_e = dA_e：4\pi r^2$ 之關係，所以

$$\frac{dM_s}{dA_s} = \frac{M_t \cos\theta}{4\pi r^2} \tag{13.8}$$

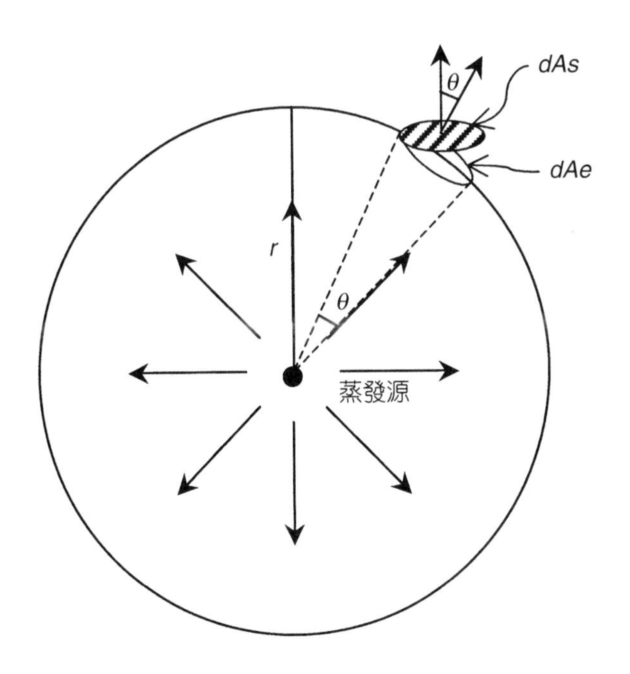

圖 13.1
點蒸發源之蒸發[7]。

至於最常見之情形為小面積蒸發源，其幾何位置關係如圖 13.2，基板單位面積 dA_s 上之蒸鍍質量 dM_s 與蒸發量之關係為

$$\frac{dM_s}{dA_s} = \frac{M_t \cos\phi \cos\theta}{\pi r^2} \tag{13.9}$$

與蒸發流夾角 (ϕ) 及基板與蒸發球面夾角 (θ) 有關。這個 $\cos\phi$ 的關係即所謂的開放型蒸發分

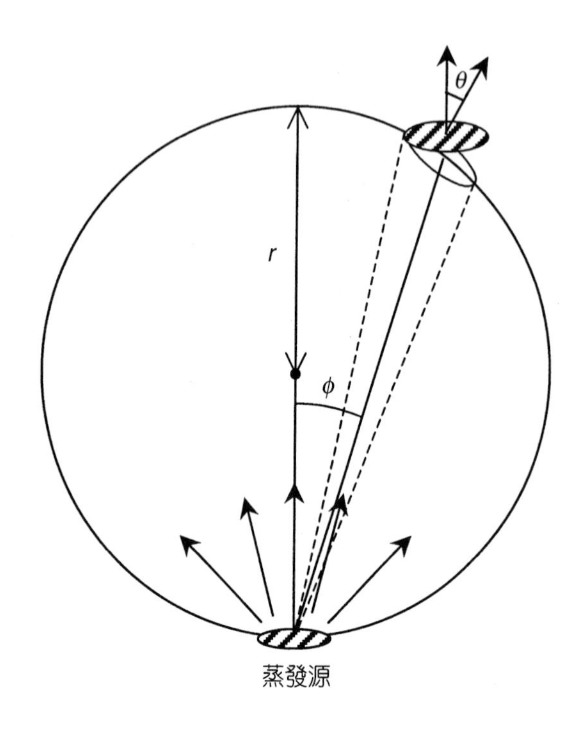

圖 13.2
小面積蒸發源之蒸發[7]。

子流餘弦分佈定律 (cosine distribution law)。較精確的說法是指蒸發物在小型蒸發舟 (boat) 或坩堝 (crucible) 中，溶化部分之面積很小，而與基板間距很大時，從蒸發表面到張角為 2ϕ 範圍以內的半球面，可以得到此一近似關係。G. Deppisch[5] 研究蒸發流與膜均勻性關係發現，在立體角為 ω 內，蒸發源的發射材料質量為

$$dM = M(\omega)d\omega \tag{13.10}$$

對於旋轉對稱的蒸發分子雲而言，發射質量和立體角 (ω) 間有如下的關係：

$$M(\omega) = M\cos^n\phi \tag{13.11}$$

ϕ 為蒸發分子流方向與蒸發源對稱軸之夾角，n 值則決定蒸發分子雲之形狀，n 值增加時形狀變陡峭，使在較大發射角時之發射量變小，蒸發分子雲之形狀剖面如圖 13.3[6]。Deppisch 進一步將公式 (13.10) 改寫為

$$dM = M\left(n+\frac{1}{2\pi}\right)\cos^n\phi\, d\omega \tag{13.12}$$

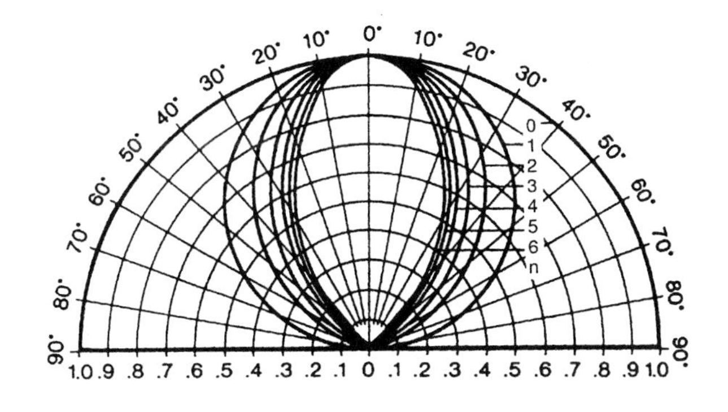

圖 13.3
不同 $\cos^n\phi$ 值所得到蒸發分子雲形狀[6]。

以充分說明發射質量與立體角關聯性，M. Ohring[7] 則結合蒸鍍程式 (13.9) 提出

$$\frac{dM_s}{dA_s} = \frac{M_t(n+1)\cos^n\phi\cos\theta}{2\pi r^2} \tag{13.13}$$

就物理上而言，n 與蒸發源形狀和大小有關，更直接的說法是與熔化深度和面積比率有關，較深的坩堝會有較大之 n 值，相對地它的方向性較高，較不會污染蒸鍍腔其它位置，但不可否認地，它的膜厚均勻性較差。從 (13.13) 式亦可知 $2\pi r^2$ 、πr^2 和 $2\pi r^2/(n+1)$ 分別為點蒸發源、$\cos\phi$ 小面積蒸發源及 $\cos^n\phi$ 蒸發源之蒸發表面積。

不論是半導體薄膜或光學薄膜，膜厚的均勻性都是必要的規格要求，以精密光學濾光膜而言，膜厚均勻度至少需在 ±1% 以內，而影響膜厚均勻性的因素除了蒸發源形式外，蒸發源與基板間的幾何位置關係是最主要的關鍵。對於一平行於蒸發源所在平面的基板面，如圖 13.4，蒸發源若為點蒸發源，則膜厚為

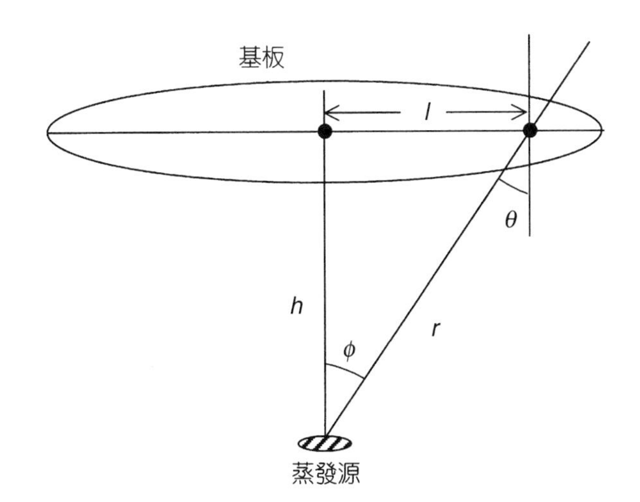

圖 13.4
蒸發源與靜止平面基板之幾何位置關係。

$$d=\frac{M_t\cos\theta}{4\pi\rho r^2}=\frac{M_t h}{4\pi\rho r^3}=\frac{M_t h}{4\pi\rho\left(h^2+\delta^2\right)^{\frac{3}{2}}} \tag{13.14}$$

其中 ρ 為薄膜密度，膜厚最厚處在蒸發源正上方即 $\delta=0$ 處，厚度為

$$d_0=\frac{M_t}{4\pi\rho}\frac{1}{h^2} \tag{13.15}$$

基板上各點厚度比為

$$\frac{d}{d_0}=\frac{1}{\left[1+\left(\frac{\delta}{h}\right)^2\right]^{\frac{3}{2}}} \tag{13.16}$$

至於小面積蒸發源之膜厚為

$$d=\frac{M_t}{\pi\rho}\frac{\cos^2\theta}{r^2}=\frac{M_t}{\pi\rho}\frac{h^2}{r^4}=\frac{M_t}{\pi\rho}\frac{h^2}{(h^2+\delta^2)^2} \tag{13.17}$$

在蒸發源正上方厚度為

$$d_0=\frac{M_t}{\pi\rho}\frac{1}{h^2} \tag{13.18}$$

所以基板上膜厚變化率為

$$\frac{d}{d_0}=\frac{h^4}{(h^2+\delta^2)^2}=\frac{1}{\left[1+\left(\frac{\delta}{h}\right)^2\right]^2} \tag{13.19}$$

圖 13.5 為點蒸發源 (實線) 與小面積蒸發源 (虛線) 在基板平面上之膜厚分佈曲線，小面積蒸發源的分佈曲線有較陡峭的厚度變化。不過不論何者，這種基板與蒸發源的配置方式所得均勻性都是極差的。

在實際鍍膜系統中，多半採用兩個或兩個以上蒸發源，這在光學薄膜製鍍應用上是必要的。為求較佳之膜厚均勻性，基板座至少會以兩蒸發源連線之中心線為軸對其作旋轉，形

狀則採圓頂形式，基板與蒸發源間幾何位置關係如圖 13.6 所示。實際商業產品的設計為滿足 ±1% 的均勻度要求，多採行星式旋轉外加膜厚修正板方式，即基板座除對中心線公轉外，另有小的基板座 (通常為三片) 再作自轉，其幾何位置示意如圖 13.7。如需要再進一步提高均勻度，可使用膜厚修正板，以厚度扣減方式將基板座各區之膜厚修正齊一。

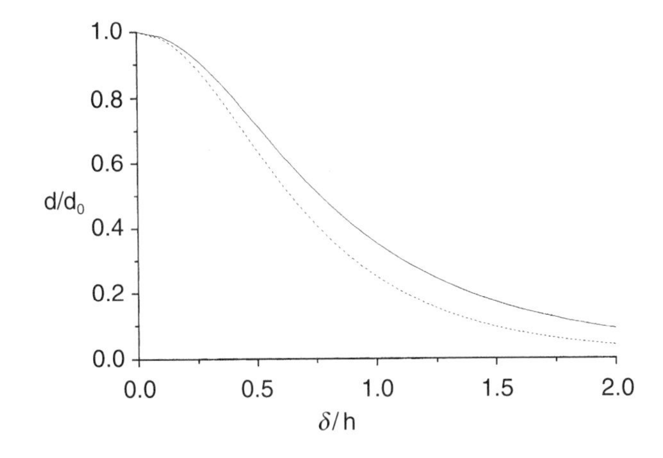

圖 13.5
點蒸發源 (實線) 與小面積蒸發源 (虛線之膜厚分佈)。

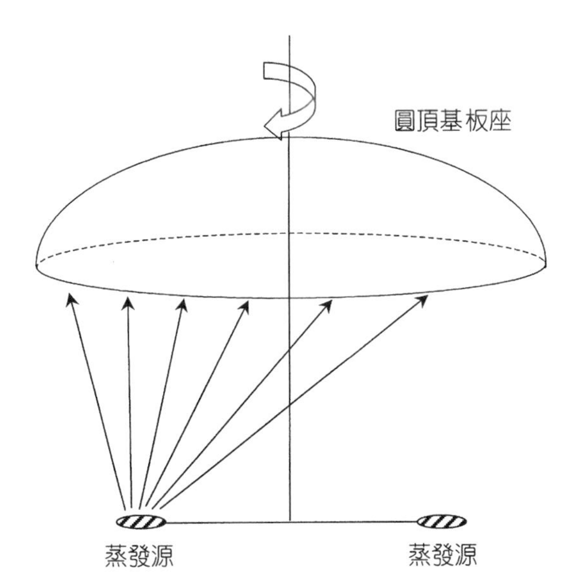

圖 13.6
公轉式圓頂型基板座與蒸發源之幾何位置關係。

13.1.2 反應機制及系統構造

熱電阻式蒸鍍薄膜的純度或化合配比一般而言並不理想，主要受影響的階段分別是在蒸發過程、蒸發分子運動至基板過程以及在基板凝結成膜過程。就蒸發過程而言，除了蒸發

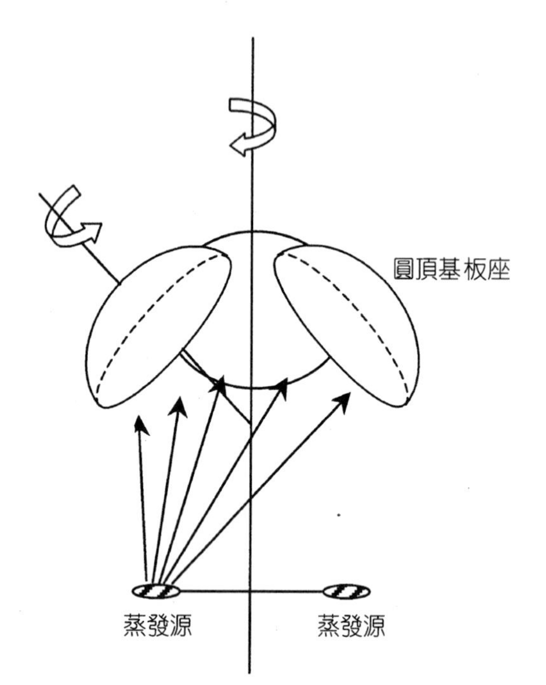

圖 13.7
行星式旋轉圓頂型基板座與蒸發源之幾何位置關係。

起始材料的純度外，最大不純物來源為加熱器或承載器。由於熱電阻式蒸鍍最大特點是蒸鍍材料與加熱器或承載器直接接觸，在高溫下兩者有產生化合或擴散形成不純物之可能，因此加熱器或承載器材料的熔點、電阻、蒸氣壓、與待蒸鍍材料間化學反應以及與待鍍材料間潤溼性必須加以考量，通常被選用為加熱器的材料為高熔點、低化學活性、低蒸氣壓的金屬，如表 13.1 所列鎢 (W)、鉭 (Ta)、鉬 (Mo) 及鉑 (Pt) 等。而為避免加熱器材料以蒸氣分子形式形成薄膜中的雜質，適用的待鍍材料蒸發溫度必須低於加熱器材料平衡蒸氣壓為 10^{-6} Pa 時的溫度。在高溫情形下，有些加熱器材料會與特定的待鍍材料產生反應形成合金，導致熔點下降而斷裂，如鋁與鎢、鉭與金等，這必須加以避免，或以降低蒸發溫度、加強加熱器厚度的方式予以改善。

表 13.1 常用蒸發源材料熔點與蒸氣壓溫度。

蒸發源材料	熔點 (°C)	蒸汽壓 (Pa)		
		10^{-6} at °C	10^{-3} at °C	10 at °C
鎢 (W)	3377	2117	2567	3647
鉬 (Mo)	2579	1592	1957	3372
鉭 (Ta)	2997	1957	2407	2927
鉑 (Pt)	1770	1292	1612	2317

當待鍍材料順利從蒸發源蒸發後，便以直線方式向外運動，其主要外在影響因素為製程腔內的殘餘氣體 (residual gas)，除了會與待鍍蒸發分子發生碰撞而改變其方向與動能外，它也是薄膜的不純物來源之一，因為蒸發分子與殘氣分子都會同時撞擊到基板而共同形成薄膜的組成成份。其中蒸發分子撞擊基板的速率為 Γ_a (單位：atoms/cm^2·s)

$$\Gamma_a = \frac{\rho N_A d}{M_a} \tag{13.20}$$

其中 N_A 為亞佛加厥數 (Avogadro constant, 6.022×10^{23} particles/mole)，ρ 為密度，d 為鍍膜速率，而 M_a 則為蒸發分子之分子量。另外殘氣分子撞擊基板之速率 Γ_g (單位：moles/cm^2·s)

$$\Gamma_g = \frac{PN_A}{\sqrt{2\pi M_g RT}} \tag{13.21}$$

其中 P 為氣壓 (Torr)，T 為溫度 (K)，R 為氣體常數 (gas constant, 1.987 cal/mole·K)，M_g 則為殘氣分子量，此時不純物成份 C 可表為

$$C = 5.82 \times 10^{-2} \frac{PM}{\rho d \sqrt{M_g T}} \tag{13.22}$$

在正常鍍膜條件下，上式的變數為 P 和 d，即殘氣氣壓與鍍膜速率，此表示唯有提高蒸鍍速率與製程腔內真空度，才可得到較高純度的薄膜，特別是在蒸鍍純金屬薄膜時，其中影響最大的殘氣為氧氣。

常用加熱器或承載器的形狀大致可分為絲型 (filament)，(如圖 13.8(a))、舟型 (如圖 13.8(b))、籃型 (如圖 13.8(c)) 與坩堝型 (如圖 13.8(d)) 等，材質包括鎢、鉬、鉭、石墨、氮化硼及氧化鋁等，主要取決於待鍍材料的蒸發行為、反應特性、材料裝填需求及與加熱器間的溼潤特性。材料蒸發行為大致可分熔融蒸發與昇華兩類，對大部分材料而言，多是在當作電阻的加熱器接上電源後升溫至材料熔融沸騰而後蒸發，依兩者之溼潤性而分為均勻攤開於加熱器表面與內聚成球形兩類，溼潤性佳之材料如鋁，在鎢絲上可以均勻敷於其表面而不會滴落，由於蒸發行為主要發生在表面，如此可視為面蒸發源且可得到較高蒸發效率，蒸發狀態也比較穩定，這種材料不論使用絲型或舟型皆十分合適。絲型常做成多股交纏方式，主要在防止如鋁鎢易成合金之情形，以延長其壽命。溼潤性差者則不適用於絲型加熱器，舟型或籃型較適合，其中籃型可填裝較多材料，由於材質加工特性關係，鉬具較佳之延展性與可撓曲性，幾乎所有籃型加熱器都是使用鉬製作。對於以昇華方式蒸發的材料如氧化矽、硫化鋅而言，由於是在高溫加熱器上直接從固態氣化，變化劇烈而易生跳

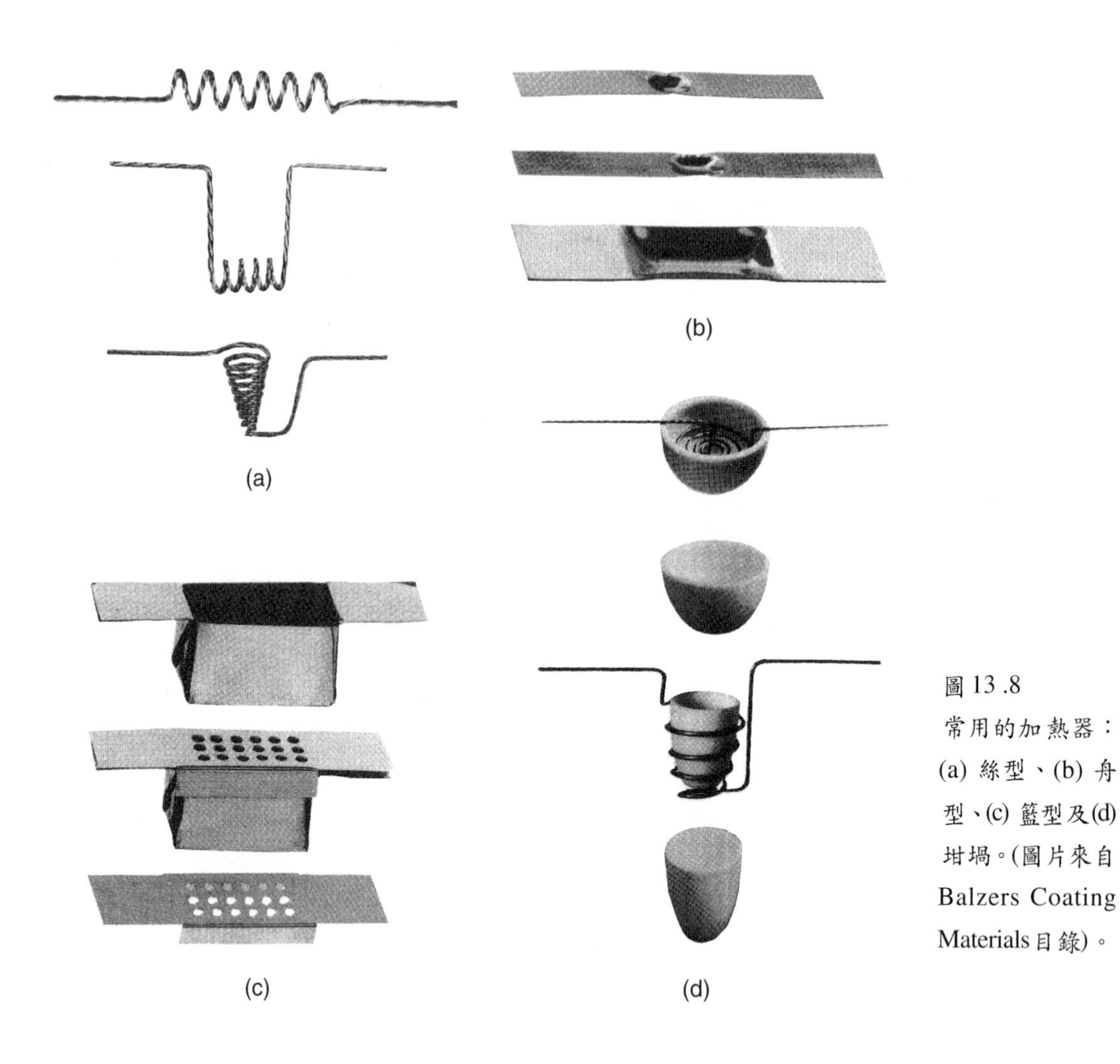

圖 13.8
常用的加熱器：(a) 絲型、(b) 舟型、(c) 籃型及(d) 坩堝。(圖片來自 Balzers Coating Materials 目錄)。

動，為避免材料因跳動而跳離加熱器皿，多以籃型加熱器上加蓋，蓋上鑿以多個小孔，以確保蒸發速率與維持小面積蒸發源特性，並可使材料不會跳離加熱器。坩堝一般只作為材料承載器，呈碗狀，內部配有絲狀加熱源，常見坩堝材料為耐高溫、易加工成型、低化學活性的陶瓷材料，如氧化鋁、氮化硼等。

13.1.3 操作與注意事項

如前節所述，為求確保熱電阻式蒸鍍薄膜之純度與緻密度，一個氣壓低於 10^{-3} Pa 的高真空環境是必要的，所以製程腔的抽氣系統必須能支援此一需求，在實際應用上，多半使用油擴散幫浦抽氣系統 (油擴散幫浦搭配魯式幫浦、機械幫浦等前級幫浦) 或冷凍幫浦抽氣系統 (冷凍幫浦搭配機械幫浦)。前者有油氣回溯問題，因此通常在油擴散幫浦進氣口端配有油擋板與冷凝阱，此種設計可將油氣回溯減至最低程度，也可增強水氣的排除效果，但卻必須犧牲至少 70% 以上的抽氣速率；後者則無油氣問題，且對水氣的排除效果良好，已漸有取代油擴散幫浦抽氣系統之趨勢。在實際操作上，係以抽氣系統對熱阻式蒸鍍機之製程腔抽氣至真空度為 $10^{-3}-10^{-5}$ Pa。

不同特性的待鍍材料必須選用合適的蒸發源，如溼潤好的鋁可用鎢燈絲，錠狀或條狀的化合物材料可選用板型或籃型蒸鍍舟等，對於常用蒸鍍材料的特性與適用蒸發器可參照鍍膜材料廠商所提供之目錄手冊。這些蒸發源在裝置於電極時須鎖緊，否則，將因接觸不良或斷路使最高熱區產生於電極銜接處。由於鎢、鉬等蒸發源材料久置後，表層生有氧化物層，為求所鍍薄膜的純度，在蒸鍍時，先將設於蒸發源上方以截斷蒸發流的遮板關閉，再徐徐加溫，一方面熔化待鍍材料，一方面也去除熔點較低之氧化層，待材料充分熔融後才打開遮板，如此可避免雜質混入蒸發分子流中，也可以控制蒸發速率。對較活潑之純金屬材料而言，基板以不加熱為原則，以免金屬薄膜氧化。但對某些易於加熱熔融過程中發生解離的化合物材料如二氧化鈦，因氧的解離而形成光吸收較大的次氧化物薄膜，一般採用反應蒸鍍法解決之，即當製程腔抽氣至高真空時對基板加熱，通常在 250 – 350 °C 之間，再導入所需反應之氣體如氧氣至約 $10^{-1}-10^{-2}$ Pa 真空度，藉由基板的高溫協助這些次氧化物分子於成膜過程中完全氧化。至於多種材料薄膜疊加而成之多層膜，常見之商用機台多配有多組之蒸發源可供多種材料蒸鍍，藉著不同材料的交替使用即可製鍍出各種不同用途的多層膜薄膜元件，如光學干涉薄膜等，可謂十分簡易，這也是它成為早期真空鍍膜業的主流技術之主因。(註：關於熱電阻式蒸鍍技術較詳盡的探討可參考文獻 8。)

13.2 電子束蒸鍍系統

自 1887 年以來，使用真空蒸鍍方式製鍍薄膜就一直是製作薄膜元件的重要技術，由於傳統熱電阻式蒸鍍法受限於待鍍材料與作為承載器的加熱源直接接觸，使得所鍍薄膜的純度與可鍍材料受到相當大的侷限，這種狀況在 1950 年代商用電子束蒸鍍機 (electron-beam gun coater) 出現後才獲得改善。電子束蒸鍍法是利用電子槍所射出之電子束轟擊待鍍材料，將高能電子射束之動能轉為熔化待鍍材料之熱能，其擁有較佳之熱轉換效率，同時也可得到較高的鍍膜速率，而且利用電流大小控制熱電子數目也可精密調控其蒸發速率。至於在蒸鍍材料的選擇方面則幾乎不受限制，無論純元素、化合物都可以蒸鍍，即使是鎢、鉬及鉭等高熔點元素或鋁、鈦等活性強之金屬也都適用。其中只有在合金的蒸鍍方面較受限制，必須各成份之蒸氣壓較接近者才適於使用電子束蒸鍍方式，否則薄膜成份比例將與母材有相當大的差異。

電子束蒸鍍之材料是置於有充份冷卻之承載坩堝中，高熱熔融區僅侷限於被電子束直接打擊的材料表面附近有限區域，其它部份是處於相對低溫條件，這是一種直接加熱的情形，熱融區的材料被低溫的同材質材料承接而與坩堝材料隔離，因此可獲得較高的薄膜純度。對於容易在高熱解離之化合物材料而言，也可利用傳統反應式蒸鍍方式回復其最佳化合配比 (stoichiometric)。近年物理氣相沉積 (PVD) 技術中最重要的電漿活化反應 (plasma activated reactive) 與離子轟擊 (ion bombarded) 兩種輔鍍技術，亦可很容易地與電子束蒸鍍法相結合，從而得到化合配比與膜質緻密度均極接近於塊材品質的薄膜。

13.2.1 系統原理及功能

電子束的來源主要由電子槍系統提供，其大致區分為電漿電子與燈絲熱電子兩類，現行商用電子槍系統屬於後者。電子槍的操作原理類似於陰極射線管 (cathode ray tube)，它的電源輸出功率可從 1 kW 到 1000 kW，使得電子束的動能達到 30 keV 以上。當陰極燈絲被施以低壓電流而達到白熱化時，電子將從燈絲表面釋出而向四方發射，且隨燈絲溫度提高而增加其釋放量，此為熱電子。對於非射向正前方的電子則會受接負電位的燈絲背擋板排斥而反彈向前，然後再與原本射向前方之電子一起被接地電位的陽極所加速。

陰極燈絲的電源可分為交流與直流方式，直流式有較精細的射束，一般採用鎢作為燈絲材料，熱電子的放射電流密度可以 Richardson 方程式表示，

$$J = AT^2 \exp\left(-\frac{e\phi}{kT}\right) \tag{13.23}$$

其中 J 為電流密度，A 為 Richardson 常數，T 為溫度 (K)，e 為電子電荷，ϕ 為功函數，而 k 則是 Boltzmann 常數。由上式可知，當燈絲材料選定，則功函數便被確定，此時熱電子之電流密度就隨溫度之增加而快速增大，這種現象主要出現在相對低溫時，被稱為放射限制區 (emission limited region)；而在相對高溫時，指數項的影響漸減，放射電流密度隨溫度成長之幅度漸趨於零，此區謂之空間電荷限制區 (space charge limited region)，此時電流密度大小是受陰陽極間距及供應電壓的控制，可以 Langmuir-Child 方程式描述之，

$$J = \frac{BV^{\frac{3}{2}}}{d^2} \tag{13.24}$$

其中 V 為供應電壓，d 為陰陽極間距，B 為常數 (2.335×10^{-6} 安培 / 單位面積)。對於空間電荷限制區而言，陰極溫度的增加並不會提升放射電流，只有電壓的提升才會使放射電流增加。電子槍大致可分直式 (Pierce 型[9]) 與橫式 (電磁偏轉型) 兩類，前者即是在空間電荷限制區藉由電壓的調升來提高它的功率，然後直接引出電子束轟擊待鍍材料，達到蒸鍍目的；後者則需要固定且穩定的電壓來保持射束的形狀，它是在放射限制區以調變陰極燈絲溫度方式操作電子束的功率，而引出的帶負電電子束需再經外部所加電磁場彎曲其方向到所需位置－

待鍍材料表面，以達到蒸鍍目的。

磁鐵是橫式電子槍中十分重要的元件，它除可撓曲電子束的行進方向外，亦可規律地操控電子束轟擊位置，使其能在待鍍材料表面掃描。一般低功率電子槍之電子束的折射方向是靠永久磁鐵的磁場，而高功率電子槍則需使用電磁鐵。至於電子束的掃描則使用掃描電磁線圈，當已被主磁場撓曲約 90° 方向的電子束被此線圈之磁場影響，便會再改變其最終轟擊點位置，所以只要調變供應線圈的電流，即可改變其磁場，從而使電子束循所需圖樣掃描，為了達到二維平面的掃描，線圈通常分為 X 與 Y 方向兩組。

當使用電子槍所引出之電子束轟擊待鍍材料，並使之熔化、蒸發，其蒸發熱能是來自於電子束的動能轉換，由於承載待鍍材料的坩堝通常被放置在有良好水冷卻的電子槍爐床 (hearth) 內，所以整個蒸鍍過程的熱能損耗包括有從坩堝導出的熱能、材料產生離子化與二次電子的能量、從熔融材料表面逸失之輻射能、轉為材料蒸發之潛熱，以及所佔比例甚少如產生 X 射線之能量與電子撞擊材料以外機構之損耗等。

電子束轟擊待鍍材料使之蒸發，其蒸發速率仍舊依循著 Langmuir-Knudsen 關係式

$$\frac{dm}{dt} = KAP\sqrt{\frac{M_a}{T}} \tag{13.25}$$

式中 dm/dt 為蒸發速率，A 為熔融材料之表面積，P 為待鍍材料之蒸氣壓，M_a 為蒸鍍材料分子量，T 為溫度 (K)，K 則是常數。其中蒸氣壓 P 與溫度 T 之間尚有如下式之關係，

$$\ln P \approx \frac{C}{T} \tag{13.26}$$

式中 C 為常數。由此可知，若溫度上升，蒸氣壓將快速上升，而得到較高的蒸發速率。不過 Langmuir-Knudsen 關係式僅適用於分子流 (molecular flow) 範圍，在實際蒸鍍過程中，待鍍材料上方之蒸發分子流是處於相對高壓的黏滯流 (viscous flow) 範圍，利用此關係式估計蒸發速率會有相當大的偏差量。

電子束轟擊承裝在坩堝中的待鍍材料而形成一小範圍之熔融區域，可以視之為小面積蒸發源，依循開放型蒸發分子流餘弦分佈定律，根據上節之蒸發源與基板位置關係式

$$\frac{dM_s}{dA_s} = \frac{M_t(n+1)\cos^n\phi\cos\theta}{2\pi r^2} \tag{13.13}$$

當電子束剛照射於材料表面時，基本上是屬於 $n = 1$ 之標準小面積蒸發源，基板單位面積 dA_s 上之蒸鍍質量 dM_s 與蒸發量 M_t 間關係可以 (13.9) 式表示之。

$$\frac{dM_s}{dA_s}=\frac{M_t\cos\phi\cos\theta}{\pi r^2} \tag{13.9}$$

不過當電子束一直照射此點以持續蒸鍍時，材料將被電子束不斷下挖成一圓錐孔，此時蒸發分子流之發射立體角將漸漸變小，如圖 13.9 所示，對於圓頂基板座外圍部分所鍍得薄膜則明顯比計算值為薄，此意味著可裝置基板範圍將縮小，這種情形在若干以昇華方式蒸發的材料如 SiO 或 ZnS 等特別顯著，所以在實際鍍膜時常會採取電子束掃描方式使坩堝內材料能平均消耗，如此亦可避免電子束穿透待鍍材料直接打擊在坩堝上。

電子束蒸鍍時，在熔融材料上方的蒸發分子密集程度與電子束功率及其蒸鍍速率有關，此一蒸發分子密集區域是屬於黏滯流範圍，如圖 13.10 所示，(13.9) 式僅適用於分子流區域，所以必須加以修正。R. J. Hill[10] 提出一個較簡單的修正方式，即導入虛蒸發源 (virtual source) 的概念，將原本在坩堝中待鍍材料表面熔融區域所形成之小面積蒸發源，代之以在待鍍材料上方之球狀蒸發分子黏滯流區的球心作為新的蒸發源，然後由此向四方發射，如此從蒸發源到基板的垂直高度則由 h 減為 h_v，形式也從小面積蒸發源變為點蒸發源。不過在實際鍍膜時，黏滯流區的大小很難判定，也就是說 h_v 的高度難以精確標出，所以在操作實務上仍以實際所鍍膜厚分佈數值為主。

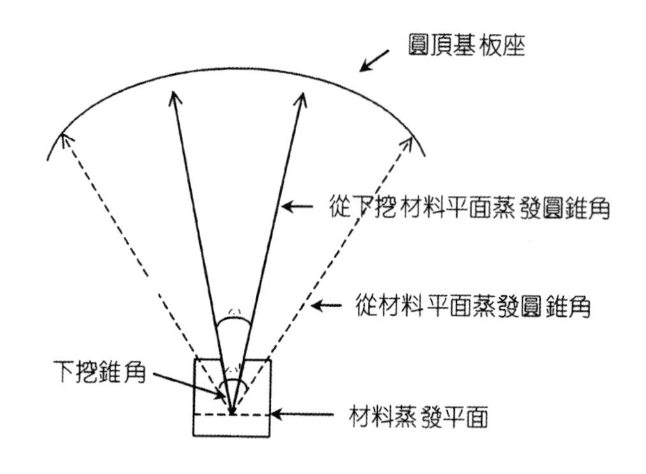

圖 13.9
下挖效應使蒸發分子流圓錐角變小。

13.2.2 系統構造及反應機制

Pierce 式電子槍是採用直接轟擊材料加熱蒸發方式，槍體由陰極燈絲、柵極、陽極、聚焦線圈、XY 偏轉線圈與坩堝座等六大部份組合而成，如圖 13.10(a) 所示，陰極燈絲常用鎢或鉭等高溫金屬製成，當其接上電源加熱至白熱化時即從燈絲金屬表面發射熱電子，這些電子先經一與陰極相同電位之柵極而聚集成電子束，同時再受接地電位的陽極作用而向之作加

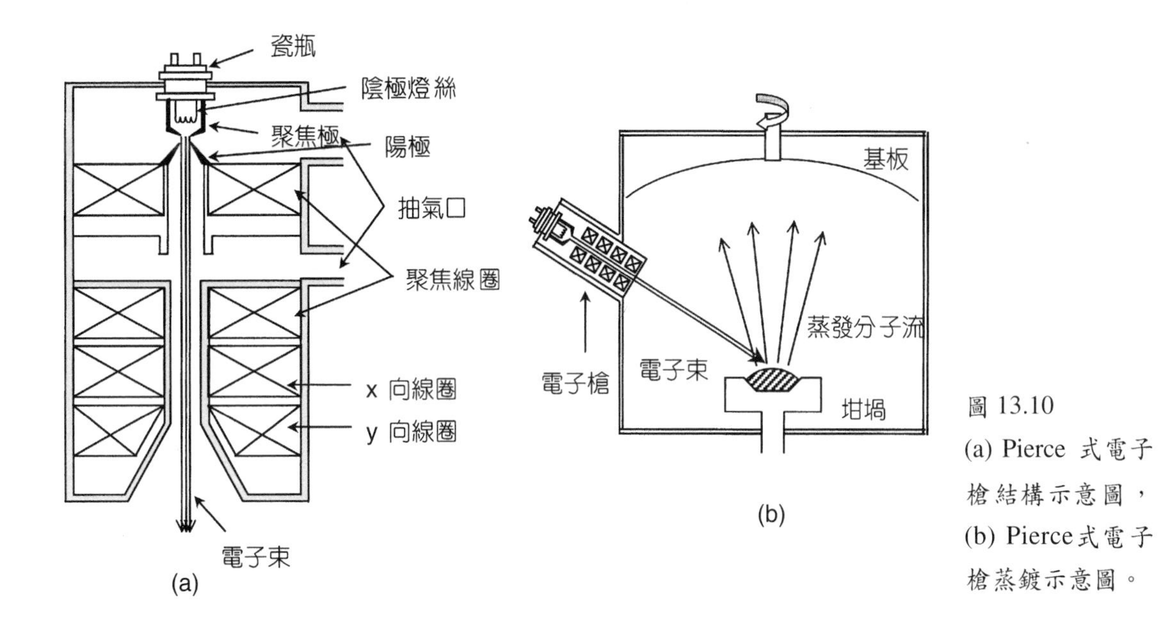

圖 13.10
(a) Pierce 式電子槍結構示意圖，(b) Pierce式電子槍蒸鍍示意圖。

速度運動，當穿過陽極中心孔洞後，被充分加速且逐漸發散的電子束再經由聚焦線圈的磁場作用而聚焦並引出電子槍體，最後則直接轟擊於承裝在坩堝內待鍍材料表面。至於 XY 偏轉線圈則是利用其所形成之 XY 方向磁場的作用，使電子束能在 XY 方向作小幅度位移，達到聚焦點在待鍍材料表面掃描目的，如圖 13.10(b) 所示。

Pierce 直式電子槍具有高能量密度、操作控制容易的優點，不過它的體積龐大、結構複雜精密、維修保養困難、受污染機會也較高；相反地，電磁偏轉式則有構造簡單、成本低、維修容易的優點，但是操控電子束聚焦變數多及陰陽極間放電現象則是它的缺點。

電磁偏轉式電子槍分為電偏轉與磁偏轉兩類，電偏轉式結構甚為簡單，主要分為燈絲、陽極 (坩堝)、陰極圈及屏極圈等四部分，燈絲部分僅作為電子束的提供者，外圍圈以陰極圈接負電位，將電子束排向坩堝，而坩堝座則以接地電位作為陽極，導引電子束射向坩堝內待鍍材料，坩堝座外圍再圍上一負電位屏極圈，屏蔽與調整電子束曲率，如圖 13.11，這種機構的電子束是呈環狀由外圍射向中心位置之坩堝，故亦稱為環形槍。

環形槍與 Pierce 式槍都是以高能量電子束轟擊材料，在過程中會產生大量二次電子發射 (secondary electron emission) 現象，而且隨著待鍍材料原子序的增加，放射電子數目也會增加。這種情形對導電性差的介電質材料特別有影響，因為電子束轟擊於介電質材料表面，有一部分電子會聚集在材料表面形成負電位電子層，而排斥後續射至之電子束，形成電子反射現象，若加上二次電子則電子反射更嚴重，這些反射電子部分會被接地電位的腔體吸引撞擊在基板上，使膜質結構粗糙，也會改變薄膜的電特性。

現今電子槍多採用磁偏轉式，由於電子束撓曲路徑近似 e 字形，也被稱為 e 形槍，大致分為撓曲 180° 與 270° 兩種。它的基本構造分為鎢絲陰極、陽極、聚焦極、永久磁鐵、磁場

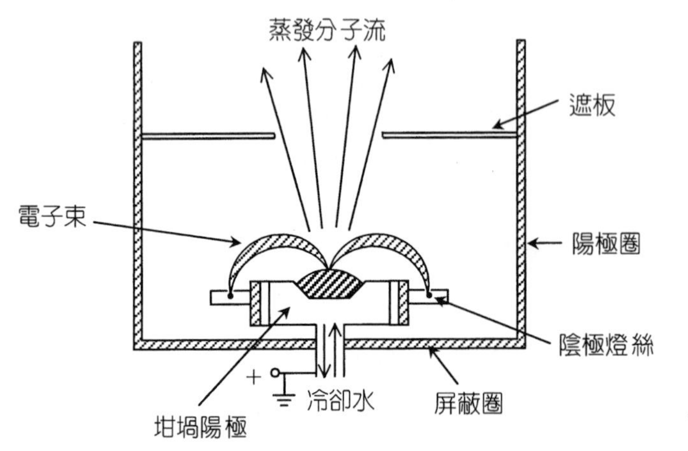

圖 13.11
環形槍結構示意圖。

線圈及坩堝等六部分，如圖 13.12 所示。熱電子由高熱之陰極鎢絲表面釋出，利用陰極與前方陽極之高壓電場加速，經聚焦極集聚成束穿過中心孔，磁場線圈所形成之磁場則會撓曲電子束的運動方向，使之彎到待鍍材料表面。此種結構由於有一外加磁場，坩堝與蒸發源材料所產生之二次電子受此磁場作用，會發生偏轉而被導離吸收，如此可以減少二次電子所造成之影響。電子束的偏轉主要由磁場線圈的電流來操控，改變磁場的大小即可移動電子束轟擊材料表面 X 方向的位置，若再加上 Y 方向磁場則可同時作 XY 兩方向之平面圖形掃描，避免材料挖孔現象，而能均勻消耗材料。

這種形式的電子槍，陰極燈絲設於結構體內，受到良好的屏蔽不易污染，使其工作壽命較長，遂逐漸取代了直式與環形電子槍。

現今最廣被使用的商用 e 形電子槍，為了使電子束在磁場作用下能穩定投射在材料位置，也能精密控制電子束的功率，特別是在發生電弧放電時能夠保護電子槍，因此電源供應的設計便十分重要。電子槍系統運作時雖處於真空狀態，但仍有殘餘氣體存在，這些氣體分子在電子槍的電場中將被游離，因此在此局部區域將形成由電子組成之負電載子流與由離子

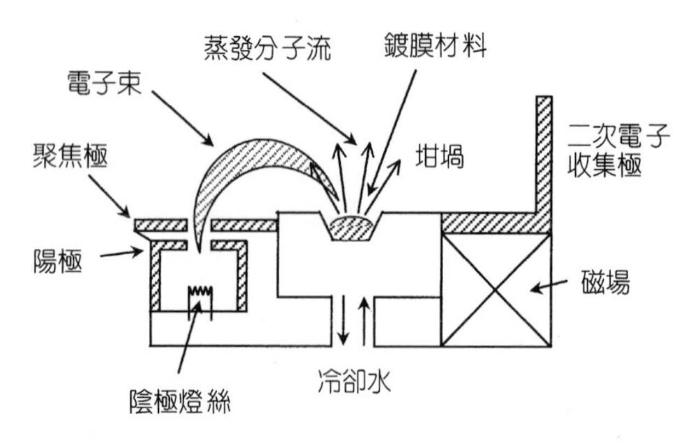

圖 13.12
e 形電子槍構造示意圖。

組成之正電載子流。由於不斷有氣體分子進入，使得載子電流大增而電極間電阻大幅降低，形成所謂雪崩效應 (avalanch effect)，導致電弧短路 (arc-down) 而熔毀電子槍系統。這種現象事實上是無法避免的，只能以調降電源電壓，使電子動能降低，減少離子產生比率，讓正負載子能夠互相中和，將電弧短路現象排除。早期是以電阻或電感方式調降電壓值，不過它的效率並不好，且電壓無法維持定值。

1966 年三極真空管被引用到電子槍之電源供應器中，它利用三極真空管的柵極 (grid) 來維持電壓呈定值狀態，當最大額定電流達到時，電壓則立即被降至零，而電弧短路現象一旦被排除，電壓又立即恢復至所需定值，使電子槍能夠迅速恢復運作。三極真空管柵極的操控方式大致分為定電流與限制電流兩種，前者電路如圖 13.13 所示，如果負載電阻降至額定值以下導致電弧短路，此時電壓將立即降到零而將電弧排除，然後電壓再很快地恢復至定值。這種電路設計最大好處為電源關閉時間短暫且方便作自動控制，不過真空管與電子槍系統串聯，相當是另一組電子槍系統般，這表示真空管之陽極消耗 (anode dissipation) 的功率就等於電源供應器的功率，十分不經濟。

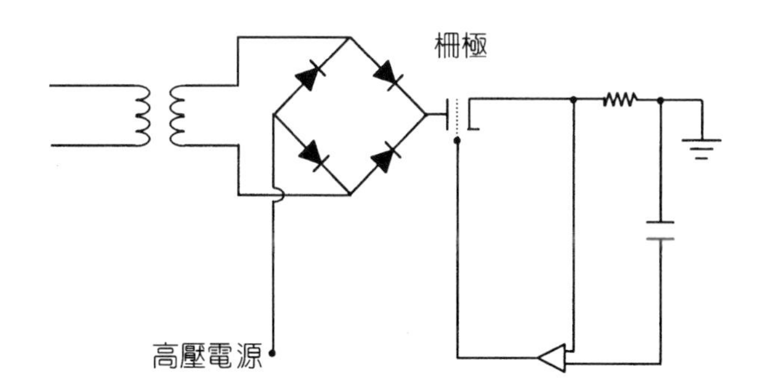

圖 13.13
定電流三極真空管電源供應電路示意圖[15]。

限制電流操作方式則可以避免真空管能量的消耗，如圖 13.14 所示，它在正常電壓操作時，真空管是偏壓狀態，使得電壓下降極微小，只有柵極為偏壓狀態時真空管兩極才有大的電位差，而有大電流流過，此時大量能量流入陽極。因此如果柵極在電弧短路時就被反轉電

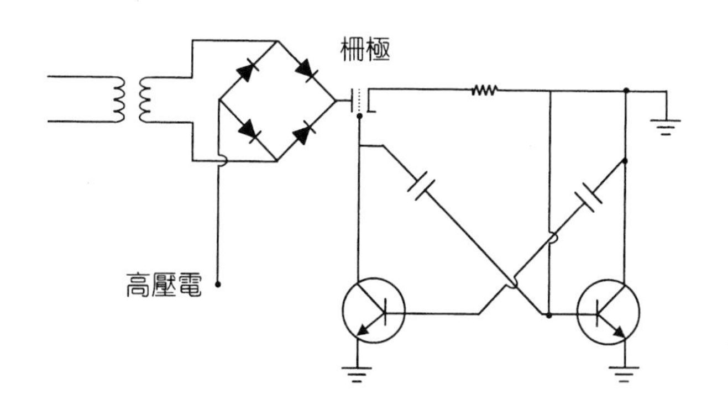

圖 13.14
限制電流三極真空管電源供應電路示意圖[15]。

位，則流過真空管的電流就會大幅降低，這樣就算在真空管兩端有大的電位差，在陽極的能量也很小。不過這種電路設計也有它的缺點，因為柵極控制訊號是來自電弧短路，一旦真空管斷路後將無法再啟動，而需加上一組計時電路來重新啟動。

事實上，任何電源供應器在維持定電壓與電壓調降至零的操作過程中是無法作得完美的，轉折之間濾波 (ripple) 現象難免，但如果加上一個大電容三極真空管則可將濾波降至最低，此即為定電壓／電流三極真空管電源供應器，如圖 13.15 所示。

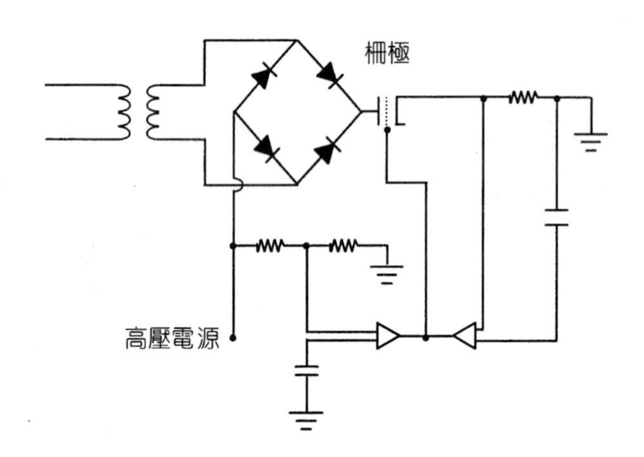

圖 13.15
定電壓／電流三極真空管電源供應電路示意圖[15]。

電子束蒸鍍法由於使用水冷坩堝承裝待鍍材料，而電子束直接打在材料表面，因此避免了傳統熱電阻式蒸鍍法經由兼作承載器的加熱電阻導熱於待鍍材料所造成材料污染問題，如此主要影響薄膜純度的因素僅剩蒸鍍速率與殘餘氣體兩項，有利於製鍍出更純淨的薄膜，這在蒸鍍純元素材料尤其明顯。電子束蒸發是一種直接加熱法，熱損耗小，且不需顧慮加熱器的溫度承受能力，所以可得到較高的加熱溫度及較大的蒸鍍速率，這種優點在蒸鍍純金屬薄膜時，背景壓力的需求在擁有較高蒸鍍速率的條件下便可以降低。H. L. Caswell 的實驗顯示[11]，在室溫條件下蒸鍍錫 (Sn) 膜，對於 0.01% 的不純度需求而言，蒸鍍速率若為 1 nm/s，氧氣殘氣分壓約需降至 10^{-7} Pa，但若蒸鍍速率能提升到 100 nm/s，則氧氣殘氣分壓則只需達到 10^{-5} Pa 即可。為了兼顧所蒸鍍薄膜純度、緻密度及考量成本因素，一般電子束蒸鍍系統的蒸鍍速率約 0.1 − 10 nm，因此在真空度要求上，背景壓力低於 10^{-4} Pa 是必需的，為滿足此項規格要求，目前最常見的抽氣系統為油擴散幫浦系統 (油擴散幫浦搭配魯式幫浦、機械幫浦等前級幫浦) 與冷凍幫浦系統 (冷凍幫浦搭配機械幫浦)。前者配置成本較低、維修保養較容易，但有油氣回溯困擾，必須搭配油擋板與冷凝阱；後者則無油氣污染問題，尤其對水氣的抽氣效果絕佳，但在配置成本、維修保養方面則較不利。以上兩類抽氣系統皆可輕易地將製程腔抽氣至 10^{-5} Pa 的背景壓力。

利用電子束加熱方式蒸鍍，待鍍材料在高熱情況下某些化合物會發生解離，特別是氧化物材料，氧氣分子會在蒸發過程中解離釋出而為抽氣系統抽出，使得薄膜或材料本身發生氧化配比不足問題，所以通常採用反應蒸鍍的方式，導入適量的反應氣體使之回復原有的配比。為了強化其再反應的效率，最簡單常用的方法為將基板加熱，利用高溫基板加強化學反應的進行，這對薄膜從金屬或次氧化物形成最佳配比氧化物狀態特別有效。至於基板加熱溫度則與反應氣體的反應溫度、基板耐熱性有關，以一般玻璃而言，350 °C 以下是較適當的，在此溫度下對較具活性元素與氧氣反應之進行較合適，若為陶瓷基板、矽晶圓則可加熱到 500 °C 以上高溫，不論氧化、氮化等反應皆很容易進行。基於保護電子槍之陰極燈絲及高真空幫浦之故，反應氣體之導入製程腔是有其限制，一般以總壓不超過 1×10^{-1} Pa 為原則。

13.2.3 操作與注意事項

目前所用電子槍蒸鍍系統在電源供應器方面是以定電壓方式操作為主，蒸鍍時分為手動操控與自動操控兩種模式，手動操作以調整陰極燈絲之電流方式控制電子束轟擊待鍍材料之功率；自動操控則搭配即時膜厚監控器，以固定鍍膜速率方式利用回饋訊號自動調整電子束功率。其它的輔助控制功能則包括：利用 X、Y 方向線圈調控電子束掃描待鍍材料表面之圖形與頻率，以及控制坩堝輪換與旋轉，以更換待鍍材料或使加熱點更均勻等。此外，在坩堝上方設有可自動或手控的遮板，用以遮斷蒸發分子流，經由遮板的開關精確掌握所鍍薄膜的厚度，通常待鍍材料在正式蒸鍍前必須先關上遮板，待其完全加熱熔融至蒸發狀態才打開，以確保蒸鍍薄膜的品質。

電子束蒸鍍法比傳統熱電阻式加熱法的熱轉換效率高而耗能少，對蒸鍍材料的選擇方面受限較少。以純元素之蒸鍍而言，熱電阻式蒸鍍受限於加熱溫度，多半只從事鋁、鉻、金、銀等少數幾種薄膜之製鍍，電子束蒸鍍則不但低蒸氣壓，可以製鍍高熔點材料如鎢、鉬等金屬和活性甚強的鈦、鈮等金屬，即便是很難使用濺鍍技術製備的磁性材料如鐵、鈷、鎳等金屬，亦能夠蒸鍍出品質良好的薄膜。為了顧及薄膜純度，在操作技巧上純元素之蒸鍍通常採取高真空度與高蒸鍍速率的鍍膜條件。

至於化合物材料如氧化物、硫化物、氮化物及氟化物等皆可使用電子束蒸鍍方式，但如同先前所述，有部份材料在被電子束加熱蒸發過程中會因高熱而發生解離現象，這也是物理氣相沉積技術特別是蒸鍍法的主要缺點，通常是採用反應式蒸鍍方式解決，為了確保薄膜形成時缺乏的部分能利用基板高溫在反應過程將其補足，在操作上鍍膜速率必須適切地降低。部分屬於電絕緣性的化合物在連續被電子轟擊時會有負電荷累積問題，使得後續電子受負電位排斥而無法完全抵達待鍍材料表面，因此坩堝座在電路設計上是使其呈接地電位，以協助累積之負電荷順利導出，這在小型坩堝是相當有效，但對大型坩堝則很難避免有些許鍍膜速率不穩定情形。

對於合金的蒸鍍是一項較困難的挑戰，電子束蒸鍍組成成份蒸氣壓差異較小的合金材料較無問題，不過這種組成金屬材料其實並不多，根據熱力學的合金相圖可知，即便是二元合金的組成與固態、液態、氣態間的變化都顯得十分複雜，多數材料在給定的蒸發溫度下其蒸汽壓比多半大於 100：1。因此在鍍膜實務上目前多採用連續填充 (continuous feeding) 與多源平行共鍍 (multi-source co-evaporation) 兩種方式解決之。前者是利用不斷有正確組成合金材料補充的方式使高熱熔融區域的合金液體能呈穩態 (steady-state)，而使蒸發分子流的合金成份比例能保持與材料組成相同，填充棒 (fed rod) 技術[12] 是其中較常被使用的方式。後者則使用二個或多個可獨立運作的電子槍系統，將欲得合金薄膜的各個材料組成置於不同電子槍坩堝中同時加以蒸鍍，如此只要精確控制各坩堝中材料的蒸鍍速率即可得到所需成份比例的合金膜，這在操作技巧上較連續填充法單純，但設備成本則較高。

電子束蒸鍍法的電子束來自於電子槍之陰極鎢燈絲，它在持續高溫下將不斷與製程腔內殘餘氣體，如氧氣，發生反應而減短其使用壽命，為延長其壽命，製程腔內必須保持較佳之真空度。不過，在從事反應蒸鍍或電漿活化反應蒸鍍時，必須導入反應氣體以協助再反應的進行，腔內氣體壓力往往需提高至 10^{-2} Pa－10^{-1} Pa，此時對燈絲更換時機的掌控便十分重要，以免使薄膜製程中斷。至於燈絲受待鍍材料蒸氣分子污染問題，以現今常見商用系統所使用 180° 或 270° e 形槍而言，由於屏蔽良好，不需太過顧慮。

電子束蒸鍍材料時，因為擁有較大的能量密度，蒸氣分子所獲動能增加，所以能得到比熱電阻式蒸鍍法更緻密之薄膜，然而對某些精密光學元件的薄膜品質要求而言仍有不足，其膜層微觀結構呈現柱狀形態，孔隙多，裝填密度 (packing density) 低，造成較大的光學吸收，且耐潮性、硬度及附著度都較差。而利用高溫基板的反應式蒸鍍雖提高了化合配比，卻又使薄膜晶粒及表面粗糙度變大，使得光學散射量變大。基於此項考量，近年的發展趨勢是使用活化反應輔助蒸鍍或離子槍輔助蒸鍍方式解決之。前者是在標準商用電子槍蒸鍍設備之蒸發源與基板之間營造電漿環境，利用外加電極施以直流或射頻 (radio frequency) 電源產生輝光放電效應，將工作氣體 (如氬氣)、反應氣體 (如氧氣、氮氣) 及蒸發分子游離，藉此增加其化學活性，使得離子化材料蒸氣在基板附近凝結時與反應氣體離子能獲得較佳之化合機會，修正化合物薄膜之化合配比[13]。一般而言，可以大幅改善傳統蒸鍍方式的化合反應效率，降低基板加熱溫度，使得某些不耐熱基板，如塑膠基板，也可透由此法加以蒸鍍成膜，系統機構示意如圖 13.16。這種輔鍍法所用工作離子之能量較低，主要功能在維持腔內電漿狀態，如果將基板與腔體浮接 (floating)，再另外施以較低 (50 V 以下) 之負電壓，則工作離子可得到額外動能而產生離子轟擊基板效果，使膜質變得更緻密。

離子輔助蒸鍍法 (ion-beam-assisted deposition, IAD)[14] 是另外一種有效的輔鍍技術，它是在標準商用電子槍蒸鍍設備中加設一離子槍，以氬離子束直接轟擊基板表面。在鍍膜前之轟擊可清潔基板表面，有助於提高薄膜之附著度；而在蒸鍍時轟擊薄膜則可以增加材料分子沉積時之裝填密度，從而降低膜層之多孔性，提高其耐潮性。若混入反應氣體到離子槍中則更可以同時強化薄膜的化學反應，修正其化合配比，系統構造示意如圖 13.17 所示。由於這兩種輔鍍技術的發展，使得電子束蒸鍍法更適用於各種高品質薄膜的製鍍，尤其是在光學薄膜

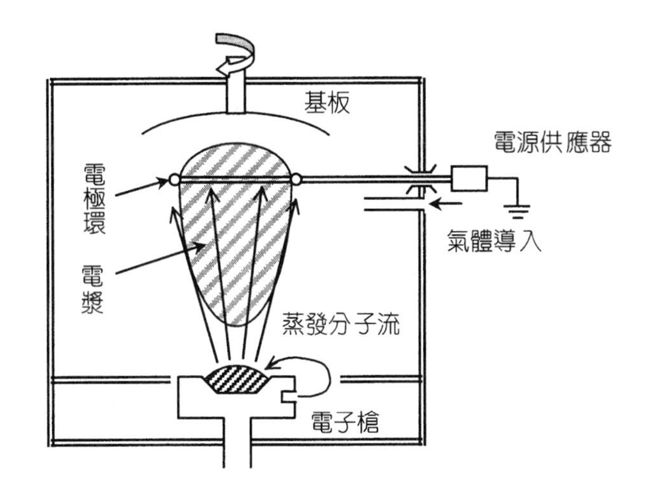

圖 13.16
電漿活化反應輔助蒸鍍系統構造示意圖。

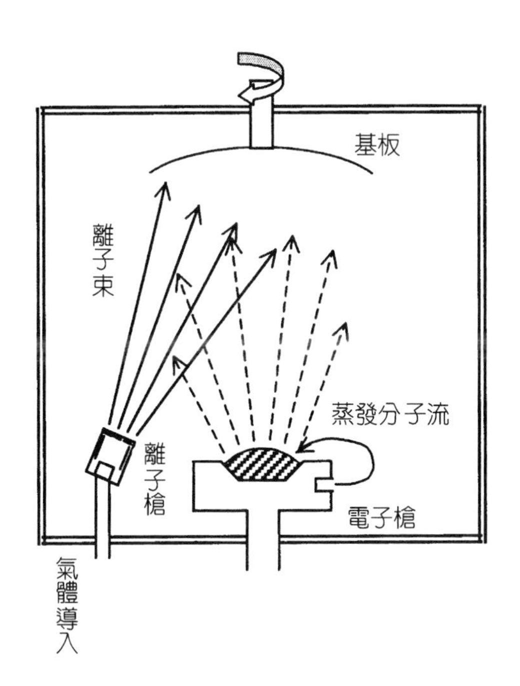

圖 13.17
離子槍輔助蒸鍍系統構造示意圖。

應用領域更是目前最被廣泛使用的一項技術。(註：關於電子束蒸鍍技術較詳盡的探討可參考文獻 15。)

13.3 直流濺射鍍膜系統

13.3.1 系統原理及功能

第 13.3 至 13.4 節作者為江政忠先生。

最早描述直流濺鍍現象是在西元 1852 年由 W. R. Grove 發表，他在氣體放電實驗中觀察到直流放電管壁某些地方會鍍上一層金屬薄膜，此金屬薄膜是因高能量離子轟擊陰極金屬表面，使得陰極金屬原子能濺鍍到放電玻璃管壁上。而離子的來源是在氣體放電實驗中產生的電漿，所謂電漿就是內部存在部份離子化的氣體，包括帶電荷的電子和離子、不帶電的分子和原子團等，整體看來呈現電中性，也就是帶正電粒子的正電量等於帶負電粒子的負電量。電漿是近代物化史上的重大發現之一，可稱為物質的第四態。

直流濺射鍍膜系統 (DC sputtering system) 基本上是在高真空環境中充入工作氣體 (working gas)，一般是氬氣，藉著兩個相對應的金屬板 (陽極板和陰極板)，施加直流電壓產生電漿，電漿中的正離子被陰極板的負電壓吸引加速，具有高能量後，轟擊陰極靶材表面，將離子動量轉移給靶材原子，靶材原子獲得動量後逸出靶材表面，附著於基板上；即是將直流電輸入真空系統中，進行金屬濺射鍍膜工作。此有別於使用熱能熔融材料，材料蒸發後附著基板的熱蒸鍍。一般說來，濺擊 (sputtering) 原子在靶材上獲得的能量約 2 至 30 eV，較傳統熱蒸鍍 (thermal evaporation) 蒸發原子能量約 0.1 eV，因此濺鍍所得薄膜的緻密性與附著性將會較佳。

13.3.2 系統構造及反應機制

圖 13.18 為典型直流鍍膜系統的構造示意圖，靶材 (鍍膜材料) 放置於陰極上，基板 (被鍍物) 放置於陽極上，氣體 (一般為氬氣) 從氣體入口進入真空室 (chamber)，真空抽氣設備則從抽氣出口持續進行抽氣工作，使得真空室的壓力大約維持在 100 mTorr，加入負直流高

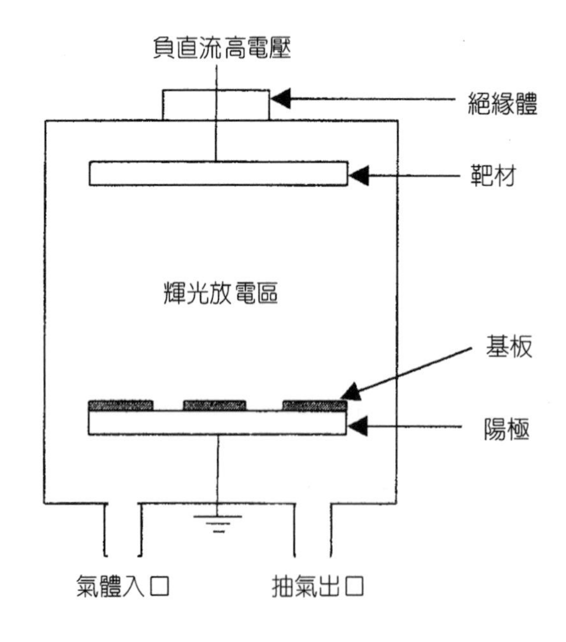

圖 13.18
典型直流鍍膜系統的構造示意[7]。

電壓 (1 –5 kV) 於靶材上，陽極接地，則在陰陽兩極間會有輝光放電現象，此乃氣體已成為部份離子化的電漿。在直流濺鍍系統中，電漿的放電電壓－電流操作區是處在非正常放電區 (abnormal discharge)，在此區域下正離子均勻地轟擊整個靶面，且隨著電流密度的增大，電壓也會跟著增加，也就是提高濺鍍功率將產生較大的電流和較高的電壓。

直流濺射鍍膜系統的反應機制如圖 13.19 所示，圖 13.19 說明直流輝光放電的發光情況，以及直流濺射鍍膜系統與輝光放電的關係。我們都知道，粒子的平均自由徑 (mean free path) 與壓力成反比，因此在真空中將比在大氣中來得長，電子受到電場的加速後具有足夠能量，與工作氣體中性原子有撞擊截面 (collision cross section) 碰撞的現象產生，游離中性原子產生正離子，正離子受到負電壓的吸引，經電場加速後具有動量，撞擊陰極金屬板，使得陰極金屬原子逸出金屬表面，同時也產生二次電子 (secondary electrons)，二次電子受到電場加速，具有能量後，與工作氣體中性原子發生撞擊截面碰撞，游離中性原子，產生正離子，正離子受到負電壓的吸引，撞擊陰極金屬板，產生二次電子，如此循環，將維持足夠數量的正離子和電子，達到電漿自我維持 (self-sustained) 的平衡狀態。所謂撞擊截面碰撞 (以後簡稱碰撞) 是因帶電粒子間彼此會吸引或排斥，能量的傳遞並不一定是要藉著碰撞才發生，只要在特定的撞擊截面範圍內，粒子的運動將會彼此受到影響，而產生類似碰撞的效果，發生傳遞能量的現象。基板一般放置在負輝光區 (negative glow)，如圖 13.19 所示，則法拉第暗區 (Faraday dark space) 和正態柱列區 (positive column) 在正常狀況下將不會出現。下列將就陰極、陰極暗區 (cathode dark space)、負輝光區和基板分別描述說明。

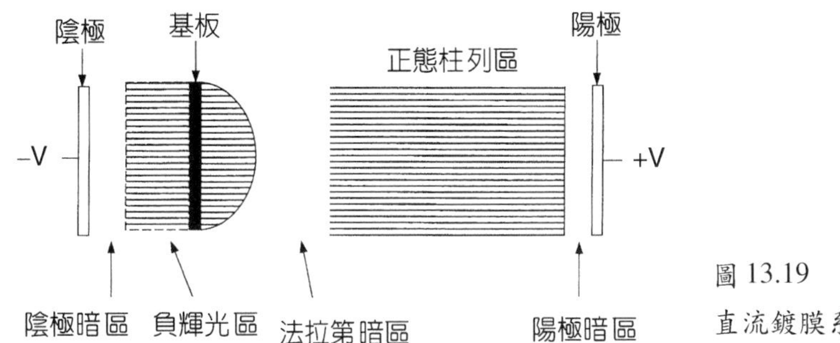

圖 13.19
直流鍍膜系統與輝光放電的關係[7]。

(1) 陰極

陰極是放置靶材 (鍍膜材料) 的地方，因陰極與靶材相連，可說靶材就是陰極。而靶材也是產生濺擊的所在，所謂濺擊就是正離子轟擊靶材表面，使靶材原子脫離靶材表面，並且放出二次電子。靶材原子能脫離靶材表面是因入射正離子的動量轉換給靶材原子。而二次電子的來源是因入射正離子轟擊靶材時，靶材中的電子與入射正離子產生電荷中和，釋放出能量，此能量如被另一個電子吸收，使得此二次電子能克服靶材功函數 (work function) 的障礙而逸出靶材表面。以氬氣為例，氬氣的游離能 (ionization energy) 為 15.76 eV，而靶材如為金屬，金屬的功函數為 3 至 5 eV，上述的電荷中和反應，釋放二次電子，是極有可能發生的。

當濺擊出來的靶材原子數除以入射的正離子數，我們稱為濺擊產率 (sputtering yield)，換言之，當一個正離子入射靶材時，可產生多少個靶材原子。濺擊產率與鍍膜速率習習相關，濺擊產率越大，鍍膜速率則越快。濺擊產率可由下式說明[7]：

$$\text{濺擊產率} = \frac{\text{濺擊的靶材原子數}}{\text{入射正離子數}}$$

$$= \frac{3\alpha}{4\pi^2}\frac{4M_1M_2}{(M_1+M_2)^2}\frac{E_1}{E_b} \quad (E_1 < 1\ \text{keV})$$

$$= 3.56\alpha\frac{Z_1Z_2}{Z_1^{\frac{2}{3}}+Z_2^{\frac{2}{3}}}\ \frac{M_1}{M_1+M_2}\ \frac{S_n(E)}{E_b} \quad (E_1 > 1\ \text{keV}) \qquad (13.27)$$

α 為碰撞過程中動量轉換的效率大小，M_1 和 Z_1 分別為入射正離子的原子量和原子序，M_2 和 Z_2 分別為靶材的原子量和原子序，E_1 為入射正離子碰撞前的能量，E_b 為靶材鍵結能量，$S_n(E)$ 為碰撞過程中，相對應原子核間行進每單位長度所損失的能量函數。

所以濺擊產率與入射正離子的能量、質量、入射角度以及靶材料有關，可參考表 13.2 的數據。從上式與表 13.2 得知，入射離子的能量越大，濺擊產率就越高，但兩者並非成線性關係，因入射正離子能量變大時，離子撞到靶材時會有離子植入 (implantation) 的現象。同時得知原子量較小的正離子，如氦離子 (He^+)，入射後容易被彈回，導致濺擊產率較小，而使用原子量較大的正離子，則濺擊產率將會較大。因此考量濺擊產率和價錢，氬氣成為濺鍍時最常使用的工作氣體。

當正離子垂直入射靶材時，濺擊出來的靶材粒子質量 (粒子數目) 流量分佈，在靶材上方呈現餘弦定理分佈 (cosine law) 關係。在靶材法線方向上，靶材粒子的數目最多；在靶材水平方向上，靶材粒子的數目最少，幾乎為零。與靶材法線方向成 θ 角上，靶材粒子的數目比靶材法線方向上的靶材粒子數目，有 $\cos^n\theta$ 的關係，n 一般在 0 至 3 的範圍內，且 n 值主要與靶材結晶方向、入射正離子能量有關。因此可分割靶面為數個點，每點都視為濺鍍源，每點都使用餘弦定理分佈計算，然後整合累計，可模擬靶材上方的靶材粒子質量流量分佈。

另外也可將濺擊出來的二次電子數除以入射正離子數，稱為二次電子產率 (secondary electron yield)，金屬材料的二次電子產率約為 0.1 左右，絕緣材料則較高。且二次電子產率與入射正離子的動能無關，也就是與陰極暗區電壓降無關。

表 13.2 靶材料的濺擊產率數據與濺擊氣體、濺擊氣體能量的關係。

濺擊氣體	氦 (He)	氖 (Ne)	氬 (Ar)	氪 (Kr)	氙 (Xe)	氬 (Ar)
能量 (keV)	0.5	0.5	0.5	0.5	0.5	1
銀 (Ag)	0.20	1.77	3.12	3.27	3.32	3.8
鋁 (Al)	0.16	0.73	1.05	0.96	0.82	1.0
金 (Au)	0.07	1.08	2.40	3.06	3.01	3.6
鈹 (Be)	0.24	0.42	0.51	0.48	0.35	
碳 (C)	0.07	–	0.12	0.13	0.17	
鈷 (Co)	0.13	0.90	1.22	1.08	1.08	
銅 (Cu)	0.24	1.80	2.35	2.35	2.05	2.85
鐵 (Fe)	0.15	0.88	1.10	1.07	1.00	1.3
鍺 (Ge)	0.08	0.68	1.1	1.12	1.04	
鉬 (Mo)	0.03	0.48	0.80	0.87	0.87	1.13
鎳 (Ni)	0.16	1.10	1.45	1.30	1.22	2.2
鉑 (Pt)	0.03	0.63	1.40	1.82	1.93	
矽 (Si)	0.13	0.48	0.50	0.50	0.42	0.6
鉭 (Ta)	0.01	0.28	0.57	0.87	0.88	
鈦 (Ti)	0.07	0.43	0.51	0.48	0.43	
鎢 (W)	0.01	0.28	0.57	0.91	1.01	

$$\text{二次電子產率} = \frac{\text{二次電子數}}{\text{入射正離子數}}$$

當入射正離子轟擊陰極靶材時，由於正離子急速停止，將會放出電磁波，且由於陰極暗區的電壓降約有數仟伏特，所以放出的最短波長電磁波可到達 X 光區，不過其輻射強度幾乎為零。

(2) 陰極暗區

圖 13.20 顯示直流濺射鍍膜系統的位能圖，從圖 13.20 中可看出直流濺射鍍膜系統的電位降是落在陰極暗區上，這是陰極暗區的最大特點，也就是粒子主要在此電場區域中獲得外來的能量，進行直流濺射鍍膜系統的工作。在負輝光區邊緣的正離子受到負電壓的吸引，往陰極方向移動，在通過陰極暗區時，會獲得動量，然後轟擊靶材，將靶材原子濺射出來，同時也產生二次電子。二次電子受到陰極暗區的電場，往陽極方向移動，獲得可游

離工作氣體的能量後，游離工作氣體再產生電子，然後電子往陽極方向移動，獲得可游離工作氣體的能量後，再度游離工作氣體，產生更多的電子與離子，如此過程，使得陰極暗區邊緣，電子與離子的濃度都很高。由以上得知，二次電子會進行工作氣體離子化反應。

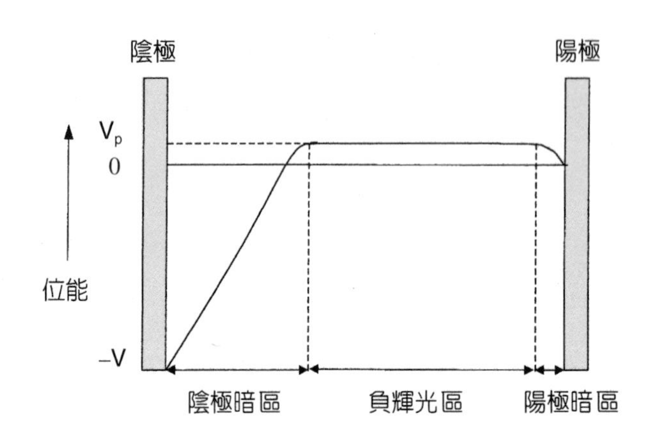

圖 13.20
直流濺射鍍膜系統的位能圖[7]。

離子化反應 $X + e^{-} \rightarrow X^{+} + 2e^{-}$

但由於電子的質量輕、速度快，很容易被陰極負電壓排斥而快速離開陰極暗區，而正離子因質量重、速度慢，停留在陰極暗區時間較長，所以在陰極暗區中形成一大堆的正離子與數目較少的電子，正離子雲將屏蔽陰極負電壓，於是直流鍍膜系統的電位降主要落在陰極暗區，其它地方的電位降都很小。

二次電子除了上述的碰撞反應外，也有部份的電子在穿過陰極暗區時，未與其它粒子產生碰撞，具有很高的能量與較長的平均自由徑，所以可穿越負輝光區後，直接撞擊基板，將能量釋放在基板上，使得基板溫度升高，這是直流濺射鍍膜系統在未加熱製程中，基板會發熱的主要原因。如要避免此現象，可在直流濺鍍源內安裝磁鐵，經過適當的安排，電子的運動路徑受到磁場影響，變為一種螺線旋轉途徑，如此一來，所有電子與其它粒子間的碰撞頻率受電子運動路徑的增長而增加，游離工作氣體的機會大增，且高能量的電子已不太可能會產生。一般而言，安裝磁鐵的離子濃度可高達每立方公分 $10^{12}-10^{13}$ 個離子，比未加磁鐵的離子濃度每立方公分 10^{10} 個離子，提高 100 倍以上，濺鍍速率也可提升 100 倍以上，且因碰撞機會提高，可降低濺鍍電漿壓力。通常直流濺鍍系統的陰極暗區長度與工作壓力、氣體種類有關，長度為 10 至 20 mm，安裝適當的磁場後，陰極暗區長度可降至 5 mm 左右。

另外在陰極暗區中，工作氣體正離子與工作氣體原子之間的碰撞機會很大，使得工作氣體正離子在加速一段距離後，就發生碰撞，碰撞之後，電荷會發生移轉，新的工作氣體正離子與新的工作氣體原子同時具有向陰極前進的速度，以及新的工作氣體正離子再度受到陰極暗區電場的加速，然後再發生碰撞，加速後的能量再度減弱，故導致正離子轟擊靶材的能量遠小於陰極暗區的電位降。

(3) 負輝光區

在陰極暗區中曾述及二次電子受到陰極暗區電場的加速，具有能量後游離工作氣體，產生離子與電子，此過程一直持續到陰極暗區邊緣，然後在陰極暗區邊緣，因陰極暗區的電場已經降得很低，電子沒有游離工作氣體的能力，但卻可激發 (excitation) 工作氣體至較高能階狀態，由於電子在高能階狀態不穩定，會降激 (deexcitation) 落回基態，放出光子，此區域稱為負輝光區，也是一般所謂的電漿區。

激發反應 $X + e^- \rightarrow X^* + e^-$

在電漿區中，離子和電子的密度約為每立方公分 $10^9 - 10^{10}$ 個，而在 100 mTorr 的氣壓下，氣體密度約為每立方公分 3.5×10^{15} 個氣體原子，電漿區中帶電粒子的數目約為中性粒子的 10^{-6} 倍左右，帶電粒子在電漿區中還相當稀少。

從圖 13.20 中可看出此區域無電位降 (電場) 的存在，但電位比陽極電位還高，這是因為電子的移動速率比正離子的移動速率來得快，電子入射到基板 (陽極) 的數目比正離子的數目來得多，於是基板相對於電漿存在一個負電位，排斥低能電子的入射，同時加速正離子的入射，使得在同時間內電子的入射數目等於正離子的入射數目，達成平衡後，電位便不再下降，此電位稱為漂浮電位 (floating potential, V_p)，大約為 16 V，可由下式計算

$$V_p = \frac{kT_e}{2e} \ln\left(\frac{m_1 T_e}{m_e T_1}\right) \tag{13.28}$$

k 為波茲曼常數 (Boltzmann constant)，T_e 為電子溫度，T_1 為正離子溫度，m_1 為正離子質量，m_e 為電子質量，e 為電子電量。在濺鍍過程中，典型的電漿數據為電子溫度大約為 25000 K 左右，正離子溫度大約為 500 K 左右，氣體原子溫度大約為 300 K 左右。假設一個粒子的動能為 1 eV，則粒子溫度為 11600 K，因此電子的速度遠高於離子或原子的速度。也因為電子的速度較快，當電子要離開電漿區，往真空室壁方向移動，會被正離子所構成的強大電場抓住。相對形成電漿往真空室壁移動，電子與正離子均會撞擊真空室壁，產生電荷中和作用，造成電漿濃度分佈不均勻，影響直流濺射鍍膜系統基板膜厚的均勻性。

由於基板沉浸在負輝光區，如前所述，在基板前會形成漂浮電位，此電位下降區為一不發光區，稱為陽極暗區 (anode dark space)，其特性與陰極暗區一樣，除了電位降較小以外。因此電漿區的正離子會受到此電場的吸引，獲得某些能量後，撞擊基板表面。

(4) 基板

基板是薄膜成長的地方，成長薄膜則是直流濺射鍍膜系統的目的。在半導體工業上，薄膜成長在晶片上，晶片就是基板。在光學工業上，玻璃則是基板，將薄膜成長在玻璃上達成所需的光學成效。如圖 13.19 所示，基板沉浸在負輝光區中，則圖 13.19 的陽極將往前移至基板，其位能如圖 13.20 所示。法拉第暗區、正態柱列區一般將不會出現在直流濺射鍍膜系統上，因真空系統其它金屬部份通常與陽極等電位。

一般來說，由於濺鍍原子或分子沉積在基板上的能量越高，薄膜的品質將會越好。在陰極暗區中曾敘及直流濺射鍍膜系統的能量是落在陰極暗區上，因此如將基板放置在負輝光區中，則濺鍍原子可避免過多的碰撞，避免沉積在基板上的濺鍍能量損失過多。但基板與陰極靶材之間的距離不能小於陰極暗區，否則無法產生足夠的電子與離子，維持電漿自我平衡，電漿將會熄滅。不過也可利用此特性，基板如有某部份不欲發生放電情形，則將此部份靠近陰極靶材，造成兩者之間的距離小於陰極暗區，則無法形成電漿放電現象。

在直流濺射鍍膜系統中，由於基板與陰極靶材是隔著電漿，面對面相對應，因此入射到基板表面的粒子，主要有八種：濺鍍原子、快工作氣體原子、負離子、熱離子 (thermal ions)、中性原子或分子、熱電子 (thermal electrons)、快電子及光子 (photon)，下列就分別描述。

(a) 濺鍍原子：濺鍍原子為正離子轟擊陰極靶材後，從靶材逸出的原子。濺鍍原子將穿過電漿區，沉積在基板上形成薄膜，其間會經歷幾次碰撞，使得沉積在基板上的能量大約為 1 至 2 eV。

(b) 快工作氣體原子：某些入射正離子轟擊陰極靶材時，在靶材表面進行電荷中和並高速反彈，具有高能量往基板方向入射，由於能量頗高，會埋入薄膜或基板內。

(c) 負離子：此在反應性濺鍍中較常出現，陰電性較強的分子會在靶材附近捕獲較慢的二次電子，形成負離子，經過陰極暗區電場的加速，具有高能量而入射基板，會在基板產生濺擊現象。

(d) 熱離子：由於電漿是由離子、電子和中性原子或分子所構成，且這些粒子具有動能，會往四面八方運動，因此當基板放置在負輝光區中，這些粒子將會撞擊基板表面。於是電漿中的離子，如離開電漿，入射撞擊基板表面，在基板表面產生電荷中和，將留下游離能後離開基板，此離子稱為熱離子。

(e) 中性原子或分子：如前所述，電漿中的中性原子或分子具有動能，會往四面八方運動。

由於不帶電荷，不受電場的影響，且中性原子或分子的動能不大，一旦入射到基板表面，將會有部份粒子吸附在基板表面。而中性原子或分子也包括真空室的殘留氣體 (residual gas)，殘留氣體的黏著係數 (sticking coefficient) 大約在 10^{-2} 左右，也就是 100 個粒子入射基板，會有一個粒子吸附在基板表面，成為薄膜污染不純的主要原因。

(f) 熱電子：如前所述，電漿中的電子具有能量，會往沉浸在負輝光區的基板撞擊，此電子稱為熱電子，熱電子將與熱離子在基板表面產生電荷中和。

(g) 快電子：某些二次電子從陰極靶材產生後，經過陰極暗區的加速，再通過負輝光區，都沒有發生碰撞，就直接撞擊基板，因此能量頗高，且數目頗多，是直流鍍膜系統冷鍍時基板發熱的主要原因。

(h) 光子：入射到基板的光子可分為兩類。第一類是正離子轟擊靶材時，發生正電荷減速所放出的光子，最短波長可至 X 光區，但強度幾乎為零。第二類是電漿從激發態降階至基態所放出的光子，波長範圍從紅外線區至紫外線區，包括可見光區。

13.3.3 操作示範

(1) 將鍍膜材料的靶材固定在直流濺射鍍膜系統的濺鍍源陰極上，並將被鍍物的基板清洗乾淨後，放置在基板架上。
(2) 使用真空抽氣設備，如粗級真空幫浦 (rough vacuum pump) 和高真空幫浦 (high vacuum pump)，將真空室抽至高真空狀態。
(3) 將基板架的馬達打開，旋轉基板架至所需速率，並檢查真空室及直流濺鍍源是否有冷卻循環系統在冷卻中，如果沒有，則打開冷卻循環系統。
(4) 如需對基板加熱，則開加熱器，加熱基板至所需溫度。
(5) 將工作氣體 (一般為氬氣) 通入真空室，並降低高真空幫浦的抽氣速率 (一般使用節流閥 (throttle valve))，使得真空室的真空度維持在 40 mTorr 到幾個 Torr 之間。
(6) 將直流濺鍍源的電源供應器打開，輸入所需負直流高壓於陰極靶材上。
(7) 真空室內現在應有輝光放電現象，此時遮板 (shutter) 暫時還放在陰極靶材上方，擋住濺鍍原子，進行預先濺鍍 (presputter) 3 至 5 分鐘，將靶材表面清理乾淨。
(8) 如為反應性濺鍍工作，則將反應性氣體導入基板附近，並將監控薄膜厚度設備打開且歸零，準備進行薄膜厚度監控。
(9) 將遮板移開，進行濺射鍍膜工作，並隨時監視鍍膜過程以及各種監視、監控數據是否在正常、合理的範圍內。
(10) 基板上的薄膜厚度已到達預設值後，將遮板再度移入於靶材上方，並逐漸地將直流濺鍍源的電壓歸至零。

(11) 逐漸地將加熱器的功率歸為零，並關掉氣體流量，且恢復高真空幫浦的抽氣速率。

(12) 基板溫度在一段時間後，將降至某溫度 (例如 100 °C) 以下，將直流濺鍍源的電源供應器、加熱器以及基板架的旋轉馬達三者電源關掉。再將高真空抽氣閥門 (valve) 關掉，然後放氣 (vent)，取出基板，完成鍍膜過程。

13.3.4 注意事項

(1) 在直流濺鍍過程中，基板架必須旋轉，使薄膜厚度有良好的均勻性，以維持薄膜產品良率。

(2) 基板必須經過清洗過程，以保持乾淨狀態，薄膜附著性才會佳，否則薄膜容易脫落。

(3) 直流濺鍍氣壓必須維持在 40 mTorr 到幾個 Torr 之間。若直流濺鍍氣壓太高，因平均自由徑較短，粒子間的碰撞較頻繁，使得入射正離子碰撞靶材前的動量較小，靶材的濺擊產率相對較低，且濺鍍出的靶材原子在行進到基板的傳輸過程中，將會有過多的散射碰撞產生，導致基板上的薄膜成長速率太低。直流濺鍍氣壓太低的話，陰極暗區將會增長，正離子碰撞到真空室壁的機會增加，使得轟擊陰極靶材的機會減小，導致二次電子的數目減少，再加上電子平均自由徑的增加，電子因碰撞工作氣體而游離工作氣體的次數減少，無法達到電漿自我維持的平衡狀態，濺鍍過程就無法進行。

(4) 在直流鍍膜過程中，必須要有循環冷水 (約 20 °C 左右) 冷卻陰極靶材，防止靶材熔融，因為入射到陰極的正離子，所具有動能的百分之九十將以熱的形式傳遞到陰極靶材，使得陰極靶材溫度升高。

(5) 如使用加熱器加熱基板，循環冷水 (約 20 °C 左右) 必須冷卻真空旋轉元件及真空室壁，避免溫度過高而導致元件毀壞或操作人員燙傷。

(6) 直流濺射鍍膜系統的濺鍍靶材只能是電導體靶材，非導體靶材無法在直流濺射鍍膜系統中進行濺鍍，因正離子工作氣體轟擊靶材後，所產生的靶材正離子將停留在靶材上，無法排除。當正電荷累積夠多時，靶材上將產生電弧 (arc) 現象。或正電荷累積飽和時，正離子工作氣體便無法往陰極方向前進，濺鍍就不再發生。

(7) 由於金屬靶很容易被氧化，在表面上產生一層絕緣的氧化物，如注意事項6 所敘述，靶材上會因累積夠多的正電荷，而產生電弧現象。這在鍍鋁、鈦的濺鍍系統中常可觀察到。除非靶材上的氧化物全被清理乾淨，否則電弧現象一定存在。為了避免在濺鍍過程中產生此現象，一定要執行預先濺鍍步驟，且工作氣體 (指鈍氣) 的純度至少在 5N 以上，另外濺鍍前真空室要有較佳的真空度，以及真空系統不能有漏。

(8) 在直流濺射鍍膜系統中通入反應氣體，做反應性濺鍍時，反應氣體的流量如過大，靶材表面將鋪上一層反應性氣體，此時稱為靶材已被毒害 (target becomes “poisoned”)，阻礙正離子對靶材表面的轟擊，使得濺鍍速率急速降低。此時需將反應氣體的流量減小，才會提高濺鍍速率。

(9) 在直流濺射鍍膜系統中，如有陰電性很強的氣體粒子存在 (如通入反應性氣體氧氣)，此氣體粒子將捕獲慢速的二次電子形成負離子。在靶材附近的負離子會被陰極暗區的電場加速向外推出，而獲得極高的動能 (可達 keV)，撞上基板，再度發生濺擊現象，導致薄膜成長速率大幅度地降低。且因負離子的能量過高，也會對已成長的薄膜造成損傷。

(10) 在直流濺射鍍膜系統的鍍膜過程中，放出的光線包括紫外光，如果觀視太久，將會對眼球造成傷害，因此如需觀察電漿發光情形，則需配戴防紫外線的鏡片保護眼球。

(11) 濺射鍍膜過程中，要隨時監控各種數據，即使一切狀況都很穩定，且以前的鍍膜過程也很穩定，也不能掉以輕心，隨時要掌握鍍膜各種情況。

(12) 必須填寫使用記錄手冊，將系統的使用狀況、數據，依使用日期詳細地填寫，包括週邊設備。一旦系統有問題時，必須詳細記錄問題現象、處理以及解決過程，以做為日後操作及維修處理依據。

13.4 射頻濺射鍍膜系統

13.4.1 系統原理及功能

射頻濺射鍍膜系統 (RF sputtering system) 基本上是使用真空抽氣設備，將真空室 (chamber) 抽至高真空環境中，然後充入工作氣體 (working gas) 於真空室內，工作氣體一般是氬氣，藉著互相對應的陰極 (靶材) 和陽極 (基板和真空室壁)，施加頻率 13.56 MHz 的交流電壓於此系統內，使得真空室內產生電漿，由於自生偏壓 (self-bias) 效應，電漿中的正離子受到負電壓吸引加速，具有高能量後，轟擊陰極靶材表面，將離子動量轉移給靶材原子，靶材原子獲得動量後逸出靶材表面，附著於基板上。簡單地說，就是將交流電壓輸入真空系統中，進行濺擊 (sputtering) 靶材的薄膜製鍍工作。

在功能上，射頻濺射鍍膜系統與直流濺射鍍膜系統的目的是一樣，就是進行製鍍薄膜功能。但直流鍍膜濺射系統只能進行金屬薄膜製鍍，射頻濺射鍍膜系統不論金屬薄膜或介電質薄膜均可進行製鍍，原因在於直流濺射鍍膜系統會有正電荷累積在介電質靶材上的問題，而射頻濺射鍍膜系統使用交流電源，正負電壓互相切換，電子會受到正電壓的吸引往靶材方向移動，在靶材上中和正電荷，解決正電荷累積在介質靶材上的問題，所以射頻濺射鍍膜系統可進行介電質薄膜的製鍍工作。

最早報導交流濺鍍現象是在 1933 年，由 Robertson 和 Clapp 使用高頻放電法激發玻璃管的外部電極，觀察到玻璃管壁表面物質有逸出效應，1948 年 Lodge 和 Stewart 證明物質逸出起因於濺擊效應，1965 年 Davidse 和 Maissel 則將交流濺擊效應實際地應用於製鍍介電質薄膜，此後交流濺鍍裝置蓬勃發展在薄膜製程上。

13.4.2 系統構造、反應機制及電路系統

(1) 系統構造及電路系統

圖 13.21 為典型射頻濺射鍍膜系統的構造示意圖，靶材 (鍍膜材料) 放置於陰極上，基板 (被鍍物) 放置於陽極上，氣體 (一般為氬氣) 從氣體入口進入真空室，真空抽氣設備則從抽氣出口持續進行抽氣工作，使得真空室的壓力大約維持在 1 －50 mTorr，輸入頻率 13.56 MHz 的交流電壓於靶材上，陽極 (基板和真空室壁) 接地，則在真空室內會有輝光放電現象，此乃氣體已成為部份離子化的電漿。由於交流電源的頻率為 13.56 MHz，絕緣靶材上因自我偏壓效應形成直流補償 (DC offset) 負電位，吸引電漿中的正離子轟擊靶材，使得靶材原子或分子附著於基板上，進行介電質薄膜製鍍工作。如靶材為金屬材料時，將因導體特性無法在靶材上形成自我偏壓效應，可在陰極靶材和射頻電源產生器 (generator) 之間安裝一個阻隔電容 (blocking capacitor)，如圖 13.21 所示，隔絕直流電壓成分，如此一來，金屬靶材也能產生自我偏壓效應，進行金屬薄膜製鍍工作。所以射頻濺射鍍膜系統可進行介電質薄膜和金屬薄膜的製鍍工作。

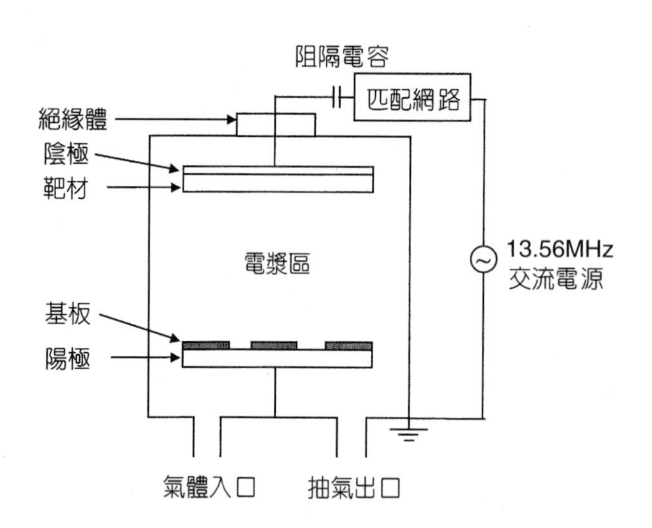

圖 13.21
典型射頻濺射鍍膜系統的構造示意圖。

射頻濺射鍍膜系統與直流濺射鍍膜系統在儀器設備上另有一個滿大的差異，就是射頻濺射鍍膜系統在射頻電源產生器與鍍膜系統電極板間需要一個匹配網路 (matching networks) 電路，如圖 13.21 所示，主要目的是於鍍膜系統電極板間的鍍膜機制上增加輸入射頻功率，可保護射頻電源產生器。圖 13.22 為匹配網路電路的簡單示意圖，R_g 代表電源產生器的阻抗，大都為 50 歐姆 (ohms)，R 代表射頻濺射鍍膜系統電極板間的負載，R 一般小於 R_g，C 代表射頻濺射鍍膜系統的電容。L_m 與 C_m 則為匹配網路的可變電感與可變電容，調整 L_m 與

C_m 將使得從電源產生器往鍍膜系統看去的阻抗，與電源產生器的阻抗一致，導致將最大射頻功率輸進鍍膜系統的電極板內。目前較常使用的匹配網路為 L 型匹配網路，由二個可變電容與一個定電感線圈所組成。另在匹配網路與電極板間所安裝的阻隔電容，也可防止靶材在電漿區內漏電等不確定因素，保護靶材、匹配網路與射頻電源產生器，一般也將阻隔電容納入匹配網路的一部份。

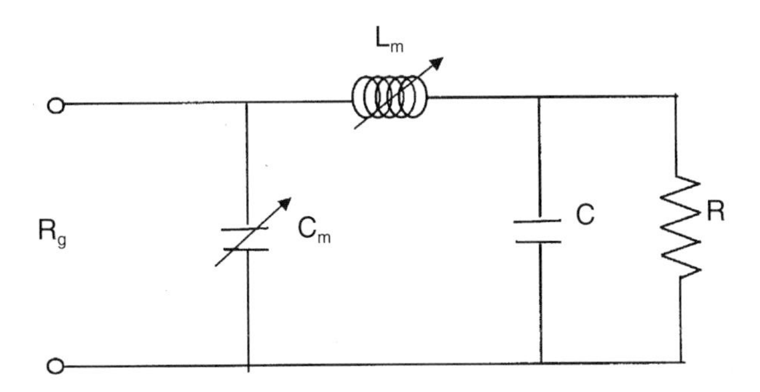

圖 13.22
匹配網路電路的簡單示意圖。

為了避免電漿內的電子脫離電漿，並增加電子與電漿內其它粒子碰撞的機會，可在電漿系統中加裝磁場，電漿中的電子在此磁場的作用下，將改變原本的運動路徑。例如圖 13.23 所示，電子在非均勻磁場的作用下，其運動方式由原本的直線運動，改變為一種螺線旋轉運動，由於磁場由上往下逐漸變大，電子的旋轉半徑也由上往下逐漸變小，所以運動路徑如圖 13.23 所示的軌跡。電漿中的正離子 (例如工作氣體氬氣則為氬離子) 也會受到此磁場影響，其運動路徑也呈螺線旋轉軌跡，且旋轉方向與電子的旋轉方向相反，但因正離子的質量遠大於電子的質量，正離子的旋轉半徑也就遠大於電子的旋轉半徑 (例如氬離子旋轉半徑約為電子旋轉半徑 300 倍)，正離子受磁場的影響將遠不及於電子。對於電漿中的正離子而言，可視為以直線前進方式通過靶材上方的壓降區，然後轟擊靶材，幾乎可忽略磁場作用。

一般可在射頻濺鍍源的靶材下方安裝磁鐵，稱為射頻磁控濺鍍源 (RF magnetron sputtering source)，使得平行於靶材上方處，有 50 至 500 高斯 (gauss) 的磁場強度，電子在此磁場作用下進行螺線旋轉運動方式，增長移動距離，增加電子與電漿內其它粒子的碰撞機會，可降低電漿操作壓力 10 倍左右，並且提高真空室內的電漿離子濃度，相對地也提升靶材濺擊速率與薄膜成長速率。但如果磁鐵造成的磁場強度在靶材上方呈不均勻分佈，將導致靶材上方的電漿濃度分佈也不均勻。在磁極處，由於接近靶材表面的電場方向與磁場方向平行，電漿濃度最低，在此處的靶材濺擊速率最低。而在磁鐵 N 磁極與 S 磁極的中間處，由於接近靶材表面的電場方向與磁場方向垂直，電漿濃度最高，導致在此處的靶材濺擊速率最高，可在靶材上方形成電漿環 (plasma ring)，使得在靶材上形成環狀的侵蝕溝槽 (erosion trench)，如此靶材上每一點的濺擊速率並不相同，靶材將因某部份用盡而不能繼續

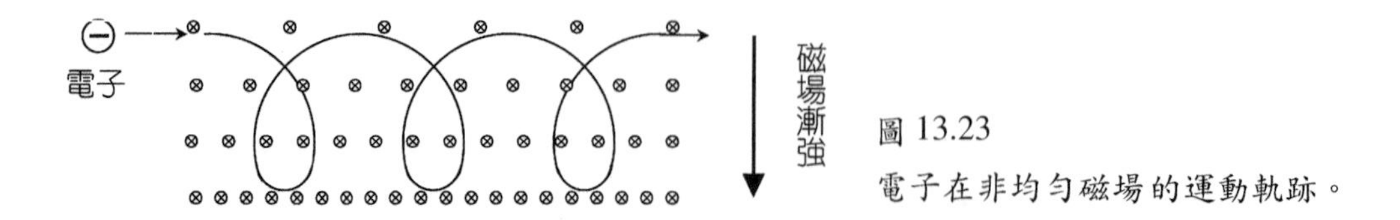

圖 13.23
電子在非均勻磁場的運動軌跡。

使用此靶材，造成靶材的浪費，因此靶材上方的磁場強度應儘可能為均勻分佈。

如將數支射頻磁控濺鍍源放置於同一真空室內，且對著基板互相傾斜，如圖 13.24 所示，則此系統稱為多靶式射頻磁控平行濺鍍系統 (multi-target RF magnetron co-sputtering system)，其功能為可同時濺鍍不同之靶材製作混合薄膜，或依序交換濺鍍不同靶材製作多層薄膜。圖 13.24 平行濺鍍系統使用的真空抽氣設備包括機械幫浦 (mechanical pump) 和冷凍幫浦 (cryogenic pump)。機械幫浦為粗級真空幫浦 (rough vacuum pump)，負責將真空室的真空度抽至 5×10^{-2} Torr 左右，冷凍幫浦為高真空幫浦 (high vacuum pump)，負責將真空室的真空度從 5×10^{-2} Torr 左右抽至高真空狀態。該系統具有加熱裝置，可加熱基板，氣體流量則由質量流量計控制。

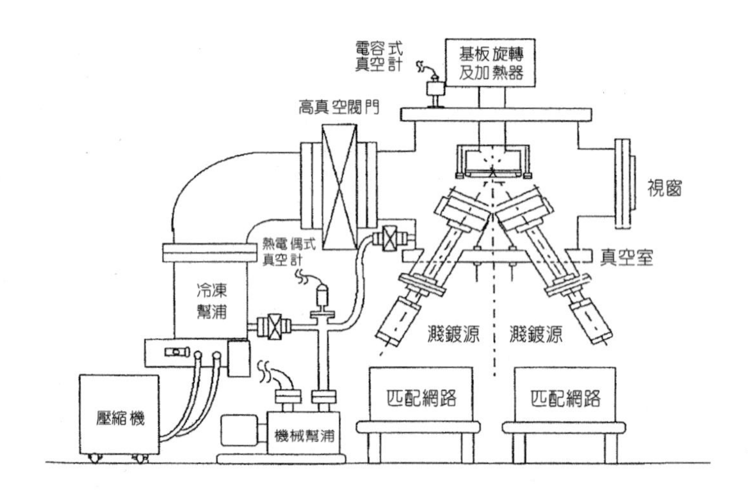

圖 13.24
多靶式射頻磁控平行濺鍍系統示意圖。

如將射頻磁控濺鍍源與離子源 (ion source) 放置於同一真空室內，且對著基板互相傾斜，使得基板表面能夠同時接受濺鍍原子或分子的薄膜成長與離子轟擊，如圖 13.25 所示，則此系統稱為離子輔助射頻磁控濺鍍系統。由於離子源會發射具有動能的正離子，往基板方向入射，藉著碰撞效應，將正離子動量轉移給在基板表面成長的濺鍍原子或分子，使得濺鍍原子或分子有適當的能量成長在基板表面，提升薄膜品質。不過濺鍍源與離子源的工作壓力並不一致，因此必須考慮真空室內濺鍍源與離子源安裝的位置或真空幫浦使用較高的抽氣速率，來達成濺鍍源與離子源所需的工作壓力，進而可同時操作濺鍍源與離子源，進行離子輔

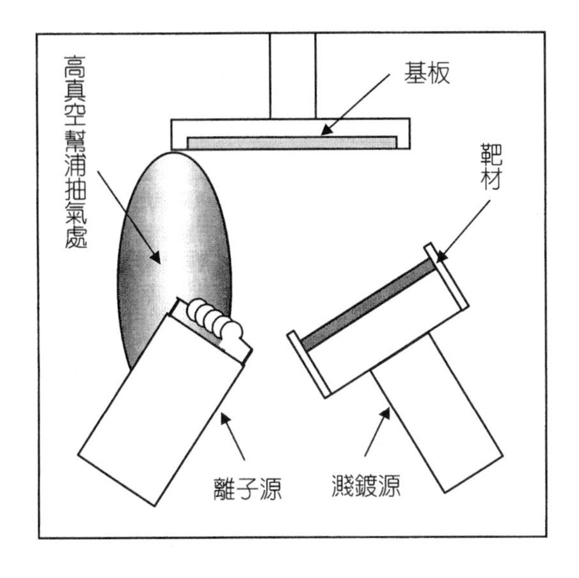

圖 13.25
離子輔助射頻磁控濺鍍系統示意圖。

助射頻磁控濺鍍製程。

(2) 反應機制

圖 13.26 顯示真空玻璃管外部有兩個面積相等且面對面的金屬電極，交流電源的兩端連接此兩個電極，氬氣從氣體入口進入玻璃管，真空抽氣設備則從抽氣出口持續進行抽氣工作，使得真空玻璃管具有 10－150 mTorr 的真空度。假設交流電源的電壓足夠大，然後將交流電源的頻率從零開始逐漸增高。首先考慮頻率較小時，也就是在每一個交流週波 (cycle) 時間內，正電壓與負電壓的週期較長時，在負電壓週期內，氬離子與電子將有足夠時間建

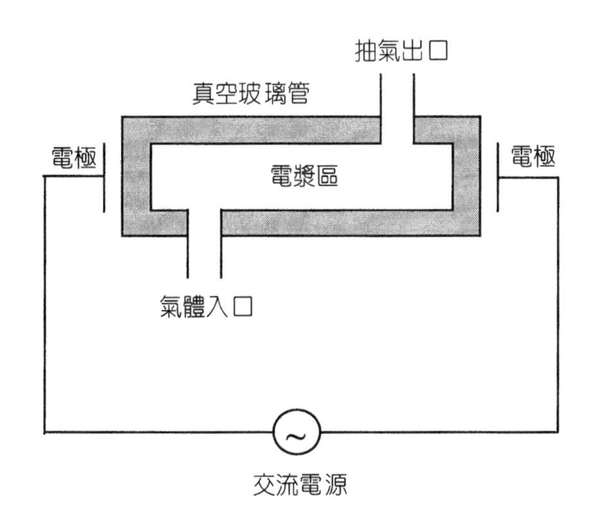

圖 13.26
說明射頻鍍膜系統的反應機制示意圖，為真空玻璃管、交流電源與外部電極的位置連接示意圖。

立輝光放電現象。由於是低頻的交流電源，正電壓與負電壓依序輪流在玻璃管兩端的電極出現，就如同陽極與陰極依序輪流出現在玻璃管兩端的電極上，所以在玻璃管兩端的電極上均能建立輝光放電效應，此輝光放電效應與直流輝光放電效應一樣，二次電子同樣均扮演電漿自我維持 (self-sustained) 的角色，所以對於維持電漿存在的最低真空壓力兩者也是一致的。

由於電極是放置在玻璃管的外部，當某電極是負電位週期時，將吸引電漿中的氬離子往此電極加速移動，氬離子具有能量後在玻璃管壁上發生濺擊效應，產生濺擊原子或分子與二次電子，且使得靠近此電極的玻璃管內壁累積正電荷。當此電極轉變為正電位週期時，將吸引電漿中的電子往此電極移動，中和玻璃管內壁上的正電荷。如此在每一個交流週波時間內正負電壓依序交換著，電子與氬離子也依序往電極移動，在玻璃管壁上產生電荷中和。假如交流電源的頻率持續增加，玻璃管內的自由電子將受交流電場的影響在玻璃管內振盪 (oscillate)，與玻璃管內的粒子碰撞，獲得能量後，碰撞氬氣而游離氬原子，使得氬氣形成部份離子化的電漿，當超過 50 kHz 後，維持電漿存在的最低真空壓力將會逐漸地變小，頻率增加到幾個 MHz 後，最低真空壓力將不再呈現減小走勢，而是保持水平趨勢。玻璃管內的自由電子獲得之平均能量大小與交流電場振幅的平方成正比，且自由電子與電漿粒子的碰撞頻率等於交流電場的頻率時，自由電子吸收電能的效率最高。在玻璃管內也會有輝光現象，此乃因某些自由電子脫離交流電場後，獲得的能量不足以游離氬原子，因此只能激發 (excitation) 氬原子至較高能階狀態，由於氬原子的電子在高能階狀態不穩定，會降激 (deexcitation) 落回基態，放出光子形成輝光現象。

由於交流系統的電漿來源不只由二次電子機制提供，大部份來源是從如上所述的交流電場機制提供，而二次電子機制是直流系統的電漿來源，因此如要得到相同密度的電漿，交流系統的電漿最低工作壓力是比直流系統的電漿最低工作壓力還小。

由於氬離子的質量遠大於電子質量，在交流電場的電漿中，氬離子的速率將遠不及電子速率，因此當交流電源的頻率較小時，也就是正負電壓週期比較長時，每一交流週波時間內，足夠數量的氬離子將有足夠時間到達靠近電極的玻璃管內壁上，中和此交流週波時間內累積在同位置玻璃管內壁上的電子數量。當交流電源的頻率大約超過 1 MHz 以後，由於正負電壓週期比較短，且正電壓週期與負電壓週期是一致的，在每一交流週波時間內，電子抵達靠近電極的玻璃管內壁上的數量，比氬離子抵達靠近同位置玻璃管內壁上的數量來得多，氬離子將無足夠時間累積足夠數量來中和電子數量。

因此當此交流週波結束後，會造成靠近電極的玻璃管內壁上因剩餘電子的附著而產生負電位，對電漿而言，將在靠近電極的玻璃管內壁上形成一直流補償負電壓。隨著時間的增加，正負電壓依序交換出現，此負電位將會越來越大，由於此負電位具有吸引氬離子而排斥電子入射的特性，所以在靠近電極的玻璃管內壁上，電子累積的增加量將會越來越少，造成負電位的增加率將會越來越小，也就是直流補償電壓會越來越大，但是直流補償電壓的增加率會越來越小，直到電子抵達同位置玻璃管內壁上的數量等於氬離子抵達同位置玻璃管內壁上的數量，在靠近電極的玻璃管內壁上電子將不再增加累積，直流補償電壓將穩定不變，如圖 13.27 所示，這就是自生偏壓效應。圖 13.27(a) 為圖 13.26 的交流電源電壓隨著時間改變的情形；圖 13.27(b) 為圖 13.26 靠近電極的真空玻璃管內壁電位，隨著時間改變的情形，由於形成直流補償電壓的負電位，使得靠近電極玻璃管內壁的電位整體都下降，此電位是從靠近電極的玻璃管內壁相對於電漿區而定的，因此對電漿而言，大部份的時間為負電位，將吸引電漿中的氬離子往此玻璃管內壁移動，氬離子在經過此電位降後具有能量濺擊此玻璃管內壁處，正電荷也將累積在此玻璃管內壁上。而在每一交流週波時間內，只有少部份時間為正電位，可吸引電漿中的電子往此玻璃管內壁移動，入射在此玻璃管內壁上，中和氬離子累積在此的正電荷數，達成電荷量的平衡。以上所述的現像也可由圖 13.28 說明。

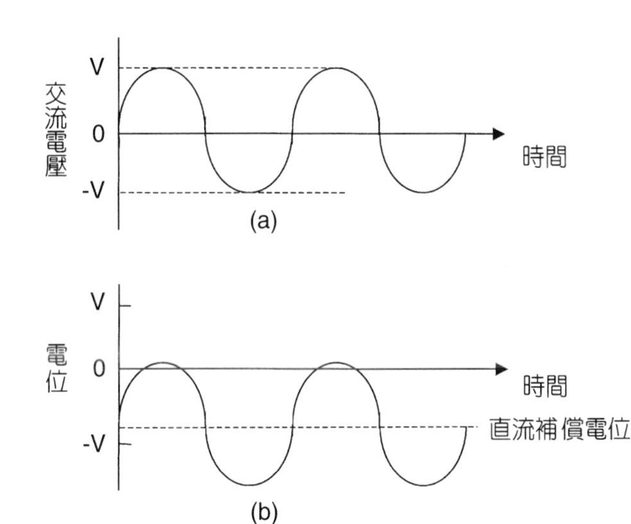

圖 13.27
(a) 為圖 13.26 的交流電源電壓隨著時間改變的情形；(b) 為圖 13.26 靠近電極的真空玻璃管內壁電位，隨著時間改變的情形。

圖 13.28 為電漿的放電電流相對於電壓的曲線圖，就如前所述的，電子與氬離子移動速率不同，造成非對稱性的放電電流曲線。圖 13.28(a) 為無直流補償電壓發生時，電子電流將遠大於氬離子電流，使得玻璃管內壁累積的電荷量不平衡。如果有足夠大的直流補償電壓時，如圖 13.28(b) 所示，電子電流將等於氬離子電流，無淨電流的產生，玻璃管內壁累積的電荷量將達到平衡。

在圖 13.26 中兩極的電極板面積相等，且使用交流電源，由於對稱性緣故，兩極的電極板均因自生偏壓效應而產生相同的負電壓，在兩電極板上均發生相同的濺擊效應。但在實際的鍍膜系統中，陰極為靶材，陽極為基板與真空室壁，兩電極板面積並不相同，所產生的濺擊效應並不一致。假設兩電極板的面積分別為 A_1 與 A_2，因自生偏壓效應對於電漿區產生的負電位依序分別為 V_1 與 V_2，由於電極板與電漿區存在負電位，顯示導電性並不佳，電極板

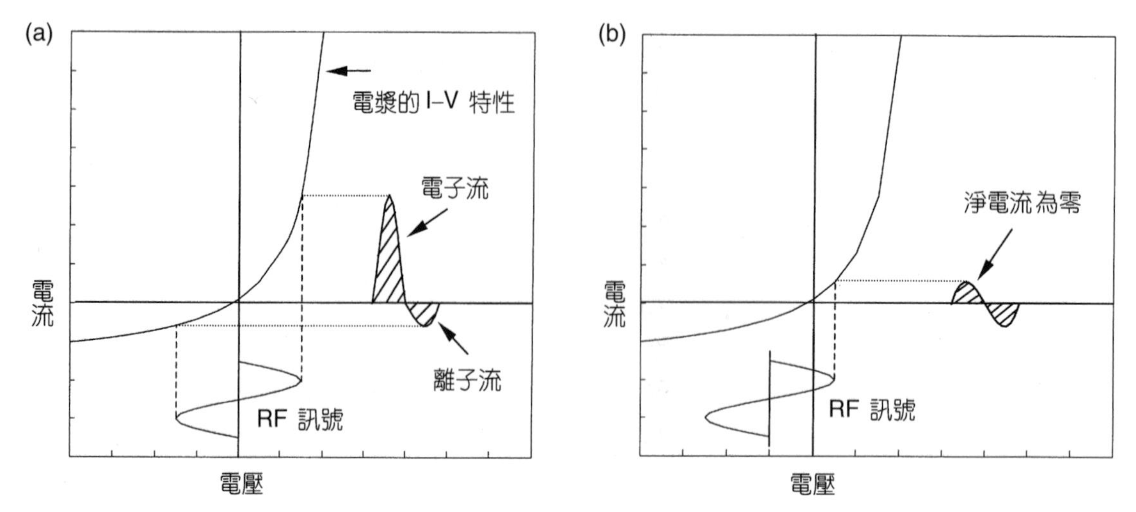

圖 13.28 電漿的放電電流相對於電壓的曲線圖，可說明自生偏壓效應。(a) 無直流補償電壓發生；(b) 直流補償電壓發生。

與電漿區間可想像成具有電荷儲存功能的電容器，因此電漿區與電極板 A_1 所形成的電容值為 C_1，電漿區與電極板 A_2 所形成的電容值為 C_2，由於電漿可視為等位體，電容 C_1 與電容 C_2 為一串聯結構。假如 A_1 遠小於 A_2，C_1 也就遠小於 C_2，但因 C_1 與 C_2 串聯，電荷量必須相等，所以 V_1 就遠大於 V_2。自生偏壓效應產生的負電位與電極板面積之間的關係可見下式：

$$\frac{V_1}{V_2}=\left(\frac{A_2}{A_1}\right)^4 \tag{13.29}$$

所以陰極因自生偏壓效應產生的負電位壓降相當大，使得正離子具有高能量後濺擊陰極靶材，濺擊出來的靶材原子或分子可成長在基板上。當濺擊出來的靶材原子或分子數除以入射的正離子數，稱為濺擊產率 (sputtering yield)，也就是一個正離子入射靶材時，可產生多少個靶材原子或分子。濺擊產率與薄膜成長速率有關，濺擊產率越大，薄膜成長速率越快。而基板因與真空室壁一起接地，陽極面積相當大，陽極因自生偏壓效應產生的負電位壓降就相當小，濺擊現象就幾乎不會發生。交流電源頻率可應用的範圍是從 5 MHz 至 30 MHz，不過一般射頻濺射鍍膜系統使用的交流電源頻率為 13.56 MHz，是由美國 FCC (Federal Communications Commission) 對電漿製程所認定的交流頻率，由於 13.56 MHz 是介於射頻範圍內，因此稱此鍍膜系統為射頻濺射鍍膜系統。由以上所述可見，射頻濺射鍍膜系統因自生偏壓效應產生直流補償負電位壓降的濺鍍機制，與直流鍍膜系統的直流濺鍍機制非常類似相近。

13.4.3 操作示範

1. 將鍍膜材料的靶材固定在射頻濺射鍍膜系統的濺鍍源陰極上，並將被鍍物的基板清洗乾淨後，放置在基板架上。
2. 使用真空抽氣設備 (粗級真空幫浦和高真空幫浦)，將真空室抽至高真空狀態。
3. 將基板架的馬達打開，旋轉基板架至所需速率，並檢查真空室及射頻濺鍍源是否有冷卻循環系統在冷卻中，如果沒有，則打開冷卻循環系統。
4. 如需對基板加熱，則開加熱器，加熱基板至所需溫度。
5. 將工作氣體 (一般為氬氣) 通入真空室，並降低高真空幫浦的抽氣速率 (一般使用節流閥 (throttle valve))，使得真空室的真空度維持在 1 至 50 mTorr 之間。
6. 將射頻濺鍍源的電源供應器打開，輸入 15 瓦功率於陰極靶材上，並將放置於陰極靶材上方的遮板 (shutter) 移開，調變匹配網路參數，使得真空室內存有輝光現象的電漿。
7. 將遮板移入陰極靶材正上方，然後濺鍍功率增大至所需功率後，做 3 至 5 分鐘的預先濺鍍 (presputter)，將靶材表面清理乾淨，由於遮板一直放在陰極靶材正上方，可擋住濺鍍原子，避免污染基板。
8. 如為反應性濺鍍工作，則將反應性氣體導入基板附近，並將薄膜厚度監控設備打開且歸零，準備進行薄膜厚度監控。
9. 將遮板移開，進行濺射鍍膜工作，並隨時監視鍍膜過程以及各種監視、監控數據是否在正常、合理的範圍內。
10. 基板上的薄膜厚度已到達預設值後，將遮板再度移至靶材上方，並逐漸地將射頻濺鍍源的功率歸至零。
11. 逐漸地將加熱器的功率歸為零，並關掉氣體流量，且恢復高真空幫浦的抽氣速率。
12. 基板溫度在一段時間後，將降至某溫度 (例如 100 °C) 以下，將射頻濺鍍源的電源供應器、加熱器以及基板架的旋轉馬達三者電源關掉。再將高真空抽氣閥門 (valve) 關閉，然後放氣 (vent)，取出基板，完成鍍膜過程。

13.4.4 注意事項

1. 由於射頻濺射鍍膜系統幾乎可濺鍍所有介電質靶材與金屬靶材，因此必須瞭解靶材的特性以及濺鍍過程中是否會有毒性物質產生，並做好人身安全的防護措施。
2. 由於使用擴散幫浦 (diffusion pump) 會有油氣污染問題，導致製鍍完成的薄膜品質不佳，更嚴重的話甚至影響真空系統的終極壓力 (ultimate pressure)，因此高真空幫浦現在一般選用冷凍幫浦和渦輪分子幫浦 (turbomolecular pump)。相同的理由，機械幫浦也有油氣污染問題，因此建議粗級真空幫浦選用乾式幫浦 (dry pump)。
3. 射頻濺射鍍膜系統不能安裝離子式真空計 (ionization gauge)，因為射頻電波容易將離子式真空計損毀。要顯示射頻濺射鍍膜系統的真空度，一般安裝電容式真空計 (capacitance manometer)、冷陰極式真空計 (cold cathode gauge) 或熱電偶式真空計 (thermocouple gauge)。

4. 由於濺鍍過程中，薄膜不僅成長在基板上，也會附著在真空室壁，如果薄膜累積太多在真空室壁，一旦系統暴露於大氣時，較多水氣將會附著在真空室壁的薄膜內。當再度抽真空時，水氣會慢慢逸出，增加抽真空的時間，降低真空幫浦的抽氣速率，所以隨時要注意有多少薄膜累積在真空室壁，以決定真空室壁是否需要清理。
5. 如在同一真空室內，輪流製鍍多種材料的薄膜，要考慮薄膜會附著在真空室壁上，等到製鍍不同材料的薄膜時，附著在真空室壁上的薄膜元素將會逸出，污染薄膜純度，影響薄膜品質，因此選擇互相污染性較低的薄膜在同一真空室內進行製鍍薄膜工作。
6. 基板必須經過清洗過程，保持乾淨狀態，薄膜附著性才會佳，否則薄膜容易脫落。
7. 在濺鍍過程中，基板架必須旋轉，以獲得良好的薄膜厚度均勻性，維持薄膜產品良率。
8. 在射頻鍍膜過程中，必須要有循環冷水 (約 20 °C 左右) 冷卻陰極靶材，防止靶材過熱熔融，因為在射頻濺鍍源中有 60% 至 80% 的輸入功率將轉換成熱的形式，使得陰極靶材溫度升高。
9. 如使用加熱器加熱基板，循環冷水 (約 20 °C 左右) 必須冷卻真空旋轉元件及真空室壁，避免溫度過高而導致元件毀壞或使得操作人員燙傷。
10. 薄膜厚度監控設備可採用石英晶體監控設備或光學監控設備。如採用石英晶體監控設備，對於加熱製程而言，要避免熱對石英晶體振動頻率的影響，可適當選用遮蔽物和使用循環冷水冷卻石英晶體感測器。對於磁控濺鍍源而言，由於磁場會影響石英晶體振動頻率的量測，因此在決定石英晶體感測器位置時，必須考慮避免受到磁場的影響。
11. 循環冷水的水質要純，避免堵塞管路，造成冷卻效果不佳。且用於射頻濺鍍源的冷卻冷水，因高頻高壓，冷水的電阻要夠大，冷卻管路的電絕緣性要夠好。
12. 良好的薄膜品質，一般都是希望薄膜內無雜質，因此靶材純度要高，工作氣體與反應氣體的純度也要高，濺鍍前真空室要有較佳的真空度且真空系統不能有漏，另外一定要執行預先濺鍍步驟。
13. 在射頻濺射鍍膜系統中，如有陰電性很強的氣體粒子存在 (如通入反應性氣體氧氣)，此氣體粒子將捕獲電漿中的慢速電子形成負離子。在靶材附近的負離子會被陰極直流補償電壓的電場加速向外推出，而獲得極高的動能 (可達 keV)，撞上基板，再度發生濺擊現象，導致薄膜成長速率大幅度地降低。且因負離子的能量過高，也會對已成長的薄膜造成損傷。
14. 在射頻鍍膜系統中，自由電子與電漿粒子的碰撞頻率隨製程壓力的升高而增加，且自由電子與電漿粒子的碰撞頻率等於交流電場的頻率 (13.56 MHz) 時，自由電子吸收電能的效率最高。但製鍍完成的薄膜品質是由沈積在基板的濺鍍原子或分子能量所決定，濺鍍原子或分子的能量隨著濺鍍粒子與電漿粒子的碰撞頻率減少而增加，濺鍍粒子與電漿粒子的碰撞頻率又隨製程壓力的降低而減少，因此隨著不同射頻濺射鍍膜系統的設計與不同的靶材，在射頻濺鍍功率、工作氣體流量與反應氣體流量的影響下，製程壓力參數的選定是非常重要的。

15. 在射頻濺射鍍膜系統的鍍膜過程中，放出的光線包括紫外光線，如果觀視太久，會對眼球造成傷害，因此如需觀察電漿發光情形，則需配戴防紫外線的鏡片保護眼球。
16. 射頻鍍膜過程中，要隨時監控各種數據，即使一切狀況都很穩定，且以前的鍍膜過程也很穩定，也不能掉以輕心，要隨時掌握鍍膜各種情況。
17. 必須填寫使用記錄手冊，將系統的使用狀況、數據，依使用日期詳細地填寫。一旦系統有問題時，必須詳細記錄問題現象、處理，以及解決過程，以做為日後操作及維修處理依據。

13.5 離子濺射鍍膜系統

傳統的真空蒸鍍光學薄膜是以熱阻絲或電熱舟加熱材料使材料，熔解汽化 (或直接昇華)，然後沉積在被鍍物上 (通稱為基板，如透鏡、稜鏡或平板等)，或用電子槍將電子束打在材料上，而將材料蒸發鍍在基板上，這樣的鍍膜方式叫做熱蒸鍍法 (thermal evaporation)。其被蒸發之原子 (或分子) 的動能有限 (在 1 eV 以下)，因此沉積出來的膜質不夠紮實。其堆積密度 (packing density) 不高，對光學特性的穩定性有非常不良的影響 (例如濾光片之波位的飄移)，膜層會有散射，造成雷射陀螺儀的相位鎖住。

如果增加蒸鍍原子 (分子) 的動能，上述缺點會改善很多。增加動能的方法一定要能同時維持高真空環境才行，否則像一般的直流濺鍍 (DC sputtering)、交流濺鍍 (AC sputtering)、磁控濺鍍 (magnetron sputtering) 等，雖然可使蒸發分子之動量增加，卻因為要維持電漿放電，真空度變得很差 (約 $10^{-1}-10^{-2}$ mbar)，導致成長膜中會包裹著氣體，膜層無法為一均勻縝密、沒有光學損耗的理想膜，而是有著柱形的微觀結構，真空度愈差則膜結構也愈鬆散[20]。

因此，其他能維持高真空的增能鍍膜技術應運而生。如雷射蒸鍍法[21]、聚團離子蒸鍍法 (ion cluster deposition)[22]、離子披覆 (ion plating deposition)[23]、離子輔助蒸鍍法 (ion assisted deposition, IAD)[24] 及離子濺鍍 (ion beam sputtering deposition, IBSD)[25] 等，其中以離子濺鍍最具多項優點。離子濺鍍鍍膜系統所製造出非晶態結構的薄膜，可以使膜內無內結構、無內界面，鍍膜時基板溫度較低[26]。而且其薄膜堆積密度高，膜內沒有孔隙，水汽不會進出。因此，在不同環境下，光學特性相當穩定，這對於波位要求非常精準穩定的窄帶濾光片是非常重要的。也因此去除了光學散射的缺點，這也是離子濺射鍍膜系統可以用來做雷射陀螺儀雷射鏡及測重力波干涉儀所用之反射鏡[27] 的主要原因。目前國外利用此鍍膜方式，雷射鏡總損耗率已可達到 10 ppm 以下[28]，而國內學術單位較好的成果，其雷射鏡之薄膜部分的損耗有 9.5 ppm，總損耗則為 77 ppm[29,30]。

第 13.5 節作者為李正中先生及徐進成先生。

13.5.1 基本架構及操作

離子濺鍍系統的基本架構主要包括了離子源、靶材及基板，以國立中央大學光電所自製的離子濺鍍系統為例，如圖 13.29 所示來說明。利用冷凝幫浦抽氣到 4×10^{-7} mbar，再以氬氣為工作氣體充入離子源 (I_1) 及電漿橋式中和器 (plasma bridge neutralizer, PBN)，氧氣則充入真空腔內。等到離子源經過放電室內部電漿加熱達到熱平衡後，引出離子束經過中和器所產生的電子雲，形成中性的離子束流，以約 45 度入射靶材，高速離子束直接撞擊靶材，當打開基板的遮板時，被濺鍍出的的原子 (分子) 約以靶材法線方向的餘弦函數分佈方式，一顆顆飛濺到冷卻的基板作高動量轉移的沉積，因此這些沉積原子 (分子) 具有良好的能量範圍[31]。而沉積基板附近又是在高真空中，壓力為 $10^{-4}-10^{-5}$ mbar，沒有雜質，因此能長出的薄膜極為緊密、無孔洞、無結晶，表面又平滑。如果是要沉積氧化物，則氧氣的供應是讓氧分子在靶材上或基板上與靶材原子 (分子) 充分氧化[32]，使沉積的薄膜不致於失氧而造成光的吸收。同時光學膜厚計 (OPM) 及石英振盪膜厚計 (Q) 可以即時量取光學薄膜的信號及厚度，以控制薄膜的厚度。

另一支離子源 (I_2) 的功能，則可以使用較低能量的離子束流，在濺鍍之前作離子拋光清潔基板或在鍍膜同時作離子輔助鍍膜，即同時使用兩支離子束源進行鍍膜，這種方式稱之為雙離子束濺鍍 (dual ion beam deposition, DIBD)，是一種可控制性高的技術，所製鍍的薄膜具有光學損耗小及機械強度大的特性[27,33]。這支離子源甚至可以使用不同柵孔分佈的柵極，將離子束的能量提高些，使基板上薄膜原子 (分子) 細微濺出，以改善薄膜在基板上厚度的均勻分佈。

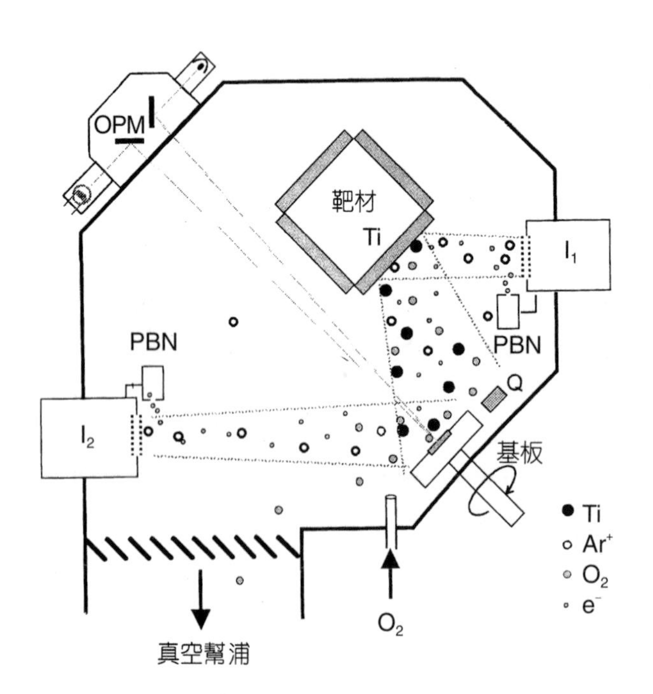

圖 13.29
離子源濺鍍系統簡圖。

13.5.2 離子源的構造及電路系統

離子濺鍍系統最重要的部份就是離子源，其種類有數種，不過最常被使用的就屬考夫曼型寬束離子源 (Kaufman type gridded broad-beam ion source) 及其改良型。這種離子源結構上有多孔柵極，因此多孔離子光學比早期單孔離子光學效能具有較寬且大的離子束流。

此種離子源以電熱絲當陰極，且為有柵極之寬束離子源，圖 13.30 是此種離子源之剖面圖[34]。圖中可以看到陰極 (cathode)、陽極 (anode)、屏極 (screen)、加速極 (accelerator)、中和燈絲 (neutralizer) 及磁棒數根環繞陽極外圍。屏極與加速極為孔孔相對齊之多孔柵極。其工作原理可用圖 13.31 來描述[35]。

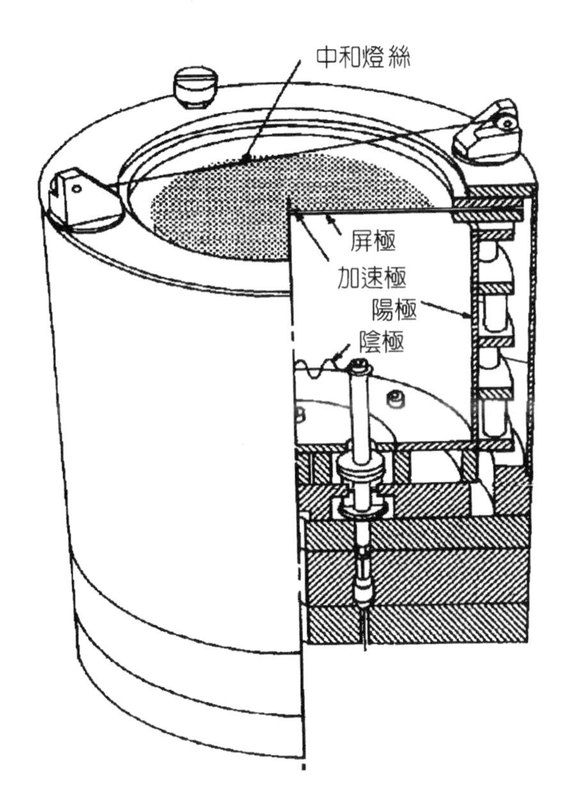

圖 13.30
寬束離子源剖面圖[34]。

(1) 放電室

圖 13.31 之接地端與濺鍍系統連接，陰極、陽極及屏極共組成一輝光放電室以產生電漿，一般充以氬氣 **1**，當作放電氣體 (少數充以氪氣或氙氣)，有時為了引發反應濺鍍而混入氧氣或氮氣或其它氣體。陰極為鎢絲或鉭絲，加熱後會放出熱電子 **2** 以游離充入之氣體 **3**，外圍繞了磁場以使電子螺旋前進，增加碰撞氣體機會而形成電漿。

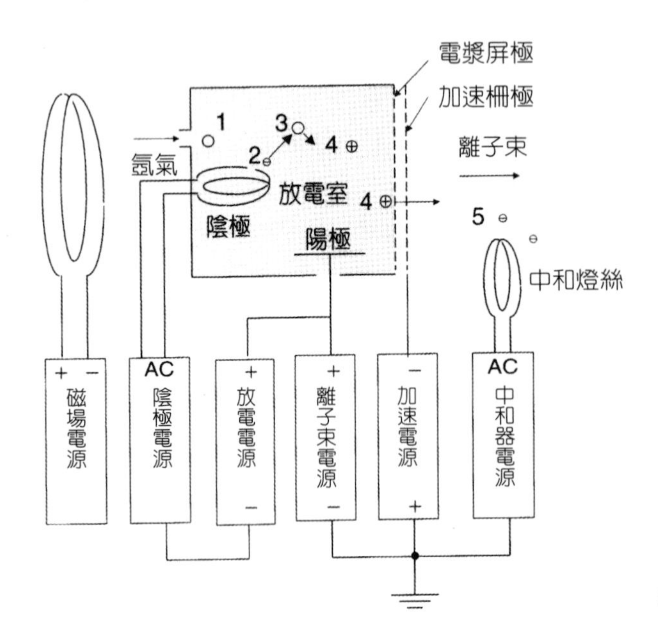

圖 13.31
離子源主體及基本電路[34]。

在低氣壓下，放電室一直保持著電漿輝光放電，靠近柵孔的部分正離子 **4** (如氬離子) 會被加速柵極吸引，通過屏極之小孔而高速飛出放電室外。由電熱中和器的鎢絲所發出之熱電子 **5** 正充滿在加速柵極的出口處而與正離子中和，形成高能量之中性電漿離子束，就可以利用來進行鍍膜工作。而屏極與加速柵極面上許多小孔及加速柵極之負電位的作用是防止電子跑入放電室破壞電漿體的穩定，而且負電位使高速電子經過柵孔時改變方向，形成離子光源系統。

離子源的放電電流 (discharge current, I_d) 與放入氣體 (氬氣) 之氣壓有關，低於起始氣壓時就不會放電。氣壓愈大則放電電流愈大，但當氣壓大到某一值時，放電電流將不再上升，此時之氣壓為最佳工作氣壓。又陰極燈絲之電流大小也會影響放電電流的大小，陰極燈絲電流愈大則放電電流愈大，但在低氣壓、低放電電壓下，陰極外圍會有電子群 (space-charge) 使得燈絲之電子放出受限制，而降低了放電電流值，此時稱陰極燈絲電流為在空間電荷限制下 (space-charge limit) 工作的陰極電流，這與選用的燈絲種類 (一般為鉭或鎢) 及燈絲直徑大小有關，一般來說，放電電流的大小必須為輸出離子束流 (ion beam current, I_b) 的 10 到 20 倍才可。

放電室之放電電壓 (discharge voltage, V_d) 一般要小於工作氣體 (如氬氣) 的一次游離能與二次游離能之和。以氬氣為例，第一次及第二次游離能分別為 15.8 eV 及 27.6 eV，其和為 43.4 eV，因此放電電壓必須小於 43 V。一般放在 35 V 到 40 V 之間，太低不易維持輝光放電，太高則會有二次游離，對膜的成長會有不良的影響。不過對於大型之離子源，其放電室較大，為維持穩定的電漿放電，放電電壓有時必須大於 50 V。

(2) 柵極構造

寬束離子源之多孔柵極所構成的離子光學系統，影響了離子束輸出的大小方向及形狀，一般常用的有 (i) 單柵極光學、(ii) 雙平面柵極光學 (flat two-grid ion optics)、(iii) 雙碟形柵極光學 (dished two-grid ion optics) 及 (iv) 三柵極光學 (three-grid ion optics)。

單柵極光學其離子束直接由放電室電漿體取出，因此離子源密度可大到 1－2 mA/cm²，不過離子束電壓小於 100－200 V，擴散角很大，適合用於離子助鍍，而不適合用於濺射鍍膜。

雙平面柵極光學是最早使用的寬束離子源，其柵極係由導熱良好的石墨板 (pyrolytic graphite) 排列而成，膨脹率及被濺射率都很低，當作離子光學很好，不過石墨強度不大，不能做成大面積離子源，一般直徑在 15 cm 以下。而柵極之間距不但影響離子束流的大小，也影響離子束的發散角度，圖 13.32 是此種離子源之電位分布圖，電漿體與陽極同電位而與接地電位 (零電位) 間有電位差 V_b，屏極大約與陰極同電位，所以比電漿體低 V_d 電位，因此可以吸引正離子，加速極之電位比地 (零電位) 低 V_a，而離子束經由電子中和後所撞擊之對象 (如靶或基板) 則大約在零電位。離子束電流 (I_b) 也要配合加速電流及兩柵極間之距離與孔徑大小，圖 13.33 說明了正確的 I_b 值，太大或太小都不恰當。若兩柵極之孔徑沒對齊，輕則使離子束偏向、發散，重則撞擊加速極造成損傷。

雙碟形柵極光學為屏極及加速極成一向外突出雙片碟形電極，為彼此互相平行的柵極，大多以鉬 (Mo) 為材料作成，鉬的膨脹係數及被濺射率也都很低。然而，在離子束的聚焦及材料的強度上，石墨柵極就比鉬的柵極遜色，因為其彈性係數較低，所以石墨柵極聚焦的方式是靠調整兩片柵極距離而成，而且大口徑的離子源要想維持兩片柵極間 1 mm 的間距

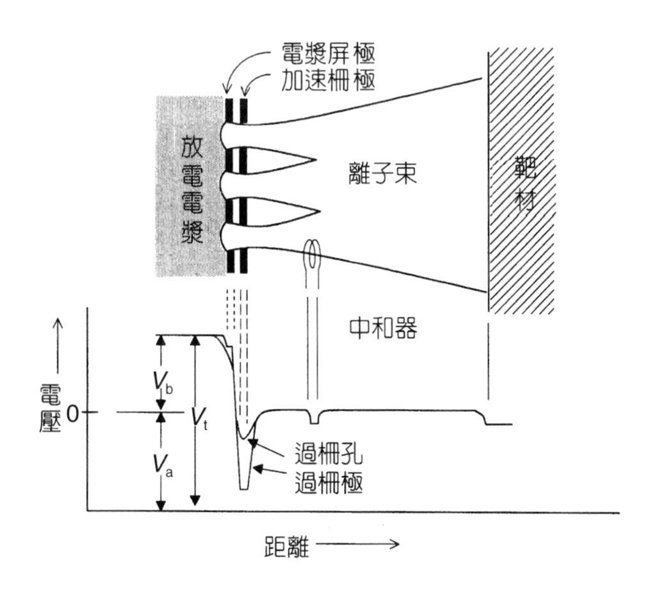

圖 13.32
雙柵離子源之離子光學及其相關電壓的控制[34]。

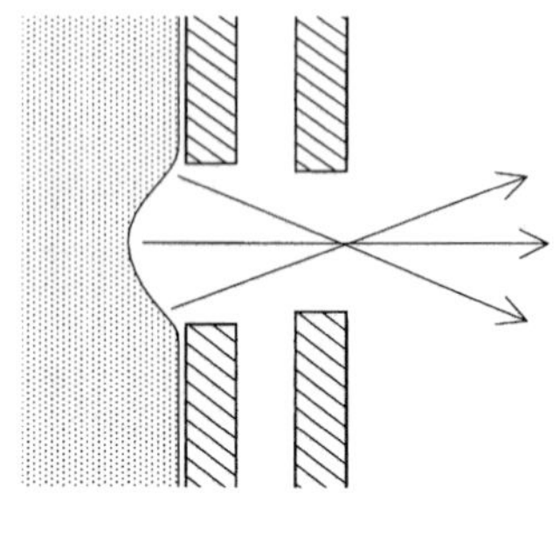

(a) 低離子束流

(b) 正常低離子束流

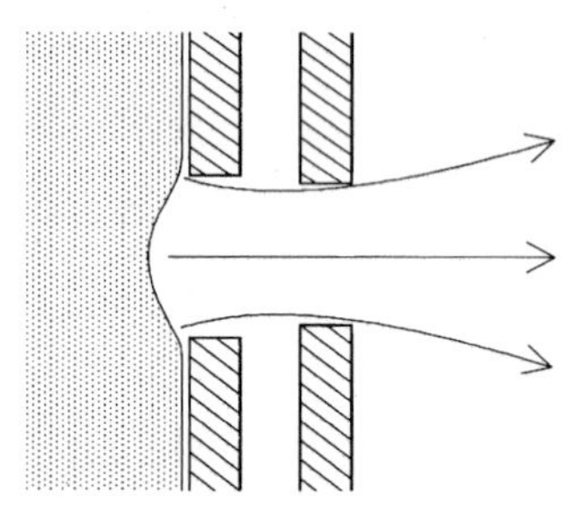

(c) 最大離子束流

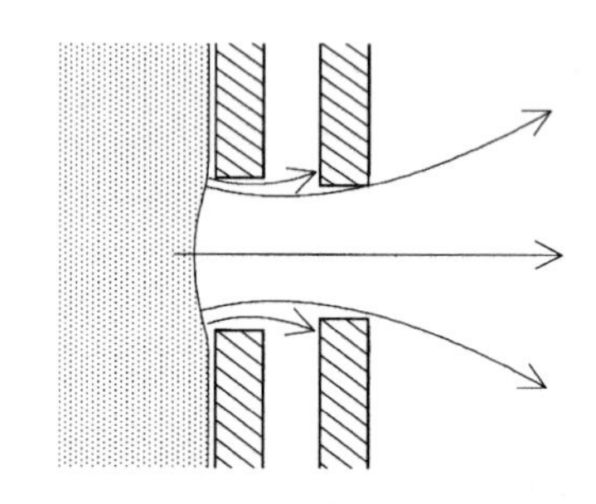

(d) 過大離子束流

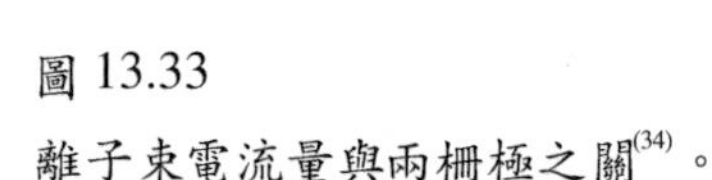

圖 13.33
離子束電流量與兩柵極之關[34]。

不太容易。而碟狀鉬極的聚焦就容易多了，只要改變碟型的曲度，就可以將離子束聚集或擴散，而且比石墨堅硬多了。再者，鉬的缺點是熱膨脹係數較石墨為大，鉬柵極的形狀就必須做成有弧度的碟狀，以抵消熱膨脹可能造成的變形。綜和上述原因，鉬比較可作大口徑的離子源。以 38 cm 直徑的離子束產品為例[35]，其離子束分佈很均勻且電流量也很大，對氬離子而言，在 1000 eV 下可達到 4 A 這麼大的輸出。

三柵極光學是在雙柵極光學系統的加速柵外設置第三柵極，稱之為減速柵，其電位為零，減速柵克服了加速柵使用較大的負電位的限制，因而增加離子束流的抽取。再者，減速柵減少了加速柵後的減速電場長度，使離子束離開加速柵後，很快得進入零電位的減速柵，而成直線運動，不再增加擴散角度，因此離子束流也具有較小的擴散角度。

(3) 中和器構造

在圖 13.30 中，中和用的電子雲為一鎢絲加熱所產生的，這種安排有缺點，熱電阻絲會受離子束撞擊而將之帶上靶或基板，造成膜中含有熱電阻絲之雜質，因此有的已改用電漿橋式中和器，即在離子源出口處另有一中空小電漿室，熱電阻絲所產生的電漿，在正離子經過此電漿室小孔時會搭引電子飛出與正離子中和。實用上，中和用之電子數目大於正離子數約 10%。

13.5.3 離子源系統的改進

考夫曼型離子源由於陰極為一熱電阻絲，其壽命有限，尤其充以非惰性氣體 (如氧氣) 做反應鍍膜時，電阻絲很快就燃燒斷，而且電漿腔體內很容易污染維護不易，故有人改用射頻離子源 (RF ion source) 或微波離子源 (microwave ion source)。

使用反應氣體 (如氧、氮等)，對於有柵極離子源來說，常會引起維護上的困難，影響較大的是陰極的壽命。為了解決陰極壽命的問題，不同方式的無陰極放電方式曾被引用，同時也獲得各種不同程度的成功。在美國，有人曾利用射頻 (13.56 MHz) 加注於柵極離子源，而使離子源在使用反應氣體時能延長壽命，而且輸出電流也夠大 (可大到 400 mA)。射頻離子源是利用射頻 13.56 MHz 交流電產生電漿，以代替考夫曼型離子源中的陰極熱電阻絲，如此可不必顧慮熱電阻絲的壽命，以免使用氧氣作為反應氣體時會燃燒電阻絲。腔體不易污染，維護容易。圖 13.34 為射頻式有柵極離子源的電路圖，與圖 13.31 比較，主要的區別是產生放電電漿的電路改成了匹配電路及射頻電源。未來由於反應作用式的濺鍍愈來愈需要，使用無陰極放電的柵極離子源勢必會增加。

除此之外，中和器所使用熱電阻絲一樣是無法在長時間的鍍膜中保持完整，因此有採

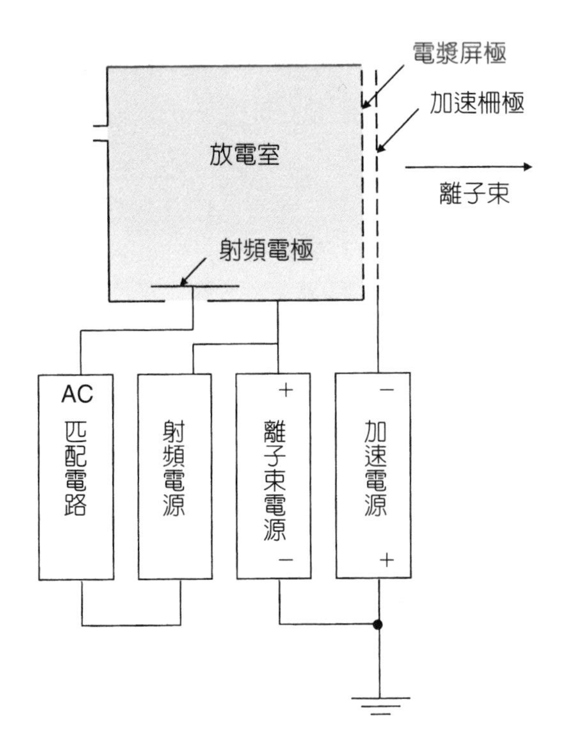

圖 13.34
射頻離子源基本電路[34]。

用不需要熱電阻絲的中空陰極 (hollow cathode)[36]，以高頻或直流電場加熱陰極的鉭管到 2300－2400 K，使之表面放出大量熱電子，引發弧光放電，再以輔助陽極引出所需要的電子雲。甚至可選用射頻電源產生電子源來當作中和器，稱為射頻式中和器 (RF neutralizer, RFN)，如此就不會有熱電阻絲用盡而必須終止實驗的情形。如圖 13.35 示，銅質的射頻感應線圈接到射頻電源，以瓷杯來隔離線圈，收集杯 (collecter) 產生電漿，正電極衛鐵 (keeper) 引出電子。

還有以電子迴旋共振 (electron cyclotron resonance, ECR) 方式製造出微波離子源[37]，它是以 2.45 GHz 之微波產生電漿，電子在強磁場 (875 gauss) 下作迴旋共振，其游離率因而大為增加，使得在低氣壓下能有高密度的電漿，再以離子光學原理引出離子束來。但這種離子源體積無法做得很小，主要是因彎曲電子路徑必須有極強的磁場。

以上所述之離子源的離子電壓 (beam voltage) 為 150 V 到 1500 V，一般用於離子濺鍍及蝕刻 (dry etching)。亦可調整兩柵之間距來做離子助鍍 (IAD)。做 IAD 用離子源離子電壓不必很高，所以無細孔柵極的 end-hall 離子源也很適合。

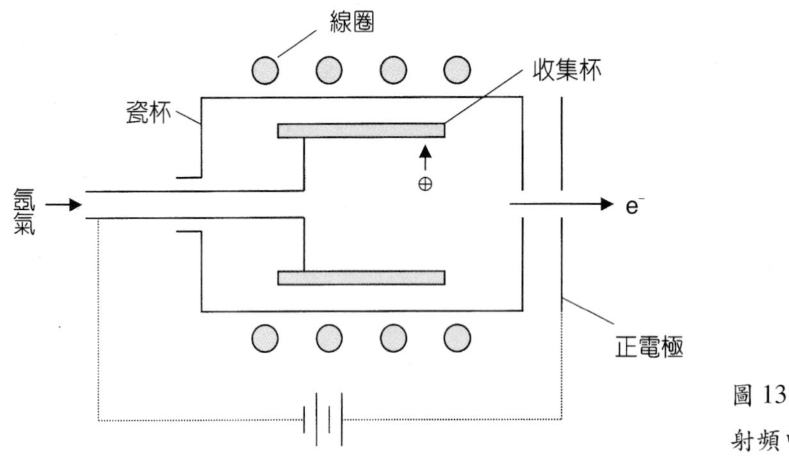

圖 13.35
射頻中和器示意圖。

13.5.4 離子源操作

以下幾項是離子源的基本操作方式[32]：

(1) 放電室產生電漿：氬氣經由氣體流量計進入放電室，陰極燈絲加熱所產生的電子在磁場的作用下呈現螺旋狀的軌跡碰擊氬氣成激態，經由電場加速產生大量氬離子電漿的輝光放電，調整放電電壓使氬離子帶單一的正電荷，以控制離子束輸出能量的均勻性；或者是由無熱阻燈絲的中空陰極或射源電源在放電室內產生大量的電漿，首先是預熱使離子源保持在熱平衡的狀態，再藉由加速柵極引出，經過中和器所產生的電子雲中和，變成具有電中性的離子束。

(2) 加速電壓 (V_a) 對濺鍍速率的影響：加速電壓並無增加速離子能量的作用，加速電壓主要功能是將離子引出放電室，並使離開加速柵極時產生偏向效果，就像離子光學裡的電子透鏡。其柵極所處的位置及所施予的加速電壓，都會影響到離子束的擴散角度。加速電壓與離子束電壓必須相互配合，才有一最小擴散角度。過大的加速柵極電流會損傷加速柵極，過大的擴散角造成離子束濺射範圍變大，有污染、濺鍍速率變小的情形發生。

(3) 離子束電流 (I_b) 對濺鍍速率的影響：離子束電流代表加速離子轟擊靶材的多寡，自然跟濺鍍速率有極密切的關係，兩者幾乎成線性關係。

(4) 離子束電壓 (V_b) 對濺鍍速率的影響：此電壓是與加速離子直接有關，首先，所供給的能量要克服靶材原子的昇華能，然後濺射速率隨著離子束電壓而增加，直到 1 kV 附近才呈現飽和的狀態，此時氬離子束的能量剛好可以濺射出靶面數層原子 (分子)，讓這些原子 (分子) 一顆顆地被撞擊出來。而過高的離子束電壓則造成氬離子過度撞擊深入靶面，濺射速率卻不再有效地上昇，被撞擊出來的材料可能不是呈現一顆顆原子 (分子) 的狀態，結果造成氧化膜的缺氧及膜面的粗糙。

13.5.5 注意事項

從上所述離子源的柵極有雙柵極及三柵極，離子束經過這些柵極面上的許多小孔，彼此要對齊，以免正離子飛出時撞上加速柵或減速柵。

另一項必須考慮的重要項目是離子源材料被濺射出而摻入膜層的污染問題。鍍膜被摻入雜質的程度，想要降到 100 ppm 以下，必須做到以下幾項工作：放電電壓不要太高，柵極必須對準以便離子流順暢輸出，使用連續型的陽極，以及使用中空陰極的中和器。即使如此，離子源所帶來的「污染」仍不能完全免除。當使用氧氣時，石墨柵極被濺射出的情形相當嚴重。濺蝕下的生產物為 CO 及 CO_2，此氣體隨即被真空系統抽走。因此還不致造成碳污染。若使用鉬柵極，則鉬污染無法避免。除非抽氣速率夠快，以及加速柵極之電壓夠低，而使離子回撞加速鉬極的情形不致發生。若濺鍍成氧化膜，因為氧化物是透明體，污染的情形就不會像金屬原子顆粒時那麼嚴重。

將離子源應用於生產時，實用上首要考慮的是它的維護問題，清潔及校準離子源之柵極需花費較多時間，人力成本自然較高些。當離子源體積愈做愈大時，維護也變得愈來愈難。尤其是石墨柵極，其張力強度不強，取放非常不便，以鉬柵極代替會較理想。1975 年所設計的多極放電腔，常會造成放電電漿的沉積輪廓，因此隔一段時間，必須取下分解，清除掉沉積膜，十分困擾。目前所有的離子源，採用平滑連續的陽極，以覆蓋磁極，因而可免除上述清洗的麻煩。至於濺鍍速率比起電子槍蒸鍍是慢了些，產量也就稍遜些。基板大小則與電子槍蒸鍍方式無異，但光學薄膜之品質則優良許多。

隨著離子束應用的多樣化及精準度的要求，使得寬離子束源必須做不斷的改進。主要改進的方向包括提高離子流量及離子流密度，使能得到較低的離子能量及減少離子源對濺鍍靶的污染，同時在使用會起反應作用的氣體時，其壽命不會減短，以及如何增加濺鍍速率。因為金屬靶比介質靶之濺射率高，所以一般製鍍金屬氧化膜都以金屬當靶再充以氧氣以長成氧化膜。如何選用適用的充氧量很重要，這關係著長膜速率的快慢及成膜的品質[38]。

13.6 雷射剝鍍系統

脈衝式雷射鍍膜 (pulsed laser deposition, PLD) 為特有的物理氣相沉積法，具有高鍍膜速率、異質多成份化學計量組成易控制及鍍膜系統易於調變等特點。可廣泛應用在導電氧化物薄膜、高溫超導氧化物薄膜及鐵電薄膜等計量組成多元之薄膜系統。除此之外，雷射輔助沉積及退火 (laser assisted deposition and annealing, LADA)、雷射輔助濺鍍 (laser assisted sputtering)、雷射分子束磊晶 (laser MBE)、雷射剝鍍沉積 (laser ablation deposition, LAD)、雷射蒸鍍沉積 (laser evaporation deposition, LED) 等雷射鍍膜技術，都和脈衝式雷射鍍膜有相當程度的關連。

雷射鍍膜的構想首先在 1965 年由 Smith 和 Turner[21] 使用高功率紅寶石雷射實現，當時並未得到應得的重視。直至 1970 年中期，電子式快速控制開關 (electronic Q-switch mode) 使得具有高能量密度 ($>10^8$ W/cm^2) 的短脈衝雷射得以有效而可靠的控制，雷射剝鍍技術因而快速發展。及至 1987 年成功合成高溫超導薄膜，異質結構多成份氧化物薄膜開始被廣泛研究，截至今日脈衝式雷射鍍膜仍是最有效率的鍍膜技術之一。

13.6.1 系統功能及原理

雷射剝鍍法主要是將極短的脈衝雷射 (<100 ns) 以極高的能量密度形式 ($>10^8$ W/cm^2) 聚焦在靶材表面，藉由快速加熱、汽化並形成氣態及原子態電漿物質，高速離開靶材表面，在基板與靶材之間形成輝光電漿束 (plume)，此輝光電漿束包含了離子、電子、中性原子及原子團，這些粒子在吸收殘餘入射雷射光後，達到非常高的溫度及速度離開靶材表面，在相互間碰撞並與背景氣氛碰撞後，在到達基板表面時失去原有動能，進而沉積在基板表面，如圖 13.36 所示[39]。

13.6.2 系統構造、反應機制及電路系統

整個脈衝式雷射鍍膜系統如圖 13.37 所示，主要的系統設備裝置可分為：(1) 雷射、(2) 光學鏡片組及 (3) 鍍膜腔體系統。

(1) 雷射

第 13.6 節作者為林諭男先生。

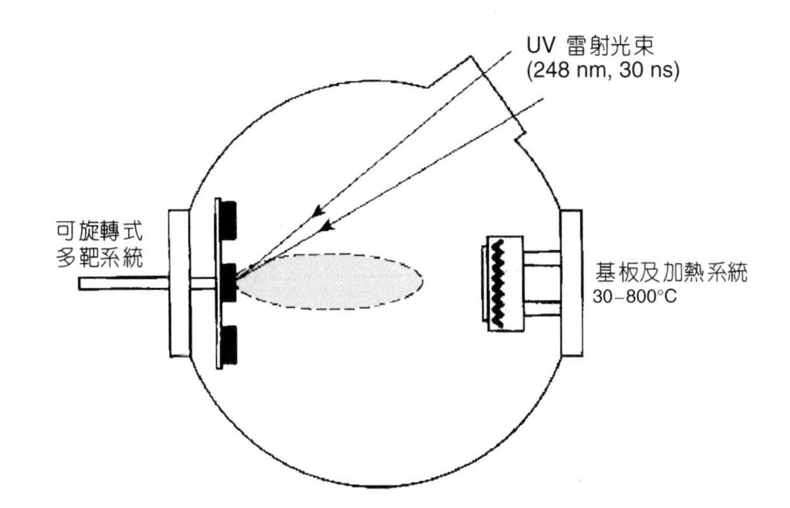

圖 13.36
雷射剝鍍法原理示意圖。

雷射光源為雷射剝鍍系統中最主要的設備，常見的雷射有 Nd^{3+}:YAG 雷射及準分子雷射 (excimer laser)。Nd^{3+}:YAG 為固態雷射系統，最大輸出功率可達 2 J/pulse·time 及 30 Hz，標準雷射波長為 1064 nm，可利用倍頻技術混合調變成波長為 532 nm、355 nm、266 nm 等紫外光範圍的雷射光，然而隨著頻率加倍，雷射能量功率也衰減為原來的50%。

相較於 Nd^{3+}:YAG 雷射，氣態準分子雷射之波長直接落在紫外光範圍，不需倍頻技術調變，雷射的功率因而也較高，可達 1 J/pulse·time。雷射真空腔體內藉由充入不同種類、比例的惰性氣體與鹵素氣體混合，經由高壓放電裝置激發，可產生不同波長之雷射光，準分子雷射波長列於表 13.3[40]。

準分子雷射是利用惰性氣體與鹵素氣體混合，例如將特定比例氪氣及氟氣 (KrF) 混合，並填充氖氣 (Ne)。此系統在高電場中，電子進行複雜的置換而由基態 (Kr+F) 激發到激發態

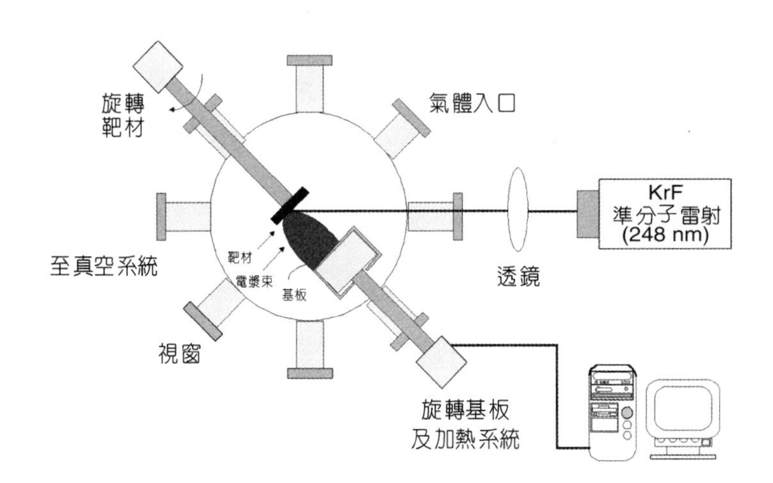

圖 13.37
雷射剝鍍法鍍膜系統示意圖。

表 13.3 各種準分子釋放之雷射波長。

準分子	波長 (nm)
F_2	157
ArF	193
KrCl	222
KrF	248
XeCl	308
XeF	351

($Kr^+ + F^-$)，由激發態遷移到基態的過程中放出極高能量的雷射脈衝。準分子形成的動力及化學反應極為複雜，潛能圖及可能的反應式列於圖 13.38[40]。

(2) 光學鏡片組

介於雷射光源和鍍膜真空腔體之間為光學透鏡組合，包含透鏡、反射鏡片、分光鏡及雷射視窗。由於雷射剝鍍所使用的雷射光在紫外光範圍，因此光學透鏡材質的選擇必須適用於紫外光範圍，針對各種雷射的波長而有不同的選擇，各透鏡及視窗材料的穿透範圍 (transmittance range) 列於表 13.4。在使用上必須確保這些鏡片表面的清潔，任何灰塵、指紋

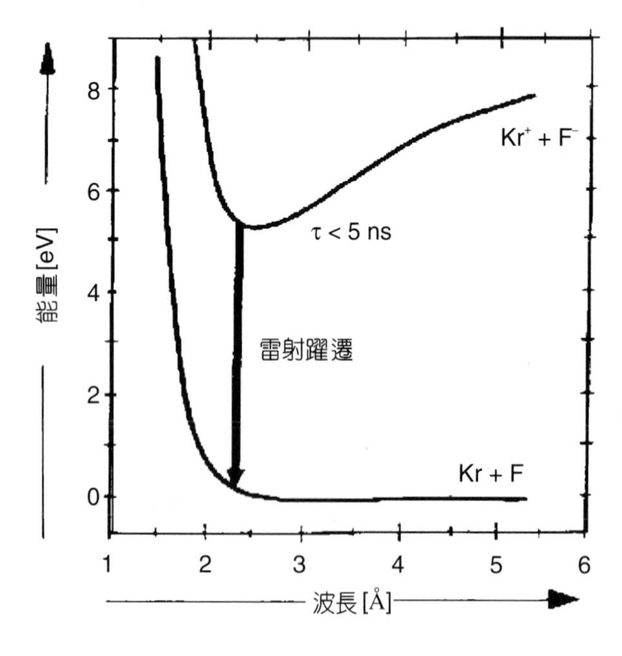

$Kr + e \rightarrow Kr^+, Kr^*, Kr_2^+$

$F_2 + e \rightarrow F + F^-$

$Kr^+ + F + X \rightarrow KrF^* + X$

$Kr_2^+ + F \rightarrow KrF^* + Kr$

$Kr^* + F_2 \rightarrow KrF^* + F$

圖 13.38
準分子形成的動力及化學反應潛能圖及可能的反應式。

表 13.4 各透鏡及視窗材料的穿透範圍。

材料	穿透範圍 (nm)
氟化鎂 (Magnesium fluoride)	140 – 7500
單晶氧化鋁 (Sapphire)	150 – 5000
氟化鈣 (Calcium fluoride)	150 – 8000
UV 熔融氧化矽 (UV-grade fused silica*)	190 – 2500, 2600 4000
硼矽玻璃 (Borosilicate crown glass)	315 – 2350
硫化鋅 (Zinc sulphide)	400 – 12,000
硒化鋅 (Zinc selenide)	550 – 16,000

*UV-grade fused silica absorbs energy in the range 2500 – 2600 nm.

及髒污都會造成鏡片的損傷。透鏡依聚焦雷射光點形狀的應用而有球面鏡及柱狀鏡的選擇，一般是用高純度紫外光級熔融矽玻璃材質 (UV-grade fused silica)。

在使用上通常會多個鍍膜腔體共用一個雷射光源，各鍍膜腔體可針對不同膜的特性而有不同的工程設計，因此便需要反射鏡以改變雷射光徑。用於雷射剝鍍的反射鏡是在高純度紫外光級熔融矽玻璃表面鍍多層介電材料及抗反射層 (antireflection layer)，這些介電層最多可達 13 層。若同時需要兩組雷射光源，則需輔以分光鏡 (beam splitters)，可應用於雙雷射光束雷射剝鍍 (dual-beam PLD) 系統。

(3) 鍍膜腔體系統

鍍膜真空腔體系統設計的好壞直接影響到整個鍍膜的效率，典型的真空腔體系統如圖 13.39 所示，基本上至少需要考慮靶材組和基板座的相對距離位置、基板加熱源的設計，而

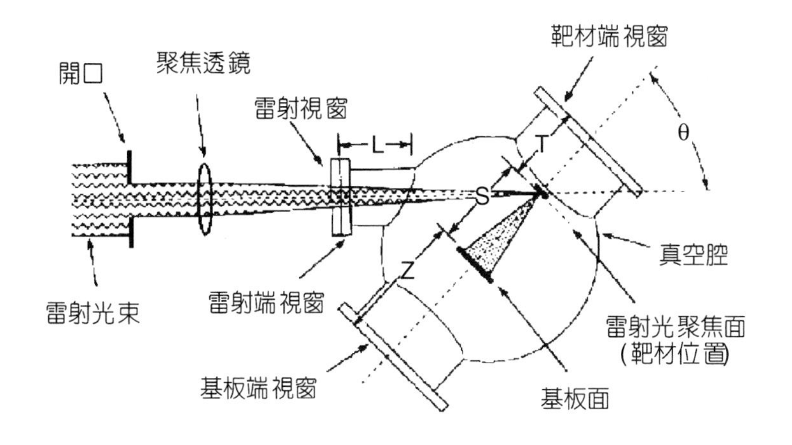

圖 13.39 典型的雷射剝鍍真空腔體系統。(T = 靶材端法蘭至雷射光聚焦平面之距離；Z = 基板端法蘭至基板距離；S = 靶材至基板距離；L = 雷射端視窗長度；θ = 靶材法線與雷射光束的角度)。

靶材和基板的配置必須注意不影響到雷射光路徑。相較其他離子濺鍍法，雷射剝鍍所需的真空條件較不嚴苛，可簡化超高真空幫浦、精確控制氣體流量等複雜部份設計。

脈衝式雷射鍍膜反應機構主要包含了三個程序，依序為靶材的汽化、氣態與電漿束內物質傳輸，以及沉積在基板上薄膜的孕核與成長。這三個主要步驟，經千萬次重複後便形成所需的薄膜。前兩個反應機構又稱為雷射濺鍍機構 (laser sputtering mechanism)。雷射光和靶材之間的反應機制為複雜且同時進行的交互作用，主要和雷射光本質特性有關，同時受限於剝鍍靶材的特性。簡單而具體的說，即靶材表面吸收脈衝雷射光的能量，轉換成熱能、游離表面原子的能量或剝離表面原子團的濺能損失，以電子、離子、中性原子團等電漿態物質，在靶材與基板間形成電漿束，形成過程如圖 13.40 所示，以高速電子攝影機拍攝的電漿傳遞過程如圖 13.41 所示。

無論雷射光的入射角度為何，電漿束必然會垂直於靶材表面。依此特性並藉由鍍膜參數控制 (如雷射能量及氣氛壓力)，可改變電漿束亮區的形狀，將基板置於電漿束亮區的前緣，可得最佳的薄膜成長狀態。

雷射剝鍍成長薄膜受限於複雜的製程控制參數，如電漿束的密度、能量、離子化程度及吸附上基板顆粒的種類，此外基板的溫度和物理性質亦深深影響到薄膜在基板上形成的條件。基本上脈衝雷射剝鍍薄膜的成長特性，可簡單歸納成兩個主要控制機構，分別為基板溫度 (T) 及電漿束的過飽和度 (m)。

$$m = kT \ln \frac{R}{R_e} \qquad (13.30)$$

k 為波茲曼常數，R 為真實鍍膜速率，R_e 為在溫度 T 時的平衡鍍膜速率。

在達到極高速率時，電漿束的過飽和度可達 10^5 J·mol^{-1}，遠高於其他傳統的鍍膜技術。

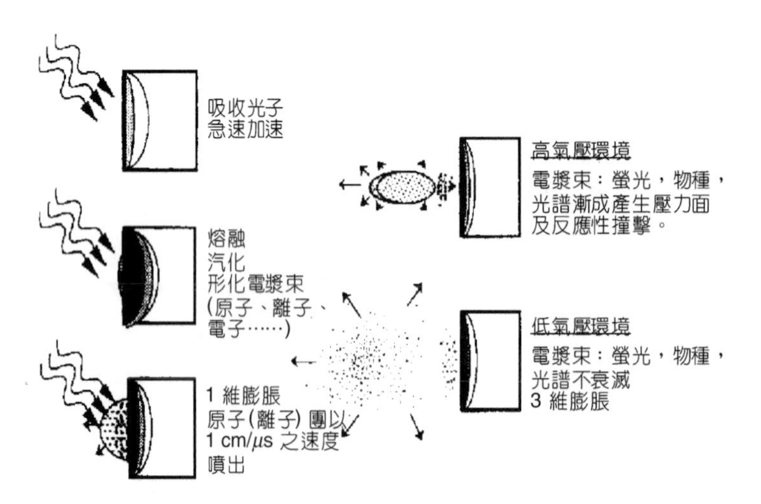

圖 13.40
靶材與基板間電漿束形成過程。

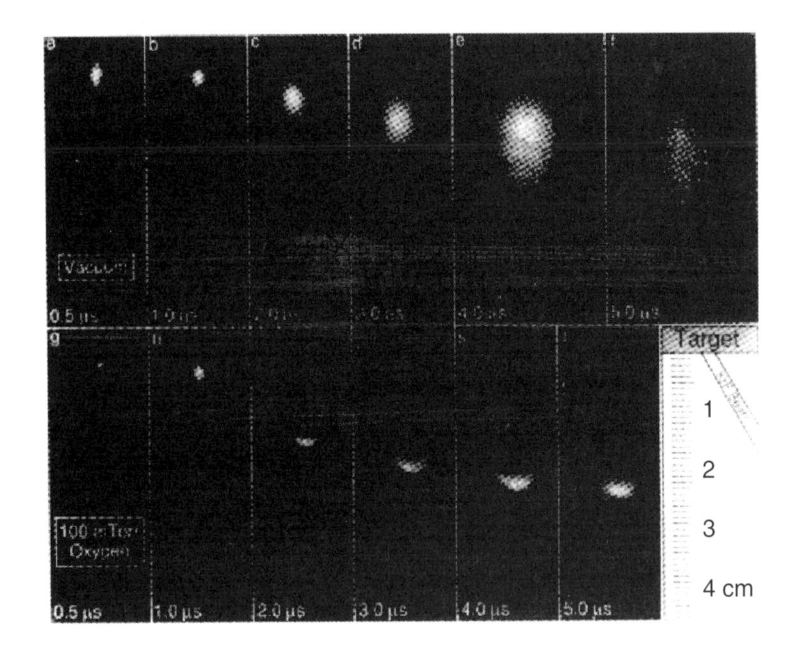

圖 13.41
高速電子攝影機拍攝的電漿傳遞過程。以 ICCD 拍攝而得電漿束發出之可見光：該電漿束是以 1.0 J/cm^2 之 KrF 雷射光 (248 nm) 以 30 度入射於 YBCO 靶材所引發。(真空腔壓力 100 mTorr) (摘自 D. B. Geohegan, *Appl. Phys. Lett.*, **60**, 2732 (1992))

可利用成長圖 (growth diagram) 來表示薄膜的成長特性，如圖 13.42 所示。依據薄膜成長的臨界條件，即臨界成長速率 (critical growth rate, R_c) 與臨界成長溫度 (critical growth temperature, T_c)，成長圖可分為高島狀成長 (high island growth, $R < R_c$，$T > T_c$) 與低島狀成長 (low island growth, $R > R_c$，$T < T_c$)，在更高的沉積速率或更低的基板溫度條件下，薄膜成長由低島狀成長轉變成連續成長或稱類液態成長 (liquid-like growth)。簡而言之，雷射剝鍍法

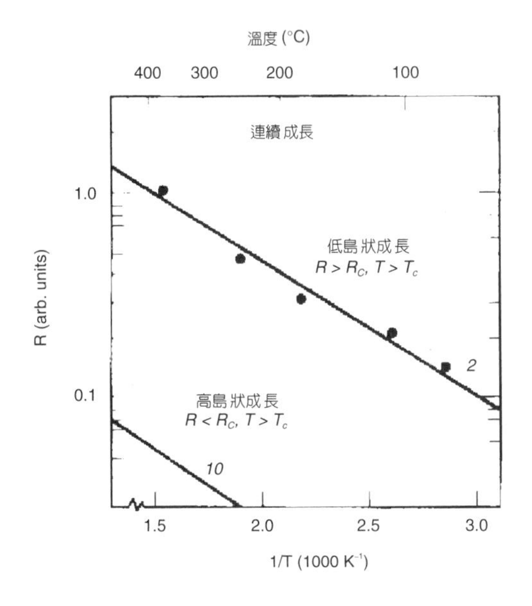

圖 13.42
薄膜的成長特性可利用成長圖來表示。[● 為雷射電漿法沉積 PbSe 及 KCl 薄膜之數據 (Metev and Sendova. 1988); —— 為 Eq 值為 9.5]。

可藉由控制電漿束的通量 (亦即控制沉積速率) 和基板溫度的條件，即可達成單晶、多晶或非晶質結構的合成。

13.6.3 操作示範

雷射剝鍍鐵電薄膜

本系統雷射光源採用 Lambda Physik 公司所產生的 Lextra 300 型準分子雷射產生器，使用 KrF 準分子，雷射波長為 248 nm。準分子脈衝雷射與靶材作用之特點在於能量吸收發生於距離靶材表面非常近的地方，以 KrF 雷射 (248 nm) 剝鍍 PLZT 靶材來說，吸收厚度約在 0.12 μm 深的位置，這使得靶材作用的方式為剝離 (ablation) 狀況，且熱能擴散至靶材內部極小至可忽略之程度。此法之優點在於鍍膜速率快 (每個脈衝約為 1 Å 之鍍膜速率)、薄膜成份與靶材相當接近。

鍍膜真空腔體的設計是先決定靶的位置，使雷射光束能順利經由透鏡、反射鏡、視窗等光學系統直接導引至靶材上。藉由調整透鏡的位置，控制雷射光束在靶材上聚焦面積的大小。由於高能量雷射光束長期轟擊靶材表面同一位置，會造成靶材表面化學計量組成改變及靶材表面失去平整，因此保持靶材旋轉避免轟擊靶材單一點。靶材座最多可放置四個靶材，因此在鍍膜過程中，可直接進行臨場 (*in-situ*) 更換靶材而不需開啟真空腔體。基板固定於基板座上，在高溫製程中採用鹵素石英燈為熱源，而低溫製程則使用鎳鉻絲為加熱源，使用鎳鉻絲的好處在於低溫時容易控制溫度穩定，並利用金屬熱電偶直接量取基板溫度。同時藉由控制氣體流量改變環境氣氛壓力，以探討環境氣氛壓力對薄膜性質的影響。

鋯鈦酸鉛鑭 (PLZT) 為最普遍的鐵電薄膜材料，在白金基板上利用雷射剝鍍法製備鋯鈦酸鉛鑭薄膜，已是相當成熟的技術。鍍膜條件為：基板溫度範圍在 550 −650 °C 之間，氧氣氛壓力為 0.1 mbar，雷射能量 450 mJ/pulse，脈衝重複率 (repletion rate) 為 5 Hz。

利用 X 光粉末繞射儀 (XRD) 比較高溫臨場、二階段法 (PLZT/Pt(Si)) 及二階段法 (PLZT/SRO/Pt(Si)) 之結晶行為，繞射結果顯示皆為標準的鈣鈦礦 (perovskite) 結構，並由掃描式電子顯微鏡觀察表面形態，薄膜表面無裂紋，呈柱狀晶形態沿垂直基板方向成長 (如圖 13.43 及圖 13.44 所示)。

13.6.4 注意事項

雷射剝鍍最關鍵的議題在於微顆粒 (particulate) 的形成與大面積均勻化的問題。直覺上微顆粒的形成是雷射剝鍍法本質上的問題，然而仍可利用製程控制的技術，將顆粒的問題影響降到最低。

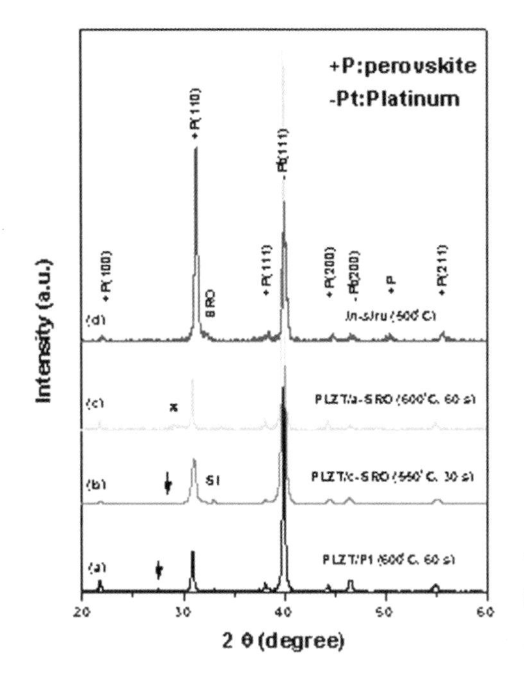

圖 13.43
利用 X 光粉末繞射儀比較高溫臨場、二階段法 (PLZT/Pt(Si)) 及二階段法 (PLZT/SRO/Pt(Si)) 之結晶行為。

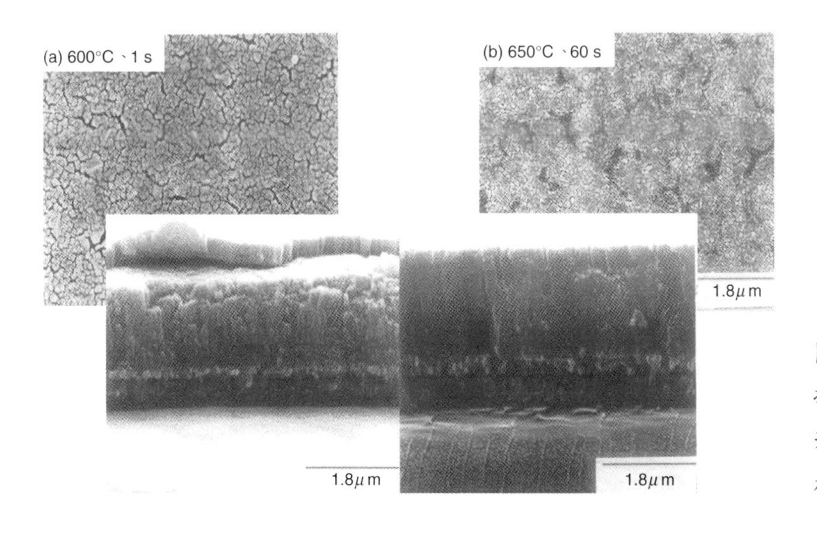

圖 13.44
掃描式電子顯微鏡觀察表面形態，薄膜表面無裂紋，成柱狀晶形態成長。

(1) 顆粒的問題

影響顆粒形成的製程參數主要有：雷射的能量密度、雷射的波長、外在環境氣氛壓力、基板與靶材之間的距離；其次，靶材表面的平整度與靶材本身的密度都和顆粒的形成有關。因此在鍍膜時選擇波長較長的雷射光，避免高雷射能量密度，適當的環境氣氛，拉長基板與靶材間的距離；在靶材的選擇上使用緻密且純度高的靶材並預先將靶材表面拋平，皆能有效抑制微顆粒的形成。

此外，在鍍膜腔體的設計工程上，機械式速度過濾裝置可將質量大速度慢的顆粒濾除，更改靶材和基板的相對幾何位置 (如圖 13.45)，引入偏壓及第二雷射光束 (如圖 13.46)，皆是先進且較複雜的雷射鍍膜系統。

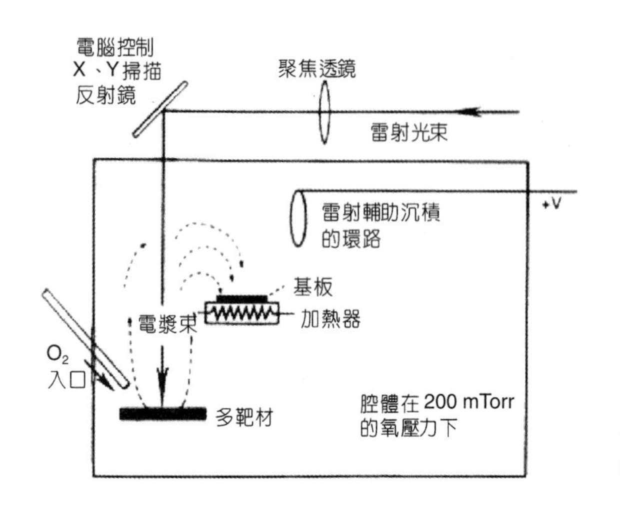

圖 13.45
更改靶材和基板的相對幾何位置，可改善顆粒問題。

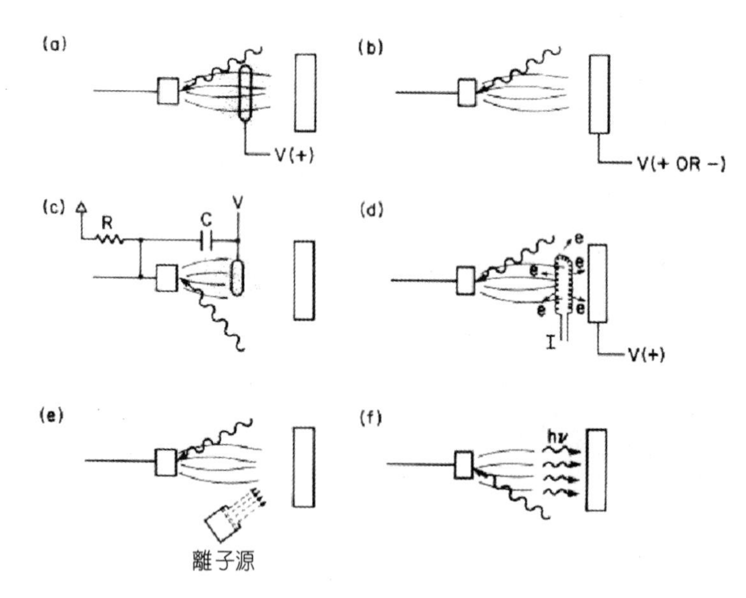

圖 13.46
引入偏壓及第二雷射光束亦可改善顆粒問題。(a) 在靶材與基材間嵌入偏壓電極之 PLD 製程。(b) 在靶材加偏壓之 PLD 製程。(c) 以脈衝電容放電作輔助之 PLD 製程。(d) 以熱燈絲作輔助之 PLD 製程。(e) 以離子束輔助之 PLD 製程。(f) 以光照射作輔助之 PLD 製程。

(2) 薄膜大面積均勻性問題[41]

薄膜大面積化一直是雷射剝鍍法在工業化應用上的瓶頸，經過近十年的不斷研究開發，許多工程上創新的構思不斷被提出。在文獻上，首先提出的大面積雷射鍍膜 (Greer,

1989) 方法是利用掃描雷射光束聚焦在大直徑的旋轉靶材上，並且將基板到靶材間距離拉大，同時利用基板旋轉，達到雷射鍍膜大面積化的目的，稱為掃描法 (raster approach)，裝置如圖 13.47。雷射光束經過一可程式控制之反射鏡，分別聚焦於靶材上不同位置，此時控制靶材旋轉，可避免雷射光束只打在靶材同一位置上。靶材上掃描雷射光束停留的時間隨距離而變，在靠近基板外緣掃描停留較常的時間，藉由掃描停留時間的長短，可使薄膜性質更為均勻，同時藉由基板的旋轉亦能增加薄膜的均勻性。

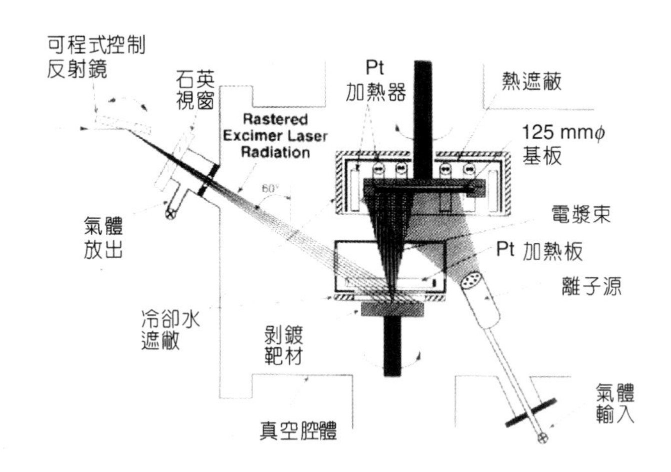

圖 13.47
掃描法大面積化雷射鍍膜裝置。

將剝鍍靶材與基板中心相對位置偏離 (off-axis)，比同軸掃描方式具有下列優點：

(1) 由於雷射所激發電漿束不位於基板正中央，因此就相同均勻性而言，靶材僅需基板直徑的一半。
(2) 雷射光束掃描整個剝鍍靶材，使靶材整體消耗較為均勻。

固定雷射光束離軸 (off-axis) 法首先由 Erington 及 Ianno 於 1990 年提出，主要是將基板與靶材之中心相對位置偏離 (如圖 13.48(a) 所示)，基板與靶材的相對偏離距離 (d) 視基板與靶材的距離而定。在利用離軸法鍍膜時於基板中心前置光罩柵欄，可改善整體膜厚均勻性。旋轉 / 平移 (rotational/translational, R/T) 脈衝式雷射鍍膜法分別由 Eddy 於 1991 年及 Smith 於 1992 年提出 (如圖 13.48(b) 所示)，藉由控制基板旋轉同時控制基板橫向平移運動。當雷射所激發電漿束位於基板邊緣時，控制基板平移，將電漿束停留的時間拉長，能將旋轉 / 平移法所鍍之薄膜均勻性提升。

此外，使用圓柱形剝鍍靶材 (cylindrical target) 能將雷射所激發電漿束範圍變得更寬，由 M. Panzner 等人於 1996 年發表[42]，裝置如圖 13.49。雷射首先經過均質器，再經過圓柱透鏡，線性聚焦於圓柱形剝鍍靶材上，而將靶材旋轉能使靶材被均勻剝下，提高靶材使用效率。基板則由電腦控制橫向平移運動以達到均勻大面積的目的。

雙雷射束 PLD (DBPLD) 是將兩剝鍍靶材 (d = 50 mm) 其中之一稍微偏離基板軸中心，

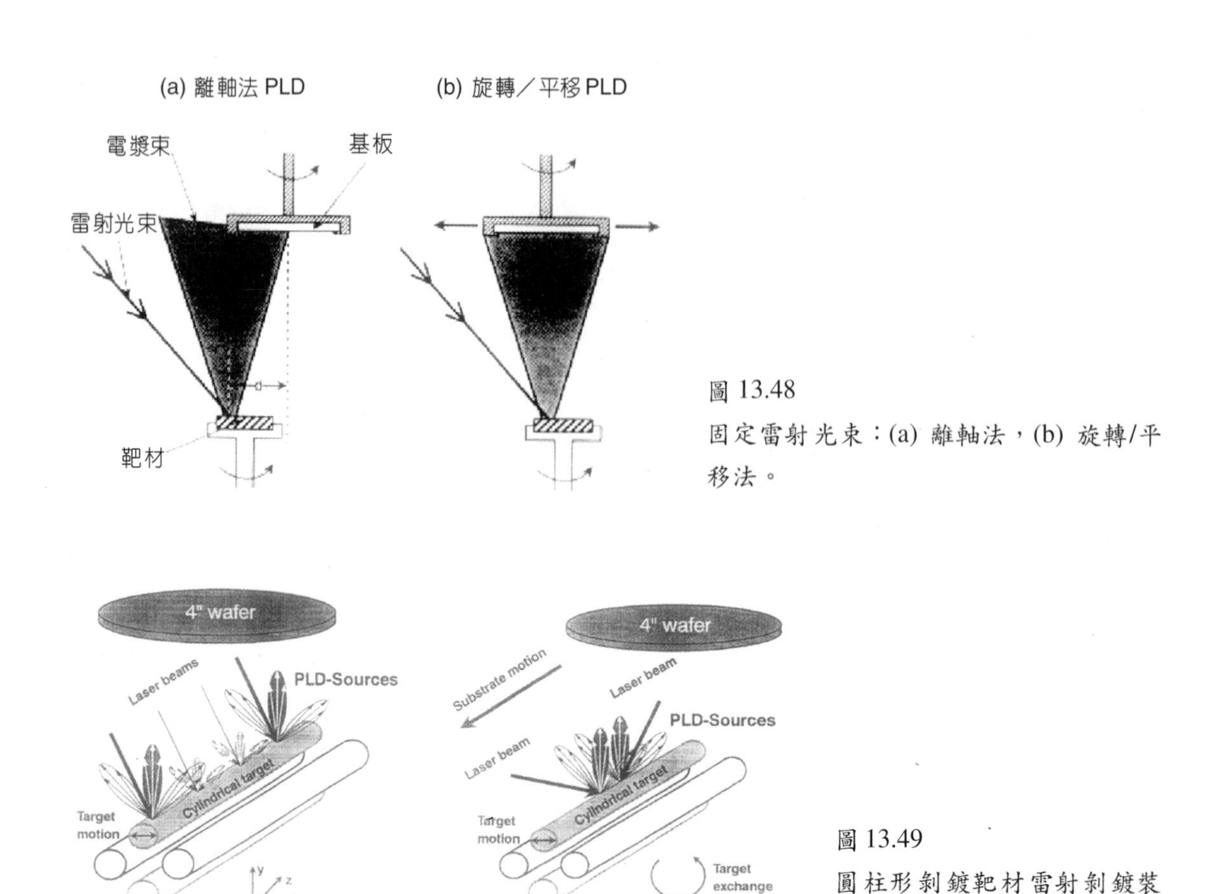

圖 13.48
固定雷射光束：(a) 離軸法，(b) 旋轉/平移法。

圖 13.49
圓柱形剝鍍靶材雷射剝鍍裝置。

另一則置於基板外緣 (如圖 13.50 所示)。利用此系統可將鍍膜面積提升至 200 mm。此系統同時有以下特點：

1. 若兩靶材化學組成不同，可調整薄膜之化學組成。
2. 藉由監測個別靶材變化，控制雷射分光鏡，可更精確控制薄膜計量比。

目前已有商業化大面積雷射鍍膜系統[43]，鍍膜均勻性可達 8 吋，未來將有更新更可靠的鍍膜系統相繼發展。

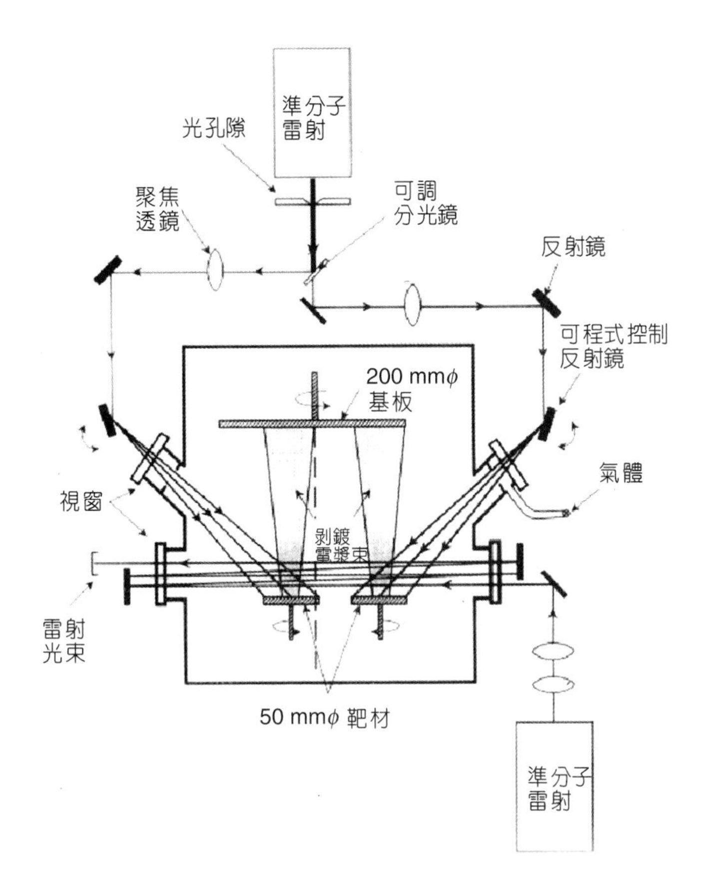

圖 13.50
雙雷射束 PLD (DBPLD) 雷射剝鍍法。

13.7 分子束磊晶系統

13.7.1 基本原理

分子束磊晶 (molecular beam epitaxy, MBE) 本質上是一種真空熱蒸鍍 (thermal evaporation) 技術，它是一種幾乎集合了所有超高真空科學的工程技術。在超高真空環境內，利用原子及分子束在基板 (substrate) 上進行磊晶成長，這些原子及分子束是利用熱阻絲加熱坩堝內之高純度原料而得。由溫度的高低來控制其原子及分子束的通量。分子束磊晶技術有一個非常重要的觀念，也就是「一次碰撞」的觀念，而這一次碰撞就發生在基板上，因為在分子束磊晶系統的超高真空環境下，分子的平均自由徑 (mean free path) 很長，而分子束由發射端 (orifice) 到基板的距離只有十數至數十公分左右，這樣的設計不但保證了分子束將以直線路徑到達基板表面，而且在到達基板之前，氣體分子與分子之間並沒有互相碰撞、反應，也減少了污染的機率。基板上的表面增原子 (adatoms) 在遵守表面化學動力學的條件下，形成磊晶層。圖 13.51 是分子束磊晶原理的示意圖。

第 13.7 節作者為綦振瀛先生及倪澤恩先生。

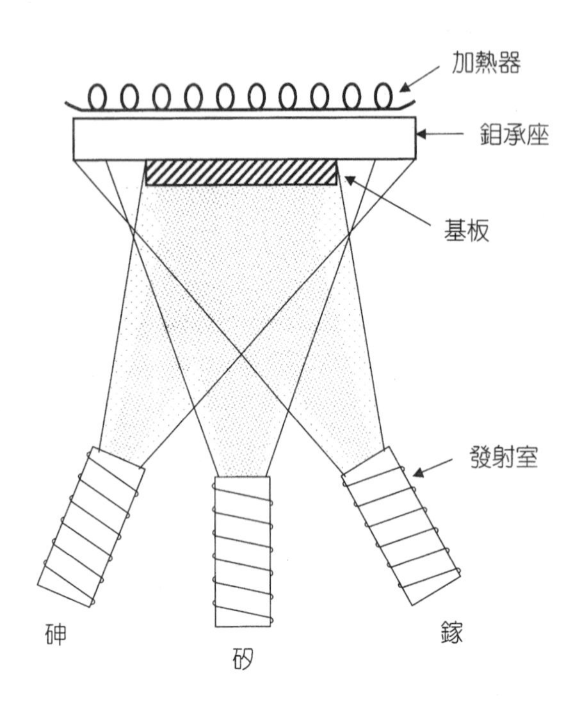

圖 13.51
分子束磊晶成長示意圖。

雖然真空蒸鍍的技術發展很早，但是直到 1968 年 J. R. Arthur 研究了砷化鎵的生長動力行為，以及卓以和 (A. Y. Cho) 建立了砷化鎵磊晶技術之後，才大大地促進了分子束磊晶系統的發展與應用。後來再加上一系列卓越的研究結果，及硬體設備的改良，這個技術便發展得十分迅速，應用範圍不斷擴大，從半導體擴展到金屬、絕緣體、超導體和一些磁性材料的成長，並用來成長各種量子結構，應用於許多光電及高速元件。近年來，分子束磊晶系統也已經成為商業量產 III-V 族磊晶片之工具。這些磊晶片被用來製作成微波電晶體、微波電路及半導體雷射等元件，成為行動電話、無線通訊及光纖通訊系統中之關鍵零組件。所以分子束磊晶是非常重要的磊晶技術之一。

分子束磊晶有其獨特的優點，對於生長原子級厚度半導體和複雜結構是非常有利的。和其他磊晶成長方式比較，分子束磊晶的生長溫度較低，這就能把如熱擴散這類不希望出現的現象減少到最低；它的生長速率慢，每秒鐘約只有一個原子層 (monolayer, ML) 的厚度，使得磊晶層厚度可以精確控制，且生長表面或界面可達到原子級的平整度和陡峭度，因而可製備極薄的材料。只要使用合適的材料，就能很方便地引入所需的分子束，為製造薄膜組成和摻雜濃度具有複雜分布的結構提供了有利的條件。上述特點，已經被分子束磊晶系統所成長的半導體量子阱雷射及高電子遷移率電晶體等元件所證實，且發揮出來。

由於分子束磊晶過程是在超高真空中進行的，可以把許多輔助設備結合到磊晶生長系統中。這類設備包括質譜儀 (mass spectroscopy)、歐傑電子能譜儀 (Auger electron spectroscopy, AES)、離子轟擊裝置 (ion bombardment)、反射高能電子繞射儀 (reflection high energy electron diffraction, RHEED)、殘餘氣體分析儀 (residual gas analyzer, RGA) 及原子力顯

微鏡 (atomic force microscopy, AFM) 等。其他如輻射溫度儀 (pyrometer)、橢圓偏光儀 (ellipsometry)，及光學反射儀等光學裝置亦是常見的設備。這些設備對於了解基板表面和真空環境的清潔度，以及有關磊晶膜的結晶、組成、厚度和平整等重要訊息來說，是非常有助益的。其中某些輔助設備所得到的訊息尚可送到控制電腦中，用來控制和改變成長條件，以達到成長者的要求。所以，分子束磊晶是研究新材料及量子結構最佳的利器之一。

雖然分子束磊晶技術在砷化物半導體方面的應用極為成功，但是在磷化物的成長上確有相當困難。傳統的分子束磊晶是使用固態源，但是固態磷有紅磷及白磷之存在形式，其蒸氣壓不同，所以分子束之控制不易。因此，在 1980 年時期，貝爾實驗室的 M. B. Panish 博士即發展了所謂的氣源 (gas source) 分子束磊晶技術。此法係將傳統分子束磊晶器所使用之固態砷及磷元素以 AsH_3 及 PH_3 氣體取代。基本上，除了因為此二氣體為劇毒物質而增加了危險性外，氣源分子束磊晶技術可算是非常成功的改良。隨後貝爾實驗室的 W. T. Tsang 博士又將分子束磊晶做了一些變化。他更將有機金屬化學沉積法 (metal-oxide chemical vapor deposition, MOCVD) 所使用的三乙基鎵、三甲基鋁及三甲基銦氣體取代了原有的固態鎵、鋁及銦元素。他稱此法為化學束磊晶 (chemical beam epitaxy, CBE)，也有人稱之為有機金屬分子束磊晶 (metal-oxide molecular beam epitaxy, MOMBE)。利用此法，較易在短時間內改變分子束之通量，同時亦不必因坩鍋內之原料耗盡而需破壞真空，予以填充。1990 年後，III-V 族之氮化物充分地展現了其應用潛力，所以有許多研究者亦嘗試使用分子束磊晶技術來製備這些氮化物。為此，分子束磊晶系統必須再稍加修改。由於氮化物之成長溫度較高，其基板加熱器必須能加熱至 1000 °C。此外，必須使用 NH_3 氣體或一氮氣電漿源，以提供足量的活性氮原子參與磊晶反應。經過多年的研究，分子束磊晶法已可成長出相當高品質之氮化鎵薄膜，且其成長速度亦可達 1 μm/h 以上，所以它的重要性已有漸漸提升之趨勢。

13.7.2 系統架構

整個分子束磊晶設備有很多種組合形式，一般而言，為了避免磊晶生長室接觸到大氣以及為了基板的前置處理，系統會含有幾個真空室。圖 13.52 概略地表示一典型的分子束磊晶系統，共有成長室、緩衝室、處理室及進出室等四個由閘閥所連結的真空室。為了避免油氣的污染，現在的分子束磊晶成長系統大多是用無油的薄膜幫浦 (oil-free diaphragm pump) 和吸附幫浦 (absorption pump) 或是渦輪分子真空幫浦 (turbo molecular pump) 預抽真空後，再用冷凍幫浦 (cryopump) 及離子幫浦 (ion pump) 結合鈦昇華幫浦 (titanium sublimation pump, TSP) 抽至超高真空。整個真空系統在經過烘烤 (bakeout) 之後，背景壓力 (background pressure) 可達 $10^{-10}-10^{-11}$ Torr。因為烘烤的溫度將使整個真空系統維持在 100 °C 以上，所以系統所使用的機件，包括視窗、真空閥門都應該是耐高溫且放氣率低的材料。

磊晶生長室中的分子束發射室 (effusion cell) 裡面盛裝晶體成長所需的材料，每一個發射源都有獨立的熱電偶 (thermocouple) 和射束擋板 (shutter)。發射室的要求是分子束發射效

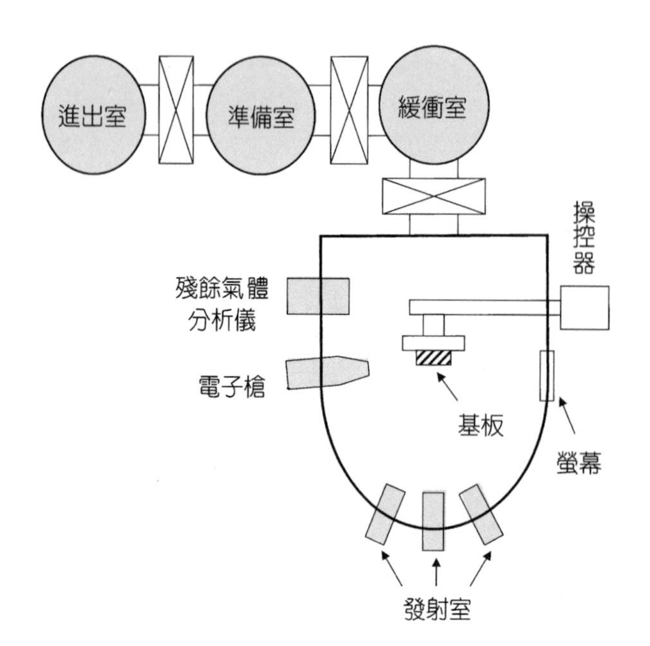

圖 13.52
典型的分子束磊晶系統示意圖。

率高而且可以使分子束均勻的到達基板、升降溫快速、均勻且穩定、熱輻射功率損耗率低，而且不會和所盛裝的材料反應。所以發射室中用來裝載材料的坩堝大多是以熱解氮化硼 (PBN) 製成，其中值得說明的是此坩堝之幾何形狀將會影響分子束在空間上的分布及其穩定性，當然也就和磊晶層的均勻性相關，所以實驗型和量產型的系統所使用的坩堝大小和形狀常是不同的。坩堝之外圍環繞有鉭絲 (Ta) 進行電阻加熱，且設有鉭箔製成的熱屏蔽，以避免熱量外漏及影響鄰近的發射室。傳統的發射源僅含一組加熱絲及溫控器。

一般在使用時，坩堝出口處之溫度會低於內部溫度，以致常有分子束冷凝於出口的情形發生。這種現象在盛有鎵、銦等元素的發射源特別明顯。所造成的影響是磊晶片的表面會有許多所謂的大顆粒缺陷。為了降低這種缺陷，發射源可配備兩組的加熱絲與溫控器，其中一組特別用來加熱坩堝的出口處，通常其溫度較底部要高約 50 °C 至 100 °C。目前這種雙熱阻絲發射源已非常普遍。為了達到更潔淨的生長環境，整個磊晶成長室內層和所有的發射室之間均有液態氮夾層環繞，此舉尚可有效防止交叉加熱和交叉污染的作用。每一發射室的出口附近均有一擋板用以開關分子束。此擋板一般是使用鉬或氮化硼為材料，其開關時間應在一秒以內。

成長 III-V 族化合物時，因為 V 族元素通常揮發性較大，在磊晶成長的過程中通常要比 III 族元素所使用的通量還大，所以相對於一般的 III 族元素，其消耗速率也就快的多，於是填充的頻率較高。在充填的過程中使成長室接觸大氣，除了對系統有不良影響之外，還耗費了許多人力、物力與時間。為了解決這個問題，一般均使用較大的 V 族元素發射室，而且在發射室的前端還有一個裂解室 (cracker) 和可調節通量的針閥 (needle valve)。在裂解室內，藉由高溫將四元分子 (tetramer)，如 As_4 形式的 V 族元素，裂解成二元分子 (dimer)，如

As_2，使其更有利於成長；而針閥的調整使 V 族元素的流量可依照所需做立即的變換。此法相對於以溫度來調整通量要快速很多，在成長量子阱結構或異質結構時特別有用。

在基板座 (substrate holder) 和加熱器 (heater) 方面，需要考慮的是加熱的均勻性。通常是以鉭作為加熱絲，纏繞在一塊氮化硼板上。而基板座則是以鉬製成。基板可由鉭絲在背後直接加熱，或以純銦銲在一鉬片上間接加熱。度量基板溫度的方式除了熱電偶之外還可以使用輻射溫度儀來相互校正。另外一些機械裝置可使基板在三維空間裡作靈活的轉動和移動，以利於傳送、分析、均勻加熱及均勻成長。在磊晶成長過程中，基板轉動的速度必須合理的配合成長速率，通常我們希望在長上一個原子層時，基板至少要轉一圈，以期達到磊晶層的一致性。

分子束磊晶系統中，通常在基板附近會設置一通量計 (flux gauge)，它事實上是一個離子真空計，可用來測量每一發射源在某一溫度下之通量。在一個系統內，兩個發射源之通量比可以由下列公式及所測得之壓力計算得知：

$$\frac{\phi_1}{\phi_2}=\frac{P_1\cdot n_2}{P_2\cdot n_1}\sqrt{\frac{T_1M_2}{T_2M_1}} \qquad (13.31)$$

其中 ϕ 表示通量，P 代表通量計所測得之壓力，n 表示離子真空計對所測元素之靈敏度，T 為發射源溫度，而 M 則為分子量。

有了此通量計，即可以很方便地校正磊晶成長速率及分子束通量比。另外一個分子束磊晶系統常有的配備是殘餘氣體分析儀 (RGA)，它通常是一個四極式質譜儀，可用來測量系統中之各種氣體。由於靈敏度很高，在評估真空室潔淨度及檢測真空室漏氣均是非常實用的。

為了能在磊晶成長時，即時地觀察成長時的表面重構 (surface reconstruction) 和表面平整情況，幾乎每一部分子束磊晶系統均裝有一套反射式高能電子繞射儀 (RHEED)。其基本原理是利用一道高能量(10 keV − 40 keV) 的電子束，以非常小的角度射向磊晶層表面，經過晶格的繞射之後反射在螢幕上呈現出繞射條紋，這些條紋會帶著晶體表面的訊息，所以藉由這套裝置，我們將可監看表面氧化層的去除，以及判斷成長條件的適當與否，這是分子束磊晶者最大的利器。其原理與應用將在後面詳細說明。

13.7.3 基本操作方法

(1) 系統冷卻

在使用前必須將液態氮導入系統，使液氮夾層 (shroud) 之溫度降到最低溫。同時必須注意夾層中沒有殘餘水分，以避免結冰後體積膨脹，造成腔體有應力，或液氮阻塞、壓力過高，進而引起漏氣。

(2) 發射室清潔

將每個發射室的溫度緩緩升至高溫，以清潔發射室。此溫度隨發射室內元素的不同而異，通常是高於磊晶使用溫度約 30 °C 至 50 °C 之間。在最高溫度停留一段時間後，即可緩慢降至待機溫度。當然此溫度亦和元素種類有關，通常是降至不會造成擋板上有很多沉積，但又不致於太低溫的溫度。

(3) 磊晶成長 (以成長砷化鎵爲例)

將基板傳入成長室，並開始加熱基板，加熱至 500 °C 左右，將砷發射室打開，以保護砷化鎵基板的表面，防止其熱分解。當加熱至 580 °C 時，由反射高能電子繞射圖可以判斷氧化層開始揮發，持續加熱至 610 °C 後即可再降回 580 °C，準備開始成長。此時，鎵發射室的溫度應已在約十分鐘前加熱至所需的溫度。當鎵發射室的擋板打開後，砷化鎵磊晶層即開始成長。若使用反射高能電子繞射儀觀察，應該出現所謂的 (2 × 4) 的圖案。這表示磊晶表面是屬於砷原子穩定化的表面，也是通常成長砷化鎵磊晶時應有的表面。若是出現 (4 × 2) 的圖案，則表示此時砷分子的通量不足，必須提高砷發射室的溫度或降低鎵發射室的溫度，不過後者將減小成長速率。

(4) 系統待機

完成磊晶成長後，將晶片傳出。若無需繼續成長，可將所有的發射室之溫度降至 200 °C 以下或室溫，並停止液態氮之輸入。有些使用者為了保持系統的清潔度，則選擇讓液氮持續流入。值得注意的是，在降溫的過程中，鋁和鎵發射室在其熔點附近之降溫速率要非常緩慢，以避免因金屬體積劇烈變化而破壞坩鍋。

(5) 反射高能電子繞射儀 (RHEED) 之操作

前面提到，反射高能電子繞射儀是分子束磊晶系統中的一項利器，也是最常用的監控或研究工具。由於磊晶時，晶體的表面原子會依成長環境，如溫度、入射分子束通量等因素，自行組成特定之排列方式。當高能電子束以低掠角射向晶體表面，即可造成特定之繞射圖樣。這和 X 光繞射及穿透式電子顯微鏡等儀器的原理是一樣的。不過，由於此處之電子入射角度約在 2° − 5°，電子在垂直於晶體表面之動能分量不多，所以電子的繞射是屬於二維的平面繞射現象；也就是由表面原子所造成的繞射。圖 13.53 是砷化鎵常見之原子表面

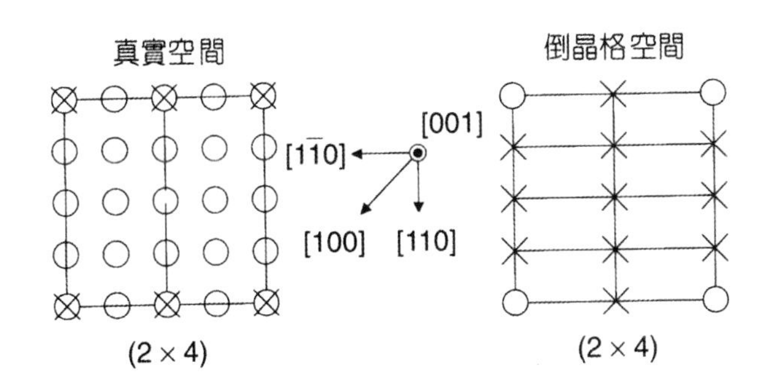

圖 13.53
砷化鎵常見之面重整圖案，× 表示最上層原子，◯ 表示下層正常排列之原子。

重整圖案。為了方便說明，此圖亦包括對應之倒晶格 (reciprocal lattice) 圖案。由於分子束磊晶時之繞射是由二維的表面原子排列所產生，其對應之倒晶格則為垂直於表面的直線。我們可於此倒晶格空間 (reciprocal space) 建一 Ewald 球面，凡與球面相切的點即為增強之繞射點，如圖 13.54 所示。理想狀況下，圓和線相切可得切點。但是由於晶體之表面原子並非無限且完美地排列，其對應之倒晶格為一細長之柱狀，而非一直線。所以在實際情況下，我們觀察到之繞射圖案是呈現細線的形式，而非點狀，如圖 13.55。事實上，如果表面不平整，電子繞射圖案即變成點狀，因為此時類似於三維的繞射狀況。圖 13.56 即是砷化鎵在磊晶時的典型繞射圖，也就是所謂的 (2×4) 表面重整圖，參考圖 13.53 及此圖可知，在沿晶體之 (110) 及 (1$\bar{1}$0) 方向看到之繞射圖是不同的。這是所謂的砷一穩化的表面，亦即表面以砷原子居多。若是砷／鎵之分子束通量比太低，或基板溫度太高，則可能產生鎵一穩化表面，此時其電子繞射圖案出現的方向會和原來的 (2×4) 圖對調，也就是所謂的 (4×2) 表面重整圖。通常這是應該避免的狀況。因為在此狀況下成長太久，表面會產生許多微小的鎵

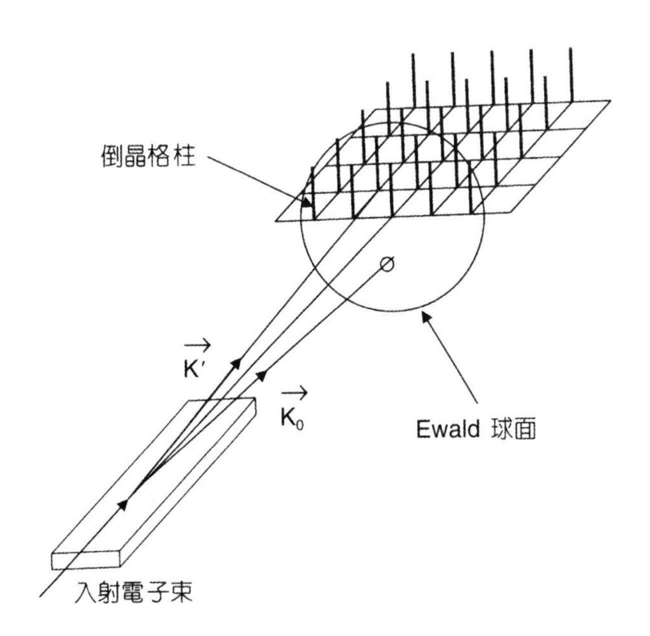

圖 13.54
二維之表面原子於倒晶格空間對應成許多垂直表面之直線。

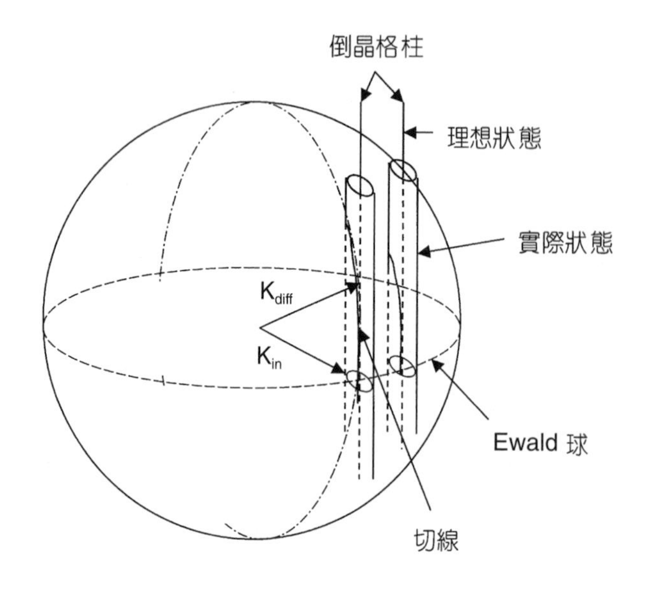

圖 13.55
實際狀況下 Ewald 球面和倒晶格柱之相切可得一線面而非一點。

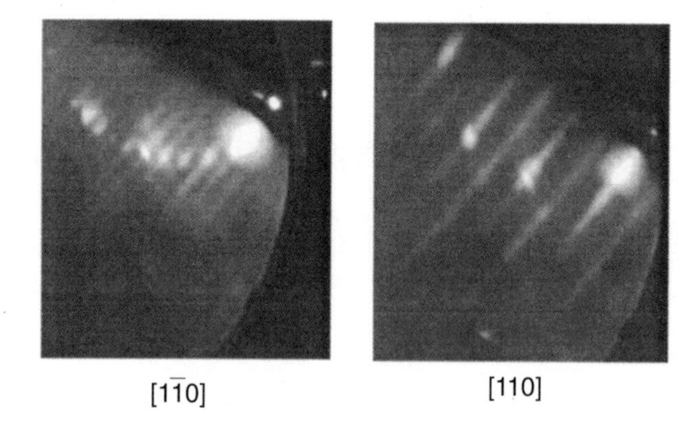

圖 13.56
砷化鎵表面之反射高能電子繞射圖。

球。

高能反射電子繞射也常被用來測量磊晶成長速率。其主要原理是利用電子繞射強度和磊晶表面原子排列之平整度的關係，來判斷原子層疊堆的速率。圖 13.57 說明了繞射的強度振盪和原子層疊堆情況之關係。由此圖可知，一個振盪週期即相當於成長一個原子層，對砷化鎵而言，即相當於約 2.8 Å。吾人可利用此振盪信號控制發射源擋板的開關，生長整數的原子層，以獲得良好的異質接面。這種方式亦稱為鎖相磊晶 (phase-locked epitaxy)。

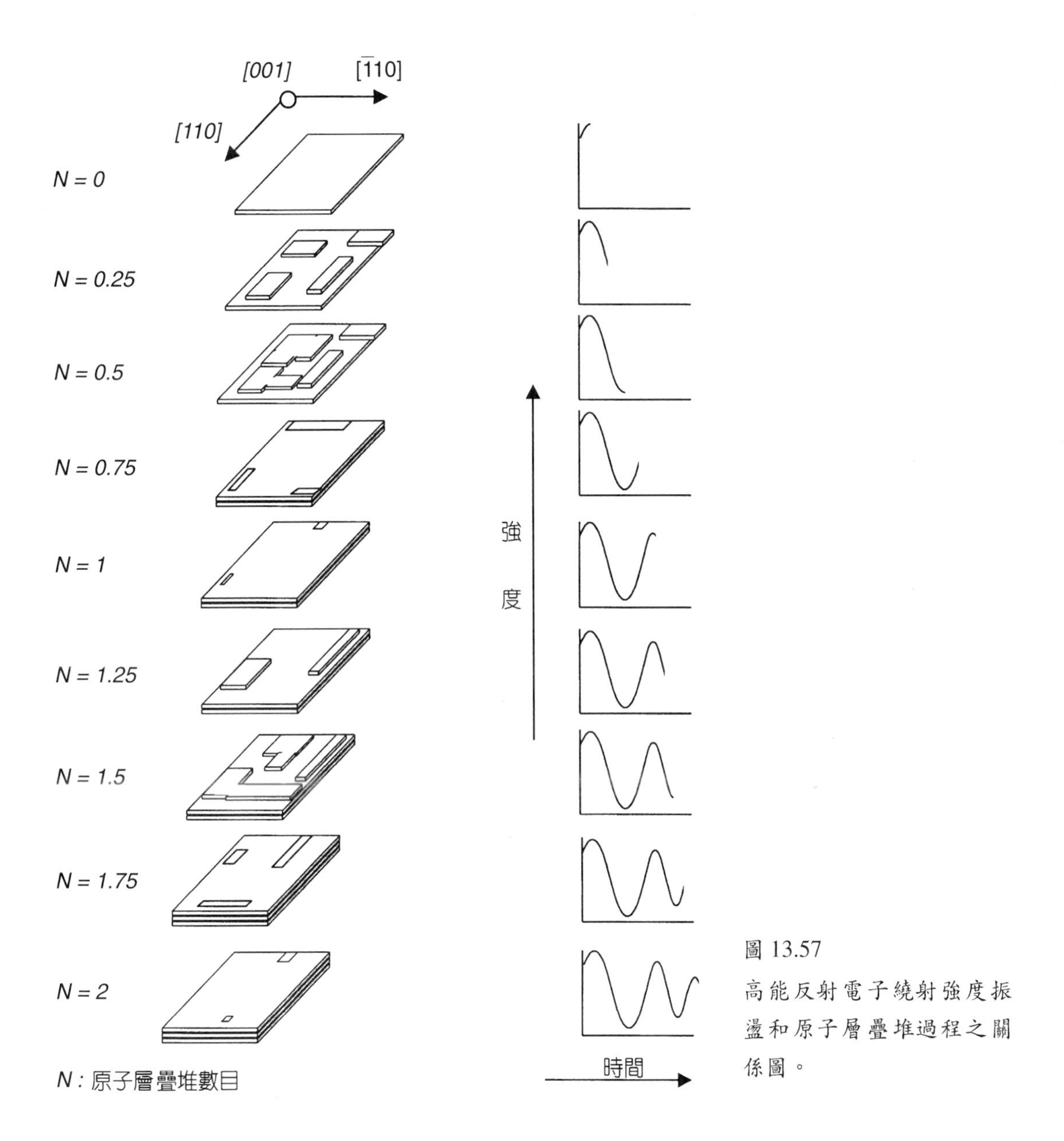

圖 13.57
高能反射電子繞射強度振盪和原子層疊堆過程之關係圖。

13.8 冷陰極電弧電漿沉積法

冷陰極電弧電漿沉積法 (cold cathodic arc plasma deposition) 是離子披覆 (ion plating) 家族的一員，屬於高能量沉積之物理氣相沉積 (physical vapor deposition) 製程。在 1970 年代早期該技術的原型儀器和方法首次被提出，僅僅數年已發展成一種可被廣泛運用的鍍膜系統。離子披覆製程的發展，原動力來自於高速鋼 (HSS) 切削工具之製造工業。工業界採用化學氣相沉積 (chemical vapor deposition) 製程，在碳化物切削工具上施以氮化鈦硬化膜披覆，以增

第 13.8 節作者為賴冠仁先生。

加工具之壽命。由於化學氣相沉積製程需要保持在高溫 (1000 °C)，遠超過高速鋼之退火溫度，使得該製程無法適用於高速鋼之硬化膜處理。因此希望找尋一種能在製程中不需要過高的基板溫度，卻具有高溫製程、高附著力和高薄膜密度等優點的鍍膜製程。離子披覆以其離子轟擊之優點，取代高溫製程，特別適合此種需求。冷陰極電弧電漿沉積法的離子化程度特別高、沉積速度快，尤其適合刀工具的硬化膜處理。

冷陰極電弧電漿沉積法採用真空電弧 (vacuum arc) 放電原理，將靶材蒸氣粒子從陰極靶表面釋放發射。其中大部份生成離子和微滴 (microdroplet)，離子是本鍍膜製程中最重要的物種 (species)。靶材的離子化蒸氣受到相對於真空腔體和陽極的負偏壓加速，而撞擊並沉積在基板上形成膜層。冷陰極電弧電漿沉積法的的特徵如下：(1) 高比率的發射蒸汽被離子化，30 – 100%；(2) 發射離子具有多種電荷狀態；(3) 發射離子具高動能，10 – 300 eV，及高沉積速率。

綜合其特徵，對於提升鍍膜品質和製程控制方面有以下的優點：

1. 薄膜的附著力和密度高。
2. 沉積速率快且鍍膜均勻性佳。
3. 可在較寬的製程條件下得到高品質、化學計量比例正確的反應性鍍膜。
4. 沉積過程中基板溫度低。
5. 薄膜可忠實反映靶材合金組成比。

13.8.1 眞空電弧的產生

「真空電弧」此一名詞字義本身存在著自然界矛盾的現象，因為真空中沒有電弧存在，反之若有電弧存在，則必非真空。J. M Cafferty 和 Echer 注意到此真空電弧的矛盾性，認為既然是「真空」就不可能產生電弧，因此它的真正含意應為「在真空環境中的金屬蒸氣電弧」。至於何以它繼續的被沿用，只因為它已成為一通俗之說法。何謂電弧？普林斯頓大學的康普敦教授 (Karl T. Compton) 對電弧的定義如下：當位在陰極區域之氣體或蒸氣燃燒，並處在具有可以離子化之最低的電位時，氣體或蒸氣的放電行為。電弧可分為高壓電弧及低壓電弧，分述如下。

(1) 高壓電弧

存在於具釐米級汞柱之環境氣體或蒸氣壓力下，例如：大氣中閃電、電銲和火星塞產生之電弧，因受電、磁場的作用，故具有極高的氣體溫度 (通常 4000 – 20000 K)，收斂細小光柱為其特徵。此氣體溫度為電子、正離子、中性原子和分子之間達成熱力平衡的結果。

(2) 低壓電弧

存在於低於釐米級汞柱之環境氣體或蒸氣壓力下，此壓力下分子的平均自由路徑較長，因此低壓電弧以具有擴散之非熱力光柱電漿為特徵。在電弧電漿中電子溫度約 10000－50000 K，但氣體的溫度僅略高於周圍溫度。冷陰極電弧操作於數十毫托耳的中度低真空中之低壓電弧。

電弧放電時，陰極表面可分為熱陰極和冷陰極兩種，圖 13.58 是電弧放電的電流－電壓特性曲線，前段高電壓低電流區域屬於正常輝光放電 (normal glow) 和不正常輝光放電區 (abnormal glow)，習用之濺鍍技術就是操作在不正常輝光區域。當曲線從不正常輝光區往高電壓方向增加，電流隨之增加至某一限度，會發生電壓陡降、電流突增之電弧放電現象。如果是熱陰極或在不正常輝光區被加熱至高溫的高熔點材料，則輝光與電弧放電之轉換點曲線很平滑；但是對冷陰極而言，轉換點曲線轉折突然 (如圖中之虛線與斜線部分)，此時電弧電流是由陰極點所供給。

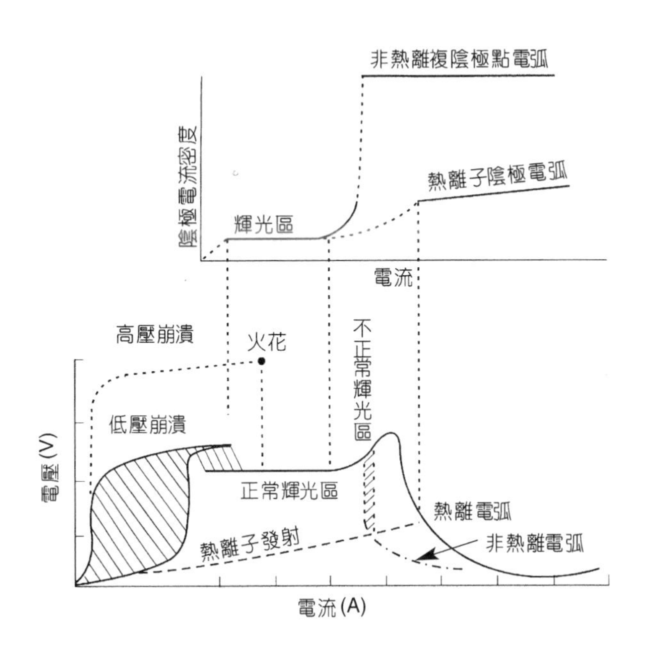

圖 13.58

電弧放電之電流－電壓特性曲線。

13.8.2 陰極點

冷陰極電弧令人矚目的是靶材表面快速移動的亮點－陰極點 (cathodic spot)，在陰極點上含有大量的活化區域跳躍於靶金屬表面，這些不斷變化的活化區域，通常伴隨在處於連續快速跳動狀態的粒子流發射位置。其詳細現象十分複雜，參見圖 13.59，包括：表面輻射、中性或受激發的蒸發原子或分子 (包括離子和微滴)、正離子的轟擊和連續變化的高電場。當外加電場使陰極表面形成電弧後，帶複電荷的陰極材料原子注入電漿之中，因而陰陽極間的電漿區形成高濃度的正離子雲，故在陰極與陽極間的空間中產生一電位突起，具有較陽極正的電位，使部份正離子受電位梯度的推擠而到達陽極。另外一部份正離子受到正離子雲的排斥而折返陰極，再次轟擊陰極表面，形成陰極表面正離子電流。如圖 13.60 所示高濃度正離子雲所造成的電位突起。在陰極淨電流約百分之九十是電子發射所造成的 (包括熱游離電子和場發射電子)，其餘的百分之十由正離子所提供。其中熱游離電子發射具有冷卻效果，其冷卻效應 (ϕj_e) 等於熱游離發射電流密度 (j_e) 與功函數 (ϕ) 的乘積。電流密度為

$$j_e = AT^2 \exp\left(-\frac{\phi}{kT}\right) \qquad (13.32)$$

其中 A 為常數，k 為波茲曼常數，ϕ 為功函數。

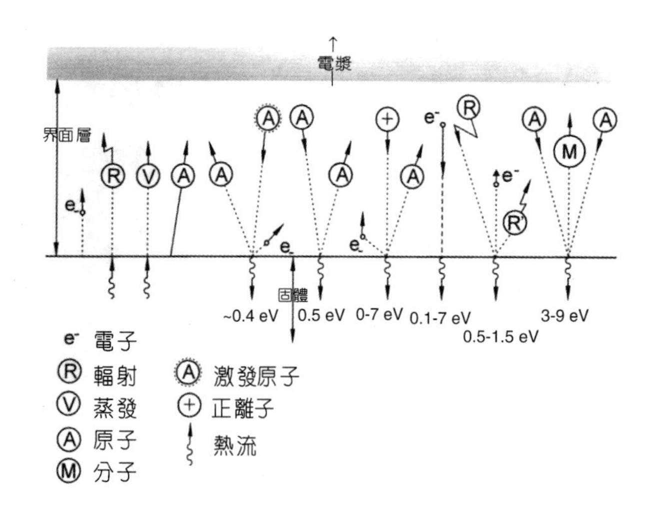

圖 13.59
影響固體表面能量平衡的各種粒子行為。

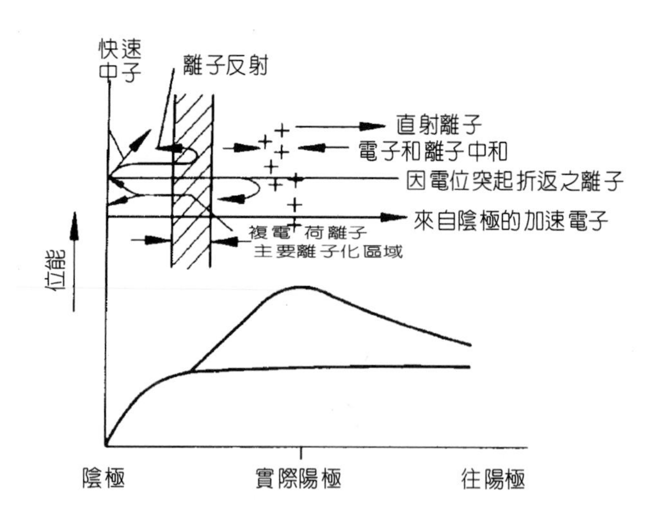

圖 13.60
陰極與陽極間的主要粒子流和可能的電位分佈。

圖 13.61 表示各種金屬的蒸發功率密度 (W/cm^2) 與熱游離發射電流密度 (A/cm^2) 對溫度函數之關係圖，水平線表示陰極點之功率密度之可能極限，亦即可能之操作溫度區間，其中 (B) 是沸點，(×) 是建立陰極點的溫度。從圖中可以看到陰極點的能量密度很高，至少 3 × 10^5 W/cm^2，陰極點範圍由鋅 (約 1200－20000 K) 到鎢 (6000 K 至大於 8300 K)，其範圍均遠高於金屬之沸點，因此當輸入之功率密度大時，可能導致金屬的直接昇華。圖 13.62 為 Guile 所提出之陰極點活動生成微坑 (micro crater) 的機構，最初場電子因強電場之作用在陰極表面微突處發射，大電流伴隨著焦耳熱，造成熱電子發射與局部加熱該陰極點位置。陰極點處因高溫熔融，熔液面受到電漿壓力變形生成微坑，微坑的電流密度約 10^8 A/cm^2。陰極

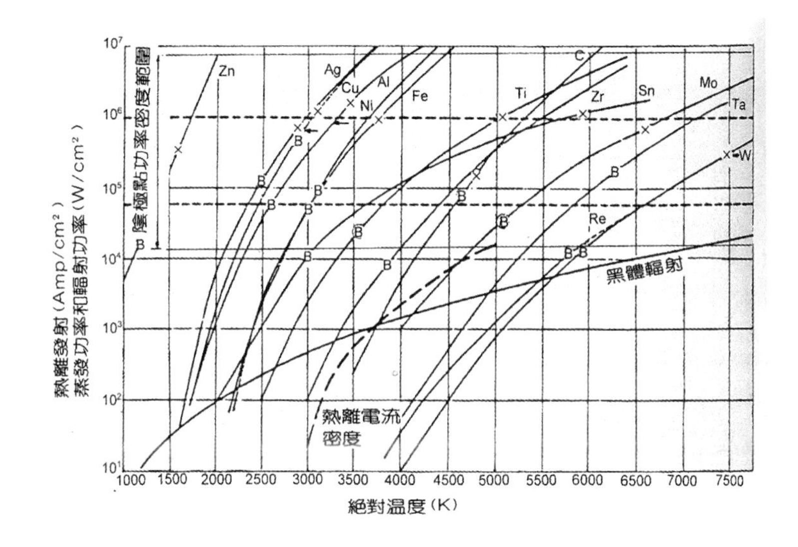

圖 13.61
各種金屬的蒸發功率密度與熱游離發射電流密度對絕對溫度關係圖 (B：沸點，×：建立陰極點的溫度)。

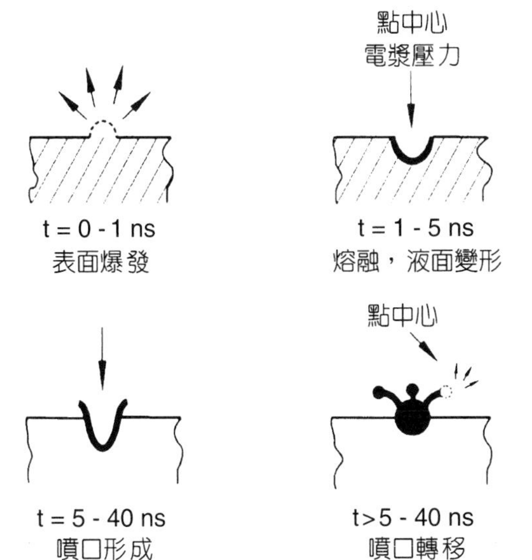

圖 13.62
電弧陰極點之生成和轉移。

點微坑的生成伴隨著高度的金屬飛濺 (splattering) 和微滴 (microdroplet)。飛濺的同時，相對應的突點變化和霍耳力 (Hall force) 作用，因此造成陰極點移動，此一過程約時 40 ns。因此在陰極點遺址處可測到相當大的沖蝕和具有微小的熔解痕跡的微坑。

冷陰極電弧源之動作可以由圖 13.63 中不連續的陰極點之示意圖加以說明。電場使電子自陰極發射，激發靶上方之氣體離子化，在陰極和陽極間形成電漿。氣體正離子受電場作用而撞擊陰極點，濺射出靶離子、原子、分子和微滴。離子受電漿鞘之作用，部份折返撞擊陰極，部份通過電漿抵達陽極，受到基板偏壓的影響向基板加速撞擊，沉積在基板上。由於電漿流感應磁場產生霍耳力，使陰極點受力作用而移動。在無外加磁場作用下，陰極點散亂地在陰極靶表面移動，稱為散亂電弧模式 (random arc model)，圖 13.64(a) 為散亂電弧源之結構示意圖。

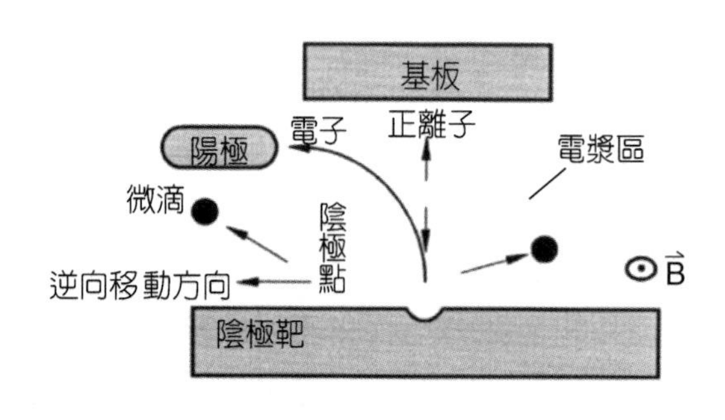

圖 13.63
不連續的陰極點示意圖。

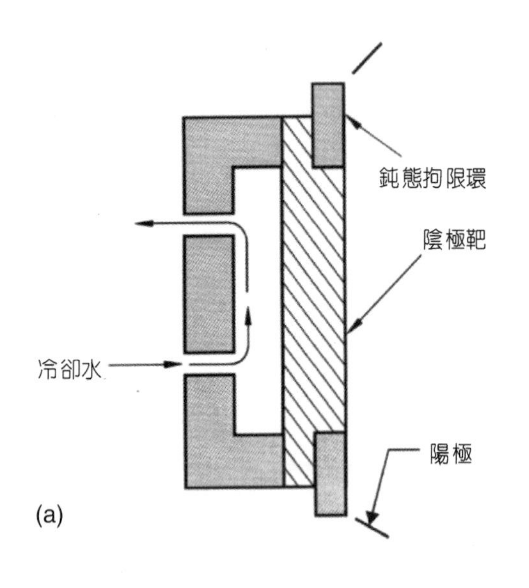

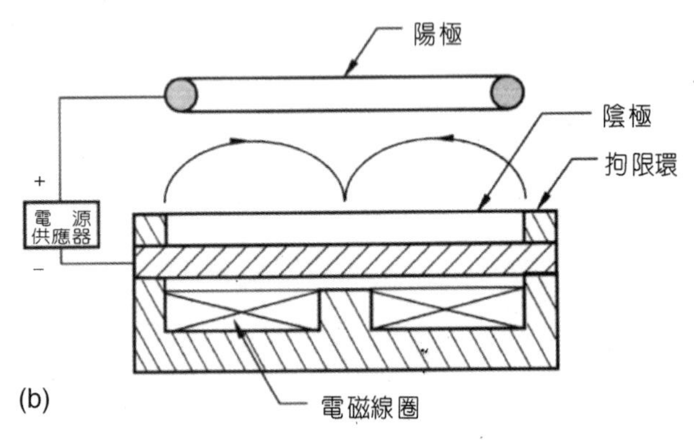

圖 13.64
兩種不同的電弧源模式：(a) 散亂電弧模式，(b) 操控電弧模式。

13.8.3 電弧源的種類

散亂電弧模式是一種電弧不受外加磁場作用之限制時，在陰極靶上之陰極點運動方式，電弧放電在具有陰極電位的任何均質的表面上，且其運動係隨機散亂移動。圖 13.65(a) 為陰極靶上散亂電弧之陰極點移動示意圖，陰極點重疊出無規則之樹枝狀軌跡。此種電弧陰極點移動速度較慢，且微粒問題嚴重。若靶上存在有不連續表面 (例如裂縫和介在物)，則電弧會在該位置滯留並迅速的沖蝕出很深的孔洞。若以外加固定或變動之磁場來控制陰極點之路徑，使其受磁場之作用力來規範相對運動，此種模式稱為操控電弧模式 (steered arc model)(圖 13.64(b))。其特點是可增加陰極點的移動速度，大幅減少微滴之數目和大小。圖 13.65(b) 為操控電弧之陰極點移動示意圖，其中磁鐵是永久磁鐵或電磁鐵。電弧循磁力線最弱的位置在靶面上作圓弧路徑移動。由於陰極點移動速度增加，因此微粒問題獲得改善。

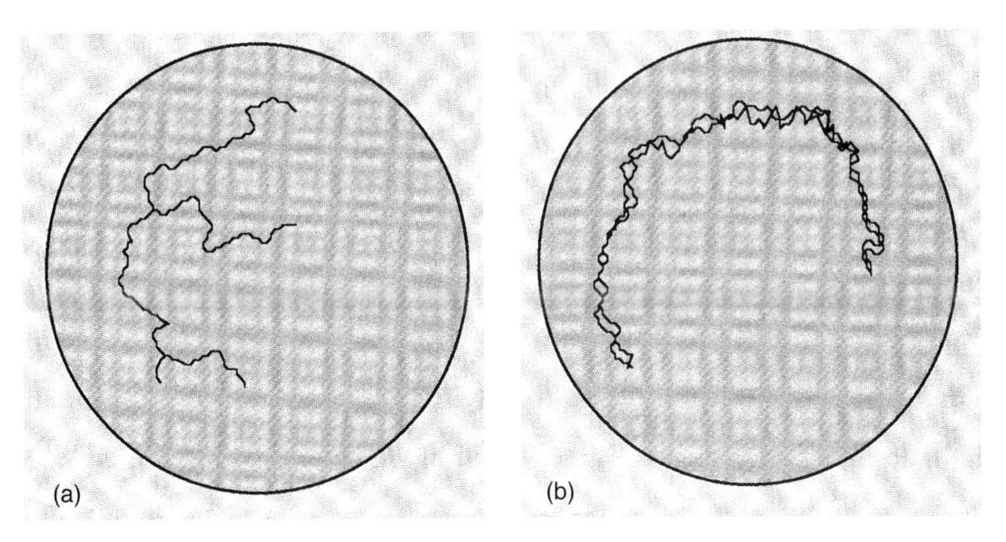

圖 13.65 兩種不同的電弧源模式陰極點之運動軌跡示意圖：(a) 散亂電弧模式，(b) 操控電弧模式。

雖然操控電弧模式可改善微粒問題，但畢竟無法完全去除，因此對於表面平坦度要求嚴格之光學、半導體、光電等應用受到限制。為完全去除微粒危害薄膜之品質，近年有人提出過濾式電弧源模式 (filtered arc model)，它是運用質譜管概念，藉電磁場作用偏轉電荷，將電漿中之離子與微滴分離，基板的位置安排在靶視線可及之空間外，使得微滴無法直線飛行接觸到基板，且因為微滴不帶電，不受電磁場偏轉方向，故只有離子能經由電磁場作用轉向後抵達基板表面，因此可以近乎百分之百去除微粒之危害。圖 13.66 列舉四種不同結構之過濾式電弧源設計。

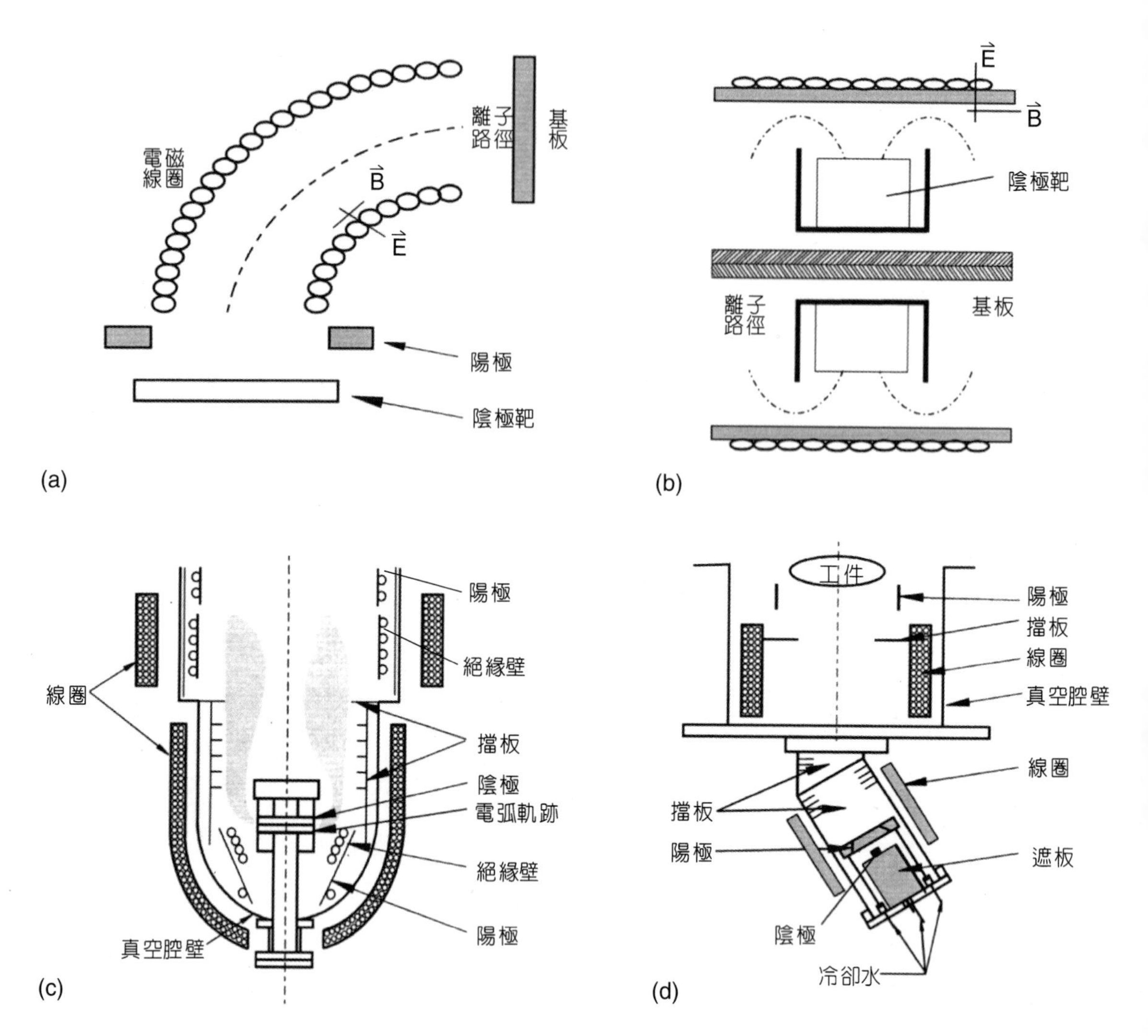

圖 13.66 四種不同的微粒濾除設計示意圖。

13.8.4 電弧的引弧

如同大家所熟悉之人工電弧銲接操作，是以手腕為圓心，將帶有相對電壓數十伏特的電銲條 (負極) 對著待銲工件 (正極) 垂直作畫弧動作。使圓弧的垂直最低點接近待銲工件表面，但不接觸，當銲條距離工件表面某一適當高度時，產生火花引弧，同時保持此高度，以 10－35° 之斜角水平移動電銲條，維持電弧之穩定同時進行銲接。類似的引弧動作被運用在冷陰極電弧電漿沉積法中，在真空環境中 (約數十微托耳) 製造電弧。

至少已有四種技術成功地被運用於電弧的引弧。最簡單的方法是仿人工電弧銲接動作，以輔助電極機械式接觸陰極並移開，在陰極畫出第一個電弧，當電弧熄滅後，再次動作引弧。本方法已經使用於商業化之電弧沉積系統之中，用於生產氮化鈦披覆之模具、刀具等。它最主要的優點是簡單，而缺點是電極可能因瞬間高熱被熔接於陰極表面。解決之道可以在電極與接地端之間接上一個電阻，以電阻來限制在點火過程的電流值，降低其發生機會。重覆率較低，使電弧源無法作脈衝模式引弧操作是本法另一缺點。

第二個方法是高重覆性引弧技術，採用一金屬薄膜連接陰極表面和輔助陽極，透過電容放電而突然蒸發並離子化來引弧。如果幾何形狀設計適宜，則本技術之可靠度極高。電弧一旦啟動，電容會對這層金屬薄膜連續地放電引弧。特別要注意當電弧啟動的第一剎那，靶表面必須確保是新鮮 (fresh) 無污染的。

第三個方法是使用的電容放電至一持續流通氣體之管件。電容放電提供數千伏特之電壓脈衝電離氣體形成電漿，電漿電流流向陰極，以引發電弧。由於這種引弧方式不需接觸陰極，故較可靠，但因通入少量的鈍態氣體，所以不能作過於頻繁的重複引弧。

第四種是雷射脈衝引弧。以雷射脈衝投射在陰極表面局部激發產生電漿。電漿用以引發起始的陰極點。如果脈衝直接加在陰極之工作面上，並且產生局部之熔融，則陰極表面會因局部的平坦化抑止進一步之引弧。解決的方法是將電弧引弧在以不反射的材料 (例如碳) 製成的輔助電極上。此外使用本方法必須選用雷射可穿透之視窗材質，並避免沉積物種污染視窗－雷射的引入路徑。

13.8.5 電弧的控制

電弧必須能很嚴格的被控制，因為若失去控制會迅速地損毀電弧鍍膜設備。電弧的控制另一個意義在於微粒之控制。包括靜電和磁性兩種特性已被用於侷限陰極電弧之行為。

靜電的限制使得有用的陰極電弧移向陽極形成電的迴路。此陽極可能與真空腔浮接隔離或與真空腔壁導通。圖 13.67 列舉出兩種不同的鈍態陰極電弧控制型式。左側是一個浮接的陽極屏，用以防止電子從陰極流向真空腔壁，電弧會熄滅在水冷卻的陰極靶的邊緣。右側是使用低電子發射係數的氮化硼陶瓷限制裝置。如果額外的電弧存在於靶的表面，或有充份的電源供應再引弧所需的電位，則電弧將反覆再生且製程將持續進行，否則當電弧熄滅後需要再度引弧。在使用氮化硼限制電弧的裝置中，電弧抵達靶緣的限制界面時會被拋回靶上，因此不需要再引弧。以靜電限制電弧的優點是簡單和靶容易安裝。但是也有兩項缺點：(1) 電弧可能熄滅需要再引弧；(2) 電弧傾向於在絕緣體和金屬界面上燃燒，如果持續一段時間則此絕緣體會被熔融破壞，必須更換。

磁場是另一種控制電弧的方法。所謂逆向移動 (retrograde motion) 發生在平行於陰極表面之感應磁場的移動方向。參見圖 13.63 所示，逆向移動率因感應磁場而增加。快速的電弧行動會減少微粒的生成，此被預期發生在高熔點金屬的反應性電弧行為中。

垂直磁場組件和電弧行為的效應如圖 13.68 所示。圖 13.68(a) 所示結構是由 Wroe 所提出，螺旋管線圈所形成的磁場包圍在電弧靶周圍，磁力線與靶面以近乎 90° 相交；電弧環繞

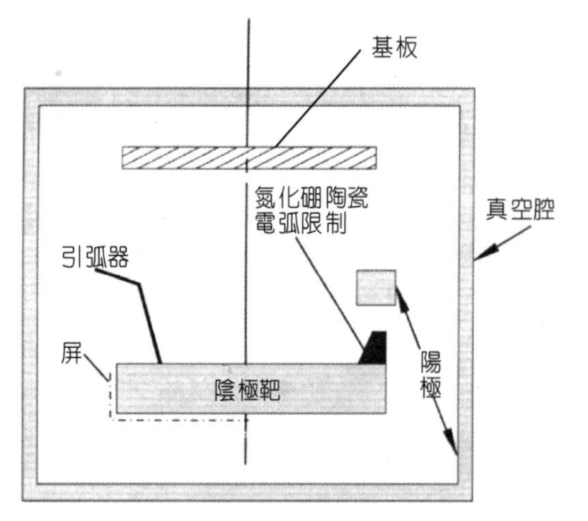

圖 13.67
四種不同的鈍態陰極電弧控制形式。

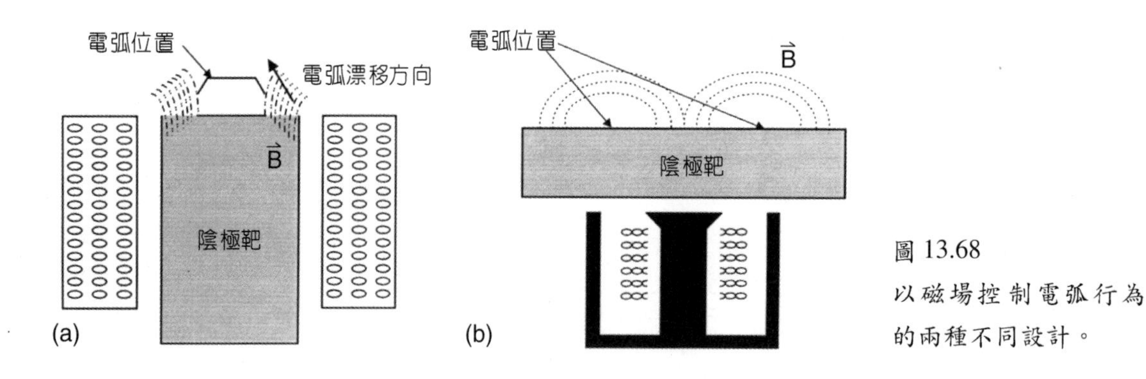

圖 13.68
以磁場控制電弧行為的兩種不同設計。

在圓柱型靶的周圍，並向靶表面移動。磁場超過 5000 高斯且陽極緊接於陰極。圖 13.68(b) 例舉第二種方式，由 Kesaev 所提出，在研究汞表面電弧的行為時，靶表面生成一拱型磁場分佈，電弧在靶面磁場最弱的位置作圓周移動，移動的曲率是受磁場所決定。

13.8.6 微滴生成的討論

雖然造成微滴的正確程序迄今尚不清楚，但是據已提出較可能的生成機構敘述如下：

(1) 離子衝撞於陰極點生成的液狀池，使得熔融的材料從池的邊緣向四面八方迸出，形成微滴。其產生的微滴直徑較小，此點可由所觀察到的噴口直徑解釋之。

(2) 許多微滴的直徑大於噴口，因此它們的形成無法追溯至噴口。由陰極點生成的噴口重疊使得熔融池擴大的液狀區域，造成電弧點的移動愈緩慢。因此意味著電弧點的速度對廣佈的熔融區域之形成和大的微滴射出有決定性的影響。在陰極點互換快速 (約 10 ns) 的製程中，而熱力平衡 (需約 100 ns) 僅能在電弧已「跳離」後達成。因此在陰極點離開之後，仍有大的區域受到熱影響而熔融。完整的熔融液面以衝擊波的形式移動，結果造成供應之離子壓力突然停止。此種液體表面的波移動可能造成直徑遠大於噴口直徑的微滴。

當微滴離開陰極點微坑，通過電漿區沉積於基板上，會形成次微米至數十微米的微粒 (microparticle)，直接影響薄膜的平坦度與應用性。因此許多研究致力於減少微粒的危害。微滴的大小和數量受到陰極材料的種類、系統操作條件和電弧源的設計等影響。陰極靶材的熔點關係到陰極點上熔融池的生成，熔點愈高愈不易生成，影響所及微滴的大小和數量相對降低。對同一靶材而言，微滴的大小受到靶的形狀、電弧電流、磁場、氣體種類和壓力等因素影響。例如：採用較低的電弧電流可降低微滴的大小和濃度；在電弧源之設計上，使用邊界阻擋限制電弧之活動範圍有助於降低微滴的大小和數量。

下列四項技術已證實可以達到減少微滴危害鍍膜之目的：

(1) 在電弧點的生命週期中，發生熔融的材料體積必須保持最低，亦即是縮小噴口直徑 (減小電弧電流) 和減小電弧點生命週期，但相對的可能造成電弧的不安定。
(2) 電弧的路徑應儘可能拉長，同時對陰極作有效地冷卻，以防止陰極表面廣泛的熔融；也可以磁場引導，例如以操控式電弧 (steered arc) 模式，增加電弧點移動速度，以減少熔融面積。
(3) 高熔點的陰極靶材會減小噴口的直徑和降低熱傳導，可防止熔融區域的擴大。
(4) 使用過濾式電弧 (filtered arc) 模式，透過電、磁場改變離子之路徑，將微滴濾除或使微滴不能在直線拋射路徑下抵達基板。

13.8.7 離子轟擊

冷陰極電弧電漿沉積法是離子披覆法新近發展的一支，它在製程中大量使用離子轟擊 (ion bombardment)，因此有必要對離子轟擊加以了解。1963 年 Mattox 曾對離子披覆法下定義：離子披覆法是在製程中 (包括在沉積之前和／或沉積進行之中)，以帶有高能量的離子轟擊基板和基板上生長薄膜的一種製程方法。它主要在沉積源與基板間形成一自發偏壓或外加偏壓，離子受到偏壓電場之作用，向基板方向加速，高能量的離子因此轟擊基板表面。

在鍍膜之前對基板表面施以離子轟擊，可以有效的清潔附著於基板表面的污染物和氧化物層，讓新鮮的底材裸露出來，有助於薄膜的附著，轟擊於基板表面形成活化中心，例如：缺陷、表面原子置換等容易形成核中心或核種，有助於晶核密度之增加和生長，直接關係著後續製程之成敗。在鍍膜／基板界面生成階段施以離子轟擊，會造成沉積粒子與底材表面原子物理性混合，促進界面擴散，改變界面的物理性質。高動能的入射離子轟擊表面，會使得表層原子鍵結較弱者或吸附之氣體分子，因碰撞而脫離濺射，僅存鍵結夠強的原子於表面上，此附著機構之淨效果，造成更緊密的堆疊。背向濺射與氣體散射提供高的投射能量，故可在形狀複雜的基板表面形成等軸晶系之微結構。相對地，若入射離子動量過高，背向濺射機率增加，反而造成鍍膜原子沉積不易及離子植入等缺點。

薄膜成長過程中，由於高能離子的介入，夾其能量上的優勢，於碰撞過程以熱能形式傳遞到基板上，提供薄膜成核生長和表面沉積粒子所需的能量，因此製程中對溫度的依存性明顯下降。圖 13.69 為 Bland 所提出的模型。無偏壓時，沉積材料等方向性散亂分布，在基板上造成某些沉積死角，形成谷狀部，隨著薄膜的成長，最後生成具孔隙之柱狀晶結構；反之，當施加偏壓時，高能量的背向濺射與背向散射粒子會填補可能發生之谷部位置，孔隙因此不生成，結構趨於緻密，成長為等軸晶系結構。離子披覆法因為採用偏壓加速，故其離子能量較高，範圍為 10－1000 eV，相較之下，遠高於蒸鍍法 (0－1 eV) 和濺鍍法 (4－100 eV) 等物理氣相沉積技術。圖 13.70 為不同之物理氣相沉積技術的入射粒子能量範圍。

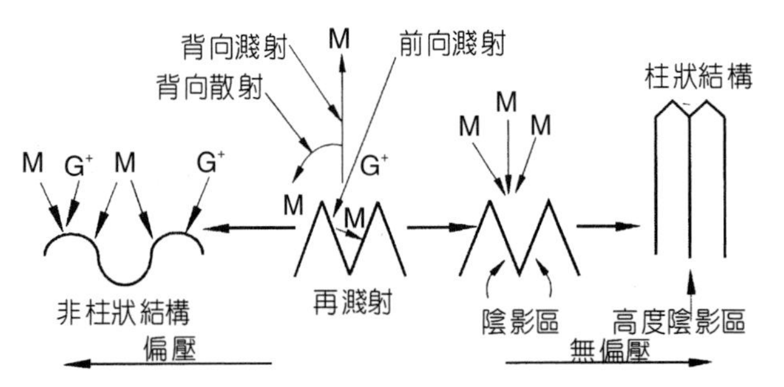

圖 13.69
製程中離子轟擊對薄膜晶體成長之影響。

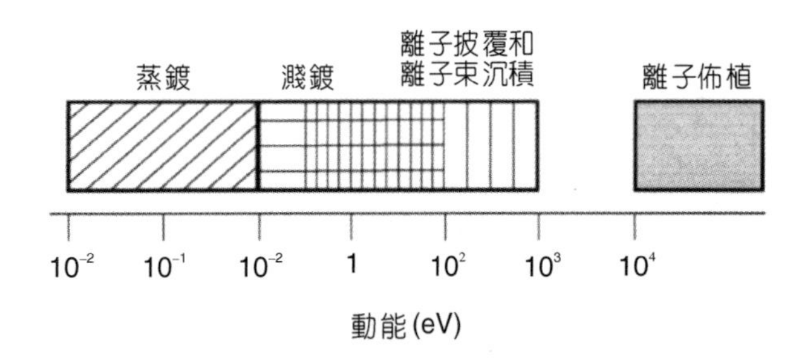

圖 13.70
各種物理氣相沉積製程的能量範圍。

圖 13.71 為 Movchan 和 Demchishin 所作之基板溫度 (T_s/T_m) 對沉積薄膜微結構影響的示意圖，其中 T_s 是鍍膜時之基板溫度，T_m 是鍍膜材料的熔點。當製程之 T_s/T_m 值不同時所得之微結晶結構不同，因此可區分成三個區域 (Zone I、II、III)。當金屬膜沉積時，若 T_s/T_m 值介於 0.3－0.45 之第二區域時 (氧化物，0.26－0.45)，沿生長方向形成明顯的柱狀晶微結構。若 T_s/T_m 值低於 0.3 的第一區域時 (氧化物，0.26)，基板溫度偏低，因此生成具有開放式晶界的多孔隙粗晶微結構。若 T_s/T_m 值高於 0.45 的第三區域時 (氧化物，0.45)，基板的溫度較高，再結晶能力增強，因此生成等軸晶系緻密的多晶微結構。當離子轟擊技術運用於鍍膜製

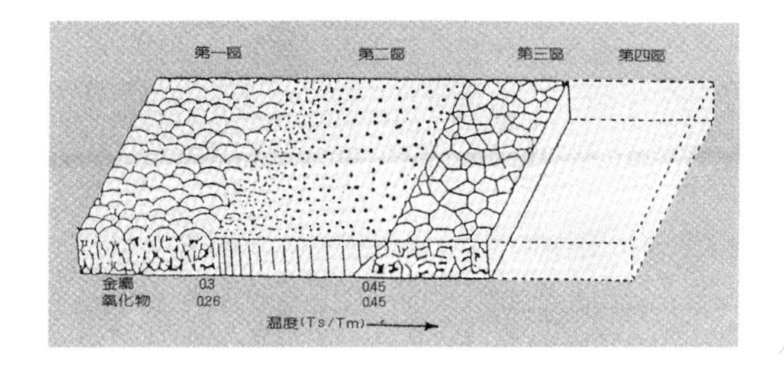

圖 13.71
基板溫度 (T_s/T_m) 對沉積薄膜之微觀結構生長之影響示意圖。T_s 基板溫度，T_m：沈積膜材質之熔點。

程時，若其入射能量夠大，會使得生成的晶粒受到撞擊變形，晶界受到破壞形成非晶質結構。因此在圖 13.71 中延伸出第四區域 (Zone IV)。

由於在電弧電漿沉積製程中會自靶表面發射微滴，使基板發生微粒附著之問題，且不同的沉積設備和製程參數下，微粒危害程度差異很大，因此在台灣四面環海氣候潮溼的環境下，孔隙成為水氣擴散的路徑，使工件上發生點蝕斑點現象，尤其高速鋼模刀具特別明顯。有的製程使用不預先加熱的冷基板，完全依賴離子轟擊作用來加熱基板或加強鍍膜品質；有的則使用外加熱源預熱基板至目標溫度後，再進行鍍膜。尤其是大量工件之鍍膜，有時預熱並不容易，因此易發生孔隙多、附著力較差之現象，並非任一設備即可適用各種不同用途。以基板溫度為例，冷基板和預熱基板膜質特性即不同。離子轟擊在作用上有取代加熱之效果，Mineo Nishibori 曾探討過兩薄膜差別。圖 13.72 例舉微粒轟擊冷基板與熱基板時不同之凝結現象，圖 13.72(a) 所示為微滴撞擊冷基板時凝結於基板表面，形狀如球狀，微滴表面與基板表面的接觸角 (α) 大於 90°，附著力差，很容易脫離基板表面。圖 12.72(b) 顯示如果基板溫度高於第二區，微粒之接觸角 (β) 變小，小於 90°，附著力佳，微粒不易再脫離。如圖 13.73(a) 所示，當微粒附著在基板表面，隨後離子繼續抵達，沉積在吸附之球狀微粒周圍，

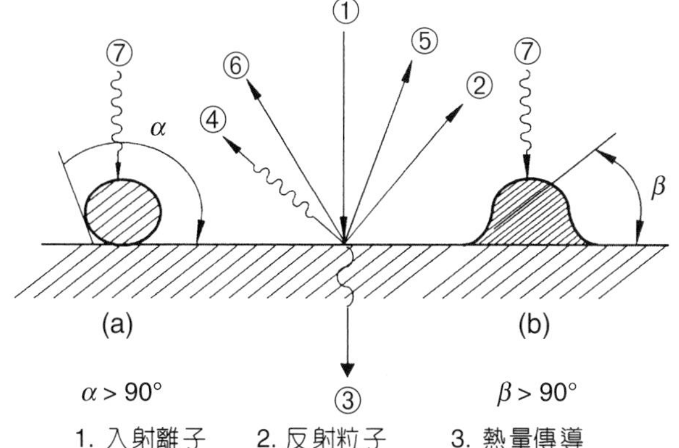

圖 13.72
微滴轟擊基板表面之不同凝結現象：(a) 冷基板，(b) 熱基板。

形成散亂的微結構，離子轟擊加熱基板，微滴會脫離基板表面，被薄膜之增厚所抬起，於薄膜之中形成針孔，因此生成粗糙、密度低、不完全柱狀結構的薄膜。對熱容量大的基板，以離子轟擊直接加熱基板，升溫時間有時長達數小時，最初之基板溫度很低 (常為室溫)，因此易發生上述之現象，造成披覆層附著不良。

然而同一基板若熱容量小時，基板溫度受離子轟擊瞬間升高達第二、三區之高溫區，如同在離子和微滴抵達之前事先預熱，微滴如水滴潤濕熱基板表面。如圖 13.73(b) 所示，離子在微滴和薄膜上遷移，生成微細柱狀緻密堆疊的結構，甚至可長成等軸晶粒，因此附著良好，膜質優良。

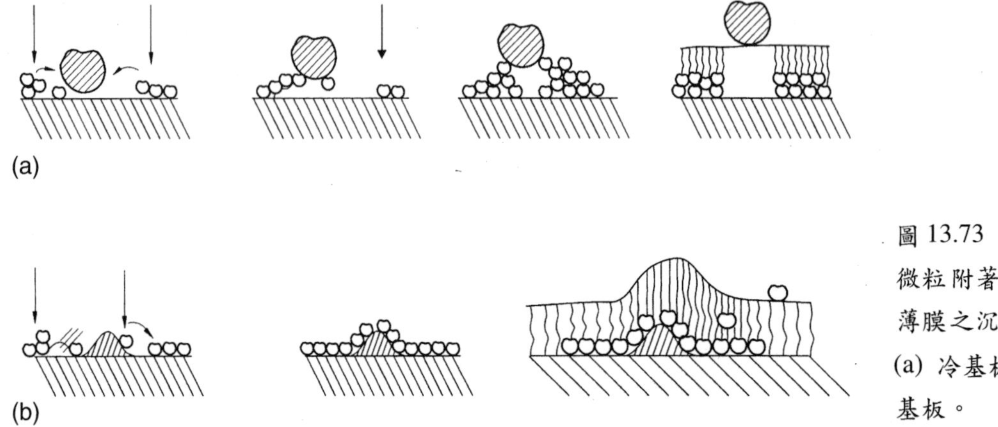

圖 13.73
微粒附著之基板上薄膜之沉積現象：(a) 冷基板，(b) 熱基板。

13.8.8 系統架構及操作

冷陰極電弧電漿沉積系統 (圖 13.74) 包括電弧源 (陰極、陽極和電弧引弧器)、真空腔、氣體供應系統、電弧電源供應器和基板偏壓電源供應器。系統操作在 0－100 mTorr 的真空腔內，一般以通入氬氣，透過壓力調節閥或流量來控制系統壓力。氬氣為引弧過程之重要氣體，用以提供電弧所需之初始氣體，並將之離子化為正離子撞擊陰極表面。當進行金屬或合金薄膜沉積時，系統內只需通入氬氣即可，若欲沉積陶瓷薄膜，因涉及活化反應製程，必須通入適當比例之活化反應氣體，例如氮氣、甲烷、乙炔等。引弧前陰極與陽極間維持在 60 到 70 伏特的電位差，當電弧被引發時，剎那間電壓陡降至約 20 到 30 伏特，精確值依靶材材質而不同。此時電漿引發大電流，並於兩極間保持一或多個電弧陰極點活躍於陰極表面。引弧器一般只有在電弧消滅時，才被再次啟動。典型的電弧電位和電流範圍介於 15 到 50 伏特和 30 到400 安培，基板偏壓直流一般約 100 到 400 伏特，射頻功率一般則採用 50 到 300 瓦特。

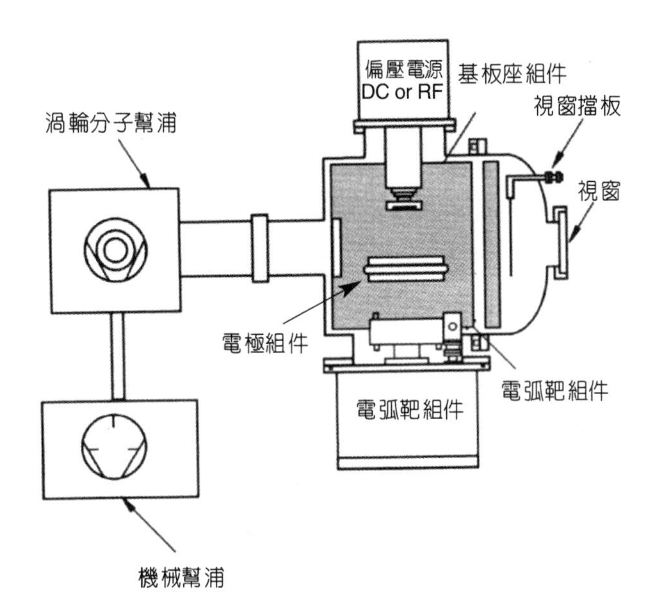

圖 13.74
冷陰極電弧電漿沉積系統示意圖。

13.8.9 活化反應式電弧電漿沉積

活化反應式製程是本技術之另一特色，在電弧蒸發靶材的過程中，通入反應性氣體 (例如氮、碳氫類氣體及氧氣等)，使其在反應腔中受電漿電離活性化。靶材離子與活化氣體離子發生反應，生成化合物，例如碳化物、氮化物、氧化物、碳硼化物、碳氮化物等，沉積在基板上。由於這些化合物大多數是高熔點且具有許多優異之特性，以其他物理氣相沉積方式不易製作或沉積速度過慢，因此本法很受重視。目前本技術活化反應式製程常見的薄膜種類為氮化鈦、碳化鈦、氮化鈦鋁、氮化鉻和氮化鋯等。

13.8.10 應用

冷陰極電弧鍍膜技術最大的優點是高度離子化 (30 – 100%)、離子能量高和鍍膜速度快，所生長的薄膜緻密且附著力佳，特別適合高熔點且低功函數高電子發射的金屬、合金、陶瓷等薄膜的合成，尤其適用於超硬質、耐腐蝕、耐衝蝕、抗氧化等薄膜的應用。另一方面由於本技術依其電弧源設計之不同存在著不同程度的微粒問題，故針對鍍層之不同應用，必須慎選不同設計之系統。例如使用散亂模式電弧源且無微粒過濾機制之系統，適用於不要求表面美觀之刀具、工具的應用；至於裝飾用途之工件、鏡面光澤度高之鍍膜，就必須考慮使用過濾式電弧源或與濺鍍技術並用，例如結合電弧與非平衡式濺鍍於一靶上之特殊技術。此外由於設備技術的提昇，類鑽石膜、碳化氮和超晶格材質等新研發方向的提出，更為本技術開創更寬廣之應用。表 13.5 是本技術最適用的硬化膜種類與適用場合舉例。表 13.6 為常用高速鋼切削刀工具選用硬化膜層材料，表 13.7 所列為常用碳化物切削刀工具選用硬化膜層材料。

表 13.5 冷陰極電弧鍍膜技術最適用的硬化膜種類與適用場合舉例。

鍍層	性質	用途
TiC	耐磨耗性、硬度、耐熱性、機械性強度	切削工具、陶性合金工具、覆膜刀片等。耐磨耗表面覆膜、柴油引擎汽門、擠壓模、小型輪機構件、熱軋輥導等的表面
ZrC	耐熱、耐磨耗性	汽缸、螺栓覆膜
VC	耐熱、耐磨耗性	汽缸、螺栓覆膜
TaC	耐熱、耐磨耗性	陶瓷工具、陶性合金工具、鐘錶殼表面
WC	耐熱、耐磨耗性	超硬工具 (WC-Co) 表面
TiN	耐磨耗性、美觀顏色	切削工具(超硬、陶瓷) 表面、金屬覆膜、裝飾、鐘錶用殼(包括覆膜) 等
HfN	耐蝕性、硬度	陶瓷工具表面
NbN	電導性	電子管
AlN	耐磨耗性、硬度、絕緣耐藥品性、美觀顏色	滑動構件、軸承等滑動構件、半導體基板、耐熱幫浦、名牌

表 13.6 常用高速鋼切削刀工具選用硬化膜層材料。

加工工件材質	高速鋼切削工具					
	車刀	銑刀	鑽頭	沖子	深孔鑽	擴孔
非合金鋼	TiCN	TiCN	TiCN	TiN TiCN	TiN TiCN	TiN TiCN
不銹鋼	TiAlN	TiCN TiN	TiCN TiAlN	TiAlN TiCN	TiCN	TiCN TiAlN
鑄鐵	TiAlN	TiCN TiAlN	TiCN TiAlN	TiCN TiAlN	TiCN	TiCN
鍛鋁	TiN	TiN	TiN	TiN	TiN	TiN
鑄鋁	TiCN	TiCN	TiCN	TiCN	TiCN	TiCN
純銅	CrN	CrN	CrN	CrN	CrN	CrN
黃銅	TiCN	TiCN	TiCN	TiCN	TiCN	TiCN
青銅	TiCN	TiCN	TiCN	TiCN	TiCN	TiCN

表 13.7 常用碳化物切削刀工具選用硬化膜層材料。

加工工件材質	碳化物切削工具				
	車刀	銑刀	鑽頭	深孔鑽	擴孔
非合金鋼	TiCN TiAlN	TiCN TiAlN	TiCN TiAlN	TiN TiCN	TiN TiCN
不銹鋼	TiCN TiAlN	TiCN TiAlN	TiCN TiAlN	TiCN	TiCN
鑄鐵	TiAlN	TiAlN	TiAlN	TiAlN	TiAlN

13.9 化學氣相沉積設備

一般薄膜沉積技術分為兩種，一種是物理氣相沉積 (physical vapor deposition, PVD) 技術，另一種是化學氣相沉積 (chemical vapor deposition, CVD) 技術。顧名思義這兩種技術長膜的機制基本上完全不同，也因此在設備技術上的設計也不同。以下將針對 CVD 設備作介紹。在介紹之前，先要交待本文係編譯自日本人前田和夫所著「VLSI 與 CVD」[63]一書的部份章節。這本書對 CVD 設備技術彙整得很完整，尤其是硬體圖面很多值得參考，只可惜它是日文版本，為饗讀者乃將其精髓章節編譯成中文。

13.9.1 設備概要

(1) 磊晶成長設備與CVD 設備

藉由CVD 反應形成薄膜之系統，稱為 CVD 設備。所謂系統，不只是反應腔室，而是包含原料氣體的供給與控制、壓力的控制及基板的傳送等功能之設備。在半導體製程技術領域裡，普通之CVD 設備與磊晶成長設備是被分開看待的。基本上，磊晶成長反應本為CVD 反應的一種，按理不應予以分開看待，那又為何不將之包含於 CVD 的範圍呢？其中的一個理由是：CVD 設備是 VLSI 元件生產線上的設備，而磊晶成長設備卻是矽晶圓基板生產線上的設備，在 VLSI 元件製造廠商的潔淨室裡很少設有這樣的設備。另外，對雙載子 IC 元件而言，磊晶成長雖是製程中的一站，但對 CMOS IC 元件而言，它卻只是起始時的基板製程，這點也是理由之一。不過，磊晶成長反應與其他 CVD 反應相比較，仍有許多不同之處。表 13.8 是兩者的比較。磊晶成長反應的特徵是在 1200 °C 高溫的 H_2 氣氛下，使用腐蝕性氣體。換句話說，對磊晶成長設備而言，所使用的腔室結構材料、組件、配管等，都必須與一般 CVD 設備所使用的規格不相同。尤其對耐熱上的考量更是不可或缺。到目前為止，在設計磊晶設備上，經驗仍是許多影響因素中最重要的，而技術的累積也是必要的。此外，

第 13.9 節譯者為葉清發先生。

一般的 CVD 設備雖在熱與氣體方面的負荷較少，設計較為容易，不過多累積一些技術性經驗與數據仍舊有必要。所以，磊晶成長設備本可視為 CVD 設備之一，只不過是被定位為高

表 13.8 磊晶成長設備與 CVD 設備的比較。

磊晶成長設備	CVD 設備
· 1200 °C 的高溫。	· 800 °C 左右。
· 氫氣中。	· 各種氣氛中 (很少用氫氣)。
· 冷壁型不可少。	· 外熱爐型及冷壁型。
· 去除自然氧化膜很重要，主要靠表面反應限速長膜。	· 去除自然氧化膜及改良表面質地很重要，表面反應及沉積。
· 矽晶圓製造商所有，將加工處理過的晶圓提供給元件製造商。技術累積都在晶圓廠商，元件廠商擁有較少。	· 元件製造中使用。
· 很少設置於 VLSI 潔淨室內。	· 設置於潔淨室裡，加入製程中。元件廠商各累積很多技術。

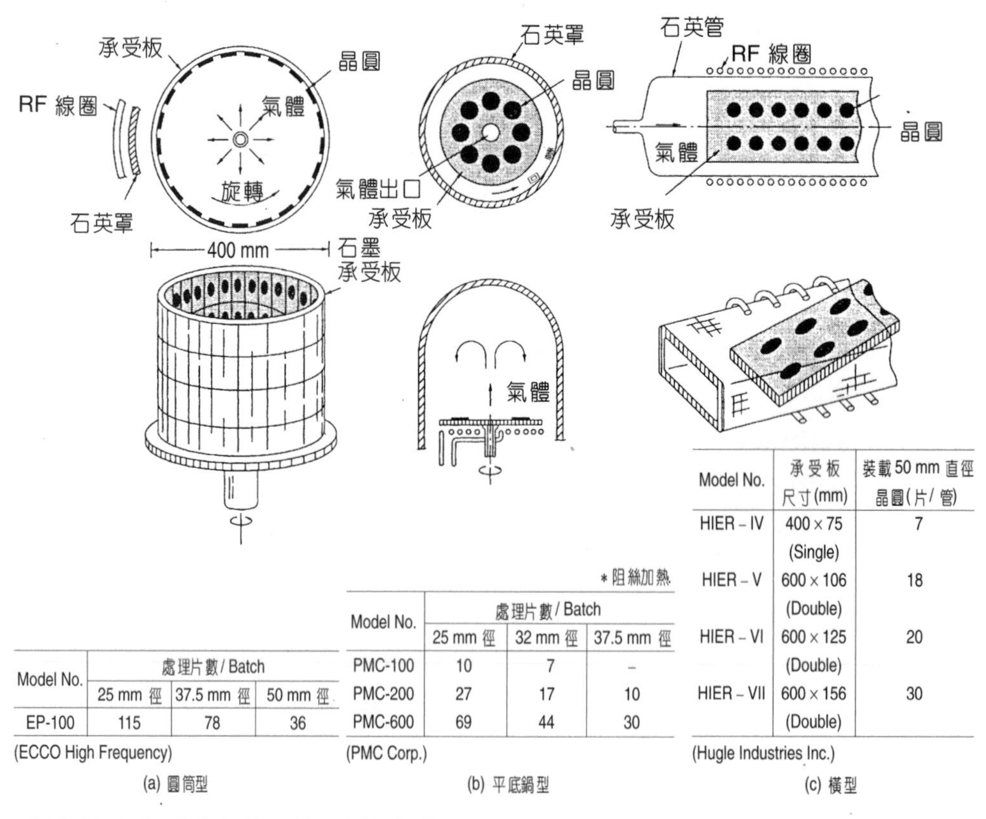

Model No.	處理片數 / Batch		
	25 mm 徑	37.5 mm 徑	50 mm 徑
EP-100	115	78	36

(ECCO High Frequency)

(a) 圓筒型

Model No.	處理片數 / Batch		
	25 mm 徑	32 mm 徑	37.5 mm 徑
PMC-100	10	7	–
PMC-200	27	17	10
PMC-600	69	44	30

(PMC Corp.)

(b) 平底鍋型

Model No.	承受板尺寸 (mm)	裝載 50 mm 直徑晶圓 (片/管)
HIER－IV	400 × 75 (Single)	7
HIER－V	600 × 106 (Double)	18
HIER－VI	600 × 125 (Double)	20
HIER－VII	600 × 156 (Double)	30

(Hugle Industries Inc.)

(c) 橫型

圖 13.75 初期磊晶成長設備 (1960 年代)。

難度技術的CVD。

(2) 磊晶成長設備的演進

磊晶成長設備於1960年開始上市，已有40年的時間了。當時用於電晶體及雙載子IC的生產，比其他CVD設備出現的時間早很多。圖13.75顯示的是1960年代初期的磊晶成長設備。這些都是當時上市且引進於量產線上的設備。磊晶成長設備分為圓筒 (barrel) 型、平底鍋 (pan cake) 型及橫型三種類型。至目前仍沒變，從這點可說，設備本身的基本概念於當時就已確實建立了。事實上也可說明，市面上的這些設備就是由IC元件製造商內部開發、上市的。

還有，這些設備所使用的反應氣體迄今未變，仍然是 SiH_4-H_2 及 $SiHCl_3$-H_2 系列。市面上的這三種設備到了1970年代，可說進入第二個時期，以更成熟的構造由不同的製造商繼續推出。圖13.76是磊晶成長設備技術的變遷情形。1970年代後較顯著的成果裡，設備技術方面有使用 SiH_4、SiH_2Cl_2 的熱分解技術、低壓磊晶成長技術及燈管 (lamp) 加熱技術等。隨著晶圓直徑增大，磊晶成長設備也同樣大型化，對300 mm (12吋) 晶圓專用的設備將會有所需求。

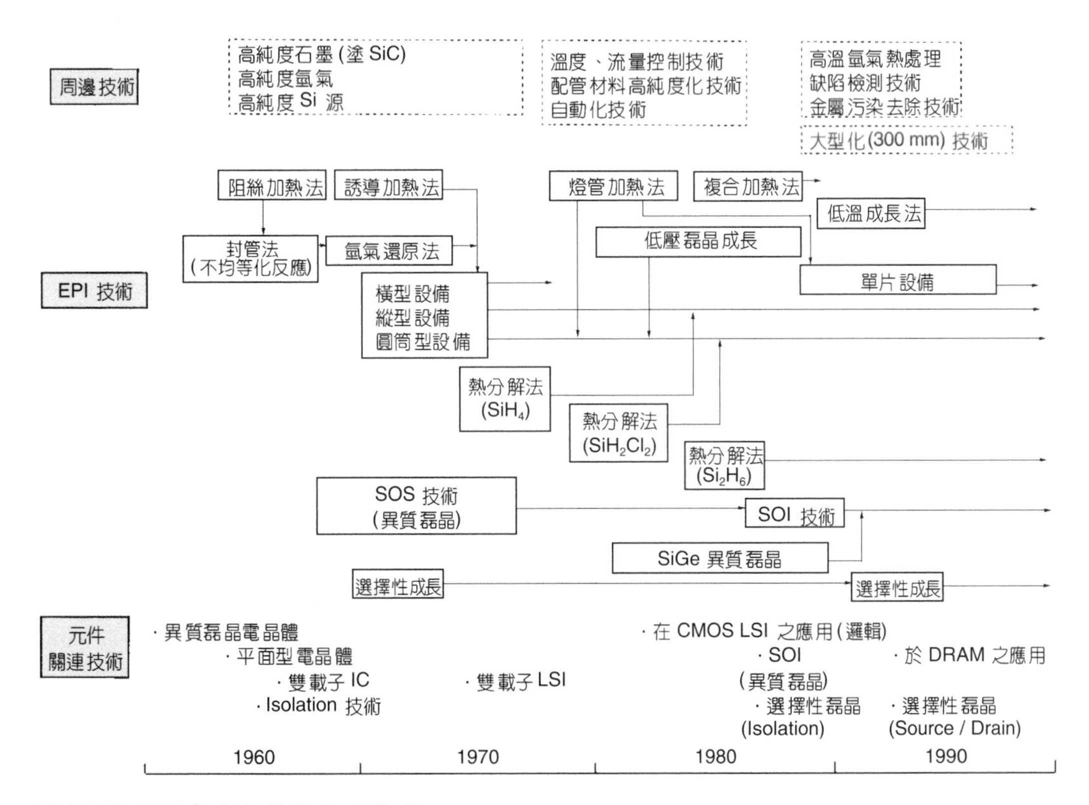

圖 13.76 磊晶成長設備技術的變遷。

(3) CVD 設備的演進

最初的 CVD 設備上市時期，較磊晶成長設備晚很多，大約在 1960 年後期。之前雖有 SiH_4-O_2 系列低溫常壓 CVD SiO_2 及 TEOS 熱分解 CVD SiO_2 膜技術開發，可是設備方面幾乎只有元件廠商內部自己製造。真正開始應用於元件之時期，大約是進入 1970 年代後。圖 13.77 是 1970 年代初期的 CVD 設備，這幾種都是 SiH_4-O_2 系列低溫常壓 CVD SiO_2 長膜用的設備，溫度 400 °C 是採用阻絲加熱型熱平台 (hot plat)，這裡的橫型及縱型都是目前設備方式的原型，承襲磊晶成長設備之量產方式。橫型設備裡採用燈管加熱法，可昇溫至 800 °C 左右。SiH_4-NH_3 熱分解 CVD Si_3N_4 長膜及 SiH_4 熱分解 (600 °C－650 °C 左右) 複晶矽長膜之專用設備，都曾上市過一段時期。當時該技術是應用於 Si 閘極 MOS 元件構造上，係於開發外熱爐型 LPCVD 設備之前。

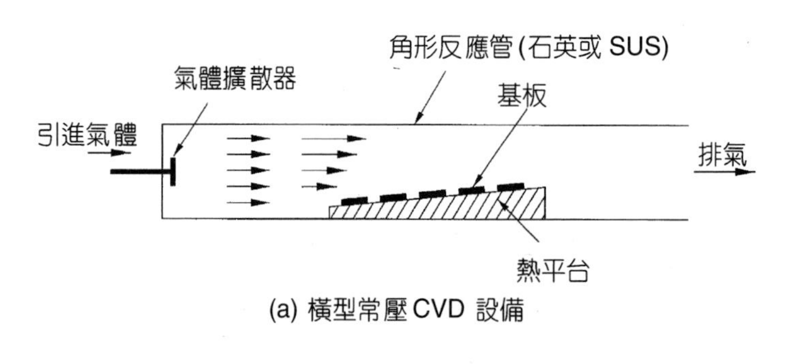

(a) 橫型常壓 CVD 設備

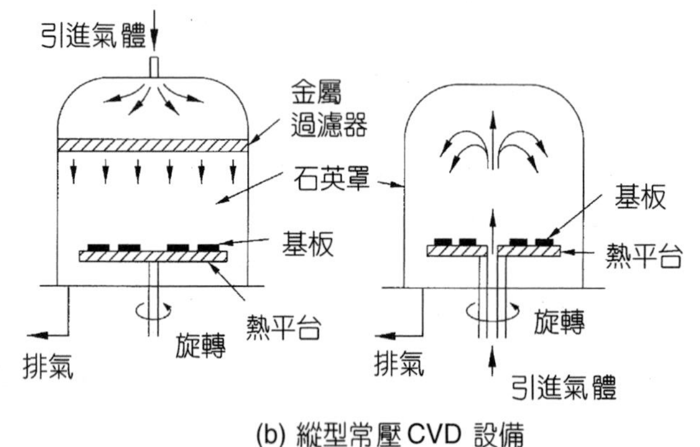

(b) 縱型常壓 CVD 設備

圖 13.77
初期 CVD 設備 (1970 年代)。

圖 13.78 是 CVD 設備技術的變遷情形。該圖也將周邊技術及相關元件技術予以一起標示比較。CVD 設備始於低溫常壓 CVD 設備，接著才與磊晶成長設備一樣。面對未來 12 吋晶圓時代的來臨，新方式的 CVD 設備正在開發研究中。

(4) 開發型設備及量產型設備

一般稱呼的 CVD 設備與其他設備同樣，並不限於以某種元件為目的。為了開發新的薄膜成長技術及薄膜材料，都少不了要用這樣的設備作道具，譬如目前若想開發新型 CVD 技術，就必須挪用量產型的設備。因為還沒有適合做實驗之設備，還有考慮到未來實驗結果遲早要移做生產，那麼最初就採用量產型設備也是對的。只是量產型設備原本設計只在同一個條件下，才可成長安定的薄膜，問題是一旦挪做研發時，就欠缺彈性了。1980 年代止，開發 CVD 技術時，都是採用技術人員手工打造的簡單型設備。設備操作都是手動，控制上也不限於一些固定程序，對於零組件或材料、腔室或內部之設計等，技術人員都可任意變更。現在，要做同樣的事已極困難，如此將會阻礙了自由發明。換言之，開發 CVD 技術需要很高的彈性，所要求的設備在轉移成量產型時，數據也可共享。對 CVD 以外的設備，這樣的考量都是相同的。為了節省開發成本，市場上將演變成引進所謂「開發專用型設備」之時代。

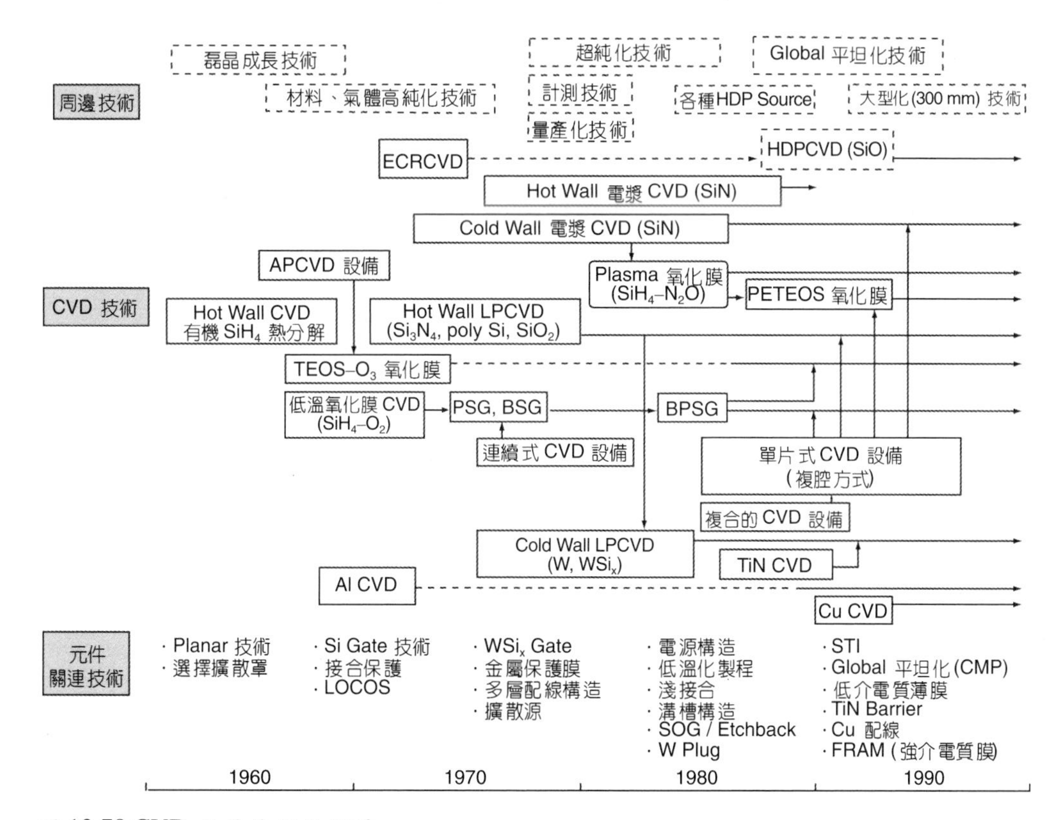

圖 13.78 CVD 設備技術的變遷。

(5) CVD 與 PVD

目前，Al 以外的金屬、絕緣膜幾乎都可使用 CVD 法來形成。其實 CVD 與 PVD 之間，有一段很長的競爭史。圖 13.79 是 1960 年到現在之 PVD 技術與 CVD 技術的演變對照。初期的 SiO_2 膜是用 PVD 法形成，後來所有的 SiO_2 等絕緣膜都改用 CVD 法來成長。這是因為 CVD 法在量產性、控制性上比較優越的關係。電漿式 CVD 法是藉電漿放電激發反應的一種物理方法。最近也有一種高密度電漿 CVD 法，它是附加有類似濺射蝕刻 (sputter etching) 物理方式，可說接近 PVD 法。

金屬導體膜方面，譬如 Al、Ti 等目前都是以 PVD 法形成。TiN 則因 PVD 法有其技術上的極限，漸漸改用 CVD 法。不過，PVD 法於設備及原理上也不斷有新改良 (譬如使用準

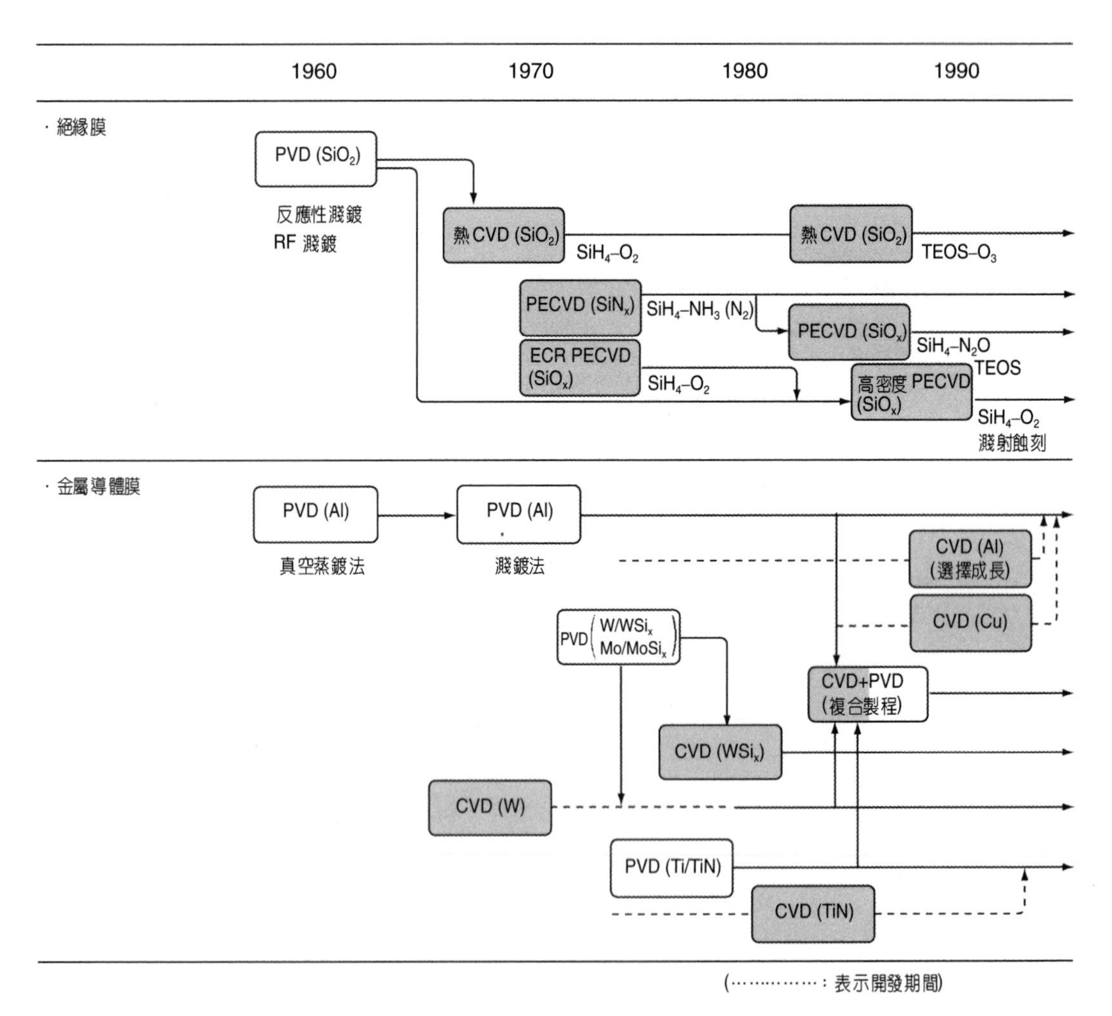

圖 13.79 CVD 與 PVD 技術演變對照。

直儀 (collimator)，或拉開靶材與基板距離，使垂直成份對鍍膜有貢獻)，所以並未完全都轉移到CVD。最近已有PVD與CVD共組在一起成為複合式設備之開發動向。預測今後CVD與PVD將不斷競爭下去，設備方面也會有不同的演變。

(6) CVD 設備的演進

今後CVD 設備(含磊晶成長設備) 的演進，與元件的發展有密切關係。半導體元件不斷高積體化、微細化及晶圓尺寸大型化，CVD 等所有半導體製造設備都得有所因應。各世代元件之交替改變，與設備之世代交替幾乎是同期。從這點，今後 CVD 設備無法只以 CVD 本身為主做演進，可能得與其他製程統合，以複合化之設備做演進。這樣的趨勢其實已開始了，不同種類之製程於一台設備中組合在一起，所謂「製程複合化」正在進行中。複合數個製程連續處理，目的就是將製造過程予以簡化，並提高性能。這種方式的製程要完善建立起來，製程中的監測、自動化技術是不可欠缺的。當然，將製程予以連續複合化，也會有將製程品質變差的可能性。對設備整體來說，目前除製程複合化以外，為了設備合理化起見，設備標準化、模組化、零組件材料共通化等也要繼續進行。製程複合化指的是 CVD-PVD、前處理－CVD、CVD－乾蝕刻等組合方式，設備予以一體化，如此不再只是 CVD 設備功能。但是，複合化後各個製程功能應該不能比單獨情形差。

以下要針對CVD 設備之型式及構造，以實例作解說，以作為設備最佳化設計之參考。

13.9.2 設備分類

(1) CVD 設備型式

圖 13.80 表示CVD 設備所採用的幾種型式。這些都是 1960 年代引進最先的磊晶成長設備後，不斷開發之 CVD 系統最後被採用的型式。除了外熱爐型 LPCVD 外，這些型式基本上矽基板都是平放於熱平台上 (hot plate)，必須讓反應氣體很均勻地接觸它們的表面。這一點說明 CVD 膜形成是根據基板表面上之化學反應的結果。還有，一般腔室壁面的溫度必須比基板溫度低，因此才會有這些型式產生。外熱爐型 LPCVD 型是唯一例外，有一段時間磊晶成長曾被嘗試過。對磊晶成長反應而言，這些型式的設備早已全被開發過了。在橫型方式裡，雖可於熱平台上密集搭載圓形基板，但是當氣體從橫方向供給時，從入口側朝出口側方向之反應氣體會漸漸不充足，長膜均勻性會變糟。為了增加基板對氣體流動接觸機會，除了如圖般將熱板予以做傾斜狀，並且供給大量的載流氣體 (carry gas)，藉內部呈現亂流或加壓狀態來因應。

縱型或平底鍋型基本上以圓板的中心為軸作旋轉的方式，只要檢查半徑方向的均勻性，就可知道圓板整個的分布狀態。也就是對縱型而言，只要能好好調整半徑方向，應可得到極好的分佈。只不過於量產特性上，較横型差。圓筒 (cylinder) 型是結合横型與縱型的特徵，用來長膜的一種方式。將圓筒型予以複合數段組合一起，可以提高量產性。氣體是從上方供給，搭載基板的側面與氣體流向呈傾斜關係，所以形同横型設備一樣。從能量有效利用觀點來說，圓筒型的內側與外側要同時搭載基板並非不可能。從能量與腔室投影面積之有效使用觀點，放射型是最優越的一種。這與圓筒型使用內外兩面之方式具有同一效

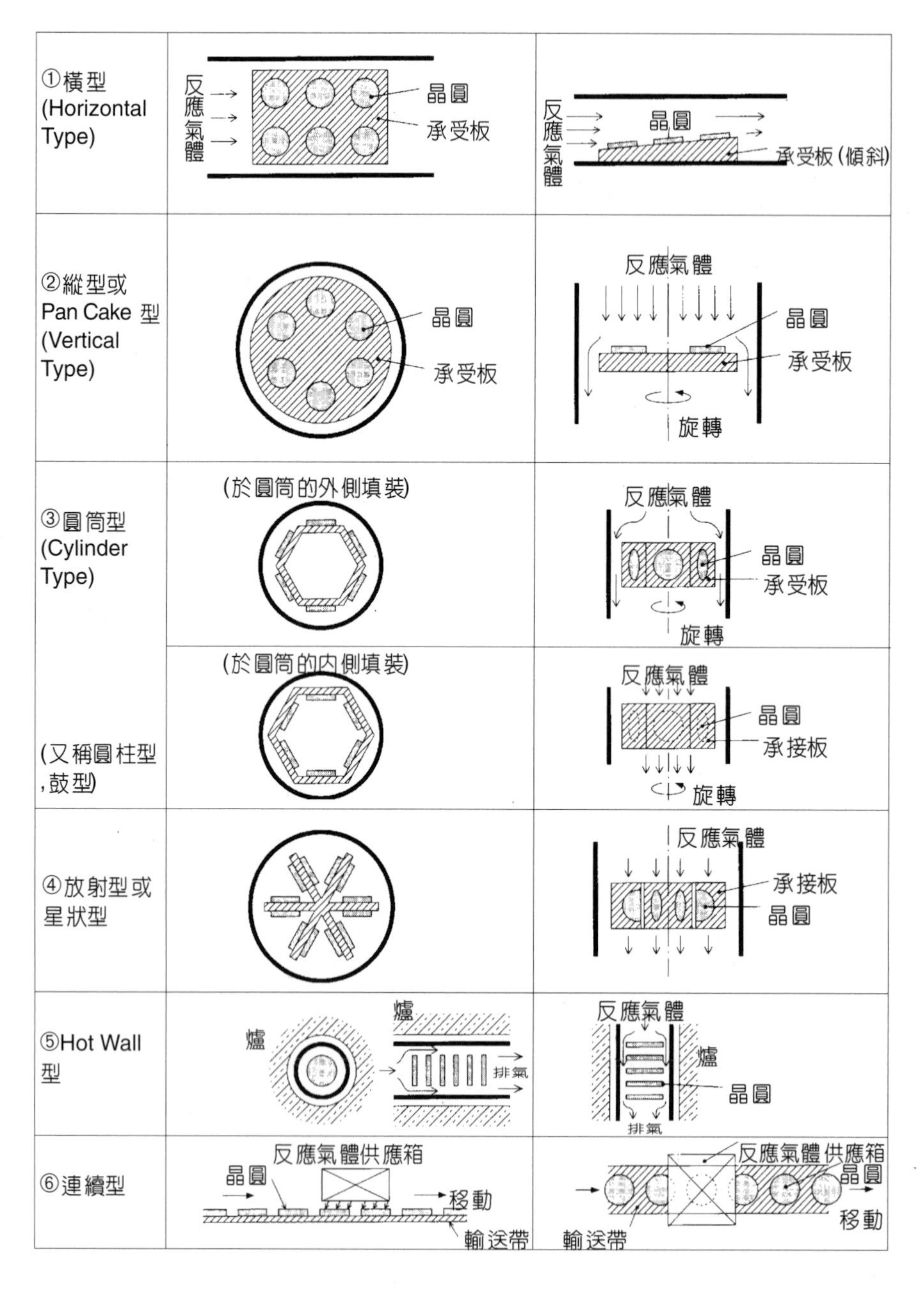

圖 13.80 CVD 設備之型式 (省去加熱方法)。

率，曾應用於磊晶成長設備。以上的一些概念，完全是早期於腔室設計階段產生的「技術演進」或「腦力激盪」。

外熱爐型與連續型雖具特色，但採用它的 CVD 反應卻有限。譬如外熱爐型 LPCVD 方式於所有的反應幾乎皆試過，除了磊晶成長之外，都很成功。電漿 CVD 方面，因把電極放進爐內，也已成功了。相對之下，連續型方面卻只限於常壓下之低溫 CVD SiO_2 的長膜。這是因為在大氣壓下成長 SiO_2 膜時，可不需要把腔室密閉起來。

以上各種 CVD 型式之選擇，與加熱方法或改善均勻性等要領有密切關係。磊晶成長技術就是因為曾嘗試過各種方式 (含連續型)，可以看成是目前所有 CVD 設備之原祖一樣。今後使用大型基板的設備將會以單片腔室 (single wafer chamber) 為主流，基本上將會採用縱型方式。只是氣體供給方法不會只從上方，還需凝聚各種各樣的工夫。

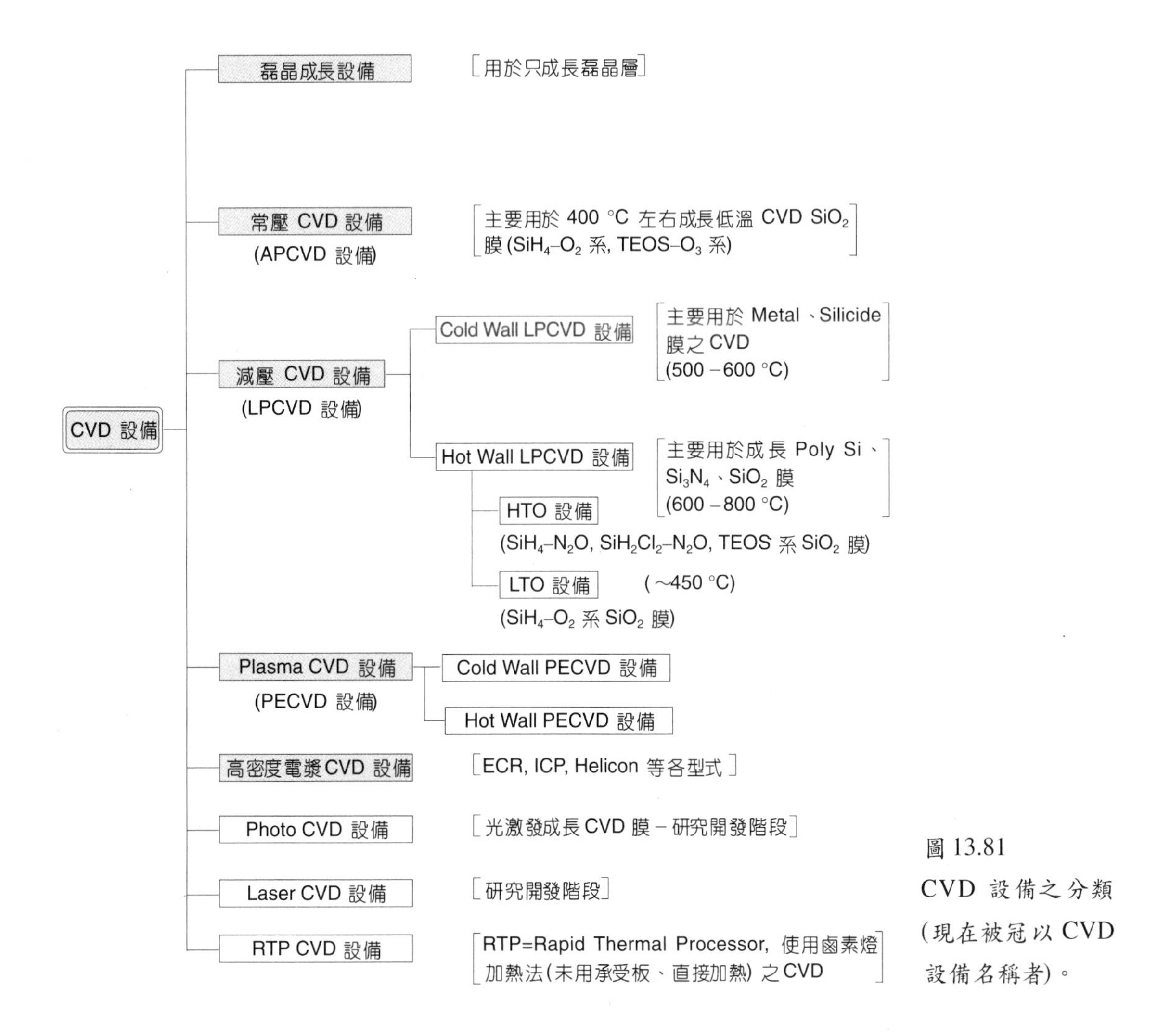

圖 13.81 CVD 設備之分類 (現在被冠以 CVD 設備名稱者)。

(2) CVD 設備的分類

一般 CVD 設備如圖 13.81 所示可區分成數類。磊晶成長設備本來是包含於常壓 CVD 設備下，在此予以獨立說明。使用 ECR、ICP 或 Helicon 電漿源之高密度電漿 CVD 設備，因為實用上的關係，也可加入該領域。磊晶成長設備原本只用於高溫下之磊晶成長反應，在外熱爐型 LPCVD 設備出現以前，也曾應用於成長 poly-Si 膜。只是成長 poly-Si 膜只需 600 °C 左右，對磊晶成長設備來說，算是性能過剩了。

磊晶成長設備以外之 CVD，一般又分為常壓 CVD (atmospheric pressure CVD, APCVD)、低壓 CVD (low pressure CVD, LPCVD) 及電漿輔助 CVD (plasma-enhanced CVD, PECVD)。高密度電漿 CVD (high density plasma CVD, HDPCVD) 常被歸分於 PECVD 分類。常壓 CVD 常用於成長 SiH_4-O_2 系或 TEOS-O_3 系之 SiO_2 膜，雖然有時使用密閉的腔室，但在大氣壓開放狀態下作反應的比較多，屬於一種可連續型。

低壓 CVD 設備分為外熱爐型 (hot wall) 及冷壁型 (cold wall)。雖稱冷壁型，通常腔室壁面的溫度是「順其自然」而定，這也說明 CVD 反應的熱條件隨溫度、加熱法、壁面及與加熱基板之距離等而變化。從控制反應的觀點來說，壁面的溫度應嚴加控制。雖也有使用兩層之腔室壁面，且使用冷卻水，但也不可忽視輻射所造成實際壁面溫度之上昇。今後壁面溫度的嚴控是不可缺少的技術。冷壁型方式主要用於成長金屬導體膜之 CVD，腔室通常都是金屬材料做成。因為腔室若使用石英材料，恐會有氧原子從石英轉移到金屬導體膜之疑慮。外熱爐型 LPCVD 設備依使用溫度又分 LTO (low temperature oxide) 及 HTO (high temperature oxide)。

關於電漿 CVD 設備也有外熱爐型及冷壁型之區分。外熱爐型是批次式，爐內插有石墨電極。加熱源用的是爐子，溫度控制上很準確。至於單片腔室型都是冷壁型。

還有光 CVD、雷射 CVD、快速熱處理裝置 CVD (rapid thermal processor CVD, RTPCVD) 等，目前還只是研究階段，或充作研究開發時之工具。

(3) CVD 腔室型式

因應晶圓大型化之趨勢，傳統之批次式設備的佔地面積增加是無可避免。為了節省成本，那麼今後大型晶圓專用 CVD 設備，單片式之腔室將成為主流。甚至磊晶成長設備也將會採用單片式腔室。外熱爐型方式對 12 吋晶圓仍然適用。圖 13.82 是 CVD 設備採用的各式腔室。Single Wafer 方式一般簡稱「單片式」。所有 CVD 設備裡採用的腔室，大體上有單片式、批次式、連續式三種型式。另一種區分法裡，尚有一種稱為群聚 (cluster) 式之構造，將不同種類的腔室環繞在一「Robort」腔室周圍組成一體。單片式或批次式腔室並不限單一腔室，也可兩個以上腔室組合一起，尤其在單片式方面有很多實際例子。藉腔室複數化可提高量產性及彈性。如圖所示，單片三腔式與一批次式相比較的話，何者有利？非從各種面

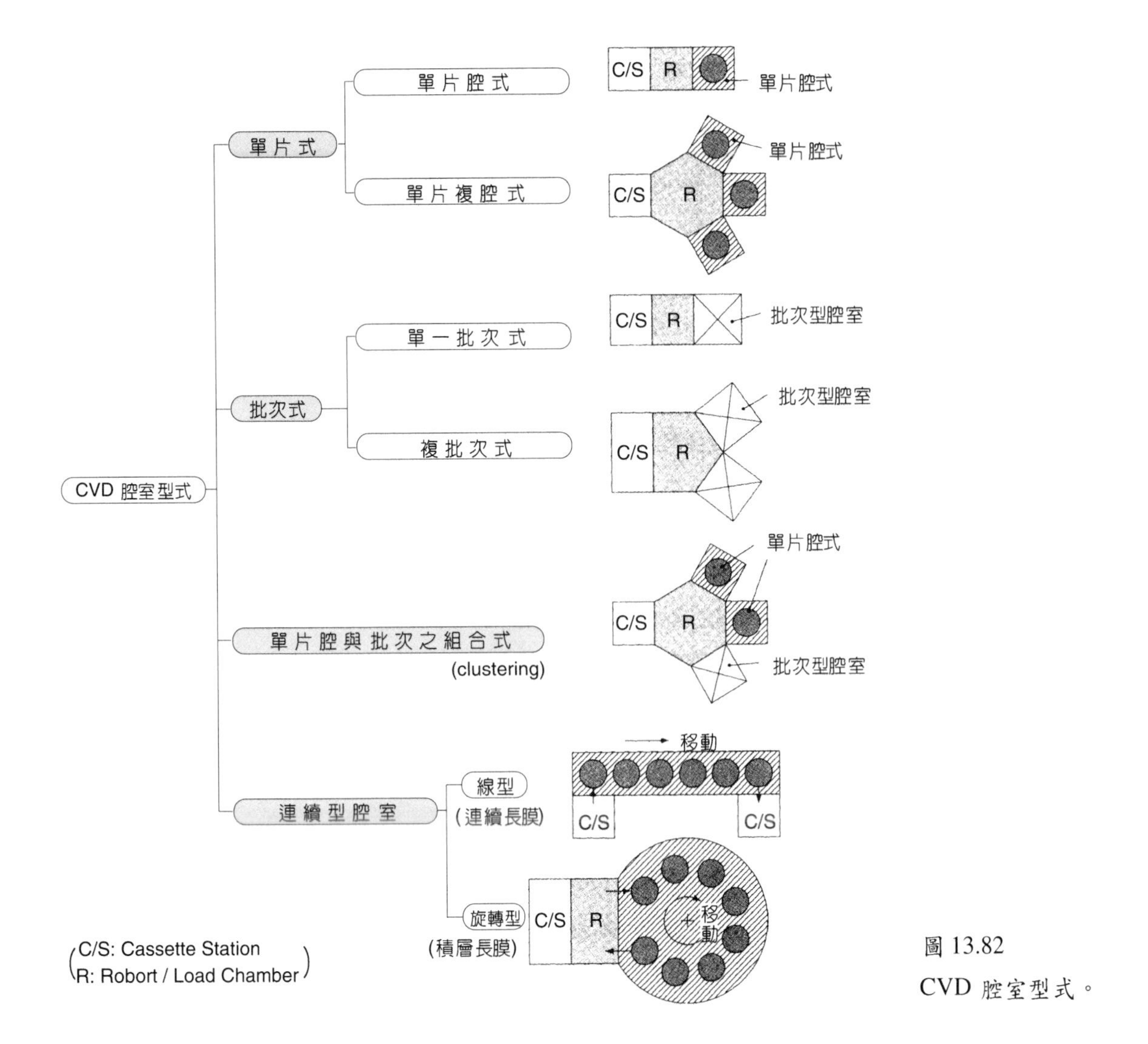

圖 13.82
CVD 腔室型式。

向來判斷不可。對單片式言，晶圓可以一片片高精細地處理，這是它的有利點。對批次式而言，兩個熱爐腔室由一台機器手臂控制之例也有。至於連續腔室型，長膜時可以連續處理，也可以一邊移至不同地方一邊長成累積層。前者有常壓下成長低溫 CVD SiO_2 膜，後者有相同低溫之 SiO_2 膜。成長累積層時，薄膜不均勻現象會因累積成長而平均化，可提高均勻性，使用於量產時，有高處理能力之優點。

表 13.9 中整理出單片式、批次式、連續式三種腔室的優點及問題點。這樣的區分方式係針對半導體製造設備全體而言，並非僅限於CVD 設備。

表 13.9 各種腔室的優點及問題點。

方式	優點	問題點
單片式 (複數腔)	·可個別精密控制膜厚等 ·每個腔室可變更製程 ·設備佔地面積少	·要提高產能必須提高長膜速度 ·因為那樣，多會犧牲膜質 ·腔室之間的長膜不均勻 (最佳條件不同) ·因搬送系統故障導致全部停機
批次式	·量產性高 ·可同時控制膜厚 ·可降低長膜速度，提高膜質	·設備佔地面積增大 ·製程條件最佳化很困難 ·工程失誤時損失大
連續式 (連續長膜及 累積長膜)	·量產性高 ·製程調整易 ·可提高膜厚均勻性	·製程上有限制 (只能於限定的製程) ·膜內部產生夾層(累積時)

(4) 外熱爐型與冷壁型

前面已敘述 Hot Wall 與 Cold Wall 之異同，CVD 設備既可這樣分類，今後腔室壁面之溫度控制將會越來越重要。因為一般從 CVD 反應的角度，可以正確控制溫度與瞭解表面溫度，所以外熱爐型方式較安心。因為冷壁型方式是在熱不均勻狀態下長膜，容易產生各種問題。

(5) 加熱方式

CVD 膜反應成長時，正確瞭解基板表面溫度的同時，掌握反應空間整個熱分布狀態也是很重要。對電漿 CVD 而言，基板溫度本身雖不提供反應能，但基板表面的溫度若沒有正確檢測與控制，對膜質會有很大的影響。

CVD 腔室內的基板加熱方式，如表 13.10 所示。除表中區分法之外，也有以直接加熱與間接加熱做區分的。前者於發熱體上面直接配置基板，後者是經由承受板對基板加熱。瞭解基板表面實際保持的溫度是最重要的，通常檢測承受板或發熱體的溫度，並藉控制熱絲以取得一定溫度。基板表面的實際溫度是使用接觸表面的溫度計來量取，並可藉與承受板或熱板之溫度相比對取得。通常，那樣的溫度差十幾 °C 到數十 °C，也會因周圍氣體及壓力而異。也有使用輻射熱溫度計做量測。

如表 13.10 所示，加熱法又有阻絲加熱、高頻式感應加熱、燈管加熱等數種。阻絲加熱法雖有直接加熱與間接加熱法，但也有不使用承受板，而用輻射從基板背面加熱的情形。

表 13.10 CVD 設備之加熱方式。

阻絲加熱方式	熱平台 (直接加熱)	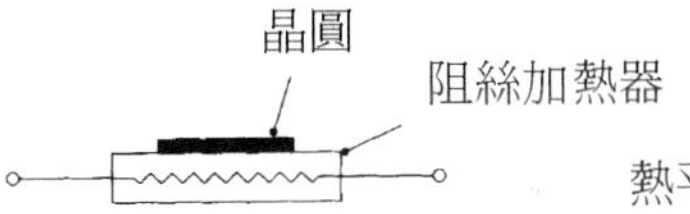 晶圓 阻絲加熱器 熱平台
	輻射加熱用加熱器 (間接加熱)	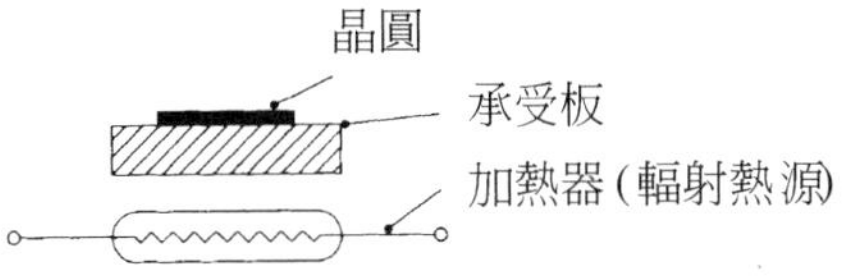 晶圓 承受板 加熱器(輻射熱源)
	外熱爐 (Hot Wall)	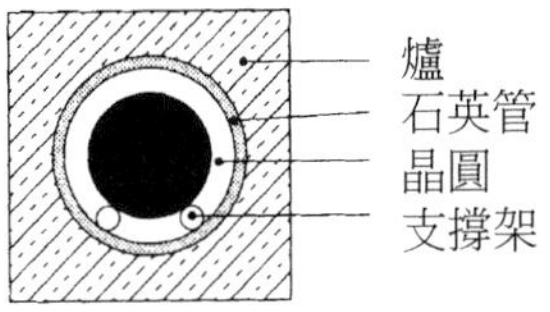 爐 石英管 晶圓 支撐架
高頻感應加熱方式		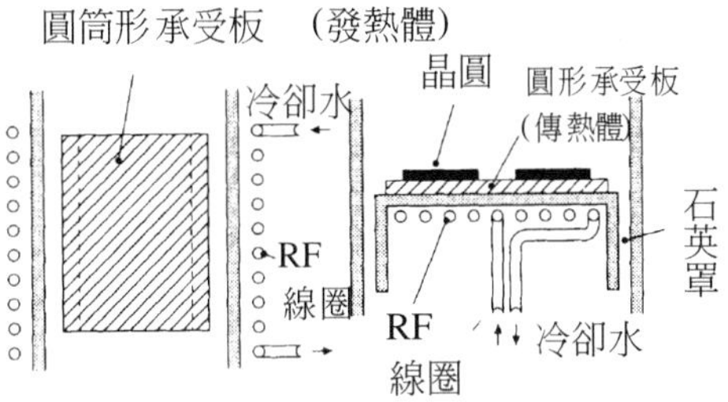 圓筒形承受板 (發熱體) 晶圓 圓形承受板 (傳熱體) 冷卻水 RF 線圈 石英罩 RF 線圈 冷卻水
燈管加熱方式	使用承受板	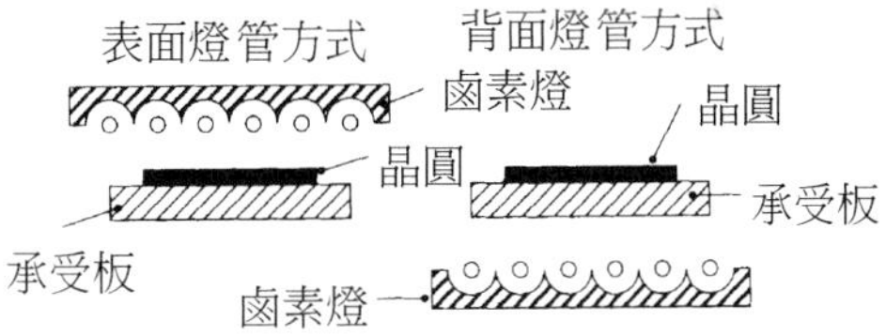 表面燈管方式 背面燈管方式 鹵素燈 晶圓 晶圓 承受板 承受板 鹵素燈
	RTP (不使用承受板)	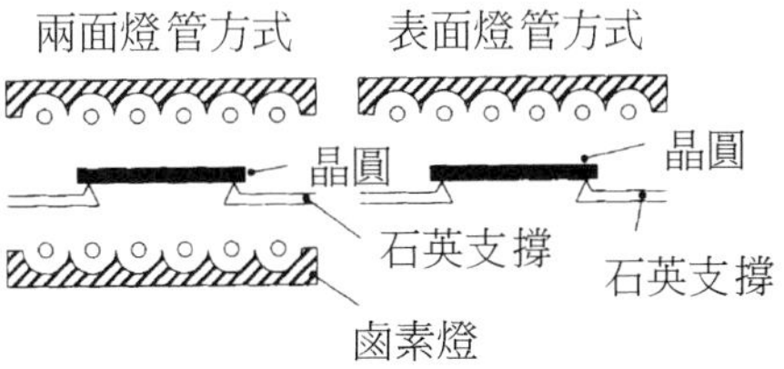 兩面燈管方式 表面燈管方式 晶圓 晶圓 石英支撐 石英支撐 鹵素燈
複合加熱方式		燈管加熱＋高頻感應加熱 燈管加熱＋阻絲加熱 等

那種情形要測基板表面的溫度是相當困難的。有一種可以檢測基板表面較接近實際的溫度，就是利用熱偶埋入晶圓基板法。阻絲加熱法中，又以外熱爐型方式裡之溫度檢測及控制最正確。

高頻式感應加熱及燈管加熱法裡，因為加熱源與矽基板之間置有石英玻璃，是為清潔的加熱法。前者線圈的形狀刻意下工夫配合發熱體形狀。在燈管加熱法中，利用石墨等承受基板使加熱均勻，並藉熱電偶檢測溫度，也有不用承受板，直接用鹵素燈兩面照射基板表面之方法。對後者而言，如何掌握基板表面溫度是關鍵。未使用承受板之情形，就是指急冷急熱為目的之快速熱處理裝置 (rapid thermal processor)，作為 CVD 應用，掌握表面實際溫度是不可欠缺。一般檢測溫度都採用輻射式溫度計及熱電偶。此外，也有將以上三種加熱方式組合成複合式加熱法。

以上敘述的是加熱法，相反地也有些情形非要冷卻不可。譬如高密度電漿 CVD 裡，通

表 13.11 複合製程中不同組合腔室之例。

個別製程	腔室內施行的製程
CVD 製程	· Blanket W 膜形成 · 選擇 W 膜形成 · TiN 膜形成 · Poly Si (Doped & Undoped) 膜形成 · Plasma SiO_x 膜形成 · Plasma SiN_x 膜形成 · LPCVD Si_3N_4 膜形成 · 高密度 Plasma CVD SiO_x 膜形成
蝕刻製程	· Etchback (反應性離子蝕刻) · Sputter Etching (整形加工)
PVD 製程 (濺鍍)	· Al、Al 合金膜形成 · Ti、TiN 膜形成 · $TiSi_2$ 膜形成
清洗製程	· Sputter Cleaning (去除自然氧化膜) · H_2 Baking (去除自然氧化膜) · 脫水 HF 氣體處理(去除 SiO_2) · HCl 蝕刻 (Si 表面蝕刻)
熱處理製程	· 熱氧化膜形成 · Anneal (TiN、WSi_x 等) · Silcide 化($TiSi_2$ 形成)

常矽基板側加有偏壓，讓基板表面因活性離子等撞擊而達蝕刻或膜質緻密，然而基板表面因而溫度上昇。因此，為了避免反應中基板表面溫度過熱，得採用靜電吸附板作為晶圓的承受板，並從背面流過熱傳導率很高的 He 氣體作為冷卻。這種靜電吸附法是為了使晶圓背面緊密貼住，並使放熱均勻。

(6) 複合式CVD 設備

新設備有一種趨勢，就是將 CVD 腔室與不同製程腔室組合一起，作為一種統合化系統設備。這樣複合化的 CVD 設備又稱為集群 (clustering) 設備。譬如 CVD 與乾蝕刻、前處理與 CVD 等統合化，都已在實用階段。這樣的系統設備裡，晶圓不會在製程中途取出檢測，目的是為了二種以上的製程於一系統內能連續處理。表 13.11 是複合式 CVD 設備內所包含

表 12.12 複合式CVD 設備的實例。

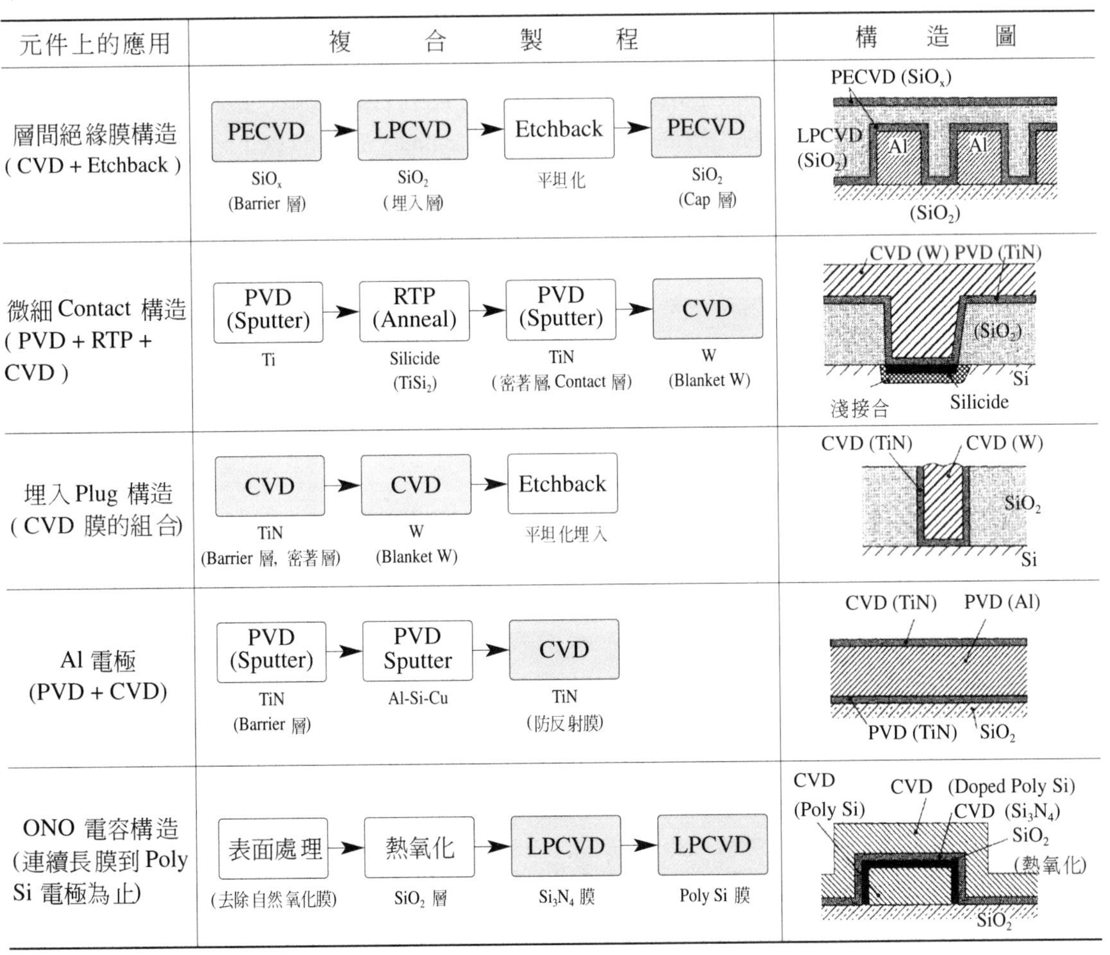

元件上的應用	複合製程	構造圖
層間絕緣膜構造 (CVD + Etchback)	PECVD (SiO_x (Barrier 層)) → LPCVD (SiO_2 (埋入層)) → Etchback (平坦化) → PECVD (SiO_2 (Cap 層))	PECVD (SiO_x) LPCVD (SiO_2) Al Al (SiO_2)
微細 Contact 構造 (PVD + RTP + CVD)	PVD (Sputter) (Ti) → RTP (Anneal) (Silicide ($TiSi_2$)) → PVD (Sputter) (TiN (密著層 Contact 層)) → CVD (W (Blanket W))	CVD (W) PVD (TiN) (SiO_2) Si 淺接合 Silicide
埋入 Plug 構造 (CVD 膜的組合)	CVD (TiN (Barrier 層, 密著層)) → CVD (W (Blanket W)) → Etchback (平坦化埋入)	CVD (TiN) CVD (W) SiO_2 Si
Al 電極 (PVD + CVD)	PVD (Sputter) (TiN (Barrier 層)) → PVD Sputter (Al-Si-Cu) → CVD (TiN (防反射膜))	CVD (TiN) PVD (Al) PVD (TiN) SiO_2
ONO 電容構造 (連續長膜到 Poly Si 電極為止)	表面處理 (去除自然氧化膜) → 熱氧化 (SiO_2 層) → LPCVD (Si_3N_4 膜) → LPCVD (Poly Si 膜)	CVD (Poly Si) CVD (Doped Poly Si) CVD (Si_3N_4) SiO_2 (熱氧化) SiO_2

的各個製程統合型式。表 13.12 是複合式 CVD 設備之應用實例，即 CVD 與其他製程連續處理所形成之元件構造實例。這些例子裡，中途都不會把晶圓拿到外面，而是連續處理。這種方法在半導體元件生產線上已漸漸受到肯定。未來統合化終究會擴大，整個生產線甚至達到簡單化、無人化。不過，要知道這樣的統合化製程，各個製程有否正確實施，若不能確認就連續進行處理，整個製程恐有黑箱化之虞。今後因應之道，製程進行同時之監測方法是不可缺少。

參考文獻

1. M. Faraday, *Phil. Trans.*, **147**, 145 (1857).
2. R. Nahrwold, *Ann. Physik*, **31**, 467 (1887).
3. R. Pohl and P. Pringsheim, *Verhandl, Deut. Physik Ges.*, **14**, 506 (1912).
4. M. Auwarter, Balzers, Austrian Pat. Nr. 192650 (1952).
5. G. Deppisch, *Vakuum-Tehn.*, **30**, 67 (1981).
6. H. K. Pulker, *Coating on Glass*, Elsevier, NY (1984).
7. M. Ohring, *The Material Science of The Films*, Academic Press (1992).
8. L. Holland, *Vacuum Deposition of Thin Films*, London: Chapman & Hall (1956).
9. J. R. Pierce, *Theory Design of Electronic Beams*, New York: D. Van Nostrand Company, Inc. (1954).
10. R. J. Hill, Jr., *Deposition Distribution and Rates from Electron Beam Heated Vapor Sources*, paper presented at Society of Vacuum Coaters, Detroit (1969).
11. H. L. Caswell, *in Physics of Thin films*, Vol. 1, New York: Academic Press (1963).
12. K. D. Kennedy, *Method for Evaporating Alloy*, paper presented at AVS Symposium, Rocky Mountain, U.S. Patent 3, 607, 222 (1969).
13. R. F. Bunshah and C. Deshpandy, *in Physics of Thin Films*, Vol. 13, New York: Academic Press (1987).
14. J. M. E. Harper and J. J. Cuomo, *J. Vac. Sci. Technol.*, **21** (3), 737 (1982).
15. R. J. Hill, *Physical Vapor Deposition*, Temescal, a Division of the BOC Group, Inc. (1986).
16. D. L. Smith, *Thin-Film Deposition: Principles and Practice*, 1st ed., McGraw-Hill (1995).
17. B. Chapman, *Glow Discharge Processes*, 1st ed. (1979).
18. R. V. Stuart, *Vacuum Technology, Thin Films, and Sputtering*, 1st ed., Academic Press (1983).
19. L. I. Maissel and R. Glang, *Handbook of Thin Film Technology*, McGraw-Hill (1970).
20. J. A. Thornton, *J. Vac. Sci. Technol.*, **11**, 666 (1974).
21. H. M. Smith and A. F. Turner, *Appl. Opt.*, **4**, 147 (1965).
22. T. Takagi, *Vacuum*, **36**, 27 (1986).
23. H. K. Pulker, M. Buhler, and R. Hora, *SPIE*, **678**, 110 (1960).
24. J. R. McNeil, A. C. Barron, S. R. Wilson, and W. C. Herrmann, *Appl. Opt.*, 552 (1984).

25. D. T. Wei and A. Louderback, U.S. Patent 4, 142, 158 (1979); U.S. Patent Re32, 849 (1989); assignee: Litton Systems.
26. S. M. Kane and K. Y. Ahn, *J. Vac. Sci. Technol.*, **16** (2), 171 (1979).
27. L. Pinard, P. Ganau, J. M. Mackowski, C. Michel, M. Napolitano, E. Vireton, A. C. Boccara, V. Loriette, and H. Piombini, *Opt. Soc. of Amer. Tech. Digest Series*, **17**, 200 (1995).
28. D. T. Wei, *Appl. Opt.*, **28** (14), 2813 (1989).
29. 李正中, 徐進成, 黃道恆, 光訊, 第八十期, 17 (1999).
30. 王文祥, 國立清華大學電機研究所博士論文 (1999).
31. M. Varnsi, C. Misiano, and L. Lasaponara, *Thin Solid Films*, **117**, 163 (1984)
32. 徐進成, 國立中央大學光電科學研究所博士論文, 20 (1997).
33. V. Scheuer, M. Tilsch, and T. Tschudi, *SPIE*, **2253**, 445 (1994).
34. H. R. Kaufman and R. S. Robinson, *Opration of Broad-beam Sources*, Commomwealth Scientific Co., Virginia (1987).
35. H. R. Kaufman, W. E. Hughes, R. S. Robinson, and G. R. Thompson, *Nucl. Inst. and Meth. In Phys. Reserch*, **B37/38**, 98 (1989).
36. H. R. Kaufman, *Advances in Electronics and Electron Physics*, New York: Academic Press, **36**, 265 (1974).
37. J. J. Cuomo, S. M. Rossnagel, and H. R. Kaufman , *Handbook of Ion Beam Processing Technology*, Noyes, New Jersey, Ch. 3 (1989).
38. C. C. Lee, D. T. Wei, J. C. Hsu, and C. H. Shen, *Thin Solid Film*, **290-291**, 88 (1996).
39. I. W. Boyd, *Ceramics international*, **22**, 429 (1996).
40. D. B. Chrisey and G. K. Hubler, *Pulsed Laser Deposition of Thin Films*, New York: John Wiley & Sons (1994).
41. J. A. Greer and M. D. Tabat, *J. Vac. Sci. Technol.*, **A13** (3), 1175 (1995).
42. M. Panzner, R. Dietsch, Th. Holz, H. Mai, and S. Vollmar, *Applied Surface Science*, **96-98**, 643 (1996).
43. S. Boughaba, M. U. Islam, J. A. Greer, and M. Tabat, *Large-area Pulsed Laser Deposition, Vacuum & Thinfilm*, October, 14-21 (1999).
44. A. Y. Cho, *Molecular Beam Epitaxy*, New York: AIP Press (1994).
45. E. H. C. Parker, *The Technology and Physics of Molecular Beam Epitaxy*, New York: Plenum Press (1985).
46. M. A. Herman and H. Sitter, *Molecular Beam Epitaxy*, 1st ed., Berlin: Springer-Verlag (1989).
47. M. B. Panish and H. Temkin, *Gas Source Molecular Beam Epitaxy*, Berlin: Springer-Verlag (1993).
48. J. Y. Tsao, *Materials Fundamentals of Molecular Beam Epitaxy*, San Diego: Academic Press (1993).
49. T. Takagi, *Thin Solid Film*, **92**, 1 (1982).
50. J. D. Cobine, *Gaseous Conductors*, New York: Mcgraw-Hill (1945).
51. J. D Cobine, *in Engineering Aspects off Magnetohydroynamics*, New York: Matner and Sutten Eds.

Gorden & Brech, 169 (1964).
52. J. T. Grisson and T. C. Newton, *J. Appl. Phys.*, **4**, 2212 (1969).
53. O. Lloyd, *10th Int'l Conf. Phen. Ionize Gases*, Oxford, **1**, 184 (1971).
54. S. C. Barns and K. E. Singer, *J. Phys. E*, **10**, 737 (1977).
55. A. E. Guile and B. Juttner, *IEEE Trans. on Plasma Science*, PS-**8** (3), 259 (1980).
56. C. J. Philip, *The Cathodic Arc Plasma of Thin Film, Physicse of Thin Films*, 14 (1989).
57. *Handbook of Plasma Processing Technology*, 419 (1989).
58. D. B. Baercker, S. Falabella, and D. M. Sanders, S*urface and Coating Technology*, **53**, 239 (1992).
59. S. Falabella and D. M. Sanders, *J. Vac. Sci. Technol.*, **A10** (2), 394 (1992).
60. A. K. Senov, I. I., V. A. Belous, *Instrum. and Exp. Tech.*, **3** (2), 785 (1979).
61. R. D. Bland, G. J. Kominiak, and D. M. Mattox, *J. Vac. Sci. Technol.*, **VII** (4), 671 (1974).
62. M. Nishibori, *Surface and Coating Technol.*, **52**, 229 (1992).
63. 前田和夫, VLSI 與 CVD, 槙書店 (1997).

第十四章　眞空冶金系統

14.1 前言

真空冶金 (vacuum metallurgy) 是指在真空密封之爐體或容器內所進行之冶金製程。幾千年來，冶金多半是在大氣條件下進行，由於在空氣中，許多活性金屬或元素極易氧化，如鈦、矽、碳、硼等，合金成分難以精確的控制，同時有害氣體 (N_2、H_2、O_2) 更會溶入金屬熔液，造成未來鑄錠缺陷及成形品之性質不良；此外大氣熔煉、精煉，難使金屬熔液中的有害雜質揮發去除，如 Pb、Sb、Bi、Sn 及 Cu 等。

隨著現代高科技的發展，特別是第二次世界大戰後，航太工業如飛機之發動機、火箭，核能工業等關鍵零件的高溫合金，電子、半導體技術發展所需之高純度導線、靶材，皆對金屬材料的品質要求日益嚴格；為此合金必須具有良好的高溫強度、塑性、韌性、持久壽命、疲勞壽命、抗蠕變及抗氧化性能、穩定的金相組織，以及其他機械性質 (如斷裂韌性)、物理性能和良好的加工塑性，方能達到以上要求。此外合金清淨度之要求，更非已往在大氣條件下熔煉之材料所能相提並論。真空冶金其實早在 1912 年[1]就有真空電弧重熔實驗設備問世，但由於當時真空技術落後，發展緩慢，直至第二次世界大戰後，隨著真空技術的進步，使得真空感應電爐、真空電弧重熔等製程在工業上逐漸受到重視。尤其在美國已有生產鎳鉻超合金及特殊鋼之標準設備。

真空冶金包括：真空脫氣、真空熔煉、真空熔鑄、真空蒸餾、真空分解、真空燒結、真空熱處理、真空銲接和真空鍍膜等。由於真空熱處理、真空銲接和真空鍍膜等已在其他章節中有所敘述，本章節僅對真空脫氣及真空熔煉做一介紹。

14.2 眞空冶金學基礎

(1) 金屬之氧化與其氧化物之分解

金屬之氧化或其氧化物是否可分解或還原為金屬，在真空冶金中非常重要，因為它關係到真空熔煉時合金之損失及影響合金清淨度的好壞 (介在物多少)。此可使用 Ellingham

---

第十四章作者為連雙喜先生。

圖，以清楚得到影響金屬氧化之參數，如圖 14.1 所示[2]。由 Ellingham 圖可知，在高溫及真空下，金屬不易氧化，而其氧化物易分解還原為金屬。

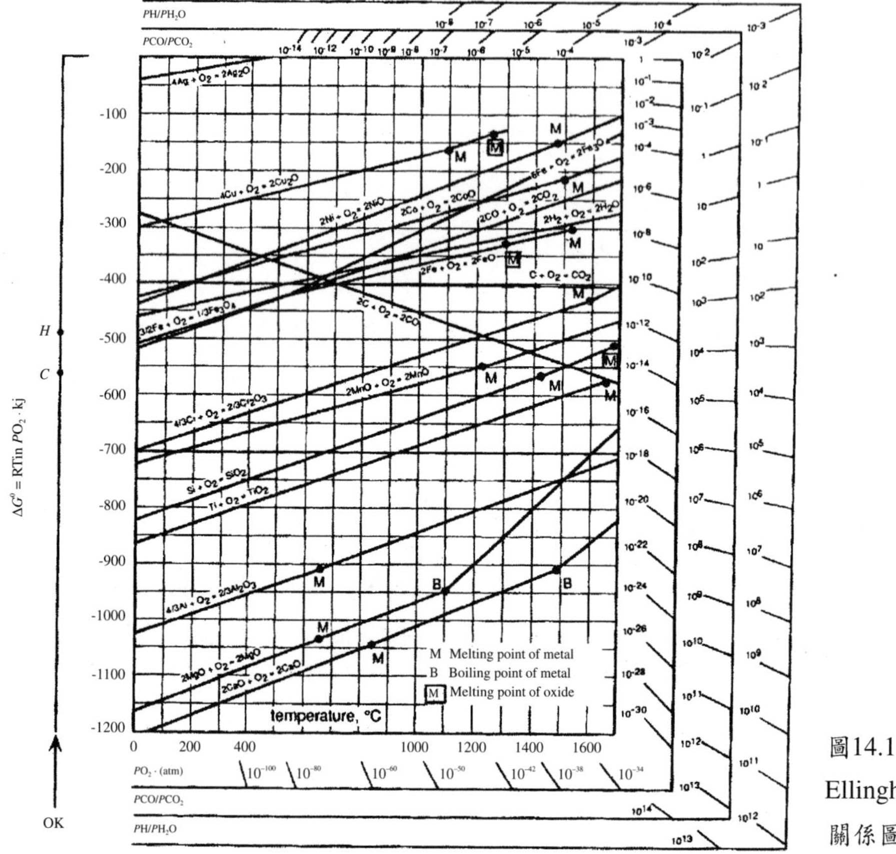

圖14.1 Ellingham 自由能－溫度關係圖。

(2) 溶質蒸氣壓與溫度之關係

溶質之蒸氣壓對於真空精煉的雜質揮發及去除有極大之關係，而溶質之蒸氣隨溫度之變化可由 Clausius-Clapeyron 方程式[2]得知，如下表示：

$$\frac{dP}{dT} = \frac{\Delta H}{T\Delta V} \tag{14.1}$$

$$\ln P = -\frac{\Delta H}{RT} + \text{const} \tag{14.2}$$

上式中，ΔH 為金屬由液體轉變成蒸氣時等壓下之熱含量 (enthalpy) 差。由上式可知，同一溫度下，不同金屬元素在液態時，其蒸氣壓大小主要與各元素之蒸發熱及熔液溫度有關；溫度愈高，蒸發熱或昇華熱愈小，則其蒸氣壓愈大。在 1600 °C 以上時，銅之蒸氣壓較鐵大，因此可利用真空精煉，將銅從鐵內去除。

(3) 碳－氧化物作用

碳在高溫時為一良好之還原劑，尤其當形成一氧化碳時，其還原性更強。由圖 14.1 可知，於 1600 °C、1 atm 時，二氧化矽即可被碳還原。若在高溫及真空下，碳幾乎可將大多數金屬氧化物還原。

$$2\underline{C} + O_2 \rightleftharpoons 2CO\uparrow \qquad \Delta G^0 \approx -560\ \text{kJ} \qquad 1600\ ^\circ\text{C}$$
$$SiO_2 \rightleftharpoons Si + O_2 \qquad \Delta G^0 \approx +530\ \text{kJ} \qquad 1600\ ^\circ\text{C}$$
$$\therefore \quad 2\underline{C} + SiO_2 \rightleftharpoons Si + 2CO\uparrow \qquad \Delta G^0 \approx -30\ \text{kJ} \qquad 1600\ ^\circ\text{C}$$

(4) 金屬熔液與耐火材料或坩堝之作用

在高溫時，尤其是真空的環境下，真空感應電爐或真空脫氣設備之耐火材料襯壁極易與金屬熔液發生作用，造成耐火材料或坩堝之損壞及金屬熔液氧含量之增加；以感應爐中，熔煉常用的氧化鎂坩堝為例，坩堝可能有下列反應：

$$MgO\ (\text{固}) + [Me] \rightleftharpoons [Mg] + [MeO]$$
$$MgO\ (\text{固}) + [C] \rightleftharpoons [Mg] + [CO]$$

當溫度愈高時，金屬氧化之自由能愈大，氧化物愈不穩定，由 Ellingham 圖中之氧分壓座標可知，在高溫下，氧化物耐火材料於真空下可能會分解，其反應如下：

$$\langle Al_2O_3\rangle \rightleftharpoons 2[Al] + 3[O]$$
$$\langle MgO\rangle \rightleftharpoons [Mg] + [O]$$
$$\langle ZrO_2\rangle \rightleftharpoons [Zr] + 2[O]$$
$$\langle FeO \cdot Al_2O_3\rangle \rightleftharpoons [Fe] + [O] + \langle Al_2O_3\rangle$$

因此真空感應電爐在熔煉時，對於耐火材料的選用要特別注意，一方面要利用碳的脫氧能力，又要防止坩堝反應，方能得到低的氧含量。

(5) 氣體在金屬熔液之溶解度

氣體在金屬熔液之溶解度與其壓力之關係，可根據 Sieverts 定律[1]瞭解，非高分子氣體，如氫和氮，在金屬合金熔液之溶解度與其在氣相中分壓的平方根成正比。

$$H_2 \rightleftharpoons 2\underline{H}$$
$$\% H = k\sqrt{P_{H_2}} \qquad (14.3)$$

上式中，%H 表示氫在金屬熔液之溶解度，而 P_{H_2} 則表示氫之分壓。即在一定溫度下，當金屬熔液上方的氣相分壓降低時，則金屬熔液的氣體溶解度也隨之降低。因此在真空熔煉合金中，[H]、[O] 等氣體含量降低；但是由於氮氣在金屬液體中，還可與鉻、鈦、釩及鋁等生成穩定的氮化物存在於合金中，因此真空中去氮要比去氫、氧困難。

(6) 水冷銅坩堝之優點

在許多真空熔煉製程中，如真空電弧重熔及真空電子束重熔，均不使用具有耐火材料的坩堝，而採用水冷銅坩堝；其優點為避免爐襯的耐火材料對合金的污染。又當金屬熔化與液態金屬的凝固同時進行，凝固時產生的體積收縮可由液態金屬補充，而減少鑄錠縮孔及中心疏鬆。若在液態金屬凝固過程中控制凝固速度，加上水冷銅坩堝的快速冷卻作用，使合金凝固速度增加，減少了顯微偏析，並可得到較緊密之柱狀晶鑄造組織，可利於後續之熱加工。

14.3 金屬之真空精煉

金屬或合金需要在真空中熔煉及精煉，主要是為了得到精確的化學成份，另外，亦需把有害或未來造成鑄錠缺陷的雜質去除。因此一般清淨度要求高的合金，其中有害氣體 (氮、氫、氧) 及有害元素 (硫、磷、鉛、銻、鉍、砷)，或非金屬夾雜 (合金或純金屬脫氧所形成之化合物) 的含量，必須經由真空熔煉及精煉去除。下文將對真空熔煉及精煉的一些重要原理及作用做一簡介。

(1) 碳和氧沸騰反應

碳和氧形成 CO 氣泡的碳－氧沸騰反應 (carbon boil) 是真空除氣的一重要反應；利用 CO 氣泡沸騰，對金屬液產生攪拌作用，幫助氮和氫之去除。

在真空熔煉條件下，由於可強化抽走 CO 氣泡，而使平衡向生成 CO 方向移動，從而增加了碳脫氧能力。而且脫氧生成物是 CO 氣體，易於排除，不會污染金屬液。

(2) 真空脫氣

真空脫氣，主要是去除合金中的氫、氧與氮等氣體。因為氣體殘存於合金中，會影響合金品質，不但會降低合金之機械性質，而且可能產生白點、氫脆及氣泡等缺陷。根據 Sivert 定律，若在真空下，氫與氮等氣體分壓下降，其平衡溶解度亦會減少，即金屬液內氣體含量降低。

(3) 真空揮發

真空熔煉過程中，合金中有害元素的雜質可藉由揮發去除。在同一溫度的真空條件下，金屬液體中蒸氣壓較高的元素能從金屬液中揮發去除，合金中有害元素如 Pb、Sb、Bi、Sn、Cu 等，用一般氧化精煉法不易除去，利用真空揮發則提供了這類雜質之另一精煉途徑。但應避免合金中一些有益元素也同時揮發，造成合金的損失。所以精煉時，必須對不同合金成分，調整熔煉溫度、熔煉時間、真空度、熔池攪拌情況等參數，以得到最佳的精煉效果。

(4) 夾雜物的分解

夾雜物 (非金屬介在物) 影響到金屬之機械性質及伸抽性，尤其製作極細導線時，夾雜物是最難解決之問題。若以一般大氣精煉而言，欲將非金屬介在物減少更是不易達成，但在真空熔煉條件下，由於氧的分壓降低，加上碳沸騰反應產生的 CO 氣泡及電磁攪拌，均易促使非金屬夾雜物的上浮及分解，夾雜物因而得以去除；特別是高真空、高溫度的電子束熔煉、精煉時，效果更好。其分解作用如下：

$$(\mathrm{Me}_x\mathrm{O}_y) \rightleftharpoons x\,[\mathrm{Me}] + \frac{y}{2}\,[\mathrm{O}_2]$$

$$(\mathrm{Me}_x\mathrm{N}_y) \rightleftharpoons x\,[\mathrm{Me}] + \frac{y}{2}\,[\mathrm{N}_2]$$

14.4 真空冶金工業製程

真空冶金在工業上較重要的製程，有真空脫氣及真空熔煉兩種；前者在鋼鐵工業上扮演極重要的角色，而後者則為航太、機械、化工、電子及生醫材料所不可或缺的製程，今將對此兩種製程簡介如下。

14.4.1 眞空脫氣法

由前述之基本原理可知，利用真空狀態時，氣體溶入金屬液的量得以降低，因而可改善鋼鐵或合金的機械或導電等性質。但由於真空幫浦技術的緩慢進展，直到 1950 年後，真空脫氣在工業上陸續才有許多大型設備出現[4]，尤其在鋼鐵工業上，其規模大且進展亦快，20 年來，其處理之量及品質均遠超出及優於二次大戰前之鋼鐵甚多。今將目前工業上重要之真空脫氣法簡述如下。

(1) 盛鋼桶眞空脫氣處理

最簡單且發展較早的真空脫氣處理法如圖 14.2 所示，將一盛鋼桶放入一真空容器內抽真空，底部並可加吹氣磚，通入 Ar 氣體攪拌，以便去除鋼液中之氣體。此設備的投資少，但效率較差。

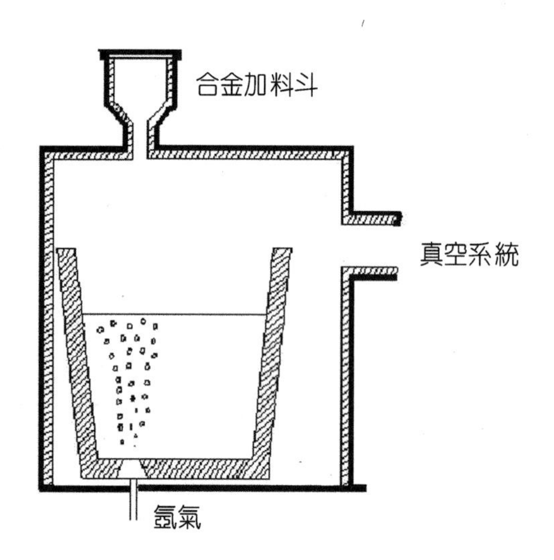

圖 14.2
盛鋼桶真空脫氣處理。

(2) VOD 精煉脫氣法[4]

VOD (vacuum oxygen decarburization) 法與電弧爐配合，為 AOD (argon oxygen decarburization) 法外，生產不銹鋼之另一主要方法。其原理為由電弧爐將鋼鐵初煉出鋼，脫碳約至 0.5%，如圖 14.3 所示，移至 VOD 脫氣室內，在真空室內由爐頂向鋼液吹氧，同時由底部吹氮攪拌鋼水，精煉達到脫碳要求後，停止吹氧，提高真空度進行脫氧，最後加 Fe-Si 合金脫氧。並且在真空條件下，添加合金、取樣和測溫。此方式所煉之不銹鋼，由於在真空下進行，可得含碳量較低及介在物較少之不銹鋼。

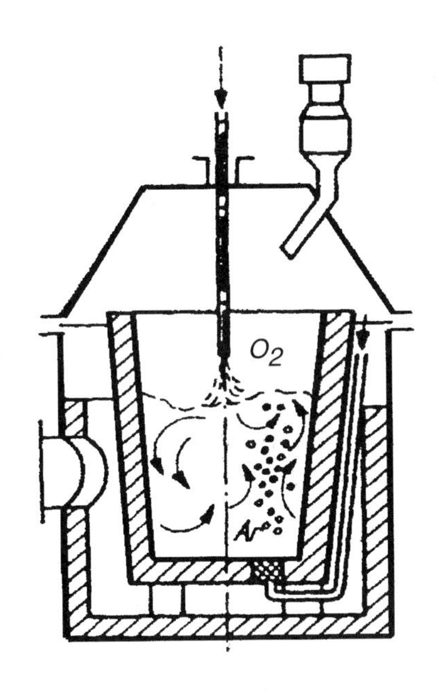

圖 14.3
VOD 真空脫氣法。

(3) RH 雙腳管脫氣法

此方法為德國 Heraeus 公司研製成功的循環真空脫氣精煉裝置[4]，如圖 14.4 所示。在真空下，利用兩根插入鋼液之循環流雙腳管，使鋼液進入脫氣室，同時由其中一根管，吹入 Ar 氣使鋼水循環流動，可有效的使鋼水脫氫、脫碳、脫氧，達到精煉、改善鋼水清淨度及利於合金添加等之效果。RH 法處理時間短，常與大型爐配合使用，產能大、精煉效果良好。

14.4.2 眞空熔煉法

真空熔煉是製造高品質金屬及合金，如超合金、電子材料及生醫合金等最重要的製程，且在近 20 年來，有許多新的製程發展問世，國內目前在這方面與歐美等先進國家相比，尚屬落後，僅將真空熔煉的一些方法作一介紹。真空熔煉包含真空感應熔煉 (VIM)、真空電弧重熔 (VAR)、電子束熔煉重熔 (EBR)、真空凝殼爐熔煉 (VSSF)、真空雙電極電弧重熔 (VADER)、冷坩堝熔煉 (CCM) 及懸浮熔煉 (levitation melting) 等方法。

(1) 眞空感應熔煉

真空感應熔煉 (vacuum induction melting, VIM) 即在真空條件下，利用電磁感應在導體內所產生之渦電流及自身之電阻而產生之焦耳熱，使金屬熔化，從而進行熔煉的方法。

由於在真空下，合金中的 [N]、[H]、[O] 及 [C] 等氣體，依照 Sivert 定律，其溶解度降

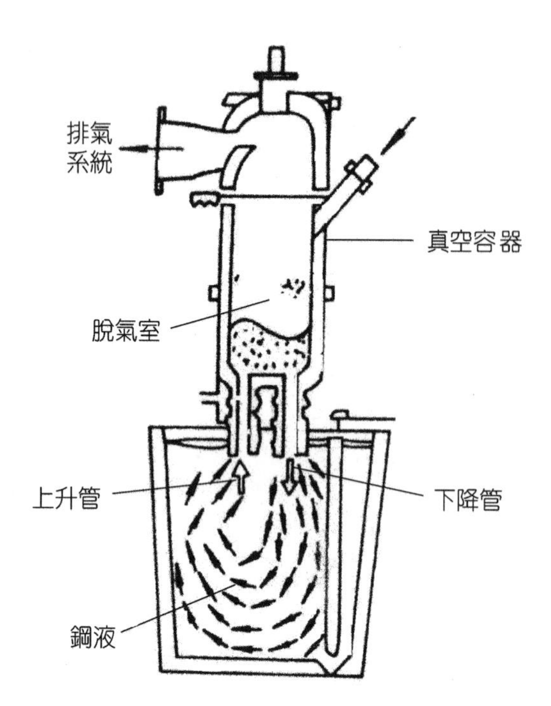

圖 14.4
RH 精煉示意圖。

低易被去除，同時在熔煉溫度下，蒸氣壓高的雜質如 Cu、Pb、Sb 及 Sn 等，可經由揮發除去。真空感應熔煉成為金屬及合金精煉的主要工具之一，不論在實驗室或工業上，均為合金配製及精煉的有效工具及製程。

真空感應電爐如圖 14.5 所示，主要由感應電源機、爐體、加料室、澆鑄室、真空系統及控制箱等部份所組成。感應電源機又依坩堝直徑大小及材料種類等不同，採用低頻 (50－1000 Hz)、中頻 (1000－10000 Hz)、高頻 (10000－200000 Hz) 及 RF (MHz) 等電源機。

真空感應熔煉之過程包括裝料、熔化、精煉及澆鑄等步驟。真空爐體內置坩堝，用以

圖14.5
真空感應電爐 (來源：臺灣大學材料所合金製程研究室)。

盛裝熔融金屬液；坩堝主要由 MgO、Al_2O_3 等耐火材料或石墨所製成，周圍由通水之銅管線圈圍繞，線圈連至感應電源機。當電源流通，電爐料熔化後，使金屬液保持適當溫度，並維持一定真空，則氣體、有害雜質和非金屬夾雜物遂逐漸去除，達到金屬熔煉及精煉效果。而感應熔煉時，必須注意在真空條件下坩堝與熔融金屬之反應，以免損害到精煉除氣之功效。煉期應控制精煉溫度、真空度及真空保持時間，並利用高溫碳氧反應生成 CO 之沸騰作用，脫氧、脫氮、脫氫和去除非金屬夾雜物，同時使合金成分均勻。精煉後即可將液態金屬澆鑄成錠、鑄件或自耗電極。

(2) 真空電弧重熔法

真空電弧重熔 (vacuum arc remelting, VAR) 精煉，是目前製作超合金及鈦合金的主要方法。真空電弧精煉設備其結構如圖 14.6 所示[5]，主要包括的組成部分為爐體、坩鍋系統、電極升降及控制系統、真空系統和電源冷卻系統。

首先將待重熔的金屬製成自耗電極，在真空條件下，利用與底部電極所產生之直流電弧，將自耗電極逐漸熔解，熔化金屬滴入水冷銅坩堝內，由於無坩堝耐火材料和氣氛所帶來之污染，在真空下得到精煉效果。熔滴金屬在結晶器內形成熔池，在真空作用下繼續得到真空精煉，同時受水冷銅坩堝急速的冷卻作用，金屬鑄錠的凝固是受控制的，可呈現近似方向性凝固，結晶晶粒結構較為緊密，偏析小，利於後續加工。

真空電弧精煉後之合金或金屬其加工性能良好，有害雜質含量低，且合金成份分布均勻；另外晶粒較一般鑄錠細，同時縮孔、氣孔、裂紋及夾雜等缺陷較少。尤其對於去除氣體雜質如氫、氧，效果較其他重熔法如電渣重熔法 (ESR) 好，且鋼液不易氧化，不用添加脫氧

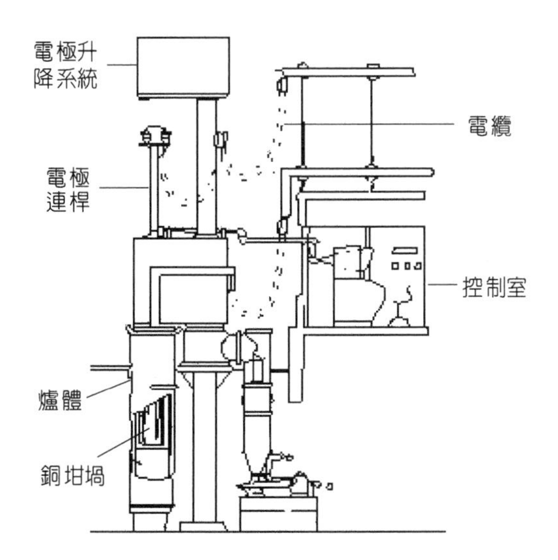

圖 14.6
真空電弧精煉[5]。

劑脫氧，減少金屬氧化物夾雜物產生的機會，並可去除部份電極棒中之氣體，如氫、鎂等雜質。而夾雜物亦會漂浮到金屬液面上待凝固成錠後除去。但真空度較電子束精煉低，去除雜質、淨化效果較電子束精煉差。此外，無法造渣，對於脫硫表面光滑度以及補縮 (hot topping) 操作方面，較電渣重熔精煉差。

(3) 電子束熔煉及精煉 (Electro Beam Melting & Refining)

由於航太、精密機械、電子等工業的快速發展，高清淨度之特殊鋼品質要求逐漸提高，同時由真空技術和電子技術的進步，因而刺激了電子束精煉在二次世界大戰後快速的發展；它對於金屬鋼鐵的去除雜質氣體介在物特別有效。近 20 年來，電子束爐的規模也日益加大，最大的電子束精煉爐功率達 7500 kV·A[4]。

電子束爐是利用高速電子的動能轉換成熱能，從而使金屬熔化的一種真空精煉設備。電子束熔煉爐如圖 14.7 所示，主要由電子槍、爐體、進料裝置、真空系統、電源系統、水冷卻銅坩堝及下抽拉錠裝置等所組成[6]，電子槍室往往有單獨的真空系統。而近年來發展之多用途電子束連續熔煉精煉爐[4]，如德國 Leybold Heraeus 公司之電子束連續流熔煉 (electron bean continuous flow melting, EBCFM) 或電子束冷床熔煉 (electron beam cold hearth melting, EBCHM)，均配備有兩支以上電子槍，可以分別控制爐料熔化及熔池加熱兩部分功率，且可以控制熔池不同部位之平均溫度及溫度分布，對於消除非金屬介在物極為有效；凝固速度在熔煉過程亦可控制，金屬鑄錠組織緻密、成分均勻，適合熔煉高熔點金屬及活性金屬。

電子束熔煉精煉爐之優點為可加散料和捧料，與 ESR、VAR 相比較有彈性。由於在高真空及高溫之環境下進行，電子束熔煉精煉對於去除金屬中的氣體，如脫氫及脫氮，效果

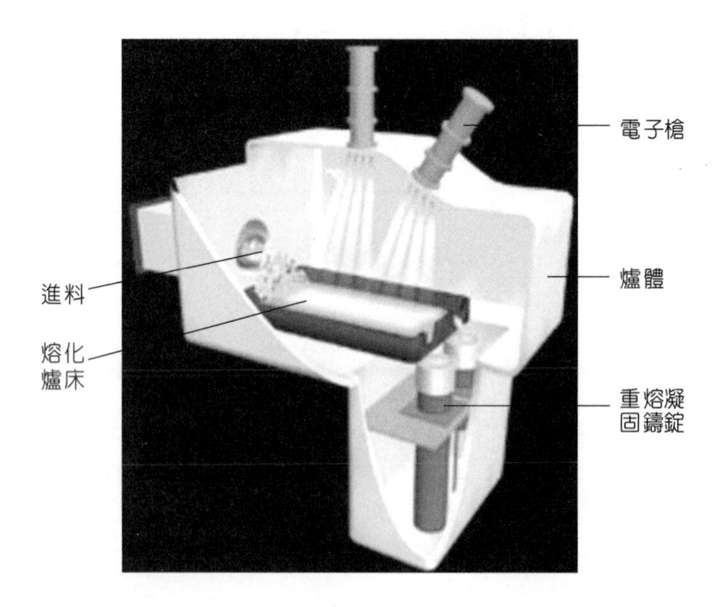

圖14.7
電子束精煉爐[6]。

良好。而金屬雜質如銅錫的揮發去除、夾雜物的分解與上浮，亦較其他真空精煉製程 VIM、VAR 為佳。

目前世界上最大的 EBCFM 爐是建立在日本礦業的日立工廠的 ESSP1OO/1200CF 電子束熔煉精煉爐[4]，該電子束爐之電子束功率為 1200 kV·A，主要用於生產高純度特殊鋼、鎳基、鈷基高溫合金，以及生產純鈦錠和難熔、活潑金屬及合金。

電子束熔煉精煉之主要參數有比電能 (Q, kW·h/kg)、熔化速度 (kg/min)。電子束熔煉精煉之特點為，其比電能與熔化速度可在很大範圍內獨立變化，此為其他真空精煉製程 (VAR、VIM) 所難相比。但電子束爐重熔金屬精煉之缺點為設備費用太貴，而操作成本亦高。

(4) 感應水冷銅坩堝電爐熔煉

感應水冷銅坩堝電爐熔煉 (induction melting with cold crucible, IMCC) 是近年來發展的一項特殊熔煉新技術。雖然其他真空熔煉精煉 (VAR、EBCCM) 亦均採用水冷卻銅坩堝，熔煉活潑金屬鈦、鋯等的金屬，但採用感應加熱水冷卻銅坩堝熔煉，熔液在加熱過程被攪拌，可使成分、溫度均勻。其最重要之優點為不用製作自耗電極，加料形狀極有彈性，可以澆鑄，設備費又較電子束熔煉精煉爐便宜。感應加熱水冷卻銅坩堝電爐如圖 14.8 所示，主要由一分瓣銅坩堝及感應圈、爐體、感應電源機、加料室、澆鑄室、真空系統及控制箱等部份所組成。

冷坩堝熔煉技術特別適用於熔煉活潑金屬、高純金屬、難熔金屬、放射性材料等。感應水冷銅坩堝熔煉通常採用中頻感應電源 (1000－8000 Hz)，其目前之主要缺點為熱效率較一般真空感應電爐熔煉精煉差，而大型感應電源機購置費用昂貴，尚需改進方能在工業上普及。近年來國外發展之感應水冷銅坩堝懸浮熔煉技術 (cold crucible levitation melting) 採用不同頻率感應電源機，以期有所改善[4]。

圖 14.8
感應水冷卻銅坩堝電爐 (來源：臺灣大學材料所合金製程研究室)。

(5) 眞空電弧雙極重熔

真空電弧雙極重熔 (vacuum arc double electrode remelting, VADER) 也是另一種真空電弧重熔法，是美國特殊金屬公司 (Special Metals) 所發展的製程，希望製成細等軸晶的鑄錠。其原理如圖 14.9 所示[4]，即在真空或惰性氣體保護下，將兩支水平金屬自耗電極對置，通以直流電，使兩極間產生電弧放電，兩自耗電極在電弧作用下熔化成液滴，熔滴落入旋轉的水冷銅模內凝固。熔滴冷卻過程中，形成許多固態晶核，加上旋轉機械破碎作用，重熔錠組織之晶粒較小。

VADER 爐子的設備主要包括直流電源、爐體、電極驅動系統、水冷銅模、銅模旋轉系統及水冷系統。主要應用於高性能飛機之超合金渦輪盤 (turbine disk) 製造。

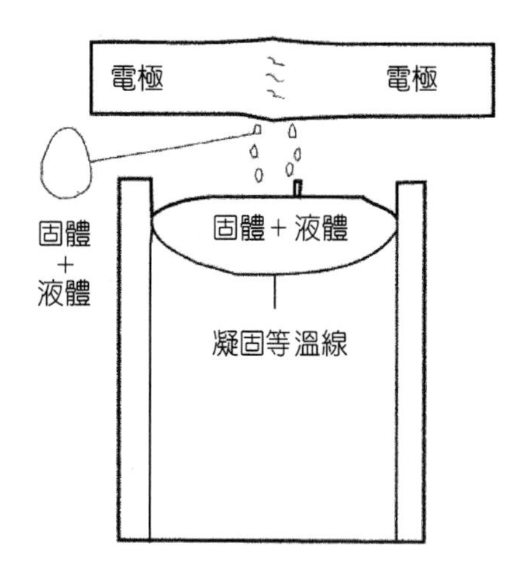

圖 14.9
真空電弧雙極重熔爐。

(6) 眞空電弧凝殼爐

在 1950 年，美國聯邦礦務局 (Bureau of Mining) 研製成的真空電弧凝殼爐 (vacuum arc scull melting)[4]，具有可在真空下鑄造及無真空感應電爐耐火材料坩堝污染的優點。真空電弧凝殼爐如圖 14.10 所示，它利用真空自耗性電極產生電弧及一淺底水冷卻坩堝，使被熔煉金屬在坩堝壁內形成一層金屬薄殼，隔離被熔煉金屬液和坩堝，因此避免了坩堝對活性金屬液的污染，而且可以形成熔池，並能澆鑄。

真空凝殼熔煉之特點與一般真空電弧重熔精煉不同之處，為金屬熔化和澆鑄可分開進行，並可獲得較 VAR 晶粒細的組織。最大真空凝殼爐約 500 kg[5]，用以熔煉和鑄造鈦、鎢及鋁的合金。真空凝殼爐用於鑄造耐熱合金、耐蝕合金鑄件，提高成品率、降低成本，性能有顯著提高。

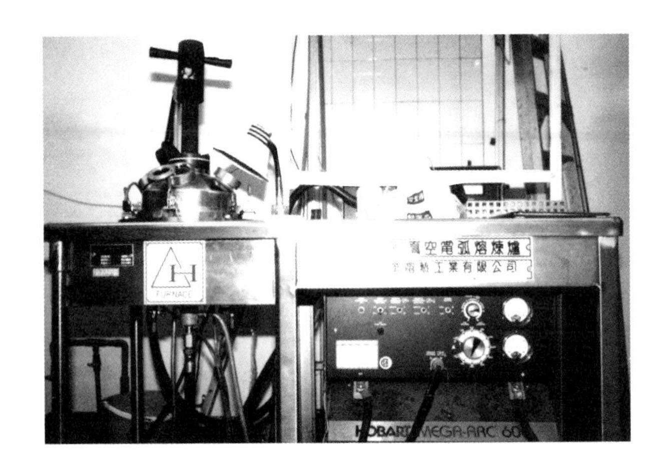

圖 14.10
小型真空電弧凝殼爐(來源：臺灣大學材料所)。

14.5 眞空冶金之應用

近年來，真空感應電爐熔煉主要用於飛機之超級合金渦輪盤 (turbine disk) 與葉片 (turbine blade) 的精密鑄造、馬氏體時效鋼及原子反應爐用不銹鋼等，以及重熔精煉所需之自耗電極的生產。

工業上為了有效經濟的製作高清淨度之金屬及合金，大部份以真空感應電爐熔煉作為一次之合金配製及精煉，然後澆鑄成棒，再使用電子束、真空電弧重熔等精煉為二次精煉，以進一步去除雜質及氣體。目前主要用於超低碳、清淨之不銹鋼及高溫合金生產，和用於生醫材料如人工關節 Co-Cr-Mo 合金之製造。

真空電弧重熔用來熔煉鉬、鎢等活性和難熔金屬，也用來熔煉優質耐熱鋼、不銹鋼、工具鋼、軸承鋼及超合金等。

目前由於飛機、航空工業要求高可靠安全性的引擎等，因此在美國工業上生產超合金，及活性金屬 Ti、Zr 等合金，已採用所謂雙 V 或三 V 之製程，即真空感應熔煉 (VIM)、真空電弧重熔 (VAR) 及真空電子束熔煉 (VEBR) 之組合搭配。

真空凝殼爐 (vacuum solidify shell furnace, VSSF)、真空雙電極電弧重熔 (VADER)、冷坩堝熔煉 (CCM) 及懸浮熔煉較適合製造精密合金，如用於強磁性材料之鈮－鐵－硼及金屬間化合物和電子材料及靶材的製造。

在真空脫氣方面，近年來鋼鐵工業採用如 RH 等大型真空脫氣設備，以煉製 IF 鋼 (interstitial-free steels)，其碳含量小於 50 ppm，氮含量小於 30 ppm ，而硫、磷含量亦均小於 120 ppm，作為成型性極佳及可連續退火 (continuous annealing) 之冷軋片材[3]；日本 Nippon Steel 及 NKK Steel 均發展成功 IF 鋼，作為汽車車體材料。用 RH 真空脫氣設備亦可煉製成低鋁含量(小於 20 ppm)、氮含量約 120 ppm 的製罐用鋼片。而 Nippon Steel 鋼廠採用真空脫氣法成功地煉製成碳含量小於 30 ppm，氮含量小於 20 ppm，而硫、磷含量亦均小於 30 ppm 之非方向性之電氣鋼片。

參考文獻

1. J. A. Belk, *Vacuum Techniques in Metallurgy*, Oxford, London, Paris, Frankfurt: Pergamon Press (1963).
2. D. R. Gaskell, *Introduction to the Thermodynamics of Materials*, Washington: Taylor & Francis (1995).
3. R. Pradhan, *Metallurgy of Vacuum-Degassed Steel Products*, Warrendale: TMS (1990).
4. 李正邦, 鋼鐵冶金前沿技術, 57, 北京: 冶金工業出版社 (1997).
5. H. Burghardt and G. Neuhof, Stahlerzeugung, *VEB Deutsche Verlag fuer Grundstoffindustrie*, Leipzig (1982).
6. Vallejo 廠型錄.

第十五章　真空熱處理系統

真空熱處理，顧名思義，乃是在真空環境中實施的熱處理製程，這是結合了真空與熱處理技術的成果。舉凡金屬材料在大氣中加熱，都會因為氧化而損及材料的表面性質，因此才有利用惰性或還原性氣氛來保護工件的氣氛保護爐應世，然而在99.999987 % 的純氬氣保護環境下與在 1×10^{-4} Torr 的真空中進行熱處理，所獲得的表面品質是一樣的。但是以現有的技術要獲得純度這麼高的氬氣是一項極為困難的事，不過取得這種真空環境卻早已是一項成熟的技術了，因此真空熱處理爐已逐漸取代傳統的鹽浴爐或氣氛爐，廣泛運用於模具鋼、不銹鋼、高速鋼、耐熱合金、超合金及鈦合金等材料之退火、淬火、回火、固溶化、時效處理、硬銲或燒結處理。

15.1 真空熱處理爐的類型與構造

15.1.1 發展歷程

真空熱處理爐早於 1927 年就已問世[1]，雖然僅較氣氛保護爐晚了兩年，但由於當時市場的焦點均聚集在氣氛爐，大部份的研究及工程人力均投注於氣氛爐的改良上，再加上一般人對真空技術的不瞭解，以及真空設備過於昂貴等諸多因素所致，遂使真空熱處理爐的發展延宕至 1960 年代中期，才得以蓬勃地發展起來。

初期的真空熱處理爐由於設備與運轉成本高且冷卻速率太慢，因此一直被侷限於航太工業的應用，如含有鉬、鉻、鉭、鈦、鋯、釩、鎢、鉿、鈮等高熔點且化學性質活潑材料的退火、接合與脫氣等製程為主。60 年代以後，由於絕熱材料與加熱元件的改良及冷卻速率的提昇，才逐漸在傳統熱處理領域受到肯定。關於冷卻速率提昇的努力，初期可分為兩個不同的發展趨勢：即在美國地區是朝向提高氣體流速發展，藉著大風扇或高功率鼓風機配合氣體噴嘴及導管的設計來提高冷卻速率，管路較繁複，氣密性較不容易維持，但價格相對低廉(見圖 15.1)；而歐洲方面 (尤其是德國) 則往增加氣體壓力方向發展，藉加強爐體結構以承受淬火時瞬間的高壓氣體，安全性需格外注意，價格較昂貴 (見圖 15.2)。

最近十年來，由於技術的精進及市場的要求，真空熱處理爐的設計已有長足的進步，

第十五章作者為林長毅先生。

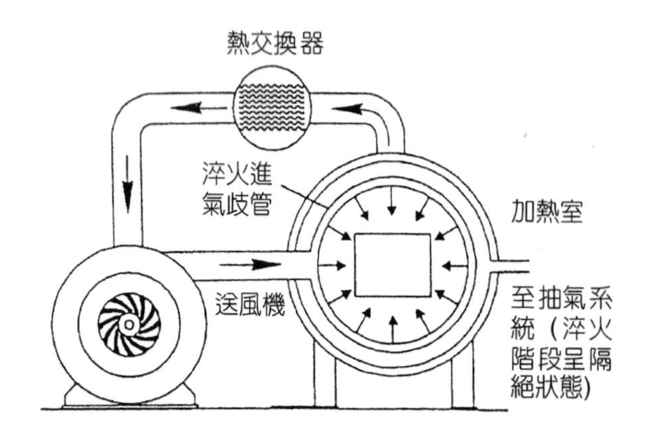

圖 15.1
低壓高速氣冷式真空爐[2]。

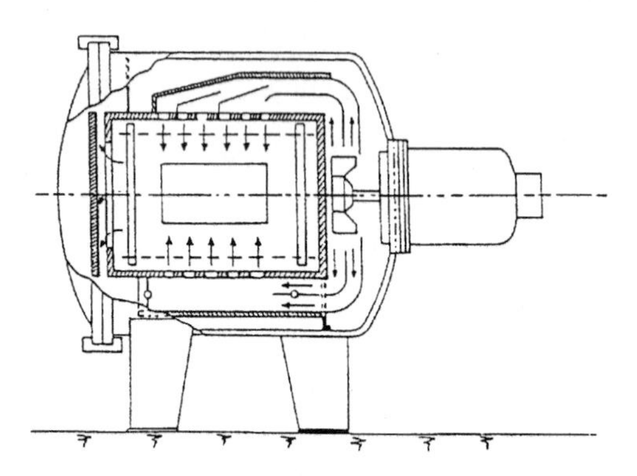

圖 15.2
高壓氣冷式真空爐[3]。

例如：(1) 結合高壓高流速氣體對工件施以強制冷卻，使應用範圍擴展至高速鋼材料及大型模具；(2) 真空熱處理爐配以油淬或水淬設備，使低合金鋼及碳鋼類材料亦能施以真空熱處理；(3) 增設熱風循環系統以縮短真空熱處理製程時間；(4) 增加麻淬火 (marquenching) 功能以減少熱處理的變形量，其中第 (1)、(3) 項已成為大多數設備廠商的標準配備了。展望未來的發展趨勢，真空熱處理爐將進一步提升高壓氣冷的冷卻速率，突破碳鋼或低合金鋼類材料必須採用真空油淬的障礙，以及降低連續式真空爐的設備與營運成本，取代傳統的連續式氣氛滲碳爐。

台灣地區於民國 68 年引進第一台真空熱處理爐，民國 72 年以後數目急速增加，目前全台之真空熱處理爐已超過百台，大部分屬於高壓 (1－3 bar) 氣冷式真空熱處理爐，處理量大都介於 200－600 公斤／爐次的範圍，近四年來已有業者陸續引進 10 bar 的高壓氣冷式真空熱處理爐，目的在於提升高速鋼的熱處理品質。

15.1.2 真空熱處理爐的類型

真空熱處理爐的功用與種類繁多，為了便於分析比較，以下按 (1) 加熱方式、(2) 處理

室數及 (3) 擺設方式三種特徵加以分類說明。

(1) 依加熱方式區分

① 外熱式：加熱元件置於耐熱鋼或陶瓷製容器外側，藉間接方式加熱工件，若再配合攪拌風扇之設計，可使爐內低溫階段的溫度均勻性更佳；一般用於溫度較低的退火或回火製程。

② 內熱式：加熱元件位於腔體內，直接對工件加熱，昇溫速度快，使用溫度較高，組裝之精度要求較高，價格較昂貴，一般淬火與硬銲用途之真空爐均採此種設計。

(2) 依處理室數區分

① 單室式：工件在同一室內進行加熱與冷卻，腔體內包括加熱室、熱交換器、氣冷裝置與熱風循環系統等，為目前高壓氣冷式真空熱處理爐的主要結構 (如圖 15.2)。適用於真空硬銲、燒結、淬火兼回火處理之真空熱處理爐。

② 二室式：真空腔體內包含有加熱室及冷卻室，操作時將工件置於加熱室內升溫，隨後藉自動傳輸系統將工件移至冷卻室進行降溫 (如圖 15.3)，由於冷卻時毋需將加熱室內的絕熱材料一併降溫，故可獲得較快的冷卻速率，可作為淬火、固溶化處理或真空滲碳等用途。

③ 三室式、連續式：若除了加熱室外同時具備強制氣冷及油冷室者稱之為三室式真空熱處理爐，其結構如圖 15.4 所示；或者在加熱室之前增設預抽真空室，而工件經加熱室、強制氣冷或油冷後，由另一側取出，稱之為連續式真空爐，其結構如圖 15.5 所示。該類型設備之特點是連續生產效率高，節省能源並可降低生產成本，最適合用於少樣大量的零件類工件。

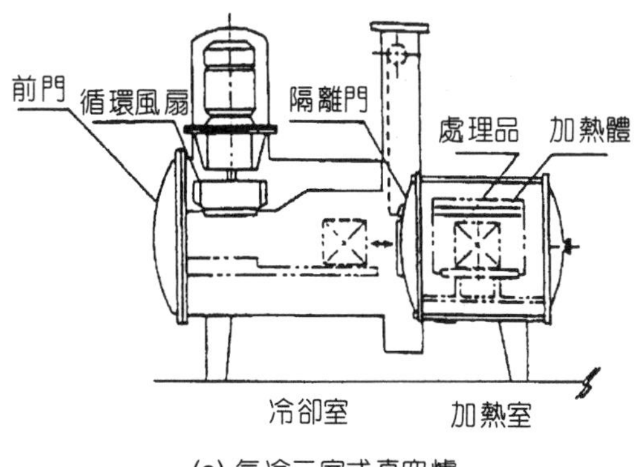

(a) 氣冷二室式真空爐

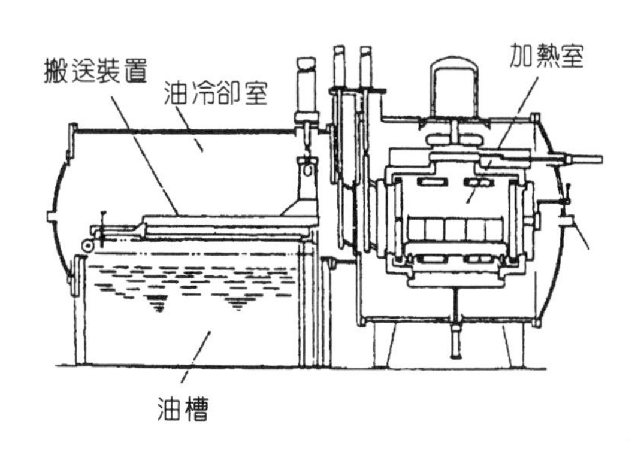

(b) 油冷二室式真空爐

圖 15.3 橫列二室式真空熱處理爐[4,5]。

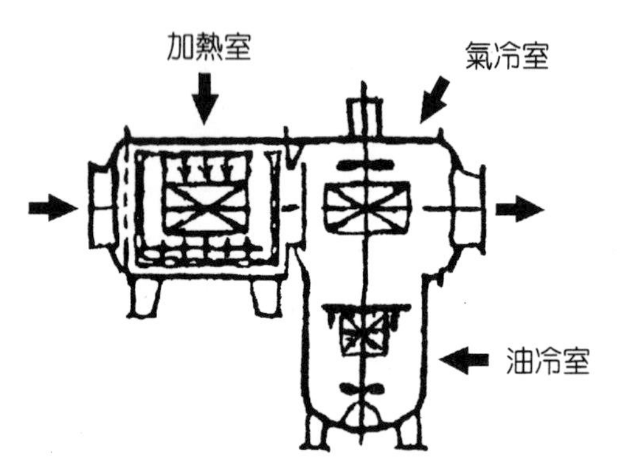

圖 15.4 橫列三室式真空熱處理爐[6]。

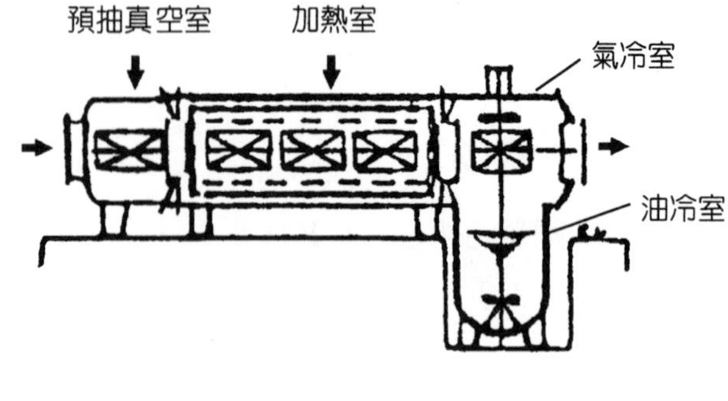

圖 15.5 連續式真空熱處理爐[7]。

(3) 依擺設方式區分

① 臥式：如圖 15.1 至圖 15.5 所示，真空熱處理爐爐體呈水平擺設，泛用型真空熱處理爐大都採用此種設計。

② 直立式：真空熱處理爐爐體呈垂直方向擺設，大部份的爐門設計是藉助傳動系統由下方開啟，因此爐體採高架式，以便利工件的進出，冷卻風扇及熱交換器則置於上端，如圖 15.6。直立式真空爐的優點是長軸形的工件可以採懸吊方式熱處理，可大幅減少因自重所造成的扭曲變形，而圓柱形的有效加熱空間，可以更有效地利用加熱室，但額外的傳動系統等週邊設備卻也提高了直立式真空熱處理爐的造價。

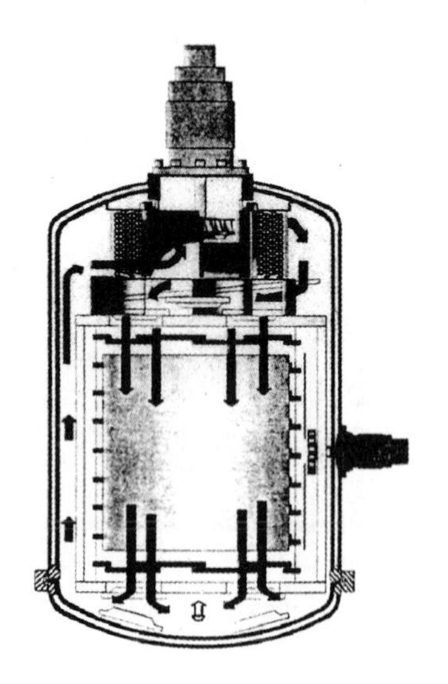

圖 15.6
直立式真空熱處理爐之簡圖[8]。

15.1.3 真空熱處理爐的構造

(1) 加熱室

加熱室 (heating chamber) 主要由絕熱材料與加熱元件所構成，絕熱材料大致有鉬板、石墨材料及高純度氧化鋁氈等三類，優劣如表 15.1 所示；製造時常因結構上需求、熱處理種類與成本考量而有不同的組合方式，一般常見的結構組合、最高使用溫度及價格比較見表 15.2。

(2) 真空抽氣系統

真空熱處理爐利用真空幫浦將爐內氣體抽出，一般用於鋼鐵熱處理的真空爐只需達到中度真空 (medium vacuum, 1×10^{-3} Torr) 即可。真空幫浦的組合大都使用機械式真空幫浦與魯氏真空幫浦，如圖 15.7 所示；若要處理鈦合金、超合金或者硬銲用的真空熱處理爐則需加裝油擴散幫浦，以達到高真空範圍 (high vacuum, $10^{-3}-10^{-7}$ Torr)，此時需特別注意油擴散幫浦的冷卻水溫，溫度越低抽真空的效率越好，或者在油擴散幫浦前加裝冷阱 (cold traps) 或擋板 (baffles)，可以將油氣回流 (back streaming) 現象降低，避免被處理物受到污染。

(3) 冷卻水循環系統

循環冷卻水包括兩個冷卻系統，一是冷卻爐壁用的循環冷卻系統，一是熱交換器用的急冷系統。由於急冷時熱交換器負有將熱量快速帶走的功能，因此需要比循環冷卻時更大的水

表 15.1 真空熱處理爐所使用絕熱材料之特性比較。

材料	優點	缺點
鉬板	1. 抽真空所需時間短，適用於 Ti、Ta 等金屬。 2. 無滲碳現象。 3. 壽命較長。	1. 長期使用，隔熱效率降低。 2. 金屬蒸氣與鉬反應造成破裂與彎曲。 3. 隔熱效率佳。
石墨	1. 在 1480 °C 以下時具有相當之強度。 2. 價格較鉬板便宜。 3. 隔熱效率較差。 4. 可耐高速氣體冷卻所造成之衝擊。	1. 質脆，容易破壞。 2. 使用壽命較鉬板短。
高純度氧化鋁氈	1. 隔熱效果佳。 2. 最高使用溫度為 1300 °C (大氣中為 1450 °C)。	1. 與空氣接觸會吸收水分。 2. 氧化鋁儲存之熱量多。 3. 冷卻速率慢。

表 15.2 絕熱材料之裝置、最高使用溫度及價格比率[9]。

真空隔熱裝置（熱面↓ ↑冷面）		使用溫度 (°C)	價格 (%)
A：石墨片／石墨氈／Al_2O_3 氈／不銹鋼片		1300	100
B：鉬片／Al_2O_3 氈／不銹鋼片		1280	112
C：石墨片／石墨氈／不銹鋼片		1480	114
D.E.F.：鉬片／鉬或不銹鋼片／不銹鋼片	D : 2Mo + 3S.S.	1280	138
	E : 3Mo + 2S.S.	1300	153
	F : 6Mo	1640	200
G：硬隔熱板(含石墨片)／石墨氈／不銹鋼片		1480	138

圖 15.7
機械式真空幫浦與魯氏真空幫浦組合。

量，若與循環冷卻系統共用進水管時，業者需自行在管路前端連結兩台功率不同的抽水馬達，並與控制系統連動，在急速冷卻時提供較大的水量 (圖 15.8)，並確保水壓不會下降太多。若只用一台馬達時，也可以用變頻器來達到提供不同水量的效果，一般業者採用前者設計者較多。也有設備是將兩系統獨立成兩個進水口，此時業者只需提供兩個系統適當功率的抽水馬達即可，熱交換器的冷卻水量則由控制系統視熱處理階段自行調整(圖 15.9)。

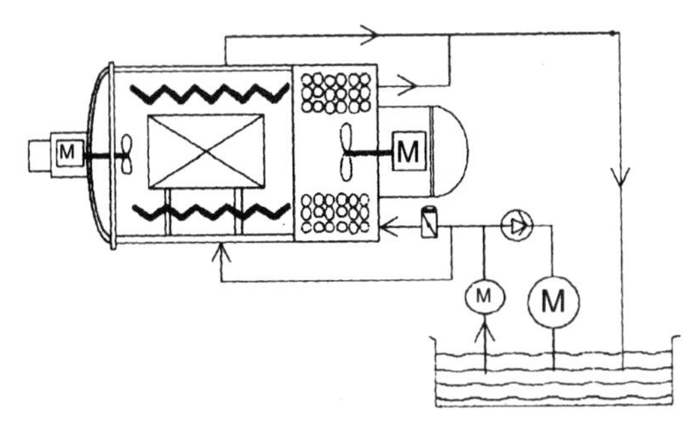

圖 15.8 循環與急冷共用進水系統示意圖[10]。

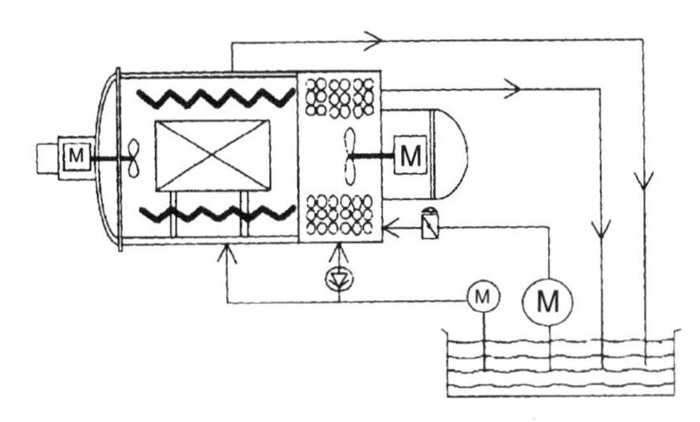

圖 15.9 循環與急冷獨立進水系統示意圖[10]。

(4) 氣體供應系統

氣體供應系統提供了三種功能性氣體，一是保護性氣氛或分壓氣體，二是急冷用高壓氣體，三是驅動氣動閥用氣體；設備製造廠商大都會提供二次側所需的各類閥門，至於一次側的配管與氣體儲槽則須業者自備。配管時應特別注意管路的氣密性，管路可使用銅管或不銹鋼管並以銀銲或氬銲來連接，機械接合處宜用無氧膠 (俗稱紅藥水) 來達到氣密效果，管路安裝妥當後，必須進行排氣及測漏，氣體儲槽與真空熱處理爐之間的管路應儘量縮短，且管徑宜大，以確保能在最短時間內提供高壓氣冷所需的氣體；儲槽體積及容許使用壓力須與高壓氣冷時所需壓力相匹配，例如真空爐體積 (V_{vac} = 2000 L)，最高氣冷壓力 (P_{vac} = 10 bar)，儲槽體積(V_{tan}=15000 L)，則儲槽壓力 (P_{tan}) 之平衡值為：

$$P_{tan}V_{tan} = P_{vac}(V_{tan} + V_{vac})$$

$$P_{tan} = \frac{10\ (15000 + 2000)}{15000} = 11.4 \text{ bar} \qquad (15.1)$$

但為確保在最短時間內達到淬火壓力，儲槽的設定壓力應比平衡壓力高約 2 bar 以上為宜，所以儲槽壓力的設定值應為 13.5 bar，因此加上安全考量，儲槽製造時的容許壓力應不低於 15 bar。

15.2 真空熱處理之理論基礎

真空熱處理是在真空環境下進行的熱處理製程，這裡所謂的「真空環境」係指腔體內壓力低於一大氣壓的意思。量度真空程度一般以 Torr、mbar 或 Pa 為單位，三者與其他壓力單位的換算如表 15.3 所示。對於氣氛保護爐而言，要使工件不發生氧化現象，一般加熱用氣氛的露點要求在 –30 – –40 °C 左右即可，但由表 15.4 之真空度與露點的關係得知，真空是一種容易取得且價格低廉的「保護性氣氛」。因此在真空中進行熱處理有別於傳統熱處理者，一是在減壓的環境下，氣體的化學活性較低，因此氧化、還原、脫碳等反應變慢；二是具有去除材料中吸附氣體的機會，或使工件表面已存在之氧化物分解及去除。圖 15.10 則是不同熱處理製程所需的溫度與壓力範圍。

表 15.3 壓力單位互換表。

	托耳 (Torr)	毫巴 (mbar)	帕 (Pa)	大氣壓 (atm)	磅／英吋^2 (psi)
托耳	1	1.333	1.33×10^{2}	1.32×10^{-3}	1.93×10^{-2}
毫巴	0.75	1	1×10^{2}	9.87×10^{-4}	1.45×10^{-2}
帕	7.50×10^{-3}	1×10^{-2}	1	9.87×10^{-6}	1.45×10^{-4}
大氣壓	760	1.01×10^{3}	1.01×10^{5}	1	1.47×10^{1}
磅／英吋^2	5.18×10^{1}	6.90×10^{1}	6.90×10^{3}	6.81×10^{-2}	1

表 15.4 真空度與露點之關係。

壓力 (Torr)	H_2O (ppm)	露點 (°C)
1	921	–21
10^{-1}	92.1	–43
10^{-2}	9.21	–61
10^{-3}	0.92	–77
10^{-4}	0.092	–90

15.2.1 氧化現象

金屬在高溫時會與氧氣結合成為氧化物，而金屬氧化物也可能分解成金屬與氧氣，其化學反應式為：

$$2M + O_2 \rightleftharpoons 2MO \qquad (1)$$

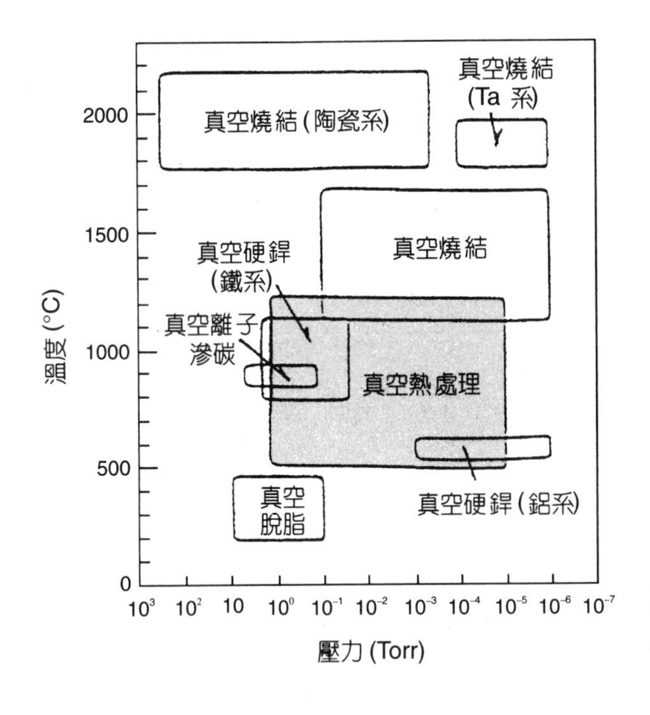

圖 15.10
各種真空熱處理適用的溫度與壓力範圍[11]。

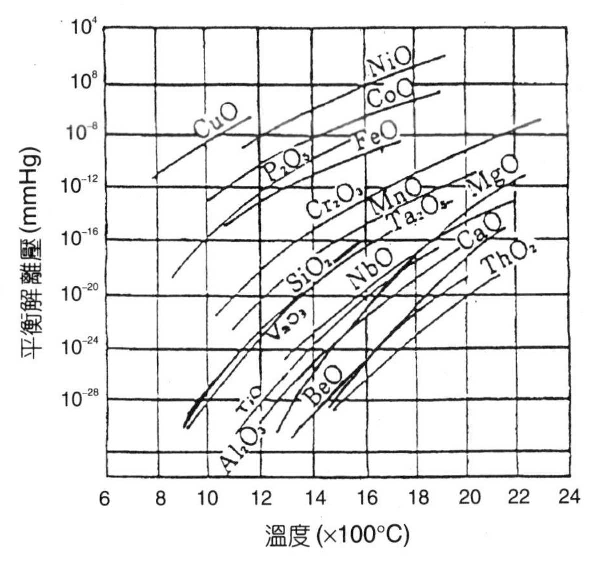

圖 15.11
各種金屬氧化物之解離壓[12]。

決定反應方向的因素有金屬的種類、溫度及氧氣的分壓。若無還原性氣體存在時 (如 H_2、CO 等)，金屬需在極低的氧氣分壓 (P_{O_2}) 下才能避免被氧化，如圖 15.11 所示，1200 °C 的處理溫度時，鐵的平衡解離壓為 10^{-13} Torr，鉻為 10^{-18} Torr，鋁、鈦氧化物的平衡解離壓則更低，因此在一般真空熱處理的真空範圍內，理論上氧化是必然的現象。但根據經驗顯示，工作真空度往往高過金屬表面分壓的理論值數個數量級時也不會發生氧化，反倒是氧化物會發生解離作用，使被處理物產生光亮的表面，這是因為爐內的碳源（石墨構件的碳蒸發或真空幫浦的油氣回流），優先與氧氣反應生成一氧化碳或二氧化碳，而殘存的水氣所解離出的氫氣也具有還原的作用，間接造成實際的氧氣分壓遠低於工作真空度，因此對於不用石墨構件，也無油擴散幫浦的真空熱處理爐，為降低氧氣分壓往往需要加入脫氧劑，脫氧劑一般可以使用石墨，在不允許使用石墨的場合，也可以使用鈦屑代替。

除了氧氣會造成氧化外，CO_2、H_2O 亦會以不同的機構引起氧化現象，其反應如下：

$$Fe + CO_2 \rightleftharpoons FeO + CO \quad (2)$$

$$Fe + H_2O \rightleftharpoons FeO + H_2 \quad (3)$$

上二式反應速率會因壓力之降低、溫度下降及時間增加而減緩，至於其氧化還原現象則不是以氧化性氣體的絕對量大小而定，而是視 CO_2 / CO 或 H_2O / H_2 之比值來決定，如圖 15.12 所示，因此在 CO_2 / CO 與 H_2O / H_2 比值均低的情形，才能抑制氧化作用產生。

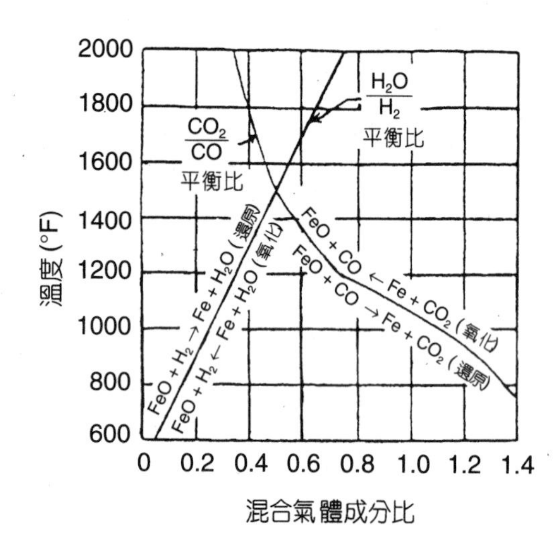

圖 15.12

Fe-FeO-H_2-H_2O 及 Fe-FeO-CO-CO_2 之理論平衡比[13]。

15.2.2 元素蒸發現象

金屬元素的蒸氣壓隨著溫度升高而增加，圖 15.13 為金屬元素在各種溫度下之蒸氣壓曲線，其中蒸氣壓較高的 Zn、Mg、Pb、Mn、Cr、Al、Cu 等元素常存在於鋼鐵材料、非鐵合金或硬銲用銲料之中，當材料在真空中加熱時，這些元素容易發生蒸發現象，造成表面合金元素貧乏，從而影響組織變化及機械性質。不過在實際的處理製程中，鋼鐵材料的元素蒸發現象並未如想像中嚴重，這是因為存在於鋼鐵中的合金元素大都以安定的碳化物型態存在於鋼鐵材料中，使得蒸氣壓大幅下降，若這類元素以固溶方式存於基地中，則在高溫及高真空的環境下容易發生元素蒸發現象，也將造成被處理物的表面失去光澤且表面粗度劣化。黃銅在真空退火時的脫 Zn 現象與不銹鋼在固溶化處理時的脫 Cr 現象都是明顯的例子。圖 15.14 即是二種不銹鋼在不同壓力下經真空加熱後，表面 Cr 含量變化的情形。

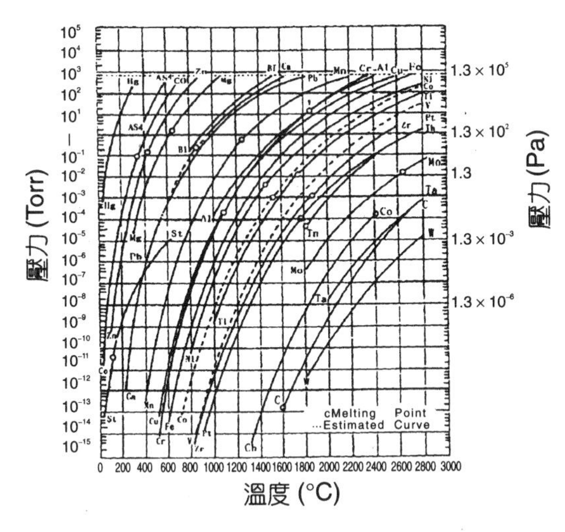

圖 15.13 各種金屬元素之蒸氣壓曲線。

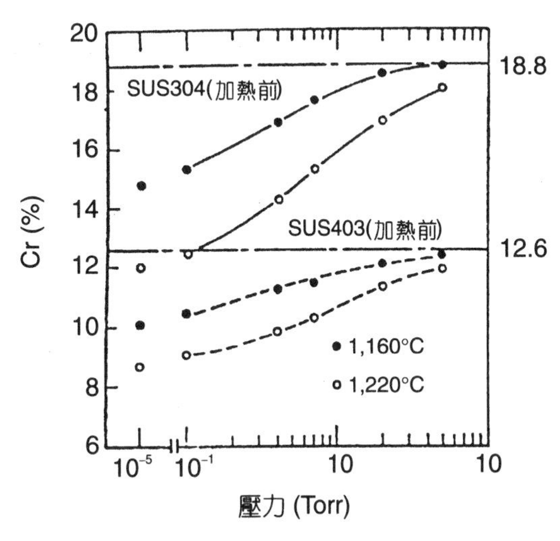

圖 15.14 壓力對不銹鋼表面鉻含量之影響[14]。

15.2.3 如何增加冷卻速率

真空熱處理時若採用氣體冷卻方式進行急冷，因冷卻速率較一般在水或油中慢，為彌補此缺失，可利用熱傳導性較佳的不活性氣體、增加循環風量、增加冷卻氣體壓力或降低冷卻氣體溫度等方式來提高冷卻速率。前三種方法的效果如圖 15.15 至圖 15.17 所示，而最後一項降低冷卻氣體溫度，則可在冷卻氣體之循環路徑中增加熱交換器之設計，以達到降低氣體溫度之目的；因此影響熱交換器功率之因素，諸如水量、水質、水溫等便益形重要。一般業者大都藉著提高流經熱交換器的水壓，或降低循環水的水溫，來達到提高冷卻速率的目的。

15.3 真空熱處理爐的各項功能

15.3.1 熱風循環系統

真空熱處理爐在發展初期的設計，大都著眼於保護工件在升溫過程中不發生氧化，所以採用真空中加熱，但後來發現在低溫區域 (室溫至 850 °C)，輻射加熱的效率極低，造成加熱費時且溫度不均勻，所以進步的真空熱處理爐均已具備了熱風循環系統，也就是在低溫範

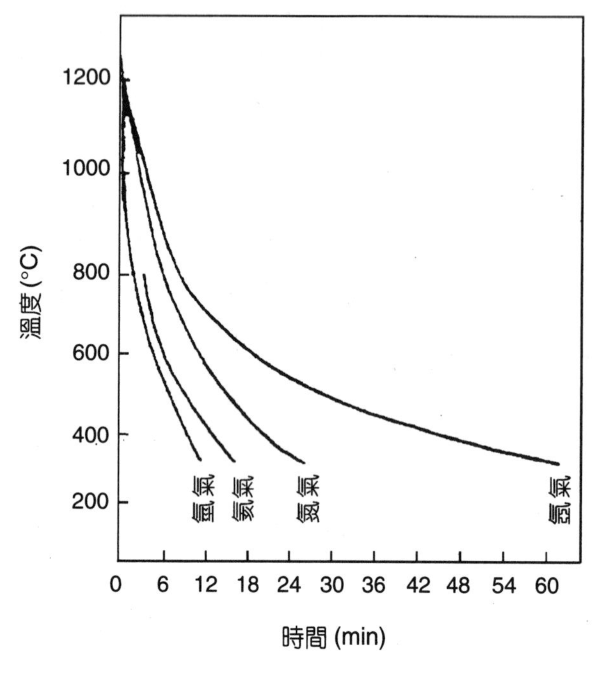

圖 15.15 H_2、He、N_2 及 Ar 之相對冷卻曲線。

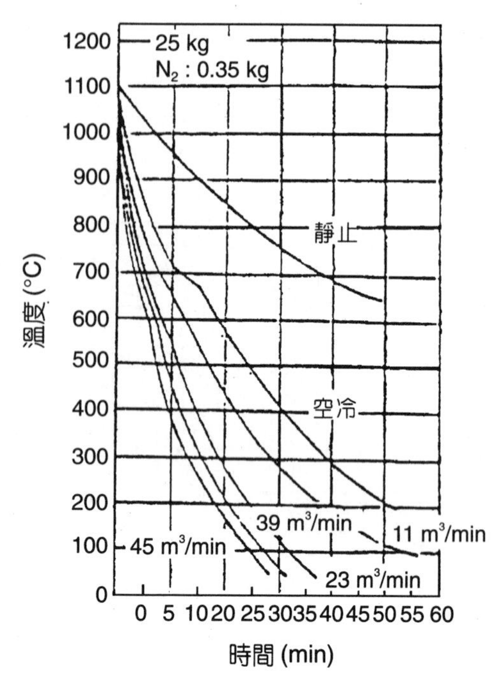

圖 15.16 不同循環風量下，N_2 之冷卻曲線[15]。

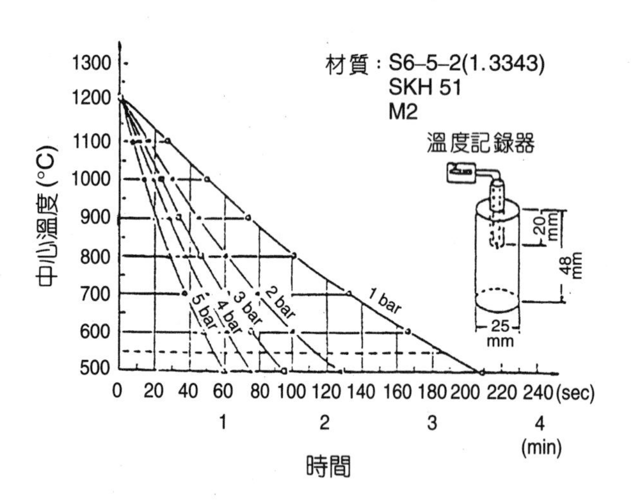

圖 15.17

不同壓力下，N_2 之冷卻曲線圖[15]。

圍導入不活性氣體，在爐內利用風扇攪動產生循環氣流，以對流方式加熱，促使熱量均勻且縮短升溫時間 (見圖 15.18)。當爐溫高於 850 °C 時，輻射加熱的效率便高於對流加熱，因此真空熱處理爐對流加熱的上限溫度一般為 850 °C。

綜合熱風循環系統之特點有：(1) 在低溫區域可快速升溫；(2) 縮短製程時間；(3) 溫度均勻性佳；(4) 可減少沃斯田體化前之持溫階段；(5) 可降低熱應力；(6) 可用於退火或回火。

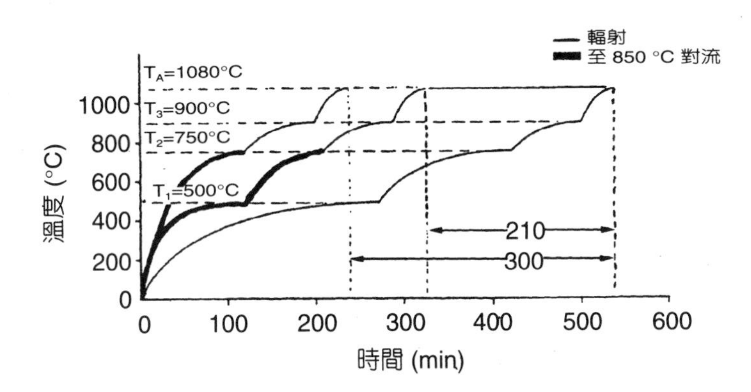

圖 15.18
熱風循環加熱與真空升溫之比較[16]。

各設備廠商就熱風循環系統的設計，可概略區分為以下三類：(1) 與高壓氣冷系統共用風扇、(2) 隱藏式風扇及 (3) CFC (carbon fibre reinforced carbon) 風扇。

(1) 與高壓氣冷系統共用風扇

利用擋板的作用，使氣流方向不經熱交換器，並以變頻器預設馬達轉速，熱風循環加熱階段採較低的轉速，高壓氣冷時則採較高的轉速。其優點是兩系統 (急冷與熱風循環) 共用風扇，機械上的設計較簡單，但控制系統則較複雜。採用此種設計的有德國 ALD 公司，如圖 15.19。

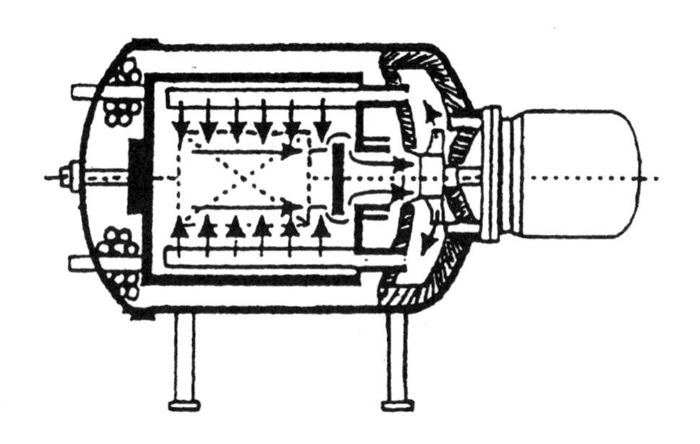

圖 15.19
熱風循環與急冷系統共用風扇[17]。

(2) 隱藏式風扇

熱風循環風扇位於加熱室之外，隱藏於爐壁的夾層之間；或者是可移動的風扇，加熱時藉油壓系統將風扇推進加熱室內，關閉時則以耐熱陶瓷或石墨板阻隔在風扇前端以斷絕熱量。採用前者設計的有美國的 Abar Ipsen 公司 (見圖 15.20)，後者有德國的 Schmetz 公司

(見圖 15.21)。此類型設計的優點是風扇材料可採用價格較低廉的超合金，軸承構造毋需考慮耐高溫設計，但風扇經長時間使用後易變形，導至動平衡性不佳，會使軸承容易損傷，且傳動用油壓系統設計，徒增維護保養上的困難。

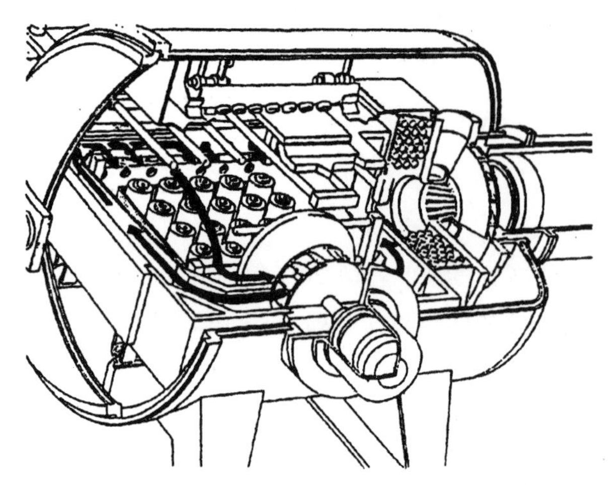

圖 15.20 Abar Ipsen 公司之熱風循環系統 (風向如箭頭所示)[18]。

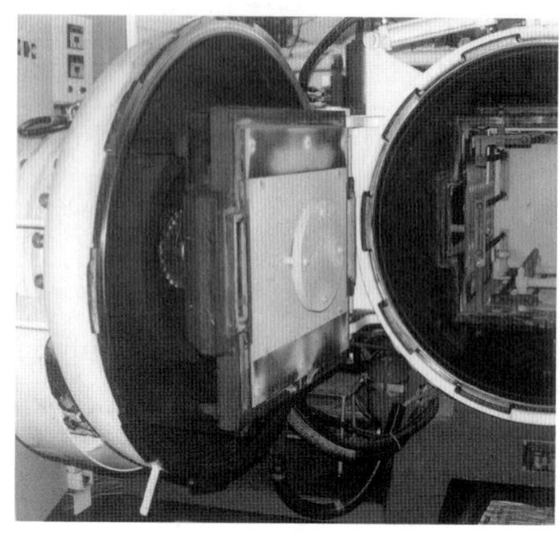

圖 15.21 Schmetz 公司之熱風循環系統。

(3) CFC 風扇

循環用風扇以 CFC 材質製成，當爐溫高於 850 °C 時馬達停止轉動，風扇仍然停留在高溫的加熱室中。其優點是無複雜的傳動設計，幾乎無需做維護保養，風扇質輕，驅動用馬達負荷小，且 CFC 可以承受非常高的溫度又無變形之虞，可說是無使用壽命的限制。但 CFC 風扇價格是超合金的五倍以上，材質硬且脆，不慎撞擊將有破裂之虞；而風扇葉片間及葉片與軸承間的連結與固定處幾乎都採用鉬材質，長時間使用後會脆化，即使是輕微碰撞時，鉬金屬都有斷裂的危險，因此常常需要更換。採用此種設計的有法國 BMI 公司 (見圖 15.22)，及德國 Schmetz 公司 (圖 15.23)。BMI 的風扇設計較繁複，價格自然相當昂貴，其外觀與一般金屬製成的攪拌風扇相似，這是因為該廠的加熱室無導引氣流的夾層裝置，為確保溫度均勻性，不得不採用的設計。而 Schmetz 的風扇則是非常簡單的兩片式組合，目的只在攪動起氣流，再配合著導引氣流的夾層裝置來達到均溫性的要求。

15.3.2 分壓之功用

所謂「分壓 (partial pressure)」的功能即是將惰性氣體放入爐內，並將真空度控制在 1－

圖 15.22
BMI 公司(法)之熱風循環系統。

圖 15.23
Schmetz 公司(德)之熱風循環系統。

10 Torr 的範圍。在 15.2 節中已詳細說明真空熱處理過程中 (尤其是高溫階段)，爐內真空度將會影響被處理物的表面合金元素的蒸發現象，因此對於高合金含量的材料，如不銹鋼、高速鋼、超合金等，分壓系統的配備是購買真空淬火爐時必須列入考慮的因素之一。

大部分真空熱處理爐的分壓系統可以在任何溫度下執行，但實際的操作則使用於 850 °C 以上才具意義。一般分壓系統大都透過可程式控制器或電腦加以自動控制，氮氣或氮氫混合氣視爐內壓力而斷續補充入真空腔體內，然有些系統是抽氣閥門保持全開狀態，保持持續抽氣 (如 Schmetz 公司)，有些系統則是抽氣閥門視爐內壓力值而決定開啟或關閉 (如 BMI 公司)。

15.3.3 淬火時冷卻氣流之方向

高壓或高速氣冷式真空熱處理爐是藉由氣體為媒介，將工件的熱量交由流經熱交換器內的冷卻水帶走，因此冷卻用氣體的循環方式是否能均勻地使氣體流經工件，便是決定被處理物之硬度分佈與變形量的重要因素。設計上冷卻方向有以下數種方式可供選擇：

(1) 上吹式／下吹式(見圖 15.24)：用於小尺寸、形狀簡單或長軸類工件。

(2) 360° 循環冷卻方式：在熱交換器內側加裝一組由大形軸承 (bearing) 帶動的風向導管，冷卻時由小型馬達帶動軸承，使氣體 360° 周期性進入加熱室，適用於大、小尺寸但形狀簡單之工件。

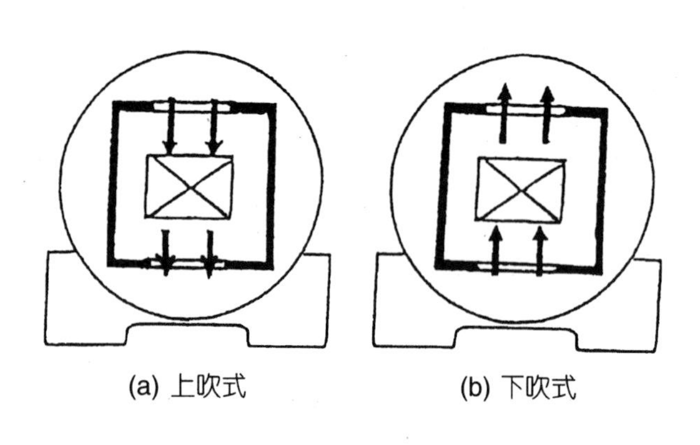

圖 15.24
上吹式與下吹式示意圖。

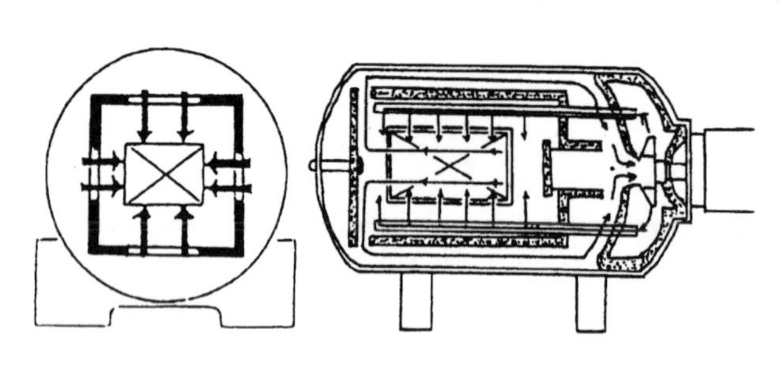

圖 15.25 (a) 上下同吹，(b) 環狀噴嘴冷卻式示意圖。

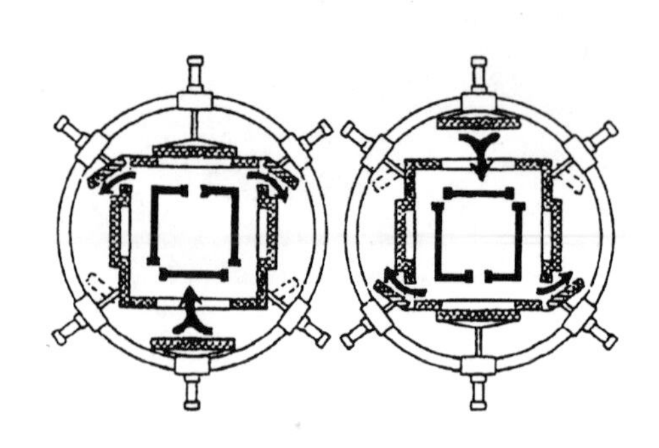

圖 15.26 週期式上下冷卻。

(3) 上下同吹式／環狀噴嘴冷卻式(見圖15.25)：適用於大尺寸、形狀複雜之工件。
(4) 週期式上下冷卻(見圖15.26)：適用於大尺寸、形狀複雜之工件。

15.3.4 麻淬火之功能

對於大型或尺寸要求嚴苛的工件，冷卻時內外溫差過大往往是造成淬裂或變形的主因，所以近來的真空熱處理爐紛紛增加麻淬火 (marquenching) 的功能，以供業者選擇使用。操作時藉由安置於大型工件表面 (或是爐溫) 與心部的二支熱電偶的溫度差，調整真空熱處理爐的冷卻速度甚至再次加熱，使工件表面與心部溫度在麻田散鐵開始變態溫度上方趨於一致後，再啟動急速冷卻系統進行淬火，實際執行情形如圖 15.27 所示。

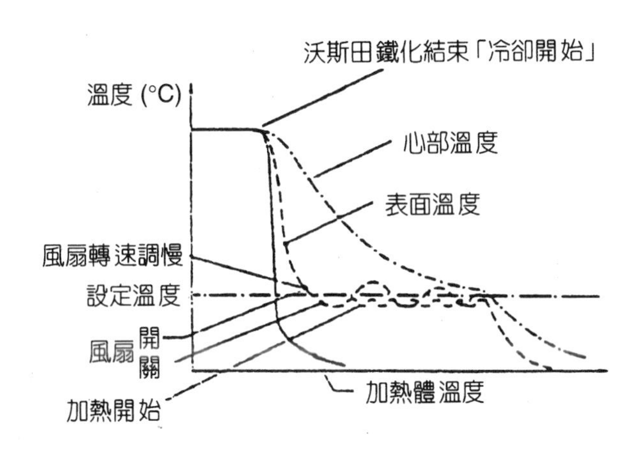

圖 15.27
真空熱處理之麻淬火功能[19]。

15.4 眞空熱處理爐之問題點

15.4.1 加熱及冷卻用氣體

鋼鐵材料之真空熱處理一般係以氮氣或氮氫混合氣作為加熱與冷卻用氣體；但是像鈦、鉻、鋯等或超合金、鈦合金等活性金屬含量高的材料，在高溫時易與氮氣反應生成氮化物 (如 TiN)，造成著色或表面硬化現象，此時應採用氬氣做為保護氣氛為宜，因此更換使用氣體時需特別留意儲氣槽與管路內殘留氣體的置換問題。

氮氣中若含有氧氣、水份、二氧化碳等不純物，將對工件的表面色澤造成不利的影響。造成被處理物發生著色現象的原因有以下幾項：(1) 管路、接頭或閥門氣密性不佳；(2) 真空爐本身氣密性不佳；(3) 氮氣純度不夠；(4) 工件清洗不完全；(5) 氣體管路或真空爐腔體內部生銹、污染或有水氣存在。

根據台灣熱處理業者的實際狀況而言，又以 (1)、(2) 項最普遍。一般業者大都認為，氣體管路中壓力高於一大氣壓，即使有洩漏處也只不過是浪費一些氣體而已，殊不知當管路內氣體高速流過時，會造成管內的壓力大幅下降，周遭的空氣反倒是被吸入管內，使得保護性氣體成為污染來源。

15.4.2 混晶現象

所謂混晶現象是鋼材淬火後，基地內少數晶粒顯著地粗大化，這將造成工件的韌性大幅下降。如圖 15.28 顯示半高速鋼 YRX3 (日立金屬之鋼材) 的混晶組織，使用後裂痕沿粗大化的晶界深入基材內部，最後終止於細小晶粒處，這是以真空爐處理高速鋼時特有的異常現象。避免混晶現象的方法之一是在變態點以上至沃斯田鐵化溫度間採快速升溫。

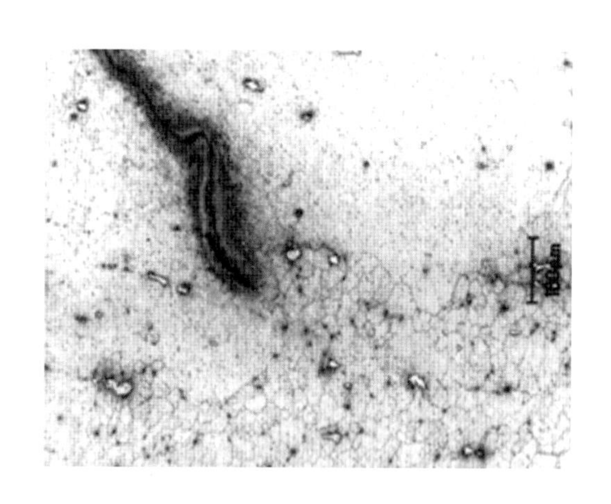

圖 15.28
半高速鋼的混晶組織。

15.4.3 合金元素之蒸發與附著

如 15.2 節所述，爐內高溫高真空度時易造成蒸氣壓高的合金元素脫離鋼材表面，使得鋼材表面附近合金含量降低，工件表面失去金屬光澤 (見圖 15.29) 以及表面粗度劣化 (見圖 15.30)。

若以不銹鋼或超合金做為治具處理鋼鐵材料時，則治具表面附近的 Cr 元素藉著蒸發或擴散方式進入鋼材表層，使得鋼材表層的 Cr 含量增高而降低 Ms 點，淬火後鋼材表層的殘留沃斯田鐵量增加。若以相同的治具處理鈦合金時，高溫高真空下的鈦蒸氣將與治具中的鎳作用，形成低熔點的鎳－鈦化合物 (熔點約圍為 950－1000 °C)，治具有熔損之虞 (見圖 15.31)。此時若選用分壓功能，通入惰性氣體使真空爐維持在較低的真空度 (5－10 Torr)，可以杜絕合金元素的蒸發或附著。

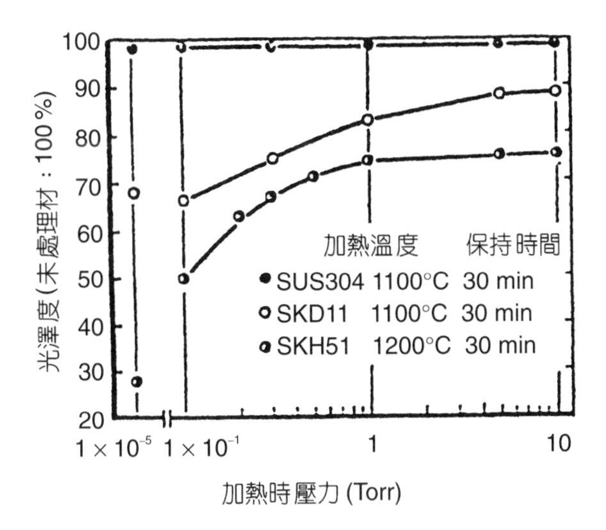

圖 15.29
加熱時壓力對表面光澤度之影響[14]。

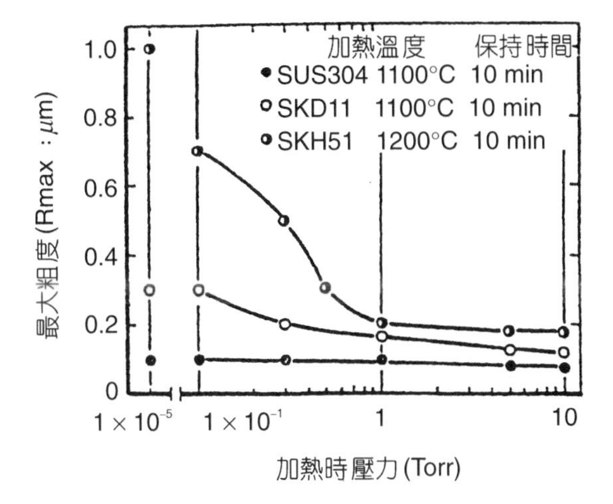

圖 15.30
加熱時壓力對表面粗度之影響[14]。

圖 15.31
遭鈦合金融損的超合金 (Inconel 601) 治具。

15.4.4 氧化與回火顏色

理論上在真空熱處理後，鋼材表面應該具有金屬光澤，但實際操作時，真空熱處理爐或供氣管路若疏於維護保養，往往造成被處理物表面呈淺灰色，甚至變成灰色、藍色或黑色，這是由於空氣或濕氣進入真空熱處理爐內的結果，其中又以含高鉻量的不銹鋼類材料的高溫回火，或鈦合金、超合金的時效處理最容易發生。因此處理這類材料時，應特別注意供氣管路的氣密性及真空爐的漏率，最好是在同一個真空熱處理爐中執行淬火與回火或固溶化與時效處理，避免二個製程間不必要的開啟爐門，可以大幅降低空氣或濕氣吸附在工件表面的機會。如圖 15.32 所示，常溫時抽氣 15 分鐘後，爐內真空度已達 10^{-2} Pa (~10^{-4} mbar)，但氣氛中水蒸氣及氮氣佔有絕大比率，此外尚有氧氣存在；持續抽氣 4 小時後，雖然爐內真空度已達 10^{-4} Pa (~10^{-6} mbar)，水蒸氣仍然是氣氛中最大的組成 (見圖 15.33)，此一

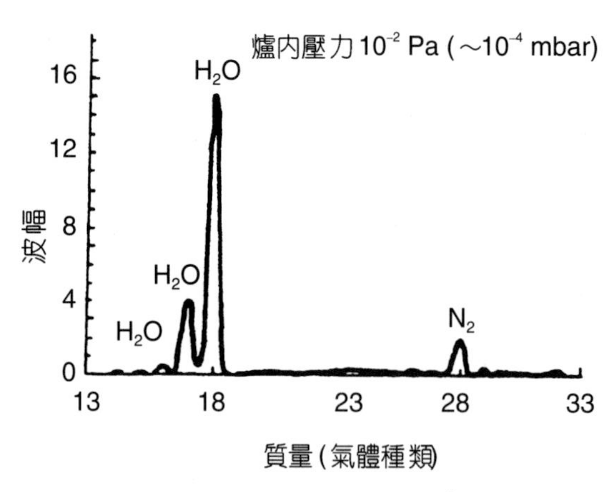

圖 15.32 抽氣 15 分鐘後爐內殘留氣體分析[20]。

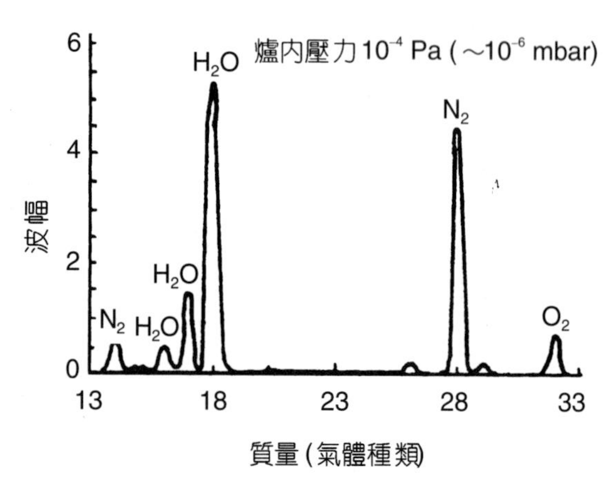

圖 15.33 抽氣 4 小時後爐內殘留氣體分析[20]。

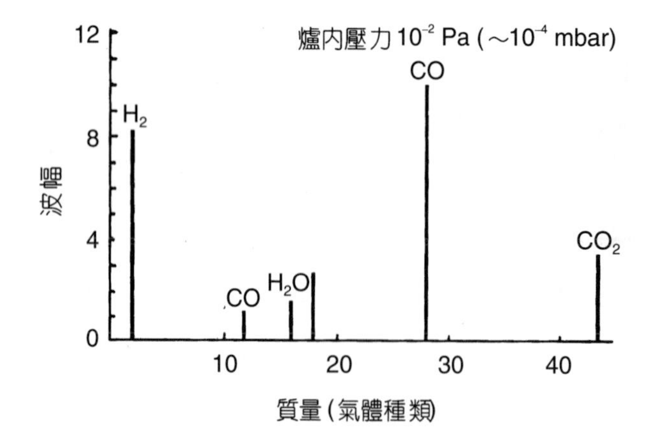

圖 15.34
爐溫 1070 °C 時真空爐內殘留氣體分析結果[20]。

弱性氧化氣氛組成會一直持續到 650 °C 左右；此時水氣已持續分解成氫與氧，導至比率大幅下降，而氧氣則與石墨類絕熱材料或加熱元件結合，轉化成一氧化碳與二氧化碳，爐內氣氛因而成為弱還原性氣氛 (見圖 15.34)，這就是真空回火比真空淬火更難獲得金屬光澤的原因。部份設備製造廠商也建議使用者以氮氫混合氣作為保護性氣氛，以補救設備或供氣管路上可能的洩漏。綜合以上所述，會發生氧化與回火顏色的原因如表15.5 所示。

表 15.5 真空熱處理著色的原因[21]。

熱處理工件	材質	*氧親和力強之元素 (Al、Ti、Si、Cr、Nb、V) *含高蒸氣壓之合金、銲材 (Mg、P、Zn)
	表面狀態	*工件表面的氧化物 (Al_2O_3、SiO_2、Cr_2O_3、TiO_2) *工件上附著的污染物(水分、油脂、潤滑劑、Cl、S、P、Zn)
	形狀	*氣冷速度慢的大型工件 *脫氣量多的板、管件
	熱處理條件	*800 −1000 °C 熱處理 (固溶化處理) *400 −700 °C 熱處理 (回火、析出硬化) *製程冷卻(磁性退火)
真空熱處理爐	真空排氣系統	*真空幫浦能力不足或幫浦劣化 *真空幫浦油氣逆流 (back streaming)
	真空室 (爐)	*容易吸濕爐材，不易脫除水分之構造 *每個爐次加熱室皆會於低溫時暴露於大氣之構造
作業管理	熱處理作業	*工件的前處理與洗淨不良 *高蒸氣壓材料之混爐 *真空爐設置場所不當(鹽浴氣氛、粉塵) *真空爐門長時間開放
	保養	*爐內清掃 *真空幫浦油之更換 *真空漏氣 *淬火油之調整

15.5 系統維護與保養

15.5.1 漏率與測漏

(1) 真空熱處理爐洩漏的種類

真空熱處理爐因長時間使用後，業者常會發現抽氣時間逐漸增加，甚至無法達到設定的真空度，或者熱處理後工件表面色澤劣化，此時顯示真空熱處理爐的氣密性可能已不如往常了。真空熱處理爐的洩漏狀況有外漏與內漏兩種情形，外漏係爐外的空氣經由軸封、閥門、銲接處或氣壓缸等進入真空熱處理爐內，造成被處理物表面氧化而色澤不佳，所以較容易察覺，也較受重視；內漏則是供氣管路的控制閥門無法確實阻絕氣體，使得保護性氣氛洩漏進入真空爐內，對熱處理品質不如前者嚴重，但卻會造成抽氣時間增長。

(2) 如何計算漏率

將真空熱處理爐以持續抽真空狀態升溫至最高使用溫度附近，並持溫一小時以上，然後以爐冷方式冷卻下來，俟真空熱處理爐冷卻到室溫後，在關閉真空幫浦的同時，記錄當時的真空度 (P_1, mbar)，並計時 12 小時 (t, s) (可適當地縮短測漏率的時間，但仍需在 4 小時以上) 後記錄其真空度 (P_2, mbar)，在已知真空熱處理爐體積 (V, L) 的情況下，依下列公式計算出真空熱處理爐的漏率 (R, 單位為 mbar·L/s)。

$$R = (P_2 - P_1) \times \frac{V}{t} \qquad (15.2)$$

依上述公式所計算出的 R 值若低於 1×10^{-3} mbar·L/s 時，表示真空熱處理爐的氣密性甚佳，若高於 5×10^{-3} mbar·L/s 時，則顯示真空熱處理爐某些地方已有洩漏的現象，必須趕緊進行測漏。測定漏率應列入日常維護保養的工作，至少也應每年測漏一次。

(3) 如何測漏

當確定真空熱處理爐的漏率不佳時即應進行檢修，測漏的工作需藉助氦氣測漏儀，操作時將氦氣測漏儀的抽氣管路連接在真空幫浦前之歧管或測漏孔，先將真空熱處理爐抽真空後才啟動氦氣測漏儀，然後利用氦氣噴向各個有可能洩漏的地方 (正確的測漏方式應由高處往低處逐一檢查)，若遇密閉性不良之處，氦氣會被吸入真空熱處理爐內而導引至抽氣管路，藉由氦氣測漏儀內的質譜儀偵測出而發出警示訊號。

15.5.2 真空幫浦之維護與保養

(1) 如何評估真空幫浦的效率

當真空熱處理爐的抽氣時間明顯增長時，除了上述的洩漏情形之外，也可能是真空幫浦的抽氣效率下降所致。評估真空幫浦時，將真空計移至真空幫浦組與抽氣閥門間，關閉抽氣閥門並陸續啟動機械式真空幫浦、魯式真空幫浦 (以及油擴散幫浦)，每次持續抽氣約 15 分鐘後觀察真空度，參考表 15.6 來判斷真空幫浦的效率是否正常。

表 15.6 真空幫浦效率之判定標準[22,23]。

運轉組合	待測之幫浦	評估標準		
		效率良好	效率尚可	效率不佳
機械式真空幫浦	機械式真空幫浦	$< 5 \times 10^{-2}$ mbar	$< 2 \times 10^{-1}$ mbar	$> 5 \times 10^{-1}$ mbar
機械＋魯式幫浦	魯式真空幫浦	$< 5 \times 10^{-3}$ mbar	$< 2 \times 10^{-2}$ mbar	$> 5 \times 10^{-2}$ mbar
機械＋魯式＋油擴散真空幫浦	油擴散真空幫浦	$< 2 \times 10^{-6}$ mbar	$< 5 \times 10^{-5}$ mbar	$> 5 \times 10^{-4}$ mbar

(2) 更換真空幫浦油

一般真空熱處理爐製造廠商都會告訴客戶更換真空幫浦油的時機與頻率，這和真空幫浦組合的設計與熱處理種類有關。真空幫浦組合之中以機械式真空幫浦換油的頻率最高，一般約在 300－500 個工作小時，其次為魯式幫浦，約在 3000－8000 個工作小時，而油擴散幫浦除非是污染非常嚴重，否則只需在油位下降時再添加幫浦油即可，但使用時應避免大量空氣進入滾熱的幫浦中。更換機械式或魯式幫浦油的步驟如下：

① 讓真空幫浦運轉約 10－20 分鐘。

② 關掉真空幫浦並旋開洩油孔讓污油流出。

③ 啟動真空幫浦數秒鐘，讓沉澱在底部的污油隨轉子的轉動被趕出真空幫浦。(此時污油會從洩油孔噴出，應特別留意。)

④ 重複第③步驟二至三次。

⑤ 添加約 1/4 至 1/2 的油量進入真空幫浦中，重複第③④步驟。

⑥ 旋緊洩油孔，並注入適量的真空幫浦油。

⑦ 旋開排氣閥，讓真空幫浦運轉 10－20 分鐘。

⑧ 關閉排氣閥，此時真空幫浦可以正常運轉。

(3) 其它保養項目

① 在安裝或更換真空幫浦時，應確認真空幫浦是否水平；在非水平狀況下運轉將會縮短真空幫浦的使用壽命。

② 隨時透過真空幫浦油位監視窗檢查油的狀況，若發現有氣泡存在時，應旋開排氣閥除氣約10－20分鐘，或每週定時排氣一次。
③ 定時清洗或更換抽氣管路內的過濾網。
④ 被處理物的清洗工作應徹底，以免造成加熱室的污染或損及真空幫浦。

15.5.3 冷卻水循環系統之保養

台灣地區水質不佳是普遍存在的事實，因此爐壁及熱交換器在冷卻水日復一日的循環之後，常會在內壁生成銹斑或水垢，造成冷卻不良甚至管路阻塞，若因此而造成隔絕真空的軸封或熱交換器經常性的損壞，則真空熱處理爐也將宣告壽終正寢了。解決之道可以在冷卻水中添加水精，或將冷卻水軟化以防止水垢產生，也可以在管路上加裝過濾設備或磁性環，以去除水中活性離子，但採用這些設備的業者普遍的反應是設備昂貴或是維護保養不易，因此最有效且簡單的做法是，定期 (三至六個月) 以化學藥劑清洗爐壁與熱交換器內的銹垢或沉澱物。

15.5.4 均溫性測試

新的真空熱處理爐在規格驗收時或經日積月累的連續使用之後，均應定期進行均溫性測試，以確保被處理物之性質均勻性。測試時可參考 MIL-H-6875、MIL-H-7199、MIL-B-7883 或 JIS B6901 的規範，視加熱室的形狀與有效加熱空間而定，選擇6點或9點測試，在測試溫度保持適當時間以觀察各測試點間的溫度差距，圖 15.35 為均溫性測試情形與測試位置示意圖。

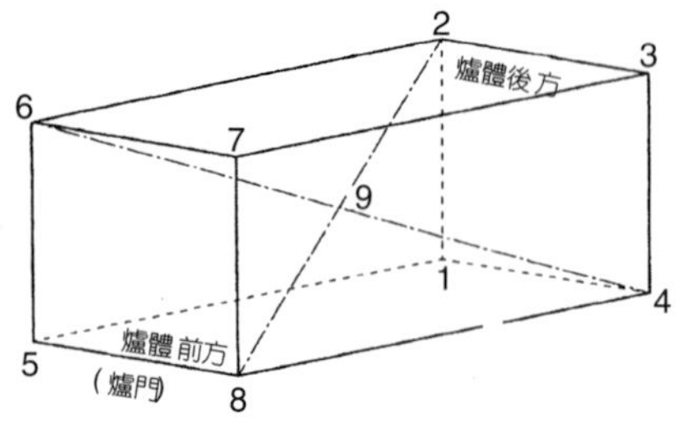

圖 15.35
臥式真空熱處理爐的9點測試情形與位置示意圖。

參考文獻

1. W. C. Diman, *Metal Process*, 5 (1975).

2. J. E. Pritchard, *Heat Treatment of Metals*, 79 (1996).
3. F. Bless and J. W. Bouwman, *Industrial Heating*, 26 (1987).
4. 和泉重彥, 藤滬市氏, 不二越技報, **43** (2), (1987).
5. 中村勝郎, 特殊鋼, **30** (9), 17 (1981).
6. 熱處理手冊第三卷, 機械工程出版社(大陸), 339-341.
7. 杉山道生, 鑄鍛造と熱處理, 24 (1988).
8. B. M. I. Four Industriels Sous Vide 型錄.
9. 林長毅, 李新中, 金工, **26** (1), 30 (1992).
10. 邱松茂主編, 模具處理手冊, 二版, 金屬工業研究發展中心 121 (1999).
11. 加藤丈夫, 金屬臨時增刊號, 108 (1990).
12. 山中久彥, 真空熱處理, 初版, 日刊工業新聞社 (1973).
13. 吳錫侃, 金屬熱處理, 11.
14. 仁平宣弘, 金型の熱處理と表面硬化技術, 初版, 海文堂出版社, 43 (1986).
15. 中村勝郎, 熱處理, **21** (1), 39 (昭和56).
16. Schmetz 型錄.
17. Degussa 型錄.
18. J. G. Conybear, Nov. 29-30, Detroit, Michigan, USA.
19. P. Heilmann, Degussa Technical Information.
20. 張建國, 金屬熱處理 (大陸), 4 (1996).
21. 杉山道生, 金屬臨時增刊號, 101 (1990).
22. Leybold Technical Information.
23. Edward Technical Information.

第十六章　電子束銲接系統

真空狀態對於銲接施工的最大影響，乃是其提供了一個潔淨的環境，尤其是可以有效避免工件在銲接施工過程中遭受氧氣、氫氣或其他雜質的污染。然而為了提供真空環境所增加的各種成本，直接導致目前工業界並未大量使用真空技術於銲接施工，但是由於真空狀態的特殊環境，對於特定的銲接製程存在有絕對的必要性，其中以電子束銲接 (electron beam welding, EBW) 為最重要的工業應用。

16.1 發展過程與製程概述

使用電子束進行銲接最初始於 1950 年代末期，起初之應用以核能工業為主，接下來很快地就廣泛應用於航太工業，主要的原因乃在於此種銲接製程能進行精密銲接與大幅提升銲道熔深，因此能確保生產的關鍵零組件具有優良的品質與可靠度。

初期的電子束銲接必須完全在高真空度的環境中操作，以避免電子束發生散射的情形，但是此種系統的價格昂貴且生產效率較低，因此並未被一般工業界廣泛接受。隨後所發展的銲接系統則將真空系統區分為電子束發生區 (高真空度) 與銲接區 (中真空度或非真空)，大幅縮短更換工件時達到高真空度所需的時間，因此電子束銲接很快地就為全球包括汽車工業的一般產業所接受。

電子束銲接是利用高壓電子槍將電子加速至光速的 30% 至 70%，再透過電磁場將高能量的電子束聚焦，當高速電子撞擊到工件時將釋放出熱量，進而達到融化、接合工件的目的。由於電子束會受到氣體分子撞擊而發生散射現象，因此通常精密的高品質銲道必須在高真空度的環境下才能獲得。

16.2 系統原理與架構

電子束銲接的核心部份乃是電子槍 (electron beam gun) 與真空艙 (vacuum column)，如圖 16.1 所示。熱電子由高熱的陰極 (燈絲) 釋放出，被吸引而射向陽極，圍繞在陰極之外的精密偏壓電極 (bias cup) 具有較強的負極性，提供聚集電子成束與加速電子的功能，電子束則

第十六章作者為侯光華先生。

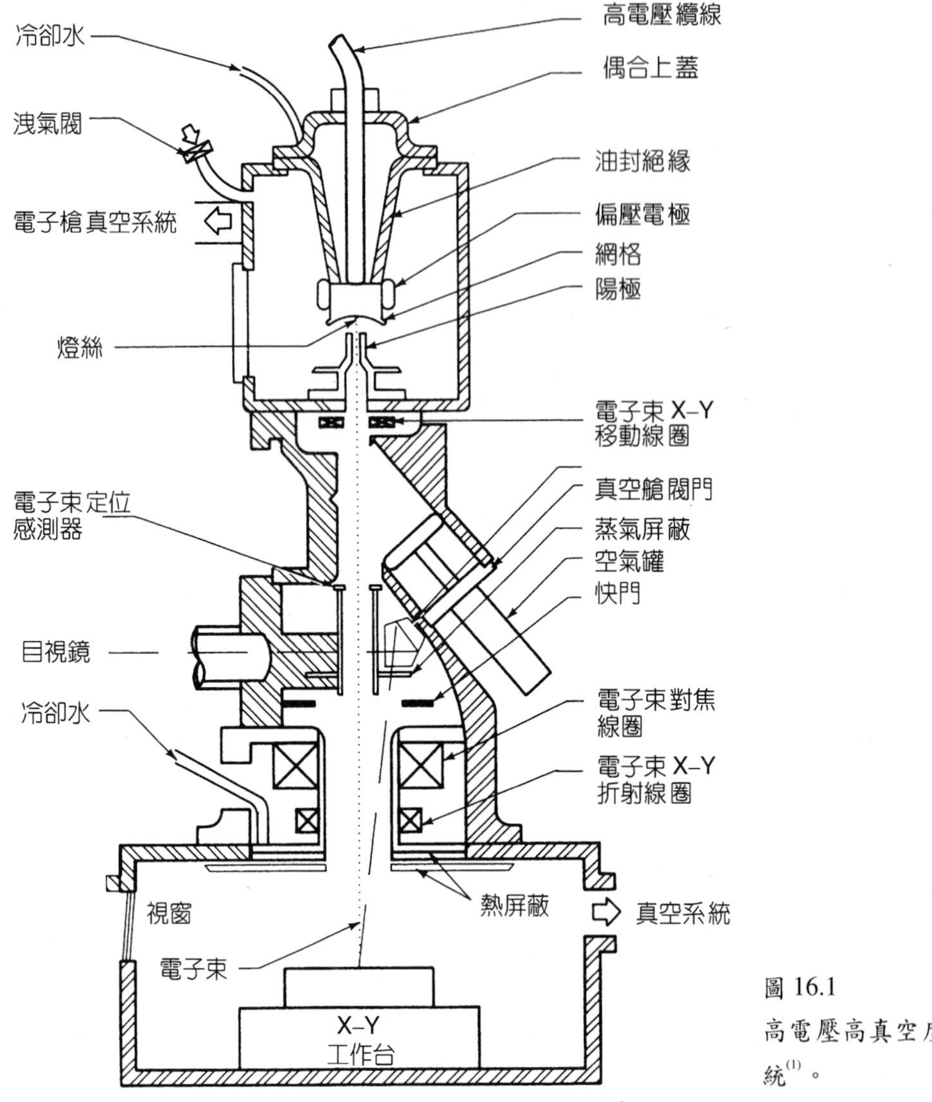

圖 16.1
高電壓高真空度電子束銲接系統[1]。

由陽極中的開孔離開電子槍而射向工件。

當電子束離開電子槍時已被外加的電位差 (25 至 200 kV) 加速至光速的 30% 至70%，而電子束的直徑亦隨著距離的增加而變寬，此種散射現象導因於電子間的互斥與電子移動時本身所具有的發散性。為對抗電子束的自然散射，因此加入了一組電磁透鏡系統 (electromagnetic lens system) 將電子束重新聚焦於工件。由於電子束的發散角與收束角極小，因此電子束的聚焦範圍 (亦即所謂景深) 可長達 25 mm，增加了利用電子束進行銲接或加工的便利性。

銲接過程中銲道所接受的能量決定於四項基本參數：

(1) 電子束電流 (beam current，mA)：每秒撞擊工件之電子數量。
(2) 加速電壓 (beam accelerating voltage，kV)：電子的運動速度。
(3) 聚焦點尺寸 (focal beam spot size，mm)：電子束的聚焦程度。
(4) 銲接速度 (welding speed，mm/s)：電子束於工件上之移行速度。

一般產業使用的電子束銲接設備所能提供的最大加速電壓與電子束電流分別為 25－200 kV 與 50－1000 mA，而電子束聚焦點尺寸通常介於 0.25 mm 與 0.76 mm 之間，因此電子束銲接所能達到的最大功率與功率密度分別可高達 100 kW 與 1.55×10^4 W/mm^2 (10^7 W/in^2)，遠遠超過一般電弧銲接製程所能達到的範圍。

當功率密度超過 1.55×10^2 W/mm^2 (10^5 W/in^2) 以上時，電子束將可直接穿入固體工件內部而形成所謂的鎖孔 (keyhole)。鎖孔是一個被熔融金屬包圍的金屬蒸氣縫隙，當電子束移動時，鎖孔前緣的金屬被融化而沿著孔緣流向熔池後方，之後填入鎖孔中凝固而形成銲道金屬，如圖 16.2 所示。經由鎖孔模式形成的銲道均具有熔深大、銲道窄的特徵，亦即高的銲道深－寬比 (depth-to-width ratio)。反之，當功率密度較低時，銲道金屬融化－凝固的過程則為熱傳導融化模式 (conduction melting mode)，此乃一般電弧銲接時銲道金屬的形成模式，所形成的銲道通常寬而淺。為達到相同熔深時的銲接總輸入能量通常較高，所以也可能導致較大的熱影響區 (heat-affected zone, HAZ) 與銲接變形量。

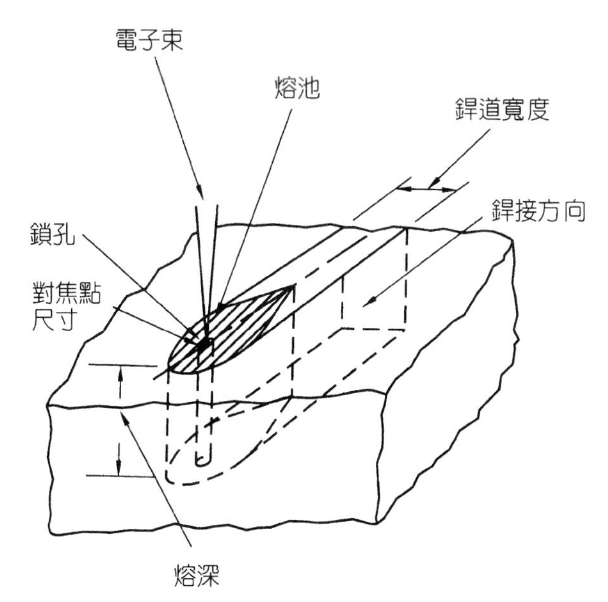

圖 16.2
鎖孔銲接示意圖[1]。

16.3 電子束銲接的優缺點

由於電子束銲接擁有高功率密度、真空潔淨環境與精確的銲接參數控制等特性，因此本製程具有許多優點，但是仍有不少缺點限制了本製程的更廣泛應用。

(1) 主要優點

1. 電子束穿透力強，銲道的深寬比大，銲接較厚的工件時可以不必加工開槽及添加銲接填料，而利用鎖孔模式完成單道次銲接，因此可大幅降低機械加工、銲接施工時間及材料與能源的成本。
2. 電子束銲接速度快，在形成相同的銲道熔深時，電子束銲接的熱輸入遠低於傳統電弧熔銲製程，因此銲道與熱影響區較窄，且銲接變形量較低，銲後工件仍能保持高精度。
3. 電子束銲接直接將電能轉換為電子束能量以進行銲接，因此是一種能量效率極高的銲接製程。
4. 真空電子束銲接不僅可避免銲道與熱影響區受到氧、氮等氣體的污染外，亦適用於銲接真空密封元件，銲後得以保持元件內部的真空度。
5. 電子束可在真空中傳達到較遠的位置上進行銲接，因此適於銲接難以接近部位的銲縫。
6. 電子束可經由電磁場進行偏移與掃描，而達到形成複雜銲道與提高銲接品質的目的。
7. 電子束可用於銲接如鋁、銅及銀等對於雷射光具有高反射率的金屬。

(2) 主要缺點

1. 電子束銲接的硬體設備成本遠高於其他傳統電弧熔銲製程，且設備較為複雜，維修成本高。
2. 對接接頭的加工精度與銲前組裝要求嚴格，以確保接頭位置正確、間隙小而均勻，否則極易發生銲接缺陷。
3. 銲道的快速凝固與冷卻可能會造成高束縛不銹鋼銲道發生熱裂紋，快速冷卻同時可能會造成硬化能 (hardenability) 較高的材料在銲道與熱影響區形成硬脆的麻田散鐵組織 (martensite)，而必須進行後續的銲後熱處理。
4. 電子束銲接時工件尺寸受限於真空室之規格，加大真空室將增長達到高真空度所需的時間。
5. 電子束易受到電磁場的影響，因此工件、夾治具等必須為非磁性物質或經過徹底消磁。
6. 電子束銲接時會產生 X 光，因此必須有嚴密的輻射線屏蔽裝置 (如厚的鉛板或鋼板等)，以確保操作人員的安全。

16.4 系統分類

電子束銲接系統的分類方式大致依據操作電壓與工件室 (workpiece chamber) 真空度進

行區分，操作電壓直接影響電子束的穿透力與銲道熔深，而真空度對於電子束散射的影響請參見圖 16.3。在高速電子射向工件過程中，若撞擊到空氣分子將會發生散射現象 (scattering)，因此真空度直接決定電子束散射的程度，進而對銲接品質造成顯著的影響。電子束銲接系統的分類、特性與應用分別簡述如下。

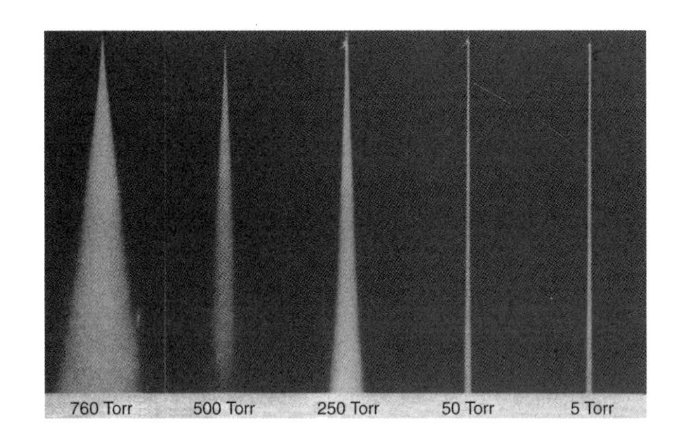

圖 16.3
不同真空度下之電子束散射現象[1]。

16.4.1 以操作電壓區分

(1) 高電壓系統(High-Voltage System)

高電壓電子束銲接系統之操作電壓在 60 kV 以上，通常介於 100 kV 與 200 kV 之間，而其電子束功率可達 100 kW。高電壓系統由於功率較高，因此電子束的穿透力亦隨之增加，經由鎖孔模式可形成全熔透銲道，而不需如使用其他電弧銲接一樣進行銲接接頭加工與填料回補，因此本系統適於銲接厚度較大的工件。高電壓系統所使用的電子槍由於電壓較高，必須固定安裝在外加的真空艙之中，如圖 16.1 所示，雖然增加了維修時的便利，但是卻限制了電子槍的移動性。因此高電壓系統銲接時，工件必須利用夾治具及 CNC 工作台與固定之電子束進行相對運動，因此經常限制了銲接工件的設計方式，並增加了施工的困難度。

(2) 低電壓系統(Low-Voltage System)

本系統的操作電壓通常低於 60 kV 以下，而其電子束功率則通常介於 3 kW 與 60 kW 之間。本系統與高電壓系統主要的區別除了因為功率不同所導致電子束穿透力的差異之外，低電壓系統的電子槍可以進行有限度的移動，顯著增加了銲接工件設計的可能性與施工的便利性。因此在選擇高電壓或低電壓電子束銲接系統時，除了要考慮工件厚度 (電子束穿透力) 外，應一併考慮銲接接頭設計與施工便利性，以提昇生產效率。

16.4.2 以工件室真空度區分

(1) 高真空系統 (High-Vacuum System)

不同真空度之電子銲接系統參見圖 16.4 所示。真空系統是指工件所處環境 (即工件室) 的真空度必須在 10^{-3} Torr (mmHg) 以上，通常高真空電子束銲接則是在真空度達到 10^{-4} Torr 以上時才進行，因為當電子束散射情形嚴重時，銲接電子束的能量密度會因此降低，而定位用的低電流電子束所受的影響則更為明顯，甚至可能會發生銲道定位偏差的嚴重問題，進而影響銲道深寬比與銲接品質。為了達到高真空所需耗費的抽真空時間，往往決定了本系統的銲接生產效率，因此本系統通常用於生產數量少、單價高的精密產品。高真空系統所提供的優點包括：① 最大的銲道熔深與最小的銲道寬度，且銲道定位較精準；② 最低的銲道污染；③ 較長的電子槍至工件間距離，方便操作者觀察銲道。

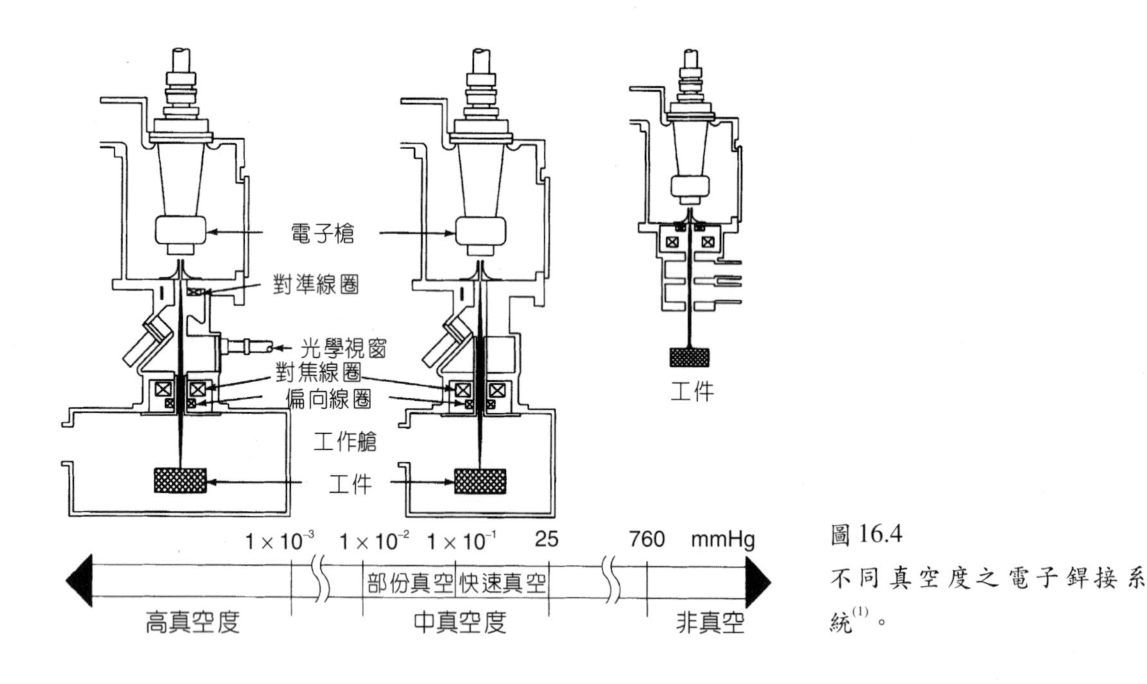

圖 16.4 不同真空度之電子銲接系統[(1)]。

(2) 中真空系統 (Medium-Vacuum System)

中真空系統的特殊設計參見圖 16.5。與高真空系統比較，本系統最主要的優點即在於能縮短抽真空的時間，而同時仍大致維持銲道熔深，因此可大幅提昇生產效率，故適用於大量生產的情形。本系統由於真空度不高 (約 10^{-3} Torr 至 100 Torr 之間)，因此銲道較寬而熔深較淺，透過定位電子束所進行的銲道定位精度亦較低，同時不適用於銲接活性較高的金屬如鈦、鋯等。

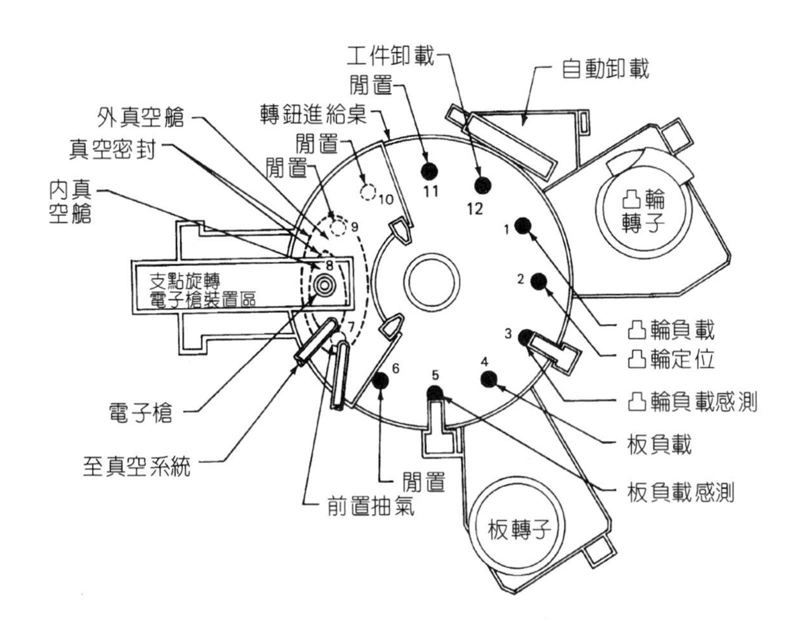

圖 16.5
中真空度系統設計示意圖[1]。

(3) 非真空系統(Non-Vacuum Systems)

非真空系統的特殊設計參見圖 16.6。本系統產生電子束的電子槍仍處於高真空度的環境，但是工件則暴露於一大氣壓力的空氣或惰性保護氣體之中。本系統最重要的優點是不需要抽真空，因此銲接生產效率高，同時工件外型尺寸不必受限於工件室，故適合於大型工件之銲接。在非真空狀態下銲接時，由於強烈的電子束散射現象，電子束功率密度明顯下降，因而必須將電子槍的工作距離限制在 20－50 mm 之間，而銲道的最大深寬比僅能達到 5:1。使用 60 kW 的非真空系統可以在許多不同材料中形成熔深 25 mm 的單道次銲道，圖 16.7 顯示了 12 kW 非真空系統在空氣中所銲接的 19 mm 厚 304 不銹鋼銲道剖面。

16.5 銲接程序與銲接參數選擇

16.5.1 銲接接頭設計

由於電子束銲接能量束集中的特性，銲道細窄而熔深大，銲接時一般並不添加銲接填料，因此銲接時對於接頭的精度要求遠高於一般的電弧銲接方式。常用的電子束銲接接頭包

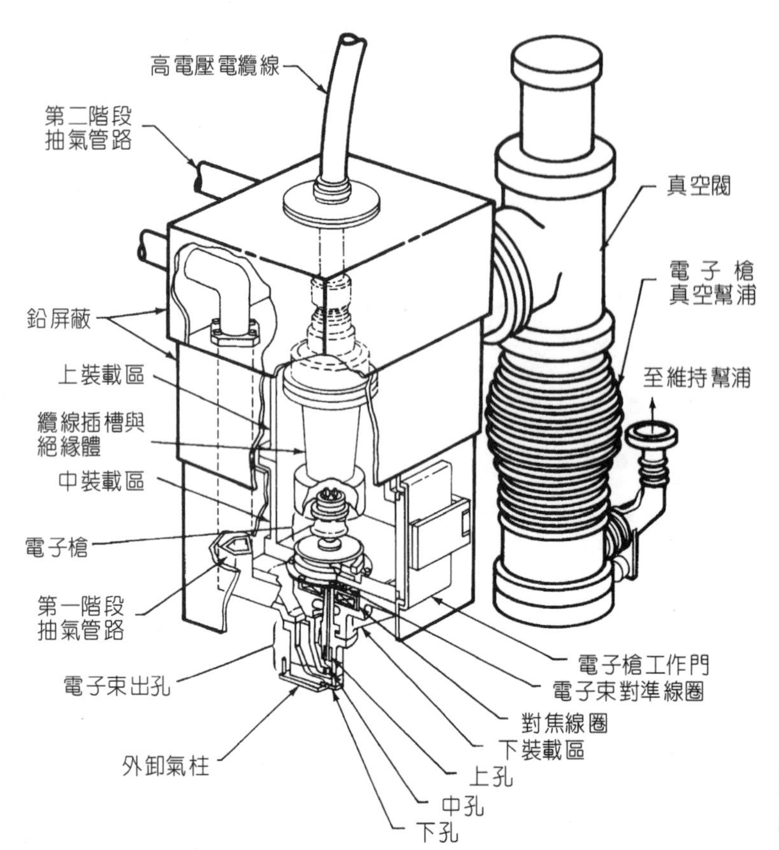

圖 16.6
非真空系統設計示意圖[1]。

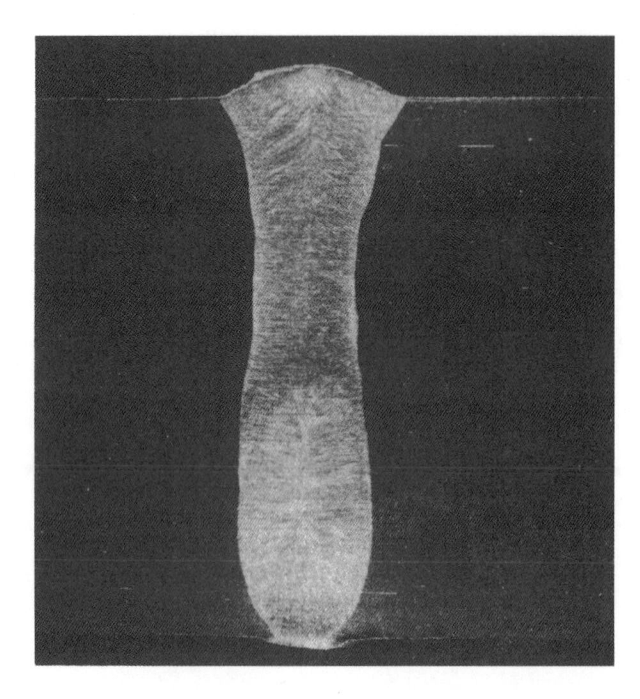

圖 16.7
非真空下 19 mm 厚不銹鋼板電子束銲道剖面 (12 kW)[1]。

括對接 (butt joint)、角接 (corner joint)、搭接 (lap joint)、端接 (edge joint)、T 型接 (T-joint) 等五種，接頭設計與施工時應注意電子束銲道寬度較細且並不添加填料的特點。典型的電子束銲接接頭設計方式彙整於圖 16.8 至圖 16.12。

最常用的接頭形式是對接接頭，當工件厚度相同時便形成方槽銲 (square-groove weld)，如圖 16.8(a) 所示。由於銲道寬度較細，因此銲接前工件及銲接接頭的組裝精度要求很高，一般而言，對於高真空度下銲接薄板時的最大容忍間隙為 0.1 mm。圖 16.8(a) 至圖 16.8(c) 的接頭準備工作雖然較為容易，但是必須配合適當的夾治具以確保定位的精確度。為了方便銲接前的工件組裝與定位，對接接頭可變更設計為「自定位鎖底」對接接頭 (self-aligning butt joint)，如圖 16.8(d) 至圖 16.8(f) 所示。此種接頭設計方式雖然有利於達成銲接前工件的快速組裝與精度要求，但是因為鎖口位置留有未銲合的間隙，其所造成的應力集中現象可能會形成銲接裂紋，同時工件的衝擊韌性與疲勞強度亦會顯著降低，因此採用此類銲接接頭設計時必須謹慎。斜對接接頭 (scarf butt joint) 可增加銲道面積，但是卻增加接頭定位的困難度，因此通常僅用在受到工件結構設計或其他因素限制的情形之下，如圖 16.8(i) 所示。

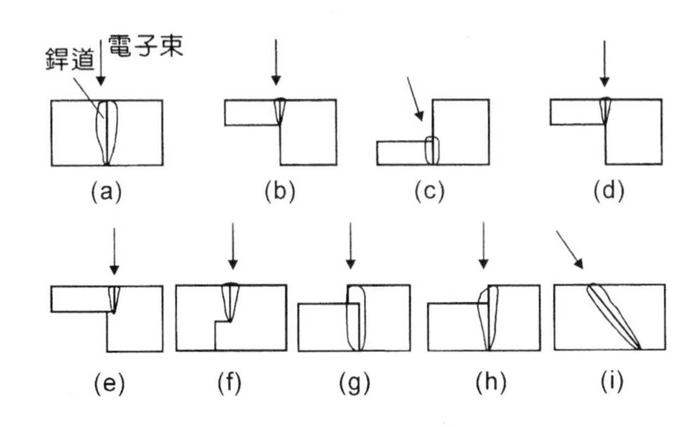

圖 16.8
電子束銲接對接接頭：(a) 正常對接，(b) 齊平接頭，(c) 台階接頭，(d) 鎖口對中接頭，(e) 鎖底接頭，(f) 雙邊鎖底接頭，(g)、(h) 自填充材料的接頭，(i) 斜對接接頭[2]。

角接接頭是僅次於對接的常用接頭，如圖 16.9 所示。由於可能因為接頭設計方式不同而留有未銲合的間隙，進而影響接頭的機械性能，因此在情況許可時，可以透過變更接頭設計的方式，將角接接頭改變為對接接頭，如圖 16.9(d) 所示。

搭接接頭通常用於銲接厚度小於 1.5 mm 的薄板，銲道則可分為縫銲 (seam weld) 與填角銲 (fillet weld) 等兩種，前者主要用於接合厚度 0.2 mm 以下的板件，有時必須使用散焦電子束或掃描方式以增加熔合區面積，提高接頭的剪力強度。銲接較厚板件使用填角銲時常需添加銲接填料 (銲線) 以增加銲角尺寸，而散焦電子束有時也用於形成較寬的銲道並形成平滑的過渡。搭接接頭如圖 16.10 所示。

厚板端接接頭通常使用高功率深熔透銲接，以增加熔合面積，而薄板及不等厚度的端接接頭則使用較低功率或散焦電子束進行銲接。端接接頭如圖 16.11 所示。

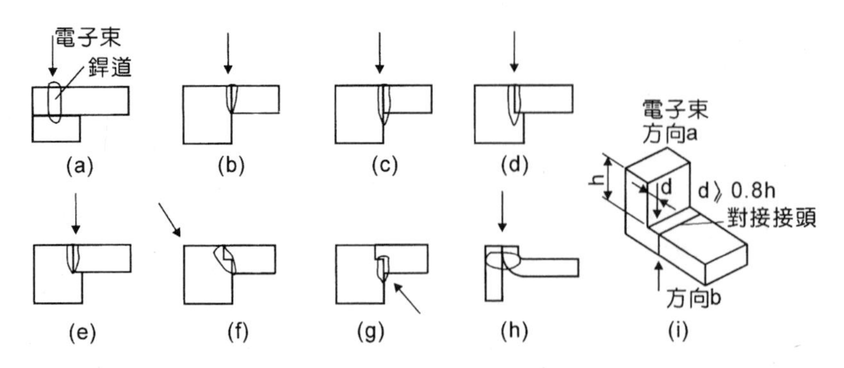

圖 16.9 電子束銲接角頭：(a) 熔透銲道，(b) 正常角接頭，(c) 鎖口自對中接頭，(d) 鎖底自對中接頭，(e) 雙邊鎖底接頭，(f) 雙邊鎖底斜向熔透銲道，(g) 雙邊鎖底，(h) 捲邊角接，(i) 用對接代替角接頭[2]。

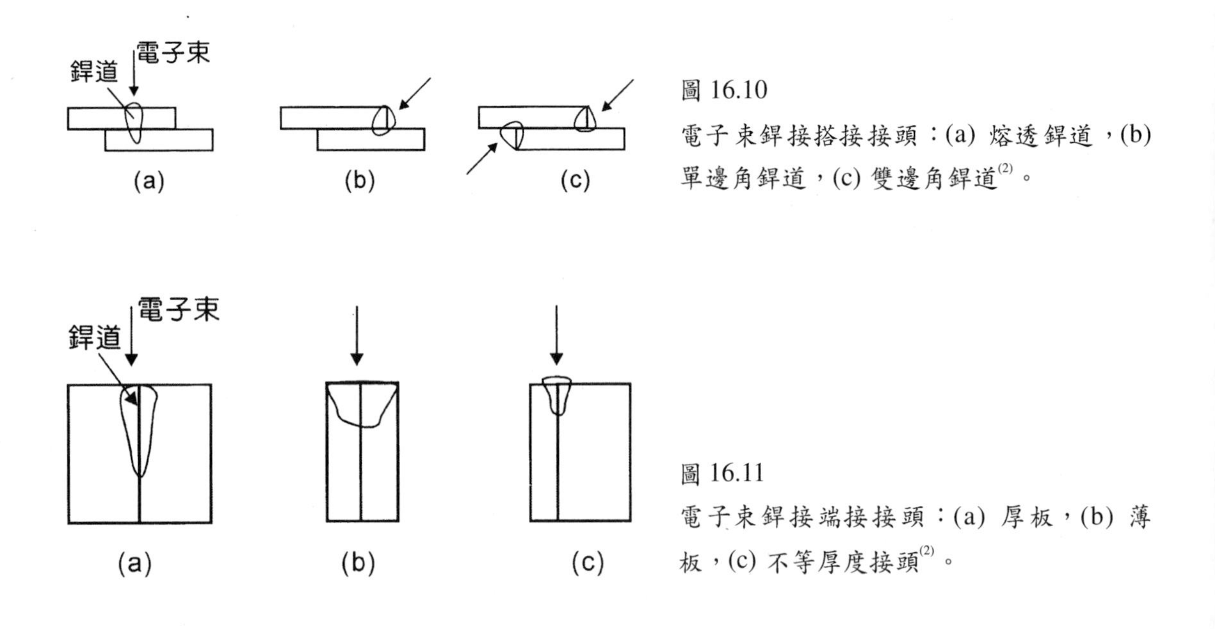

圖 16.10

電子束銲接搭接接頭：(a) 熔透銲道，(b) 單邊角銲道，(c) 雙邊角銲道[2]。

圖 16.11

電子束銲接端接接頭：(a) 厚板，(b) 薄板，(c) 不等厚度接頭[2]。

圖 16.12 為常用的電子束 T 型接頭，熔透銲道易於接合區留有未銲接接合的縫隙，因此接頭的衝擊強度與疲勞強度較差，建議改採用單面 T 型接頭，除了達到接合面完全熔透外，銲接時銲道易於收縮，因此殘留應力較低。當板厚超過 25 mm 時，T 型接頭經常採用如圖 16.12(c) 所示的雙面銲。

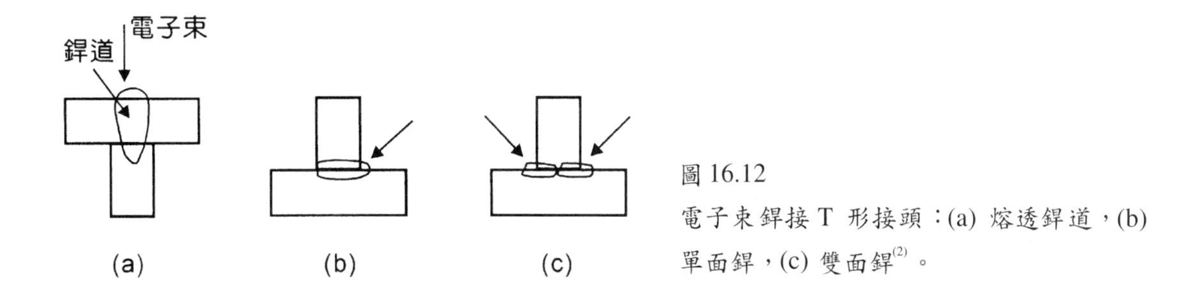

圖 16.12
電子束銲接 T 形接頭：(a) 熔透銲道，(b) 單面銲，(c) 雙面銲[2]。

16.5.2 銲前準備與銲接參數

電子束銲接通常並不添加填料，因此銲接接頭的精度要求高於一般傳統的電弧銲接方法，尤其是在高真空度下銲接薄板時，接頭的最大容許間隙通常應小於 0.1 mm。在較低真空度時，由於電子束散射的緣故，所形成的銲道較寬，因此可容許較大的接頭組裝誤差。

銲接前的清潔工作對於銲接品質極為重要，不正確的清潔程序可能導致發生銲接裂紋、氣孔及銲道品質劣化，而抽真空的時間亦可能因而增長。過去業界通常使用丙酮清潔電子束銲接的工件，但是由於丙酮等溶劑所具有的毒性，許多業者已避免使用。至於含氯的有機溶劑更是應該絕對避免使用，因為會對真空系統造成不良的影響，倘若含氯的有機溶劑有必要使用時，後續仍須對工件以純酒精進行徹底的清洗。

由於電子束的行進路徑會受到磁場的影響，因此當銲接磁性材料時，通常建議應先對工件進行消磁，尤其是工件曾經經過磁粉檢測 (MT) 或是電磁鐵搬運等。消磁的方法是將工件緩慢穿過感應磁場，通常工件最大允許的殘磁強度為 $(0.5-4)\times10^{-4}$ T。

選擇電子束銲接參數時必須先計算銲接的輸入能量，以確保銲道熔深能達到全滲透，其計算公式為：

$$\text{輸入能量 (J/mm)} = \frac{EI}{S} = \frac{P}{S} \qquad (16.1)$$

其中 E 為加速電壓 (V)，I 為電子束電流 (A)，P 為電子束功率 (W)，而 S 為銲接速度 (mm/s)。

影響銲接參數選擇的因素很多，最主要的因素為工件的材料與接頭的形式及厚度，常用金屬材料的銲接能量與厚度間關係參見圖 16.13。當特定工件所需之銲接能量決定後，通常接著決定銲接速度 (S) 與功率 (P)，之後再由選定的功率來決定適當的電流與電壓。電子束對焦點尺寸 (spot size) 與位置 (focal point) 的選擇則應配合銲接接頭設計與工件的特殊要求而進行調整。

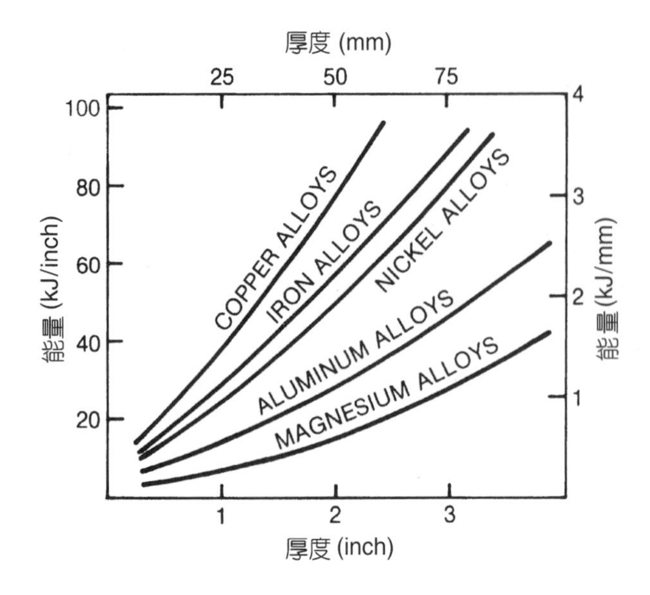

圖 16.13
高真空度電子束銲接能量與工件之關係圖[1]。

16.6 工業應用實例

電子束銲接雖然成本較高，但是由於此種銲接方法具有銲道細、熔深大、變形少、熱影響區小及可銲接鋁／鎂合金等的特殊優點，非其他銲接方法可與之相提並論，因此工業上的應用日漸廣泛。圖 16.14 至圖 16.22 所示乃是各種不同型式的工業應用實例。

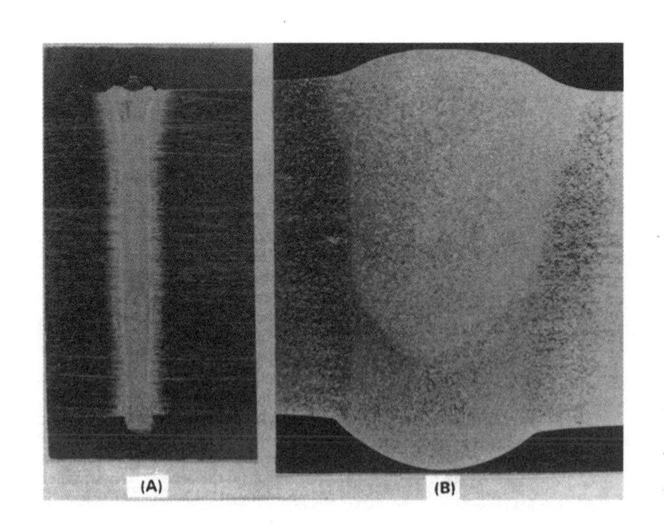

圖 16.14
厚度 12.7 mm 鋁合金 2219 板電子束與氬銲銲道剖面[1]。

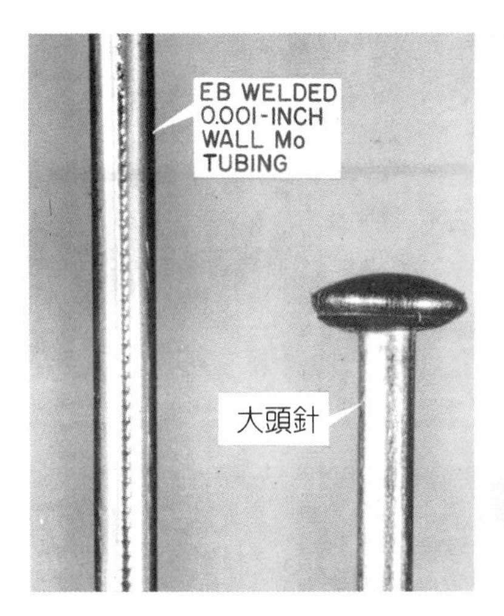

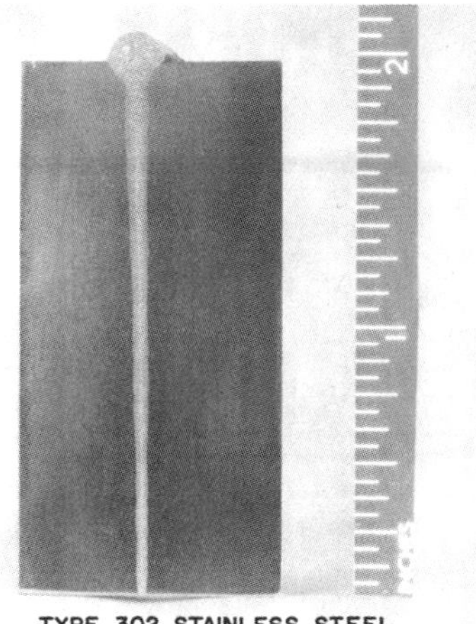

圖 16.15
壁厚 0.025 mm 鉬 (Mo) 管電子束銲道[3]。

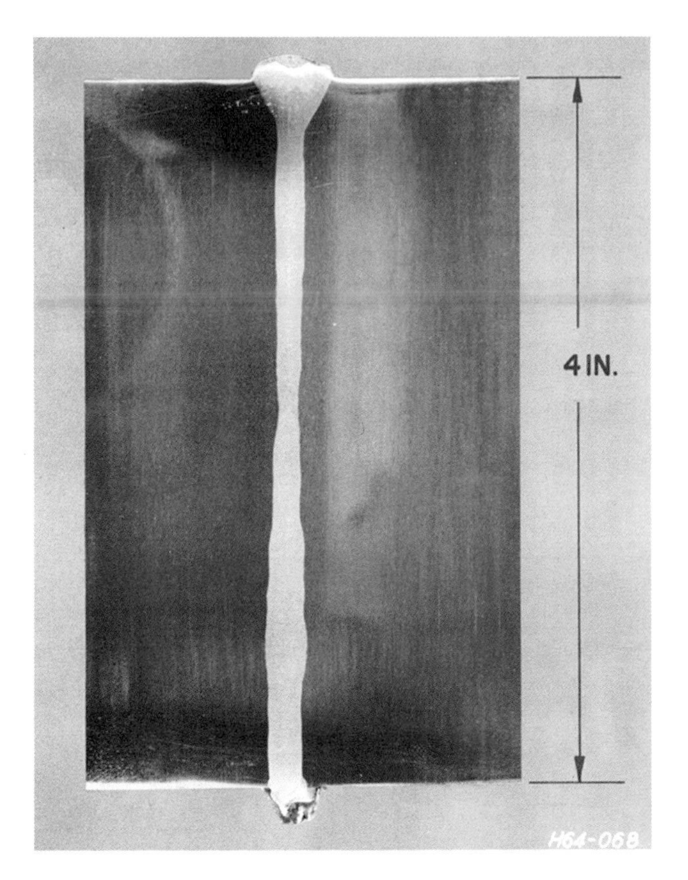

圖 16.16
4 英吋厚不銹鋼板電子束銲道剖面[3]。

圖 16.17
1.5 英吋厚鈦合金 (Ti-6Al-4V) 電子束銲道剖面[3]。

圖 16.18
氧化鋁板間之電子束銲接[3]。

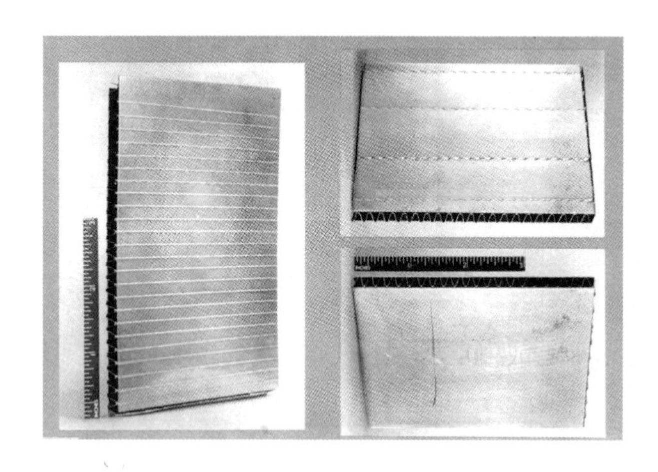

圖 16.19
電子束銲接之不銹鋼蜂巢結構[3]。

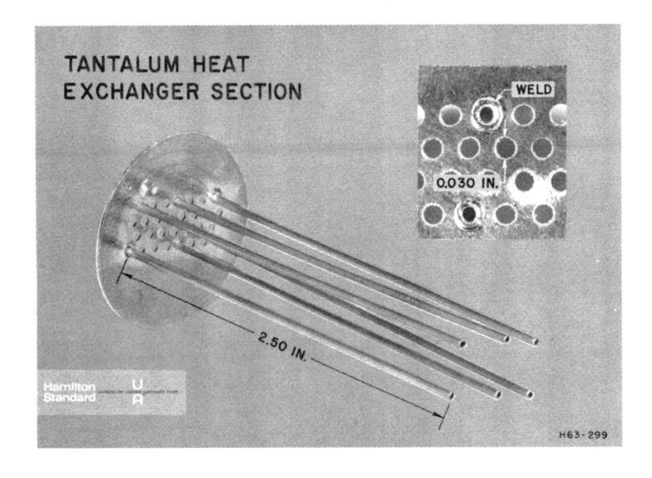

圖 16.20
電子束銲接之鉭(Ta) 熱交換器[3]。

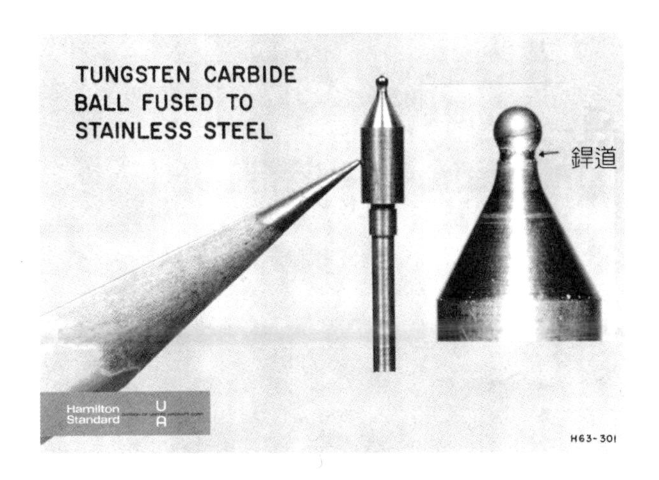

圖 16.21
碳化鎢 (WC) 與不銹鋼間之電子束銲接接合[3]。

圖 16.22
電子束銲接之飛機齒輪[3]。

參考文獻

1. R. L. O'Brien, *Welding Handbook*, Vol. 2, 8th ed., American Welding Society (1991).
2. 焊接手冊(1), 焊接方法及設備, 中國機械工程學會焊接學會編 (大陸), 機械工程出版社 (1992).
3. Hamilton Standard, *Electron Beam Metalworking*, Division of Aircraft Corporation.

第十七章　電漿蝕刻真空系統

蝕刻 (etching) 通常是指利用腐蝕性物質移除部分薄膜材料，以達到產生所需圖案 (pattern) 之技術，在積體電路、電路板、光電元件以及微機電元件等製造上是最重要的關鍵技術之一。根據所用腐蝕物質之狀態，一般將蝕刻分為濕式及乾式蝕刻，前者是利用液態，而後者則是利用氣態之腐蝕性物質。一般而言，在較高精密度要求之製程多以乾式蝕刻為主，另一方面，乾式蝕刻所使用之腐蝕性物質較少，對環境污染低，屬於較乾淨 (clean) 之製程技術。現今乾式蝕刻 (dry etching) 通常為電漿蝕刻 (plasma etching) 之同義詞，主要是因為在積體電路製程中，通常將蝕刻氣體游離，產生電漿，利用電漿中高能電子分解氣體，以產生所需之蝕刻物質；另一方面，利用電漿中之離子輔助蝕刻反應，並更進一步產生方向性蝕刻。此一技術亦廣泛應用於光電元件、液晶平面顯示器 (TFT-LCD) 以及微機電元件製造。本節將針對應用於積體電路製造之電漿蝕刻原理、蝕刻系統及操作程序作一簡介。

17.1 基本原理

電漿蝕刻腔體中，蝕刻氣體與被蝕刻材料之反應與作用，主要包括下列三項過程[1–7]：

1. 以電漿放電 (plasma discharge) 中之高能電子與蝕刻氣體分子碰撞，產生具腐蝕性之自由基，通常蝕刻氣體為 Cl、F 或 Br 等鹵素元素之化合物，例如 Cl_2、CF_4、HBr 等氣體。
2. 此自由基粒子與晶圓表面物質反應，形成化合物，通常此類化合物為可揮發性 (volatile)，具高蒸氣壓，另一方面此化合物之鍵結極穩定，不易在電漿中分解，大部分皆可經由抽氣系統移除。表 17.1 中所列為常見之蝕刻生成物與其沸點。
3. 電漿中之正離子通常亦扮演一非常重要之角色。一方面高能離子撞擊晶圓表面，可使得蝕刻反應速率增加，其效果遠超過因物理濺射所造成之貢獻。在另一方面，若此高能離子具方向性，通常亦形成具方向性之蝕刻結果。此兩項特色為電漿蝕刻在深次微米超大型積體電路製程中，扮演極關鍵性技術最主要之因素。

電漿蝕刻之反應機制，通常可分為三類：物理性蝕刻 (physical)、化學性蝕刻 (chemical) 與混合性蝕刻 (hybrid)。所謂物理性蝕刻是指被蝕刻材料之原子是因遭高能蝕刻物之離子撞擊，被濺射脫離而造成之蝕刻結果，其反應完全是物理性質之碰撞，並無化學反應。所謂

第十七章作者為柳克強先生及張家豪先生。

表 17.1 常見蝕刻生成物與其沸點。

蝕刻產物沸點 (*昇華點)				
被蝕刻物質	氯化物	沸點 (°C)	氟化物	沸點 (°C)
Si	$SiCl_4$	57.6	SiF_4	–86
Al	$AlCl_3$	177.8*	AlF_3	1291*
Cu	CuCl	1490	CuF	1100*
Ti	$TiCl_4$	136.4	TiF_4	284*
Ta	$TaCl_4$	136.4	TaF_4	284*
W	WCl_6	347	WF_6	17.5
	WCl_5	276	WOF_4	187.5
	$WOCl_4$	227.5		

化學性蝕刻則是指產生自蝕刻氣體之自由基與被蝕刻物質間之蝕刻作用，為一純化學反應。一般而言，化學性之蝕刻為等向性，亦即在被蝕刻物質表面向下與側向之蝕刻速率相當。易造成底切 (undercut) 之缺失，當元件尺寸縮小時，將會造成欲保留之線路圖案之流失。混合型蝕刻機制中蝕刻反應包含物理性與化學性蝕刻之反應，兩者通常具級數加乘之效果，亦即混合型蝕刻之蝕刻速率遠大於物理性蝕刻與化學性蝕刻之蝕刻速率之和。此一特性可由圖 17.1 之量測結果說明之[2]，其中當 XeF_2 與高能 Ar^+ 離子同時參予反應時之蝕刻速率，較兩者分別單獨作用時之蝕刻速率高約 100 倍。混合性蝕刻反應中高能之離子撞擊

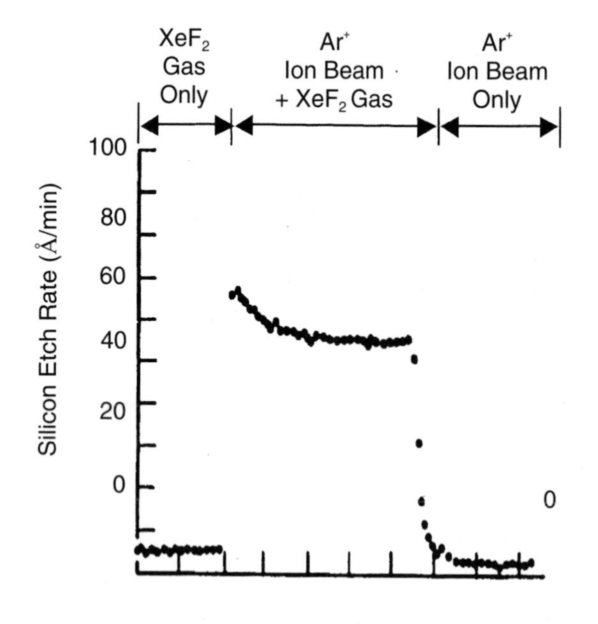

圖 17.1
電漿蝕刻反應機制對應蝕刻速率實驗結果[2]。

對化學性蝕刻造成之影響，其過程可能極為複雜，不過一般可分為兩種基本類型，第一種稱為能量性離子輔助 (ion enhanced energetic)，其中高能離子主要是對被蝕刻物質表面提供能量，可能造成如鍵結斷裂、表面原子自由能提高或提升表面溫度等效果，其結果是大幅加速化學性蝕刻之反應；第二種則是稱為保護性離子輔助 (ion enhanced protective)，此類型蝕刻反應中，原本由於蝕刻生成物或其他原因，在被蝕刻物表面形成一層保護作用之薄膜，使得純化學性蝕刻無法持續進行反應，導致蝕刻作用停滯，但因高能離子之撞擊，將此保護膜濺射除去，使得「新鮮」之被蝕刻物質露出，化學性蝕刻反應得以持續進行。無論是第一類或第二類型之混合型蝕刻機制，巨觀而言，由於高能離子之輔助作用，其蝕刻速率均得以大幅提升，另一方面，由於一般蝕刻系統中，晶圓置於一外加射頻功率之電極上以產生一靜電偏壓，使得電漿中之正離子被此一電位差產生之電場加速，獲得垂直於晶圓表面之能量，因此在蝕刻時，溝漕之底部被加速的離子撞擊，而其側邊則無，因此垂直於晶圓表面之蝕刻速率將遠大於側面之蝕刻速率，而造成具方向性 (或非等向性) 之蝕刻輪廓，如圖 17.2 所示。因此，當元件尺寸趨勢逐漸縮小，等向性蝕刻可能造成線路 (圖案) 之流失，而非等向性蝕刻技術變得極為重要。

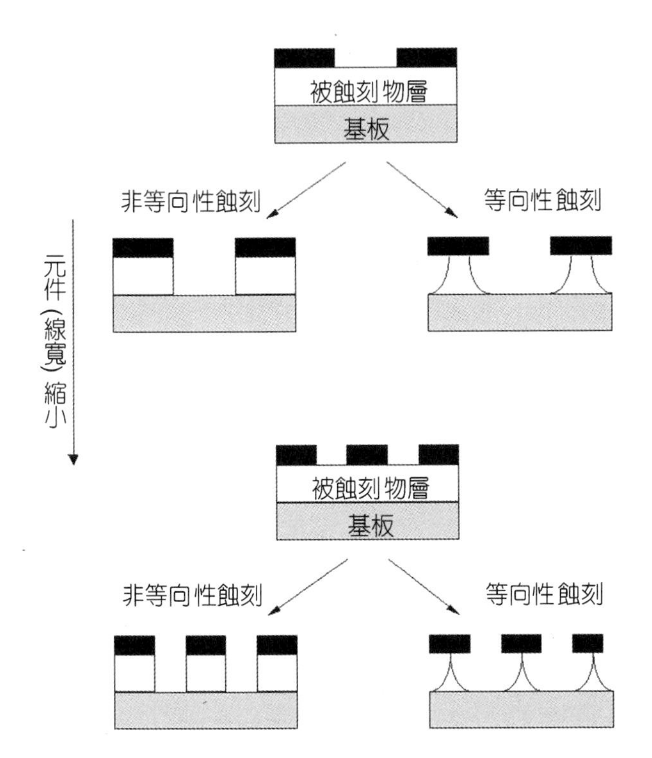

圖 17.2
蝕刻方向特性在元件尺寸縮小所造成之影響。

17.2 電漿蝕刻設備

電漿蝕刻機台依產生電漿與操作方式之不同，大致可分為兩種類型。第一種是活性離子蝕刻機 (reactive ion etcher, RIE)，其產生電漿之方式為射頻電容耦合式 (capacitively-coupled plasma)，電漿產生腔由平行電極板所構成，射頻功率通常使用 13.56 MHz 或其二倍、三倍頻，晶圓放置於通入射頻電源之電極，以產生自生偏壓 (self-bias)，加速電漿中之正離子，撞擊晶圓表面，其結構如圖 17.3(a) 所示。因此在 RIE 中，蝕刻機制是以離子輔助之混合性蝕刻為主，通常其蝕刻速率隨外加之射頻功率而提昇，但由於自生偏壓亦隨射頻功率增加，致使離子能量過高，可能造成晶圓表面或元件之損傷。此外，為增加蝕刻之方向性，通常蝕刻系統操作於較低的氣壓 (1－20 mTorr)，以減低離子通過晶圓上電漿鞘 (plasma sheath) 時與中性粒子碰撞機率，因為碰撞將使得離子獲得水平方向能量，亦撞擊於蝕刻溝漕之側壁，造成蝕刻之非等向性 (垂直度) 變差。但由於 RIE 屬於電容式耦合電漿，電漿密度隨氣體壓力降低大幅減低，使得蝕刻速率過低。在 RIE 機台中，晶圓放置於外加射頻電源之電極上，若反之放置於接地之電極之上，則蝕刻是操作於電漿模式 (plasma mode)，如圖 17.3(b) 所示，其中離子之能量大幅降低，蝕刻反應較接近於化學性蝕刻。

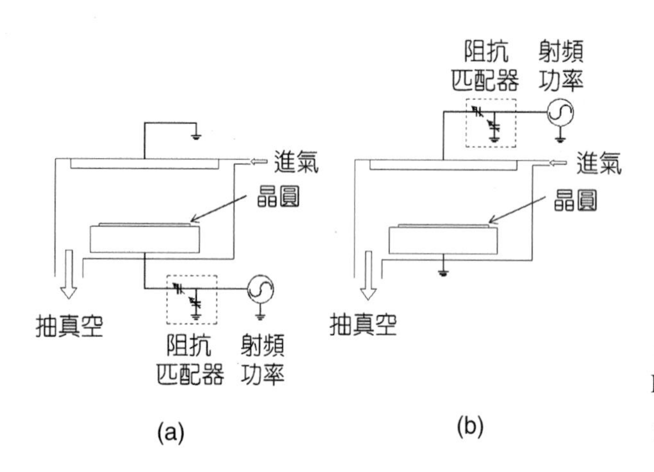

圖 17.3
RIE 蝕刻機示意圖。(a) RIE 模式；(b) 電漿模式。

RIE 技術在 80 年代為積體電路製程中之主流，但在近年來元件進入次微米尺度後，大部分之需求則由高密度電漿源 (high density plasma, HDP) 所取代[2]。高密度電漿源主要是在低氣體壓力產生高密度電漿 (電漿密度約 $10^{11}-10^{12}$ cm^{-3})，以提高蝕刻速率，另一方面將產生電漿與產生晶圓偏壓之電源分離，以使得電漿密度與離子能量可分別獨立控制，增大製程參數之調變範圍與彈性，並可降低電漿造成之元件損害。RIE 與 HDP 特性之比較如表 17.2 所示。產生高密度電漿之方式包括如電感耦合式電漿 (inductively-coupled plasma, ICP)、電子磁旋共振電漿 (electron cyclotron resonance plasma, ECR)、螺旋波電漿 (helicon

表 17.2 電容式射頻電漿源 (RIE) 與高密度電漿源 (HDP) 特性比較。

	RIE	HDP	HDP 蝕刻特性
電漿密度	$10^{8}-10^{11}$ cm^{-3}	$10^{11}-10^{12}$ cm^{-3}	高蝕刻速率
操作壓力	20 mTorr – 2 Torr	1 mTorr – 50 Torr	增強蝕刻方向性
氣體游離率	$10^{-6}-10^{-3}$	$10^{-4}-10^{-1}$	功率吸收較佳
電漿電位	~ 100 V	~ 10 V	降低腔體污染及電漿損害
電子溫度	1 – 5 eV	2 – 10 eV	
獨立控制離子能量	可	否	操作範圍更為寬廣

wave plasma) 等，其中電感耦合式因結構簡單，且能達到製程所需高密度與均勻度特性，目前為較廣泛採用之電漿產生方式。

17.2.1 電感耦合式電漿蝕刻機

電感耦合式電漿蝕刻機之結構如圖 17.4 所示，電漿之產生方式是利用螺旋狀之電感線圈，將射頻功率送入電漿腔體，由於線圈上之射頻電流與電漿中感應之電漿電流的耦合是透過射頻磁場，故亦稱磁耦合式電漿 (magnetic-coupled plasma)。另一方面其耦合原理與變壓器相同，因此又稱為變壓耦合式電漿 (transformer-coupled plasma, TCP)，最常見的感應線圈

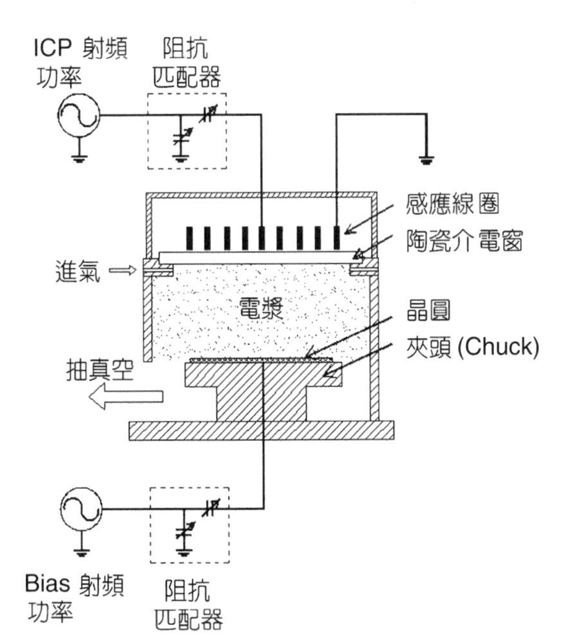

圖 17.4
電感式電漿蝕刻機結構示意圖。

結構為平面螺旋型，其優點為較易增加均勻電漿之面積。射頻電源通常使用的頻率包括 2 MHz、13.56 MHz 與 50 MHz。在電感耦合式電漿中，由於非局部隨機電漿加熱機制[2]，在低氣壓時仍可產生極高之電漿密度，較傳統純歐姆加熱 (ohmic heating) 機制加熱之效果高約 10－100 倍。由於電感耦合式電漿之結構簡單，維護容易，在高密度電漿蝕刻製程方面，獲得最廣泛之採用。在 ICP 蝕刻機中晶圓置放於另一外加射頻功率之電極上，以產生自生偏壓，其射頻功率頻率若與 ICP 射頻功率之頻率相同，則兩者之電源供應器需鎖相 (phase locking)，以免造成相互之干擾，若選擇不同頻率之射頻功率則可免除此一步驟。

17.2.2 電子磁旋共振電漿蝕刻機

電子磁旋共振電漿蝕刻機之結構如圖 17.5 所示，其中高密度電漿之產生是經由電子在磁場中之運動與電磁波之共振效應，使得電子對微波能量之吸收遠高於歐姆加熱機制。由於此一共振加熱機制效率極高，ECR 電漿在低氣壓時之電漿密度甚至可達 $10^{12}-10^{13}$ cm^{-3}，此外，操作壓力可降低至 0.1 mTorr 以下。通常 ECR 使用之電源為 2.45 GHz 之微波，其相對應之共振磁場強度為 875 gauss，因此 ECR 機台中需使用大型電磁鐵以產生 1000 gauss 左右之磁場。另一方面為提高在晶圓表面電漿密度之均勻度，ECR 機台中通常在晶圓座附近另加一電磁鐵線圈，以調變該區域磁場達到高均勻度電漿之要求，同時使在晶圓表面之磁場線垂直於晶圓表面，以降低離子因受擴散電漿中產生之電場加速獲得之額外高能量[2]，而造成元件之損傷。

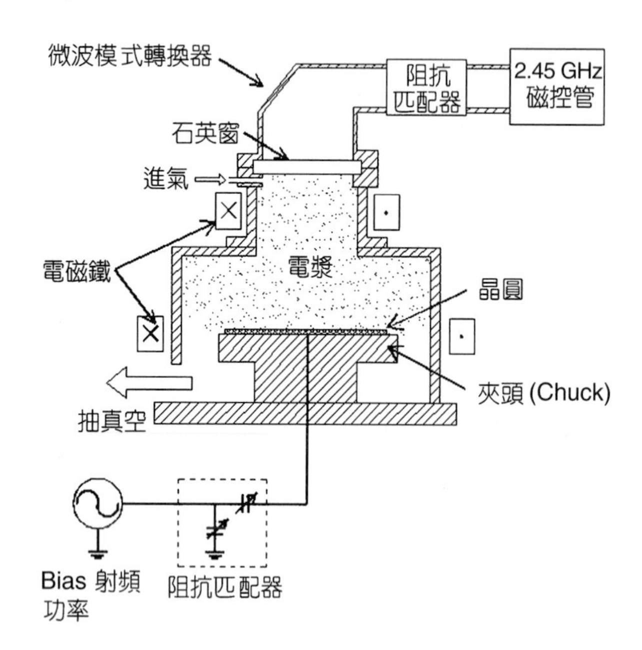

圖 17.5
ECR 電漿蝕刻機結構示意圖。

17.2.3 螺旋波電漿蝕刻機

螺旋波電漿蝕刻機之結構如圖 17.6 所示，電漿源部分通常為圓柱形，至於一電磁鐵線圈中，其中電磁鐵產生約 100－300 gauss 左右之磁場，射頻電磁波經特殊設計之耦合天線，送入電漿腔體，並產生沿磁場傳播之螺旋波 (helicon wave)，同時電磁波之能量被電子吸收，加熱電漿，其加熱機制是屬於某種仍不明確之電磁波共振作用[2]，加熱效率與 ECR 相近，因此亦可在極低之氣壓產生高密度電漿 ($>10^{12}$ cm^{-3})。另一方面其磁場需求較低，約為 ECR 之 1/3－1/5，因此可使用較小之電磁鐵。由於螺旋波電漿源為圓柱形，較不易直接依比例放大以產生大面積均勻電漿，通常解決方法為使用兩組產生方向相反磁場之電磁鐵 (bulking coil，如圖 17.6 所示)，以使得在電漿腔下方電漿隨磁場向外擴散，達到大面積電漿之目的。

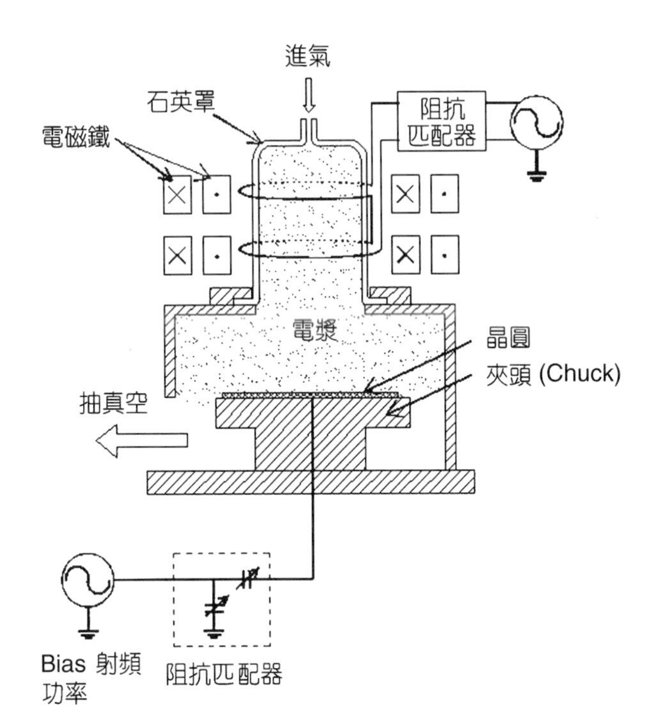

圖 17.6 螺旋波電漿蝕刻機結構示意圖。

17.3 電漿蝕刻系統

在製程應用上，電漿蝕刻系統大致包括高密度電漿源、晶圓座系統、真空抽氣與壓力控制系統、供氣系統，以及廢氣處理系統等部分，如圖 17.7 所示。

其中高密度電漿源之主要功能為產生高密度電漿，一般電漿密度可達 $10^{11}-10^{12}$ cm^{-3} 之範圍。若以電感式耦合電漿源為例，其結構包括射頻電源供應器、阻抗匹配器、電感線圈與

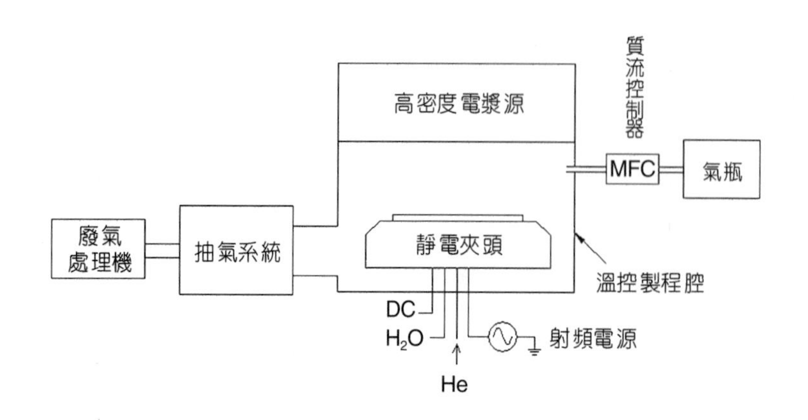

圖 17.7
電漿蝕刻系統結構示意圖。

石英 (或陶瓷) 真空窗，如圖 17.4 所示。其中射頻功率經電感線圈，透過真空窗進入真空腔體，以游離氣體而產生電漿放電。阻抗匹配器之主要功能為降低反射之射頻功率，以保護射頻電源供應器，同時增加射頻功率使用效率以及電漿穩定度。

晶圓座的作用除了提供晶圓冷卻控溫之外，同時利用加在基座上的射頻功率以產生自生偏壓，來控制撞擊晶圓表面正離子的能量。晶圓冷卻控溫的方法是將氦氣通入晶圓及基座間之空隙，利用傳導作用，藉由氦氣將晶圓上的熱傳遞到基座，再由冷卻水將熱帶出系統。而由於所需氦氣的壓力遠大於製程壓力，因此需施以外力將晶圓固定於基座上，早期所用的機械式夾座，由於容易造成晶圓產生型變，使得表面冷卻效果不均勻，進而影響蝕刻結果，此外機械固定夾使得部分晶圓邊緣無法使用，增加製造之成本，因此現今多由靜電式晶圓座 (electrostatic chuck, ESC) 所取代。

至於真空系統的設計，除了能提供製程所需的真空條件要求之外，更有保持真空腔潔淨並帶走製程中反應生成物的重要使命，以避免造成製程污染。在選擇真空幫浦時，一般均設計較大的抽氣速率以降低粒子在系統中滯留的時間，減少反應生成物重新附著於晶圓上的機會，同時較大的抽氣速率亦能降低抽真空時間 (pump-down time)，增加產能。除了抽氣速率的考量之外，應儘量使用不含油氣的結構設計，以避免油氣回流真空腔造成污染，因此，乾式機械幫浦以及磁浮式渦輪分子幫浦較為廣泛使用。

如圖 17.8 所示，二級真空系統為最常見的抽真空設計，其中乾式機械幫浦與真空系統之間的連結方式，分別以粗抽管路及前段管路並聯連結。同時管路上裝置有不同的壓力計，監測不同範圍的真空度，用以選擇管路間閥門的開啟或關閉，而控制抽氣的路徑。由於電漿蝕刻製程中，氣壓對電漿特性及蝕刻製程結果影響極大，因此腔體之壓力量測與控制極為重要。在量測方面通常使用準確度與穩定度較高之電容式真空計 (capacitance manometer)。另一方面腔體內壓力則由可調式閘閥 (gate control valve) 開啟的程度來控制，此可調式閘閥同時具有閘閥及調節閥的功能，可縮小真空系統的空間設計，壓力計與閥門形成一自動控制迴路，若以 PID 控制方法，通常約需 5－10 秒，腔體壓力可達設定值，較先進之機台則採用自適控制 (adaptive) 方式，僅需約 1－2 秒。為避免製程所使用的腐蝕性氣體或反應生成的

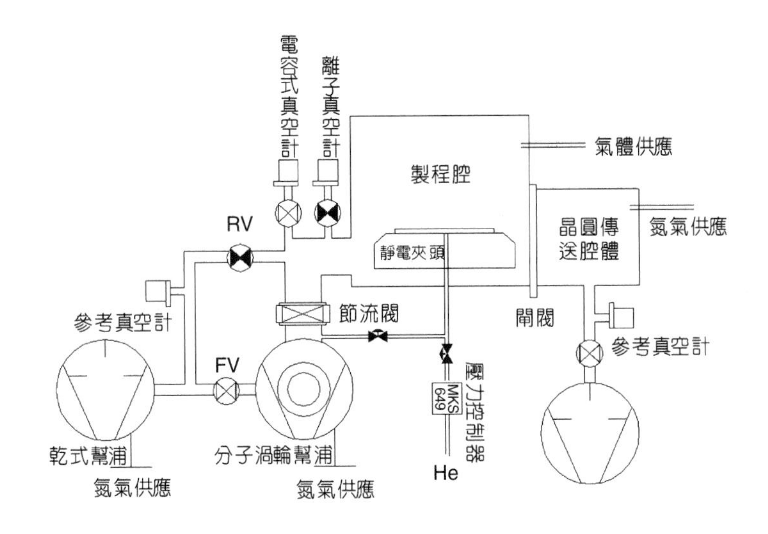

圖 17.8
真空抽氣系統結構示意圖。

物質，與幫浦內部結構表面發生反應而造成損害，在幫浦運轉時均需以乾燥氮氣清洗 (purge) 加以中和，以延長其使用壽命。

在供氣系統方面，具腐蝕性的氣體鋼瓶需妥善放置於有安全迴路設計的氣瓶櫃內，此氣瓶櫃隨時保持負壓，而管路的設計應儘可能減少接頭的使用，或使用氣密效果較佳的 VCR 接頭，以避免毒氣外漏。另外，進氣孔分佈及位置的設計，均會影響到腔體內電漿及氣體分子的分佈情形，進而影響製程結果。

真空系統所抽出的氣體在排入大氣環境前亦需經由廢氣處理系統，利用燃燒、高溫分解以及酸鹼中和等方式加以處理，以避免環境的污染，甚至造成對人體的傷害。

17.4 基本操作示範

本節係以清華大學工程與系統科學系所發展的高密度電漿蝕刻機台之操作程序為參考，過程包括抽真空、晶圓傳送、送氣、點電漿、產生自生偏壓、蝕刻、氮氣清洗及取出晶圓等步驟。

首先，將晶圓放置在晶圓傳送腔體 (load lock) 內的機械手臂上，並利用機械幫浦對晶圓傳送腔體抽真空；同時在製程腔部分，一開始僅前段閥 (FV) 打開，可調式閘閥及粗抽閥 (RV) 都是關閉的，由乾式機械幫浦先將渦輪分子幫浦內抽到可啟動的真空度。之後再關閉 FV 並打開 RV，直接對製程腔及管路做粗抽的工作，可節省抽真空的時間。當製程腔真空度與晶圓傳送腔體壓力相近，約 $10^{-2}-10^{-3}$ Torr 左右時，關閉 RV 並打開兩腔體間閥門，利用機械手臂將晶圓送進腔體，當晶圓座上的上升釘 (lift-pin) 頂起晶圓後，手臂退回再降下晶圓定位，當兩腔體間閥門關閉之後，再關閉 RV 並打開 FV 及可調式閘閥，同時開啟渦輪分子幫浦將系統抽至高真空 ($<10^{-6}$ Torr)。

在確定晶圓定位之後，即進行送氣，待腔體中氣體壓力達到設定值後，接著輸入射頻功率點燃電漿。由於該機台使用單電極靜電式晶圓座，因此在加入直流電壓產生靜電吸附前得先點燃電漿，利用電漿導電的特性，使得 ESC 電路形成迴路，始能產生靜電吸附。待晶圓吸附住後，始通入氦氣以免衝開晶圓，之後再加入偏壓射頻功率，產生自生偏壓開始進行蝕刻。

待蝕刻結束之後，得先使用乾燥氮氣初步清洗腔體，同時降低晶圓表面所殘留的腐蝕性氣體濃度。之後，如同前述方法將晶圓送出製程腔，並在晶圓傳送腔體內進一步使用乾燥氮氣反覆清洗數次，完成排氣 (vent) 動作後始能取出晶圓。

參考文獻

1. B. Chapman, *Glow Discharge Processes,* New York: John Wiley & Sons. Inc. (1980).
2. M. A. Lieberman and A. J. Lichtenberg, *Principles of Plasma Discharges and Materials Processing*, New York: John Wiley & Sons. Inc. (1994).
3. D. M. Manos and D. L. Flamm, *Plasma Etching*, San Diago: Academic Press Inc. (1989).
4. 鄭晃忠, 戴鴻昌, 翁士元, 林文迪, 第十一章 蝕刻製程與設備, 於積體電路製程與設備技術手冊, 張俊彥主編, 經濟部技術處發行 (1997).
5. C. Y. Chang and S. M. Sze, *ULSI Technology*, McGraw Hill Inc. (1996).
6. M. Madou, *Fundamentals of Microfabrication*, CRC Press (1997).

第十八章　離子氮化系統

藉由擴散方式使異種原子進入金屬材料的基地中，以改善其表面特性，是相當廣泛的表面處理方法之一。氮化製程是其中最受重視的低溫表面處理方式，可顯著提高被處理工件的表面硬度、耐磨耗性、疲勞強度、耐蝕性等表面特性，因此一直是工業界普遍的表面處理方式之一。傳統上，氣體氮化及鹽浴軟氮化是發展較早，也是目前最常見的氮化方式。但由於製程上及被處理件性能上的限制，開發更佳的氮化製程是金屬產業界的努力目標。提供真空環境 (或低壓氣氛) 的氮化處理方式是可行的途徑之一，因此離子氮化及真空氮化 (或稱低壓氮化) 是近年來逐漸普及的新穎氮化製程。由於真空氮化製程尚在開發，未來仍有相當大的改善空間。而離子氮化製程溯自德國 Klockner Ionno GmbH 在 1967 年成功地將該技術轉移至歐洲及北美地區以來，該製程逐漸地被產業界接受，尤其在齒輪、傳動組件等需要耐磨耗性及耐疲勞性的應用場合，離子氮化處理已成為主要的處理方法。因此本章將著重於離子氮化處理方法相關系統的工作原理、硬體結構、操作實務、功能與應用作一綜論性質的討論。

18.1 系統工作原理

基於離子氮化系統及其功能的考量，其工作原理涵蓋氣體的輝光放電原理及材料的氮化原理兩大部分。由於氣體的各種放電現象在本書的第五章有完整的介紹，在此不擬贅述。本節的工作原理介紹，將僅著重於輝光放電的條件下材料的氮化原理。雖然離子氮化的基礎理論研究自本技術開發初期即陸續有相關研究發表，隨著材料分析及電漿診斷 (plasma diagnostics) 技術的進展，也持續有修正的理論出現，但迄今仍未有定論，各理論皆有其推論根據及實驗結果相輔證。

應用質譜儀的研究，有研究者指出中性粒子 (neutral particle) $FeNH_{2-3}$ 是控制離子氮化過程的主要分子；另有以質傳動力學 (mass transfer) 過程的推論，也有研究者提出游離化 (ionized) 的原子及分子，如 NH^+、NH_2^+，是參與離子氮化過程的主要粒子，且部分解離的粒子對工件的轟擊是必要的條件；而 Kolbel 所提出的離子轟擊濺射機構是目前較普遍被接受的離子氮化機構，該機構以鐵的離子氮化過程為例，提出氣相中所形成的氮化鐵 (FeN) 沉積

第十八章作者為洪敏雄先生。

於工件表面上，及其後續的反應與擴散是達成離子氮化過程的主要途徑。如圖 18.1 所示，氮原子首先在輝光放電區中被游離化，接著被游離化的氮離子藉由陰極電位的加速向工件表面轟擊，部分氮離子直接進入工件，或鐵原子被濺射脫離晶格並進入氣相中。該濺射的鐵原子和氣相中的氮原子形成氮化鐵化合物，且隨後該氮化鐵沉積在工件表面上。在高溫及高能離子的轟擊下，該氮化鐵將分解成低價的氮化物，變成 ε 相及 γ' 相，並且釋出氮。氮藉由濃度梯度向內部擴散，而失去氮的鐵原子則可能再被濺離至氣相，形成上述過程的循環發生，並使鐵原子成為氮的載具。最終在適當的溫度及氮濃度下，如圖 18.2 所示，在工件的表層及次表層可能形成 ε 相及 γ' 相的單一相組成或兩者組成的複合相組織，在較低的氮濃度下也可能獲得僅有擴散層的氮化結果。離子氮化表面熱處理製程相較於其他氣體氮化及液體氮化製程的最大優點，在於該製程對於控制氮化層組織的能力優於其他兩者，因此可獲致不同組織，因應不同場合的應用。

雖然氮化鐵的形成及分解機構可解釋部分氮化結果，但相反地也有研究指出在輝光放電的後輝區 (post discharge) 亦能進行離子氮化處理，此時並無離子對工件表面進行類似上述

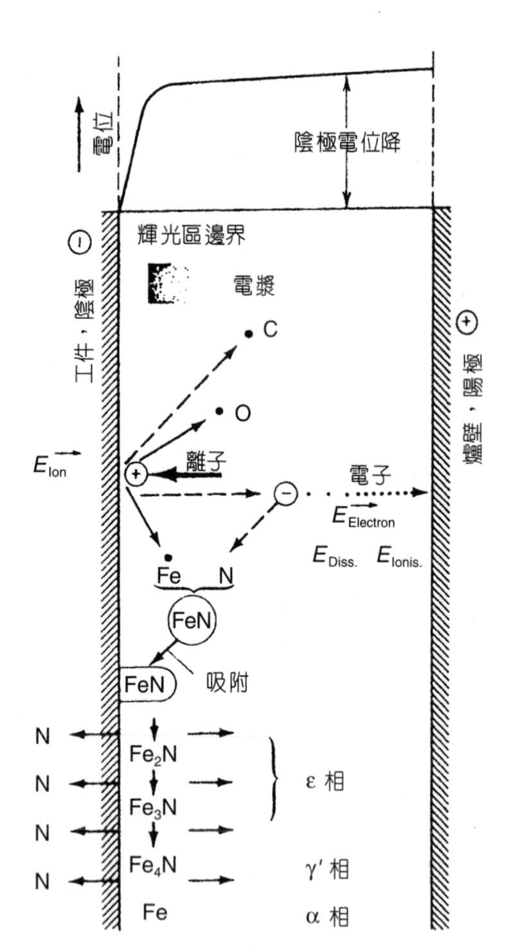

圖 18.1
離子氮化機構示意圖。

濺射的過程，因此對於工件表面的濺射過程是否是必要的步驟，以及離子氮化機構的驗證也有待進一步確認。

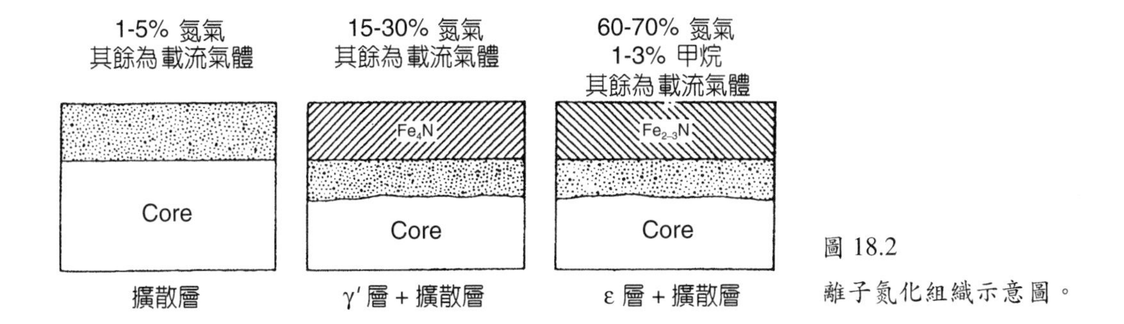

圖 18.2
離子氮化組織示意圖。

18.2 系統硬體結構

在本世紀三十至四十年代期間，即已開始嘗試藉由延伸氣體氮化的概念，將氣體輝光放電引入氮化製程，Berghaus 首次將電漿輔助的擴散表面處理進行工業級的驗證，隨後多家公司進行類似的製程開發，才逐漸將離子氮化的應用推入實際應用的層次，最後由 Klockner Ionno GmbH 公司成功地將其商業化。起初由於電源供應方面限制，一般輝光放電的電流僅侷限在 5 A 以下，否則易引起放電狀態由輝光放電進入弧光放電階段，造成被處理件的毀損，因此在離子氮化上的應用也受到限制。但在五十年代以後，由於解決大電流輝光放電技術障礙及引入電弧壓制控制 (arc suppression control) 技術，離子氮化技術才在工業上普遍地推廣應用，並成功地在七十年代之後使離子氮化表面處理技術成為業界的標準製程之一。

一般離子氮化系統依據其處理的製程需求可能會有部分差異，但其設備的基本架構大致包括下列四項次系統：氣體輸送系統、工作爐體、真空系統、電源供應系統，其設備示意圖如圖 18.3 所示。根據離子氮化處理的製程需求，對於整體系統設備上必須一併考慮的基本參數：

(1) 整流變壓器的功率 (kW)
(2) 輸出直流電壓 (V)
(3) 最大輸出電流 (A)
(4) 最高工作溫度 (°C)
(5) 真空爐體有效高度 (m)
(6) 真空爐體內徑 (m)
(7) 真空爐體有效體積 (m^3)
(8) 極限真空度 (Torr)

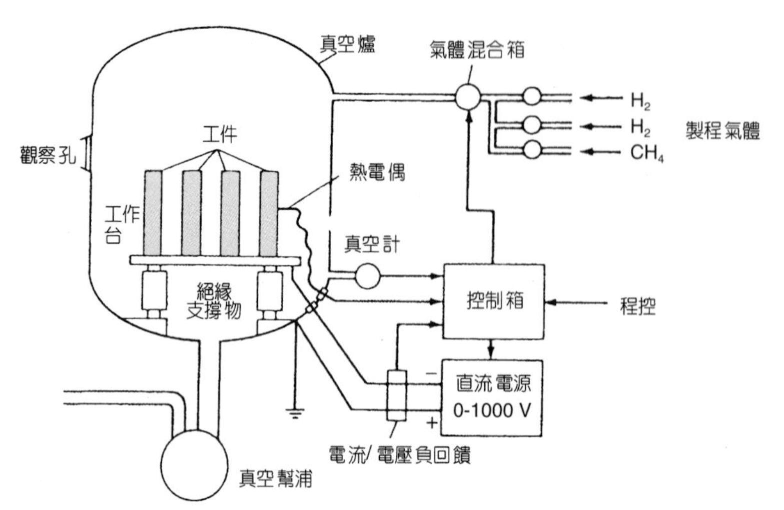

圖 18.3
離子氮化爐設備示意圖。

(9) 工作氣壓 (Torr)

(10) 真空幫浦抽氣速率 (L/min)

以下將針對硬體結構各次系統的設計及製造細節進一步探討，以助於了解其構造的特性需求，及其後續操作時對氮化製程特性的影響。

(1) 氣體輸送系統

氣體輸送系統包括氣源、鋼瓶、流量計、閥件及管件等項目。一般離子氮化採用的氣體大致有氮氣、氫氣、氬氣、氨氣或應用於離子滲碳氮化所添加的含碳氣體。由於離子氮化是在低壓下進行氮化處理，所需氣體量遠低於一般化學熱處理製程所需的氣體量，一般採用 1.6－16 m^3/h 的小型流量計即可，並利用閥件及管件控制氣體的流通及送達爐體適當位置。其中進排氣管路的幾何位置安排，對於氣體在真空爐內的分布影響深遠，從而對被處理件的溫度分布及處理效果造成影響，因此必須妥善安排。一般採用爐頂進入或爐底進入的方式，前者是將氣體由爐頂導入，入爐後在出口處接上一 V 形擋板，使氣體衝向爐頂，然後再折回來，以改變氣體的分布狀態；後者則是有兩種不同的細節，一種是在爐體開出不同大小、高度的進氣口，使氣體由不同進氣口進入，達到氣體均勻分布的目的，另一則是由底進入，直接引到爐頂，在爐頂作一環形管道，由管道上的氣孔噴出氣體，可助於氨氣的裂解。排氣管則分布在爐底的中央，且排氣口的總面積須不小於真空管路的截面積，以有效排氣，縮短啟輝前的抽氣時間。

(2) 工作爐體

根據使用需求，一般可將離子氮化爐的型式概分成水平式 (horizontal)、鐘罩式 (bell)、坑式 (pit)、其它通用式及坑式通用型等複合式 (combination) 共五大類，如圖 18.4 所示。上述各種爐體型式各有其結構特點及適用的零件外型，其中鐘罩式爐主要適用於批量生產而外觀較短小的零件，如齒輪、殼體、衝模、滾銑刀之類的零件，但也可經由專用夾具的設計用以處理軸類零件；坑式爐主要是處理軸類零件及外觀較長的零件，如管件、長軸、拉刀等，但亦可經由專用夾具設計處理齒輪類零件；通用式及坑式通用爐則是根據零件的形狀而靈活增減爐體長度，以提高爐體處理的彈性。由於離子氮化是在低壓下進行零件的處理，因此爐體材料的選擇需考量外界大氣壓力下及工作溫度下爐體必須承受的應力，以選用所需鋼板厚度，才能安全穩固地設計所需的爐體。目前在這方面並無成熟的數據可供採用，但有一般經驗式公式可輔助計算所需尺寸。

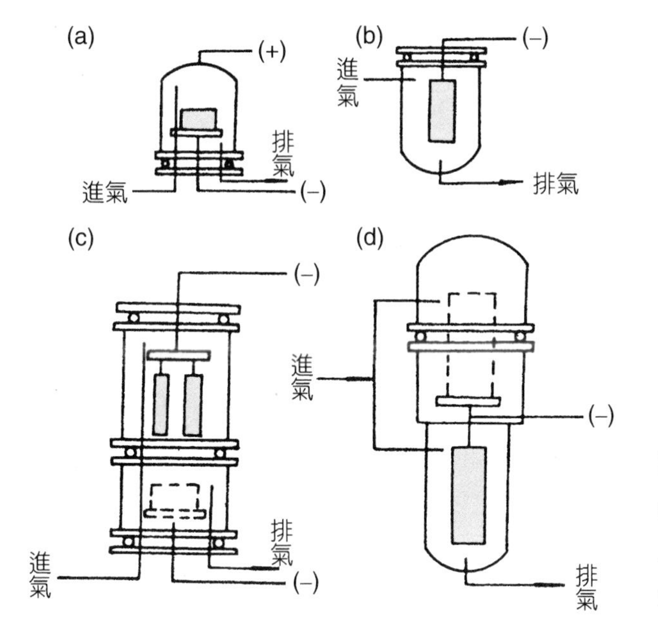

圖 18.4
離子氮化爐真空爐體示意圖。(a) 鐘罩式，(b) 坑式，(c) 通用型，(d) 坑式通用型。

另外，基於上述離子氮化爐操作條件，離子氮化爐體的爐壁必須考量幾點設計原則，包括：(1) 力求輻射熱量的有效利用，熱量損失要儘量減少，並提高爐溫的均勻性。(2) 務求保證良好的密封性，且能避免因溫度的提高而導致真空度的降低或破壞。(3) 保證良好的電絕緣能力，以避免意外。

一般爐體尺寸主要決定於被加工件的尺寸及生產時爐體負載需求外，現代市場上泛用商用爐一般設計成有較大範圍的處理能力，以供使用者依需要自由調整。例如可處理零件量從幾公斤至幾十噸。另外離子氮化爐的操作彈性也是一項重要考量，以因應不同被處理件能在同一具爐子中進行。包括能處理大量的小型零件，如一個爐子可進行數萬個直徑 1 mm 大小的鋼珠，但也能經由適度的改裝，使同一爐子亦能處理幾十噸重的單一齒輪。

(3) 真空系統

由於離子氮化處理製程的操作條件是在粗真空下進行，一般操作壓力大約在 1－10 Torr 的範圍內，因此使用機械式粗抽真空幫浦 (roughing pump) 或粗抽及增壓真空幫浦複合抽氣系統 (roughing pump-blower combination)，使其爐體極限真空度可達到 0.05－0.1 Torr 即可。真空系統在離子氮化製程中主要扮演維持低壓下輝光放電的環境，使反應氣體得以被激發或游離；另一方面在抽至低壓的過程中，原先系統中大部分的空氣及氣態污染物也可一併被排至大氣，提供較清潔的氮化環境，對於提升被處理件的品質及性能有顯著的助益。對於更高真空度的使用需求，可藉助增加其他高真空幫浦達成，但對於一般的離子氮化製程及被處理材料而言，並無類似必要。在選用真空幫浦時除考量其極限真空度外，還必須進一步考慮其抽氣速率，抽氣速率必須夠快才能縮短工作時間，再搭配其他相關製程參數以提高處理效率。一般認為以 20－30 分鐘的抽氣時間達到輝光放電的啟輝真空度是可接受的抽氣速率。因此一般是一具真空幫浦搭配一個離子氮化爐，但也有部分廠商以兩具真空幫浦搭配一個離子氮化爐，雖然可提高抽氣速率或用以調節幫浦的工作時程，但並無絕對必要。另外，由於離子氮化過程是屬於動態過程，因此真空系統各相關組件的進氣量、抽氣速率、漏氣率需一併考慮，以達到一定的產率及品質要求。

(4) 電源供應系統

由於離子氮化系統是在異常輝光放電區域進行氮化處理，因此處理狀況稍有變動極可能過渡至弧光放電區域，將對被處理件造成嚴重的損傷。因此對電源系統的基本要求即是有穩定的電壓與電流，並且能連續工作 24 小時以上。一般離子氮化處理是採用直流電源，因此需考量電源系統可在 0－1000 V 間對電壓及電源進行連續的調控能力，並且根據氮化爐體的負載能力，選定可自由調整的電源功率。但目前隨著氮化爐電源供應系統的多樣化發展，同時不同電源系統有其處理特性上的競爭優勢，除直流電源外，射頻式 (radio frequency) 的交流電源或脈衝式 (pulsed) 的直流電源也逐漸受到重視。在處理過程由於電源不穩或被處理件特性改變，可能引起被處理件表面產生電弧，因此電源系統需有可靠的滅弧裝置，並能自動滅弧及隨後的自動再啟輝相關裝置。再者，氮化處理溫度對氮化效果有顯著的影響，因此電源系統必須能自動根據設定調節其溫度，達到自動控溫的要求。電源系統擁有保險裝置，使其在裝卸時不致引起危險，且在氮化過程中，能在系統異常或故障時自動警報或自動切斷電源，以維護工作安全。

表 18.1 是離子氮化爐代表性製造廠商德國 Klockner Ionon GmbH 公司所產製離子氮化爐，半世紀以來的規格及特性進展演變狀況。包括電源供應系統增加約十餘倍，電弧偵測及滅弧能力亦大幅提昇，爐體負載能力亦增加約十餘倍，至於被處理件的加熱方式，則從早期的單純的離子轟擊加熱，演變成離子轟擊加熱外加陰極輔助加熱器及熱對流加熱多種

表 18.1 離子氮化爐規格及特性演變。

建造年代	1948－71	1971－74	1975－85	1986－92
最大功率 (kW)	72	150	450	1000
總偵弧及關閉時間 (μs)	65	60	40	40
最大裝填量 (kg)	2000	9000	25000	30000
工　件加熱方式	離子轟擊	離子轟擊	陰極輔助加熱器及離子轟擊	陰極輔助加熱器離子轟擊及對流
工　件冷卻方式	真空	真空	真空或氣淬	真空、氣淬或密閉油淬
爐子型態	冷壁	冷壁	冷壁	冷或熱壁

方式，被處理件的冷卻方式亦從早期單純的真空冷卻，提升至可氣冷及油淬能力的其他選擇，爐體的溫度也變化成冷壁式及熱壁式兩種選擇。明顯地，離子氮化爐不但在處理能力及處理彈性上大幅提昇，而且提供更多製程上的選擇彈性，可擴大離子轟擊製程的擴散式表面熱處理製程至離子滲碳氮化 (plasma nitrocarburizing)、離子滲碳 (plasma carburizing) 及其他複合處理製程，並且擴大可處理的材料種類，以因應使用者不同的需求。另一項值得注意的演變則是離子氮化爐目前皆可提供微電腦自動化控制的製程能力，以控制被處理件溫度、氣體壓力及組成、電漿參數等，且有整合控制及回饋能力，以自動偵測系統狀況，採取必要反應措施。

18.3 系統操作實務

(1) 零件的前處理

由於離子氮化製程是屬於從表面開始的擴散控制製程，因此在被處理件施行離子氮化處理之前，需仔細地進行清潔工作，以除去之前加工過程遺留的廢屑、油污或其他表面污染物。雖然後續表面清潔工作可以在離子氮化爐中以電漿中的高能粒子進行轟擊而進一步改善，但部分加工殘留物仍有賴裝入爐子前的清潔步驟才能有效提供其冶金過程的順利進行，以獲致預期的處理性能。在開爐前需將待處理件依材料、數量、體積及幾何形狀進行分類，同爐中最好投入同種、幾何外形及體積相近的工件，以拉近處理過程中被處理件的溫度及冷卻歷程。如果不得不將異類、異形的工件一併處理，需儘可能大小相間放置，力求工件間的熱平衡。由於離子氮化製程需在一定的高溫下進行擴散處理，因此被處理件獲得來自電漿或輔助加熱器的熱量與爐體的熱阻隔 (thermal insulation) 裝置平衡後的溫度必須符合需求。而被處理件的表面積／體積比例和被處理件的表面熱輻射便成為重要的參數，因為上述兩參數的作用將決定電漿區中被處理件的平衡溫度。

如果工件局部區域無需進行離子氮化處理時，必須採取堵塞或屏蔽的方法，阻止電漿向該區域滲入。對於溝槽或深寬比較高的部位最好能事先屏蔽起來，以防止空心陰極效應 (hollow cathode effect) 出現，導致該部位離子密度較大，其溫度迅速升高，將造成被處理件變形或引發電弧燒毀零件。零件置入爐內時，為避免上述空心陰極效應的發生，應將零件與零件、零件與夾具、零件與陰極托架間緊密貼合，一般不允許期間隙大於 0.2 mm，各被處理件與陽極之間的距離則儘量相等。

(2) 設備的準備

在被處理件的準備期間，也必須進行使用設備的準備。需將氮化爐硬體結構中各重要零件、爐罩、陰極底盤、各式夾具、觀察孔等，進行清洗工作，以保證氮化製程的可靠性與再現性。離子氮化爐的電絕緣狀況必須經常量測，以免發生工安意外。對於獲取氮化溫度量測及監控之用的測溫裝置及熱電偶需仔細清洗檢查，各式真空計及讀取儀器也需一併檢查。

(3) 操作條件的設定原則及參數選擇

根據被處理件材料種類、離子氮化爐性能及預定的零件性能需求，選取適當的操作條件，將溫度、壓力、時間等參數基本確立。尤其需依照被處理件的裝填狀況大致估算輝光面積，並應用擬施加的電流密度計算升溫及保溫期間所需總電流，以作為製程控制的參考。升溫速度隨電流密度的高低及被處理件複雜程度而異，一般在 0.5－3 小時之間。另一方面，根據氮化溫度的考量，電流密度有更大的選擇彈性，一般在 0.5－20 mA/cm^2 範圍內。

當溫度到達預定氮化溫度值後，便開始進行持溫的步驟，以獲得預期的氮化層深度及硬度分佈，一般可能的時間在幾十分鐘至 20 小時以上。經過適當氮化處理後，氮化爐進入冷卻階段，一般是採用被處理件隨爐冷卻或通入惰性氣體冷卻的方式。

(4) 基本操作步驟

雖然各種離子氮化處理有其需求及特定注意事項，但下列為各製程的基本共同步驟。

(a) 零件裝填完畢後，真空幫浦系統開始進行爐子的抽氣，以除去空氣、水氣及其它殘餘氣體。
(b) 在進行抽真空的同時，加熱被處理件以提高溫度，加速抽走揮發性的液體污染物。
(c) 初步施加電漿電壓，以濺射方式清洗被處理件表面，並清除附著於被處理件表面的固態污染物。
(d) 到達預定溫度後，通入預定化學組成的氮化氣體。
(e) 調節電漿中離子濃度以控制被處理件表面的化學反應。
(f) 控制被處理件表面溫度，使擴散速率能和其他製程參數相配合。
(g) 完成離子氮化反應後，通入惰性氣體進行對流冷卻循環，或採自然爐冷的方式進行被處理件的冷卻。
(h) 待被處理件冷卻至一定溫度後，系統發出警示信號，操作者開爐取出被處理件。

18.4 系統功能與應用

目前離子氮化製程已是產業界普遍使用於表面處理的標準製程之一，主要是藉由在材料表面形成硬質且具有殘餘壓應力 (residual compressive stress) 的的氮化層組織，以提升材料的耐磨耗、耐腐蝕、抗疲勞的性能及應用。隨著硬體結構及製程技術的進步，離子氮化相關技術已從單純離子氮化延伸至離子滲碳、離子滲硼，甚至各種金屬及非金屬離子的滲層處理，如滲鈦、滲鉬、滲矽、滲硫等。近年來更發展出各種離子的共滲處理，除增加表層硬度的要求之外，並加入潤滑性元素進入鍍層，以降低其摩擦係數，進而提升材料的磨潤性能。

離子氮化的優點包括：製程清潔、氮化層組織均勻、可控制厚度及化學組成、氮化速率較快、節省資源、較環保及可以處理難氮化的不銹鋼或非鐵金屬材料等，而這些優點是其他氮化製程所無法提供或性能不及的特性。就目前產業應用狀況而言，幾乎所有的鋼鐵材料都能經由離子氮化處理達到表面改質的要求，包括一般碳鋼、合金鋼、不銹鋼、工模具鋼及鑄鐵等，都能獲得表面硬度提高、耐磨耗性提升及耐疲勞性增強等目的。對於傳統上較難以其他氮化製程處理的鈦合金材料，亦可應用離子氮化處理在較低溫及較短的時間內完成氮化處理，並避免鈦合金晶粒粗大和心部性能劣化的缺點。

另一方面，雖然離子披覆 (ion plating) 技術普遍被應用於製備 TiN、TiC、TiCN、TiAlN、CrN 等各種硬質陶瓷鍍膜於各式零件上，以提升材料的耐磨耗性及裝飾性能而在目前各種對表面性質要求較嚴苛的應用上，如刀具、模具及各種機械零組件，離子披覆逐漸成為業界的選擇之一。但由於一般離子披覆的陶瓷鍍層硬度皆在維克氏 (Vickers) 微硬度值 1000 以上，因此對於較軟質的基材而言，由鍍層過渡至基材將經歷相當高的硬度變化，在零件受力時，基材無法提供足夠的機械式支持 (mechanical support)，將造成鍍層失效。離子氮化製程可經由材料及製程參數的選擇，獲得不同硬度的表面，能有效降低鍍層、表層及基材的硬度梯度，因此可提升離子披覆的性能及使用範圍。上述的複合處理 (duplex treatment) 製程，結合離子披覆及離子氮化製程的優點，目前已成為熱處理界及表面工程 (surface engineering) 界深受矚目的研究課題。

參考文獻

1. R. R. Manory, *Mater. & Manuf. Processes*, **5** (3), 445 (1990).
2. 夏國華, 楊樹蓉主編 現代熱處理技術, 兵器工業出版社, 第 6 章 (1996).
3. S. Dresser, *in Surface Modification Technologies: an Engineer's Guide*, Ed. by T. S. Sudarshan, Chap. 5, Marcel Dekker, Inc. (1989).
4. J. M. Green, *Metal Heat Treating*, Jul./ Aug., 23 (1994).
5. J. M. O'Brien, *Plasma Nitriding, in ASM Handbooks*, Vol. 4, Heat Treating, ASM International, 420 (1991).
6. K. Rie, *in Ion Nitrding and Ion Carburizing*, Ed. by T. Spalvins and W. L. Kovacs, ASM Interantional, Materials Park, OH, 45 (1990).
7. W. Rembges and J. Luhr, *in Ion Nitrding and Ion Carburizing*, Ed. by T. Spalvins and W. L. Kovacs, ASM Interantional, Materials Park, OH, 147 (1990).
8. F. Hombeck and T. Bell, *in Surface Engineering and Heat Treatment ---- past, present and future*, Ed. by P. H. Morton, The Institute of Metals, 257 (1991).
9. P. Jacquot, *in Advanced Techniques for Surface Engineering*, Ed. by W. Gissler and H. A. Jehn, Kluwer Academic Publishers, 69 (1992).
10. G. Krauss, *Steels: Heat Treatment and Processing Principles*, ASM Interantional, 305 (1990).

第十九章　真空冷凍乾燥系統

19.1 冷凍的意義

工業上對於特定空間或物質，將其熱量予以吸收或轉移他處稱之為冷凍，但工業上亦常有使用冷卻、冷藏之名詞，究竟冷凍、冷卻、冷藏三者之間有何差異，工業界一般以溫度之範圍來區分三者之差別：

・冷卻：目標溫度範圍為常溫至 12 °C 左右。

・冷藏：目標溫度範圍為 12 °C 至 0 °C 左右。

・冷凍：目標溫度在 0 °C 以下，而 0 °C 以下的冷凍程度依溫度的高低又可分為三類。

(1) 一般冷凍：目標溫度為 0 °C 至 –30 °C 左右。

(2) 低溫冷凍：目標溫度為 –30 °C 至 –60 °C 左右。

(3) 超低溫冷凍：目標溫度在 –60 °C 以下。

工商業界雖然對於不同目標溫度之熱移轉有冷卻、冷藏、冷凍的稱謂，但廣義的說法可以「冷凍」一詞包含之。冷凍系統所使用的設備很多，主要分為兩大類：非機械式冷凍系統設備及機械式冷凍系統設備。

19.1.1 非機械式冷凍系統設備

採用熱傳遞、水蒸發、液態氣蒸發、電能、磁能等非機械式方法，以達到冷凍產品的目的，稱之為非機械式冷凍系統設備。此種設備又可分六種：(1) 吸收式冷凍系統設備、(2) 噴氣式冷凍系統設備、(3) 渦流管冷凍系統設備、(4) 消耗性冷媒冷凍系統設備、(5) 熱電式冷凍系統設備及 (6) 磁性冷凍系統設備。

19.1.2 機械式冷凍系統設備

採用機械運轉使冷媒在高壓氣態下液化，再將液化的冷媒膨脹氣化以吸收大量的熱能而達到冷凍的目的。亦可採用真空幫浦抽取真空室內之氣體，以壓力差及飽和蒸氣壓之互動

第十九章作者為關剛石先生。

關係，產生冷凍效果。故機械式冷凍系統設備可分為下列兩大類：(1) 冷媒壓縮機式冷凍系統設備及 (2) 真空幫浦冷凍設備。冷媒壓縮機式冷凍系統設備又可分為：往復式冷媒壓縮機冷凍系統、旋轉式冷媒壓縮機冷凍系統及離心式冷媒壓縮機冷凍系統三種。

19.2 乾燥的意義

將物品中的水份或揮發性物質以蒸發 (液體汽化為氣體) 或昇華 (固體直接變為氣體) 的方法抽取，稱之為乾燥 (如圖 19.1 所示)。影響乾燥速率的主要因素為溫度與壓力，在工業上所使用的乾燥方法很多，可分為兩大類：自然乾燥法及機械設備乾燥法。

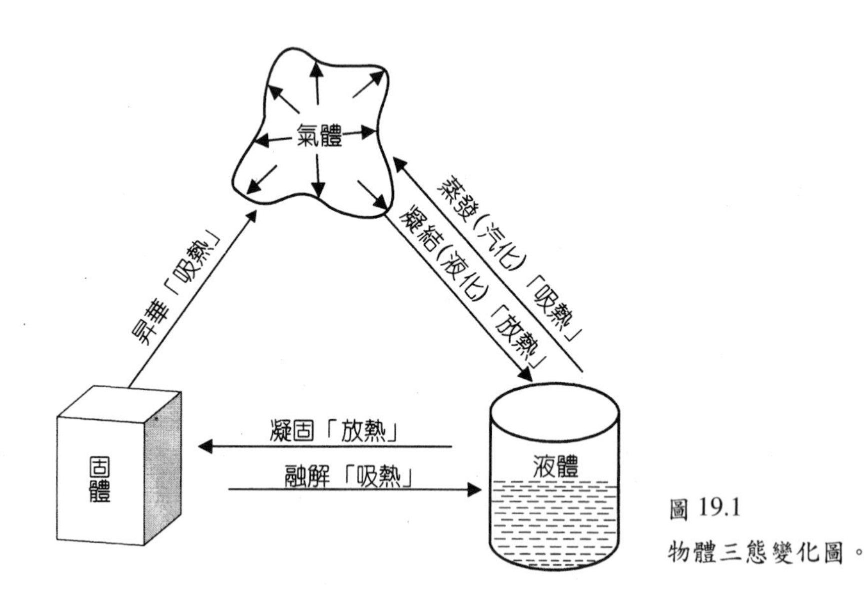

圖 19.1
物體三態變化圖。

19.2.1 自然乾燥法

利用自然環境的風、太陽熱、寒氣等環境能，將物品中的水份蒸發，稱為自然乾燥法。使用自然乾燥法的優點為：(1) 設備簡單、維護容易；(2) 操作成本低廉。雖然自然乾燥法具有設備簡單，成本低廉的優點，但其相對的缺點亦不少，如：(1) 需要較長的乾燥時間；(2) 如果是採用太陽光直接照射，其受紫外線長時間的影響，對農業產品(如水果、蔬菜等) 的品質有損；(3) 氣候變化莫測，難掌握乾燥的過程，尤其是夜間更無法進行乾燥作業；(4) 在開放的空間進行乾燥，易受塵埃、蒼蠅、蚊子、昆蟲、鼠、狗等昆蟲、家畜所污染；(5) 被乾燥物易變成暗褐色。

19.2.2 機械設備乾燥法

機械設備乾燥的方法，通常可分為四大類：熱風乾燥、噴霧乾燥、薄膜熱乾燥及真空乾燥。

(1) 熱風乾燥：利用加熱設備產生熱能，以流動的空氣吸收熱能產生熱風，以此熱風吹拂被乾燥物使之乾燥的方法稱之熱風乾燥。熱風乾燥因其所使用的設備不同又可分為下列四種：(a) 箱型棚式乾燥機，(b) 隧道台車式乾燥機，(c) 隧道帶式輸送乾燥機及 (d) 迴轉窯式乾燥機。

(2) 噴霧乾燥：將液狀、漿狀或泥狀被乾燥物，以機械方法壓縮噴出成微液滴或薄層，增大其與空氣接觸面積，再以熱風吹拂乾燥之。

(3) 薄膜熱乾燥：將漿狀被乾燥物薄敷在加熱的迴轉圓鼓的表面，以進行熱交換，漿狀的被乾燥物乾燥後，即自圓鼓上脫離落下，此種乾燥方法稱之為薄膜熱乾燥。

(4) 真空乾燥：將被乾燥物置於封閉的容器中，抽取容器內之空氣，使容器內之壓力降低漸趨向真空的狀態，依其真空度的不同，使被乾燥物內之液態水蒸發或水份凍結而昇華，以達到乾燥的目的。應用真空乾燥的好處如下：

 (a) 依真空度的不同，在常溫或低溫下，均可進行乾燥的作業。

 (b) 如屬中度的真空度作業則可快速的使被乾燥物中的水份或液體固態化，再使其昇華而乾燥，如此可使被乾燥物之品質維持原樣而不產生變化，尤其農產品及食品採用真空乾燥的方法，可以保持其原有之味道與品質。

 (c) 在真空環境中加熱乾燥，可防止被乾燥物氧化作用，避免物品之質變。

 (d) 真空乾燥的速度快，使用於工業、農業或食品業上可降低處理時間及掌握成本。

 (e) 控制真空環境中的真空度及溫度，可以選擇性的去除被乾燥物的水份或其中的揮發性物質。

真空乾燥對被處理之物品具有上述之優點，尤其是農產品及食品對保鮮度及原味的維持，可直接影響產品的價值，採用真空乾燥的方法是一項明智的選擇。

真空乾燥分為三種，第一種為真空自體冷凍 (原狀) 乾燥，第二種為真空加熱乾燥，第三種則為真空冷凍乾燥。此三種真空乾燥方式適用於不同的乾燥場合，也各自擁有不同的優缺點，下文將依據其原理、設備佈置、使用場合分別介紹之。

19.3 眞空乾燥原理

19.3.1 昇華與蒸發

在採用真空冷凍來處理物品的乾燥過程，主要影響物品乾燥的特性為溫度 (熱能) 與環境氣體壓力，要了解真空冷凍乾燥的原理，就必須對物品的三相 (固體、液體、氣體)，以及熔解、凝固、蒸發、昇華等現象有所了解。圖 19.2 為水三相變化與溫度壓力之關係。**c** 線為水由固態吸熱化為液態之熔解線，這種由固態變為液態的作用稱之為熔解。**c** 線亦為凝固線，也就是液體經由熱量的抽取而凝結為固態的現象，我們對液體凝結為固態的現象稱之為凝固。**b** 線為汽化線，也就是水由液態吸取熱量化為氣態的現象，我們對此現象稱之為蒸發，**b** 線上之壓力稱之為飽合蒸氣壓。**a** 線為昇華線也就是水經凍結為固態後，不經液化的過程而直接變化成氣體的現象，我們稱此現象為昇華。昇華為真空冷凍乾燥處理過程一個很重要的作用，尤其是處理農產品及食品，先經農產品或食品的先期冷凍，使得其內所含的水份形成冰的結構，然後經由真空抽取降壓的過程，使得其中的水分子不經過液體狀態，而直接昇華為氣體並由冷凍物中直接逸出。在此冷凍乾燥過程中，物質之固態粒子一直被「鎖」於基體中而不相互作用，故可以保持處理後的物品其成份及結構與原物品相同，只是除去其中所含之水份而已。

19.3.2 真空乾燥之原理 (昇華與蒸發)

昇華為真空冷凍乾燥方法中最重要的一項應用原理，但如何能快速的達到昇華的目的？圖 19.2 中顯示水的固態現象為 **a** 昇華線以右，與 **c** 熔解線以下之間的範圍，要達到昇華之現象，可用兩種方法：(1) 在相同的溫度下需抽真空降壓，以使其向左移動而落於昇華線上，再繼續降壓即可達到昇華的目的；(2) 亦可在昇華線下之固態範圍內，保持一定的壓力下加熱以使其昇華。此兩種方法均要注意在昇華的過程中，因水氣昇華增加了真空槽內之

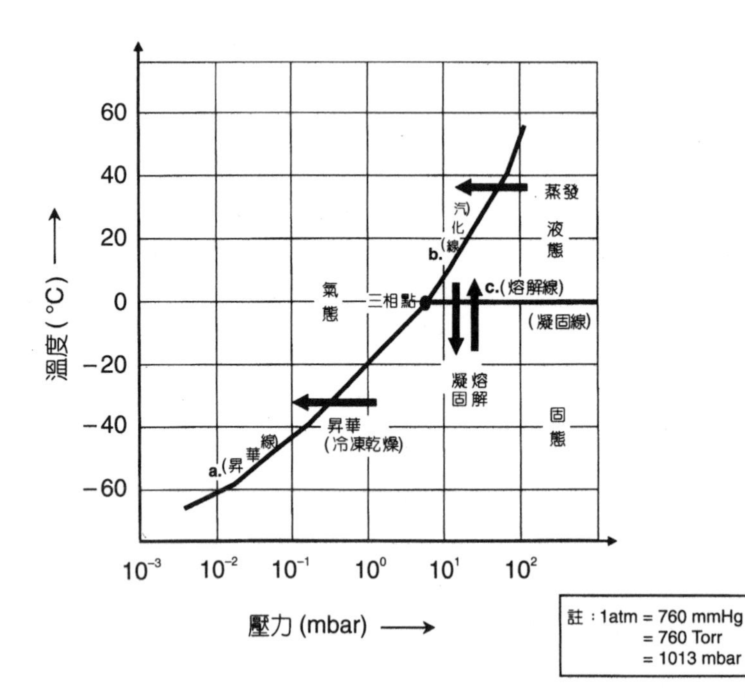

圖 19.2
水三相變化與溫度壓力之關係。

氣體密度，將使槽內壓力昇高，影響其真空度。尤其是第二種定壓加熱昇華，壓力昇高使被昇華物之狀態朝昇華線之右邊移動而遠離昇華線，如移到熔解線 **c** 的正下方後，若繼續加熱則使固態水產生熔解為液態水之現象。故採用第二種昇華方法，在昇華的過程中對槽體壓力的控制是不容忽視的一件事情。

在真空處理的過程中，如採用真空自然乾燥方法，也就是只抽取真空槽內之氣體，改變其真空狀態而不另外改變物品之溫度 (不冷凍或不加熱)，如此物品中的液態水會朝向左往汽化線 **b** 的方向移動，見圖 19.2，當到達汽化線時，如繼續抽取真空，則液態水會蒸發脫離物品內部而達到乾燥的目的。如果物品中的水分子處於液態狀況，亦就是處於圖 19.2 線 **b** 與凝固線 **c** 之間，如同時採用抽真空降壓與加熱升溫之方法，則物品中之液態水將會加速蒸發，同時因處於空氣稀薄的真空狀況中，所以物品不會因加熱而影響其品質。

19.4 真空乾燥方法與使用的設備

19.4.1 真空乾燥方法

真空乾燥的方法有多種，在真空槽內依其對被乾燥物之自然抽取真空、冷凍真空及冷凍加熱真空的方式，可將真空乾燥的方法分成三種：真空自體冷凍乾燥 (自然真空乾燥)、真空加熱乾燥與真空冷凍乾燥。

(1) 真空自體冷凍乾燥(自然真空乾燥)

所謂真空自體冷凍乾燥即是對被乾燥物只施以抽取真空的處理，如圖 19.3 所示，被乾燥物置於真空胴槽內，用真空幫浦對真空胴槽抽取其氣體，以促使物品內的液態水蒸發或昇華以達到乾燥物品的目的。真空自體冷凍乾燥主要是抽取物品中的水份，而且其抽取速度較其他真空乾燥系統為慢。

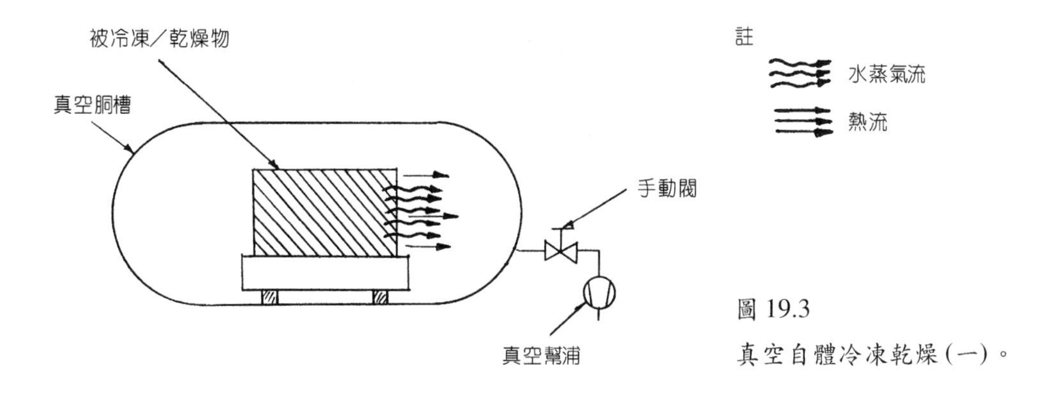

圖 19.3
真空自體冷凍乾燥 (一)。

真空自體冷凍乾燥的原理為利用水的沸點與飽和蒸氣之間的變化，以促使液態水的蒸發或冷凍昇華，如表 19.1 所示，當物品內之水份置於 1013 mbar (760 mmHg) 壓力之密閉胴槽時，其沸點為 100 °C，當壓力降至 12.28 mbar (9.21 mmHg) 時其沸點降為 10 °C，如胴槽之壓力繼續降低，當降至 6.1 mbar (4.58 mmHg) 時，此時水之沸點降至 0 °C，即冰點之固態水在 0 °C 時可汽化而昇華。在胴槽降壓的過程中，於各階段的飽和蒸氣壓力下液態水不斷的蒸發為水蒸氣，在蒸發的同時因需要吸取大量的蒸發潛熱，以完成其蒸發的作用，故促使被乾燥物品的熱能被抽取而溫度下降。此時如胴槽的壓力繼續的降低，當低於 6.1 mbar 以下時，因其沸點低於 0 °C 且水蒸發不斷抽取大量的蒸發潛熱，促使物品有自體凍結的現象產生。如再繼續降壓則物品內凍結成固態水的水分子將起昇華的作用，固態水不需經熔解為液體水的作用而直接昇華為蒸氣，這就是胴槽抽真空可使被乾燥物達成自凍昇華乾燥的原理。

表 19.1 水的沸點及飽和蒸氣壓、蒸發潛熱。

沸點 (°C)	壓力 (mbar)	蒸發潛熱 (kcal/kg)	沸點 (°C)	壓力 (mbar)	蒸發潛熱 (kcal/kg)
100	1,013.0	538.8	14	15.99	589.3
50	123.43	568.8	12	14.00	590.4
40	73.71	574.5	10	12.28	591.5
30	42.39	580.2	8	10.72	592.6
28	37.85	581.4	6	9.34	593.8
26	33.59	582.5	5	8.72	594.3
24	29.86	583.6	4	8.13	595.9
22	26.39	584.8	3	7.57	595.4
20	23.33	585.9	2	7.05	596.0
18	20.79	587.0	1	6.57	596.6
16	18.13	588.1	0	6.10	597.1

採用真空自體冷凍乾燥 (自然真空乾燥)，因在乾燥的過程中不用其他外力將被乾燥物冷凍，而採用自凍的方式，故在全部的真空冷凍過程，初期蒸發的水分子在 0 °C 以上的溫度，末期雖然以低於 0 °C 的方式昇華，但整個過程中，水的變化均接近圖 19.2 之汽化線 **b** 與昇華線 **a**，也就是接近飽和蒸氣壓與沸點的區域。當氣體水分子接觸的空間與設備環境其溫度與壓力產生差異時，在汽化線與昇華線靠左邊附近之水分子易霧化凝結為水滴，含有水滴之空氣在真空系統運作中，易對真空設備與零組件產生不良的影響，故宜於通過真空幫浦及零組件前，將空氣中之水氣或水滴凍結去除。圖 19.4 為較佳之真空自體冷凍乾燥方式。

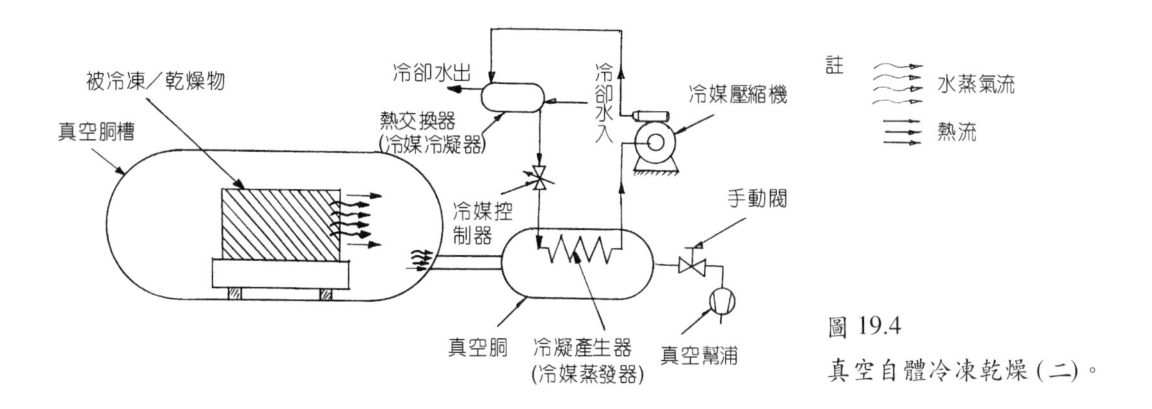

圖 19.4
真空自體冷凍乾燥 (二)。

(2) 眞空加熱乾燥

真空加熱乾燥是針對被乾燥物在抽真空後以電熱、電磁、蒸氣熱、熱媒油或輻射熱的方式對其加熱，如圖 19.5 所示，以促使乾燥作業能加速的進行。真空加熱除了可去除物品中之水份外，亦可去除物品中之揮發性物質，而且在真空胴槽內如能先抽取真空，再施以加熱，則對於被乾燥物之品質，因不產生氧化作用而能加以保持。

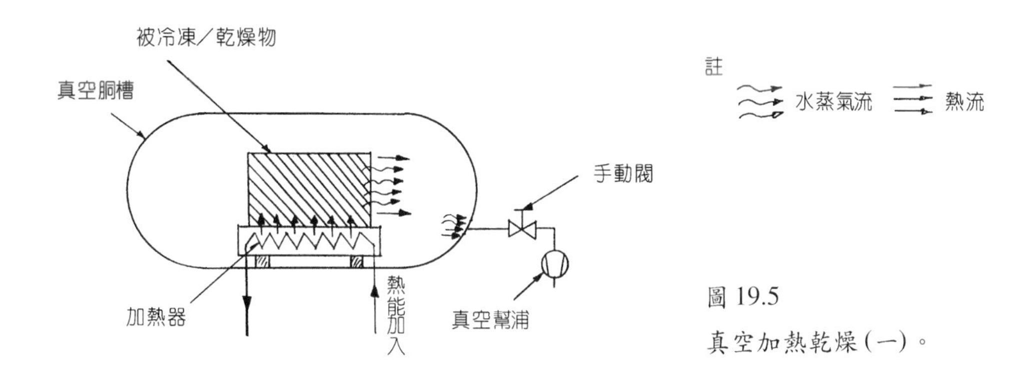

圖 19.5
真空加熱乾燥 (一)。

真空加熱乾燥如處理加熱不易變質之物品，可先行加熱再施以真空乾燥，但此種作法並不符合經濟原則，如加熱不會影響物品的品質，則直接採用一般加熱乾燥法即可。如加熱後再施以真空處理，只是加快乾燥的速度而已，相對於增加真空處理所需的設備費用與處理成本來比較並不合算，除非是要去除物品中水以外的揮發性物質。

通常採用真空加熱乾燥法，乃是處理易在熱過程中變質的物品，所以加熱的溫度不能太高，也必須有溫度控制系統以控制加熱的溫度。要達到上述兩個條件，在實施真空乾燥之前，可先採取下列兩個方法之一。

(a) 採用真空自體冷凍的方法 (如 19.3 圖所示)，以抽取真空的方法降低物品內水分子的沸點，並可以抽真空方法將物品凍結，如此處理可便於爾後之低溫加熱昇華。

(b) 採用冷媒壓縮機之冷凍方法將物品先行冷凍，以便於下一步抽真空加熱的乾燥作業，可使物品以昇華的過程達到乾燥的目的。

在完成上述真空加熱乾燥前之冷凍作業後，接著如圖 19.5 真空胴槽在適當的真空度下實施加熱乾燥作業，並將昇華或蒸發的水分子及揮發性物質用真空幫浦抽離，為了不使真空系統內之設備承受太多的加熱蒸發或昇華所帶的熱量及水蒸氣，可在真空幫浦前之真空胴裝上冷媒壓縮機系統等設備，如圖 19.6 所示。

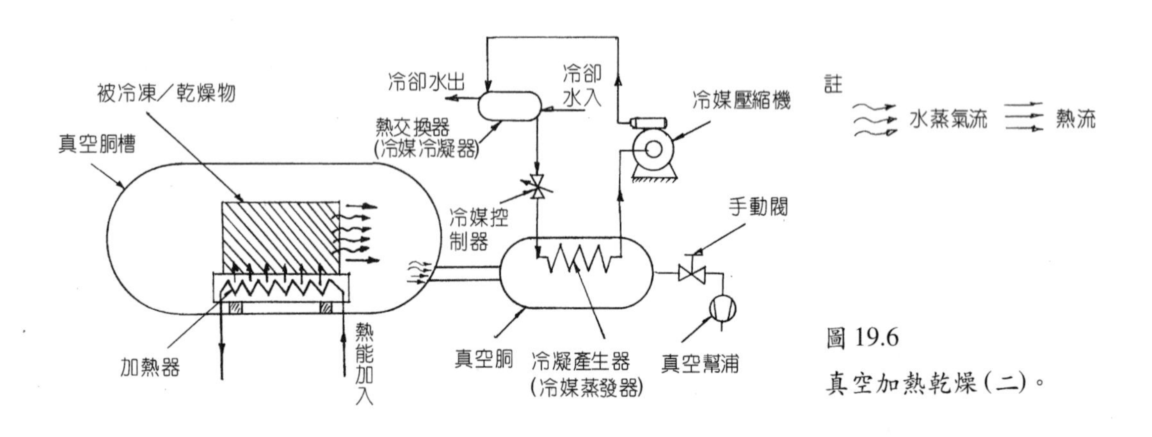

圖 19.6
真空加熱乾燥(二)。

(3) 真空冷凍乾燥

所謂真空冷凍乾燥即是對被乾燥物先施加冷凍處理，其所用的冷凍方法是採取傳統的冷媒壓縮機法 (如圖 19.7 所示)，待被乾燥物內的水份被凍結成固態水後，再以抽真空的方

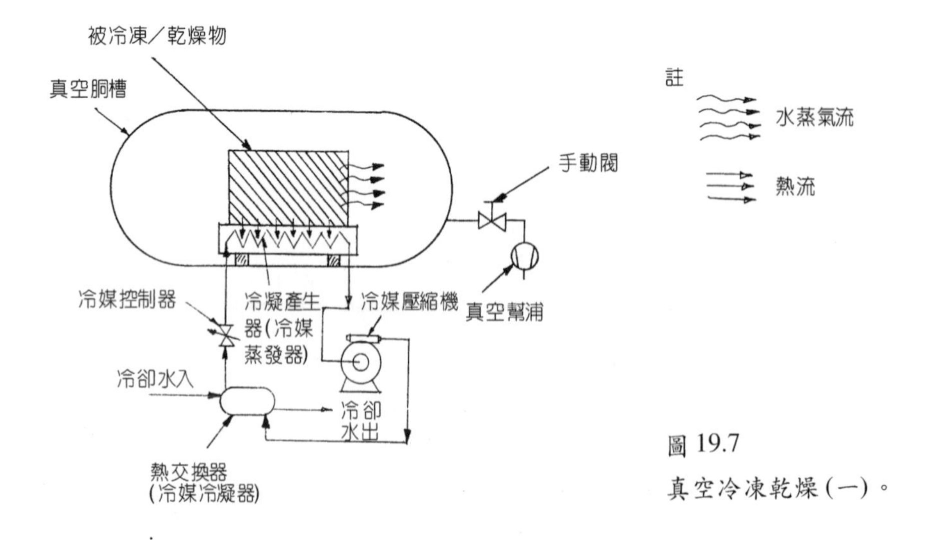

圖 19.7
真空冷凍乾燥(一)。

式處理，以降低真空胴槽內的壓力，促使被乾燥物內的固態水能昇華而抽排至真空系統外。

如圖 19.8 所示，冷媒壓縮機對被乾燥物施加冷凍處理，同時真空幫浦亦對真空胴槽抽取真空，此時被乾燥物內之液態水尚未冷凍固態化，抽離真空系統中之氣體含有液態水蒸發之飽和水蒸氣，易在真空系統內凝結為水滴，對真空系統內之零組件造成傷害，宜在真空幫浦前之真空胴裝置冷媒壓縮機冷凍系統，以凍結抽離真空系統時空氣所含的飽和水蒸氣。

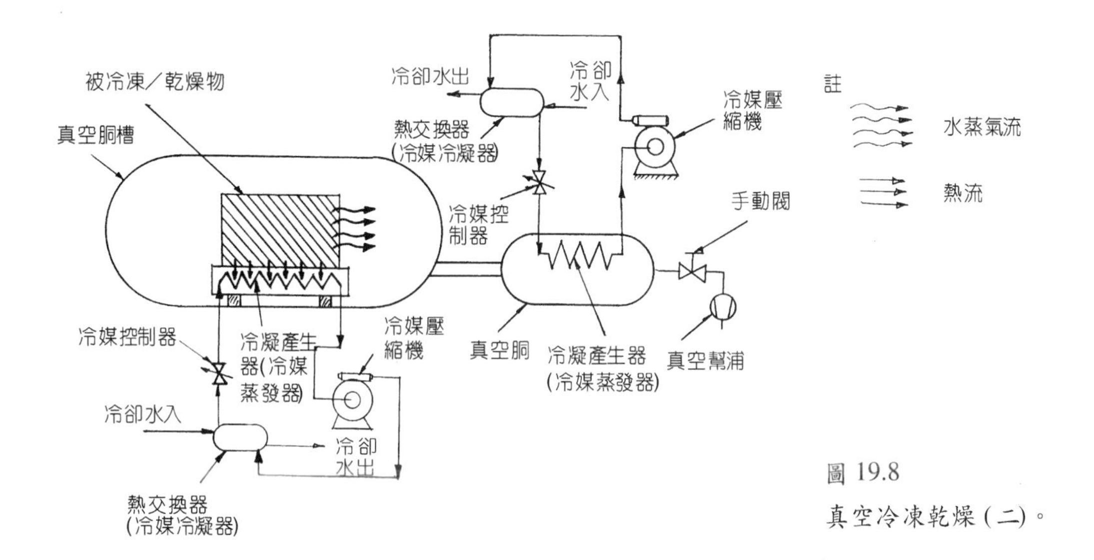

圖 19.8
真空冷凍乾燥 (二)。

真空冷凍乾燥作業之先期以冷媒壓縮機 (如圖 19.7 真空胴槽系統中所示) 冷凍被乾燥物內之水分子後，可施以加熱處理而使被凍結之水分子昇華而排出真空系統外，以達到真空乾燥之目的。

真空冷凍乾燥之操作條件有下列四項重要條件。

a. 被乾燥之冷凍物需達到其成份物質的最低共融點溫度 (lowest eutetic point)。
b. 真空胴槽抽真空需在中度真空之範圍內，亦即 $2\times10^{-3}-25\times10^{-3}$ Torr 之間。一般的真空度可區分為下列四類：
  - 粗略真空 (rough vacuum)：1 atm－1 Torr 。
  - 中度真空 (medium vacuum)：1 Torr－10^{-3} Torr 。
  - 高真空 (high vacuum)：10^{-3} Torr －10^{-7} Torr 。
  - 超高真空 (ultra vacuum)：低於 10^{-7} Torr 。
c. 冷凝產生器 (如圖 19.4、圖 19.6 及圖 19.8 中所示) 表面溫度需維持在 –30 °C 至 –60 °C 之溫度，方可將昇華之水蒸氣凝結為水。

d. 加熱裝置 (如圖 19.5 及圖 19.6 中所示) 之加熱溫度控制在 –30 °C 至 +60 °C 之間，以便於凍結水之昇華。

有效及具有經濟價值的真空乾燥方法，並非選取真空自體冷凍乾燥、真空加熱乾燥或真空冷凍乾燥其中之任何一種，而是採取其三種中之不同組合方式，以達到最佳的乾燥效率與品質控制，下文將舉例說明之。

19.4.2 真空冷凍乾燥所採用的設備

真空冷凍 (加熱) 乾燥所採用的設備可分為三大類：真空系統設備、加熱系統設備及被乾燥物之冷凍設備。

- 真空系統設備：真空系統設備主要有下列四種：
  (1) 真空幫浦：真空幫浦之抽氣能力需達到 $2 \times 10^{-3} - 25 \times 10^{-3}$ Torr 之中度真空能力，故其採用的真空幫浦大多為油迴轉幫浦、魯式幫浦或水封式幫浦。
  (2) 真空胴槽：真空胴槽主要是置放被乾燥物品，材質多採用不銹鋼，容積大小隨被乾燥物之批量處理體積而定。
  (3) 冷凝產生器：冷凝產生器是置於真空幫浦前之冷凝設備，主要是去除真空系統內之蒸發或昇華水氣，且冷凝產生器之表面溫度須維持在低於 –30 °C 之溫度，故冷凝產生器所採用之冷凍設備為冷媒壓縮機，且屬於低溫冷媒 (例如 R13)，亦可採用消耗性液態氮來產生冷凝效果。
  (4) 真空零組件：閥、無縫鋼管等。
- 加熱系統設備：對被乾燥物施以加熱以促使水分子蒸發或昇華所需之設備，加熱系統設備可採用下列之一：(1) 電熱、(2) 電磁熱、(3) 熱媒油、(4) 水蒸氣及 (5) 輻射熱；採用電熱、電磁熱較易精確的控制溫度。
- 被乾燥物之冷凍設備：用以冷凍被乾燥物，通常包含下列設備：(1) 一般型冷媒壓縮機：往復式、螺旋式或離心式冷媒壓縮機。(2) 冷凝產生器。(3) 水冷式熱交換器：冷卻冷媒之用。(4) 冷媒控制器：控制冷媒由液體擴散蒸發為氣體之控制器。(5) 管路、閥類等零組件。

19.5 真空冷凍乾燥技術應用之領域

真空冷凍 (冷卻) 乾燥技術的應用範圍很廣，凡舉農業蔬果之真空冷卻、食品業魚肉品之真空冷凍、醫療工業之藥劑冷凍乾燥，以及化學工業、紡織工業、土木建築業之應用等均屬之，圖 19.9 為真空冷凍(冷卻) 乾燥技術應用領域分析圖。

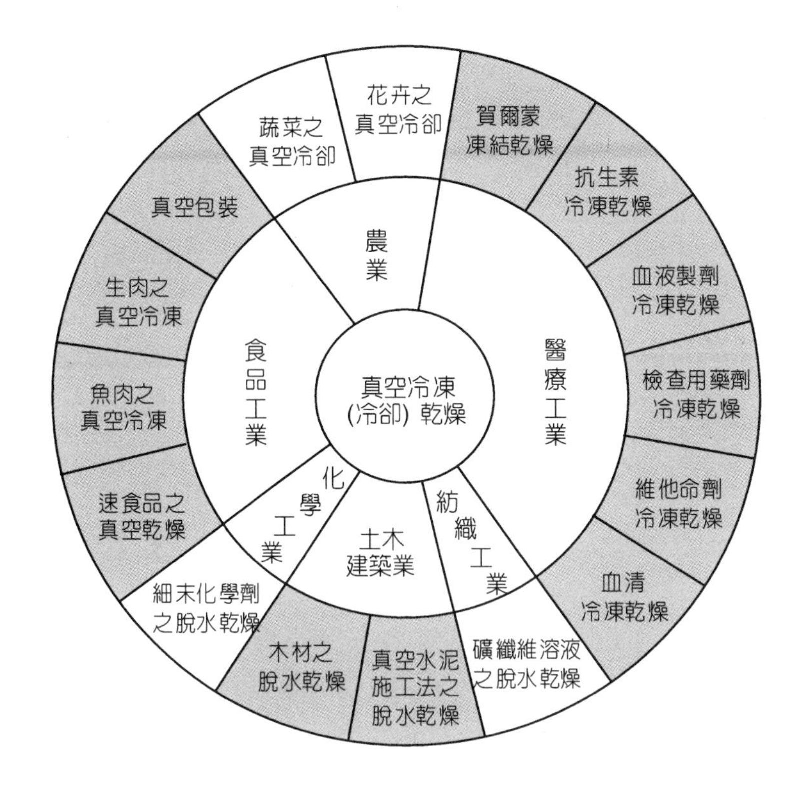

圖 19.9
真空冷凍 (冷卻) 乾燥應用領域。

19.6 真空冷凍乾燥技術應用實例

真空冷凍乾燥之應用例子很多，下文將以蔬菜之真空冷卻 (冷藏)、蔬果之真空冷凍乾燥及真空包裝等三方面來介紹。

12.9.6.1 蔬菜之真空冷卻 (冷藏)

蔬菜、水果等生鮮植物，在摘下後仍然具有呼吸作用，不斷的吐出 CO_2 與呼吸熱，使蔬菜與水果漸漸老化而失去其新鮮度，表 19.2 為蔬菜及水果在不同的溫度下呼吸時吐出之熱，從表上可以看出，溫度愈高，蔬菜、水果呼吸吐出之熱愈多。為了蔬菜及水果在貯藏或輸送的過程中保持其新鮮度，採用真空冷藏的方法使蔬菜水果維持在低溫、低壓下，以降低其生理現象，避免其老化的產生，又避免其水份因蒸發而疏失，如能採用真空冷卻 (冷藏) 以維持其在0.1－8 °C 之間之溫度為最適當的一種保鮮方式。

圖 19.10 為真空冷卻 (冷藏) 系統配置圖，圖上採用雙真空胴槽設備 (**2a**、**2b**) 主要是對蔬菜或水果之冷卻 (冷藏) 作業採用相互交替之運作，以維持系統之連續進行，進而提昇系統效率。系統可分成三大部份，第一大部份為真空系統，內含 **1a**、**1b** 之真空幫浦 (真空幫浦採用機械式或蒸汽噴射式)，**8a**、**8b** 之電磁洩漏閥，**9a**、**9b**、**9c**、**9d** 之電磁閥；第二大部

表 19.2 蔬菜、水果呼吸吐出之熱。

名稱	溫度		
	0 °C	5 °C	15 °C
	呼吸熱 (kcal/kgh)	呼吸熱 (kcal/kgh)	呼吸熱 (kcal/kgh)
蘆筍	0.062 — 0.14	0.12 — 0.24	0.23 — 0.54
甘藍	0.013	0.018	0.023 — 0.069
芹菜	0.017	0.025	0.088
洋蔥	0.0071 — 0.013	0.0083	0.025
胡蘿蔔	0.026	0.036	0.083
菠菜	0.046 — 0.05	0.083 — 0.12	0.39 — 0.4
草莓	0.023 — 0.04	0.048 — 0.054	0.16 — 0.2
橙	0.0075 — 0.0096	0.014 — 0.017	0.039 — 0.054
橘	0.008 — 0.01	0.016	0.058
李子	0.0042 — 0.0073	0.0094 — 0.016	0.025 — 0.03
蘋果	0.0033 — 0.017	0.0063 — 0.028	0.024 — 0.083
桃	0.0092 — 0.015	0.015 — 0.021	0.075 — 0.097

份為水蒸氣之冷凝系統，內含 **3** 之冷媒壓縮機，**5** 之熱交換器 (冷媒冷凝器)，**4** 之冷媒控制器，**6a**、**6b** 之冷媒蒸發器及 **9e**、**9f** 之電磁閥等；第三大部份為真空胴槽 **2a**、**2b** 及冷卻 (冷藏) 物品 **7a**、**7b** 等。

如要以圖 19.10 左邊之 **2a** 真空胴槽進行蔬果之冷卻 (冷藏) 時，其操作次序如下：

(1) 先打開真空胴槽 **2a**，將被冷卻(冷藏) 物品連搬運車一起放入真空胴槽內，關閉真空胴槽。
(2) 關閉右邊 **2b** 真空胴槽之真空系統與水蒸氣冷凝系統之電磁閥 **9d**、**9f**。
(3) 打開左邊 **2a** 真空胴槽之真空系統與水蒸氣冷凝系統之電磁閥 **9a**、**9c**、**9e**。
(4) 開動冷媒壓縮機 **3**，待冷媒蒸發器 **6a** (水分凝結器) 達到可以冷凝水蒸氣之低溫時 (低於 –30 °C) 再進行下一步驟。
(5) 開動真空幫浦 **1a**、**1b**，真空度抽至 3 –5 Torr ，從抽真空到維持 3 –5 Torr 之真空壓力所需的操作及冷卻時間約 30 分鐘，所需的時間隨真空胴槽的大小與真空幫浦的能力而有所差異。
(6) 在左真空胴槽 **2a** 作真空冷卻的同時，可同步進行右真空胴槽 **2b** 之置入蔬果作業。
(7) 左真空胴槽 **2a** 完成真空冷卻 (冷藏) 作業後，關閉真空幫浦 **1a**、**1b**。
(8) 打開電磁洩漏閥 **8a**、**8b**，以洩漏 **2a** 真空胴槽內之真空。
(9) 此時可進行右真空槽之抽真空冷卻 (冷藏) 作業，其方法如左真空胴槽之冷卻 (冷藏) 作業一樣。

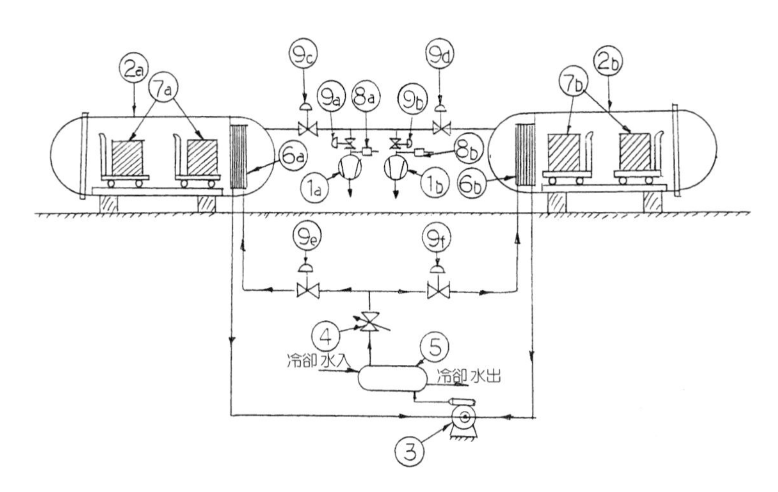

真空幫浦：1a, 1b
真空胴槽：2a, 2b
冷媒壓縮機：3
冷媒控制器：4
熱交換器(冷媒冷凝器)：5
冷媒蒸發器(水分凝結器)：6a, 6b
冷卻(冷藏) 物品：7a, 7b
電磁洩漏閥：8a, 8b
電磁閥：9a, 9b, 9c, 9d, 9e, 9f

圖 19.10
真空冷卻(冷藏) 系統圖。

(10) 取出左真空胴槽 **2a** 內之冷卻(冷藏) 物，將之移到其他貯藏室內貯藏之。

真空冷卻(冷藏) 的時序圖如圖 19.11 所示。

蔬菜、水果之真空冷卻(冷藏) 設備可全部置放卡車上，使之成為移動式冷卻(冷藏) 設備，具有機動性之優點，日本許多低溫物流公司採用此種作法來達到蔬果冷卻(冷藏) 之目的。

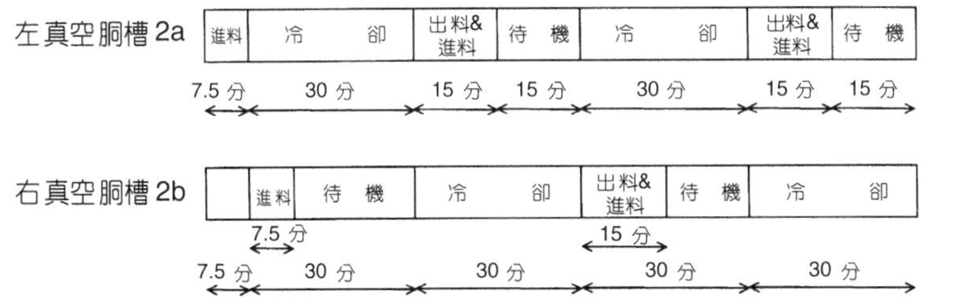

圖 19.11
真空冷卻(冷藏) 時序圖。

19.6.2 蔬菜、水果、食品之眞空冷凍乾燥

蔬菜、水果、食品的冷凍乾燥方法，對被冷凍乾燥物之色、芳香、味、形狀及物理性質幾全無變化，且復原性良好，為目前對蔬菜、水果、食品最理想之冷凍乾燥方法。

真空冷凍(加熱) 乾燥系統如圖 19.12 所示，圖上採用雙真空胴設備 (**2a**、**2b**) 主要是對

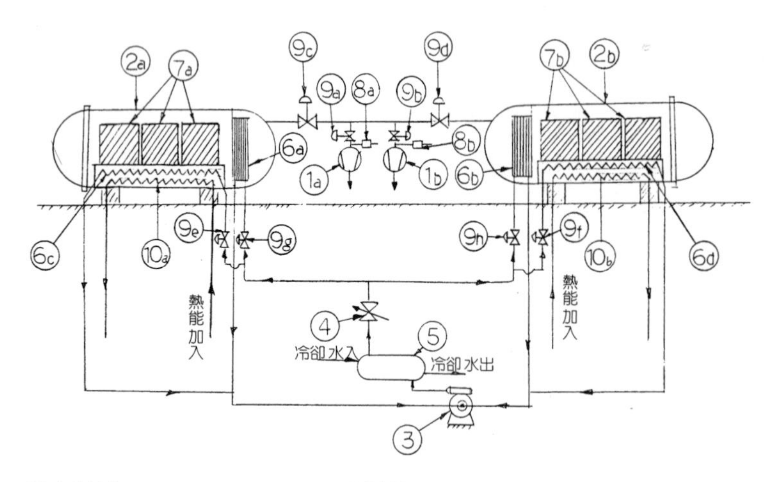

真空幫浦：1a, 1b
真空胴槽：2a, 2b
冷媒壓縮機：3
冷媒控制器：4
熱交換器(冷媒冷凝器)：5
冷媒蒸發器(水分凝結器)：6a, 6b, 6c, 6d
冷凍乾燥物品：7a, 7b
電磁洩漏閥：8a, 8b
電磁閥：9a, 9b, 9c, 9d, 9e, 9f, 9g, 9h
加熱器：10a, 10b

圖 19.12 真空冷凍（加熱）乾燥系統圖。

被冷凍乾燥物作業採用相互交替的運作，以維持系統的連續進行，進而提昇系統的效率。系統可分成四大部份：

(1) 真空系統：內含 **1a**、**1b** 之真空幫浦 (真空幫浦採用油迴轉式或魯式真空幫浦)，**8a**、**8b** 為電磁洩漏閥，**9a**、**9b**、**9c**、**9d** 為電磁閥。
(2) 水蒸氣及被冷凍乾燥物之冷凍系統：內含 **3** 冷媒壓縮機，**4** 為冷媒控制器，**5** 為熱交換器亦為冷媒冷凝器，**6a**、**6b**、**6c**、**6d** 為冷媒蒸發器 (亦即是水分凝結器)，其中 **6a**、**6b** 為抽真空過程中針對昇華或蒸發之水蒸氣，將之凝結為水之水分凝結器。另外 **6c**、**6d** 是針對被乾燥物在抽真空昇華前，將內含之水份凍結之用。**9e**、**9f**、**9g**、**9h** 為電磁閥，乃為左、右真空胴槽之真空冷凍作業切換之用。
(3) 加熱器系統：加熱器 **10a**、**10b** 是將已完成預冷凍結之被乾燥物，加熱使其昇華之設備。其加熱源可為電熱、電磁能、微波、熱媒等能源。
(4) 真空胴槽 **2a**、**2b** 與被冷凍乾燥物 **7a**、**7b**。

真空冷凍(加熱)乾燥之作業方法可分為三大步驟：

(1) 作業區域選定或切換並進行進料。

可以選擇左真空胴槽 **2a** 或選擇右真空胴槽 **2b** 進行真空冷凍作業，如先選定左真空胴槽進行作業時，可將真空胴槽 **2a** 打開，將被冷凍乾燥物品 **7a** 置於導熱平台上，再關閉及密封真空胴槽 **2a**。

(2) 進行被冷凍物之冷凍作業 (如圖 19.12 所示)。

進行被冷凍物之冷凍作業可採用兩種方法：真空自體冷凍法及冷媒壓縮機冷凍法。

a. 真空自體冷凍法：如 19.4.1 之第 1 項所述，即是以抽真空之原理以降低真空胴槽內水分子之沸點，使被冷凍物之水份產生凍結現象。其作業次序如下：
   (a) 關閉右真空胴槽 **2b** 之真空、冷凍系統所屬之電磁閥 **9d**、**9f**、**9h** 及加熱系統 **10b**。
   (b) 設定左真空胴槽 **2a** 之冷凍系統電磁閥，打開 **9g**、關閉 **9e**。
   (c) 啟動冷凍系統之冷媒壓縮機 **3**、熱交換器 **5** 及冷媒控制器 **4**。
   (d) 啟動真空系統：打開電磁閥 **9a**、**9b**、**9c**，啟動真空幫浦 **1a**、**1b**。
   (e) 將真空胴槽之壓力抽至 $2 \times 10^{-3} - 25 \times 10^{-3}$ Torr ，維持一段時間，直至被冷凍物 **7a** 產生凍結為止。

b. 冷媒壓縮機冷凍法：如 19.4.1 之第 3 項所述，即是採用冷媒壓縮機之冷凍系統，對被冷凍物施加冷凍處理，使被冷凍產生凍結現象。其作業次序如下：
   (a) 關閉右真空胴槽 **2b** 之真空、冷凍系統所屬之電磁閥 **9d**、**9f**、**9h** 及加熱系統 **10b**。
   (b) 設定左真空胴槽 **2a** 之冷凍系統電磁閥，打開 **9e**、關閉 **9g**。
   (c) 啟動冷凍系統之冷媒壓縮機 **3**、熱交換器 **5** 及冷媒控制器 **4**，直至在 **6c** 上之被冷凍乾燥物品 **7a** 被凍結為止。

(3) 進行被冷凍物之昇華乾燥作業(如圖 19.12 所示)。

以左真空胴槽 **2a** 內之被冷凍物 **7a**，進行昇華乾燥作業，其作業次序如下：

a. 關閉被冷凍物 **7a** 置放台上之冷媒蒸發器(水分凝結器) **6c**：關閉電磁閥 **9e**。

b. 啟用真空胴槽 **2a** 內之水蒸氣凝結器 **6a**：打開電磁閥 **9g**。

c. 維持冷凍系統之運轉：運轉冷媒壓機 **3**、熱交換器 **5** 及冷媒控制器 **4**。

d. 啟動加熱系統 **10a**，加熱溫度可控制在 –40 °C 至 +65 °C 之間。

e. 啟動真空系統：打開電磁閥 **9a**、**9b**、**9c**，啟動真空幫浦 **1a**、**1b**，直至被冷凍乾燥物之水份被昇華乾燥為止。

完成左真空胴槽之冷凍 (加熱) 乾燥作業後，可依同樣程序切換處理右真空胴槽之冷凍乾燥作業。

19.6.3 眞空包裝

真空包裝只是採用真空隔絕原理，將被包裝物與空氣隔離，使被包裝物不與空氣中之氧氣產生氧化作用，而且使被包裝物內之細菌因無空氣而無法繁殖，使物品不易腐敗。真空包裝是將被包裝物放於三面已封合之積層塑膠袋內，置入真空包裝機內，蓋上機蓋後抽取真空，抽達真空後，機內之封刀將積層塑膠袋之第四面口封合，完成真空包裝之作業。真空包裝作業完成後，被包裝物與積層塑膠袋間因無空氣，故緊密的黏貼在一起，所以真空包裝不適合於易脆、易斷裂產品包裝之用。

參考文獻

1. 蘇青森, 真空技術, 五版, 台北市: 台灣東華書局(1999).
2. 呂登復, 實用真空技術, 一版一刷, 新竹市: 國興出版社(1986).
3. 王茂榮, 冷凍工程(上), 台北市: 正文書局(1992).
4. 蘇青森, 實用真空工程學(上), 初版, 台北市: 正中書局.
5. 蔡耀棠, 實用真空技術掃瞄(一), 新竹市: 國興出版社(1992).
6. 日本真空技術株式會社編, 真空ハンドブック.
7. 續光清, 食品工業 九版, 台北市: 徐氏基金會.
8. 賴倫, 食品冷凍工學, 一版, 復漢出版社(1999).

第二十章　加速器眞空系統

真空是加速器中不可欠缺的需求，在小型加速器中只要 10^{-7} Torr 程度的高真空已可滿足大部份的要求，然而在大型加速器中，真空的角色更顯得重要。加速器真空系統，除了氣壓的考慮之外，還有許多機械、電氣以及其他特殊功能的考慮，以滿足加速器複雜功能的需求。在本章中，我們將說明加速器真空系統的設計要點，且限於篇幅之關係，僅舉例介紹各一種大、小加速器之真空系統。

20.1 加速器眞空系統設計要點

20.1.1 氣壓的考慮

表 20.1 中列出了加速器種類與其粒子飛行距離的關係，如果在此距離以內的運動過程中，粒子與殘留氣體分子碰撞，則粒子束就無法完全加速，而會偏離正常軌道而消失。從氣體平均自由行程與氣壓的關係可知，對於小型加速器而言 (其粒子飛行時間小於數秒鐘)，其真空度只要 $10^{-6}-10^{-7}$ Torr 的程度即可達到要求，而對於大型加速器而言 (其粒子飛行時間達數小時甚至數十小時)，其真空度則必須達到 $10^{-9}-10^{-11}$ Torr 的程度。

在真空系統中，為了避免有些高電壓裝置的放電，或防止絕緣層的帶電，也必須保持高的真空度。此外，為了保持電子槍電子放射率的穩定，也必須要求乾淨的真空環境。

表 20.1 加速器種類與粒子飛行距離。

加速器種類	粒子飛行距離
線性加速器 (電子、質子)	10 − 10,000 公尺
粒子迴旋加速器 (質子)	10 − 1,000 公尺
同步加速器 (電子、質子)	5,000 − 1,000,000 公里
電子感應加速器 (電子)	~ 2,000 公里
儲存環 (電子、質子)	~ 10^{10} 公里

第 20.1 節作者為陳俊榮先生。

20.1.2 放射線的考慮

當加速器運轉時，由於高能粒子束的作用，真空系統的材料會被活化而具有放射性。因此考慮材料的時候，儘量避免含有容易產生長活化半衰期的元素。一般常用的真空腔材料中，鋁合金比不銹鋼具有較低的放射性，不過，當要求極為嚴格時，鋁合金中所添加的微量成份，也必須特別的注意。

除了材料的放射性活化以外，在加速器的環境中，也常發現材料會因環境中的水氣、空氣，在伴隨著放射線的作用下，會產生腐蝕的作用。其中最常見的是發生在薄金屬或是金屬與陶瓷接合的部位，此點對於加速器元件經常產生極大的困擾。為了避免此問題的發生，可以隔離水氣、空氣與材料的接觸，或者加強放射線的屏蔽。除了放射性腐蝕之外，在大型的加速器中，一些有機物質對於放射線的耐受度並不像金屬材料那麼強，所以也要特別注意其放射線損傷的問題。

20.1.3 磁場的考慮

在加速器中的粒子束必須藉著磁場以達到偏轉和聚焦的功能。因此在材料的選用上儘量採用無磁性的材料，以避免對於磁場的干擾。此外，在有些加速器之中，必須在短時間之內將粒子束從極小的能量提昇到極大的能量，亦即相對磁場強度的變化率相當快速，而在真空腔上會引發出極強的渦電流，使其溫度提高而強度突然變弱。對於此點，不銹鋼比鋁合金能夠承受更快速的磁場變化。因此，例如在增能型同步加速器中便採用不銹鋼為材料，而且也選用較薄的厚度，以免扭曲磁場的波形。至於儲存環中注射段之脈衝磁鐵的磁場變化率極快，因此必須採用不會干擾其反應的陶瓷材料，除此之外，在其他地方由於磁場強度並不會變化或者變化極為緩慢，因此渦電流的問題並不嚴重。此外，在超導磁鐵處，為了防止超導磁場突然崩潰消失所引發的強大渦電流，在此部位真空材料的考慮也必須特別的注意。

20.1.4 影像電流與束流阻抗的考慮

當加速器中的荷電粒子運行時，在真空腔腔壁上也會有影像電流的流動，如果影像電流流經不平滑的真空腔表面時，會感受到電流阻抗，此時在此局部位置會引發出高周波，而影響到荷電粒子束的運轉。此外，也因為能量集中消耗在此部位的關係，真空腔的溫度會異常升高，因而真空度也會變差。為了確定影像電流能夠平順的流動，真空腔截面形狀的設計必須平滑，不能太突然變化其形狀。

20.1.5 受熱元件之考慮

在真空系統中有許多的受熱元件，其中最具代表性的是電子儲存環所產生的同步輻射。當強度極高的同步輻射光照射至真空腔壁時，除了會產生極高的光子引發釋氣之外，真空腔壁的溫度亦會異常升高，如果沒有有效的冷卻，則真空腔壁就有熔化的危險。一般的真空腔材料以無氧銅的熱導效果較佳，鋁合金熱導性雖居次，不過在擠型時可以順便將冷卻管路一次成型較為方便，而不銹鋼之熱導性則較差。

除了元件受熱有熔化的危險之外，受熱膨脹會影響尺寸及位置的精確度，對於精密的元件亦要特別的注意。一般的方法，除了使用遮蔽熱量暴露的方法之外，加強支撐系統的設計也是必要的考慮。對於大型超高真空系統，若無完整的支架系統設計，則加熱烘烤或溫度變化的過程常會影響到系統的性能。

20.1.6 極低溫眞空腔之考慮

採用超導磁鐵之加速器中，真空腔可分為室溫及低溫兩種。對於常溫的真空腔，其設計考慮點與一般的相同，然而低溫的真空腔 (低至液態氦的溫度)，則有許多特殊的狀況必須注意。首先是熱脹冷縮的問題，因為安裝時 (室溫) 與運轉時 (低溫) 的溫差極大，因此在安裝後降溫時，系統極容易扭曲變形，因而在支撐的設計上需要特別注意。其次是漏氣率的變化，因為在液態氦溫度之下，液態氦為超流體，因此在低溫時的氦氣漏氣率值，會比室溫時利用氦氣測漏儀所測得的值高出很多，因此在製造或安裝時的漏氣率檢測要求，必須更為嚴格。此外，低溫的真空腔基本上具有冷凍幫浦的抽氣效果，如果只從抽氣來考慮，似乎可以節省抽氣幫浦的使用。不過，在某些環境之下 (例如同步輻射光的照射或電子的撞擊)，已經被吸附的大量氣體分子會因光子或電子引發釋氣，而大量的再釋放至真空中，造成真空度突然變差的困擾。除此之外，在儲存環中，當低溫的真空腔受到同步輻射光照射時，同步輻射的功率可能會加熱低溫系統，而造成超導現象崩潰的作用，此種問題也是設計重點之一。

20.1.7 抽氣系統的考慮

在小型的加速器真空系統中，抽氣系統的設計和一般的真空系統相似，其考慮點主要是幫浦的抽氣速率、最終氣壓的高低、振動、油氣污染以及保養維護的週期等等。至於在大型加速器的真空系統中(例如儲存環)，則必須再考慮到狹長型真空管道氣導限制的問題。

對於氣導限制的困擾，在早期一般皆採用分散式的抽氣方式，例如在偏轉磁鐵處的真空腔中，加上分佈式離子幫浦 (distributed ion pump) 的裝置，或是在直段的真空腔中，加上條狀式的非蒸發型結拖幫浦。至於最近發展的方式，則有所謂暗腔 (anti-chamber) 的設計，亦即將粒子引發釋氣的位置引導至暗腔，並和粒子束運行的主真空管道區隔 (減小此二區間的氣導)，此方法並且配合集中式抽氣的方式 (例如把光子引發釋氣的區域集中在某處，而且在該處設置一大型的幫浦)，如此對於大量的引發釋氣的抽除，以及減少釋氣對於運行粒子的干擾，可以得到不錯的效果。

20.1.8 其他功能之考慮

加速器真空系統之目的，無疑的，是創造一個清淨的環境。然而對於廣義的「真空」定義而言，不僅是氣體分子數量 (真空度) 而已，而且也要求真空系統中的各種微塵 (micro dust) 及荷電粒子的數量儘量稀少。在加速器真空系統中，尤其是高束流強度的電子或正子儲存環，若有微塵存在，則運行中的束流有可能撞及這些微塵而突然的消失，其嚴重程度不下於與氣體分子的碰撞。對於此點，真空系統的製造和安裝過程必須在無塵室的環境下進行，以避免微塵的污染。

此外，最近在大型的正子儲存環中，發現因同步輻射光與真空腔材料作用產生極多的二次電子，當正子束流穿過此「電子雲」時，會因為電磁力的作用，而使得束流的發散度變大，無法達到設計值的要求，對於加速器的性能大打折扣。由於此種問題牽涉了材料電子產率的基本性質，科學家們正傷足腦筋想辦法克服。

20.2 小型加速器 (范氏加速器) 眞空系統

20.2.1 簡介

R. J. van de Graaff 於 1929 年發明范氏加速器以來，由於其射束具有良好的能量解析度，並可在大範圍內調整能量高低，而射束強度亦能滿足要求，因此該機器被認為是從事核物理實驗的最佳工具之一。其基本工作原理如圖 20.1 所示，一個球殼狀的金屬導體收集皮帶上經由尖端放電所獲得的電荷，此金屬球殼在持續的充電下，可達到百萬伏特 (MV) 等級的高電位。利用此高電位產生的電場，可加速荷電粒子達到 MeV 能量級的地步。為防止高壓放電，此型加速器均密封於一內充絕緣氣體的桶槽，絕緣氣體一般採用 CO_2、N_2、CO_2 + N_2 或 SF_6。

目前國內共有四台范氏加速器，一台在原能會核能研究所，一台在中研院物理所，另兩台則在國立清華大學。本文擬就國立清華大學原科中心儀器組的兩台加速器系統作一介紹，其中一台為已使用超過四十多年傳統的范氏加速器，另一台則為較新型的串級加速器。希望能藉由本文的介紹，讓讀者對范氏加速器的構造、原理與其真空系統有所了解。

第 20.2 節作者為牛寰先生。

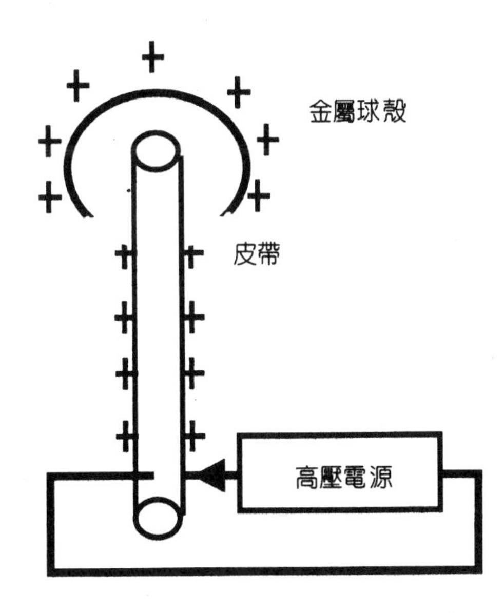

圖 20.1
范氏加速器工作原理示意圖。

20.2.2 加速器系統介紹

一套完整的范氏加速器系統基本組件包括：(1) 離子源，(2) 加速器本體，(3) 射束能量分析系統，(4) 射束聚焦系統，(5) 真空抽氣系統，以及 (6) 實驗靶室等。離子源產生離子經由加速器本體的高電壓加速，加速後的離子經由射束能量分析系統篩選，最後送入實驗真空靶室內進行實驗。圖 20.2 為清華大學加速器實驗室的配置圖，底下就這兩部加速器的系統作一簡單的描述。

(1) KN 型范氏加速器

KN 型范氏加速器是一傳統單端式使用皮帶傳送充電電荷的加速器，最高加速電壓為 3 MV，穩定操作區在 0.8 MV 至 3 MV 之間。離子源直接配置於高壓端內，屬於 RF (radio frequency) 氣體式離子源，利用高頻率的電磁波使游離腔中的電子振盪加速，來撞擊氣體分子產生帶正電的離子，再經由一萃取器 (extractor) 萃取出來。可產生的離子種類為質子 (P)、氘(D) 以及氦離子 (α)。

離子被萃取出後直接由加速器本體加速，此獲得高能量的離子出加速器後，會先經過一組 ±X、±Y 方向的導向磁鐵 (steering magnet) 與一組四極磁鐵 (quadrupole magnet)，以維持此離子射束的方向與聚焦狀況。然後到達 90° 分析磁鐵 (analysis magnet)，90° 分析磁鐵係呈一扇形分佈，其用途為篩選特定能量的離子束。由於帶電離子在磁場中運動時，其動量與磁場間有如下的關係：$P = m\upsilon = ZqBR$，其中，P 為帶電離子的動量，m 為帶電離子的質量，υ 為帶電離子的速度，Z 為帶電離子的價數，q 為電子電量，B 為磁場強度，R 為曲率

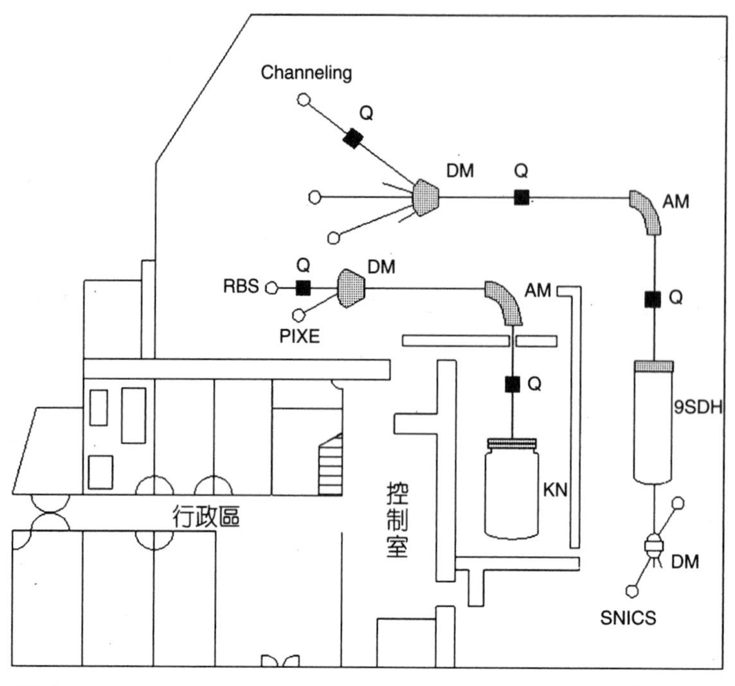

圖 20.2
國立清華大學原科中心儀器組加速器實驗室配置圖。

半徑。因此，控制磁場的強度大小就可以改變離子的曲率半徑，藉此來篩選出所需要的離子種類。目前該加速器配置有兩條射束線 (0° 及 –30°)，經 90° 分析磁鐵篩選後的離子束，必須再使用一偏折磁鐵 (deflection magnet) 來控制離子束的行進方向，藉以選擇要用的射束線與實驗靶室 (target chamber)。

上述整個系統必須維持在一高真空狀態，以避免離子束在射線管行進中與氣體分子碰撞，造成離子束的能量偏移與發散。早期真空設備較為缺乏，配置的為水銀擴散抽氣機，不但抽氣率低且有水銀污染的顧慮。近年真空技術提升，設備亦精進，該實驗室已將水銀擴散抽氣機淘汰，改用離子幫浦 (ion pump) 及渦輪分子幫浦 (turbo molecular pump)，使系統的真空維持在 10^{-6} Torr 左右。

(2) NEC 9SDH–2 串級式加速器

9SDH-2 串級加速器的離子源為負離子且配置在本體外，一般有氣體式與固體式兩種。清華大學加速器配置的是固體式的，稱為銫離子濺射離子源 (source of negative ions by cesium sputtering, SNICS)，它的工作原理為利用正銫離子 (Cs^{+}) 來轟擊固體靶 (cathode)，把固體靶中的物質濺射出來。濺射出來帶電的離子，再用一萃取器將所要的負離子萃取出來。這種的離子源不僅所產生的離子束品質極佳 (即散射角小，均勻性高)，而且可產生的離子種類多，除了惰性氣體外，幾乎所有的離子均能產生。

由 SNICS 產生的負離子萃取出後，先經前級加速至 72 keV 以及一磁鐵篩選，再送入 9SDH-2 加速器的本體內加速。加速器的本體基本上為一加速管，在中間有一桶狀的金屬殼，利用金屬鍊條傳送電荷產生一正高壓，兩端接地，最高的加速電壓為 3 MV。當離子進入加速管後，因其帶負電，而加速管的中間為一正高壓，負離子會被加速一次。當負離子通過加速器中間的時候，會經過一電荷剝離器 (stripper)，通過電荷剝離器後的離子會帶正電，因帶正電離子與正高壓同性相斥，所以離子又被加速一次，是為二次加速，串級加速器的名稱亦由此而來。離子最終可獲之能量可達 $3 \times (q + 1)$ MeV，其中 q 為經過電荷剝離器後陽離子的電荷數。在射束到達實驗靶室之前，尚需經過 90° 分析磁鐵、偏折磁鐵、聚焦磁鐵等元件，其基本原理或功能與上節所介紹的 KN 型范氏加速器相同，就不在此反覆贅述。

在此值得一提的是，此型加速器加速的粒子主要以重離子為主，包括 C、Si、Ni 及 Au 等。由於越重的離子與氣體分子碰撞的機會越大，因此需要更好的真空度以維持離子束品質。為達此目的，該系統所有真空墊圈均以金屬製品代替傳統的 O 型環，並在多處配置離子幫浦及渦輪分子幫浦，使系統的真空維持在 10^{-8} Torr 左右。

(3) 應用

范氏加速器發展至今，機器本身在許多方面都經過改良與修正，同時應用範圍亦由物理基礎研究邁向應用科技的領域。例如分析半導體薄膜成分與厚度的拉塞福回向散射分析 (Rutherford backscattering spectrometry, RBS)，以及用於環境、生醫或考古等樣品元素分析的粒子誘發特性 X 射線法 (particle induced X-ray emission, PIXE)。近年來國外利用此型加速器所發展出可分析樣品微區部份的核微探針 (nuclear micro probe) 與超高靈敏度的加速器質譜儀 (accelerator mass spectrometry, AMS) 更擴展其應用範圍與價值。

國內清華大學原科中心儀器組加速器實驗室，除了已架設上述 RBS、PIXE 系統外，尚有離子照射、核反應分析法 (nuclear reaction analysis, NRA) 與彈性回跳量測實驗 (elastic recoiled detection, ERD) 等設施。目前亦正在積極籌畫引進核微探針與加速器質譜儀等設備與技術，可以提供各界更精進的技術服務與更寬廣的研究領域。

20.3 大型加速器(電子同步加速器與儲存環真空系統)

在電子同步加速器中，電子環繞運行經過磁場偏轉被加速而放射出電磁波。當電子之動能約為幾拾億電子伏特 (GeV) 時，其產生達到數千電子伏特 (keV) 能量之電磁波稱為「同步輻射」。「同步輻射」具有以下幾個特性：(1) 連續光譜 (紅外光至 X 光範圍)；(2) 高功率

第 20.3 節作者為熊高鈺先生。

(可達數佰萬瓦特 (MW))；(3) 低發散角 (<1 mrad)；(4) 偏極光 (涵蓋線性及橢圓等偏極化)；(5) 極短週期脈衝之時間結構 (~ 50 ps) 等。有關同步輻射光之基本參數包括輻射總功率 (P_{tot}, kW)、臨界波長 (λ_c, Å)、特徵能量 (ε_c, eV)、垂直發散角 (φ, mrad) 等，可由以下幾個關係式求得[1]。

$$P_{tot} = 88.5 \frac{E^4 I}{\rho} \tag{20.1}$$

$$\lambda_c = 5.59 \frac{\rho}{E^3} \tag{20.2}$$

$$\varepsilon_c = \frac{12400}{\lambda_c} = 2218 \frac{E^3}{\rho} \tag{20.3}$$

$$\varphi \approx \frac{1}{\gamma} = \frac{1}{1957E} \tag{20.4}$$

式中 E 為電子能量 (GeV)，I 為電子束流強度 (A)，ρ 為電子轉彎半徑 (m)。以我國同步輻射研究中心 (SRRC) 自行設計建造之台灣光源 (Taiwan light source, TLS) 為例，E = 1.5 GeV，I = 0.2 A，ρ = 3.495 m，則 P_{tot} = 25.6 kW，λ_c = 5.79 Å，ε_c = 2.14 keV，φ ~ 0.341 mrad。圖 20.3 為 SRRC 台灣光源產生之同步輻射光產率能譜圖[2]。由圖中顯示台灣光源主要產生自約 1 eV－10 keV 涵蓋真空紫外光 (VUV) 及軟 X 光範圍的光源。而在加速器的直線段中安裝插件磁鐵 (insertion device)，包括增頻磁鐵 (wiggler) 及聚頻磁鐵 (undulator) 等，可獲得性能更佳的同步輻射光。在圖 20.3 中之 W20 為增頻磁鐵光源；U5、U9、EPU5.6 等為聚頻磁鐵光源。

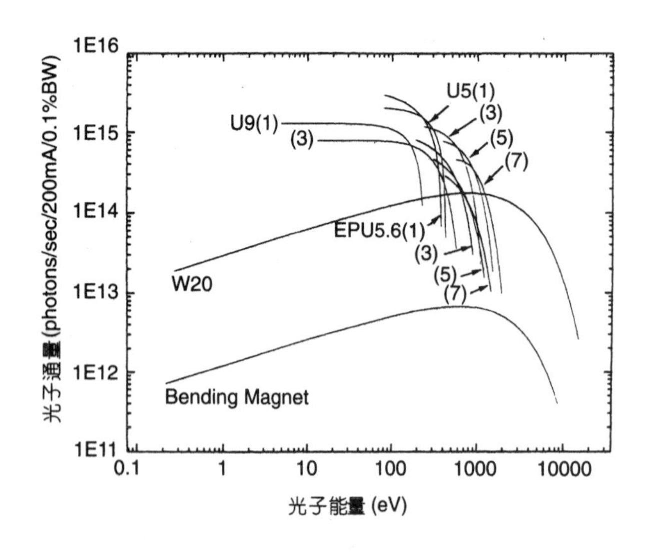

圖 20.3
SRRC 台灣光源產生之同步輻射光產率能譜圖。

一般同步輻射用戶為進行連續實驗而要求電子束壽命 (life time, τ) 需 10 小時以上。在同步加速器中，電子儲存環 (storage ring) 真空系統的設計以達到所需求電子束壽命的真空度為原則。根據一些文獻，計算儲存環中的平均氣壓需達到 $< 1 \times 10^{-9}$ Torr，才能滿足 $\tau > 10$ 小時的要求。本章各節將針對儲存環真空系統之特性與設計等幾個主題分別介紹。

20.3.1 氣體放出機制

在儲存環真空系統中，真正被引出至光束線實驗站利用之同步輻射光約 < 20%，其他 > 80% 的光皆照射在儲存環真空腔內表面而被吸收。這些涵蓋了真空紫外線 (VUV) 到 X 光範圍的光，照射真空腔表面層內而產生游離二次電子，該電子再激發表面分子而釋放出氣體，稱為光子激發釋氣 (photon stimulated desorption, PSD)[3,4]。

一般 PSD 放出的氣體主要為氫氣 (H_2)、一氧化碳 (CO)、二氧化碳 (CO_2)、甲烷 (CH_4)、水 (H_2O) 等，如圖 20.4 所示為 SRRC 電子同步加速器初期運轉時產生光子激發釋氣之質譜圖[5]。光子激發釋氣率之計算可參考本書 4.4.4 節中的方程式。該節中之 (4.24) 式可表示為

$$\Delta P = \eta \times \frac{N_p \times kT}{S_e} \tag{20.5}$$

此式說明雖然提高有效抽氣速率 (S_e) 可減低儲存環真空氣壓變化值 (ΔP)，然而「釋離係數 (η)」卻為決定 ΔP 值之主要因素。欲減低真空腔的 η 值，必須有效改善儲存環真空腔的表面潔淨度。本節列舉幾種主要的表面潔淨處理方式，例如：(1) 對不銹鋼材料進行 800 °C 以上的高溫真空烘烤，可有效減低材料內部釋出的氫氣量[6]；(2) 鋁合金表面進行酒精冷卻之無油加工，可減低表面殘留碳化物[7]。圖 20.5 為鋁合金表面分別經酒精冷卻無油加工及一般油

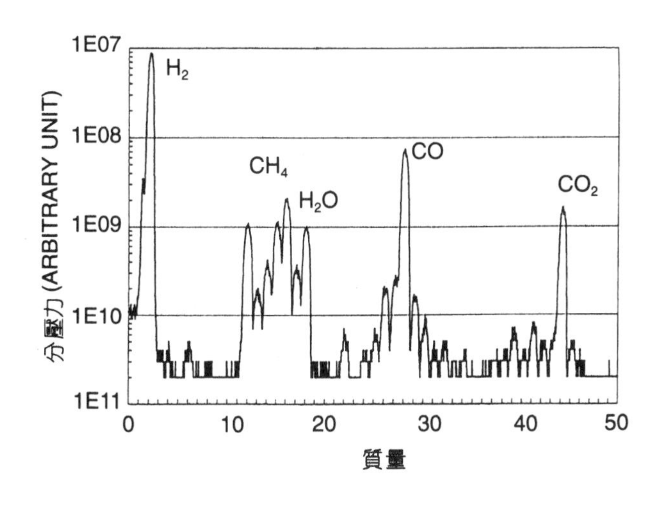

圖 20.4
SRRC 電子同步加速器初期運轉時產生光子激發釋氣之質譜圖，主要的釋氣分子為氫氣、一氧化碳、二氧化碳、甲烷、水等。

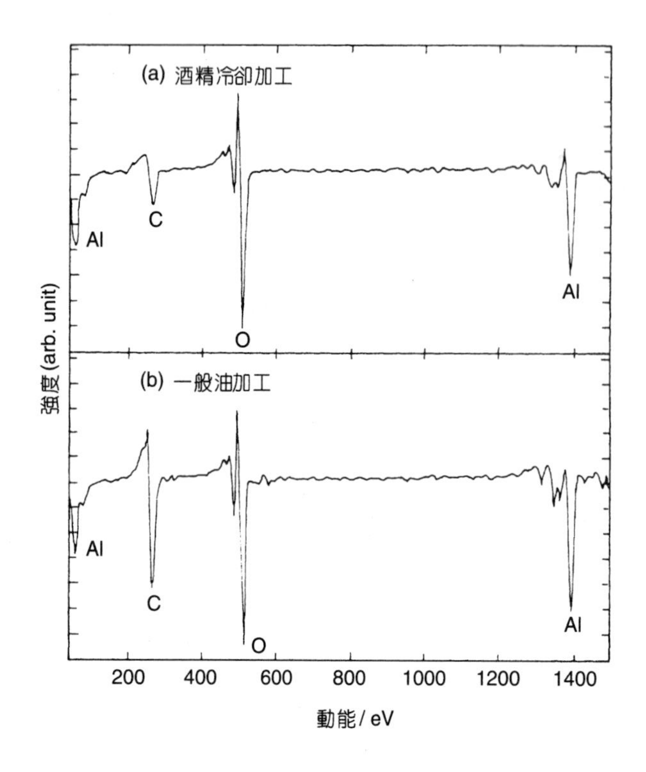

圖 20.5
鋁合金表面 AES 分析能譜圖。(a) 酒精冷卻加工；(b) 一般油加工。

冷卻加工之 AES 分析能譜圖，顯示酒精冷卻加工後表面含碳量較低；(3) 在充填 Ar + O_2 (10%) 混合氣體之保護條件下進行鋁合金特殊擠型，可得到較緻密之表面氧化層[8]，以及較低釋氣率[9]；(4) 以強鹼強酸進行表面化學清洗去除氧化層；(5) 以 He 氣或 Ar + O_2 (10%) 混合氣體進行真空腔內表面輝光放電清洗 (glow discharge cleaning)，可有效減低材料表面氧化層內雜質[10]；(6) 電解拋光 (electropolishing) 以獲得極薄氧化層等；皆可有效減低表面 η 值。

20.3.2 注射段元件

電子經過直線加速器 (Linac) 加速到 50 MeV 能量後，注入增能環 (booster) 加速到電子所需的 1.5 GeV 能量後，再經過傳輸線注入到電子儲存環中累積 (accumulate) 達到所需的儲存電流為止。此種注射方式稱為全能量注射 (full energy injection)。

儲存環中主要的注射段元件包括入射偏轉磁鐵 (septum) 真空腔、4 組偏踢磁鐵真空腔 (kicker chamber) 及入射鈹膜(beryllium foil) 等。入射偏轉磁鐵將來自傳輸線之入射電子團偏轉至注入口，穿過鈹膜入射到儲存環中；第 1 與第 2 組偏踢磁鐵將儲存環電子團偏近注入口附近與入射電子團彙集後，再藉第 3 與第 4 組偏踢磁鐵一併偏回電子運行軌道，以達到累積電流強度的目的，如圖 20.6 所示。偏踢磁鐵真空腔為陶磁材質，內壁鍍有 ~ 2 μm 的 TiMo 膜，以利電子束之影像電流 (image current) 流過，且不妨礙脈衝磁場之快速動作。入射偏轉

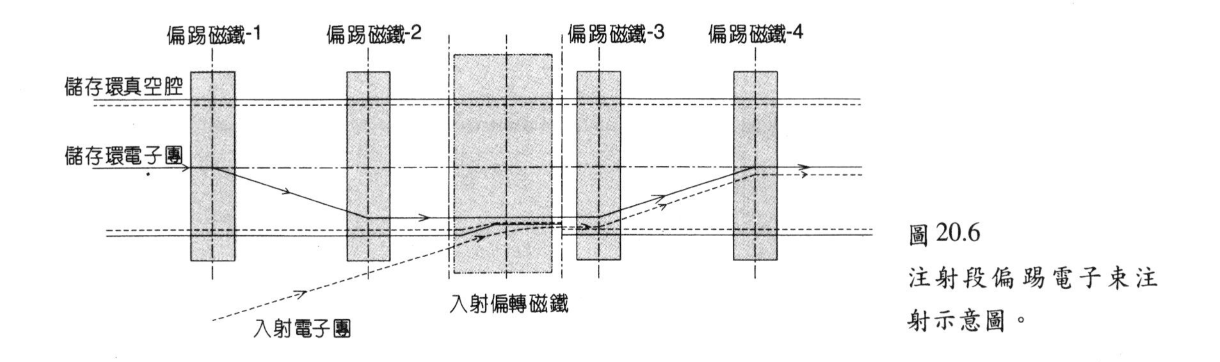

圖 20.6
注射段偏踢電子束注射示意圖。

磁鐵真空腔為將入射電子團貼近偏踢之儲存電子團而設計凹陷部位，以利兩團電子之彙集。其間僅為厚約 1 mm 之鋁合金板隔離真空與大氣；入射電子團以直接穿透厚約 250 μm、直徑約 20 mm 隔離大氣與真空的鈹膜而進入儲存環，入射部位結構設計如圖 20.7 所示。

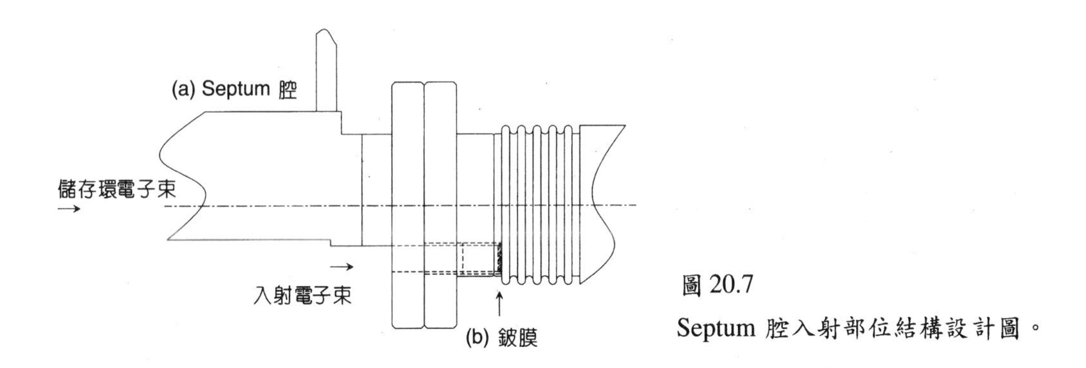

圖 20.7
Septum 腔入射部位結構設計圖。

20.3.3 高頻腔

電子團在儲存環中環繞運行，因持續放出同步輻射光而減損能量，需要高頻腔 (RF cavity) 再加速補償電子團損耗的能量。高頻系統利用速調管 (klystron) 產生頻率約 500 MHz 的高週波，經波導管 (wave guide) 傳輸導入儲存環中的高頻腔內，配合電子團的運轉頻率達到加速功能。高頻腔設計如圖 20.8 所示。高頻腔體採用高熱導之無氧銅材質，並以獨立的冷卻水控制腔體溫度變化 < 0.1℃。調頻器 (tuner) 可伸縮改變腔內體積以調適共振頻率；耦合器 (coupler) 為陶磁材質硬銲於不銹鋼法蘭上，為波導管導入高週波至高頻腔內的界面，需藉空氣冷卻散熱、以避免熱膨脹引起銲接部位龜裂漏氣。

在高頻腔中的高週波會激勵腔內表面電子的釋出，導致電子激發釋氣 (ESD) 使腔內真空氣壓升高，因此高頻腔內表面的潔淨度要求更嚴格。除了以強酸清洗去除氧化層外，各元件之組裝應在 Class 100 等級的無塵室中進行。

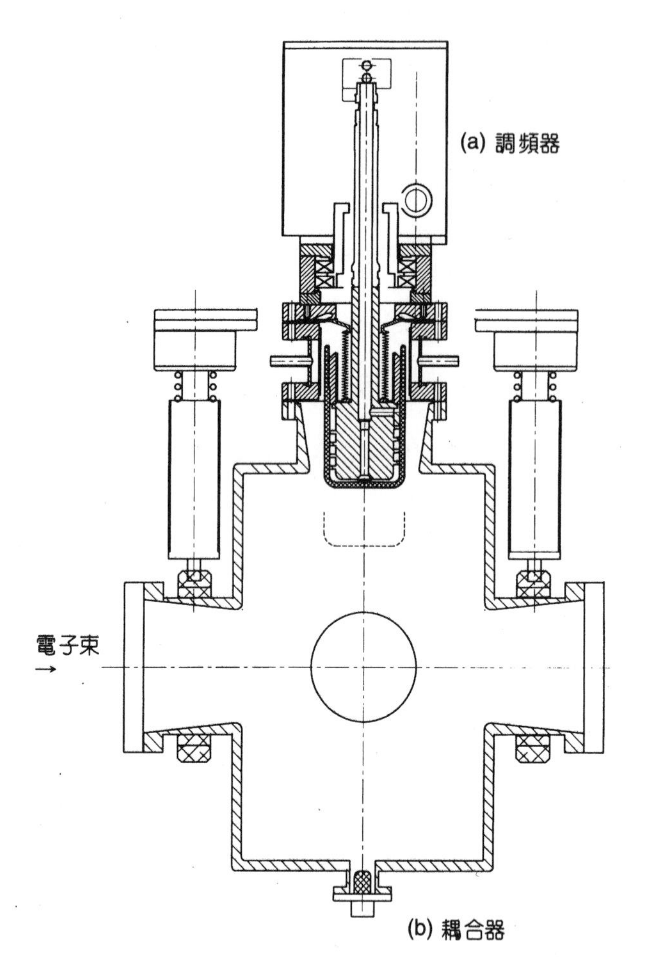

圖 20.8
高頻腔結構設計圖。

20.3.4 真空腔

電子儲存環真空腔的設計因素包括：(1) 採用全金屬元件：例如閥門、法蘭密封墊圈 (gasket)、絕緣真空導引 (feedthrough) 等，以避免非金屬材質部份受到加速器運轉之輻射傷害，導致元件功能退化；(2) 選擇低釋氣率材料：採用鋁合金材料，在烘烤後可達到釋氣率 $< 1 \times 10^{-13}$ Torr · L/s · cm^2 之超高真空要求；(3) 維持固定或平滑變動的電子軌道橫截面形狀：以減低因橫截面突然變化產生之高頻阻抗 (RF impedance) 而干擾電子束運轉，抽氣部位需設計抽氣孔；(4) 設計有冷卻之熱吸收器 (absorber) 結構：吸收不用之同步輻射光，以保護熱吸收器下游之元件，避免光照射之熱影響及傷害。(5) 安裝有 RF 屏蔽之褶管 (bellows)：以吸收真空腔安裝準直誤差及烘烤之熱變形量。

儲存環真空腔大致分為：(1) 彎段真空腔，可由轉彎 (bending) 磁鐵引出同步輻射光；及 (2) 直段管真空腔，可藉由插件 (insertion device) 磁鐵引出同步輻射光等之組合單元。如圖 20.9 所示，(a) 為彎段真空腔之上視圖及橫截面圖；(b) 為直段管真空腔之橫截面圖[7, 11]。在

圖 20.9(a) 中，彎段真空腔內沿著電子軌道腔內側設計安裝了一組分佈式離子幫浦 (distributed ion pump, DIP) 元件，藉轉彎磁鐵所提供的磁場使 DIP 元件產生放電抽氣的作用，對於維持電子軌道腔內超高真空條件相當重要。

直段管真空腔採用擠型 (extrusion) 方式製造，以維持一致的電子軌道橫截面形狀，且直段管兩側可一併擠出冷卻水管道。彎段真空腔分為上下對稱之兩半片，分別採用電腦數值控制 (CNC) 方式加工內外部管道結構後，再將兩半片密合銲接成形。此種加工方式可直接加工出與直段管一樣的電子軌道截面形狀，而包括光束引出口、光吸收體、抽氣孔等特殊結構皆可便利加工且精密度易控制。在 CNC 加工過程中，皆以「純酒精」冷卻清洗加工部位，以減少表面油污染[7]。現場加工的環境事先隔離清潔，並控制溫、溼度以減低水氣附著及外部污染等。

鋁合金真空腔在加工後，銲接前需經過表面化學清洗以去除表面污染及氧化層。欲去除氧化層，較有效的化學清洗步驟依序為：(1) 以 45 °C 之 NaOH (45 g/L) 溶液浸泡 2 分鐘鹼洗去除油污；(2) 清水氣泡浴洗淨殘留鹼液；(3) 以 HNO_3 (50%) + HF (3%) 之強酸浸泡 2 分鐘以去除氧化層；(4) 清水氣泡浴洗淨殘留酸液；(5) 去離子水超音波震盪浸洗 20 分鐘以上，徹底去除表面殘留物；(6) 快速烘乾[12]。

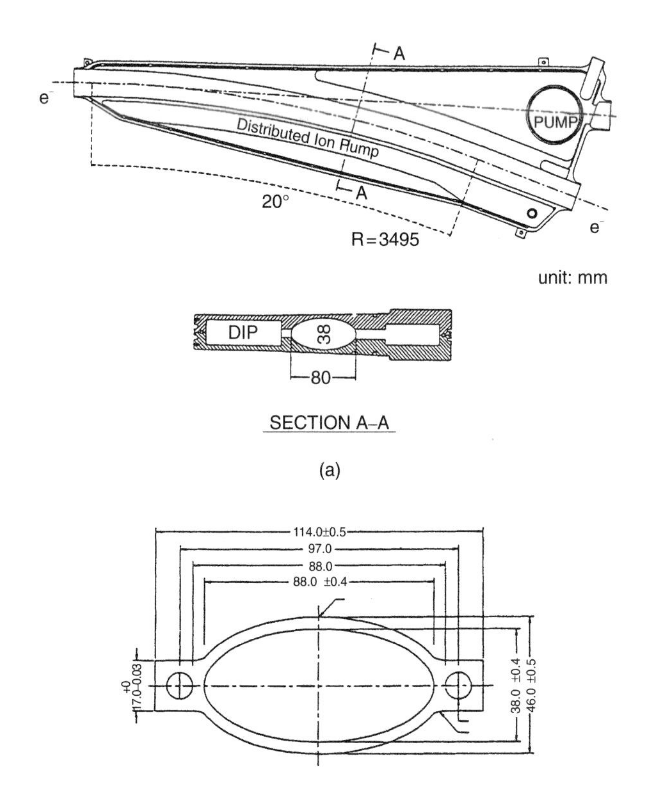

圖 20.9

SRRC 儲存環真空腔。(a) 彎段真空腔之上視圖及橫截面圖；(b) 直段管真空腔之橫截面圖。

由於鋁合金材料之高熱導及容易氧化等特性，不利於銲接，且須儘量減少真空腔內的殘留微粒子。因而鋁合金真空腔的銲接，必須在低溼度及恆溫之無塵室中進行氬銲 (tungsten inert gas, TIG)。為避免銲接造成變形，需將待銲接之真空腔元件夾持固定並均勻加熱至 70－80 °C，先行假銲固定後，再循一定之步驟分段均勻銲接直到全部密合後始逐步降溫冷卻[11]。

20.3.5 抽氣系統

儲存環真空系統的抽氣系統需採用「無油式」真空幫浦，以避免幫浦本身油氣回流而污染儲存環。真空系統的初抽採用無油乾式幫浦及吸附幫浦由一大氣壓抽氣，同時啟動全磁浮式渦輪分子幫浦運轉抽氣，直到 150 °C 烘烤除氣達到 10^{-8} Torr 之真空度後，再啟動離子幫浦與活化非蒸發式吸附 (NEG) 幫浦以維持超高真空抽氣。為了避免渦輪分子幫浦等機械式幫浦因故障而導致外氣回流系統之破壞，儲存環運轉期間，真空系統需以超高真空閥門隔離機械式幫浦。抽氣幫浦的規格與位置須配合儲存環真空釋氣，利用電腦程式模擬計算結果而設計[13]，圖 20.10 為儲存環 1/6 段真空系統實際試車所測量的氣壓值與經模擬計算得到的氣壓分佈曲線比較，其結果大致相符[14]。

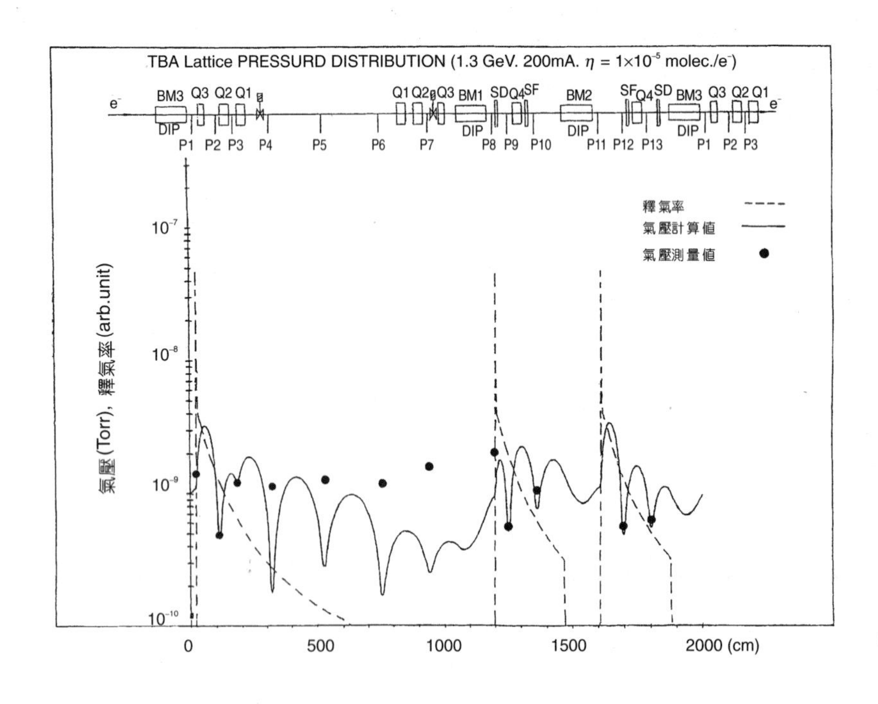

圖 20.10
儲存環試車測量氣壓值 (●) 與電腦程式模擬計算氣壓分佈曲線 (一) 比較圖。

20.3.6 真空系統的組裝與處理

儲存環真空系統之組裝及現場安裝，皆須在無塵室環境中進行。安裝人員須嚴格配戴無棉絮乾淨手套、口罩及使用潔淨夾持工具，以避免待裝元件受到二次污染。真空系統先安裝支架且粗調準直度至約 1 mm，再安裝主幹線真空腔，並精調至 < 0.2 mm 之準直精度然後固定。繼而安裝主幹線閥門與連接軟管等接合法蘭，及真空幫浦、真空計等元件。真空系統組裝後開始抽氣並以測漏儀測漏，確定真空系統各部元件漏氣率低於 1×10^{-10} Torr · L/s。為了去除真空系統中以水氣為主的表面釋氣，全部系統需進行真空均勻烘烤至 150 °C 定溫 24 小時。真空烘烤係以電熱線均勻纏繞於真空系統的每一部位；在彎段真空腔因受限於二極磁鐵的磁極間隙，則使用薄膜型電熱片加熱彎段真空腔的上下兩面。電熱線外層並包裹多層的鋁箔及 Kapton 隔熱膜，防止熱的散失以維持均溫。在系統降溫前務必將離子幫浦、NEG 幫浦與真空計等進行高溫除氣。烘烤後應達到靜態氣壓低於 5×10^{-10} Torr 之超高真空度。

20.3.7 束流偵測器

束流偵測器為監測運轉中電子束之狀態條件而設置，以利注射時或運轉中電子束團之調整。常用的束流偵測器包括：(1) 直流電流轉換器 (DC-current transformer) 測量電子束流強度；(2) 橫截面監測器 (profile monitor) 測量電子束團橫截面之強度分布；(3) 位置偵測器 (beam position monitor) 測量電子束橫截面位置；(4) 螢光板 (screen monitor) 測量電子束形樣等。

直流電流轉換器的結構如圖 20.11 所示，包括：(a) 陶磁真空腔、(b) DCCT 線圈及 (c)

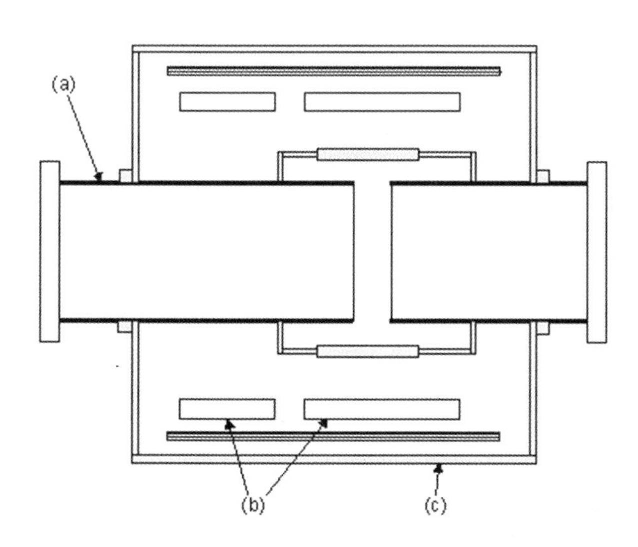

圖 20.11

直流電流轉換器設計結構圖。(a) 陶磁真空腔；(b) DCCT 線圈；(c) 銅屏蔽罩。

銅屏蔽罩等。其利用電子束流過真空腔時，在與電子束垂直之平面上環繞電子束的磁場在 DCCT 線圈上產生感應電流，其強度與實際流過的電子束流強度成正比，藉測量此感應電流可即時得到電子束流強度。

橫截面監測器利用 45° 銅反射鏡安裝於儲存環光束線引出口，將同步輻射光反射聚焦到 CCD camera 上可得到光源 (亦即電子束團) 橫截面強度分布與影像大小，其測量系統設置示意圖與測得光源大小分別如圖 20.12 之 (a) 與 (b) 所示。

位置偵測器利用在真空腔上同一橫截面的 4 個電極測量電子束流過真空腔時產生的像電流，再計算轉換像電流差值為電子束的位移量而得到橫截面位置。圖 20.13 為位置偵測器真空腔的橫截面設計圖，圖中 4 個電極導引直接以電子束銲接方式銲接於腔上以減少銲接變形量。電子束橫截面 X 與 Y 方向位移量的計算如下：

$$X = K_X \frac{(I_a + I_b) - (I_c + I_d)}{I_a + I_b + I_c + I_d} \tag{20.6}$$

$$Y = K_Y \frac{(I_a + I_c) - (I_b + I_d)}{I_a + I_b + I_c + I_d} \tag{20.7}$$

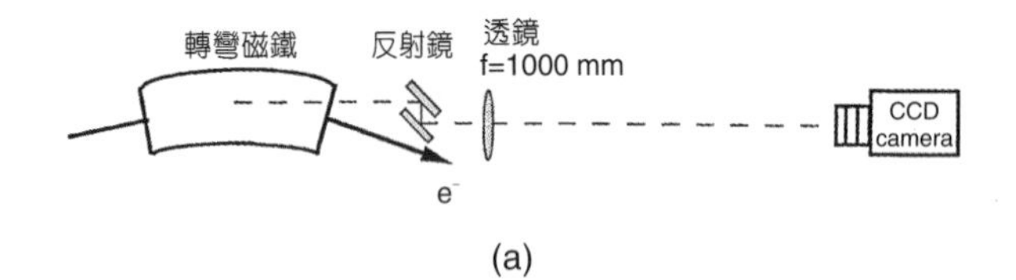

(a)

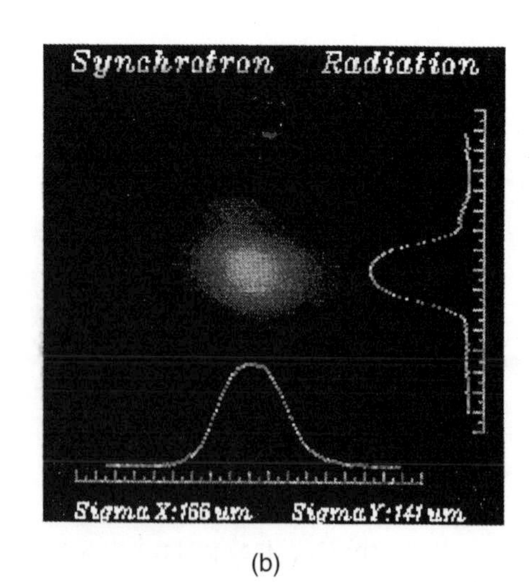

(b)

圖 20.12
橫截面監測系統，(a) 設置示意圖，(b) 測得光源大小圖。

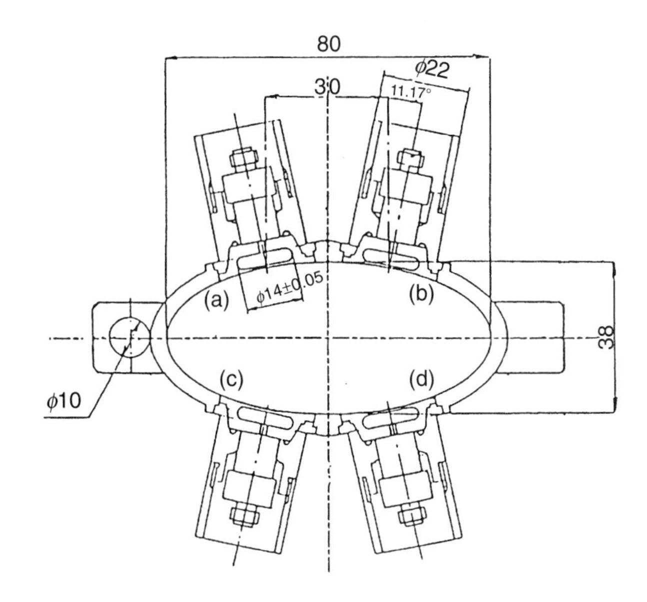

圖 20.13
位置偵測器真空腔橫截面設計圖。圖中 a、b、c、d 分別代表四個電極。

式中的 K_x 與 K_Y 為校正轉換常數；I_a、I_b、I_c、I_d 分別為 a、b、c、d 等四個電極量到的像電流強度。

螢光板偵測器採用氧化鋁材質的薄板，安裝於真空腔內的直線運動導引機構上，測量時將螢光板伸入電子軌道中，讓電子束撞擊板面激發產生螢光，透過視窗在真空腔外以 TV camera 直接觀測螢光板上的螢光軌跡，即可直接量測到電子束的形樣，包括形狀、大小、位置等一目瞭然。此外，真空腔週圍設計了多數小孔或長槽狹縫等結構，以減少真空腔 RF 阻抗，並具備真空抽氣功能。

20.3.8 眞空安全保護系統

在儲存環中，對於可能造成的輻射腐蝕、受熱元件之冷卻水阻塞、真空元件故障等因素，皆可能導致加速器真空系統的傷害，或對電子束運轉之影響。對於系統元件動作狀態，須由真空安全連鎖系統 (safety interlock system) 監測，並即時發出警告訊號通知控制室人員處理，必要時可驅動關閉閥門或遮蔽元件隔離，以減少系統損害之擴大。此真空監控系統之設備包含儲存環真空閥門、幫浦與真空計等元件狀態顯示面盤，以及連接控制之可程式邏輯控制 (PLC) 驅動系統等二部份[15]。主要邏輯設計為當儲存環任一段真空系統中兩組以上真空計同時測得氣壓高於上限值時，會透過 PLC 程式驅動該段及相鄰段間所有閥門立即關閉，以隔離保護各段真空系統。儲存環真空監控系統顯示面盤正面包括控制按鍵、顯示燈具及刻劃邏輯線路圖之馬賽克等組合。此外，另一組 PLC 監控系統可監測真空腔壁溫度、冷卻水流速及進出水溫等，當測量到冷卻系統功能失常或真空腔過熱時，會透過 PLC 程式啟動控制室警報系統通知人員處理。

參考文獻

1. E. E. Koch, *Handbook on Synchrotron Radiation*, North-Holland Publishing Company (1983).
2. 同步輻射研究中心, Synchrotron Radiation Research Center 簡介 (1997).
3. O. Gröbner, A. G. Mathewson, R. Souchet, H. Störi, and P. Strubin, *Vacuum*, **33** (7), 397 (1983).
4. O. Gröbner, A. G. Mathewson, P. Strubin, E. Alge, and R. Souchet, *J. Vac. Sci. & Technol.*, **A7** (2), 223 (1989).
5. G. Y. Hsiung, J. R. Huang, J. G. Shyy, D. J. Wang, J. R. Chen, and Y. C. Liu, *J. Vac. Sci. & Technol.*, **A12** (4), 1639 (1994).
6. R. Nuvolone, *J. Vac. Sci. & Technol.*, **14** (5), 1210 (1977).
7. J. R. Chen, G. S. Chen, D. J. Wang, G. Y. Hsiung, and Y. C. Liu, *Vacuum*, **41** (7-9), 2079 (1990).
8. K. Narushima and H. Ishimaru, *J. Vac. Soc. Japan*, **25**, 172 (1982).
9. J. R. Chen, K. Narushima, and H. Ishimaru, *J. Vac. Sci. & Technol.*, **A3** (6), 2188 (1985).
10. H. F. Dylla, *J. Vac. Sci. & Technol.*, **A6** (3), 1276 (1988).
11. J. R. Chen and Y. C. Liu, *Vacuum*, **44** (5-7), 545 (1993).
12. A. G. Mathewson, presented at *the 10th Italian National Congress on Vacuum Science and Technology*, Stresa, Italy, 12-17 Oct. (1987).
13. 陳定全, 熊高鈺, 陳俊榮, 真空科技, **1** (1), 24 (1987).
14. Y. C. Liu, J. R. Chen, G. Y. Hsiung, and J. R. Huang, *J. Vac. Soc. Japan*, **37** (9), 751 (1994).
15. 陳俊榮, 翁宗賢, 熊高鈺, 許瑤真, 史建國, 林再福, 劉遠中, 真空科技, **11** (1), 6 (1998).

第二十一章　核子工程與真空系統

核子工程需要之真空系統，主要以 (1) 加速器工程、(2) 核融合工程與 (3) 輻射線應用技術三個領域為主。而一般以核分裂為主之核能電廠與研究用之核反應器 (俗稱原子爐)，並不需要大型之真空系統，核反應器廠房內部均保持低於一大氣壓，以避免核分裂氣體，如 Kr、Xe、I、Br 等氣體，或其他經中子捕獲形成之活化之氣體，如 ^{41}Ar 與 ^{16}N 等外逸。原子爐廠房內部保持低於一大氣壓，一般都以大型引風機為之，放射性氣體分子經由此通過過濾器與延遲管線而排出廠外。加速器工程之部分，其真空系統之重要性非比尋常，已在二十章中詳介紹，本處不再贅述。本節僅就核融合工程與輻射線應用技術兩個領域加以敘述。

21.1 核融合工程與真空系統[1]

核融合工程採用氘與氘或氘與氚核融合反應而發出能量。氘離子核融合反應若要持續進行，則需具備一部核融合反應器，以磁鏡侷限氘離子使其形成高密度電漿。圖 21.1 為一典型之 Tokamak 式核融合反應器之截面，Tokamak 之反應腔長像類似甜甜圈，目前實驗室之規模其半徑約十米。電漿之維持需要高純度氘離子，碳與氧等少量不純物將導致電漿功率以輻射方式大量流失，因此，首先真空腔亦需超高真空，一般都在 10^{-5} Pa 以下，以防止任何核融合反應器壁容易釋氣之來源，所充入反應之氘離子氣壓約在 0.1 – 10 Pa 之間，生成產物 (氦離子) 又需迅速移除，其真空系統之龐大自然不可諱言。而電漿與器壁之間作用，有碰撞釋氣以及濺射等現象產生，也造成電漿中雜質增加。因此選擇釋氣率低又耐離子濺射之容器壁材料，也是核融合反應器之一大課題。或是在器壁與電漿之間加上裹覆層 (blanket)，以低原子序材質 (鋰之化合物) 製成，以避免高原子序雜質進入電漿中，同時亦可保護真空腔接縫處不受電漿產生之離子及快中子轟擊。事實上，核融合反應器至今無法發電商業運轉，在經濟之層面上，真空腔壁受離子及快中子轟擊、結構材料受損必須經常更換是其主因之一。

第二十一章作者為李志浩先生。

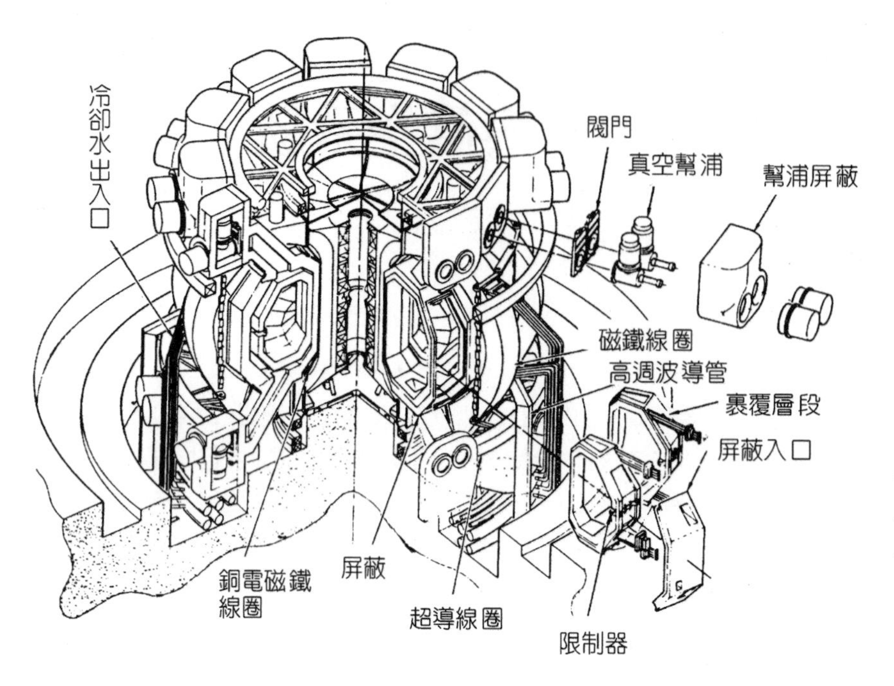

圖 21.1 為一典型之 Tokamak 式之核融合反應器之截面，Tokamak 之反應腔長像類似甜甜圈，目前實驗室之規模，其半徑約十米[2]。

21.2 輻射線應用技術與真空系統

輻射線應用技術包含廣泛，本節從輻射源至輻射偵檢技術等，分別加以介紹。而特殊之輻射射束如重離子、電子、正子、真空紫外光等均須於真空中操作，本處僅略述一二。

21.2.1 輻射源

輻射源有加速器輻射源、核反應器輻射源，以及同位素輻射源等。加速器輻射源之部分，我們已在二十章詳加介紹，本處僅在相關之射束運用上引進輻射線所需要之窗口加以敘述。輻射源之中，紅外光到紫外光源，以熱燈絲產生，或以電漿方式形成，或是以雷射型式發出，熱燈絲必須以真空隔離大氣，以免熱燈絲氧化，電漿之產生必須有純淨之氣體及 0.1－10 Pa 之壓力，這些光源一般以類似電燈泡之設計為之，真空電流引入 (feedthrough) 也是必須。X 光之產生，除了熱燈絲之外，必須加入水冷之陽極靶，陽極靶能承受電子轟擊之功率限定了 X 光之強度，於是有轉靶式 X 光機之發明。轉靶式 X 光機以高速水冷旋轉靶為之，讓正面受到高功率電子轟擊之部位於轉至背面之期間得以冷卻，以提昇其功率。轉靶式 X 光機最特殊之設計在於真空中之水冷旋轉靶，一般以磁流體油封軸承使其得以高速旋轉且封住真空。X 光機必須加入數千伏特之高電壓，真空高壓引入也是必需的。

21.2.2 粒子與光子光束線

重離子、電子、正子、真空紫外光等均須於真空中操作，因此其光束線均需抽高真空，真空之條件視重離子、電子、正子、真空紫外光與殘餘氣體反應截面之大小而定。大致而言，能量越低之離子與電子其反應截面越大，而離子之反應截面較電子為高，因此真空度要求較高。5 MeV 之 α 粒子於一大氣壓空氣中射程約為 30 mm，因此 α 粒子之偵檢器一般均抽氣至 10 Pa 以下，以免射源與偵檢器之間的空氣降低了 α 粒子之能量。硬 X 光與中子束因其穿透力強，即使不抽真空亦無妨，但是今日同步輻射 X 光與中子束之實驗，其光束線經常長達數十米，為降低其殘餘氣體吸收率，抽氣至 10－100 Pa 以下是經常需要的。另外同步輻射 X 光經常使用反射鏡以聚焦光子，為了減少反射鏡受到污染，超高真空之環境變得十分重要，否則鏡片表面吸附之殘餘有機氣體受到輻射線照射分解成碳，碳將沉積於鏡片表面上，處理碳沉積恢復反射鏡之反射率，形成所有同步輻射光束線難纏之問題。中子束之實驗也裝置了使中子反射之中子導管，所幸熱中子之能量低，不足以打斷殘餘有機氣體之化學鍵，因而碳沉積之問題較小，而且中子穿透力也強，對於反射鏡表面之碳沉積較不敏感。硬 X 光與中子束之窗口之設計以封住真空也是需要的。輻射源窗口將於下一小節加以介紹。

21.2.3 輻射源或光束線與偵檢器窗口

輻射源窗口之種類隨著不同之輻射線而不同，其條件為高穿透率以及高強度，以支持真空之大氣壓力，並需要耐輻射破壞之材質，表21.1 列出幾種常用之輻射源窗口種類。

就光子而言，每一種物質對於不同能量光子之吸收係數均不相同，例如 Si 晶片，其透明光譜範圍在 0.9 至 7.9 μm 之間，對於紅外光透明而於可見光譜則不透明。SiO_2 與 Al_2O_3 為雷射等用途常用之窗口材料，其適用範圍約 0.2 至 9.0 μm (SiO_2)、0.2 至 7.5 μm (Al_2O_3)，因為其價格便宜，機械性質良好，真空釋氣率也低。然而，可以產生游離輻射的光子，如真空紫外光，因其與物質分子或原子之價電子軌道之束縛能接近，其吸收截面太大，對於易碎之 LiF、MgF_2、CaF_2 等材料，也只能在 0.12 μm 以上之光譜運用，而且窗口尺寸絕不可太大。如欲運用真空紫外光源，只能在同一真空腔中無窗口下使用，或將差分抽氣法在不同之真空環境下運用。這種窗口之限制條件，成為今日微電子業從事下一代光刻微影術發展之困難所在。

能量再高之游離輻射，穿透力增加，軟 X 光開始可以使用原子序較低之窗口材料。鈹窗之原子序最低，對於帶電粒子亦具有低之阻擋本領，對於 X 光之衰減係數低，強度夠，25 mm 直徑之窗口，只需 0.5 mm 厚即可以支撐五大氣壓，其導熱係數又佳，可以避免受輻射線加熱後之高溫熱應力。但是鈹粉塵顆粒具有毒性，一般不宜於大氣下切割，否則切割時斷面上碎散之鈹塵，將容易吸入肺中，必須於排氣櫃中並浸於酒精中切割，鈹窗很碎，

表 21.1 幾種常用之輻射源窗口種類。

輻射線種類	使用窗口
微波	陶磁片
紅外光	SiO_2 (< 9 μm)、Al_2O_3 (< 7.5 μm)、Si (< 7.9 μm)，
可見光	透明玻璃
紫外光	LiF (> 0.12 μm)、MgF_2 (> 0.12 μm)、CaF_2 (> 0.13 μm)、
	MgO (> 0.2 μm)、SiO_2 (> 0.2 μm)、Al_2O_3 (> 0.2 μm)
真空紫外光	無窗口、採用差分抽氣
X 光	鈹窗、Myler、Kapton
加馬射線	鋁片
高能電子、β 粒子	鈹窗、Myler、Kapton
高能離子、α 粒子	鈹窗、Myler、Kapton
中子	鋁片、釩片

尖物一刮即裂，碎散之鈹塵四散，不得不提防。另外，鈹窗長期在高輻射大氣環境中，難免與輻射造成之臭氧作用形成氧化鈹，進而降低穿透率甚至破裂，也不能不小心，為解決鈹窗氧化之問題，鈹窗以不與氧氣接觸為要。Myler 與 Kapton 均為高分子薄膜，機械強度強且原子序也低，可以用 25 μm 厚度封住 25 mm 直徑之真空窗口。然而高分子薄膜易為輻射所損傷，Kapton 為高分子薄膜中較耐輻射而且玻璃凝固點 (glass transition) 溫度又高之材料，其分子式為 $-N(CO)_2C_6H_2(CO)_2NC_6H_4OC_6H_4$、比重約為 1.42 (杜邦產品)，近年來為大家所採用。但是，這些高分子薄膜均有滲漏氣體之可能，不利於超高真空下使用，此時鈹窗是最佳之選擇。超薄之 Myler 與 Kapton 往往無法承受一大氣壓，有時我們將 Myler 或 Kapton 貼在一個不銹鋼網上，由不銹鋼網支撐氣壓差。不過輻射損傷也是終究無法避免，游離輻射打斷高分子薄膜之分子鍵，使其支撐真空壓差之強度逐漸老化，必須定時更換，鈹窗則為金屬鍵所構成，相當耐輻射。

中子之吸收截面與原子核有關，各種同位素亦不相同，中子穿透力強，其窗口材料不像 X 光、α、β、γ 射線等採用最低原子序之材料，中子之窗口一般以便宜的鋁合金製成，厚 1 mm 亦可，因為鋁合金被中子活化後，所產生之放射性核種 (Al、Mg、Si) 之半衰期大都少於數分鐘，維護較為容易。有時候，中子採用釩-51 做為窗口，因其彈性散射及吸收截面均小。

21.2.4 輻射偵檢製造技術

不同之輻射線需使用不同之偵檢器，測量離子、電子與真空紫外光之偵檢器，如法拉第杯、電子倍增管或通道倍增器 (channeltron)、螺旋倍增管 (spiratron) 等，一般都需 10^{-4} Pa 以下之真空。硬 X 光、加馬射線與中子，雖然其輻射穿透強、不需真空，但是其偵檢器技術仍舊需要真空技術，需要真空之輻射偵檢器有氣體比例偵檢器、高解析度半導體偵檢器與閃爍偵檢器等，偵檢器入口有時也需要窗口，但是此一窗口隨偵檢器不同而異。高解析度半導體偵檢器所需半導體技術，如高純度晶體成長、高溫摻雜離子佈植，以及薄膜導線之工程技術將於第二十四章介紹，此處不再詳談。不同之偵檢器，需要之真空技術分述如下。

氣體比例偵檢器

氣體比例偵檢器內部充入數個大氣壓之反應氣體，如測量中子採用 BF_3 或是 ^3He 氣體，測量 X 光常用 Ar (90%) + CH_4 (10%) 之混合氣體，其窗口所耐之壓差較一大氣壓為大。再者，氣體比例偵檢器內部之氣體必須純淨，事先抽高真空，加熱烘烤使其表面除氣後，再灌入純氣體，封住真空，偵檢器窗口有時也需要耐烘烤溫度、正氣壓以及負一大氣壓。氣體比例偵檢器經常必須加入數千伏特之高電壓，真空高壓引入也是必需的。由於高電壓存在，偵檢器絕緣表面也必須保持乾淨以免放電。加馬射線與中子之氣體比例偵檢器因其穿透力強不需要窗口，但仍需純淨之氣體，以減少輻射線所游離之電荷為高陰電性氣體所吸收而降低收集之電荷數，進而影響偵檢器之能量解析度。為維持氣體之純度不受偵檢器表面逐漸釋氣之影響，有些偵檢器內部加裝氣體純化劑，將氣體純化劑加熱可以與殘餘之氧氣或氫氣產生化學反應而除去之，可以增長偵檢器之壽命。

高解析度半導體偵檢器

高解析度半導體偵檢器之構造如同一般 PN 接合之半導體，通常我們於 PN 接合處再加上本質層形成 PIN 結構，以增加輻射反應區之體積。高解析度半導體偵檢器必須冷卻以達到高能量解析度之要求，一般以液態氮或是採用高壓冷卻為之，低溫之半導體 PIN 層可以降低熱電子干擾，但低溫之隔熱十分重要，真空隔熱是最佳之選擇。另外，半導體 PIN 層通常加入高電壓，須維持低溫以避免在高電壓下熱電子大量釋出，造成放電燒毀晶體。然而高解析度半導體偵檢器更重要的是保持半導體表面之純淨，高電壓之漏電流往往沿著半導體之表面漏出，表面有殘餘氣體吸附容易造成高壓放電，進而燒壞偵檢器晶體，因此維持純淨之高真空實屬必要。真空隔熱之維持，晶體昇溫之警訊，以便跳脫所加之高電壓也是必需的。高解析度半導體偵檢器為維護表面純淨，於無塵室製造後，立即封住真空。一般為了增加其使用之攜行性而不需另外再加上真空幫浦，但是為維護真空之純淨，於偵檢器內部經常加入分子篩，大面積之分子篩泡於液態氮之溫度中，不斷的吸附釋氣或漏氣以維護真空，經常可以支撐數年之久，不必再抽氣。

閃爍偵檢器

閃爍偵檢器之構造如圖 21.2 所示， 閃爍偵檢器所具備之真空部分為一只光電倍增管，其構造有光陰極以產生光電子。次陽極以倍增電子，光陰極與次陽極均塗佈上一層低功函數之材質，以利高壓下倍增電子，殘餘氣體污染以及氧化此一材質的問題必須避免，一般於製造後即封住真空提供閃爍偵檢器使用。

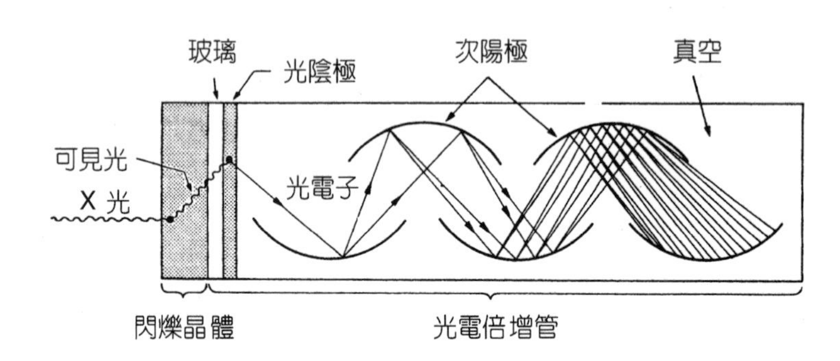

圖 21.2
閃爍偵檢器之構造，閃爍偵檢器之真空部分為一只光電倍增管。

參考文獻

1. T. J. Dolan, *Plasma Research Principles, Experiments and Technology*, New York: Pergmon Press (1982).
2. C. C. Baker et. al., ANL/FPP-80-1 (1980).
3. G. F. Knoll, *Radiation Detection and Measurement*, New York: John Wiley & Sons (1979).

第二十二章　表面分析儀

22.1 前言

許多表面分析技術的原理發現與儀器開發多始於十九世紀末二十世紀初，例如應用光電效應原理的化學分析電子儀 (electron spectroscopy for chemical analysis, ESCA)，而歐傑電子 (Auger electron) 發射現象於 1925 年左右即被發現。1940 年代以後，材料科學與半導體的研發加強了研究者對固態物理與表面科學的重視，而隨著石化工業的蓬勃發展，異相催化反應研究亦加速了表面化學研究的成長。結構性金屬材料可靠性對工業設施與大眾交通器具安全的重要性，亦迫使腐蝕研究進入微觀的表面科學範疇內。但是直到 1960 年代後期，表面分析技術的發展才有較顯著的進步及普遍的應用，主要原因乃是隨著美俄太空科技的競賽，許多真空關鍵技術產生了重大的進展，而需要超高真空實驗環境的表面科學研究者因而獲得更多的真空知識與器材，從此加速了超高真空表面分析設備的發展。

潔淨的試片表面是研究固態材質表面物理化學特性的必要條件，固態材質表面的物化特性與材質內部有極大的差異，材體 (bulk) 內連續而具規則性的原子排列到了材料表面突然產生斷裂面，表面原子的化學鍵結數目會少於材體原子，表面原子因而具有較高的位能，為了降低表面位能，表面上的原子排列會發生改變，或是與外來污染物質很快地發生反應，例如氧化作用。由於許多大自然現象與人類日常應用科技深受材料表面或界面物理化學特性的影響，固態物理與化學家都積極地探究物質的表面與界面特性。為了研究材料表面的特性，研究者必須要有充分的能力掌握或調製研究用的試片表面性質，例如表面潔淨度、表面晶格方位，或是吸附分子在試片表面的覆蓋率 (coverage) 等。由於物質表面特性對於周圍環境的變化極為敏感，除了試片要處於超高真空環境以避免異物污染外，研究人員亦必須依據試片自有的材質特性，設計各種精密的實驗條件以進行試片的表面處理與量測，而超高真空系統正可提供研究者相關的精密實驗環境。近年來，與材料表面界面特性關聯性極大的薄膜技術應用遍及各類學科與產業領域，超高真空表面分析技術對於薄膜材料研發的貢獻更是功不可沒。

第二十二章作者為潘扶民先生。

22.2 表面分析與超高真空

一般的表面分析研究工作都必須在超高真空環境 (真空氣壓小於 10^{-9} Torr) 中進行，除了激發源 (如電子束與離子束)、分析器及檢測器必須在真空環境中操作外，其主要原因是為了使試片表面能保持原始設定的實驗條件，避免試片在經處理後及進行表面分析過程當中，表面受到外來的污染，影響分析結果的準確性。為了瞭解乾淨的試片表面在多少時間內會被周圍氣體分子完全覆蓋，吾人可利用馬克斯威爾－波茲曼 (Maxwell-Boltzmann) 氣體分子速度分佈定律，推導出氣體分子的碰撞容器壁面的頻率 (collision rate) 為：

$$R_{\text{col}} = \frac{P}{\sqrt{2\pi mkT}} (\text{collisions/cm}^2 \cdot \text{s}) \qquad (22.1)$$

其中 m 為氣體分子的質量，T 是絕對溫度，k 為波茲曼常數，P 為系統氣壓 (單位：Torr)。假設溫度為 298 K，則 $R_{\text{col}} = 2 \times 10^{21} \times [P/m^{1/2}]$ (collisions/cm^2·s)，以 CO 氣體分子為例，$m = 28$，於是 $R_{\text{col}} = 3.8 \times 10^{20} \times P$ (collisions/cm^2·s)，假設每一次 CO 碰撞試片表面會有一半的機率發生表面吸附現象，同時每一吸附行為只佔據一個表面原子位置，那麼在氣壓為 P 的情況下，試片表面吸附率 (adsorption rate) 為

$$R_{\text{ads}} = 1.9 \times 10^{20} \times P \ (\text{molecules/cm}^2 \cdot \text{s} \cdot \text{Torr}) \qquad (22.2)$$

一般試片表面層約有 10^{15} 個原子，R_{ads} 的單位可以用單層原子層 (monolayer) 來表示：

$$\begin{aligned} R_{\text{ads}} &= (1.9 \times 10^{20} / 10^{15}) \times P \ (\text{monolayer/s} \cdot \text{Torr}) \\ &= 1.9 \times 10^{5} \times P \ (\text{monolayer/s} \cdot \text{Torr}) \end{aligned}$$

假設真空氣壓為 10^{-6} Torr，則在 5 秒鐘內，試片表面就會產生一單原子層。這種污染會改變表面原子的化學形態與表面晶格排列，於是試片表面的化性、電性與光學特性都會異於原設定的條件，因此嚴重阻礙表面分析的進行。當氣壓為 10^{-9} Torr 時，一個半小時後，試片表面才會完全吸附氣體分子，如此才有較長的時間保持試片表面的潔淨，表面分析的結果才會可靠。

22.3 表面分析儀

表面分析技術依其激發源及檢測物來分類，大致可歸納為電子能譜儀、電子繞射儀、離子儀、光譜儀及其他少數不被特別歸類的表面分析儀，如以熱能為激發源的熱脫附質譜儀。表 22.1 為常見的表面分析技術特性表。本節將就數種應用較為廣泛，且必須在超高真

表 22.1 常見的表面分析技術特性表。

分析技術	激發源	受測物	真空需求	檢測縱深	主要應用
Auger*	電子	歐傑電子	≤ 10^{-9} Torr	2 – 5 nm	元素與化態分析
XPS*	X 光	光電子	≤ 10^{-9} Torr	2 – 5 nm	元素與化態分析
UPS	UV	光電子	≤ 10^{-9} Torr	2 – 5 nm	表面電子能態分析
HREELS*	電子	非彈性散射電子	≤ 10^{-9} Torr	< 0.5 nm	表面原子、分子振動
LEED*	電子	繞射電子	≤ 10^{-9} Torr	< 1 nm	表面晶格排列與吸附結構
SEM	電子	二次電子	10^{-6} – 10^{-9} Torr	–	表面形貌觀察
SIMS*	離子	二次離子	≤ 10^{-9} Torr	> 0.2 nm	微量元素分析
RBS	氦離子	背向散射離子	≤ 10^{-9} Torr	5 – 20 nm	薄膜元素成份與膜厚分析
ISS	離子	非彈性散射離子	≤ 10^{-9} Torr	< 0.5 nm	表面元素成份分析
FIM	電場	場游離離子	≤ 10^{-10} Torr	< 0.5 nm	金屬表面結構與元素分析
TXRF	X 光	X 光螢光	≤ 10^{-9} Torr	< 5 nm	金屬元素分析
RAMAN	光子	散射光子	≤ 10^{-9} Torr	< 0.5 nm	表面原子、分子振動
RAIRS	IR	反射 IR 光	≤ 10^{-9} Torr	< 0.5 nm	表面原子、分子振動
TDS*	熱能	脫附分子	≤ 10^{-9} Torr	< 0.5 nm	分子吸附相分析
STM/AFM	電場 / 力場	電流 / 探針曲度	大氣 – UHV	< 0.1 nm	表面電子能態與形貌觀察

UPS: Ultra-violet photoelectron spectroscopy, SEM: Secondary eletron microscopy, RBS: Rutherford backscattered spectroscopy, ISS: Ion scattering spectroscopy, FIM: Field ion microscopy, TXRE: Total reflection X-ray flüorescence spectroscopy, RAIRS: Reflection absorption IR spectroscopy, STM: Scanning tunneling microscopy, AFM: Atomic force microscopy

*：全名請參考內文。

空環境進行的分析技術做簡單的說明，未及介紹的分析技術請參考其他文獻[1-6]。

22.3.1 歐傑電子能譜儀 (Auger Electron Spectroscopy, AES)[7-10]

歐傑電子的發生現象最先為法國人皮爾歐傑 (Pierr Auger) 於 1924 年左右所發現，故以歐傑電子名之。一般歐傑電子分析係利用一加速電壓為 2 – 30 keV 的電子束照射在試品表面上，原子內的三個電子在經過游離或能量轉換過程後，可激發出帶特性動能的歐傑電子，經由歐傑電子的動能，實驗者可判斷試片表面的元素成份或化學態。歐傑電子的發生原理可以圖 22.1 表示，原子之內層電子軌域 (X) 的電子受到外力激發而游離，X 軌域即產生一個電洞，較高能階的電子 (Y) 將會填補此一電洞，以降低原子的能量，因此而釋出的能量可轉換成 X 光形式發射出來，X 光的能量即為 X 與 Y 軌域的位能差 ($E_y - E_x$)。此外，這能量亦可藉由庫倫靜電交互作用方式轉移予同能階或上層軌域電子 (Z)，當這移轉能量大於 Z 電

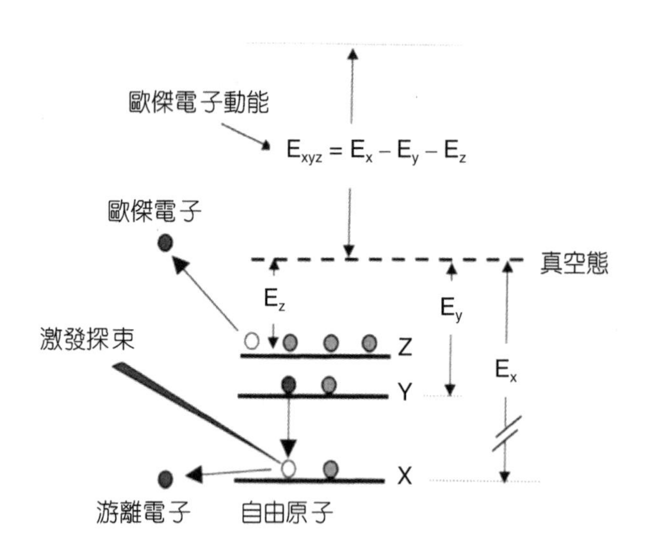

圖 22.1
歐傑電子產生原理示意圖。

子的束縛能 (E_z) 時，該電子即可脫離原子核的束縛，進入自由態，這自由態電子即為歐傑電子，其動能 (E_{xyz}) 可以下式表示：

$$E_{xyz} = E_y - E_x - E_z \tag{22.3}$$

下標 *xyz* 分別代表被游離電子、填補電洞的電子及成為歐傑電子之電子軌域代號；由於必須有三個電子參與歐傑電子的生成機構，所以氫與氦兩種原子序小於三的元素無法產生歐傑電子。當進行固態試片分析時，歐傑電子脫離試片表面必須克服該固體的功函數 (work function, w)，於是 $E_{xyz} = E_y – E_x – E_z – w$，各能階一般以該固體的費米能階 (Fermi level) 為參考能位。

圖 22.2 是 Si(100) 表面的歐傑電子能譜圖，Si 有兩組歐傑電子訊號，一為位於 70－90 eV 範圍的 LMM 訊號，一為位於 1600 eV 區域的 KLL 訊號，每一組訊號都有更細微的訊號結構。因為只要具有三個電子便可發生歐傑電子轉化，原子序愈大者，就有更多的歐傑電子轉化組合，歐傑能譜就愈顯複雜。一般而言，歐傑能譜多以微分形式 (dN/dE) 表示，這是因為歐傑電子形成機率不高，微弱的歐傑電子訊號峰疊坐在因入射電子束照射所產生的回向散射電子背景訊號上，往往不易識別，如果將電子訊號 (N) 對電子動能 (E) 微分，則歐傑電子訊號可被清楚地識別出來。歐傑電子儀發展初期，數據的擷取與處理多以類比微分方式進行，因此微分能譜成為一般歐傑電子能譜的表示方法，即使現在微電腦的利用已可輕易處理積分訊號，一般歐傑電子儀使用者依然習慣利用歐傑電子的微分能譜來分析表面元素成份。

當電子束在試片表面進行二維空間掃描的同時，分析者擷取表面元素的歐傑電子訊號，便可得到元素在試片表面上的分佈情形，此即為歐傑電子成像 (mapping)。當分析者利

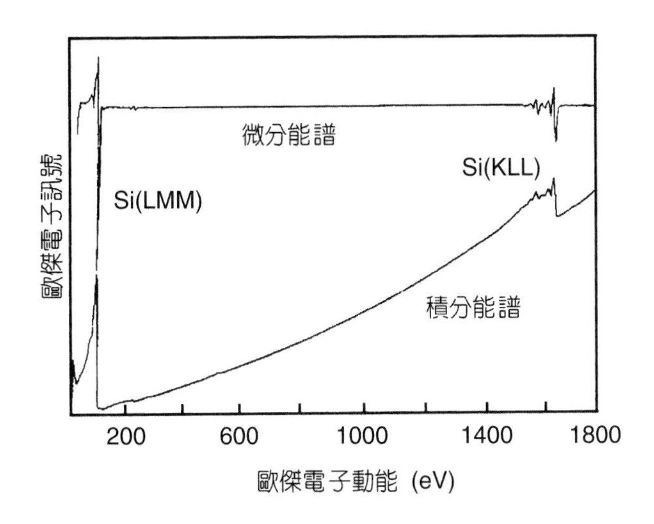

圖 22.2
Si(100) 表面歐傑電子能譜圖。

用離子束濺蝕試片，以便持續產生新的試片表面，每一新表面所測得的歐傑電子能譜便可反應出試片內部不同深度之元素組成，當以試片縱深 (或濺蝕時間) 為橫軸，對各元素原子濃度作關係圖，分析者便可瞭解試片表面至內層的元素組成分佈情形，常用於薄膜材料的成份擴散研究，這種分析方法稱為縱深成份分佈分析 (depth profiling)。圖 22.3 為矽晶圓上的氧化矽經含碳氟化物氣體混合物乾蝕刻後的縱深成份分佈圖，從該縱深成份分佈圖中，分析者可以發現乾蝕刻後，氟殘留在矽晶圓表面，而碳則深入矽晶圓內部。

歐傑電子儀的儀器結構可以圖 22.4 簡單表示，能量為 2－30 keV 的電子束照射在試品表面上，入射電子會與固態內原子發生多種交互作用，試片因而會發散出不同類型與能量的電子，吾人可利用電子能量分析器分析這些電子的動能。一般使用於歐傑電子儀的電子能量分析器有球扇形能量分析器 (SSA) 與筒鏡能量分析器 (CMA)，詳細的電子能量分析器原理將於後說明。在能量分析器出口閘縫後方以電子檢測器來計測通過的電子數量，利用

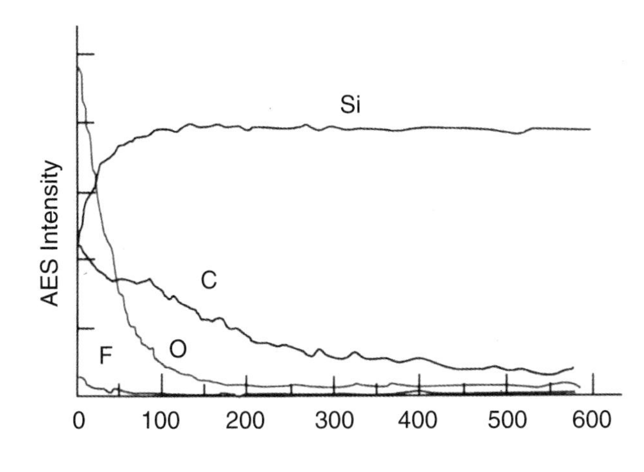

圖 22.3
氧化矽乾蝕刻後矽晶圓上的縱深成份分佈圖。

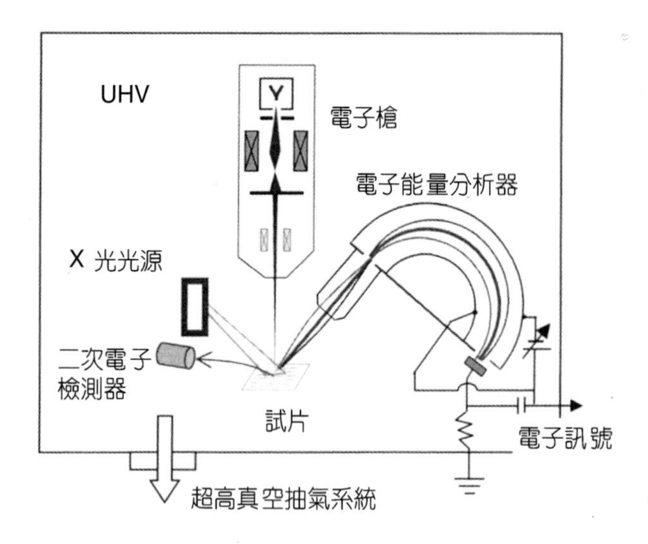

圖 22.4
歐傑電子儀儀器結構示意圖。

個人微電腦系統處理包括歐傑電子在內之各種發散自試片表面的電子訊號與電子能量之數據，並從歐傑電子的能量與訊號強度研判試片表面的元素種類與濃度。當系統內的電子槍具掃描功能，而且配置了二次電子檢測器，則可以觀察試片表面的形貌結構，有利於定點歐傑電子分析。整個歐傑電子的激發、分析及檢測過程都必須在超高真空系統 ($\leq 10^{-9}$ Torr) 中進行，以避免外來污染物的干擾。

22.3.2 化學分析電子儀[11–13]

如圖 22.5 所示，當原子受到電磁波照射，如果電磁波能量大於內層 Z 軌域電子束縛能 (E_z)，則 Z 電子可被游離成為自由電子，此即是光電子 (photoelectron)。當以 X 光做為激發光源以擷取光電子能譜，即稱之為 X 光光電子能譜 (X-ray photoelectron spectroscopy, XPS)；當激發光源為紫外光時，則此光電效應稱之為深紫外光光電子能譜 (ultraviolet photoelectron spectroscopy, UPS)。基於能量守衡的原理，光電子動能 (E_k) 可以下式表示：

$$E_k = h\nu - E_z \tag{22.4}$$

h 及 ν 分別為 Planck 常數及 X 光頻率，將 E_k 與 E_z 互調，則 $E_z = h\nu - E_k$。若是光電子發射自固態表面，則必須將電子脫離固體表面位能束縛的功函數 (work function, w) 考慮進去，於是

$$E_z = h\nu - E_k - w \tag{22.5}$$

由於各元素有不同的特定電子束縛能，E_z 將因元素種類的變化而不同，所以檢測光電子的

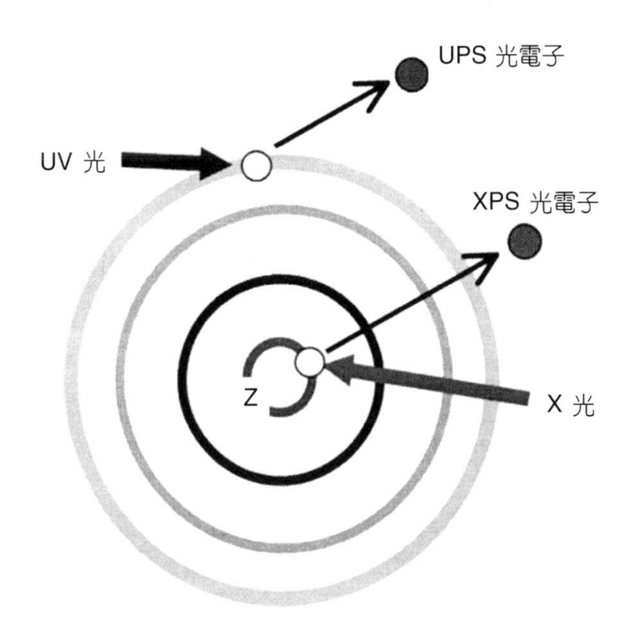

圖 22.5
X 光光電子儀原理示意圖。

動能可以鑑定試品的元素種類。圖 22.6 為矽的 XPS 能譜圖，其中橫座標以電子束縛能表示，除了矽元素外，同時出現於圖 22.6 之元素還有氧與碳，其來源分別為自生氧化矽薄層與表面污染。由於化合物中的原子因價電子參與造鍵而有電子交互傳輸的現象，內層電子會感受到因造鍵所造成的靜電力場變化，能階因此發生了改變。當原子被氧化，正電荷會增加光電子脫離原子的能障，導致光電子動能的減少，換言之，分析者所量測到的光電子束縛能會較原子態的電子束縛能為高，這可輕易由 XPS 觀察得到，因此 XPS 又泛稱為化學分析電子儀 (ESCA)。在圖 22.6 中，Si(2*p*) 電子訊號一在 99.6 eV 左右，一在 104 eV 左右，前者是純矽的訊號，後者則由二氧化矽所產生。

ESCA 分析時的檢測目標物是光電子動能，此與歐傑電子儀檢測歐傑電子的動能是類似

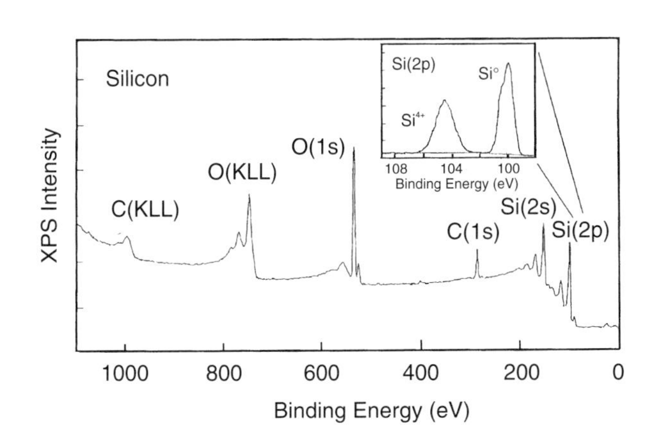

圖 22.6
矽晶 ESCA 能譜圖。

的，因此除了激發源不同外，兩者的儀器結構大體上是相似的。ESCA 的激發源為 X 光光束，其他的電子能量分析器、真空系統、訊號擷取及數據處理系統都可與歐傑電子儀共用。一般 ESCA 系統所用的 X 光光源為 Mg 或 Al 的 K_α 光束，它們的能量分別為 1253.6 及 1486.6 eV，因此一般 ESCA 所能測得的電子束縛能皆不大於此二能量，欲測得更大的電子束縛能，必須使用 K_α 光子能量更高的 X 光光束。X 光光束線能寬大小會影響 ESCA 能譜訊號峰的寬窄，換言之，即是影響 ESCA 的能量解析度。改善 X 光光束線能寬，可以減小 ESCA 能譜峰寬度，這可以利用 X 光單色儀 (X-ray monochromator) 或同步輻射光源 (synchrotron radiation) 達成。由於檢測的光電子動能範圍一般在 50 – 2000 eV 上下，如同歐傑電子儀一樣，化學分析電子儀是一種對試片表面特性很靈敏的分析工具。不過 X 光探束不若電子束容易聚焦，即使 X 光單色儀或同步輻射光源可以產生較小的 X 光束徑，仍然遠大於微米範圍。而以電子透鏡技術擇區分析光電子，分析區域依然有數微米大小，因此 ESCA 的微區分析能力遠不及歐傑電子儀。

22.3.3 二次離子質譜儀[14–17]

當利用離子束 (能量一般小於 30 keV) 撞擊固態試片表面，入射離子的動量與能量會轉移到試片內的原子，造成原子的移動，移動原子會繼續與其他原子發生碰撞，在原子間擠壓碰撞過程中，部份表面原子獲得了足夠的能量，便可脫離試片表面。這種濺蝕過程包含了一連串複雜的碰撞步驟，包括連續的角度改變及原子間的能量移轉，如圖 22.7 所示。被濺離試片表面的原子或原子團粒子中，有少於 1% 呈離子形態，為了區別入射離子束之一次

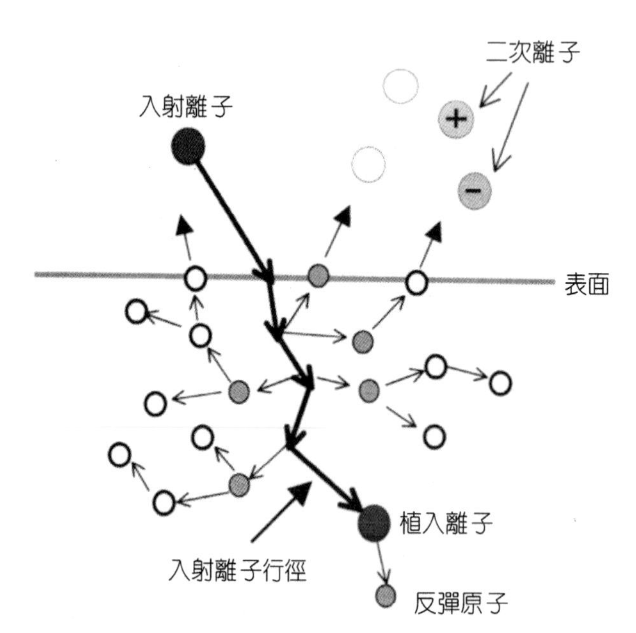

圖 22.7
二次離子產生原理示意圖。

離子 (primary ion)，這些源自試片表面的離子被稱為二次離子 (secondary ion)。吾人可用質量分析器掃描二次離子的質量－電荷比值 (*m*/*e*)，從而判斷試片表面元素組成，此即為二次離子質譜術 (secondary ion mass spectroscopy, SIMS)，簡稱為 SIMS。圖 22.8 為以 O_2^+ 離子束濺蝕矽晶圓 (100) 表面所得到的二次離子質譜，由於利用高靈敏度的質量分析器檢測二次離子，SIMS 可檢測所有元素及同位素，例如圖 22.8 中 $^{28}Si^+$、$^{29}Si^+$ 及 $^{30}Si^+$ 三種矽同位素的自然界含量比例可以清楚地被定量出來。SIMS 檢測極限可達 ppm－ppb 範圍，極為適合分析固態材料表面的微量元素成份。離子束的電流密度及能量會顯著影響試片的濺蝕速率，分析試片表面層的元素組成時，為了避免激烈的濺蝕反應，必須使用低能量及低電流密度的入射離子束，當只有少於 1% 的第一原子層在 SIMS 分析時被濺離試片表面，則此 SIMS 分析稱為靜態 SIMS 分析 (static SIMS)。當提升離子束能量及電流，濺蝕速率因而增加，在短時間內，SIMS 可快速分析自試片表面至一、二微米或更深之元素組成分佈情形，此為動態 SIMS 分析 (dynamic SIMS)，一般用於縱深成份分佈分析。圖 22.9 為硼原子佈植入矽晶圓內的原子濃度縱深分佈曲線圖，縱座標為原子濃度，由於量測得到的濃度變化範圍可達數個級次大小，刻度以對數表示，橫座標則為濺蝕的深度，縱深分佈圖可以明白顯現佈植後的硼原子分佈行為。由於 SIMS 分析靈敏度極高，一般多用來檢測微量元素成份，而以半導體摻雜元素的擴散分析的應用最為廣泛；靜態 SIMS 可用以分析高分子聚合物薄膜表面的分子結構；而在地質學研究方面，SIMS 被應用來分析礦物的組成成份；利用 SIMS 成像法可以觀察催化劑反應前後過渡金屬在觸媒表面的分佈情形；SIMS 亦被用來進行生物學研究，例如細胞核的成份分析。

二次離子質譜儀的儀器基本構造可概括分為四個部份：離子源、離子質量分析器、離子檢測器及數據擷取處理系統，圖 22.10 為二次離子質譜儀的原理示意圖，離子源用以產生

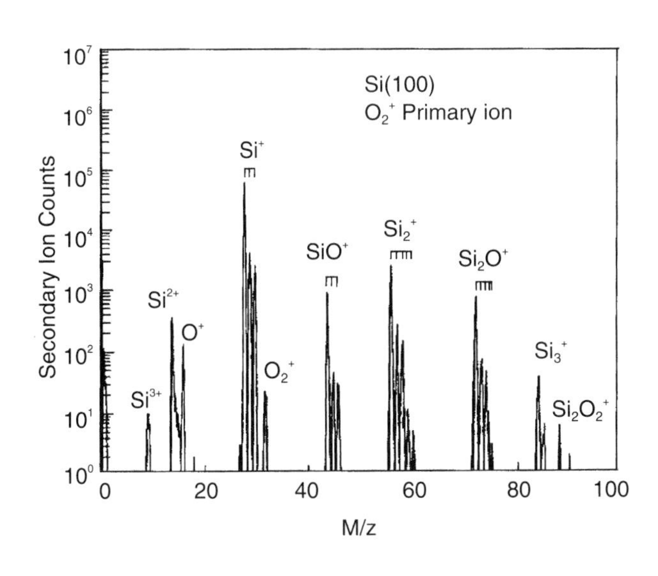

圖 22.8
以 O_2^+ 離子束濺蝕矽晶圓 (100) 表面所得到的二次離子質譜。

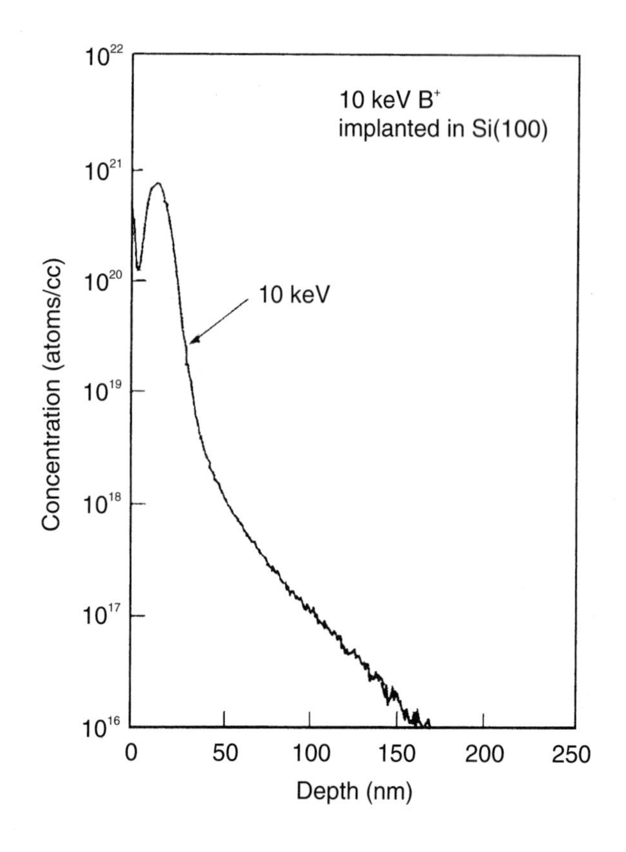

圖 22.9
佈植入矽晶圓內的硼離子之原子濃度縱深分佈圖。

一次入射離子束，一般以 O_2^+ 離子激發正二次離子，銫離子用以產生負二次離子；質量分析器則分析自試片發散出來的二次離子質量，普遍使用於 SIMS 系統的質量分析器有磁偏式 (magnetic sector) 質量分析器、四極 (quadrupole) 質量分析器與飛行式 (time-of-flight, TOF) 質量分析器。為了避免所謂的坑緣效應 (crater edge effect)，離子束在試片上掃描濺蝕出一方形坑穴，而質量分析器僅擷取底部中間區域的二次離子訊號。離子檢測器被用以偵測二次離子訊號的大小，一般在高離子電流時，使用法拉第杯 (Faraday cup)，低離子電流時，利用電

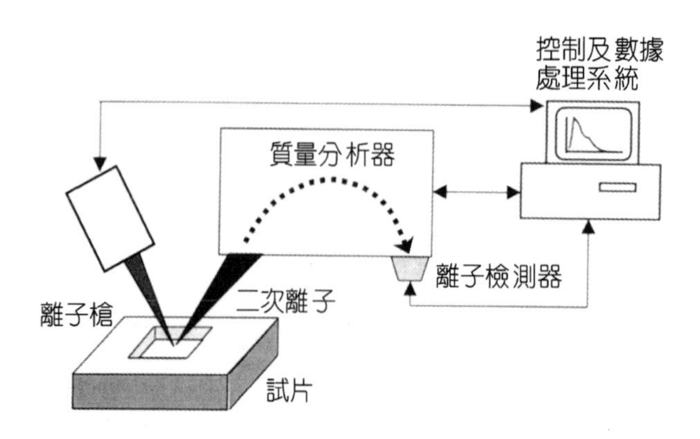

圖 22.10
二次離子質譜儀的原理示意圖。

子倍增器 (electron multiplier)。數據擷取處理系統則利用電腦接各軟硬體單元，控制分析工作的進行與數據的處理，所有的分析工作均在超高真空 (10^{-9} Torr) 環境中進行。

22.3.4 高解析度電子能損儀[18]

當一束低能量的電子束 (一般為 2－10 eV) 照射在導體試片表面，大部分的電子在與試片表面交互作用後，因彈性散射而以相等於入射角的反射角度離開試片表面，但是有少部分的電子在與試片或表面吸附物發生交互作用後損失了能量，而以非彈性散射方式離開試片表面。利用電子能量分析器分析非彈性散射電子所損失的能量，便可由能損譜線上的訊號形狀位置，研判試片上各種激發能態的模式，此即是電子能損儀的基本原理。一般說來，在此電子動能範圍內，吸附分子振動與試片的電漿子激發是電子損失能量的兩種主要管道。由於分子振動的能量約在 60－450 meV 區間 (1 meV 約為 8 cm^{-1})，為了解析細微的分子振動型態，以利表面分子吸附結構的研究，電子能損圖譜的解析度必須很好，因此分析吸附分子振動的能損儀又稱之為高解析度電子能損儀 (high resolution electron energy loss spectroscoy, HREELS)。圖 22.11 為吸附有氧分子的 Ag(110) 表面之 HREELS 能譜。在此一分析案例中，氧分子吸附在溫度為 100 K 乾淨的銀試片表面，上圖即為吸附後之 HREELS 能譜，下圖則為試片加熱到 300 K 後的 HREELS 能譜，加熱後，吸附在銀試片上的氧分子已被原子化，因此上圖氧分子的振動模式訊號消失，Ag 表面與氧原子間的鍵結振動成為僅有的顯著能損訊號。擷取此二 HREELS 能譜時，試片都利用液態氮加以冷卻。

檢測吸附物在金屬等電導試片表面上的振動型態一般必須遵守表面偶極選擇律 (surface dipole selection rule)，當吸附物的振動偶極方向平行於試片表面，在試片表面會誘發另一極

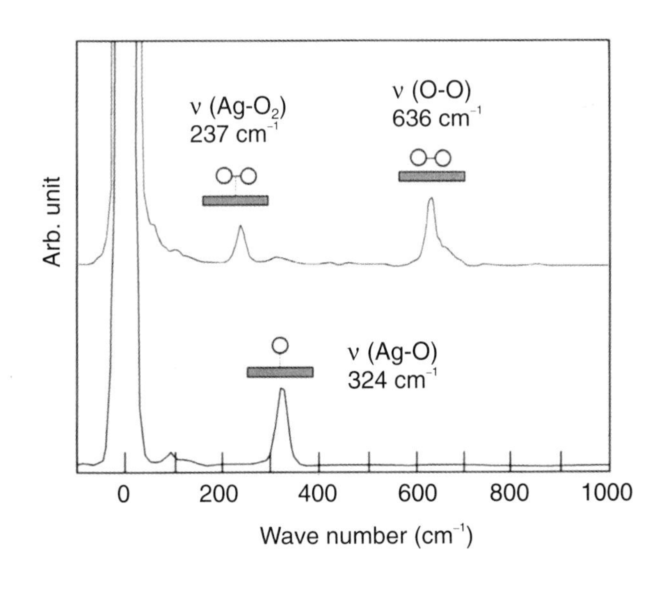

圖 22.11
吸附有氧分子之 Ag(110) 表面的 HREELS 能譜。

性相反的偶極鏡像，由於極性相反，兩者偶極的振盪變化相互抵消，入射激發源無法激發吸附物此類的振動模式，因此無法觀察到該振動模式的訊息；相反地，當吸附物的振動偶極方向垂直於試片表面，試片上所產生的偶極鏡像對振動模式的觀察反而有增益的效果。在 HREELS 金屬試片的分析上，與吸附物振動偶極發生遠距離偶極交互作用的散射電子，主要出現在與電子束入射方向對稱的反射方位上，因此在此一分析角度，只有那些垂直於試片表面的振動模式會出現在能損圖譜裡。而與試片表面發生短距離碰撞的散射電子則出現在偏離非對稱的反射方向上，能損訊號雖然微弱，但是在此一分析條件下，選擇率不再適用，因此所有的振動模式都可觀察到。利用 HREELS 這種振動選擇律的特性，吸附物在金屬表面的吸附結構可以被有效地解析出來。與反射吸收紅外線光譜儀 (RAIRS) 相較，HREELS 有較佳的表面靈敏度，但是解析度卻較差。

為了得到高解析度電子能損圖譜，HREELS 能損儀的低能電子槍必須可以產生穩定且能量分佈範圍 (色散值) 很窄的電子束，而電子能量分析器亦須有與電子槍色散值相近的能量解析度。圖 22.12 是 HREELS 儀器結構示意圖，試片置於電子槍與能量分析器之間。電子束由燈絲發射出來，經過電子能量篩選器後，照射在試片表面上，電子束的能量色散值應小於 3 meV。電子能量分析器則在相反的方向分析檢測反彈的散射電子。HREELS 的電子

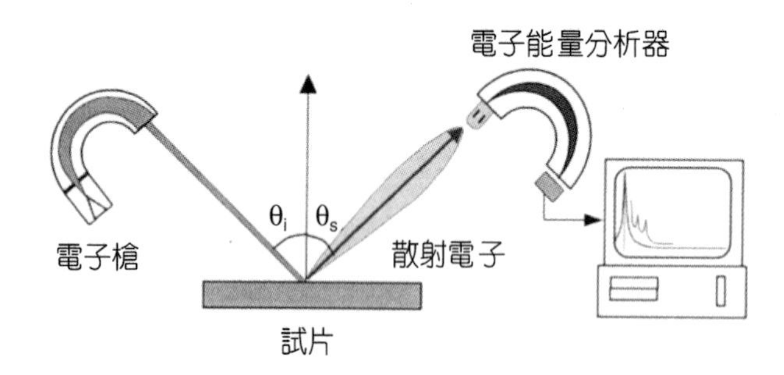

圖 22.12
HREELS 儀器結構示意圖。

圖 22.13
HREELS 之實體圖。

能量分析器為靜電場偏轉式分析器，偏轉角度為 127°，稱之為 127° 柱狀偏轉分析器 (127° cylindrical deflector analyzer, 127° CDA)。由於低能電子的運動路徑對於磁場干擾極為敏感，因此電子槍與分析器必須有完善的磁場阻障措施，一般以 μ– 金屬做為磁場屏蔽構件的材料，詳細的儀器結構原理請參考文獻[6,18]。圖 22.13 為一 HREELS 之實體圖。HREELS 以彈性散射峰的半高寬為系統能量解析度的指標，目前有儀器廠商可提供能量解析度為 0.5 meV 的 HREELS 系統。

22.3.5 低能電子繞射[19–21]

當電子能量在 20－500 eV 範圍內時，依據 de Broglie 關係式，電子波長 (λ) 與電子動量 (p) 有如下的關係，$\lambda = h / p$，(h 為 Planck 常數)，如此算得的電子波長小於 2－3 Å。以此低能量的電子束射向晶體表面，電子與原子核作用後，有小部份的電子會發生回向彈性散射，如果入射電子能量與晶格常數符合布拉格繞射條件，如圖 22.14 所示，回向彈性散射的電子將發生繞射現象，此即為低能電子繞射 (low energy electron diffraction, LEED)[19–21]。由於電子能量很低，因此電子束在晶體內的穿透深度非常淺，電子繞射圖形所反應的訊息乃是晶體最表面的數層晶格結構。當晶體表面吸附有排列規則的外來原子時，由 LEED 繞射圖中繞射點的位置即可研判表面原子在晶體表面所形成單位晶胞 (unit cell) 的大小及對稱性 (相對於基質單位晶胞)。而繞射點亮度與入射電子能量的對應關係亦可用以推導原子的正確位置。因此 LEED 普遍地被用來研究吸附物在晶體表面的吸附位置，或是晶格表面原子的結構重組現象。圖 22.15 為 Si(111)－(7 × 7) 表面的 LEED 圖像。

在一般 LEED 的分析中，能發生回向彈性散射並出現在繞射電子束內的電子不超過原先入射電子亮度的 2%。而繞射點的清晰度決定於許多因素，例如試片表面平整狀況、原子規則排列程度、試片表面溫度、入射電子的能量大小與入射角度、入射電子能寬分佈與繞射電子多重散射。為了取得正確與清晰的繞射圖像，試片表面的前處理非常重要，試片晶格方位必須精確，表面應該平整；為了減輕晶格原子的振動，進行 LEED 分析時，試片往往會加以冷卻。

圖 22.16 為 LEED 的儀器原理示意圖，基本結構包括電子槍、一個螢光幕及一組金屬阻

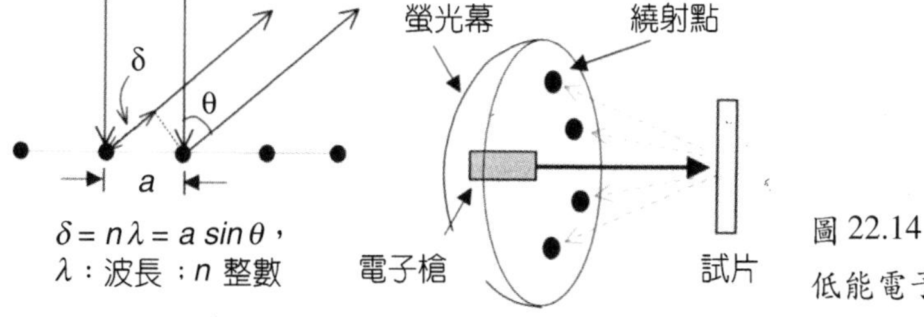

圖 22.14
低能電子繞射儀原理示意圖。

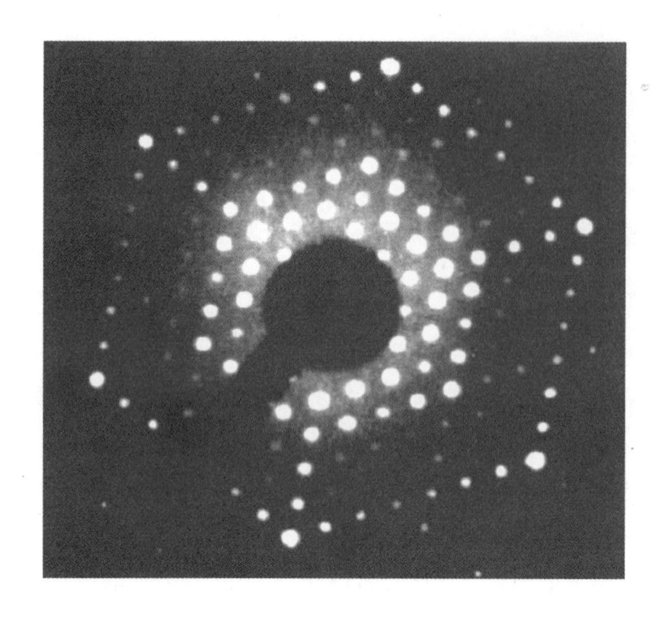

圖 22.15
Si(111)–(7 × 7) 表面的 LEED 圖像。

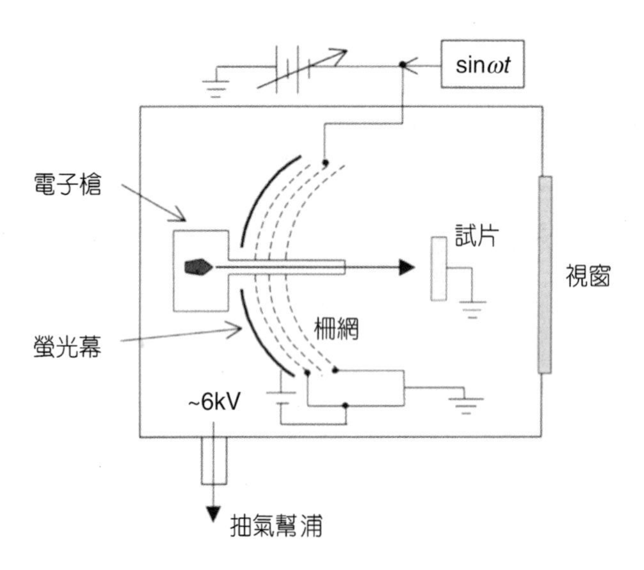

圖 22.16
LEED 儀器原理示意圖。

滯網。入射電子槍置於繞射儀的螢光幕中心，電子束以垂直角度照射在試片表面，電子束必須被調制成平行狀態，以確保電子入射角度在試片照射區內皆相同。LEED 繞射儀的最內層是一加有正偏壓的半球面螢光幕，螢光幕之前有三個同圓心的半球面金屬網，前後兩個金屬網接地，如此可使試片表面感受到均勻的電場，並避免螢光幕的正高偏壓干擾中間金屬柵網的阻滯電場，金屬阻滯網只允許回向彈性散射的電子進入，低於入射電子能量的非彈性散射電子都在這第二柵網處被一負電位所排斥。螢光幕與前方柵網之間數 kV 的電壓可加速通過阻滯網的繞射電子，使其撞擊到螢光幕並產生亮點，繞射圖像便可在螢光幕上顯現出來。依據繞射儀設計的不同，分析者可由螢光幕前方觀察繞射圖像，亦可於螢光幕後方觀察繞射圖像。LEED 繞射儀經簡易修改後，附加調制電壓於中間的金屬網，便可以用來進行歐傑電子分析，不過因為能量解析度不是很好，並不被用做歐傑電子能譜儀的專門分析器，但是其構造簡單，研究者可用來研判表面的清潔程度，據以控制 LEED 分析的實驗條件。

22.3.6 熱脫附質譜術(19, 22)

當一試片經電阻絲加熱，或是吸收紅外線輻射，試片溫度升高，試片表面上的吸附物得到足夠能量，便可脫離基質表面，此即稱為熱脫附 (thermal desorption)。吸附物自固體表面脫附的形式一般可分為三類：直接脫附 (direct desorption)、分解脫附 (dissociative desorption) 及結合脫附 (associative desorption)。直接脫附即是脫附氣體分子依然保持吸附物原本吸附於表面上的化學結構，物理吸附 (physisorbed) 分子都以此方式脫附試片表面；當吸附物脫離表面時裂解為更小的氣體分子，此即為分解脫附；若脫附的氣體分子是兩個或多個不同的吸附物單元組合而成的，則此脫附過程為結合脫附。當以質量分析器來分析脫附試片表面的物質，便可以得到脫附物質譜訊號與試片溫度間的關係曲線，這即是所謂的熱脫附質譜術 (thermal desorption spectroscopy, TDS)。圖 22.17 是將氧分子於吸附 Pt(111) 表面的 $m/e = 32$ TDS 譜圖，吸附溫度為 100 K。低溫的訊號峰為物理吸附的氧分子，由於吸附鍵結微弱，在低溫時便可克服吸附能而脫離試片表面，而高溫訊號峰則來自分解吸附型態的氧原子。圖 22.18 為一經清潔處理後，置放於 TDS 真空系統內一段時間的 Pt(111) 表面的 TDS 譜圖，此 TDS 譜圖的質量－電荷比 (m/e) 掃描範圍由 10 到 30，其中 m/e = 18、19、28 隨著試片溫度的上升而有較明顯的訊號變化，自此一 TDS 譜圖，分析者可以大略推判真空系統內可能的殘留氣體。

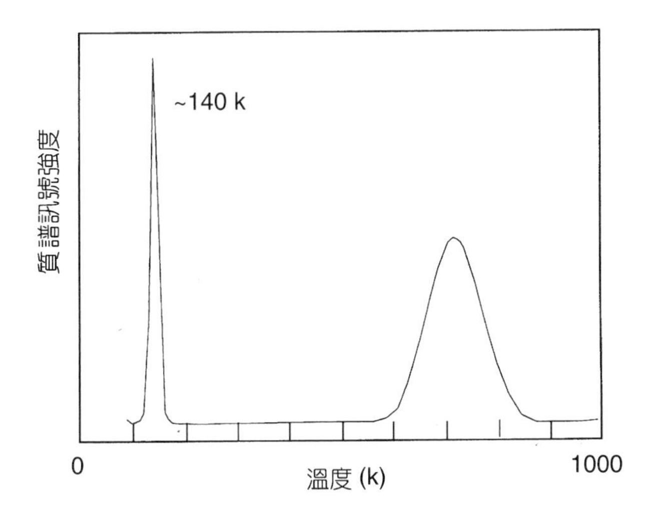

圖 22.17
氧分子吸附於 Pt(111) 表面之 TDS 譜圖 ($m/e = 32$)，吸附溫度為 100 K。

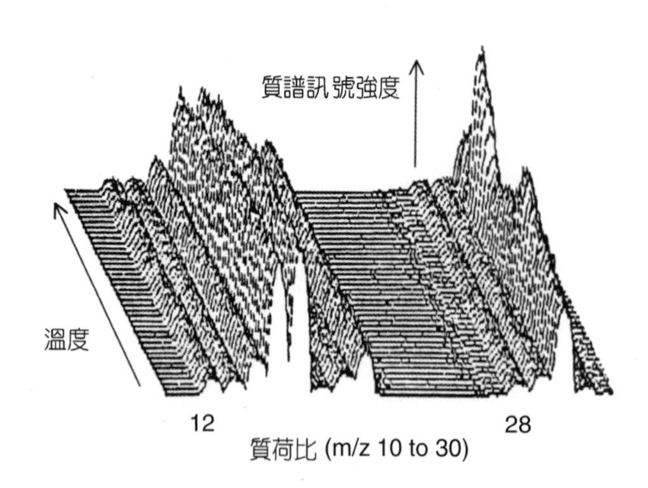

圖 22.18
Pt(111) 表面經真空系統內殘餘氣體污染後，m/e = 10－30 之 TDS 譜圖。

熱脫附反應的脫附速率 (desorption rate) 可用 $R_{des} = kN^x$ 關係式表示，(x：脫附反應級次，一般為0、1 或2；k：脫附反應常數；N：吸附物表面濃度)，依據 Arrhenius 方程式，

$$k_{des} = A\exp\left(\frac{-Ea_{des}}{RT}\right) \tag{22.6}$$

A 是前指數因素 (pre-exponential factor)，此值可想像成對應於跳過位障而發生熱脫附的頻率 (ν)；Ea_{des} 則為脫附反應的活化能，R_{des} 可以下式表示：

$$R_{des} = \nu \cdot N^x \exp\left(\frac{-Ea_{des}}{RT}\right) \tag{22.7}$$

由 TDS 譜圖計算得出的脫附速率可以計算出脫附反應的活化能，這提供予表面化學反應研究者相當重要的數據，例如催化劑反應研究。研究者可以利用 TDS 探討吸附系統的各種吸附相，若結合其他表面分析技術，如低能電子繞射儀 LEED，或是化學分析電子儀 ESCA，可更明確地研判吸附物質在基質表面晶格上的吸附位置及化學結構。

一般而言，熱脫附質譜儀設備軟硬體多由實驗室自行建立，近來由於積體電路製程的需求，方有完整的商業產品。圖 22.19 為一典型的熱脫附質譜儀儀器原理示意圖，背面銲有加熱電阻線的試片置於超高真空系統內，試片邊緣點銲了熱電偶溫差導線以量測試片的溫度變化。由於四極質譜儀的質荷比 (m/e) 掃描速率快、真空維持容易、體積小、價格便宜，因此一般熱脫附質譜系統多裝置著四極質譜儀。質譜儀 m/e 值的選擇由界接的微電腦控制，為了擷取適當的訊號強度，各個被選定的 m/e 值的量測駐留時間亦由電腦事先設定。進行 TDS 表面研究，一般都會先清潔試片表面，然後將定量的研究用氣體吸附到處於低溫狀態的試片表面上。當試片開始加熱，熱電偶溫差計將量測到的電位差傳送到電腦進行溫度換

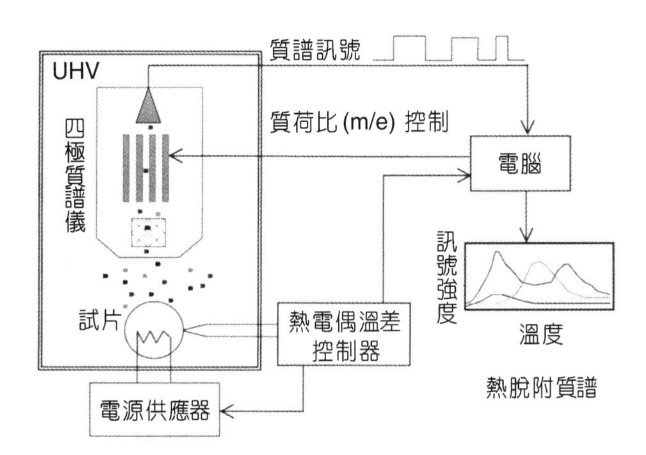

圖 22.19
熱脫附質譜儀儀器原理示意圖。

算，電腦並檢查試片加熱速率是否固定，若有偏離，則會改變電源供應器的輸出電流，以增減試片的熱能供應。電腦擷取了四極質譜儀的 *m/e* 比值訊號後，便可以繪出質譜訊號對應於試片溫度的 TDS 譜圖。詳細的儀器設計請參考文獻 22。為了明確了解吸附結構，試片的清潔處理程序極為重要，表面一旦清潔完成，應立即進行氣體吸附，以免真空系統的殘留氣體先吸附到乾淨的試片表面。此外，試片加熱時，熱能會擴散到試片以外的的真空組件上，由於材質的不同，研究用氣體在真空組件上的吸附結構會異於試片表面，TDS 譜圖所顯示出來的脫附曲線自然是試片與真空組件的吸附組合，為了避免此種情形發生，試片基座應利用液態氮加以冷卻，延緩熱能擴散，以減輕上述的雜訊干擾。

22.4 真空表面分析系統[8,23]

如前言所述，潔淨的試片表面是研究固態材質表面物理化學特性的必要條件，一般的表面分析研究工作都必須在超高真空環境中進行，以掌握試片表面的實驗設定條件，避免表面受到外來的污染，影響研究結果。

超高真空表面分析系統多用不銹鋼材料做成，若是分析低能電子，必須採用可屏蔽磁場的材料，例如 μ－合金。系統內壁必須經過繁複的清潔處理，方可達到超高真空環境應用的需求。每回在系統暴露於大氣後，必須將之加熱到 150－200 °C，以驅趕吸附的水氣及其他氣體。圖 22.20 為一般商業化的表面分析系統示意圖，系統內可配置各種激發探束源、分析器及檢測器等。分析室內的背景壓力應保持在 10^{-10} Torr 範圍，試片準備室氣壓不宜高出 10^{-9} Torr 範圍。圖 22.21 則為試片座周圍的實體照。為了方便試片的快速進出，許多的超高真空表面分析系統利用大氣鎖壓方式 (load-lock) 來進行試片的傳送，如此可以大量地執行一般例行的表面分析。為了方便這種傳送方式，試片本身自然無法直接連接上各種導線，研究者因此無法精確地掌控試片表面的部分實驗條件，例如試片溫度的量測，因此基於實驗需要，許多表面分析系統的試片是固定在試片操縱器上，量測用的導線可以緊密地接觸試片，

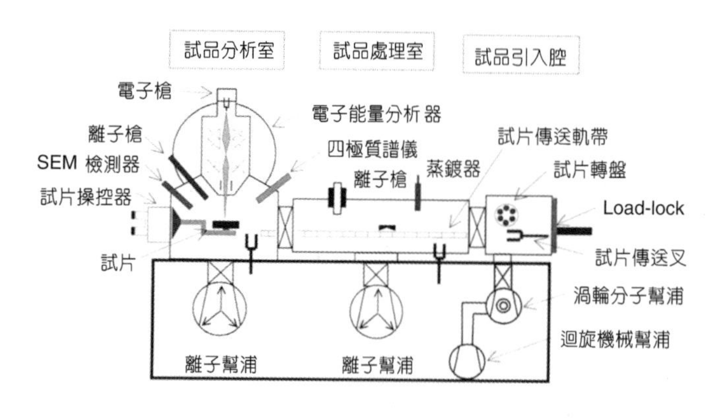

圖 22.20
一般商業化的表面分析系統示意圖。

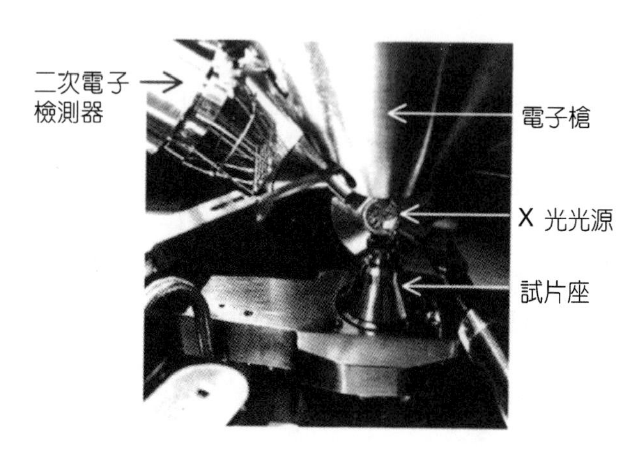

圖 22.21
超高真空表面分析系統試片座周圍實體照。

試片的溫度調節與電物特性量測可因此而更準確。超高真空表面分析儀的抽氣系統可視研究需求使用各種抽氣幫浦，當需要擷取高解析度影像時，分析室應該採用穩定安靜的抽氣幫浦，如離子幫浦；而為了增加試片傳送速率，渦輪分子幫浦可以安裝在試片引進腔與準備室。若利用到擴散幫浦，進氣口應用冷凝板來防止油氣污染。一般表面分析工作不會有特殊的腐蝕產物，因此不須考慮具備防蝕功能的抽氣系統，如此可以大幅降低分析儀的製作成本。為了確實保持超高真空環境，系統上應該裝置殘留氣體分析器，以檢測真空系統中的殘留氣體及進行真空測漏，一般表面分析儀多利用四極質譜儀執行這項工作。下文將就一般超高真空表面分析系統常配備的主要分析組件，如電子源、離子槍、電子能量分析器及質量分析器，做簡單的介紹。詳細的說明請參考相關文獻。

22.4.1 電子源

一般表面分析電子儀所用的電子槍與掃描式電子顯微鏡之電子槍大致相同，若是僅用以檢測試片的表面元素成份，電子槍可以不必具備掃描功能，電子束聚焦能力亦不重要，如此可簡化電子槍的結構，降低電子儀的設置成本，一般電子槍的簡單結構可參考圖 22.4。電子儀電子槍內常用的電子源有三種：(1) 熱游離發射 (thermionic emission) 電子源，通常用鎢做為燈絲材料，當鎢燈絲被加熱至 ~2750 K 左右，部份導電能帶上的電子得到足夠能量，克服了鎢絲表面位障，而自燈絲表面游離，利用加速電場可導引這些游離電子至電子光學系統內進行電子束的調製，這是使用最早、製作最經濟容易的電子源。(2) 六硼化鑭 (LaB_6) 晶體，基本上，這亦為熱游離發射源的一種，六硼化鑭晶體被銲在鎢絲之上，利用鎢絲加熱產生的熱能，六硼化鑭晶體會放射出大量的電子，六硼化鑭的功函數較鎢小很多(LaB_6：2.4 eV，W：4.5 eV)，依照用以表示熱游離發射電流的理查生(Richardson) 公式，即使六硼化鑭晶體溫度在一般鎢燈絲電子源操作溫度以下 (~1800 K)，LaB_6 的電流密度依然高出鎢燈絲10 倍以上。(3) 場發射電子源 (field emission) 的應用為目前的趨勢，其結構為一針狀燈絲點銲在傳統的鎢燈絲上，針狀燈絲與電子槍抽引電極間數 kV 的電位差，會使燈絲尖端表面的電子感受到極大的電場(~10^{10} V/m)，這些電子因而穿隧通過表面位障，因為電子束來自於燈絲尖端上的微小區域 (燈絲針頭直徑為 ~1000 nm)，所以場發射電子源的電流密度可以非常大，其電流亮度可為鎢燈絲電子源的一千倍以上。鎢因具有高熔點及易於製作尖細的針頭等特性，其功函數雖然較高，但依然成為一般場發射燈絲的材料。由於針端表面的污染物對場發射電子源的電流穩定性影響很大，除了燈絲必須置於超高真空環境外，高熔點的針頭可以加高熱驅趕吸附在針頭的殘留氣體分子，以恢復燈絲表面的潔淨。另有一電子源同時具有熱游離電子源與場發射電子源之工作原理，此為蕭特基場發射電子源 (Schottky field emission)，其原理係外加電場於一加熱燈絲之上，燈絲可為 LaB_6 或披覆有 Zr 之鎢針頭，針頭直徑一般為 1 – 5 μm，如此便可降低燈絲表面電子熱游離的位障，有利電子的游離，其後高偏壓引出電子之方式與前述冷陰極場發射電子源相似，由於蕭特基場發射電子源工作時，燈絲必須加熱 (~1850 K)，所以沒有燈絲表面污染的顧慮。表 22.2 為上述電子源的功能特性比較表。有關詳細的電子源及電子透鏡原理說明請參考電子顯微鏡方面的文獻資料[24, 25]。

22.4.2 離子源

離子槍是用以產生氣態離子束之離子光學組件。表面分析系統上的離子槍一般說來，有兩項主要用途：一是利用中低能離子束照射試片表面，濺蝕表面層原子，以達到清潔試片表面的目的；一為以離子束持續濺蝕試片表層，並同時進行表面分析工作，以分析試片組成元素在試片縱深方向的濃度變化，即所謂之縱深成份分佈分析 (depth profiling)。一般的離子槍組件包括了離子源、離子光學透鏡組及離子束掃描系統；常見之離子源依其離子的產生方式可分為：(1) 熱陰極離子源 (hot cathode)，(2) 冷陰極離子源 (cold cathode)，(3) 雙電漿子離子源 (duoplasmatron)，(4) 表面游離式離子源 (surface ionization ion source) 及 (5) 液態金屬離子源 (liquid metal ion source)。各種離子源詳細的介紹可參考文獻 14。

表 22.2 電子源功能特性比較表。

	熱游離源 (W)	熱游離源 (LaB_6)	蕭特基電子源 (Zr/W)	場發射電子源
亮度 ($A/cm^2 \cdot sr \cdot V$)	1－10	10－100	10^3-10^4	10^3-10^4
能量帶寬 (eV)	0.6－1.5	0.4－1.5	0.3－1.5	0.25(cold) 0.5 (warm)
電流穩定度 (%)	1	0.4	1	3(cold) 10(warm)
電子源源頭尺寸 (μm)	20	10	0.02－0.05	0.005－0.01

(1) 熱陰極離子源

圖 22.22 為熱陰極離子源的簡單示意圖，離子源安裝於高真空室內，將熱陰極離子源內的燈絲 (一般為鎢金屬) 加熱至熱游離電子的發射溫度，並於筒柱狀的柵極上加適當正偏壓 (~ 160 eV)，熱游離電子便自燈絲朝柵極加速運動。在加速電子運動區域內，電子會與氣體分子發生碰撞，部份受碰撞氣體分子會因此游離成離子態。在游離區前面有一抽引電極 (extractor)，抽引電極上附加了相對於柵極為負電位的偏壓，將正離子由抽引電極上的微小孔徑導入離子透鏡組內，可進一步修正離子束的束徑及能量。一般熱陰極離子槍可產生能量為 0.5－5 keV、束徑為 50 μm 至數 mm 大小的穩定離子束，其離子電流密度可達 250 mA/cm^2。由於熱陰極離子源內高熱的燈絲容易遭受氧化，所以用鈍氣做為產生離子的氣體，一般以氬氣做為主要使用氣體。氣體由離子源後端進入真空室內，為了避免未游離成離子的氣體分子對真空室造成污染，影響分析品質和真空系統的功能與壽命，一般離子槍均在

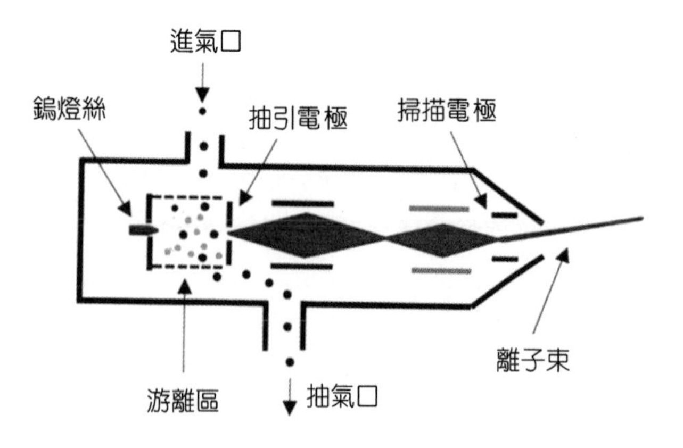

圖 22.22
熱陰極離子源結構示意圖。

離子源前端另有抽氣裝置，以保持表面分析系統主體的超高真空度，這樣的抽氣裝置稱為微差抽氣法 (differential pumping)，如此的設計，即使離子源的氣壓在 1×10^{-4} Torr，分析室內的氣壓依然可保持在 1×10^{-9} Torr 以下。

(2) 冷陰極離子源

一般冷陰極離子源可產生能量在 1 – 10 keV 範圍內的高電流 (50 mA) 離子束，其大面積的離子束特性很適合做為清潔試片表面用的電子槍。高壓放電是冷陰極離子源產生離子束的基本原理，由於不用加熱燈絲，因此沒有類似熱陰極離子源燈絲的氧化問題，所以冷陰極離子源可產生活性氣體離子，如氧離子。冷陰極離子源內離子的產生機構包含了幾個步驟：① 利用高壓放電原理，在接地電位的陰極與高壓陽極間產生離子與電子，② 利用電場或磁場限制電子的運動方向及延長電子在放電區內的駐留時間，增加與氣體分子碰撞的機會，以促使離子的產率增加，③ 離子離開放電區，進入聚焦透鏡區內，接受進一步的離子束調制。圖 22.23 為以電磁場限制電子行徑之冷陰極離子源的結構示意圖，工作氣體由離子槍後面進入游離室，此時真空系統的氣壓保持在 10^{-6} Torr 範圍。

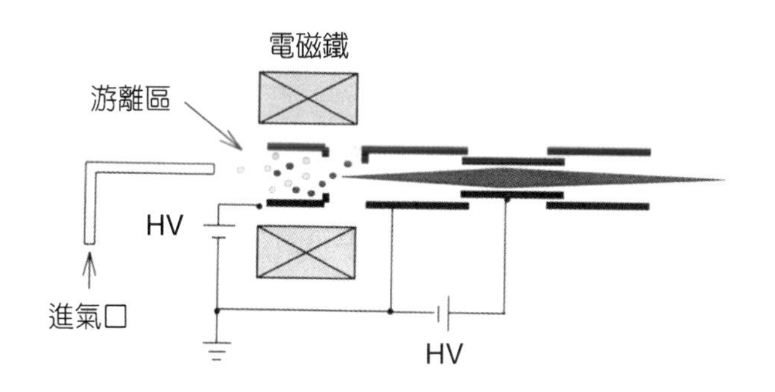

圖 22.23
冷陰極離子源結構示意圖。

(3) 雙電漿子離子源

圖 22.24 為雙電漿子離子源的結構示意圖，雙電漿子離子源是一種可產生高電流的離子源。所謂雙電漿子即是利用兩階段放電的方法產生離子源，第一階段的放電發生在具較高氣壓 (~10^{-2} Torr) 的陰極及中間陽極 (intermediate anode) 區域內，可以用冷陰極放電法產生化性活潑的氣體離子。產生的電漿經磁場導引，進入第二放電區 (氣壓為 ~10^{-3} Torr)，在陽極及中間陽極區域內發生第二階段放電。雙電漿子離子源具有很高的離子亮度 (110 – 200 $A/cm^2 \cdot sr$)，並有較小的離子能量分佈寬度，適合執行需要較快濺射速率的縱深分析。雙電漿子離子源內部因為受到高電流密度的電漿撞擊濺蝕，易造成離子源內部組件的碳化污染，特別是孔洞部份，因此必須定期清理。

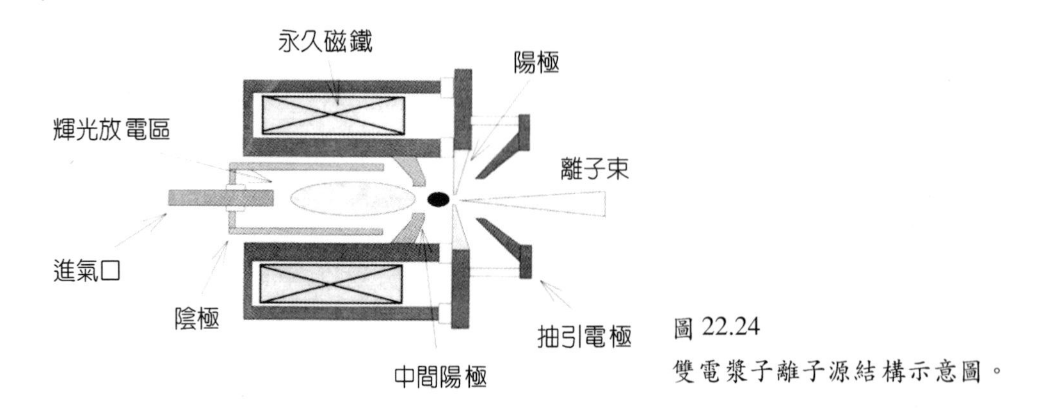

圖 22.24
雙電漿子離子源結構示意圖。

(4) 液態金屬離子源

圖 22.25 為液態金屬離子源的結構示意圖，金屬原子的場蒸發與游離是液態金屬離子源產生離子束的基本原理。一根針尖直徑為 1－10 μm 左右的細針固定於金屬 (一般為鎢金屬) 熔槽內，槽內做為離子源的金屬經加熱液化後，液化的金屬會因毛細作用而潤溼細針表面。細針前端抽引電極的偏壓 (4－10 kV) 會極化針尖上的液態金屬，使成圓錐狀，圓錐體尖端上的金屬原子感受到周圍強大的局部電場，造成了金屬原子的場蒸發與游離，正離子並由電極抽引而出，產生了 1－100 μA 的離子電流，離子亮度高達 1×10^6 A/cm^2·sr。由於離子能量分佈範圍很小，液態金屬離子源經過離子透鏡的聚斂後，可以形成束徑小 (< 500 nm)、電流密度高 (1－10 A/cm^2) 的離子束，適合進行微區、高濺蝕率的分析工作。用做離子源的金屬必需具備有低熔點、低蒸氣壓的特性，鎵 (Ga)、銫 (Cs) 及銦 (In) 均為適當的金屬。其中鎵的熔點為 29.6 °C，在該溫度時，其蒸氣壓小於 10^{-10} Torr，所以鎵為液態金屬離子源常用的金屬。

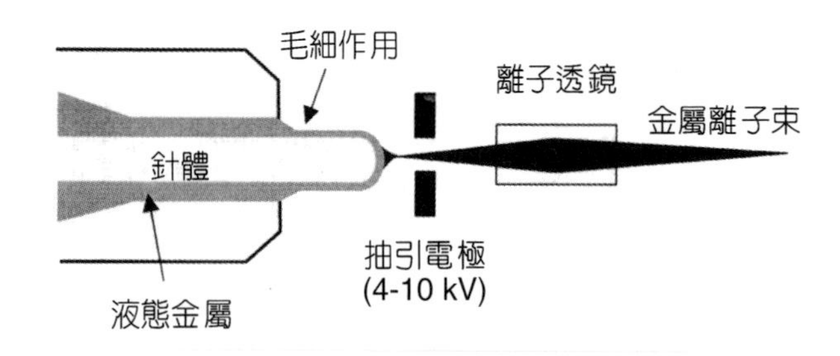

圖 22.25
液態金屬離子源結構示意圖。

(5) 表面游離離子源

圖 22.26 為表面游離離子源的結構示意圖。在高溫時，吸附在金屬表面的原子會與金屬導電能帶發生電子交換現象，吸附原子在失去電子或奪得電子後，可以離子形態脫離金屬

表面。一般將鹼金屬固態材料置放於儲存槽加熱，固材熔解後，鹼金屬原子會移動至離子源前端的高溫 (> 1400 K) 游離金屬板上 (一般為鎢金屬)，高熱可以蒸發游離板表面上的鹼金屬原子，並促使部份鹼金屬原子失去價電子而形成正離子態，此時游離板前面的抽引電極將正離子抽引進入離子光學透鏡區做進一步離子束的調制。表面游離離子源產生之離子束亮度可達到 1×10^3 A/cm^2·sr，由於離子游離的過程為熱能激發現象，離子化性純淨，離子動能分佈範圍亦很小 (< 1 eV)，其離子束束徑介於液態金屬離子源與以放電式產生電漿的離子源之間。

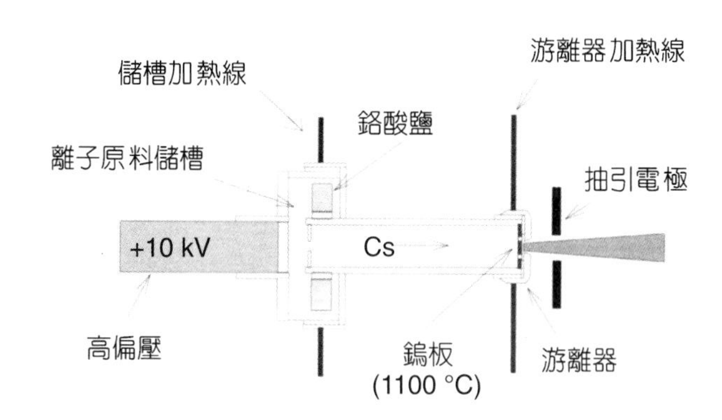

圖 22.26
表面游離離子源結構示意圖。

22.4.3 電子能量分析器

電子能量分析器是表面分析電子能譜儀的關鍵部份，電子能量分析器的性能往往決定了電子能譜數據的品質。電子能量分析器的兩項重要特性，一為能量解析度 (energy resolution)，一為傳送率 (transmission)。常見的電子能量分析器有三種：球扇電子能量分析器 (spherical sector analyzer, SSA)、筒鏡能量分析器 (cylindrical mirror analyzer, CMA) 及阻滯電場能量分析器 (retarding field analyzer, RFA)。SSA 及 CMA 皆屬於電場偏折分散型 (dispersion) 的電子能量分析器，RFA 由於能量解析度不佳，一般僅用於 LEED 上，做為簡單的元素檢測。電場擴散式能量分析器的能量解析度一般有兩種表示方法，其一為絕對能量解析度 (ΔE)，係量測訊號峰的半高寬 (full width at half-maximum, FWHM)，單位為 eV；另一種能量解析度為相對能量解析度 ($\Delta E/E_0$)，E_0 為歐傑訊號峰的峰頂位置，CMA 的 $\Delta E/E_0$ 為一常數，相對能量解析度通常以百分比表示，即 $R = (\Delta E/E_0) \times 100\%$。

(1) 筒鏡能量分析器[7,8]

圖 22.27 為筒鏡能量分析器 (CMA) 的結構示意圖，CMA 的主體由半徑分別為 R_1 及 R_2 的兩同軸心的柱狀圓筒構成，通常外筒附加 –V 的電位，而內筒接地。當電子通過了覆有金

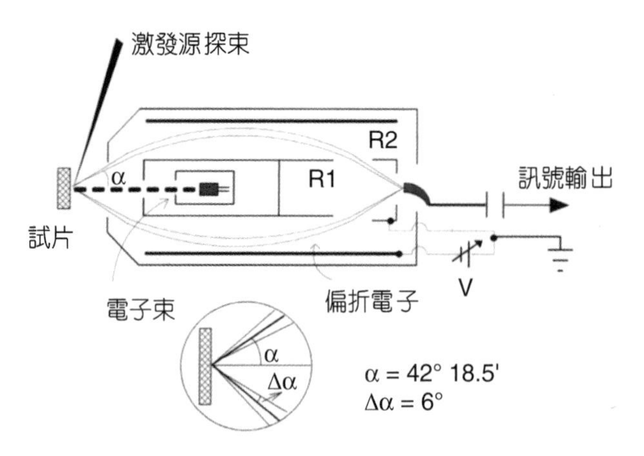

圖 22.27
筒鏡電子能量分析器結構示意。

屬網的環狀進口夾縫，進入圓筒間的電位場後，不同動能的電子會有不同的偏折半徑，適當地調整 V 值，可使帶特定動能的電子到達圓筒末端出口夾縫，並進入檢測器內。電子動能 E_0 與 V 的關係可以下式表示之：

$$\frac{E_0}{eV} = \frac{K}{\ln(R_2 / R_1)} \tag{22.8}$$

其中 e 為電子電荷，K 為常數，稱為能譜儀常數 (spectrometer constant)。當電子進入 CMA 的角度 (α) 固定在 42°18'，可使 CMA 有最大的接收立體角，$\Delta\alpha$ 可達 ±6°，因此 CMA 的傳送率很高，這是 CMA 常被強調的優點。一般 CMA 的相對能量解析度少有低於 0.25% 者；CMA 與試片之間相對位置的變化會影響電子訊號峰能譜位置及能量解析度的再現性，這是利用 CMA 進行電子能量分析者所應該注意的。由於 CMA 緊密的結構及試片與 CMA 之間嚴苛的距離限制，激發試片用的照射源，如電子槍、離子槍或 X 光源，都必須設法在一個窄小的空間內，安裝於適當的位置與角度，一般用於歐傑分析的電子槍都裝設在 CMA 分析器內的軸線上，如圖 22.27 所示，如此可減少試片位置校正的困擾，並增加其他儀器附件的安裝空間。

(2) 球扇能量分析器 (SSA)

球扇電子能量分析器與 CMA 一樣，都是屬於電場分散形的電子能量分析器。SSA 分析器的原理顯示於圖 22.28，兩個球心相同、半徑分別為 R_1 及 R_2 的半球面，分別附加 $-V_1$ 及 $-V_2$ 的偏壓，SSA 的扇形角度一般小於 180°。在 R_1 及 R_2 中間，半徑為 R_0 的區域會有一等電位面，具適當動能 (E_0) 的電子由 SSA 進口夾縫進入半徑為 R_0 的擴散面上，便可由出口夾縫離開 SSA，並進入電子檢測器內。E_0 與 R_1、R_2、V_1 及 V_2 的關係可以下式表示：

$$V_2 - V_1 = E_0\left(\frac{R_2}{R_1} - \frac{R_1}{R_2}\right) \tag{22.9}$$

在相同的能量解析度情形下，SSA 的穿透率比CMA 小，不過藉由適當的電子透鏡設計可大幅提昇 SSA 的傳送率。SSA 的高能量解析度對於電子能譜訊號能量細微變化的觀察有很大的幫助，這是CMA 所不及的。

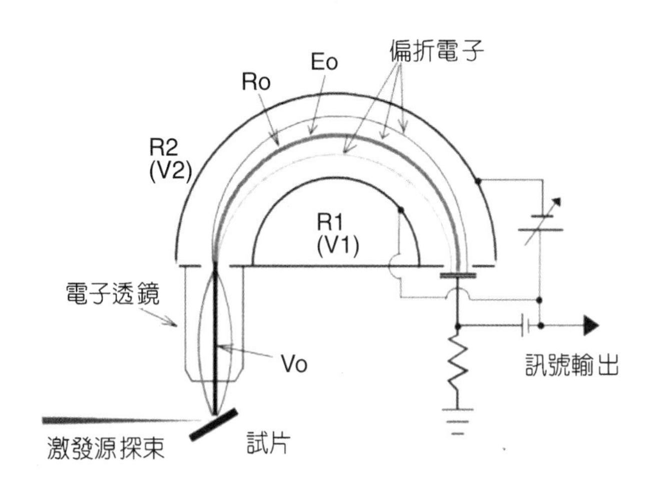

圖 22.28
球扇電子能量分析器結構示意圖。

22.4.4 質量分析器

質量分析器是用來分析帶電荷粒子的質量 / 電荷比值 (m/e)。質量分析器的分析能力一般取決於分析器的穿透率 (transmission) 及質量解析能力。依照美國真空協會的定義，質譜的質量解析度 (mass resolution) 為質譜峰 ($m/e = M$) 十分之一峰高處的峰寬 (ΔM)。由於質量分析器的 ΔM 隨 M 值大小成比例增減，並不很合適用做質量分析器解析能力的指標。而在一質譜中，各質譜峰的 ($M/\Delta M$) 卻是一個常數，所以便被用以界定在特定分析條件下，質量分析器的質量解析能力，於是 ($M/\Delta M$) 被定義為質量解析力 (mass resolving power)。普遍用於SIMS 系統的質量分析器有磁偏式(magnetic sector) 質量分析器與四極(quadrupole) 質量分析器，近年來飛行式(time-of-flight, TOF) 質量分析器的應用亦漸增加。

(1) 磁偏式質量分析器[14,15,24]

當帶電荷粒子在磁場中運動時，受到磁力的作用，其運動方向將受到羅倫茲 (Lorentz) 公式的約束而產生偏折，磁偏式質量分析器便是利用這原理來分離不同質量－電荷比值

(*m*/*e*) 的離子。當一電荷為 *e*、速度為 *v* 的離子感受到一個磁場引發的向心力 (*Bev*) 時，離子的離心力 (mv^2/R) 必須與之平衡，才可使運動軌跡保持在磁區中線，如圖 22.29 所示。離子在磁場中的偏折半徑為

$$R = \frac{1}{B} \cdot \sqrt{\frac{e}{2mV}} \tag{22.10}$$

V 為離子加速電壓，一般約在 4.5 kV。磁偏式質量分析器分析的質量範圍可大於 10,000 個原子質量單位 (amu)，而穿透率則高於 10%，其質量解析力可達 2×10^4，這些特點極適合用於半導體材料、礦物及生化試樣的 SIMS 分析，例如分析負型矽晶中的摻雜磷元素 (^{31}P) 時，如果質量分析器的 $M/\Delta M < 4{,}500$，則將無法有效分離 $^{31}P^+$、$^{29}SiH_2^+$ 與 $^{30}SiH^+$ 的訊號峰。由於磁偏式質量分析器的磁塊會有磁滯現象，磁場掃描速度會受到限制。

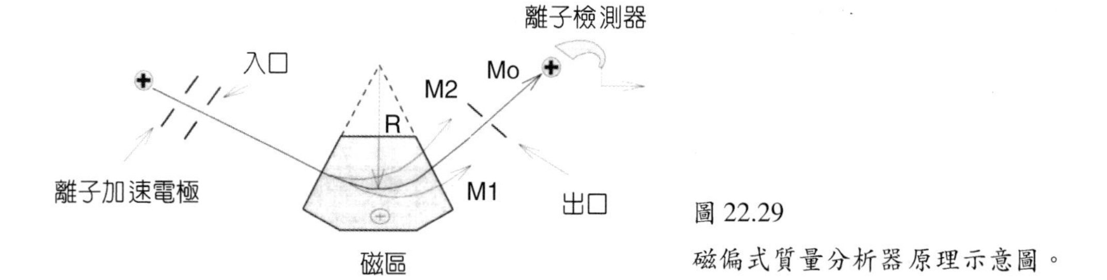

圖 22.29
磁偏式質量分析器原理示意圖。

(2) 四極質量分析器

利用振盪電場過濾帶電粒子是四極質量分析器的基本原理，圖 22.30 為四極質量分析器的原理示意圖。動能約為 10 eV 上下的離子在穿越一振盪電場時，適當 *m*/*e* 值的離子可穩定地通過電場，而其他 *m*/*e* 值的離子則會發生劇烈振盪而脫離電極棒環繞的區域，如此達到分離不同 *m*/*e* 值離子的效果。振盪電場由一無線電頻率 (MHz) 的交流電場附加在一直流電場上所形成，直流電場大小約為交流電場峰高的六分之一，電極為四根鉬金屬圓棒，當一組電極棒附加之直流電場為正偏壓時，另一組電極棒則為負偏壓。四極質量分析器的質量解析力並不很理想，一般在 300 左右，而其質量分析範圍一般不大於 300 amu。欲提升質量解析力除了提高直流電位與交流電位比值外，亦可增加電極棒的體積、長度，但是如此便會使原本很小的穿透率 (1%) 更行惡化，因此四極質量分析器的質量解析力少有超過 1000 者。

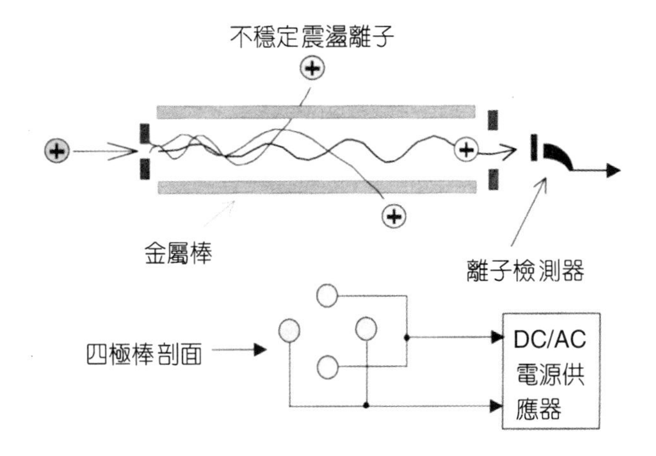

圖 22.30
四極質量分析器原理示意圖。

(3) 飛行式質量分析器

具相同動能的兩運動粒子，質量越大者，其運動速度就越小，因此當運動的方向、距離相同，質量輕者可在較短的時間內到達終點，飛行式 (TOF) 質量分析器即是利用此一原理來分離不同質量的粒子。當使用高偏壓加速瞬間發散自試片表面的二次離子，並量測不同 *m*/*e* 比值之離子到達檢測器的時間，便可以分析出二次離子的質量。圖 22.31 為 TOF 質量分析器的原理示意圖。由於全部的離子必須被調制成相同的動能，並同時出現在飛行管起點，所以一次離子源為脈衝式，離子束脈衝應小於 10 ns。當離子進入離子透鏡系統，抽引電極會加速離子至 5 keV 左右，兩粒子飛行時間與質量的平方根成正比，

$$\frac{T_1}{T_2}=\frac{l/v_1}{l/v_2}=\sqrt{\frac{m_1}{m_2}} \tag{22.11}$$

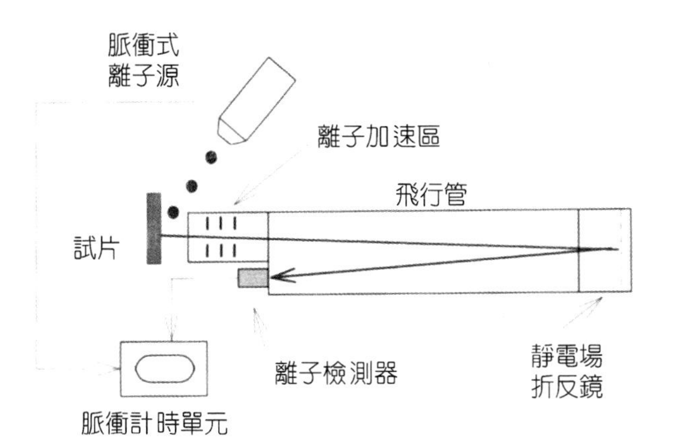

圖 22.31
飛行式質量分析器原理示意圖。

其中 l 為飛行的距離，v_1 與 v_2 分別為質量 m_1 與 m_2 的粒子速度。一般的飛行長度在兩公尺以下，而離子檢測器的飛行時間量測準確度宜小於 1 ns。TOF 質量分析器的離子穿透率可達 100%。理論上，TOF 質量分析器可分析任何質量的離子，不過質量越重的粒子所需的飛行時間就越長，會因此大量減緩分析速率，通常分析的質量以 5000－10000 amu 為上限。TOF 質量分析器的質量解析度與入射離子脈波長度及離子檢測系統的訊號擷取速率有關，一般 TOF 質量分析器的質量解析力均大於 1000。

22.5 結語

在此章節中我們介紹了幾種應用比較普遍，而且必須在超高真空環境中進行分析工作的表面分析儀。它們包括了歐傑電子分析儀、化學分析電子儀、高解析度低能電子能損儀、低能電子繞射儀、二次離子質譜儀與熱脫附質譜儀。我們也就一般超高真空表面分析儀的真空系統與上述表面分析儀的分析組件做了簡單說明，這些分析組件包括電子源、離子槍、電子能量解析度與質量分析器。超高真空表面分析儀提供了研究者一個簡單、可控制的實驗環境，對於釐清物質表面與界面的許多現象有很大的貢獻。表面分析技術發展初期，其所必需的超高真空環境引起了一些質疑，因為許多表面科學研究的對象是在一般大氣環境或甚至是高氣壓狀態所發生的大自然現象，超高真空表面分析儀所提供的數據如何能應用到實際的環境？不過隨著研究成果的累積，超高真空表面分析儀的分析結果與許多物化現象的成因已被證明有相當的關連性。現在不論是學術界或是產業界，超高真空表面分析儀已是被普遍應用、無法忽略的研究分析工具。

參考文獻

1. D. P. Woodruff and T. A. Delchar, *Modern Techniques of Surface Analysis*, Cambridge University Press (1989).
2. J. M. Walls, *Methods of Surface Analysis*, Cambridge University Press (1989).
3. L. C. Feldman and J. W. Mayer, *Fundamentals of Surface and Thin Film Analysis*, North-Holland (1986).
4. G. C. Smith, *Quantitative Surface Analysis for Materials Science*, The Institute of Metals (1991).
5. J. C. Riviere, *Surface Analytical Techniques*, Clarendon Press Oxford, (1990).
6. 儀器總覽－表面分析儀器, 國科會精密儀器中心 (1998).
7. 潘扶民, 材料分析, 第十二章, 中國材料學會 (1998).
8. D. Briggs and M. P. Seah, *Practical Surface Analysis by Auger and X-ray Photoelectron Spectroscopy*, John Wiley & Sons (1994).
9. D. Chattarji, *The Teory of Auger Transitions*, London: Academic Press (1976).

10. M. Thommpson, M. D. Baker, A. Christie and J. F. Tyson, *Auger Electron Spectroscopy*, New York: John Wiley & Sons (1985).
11. 潘扶民, 材料分析, 第十三章, 中國材料學會 (1998).
12. F. K. Ghosh, *Introduction to Photoelectron Spectroscopy*, New York: John Wiley & Sons (1983).
13. H. Windawi and F. F.-L. Ho, *Applied Electron Spectroscopy for Chemical Analysis*, New York: John Wiley & Sons (1982).
14. A. Benninghoven, F. G. Rudenauer, and H. W. Werner, *Secondary Ion Mass Spectrometry, Basic Concepts, Instrumental Aspects, Applications and Trends*, New York: John-Wiley & Sons (1987).
15. J. C. Vickerman, A Brown, and N. M. Reed, *Secondary Ion Mass Spectrometry, Principles and Applications*, Oxford University Press (1989).
16. R. G. Wilson, F. A. Stevie and C. W. Magee, *Secondary Ion Mass Spectrometry, A Practical Handbook for Depth Profiling and Bulk Impurity Analysis*, New York: John Wiley & Sons (1989).
17. D. Briggs and M. P. Seah, *Practical Surface Analysis*, Vol. 2 - Ion and Neutral Spectroscopy, 2nd Ed., John Wiley & Sons Ltd. (1990).
18. H. Ibach, D. L. Mills, *Electron Energy Loss Spectroscopy and Surface Vibration*, New York: Academic (1982).
19. R. P. H. Gasser, *An Introduction to Chemisorption and Catalysis by Metals*, Oxford University Press (1985).
20. G. A. Somorjai, *Chemistry in Two Dimensions Surfaces*, Cornell University Press (1981).
21. M. A, Van Hove, W. H. Weinberg and C.-M Chan, *Low-Energy Electron Diffraction*, Springer-Verlag Berlin Heidelberg (1985)
22. 潘扶民, 科儀新知, **8** (2), 58 (1986).
23. J. F. O'Hanlon, *A User's Guide to Vacuum Technology*, John Wiley & Sons (1980).
24. J. I. Goldstein, D. E. Newbury, P. Echlin, D. C. Joy, C. Fiori and E. L.fshin, *Scanning Electron Microscopy and X-Ray Microanalysis*, Plenum (1984).
25. P. J. Goodhew and F. J. Humphreys, *Electron Microscopy and Analysis*, Taylor & Francis (1988).

第二十三章　太空環境模擬系統

以下分兩節介紹大型熱真空環境模擬系統與太空磁暴及輻射環境模擬系統。

23.1 大型熱真空環境模擬系統

衛星或飛行體在太空遭遇的環境是非常奇特且嚴苛的，除了無重力 (或微重力) 及真空兩大特性外，就是極冷或極熱的環境不斷循環。衛星或飛行體在發射進入太空之前，並沒有機會經歷這些過程，而一般常溫常壓的地面測試並不能真正的驗證衛星是否能完全符合太空環境的需求。因此一個模擬太空環境的模擬系統，就變得非常重要了。一個熱真空環境模擬系統所模擬的環境並非包括太空所有的特性，而僅針對影響衛星或飛行體兩個最大的環境因素－即冷熱循環與真空－模擬而已。熱真空環境模擬系統主要目的有二：一個目的在於驗證衛星或飛行體在特定的高低溫循環與真空環境下是否符合其設計的功能需求，找出潛在製造技術工藝缺陷 (workmanship defect) 並加以改善，此即所謂的熱真空模擬測試；另外的一個目的，即在驗證衛星或飛行體熱控系統設計之充分性與分析之精確性，以確保衛星在外太空極冷與極熱的環境下能維持正常的運作，此即所謂的熱平衡模擬測試。

世界上擁有大型熱真空環境模擬系統的國家很多，主要用於進行太空熱真空環境模擬測試，大部分製造衛星或進行衛星整合測試的機構才有這方面的設備。目前國內只有國家太空計畫室擁有大型熱真空環境模擬系統，依飛行測試體 (test article) 的組成，可模擬測試衛星元件 (spacecraft component)、衛星次系統 (spacecraft subsystem)、衛星本體 (spacecraft bus) 與衛星系統 (satellite system) 等四大項。以下分別就熱真空環境模擬系統之原理、功能，以及衛星系統的測試做介紹。

23.1.1 系統原理及功能

座落於新竹科學園區內的國家太空計畫室衛星整合測試廠房，安裝了一套熱真空環境模擬系統，此模擬系統規格由法國 Intespace 公司總顧問協助訂定，並由義大利 ACS 公司主承包製造完成。此熱真空環境模擬系統的內部測試工作空間為 3 m 直徑乘 3.5 m 深，真空度

第 23.1 節作者為蔡志然先生、陳嘉瑞先生、詹勇倫先生及方振洲先生。

高達 10^{-7} mbar。利用液態氮 (LN_2) 及加熱器方式來模擬太空環境之溫度。此熱真空環境模擬系統包括熱真空艙、熱控及資料擷取等兩個主要系統，以下分別一一介紹其原理及功能。

(1) 熱真空艙系統

熱真空艙系統分別包括了熱真空艙體、控制次系統、真空次系統及熱次系統等四部份。圖 23.1 為典型熱真空艙系統控制部份示意圖。有關真空次系統部份 (示意圖見圖 23.2)，主要由初抽系統及高真空抽氣系統前後分工運作，將艙內的壓力抽至模擬測試時所需的壓力。為了確保衛星或飛行測試體在模擬測試時的安全性及可靠性，初抽系統及高真空抽氣系統皆配備了獨立運作的備份系統。一套初抽系統包含了二個迴轉油封幫浦 (rotary oil-sealed pump) 及二個魯式幫浦 (roots pump)，兩者由管路串聯而成。初抽系統可將艙內壓力

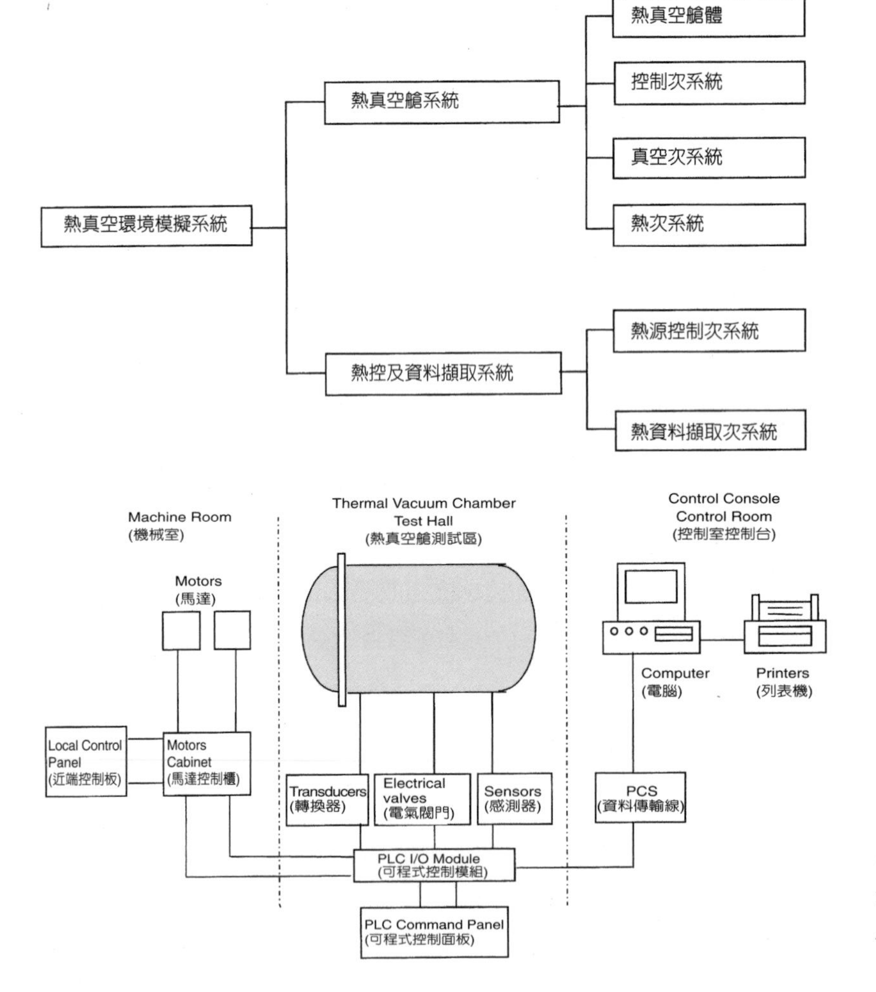

圖 23.1
熱真空艙系統控制部份示意圖。

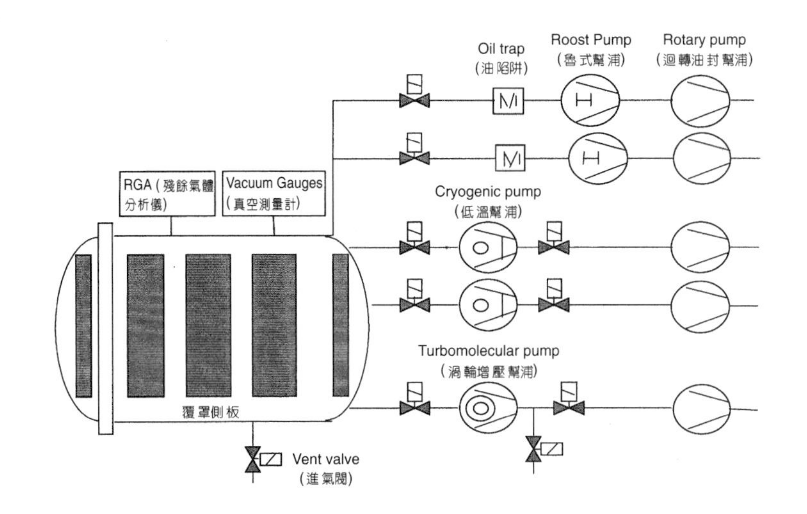

圖 23.2
真空次系統示意圖。

由一大氣壓抽至 5×10^{-2} mbar。而一套高真空抽氣系統包含了使用二個冷凍幫浦 (cryopump) 及二個迴轉油封幫浦前級幫浦，兩者由管路串聯而成。高真空抽氣系統可將艙內壓力繼續由 5×10^{-2} mbar 抽至 10^{-7} mbar 以下。此外，真空次系統部份另安裝了一個渦輪分子幫浦 (turbo molecular pump)，並於渦輪分子幫浦後段出口處加裝測漏計，主要藉以量測測試艙體洩漏程度，此幫浦除了輔助高真空抽氣系統加速抽氣外，亦可於冷凍幫浦進行再生 (re-generation) 時，維持高真空度輔助用。

為了模擬太空中低溫環境，熱真空艙系統在內艙壁一般包覆了一層「覆罩側板 (shroud)」。覆罩側板內面塗上高放射率黑色輻射材料，在覆罩側板夾層中間，則通入了氣態氮或液態氮 (GN_2 or LN_2) 用於控制覆罩側板表面溫度，進而使艙內的溫度亦隨之變化。熱次系統部份 (見圖 23.3) 在氣態氮模式下，模擬溫度可控制到極低溫 –173 °C，及極高溫 +127 °C，升降溫速最高率可達 80 °C/h；在液態氮的模式下，模擬溫度可達到極低溫 –196 °C。

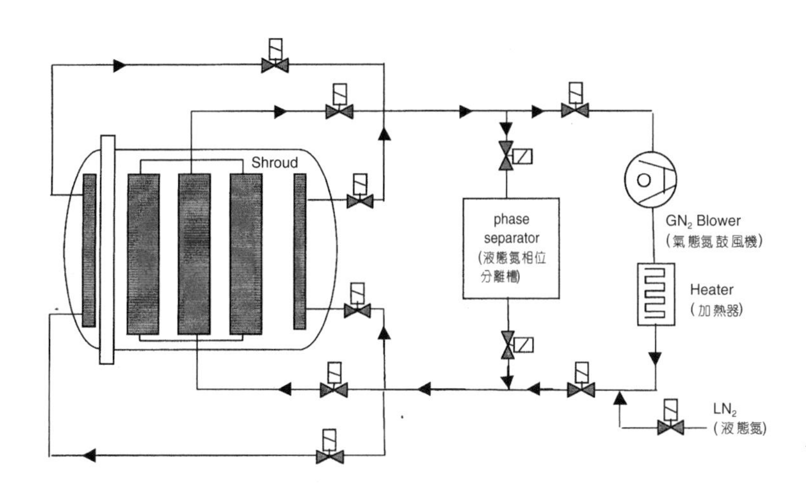

圖 23.3
熱次系統示意圖。

(2) 熱控及資料擷取系統

熱控及資料擷取系統包括了熱源控制次系統及熱資料擷取次系統等兩個部份。在熱源控次系統部份，為使衛星於熱真空艙內測試階段可模擬外太空之狀況，除了熱真空艙本身所提供之真空及極低溫環境外，另外必須有一測試熱源 (test heater)，以模擬衛星或飛行測試體於外太空受太陽照射時之高溫狀況，及在衛星蝕區 (satellite eclipse) 內之低溫情形。此系統主要利用幾類測試熱源來模擬高溫狀況，說明如下。

① 太陽模擬器 (Solar Simulator)

此一設備能提供最近似太陽能光譜之能量，同時為非接觸式熱源，雖然最能模擬衛星於軌道之真實狀況，但設備昂貴，測試成本極高，目前僅有少數歐洲衛星測試公司廠商使用。

② 紅外線加熱燈 (IR Lamp)

此一設備亦為非接觸式熱源，但其波長與太陽能光譜有所不同，不過由於設備較為便宜，測試成本並不昂貴，因此雖然測試結果誤差較大，目前卻廣泛用於衛星測試 。

③ 加熱片 (Skin Heater)

加熱片為接觸式熱源，必須直接黏貼於待測衛星上，其優點為所有提供之熱能均為衛星所吸收，而且可進行局部小面積之加熱控制，由於本身價格低廉，目前被廣泛使用。此外，由於其不需額外空間放置設備，十分適合於小型熱真空環境模擬系統。國家太空計畫室即使用此種方式來模擬高溫狀況。其缺點為無法直接應用於光學儀器及特殊處理表面之加熱，並且測試後之殘餘加熱片，亦需謹慎處理，避免污染問題。此外，若安裝方式不當，將極容易造成局部過熱 (hot spot) 現象。

④ 加熱板 (Heating Plate)

加熱板本身為一高導熱金屬板，利用加熱片直接造成高溫，再經由熱輻射方式加熱於衛星表面。此一加熱方式通常作為加熱片之輔助熱源之使用，使用於無法接觸加熱之表面。

在熱資料擷取次系統部份，為能有效監控衛星之溫度變化及外界所加入之輻射熱，除上述的加熱裝置外，必須配合一套熱資料擷取系統，此一系統包括溫度 (或熱通量) 量測、資料傳送及資料處理等方面，所得到之結果傳送給衛星測試相關人員，作為每一階段溫度監控之依據。

23.1.2 系統測試

熱真空環境模擬系統測試一般分為熱真空測試 (thermal vacuum test) 及熱平衡測試 (thermal balance test)。由於熱真空環境模擬系統測試是非常耗時、費力、複雜、高風險的環境測試，故常常兩種模擬測試一起進行。典型的熱真空環境模擬測試曲線輪廓圖如圖 23.4 所示，以下分別一一介紹。

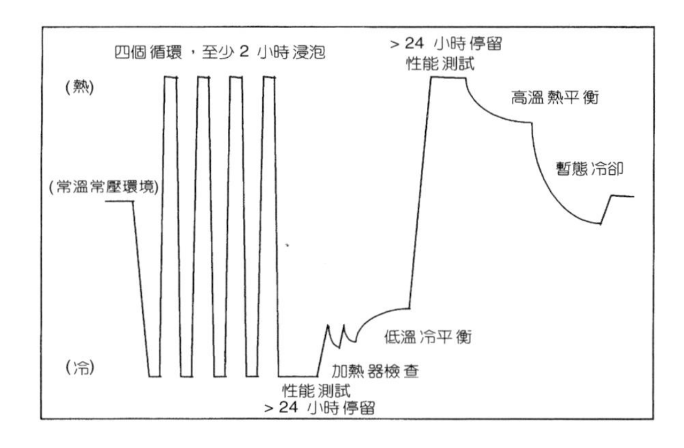

圖 23.4
典型的熱真空環境模擬系統測試曲線輪廓圖。

(1) 熱真空測試

熱真空測試的目的在驗證衛星或飛行體在特定的高低溫循環與真空環境下，是否符合其設計的需求，同時亦可找出潛在的製造技術工藝缺陷。衛星或飛行體之系統熱真空測試依測試需求的不同，可分為允收 (acceptance)、準飛行 (proto-flight)，以及合格 (qualification) 三個測試階層 (test level) (見表 23.1)。而這三個測試階層的測試條件各不相同，以允收測試較為寬鬆，而合格測試較為嚴苛。茲敘述如下。

通常衛星或飛行體經過一個合格階層之熱真空測試後，即不能飛行。因為合格階層之測試過於嚴苛，極可能造成測試體無法察覺的內傷，因此必須再製造一個完全相同規格的衛星或飛行體，經過一個允收階層之熱真空測試驗證後才可飛行。可想而知，如此做所耗費的人力、物力、時程與經費是相當驚人的。所以大多數的衛星計畫均採取一個折衷的做法，即衛星或飛行體經過一個準飛行階層之熱真空測試驗證後就允許飛行。若是已有衛星或飛行體經過一個準飛行階層以上之熱真空測試，其他同類型或同規格的衛星或飛行體只要經過一個允收階層之熱真空測試驗證即可飛行。

除了上述的測試條件外，熱真空測試尚有不受測試階層影響之共同參數如下：

① 熱真空艙

表 23.1 衛星或飛行體之系統熱真空測試測試需求階層分類。

允收測試階層	高低溫循環數目	4*
	測試溫度上下限	當第一個元件抵達其允收測試溫度上下限後，整個系統不再增溫或減溫。
	允收測試溫度上下限	操作或非操作溫度上下限
準飛行測試階層	高低溫循環數目	4 至6*
	測試溫度上下限	當第一個元件抵達其準飛行測試溫度上下限後，整個系統不再增溫或減溫。
	準飛行測試溫度上下限	允收測試溫度上下限 ±5 °C
合格測試階層	高低溫循環數目	13*
	測試溫度上下限	當第一個元件抵達其驗收測試溫度上下限後，整個系統不再增溫或減溫。
	合格測試溫度上下限	準飛行測試溫度上下限 ±5 °C

註：*原則上第一個和最後一個高低溫循環必須執行相關的功能 (function) 或性能 (performance) 測試，詳細測試項目由系統、次系統與酬載 (payload) 負責工程師共同決定。

真空度 ≤ 10^{-4} Torr
內壁溫度≤ −173 °C (灌入液態氮後)
內壁熱輻射率≥ 0.9

② 熱循環高低溫停留區 (Hot and Cold Dwells)
停留時間≥ 8 h (若有功能測試，時間可更長)
溫度變化率≤ 3 °C/h
(註：以上這些測試參數值會因測試需求與設備條件之不同而有所改變。)

衛星系統層次之熱真空測試是最耗時、費力、複雜及高風險的環境測試，所以必須要有周詳的規劃與充分的準備，再加上測試團隊的合作無間，才能順利達成所有系統測試的需求，並維護測試體與測試設備安全的任務。

(2) 熱平衡測試

衛星熱控系統在設計分析階段，必須建立一個熱數學模型 (thermal mathematical model) 來進行衛星元件在軌道飛行之溫度分析與預測。同時相關之熱控硬體元件也必須做詳細的設計，以滿足熱控系統之需求。熱平衡測試的目的在驗證衛星熱控系統設計之充分性與分析之精確性，以確保衛星在外太空極冷與極熱的環境下能維持正常的運作。

熱平衡測試屬於一個系統測試，所以測試體為整個衛星或衛星中可成為獨立系統 (以熱控觀點來說) 的部份，因其必須在真空的環境下執行。為了節省人力、物力，通常與系統熱真空測試合併執行，但若因測試體條件或時程差異太大，則應分開執行。

若將測試執行的前後工作加入，熱平衡測試依時間順序可分為三個階段，即測試前的準備、測試之執行與測試後的分析及校正。茲略述如下。

① 測試前的準備

在設計與分析階段準備的熱數學模型應略加修改，使其環境或邊界條件由太空改為灌入液態氮之熱真空艙壁，同時加入所有艙內的限制條件，重新做一個溫度的分析預測。同時將衛星在不同太空環境下所吸收的外來熱源，以測試熱源 (test heater) 來模擬之。若有較複雜或敏感區域不適合貼加熱片於衛星上者，可用加熱板或紅外線加熱燈取代之。至於熱數學模型中各個預測點 (node) 的溫度值，可由衛星本身的熱敏電阻感溫計 (thermistor) 與測試用之熱電偶 (thermocouple) 來量取溫度值。

② 測試之執行

本測試之執行必須包括下列幾個重要測試階段 (test phase)：(見圖 23.4)

a. 高溫熱平衡階段 (hot thermal balance phase)：此乃達成測試體在模擬太空環境最熱狀態 (worst hot condition) 下之熱平衡 (thermal equilibrium) 階段。
b. 低溫熱平衡階段 (cold thermal balance phase)：此乃達成測試體在模擬太空環境最冷狀態 (worst cold condition) 下之熱平衡階段。
c. 暫態冷卻或加熱階段 (transient cool-down or warm-up phase)：此乃利用測試體在冷卻或加熱過程中獲取暫態熱性能相關資料的階段。
d. 飛行電加熱器檢查階段 (flight heater check phase)：此乃檢查熱控主動元件－飛行電加熱器是否正常運作的階段。

③ 測試後的分析及校正

測試完成後，將測試的結果與測試前的溫度預測值做關係比對 (correlation)。排除測試本身的誤差後，調整熱數學模型中之各種假設值與熱控參數，使其預測之每一點溫度能與測試值相差在 ±3 °C 之內。如此，這個調整或校正後的熱數學模型即被證明是可靠的。然後依此模型重新分析預測衛星在不同操作模式下之飛行溫度分佈。若此溫度不幸在可容許的溫度範圍之外，則必須修改設計。最簡單的方法就是加大或縮小衛星表面之散熱器 (radiator) 面積，使其溫度落在可容許的溫度範圍之內。對衛星熱控系統工程師而言，衛星熱控系統之設計分析工作是一直到熱平衡測試完成，經過一連串分析驗證而確認無誤後，才算完成整個測試工作。

23.2 太空磁暴及輻射環境模擬系統

23.2.1 太空磁暴及輻射環境

在太空中地球磁場的分佈近似於一個偶極 (dipole) 磁場，其磁場隨離地心的距離以三次方的比例關係向外遞減。地球磁場背對太陽的一面，受太陽風的影響使得磁場拉長成長長的一條尾巴，稱為磁尾 (magnetotail)。此磁尾綿延 1000 多個地球半徑長。磁尾將太陽風的動能轉換成磁能儲存起來，再不定時的散發出來，此現象稱為地磁風暴 (magnetic substorms)。此外，太陽耀斑事件 (solar flare) 會產生高能等離子體向地球方向注入，所釋放之功率可達 10^{27} ergs/s。地磁風暴之發生可分成三個階段：第一階段是激發期，此階段有軟 X 光輻射出來；第二階段為暴衝期，此階段電子、質子被加速到 1 MeV 以上，並有無線電波、硬 X 射線、γ 射線輻射出來；第三階段為衰減期。整個三階段之全部時間可達數秒鐘或長達一小時。

在太空中充滿各種形態的物質，如：中性氣體、等離子體 (又稱電漿) 和各種能量的帶電粒子；有引力場、磁場和電場及各種波長的電磁輻射線，從能量極高的 γ 射線到頻率極低的電磁波；另外，還有流星體、人造無線電電磁波和人造軌道碎片。如果以地球為中心往外太空看並加以區分，我們可將之分為高層大氣、電離層、磁層、等離子層及范艾倫輻射環帶 (Van Allen radiation belt) 等區域，再往外看整個太陽系時，在磁層外更遠的空間中，則是由太陽風和行星際磁場所構成的日層和在其中運行的行星、小行星及慧星等。

由於太空磁暴及輻射環境對航太飛行設備 (如軌道上之人造衛星) 會產生不良影響，特別是對電子元件會造成破壞或功能衰退，如能應用已發展出之太空輻射模型，計算出太空輻射量，且適當的對電子元件加以進行遮蔽設計，將可減少對電子元件的破壞。表 23.2 為太空環境參數對不同軌道上人造衛星的影響。人造衛星隨著飛行軌道改變其所遭遇的太空環境也將因之不同，茲說明如下。

(1) 當軌道高度低到不足 1000 km 高度時的低軌道人造衛星 (如中華衛星一號軌道高度 600 km 及中華衛星二號軌道高度 891 km)，所受到的影響主要來自於地球本身的高層大氣和地磁場。高層大氣除了其阻力會使得人造衛星軌道逐漸降低直至隕落外，其大氣中的氧原子則會造成人造衛星表面結構的退化及化學腐蝕；而地磁場的強度可以影響衛星的姿態。

(2) 至於人造衛星軌道在離地球數千公里高度所面對的環境，考慮的因素將是來自范艾倫輻射帶的捕陷高能粒子、太陽耀斑事件質子和銀河宇宙射線 (galactic cosmic rays) 所誘發的單粒子事件效應 (single-event phenomena)，以及高能輻射所造成的總劑量效應 (total dose effects)。總劑量效應可以造成人造衛星上的微電子元件、感測器以及太陽能板的性能衰

第 23.2 節作者為丁南宏先生、方振洲先生、吳高志先生及彭家誠先生。

表 23.2 太空環境參數對不同軌道上人造衛星的影響。

	地球同步人造衛星 (36000 km)	中度軌道人造衛星 (1000－10000 km)	低軌道人造衛星 (100－1000 km)
中性大氣	無影響	無影響	造成阻力，改變衛星軌道使其墜落 氧原子對衛星表面產生化學腐蝕作用
地球大氣輻射	無影響	影響微弱	對人造衛星輻射平衡有影響
地球磁場	影響微弱	磁力距對衛星姿態控制有影響	磁力距對衛星姿態控制影響嚴重 磁場作為衛星姿態控制量測參考標準
太陽電磁輻射	對表面材料性能有影響	對表面材料性能有影響	對表面材料性能有影響
電離氣體	無影響	影響微弱	有影響通訊品質 有電源洩漏效應 阻力效應
等離子體和低能帶電粒子	表面充電效應嚴重	影響微弱	太陽磁暴效應影響衛星通訊品質 有電源洩漏效應
地球輻射帶高能帶電粒子	影響微弱	輻射帶劑量效應嚴重 輻射帶單粒子事件效應嚴重	輻射帶南大西洋異常區 (SAA) 劑量效應嚴重
宇宙射線	宇宙射線劑量效應嚴重 宇宙射線單粒子效應事件嚴重	宇宙射線劑量效應嚴重 宇宙射線單粒子效應事件嚴重	高緯度區宇宙射線誘發單粒子事件
流星體和太空碎片	有低碰撞機率可能性	有低碰撞機率可能性	有低碰撞機率可能性

減或損壞。

(3) 停留在地球同步衛星軌道上，以通訊和氣象觀測為目的的人造衛星，所面對的惡劣環境，除了來自外太空的宇宙線和流星體，主要則是由地球磁層擾動時由磁尾所注入的高能等離子體 (約 5 到 20 keV)，此現象又稱為磁暴。高能等離子體會使人造衛星表面帶靜電，產生靜電放電效應，產生的高電壓如高過崩潰電壓 (breakdown voltage) 將破壞人造衛星裡電子元件的電路板；靜電放電效應所產生的靜電光量 (electrostatic arc) 現象會產生電磁干擾效應，造成人造衛星的不正常動作。

(4) 以探測如火星、木星或土星等太陽系行星為目的的太空船，其軌道上所遭遇的將會是火星、木星和土星輻射帶中的高能帶電粒子所組成的強輻射環場。而以探測太陽系以外和星際空間為目的的太空船，其軌道所遭遇的會是太陽風、行星際磁場、宇宙射線及流星體等環境。

考量我國十五年國家太空計畫以發展低軌道衛星為主要任務，以下本文將著重介紹與討論低軌道上 (200 到 1000 km) 的太空環境。

23.2.2 低軌道人造衛星之太空環境

近地球的太空及大氣環境，強烈地影響運作中人造衛星的性能及壽命，特別是在衛星的重量、大小形狀、複雜度及成本。經由一些太空環境的交互作用，可導致電子元件和次系統功能的不正常，甚至完全破壞整個人造衛星。本節部份內容引用參考文獻 8 之資料。表 23.3 為太空環境對低軌道人造衛星的影響，不同太空環境對低軌道人造衛星會有不同的影響，茲說明如下。

(1) 中性大氣

中性大氣對人造衛星的影響有兩個：造成阻力，改變衛星軌道使其墜落，及氧原子對衛星表面產生化學腐蝕作用。中性大氣是低軌道衛星 (高度 100 – 1000 km) 所遇到的獨特環境，其主要成分隨高度變化，在 80 km 以下的大氣成分基本和地面相同，其平均分子量為 28.96，在 120 km 以上大氣的各成分將開始擴散分離，主要成分的原子量和平均分子量隨高度的增加而逐漸減少，主要成分由高到低依次為氫原子、氦原子、氧原子和氮分子。太陽是決定高層大氣性質的主要影響因素，來自太空的高能帶電粒子、太陽光中的紫外線和波長更短的 X 射線，在進入大氣以後，立刻被大氣吸收，被吸收的能量使得大氣加熱，溫度可高達攝氏一、二千度。除了因為太陽光投射角度變化所引起的季節變化、隨緯度的變化和地方時的日變化，當太陽的紫外光和 X 射線強度因太陽黑子活動發生劇烈變化時，高層大氣的溫度和密度也隨之發生劇烈變化，高度愈高差別愈大；在太陽活動高年和活動低年間的差別，在 200 km 高度上可相差 3 – 4 倍，500 km 高度上相差 20 – 30 倍，到了 1000 km 里高度上則可差到 100 倍。在 200 到 1000 km 的高度範圍內，氧原子是含量最多的成份，約占 80%，主要是氧分子吸收紫外光後分解而成，在同一高度上，太陽活動活躍年的氧原子密度會比活動較低年為高。

(2) 等離子體和低能帶電粒子

電離層對人造衛星的影響有表面充電效應、電源洩漏效應、阻力效應和太陽磁暴效

表 23.3 太空環境對低軌道人造衛星的影響。

太空環境 \ 對低軌道人造衛星影響	輻射損壞	微處理器錯誤	溫度	表面充電效應	機械結構(天線)損壞	軌道高度控制	姿態控制	對地通訊控制	化學損壞
地球重力場						○	○		
高層大氣			○			●	○		
氧原子									●
地磁場							●		
電離層				○		○		●	
地球大氣輻射			●						
地球反射			●						
流星體					●				○
太空碎片					●				
磁層等離子體				●		○			
太陽電磁輻射	○		●	●		○	○		
地球輻射帶	●	●		○					
太陽宇宙射線	●	●		○					
銀河宇宙射線	●	●		○					
太陽磁暴	●	●		○					

註：●表影響嚴重，○表有一般影響

應，皆會影響衛星通訊品質。低地軌道上的等離子體主要是組成電離層的電子和離子，電離層指的是高層大氣中的電離部份，主要形成的原因是高層大氣受到太陽的電磁輻射照射，使得其中的原子和分子產生電離效應，電子密度 (單位體積中所含的電子數目) 是描述電離層特性的主要參數。

(3) 地磁場

地磁場對人造衛星的影響有磁力矩對衛星產生作用，影響衛星姿態，及磁場作為衛星姿態控制量測參考標準。低軌道上的磁場主要來自地球本身的地磁場，其他外來高空電流體系的外源磁場只占很小的部份，僅占總強度的十分之一以下。地磁場的分佈近似於偶極場，隨離地心的距離以三次方的比例關係向外遞減。唯地球磁場背對太陽的一面，受太陽風的影響使得磁場拉長成長長的一條尾巴，稱為磁尾。此磁尾綿延 1000 多個地球半徑長。

(4) 輻射帶高能帶電粒子

輻射帶高能帶電粒子對人造衛星的影響有輻射帶劑量效應、輻射帶單粒子事件效應及輻射帶南大西洋異常 (south Atlantic anomaly, SAA) 劑量效應嚴重。高能帶電粒子主要來自太陽的宇宙線、來自銀河系的銀河宇宙線及被地磁場捕捉的輻射帶粒子組成。在低地軌道上，由於地磁場的偏轉作用，能量較低的宇宙線粒子被反射，無法進入；而能量較高者，則受地磁導引集中到高緯度地區，因而有很強的區域分布特徵。這些被地磁場所捕捉的高能帶電粒子 (主要為電子及質子) 形成一個圍繞地球運動的輻射帶，又稱為范艾倫輻射帶。1958 年范艾倫由 Explorer I 人造衛星上的實驗發現地球外圍有輻射環，其組成主要是由於電子及質子陷入地球磁場所形成。輻射帶強度最大的核心區域在離地球數千到數萬公里的高度上，可以破壞人造衛星的電子元件和表面材料，直接對人造衛星造成嚴重的威脅。低軌道區域正處於其下緣，其中人造衛星所接受到的輻射強度較高軌道衛星所接受的為低。

輻射帶分為電子環帶及質子環帶，電子環帶之電子能量可達數 40 keV 到 5 MeV，質子環帶之質子能量可達 100 keV 到數百 MeV，其中電子環帶又可分為內外兩環。內環帶主要分佈在地球半徑離地心 1.2 到 2.4 的距離。其內電子環帶之標準輻射環強度數學模型，就是大家所熟悉的 AE8 模型；外電子環帶受磁暴的影響，無精確之數學模型。另外，質子環帶之標準輻射環強度數學模型，就是大家所熟悉的 AP8 模型。為估算及預測此輻射環之強度，NASA/GSFC (Goddard Space Flight Center) 利用60、70 年代衛星實際飛行量測所得的資料，建立輻射環強度之數學模型 AE8 及 AP8。這兩模型將輻射場定義在地球磁場座標 (B/B_0, L) 上，得到的輻射場係屬全方向性 (omni-directional) 的，計算時先產生衛星軌道，再轉換成磁場座標，再利用此模型計算出各座標點上粒子通量率 (flux) 對粒子能量之能譜。此模型之缺點為不考慮輻射場方向性變化，且不考慮隨時間的變化，在高軌道 (例如同步軌道) 短時間內，輻射強度變化可達幾十倍。AE8 模型及 AE8 模型均受太陽黑子週期的影響。

由於地球旋轉軸與地球磁軸有約 11 度的偏移，兩軸線之偏移使輻射環在靠近西巴海邊的上空，輻射環向下延伸到較低的高度，此現象稱為南大西洋異常 (SAA)，位置在百慕達三角附近，低軌道衛星會在這區域接受到很明顯的輻射量影響。

(5) 電磁輻射

電磁輻射對人造衛星的表面材料性能有影響。在低軌道上的電磁輻射環境主要包含來自太陽的電磁輻射、地球和大氣對太陽電磁輻射的反射以及本身所發射的電磁輻射。太陽的輻射總量為太陽常數，其光譜接近 6000 K 的黑體輻射能譜，能量主要集中在可見光區 (40%) 和紅外光區 (51%)，能量變化不大，對太空中衛星的影響較小，但是剩下僅占小部份能量的紫外輻射、X 射線和 γ 射線則有很大的強度變化，對太空中的衛星的影響也大。當太陽表面發生劇烈擾動時，近紫外輻射線強度的變化不到一倍，遠紫外線的強度可增強數倍，X 射線則可能增強十倍至數十倍以上。這些波長短的電磁輻射在地球表面數十公里以上被大氣吸收，是高層大氣的主要熱源，因此當其強度變化時，同時會引發高層大氣的溫度和密度的變化。

23.2.3 太空輻射環境模擬系統

太空輻射線來自於范艾倫輻射環、太陽風暴，以及宇宙射線，其輻射粒子包括電子、質子及其他重離子，這些輻射線的影響是使人造衛星上的電子元件產生性能衰減或損壞。人造衛星因發射日期、任務壽命、軌道之不同，而有不同之輻射環境需求，要使衛星存活，必須正確的定義此環境需求，除了要能正確地分析與預測輻射強度，還要能作好電子元件之輻射測試，以保證電子元件符合輻射環境需求。

范艾倫輻射環其內電子環帶之標準輻射環強度數學模型，就是熟悉的 AE8 模型；質子環帶之標準輻射環強度數學模型，就是熟悉的 AP8 模型。為使衛星在未來任務執行階段不致於因為太陽磁暴而故障，衛星設計者須作長期預測，以預知此衛星在任務執行階段所可能面對的最大輻射量及累積輻射劑量，並保證衛星能存活於此環境下，科學家分析過去太陽磁暴發生時，實際量測所得輻射場強度資料，利用統計方法以預測未來發生之狀況，目前常用之方法有 KING 及 JPL 兩種模型。至於宇宙射線的數學模型 CREME 是由美國 Naval Research Laboratory (NRL) 所發展出來，可計算地磁外圍之輻射強度、地磁之遮蔽量、衛星外層之遮蔽量，並可將能譜轉換為LET 譜及計算單粒子事件邏輯顛倒(SEU)。

針對輻射線產生的不同作用，目前有以下四種輻射環境測試方式 (參見表 23.4 所列)：(1) 總劑量作用測試方式 (total dose)、(2) 中子破壞測試方式 (neutron damage)、(3) 劑量率作用測試方式 (dose rate) 及 (4) 單粒子事件作用測試方式 (single event effect)。分別介紹如下文。

(1) 總劑量作用測試模擬

總劑量由質子劑量、電子劑量及 bremsstrablung X-ray 劑量組合而成。為評估輻射線對衛星上儀器設備之影響，我們以輻射總劑量來表示物質吸收輻射線的量，針對電子元件吸收的輻射量，單位以 Rad(Si) 表示，估算出衛星在軌道吸收之輻射總劑量後，我們即可在地面上的實驗室內以固定強度的輻射線照射所使用之衛星元件或儀器，直到相同的總劑量，觀察其受損壞之程度，即可預測其在天上亦有相同之損壞程度。衛星之外層一般有鋁板作

表 23.4 輻射環境測試方式。

<table>
<tr><th colspan="2"></th><th>測試需求及方法</th><th>輻　射　源</th><th>劑量計</th><th>量　測</th><th>單　位</th></tr>
<tr><td colspan="2">總劑量作用測試</td><td>MIL-STD-883 Method 1019</td><td>使用鈷 60 產生之加馬射線</td><td></td><td></td><td>清華大學、原能會核能研究所</td></tr>
<tr><td colspan="2">中子破壞測試</td><td>MIL-STD-883 Method 1017</td><td>TRIGA Reactor 或 Fast Burst Reactor 產生之脈衝狀態或是穩定狀態中子束</td><td>CaF_2 熱流明劑量計</td><td>由 ^{32}S、^{54}Fe 或 $^{58}Ni5$ 之快中子起始反應量去量測中子通量</td><td>清華大學、原能會核能研究所</td></tr>
<tr><td rowspan="2">劑量率作用測試</td><td>短路閂鎖</td><td>MIL-STD-883 Method 1020</td><td rowspan="2">閃爍式 X 光之光子束或線性加速器之電子束</td><td rowspan="2"></td><td rowspan="2">PIN 偵測器或法拉第杯</td><td rowspan="2">清華大學、原能會核能研究所、同步輻射中心</td></tr>
<tr><td>邏輯顛倒</td><td>MIL-STD-883 Method 1021</td></tr>
<tr><td colspan="2">單粒子事件作用</td><td>EIA/JESD57</td><td>范氏加速器或迴旋加速器產生之高能量重離子</td><td></td><td></td><td>清華大學、原能會核能研究所</td></tr>
</table>

為主結構可衰減輻射之強度，由電子質子能譜可估算出其穿越不同厚度鋁板後之總劑量，當衛星外層鋁板決定後，由曲線關係式即可決定衛星內部電子元件所受之總劑量。

總劑量作用是由於元件長時間吸收游離輻射，造成電子元件參數之衰減，終而元件失效，本測試即反應出物質吸收不同輻射量下元件參數之改變量。由於對輻射能之吸收量，因物質不同而異，以矽半導體元件為例，其輻射吸收量之單位為 Rad(Si)，如以金屬氧化物半導體 (MOS) 元件作為待測件，其受輻射照射後，會造成起始截止電壓或漏電流等之改變，測試需求及標準請參閱 MIL-STD-883 Method 1019。

環境模擬系統：本測試使用之輻射源為鈷 60 產生之加馬射線。

(2) 中子破壞測試模擬

在中子照射下，會使電子元件之參數衰退，隨著中子通量 (fluence) 之增加，元件參數之大小產生變化。中子通量的單位是 ($neutrons/cm^2$)，測試需求及標準請參閱 MIL-STD-883 Method 1017。

環境模擬系統：使用之輻射源為 TRIGA Reactor 或 Fast Burst Reactor 產生之中子束，以脈衝狀態或是以穩定狀態操作，使用之劑量計為 CaF_2 熱發光劑量計 (thermoluminescence dosimeter, TLD)，中子通量由 ^{32}S、^{54}Fe 或 $^{58}Ni5$ 之快中子起始反應量去量測。

(3) 劑量率作用測試模擬

劑量率作用時間小於一秒鐘，之後輻射即刻消失，此種脈衝狀的輻射線會對電子元件產生兩種作用，一種是短路閂鎖 (latchup)，另一種是邏輯顛倒 (upset)。

短路閂鎖是由於積體電路中寄生 PNPN 或 NPNP 低阻抗路徑，受到輻射游離電能所啟動，電流會在此路徑持續不停流動，除非將電源關掉，否則此現象會造成晶片產生高熱而燒毀。測試時電子元件取適當偏壓及負載，由輻射前後之入口電流及出口電壓變化來判斷短路閂鎖之產生，輻射脈衝時間約 20－100 ns，測試需求及標準請參閱 MIL-STD-883 Method 1020。

受到輻射游離電能作用，記憶單元之邏輯狀態從 1 變 0，或從 0 變 1，此作用是暫時的，經過重寫可復原，此作用即為邏輯顛倒。輻射脈衝時間約 10－50 ns，劑量率強度為 10^6－10^{12} Rad(Si)/s，測試需求及標準請參閱 MIL-STD-883 Method 1021 (參考文獻 4)。

環境模擬系統：輻射源使用閃爍式 X 光 (FXR) 之光子束或線性加速器 (LINAC) 之電子束，劑量率之量測使用 PIN 偵測器或法拉第杯。

(4) 單粒子事件作用測試模擬

單粒子事件作用是由「單顆」高能量之重離子撞擊半導體電路，其貯存之游離電荷造成電路之各種異常現象，其異常包括表 23.5 所列幾種種類：① 單粒子事件功能中止 (single event functional interrupt, SEFI)、② 單粒子事件燒毀 (single event burnout, SEB)、③ 單粒子事件閘破壞 (single event gate rupture, SEGR)、④ 單粒子事件邏輯顛倒 (single event upset, SEU) 及 ⑤ 單粒子事件短路閂鎖 (single event latchup, SEL)。

本測試控制不同的線性能量傳遞 (linear energy transfer, LET)，即離子貫穿元件時，在單位長度之路徑上所失去之能量，其單位為 MeV/(mg/cm^2)。觀察不同 LET 值下元件之破壞狀況，尤其是破壞開始產生之啟始 LET 值之取得，針對單粒子事件邏輯顛倒，其破壞量是以橫斷面積 (cross section, σ) 表示，為單位離子通量之事件數，單位是 cm^2/device 或 cm^2/bit，

表 23.5 單粒子事件作用異常現象。

異常種類	原因	英文簡稱
單粒子事件功能中止	由於單離子撞擊，使元件功能造成非永久性之中止。	SEFI
單粒子事件燒毀	由於單離子撞擊，使局部產生高電流，使元件燒毀。	SEB
單粒子事件閘破壞	由於單離子撞擊，使 MOSFET 之閘絕緣破壞。	SEGR
單粒子事件邏輯顛倒	由於單離子撞擊，使元件產生邏輯顛倒。	SEU
單粒子事件短路閂鎖	由於單離子撞擊，使元件產生短路閂鎖。	SEL

測試需求及標準請參閱EIA/JESD57。

環境模擬系統：輻射源需使用范氏 (Van de Graaff) 加速器或迴旋加速器 (cyclotron accelerator) 以產生高能量重離子，待測物需安置於真空艙中，其配置如圖 23.5 所示。

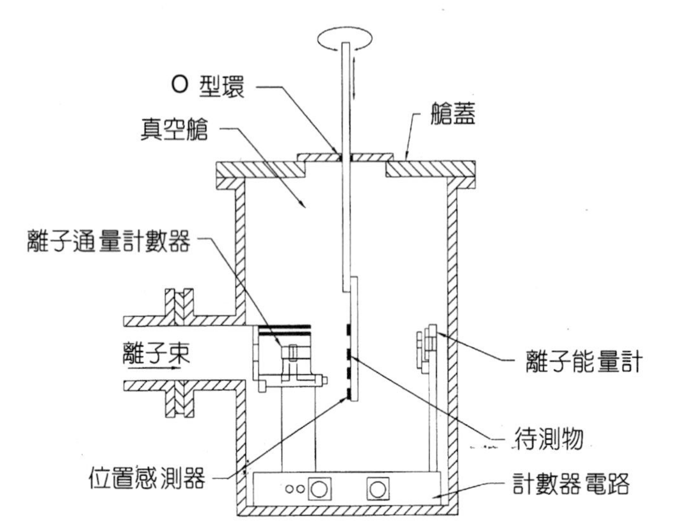

圖 23.5
單事件測試真空艙配置。

以上所敘述之太空環境模擬系統，在清華大學、原能會核能研究所及國科會同步輻射中心均有相關之輻射環境模擬系統設備。如將之應用在太空科技上，由於選用庫存之商用元件作為太空元件是未來之趨勢，目前國家太空計畫室正積極輔導國內廠商發展人造衛星所需元件，並與相關之學術單位合作進行研究計畫，所採用之元件驗收測試方法即為本文所述之測試方法。

參考文獻

1. Test Requirements for Launch, Upper-stage, and Space Vehicles, MIL-STD-1540C, Military Standard, 15 September 1994.
2. Jih-Run Tsai (蔡志然), ROCSAT-1 Spacecraft Thermal Design/Analysis Verification - Thermal Balance Test, 40th Conference on Aeronautics and Astronautics, Taichung, Taiwan, ROC, December 1998.
3. 譚怡陽, 林子洋, ROCSAT-1 Satellite Environmental Test Requirements, RS1-REQ-001, 15 February 1998, NSPO.
4. Chen-Joe Fong (方振洲), ROCSAT-1 Spacecraft Thermal Vacuum Test Preps, PY-21N-24, 26 November 1996, TRW.

5. Chen-Joe Fong (方振洲), ROCSAT-1 Spacecraft Thermal Vacuum Test Procedure, PY-21S-22, 9 December 1996, TRW.
6. Jeffrey Anderson, ed., *Natural Orbital Environment Guidelines for Use in Aerospace Vehicle Development*, NASA (1994).
7. S. Jursa, *Handbook of Geophysics and the Space Environment*, Bedford, MA: Air Force Geophysics Laboratory (1985).
8. 宗海主編, 低軌道航天器空間環境手冊, 7月, 國防工業出版社(1996).
9. R. Wertz & W. J. Larson, ed., *Space Mission Analysis and Design*, Chapter 8, Kluwer Academic Publishers (1991).
10. ML-STD-883E, Method 1019.4, *Ionizing Radiation (Total Dose) Test Procedure*.
11. MIL-STD-883E, Method 1017.2, *Neutron Irradiation*.
12. MIL-STD-883E, Method 1020.1, *Dose Rate Induced Latch up Test Procedure*.
13. MIL-STD-883E, Method 1021.2, *Dose Rate Upset Testing of Digital Microcircuits*.
14. EIA/JEDEC Standard 57, *Test Procedures for the Measurement of Single-Event Effects in Semiconductor Devices from Heavy Ion Irradiation*.
15. 吳高志, 中華衛星二號太空輻射環境分析, PR-89PA-001, 2000 年 7 月, 國家太空計畫室.

第二十四章　台灣產業界普遍真空處理系統

24.1 半導體工業

自從 1980 年政府在新竹成立科學工業園區，同時引進積體電路元件 (integrated circuit devices, IC) 製造廠以來，半導體產業開始在台灣快速發展，近年來更是以接近 50% 的年成長率向前邁進，目前已經成為台灣新興電子資訊高科技工業的主體。有關我國半導體工業的發展歷程、技術趨勢、相關配合產業之概況、建立半導體製程設備工業的必要性、技術研發與人才培育等課題，在「矽金之島」[1] 一書中有完善的整理，值得參考。半導體元件的生產從最上游的晶片材料，乃至下游的元件構裝，尤其是中游的晶圓製造，其製程設備幾乎都需用到真空技術。半導體元件各階段製程的基礎原理及相關設備[2,3] 非常不同，涵蓋範圍甚廣，非本章節所能詳細描述；本節將對半導體產業的分類、元件製程的主要階段及其真空系統的應用作一概略性的陳述。

24.1.1 半導體產業的分類

半導體產業為運用半導體材料製造電子零組件的產業。所使用的半導體材料最大宗者是矽 (約占 97%)，其次是砷化鎵 GaAs (約占 2%)，其餘的鍺 (Ge)、三五族 (例如 GaP、InP 等)、二六族 (例如 ZnSe、CdTe 等) 和四四族 (例如 SiC) 等化合物半導體材料，其使用量相對而言非常低。依半導體元件的整體結構而言，可概略分為分離式元件 (discrete devices) 和積體電路元件 (IC)；表 24.1 為大致的分類架構。依元件的運作功能而言，又可再概分為電路元件 (electronic devices) 和光電元件 (photonic devices)。所謂積體電路元件乃是把電晶體、二極體、電容及電阻等分離式元件整合製作於單一晶粒內，其包含的元件數目愈多，亦即集積度愈大，則 IC 的結構愈複雜，製程也愈繁複。目前積體電路工業為我國半導體產業的主體。雖然半導體元件的結構和功能不同，但是其運用的各個製程單元的目的及原理大致相似，因此我們可以從對積體電路產業的結構和其涵蓋的製程單元的了解，進而獲得真空系統在半導體工業中應用的概念。積體電路產業可以概分為設計、製造及支援等工業 (見圖 24.1)。積體電路元件的製造過程 (見圖 24.2)，則涵蓋最上游的晶片材料、磊晶片製造；中游

第 24.1 節作者為黃倉秀先生。

的氧化、擴散、離子植入、鍍膜、微影顯像、蝕刻等晶圓製程 (wafer processing)，也就是狹義上，一般人習稱的半導體廠或晶圓廠之製程；下游的測試及構裝。每個製程階段的設

表 24.1 半導體產業的分類。

分離式元件	電路元件	電晶體、整流二極體、閘流體
	光電元件	雷射二極體、發光二極體、檢光二極體、光電晶體
積體電路元件	金氧半 IC	記憶體：隨機存取記憶體、唯讀記憶體 微處理器 邏輯元件
	雙極 IC	雙極：記憶體、邏輯元件 數位元件 線性類比元件

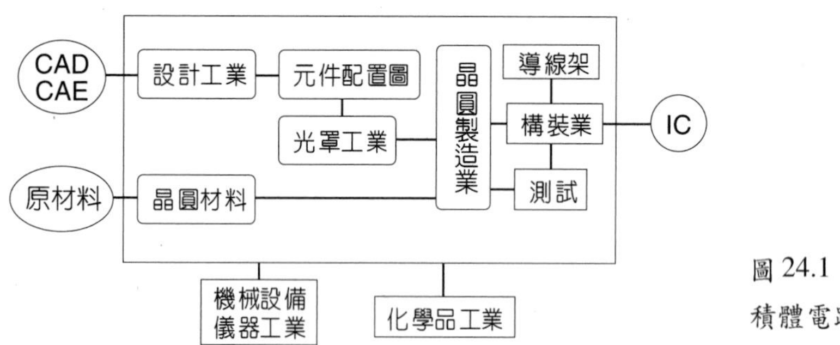

圖 24.1
積體電路產業的分工。

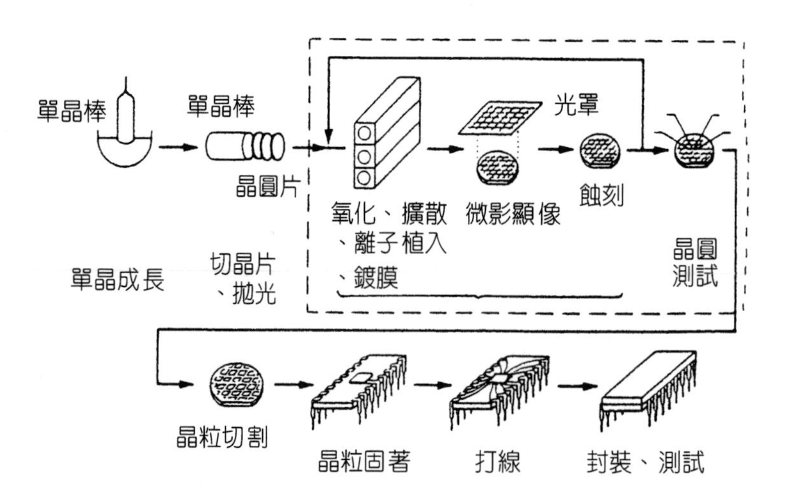

圖 24.2
積體電路元件的製造過程。

備，或多或少都運用到真空技術與真空設備。概而言之，真空系統在各製程設備中主要是提供機械力及製作環境控制兩大功能。機械力主要是提供晶片或物件的傳輸和固定，運作所需的真空系統對低壓力的要求不高，一般機械幫浦即可滿足。至於製作環境的控制，對氣密性的要求較高，通常需要達到高真空的背景，才能依製程設備對真空度或不同氣體及壓力的需求而加以控制調整，所以配合的真空系統較精密複雜。以下將就矽積體電路元件的各主要製程單元及其運用的真空系統作簡要的敘述，至於各不同真空系統的詳細內容，可參考本書前面各章節。

24.1.2 晶片材料製造

做為半導體元件的起始材料，一般都是高純度的。電子級的複晶矽塊，其純度要求高達 11N (99.999999999%)，即雜質的含量必須控制在十億分之一原子比 (ppba) 的範圍。但是從矽砂經電弧爐熔煉得到的冶金級矽塊，其純度只有 98%，因此純化製程必須把純度再提高一億倍。冶金級矽先經由鹽酸處理轉化成 $SiHCl_3$ (沸點 31.8 °C) 液體，再藉蒸餾法除去 $AlCl_3$ 及 BCl_3 等雜質，最後在化學氣相沉積 (chemical vapor deposition, CVD) 系統中，把 $SiHCl_3$ 氣體還原成高純度矽。矽單晶棒通常是經由柴氏 (Czochralski) 拉晶法生長出來的[3,4]。把高純度矽塊及所需之定量雜質置於石英坩堝中，在高溫熔融狀態，藉由晶種的引領，可長出單晶棒。單晶棒再經定向、切片、研磨、拋光而得晶圓片。為了避免矽原料在高溫氧化，長晶爐必須在低壓的鈍性氬氣流下操作，因此長晶爐也必須配備真空系統。

24.1.3 磊晶片製造

磊晶片是指在一單晶片基板上生長單晶薄膜，一般是在高摻雜濃度的晶圓片基板 (n^+ 或 p^+) 上生長同型或異型的低摻雜濃度的磊晶薄膜，形成 n/n^+、p/p^+、p/n^+、n/p^+ 結構。半導體元件是建立在晶片的表面，藉調整晶片表層 (磊晶層) 的雜質濃度，可以改善某些元件的特性，例如可以提高崩潰電壓、降低軟錯(soft errors) 及防止閉鎖 (latch-up) 等。生長磊晶片的系統，其架構基本上與化學氣相沉積系統相同，但是對溫度均勻性及氣流穩定性的要求更高。相對於一般複晶膜的沉積，磊晶膜的生長溫度高很多，因此磊晶系統需要考量耐熱的問題。

24.1.4 晶圓製程

雖然整個半導體元件的製程相當複雜，但是我們可將其簡化，視為在晶圓片上藉由氧化、擴散或離子植入先做表層內個別元件活性區的建構與隔離，其後在晶片表面把一層層的金屬或絕緣體薄膜鍍上去，而且在每一層鍍完之後利用光阻之微影顯像製程，配合蝕刻完成預定的線路配置。有些人戲稱積體電路元件製作猶如微觀的高樓大廈建築 (參見圖

24.3)，晶片內的半導體活性區、通道與隔離區類似地下樓層，而晶片上的各層導線、絕緣層、連接線或栓塞 (plug) 等類似地上高樓的建築。晶圓製作單元中與真空技術關係最密切的製程設備是離子植入機、鍍膜機和乾式蝕刻機。

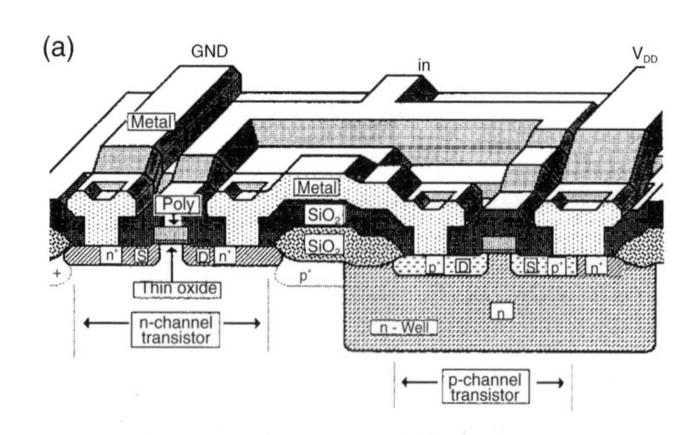

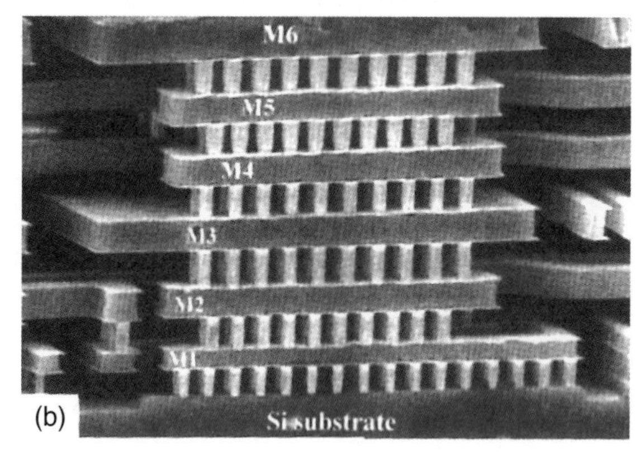

圖 24.3
(a) CMOS 元件之透視圖，(b) 經化學溶液剝蝕處理後的積體電路元件之橫截面電子顯微鏡影像[5]。

(1) 離子植入機

離子植入機在積體電路元件製程中的主要應用是形成及調制個別元件的活性區，例如在互補式金屬氧化物半導體 (CMOS) 元件中形成 *p* 或 *n* 井 (well)、源極 (source) / 汲極 (drain)、臨界電壓的控制調整；在雙極 (bipolar) 元件中形成射極 (emitter)、基極 (base)、埋藏集極 (buried collector) 等。離子植入乃是把高能量的雜質離子植入基板內，藉由控制帶電離子經電場加速的動能大小 (離子植入深度) 及離子束電流量 (離子植入劑量)，可以精確的控制活性區的摻雜濃度和深度。離子植入機主要包含離子源、離子加速管和終點站 (end station) 三部份，整個離子束經過的區域都是高真空系統 (參考圖 24.4)。為了避免油氣污染，現今的離子植入機大多採用無油幫浦，例如乾式幫浦 (dry pump) 配用渦輪分子幫浦，以獲得高真空。

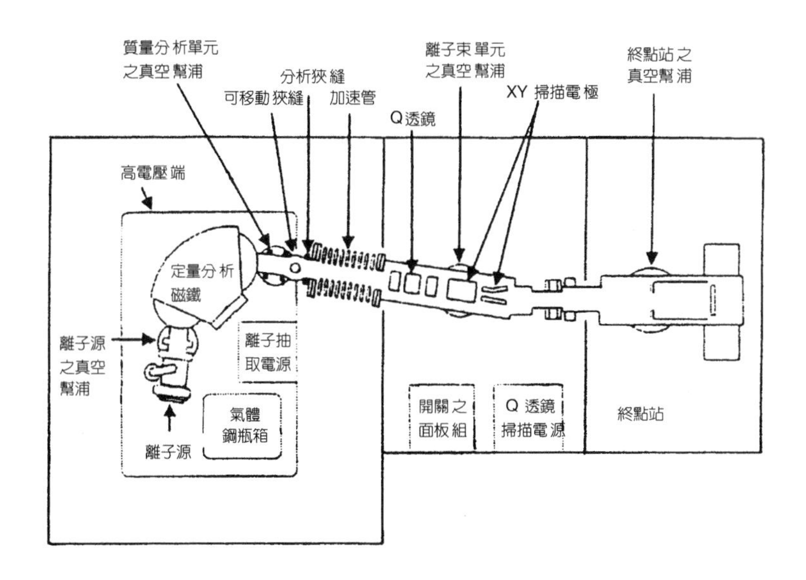

圖 24.4
離子植入機結構示意圖。

(2) 鍍膜機

半導體元件中的薄膜大致上可分為四類：熱氧化物、介電絕緣層、複晶矽及金屬膜等。熱氧化物是指藉著高溫氧化製程產生二氧化矽，可作為隔離個別元件的場氧化物 (field oxide) 及金屬氧化物半導體 (MOS) 元件中的閘極氧化層 (gate oxide)。介電絕緣層主要是指 SiO_2、磷矽玻璃 (phosphosilicate glass, PSG)、硼磷矽玻璃 (borophosphosilicate glass, BPSG) 和 Si_3N_4，在半導體元件中可作為導電層間的絕緣，及防止元件遭受污染、水氣及刮傷的保護層 (passivation)；或於元件製造過程中作為擴散及離子植入的罩幕 (mask) 及避免摻雜元素耗失的遮蓋層 (capping layer)。複晶矽膜可在矽積體電路元件作為閘極的電極、淺接面的接觸電極及多層金屬導線中的導體等。金屬薄膜材料包含甚廣，例如：Al、Ti、W、Cu、TiN、TiW 等，在半導體元件中作為歐姆或蕭特基電極、連接導線等。除了熱氧化物外，其餘三類薄膜都是鍍製的，其所運用的各種真空鍍膜系統的結構及操作原理，已在本書前面章節介紹，本節只概述在半導體元件製程中常用的範圍及鍍膜的特性。

依薄膜鍍製的原理和其應用的真空系統，可概分為物理氣相沉積 (physical vapour deposition, PVD) 系統和化學氣相沉積系統兩大類。物理氣相沉積系統主要運用於鍍製金屬薄膜，而化學氣相沉積系統通常運用於鍍製複晶矽和介電絕緣層之薄膜；但是近年來由於積體電路元件的集積度增大，個別元件尺寸繼續縮小，因而寬高比 (aspect ratio) 增大，所以對薄膜的階梯覆蓋 (step coverage) 能力要求更高。化學氣相沉積的薄膜階梯覆蓋能力較佳，今日積體電路產業逐漸運用化學氣相沉積法鍍製金屬薄膜。

物理氣相沉積系統

物理氣相沉積系統的鍍膜方法很多，半導體工業中最常用的是蒸鍍 (evaporation) 和濺鍍 (sputtering)。蒸鍍方法是把鍍膜材料加熱，由固體液化蒸發或直接昇華變成氣態的原子或分子，而逐漸沉積在基板上形成薄膜。因加熱的方法不同又可細分為電阻加熱 (即一般人習稱的熱蒸鍍 (thermal evaporation))、射頻電感加熱 (RF induction heating)、電子束加熱及雷射加熱等。濺鍍法是利用鈍性氣體電漿 (plasma) 中的離子 (例如 Ar^+) 轟擊靶材 (鍍膜材料)，讓濺出的原子或分子沉積在基板上。因產生電漿的電源供應器不同又可概分為直流濺鍍及射頻濺鍍兩大類，其中又因陰極結構的設計差異而有平面磁控 (planar magnetron)、圓柱磁控 (cylindrical magnetron) 或圓環磁控 (S-gun magnetron) 等濺鍍方法，以提昇電漿產生的效率。另外也有在鈍性氣體中混合氮氣 (或氧氣) 以反應性濺鍍法 (reactive sputtering) 製作氮化物 (或氧化物)。半導體工業中最常用的熱蒸鍍、電子束蒸鍍和濺鍍在製作薄膜的特性上可由表 24.2 知其概況和差異。蒸鍍法通常運用於分離式元件的金屬鍍膜製程，例如：電晶體、整流二極體和光電半導體元件的發光二極體、雷射二極體等。由於濺鍍可以同時達成較佳的沉積效率，大尺寸的鍍膜厚度控制和精確的成份控制，尤其是薄膜的階梯覆蓋能力較蒸鍍法好，所以今日的積體電路產業幾乎都只採用濺鍍法。

表 24.2 三種常用的物理氣相沉積法的比較。

	熱蒸鍍	電子束蒸鍍	濺　鍍
沉積速率	慢	慢	佳
大尺寸膜厚控制	可	可	佳
合金膜成份控制	可	差	佳
鍍製高熔點金屬膜	差	可	佳
鍍製氧化物、氮化物	差	差	佳
鍍製高純度金屬膜	差	佳	可
薄膜的黏著性	可	可	佳

化學氣相沉積系統

半導體產業常用的化學氣相沉積系統包含常壓化學氣相沉積系統 (atmosphere pressure CVD, APCVD)、低壓化學氣相沉積系統 (low pressure CVD, LPCVD)、電漿增益化學氣相沉積系統 (plasma enhanced CVD, PECVD) 及有機金屬化學氣相沉積系統 (metal-organic CVD, MOCVD) 等。APCVD 是半導體產業最早運用的 CVD 系統，因操作壓力接近 (略低於) 常壓，反應爐設計較簡單而且沉積效率較大，但也易產生氣態反應在薄膜表面形成細顆粒，而且階梯覆蓋能力也較差。LPCVD 系統的操作壓力約在 1 Torr 左右，因壓力低，氣態反應凝結的情況較不明顯，同時氣體分子的平均自由徑較大，薄膜的階梯覆蓋能力也較好。

LPCVD 系統有熱壁式和冷壁式兩種。熱壁式 LPCVD 為一水平爐管的反應器 (參見圖 24.5)，利用傳送手臂將整批晶片送入反應室，反應氣體由爐管前端導入，熱能則由加熱器提供，沉積剩餘的廢氣則由抽氣管路排走。今日積體電路產業的晶片尺寸逐漸增大，整批式 LPCVD 的水平爐管，其體積相當龐大，而且爐管溫度均勻性的控制較困難，因此單一晶片式的 LPCVD 系統逐漸普及。單一晶片式的 LPCVD 系統通常為垂直氣流 (vertical flow) 的冷壁式反應器。PECVD 基本上與單一晶片式的 LPCVD 相似，但是配備有射頻 (RF) 電源供應器以產生電漿來輔助化學沉積反應，使 PECVD 系統可在較低的溫度下操作。APCVD、LPCVD 和 PECVD 系統的操作溫度比較可參照圖 24.6。至於 MOCVD 系統的基本結構與 LPCVD 或 PECVD 系統相似，但是其氣體前驅物 (precursor) 為氣態的有機金屬。MOCVD 系統主要應用於金屬薄膜的沉積，因其階梯覆蓋能力較濺鍍佳，在今日積體電路元件集積度增大、元件尺寸縮小時，更顯現其在深次微米的填洞能力。

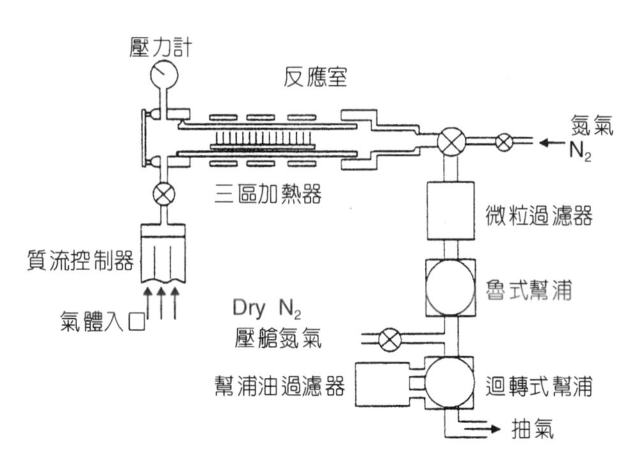

圖 24.5
熱壁式水平反應爐管的LPCVD 系統。

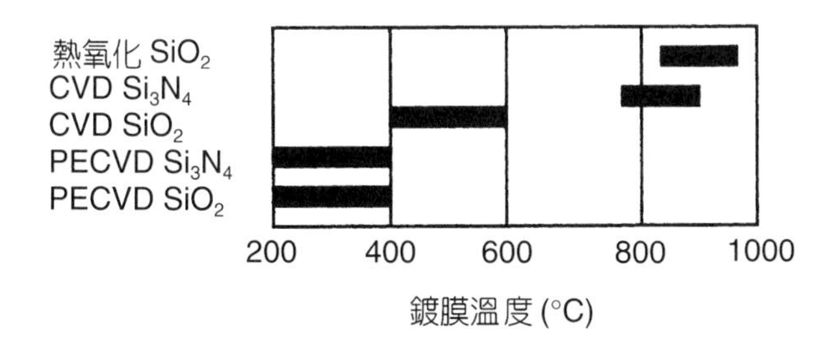

圖 24.6
不同的 CVD 系統鍍 SiO_2 和 Si_3N_4 的操作溫度的比較。

(3) 乾式蝕刻機[3-6]

在半導體元件的製作過程中，需要在晶圓片及其上的薄膜定義出必要的圖案 (pattern)，這些圖案則是藉由微影顯像和蝕刻來完成。半導體元件製程的蝕刻方法可概分為濕式和乾式兩種。濕式蝕刻乃是利用酸、鹼等化學溶液去蝕刻材料。由於化學溶液與薄膜材料的反應通常為等向性 (isotropic)，除了縱向的蝕刻也會有橫向的蝕刻，因而產生光阻圖案下的底切 (undercut) 現象，導致圖案的失真。乾式蝕刻法乃是利用電漿中帶電的高活性 (或非活性) 離子與薄膜產生化學反應 (或濺蝕)，而移除待蝕刻的材料。乾式蝕刻可藉由控制導入氣體的化學成份及電極電場的配置，使蝕刻的材料選擇性和非等向性提高，在縱向的蝕刻速率遠大於橫向的蝕刻速率，產生近乎垂直的側壁，從而達成蝕刻後的圖案與光阻圖案的一致性。濕式蝕刻主要應用於分離式元件或大尺寸圖案的蝕刻。積體電路元件的圖案極細微，必須嚴格控制元件的線寬，因此今日 IC 產業普遍採用乾式蝕刻法來定義元件圖案。

依乾式蝕刻的反應機能可分為物理性的濺蝕 (sputtering) 和化學性的離子反應兩類。物理性蝕刻是利用電漿中的正電粒子，在電場加速下，轟擊被蝕刻物 (接於 RF 電極) 的表面，把被蝕刻物質濺出。由於離子在電場下近乎垂直於被蝕刻物表面的運動，所以蝕刻後圖案的側壁也近乎垂直於表面，可以獲得很好的非等向性蝕刻；但是若此正電粒子為鈍性氣體之電漿 (如 Ar^+)，則被蝕刻物與光阻同時被濺蝕。蝕刻的選擇性極差，而且被濺出的物質通常不具揮發性，被真空設備抽除的效率低，可能造成污染。所以完全物理性的乾式蝕刻，即通稱的濺蝕 (sputter etching)，在今日積體電路產業中很少使用。另方面化學性蝕刻是利用電漿中的帶電粒子：離子或活性原子團 (radicals)，與被蝕刻物 (grounded，接地) 的表面產生化學反應，生成揮發性的產物，由真空設備抽除。憑藉控制導入反應室氣體的成份，通常可以獲得很好的選擇性蝕刻，但是蝕刻後圖案的非等向性較差。所以完全化學性的乾式蝕刻，即通稱的電漿蝕刻 (plasma etching)，在今日積體電路產業中一般只用於光阻的剝除。最廣泛使用的乾式蝕刻機則是結合物理性與化學性蝕刻的活性離子蝕刻機 (reactive ion etcher, RIE)。RIE 主要靠活性離子的化學反應進行蝕刻，達成待蝕刻材料的選擇性 (selectivity)，同時也因被蝕刻物置於 RF 電極，得到離子的轟擊：一方面可將被蝕刻物表面的原子鍵結破壞，加速縱向的蝕刻速率；另方面將沉積在表面經由活性電漿蝕刻反應的產物打掉。在側壁上的沉積物因未受離子轟擊而保留下來，阻隔了側壁與活性電漿的接觸，使側壁不受蝕刻，而獲得非等向性的蝕刻效果。濺蝕機、電漿蝕刻機和活性離子蝕刻機的差異性，可以從結構示意圖 (如圖 24.7 所示) 和操作特性 (表 24.3) 的比較得到概念。

乾式蝕刻必須考量非等向性、選擇性、均勻度和蝕刻速率等因素。如果操作壓力降低，因粒子的平均自由徑增長，亦即粒子受碰撞散射減小，可提升蝕刻的均勻性和非等向性。這在今日積體電路產業中大尺寸晶圓片的應用上是很重要的考量。但是壓力降低，電漿內的離子或活性原子團的濃度也減低，造成蝕刻速率下降。所以現今的活性離子蝕刻機為了提高電漿濃度，有在反應器中加上磁場的，稱為磁場強化活性離子蝕刻機 (magnetic enhanced reactive ion etcher, MERIE)；也有提升電漿激發效率的機台，例如：電子迴旋共振電漿蝕刻機 (electron cyclotron resonance plasma etcher, ECR plasma etcher)、感應耦合電漿蝕刻機 (induction coupled plasma etcher, ICP etcher) 或變壓耦合電漿蝕刻機 (transformer coupled plasma etcher, TCP etcher)。

I. PLANAR PLASMA ETCHING (電漿蝕刻機)

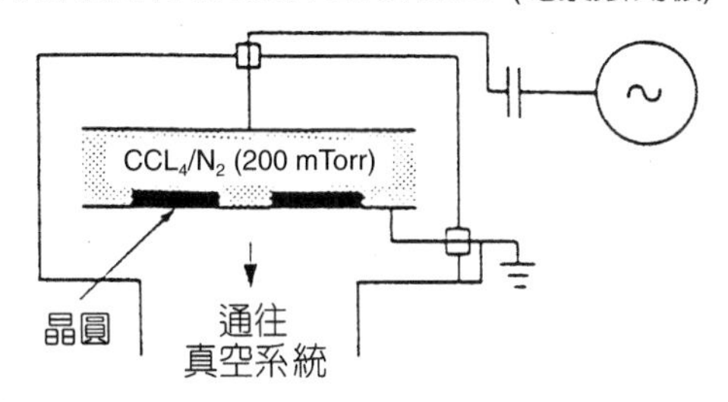

II. REACTIVE ION ETCHING (活性離子蝕刻機)

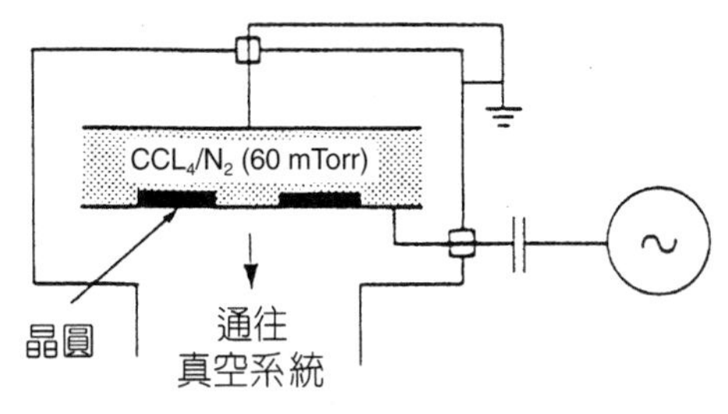

III. SPUTTER ETCHING (濺蝕機)

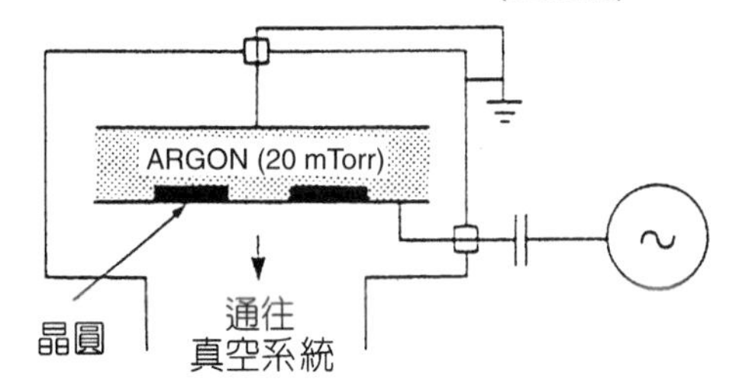

圖 24.7
濺蝕機、電漿蝕刻機和活性離子蝕刻機的反應器結構示意圖。

表 24.3 濺蝕機、電漿蝕刻機和活性離子蝕刻機的特性比較。

	濺　蝕　機	電漿蝕刻機	活性離子蝕刻機
選擇性蝕刻	差	很好	好
蝕刻輪廓	非等向性	等向性	非等向性
蝕刻機能	物理性	化學性	化學性＋物理性
蝕刻產物	非揮發性	揮發性	揮發性＋非揮發性
晶片位置	接電極	接地	接電極

24.2 光電工業

從早期的光電基礎實驗，到今日多樣化的光電產品，若無真空技術實在無法完成。迄今仍存在著一個明顯的事實，即真空技術愈進步的國家其光電科技與光電工業也愈發達，光電產業之產值也愈高。

第 24.2 節作者為李正中先生。

光電產業涵蓋範圍甚廣，但就其如何利用真空科技來說可簡化為兩大類，一類是可用產值來衡量的光電元件製品，另一類是無法以產值計量但影響甚大的光電基礎研究。如早年的真空管陰極射線、真空紫外光、量子能階實驗及電漿行為研究等，到近期的同步輻射、電子顯微鏡及其後開發出的表面科學研究、真空中微量氣體分析、氣體雷射、高溫超導體、雷射冷凝 (laser cooling，獲得 1997 年之諾貝爾物理獎) 等，可歸屬於後一類。這些利用真空技術完成的實驗偏向新技術與新現象的探討，看似與光電產業無關，可是其影響光電科技的發展相當深遠。因此先進國家的科學家與工程師無不極力繼續探索新的發現與詮釋新的現象，對於未來光電產業勢必也具重大影響。目前可看到的微機電 (MEMS) 技術使光電產品體積變小、速度增快已有極大的貢獻。

以上所述偏向於科學、理論與新發現，故非本節所宜詳細敘述者，本節將對第一類可用產值來衡量的光電元件製品做分類陳述。

24.2.1 光電工業之分類

因光輻射而引發電效應，及因施以電力而導致有光反應之工業涵蓋甚廣，其中利用真空技術者也可區分不同的層次，因此不易逐一陳述，故在此引用光電科技工業協進會 2000 年出版之彙編[7]，將光電產品分類如表 24.4 所列，然後依此與真空科技有關者再加以陳述，則較易明瞭。

依表 24.4 所列，其中大分類第一項光電元件及第二項光電顯示器的製造與真空科技最為密切。第三項光輸出入部分可取自第一項光電元件組合而成，第四項光儲存之媒體則需在真空中鍍膜完成，第五項光纖通訊所需元件可取自第一項之光電元件，最後一項之雷射及其他光電應用，若雷射為氣體雷射則需要抽真空再充入所需氣體，而搭配之雷射鏡則屬於第一類光電元件中之光學元件。

24.2.4 光電元件

光電元件可分為發光元件、受光元件及光學元件。

發光元件若講究光源強度的穩定，以鹵素燈白色光源最佳，單色光譜儀 (monochrometer) 及投影電視機 (project TV) 皆是以鹵素燈置於一非球面反射鏡當投射光源。有時為了延長燈泡壽命或其他特殊目的，或為了發出特殊譜線，則在燈泡內充以特殊氣體，例如 UV 燈、蒸化激發發光之鈉光燈、氬燈、氙燈及氪燈等[8]。這些發光燈泡皆需將燈泡 (一般為石英燈泡) 先抽真空，充以氣體再密封。

表 24.4 所述發光元件如雷射二極體 (laser diode, LD) 與發光二極體 (light emitting diode, LED)，以及受光元件，如光二極體與光電晶體、電荷耦合元件、接觸式影像感測器、太陽電池等，皆為半導體工業的相關產品，在第 24.1 節中已有詳細陳述，在此只略述其大概特

表 24.4 光電產品分類範圍[7]。

大分類	中分類	項　目
光電元件	發光元件	雷射二極體、發光二極體
	受光元件	光二極體與光電晶體、電荷耦合元件、接觸式影像感測器、太陽電池
	光學元件	
光電顯示器	液晶顯示器、發光二極體顯示幕、真空螢光顯示器、電漿顯示器、電激發光顯示器、場發射顯示器、液晶投影機	
光輸出入	影像掃描器、條碼掃描器、雷射印表機、傳真機、影印機、數位相機	
光儲存	裝置	消費用途、資訊用唯讀型、資訊用可讀寫型
	媒體	唯讀型、可寫一次型、可讀寫型
光纖通訊	光纖通訊零組件	光纖、光纜、光組動元件、光被動元件
	光纖通訊設備	光纖區域網路設備、電信光傳輸設備、有線電視光傳輸設備、光通訊量測設備
雷射及其他光電應用	雷射本體、工業雷射、醫療雷射、光感測器	

性，並說明它們都是在真空中利用分子束磊晶法 (molecular beam epitaxy, MBE)、有機金屬氣相磊晶法 (metal-organic vapor phase epitaxy, MOVPE) 或氣相磊晶法 (vapor phase epitaxy, VPE)，將 III-V 族、II-VI 族或 IV-VI 族半導體以磊晶成長方式，長成有一固定能階的 *P* 型和 *N* 型半導體結合體，而能在加電壓後發出特殊顏色之光或受光產生電子信號。例如利用 GaP 可發出紅光、黃綠光，AlGaInP 可發出紅、黃、橙、黃綠光，GaN 可發綠光、藍光，AlGaAs 發出紅外光，GaInN 發出深綠、藍，甚至紫光、紫外光。體積小、高亮度及壽命長的白光為光電工業的夢想，此可利用 GaN 發出藍光來激發黃色螢光材料產生黃光而混合成發出白光；或用藍寶石 (sapphire) 或碳化矽 (SiC) 為基板，以 GaN 為基本發光體，摻雜 Al、In 等發出紫外光來激發螢光體產生白光；或在 ZnSe 上長 CdZnSe 產生藍光，並與基板發生連鎖反應產生黃光而混合成白光。以上各色光的產生及白光的開發對於顯示器有極大的貢獻。另外利用 InGaAsP 或 InGaAsAl 可發出 1.3 μm 及 1.55 μm 之通訊用光。利用 AlGaAs/GaAs 亦可以 MOCVD 方法長出面射型雷射二極體 (vertical cavity surface emitting laser, VCSEL) 發出0.85 μm 光，適合短距離光纖通訊。

以上所述，雷射二極體 (LD) 及發光二極體 (LED) 主要差異在有無發光共振腔，其也決定了發光角度的方向性及光特性，此 LD 為邊射型雷射 (edge-emitting leaser)，其發射角度大，而不易做成陣列形成一大型發光板。此問題由於面射型雷射 (VCSEL) 的開發而獲得解決，VCSEL 主要是在中央發光區兩邊有兩個高反射鏡，此反射鏡即為共振腔之反射面，其發光時由此面發射，發射角度自然比較小而且呈圓型，故易與光纖耦合，且可做成陣列形成一大型雷射發光體，有利光纖傳輸。總而言之，以上產品製程必須在真空中進行始能完成，其詳細製程請參見第 24.1 節。

此外有機發光二極體 (organic light emitting diode, OLED) 亦可發出各色光，小分子有機發光二極體一般皆在真空中同時蒸發兩種以上材料鍍成薄膜而製成，與前述半導體不同者為其發光材料為有機分子，此有機分子層可多至三層以上，以增加發光效率，且比半導體有更多的能階，所以可發出不同波長之光，包括藍光及白光。

至於可見光受光元件以矽半導體為主，近紅外光以 PbS 及 GaAs 為主，再長一點波長如 1.5 μm 則以 InGaAs 較適合，更長波長的則以 HgCdTe 有較高的效率，以上都是在真空中長成有 P-N 界面之半導體接合器。至於可見光及紫外光的偵測則需利用真空光子倍增管 (photomultiplier tube, PMT)，也是真空科技產物。當光子為此真空管所吸收，可再由真空管內經由多次二次電子放大而使訊號增強，此檢光器比半導體型者靈敏且穩定，只可惜不能用於紅外光區。

表 24.4 中所列光學元件，亦有不少部分需利用真空技術來完成的。最明顯的例子是光學薄膜，此類薄膜需在真空中以各種方法鍍成，但其工作原理與上述者不同。上述之發光體、受光器的工作原理需以量子光學來解說，而光學薄膜的工作原理是基於光干涉原理，需用波動光學來解說。

光學薄膜主要功能在使光進入或發自光電系統，或在光之傳遞過程中改變其光學特性，而達到彰顯光信號或影像的傳遞或接收目的。以抗反射膜為例，它可使光信號減少能量損耗，若是影像系統則可使顯像更清晰。此外之高反射鏡、雷射鏡、偏光鏡、雙色分光鏡、截止濾光片、帶通濾光片、帶止濾光片等也都有其特殊用途，茲簡述其功能與製程如下[9]。

鍍抗反射膜之目的有二，一為減少反射、增加光學系統之透射率 (尤其紅外線系統)，二為提高光學系統影像之明晰度，消除迷光與鬼影。簡單的鍍單層膜即可，其膜之光學厚度為四分之一波長，膜之光學折射率為基板折射率的平方根，若嚴格一點的則需鍍多層膜。高反射鏡是僅次於抗反射膜在光電工業需求量最多的鍍膜，簡單的可鍍金屬膜 (如 Al、Ag、Au 等) 再加保護膜完成。要求特殊的則需用四分之一波膜堆成多層介電質膜來完成。雷射鏡則為配合不同雷射鍍不同膜層，以達到所需之反射率鏡面。偏光鏡是以鍍多層膜使透射光變成一偏振光，以利干涉量測儀等系統使用。雙色分光鏡是鍍以多層膜，將入射光分成兩種顏色，其中以分出紅、綠、藍三色光 (光之三原色) 為最多，掃描器 (scanner) 及投影電視為其典型的使用者，目前在台灣已成為一大光電產業。截止濾光片為使高於某波長通過而低於某波長不通過 (長波通濾光片)，或反之，稱為短波通濾光片，此種濾光片廣泛的搭配發光元件、受光元件應用於光電產品，如通訊儀器及軍用儀器。帶通濾光片是鍍以多層膜，使某段波域內透射率很高而在此波域外之透射率很低，主要用於選光用光電系統。目前光纖通訊系統對此要求甚為殷切，但其規格要求甚嚴，因此鍍膜機的設計及鍍膜技術難度也較高。帶止濾光片恰與帶通濾光片作用相反，主要在擋掉某波段之光。例如在強光雷射實驗室中為了避免強雷射光對眼睛造成傷害，工作者可戴上擋掉強雷射光的帶止濾光眼鏡。光學薄膜舉例如上，但隨應用不同亦有不同種類，今陳述其製程如下。

光學薄膜製造方法有多種，但本段只陳述利用真空技術者，並以物理氣相沉積法 (physical vapor deposition, PVD) 為主，因為這種鍍法比較適合光學薄膜，尤其膜層層數很多時或精密度要求較高者，更需此類鍍膜方法。

24.2.3 物理氣相沉積法 (PVD)

此法一般簡稱為物理鍍膜法，其成膜過程可分為三步驟：(1) 將鍍膜材料由固體變成氣態，(2) 膜料的氣態原子、分子或離子穿過真空抵達基板表面，(3) 鍍膜材料沉積在基板上漸漸形成薄膜。

上述中如何將鍍膜材料由固體變成氣態，然後沉積在基板上，依不同物理作用可分為三大類：① 熱蒸發蒸鍍法 (thermal evaporation deposition)，② 電漿濺鍍法 (plasma sputtering deposition)，③ 離子束濺鍍法 (ion beam sputtering deposition, IBSD)。

上述步驟 (2) 中，氣態的鍍膜材料必須在真空中飛抵基板表面的原因之一是在維持鍍膜材料的純度，不與其他物質相碰結合或化學變化而改變薄膜純度 (反應式鍍膜例外，下節另有詳細敘述)。原因之二是保持膜料的氣態原子或分子之動能，使之有力地飛向基板上以增加薄膜與基板間的結合力。原因之三是膜料之原子或分子層層堆積在基板上，成膜過程中不會包雜其它氣體，則膜質密度高、硬度大、折射率穩定。

再者在真空中，蒸發源不會因高溫而與氣體起作用，因而減短壽命，濺鍍法的電漿或離子束也才能有效地維持。那麼真空度要多少才夠呢？從膜料的氣態原子或分子飛向基板過程中 (真空中) 與殘餘氣體分子相碰的觀點來看，我們可以定義一個術語叫做「平均自由徑 (l)」來衡量，只要真空度達到氣體原子或分子相碰的距離大於 l 即可，所謂自由路徑是指氣體粒子在真空中飛馳經過「此距離」後才會碰過其它粒子的距離。氣體速度有某種的分布，方向也不相同，因此每顆氣體原子或分子之自由路徑不會相同，但相差不大，取其平均值，稱之為平均自由徑。假設環境為空氣，則在室溫 (300 K) 時，l 與抽真空後之真空腔內的氣壓 P (單位為 Pa) 之關係為

$$l = \frac{3.85 \times 10^{-1}}{P} \quad (\text{單位為 cm})$$

一般蒸發源到基板的距離大約在 30 到 50 cm 以上，因此 P 值必須小於 10^{-2} Pa。因此物理氣相沉積法 (PVD) 必須有一良好抽真空系統，使鍍膜能在氣壓小於 10^{-2} Pa 之真空中完成。抽真空系統至少要包括可抽到約 10^{-1} Pa 之機械幫浦，然後交由可抽到 10^{-4} Pa 以下之油擴散幫浦、冷凝幫浦或其他型幫浦，有時為了去除水氣 (水氣對膜質有負面的影響) 還得加裝 Polycold 或液態氮於 Meissner coil 吸附板。

以下對如何將鍍膜材料由固體變成氣體的三種方法逐一詳加說明。

(1) 熱蒸發蒸鍍法

此法為利用升高鍍膜材料之溫度使其熔解然後氣化 (或直接由固體昇華氣體)，氣態鍍膜材料之原子或分子因具有加溫後之動能，而飛向基板沉積成為固體薄膜。依不同的加熱方式又可分為下述幾種方法：

① 電阻加熱法 (Resistive Heating)

原理：當電流 (I) 通過一電阻 (R) 時會產生熱能，其功率 (P) 正比於 I^2R。

方法：選用高熔點材料當電阻片，即蒸發源，將欲蒸鍍之薄膜材料置於其上，然後加正負電壓於電阻片之兩端通以高壓電流。此電阻片材料一般可選用化學性質穩定之高熔點 (T_M) 材質，如鎢 (W, T_M = 3380 °C)、鉭 (Ta, T_M = 2980 °C)、鉬 (Mo, T_M = 2630 °C) 或石墨 (C, T_M = 3730 °C)。

蒸發源之形狀：

(a) 線狀：如螺旋狀 (圖 24.8(a))，可為單股絲及多股絲，欲鍍物插掛螺旋環中。例如鍍鋁條，此時要用多股螺旋絲，因高溫下鋁會與電阻絲 (一般為鎢) 成合金，而咬斷電阻絲，若用多股絞合做成的蒸發源則可延長壽命。工業生產機型多用 BN-TiB_2-AlN 複合導電材料來鍍鋁，其形狀如圖 24.8(f_5) 所示。

如籃狀 (圖 24.8(b))，欲鍍物放籃中，其材料為可昇華之塊狀材料。

如蚊香狀 (圖 24.8(c))：欲鍍物放入坩鍋置於其下，一般為昇華材料。若材料會與電阻絲起作用，則可先在材料與電阻絲中放一陶瓷坩鍋，如圖 24.8(d)。

(b) 舟狀：一般稱為船 (boat)，可盛鍍膜材料。如小坑狀 (圖 24.8(e))，可放小量被鍍物，如 Au、Ag 等。如槽狀 (圖 24.8(f))，可放大量被蒸發物，如 ZnS、MgF_2、Na_3AlF_6、SiO、Ge、連續輸送 Al 條等，若材料加熱後會與熱阻舟起化學反應則可加陶瓷內襯，如圖 24.8(g)。其中若材料會因熱而濺跳則可加有孔之蓋子，如圖 24.8(h)。

電阻加熱法中的閃燃式 (flash evaporation) 是專為蒸發兩種以上不同蒸發溫度之混合材

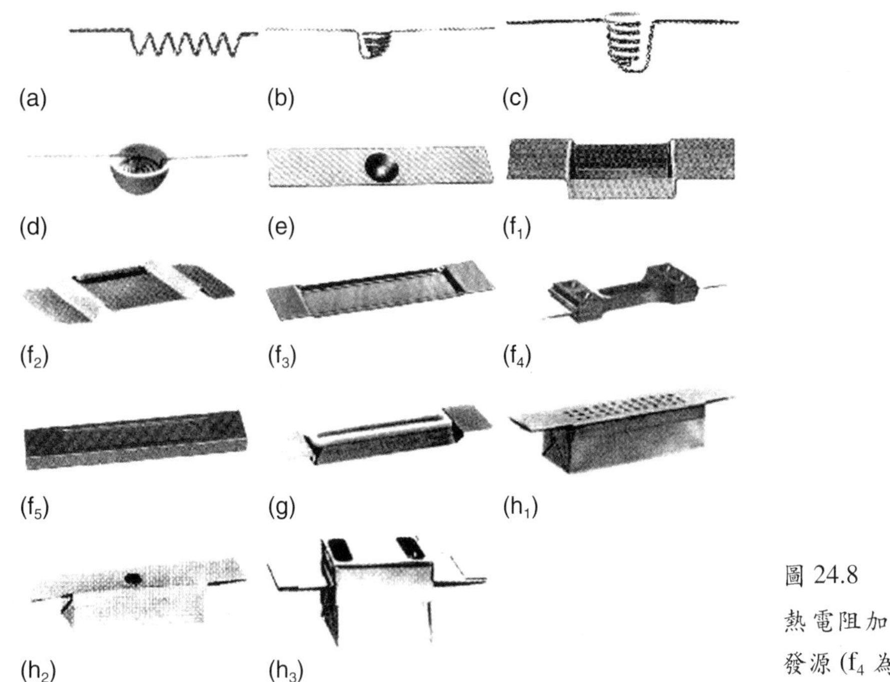

圖 24.8
熱電阻加熱法所用之各式蒸發源 (f_4 為石墨)。

料而設計。方法是將蒸發源事先加熱到高溫。混合材料以一小部分方式一次一次的丟入蒸發源，材料一碰到蒸發源立即蒸發鍍上基板。

熱電阻加熱蒸發法的好處是方便，電源設備簡單，價格便宜，蒸發源形狀容易配合需要做成各種形式，但它有以下幾個缺點：

1. 加熱電阻片再傳熱給薄膜材料，因此電阻片多少會與材料起作用，或引生雜質。此點雖可加隔化性穩定之陶瓷層如圖 24.8(c) 及圖 24.8(g)，但耗電很大。
2. 電阻片能加熱之溫度有限，對於高熔點之氧化物大多無法熔融蒸鍍。
3. 蒸鍍速率有限。
4. 膜料若為化合物則有分解之可能 (閃燃法可蒸鍍部分此類材料的薄膜)。
5. 膜質不硬，密度不高。

② 電子槍蒸鍍法 (Electron Beam Gun Evaporation)

原理：A. 電子束的產生

a) 熱電子發射 (thermionic emission)：當高熔點金屬被加熱到高溫度時，其表面電子之動能將大於束縛能而逸出，其電流密度 (J) 可以Richardson 方程式表示

$$J = AT^2 \exp\left(-\frac{ef}{kT}\right)$$

式中 T 為金屬之絕對溫度，e 為電子電荷，f 為工作函數，k 為 Boltzmann 常數，A 為 Richardson 常數。

但在大電流下則受正負電極間的距離 (d) 及電壓 (V) 的控制而依循 Langmuir-Child 方程式

$$J = \frac{BV^{\frac{3}{2}}}{d^2}$$

式中 B 為常數等於 2.335×10^{-6} A/unit area

b) 電漿電子 (plasma electron)：自輝光放電的電漿中取出電子，因陰極的不同又可分為冷中空陰極槍 (cold hollow cathode gun) 及熱中空陰極槍 (hot hollow cathode gun)。以效益與方便起見，一般採用熱電子發射較普遍，而以高電阻高熔點的鎢絲當做被加熱(即通以電流) 的金屬，鎢之 A = 75 A/cm^2 °C、f = 4.5 eV 。

B. 電子束的加速：由於電子帶有電荷，所以可以施以電場加速，亦即施以電位差 (V)，則電子束所擁有的動能為 $1/2\, m_e v^2 = eV$，m_e 為電子質量，一般 V 為 5 kV 到 15 kV。設 V 為 10 kV，則電子速度可高達 6×10^4 km/s，如此高速電子撞擊在鍍膜材料上將轉換成熱能，溫度可高達數千度 (總能量為 $W = neV$，n 為電子密度，單位時間內可產生的熱量為 $Q = 0.24W$ cal)，而把鍍膜材料蒸發成氣體。其工作原理如圖 24.9 所示。

方法：電子束加速後可直接打在鍍膜材料上使之蒸發，但如此蒸發原子或分子會污染電子源，因此通常都將電子源裝置在鍍膜材料之槍座底下，而利用強力磁場將電子束轉彎 180° 或 270°，如圖 24.9 所示。

優點：因為電子束直接加熱在鍍膜材料上，且一般盛鍍膜材料的坩鍋槍座都有水冷卻系統，因此比起熱電阻加熱法污染較少，膜的品質較高。又由於電子束可加速到很高能量，一些膜性良好的氧化膜在熱電阻加熱法中不能蒸鍍的，在此皆可。而且可以作成許多個坩鍋裝放不同鍍膜材料排成一圈，要鍍時就轉到電子束打擊位置，因此鍍多層膜相當方便，圖 24.10 是一些可加裝坩鍋形狀或直接使用之材料座的例子。若膜層甚多需要很多材料，則做半徑很大的坩鍋或上升型圓柱狀的設計，如圖 24.10(g)。圖 24.10(f) 為可放二種以上多量材料之材料座。

缺點：1. 若電子束及電子流控制不當會引起材料分解或游離，前者會造成吸收，後者會造成基板累積電荷而造成膜面放電損傷。

2. 對不同材料所需之電子束的大小及掃描方式不同，因此若鍍膜過程中使用不同鍍膜材料時必須不時調換。

3. 對於昇華材料或稍溶解即會蒸發之材料，如 SiO_2，其蒸發速率及蒸發分佈不穩定，此對於膜厚的均勻性影響很大。若將 SiO_2 由顆粒狀改為塊狀並調好電子束

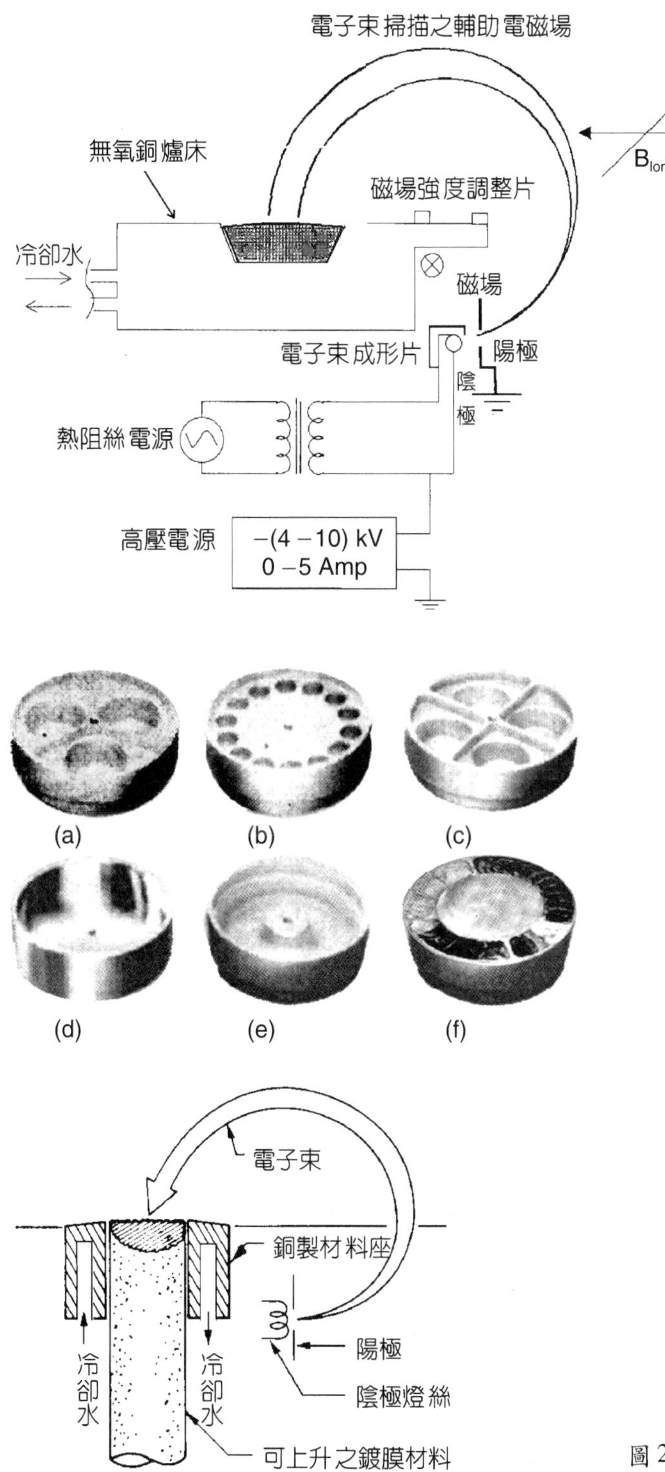

圖 24.9
蒸發用電子槍工作原理。

圖 24.10
電子槍用之各式材料座。

掃描之形狀，則可望獲得較好的分佈穩定性。

③ 雷射蒸鍍法[10–16]

原理：A. 熱效應：利用鍍膜材料對雷射光能的吸收產生高熱而溶解，然後蒸發，此為連續雷射光 (CW) 的蒸發方式，如 CW-CO_2 雷射及 Nd-YAG 雷射。

B. 光解離效應：利用雷射光能分離鍍膜材料表面數個原子層的原子或分子的結合能，而一層一層的剝離蒸發，此為脈衝 (pulse) 短波雷射的蒸發方式，如脈衝準分子雷射 (pulse excimer laser)，其波長在紫外光區，有足夠能量分離原子間的結合能，由於是脈衝式故只有鍍膜材料表面會熱，且能保持鍍膜材料 (多半為熱壓成塊的材料) 之原子或分子成份，此為非熱平衡氣化，故可蒸鍍化合物而不破壞其組織成分。

C. 以上兩效應之合成。

優點：A. 真空室內不需任何電器設備，也無熱源，所以很乾淨，膜質相對的會比較純，也不會有電荷累積造成膜質損傷。

B. 雷射光可聚焦在很小的位置且不受電場或磁場影響，因此可選用旋轉式多靶座，蒸鍍多層膜，也可用多束雷射光蒸發多種元素合成膜。

C. 蒸鍍速率快。材料可放置較遠處 (如材料會污染)，因雷射光束不易散開。

缺點：A. 設備昂貴。

B. 有些材料對雷射光的吸收不佳。

C. 蒸鍍速率太高，有時不易鍍很薄的膜 (即膜厚不易控制)。

D. 雷射光入射窗口需防止污染。

④ 電弧放電

利用鍍膜材料本身當電極，通以大電流，因高電阻可產生電弧放電而蒸發。

優點：設備簡單，蒸發率大。

缺點：膜厚不易控制，難鍍多層膜。

⑤ 射頻加熱 (RF-Heating)

利用高頻率使金屬鍍膜材料產生渦流升高溫度而蒸發。

⑥ 分子束磊晶長膜法

利用多個噴射爐 (Knudsen cell) 裝不同材料，在超高真空下於晶體基板上按一定的方向生長某種單晶膜的方法。易監控成長之膜厚與膜質，此系統多會加裝低能量電子繞射儀 (LEED)、歐傑 (Auger) 電子能譜儀、反射式高能量電子繞射儀 (RHEED) 或二次離子質譜儀 (SIMS)。

(2) 電漿濺鍍法 (Sputtering Deposition in Plasma Environment)

在低真空度中 (一般為在真空中充氬氣) 及高電壓下，產生輝光放電形成電漿，則正電荷離子 (Ar^+) 飛向陰極轟擊陰極之鍍膜材料 (稱之為靶材) 表面，而使鍍膜材料之原子或分子射出沉積在基板上。和前述熱蒸發蒸鍍法不同的是，此非靠熱蒸發而是靠正離子的撞擊將原子或原子團一顆一顆的敲出靶面飛向基板而沉積為膜，其飛向基板之力比前者為大，故可預見其膜之附著性較為優異。

① 平面二極濺鍍 (Planar Diode Sputtering Deposition) 又稱直流濺鍍 (DC Sputtering Deposition)

以靶材 (膜料) 為陰極，基板為陽極，抽真空到 10^{-3} Pa 以上，再充入惰性氣體如 Ar 或 Xe 至氣壓為數 Pa，然後施加數千伏特之高電壓產生輝光放電，形成電漿，其正離子於是向靶材(陰極) 加速，經由動量傳遞而將靶原子轟擊射出，沉積在陽極的基板上。

② 射頻濺鍍 (RF Sputtering Deposition)

直流濺鍍無法濺射介電質材料，因為正電荷會累積在靶面而阻止正離子繼續轟擊靶極，此時可在介電質靶背加一金屬電極且改用射頻交流電 (工業用 13.56 MHz)。則因電子比正離子跑得快，在射頻的正半週期已飛向靶面中和了負半週期所累積的正電荷，因此濺射得以繼續進行。當鍍多片或一大片其設計可如圖 24.11 所示。圖中 S 為遮板，作用有二，一為選取要鍍什麼材料，二為防止基板污染。

在二極平面濺鍍或射頻濺鍍系統中，一般會加磁場讓電子旋轉前進而增加撞擊分子的機會，因此可在較低氣壓下仍能維持放電狀態，並可增加濺鍍速率，一般稱為磁控濺鍍 (magnetron sputtering deposition)，見下文所述。

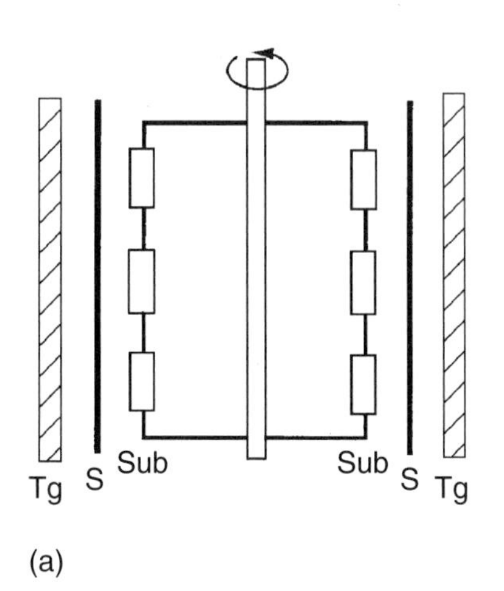

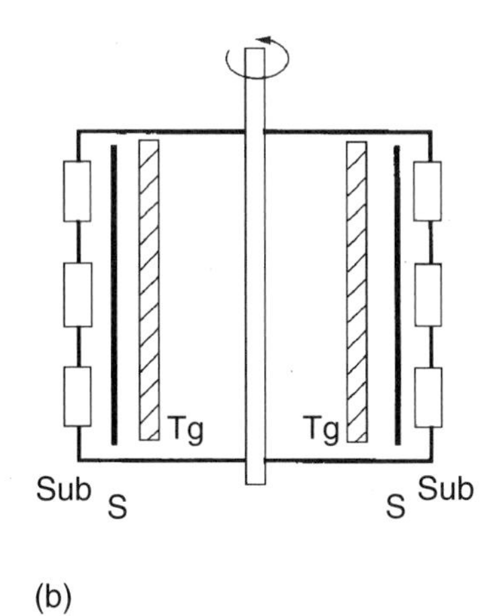

圖 24.11
批量生產用 RF 濺射機。Tg 為濺鍍靶材與 RF 為電源供應器相接，Sub 為基板支撐架，此種架法可鍍多片或大面積之基板，S 為遮板。

③ 磁控濺鍍

前面所說的濺鍍方法其濺鍍率都偏低，原因是放電過程中，氣體分子之電離度太低，若能加一磁場使電子以螺旋方式前進，則可增加電子與氣體分子碰撞的機會，而提高分子的電離度，因而使濺鍍速率升高。磁控濺鍍可在比較低的氣壓下進行，因此薄膜品質也比前述三種的好，由於磁場會把電子偏離基板，因此基板溫度不會太高，所以磁控濺鍍可在一些較不耐高溫的基板上鍍膜。但磁控濺鍍對強磁性材料之靶無效，而且由於濺射面無法均勻，所以靶材的利用率低。

磁控濺鍍另一優越性是可做成一連續濺鍍系統，從基板進入轉接間，到濺鍍室，再到出口轉接間，再出大氣，完成鍍膜中間不用打開濺鍍室，此一設計可使濺鍍一天 24 小時連續工作，增加生產效率。此設計之靶面可向下或向上或側向，圖 24.12 是一平面磁控濺鍍的連續濺鍍系統之示意圖。

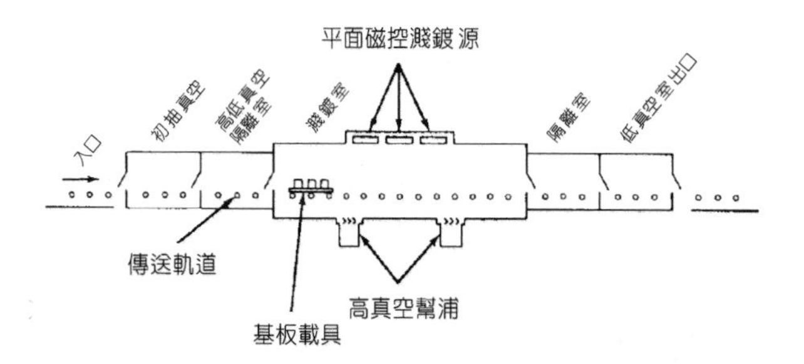

圖 24.12
量產型磁控連續式濺鍍系統示意圖[17]。

在量產的考慮下，連續蒸鍍可以省下許多時間，增加產能，因此也有人把電子槍鍍膜機改成如圖 24.13 所示的連續蒸鍍系統。A 為進入腔，C 為送出腔，A、C 腔空間可做成很小，因只要能移運基板支撐架即可，如果抽真空速度很快，而 B 為主蒸鍍室，可以一直不用打開，直到補充材料或清潔鍍膜室。為了增加膜料之量，可以做一個大轉盤，其上裝置很多個盛鍍膜材料的坩鍋。

電漿濺鍍法之優點是可快速、大面積的蒸鍍各種材料，包括混合材料 (如 ITO)，缺點是長膜處之真空度較差，膜質不佳，不是成柱狀結構就是含有雜質。1996 年 OCA (Optical Corporation of America) Scoby 等人提議採用超抽氣速率之真空系統，而使鍍膜機基板附近真空度在 1×10^{-2} Pa 以下，並輔以離子助鍍 (美國專利 55251991)，使製成之膜質良好，並用以製造供光通訊用之多波分工 (DWDM) 濾光片。

圖 24.11 之濺鍍機，若靶材 (Tg) 為金屬及半導體，如 Ta (或 Nb) 及 Si，則也可用 DC 電源，然後加 RF 離子源以氧化離子助鍍或加氧電漿產生氧離子，在基板支架快速旋轉，只鍍上很薄之 Ta (或 Nb) 及 Si 時，立即被氧化成 Ta_2O_5 (或 Nb_2O_5) 及 SiO_2，如此可快速且大量的鍍多層膜，如雙色濾光片、截止濾光片等。

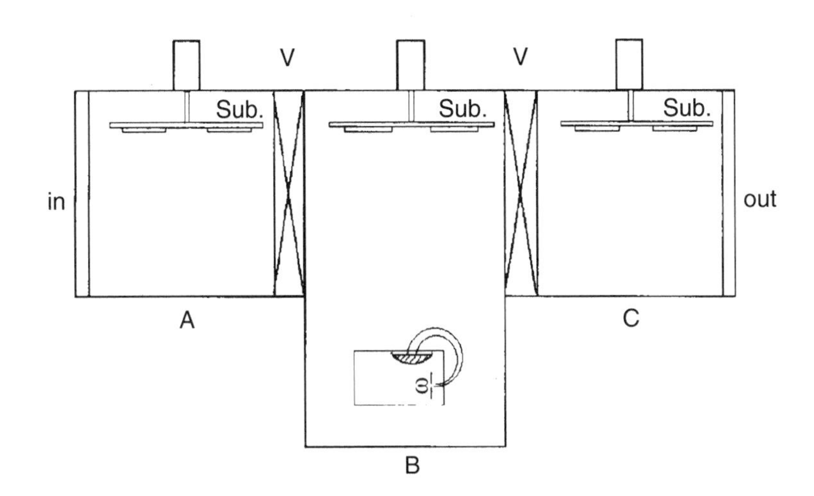

圖 24.13
連續式蒸鍍系統示意圖，V 為高真空閥門，Sub 為基板。

(3) 離子束濺鍍法(Ion Beam Sputtering Deposition, IBSD)

這是在高真空中利用獨立的離子源發射離子束濺射靶材，將靶材上的原子一顆一顆敲出飛越真空並有力的沉積在基板上，成為薄膜的一種鍍膜方法，如圖 24.14 所示。此法製鍍出來的膜層為非晶結構 (amorphous) 且密度很高，因此散射很小，可做高級之鏡片，如低損耗雷射陀螺儀用之雷射鏡、測重力波干涉儀所需之雷射鏡等。

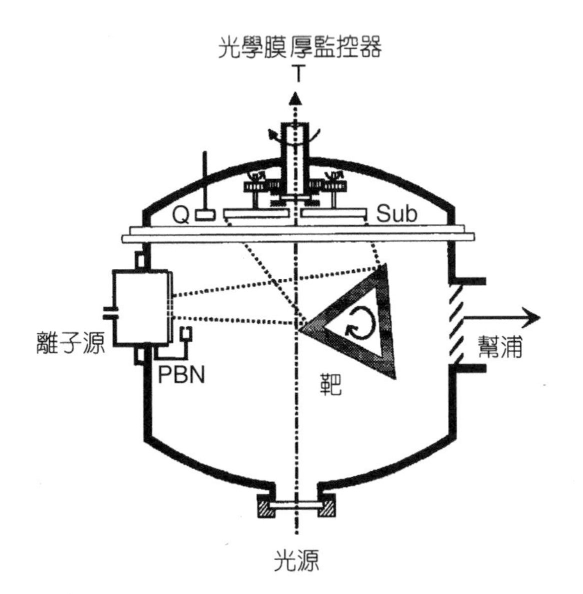

圖 24.14
離子濺鍍示意圖，Sub 為基板，Q 為石英監控器，PBN 為電性中和器。

另外，為了改善薄膜的品質，可以將上述鍍膜方法加以改善，其方式如下列所述。

(1) 荷能反應蒸鍍

圖 24.15(a) 表示了利用輝光放電產生氧離子與成長中的氧化膜起作用的設計，稱為荷能反應蒸鍍 (activated reactive evaporation, ARE)。圖 24.15(b) 則表示各種充氧方法使 TiO_2 膜之吸收下降的比較，可見用氧離子比用氧分子能結合成更完整的 TiO_2 膜。

(2) 偏壓輔助助鍍法

由於電場可使帶電粒子加速而增加動能，這有助於薄膜長得更為紮實、緻密，圖 24.16 表示在熱蒸發源上放射電子使蒸發原子帶有電荷，然後在基板前方加一正高電壓吸引帶電

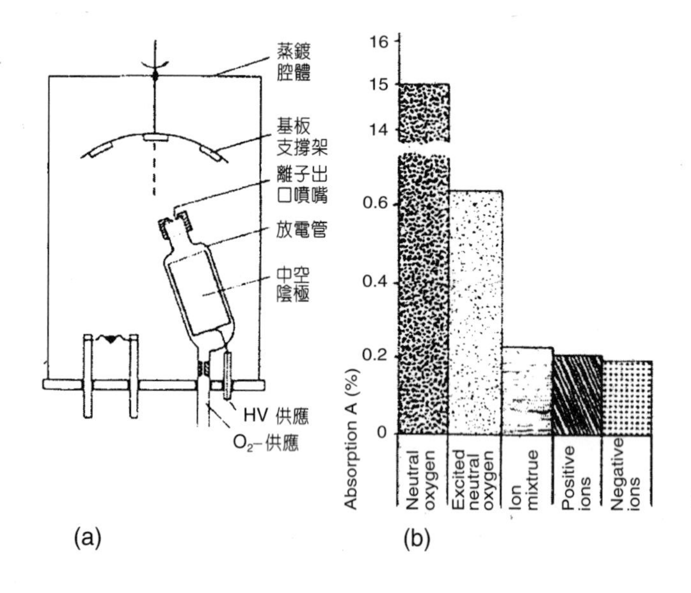

圖 24.15
(a) 荷能反應及 (b) 蒸鍍系統不同充氧方式的吸收情形[18]。

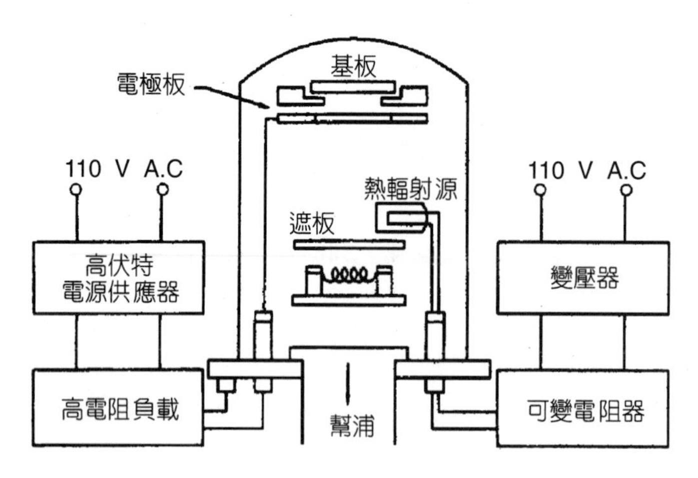

圖 24.16
偏壓輔助蒸鍍之裝置以改善膜質之示意圖[19]。

的蒸發原子，增加其動能使之有力的沉積在基板上，如此長成的鋁膜，表面更為緻密平滑，因而散射減少而反射率增加[13]。有時蒸發源蒸發出的原子會帶有電荷，尤其是電子槍蒸發之原子氣體，這時不另加放射電子而只在基板前加偏壓，亦有助膜質的改善。

(3) 聚團離子蒸發法

如圖 24.17 所示，利用熱蒸發原子在熱高壓下從小孔噴後，因絕熱膨脹而成一小團一小團，然後在其旁邊放射電子使之離子化，基板上加負高壓，則可強力吸收鍍膜材料之離子團灑落在基板上，因動能很大而長出膜質良好的薄膜，這種鍍法叫做聚團離子蒸發法 (ion cluster deposition)。

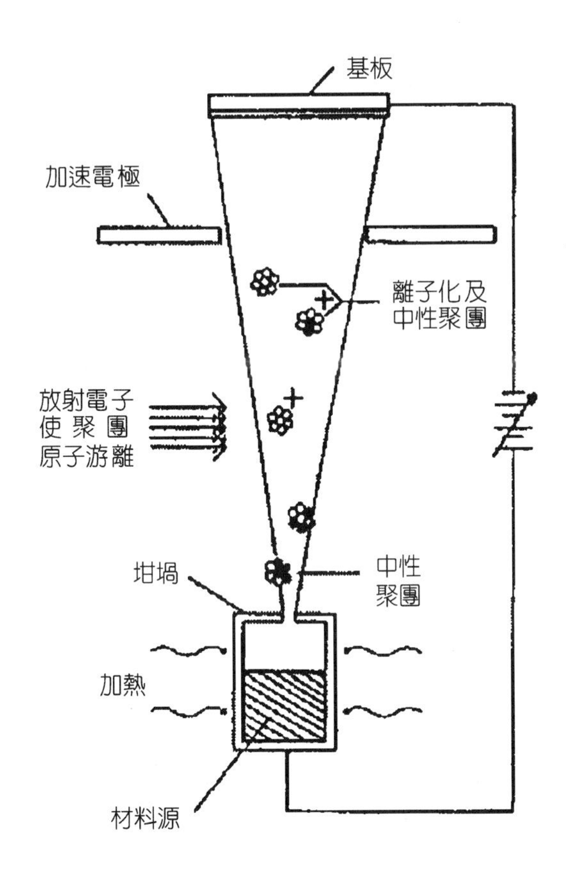

圖 24.17
聚團離子蒸發法示意圖[20]。

(4) 電漿輔助鍍法

在蒸發源與基板間加以高電壓 (數 kV) 並充氬氣，則可製成局部輝光放電產生氬離子，如圖 24.18 所示。當蒸發原子 (分子) 通過電漿區時有部份會被離子化，所以在強電場吸引下，具有大動能而能有力的沉積在基板上。這有點像熱蒸鍍加上濺鍍的混合，因此若基板為介電質材料 (玻璃或塑膠) 則會累積正電荷而產生排斥，此時可改用高頻交流來產生輝光放電，如圖 24.19 所示。

圖 24.20 是利用低電壓高電流引發電漿產生反應 (氧化、氮化) 及增加薄膜密度的原理示意圖，此稱為反應性低電壓離子披覆 (reactive low-voltage ion plating)，簡稱為離子披覆 (ion

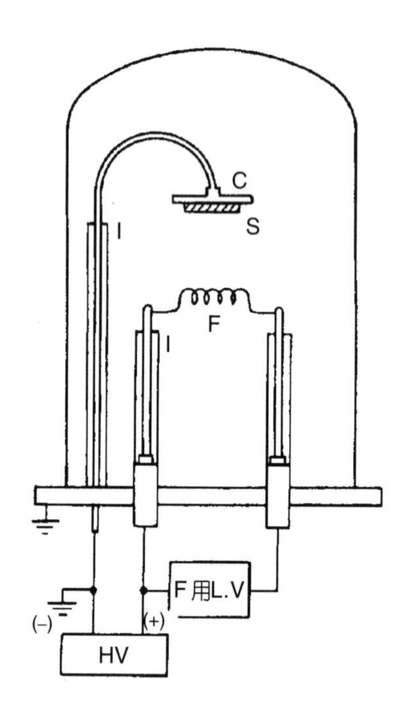

圖 24.18
電漿輔助蒸鍍 (直流高電壓) (Mattox)，C：陰極、F：陽極 (蒸發源)、I：絕緣管、S：基板、LV：加熱低壓電壓、HV：產生電漿用高壓電源。

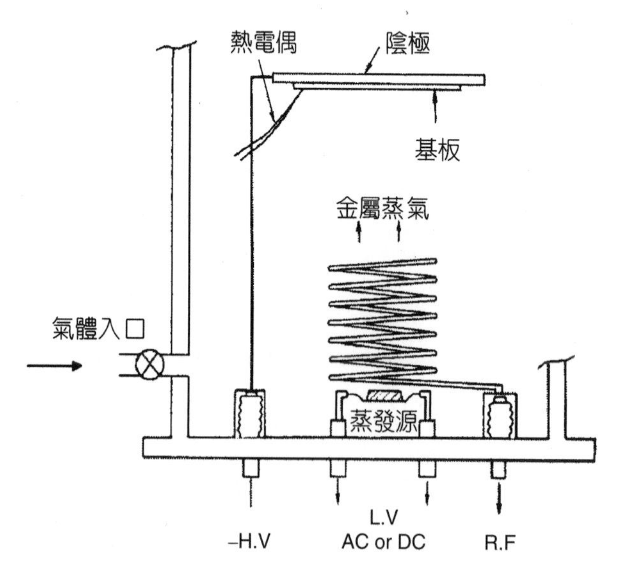

圖 24.19
電漿輔助蒸鍍 (交流高電壓)。

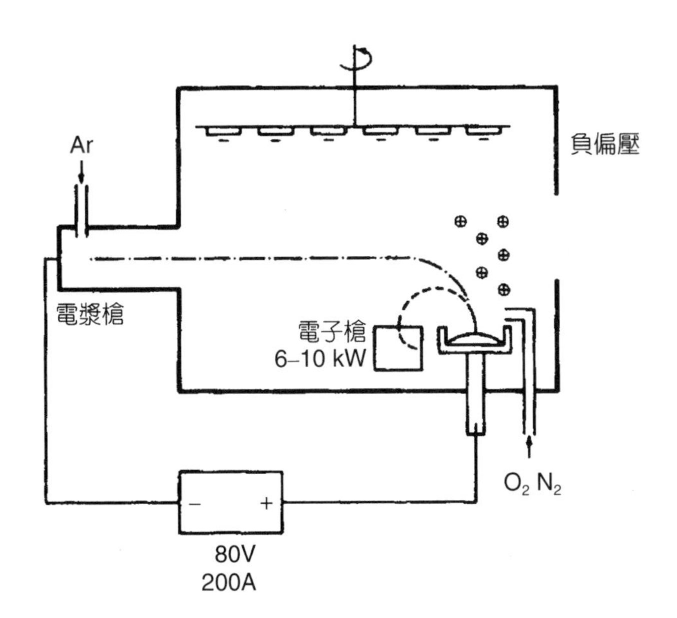

圖 24.20
離子披覆示意圖[21]。

plating, IP)[21]。氬氣充入電漿槍中，在電漿槍 (陰極) 與絕緣的電子槍坩鍋 (陽極) 間形成電漿區。蒸鍍材料如 Ti 或 Ta 則在坩鍋上方被電漿離子化，因此能被加速飛向自生偏壓 (電子較輕先飛向基板而有約 –10 到 –20 V 之負偏壓) 的基板上，並與氧氣充份結合成 TiO_2 或 Ta_2O_5。這樣產生的膜層密度很高 (因此折射率比一般方法鍍出來的大)，表面粗糙度低，表 24.5 是這種方法之實驗數據。其為大塊材料時的折射率也列在表中作為比較，可見離子披覆製鍍出來的薄膜其折射率比一般電槍製鍍出來的要高，有的甚至接近大塊材料的折射率，可見密度相當的高。

此法之缺點在蒸發之起始材料 (starting material) 必須是金屬或導體，介電質材料無法當

表 24.5 二種不同鍍膜方法所得不同氧化膜之折射率 ($\lambda = 550$ nm)。

	SiO_2	Al_2O_3	ZrO_2	Ta_2O_5	TiO_2
一般電子槍蒸鍍 $T_S \cong 300$ °C	1.46	1.62	1.96	2.10	2.35 –2.45
離子披覆反應蒸鍍 $T_S \sim 50-100$ °C	1.485	1.66	2.18	2.24	2.48 –2.55
塊狀材料	1.458 (fused silica) 1.544 (quartz mineral)	1.755 –1.772 (corundum)	2.17 –2.20 (baddeleyite)	–	2.605 –2.901 (rutile) 2.488 –2.561 (anatase)

作起始材料。為改進此缺點，Toki 等人改用電子束來激發產生電漿，使蒸發之原子 (分子) 有 1% 以上被游離而達到離子披覆的效果[21]。其工作示意圖如圖 24.21 所示，所使用之電子束電壓約 70 到 150 V，電流約 30 A，其利用 Ta_2O_5 (99.9%) 及 SiO_2 (99.95%) 當起始材料，得折射率分別為 2.21 及 1.47，鍍成的濾光片在 85°C/85% 相對濕度之環境測試下，光譜偏移量小於 1 nm。

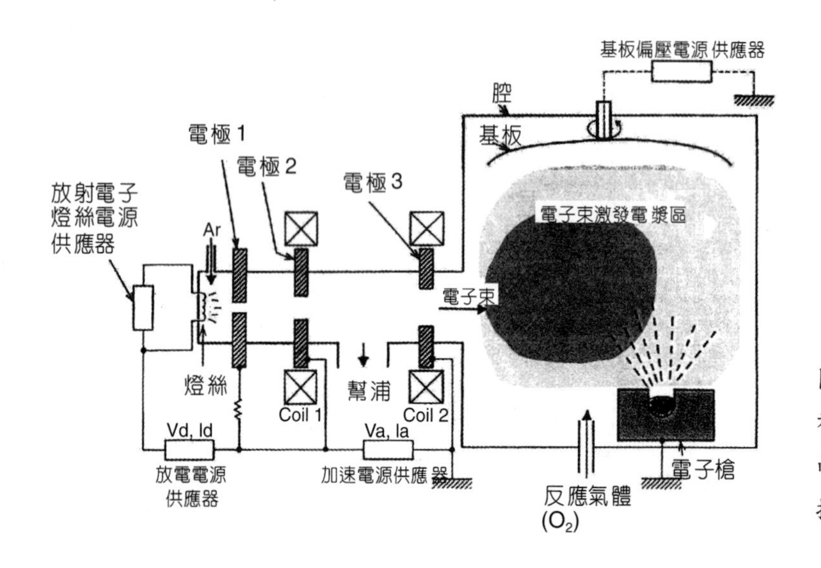

圖 24.21
利用電子束來激發產生電漿而游離蒸發之原子達到離子披覆之工作示意圖[22]。

(5) 電漿離子助鍍

這是利用大面積的 LaB_6 陰極由石墨間接加熱，以及一柱狀套筒當陽極並外繞強力磁場，當充以氬氣則產生輝光放電，形成電漿，於是電子在強力磁場作用下環繞行進，離子跟著被吸向基板，如圖 24.22 所示。此為 Leybold 公司之產品，稱為 APS (advanced plasma source)。這時如果反應氣體 (如氧氣) 放在陽極上則會被離子化，而增加了氧化膜的完整結合。原子 (分子) 沉積時在離子的轟擊下長出的膜相當結實，此稱為離子助鍍 (ion assisted deposition, IAD)，如果蒸發原子是金屬則離子化變大，那麼基板上的自生偏壓會使離子化的膜料強力沉積為膜，這時就有離子助鍍加上離子披覆的雙重作用了。

(6) 離子束助鍍

諸多對蒸發原子 (分子) 之增能方法包括加熱、超音波振盪、UV 光照射、雷射光照射、加偏壓、作電子轟擊、離子披覆及電漿助鍍。這當中證明離子助鍍效果最為明顯，原因是離子質量大，故動能大。但若鍍膜周圍之氣壓太高，即氣體密度太高，則膜中會包裹雜

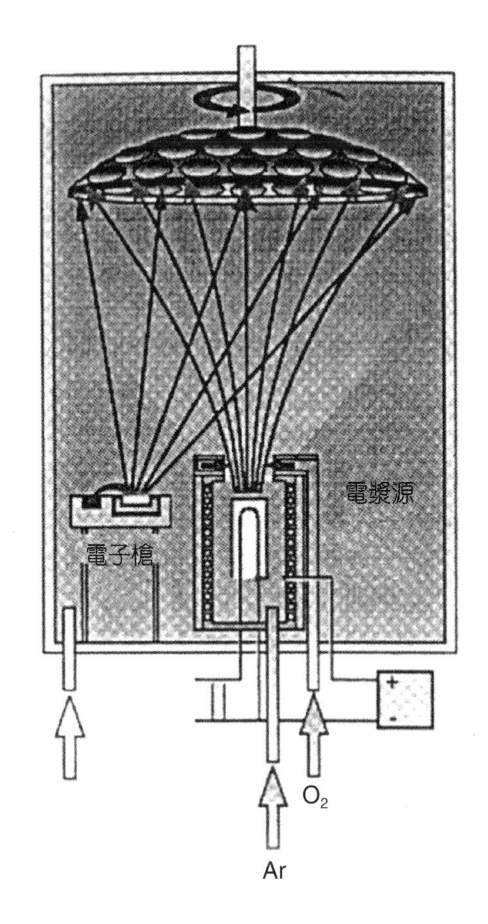

圖 24.22
電漿離子助鍍蒸鍍系統[23]。

氣，而且離子帶電對膜層會有放電擊傷的可能，造成膜面不佳。

若能另置一電漿產生腔而保持基板上的鍍膜在高真空進行，然後將離子引出並放射電子與離子中和，用此做為沉積膜的轟擊助鍍，則將兼有四大優點：① 利用了大質量大動量之離子助鍍。② 有電子中和，故不會放電損傷。③ 成膜在高真空進行，則膜的純度較高。④ 離子的電壓、電流、轟擊角度及離子擴散角度可以獨立操作。這就是使用離子束 (ion beam) 來做離子助鍍，為與電漿助鍍區別，一般稱此為離子束助鍍 (ion-beam assisted deposition)，簡稱離子助鍍(IAD)。

IAD 最重要的配備就在蒸發源外加一獨立的離子源 (ion source)。蒸發源可為熱電阻蒸發源、電子槍蒸發源、濺鍍蒸發源或其它方式蒸發源，因為離子源可以獨立置於一旁，不參與蒸發膜料，只扮演助鍍的角色。其在鍍膜機中安排示意如圖 24.23 所示。

(7) 高速磁控濺射離子助鍍

圖 24.24 則為高速磁控濺鍍並輔以離子濺鍍[24]，其鍍膜區保持了高真空狀態，為 OCA

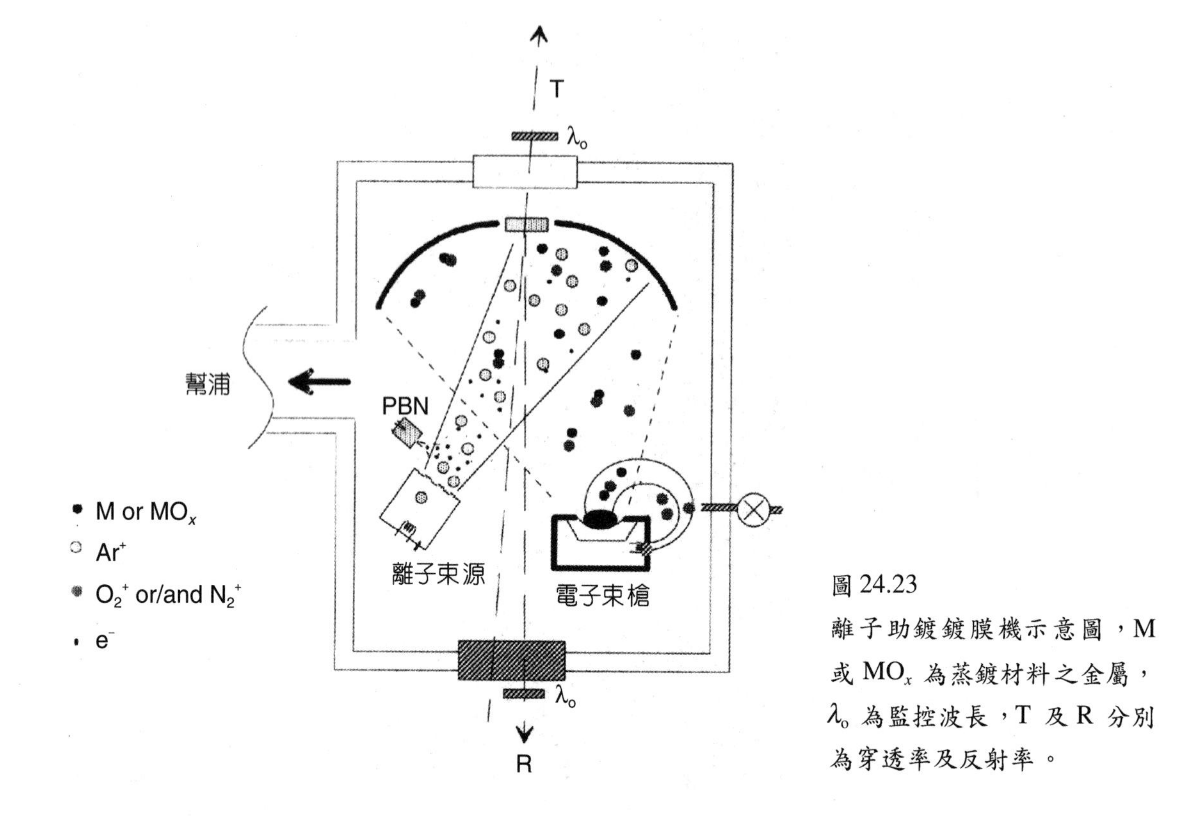

圖 24.23
離子助鍍鍍膜機示意圖，M 或 MO_x 為蒸鍍材料之金屬，λ_o 為監控波長，T 及 R 分別為穿透率及反射率。

(Optical Corporation of America) 於 1966 年發表之專利，稱之為 microplasma，可鍍各種多層膜干涉濾光片。

(8) 離子助鍍卷繞式塑膠鍍膜

以上方法都是加裝了離子助鍍用的離子源，可見此助鍍離子源的使用性很大，非常方便，其又不會增加太多熱量，因此可用來鍍塑膠基板，甚至用來輔助蒸鍍卷繞式塑膠片鍍膜 (web coating)，以增加膜質的緻密度、附著性及硬度，如圖 24.25 所示。此設計亦可用來快速鍍出各種光學薄膜，包括抗反射鏡、分光鏡、隔熱貼紙、防偽膜、防止電磁輻射與兼具抗反射膜等[25,26]。如果要鍍寬面積可用多台蒸發源 (蒸發源可為電子槍、熱阻舟或長條濺鍍靶，而離子源可採用長條型離子束)。

24.2.4 其他光電產品

(1) 光電顯示器

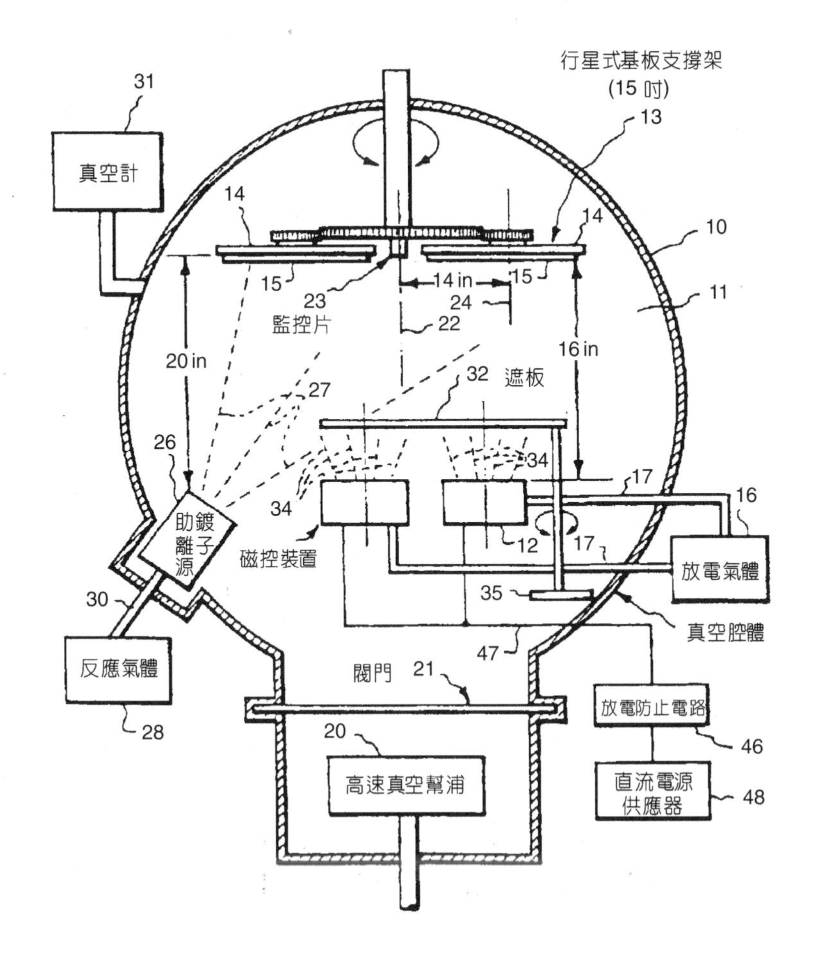

圖 24.24
輔以離子濺鍍之高速磁控濺射鍍膜機[24]。

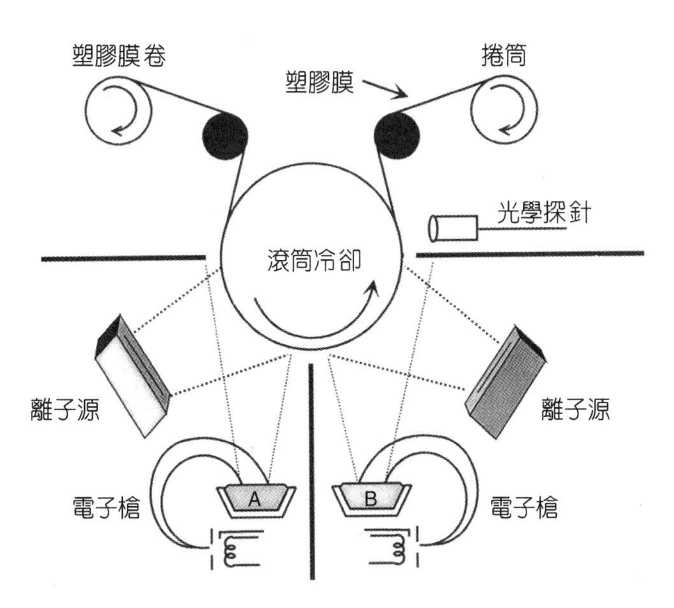

圖 24.25
離子助鍍卷繞式塑膠鍍膜 (web coating)。材料 A 可為高折射率膜料，亦可為 ITO；材料 B 可為低折射率膜料。A、B 兩種材料圖中乃以電子束蒸鍍，此亦可改用磁控濺鍍或其他方法。

在表 24.1 中，真空螢光顯示器、電漿顯示器、電激發光顯示器及場發射顯示器等，各類顯示器都需要利用真空技術來完成，尤其當顯示器面積增大時更需要先進的真空技術，前節所述之鍍膜機也要另做特殊設計，製成電極及發光體後之封裝也需要仰賴良好的真空技術。

(2) 光輸出入

此類產品大都需要 24.2.3 所述之光學元件，如抗反射膜、高反射膜，而數位相機則需要紅外光濾波鍍膜以消除雜訊，另外，可利用真空技術鍍相位膜取代雙折射之石英片來消除假相 (aliasing) 及疊紋，增加影相清晰度。

(3) 光儲存

此類光電產業之記憶體，一般可在真空中鍍上磁記憶膜或相變化膜來達成，亦是真空技術的產物。

光電工業今日在台灣已成為一興起且前途看好的產業，其中有些關鍵零組件需依賴真空鍍膜技術，所幸我國都能自行製鍍。至於目前光纖通訊所需的 DWDM 之窄帶濾光片為高級鍍膜技術，相信不久我國亦能順利量產。

24.3 材料工業

在材料工程相關產業中，包括素材製作、材料成形、接合、處理、回收再生及分析等環節，皆可能利用真空技術或真空相關設備以達成上述材料中間步驟的特性要求。整體而言，真空技術主要扮演的角色涵蓋提供機械力、真空環境的維持及上述兩功能的共同作用三大類。

機械力的提供是藉由真空或低壓，造成製程設備中局部空間的壓力差，形成機械力，並藉以達成物質的定向傳輸，以製作各式零組件及素材。典型例子包括鑄造製程中的真空吸鑄法、真空差壓鑄造法及真空噴霧製粉。真空環境的維持則是藉由真空設備使環境的壓力降至低壓，以除去有害物質或製程中間產物，達成活性材料的生產及氣體放電的目的。另外亦有讓特定物質能在低壓環境中運動較長距離而不發生碰撞，使其獲得較長平均自由徑 (mean free path)，而擷取該粒子與環境進行交互作用時的訊息。前者包括各項材料製程，涵蓋各式真空冶金製程、真空表面處理製程、真空接合製程、真空鍍膜製程，以及真空相關電子和光電元件及其製程等；後者則包括各式真空相關的材料分析設備。

以下即針對材料的生產、加工及處理各方面，簡要地敘述真空技術在其中的基礎原理及應用。由於本書前面章節已經詳細探討部分材料工業所用的真空系統，因此本節將不以特

第 24.3 節作者為洪敏雄先生。

定系統為主要內容，而著重於與真空技術相關的材料製程、特性及應用的整體性敘述。

24.3.1 真空吸鑄法及真空差壓鑄造

鑄造是一門古老的金屬材料製造程序，同時也是一門古老的藝術。它是應用熱源將金屬材料熔融成可流動的液態金屬，然後在重力場或施加外力的情況下使該液態金屬充滿具一定形狀、大小的模穴或模心基板上，待金屬凝固冷卻後即成為所需的零件或毛胚鑄件。上述的外力包括壓力、離心力或真空環境所提供的機械力，本節所敘述的真空吸鑄製程及真空差壓鑄造，即是利用真空環境所造成的壓力差達成熔融態金屬充填至模穴的目的。

利用加熱源將金屬原料加熱成熔融液態，隨後將上端連接水冷設備的結晶器插進金屬液面下一定深度。啟動真空設備，將結晶器抽真空，由於上下部位的壓力差，熔融金屬液被吸入結晶器內，並在水冷下逐漸由外而內陸續凝固。待凝固至預定的金屬壁厚度時，切斷真空幫浦，結晶器內未凝固的金屬液回流至下方的熔池中，即可完成棒狀或中空管狀的鑄件。真空差壓鑄造的原理和真空吸鑄法類似，其設備示意圖如圖 24.26 所示，將鑄模及金屬分置於密封室的上下兩部分，然後抽真空至一定程度後，以下方的液壓機將坩堝頂上，使升液管浸入金屬液中。此時停止下方的抽氣，但繼續上方密封室的抽氣，以形成上下方壓力差，於是坩堝內的金屬液將上填鑄模，當鑄模填滿後，關閉升液管，轉而將壓縮空氣灌入上密閉室，使鑄件在壓力下凝固。由於真空吸鑄法及真空差壓鑄造法兩者皆在低壓下填充、凝固，獲得的鑄件組織緻密，少有氣孔及夾渣，因此機械性能優異。

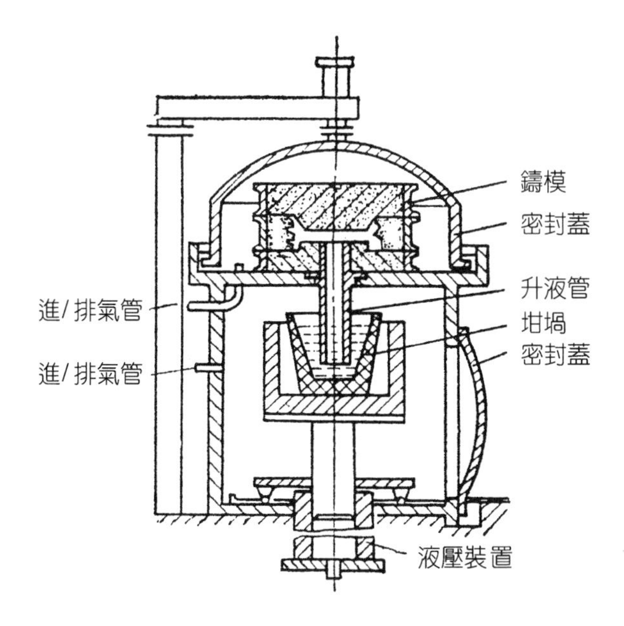

圖 24.26
真空差壓鑄造設備示意圖[28]。

24.3.2 真空噴霧製備粉末

金屬粉末是粉末冶金產業的基本原料，粉末的性質及價格對粉末冶金製程、產品性能及其成本有顯著的影響。目前最泛用的大宗金屬粉末大部分是以噴霧 (atomization) 方式所製造，至於小量或特殊材料的粉末才以其他方法獲得。噴霧法是指利用外加能量或機械力，將熔融金屬液裂化成細小液滴，並使其冷卻為粉末的方法，其粉末大小範圍約小於 150 μm。在各種噴霧法中，藉助高壓水流和氣流擊碎熔融金屬液的方式分別稱為水噴霧法和氣噴霧法；用離心力者稱為離心噴霧法；用超音波能量者稱為超音波噴霧法；在真空中達成擊碎熔融金屬液者，則稱為真空噴霧法。

實質上，真空噴霧法僅是氣體輔助噴霧法的一種特殊型態，在該法中用以將熔融金屬液擊碎成液滴的能量是存在於金屬液中的可溶性氣體。如圖 24.27 所示，在噴霧過程中，金屬液首先以加壓 (1－3 MPa) 方式充以飽和量的可溶性氣體 (一般用氫氣，部分情況採用氮氣)，然後將此熔融金屬液藉由耐熱陶瓷導管傳輸至噴霧室，此噴霧室是處於低壓狀態下，因此金屬液在瞬間因為壓力差的關係，將迅速爆裂成為微小液滴，而後冷卻成粉末，再滑落至收集室。一般而言，由於噴霧過程是在低壓下進行，因此一般鋼材及活性較高的超合金及鈦合金材料皆可應用此噴霧法製備粉末。

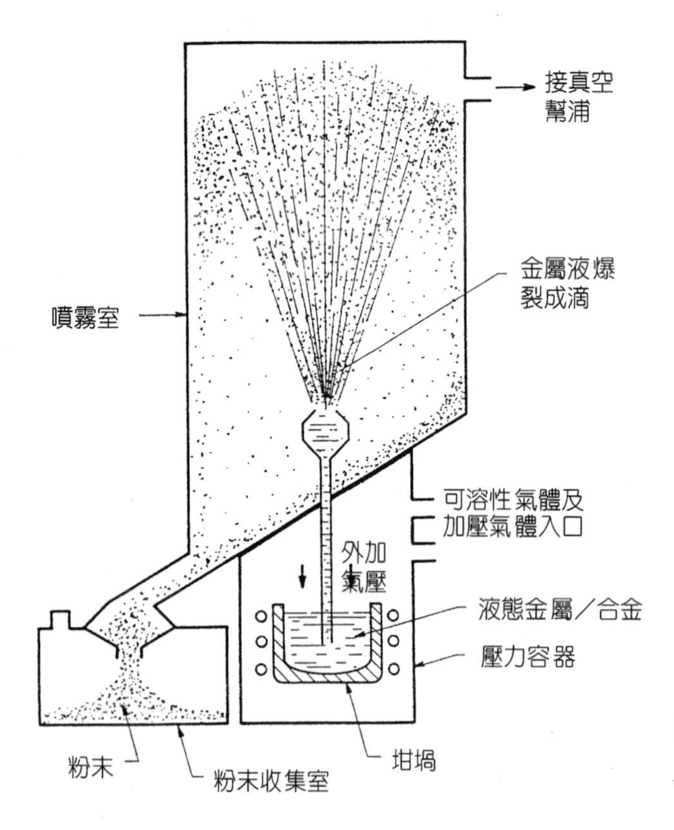

圖 24.27
真空噴霧製粉設備示意圖[29]。

24.3.3 真空冶金製程

真空冶金是指應用真空技術提供低壓的環境，進行金屬的冶煉及加工，以利於移除氣體及雜質，其應用範圍涵蓋各類金屬材料。由於真空冶金是在低於大氣壓的環境下作業，因此需配備真空抽氣系統及密封爐體。目前真空冶金製程主要應用於爐外精煉及重熔精煉兩大領域，前者有盛鋼桶處理型的真空循環脫氣法 (RH)、盛鋼桶真空吹氬脫氣及盛鋼桶精煉型的真空吹氧脫碳法 (VOD)、真空電弧加熱脫氣法 (VAD)，以及上述製程衍生或結合其他製程的 VODC、K-OBM-S、AOD-VCR 及 ASEK-SEF 等法。真空相關的重熔精煉法則包括真空感應精煉 (VIM)、真空電弧精煉 (VAR)、電子束精煉 (EBR)，以及改良的真空雙電極重熔 (VADER)、真空凝殼爐、冷坩堝熔煉法等。盛鋼桶處理型的真空冶金製程是應用於一般碳鋼的冶煉，盛鋼桶精煉型則應用於高級鋼材，如不銹鋼、工具鋼、模具鋼的冶煉工作。真空相關的重熔精煉法，除極少部分應用於高級合金鋼的生產外，極大部分是用以生產活性金屬、超合金及特殊功能性金屬材料。如高熔點的活性金屬必須以真空電弧或電子束熔煉法才能有效進行熔製，部分電子及光電工業用金屬靶材也是應用真空電弧重熔或電子束熔解連續鑄造法製造。

真空冶金有別於傳統冶金製程者，在於氣氛壓力的降低，使有氣相參與的冶金反應，產生不同於傳統大氣冶金的現象。基於基礎化學反應理論，當反應生成物中的氣體莫耳數大於反應物中的氣體莫耳數時，只要減少系統的壓力，則可使平衡向增加氣態物質的方向移動，此即真空冶金製程的物理化學反應的基本特點。一般而言，真空冶金的特性提供它不同於傳統製程的優勢，包括：(1) 較佳的活性元素控制、(2) 真空下碳氧反應、(3) 真空脫氣、(4) 真空揮發、(5) 夾雜物的分解。上述各項特點皆有利於煉製純度更高、組成更易掌握、性能更佳的金屬材料。

雖然真空冶金技術種類繁多，但基礎原理是一樣的，且製程相當類似。圖 24.28 及圖 24.29 分別是一般碳鋼所採用的 RH 法及 VAD 精煉爐的設備示意圖，其中 RH 製程是利用一座特殊的小型真空室進行鋼液的循環脫氣，VAD 則是將電弧爐加裝真空設備進行鋼液的脫氣工作。

24.3.4 真空脫脂及燒結

粉末冶金是指用以製造金屬及非金屬粉末，並以其為原料，經過混合，再施以常溫或高溫成形，並於控制氣氛下進行燒結或熱處理 (在低於主成分熔點的溫度下)，使其固結成具一定機械強度之產品相關的技術。對於粉末冶金製程而言，燒結步驟決定材料的微觀組織，並進而決定其各項物理化學性質，因此是該製程決定性的步驟之一。隨著粉末冶金的發展，傳統僅以大氣常壓燒結為固結材料的手段，已不足以達成對材料性質的要求。因此包括真空脫脂、真空燒結的技術也扮演氣氛控制的重要角色，以提升產品的性能。以下分

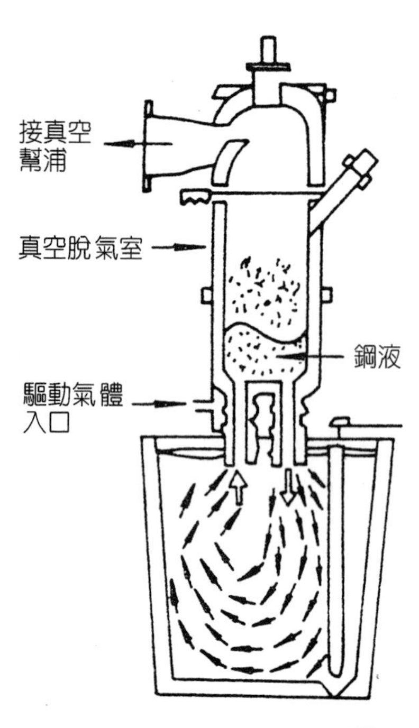

圖 24.28 RH 脫氣設備示意圖[30]。

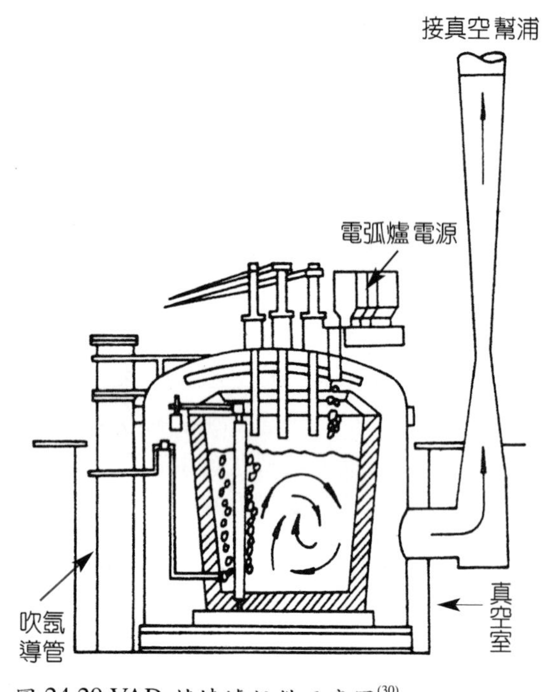

圖 24.29 VAD 精煉爐設備示意圖[30]。

別概述其製程特性及真空爐設備規格。

真空技術在粉末冶金產業中，主要是輔助製程中間產物的脫除及燒結氣氛的控制。在輔助製程中間產物脫除方面，一般粉末成形過程經常會添加適量的黏結劑 (binder) 或塑化劑 (plasticizer)，以分別提供粉體之間的結合力與塑性變形能力，進行後續的成形加工。因此在燒結之前必須先進行適當的脫脂程序，以利在燒結中獲得緻密且性質優異的燒結產品。在脫脂過程中，一般採用熱脫脂 (thermal debinding) 及溶劑脫脂 (solvent debinding)，藉由加熱或溶劑的化學反應，使存在於生胚間隙的熱塑性結合劑變成液、氣、蒸氣或其混合組成，並隨之經由質傳過程而將之排除至大氣環境。真空脫脂是屬於熱脫脂的的一種，該方式在較低的壓力下進行，能排除黏結劑成分和空氣進行放熱反應的困擾，並且使脫脂產物的揮發性成分能在控制下的擴散過程逐漸傳輸至外界。而且在低壓下脫脂，還能降低脫脂過程中生胚內部因氣體產物所累積的內壓力，可免除壓力過大所導致生胚破裂的疑慮。另外，對於黏結劑中含有低氣壓產物的成分時，真空脫脂的效率將高於未在低壓下的其他製程。但真空脫脂也有部分限制，包括較慢的熱傳速率、較差的溫度控制能力及較緩的黏結劑裂解過程等。

為提高材料的性能及製程環保工安要求，真空燒結技術在粉末冶金產業也逐漸受到重視。實際上，真空爐的基本結構與性能和一般熱處理爐類似，如圖 24.30 所示為一單艙式的真空燒結爐，其最大特色是藉著真空環境或微量外加氣體的控制，達成良好燒結氣氛的要求。且在設備及自動監測與控制技術的進展下，對於真空爐的高溫及氣氛均極易掌控，因此能充分控制材料的燒結製程，而獲得性能可控制的燒結零件，也使真空燒結製程日益受到產業界的重視。目前真空燒結爐不但能獲得較佳的零件性能，在應用上也不再侷限於批次處理的能力而已，適當設計的連續真空爐不但性能符合需求，亦可達成量產的要求，對於該技術的商業化運作有極大助益。另外，在各種特殊燒結製程中，也可因應不同材料特性加入真空環境，以提升燒結材料的性能。例如一般熱壓燒結中，可以加入真空抽氣裝置，在低壓下即可有效地進行活性物質或其複合材料的緻密化過程，此即真空熱壓製程 (vacuum hot pressing)。

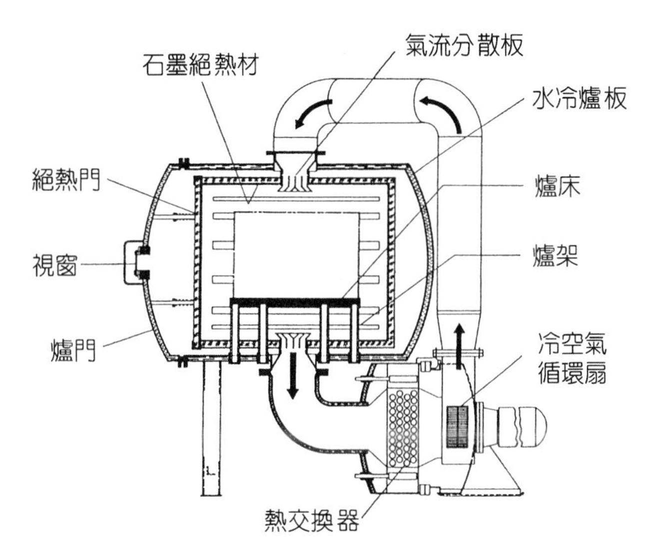

圖 24.30
單艙式真空爐外觀[6]。

24.3.5 眞空熱處理及眞空表面處理製程

(1) 眞空熱處理

熱處理製程是經由加熱、升溫、持溫及冷卻過程的控制，以獲得預期的材料微觀組織及性質的方法之一。相較於傳統大氣下的熱處理製程，真空熱處理技術具有無氧化、無脫碳、可脫氣、脫脂、表面品質好、變形量少、被處理件綜合性能優異等優點。且有設備使用壽命長、無公害污染、自動化程度高等設備上優勢，因此一直是熱處理產業界努力的方向。對於活性金屬而言，基於性能的考量，真空熱處理是必然的選擇。但真空熱處理也有不足之處仍待克服，例如部分合金元素在真空中蒸發程度較嚴重，必須充入惰性氣體以適度壓制，而且設備投資成本較高，也限制廠商投入的意願。但隨著硬體設備相關技術能力的提升、業界對高性能熱處理技術的需求及環保法規使其他傳統熱處理受限制等因素的協助，真空熱處理技術將能進一步提高其競爭力，獲得業界更廣泛的接受。

基本上，真空熱處理技術只是將真空技術的觀念及硬體設備加入傳統熱處理製程及設備中，因此大部分現行的熱處理方法皆能進行真空熱處理，例如真空退火、真空淬火、真空回火、真空滲碳、真空氮化等。而且隨著硬體技術的進展，真空熱處理技術所用淬火介質，也由 60 年代僅能進行氣淬，發展到目前已能進行油淬、水淬及鹽浴淬火。從被處理材料來看，除鈦及鈦合金、鋯及鋯合金這些活性金屬外，還可以處理不銹鋼、耐熱合金及磁性材料。目前更進一步延伸至工具鋼、模具鋼及普通碳鋼的真空熱處理。

一般真空熱處理爐可概分為外熱式及內熱式。外熱式比較簡單，類似一般外熱式電阻爐，可採立式或臥室外型。由於真空室和加熱設備分開，因此便於抽真空、維修，但真空室爐壁昂貴、壽命低、熱處理生產週期長、電能消耗大是其缺點。內熱式真空熱處理爐通常指的是內熱式電阻真空熱處理爐，其電熱元件、隔熱屏、爐床及其他構件均安裝在真空室內，直接加熱被處理件。相較於內熱式，外熱式有使用溫度廣、熱效率高、爐溫均勻、生產率高的優點。圖 24.31 是一座兼具氣淬與油淬功能的三室型外熱式真空熱處理爐。至於真空熱處爐的操作壓力，則需視對被處理件的性能要求、材料種類及真空爐工作能力，進行適當的組合，一般常用的壓力範圍在 10^{-2} 至 10^{-5} Torr 間。

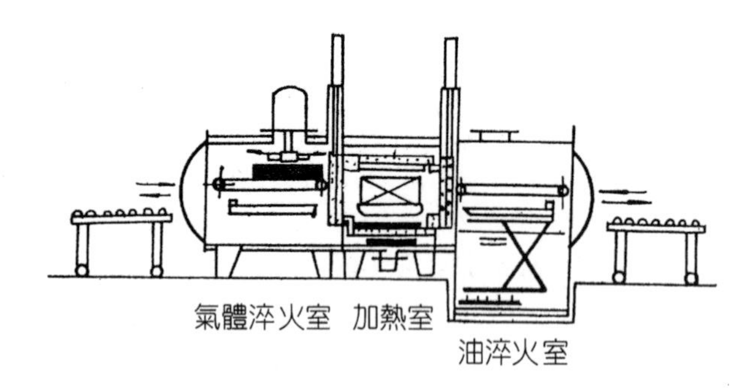

圖 24.31
三室型真空熱處理爐[34]。

(2) 真空表面熱處理

真空相關的表面熱處理技術分成單純的真空表面熱處理及電漿輔助的表面熱處理兩大類，前者實際上是低壓表面熱處理技術，包括滲碳、氮化、滲硼等方法；後者則是將電漿技術引入上述表面熱處理製程，使表面熱處理技術得以進一步提升，並擴大應用範圍。

滲碳處理是將碳含量較低的鋼材置入富碳的介質中，並加熱至 850－950 °C 之間，使滲碳介質在工件表面產生活性碳原子，經過表面吸附、擴散，進而滲入工件表層，使其碳含量升至 0.8% 以上，隨後經由淬火及回火處理，以提高材料的表面硬度、耐磨耗性及耐疲勞性，但其心部仍維持良好韌性。真空滲碳則是指在低壓下進行的滲碳處理，一般維持在數十 Torr 左右，且所採用的溫度為 980－1050 °C，亦高於傳統滲碳製程。其特點是滲碳時間更短，為一般滲碳處理的 1/2－1/3。且由於在低壓環境下進行，因此滲碳層均勻、表面品質好、可處理活性較高的金屬材料、自動化程度佳、工作環境改善等優點。但結構複雜、投資費用高、維修比較困難等是限制其廣泛應用的主要因素。

氮化處理則是將工件置於含氮介質中，在一定溫度下保持一段時間，使氮原子滲入工件表面層，以獲得單純擴散層、γ' 層、ε 層或其組合，而成多層組織的一種表面熱處理技術。經氮化處理的零組件可明顯地提升其硬度、耐磨耗性、疲勞強度、抗蝕性、磨潤性等優點，而且加熱變形量也較小，因此普遍應用於精密零組件的表面處理。但由於氮化溫度偏低，所以氮化速度遠比其他表面熱處理技術低得多。低壓氮化或稱真空氮化，是指在低壓下 (約數百 Torr) 進行的氣體氮化處理，藉由笑氣 (N_2O) 的添加，扮演觸媒催化氮化過程，使低壓氮化的氮化速率高於傳統一般氣體氮化，和離子氮化處理相當。另外，低壓氮化的溫度均勻性優於離子氮化，對複雜形狀的工件也能混爐處理，並且能處理活性金屬，而對於操作者的技術熟練程度不若離子氮化處理所要求得高，因此未來發展性極佳。

至於電漿輔助的表面熱處理技術，包括離子氮化、離子滲透及離子滲碳氧化 (ion nitro carburizing) 等製程，其本質與真空表面熱處理類似，最大差異在於引入低壓電漿介質。藉由在陰極 (工件) 和陽極之間施加電場，使其產生輝光放電，此時表面熱處理介質不再是單純的氣體分子，而是電漿中的活性物種，而且藉由離子轟擊作用，能增進元素滲入過程的進行。

(3) 眞空或低壓電漿熔射

熔射是指利用熱源將待噴塗材料加熱軟化或熔化，靠著熱源自身的動力或外加的壓縮氣流，將熔融液滴霧化，並推動熔融液滴或軟化的待噴塗材料成為束流，使之以一定的速度及能量噴射至基板而形成鍍層的技術。一般而言，熱熔射所使用的熱源有火焰、電漿、電弧、高速火焰等方式，至於所噴塗的材料則涵蓋金屬、陶瓷、高分子及複合材料。隨著熱熔射技術的進展，其應用也由早期增進金屬材料的防蝕能力，逐漸擴展至其他結構性及功能性用途，包括噴塗增進表面磨潤性能的鍍層、提升熱機組件高溫特性的熱障塗層系統、密封鍍層、防電磁輻射鍍層、超導鍍層、生醫陶瓷鍍層及製備燃料電池的電極材料等用途。由於電漿熔射的熱源有極高焰溫，因此可輕易將高熔點的材料熔化或軟化，擴大電漿熔射的結構性或其他功能性鍍層的製備能力，造成該技術是熔射技術發展的主要方向之一。

但一般電漿熔射是在大氣環境下進行，大氣下的不純物及高壓使噴塗鍍層的化學組成及微觀組織不易控制，且有鍍層的附著性、均勻性及再現性不佳等問題，對於高活性材料的熔射更是難題。傳統上，曾嘗試以高能的熱源及高速的氣流改善上述的缺點，但另一可行方向則是在真空或低壓下進行電漿熔射。藉由低壓環境提高噴塗材料的運動速度，同時減少大氣的污染，預期該技術能大幅提升鍍層的性能，並能擴大電漿熔射技術的應用範圍。

圖 24.32 是低壓電漿熔射設備示意圖。簡言之，真空電漿熔射 (較嚴謹的稱法應為低壓

熔射，但相關學界或業界習慣稱之為真空熔射）就是將傳統電漿熔射系統中噴塗區與基板置入大型的真空系統中，使工作區能維持在較低的氣壓下，而提高束流到達基板時的能量與工作氣氛的清淨度。以大型抽氣系統將水冷的真空爐體抽真空至 0.3 Torr，但在進行低壓熔射時則維持爐體壓力在數十 Torr 左右。文獻指出，低壓電漿熔射所噴塗的材料有較高的附著力與緻密性，因此其耐磨及耐蝕性均大幅提升。

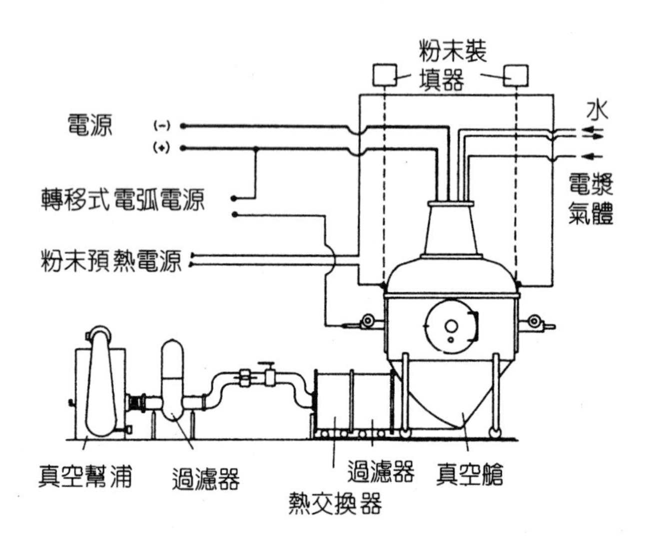

圖 24.32
低壓電漿熔射設備圖[38]。

(4) 電子束表面處理

電子束表面熱處理主要是藉著電子束對工件進行快速的加熱及冷卻處理，以獲得表層細緻的微觀組織，而達到表面改質的目的。由於工作熱源是電子束，因此電子束的產生與行進皆需藉助真空環境的維持，才得以有效率地處理工件表面。以電子槍產生的電子束，在經過高電壓加速之後，向工件表面撞擊，碰撞之後電子將能量轉移給工件，使其溫度上升，而達成加熱工件的要求。由於自身冷卻的效應，工件表層受熱升溫，但很快地又降至低溫，因此能進行工件的加熱及冷卻處理，而獲得所期望的微觀組織及性質。一般而言，電子束真空熱處理技術的真空度要求有別，電子槍室要求較高的 $10^{-4}-10^{-5}$ Torr 左右，處理室則要求 10^{-3} Torr 左右。如果加熱過程使工件表面溫度超過其熔點，則表面熱處理便成為表面熔融－凝固處理；如果在工件表面覆以合金粉，則成為電子束表面合金化 (surface alloying) 處理。

24.3.6 真空接合製程

真空技術相關的材料接合製程主要有電子束銲接及真空硬銲製程兩種。電子束銲接和前一節談到的電子束熱處理相當接近，只是在銲接時必須將工件局部熔融並使其接觸，而藉由交互擴散形成良好冶金鍵結，達成材料的接合。電子束銲接的優點在於電子束穿透力很強，銲接深度與工件表面被破壞寬度的比值很高。另外，電子束的聚焦容易，可進行精密零組件的銲接。而且基於電子束特性及整個銲接製程是在真空中進行，電子束銲接法的熱效率極高。目前電子束銲接主要是應用於高級鋼材、鎳合金及其他活性金屬的銲接，未來發展性極高。

硬銲製程一般定義為藉由添加厚度在毛細作用範圍內的可流動性填料薄層於兩金屬之間，使其填充接頭間隙，並與母材相互擴散而實現材料接合的目的。在接合過程中，採用比母材熔點低的金屬材料為填料，將工件和填料加熱至高於填料熔點，但低於母材熔點的溫度，利用液態填料潤濕母材、毛細流動、相互擴散而接合兩母材。為達成降低填料表面張力、改善潤濕性、溶解表面氧化物、淨化母材表面及保護母材不再氧化等目的，一般會在硬銲過程加入硬銲劑，並提供保護性氣氛，以避免氧化反應產生，進而提升硬銲品質與銲件性能。真空硬銲製程藉由低壓環境，則不需要硬銲劑及保護氣氛，能大幅簡化製程，但仍能獲得優良的硬銲件。尤其針對較難硬銲的不銹鋼、耐熱合金、鈦及鋁的合金等材料，真空硬銲是較有效的方法。

24.3.7 真空鍍膜製程

薄膜材料的氣相沉積過程可以化分成三個部分，即氣態鍍膜粒子的產生、粒子的輸送及粒子於基板上的沉積。依據氣態鍍膜粒子的產生方式，可以將薄膜材料的氣相沉積製程分成物理氣相沉積 (PVD) 及化學氣相沉積 (CVD)。前者採用固態原材料，並經由熱源或動量轉移方式，產生各種氣態鍍膜粒子；後者則直接採用反應性氣體或由液體蒸發的蒸氣為氣態反應粒子，並經輸氣管路使其到達基板附近，進行化學反應而形成固態薄膜。

化學氣相沉積依據反應的壓力值，可再分成一大氣壓下進行的常壓 CVD 製程及低於一大氣壓的低壓 CVD。依據使用的活化方式差異，則可劃分成熱解 (thermal) CVD 及電漿 CVD。圖 24.33 是一座 CVD 爐的結構示意圖，將反應源輸送至反應爐內，藉由外加熱源或電漿源的活化進行化學反應，而產生固態薄膜於基板上。低壓環境是產生電漿 CVD 所需輝光放電的必要條件，也能提高系統的清淨度、反應氣體的擴散係數及鍍膜的均勻性，因此低壓CVD 製程一直是普遍採用的方法。

目前真空相關的 CVD 技術，廣泛應用於金屬、陶瓷、高分子薄膜材料的製備，包括 TiN、TiC、Al_2O_3、鑽石及類鑽碳膜等硬膜，III-V、II-VI、IV 族化合物及元素薄膜，積體電路元件用各種絕緣膜、鈍化膜、介電膜，以及其他光學、光電用途的薄膜製備。基於 CVD 製程的優越特性與製程彈性，未來仍是製備薄膜的重要方法。

PVD 製程依技術特性，可簡單分成真空蒸鍍 (evaporation)、濺鍍 (sputtering) 及離子披覆 (ino plating) 三大類，三者皆是真空相關的鍍膜製程。真空蒸鍍是在高真空中以熱源將待

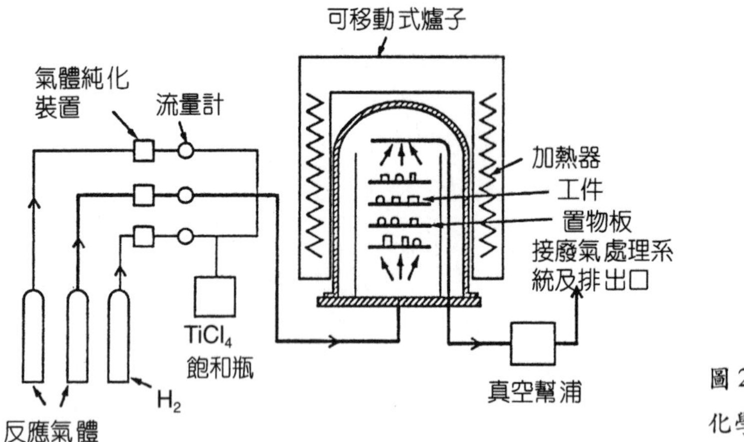

圖 24.33
化學氣相沉積設備圖[42]。

鍍物加熱，使其熔解產生蒸氣，而沉積於基板上。濺鍍則是在真空環境，藉由輝光放電或離子束產生的高能粒子撞擊靶材，以動量轉移 (momentum transfer) 方式將粒子自靶材上擊出，並使之沉積於基板上。離子鍍亦必須於真空環境進行，其粒子可以是熱源或以動量轉移方式產生，圖 24.34 所示是各種不同方式產生鍍膜粒子的離子鍍設備示意圖。但離子鍍最大特徵在於基板隨時受到粒子的轟擊，此轟擊效應能提高鍍膜的緻密性及附著性，對於機械用途的鍍膜是不可或缺的輔助性機制。

同樣地，PVD 製程已廣泛應用於各式機械性及功能性鍍膜的製備工作，包括磨潤性 TiN、TiC、TiAlN、CrN 及類鑽碳膜的鍍製，以及各種金屬薄膜與應用於電子、光學、光電用途的陶瓷薄膜。相較於 CVD 製程，PVD 製程可選擇的材料更多、製程的彈性更大、能搭配的基板材料也較多，因此其未來的發展性極佳。

參考文獻

1. 亞太半導體製造中心策略藍圖－矽金之島, 電子資訊, **2** (6), 中華民國電子材料與元件協會編 (1996).
2. 施敏原著, 張俊彥譯著, 半導體元件物理及製作技術, 高立出版社 (1996).
3. 張俊彥主編, 積體電路製程與設備技術手冊, 經濟部技術處發行 (1997).
4. S. Wolf and R. N. Tauber, *Silicon Processing for the VLSI Era*, Vol. **1**, Lattice Press (1986).
5. 謝詠芬, 穿透式電子顯微鏡對 IC 產品的基本結構觀察, 材料會訊, **5** (2), 12, 中國材料科學學會編 (1998).
6. R. A. Powell, *Dry Etching for Microelecronics*, North-Holland Physics Publishing (1984).
7. 光電科技工業協進會, 1999 年光電科技與產業競爭力分析計劃摘要, P3, 2000 年出版, 編號 00-001.

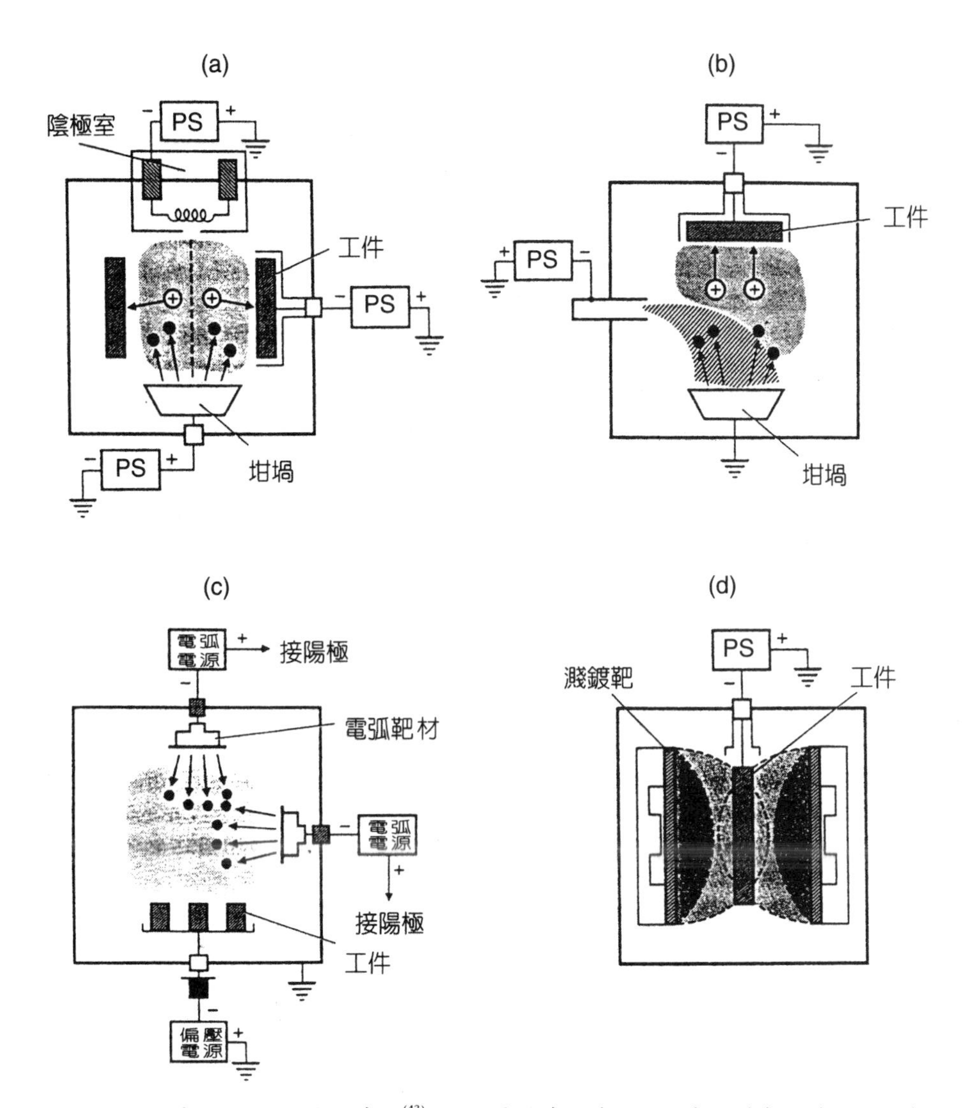

圖 24.34 各式離子鍍設備示意圖[43]。(a) 電子束加熱，(b) 空心陰極加熱，(c) 陰極電弧加熱，(d) 磁控濺射源。

8. M. Bass Ed., *Handbook of Optic*, Vol. I, Part 4
9. 李正中, 薄膜光學與鍍膜技術, 藝軒出版社 (1999).
10. A. M. Bonch-Bruerich, I. E. Morichev, and A. P. Ouokhov, *Sov. J. Opt. Technol.*, **48**, 727 (1981).
11. B. Brauns, D. Schafer, R. Wolf, and Zscherpe G., *Opt. Acta.*, **33**, 545 (1986).
12. M. Baleva, *Thin Solid Films*, **139**, L71 (1986).
13. H. Sankur, *Appl. Opt.*, **25**, 1962 (1986).
14. A. Richter, *Characteristic features of laser- produced plasmas for thin film deposition*, **188**, 275 (1990).

15. E. M. Vogel, E. W. Chase, J. L. Jackel, and B. J. Wilkens, *Appl. Opt.*, **28**, 649 (1989).
16. 陳銘堯, 簡介脈衝雷射法, 物理雙月刊, **15**, 669 (1993).
17. R. J. Hill ed., *Physical Vapor Deposition*, Berkley CA: Temescal Inc. (1986).
18. K. Kuster and J. Ebert J., *Thin Solid Film*, **70**, 43 (1980); Ebert J., Activated reactive evaporation, *SPIE*, **325**, 29 (1982).
19. C. C. Lee, C. H. Lee and S. Chao, *Appl. Opt.*, **32**, 5575 (1993).
20. T. Takagi, *Vacuum*, **36**, 27 (1986).
21. H. Pulker, K. M. Buhler, and R. Hora, *SPIE*, **678**, 110 (1986).
22. K. Toki, K. Kusakable, T. Odani, S. Kobuna, Y. Shimizu, *Thin Solid Films*, **281**, 401 (1996).
23. A. Zoller, S. Beisswenger, R. Gotzelmann, and K. Matl, *SPIE*, **2253**, 394 (1994).
24. M. A. Scobey, U.S. Patent number 5, 525, 199 (1996).
25. C. C. Lee, S. C. Shiau, and Y. Yang, 42nd *Ann. Tech. Conf. Chicago*, Paper D-14 (1999).
26. R. Wang and C. C. Lee, 42nd *Ann. Tech. Conf. Chicago*, Paper O-10 (1999).
27. *Metals Handbook*, Vol. 15, 9/e, ASM International, Metals Park, OH (1988).
28. 曾昭昭, 特種鑄造, 浙江大學出版社 (1990).
29. A. Bose, *Advances in Particulate Materials*, Butterworth-Heinemann (1995).
30. 李正邦, 鋼鐵冶金前沿技術, 冶金工業出版社 (1997).
31. 黃哲文, 吳博山, 電爐煉鋼法之最新發展, 中國礦冶工程學會冶金委員會鋼鐵小組 (1989).
32. 汪建民主編, 粉末冶金技術手冊, 中華民國粉末冶金學會 (1984).
33. F. Thummler, R. Oberacker, I. Jenkins and J. V. Wood, *An Introduction to Powder Metallurgy*, The Institute of Materials (1993).
34. 夏國華, 楊樹蓉, 現代熱處理技術, 兵器工業出版社 (1996).
35. *ASM Handbooks*, Vol. 4, Heat Treating, ASM International (1991).
36. B. J. Birch and B. Ellis, in *Surface Engineering and Heat Treatment*, Ed. by P. H. Morton, Chap. 8, The Institute of Metals (1991).
37. R. Suchentrunk, H. J. Fuesser, G. Staudigl, D. Jonke, and M. Meyer, *Surface and Coatings Technology*, **112**, 351, (1999).
38. H. D. Steffens, *in Coatings for High Temperature Applications*, Ed. by E. Lang, Chap. 4, Elsevier Applied Science Publishers Ltd. (1983).
39. I. L. Pobol and A. A. Shipko, *Mater. Manuf. Processes*, **14** (3) 321 (1999).
40. S. Kou, *Welding Metallurgy*, John Wiley & Sons (1987).
41. R. Fabian (Ed.), *Vacuum Technology*, ASM International, Materials Park, OH (1993).
42. H. O. Pierson, *Handbook of Chemical Vapor Deposition (CVD) – Principles, Technology and Applications*, Noyes Publ. (1992).
43. K. S. Fancey and A. Matthews, *Advanced Surface Coatings: A handbook of Surface Engineering*, Ed. by D. S. Rickerby and A. Matthews, Blackie (1991).

中文索引

CHINESE INDEX

X 光光電子能譜 X-ray photoelectron spectroscopy (XPS) 345, 572-573

X 光極限 X-ray limit 222-223

二劃

二次電子發射 secondary electron emission 75, 363

四劃

分子通量 molecular flux 17, 337-338

分子數密度 number density of molecules 11-12, 17, 190

分離式元件 discrete devices 615, 620, 622

化學分析電子儀 electron spectroscopy for chemical analysis (ESCA) 345, 567, 572-574, 582, 594

化學氣相沉積 chemical vapor deposition (CVD) 71, 73, 75, 78, 131-132, 143, 290, 343, 411, 417-418, 433-439, 441-444, 446-448, 617, 619-620, 653-654

  有機金屬化合物化學氣相沉積法 metal-organic vapor phase epitaxy (MOVPE) 625

  有機金屬化學氣相沉積 metal-organic CVD (MOCVD) 343, 411, 620-621, 625

  低壓化學氣相沉積 low pressure CVD (LPCVD) 131, 436, 439, 441-442, 620-621, 653

  高密度電漿化學氣相沉積 high density plasma CVD (HDPCVD) 132, 438, 442, 446

  常壓化學氣相沉積 atmospheric pressure CVD (APCVD) 436, 442, 620-621, 653

  電漿輔助化學氣相沉積 plasma-enhanced CVD (PECVD) 76, 290, 294, 306, 442, 620-621

太陽模擬器 solar simulator 600

太陽耀斑事件 solar flare 604

五劃

充氣法 overpressure method 311-312

加速器 accelerator 59, 62-63, 101, 294-295, 343-344, 391, 543-551, 554, 559, 561-562, 611-612

  直線加速器 Linac 552

  范氏加速器 Van de Graff accelerator 546-547, 549

  迴旋加速器 cyclotron accelerator 612

平均自由徑 mean free path 7-8, 11-13, 17, 19-20, 40, 72-73, 78, 102, 116, 343, 371, 374, 378, 409, 621-622, 627, 644

六劃

光電元件 photonic devices 199, 294, 507, 615, 624, 644

全能量注射 full energy injection 552
地磁風暴 magnetic substorms 604
自生偏壓 self bias 82-83, 344, 379, 385-386, 510, 512, 514-516, 639-640

七劃

低能電子繞射 low energy electron diffraction (LEED) 345, 579-582, 589, 594, 632
低溫冷凝 cryo condensation 168-171
低溫吸附 cryosorption 168-169, 171
低溫捕獲 cryotrapping 168-169, 171
冷凝器 condenser 143, 145, 151-152, 277, 305, 538, 540
吸收 absorption 46
吸附 adsorption 46
化學吸附 chemisorption 46-48, 52, 55, 103, 154, 250
物理吸附 physisorption 46-48, 55, 103-104, 158, 275, 581
阱 trap 46, 101, 130, 135, 152, 164, 168-169, 173-175, 183, 203, 273-277, 282, 286, 297, 299, 304-305, 337, 345, 381, 410, 413, 469, 646
冷凍阱 cyrotrap 274-275
冷凝阱 cold trap 105, 133, 142, 203, 273, 286, 297, 359, 366, 469
吸附阱 sorption trap 164, 275-276
油氣阱 oil trap 105, 110, 273, 313
粗抽阱 roughing trap 164, 276

八劃

拉塞福回向散射分析 Rutherford backscattering spectrometry (RBS) 549
抽氣系統 pump system 105, 116, 127-128, 135, 143, 165, 173, 175-176, 282, 315, 318-319, 335-336, 358-359, 366-367, 469, 507, 522, 545, 547, 556, 584, 598-599, 647, 652
抽氣時間 time of pumping down 281, 291, 342, 486-487, 520, 522
抽氣速率 pumping speed 105
放射限制區 emission limited region 360
放電 discharge
中空陰極放電 q hollow cathode discharge 79, 97-98
火花放電 spark discharge 78
冷陰極放電 cold cathode discharge 97, 587
射頻放電 radio frequency (RF) discharge 82, 98
微波放電 microwave discharge 87
電弧放電 arc discharge 76, 78-79, 81, 94-99, 364, 419, 423, 462, 632
電暈放電 corona discharge 78
電漿放電 plasma discharge 71, 78, 376, 389, 392, 438, 507, 514
熱陰極放電 hot cathode discharge 79

輝光放電glow discharge 72-79, 81, 95, 98, 161, 166, 349, 368, 371, 377, 380, 384, 391-392, 396, 419, 517-519, 522, 552, 630, 633, 636-638, 640, 651, 653-654
法拉第杯Faraday cup 317, 564-565, 576, 611
法蘭 flange 124, 130, 243, 250, 258-262, 264, 267, 269, 271-273, 282, 301, 306, 309, 345, 553-554, 557
油分離器oil separator 276
油氣回流back-streaming 105, 111, 130, 133, 135, 139, 162, 273-274, 276, 469, 474, 514, 556
物理氣相沉積physical vapor deposition (PVD) 360, 367, 398, 417, 428, 431, 433, 438-439, 619-620, 627-628, 653-654
空心陰極效應hollow cathode effect 524
空間電荷限制區 space charge limited region 360
表面波電漿源surface wave plasma source 90
阻滯電場能量分析器retarding field analyzer (RFA) 589
附著 sorption 45-47,

九劃

保護性離子輔助ion enhanced protective 509
南大西洋異常區 south Atlantic anomaly (SAA) 608
流域 flow regions
分子流 molecular flow 8, 13, 19-21, 25-27, 29, 33, 35-36, 38, 40-43, 102, 116-117, 143, 245, 329, 350-352, 359, 361-362, 367-368
柏蘇利流Poiseuille flow 7, 42
紊流 turbulent flow 7, 19-22, 42, 139
過渡流 transition flow 7-8, 13, 19, 38, 41, 102, 118, 124
層流 laminar flow 7, 19-21, 23, 42
黏滯流 viscous flow 7-8, 38, 43, 102, 117-118, 171, 173, 361-362
流量計 mass flow meter 115, 180-183, 233, 237-240, 306, 330, 382, 396, 520
范艾倫輻射環帶 Van Allen radiation belt 604

十劃

倍增器 multiplier 576-577, 626
通道倍增器channeltron 565
電子倍增管electron multiplier 565, 577
螺旋倍增管spiratron 565
校正方法calibration method 323, 325, 330, 340
小孔流導法orifice flow method 323, 326, 328-331
抽真空法pump-down method 326
動態膨脹法dynamic expansion method 328
靜態膨脹法static expansion method 323, 326, 328, 332
核反應分析法nuclear reaction analysis (NRA) 549

核微探針 nuclear micro probe 549
氣流通量 throughput 19-21, 56, 115, 179, 244, 247, 265-266, 291, 309, 324, 328-329, 331
氣導 conductance 19-21, 23, 26-29, 32-38, 40-42, 56, 61, 102, 181-182, 265-267, 274-276, 281-282, 297, 324, 328-330, 334, 336, 340, 545-546
真空 vacuum
真空度 degree of vacuum 3, 5
真空引入 vacuum feedthrough 243, 254, 257-258, 267, 272
電引入 electrical feedthrough 255, 257, 267, 269-273, 295, 306, 312, 519
機械引入 mechanical feedthrough 258, 264, 267, 273, 295, 312
真空包裝 vacuum packing 537, 541
真空冶金 vacuum metallurgy 143, 151, 277, 344, 451, 455, 463, 644, 647
真空冷卻 vacuum cooling 523, 536-539
真空冷凍乾燥 vacuum freeze drying 345, 527, 529-531, 534-537, 539
真空冷藏 vacuum refrigerating 537
真空封合 vacuum sealing 243, 250, 255, 258, 260, 265, 267, 309
真空計 vacuum gauge
BA 離子真空計 Bayard-Alpert gauge 222-224
三極離子真空計 triode ionization gauge 221, 223
水銀壓力計 mercury manometer 189, 197, 323
包登管式真空計 bourdon gauge 189, 204-206, 210
冷陰極離子真空計 cold cathode ionization gauge 154, 218-221, 303
派藍尼真空計 Pirani gauge 213-214, 216
氣體活塞真空計 gas piston gauge 323
參考真空計 reference gauge 323
旋轉轉子黏滯性真空計 spinning rotor viscosity gauge 225-227, 331, 333, 337
莢艙式真空計 capsule vacuum gauge 204, 207-210
麥氏真空計 Mcleod gauge 199-200, 332
隔膜真空計 diaphragm vacuum gauge 209, 332
電容式真空計 capacitance diaphragm gauge 190, 210-211, 303, 331-332, 388, 514
彈性元件真空計 elastic element vacuum gauge 189-192, 204, 210
潘寧真空計 Penning gauge 303
熱分子真空計 thermal-molecular gauge
熱敏電阻真空計 thermistor gauge 213, 215
熱陽極離子真空計 hot anode ionization gauge
熱傳導真空計 thermal conductivity gauge 189-192, 211-213
熱電偶真空計 thermocouple gauge 213, 215-216, 331, 388
壓縮式真空計 compression gauge 189-192, 199-203
黏滯性真空計 viscosity gauge 190-192, 224-227, 331-333, 337
離子真空計 ionization gauge (ion gauge) 154, 161-162, 166, 189-192, 216-224, 251, 269, 297, 302-303, 331-333, 387, 413
真空乾燥 vacuum drying 151, 277, 289, 529-533, 535-536

真空脫氣 vacuum decarburization 451, 453, 455-457, 463, 647
真空熱處理 vacuum heat treatment 344, 451, 465-469, 471-476, 479-481, 484, 486-488, 649-650, 652
真空幫浦 vacuum pump
二極式離子幫浦 diode ion pump 158-159, 161, 163
三極式離子幫浦 triode ion pump 160-162
分子拖曳式幫浦 molecular drag pump (MDP) 121, 163, 181, 184-185
分子幫浦 molecular pump 103-107, 116-118, 120-122, 124-125, 127-133, 163-164, 170, 175, 179, 181-184, 250, 265, 280, 290, 293, 295, 300, 319, 336-337, 387, 411, 514-515, 548-549, 556, 584, 599, 618
分佈式離子幫浦 distributed ion pump (DIP) 545, 555
爪式幫浦 claw pump 113-114
正排氣式幫浦 positive displacement pump 101, 106-107, 181-182, 184
冷凍幫浦 cryopump 46, 104, 164, 167-176, 179, 181, 247, 250, 260, 265, 277, 280, 290, 293, 295, 300, 336, 344, 358, 366, 382, 387, 411, 545, 599
助力幫浦 booter pump 103-105, 107-108, 110, 113, 130, 150
吸附幫浦 adsorption pump 46, 104, 164, 173, 275-276, 290, 344, 411, 556
往復式幫浦 reciprocating pump 103, 107
拖曳幫浦 drag pump 103, 121, 124, 132, 163, 181
昇華幫浦 sublimation pump 103-104, 106, 118, 157, 164, 248, 250, 290, 295, 300, 344, 411
油封式機械幫浦 oil-sealed mechanical pump 104-105, 107, 109-111
前級幫浦 backing pump、foreline pump 103-105, 107-108, 130-131, 135, 148, 165, 170, 173, 175, 185, 273, 275, 295, 358, 366, 599
流體噴射幫浦 fluid entrainment pump 103
活塞式幫浦 piston pump 102-103, 115
軌道式離子幫浦 orbitron ion pump 155
容積式幫浦 displacement pump 101, 107
氣鎮真空幫浦 gas ballast vacuum pump 300
氣體噴射幫浦 gas ejector pump 103
高真空幫浦 high vacuum pump 43, 102-105, 133, 135, 157, 161, 163, 167, 170-171, 173, 181, 184, 265-266, 295, 319, 336-337, 367, 377-378, 382, 387, 402, 522
乾式幫浦 dry pump 104-105, 107-108, 110-116, 130, 173, 181, 183, 336-337, 387, 556, 618
動力式幫浦 kinetic pump 101, 103, 106-107, 116
排氣式幫浦 gas transfer pump 101-103, 105-107, 154, 181-182, 184
旋轉式幫浦 rotary pump 103, 107, 338
旋轉柱塞幫浦 rotary plunger pump 102-103, 300
旋轉活塞幫浦 rotary piston pump 103, 300
液封式幫浦 liquid-sealed pump 103
液環式幫浦 liquid ring pump 102-103
液體噴射幫浦 liquid ejector pump 103
粗抽幫浦 roughing pump 103-105, 108, 133, 147-148, 164, 522
渦卷式幫浦 scroll pump 112, 114

渦輪分子幫浦 turbo molecular pump (TMP) 103-107, 116-118, 120-122, 124-125, 127-133, 163-164, 170, 175, 179, 181-185, 250, 265, 280, 290, 293, 295, 300, 319, 336-337, 387, 411, 514-515, 548-549, 556, 584, 599, 618
渦輪幫浦 turbine pump 105, 125, 129-131, 133, 181, 185
結拖幫浦 getter pump 46, 103-104, 210, 545
結拖離子幫浦 getter ion pump 103
超高真空幫浦 ultra-high vacuum pump 102, 104, 295, 336, 402
滑動葉片幫浦 sliding vane pump 109, 300
蒸氣噴射幫浦 vapour ejector pump 103
蒸發式離子幫浦 evaporation ion pump 155
噴射幫浦 ejector pump 103, 164, 289, 301
魯式幫浦 roots pump 102, 107, 109-110, 113, 130, 268, 289, 295, 300, 358, 366, 487, 536, 540, 598
機械幫浦 mechanical pump 104-105, 107-111, 115-116, 118, 122, 127-131, 133-136, 138-140, 147-150, 162, 164, 173-175, 181, 257, 266-268, 273, 276, 280, 286, 289-290, 295, 320, 336-337, 345, 358, 366, 382, 387, 514-515, 617, 628
儲氣式幫浦 entrapment pump 101-103, 105-107, 154, 163, 166, 170
薄膜幫浦 diaphragm pump 102-103, 411
螺旋式幫浦 screw pump 102-103, 114
擴散噴射幫浦 diffusion ejector pump 102-103
擴散幫浦 diffusion pump 103-106, 116, 124, 127, 133-140, 142-145, 147-153, 171, 173, 175, 179, 181, 196, 250, 265-268, 273-275, 280, 286, 289-290, 297, 300, 319-320, 336, 358-359, 366, 387, 469, 474, 487, 584, 628
濺射式離子幫浦 sputter ion pump 155
離子排氣幫浦 ion transfer pump 103
離子幫浦 ion pump 46, 59, 103-104, 106, 118, 154-155, 157-167, 170, 196, 248, 250, 280, 289-290, 295, 301, 336, 387, 411, 545, 548-549, 555-557, 584
紐森數 Knudsen number 13, 19-20, 25, 40
級聯游離 cascade ionization 73
能量性離子輔助 ion enhanced energetic 509
除氣 degassing 54, 63, 103, 142, 151, 231, 248, 250-251, 293, 309, 328, 336, 339, 454, 459, 488, 556-557, 565, 647
馬克斯威爾分佈函數 Maxwellian distribution function 10
高解析度電子能損儀 high resolution electron energy loss spectroscopy (HREELS) 577-579

十一劃

接頭 joint
T 型接 T-joint 499-500
角接 corner joint 499
斜對接接頭 scarf butt joint 499
搭接 lap joint 499

對接 butt joint 494, 499
端接 edge joint 152, 205-206, 210, 499, 549
深紫外光光電子儀 ultraviolet photoelectron spectroscopy (UPS) 572
球扇電子能量分析器 spherical sector analyzer (SSA) 571, 589-591
粒子誘發特性 X 射線法 particle induced X-ray emission (PIXE) 549
粗抽時間 time for roughing 131
脫附 desorption 46, 54-55, 58-59, 61-62, 74, 247, 297, 334, 551, 568, 581-583, 594
陰極點 cathodic spot 96, 419, 421-423, 425-427, 430
雪崩效應 avalanch effect 365
麻淬火 marquenching 466, 481

十二劃

單粒子事件 single event
單粒子事件功能中止 single event functional interrupt (SEFI) 611
單粒子事件效應 single-event phenomena 604, 608
單粒子事件短路閂鎖 single event latchup (SEL) 611, 625-626
單粒子事件閘破壞 single event gate rupture (SEGR) 611
單粒子事件燒毀 single event burnout (SEB) 611
單粒子事件邏輯顛倒 single event upset (SEU) 609, 611
散亂電弧模式 random arc model 422-423
殘餘氣體分析儀 residual gas analyzer (RGA) 111, 119, 228, 293, 338, 410, 413
氬氣不穩定現象 argon instability 159-160
測漏 leak detection 131-132, 230, 233, 261-263, 266, 275, 279, 309, 311-313, 315-321, 339, 471, 485-486, 545, 557, 584, 599
泡沫測漏法 leak detection by bubble 314
真空分壓分析儀 partial pressure analyzer (PPA) 311
真空法 vacuum method 311-312, 326
真空壓力上升測漏法 leak detection of rise pressure 314
標準漏氣管 standard of reservoir leak 317-318
測漏儀 leak detector 311-313, 315, 317-321, 339, 557
氦氣測漏儀 helium leak detector 230, 233, 313, 315-321, 486, 545
鹵素測漏器 halide leak detector 314
發光二極體 light emitting diode (LED) 398, 620, 624, 626
有機發光二極體 organic light emitting diode (OLED) 626
筒鏡能量分析器 cylindrical mirror analyzer (CMA) 571, 589-591
貯氣罐 reservoir (gas tank) 305, 317

十三劃

逸氣、釋氣 outgassing 9, 20, 46, 51, 54-55, 58-63, 66-68, 120, 130, 139, 147, 183, 245-247, 250-251,

255-258,260, 262-265, 272-273, 288-289, 292, 294-295, 298, 309, 545-546, 551, 553, 556-557, 561, 565
釋氣率 outgassing rate 46, 54-56, 58, 60, 62-68, 247-248, 250, 253, 255-258, 294, 298, 336, 551-552, 554, 561, 563
傳輸機率 transmission probability 27-28, 30, 32, 34, 36-38
微差抽氣法 differential pumping 587
碰撞頻率 collision frequency 11-12, 86, 89, 374, 384, 388-389
過濾式電弧源模式 filtered arc model 423
過濾器 strainer 173, 276, 290, 338, 561
雷射二極體 laser diode (LD) 398, 401, 407, 477, 610, 620, 624, 626
面射型雷射二極體 vertical cavity surface emitting laser (VCSEL) 625-626
雷諾數 Reynolds number 7, 19-20, 22, 25, 42
電子束蒸鍍機 electron-beam gun coater 359
電子附著 electron attachment 74, 89
電子迴旋共振 electron cyclotron resonance (ECR) 83, 90-91, 396, 442, 510, 512-513, 622
電子迴旋共振電漿源 electron cyclotron resonance (ECR) plasma source 90
電子脫附 electron detachment 74
電子儲存環 electron storage ring 545, 551-552, 554
電弧壓制控制 arc suppression control 519
電解拋光 electropolishing 552
電路元件 electronic devices 615, 617-619, 621-622, 653
電漿 plasma
冷輝光電漿 cold glow discharge plasma 349
高密度電漿源 high density plasma (HDP) 83, 90, 132, 442, 510, 513
電子磁旋共振電漿 electron cyclotron resonance plasma (ECR) 83, 90-91, 396, 442, 510, 512-513, 622
電感耦合式電漿 inductively-coupled plasma (ICP) 83-84, 442, 510-512, 622
電漿診斷 plasma diagnostics 517
磁耦合式電漿 magnetic-coupled plasma 511
螺旋波電漿 helicon wave plasma 510-511, 513
變壓耦合式電漿 transformer-coupled plasma (TCP) 511, 622
電漿活化反應 plasma activated reactive 360, 368
電漿橋式中和器 plasma bridge neutralizer (PBN) 390, 394, 412

十四劃

漏氣 leak
示漏氣體 search gas 311-313
虛漏 virtual leak 245, 250, 309
實漏 real leak 245, 286, 294, 309, 311
漏氣率 leak rates 233, 274, 294, 309-311, 317, 319, 522, 545, 557
滲透 permeation 46, 52-54, 244-246, 248, 250, 252-253, 255, 257-258, 271, 313, 317-318, 501, 651

滲透率 permeability 54, 244, 246-248, 251-253, 255-256
熔煉 melting
冷坩堝熔煉 cold crucible melting (CCM) 457, 461, 463, 647
真空感應熔煉 vacuum induction melting (VIM) 457-458, 461, 463, 647
真空電弧重熔 vacuum arc remelting (VAR) 451, 454, 457, 459-463, 647
真空電弧雙極重熔 vacuum arc double electrode remelting (VADER) 457, 462-463, 647
真空熔煉 vacuum melting 451, 454-455, 457, 461
真空精煉 vacuum refining 452-454, 459-461
真空凝殼爐 vacuum solidify shell furnace (VSSF) 457, 462-463, 647
感應水冷銅坩堝電爐熔煉 induction melting with cold crucible (IMCC) 461
電子束熔煉 electron beam melting 455, 457, 460-461, 463, 647
懸浮熔煉 levitation melting 457, 461, 463
蒸氣壓 vapour pressure 6
飽和蒸氣壓 saturation vapour pressure 6, 103, 110, 170, 246, 276-277, 283, 527, 532
蝕刻 etching
化學性蝕刻 chemical etching 507-510, 622
物理性蝕刻 physical etching 507-508, 622
乾式蝕刻 dry etching 290, 344, 396, 507, 618, 621-622
混合性蝕刻 hybrid etching 507-508, 510
電漿蝕刻 plasma etching 73, 75-76, 132, 344, 507, 510-515, 622
蝕刻機 etcher
活性離子蝕刻機 reactive ion etcher (RIE) 510, 622
感應耦合電漿蝕刻機 induction coupled plasma (ICP) etcher 622
電子迴旋共振電漿蝕刻機 electron cyclotron resonance (ECR) plasma etcher 622
磁場強化活性離子蝕刻機 magnetic enhanced reactive ion etcher (MERIE) 622
變壓耦合電漿蝕刻機 transformer coupled plasma (TCP) etcher 622
銀河宇宙射線 galactic cosmic rays 604
閥 valve
再生閥 regeneration valve 173-175
氣動閥 gas driven valve 264, 304
真空閥門 vacuum valve 128-129, 138, 147, 149-150, 164-165, 174, 263-268, 273, 298, 318, 411, 556, 559
針閥 needle valve 266, 317-318, 412-413
清除閥 purge valve 173, 175
進氣閥 gas inlet valve 183, 265-266, 326-327
節流閥 throttle valve 265-266, 377, 387
閘閥 gate valve 265-266, 291-292, 303, 411, 514-515
隔斷閥 isolation valve 265
蝶閥 butterfly valve 265
擋板閥 baffle valve 304
薄膜真空閥 diaphragm valve 265

翻板閥 flap valve 265
銫離子濺射離子源 source of negative ions by cesium sputtering (SNICS) 548-549

十五劃

彈性回跳量測 elastic recoiled detection (ERD) 549
影像電流 image current 544, 552
德拜屏蔽 Debye shielding 76
歐傑電子能譜儀 Auger electron spectroscopy (AES) 410, 552, 569, 581
熱脫附質譜術 thermal desorption spectroscopy (TDS) 581-583
熱傳導融化模式 conduction melting mode 493
熱運動速度 thermal velocity 9-11, 16, 27, 103, 119, 135-136, 192
熱蒸發 thermal evaporation 349, 362, 367, 370, 389, 409, 534, 620, 627-629, 633, 636-637
熱影響區 heat-affected zone (HAZ) 262, 493-494, 502
磊晶 epitaxy
分子束磊晶 molecular beam epitaxy (MBE) 295, 343-345, 398, 409-411, 413-415, 625, 632
化學束磊晶 chemical beam epitaxy (CBE) 51, 411
有機金屬分子束磊晶 metal-organic molecular beam epitaxy (MOMBE) 411
物理氣相磊晶法 molecular beam epitaxy (MBE) 295, 343, 398, 409, 411, 625
氣相磊晶法 vapor phase epitaxy (VPE) 625
雷射分子束磊晶 laser MBE 398
鎖相磊晶 phase-locked epitaxy 416
衛星元件 spacecraft component 597, 602, 609
衛星本體 spacecraft bus 597
衛星次系統 spacecraft subsystem 597
衛星系統 satellite system 597, 602
質量流率 mass flow rate 20, 234, 237-240
質譜儀 mass spectrometer 68, 101, 131, 190, 228, 230, 233, 247, 266, 275, 289, 313, 315, 345, 410, 486, 517, 568, 582-584, 594
二次離子質譜儀 secondary ion mass spectroscopy (SIMS) 345, 574-576, 591-592, 594, 632
加速器質譜儀 accelerator mass spectrometry (AMS) 549
四極式質譜儀 quadrupole mass spectrometer 230-231, 413
飛行時間式質譜儀 time of flight (TOF) mass spectrometer 230
動態二次離子質譜儀 dynamic SIMS 575
靜態二次離子質譜儀 static SIMS 575
輝光放電清洗 glow discharge cleaning 552
銲接 welding
氬銲 tungsten-inert gas (TIG) welding 262-263, 309, 322, 344, 471, 556
填角銲 fillet weld 499
電子束銲接 electron beam welding (EBW) 262-263, 344, 491, 493-497, 499, 501-502, 558, 652-653
電弧銲 arc welding 262, 309, 424, 493, 495, 497, 501

銲接速度welding speed 493-494, 501
縫銲seam weld 499

十六劃

擋板baffle 133, 143-145, 151-152, 171-172, 210, 271, 273-275, 295, 299, 304-305, 313, 359-360, 366, 411-412, 414, 416, 469, 477, 520
操控電弧模式steered arc model 423
激發釋氣stimulated desorption
光子激發釋氣photon stimulated desorption (PSD) 58-59, 61-63, 551
電子激發釋氣electron stimulated desorption (ESD) 59, 61, 553, 612
離子激發釋氣ion stimulated desorption (ISD) 59, 247
積體電路元件integrated circuit devices (IC) 83-84, 132, 293-294, 306, 433, 435, 442, 510, 512, 548-549, 615, 617-619, 621-622, 653
輻射復合radiative recombination 73
靜電式晶圓座electrostatic chuck (ESC) 345, 514, 516, 567, 573-574, 582

十七劃

壓力pressure
工作壓力working pressure 102-105, 108-109, 111, 113, 131, 135, 137, 161, 163, 165, 167, 171, 175, 179, 289, 374, 382, 384
分壓力partial pressure 6, 16, 120, 190-191, 202-203, 228, 231, 302, 311, 478
全壓力total pressure 6, 191, 202, 228
前級壓力backing pressure 118, 138, 140, 147, 150, 152, 185, 297
背景壓力background pressure 72, 105, 131, 183, 334-337, 366, 411, 583
起動壓力starting pressure 170
終極壓力ultimate pressure 102-105, 107, 109, 111, 115, 117-120, 130-131, 133, 137, 140, 142-145, 147, 151-152, 170, 176, 179, 182-183, 243, 247, 297, 311, 339, 387
壓力天平pressure balance 190-194
壓力計pressure gauge 34, 149, 152, 175-176, 180-181, 189, 192-193, 195-197, 199, 205, 222, 293, 295, 299, 302, 323, 413, 514
液位壓力計liquid level manometer 189-192, 195-197, 203
電容式壓力計capacitance manometer 388, 514
壓縮比compression ratio 101, 108, 117-120, 122, 124, 132-133, 136, 138, 179, 295
總劑量效應 total dose effects 604
黏著係數sticking coefficient 48-49, 377
黏滯係數viscous coefficient 7, 17, 20

十八劃

擴散係數 diffusion coefficient 17, 76, 653
濺鍍 sputtering deposition
平面二極濺鍍 planar diode sputtering deposition 633
交流濺鍍 AC sputtering 344, 379, 389
冷陰極電弧電漿沉積法 cold cathodic arc plasma deposition 417-418, 424, 427
直流濺鍍 DC sputtering 343-344, 370-371, 374, 377-378, 386, 389, 620, 633
射頻濺鍍 RF sputtering 379, 381, 387-389, 620, 633
射頻濺鍍 RF sputtering deposition 381, 387-389, 620, 633
脈衝式雷射鍍膜 pulsed laser deposition (PLD) 398, 401-402, 407
荷能反應蒸鍍 activated reactive evaporation (ARE) 636
雷射剝鍍沈積 laser ablation deposition (LAD) 398
雷射蒸鍍沈積 laser evaporation deposition (LED) 398, 624, 626
雷射輔助沈積及退火 laser assisted deposition and annealing (LADA) 398
雷射輔助濺鍍 laser assisted sputtering 398
雷射濺鍍機構 laser sputtering mechanism 402
電漿濺鍍法 plasma sputtering deposition 627, 633-634
團離子蒸鍍法 ion cluster deposition 389, 637
磁控濺鍍 magnetron sputtering 343-344, 381-383, 388-389, 633-634, 641
磁控濺鍍 magnetron sputtering deposition 343-344, 381-383, 388-389, 633-634, 641
熱蒸發蒸鍍法 thermal evaporation deposition 627-628, 633
離子束濺鍍法 ion beam sputtering deposition (IBSD) 389, 627, 635
離子輔助蒸鍍法 ion-beam-assisted deposition (IAD) 368, 389, 396, 640-641
離子濺鍍 ion beam sputtering deposition (IBSD) 389-391, 396, 402, 627, 635, 641
離子披覆 ion plating 65, 389, 417-418, 427-428, 525-526, 555, 638-640, 653
離子氮化 ion nitrding 517-526, 651
離子槍 ion beam gun 349, 368, 584-587, 590, 594
離子滲碳 plasma carburizing 520, 523, 525, 651
離子滲碳氮化 plasma nitrocarburizing 520, 523
離子轟擊 ion bombarded 349, 360, 368, 370-371, 373, 375-377, 380, 382, 397, 410, 418, 427-430, 517, 522-523, 622, 651
雙極擴散 ambipolar diffusion 76

二十劃

飄移現象 back-migration 139

二十三劃

體積流率 volume flow rate 105, 234-235, 238-239, 247, 309, 329, 334

英文索引

ENGLISH INDEX

A

accelerator 加速器 59, 62-63, 101, 294-295, 343-344, 391, 543-551, 554, 559, 561-562, 611-612
  cyclotron accelerator 迴旋加速器 612
  Linac 直線加速器 552
  Van de Graff accelerator 范氏加速器 546-547, 549
absorption 吸收 46
adsorption 吸附 46
  chemisorption 化學吸附 46-48, 52, 55, 103, 154, 250
  physisorption 物理吸附 46-48, 55, 103-104, 158, 275, 581
ambipolar diffusion 雙極擴散 76
arc suppression control 電弧壓制控制 519
argon instability 氬氣不穩定現象 159-160
Auger electron spectroscopy (AES) 歐傑電子能譜儀 410, 552, 569, 581
avalanch effect 雪崩效應 365

B

back-migration 飄移現象 139
back-streaming 油氣回流 105, 111, 130, 133, 135, 139, 162, 273-274, 276, 469, 474, 514, 556
baffle 擋板 133, 143-145, 151-152, 171-172, 210, 271, 273-275, 295, 299, 304-305, 313, 359-360, 366, 411-412, 414, 416, 469, 477, 520

C

calibration method 校正方法 323, 325, 330, 340
  dynamic expansion method 動態膨脹法 328
  orifice flow method 小孔流導法 323, 326, 328-331
  pump-down method 抽真空法 326
  static expansion method 靜態膨脹法 323, 326, 328, 332
cascade ionization 級聯游離 73
cathodic spot 陰極點 96, 419, 421-423, 425-427, 430
chemical vapor deposition (CVD) 化學氣相沉積 71, 73, 75, 78, 131-132, 143, 290, 343, 411, 417-418, 433-439, 441-444, 446-448, 617, 619-620, 653-654
  atmospheric pressure CVD (APCVD) 常壓化學氣相沉積 436, 442, 620-621, 653
  high density plasma CVD (HDPCVD) 高密度電漿化學氣相沉積 132, 438, 442, 446
  low pressure CVD (LPCVD) 低壓化學氣相沉積 131, 436, 439, 441-442, 620-621, 653

metal-organic CVD (MOCVD) 有機金屬化學氣相沉積 343, 411, 620-621, 625
metal-organic vapor phase epitaxy (MOVPE) 有機金屬化合物化學氣相沉積法 625
plasma-enhanced CVD (PECVD) 電漿輔助化學氣相沉積 76, 290, 294, 306, 442, 620-621
collision frequency 碰撞頻率 11-12, 86, 89, 374, 384, 388-389
compression ratio 壓縮比 101, 108, 117-120, 122, 124, 132-133, 136, 138, 179, 295
condenser 冷凝器 143, 145, 151-152, 277, 305, 538, 540
conductance 氣導 19-21, 23, 26-29, 32-38, 40-42, 56, 61, 102, 181-182, 265-267, 274-276, 281-282, 297, 324, 328-330, 334, 336, 340, 545-546
conduction melting mode 熱傳導融化模式 493
cryo condensation 低溫冷凝 168-171
cryosorption 低溫吸附 168-169, 171
cryotrapping 低溫捕獲 168-169, 171
cylindrical mirror analyzer (CMA) 筒鏡能量分析器 571, 589-591

D

Debye shielding 德拜屏蔽 76
degassing 除氣 54, 63, 103, 142, 151, 231, 248, 250-251, 293, 309, 328, 336, 339, 454, 459, 488, 556-557, 565, 647
desorption 脫附 46, 54-55, 58-59, 61-62, 74, 247, 297, 334, 551, 568, 581-583, 594
differential pumping 微差抽氣法 587
diffusion coefficient 擴散係數 17, 76, 653
discharge 放電
arc discharge 電弧放電 76, 78-79, 81, 94-99, 364, 419, 423, 462, 632
cold cathode discharge 冷陰極放電 97, 587
corona discharge 電暈放電 78
glow discharge 輝光放電 72-79, 81, 95, 98, 161, 166, 349, 368, 371, 377, 380, 384, 391-392, 396, 419, 517-519, 522, 552, 630, 633, 636-638, 640, 651, 653-654
hollow cathode discharge 中空陰極放電 79, 97-98
hot cathode discharge 熱陰極放電 79
microwave discharge 微波放電 87
plasma discharge 電漿放電 71, 78, 376, 389, 392, 438, 507, 514
radio frequency (RF) discharge 射頻放電 82, 98
spark discharge 火花放電 78
discrete devices 分離式元件 615, 620, 622

E

elastic recoiled detection (ERD) 彈性回跳量測 549
electron attachment 電子附著 74, 89
electron cyclotron resonance (ECR) 電子迴旋共振 83, 90-91, 396, 442, 510, 512-513, 622
electron cyclotron resonance (ECR) plasma source 電子迴旋共振電漿源 90

electron detachment 電子脫附 74
electron spectroscopy for chemical analysis (ESCA) 化學分析電子儀 345, 567, 572-574, 582, 594
electron storage ring 電子儲存環 545, 551-552, 554
electron-beam gun coater 電子束蒸鍍機 359
electronic devices 電路元件 615, 617-619, 621-622, 653
electropolishing 電解拋光 552
electrostatic chuck (ESC) 靜電式晶圓座 345, 514, 516, 567, 573-574, 582
emission limited region 放射限制區 360
epitaxy 磊晶
  chemical beam epitaxy (CBE) 化學束磊晶 51, 411
  laser MBE 雷射分子束磊晶 398
  metal-organic molecular beam epitaxy (MOMBE) 有機金屬分子束磊晶 411
  molecular beam epitaxy (MBE) 分子束磊晶 295, 343-345, 398, 409-411, 413-415, 625, 632
  molecular beam epitaxy (MBE) 物理氣相磊晶法 295, 343, 398, 409, 411, 625
  phase-locked epitaxy 鎖相磊晶 416
  vapor phase epitaxy (VPE) 氣相磊晶法 625
etcher 蝕刻機
  electron cyclotron resonance (ECR) plasma etcher 電子迴旋共振電漿蝕刻機 622
  induction coupled plasma (ICP) etcher 感應耦合電漿蝕刻機 622
  magnetic enhanced reactive ion etcher (MERIE) 磁場強化活性離子蝕刻機 622
  reactive ion etcher (RIE) 活性離子蝕刻機 510, 622
  transformer coupled plasma (TCP) etcher 變壓耦合電漿蝕刻機 622
etching 蝕刻
  chemical etching 化學性蝕刻 507-510, 622
  dry etching 乾式蝕刻 290, 344, 396, 507, 618, 621-622
  hybrid etching 混合性蝕刻 507-508, 510
  physical etching 物理性蝕刻 507-508, 622
  plasma etching 電漿蝕刻 73, 75-76, 132, 344, 507, 510-515, 622

F

Faraday cup 法拉第杯 317, 564-565, 576, 611
filtered arc model 過濾式電弧源模式 423
flange 法蘭 124, 130, 243, 250, 258-262, 264, 267, 269, 271-273, 282, 301, 306, 309, 345, 553-554, 557
flow regions 流域
  laminar flow 層流 7, 19-21, 23, 42
  molecular flow 分子流 8, 13, 19-21, 25-27, 29, 33, 35-36, 38, 40-43, 102, 116-117, 143, 245, 329, 350-352, 359, 361-362, 367-368
  Poiseuille flow 柏蘇利流 7, 42
  transition flow 過渡流 7-8, 13, 19, 38, 41, 102, 118, 124
  turbulent flow 紊流 7, 19-22, 42, 139
  viscous flow 黏滯流 7-8, 38, 43, 102, 117-118, 171, 173, 361-362

full energy injection 全能量注射 552

G

galactic cosmic rays 銀河宇宙射線 604
glow discharge cleaning 輝光放電清洗 552

H

heat-affected zone (HAZ) 熱影響區 262, 493-494, 502
high resolution electron energy loss spectroscopy (HREELS) 高解析度電子能損儀 577-579
hollow cathode effect 空心陰極效應 524

I

image current 影像電流 544, 552
integrated circuit devices (IC) 積體電路元件 83-84, 132, 293-294, 306, 433, 435, 442, 510, 512, 548-549, 615, 617-619, 621-622, 653
ion beam gun 離子槍 349, 368, 584-587, 590, 594
ion bombarded 離子轟擊 349, 360, 368, 370-371, 373, 375-377, 380, 382, 397, 410, 418, 427-430, 517, 522-523, 622, 651
ion enhanced energetic 能量性離子輔助 509
ion enhanced protective 保護性離子輔助 509
ion nitrding 離子氮化 517-526, 651

J

ion plating 離子披覆 65, 389, 417-418, 427-428, 525-526, 555, 638-640, 653
joint 接頭
  butt joint 對接 494, 499
  corner joint 角接 499
  edge joint 端接 152, 205-206, 210, 499, 549
  lap joint 搭接 499
  scarf butt joint 斜對接接頭 499
  T-joint T 型接 499-500

K

Knudsen number 紐森數 13, 19-20, 25, 40

L

laser diode (LD) 雷射二極體 398, 401, 407, 477, 610, 620, 624, 626

vertical cavity surface emitting laser (VCSEL) 面射型雷射二極體 625-626
leak 漏氣
leak rates 漏氣率 233, 274, 294, 309-311, 317, 319, 522, 545, 557
real leak 實漏 245, 286, 294, 309, 311
search gas 示漏氣體 311-313
virtual leak 虛漏 245, 250, 309
leak detection 測漏 131-132, 230, 233, 261-263, 266, 275, 279, 309, 311-313, 315-321, 339, 471, 485-486, 545, 557, 584, 599
leak detection by bubble 泡沫測漏法 314
leak detection of rise pressure 真空壓力上升測漏法 314
partial pressure analyzer (PPA) 真空分壓分析儀 311
standard of reservoir leak 標準漏氣管 317-318
vacuum method 真空法 311-312, 326
leak detector 測漏儀 311-313, 315, 317-321, 339, 557
halide leak detector 鹵素測漏器 314
helium leak detector 氦氣測漏儀 230, 233, 313, 315-321, 486, 545
light emitting diode (LED) 發光二極體 398, 620, 624, 626
organic light emitting diode (OLED) 有機發光二極體 626
low energy electron diffraction (LEED) 低能電子繞射 345, 579-582, 589, 594, 632

M

magnetic substorms 地磁風暴 604
marquenching 麻淬火 466, 481
mass flow meter 流量計 115, 180-183, 233, 237-240, 306, 330, 382, 396, 520
mass flow rate 質量流率 20, 234, 237-240
mass spectrometer 質譜儀 68, 101, 131, 190, 228, 230, 233, 247, 266, 275, 289, 313, 315, 345, 410, 486, 517, 568, 582-584, 594
accelerator mass spectrometry (AMS) 加速器質譜儀 549
dynamic SIMS 動態二次離子質譜儀 575
quadrupole mass spectrometer 四極式質譜儀 230-231, 413
secondary ion mass spectroscopy (SIMS) 二次離子質譜儀 345, 574-576, 591-592, 594, 632
static SIMS 靜態二次離子質譜儀 575
time of flight mass spectrometer 飛行時間式質譜儀 230
Maxwellian distribution function 馬克斯威爾分佈函數 10
mean free path 平均自由徑 7-8, 11-13, 17, 19-20, 40, 72-73, 78, 102, 116, 343, 371, 374, 378, 409, 621-622, 627, 644
melting 熔煉
cold crucible melting (CCM) 冷坩堝熔煉 457, 461, 463, 647
electron beam melting 電子束熔煉 455, 457, 460-461, 463, 647
induction melting with cold crucible (IMCC) 感應水冷銅坩堝電爐熔煉 461
levitation melting 懸浮熔煉 457, 461, 463

vacuum arc double electrode remelting (VADER) 真空電弧雙極重熔 457, 462-463, 647
vacuum arc remelting (VAR) 真空電弧重熔 451, 454, 457, 459-463, 647
vacuum induction melting (VIM) 真空感應熔煉 457-458, 461, 463, 647
vacuum melting 真空熔煉 451, 454-455, 457, 461
vacuum refining 真空精煉 452-454, 459-461
vacuum solidify shell furnace (VSSF) 真空凝殼爐 457, 462-463, 647
molecular flux 分子通量 17, 337-338
multiplier 倍增器 576-577, 626
channeltron 通道倍增器 565
electron multiplier 電子倍增管 565, 577
spiratron 螺旋倍增管 565

N

nuclear micro probe 核微探針 549
nuclear reaction analysis (NRA) 核反應分析法 549
number density of molecules 分子數密度 11-12, 17, 190

O

oil separator 油分離器 276
outgassing 逸氣、釋氣 9, 20, 46, 51, 54-55, 58-63, 66-68, 120, 130, 139, 147, 183, 245-247, 250-251, 255-258, 260, 262-265, 272-273, 288-289, 292, 294-295, 298, 309, 545-546, 551, 553, 556-557, 561, 565
outgassing rate 釋氣率 46, 54-56, 58, 60, 62-68, 247-248, 250, 253, 255-258, 294, 298, 336, 551-552, 554, 561, 563
overpressure method 充氣法 311-312

P

particle induced X-ray emission (PIXE) 粒子誘發特性 X 射線法 549
permeation 滲透 46, 52-54, 244-246, 248, 250, 252-253, 255, 257-258, 271, 313, 317-318, 501, 651
permeability 滲透率 54, 244, 246-248, 251-253, 255-256
photonic devices 光電元件 199, 294, 507, 615, 624, 644
physical vapor deposition (PVD) 物理氣相沉積 360, 367, 398, 417, 428, 431, 433, 438-439, 619-620, 627-628, 653-654
plasma 電漿
cold glow discharge plasma 冷輝光電漿 349
electron cyclotron resonance plasma (ECR) 電子磁旋共振電漿 83, 90-91, 396, 442, 510, 512-513, 622
helicon wave plasma 螺旋波電漿 510-511, 513
high density plasma (HDP) 高密度電漿源 83, 90, 132, 442, 510, 513
inductively-coupled plasma (ICP) 電感耦合式電漿 83-84, 442, 510-512, 622

magnetic-coupled plasma 磁耦合式電漿 511
plasma diagnostics 電漿診斷 517
transformer-coupled plasma (TCP) 變壓耦合式電漿 511, 622
plasma activated reactive 電漿活化反應 360, 368
plasma bridge neutralizer (PBN) 電漿橋式中和器 390, 394, 412
plasma carburizing 離子滲碳 520, 523, 525, 651
plasma nitrocarburizing 離子滲碳氮化 520, 523
pressure 壓力
background pressure 背景壓力 72, 105, 131, 183, 334-337, 366, 411, 583
backing pressure 前級壓力 118, 138, 140, 147, 150, 152, 185, 297
partial pressure 分壓力 6, 16, 120, 190-191, 202-203, 228, 231, 302, 311, 478
starting pressure 起動壓力 170
total pressure 全壓力 6, 191, 202, 228
ultimate pressure 終極壓力 102-105, 107, 109, 111, 115, 117-120, 130-131, 133, 137, 140, 142-145, 147, 151-152, 170, 176, 179, 182-183, 243, 247, 297, 311, 339, 387
working pressure 工作壓力 102-105, 108-109, 111, 113, 131, 135, 137, 161, 163, 165, 167, 171, 175, 179, 289, 374, 382, 384
pressure balance 壓力天平 190-194
pressure gauge 壓力計 34, 149, 152, 175-176, 180-181, 189, 192-193, 195-197, 199, 205, 222, 293, 295, 299, 302, 323, 413, 514
capacitance manometer 電容式壓力計 388, 514
liquid level manometer 液位壓力計 189-192, 195-197, 203
pump system 抽氣系統 105, 116, 127-128, 135, 143, 165, 173, 175-176, 282, 315, 318-319, 335-336, 358-359, 366-367, 469, 507, 522, 545, 547, 556, 584, 598-599, 647, 652
pumping speed 抽氣速率 105

R

radiative recombination 輻射復合 73
random arc model 散亂電弧模式 422-423
reservoir (gas tank) 貯氣罐 305, 317
residual gas analyzer (RGA) 殘餘氣體分析儀 111, 119, 228, 293, 338, 410, 413
retarding field analyzer (RFA) 阻滯電場能量分析器 589
Reynolds number 雷諾數 7, 19-20, 22, 25, 42
Rutherford backscattering spectrometry (RBS) 拉塞福回向散射分析 549

S

satellite system 衛星系統 597, 602
secondary electron emission 二次電子發射 75, 363
self bias 自生偏壓 82-83, 344, 379, 385-386, 510, 512, 514-516, 639-640
single event 單粒子事件

single event burnout (SEB) 單粒子事件燒毀 611
single event functional interrupt (SEFI) 單粒子事件功能中止 611
single event gate rupture (SEGR) 單粒子事件閘破壞 611
single event latchup (SEL) 單粒子事件短路閂鎖 611, 625-626
single event upset (SEU) 單粒子事件邏輯顛倒 609, 611
single-event phenomena 單粒子事件效應 604, 608
solar flare 太陽耀斑事件 604
solar simulator 太陽模擬器 600
sorption 附著 45-47
source of negative ions by cesium sputtering (SNICS) 銫離子濺射離子源 548-549
south Atlantic anomaly (SAA) 南大西洋異常區 608
space charge limited region 空間電荷限制區 360
spacecraft bus 衛星本體 597
spacecraft component 衛星元件 597, 602, 609
spacecraft subsystem 衛星次系統 597
spherical sector analyzer (SSA) 球扇電子能量分析器 571, 589-591
sputtering deposition 濺鍍
AC sputtering 交流濺鍍 344, 379, 389
activated reactive evaporation (ARE) 荷能反應蒸鍍 636
cold cathodic arc plasma deposition 冷陰極電弧電漿沉積法 417-418, 424, 427
DC sputtering 直流濺鍍 343-344, 370-371, 374, 377-378, 386, 389, 620, 633
ion beam sputtering deposition (IBSD) 離子束濺鍍法 389, 627, 635
ion beam sputtering deposition (IBSD) 離子濺鍍 389-391, 396, 402, 627, 635, 641
ion cluster deposition 團離子蒸鍍法 389, 637
ion-beam-assisted deposition (IAD) 離子輔助蒸鍍法 368, 389, 396, 640-641
laser ablation deposition (LAD) 雷射剝鍍沈積 398
laser assisted deposition and annealing (LADA) 雷射輔助沈積及退火 398
laser assisted sputtering 雷射輔助濺鍍 398
laser evaporation deposition (LED) 雷射蒸鍍沈積 398, 624, 626
laser sputtering mechanism 雷射濺鍍機構 402
magnetron sputtering 磁控濺鍍 343-344, 381-383, 388-389, 633-634, 641
magnetron sputtering deposition 磁控濺鍍 343-344, 381-383, 388-389, 633-634, 641
planar diode sputtering deposition 平面二極濺鍍 633
plasma sputtering deposition 電漿濺鍍法 627, 633-634
pulsed laser deposition (PLD) 脈衝式雷射鍍膜 398, 401-402, 407
RF sputtering 射頻濺鍍 379, 381, 387-389, 620, 633
RF sputtering deposition 射頻濺鍍 381, 387-389, 620, 633
thermal evaporation deposition 熱蒸發蒸鍍法 627-628, 633
steered arc model 操控電弧模式 423
sticking coefficient 黏著係數 48-49, 377
stimulated desorption 激發釋氣
electron stimulated desorption (ESD) 電子激發釋氣 59, 61, 553, 612

ion stimulated desorption (ISD) 離子激發釋氣 59, 247
photon stimulated desorption (PSD) 光子激發釋氣 58-59, 61-63, 551
strainer 過濾器 173, 276, 290, 338, 561
surface wave plasma source 表面波電漿源 90

T

thermal desorption spectroscopy (TDS) 熱脫附質譜術 581-583
thermal evaporation 熱蒸發 349, 362, 367, 370, 389, 409, 534, 620, 627-629, 633, 636-637
thermal velocity 熱運動速度 9-11, 16, 27, 103, 119, 135-136, 192
throughput 氣流通量 19-21, 56, 115, 179, 244, 247, 265-266, 291, 309, 324, 328-329, 331
time for roughing 粗抽時間 131
time of pumping down 抽氣時間 281, 291, 342, 486-487, 520, 522
total dose effects 總劑量效應 604
transmission probability 傳輸機率 27-28, 30, 32, 34, 36-38
trap 阱 46, 101, 130, 135, 152, 164, 168-169, 173-175, 183, 203, 273-277, 282, 286, 297, 299, 304-305, 337
381, 410, 413, 469, 646
cold trap 冷凝阱 105, 133, 142, 203, 273, 286, 297, 359, 366, 469
cryotrap 冷凍阱 274, 275
oil trap 油氣阱 105, 110, 273, 313
roughing trap 粗抽阱 164, 276
sorption trap 吸附阱 164, 275-276

U

ultraviolet photoelectron spectroscopy (UPS) 深紫外光光電子儀 572

V

vacuum 真空
degree of vacuum 真空度 3, 5
vacuum cooling 真空冷卻 523, 536-539
vacuum decarburization 真空脫氣 451, 453, 455-457, 463, 647
vacuum drying 真空乾燥 151, 277, 289, 529-533, 535-536
vacuum feedthrough 真空引入 243, 254, 257-258, 267, 272
electrical feedthrough 電引入 255, 257, 267, 269-273, 295, 306, 312, 519
mechanical feedthrough 機械引入 258, 264, 267, 273, 295, 312
vacuum freeze drying 真空冷凍乾燥 345, 527, 529-531, 534-537, 539
vacuum gauge 真空計
Bayard-Alpert gauge BA 離子真空計 222-224
bourdon gauge 包登管式真空計 189, 204-206, 210
capacitance diaphragm gauge 電容式真空計 190, 210-211, 303, 331-332, 388, 514

capsule vacuum gauge 莢艙式真空計 204, 207-210
cold cathode ionization gauge 冷陰極離子真空計 154, 218-221, 303
compression gauge 壓縮式真空計 189-192, 199-203
diaphragm vacuum gauge 隔膜真空計 209, 332
elastic element vacuum gauge 彈性元件真空計 189-192, 204, 210
gas piston gauge 氣體活塞真空計 323
ionization gauge (ion gauge) 離子真空計 154, 161-162, 166, 189-192, 216-224, 251, 269, 297, 302-303, 331-333, 387, 413
Mcleod gauge 麥氏真空計 199-200, 332
mercury manometer 水銀壓力計 189, 197, 323
Penning gauge 潘寧真空計 303
Pirani gauge 派藍尼真空計 213-214, 216
reference gauge 參考真空計 323
spinning rotor viscosity gauge 旋轉轉子黏滯性真空計 225-227, 331, 333, 337
thermal conductivity gauge 熱傳導真空計 189-192, 211-213
thermistor gauge 熱敏電阻真空計 213, 215
thermocouple gauge 熱電偶真空計 213, 215-216, 331, 388
triode ionization gauge 三極離子真空計 221, 223
viscosity gauge 黏滯性真空計 190-192, 224-227, 331-333, 337
vacuum heat treatment 真空熱處理 344, 451, 465-469, 471-476, 479-481, 484, 486-488, 649-650, 652
vacuum metallurgy 真空冶金 143, 151, 277, 344, 451, 455, 463, 644, 647
vacuum packing 真空包裝 537, 541
vacuum pump 真空幫浦
adsorption pump 吸附幫浦 46, 104, 164, 173, 275-276, 290, 300, 344, 411, 556
backing pump、foreline pump 前級幫浦 103-105, 107-108, 130-131, 135, 148, 165, 170, 173, 175, 185, 273, 275, 295, 358, 366, 599
booter pump 助力幫浦 103-105, 107-108, 110, 113, 130, 150
claw pump 爪式幫浦 102-103, 113-114
cryopump 冷凍幫浦 46, 104, 164, 167-176, 179, 181, 247, 250, 260, 265, 277, 280, 290, 293, 295, 300, 336, 344, 358, 366, 382, 387, 411, 545, 599
diaphragm pump 薄膜幫浦 102-103, 411
diffusion ejector pump 擴散噴射幫浦 102-103
diffusion pump 擴散幫浦 103-106, 116, 124, 127, 133-140, 142-145, 147-153, 171, 173, 175, 179, 181, 196, 250, 265-268, 273-275, 280, 286, 289-290, 297, 300, 319-320, 336, 358-359, 366, 387, 469, 474, 487, 584, 628
diode ion pump 二極式離子幫浦 158-159, 161, 163
displacement pump 容積式幫浦 101, 107
distributed ion pump (DIP) 分佈式離子幫浦 545, 555
drag pump 拖曳幫浦 103, 121, 124, 132, 163, 181
dry pump 乾式幫浦 104-105, 107-108, 110-116, 130, 173, 181, 183, 336-337, 387, 556, 618
ejector pump 噴射幫浦 103, 164, 289, 301
entrapment pump 儲氣式幫浦 101-103, 105-107, 154, 163, 166, 170

evaporation ion pump 蒸發式離子幫浦 155
fluid entrainment pump 流體噴射幫浦 103
gas ballast vacuum pump 氣鎮真空幫浦 300
gas ejector pump 氣體噴射幫浦 103
gas transfer pump 排氣式幫浦 101-103, 105-107, 154, 181-182, 184
getter ion pump 結拖離子幫浦 103
getter pump 結拖幫浦 46, 103-104, 210, 545
high vacuum pump 高真空幫浦 43, 102-105, 133, 135, 157, 161, 163, 167, 170-171, 173, 181, 184, 265-266, 295, 319, 336-337, 367, 377-378, 382, 387, 402, 522
ion pump 離子幫浦 46, 59, 103-104, 106, 118, 154-155, 157-167, 170, 196, 248, 250, 280, 289-290, 295, 301, 336, 387, 411, 545, 548-549, 555-557, 584
ion transfer pump 離子排氣幫浦 103
kinetic pump 動力式幫浦 101, 103, 106-107, 116
liquid ejector pump 液體噴射幫浦 103
liquid ring pump 液環式幫浦 103, 300
liquid-sealed pump 液封式幫浦 103
mechanical pump 機械幫浦 104-105, 107-111, 115-116, 118, 122, 127-131, 133-136, 138-140, 147-150, 162, 164, 173-175, 181, 257, 266-268, 273, 276, 280, 286, 289-290, 295, 320, 336-337, 345, 358, 366, 382, 387, 514-515, 617, 628
molecular drag pump (MDP) 分子拖曳式幫浦 121, 163, 181, 184-185
molecular pump 分子幫浦 103-107, 116-118, 120-122, 124-125, 127-133, 163-164, 170, 175, 179, 181-184, 250, 265, 280, 290, 293, 295, 300, 319, 336-337, 387, 411, 514-515, 548-549, 556, 584, 599, 618
oil-sealed mechanical pump 油封式機械幫浦 104-105, 107, 109-111
orbitron ion pump 軌道式離子幫浦 155
piston pump 活塞式幫浦 102-103, 115, 300
positive displacement pump 正排氣式幫浦 101, 106-107, 181-182, 184
reciprocating pump 往復式幫浦 103, 107
roots pump 魯式幫浦 102, 107, 109-110, 113, 130, 268, 289, 295, 300, 358, 366, 487, 536, 540, 598
rotary piston pump 旋轉活塞幫浦 103, 300
rotary piston vacuum pump 旋轉活塞真空幫浦 300
rotary plunger pump 旋轉柱塞幫浦 102-103, 300
rotary pump 旋轉式幫浦 107, 338
roughing pump 粗抽幫浦 103-105, 108, 133, 147-148, 164, 522
screw pump 螺旋式幫浦 112, 114
scroll pump 渦卷式幫浦 112, 114
sliding vane pump 滑動葉片幫浦 102, 109
sputter ion pump 濺射式離子幫浦 103, 155
sublimation pump 昇華幫浦 103-104, 106, 118, 157, 164, 248, 250, 290, 295, 300, 344, 411
triode ion pump 三極式離子幫浦 160-162
turbine pump 渦輪幫浦 105, 125, 129-131, 133, 181, 185
turbo molecular pump (TMP) 渦輪分子幫浦 103-107, 116-118, 120-122, 124-125, 127-133, 163-164, 170, 175, 179, 181-185, 250, 265, 280, 290, 293, 295, 300, 319, 336-337, 387, 411, 514-515, 548-549, 556, 584,

599, 618
ultra-high vacuum pump 超高真空幫浦 102, 104, 295, 336, 402
vapour ejector pump 蒸氣噴射幫浦 103
vacuum refrigerating 真空冷藏 537
vacuum sealing 真空封合 243, 250, 255, 258, 260, 265, 267, 309
valve 閥
baffle valve 擋板閥 304
butterfly valve 蝶閥 265
diaphragm valve 薄膜真空閥 265
flap valve 翻板閥 265
gas driven valve氣動閥 264, 304
gas inlet valve 進氣閥 183, 265-266, 326-327
gate valve 閘閥 265-266, 291-292, 303, 411, 514-515
isolation valve 隔斷閥 265
needle valve 針閥 266, 317-318, 412-413
purge valve 清除閥 173, 175
regeneration valve 再生閥 173-175
throttle valve 節流閥 265-266, 377, 387
vacuum valve 真空閥門 128-129, 138, 147, 149-150, 164-165, 174, 263-268, 273, 298, 318, 411, 556, 559
Van Allen radiation belt 范艾倫輻射環帶 604
vapour pressure 蒸氣壓 5-6
saturation vapour pressure 飽和蒸氣壓 6, 103, 110, 170, 246, 276-277, 283, 527, 532
viscous coefficient 黏滯係數 7, 17, 20
volume flow rate 體積流率 105, 234-235, 238-239, 247, 309, 329, 334

W

welding 銲接
arc welding 電弧銲 262, 309, 424, 493, 495, 497, 501
electron beam welding (EBW) 電子束銲接 262-263, 344, 491, 493-497, 499, 501-502, 558, 652-653
fillet weld 填角銲 499
seam weld 縫銲 499
tungsten-inert gas (TIG) welding 氬銲 262-263, 309, 322, 344, 471, 556
welding speed 銲接速度 493-494, 501

X

X-ray limit X 光極限 222-223
X-ray photoelectron spectroscopy (XPS) X 光光電子能譜 345, 572-573

VACUUM TECHNOLOGY & APPLICATION

眞空技術與應用

發 行 人／楊燿州
發 行 所／財團法人國家實驗研究院台灣儀器科技研究中心
新竹市科學工業園區研發六路 20 號
電話：(03) 5779911 轉 313
傳真：(03) 5789343
編 輯／伍秀菁・汪若文・林美吟
美術編輯／吳振勇

初 版／中華民國九十年七月
初版十五刷／中華民國一O九年二月
行政院新聞局出版事業登記證局版臺業字第 2661 號

定 價／精裝本 新台幣 850 元
平裝本 新台幣 700 元

儀科中心電子化服務平台：http://eservice.tiri.narl.org.tw/itrcweb/setup/cm_login.aspx

打字／志丞商業設計社 (03) 5617562
印刷／友旺彩印股份有限公司 (037) 580926

ISBN 978-957-028-675-5
ISBN 978-957-028-676-2

國家圖書館出版品預行編目資料

真空技術與應用 = Vacuum technology & application / 伍秀菁, 汪若文, 林美吟編輯 -- 初版. -- 新竹市 : 國研院儀科中心, 民90

面 ; 公分

含參考書目及索引

ISBN 957-02-8675-X (精裝). -- ISBN 957-02-8676-8 (平裝)

1. 真空技術

446. 735 90010298